HANDBUCH DER LEBENSMITTELCHEMIE

HERAUSGEGEBEN VON

L. ACKER · K.-G. BERGNER · W. DIEMAIR · W. HEIMANN
F. KIERMEIER · J. SCHORMÜLLER · S. W. SOUCI

GESAMTREDAKTION

J. SCHORMÜLLER

ERSTER BAND

DIE BESTANDTEILE DER LEBENSMITTEL

SPRINGER-VERLAG BERLIN HEIDELBERG GMBH
1965

DIE BESTANDTEILE DER LEBENSMITTEL

BEARBEITET VON

E. BAYER · H.-D. BELITZ · G. BRUBACHER · W. DIEMAIR · H. ENDRES
W. GROSCH · R. HAMM · E. HANSSEN · W. HAUSHEER
K. HERRMANN · O. HÖGL · G. HUSCHKE · A. KLEMER · R. KÖNIG
H. LANGENDORF · E. MERGENTHALER · H. MOHLER · K. MYRBÄCK
W. POSTEL · L. RIEDEL · J. SCHORMÜLLER · H. SOMMER
S. W. SOUCI · W. VOELTER · W. WACHS · W. WENDT · O. WISS

SCHRIFTLEITUNG

J. SCHORMÜLLER

MIT 136 ABBILDUNGEN

SPRINGER-VERLAG BERLIN HEIDELBERG GMBH
1965

Ursprünglich erschienen bei Springer-Verlag, Berlin · Heidelberg 1965
Softcover reprint of the hardcover 1st edition 1965

Library of Congress Catalog Card Number 65-18301

ISBN 978-3-642-46012-8 ISBN 978-3-642-46011-1 (eBook)
DOI 10.1007/978-3-642-46011-1

Titel Nr. 5576

Vorwort

Seit dem Erscheinen des Werkes ,,Handbuch der Lebensmittelchemie“ in den Jahren 1933–1942 haben sich alle Zweige der Lebensmittelchemie, Lebensmitteltechnologie und Lebensmittelwirtschaft derart stürmisch entwickelt, daß die grundlegende Neufassung dieses Werkes zur vordringlichen Aufgabe wurde. Vielfältige Berührungspunkte der Lebensmittelwissenschaft mit anderen Fachgebieten und ihre Befruchtung durch Erkenntnisse der Naturforschung im weitesten Sinne, neue Aufgabenstellungen, wie sie z. B. auf dem Gebiet der Konservierung, Schädlingsbekämpfung, der Verpackung oder der Entwicklung neuartiger Lebensmittel erwuchsen und nicht zuletzt die Ausweitung analytischer Arbeitsmöglichkeiten auf allen Gebieten der Lebensmitteluntersuchung brachten es mit sich, daß für die hier abzuhandelnden Gebiete neben hervorragenden Vertretern der Lebensmittelchemie auch Sachverständige vieler Spezialgebiete heranzuziehen waren, die im engeren Sinne nicht der genannten Disziplin entstammen. Nur dadurch war die Gewähr gegeben, ein Werk vorzulegen, das den neuesten Stand der Wissenschaft wiedergibt, den berechtigten Forderungen der Fachkollegen nach umfassender Orientierung genügt und der Tradition des alten ,,Handbuches“ gerecht wird.

Das neue Handbuch berichtet im vorliegenden ersten Band einführend über Geschichte, Aufgaben und Probleme der Lebensmittelwissenschaft und handelt dann die allgemeinen Lebensmittelbestandteile, einschließlich Enzyme und Vitamine, sowie die Lebensmittel-Zusatzstoffe ab. Der erste Teil des zweiten Bandes enhält allgemeine Untersuchungsmethoden und räumt modernen Verfahren physikalischer und physikochemischer Art als wesentlichen Hilfsmitteln lebensmittelchemischer Analytik breiten Raum ein. Im zweiten Teil dieses Bandes werden die chemischen und biologischen Verfahren soweit gebracht, als sie für die Lebensmittelbestandteile und die fremden Stoffe von allgemeiner Bedeutung sind. Besonderer Wert wurde darauf gelegt, durch Hinweise auf moderene Monographien eine weitere Vertiefung in einzelne Probleme zu erleichtern. Kapitel über organische Gruppenanalyse und mathematische Auswertung der Untersuchungsergebnisse schienen uns eine wertvolle und wünschenswerte Ergänzung zu sein. In den folgenden sechs Bänden werden Herstellung und Zusammensetzung der Lebensmittel im weitesten Sinne, ihre Eigenschaften, ihr Verhalten bei der Gewinnung, Verarbeitung und Haltbarmachung und insbesondere Untersuchungsmethoden spezieller Art behandelt. Der neunte Band beschäftigt sich mit den Bedarfsgegenständen.

Aus wohlerwogenen Gründen wurde auf die ausführliche Wiedergabe des noch stark im Fluß befindlichen und in zahlreichen Kommentaren behandelten Rechtsstoffes verzichtet, desgleichen fanden ernährungsphysiologische pharmakologische und toxikologische Fragestellungen keine eingehende Berücksichtigung.

Entsprechend dem im Handbuch unter den genannten Gesichtspunkten verarbeiteten Stoff soll das Werk zunächst dem wissenschaftlich und praktisch tätigen Lebensmittelchemiker sowie der Lebensmittelindustrie und Lebensmittelwirtschaft des In- und Auslandes wegweisend durch das nicht mehr überschaubare

Gebiet dienen. Die bewußte Heranziehung von Spezialisten aus den verschiedensten Grenzgebieten wird dazu führen, daß auch der Human- und Veterinärmediziner, der Ernährungsphysiologe und Hygieniker, der Pharmazeut und Pharmakologe, der Agrikulturchemiker und Botaniker, der Jurist und Verwaltungsbeamte, der Vertreter der Wirtschaft – kurz alle, die sich mit der Ernährung des Menschen sowie mit der Gewinnung, Behandlung, Bewertung und Bewirtschaftung seiner Nahrungsgüter zu beschäftigen haben – auf das Handbuch nicht verzichten wollen.

Möge das neue Handbuch, dessen Bände in rascher Folge erscheinen sollen, sich die Freunde des alten Werkes erhalten, neue gewinnen und allen Ratsuchenden zum guten Helfer werden. Die entsagungsvolle und an Mühen reiche Arbeit aller an der Gestaltung und Herausgabe des Werkes Beteiligten fände dadurch ihren Lohn.

Dem Springer-Verlag danken wir für das verständnisvolle Eingehen auf alle Wünsche. Die vorzügliche Ausstattung des Werkes entspricht der alten Tradition dieses Hauses.

Berlin, Frankfurt/Main, Karlsruhe, München,
Münster i. W., Stuttgart, Weihenstephan, im April 1965.

Die Herausgeber

Inhaltsverzeichnis

Chemische Zusatzstoffe

Verzeichnis der Mitarbeiter

Prof. Dr. Ernst Bayer, Chemisches Institut der Universität, 74 Tübingen, Wilhelmstraße 33

Priv.-Doz. Dr.-Ing. Hans-Dieter Belitz, Institut für Lebensmittelchemie und Lebensmitteltechnologie der Technischen Universität, 1 Berlin 12, Hardenbergstraße 34

Priv.-Doz. Dr. phil. Georg Benedikt Brubacher, Chemiker, c/o F. Hoffmann-La Roche & Co. A.G., Basel (Schweiz), Grenzacherstraße 124

Prof. Dr. phil. Dr.-Ing. Willibald Diemair, Univ.-Institut für Lebensmittelchemie, 6 Frankfurt a. M., Georg-Voigt-Straße 16

Priv.-Doz. Dr. rer. nat. Horst Endres, Dipl.-Chem., Max-Planck-Institut für Eiweiß- und Lederforschung, 8 München 15, Schillerstraße 15

Dr.-Ing. Werner Grosch, Institut für Lebensmittelchemie und Lebensmitteltechnologie der Technischen Universität, 1 Berlin 12, Gartenufer 10

Prof. Dr. Reiner Hamm, Direktor des Instituts für Chemie und Physik der Bundesanstalt für Fleischforschung, 865 Kulmbach

Dr. rer. nat. Ernstgeorg Hanssen, 3 Hannover-Kirchrode, Tiergartenstr. 60

Dr. phil. Werner Hausheer, Chemiker, c/o F. Hoffmann-La Roche & Co. A.G., Basel (Schweiz), Grenzacherstraße 124

Dr. rer. nat. habil. Karl Herrmann, 3 Hannover, Liliencronplatz 3

Prof. Dr. sc. nat. Otto Högl, Institut für Lebensmittelchemie der Universität, Bern (Schweiz), Grüneckweg 12

Dipl.-Ing. Gerd Huschke, Riehen bei Basel (Schweiz), Schäferstraße 66 A

Prof. Dr. rer. nat. Almuth Klemer, Organ.-Chem. Institut der Universität, 44 Münster/Westf., Hindenburgplatz 55

Dr. rer. nat. Roderich König, c/o J. R. Geigy A.G. Basel (Schweiz)

Priv.-Doz. Dr. med. Heinz Langendorf, Physiol.-Chem. Institut der Universität, 65 Mainz

Dr. rer. nat. Eugen Mergenthaler, Dipl.-Chem., 8034 Unterpfaffenhofen, Wettersteinstr. 4

Prof. Dr. phil. Hermann Mohler, Zürich (Schweiz), Oskar-Bider-Straße 10

Prof. Dr. phil. Karl Myrbäck, Institutionen för organisk kemi och biokemi, Stockholm Va (Schweden), Odengatan 63

Dr. rer. nat. Wilhelm Postel, Oberchemierat, Universitäts-Institut für Lebensmittelchemie, 6 Frankfurt a. M., Georg-Voigt-Straße 16

Prof. Dr. phil. Leonhard Riedel, Bundesforschungsanstalt für Lebensmittelfrischhaltung, 75 Karlsruhe, Engesserstraße 20

Prof. Dr.-Ing. Josef Schormüller, Direktor des Instituts für Lebensmittelchemie und Lebensmitteltechnologie der Technischen Universität, 1 Berlin 12, Hardenbergstraße 34

Dr. rer. nat. Hans Sommer, Lebensmittelchemiker, Wiss. Abt. der Firma C. H. Boehringer Sohn, 6507 Ingelheim/Rhein

Prof. Dr. S. Walter Souci, Deutsche Forschungsanstalt für Lebensmittelchemie, 8 München 23, Leopoldstraße 175

Dipl.-Chem. Wolfgang Voelter, 74 Tübingen, Neckarhalde 13

Prof. Dr.-Ing. Werner Wachs, 1 Berlin 41, Sedanstr. 39a

Dokumentar VDD Willi Wendt, 3 Hannover, Podbielskistraße 27

Prof. Dr. med. Oswald Wiss, c/o F. Hoffmann-La Roche & Co. A.G., Basel (Schweiz), Grenzacherstraße 124

Geschichte der Lebensmittelwissenschaft

Von

Dr. Ernstgeorg Hanssen und Willi Wendt, Hannover

Mit 24 Abbildungen

Einleitung

Wer versucht, die gesamte Geschichte der Lebensmittelwissenschaft zu überblicken, wird zunächst nach einem Standort suchen, von dem aus er seine Überschau hält. Er wird sein Thema zu rechtfertigen haben gegenüber den Spezialdisziplinen und muß es einordnen in einen größeren Zusammenhang. Einem weltgeschichtlichen Überblick stellen sich in der Seele des Bearbeiters große Hemmungen entgegen. Er fühlt, daß sein Können für eine Gesamtbetrachtung nicht ausreicht, weil es nur ein Teilkönnen ist, wie all unser heutiges Wissen ein Teilwissen, unsere Wissenschaft in Spezialwissenschaften zerfallen ist. Es hat auch jede Gegenwart ihr eigenes Verhältnis zur Vergangenheit. Deshalb kann man die Geschichte mancher Kulturvölker, wie die der spanischen Kaiserreiche in Mittel- und Südamerika oder die der indischen und ostasiatischen Kulturen, aus unseren Betrachtungen herauslassen, denn die Kultur unseres Planeten ist durch die Vorherrschaft der europäisch-amerikanischen Zivilisation gekennzeichnet. Sollte sich dies ändern, sollten die ostasiatischen oder slawischen Länder zu größerem Einfluß gelangen, müßte die Betrachtungsweise eine andere werden.

Was ist Lebensmittelwissenschaft? Dieser Begriff möge verstanden werden als ein Wissen um die Lebensmittel: historisch, politisch, geographisch, kulturell, wirtschaftlich, technologisch, naturwissenschaftlich, philosophisch. Unsere Betrachtung verlangt nicht die Beibringung einer möglichst großen Zahl von Einzeltatsachen, ihr Objekt ist nur das universalgeschichtlich Bedeutsame; sie befaßt sich ausschließlich mit Dingen, die auf die Entwicklung bis in unsere Gegenwart einwirkten und noch nachwirken.

Vorzeit

Die Notwendigkeit, sein Leben zu erhalten, zwang den Menschen der Vorzeit, das Pflanzen- und Tierreich eingehend daraufhin zu prüfen, was sein Bedürfnis nach Nahrung stillen könnte und alles — ob pflanzlicher oder tierischer Herkunft — zu genießen, wenn es hierzu auch nur einigermaßen geeignet und zugänglich war. Durch Zeiten der Not lernte der Mensch nicht nur die verschiedene Ernährungswirkung, sondern auch Gift- und Heilwirkung einzelner Pflanzen und Tierarten kennen. Es ist erstaunlich, daß uns die Zeit geschriebener Geschichte keine neue Pflanze und kein neues tierisches Lebensmittel des allgemeinen Gebrauches beschert hat, das nicht schon seit den frühesten Zeiten bekannt gewesen wäre. So umsichtig und gründlich sind Pflanzen- und Tierreich von den ersten Menschen durchstöbert worden. Das Auffinden der brauchbaren Pflanzen aus den unzähligen anderen und das Erkennen ihrer häufig verborgenen Eigenschaften waren echte Leistungen menschlichen Geistes. Der Altmensch war also Nutznießer dessen, was er auf der Erdoberfläche vorfand. Die vegetabile Nahrung bestand aus Grasfrüchten, Knollen, Nüssen und anderen Samen, Schößlingen, Weichfrüchten und was ihm sonst aus der Vegetationsdecke zusagte. Tierische Lebensmittel waren Eier, Milch, Vierfüßler, Vögel, aber auch niedere Lebewesen, wie Eidechsen, Honigameisen, Larven, Schlangen, Schnecken und Würmer. Vielleicht war der Urmensch auch Kannibale. Den Verzehr von Raupen, Ratten, Heuschrecken und Fledermäusen hat H. v. WISSMANN (1890) bei seiner Afrikadurchquerung noch selbst beobachtet. Er beschreibt auch, daß Eingeborene am Tanganjika Schwärme kleiner Fliegen eingefangen, zu Brei geknetet und in Kuchenform geröstet verzehrt hätten. A. MAURIZIO (1928) teilt mit, daß noch um die Jahrhundertwende eine Handvoll gesammelter Läuse vom Kopfhaar seiner Stammesgenossen den afrikanischen Neger in Entzücken versetzt habe. D. J. T. L. DANZ (1806) berichtet, daß die Tungusen „geschlämmten Thon, . . . Läuse und den Rotz ihrer Kinder" äßen.

Nach F. CORNELIUS (1962) beruht die *ursprüngliche* Wirtschaftsform der Menschen auf einer Arbeitsteilung zwischen Frau und Mann. Frauen und Kinder zogen umher und sammelten alles Eßbare, das sie fanden. Die Männer beschützten vor Raubtieren und versuchten, Wild zu erlegen. Die Jagd ist kulturgeschichtlich eine spätere Wirtschaftsstufe als das Sammeln, denn sie erfordert das Mittel der Belehrung und Nachahmung, um von einer Generation auf die andere überzugehen; entwicklungsgeschichtlich ist ja auch die Pflanze das ältere Lebewesen. Sie ist sozusagen die Urnahrung des Lebendigen. Fleischnahrung ist Umwegnahrung. — Die Sammeltätigkeit der Frau blieb zunächst Grundlage des Lebens. Je nach Umwelt, Klima und Entwicklung der jagdlichen Fähigkeiten mögen Ernährungszeiten mit mehr pflanzlicher oder mehr tierischer Nahrung gewechselt haben. Zeiten des Überflusses und solche ärgster Nahrungsnot haben einander abgelöst. Ist das spätere religiöse Fasten der Weltreligionen eine „Erinnerung" an frühe Hungerszeiten sowie das notwendige Anlegen von Vorräten? — Viel ist gestritten worden, ob der Mensch herkunftsmäßig Pflanzen- oder Fleischesser sei. Man hat auf sein Gebiß verwiesen und daraus ein Gemischtfressertum gefolgert. Da das Menschengebiß ursprünglich und damit universell geblieben ist, während es sich bei den meisten anderen Lebewesen zu einem je nach Lebensbedarf abgewandelten Spezialorgan, zum Kauwerkzeug, zur Waffe abwandelte, hat der Mensch die freie Wahl seiner Nahrung behalten. Er ist der reinen Pflanzenkost gewachsen, der Mischkost nicht minder, und auch die Fleischkost bewältigt er. Weder von seinem Gebiß noch von seinem Verdauungsapparat können Ernährungsgegebenheiten hergeleitet werden (D. J. T. L. DANZ 1806). Damit steht der Mensch auch bezüglich seiner Ernährung in der ihm wesenseigenen Situation des handelnden Wesens innerhalb der irdischen Organismenwelt.

Die Beherrschung des Feuers war ein wesentlicher Schritt in der Entwicklung der menschlichen Nahrung. Unbekannt ist, wann der Mensch es zuerst gebraucht hat; zunächst wird er es als etwas Feindliches, Vernichtendes empfunden haben. Die ältesten Hinweise auf eine Feuerbenutzung liegen aus der Zeit um 300000 v. Chr. aus China (A. RUST 1961), um 200000—100000 v. Chr. aus Europa vor. Die Erzeugung geschah wahrscheinlich durch Aneinanderschlagen von Feuersteinen mit Pyrit, und der Urmensch wird es nur dadurch kennengelernt haben, daß er bei der Herrichtung von Feuersteinen zu Geräten oder beim Bohren von Holz — denn dieses war das früheste Werkzeug — zufällig Funken erzeugte, wobei sich Holzspäne oder trockenes Laub entzündeten. Daß der Urmensch sich das durch Blitzschlag entstehende Feuer nutzbar gemacht hätte, ist unwahrscheinlich. Er wird es vielmehr abergläubisch gemieden haben. Noch XENOPHON (um 400 v. Chr.) erkennt den Blitz als „gewaltiges Licht von Zeus". — Seit der oben genannten Zeit finden sich in den menschlichen Ansiedlungen kleine Erdgruben, in denen das Feuer unterhalten wurde, so daß man Steine erhitzen und hiermit oder (seit etwa 7500 v. Chr.) auch in Tongefäßen Speisen zubereiten konnte. Letztere sind uns als meist flache Schalen oder etwas tiefere „Kochtöpfe" mit ihren roh geglätteten, durch Gebrauch rauchgeschwärzten Außenseiten bekannt. Durch Feuer geröstet, gedünstet, gebraten, gebacken und gekocht, begann sich die menschliche Nahrung immer mehr von derjenigen des Tieres zu unterscheiden. Die Begrenztheit und Monotonie der Tierernährung, welche häufig nur ein einziges Futterobjekt kennt, wurde in mannigfaltiger Weise vervollkommnet. Der Mensch paßte sich allmählich einer Nahrung, durch Hitzebehandlung chemisch, physikalisch und physiologisch verändert, an und wurde bezüglich seiner Speisen wählerischer. Andererseits erweiterte sich der Kreis der zur Ernährung heranziehbaren Stoffe auch dadurch, daß man lernte, nicht oder nur schlecht genießbare Stoffe durch Entbittern, Gärenlassen in Gruben, Entgiften mittels Wässerung genießbar zu machen. Auch gewann man die Kenntnis, viele Nahrungsstoffe hinsichtlich Bekömmlichkeit und Nährwert zu unterscheiden, ohne allerdings die stofflichen Gründe für diese Verschiedenheiten erklären zu können. Die Notwendigkeit, Nahrungsmittel für Zeiten aufzubewahren, in denen die Natur nicht genügend Nahrung bot, führte zu den ersten Versuchen und Erfolgen bei der Speicherung und Haltbarmachung von Lebensmitteln.

Auch die Religion hat durch die bei allen Völkern üblichen Speiseopfer Essen und Trinken beeinflußt. Durch Darbringen „sinnlicher" Genüsse glaubte man den Göttern Ergebenheit und Dankbarkeit bezeugen zu können, obwohl man die Speiseopfer ziemlich ungleich mit ihnen teilte (D. J. T. L. Danz 1806). Nach Athenäus (um 200 n. Chr.) waren die Opfer die Veranlassung zu Gastmählern, Trinkgelagen, Schwelgerei, und Aristoteles (um 400 v. Chr.) leitete das griechische Wort für Trunkenheit *μέθη* von *μετὰ τὴν θυηλήν* (= nach geendetem Opfer) ab.

Während die bislang beschriebenen Entwicklungen hinsichtlich ihrer Datierungen zumeist im Dunkel der Zeit verborgen sind, liegt der Beginn zielbewußter Lenkung tierischen und pflanzlichen Wachstums in nahezu „geschichtlicher" Zeit. Man datiert diese für die Bildung unserer heutigen Gesellschaft wohl entscheidendste Tat auf die Zeit um 10000 v. Chr. — Auswahl, Zähmung und Züchtung wilder Tiere führen nur zu einer begrenzten Kulturentwicklung, da sie nomadisierend erfolgen, Pflanzenanbau dagegen ist die Grundlage für Zivilisation, Technik, Kunst, Literatur und Wissenschaft, weil er Seßhaftigkeit und Heimatgefühl bedingt. Jetzt rodeten die Männer den Boden und gruben zunächst mühsam mit Handsteinen, später mit hölzernen Spitzhacken und dann mit dem Pflug das Neubruchland um, während die Frauen den Garten versorgten und an Spindel, Mahlstein, Herd und Backofen ihren Tag ausfüllten. Durch Auslese der brauchbarsten Tier- und Pflanzenarten konnten jetzt Rassen mit hohen Lieferleistungen entwickelt werden, was die Möglichkeit mit sich brachte, bestimmte Nahrungsstoffe regelmäßig zu gewinnen und aus ihnen halb und ganz genußfertige Zubereitungen, teils für den sofortigen Verbrauch, teils für Vorratszwecke herzustellen. So führten Pflanzensamen, vor allem Getreide, zu Mehl, Brei und Fladen. Milch, Koniglösungen und (süße) Pflanzensäfte, die nicht sofort verzehrt wurden, lehrten den Menschen, Fermentwirkungen bewußt zu verwerten. Die so zubereitete, aus Bodenbau und Tierzucht, aus Jagd und Fischerei entnommene Nahrung wurde ergänzt durch Knollenfrüchte, Wurzeln, Samen, Honig und andere Stoffe der ursprünglichen Sammeltätigkeit sowie durch Erzeugnisse aus dem Gartenbau.

Abb. 1. Grabstock (nach A. Maurizio 1928)

Die dieser Zeitepoche der Lebensmittelwissenschaft zugehörigen technischen Erfindungen sind Pflug und Mahlstein. Vor dem Pflug gab es den Grabstock, einen langen Stab aus hartem Holz, am unteren Ende zugespitzt, manchmal auch durch Anbrennen gehärtet (Abb. 1). Dieses Gerät wurde von der sammelnden Frau zum Ausgraben tierischer und pflanzlicher Nahrung benutzt. Noch heute wird ein solcher von den Frauen der auf niedrigster Kulturstufe stehenden Australier, die keinen Pflanzenanbau kennen, beim Sammeln benutzt und auch zu Festen als Zeichen ihrer Würde der Familienversorgerin mitgenommen. Aus den schweizerischen Pfahlbauten sind ähnliche Stücke aus Horn oder Stein unter dem Namen „Kommandostäbe" bekannt. Vielleicht bilden diese Sinnbilder menschlicher Macht den Anfang einer Reihe, welche mit dem Zauber-, Herolds-, Richter-, Bischofsstab und dem Zepter endet (A. Maurizio 1928). Aus dem Grabstock entwickelte sich die Hacke, als ein Findiger auf den Gedanken kam, die schnell stumpf werdende Spitze eines Grabstockes durch einen behauenen, harten Stein zu ersetzen. Von H. DIEKMANN (1962) wurde ein solcher aus der Mitte des 4. Jahrtausend v. Chr. stammender Granitstein im Teutoburger Wald aufgefunden, welcher die Form eines plumpen Spatens zeigt. Dieser wurde in einen knieförmigen Ast oder eine Hirschhornstange eingelassen und verschnürt (Abb. 2). — Die Heimat des Pfluges ist die des europäisch-asiatischen Kulturkreises; Amerika und das südliche Afrika haben ihn erst durch die Europäer kennengelernt. Konstruktionsmäßig sind Grabstock und Hacke keine „Ahnen" des Pfluges, weil sie in das Erdreich *geschlagen* werden. Der Vorläufer unseres Pfluges war der winklige Baumast mit einem dünnen langen und einem kürzeren dicken, zugespitzten Ende sowie einem primitiven Handgriff, der sogenannte Hakenpflug, mit welchem eine Rinne für das Saatgut *gezogen* wurde.

Abb. 2

Abb. 3

Abb. 2. Steinzeitliche Handhacke (Rekonstruktion durch H. DIEKMANN 1962)
Abb. 3. Sumerischer Pflug mit Saattrichter um 1700 v. Chr. (nach S. N. KRAMER 1957)

Der Pflug ist, soviel wir wissen, stets von Vieh gezogen worden. Daß Menschen ihn zogen, war im allgemeinen nicht üblich; dafür ist die Arbeit zu schwer (G. FRANZ 1959). Der Hakenpflug erhielt später eine eiserne Spitze, außerdem wurde ein Trichter aufgesetzt, welcher nach dem Pflügen die Saat in die Furche leitete (Abb. 3).

Die Kenntnis von Grabstock oder Hacke bedingt nicht die Benutzung von Mahlsteinen, denn ursprünglich wurden Samen und Nahrungspflanzen nur geröstet bzw. zu Suppe oder Brei gekocht. Eine solche Zubereitungsweise von Mais und Hirse hat H. v. WISSMANN (1890) in Afrika bei Sklavenkarawanen beobachten können. Später zerkleinerte man Körner auf „Quetschen" (H. DIEKMANN 1962) aus Granit (Abb. 4) oder Lava oder zerrieb sie auf Reibsteinen (Abb. 5), fälschlich „Handmühlen" genannt, oder zerstampfte sie in Holz- oder Steinmörsern. Reib- oder Mahlsteine werden auf dem Unterstein hin- und hergewälzt, Mühlen dagegen zerkleinern durch Drehen. Letzteres scheint die jüngere Verfahrenstechnik zu sein (F. M. FELDHAUS 1954).

Diese *Urstufe* (H. FINCKE 1933) der Lebensmittelwissenschaft umfaßt also Kenntnisse wie das Auffinden der Nahrung, die Nutzbarmachung des Feuers, die Züchtung von Haustieren und Pflanzen, die Beobachtung der wichtigsten Veränderungen der Lebensmittel bei ihrerAufbewahrung und Zubereitung sowie die ersten technischen Erfindungen. Durch das Werkzeug ist der Begriff der *Arbeit* in die Menschheitsgeschichte eingezogen. Der Mensch wuchs vom *ζῷον*, dem biologischen Wesen, zum *ζῷον πολιτικόν* in eine *Gesellschaft* hinein. Der Ackerbau lieferte jetzt Erträge, die über das Bedürfnis einzelner Familien hinausgingen. Daher bildeten sich Gemeinschaften mit einer Arbeitsteilung in Bauern, Handwerker, Händler. Für solche Wirtschaftsformen wurden Könige als Richter nötig und als Kriegsanführer, welche die Siedlungsgemeinschaft und die bebauten Felder gegen Räuber und Feinde verteidigten.

Da gesellschaftliche Gruppen eines Verständigungsmittels bedürfen, entwickelte sich über die Gebärdensprache die Lautsprache, die sich mit zunehmender geistiger Klärung und stärkerer Entwicklung der menschlichen analytischen Denkfähigkeit von einfachen Benennungen konkreter Dinge zu immer sublimeren, abstrakten Ausdrücken und von kaum gegliederten Lautmassen („Satzworten" H. JENSEN 1958) zu sich immer mehr verfeinernden, logischen Gliederungen und Systembildungen entwikkelte, wie sie uns dann in der Grammatik morphologisch und syntaktisch entgegentreten. Wirtschaftliche und administrative

Abb. 4

Abb. 5

Abb. 4. Steinzeitliche „Quetscher" aus nordischem Granit (nach H. DIEKMANN 1962)

Abb. 5. Altägyptische (bemalte) Statuette aus dem 2. Jahrtausend v. Chr. Eine Arbeiterin zerkleinert Getreide. Beim Mahlen trägt sie ein Tuch, um „die wohl mit Hammeltalg gefettete Perücke gegen Verfilzung durch den herumfliegenden Mehlstaub zu schützen" (L. BORCHARDT 1897)

Gründe zwangen dazu, das gesprochene Wort zu fixieren. Um 3000 v. Chr. wurden die ersten Tontafeln mit einfachen Zeichen versehen (S. N. KRAMER 1959), welche Begriffe (z.B. Schale, trinken, Fisch, Gerste) bildlich darstellten. Erst allmählich bildete sich hieraus eine gesetzmäßige und phonetische Schrift (Abb. 6).

Der Eintritt des Menschen in die Frühzeit der Lebensmittelwissenschaft beginnt mit der Schrift, denn unser diesbezügliches Wissen ist fast nur auf solche

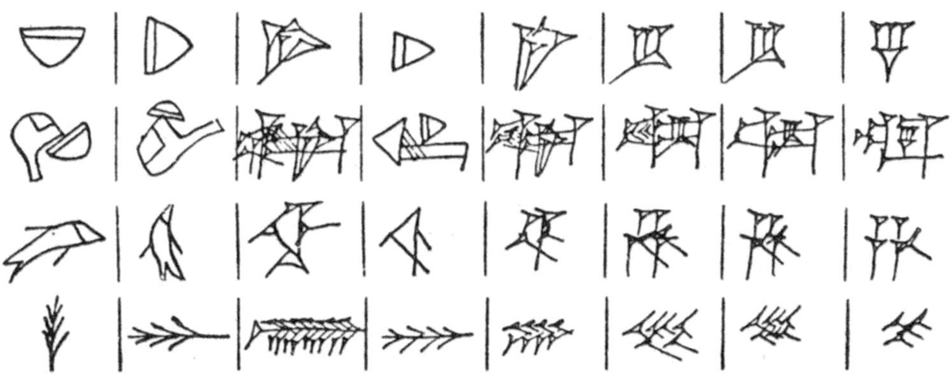

Abb. 6. Entwicklung der Keilschrift aus Bildern zu abstrakten Zeichen von oben nach unten: Speise (= Schale); trinken (= Mund und Schale); Fisch; Gerste, Getreide (nach S. N. KRAMER 1959)

Völker beschränkt, die eine schriftliche Überlieferung besitzen. Wir wissen daher viel über das Leben von Ägyptern, Sumerern, Hethitern, Assyrern, Babyloniern, Chinesen, Indern, kaum jedoch etwas über unsere gleichzeitig lebenden europäischen Vorfahren der (schriftlosen) Steinzeit.

In der *Frühzeit* der Lebensmittelwissenschaft waren in bestimmten Zeitepochen und bestimmten Gebieten folgende Nahrungsmittel bekannt:

1. Pflanzliche Herkunft:

Früchte: Apfel, Birne, Brombeere, Dattel, Erdbeere, Feige, Granatapfel, Kirsche, Malve, Maulbeere, Pfirsich, Weintraube (Rosinen), Zitrone.

Gemüse: Brunnenkresse, Gurke, Kohl, Kürbis, Linse, Melone, Platterbse, Radieschen, Rapunzel, Salat, Saubohne, Sauerampfer.

Getreide: Emmer, Gerste, Hafer, Hirse, Mais, Reis, Weizen (Roggen erst ab etwa 1000 v. Chr.).

Getreideerzeugnisse: Graupen (aus Gerste), fladenartige Gebäcke (auch mit Zusätzen von Ei, Früchten, Honig, Käse und Milch).

Getränke: Fruchtsäfte, Most, Bier, Wein. Trinkwasser wird auch Flüssen entnommen.

Gewürze: Anis, Dill, Fenchel, Gewürznelken, Ingwer, Kardamon, Knoblauch, Koriander, Kümmel, Majoran, Macis, Mohn, Rettich, Safran, Senfsamen, Thymian, Pfeffer, Zimt, Zwiebel.

Samenfrüchte: Eichel, Haselnuß, Mandel, Pistazie, Walnuß.

Pilze: Mehrere Arten.

Süßungsmittel: Ahorn- und Dattelsaft, Honig, Manna.

Öle und Fette: Aus Oliven, Sesamsamen, vielleicht auch aus Leinsaat.

2. Tierische Herkunft:

Eier: Von mehreren Geflügelarten.

Fette: Butter, Sahne, Fischtran und -öl, Hammeltalg, Schweineschmalz.

Fische: Fluß- und Seefische, wie Aal, Flunder, Heilbutt, Hering, Karpfen, Makrele, Muräne, Thunfisch.

Fleisch von Wild- und Haustieren, ferner von Antilope, Bär, Esel, Gazelle, Hase, Hirsch, Rind, Schaf, Schildkröte, Schwein, Ziege.

Geflügel: Drossel, Ente, Gans, Huhn, Kranich, Krammetvogel, Pfau, Rebhuhn, Taube, Schwan, Wachtel.

Getränke: Milch von Kuh, Ziege, Schaf, Pferd.

Sonstiges: Heuschrecken und andere Insekten; Muscheln, Krabben, Seeigel, Austern, Käse, Schnecken.

Bemerkungen zu den einzelnen Nahrungsmitteln

Bier diente auch als Trägersubstanz für Arzneimittel (O. ZEKERT 1960). Aus Datteln und anderen zuckerhaltigen Fruchtsäften, z. B. von Agaven, Kakteen, Palmen wurden *berauschende Getränke* mit erheblichem Alkoholgehalt („Schnaps") hergestellt, die unter entsprechenden Bedingungen zu *Essig* weiterverarbeitet wurden. ARISTOTELES bemerkt: „Beim Stehen in der Wärme wird (Dattel-)Wein sauer, indem die Hefe unter Trübung emporsteigt und das Umschlagen zu Essig bewirkt".

Der *Granatapfel* ist der „Apfel" der Bibel, mit welchem Eva Adam verführte (F. CORNELIUS 1960) und den der troische Paris der (Landesgöttin) Aphrodite im Streit mit (den eindringenden Kulturen der) Athene und Hera als Preis zuerkennt (V. HEHN 1902); im Altertum galt der Granatapfel als Sinnbild des Naturlebens und der Fruchtbarkeit. Heute ist er verdrängt durch die Zitrone mit ihrem ebenfalls säuerlichen Fruchtgeschmack. — Das Meißener „Zwiebelmuster" ist ein mißverstandener chinesischer Granatapfel (G. JACOB 1924).

Die *Gebäcke* waren im allgemeinen sehr hart und trocken. Sie wurden deshalb in Wasser, Milch oder Wein eingetaucht, wie dies später bei Griechen und Römern noch üblich war (A. STANGE 1927). Der früheste Einzelfund eines mit Sauerteig gelockerten Gebäckes stammt aus der Zeit um 1800 v. Chr. aus einem Pfahlbaudorf am Mondsee (W. v. STOKAR 1956).

Schwanenfleisch wurde noch im 18. Jahrhundert n. Chr. gegessen; Rezepte zur Zubereitung sind vielfältig überliefert.

Die *Walnuß* diente im alten China zusammen mit gesalzenen Eidechsen, getrockneten Heuschrecken, Datteln, getrocknetem Ingwer und „Nägeln aus einem alten Sarg" als Mittel gegen Vergiftungen mit Opium (O. ZEKERT 1960). — In Ägypten richtete man Verbrecher dadurch, daß man sie zwang, große Mengen *Pfirsich*kerne zu essen. Sie starben infolge Blausäurevergiftung.

Zucker in fester Form wurde erst um 300 n. Chr. bekannt, als ALEXANDER der Große ihn während seines Feldzuges in Indien entdeckte; vor dieser Zeit genoß man das Zuckerrohr als solches oder dessen durch Auspressen oder Auskochen gewonnenen (konzentrierten) Saft (E. O. v. LIPPMANN 1929).

Zweistromland

Die Sumerer zerstießen die Gerste in Handmörsern oder „mahlten" sie in primitiven Handmühlen. Zum Mähen benutzten sie Sicheln aus gebranntem Ton; andere Werkzeuge waren aus Stein. Die Verwendung von Kupfer galt als Luxus. Dennoch war ihre Wirtschaft um 2800 v. Chr. schon so gut eingerichtet, daß sie Vieh, wie Esel, Rinder, Schafe, Schweine, Ziegen, Fische, Geflügel, Getreide, ferner landwirtschaftliche Produkte wie Milch, Käse und Öl in großem Umfange bis ins Gebiet weit nördlich des Tigris und nach Ägypten exportieren konnten. Um 1400 v. Chr. benutzten die Babylonier bereits einen Pflug mit Sävorrichtung, der von einem Joch Ochsen gezogen wurde. Das Dreschen wurde mit hölzernen Schlitten, deren Kufen mit Feuersteinen ausgelegt waren, vorgenommen, wobei das Stroh gleichzeitig zerschnitten wurde und als Viehfutter benutzt werden konnte. Zu Beginn des zweiten Jahrtausends kommt der Anbau des Weizens auf, der innerhalb von tausend Jahren den bislang angebauten Emmer verdrängt. Reis wird erst wenige Jahrhunderte vor der Zeitwende durch die Perser aus Indien eingeführt.

Da der Ölbaum im Zweistromland nicht gedieh, wurde für die Ölgewinnung Sesam angebaut, dessen Öl man außer für Speisezwecke auch zur Beleuchtung sowie für Salben und zu Kultzwecken benutzte. Honig war im alten Babylonien noch unbekannt. Als Süßungsmittel diente Dattelsirup, während später die Assyrer Honig von Wildbienen ernteten. Die Früchte der Dattelpalme, von der mehrere Arten in den Gärten gut gediehen, bildeten einen wesentlichen Bestandteil der Nahrung. Sie wurden entweder roh gegessen, oder der Saft wurde ausgepreßt, zu Sirup (oft als „Dattelhonig" bezeichnet) eingedickt und auch vergoren und zu Essig verarbeitet. Die Kerne dienten als Heizmaterial und — aufgeweicht — als Viehfutter. In den Gärten wuchsen auch Feigen, Granatäpfel und die Weinrebe, deren Saft, mit Wasser vermischt, als Erfrischungsgetränk diente, zu Wein jedoch nur in geringem Umfang verarbeitet wurde. Wahrscheinlich war dieser Wein zu sauer. — An Obst kannte man außerdem Äpfel, Birnen und die Früchte vom Johannisbrotbaum; ferner Pistazien und Mandeln.

Als Gemüse diente seit ältesten Zeiten Knoblauch, der auch „auf der Tafel des Gottes und Königs" seinen Platz fand (K. HINTZE 1934). Weiter wuchsen im Garten Porree, Zwiebeln, Kresse, Dill, Koriander, Yssop, Kümmel, Thymian, Rüben, Rettich, Gurken, Mohn, Zichorie, Rizinus. Neben dem Gemüse bildeten die Getreidearten Gerste, Emmer, Hirse und Weizen (M. WÄHREN 1962) den Hauptbestandteil der Nahrung. Sie wurden geröstet, als Graupen oder als Fladenbrot gegessen. Es wurden auch Gebäcke in Menschen- oder Tiergestalt ausgeformt, mit Früchten belegt oder mit ihnen zubereitet, z. B. Apfel- und Feigenkuchen (B. MEISSNER 1920), wobei Knoblauch als beliebte Zukost diente.

Das Rind ist in Babylonien in erster Linie Arbeitstier; wenn es zu Opferzwecken geschlachtet wird, ist dessen Fleisch billig erhältlich. Das Schwein ist bereits gezähmt, läuft aber meist frei umher und übernimmt zusammen mit Hunden und Geiern die Straßenreinigung. Sein Fleisch gilt als unrein und ist billig. Wahrscheinlich ist die Haltbarmachung von Schlachtfleisch durch Pökeln bekannt gewesen, denn es wird mitgeteilt, daß der Schlachter Uddânu eine Abnormität, ein Ferkel mit 8 Beinen und 2 Schwänzen, durch Einsalzen (Salpeter ?) haltbar aufbewahrt habe (B. MEISSNER 1925). Auch über Menschenfresserei wird berichtet. Während einer Hungersnot aßen die Babylonier das Fleisch ihrer

Söhne und Töchter, das ihnen „so gut wie Hammelfleisch schmeckte" (K. Hintze 1934).

Zur Mästung von Schafen, Hühnern, Gänsen und Enten wurde vorwiegend Emmer verwendet. Fische wurden eifrig gefangen und gegessen, und auf dem Fischmarkt in Larsa wurden bis zu 18 verschiedene Arten feilgehalten.

Lieblingsspeisen des Volkes waren dicker Mehlbrei oder eine Speise aus Dickmilch mit Dattelsirup oder ein Mus aus Dickmilch, Honig und Öl, weiter eine Süßspeise aus Mehl, Sesam und Dattelsirup. Allen Speisen wurde Salz als notwendiges Gewürz zugesetzt. Als Getränk diente außer Kuh-, Schaf- oder Ziegenmilch, die auch als Dickmilch genossen wurden, Wasser, dem man auch den Saft verschiedener Früchte zusetzte. Berauschende Getränke wußte man aus Gerste, Emmer, Datteln, Wein und Sesam herzustellen.

Aus der ursprünglichen Hausbrauerei entwickelte sich bereits im dritten Jahrtausend ein blühendes Braugewerbe. Die Brauereien lagerten bis zu 4000 Fässern, sämtlich aus Ton, da Holz rar war. Die Bezahlung von Arbeitern mit Naturalien schloß immer Bier ein. Ein Feldarbeiter erhielt täglich 1 Liter gewöhnliches Bier, Arbeiter am Schöpfrad, Kanalarbeiter, Maurer, Zimmerleute 1 Liter Vollbier, einfache Angestellte 2 Liter Vollbier, solche mit Tempelschulbildung sowie Haremsdamen und Hofangestellte 3 Liter und endlich Oberverwalter, Generalinspektoren, Güterdirektoren und andere leitende Beamte 5 Liter Vollbier täglich. Auch ärztliche Heilmittel wurden in Bier verabfolgt (K. Hintze 1934).

In einem Lande, welchem man das tägliche Brot nur in der Gemeinschaftsarbeit (der künstlichen Bewässerung und eines gepflegten Kanalsystems) abzuzwingen vermochte, lernten die Bürger schnell, unter der Leitung des die Gottheit repräsentierenden Priesterkönigs Hand in Hand zu arbeiten. Es differenzierten sich die Berufe. Was der Ackerbauer, Palmenzüchter, Gärtner an Korn, Datteln oder Gemüse erntete, was der Rinderhalter und Kleinviehwirt an Fleisch, Milch, Häuten, Wolle gewann, was der Jäger und Vogelfänger oder Fischer erbeutete — alles ging an die Wirtschaftszentrale des Tempels, um dort zum Eigenverbrauch, zur Weiterverarbeitung oder Neuverteilung an die Glieder der Gemeinschaft zu gelangen oder gespeichert oder exportiert zu werden. So entstand hier eine schnell wachsende Welt von Zahlen. Der Verwalter der Palastwirtschaft und der Vorratshäuser, die Leiter der Ausgabestellen für Lebensmittel und Bekleidung, die Oberen der Handwerksgilde notierten Ein- und Ausgänge. Zur Erleichterung der Berechnungen wurden Tabellen geschaffen, die zunächst Additions- und Subtraktionslisten, später auch solche für Multiplikation und Division boten. Die Flächenberechnungen, wichtig für den Landmesser, gediehen bis zum Trapez, das man „Ochsenstirn" nannte. Die Kunst der Geodäten, deren die Feldverteilung bedurfte, begegnet uns schon in Katasterurkunden des 24. vorchristlichen Jahrhunderts. Zentren dieser altmesopotamischen Wissenschaft waren die „Tafelhäuser", wie man sowohl die Schulen, als auch die Forschungsstätten in Uruk, Ur und Nippur nannte (H. Schmökel 1963).

Ägypten

Die Größe des anbaufähigen Bodens betrug im alten Ägypten nicht mehr als ungefähr 30000 qkm, etwa der Größe Belgiens entsprechend. Vielfach handelte es sich dabei um Sumpfland. Die aus diesen Sumpfgebieten gewonnenen Pflanzen Lotus und Papyrus spielten zunächst für die Ernährung eine Rolle, wurden jedoch später von den samentragenden Gräsern verdrängt. Die Ägypter ließen die Fruchtköpfe des Lotus anfaulen, schälten die Samen heraus, trockneten sie und machten davon ein Backwerk. Von der Papyrusstaude aßen sie den unteren Teil roh, gekocht oder geröstet; aus den Stengeln saugten sie den Saft. Getrocknete Stengel wurden zur Herstellung von Mehlsieben benutzt. Die Erdmandel (Cyperus esculenta) wurde gesammelt. Ihre Knollen wurden in Gerstenbier gekocht, wodurch sie süß wurden (K. Hintze 1934).

Aus der Zeit Ramses III. (1200—1168 v. Chr.) berichtet der Papyrus Harris von 30 verschiedenen Brotsorten; der Mehlverbrauch der Hofbäckerei und die

Anzahl der täglich hergestellten Brote und auch der Backverlust werden überliefert (J. H. BREASTED 1936). Aus Grabbeigaben, Abbildungen und Beschreibungen läßt sich entnehmen, daß an Gemüse Zwiebeln, Lauch, Knoblauch (Blähungen werden als „göttlich" verehrt), Gurken, Melonen, Flaschenkürbis, Saubohnen, Linsen, Rettich, Lotossamen, die an der Sonne gedörrt, geschrotet und zur Brotbereitung benutzt wurden (E. BEINTKER und W. KAHLENBERG 1948), bekannt sind. Die Dattelpalme wird angebaut; ihre künstliche Bestäubung ist in Ägypten ebenso üblich wie in Babylonien. Der aus dem Saft des Stammes und der Früchte bereitete Wein ist hauptsächlich ein Getränk der Armen; er bereitet Kopfschmerzen. Die jungen Früchte und die Blätter der Dattelpalme dienen als Gemüse. Nahrungsmittel sind auch seit etwa 2000 v. Chr. die Früchte der Sykomore, die vor der Lese angestochen werden, um den bitter schmeckenden Saft abfließen zu lassen. Auch der Feigenbaum ist seit dieser Zeit nachweisbar. In Gräbern aller ägyptischen Dynastien sind die Früchte des Granatbaumes zu finden. Schon im Alten Reich (3000 v. Chr.) waren die Früchte des Sebestenbaumes, schmackhafte, eichelgroße, maulbeerschwarze, süßlich-schleimige Steinfrüchte beliebt (F. WOENIG 1886). Als Heimat des Ölbaums (Olea europaea) wird Syrien angesehen. Über den Zeitpunkt seiner Einführung ins Niltal ist nichts bekannt. Dieser liegt wahrscheinlich in der ägyptischen Frühzeit. Olivenöl dient für Opfergaben, zum Backwerk, für Speisen allgemein und auch für Salben.

Bereits zur Negade-, also in vorgeschichtlicher Zeit, ist die Kultur der Weinrebe weit verbreitet; sie darf neben den Cerealien und dem Flachs zu den ältesten Kulturgewächsen gerechnet werden (K. HINTZE 1934). Die Weintrauben werden wahrscheinlich auch roh gegessen, ferner zu einem erfrischenden Mostgetränk bereitet, auch zu Rosinen getrocknet. Vor allem aber bereitet man Wein, indem man Traubensaft stehen und gären läßt. Der Wein wird in große, weithalsige Krüge gefüllt, deren Boden mit einer Harzschicht überzogen ist oder in die man ein Stück Harz gelegt hat, um den Wein länger haltbar zu machen. Die Weinkrüge werden dann mit einer Lehm- oder Kalkschicht verschlossen, in welche das Markenzeichen eingedrückt wird.

Unter den Gewürzen spielen vor allem Kümmel, Dill, Koriander und Anis eine Rolle. Anis wird roh und gekocht genossen, grün oder getrocknet in Würzen und Tunken mitverarbeitet und aufs Brot gestreut. Majoran und vor allem Mohn haben als Heil- bzw. Betäubungsmittel Bedeutung.

Der Honig ist das einzige wirkliche Süßungsmittel, über das die Ägypter verfügen. Seit etwa 2000 v. Chr. tauchen in den Abgabelisten für die Tempel erhebliche Mengen Honig auf. Nach der einzigen erhaltenen Darstellung der Honiggewinnung (A. ERMAN und H. RANKE 1923) aus dem dritten Jahrtausend bauen die Bienen ihre Waben in waagerecht übereinander geschichtete Tonkrüge.

In der Viehzucht steht das Rind, schwarz- oder rotbunt, hornlos oder mit langen leierförmig gekrümmten Hörnern, an erster Stelle. Es dient als Schlachttier und zur Milchgewinnung und wird zuweilen mit Brotteig gemästet, der den wiederkäuenden Rindern von den Hirten ins Maul geschoben wird. Beim Schlachten wird das Blut aufgefangen, um es auf „Besessenheit" zu prüfen, wahrscheinlich aber nicht verwendet. Die Schlachtstücke wurden an Stricken in Vorratshäusern aufgehängt; ein Anräuchern oder Einsalzen ist nicht überliefert. Das trockene Klima besorgt wohl die Haltbarmachung. Die Zubereitung des Fleisches erfolgt seit alters her durch Braten am Spieß. Erst um 1500 v. Chr. kommen Metallkessel auf, die auf Füßen über dem Feuer stehen. Zweizinkige Gabeln dienen zur Handhabung des Fleisches. Ein besonderer Leckerbissen ist fetter Antilopenbraten; als Opfer für die Isis bekommt der geschlachtete Stier eine Füllung aus Weihrauch, Myrrhe, Feigen und Rosinen. Die Milch wird frisch oder gekocht genossen; gelegentlich säugen die Könige direkt von der Kuh, um mit deren Milch die Unsterblichkeit zu gewinnen (K. HINTZE 1934). Butter und Käse als Produkte einer Weiterverarbeitung sind offenbar nicht bekannt. – Erst aus der Zeit um 1000 v. Chr. heißt es im Alten Testament: „Wenn man Milch stößt, so macht man Butter daraus" (Sprüche SALOMONs 30, 33). Diese Butter blieb infolge des warmen Klimas weich und wurde frisch genossen, indem man Brot in sie eintauchte oder sie trank; letztere Verzehrsweise ist noch heute bei den Beduinen üblich.

Die großen Sumpfgebiete am Strom beherbergten ungeheure Vogelscharen, die je nach der Jahreszeit noch durch Wander- und Zugvögel vermehrt wurden. Man fing sie mit Netzen und brachte sie dann auf Geflügelhöfe, auf denen Enten, Gänse, Kraniche, Reiher, Schwäne und Tauben gehalten wurden (J. H. BECKER 1812).

Die ägyptischen Priester warnten — wahrscheinlich nicht nur aus religiösen Gründen — vor dem Genuß gewisser Speisen und Getränke. Sie selbst lebten nur von solchen, die „opferfähig" waren. Ausgewählte Personen suchten unter den angebotenen Tieren die gesündesten aus und drückten ihnen ein Siegel aus Tonerde auf. — Fische waren ein Hauptnahrungsmittel der niederen Stände. Zwecks Haltbarmachung wurden sie gedörrt. In späterer Zeit galten Fische als unrein; ein Rechtgläubiger durfte keine Gemeinschaft mit Fischessern pflegen. Auch andere im Wasser lebende Tiere wie Fischottern und Krokodile wurden zu den Fischen gerechnet.

Nilwasser war das übliche Getränk des Volkes und wurde im Haus in Tongefäßen aufbewahrt, aufs Feld und auf die Reise in Ziegenfellen mitgenommen. Die Braukunst war nicht so hoch entwickelt wie in Babylon, woher Bier in versiegelten und etikettierten Krügen importiert wurde. Trotzdem erreichten die Brauereien eine beachtliche Größe. Es gab gärendes, schäumendes, ausgegorenes, abgestandenes, starkes, süßes, bitteres, dunkles und besonders dickflüssiges Bier (F. HROZNY 1910a). Das weißlichschäumende, saure war nicht haltbar und mußte sofort getrunken werden. Bier spielt im täglichen Leben die Rolle eines Nahrungsmittels, das sogar Kinder trinken. Die als Arbeitslohn zugeteilte Menge an Brot und Bier, mit Lauch und etwas Bohnen die tägliche Nahrung des kleinen Mannes, richtet sich nach Rang, Stellung und Tätigkeit. Ein Bauer z. B. erhält täglich vier Brote und zwei Krüge Bier.

Wein wird besonders bei Festlichkeiten getrunken. Vor dem Berauschtwerden schützt man sich dadurch, daß man vor den Speisen gekochten Kohl ißt. — Übrigens wird jeden Monat eine Fastenzeit von drei Tagen eingelegt, während welcher eine „Körperreinigung" mit Abführ- und Brechmitteln sowie Klistieren vorgenommen wird.

Auch über die Einnahme des Essens sind wir gut unterrichtet. Es gab zwei Hauptmahlzeiten, morgens und abends. Mittags wurde nur ein „Lunch" eingenommen. Vor den Mahlzeiten wurden die Hände gewaschen (M. WÄHREN 1962), und es wurde gebetet. Dann setzte man sich auf Stühle — zur Zeit XENOPHONs gab es Speisesofas — um den mit einem Tischtuch gedeckten Tisch. Man schnalzte mit der Zunge und griff gewöhnlich mit den Fingern nach den aufgetragenen Speisen (Abb. 7), wenn auch Messer und Löffel (für Suppen) nicht unbekannt waren. Speisereste wurden — wie auch in Europa noch im Mittelalter üblich — auf den Boden oder die Straße geworfen und dort von Hunden oder Bettlern verzehrt. Nach dem Essen blieben die Männer häufig zu einem Umtrunk zusammen, bis der Alkohol seine Wirkung tat. Für den Fall, daß „ein Mensch Rauschtrank getrunken hat, seine Beine schwanken und er die Dinge mehrfach sieht" (B. MEISSNER 1920), wurde ein Pulver aus den Samen von fünf verschiedenen Pflanzen empfohlen. — In Ägypten nahmen Frauen ebenfalls an Gastmählern teil. Auch sie tranken zuweilen mehr, als sie vertragen konnten. Abb. 8 zeigt eine jämmerlich auf dem Boden hockende Frau mit verschobenem Gewand, die sich übergibt. Die mit einer Brechschale hinzueilende Dienerin kommt zu spät. — Wie Soldaten in Griechenland aßen, beschreibt W. v. STOKAR (1956). Auf einem Vasenbild hält ein Krieger mit der rechten Hand eine Hammel-

Abb. 7. Mahlzeit im Zweistromland um 2000 v. Chr. (nach B. MEISSNER 1920)

keule, in der Linken mittels Daumen und Ringfinger einen Fladen. Zeige- und Mittelfinger sind abgespreizt, weil sie zum Naseputzen benötigt werden. —

Abb. 8. Ägyptische Dame beim Gastmahl, Dienerin mit Brechschale (nach ERMAN-RANKE 1923)

Gewerbebetriebe in der Frühzeit

Das in den Städten sich handwerksmäßig entwickelnde Lebensmittelgewerbe umfaßte Berufsstände, wie Angehörige des Molkereiwesens, Bäcker, Brauer, Schlachter und auch Gärtner. Es gab handwerkliche Kleinbetriebe und Großbetriebe, letztere zumeist in staatlichem oder kirchlichem Besitz. C. L. WOOLLEY (1929) bildet eine sumerische, aus der Zeit um 3000 v. Chr. stammende Darstellung einer zum Tempel gehörenden Molkerei (Abb. 9) ab, auf der (entsprechend der um diese Zeit üblichen Schreibweise der Kolumnen von rechts nach links) wieder-

Abb. 9. Fries vom Tempel in El-Obeid, eine Meierei darstellend. Von rechts nach links: Tempeldiener Kühe melkend, Milch seihend und butternd. 3100 v. Chr. (nach C. L. Woolley 1929)

Abb. 10. Backofen mit Backplatte und Teigschaber (nach L. Borchardt 1897)

gegeben sind: Melken, Abfüllen der Milch in Tonkrüge, Durchseihen oder Abgießen des Rahms und Buttern. Letzteres erfolgte durch Stoßen, Schlagen oder Erschüttern des Rahms. Dieses urtümliche Verfahren hat sich bis in die Neuzeit unverändert erhalten. Noch heute buttert man in Indien in einem tönernen, etwa 150 l fassenden Quirlfaß. Der Topf wird in einer Aushöhlung des Erdreiches oder mittels eines Kranzes von Stroh oder Zweigen gehalten. Als Quirl dient ein Bambusstock, der unten in 4—8 Teile gespalten ist. — Die kleinasiatische dörfliche Butterschaukel besteht aus Holz. In dieser wird ebenso wie im arabischen Fellschlauch aus einer an den Beinen zugenähten Ziegenhaut der Rahm so lange geschaukelt, bis der Butterungsvorgang abgeschlossen ist.

Die Bäcker verrichteten (in Ägypten) ihr Gewerbe teilweise im Knien. Auf einer hölzernen oder steinernen Platte wurde der Teig geknetet und von dieser mittels eines scharfkantigen Steinschabers abgekratzt. Das Backen erfolgte in heißer Asche oder mittels primitiver Backgeräte. Abb. 10 zeigt zwei mit ihrem Ende im spitzen Winkel zusammenstoßende Steinplatten, auf welchen eine mehrere Zentimeter dicke Scheibe von gebrannter Nilerde ruht. Unter letzterer wurde ein Holzkohlenfeuer entzündet. Auf der heißen Backplatte wurde Getreide geröstet, Teig gebacken und auch Röstbrot hergestellt. Die dem Bäcker zugewandte Seite des Ofens war offen, so daß ihm die heiße Glut entgegenschlug. Ägyptische Statuetten halten daher mitunter eine Hand wie zur Abwehr der Hitze vor das Gesicht. Die fertigen Gebäcke wurden mit dem erwähnten scharfen Teigschaber glatt geschliffen, wie Abb. 10 zeigt. Diese Backverfahren sind noch um die letzte Jahrhundertwende in Ägypten üblich gewesen. Die Beduinen buken ihre Fladen in heißer Asche, und der ägyptische Bauer benutzte, „wenn er nicht ... schon sein Brot von einer Bäckerei“ bezog, den oben beschriebenen Backherd (L. BORCHARDT 1897).

Ein größerer Bäckereibetrieb aus der Zeit um 2000 v. Chr. wurde im Palaste des Königs SARGON in Babylonien ausgegraben. In diesem fand man mächtige Tonkrüge, an deren innere Wände Teigstücke geklebt und dann durch loderndes, schnell erlöschendes Gestrüppfeuer gebacken wurden. — Die aus der Zeit um 1200 v. Chr. stammende Bildwiedergabe (Abb. 11) der Schloßbäckerei von Pharao

Abb. 11. Großbäckerei um 1200 v. Chr. in Theben. Ägyptische Malerei (nach A. ERMAN und H. RANKE 1923)

RAMSES III. in Theben ist ein echter Großbetrieb mit Arbeitsteilung in unserem heutigen Sinne. Im Bild links oben hängt ein Korb mit Sauerteig. Zum Kneten großer Mengen Teig benutzte man die Füße und hielt sich mit Stangen im Gleichgewicht. Diese Arbeitsweise des „Teigtretens“ war für die Bereitung von Pumpernickelteigen noch zu Beginn dieses Jahrhunderts üblich (F. M. FELDHAUS 1955): Ein kleines Schaff mit warmem Wasser zum Waschen der Füße stand neben dem Trog. Die zum Halt benötigte Stange wurde allerdings neben dem Teigtrog aufgestützt. — Zwei andere Bäcker tragen in (unterschiedlich aussehenden) Krügen verschiedene Flüssigkeiten zu einem Tisch, an welchem festerer Teig, also kein Sauerteig ausgeformt wird. Über dem Tisch hängen Ausstechformen. Unter dieser Darstellung sieht man weitere Bäcker Mehl durch ein Sieb aus Papyrusschilf oder Binsen (F. WOENIG 1897) hindurchsieben und andere knieend Teig formen. In der oberen Reihe folgt dann ein von unten beheiztes, mit Deckel und Griff verschlossenes Ölbad. In diesem wurde mittels der Zange, die der rechtsstehende Bäcker in der Hand hält, ein schneckenähnliches Gebäck erhitzt und, wenn es sich aus den Formen gelöst hatte, mit Hilfe eines Spießes in heißem Fett gewendet. Es folgt dann ein abgekühlter Backofen, welchem ein Bäcker mit auffallend dummem Gesichtsausdruck und abstehenden Ohren die fertigen, runden

Backwaren entnimmt und auf einem Gestell ablegt. Darüber sieht man einen Bäcker beim Sieden, während ein Arbeiter Brennholz (?) hinzuträgt. Der in der unteren Reihe links gezeichnete Backofen ist mit Teig beschickt und kann die Teigstücke, welche ein Gehilfe auf dem Kopf herbeibalanciert, nicht mehr aufnehmen. Weiter rechts ist fertiger Sauerteig zu sehen. Der Bäcker schabt die zähe Masse von seiner Hand ab.

Das Mahlen von Getreide scheint zunächst nicht gewerbsmäßig, sondern eher „im Lohn" ausgeführt worden zu sein. Die Statuette einer ägyptischen Arbeiterin zeigt neben dem Mahlgerät ein kleines Maß und einen zur Aufbewahrung des fertigen Mehles dienenden, mit einer Scheibe zugedeckten großen Topf. Dieser steht in einem Flechtwerk (L. BORCHARDT 1897). In den babylonischen Tempeln gab es Arbeiter, welche zusammen mit ihren Familien durch Reiben mit einem „Mörser auf einem Grundstein" Getreide zerkleinerten (B. MEISSNER 1920). Es gab feines und grobes Mehl (F. HROZNY 1910b). — Ein Gewerbe entwickelte sich erst nach Mechanisierung des Mahlvorganges durch die Erfindung der Göpelmühlen in römischer Zeit. Etwa um 200 v. Chr. gab es in Italien die ersten „pistores", in welcher Zunft Bäcker und Müller zusammengeschlossen waren und deren Zunftzeichen ein mit drei Ähren versehener Backtrog war (M. WÄHREN 1953). Beide Berufe wurden damals vielfach von denselben Personen ausgeführt. Ein Ladenschild einer in Pompeji ausgegrabenen Bäckerei zeigt eine von einem Maultier angetriebene Mühle (A. STANGE 1927).

Die Herstellung geistiger (berauschender) Getränke erfolgte durch die Brauer. Diese fertigten „Schnaps" aus Hirse, Datteln und Sesamsamen. Die Rohstoffe wurden zerkleinert, mit Wasser versetzt und zum Gären stehen gelassen. Durch eine Nachricht aus dem Talmud sind wir darüber informiert, daß das (den Alkohol enthaltende) Wasser bis zu 13mal abgegossen wurde. Die Bildung von Methanol und Fuselölen ließ sich bei diesem Verfahren natürlich nicht ausschließen. XENOPHON beschreibt daher den armenischen Dattelschnaps als ein zwar angenehmes, jedoch Kopfschmerzen verursachendes Getränk. Zur „Abrundung" sollen Zimt (F. HROZNY 1910a) und Sesamöl (B. MEISSNER 1920) zugesetzt worden sein. Anscheinend war auch schon die durch Lagerung mögliche Qualitätsverbesserung bekannt. Einjähriger „Rauschtrank" wird erwähnt, und wenn die Haltbarmachung nicht gelungen war, benutzte man die (sauer gewordene) Flüssigkeit als Erfrischungsgetränk oder in der Küche als Essig. Bier wurde aus Gerste, geringere Qualitäten wurden mit einem Zusatz oder ausschließlich aus Emmer hergestellt. Der Maischprozeß erfolgte durch Befeuchten oder Eingraben in nasse Erde, bis das Getreide auszukeimen begann. Das „Malz" wurde geschrotet und zu brotartigen Gebilden (Abb. 12) geformt. Diese wurden so erhitzt, daß eine Krustenbildung erfolgte, ihr Inneres jedoch roh blieb.

Abb. 12. Teigbereitung und Ausformung von Malzbroten (nach L. BORCHARDT 1897)

Man zerstückelte das Malz in Bottiche, übergoß es mit Wasser und ließ es gären. Danach wurde die Flüssigkeit durch ein auf einen zweiten Topf aufgesetztes Sieb oder einen Korb oder eine Matte hindurchgearbeitet, indem man die aufgeweichten Malzstücke mit den Händen zerknetete. Diese „Würze" wurde mittels erhitzter Feldsteine, die in den Sud geworfen wurden, „gebraut". Als Braugefäße wurden zum Teil ausgehöhlte Baumstämme benutzt, in welchen man in den Alpenländern noch im 19. Jahrhundert auf diese Weise „Steinbier" hergestellt oder das Bad bereitet hat. Aufbewahrt wurde das Bier in Tonnen oder Krügen, welche in der „Brauerei" zum Füllen abgeliefert werden mußten. Auch Lederschläuche dienten zur Aufbewahrung und zum Trinken (Abb. 13). — Vor dem Genuß wurde das „Bier" vom Bodensatz abgegossen; die auf dem Bier schwimmenden Getreidekörner (XENOPHON) störten nicht. Sie wurden entweder abgeseiht, oder man trank durch lange Rohrhalme (Abb. 14). In manchen Fällen waren den „Brauereien" Schankstuben angeschlossen, die von Männern, aber auch von Frauen betrieben wurden.

Abb. 13. Trinken aus einer Ziegenhaut: 3 Beine derselben zugenäht. Griechisches Vasenbild aus der Zeit um 450 v. Chr. (nach F. M. FELDHAUS 1954)

Eine von ihnen, KU-BAU, soll in vorgeschichtlicher Zeit im Zweistromland sogar Königin geworden sein und eine eigene Dynastie gegründet haben (C. L. WOOLLEY 1929). Auch das „Brauen" selbst ist von Frauen betrieben worden, wie wir aus den Gesetzesvorschriften HAMMURAPIs (um 2000 v. Chr.) wissen. Frauen waren als gewerbliche Arbeitnehmerinnen, wie wir heute sagen würden, auch in Mühlen und Bäckereien tätig.

Abb. 14. Trinken aus Rohrhalmen. Darstellung auf einem hethitischen Zylinder (nach B. MEISSNER 1920)

Abb. 15. Weinlese in Altägypten (nach A. ERMAN und H. RANKE 1923)

Nicht zu den Brauern gehörten die Weinkelterer. Damit der fruchtbare Boden der Weinberge nicht fortgeschwemmt wurde, legte man Terrassen an, ferner umgab man das Gelände mit Zäunen, um Schaden durch Wild zu verhindern, wie Moses (4. Buch 22, 24) berichtet. Abb. 15 ist die Darstellung der Weinlese in Ägypten. Die Trauben wurden gepflückt und in Gefäßen zu der aus einer flachen Vertiefung bestehenden Kelter getragen. Dort traten und stampften Männer mit nackten Füßen die Trauben und sangen dabei (Jeremia 25, 30), um im Takt zu bleiben, während das „Weinbeerblut" Haut und Kleider rot färbte (Jesaja 63, 2). Um nicht auszugleiten, hielten sich die „Keltertreter" an einem von einem Balken herabhängenden Strick fest. Der ausgepreßte Most wurde in lederne Schläuche (Matthäus 9, 17) oder in Fässer (Jeremia 48, 11) eingefüllt, darin gären lassen und der fertige Wein (hebr. jajin) von den Hefen abgegossen. Dieses Verfahren war auch im Mittelalter noch in Deutschland üblich. Ein niederrheinischer Tonmodel aus der ersten Hälfte des 15. Jahrhunderts (im Besitz des Kunstgewerbemuseums Berlin-Charlottenburg), zeigt Christus, die Kelter tretend.

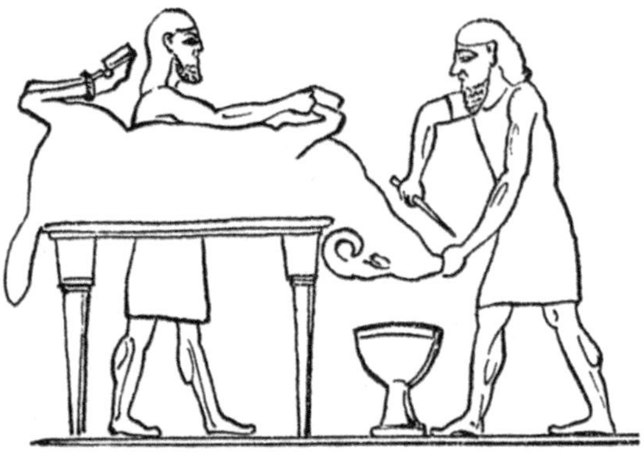

Abb. 16. Assyrer schlachten ein Schaf auf der Schlachtbank. Das Gefäß dient zum Auffangen des Blutes (nach F. Rienekker 1960)

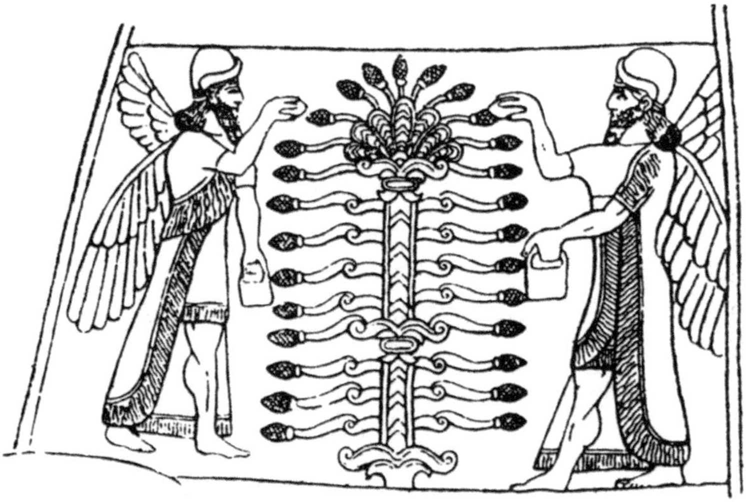

Abb. 17. Künstliche Befruchtung einer Dattelpalme. Darstellung aus dem Zweistromland; um 2000 v. Chr. (nach B. Meissner 1920)

Schlachter und Bäcker wurden schon von den Göttern des Zweistromlandes beschäftigt. Auf die Kunst, Fleisch haltbar zu machen, wurde bereits hingewiesen. Das Schlachten erfolgte vielfach in Schlachthöfen. Die niedergeworfenen oder auf einer Schlachtbank (Abb. 16) liegenden Tiere wurden von einem oder mehreren Menschen festgehalten, dann wurden Schlagader und Luftröhre durchschnitten. Das stoßweise herausspritzende Blut wurde in Gefäßen aufgefangen oder lief in auf dem Boden angebrachte Abflußrinnen. Nur vereinzelt wird berichtet, daß man den Tieren, wie beim Geflügel üblich, den Kopf abgeschnitten habe. Genossen wurden die Vorderkeulen (Schulterstücke), Hinterkeulen, Herz und Bruststücke (O. D. POTTHOFF 1927).

Gärtner bauten die wenigen bekannten Gemüsesorten, Gewürze, Wein, Obstbäume und -sträucher an. Die Zweigeschlechtlichkeit der Pflanzen war bekannt. Gärtner stiegen mittels eines ausgepolsterten, um Baum und Menschen herumgelegten Strickes, der vom Altertum bis jetzt den Namen „tubalû tebelje“ behalten hat, in die Baumkrone und hängten die männlichen Blütenstauden in die weiblichen (Abb. 17). Die Bewässerung wurde durch überirdische oder unterirdische steinerne Kanalsysteme gewährleistet. Ein solches ließ SANHERIB um 700 v. Chr. in einer Ausdehnung von 16 Quadratkilometern in Felsen einschlagen und füllte das drüberliegende Areal mit Erde auf (B. MEISSNER 1920). Paternosterartige Schöpfwerke haben von dort das Wasser in die darüberliegenden Gartenanlagen gefördert, wie uns durch die Ausgrabungen der zu den Weltwundern zählenden sog. „Hängenden Gärten der Semiramis“ (um 1130 v. Chr.) durch KOLDEWEY bekannt geworden ist (C. W. CERAM 1949).

Die Kenntnisse der Frühzeit waren also schon erheblich. Bei der Lebensmittelherstellung zerkleinert man, siebt, röstet, gießt ab, seiht, kocht aus, vergärt, versteht sich auf die Klärung von Honiglösungen mit Alaun. Die Wechselwirkung von Säuren mit Alkalien bei der „Schönung“ von saurem Wein durch Kalkzusatz (H. FINCKE 1933) ist ebenso bekannt wie ein Backtriebmittel aus Natron oder Pottasche mit Säure (W. ADRIAN 1951). Daß man Lebensmittel auch gefärbt hat, ist wahrscheinlich. Aus den vorgeschichtlichen Höhlenmalereien kennen wir die Verwendung der rot oder gelb gefärbten Eisenoxyde Rötelstaub und Ocker. Im Zweistromland wurden schwarze, rötliche, gelbliche oder golden schimmernde Pasten (aus Antimonverbindungen oder Henna) für kosmetische Zwecke benutzt, wahrscheinlich hat man auch aus Öl und Alkalien, z. B. Pottasche, Seife hergestellt (B. MEISSNER 1920). — Die chemische Analytik beschränkte sich auf die Durchführung trockener Analysen, wobei der im 2. vorchristlichen Jahrtausend in Mesopotamien entdeckte Kuppelationsprozeß einen wesentlichen Fortschritt der Probierkunst bedeutete (W. GEILMANN 1963).

Vorratsschutz

Auch die Bemühungen, Vorräte anzulegen und Kulturpflanzen vor Schädlingsangriff zu bewahren, müssen erwähnt werden. In vorgeschichtlicher Zeit wurden in Ägypten die Getreidevorräte unter der Erde aufbewahrt, wie dies auch heute noch in manchen Gegenden Indiens der Fall ist (F. ZACHER 1937). Modelle von Kornhäusern aus der Zeit um 2000 v. Chr. befinden sich im Ägyptischen Museum in Kairo. Diese Kornhäuser hatten eine siloähnliche Bauart. Das in Säcken herbeigeschaffte Getreide wird durch eine Deckenöffnung in den Speicher geschüttet, der unten einen Ablauf zur Entleerung besitzt. In solchen Getreidespeichern hat JOSEF Getreide 7 Jahre lang lagern können (1. MOSE 41, 35); das Getreide blieb durch die sich bei der Atmung bildende Kohlensäureglocke vor biologischen Umsetzungen geschützt. — Aus späterer Zeit sind kegelförmige Getreidesilos (Silo, hebr. = Ruhe, Sicherheit) mit Öffnungen für die Luftzirkulation bekannt. Sie besaßen dieselbe Form, die F. ZACHER (1937) noch in der Jetztzeit auf Dächern ägyptischer Bauernhäuser gesehen hat.

Grabfunde zeigen, daß in Ägypten zum Teil schon die heute bekannten Vorratsschädlinge vorhanden waren: Brotkäfer (Stegobium panicum), Buckelkäfer (Gibbium psylloides), Getreideplattkäfer (Oryzaephalus surinamensis), Reismehlkäfer (Tribolium castaneum), Schinkenkäfer (Necrobia rufipes), Speckkäfer (Dermestes vulpinus), Tabakkäfer (Lasioderma sericorne). Die heute kosmopolitischen Getreideschädlinge Kornkäfer (Calandra granaria) und Reiskäfer (Calandra oryzae) hat F. ZACHER (1937) nicht auffinden können. Man kann annehmen, daß man darüber unterrichtet war, wie wichtig die Fernhaltung von Feuchtigkeit für den Vorratsschutz ist. Noch heute hängen afrikanische Neger ihr Getreide über den Herd, damit es trocken bleibt und vor Insektenfraß geschützt ist. In einer Anordnung HAMMURAPIs heißt es, der Landwirt solle den Boden lockern, die Saat schützen, die Vögel verjagen, das Unkraut ausjäten. Gegen Wild und Vögel wehrte man sich mit Fallen und Fußangeln. Mäusefraß verstand man um 1500 v. Chr. in Ägypten durch „Imprägnierung" der Wände und Böden mit einem „Nagerrepellent", einer Mischung aus am Feuer gerösteten Gazellenkot, Mäusekot und Urin oder Katzenfett, einzudämmen (K. BRAUN 1933). Aus der Zeit um 1200 v. Chr. sind aus China die Benutzung von Kalk- und Holzasche als Schädlingsbekämpfungsmittel sowie pflanzliche Insekticide zur Saatgutbehandlung bekannt (M. KLEMM 1959). HOMER erwähnt das „Ausschwefeln" von Räumen und den Einsatz von Eulen zur Mäusebekämpfung.

Maß, Gewicht und Zahlungsmittel in der Frühzeit

Geld gab es zunächst noch nicht. Kaufpreis, Lohn, Steuern, Abgaben, Mieten, alles wurde mit Vieh, in Ackerfrüchten oder anderen Lebensmitteln wie Gebäcken, Bier gezahlt; noch heute ist es bei bestimmten Eingeborenen im Gran Chaco üblich, ärztliche Leistungen mit Honigkuchen zu bezahlen (H. KELM 1962). Eine bestimmte Anzahl leicht zählbarer Lebensmittel bildeten dann Grundeinheiten, wie etwa in Deutschland noch heute der Begriff einer „Mandel" oder eines „Schocks" besteht, welcher gedanklich mit Eiern in Verbindung gebracht wird. Man hat zunächst gezählt, später gemessen, indem man in Gefäße füllte, also Hohlmaße benutzte. Erst danach (um 2600 v. Chr.) hat man — mit gleicharmigen Waagen – gewogen, wobei die Empfindlichkeit ausreichte, bei Belastung jeder Schale mit etwa 6,5 Gramm eine Gewichtsdifferenz von 0,13 Gramm zu erkennen (W. GEILMANN 1963). Bei diesen wurde mit Hilfe eines Trageholzes („Waagebaum") das Gleichgewicht ausgependelt, wobei als „Tara" zunächst ein mit einer bestimmten Körneranzahl gefülltes Hohlmaß gedient haben mag. Später benutzte man nach der Wassermenge eines Hohlmaßes geeichte Gewichte (B. ZUCKERMANN 1867) aus Metall oder Stein, die zur Unterscheidung der Schwere die Form von Köpfen oder Leibern von Tieren zeigten. Da bei den indogermanischen Völkern Herdentiere der älteste Wertmesser waren, ist es nicht ausgeschlossen, daß man aus diesem Grunde den Gewichten Tierform gegeben hat. Der Waagebalken bestand aus Holz oder Bronze, die an Ketten oder Schnüren aufgehängten Waagschalen meist aus Metall. Die Waage war dann im Gleichgewicht, wenn ein am Waagebalken angebrachter, nach unten gerichteter (Metall-)Stab in die Spitze eines gleichseitigen Dreiecks einmündete, das aus zwei ein Senklot tragenden Schnüren gebildet wurde (Abb. 18). Dies war also die unserer heutigen „Zunge" entsprechende Vorrichtung. Ungleicharmige Waagen

Abb. 18. Ägyptische Waage aus der Zeit um 1500 v. Chr. Verschiedene Gewichtsstücke auf der linken Waagschale bzw. in dem unter der rechten Waagschale stehenden Gewichtssatz (nach TH. IBEL 1908). Der Wiegemeister prüft, ob der Waagebalken waagerecht steht, sich also im Gleichgewicht befindet

wurden erst um 1200 v. Chr. bekannt (F. M. FELDHAUS 1954). Um 900 v. Chr. bildeten geeichte — zum Abbrechen eingekerbte — Silberbarren, die soviel wogen wie eine bestimmte Menge Getreide, den Übergang zu den Münzen, die etwa 300 Jahre später von den kleinasiatischen Griechen zuerst benutzt worden sind (O. MONTELIUS 1911).

Weil Geld zunächst nicht eine Münze mit gedachtem Wert war, sondern eine Tauschware, lassen sich auch manche Münznamen auf Sachnamen des Nahrungsmittelgewerbes zurückführen. Das französische Wort „écu" bedeutet sowohl „Taler" wie „Wappenschild", weil es sich gebildet hat über lat. „scutum" (= der *leder*bezogene Schild) und griechisch „σκῦτος" (= Leder, Haut). In Tirol wurde noch im Jahre 1603 mit Tierhäuten bezahlt (B. SCHIER 1951).

Zu den auf Lebensmittel zurückgehenden Naturmaßen zählt der „Malter". Er ist eine bestimmte, auf einmal gemahlene Getreidemenge, eine „Mahl-ung". Ferner gehören hierher: die „Metze" Korn (ahd. mezzo) das „Gemessene" (F. KLUGE 1960), das „Karat", eigentlich der rote, körnchenartige Same im Johannisbrot (griech. κεράτιον, arab. „kirat" = Horn) (V. HEHN 1902); später das Gewicht, mit dem man bis in die Neuzeit in Afrika Gold wog, ehe das Karat zum Gewichtsmaß für Edelsteine wurde (P. OMM 1958). Ein Karat (= 0,2 Gramm) galt früher 4 Gersten„körner" (Gewicht je Korn etwa 0,06 Gramm), lat. „granum". Daraus wurde das Apothekergewicht „Gran" (= 0,06 Gramm). Das babylonische Gewicht „manu", das als „Mine" (etwa 1 Kilogramm) in die griechische Gewichtsrechnung eingegangen ist, war vermutlich zunächst eine (steinerne) Dattel.

Auch für die Zeitbestimmungen gibt es Begriffe aus der Lebensmittelwirtschaft. Der altindische „Vormittag" ist samgava = die Zeit, wenn die Kühe zusammengetrieben werden (K. MENNINGER 1958), der griechische Feierabend βουλυτός ist die Zeit des Stier- (βοῦς = Ochse) ausspannens (λύειν = lösen); neuzeitlich ist die „Zigarettenlänge". — Die „Mahlzeit" hingegen hat nichts mit mahlen zu tun. Althochdeutsch mâl heißt Zeitpunkt.

Über die frühzeitliche Wägetechnik berichtet TH. IBEL (1908), daß Waagen und Gewichte geeicht und von Staatsbeamten nachkontrolliert wurden (E. WIEDEMANN 1906). Auch einige Lebensmittelpreise aus Sumer mögen genannt sein. Die Währung basierte, nachdem Gerste als Zahlungsmittel nicht mehr benutzt wurde, auf Silber: 3600 Sekel (von chaldäisch „schakal" = wägen; H. J. v. ALBERTI 1957) von etwa 30 Kilogramm Silbergewicht ergaben ein Talent. Ein Sekel oder 180 Korn, entsprechend etwa 9 Gramm Silber, war der Preis für 50 Liter Mehl, 250 Liter Fische oder 1,7 Liter Dattelsirup. Ein Brot kostete 3 Korn, etwa 0,18 Gramm Silber; 8,4 Liter Bier kosteten 10 Korn, etwa 0,6 Gramm Silber. Ein Esel, ein Rind oder ein Sklave kosteten 20 Sekel, etwa 170 Gramm Silber; die Jahresmiete für einen Sklaven betrug 8 Sekel, etwa 68 Gramm Silber (W. STEIN 1946).

Griechenland

Über die frühe Geschichte der Lebensmittel in Griechenland ist ebenso wie von anderen Stätten des klassischen Altertums nur durch die Heldensagen und aus der Geschichtsschreibung etwas zu erfahren. HOMER berichtet um etwa 800 v. Chr. in der „Ilias" und der „Odyssee", die etwa 300 Jahre früher spielen, über Eßgewohnheiten, Preise und Zahlungsmittel. Die eiserne Rüstung des DIOMEDES wird mit neun, die goldene des GLAUKOS mit hundert Rindern bewertet; eine hübsche Sklavin kostet vier Rinder, LAERTES muß für die Wirtschafterin (= ταμία von ταμεῖν, also eigentlich „Zerschneiderin") EURIKEIA, welche den Haushalt überwacht, für die Verwahrung und Verteilung der Vorräte verantwortlich ist und die Mahlzeiten zusammenstellt, zwanzig Rinder zahlen. Ein beliebter griechischer Mädchenvorname war daher 'Αλφεσίβοια, „die Rindereinbringende". LYKURG (883 v. Chr.) ordnet bei den Gesetzen, die er den Spartanern gibt, öffentliche Mahlzeiten an, bei denen es meist „schwarze Suppe" gibt, eine Brühe aus dem Blut von Schlachttieren mit Essig und Salz. Wie in Ägypten sind auch in Griechenland die empirisch erworbenen Kenntnisse von der Wirkung der Pflanzen- und Tierbestandteile auf den menschlichen Organismus Eigentum der Priester. Sie fungieren als Ärzte und lenken die Aufmerksamkeit immer stärker auf die Lebensmittel, die im Krankheitsfalle die Gesundheit wieder herzustellen vermögen. Ebenso verbieten sie bei gewissen Krankheitsformen bestimmte Speisen und lassen die Kranken fasten. Die Tempel des Äskulap zu Kos und zu Knidos (griechische Inseln an der Küste der jetzigen Türkei) waren berühmte Heilstätten. Wurden die Kranken geheilt, so wurde die Krankheitsgeschichte mit Angabe der angewandten Mittel auf Votivtafeln geschrieben und sorgfältig aufbewahrt (J. H. Becker 1812).

Die Naturphilosophie, die griechische Denker vom 7. bis 4. Jahrhundert v. Chr. begründen, berührt auch die Lebensmittel. Thales von Milet (624—548 v. Chr.) betrachtet das Wasser als die Urmaterie der Welt, den Kosmos als ein Gefüge von Zahlen. Die Vier nimmt einen hervorragenden Platz ein. Vier Elemente: Feuer, Wasser, Luft und Erde sind Bausteine des Universums. In vier Jahreszeiten vollzieht sich der Ablauf der Zeit, die vier Himmelsrichtungen ermöglichen die Orientierung auf der Erde; über vier geistige Sinnbilder berichtet um 600 v. Chr. Hesekiel (1, 5). Diese Zahl gilt geradezu als Schlüsselgröße für das Universum, als Ordnungsprinzip der Materie und Maß der numerischen Vollkommenheit, weil die Addition der ersten vier Zahlen, eins bis vier, die Zehn ergibt (K. Schwedhelm 1963). Auf die Zahl der Finger, die Dekade, baut sich bei vielen Völkern das Zahlensystem auf. Sie ist zugleich auch die Zahl der Gebote, auf welche sich Maß und Gesetz des menschlichen Zusammenlebens gründen. — Pythagoras (580—500 v. Chr.), der Ägypten und Indien bereist hat, gründet in seiner Heimat den Pythagoräischen Bund, dessen Mitglieder bei Speisen und Getränken Mäßigkeit üben sollen. Mit Rücksicht auf die von Ägypten übernommene Lehre der Seelenwanderung verbietet er Fleischgenuß. — Magon aus Karthago schreibt um 550 v. Chr. Bücher über die Landwirtschaft. Um 470 v. Chr. entwickelt Leukipp aus Milet eine Lehre von Atomen. Demokrit von Abdera (460—360 v. Chr.) ist jedoch als der eigentliche Vater einer Atomtheorie zu betrachten. Ihm zufolge beruhen die Eigenschaften der Dinge ausschließlich auf der Gestalt, Größe, Lage und Ordnung der Atome. Die sinnlichen Wahrnehmungen, wie süß, bitter, warm, kalt, drücken nur die Art aus, wie die Atome auf die Sinne wirken. Abhängig davon, wie sie geordnet sind, ist auch ihre Wirkung verschieden: durch feine, runde, gleich große, symmetrisch angeordnete Atome wird z. B. das Gefühl des Süßen erregt, dagegen durch eckige oder spitze, ungleich große und unregelmäßig angeordnete das des Sauren (E. O. v. Lippmann 1929). Demokrit schrieb auch ein Buch über den Landbau, in welchem Herstellungsvorschriften für Pflanzenschutzmittel und Samenbeizen mitgeteilt werden. Um Heuschreckenfraß zu verhindern, wird empfohlen, die Pflanzen mit einer Abkochung von Lupinen in Salzwasser zu bespritzen. Auch zu Asche gebrannte Fledermäuse (= Pottasche) sollen wirksam sein. Als Samenbeize wird der Saft des Mauerpfeffers (Sedum acre) empfohlen, in welchen die Körner vor der Aussaat gelegt werden sollen; sein Gehalt an Gerbstoff könnte diese Wirkung erklären (K. Braun 1933).

Attika, die südöstliche Halbinsel Mittelgriechenlands mit der Hauptstadt Athen, hatte zu Beginn des Peloponnesischen Krieges (431—404 v. Chr.) eine Einwohnerdichte von etwa 80 Menschen je Quadratkilometer, erzeugte aber nur ein Drittel seines Getreidebedarfs. Getreide wurde daher aus dem Raum um das Schwarze Meer, aus Ägypten und Sizilien importiert, woher auch Salzfleisch, Käse, Schmalz und Talg kamen. Von Südspanien wurden eingeführt gesalzene Thunfische, Heringe, Sardellen und Austern, während schon um 750 v. Chr., als die Griechen an den Küsten des Mittelmeeres und des Schwarzen Meeres Kolonien gründeten, Öl, Wein und Honig exportiert wurden. In Attika wurden angebaut Erbsen, Linsen und Saubohnen; ebenfalls als Gemüse dienten Gurken, Kürbis, Mangold, Melonen, Rüben und Rettich, dessen Samen auch zur Ölgewinnung benutzt wurden. Gartengewächse waren Kerbel, Kresse, Lattich, Lauch, Thymian und Zwiebeln. Letztere bildeten zunächst nur eine geschätzte Zukost für die niederen Klassen; später wuchs ihre Beliebtheit, und schließlich waren Lauch und Zwiebeln eine Delikatesse der Reichen (K. Hintze 1934). Das Pfropfen der Bäume und die Herstellung von Obstwein aus Äpfeln, Datteln und Feigen waren bekannt; süße und bittere Mandeln wurden unterschieden. Die Oliven des Ölbaums lieferten Öl.

Fleisch war auf dem Tisch des gemeinen Mannes ursprünglich eine Seltenheit, da Vieh vornehmlich Opferzwecken diente (Homer). Daher hieß das Schlachtvieh ἱερεῖον (= Opfertier). Später hat man Schaf-, Schweine- und Ziegenfleisch verzehrt, Schweinefleisch auch eingesalzen oder zu Wurst und Schinken verarbeitet. Aus gemästeten Tieren wurde Fett gewonnen. Schafe und Ziegen waren auch wegen ihrer Milch und ihres Felles geschätzt. – Bei den Mahlzeiten saß man auf Stühlen oder auf mit Leinen oder Fellen bedeckten Sesseln an Tischen, die zum Essen hereingebracht und nach dem Mahle wieder fortgenommen wurden (G. Finsler 1924).

Die Zerkleinerung des Getreides entsprach dem aus Ägypten und Babylonien bekannten Verfahren. Im Haushalt war das Mahlen Aufgabe des weiblichen Hausgesindes oder der Sklaven, denen man mitunter eine Bretterscheibe um den Hals legte, damit sie nicht vom Mehl essen könnten. In den Mühlen wurden Esel zum Antreiben benutzt. Das griechische Alltagsbrot, *μάζα*, wurde ohne Zusatz von Teiglockerungsmittel aus Gerstenmehl, das auch zur Bereitung von Graupen diente, hergestellt. Dies Brot war hart und trocken (A. Stange 1927). Man tauchte es in Wasser, Milch oder Wein und verspeiste als Zukost Feigen, gesalzene Fische, Gurken, Käse, der auch aus Pferdemilch hergestellt wurde (J. H. Becker 1812), Kohl, Lauch, Oliven, Salat, Salz. — Gesäuertes Brot wurde für gesünder als Maza gehalten. Als Lockerungsmittel diente hierfür eine angeröstete Zubereitung aus Gerste und Wasser in Form etwa 1 kg wiegender „Brote“, die frisch zur Bierbereitung benutzt wurden, für die Bäckerei in einem geschlossenen Gefäß stehenblieben, bis sie sauer wurden (Sauerteig). Feinschmecker wie Anaxarchos ließen ihre Diener schon beim Mahlen des Getreides einen Maulkorb anlegen und den Teig mit Handschuhen kneten, um zu verhindern, daß Schweiß und Ausdünstungen einen schlechten Geschmack verursachten.

Gebacken wurde in heißer Asche, auf Kohlen, zwischen heißen Steinen, auf dem Herd, im Backofen oder in einem tönernen, bronzenen oder eisernen nach unten sich verbreiternden, mit Löchern versehenen Topf, den man durch Feuer oder heiße Asche erhitzte. Diese aus Weizen- oder Emmermehl, zuweilen unter Zugabe von Anis, Käse, Milch, Öl, Pfeffer und Sesam hergestellten Kuchen waren ein ziemlich weißes Backwerk, das in Ägypten schon um 2400 v. Chr. bekannt gewesen war und als sehr gesund gegolten hatte. „Dieses Gebäck ist sehr gut, sagt der (ägyptische) Käufer“ (M. Währen 1961). – In Platons „Staat“ wird über das Keltern von Wein, die Verwendung von Gerstenmehl zum Kochen, Weizenmehl zum Backen von Kuchen, feinem Backwerk und Broten berichtet. Zukost sind Salz, Oliven und Käse, „Zwiebeln und anderes Gemüse“, Nachtisch Feigen, Erbsen, Bohnen, ferner geröstete Myrtenbeeren und Eicheln.

Eine intensive Verknüpfung der Wissenschaft von den Lebensmitteln mit der Medizin finden wir bei Hippokrates von Kos (etwa 460—370 v. Chr.). Wahrscheinlich hat er sich zur Entwicklung seiner Heilkunde der erwähnten Votivtafeln im Tempel zu Kos bedient. Er teilte die Heilmittel nach pharmakologischen Gesichtspunkten ein in erhitzende (süße Trauben, Senf, Kresse), kühlende (saurer Wein, Essig, Leinsamen), anfeuchtende (Honigwasser) und austrocknende (Honig, Salbei). Seine Diätvorschriften sind beachtenswert. Nach dem Mittagsmahl soll man schlafen, am Abend wenig essen und stets nur die Speisen und Getränke zu sich nehmen, die gut vertragen werden. Eine spezielle Krankendiät sind seine „Ptisane“, Abkochungen von ausgelesener, gewaschener, geschälter und gestampfter Gerste oder auch von Weizen, die durchgeseiht oder nicht durchgeseiht verabfolgt werden. Die verschiedenen Arzneien in Form von Aufgüssen, Mixturen, Lecksäften, in denen das Arzneimittel aufgeschwemmt wird, Pillen, Pastillen, Salben werden in besonderen Räumen aufbewahrt, die hier zum erstenmal „Apotheken“ genannt werden.

Hippokrates untersuchte auch mit den ihm zur Verfügung stehenden Mitteln eine Reihe von Lebensmitteln. Die griechischen Weinarten hat man offenbar in mancherlei Stärke hergestellt. Beim Schütteln von Stutenmilch beobachtete er die Abscheidung von zwei festen Stoffen, von denen der eine (*βούτυρον*, eigentlich „Kuhquark“), nach oben steigt, während der andere (Eiweiß) zu Boden sinkt. Butter verschreibt er als Salbe bei Brandwunden und

Hautverletzungen (J. H. BECKER 1812). Der Giftwirkung des Bleis in Speisegefäßen widmet er seine Schrift „'Αλήθεια περὶ ὀμφαλόν“ (G. A. EBELL 1825).

Nach PLATON (427—347 v. Chr.) geschieht alles Entstehen durch ein unsichtbares, unbestimmtes, weder geformtes noch gestaltetes Wesen. Eine „Urmaterie“ ist das gemeinsame Substrat aller Stoffe. Naturwissenschaft beginnt mit dem „Sich-Verwundern“ und wird ausgeführt durch „μετρεῖν και ἀριθμεῖν καὶ ἱστάναι“. Man richtet sich also nicht nur nach dem sinnlichen Eindruck, sondern berechnet, mißt und wägt. Der Teil des Menschen, der sich auf Messen und Berechnen verläßt, ist „die edelste Kraft unserer Seele“. Im Hain des athenischen Lokalgottes Akademos stiftet PLATON 387 v. Chr. die „Akademie“, die bis zu ihrer Aufhebung durch Kaiser JUSTINIAN 529 n. Chr. eine Pflegestätte wissenschaftlichen Unterrichts blieb und den Körperschaften gleicher Art noch heute ihren Namen leiht. Der Schüler PLATONs, ARISTOTELES aus Stagira (384—322 v. Chr.) umfaßte das gesamte Wissen seiner Zeit, das er zu einem guten Teil selbst erst begründet hatte. Beim Tempel des Apollo, der den Beinamen Lykeios trug, befand sich seine *Λύκειον* genannte Schule, welche Bezeichnung die deutschen Humanisten seit 1569 den Universitäten beilegten (F. KLUGE 1960). Das spätere Altertum hat keinen ihm ebenbürtigen Geist hervorgebracht. Seine Schule begnügte sich damit, ihn zu erklären, anstatt seine Forschungen fortzuführen. Der Wahn, man sei im Besitz der vollendeten Wissenschaft, während Erkenntnis doch immer nur durch fortwährendes Weiterarbeiten gewonnen wird, führte zur Erstarrung. Diese verfestigte sich vollends in der Scholastik des Mittelalters. So kam es, daß am Beginn der Neuzeit der Aristotelismus als eine drückende Last empfunden wurde. — Die Abstammung aus einer Arztfamilie ließ ARISTOTELES der Beobachtung besonderen Wert beilegen. Der Kreis seiner philosophischen Schriften umfaßt auch Botanik, Mathematik, Mechanik, Physik, Zoologie; Einzelprobleme werden monographisch behandelt.

Die Vorgänge des Verdampfens, Kondensierens, Gefrierens des Wassers sind ihm bekannt. Wie Wasser verhalten sich Stoffe, die vorwiegend aus Wasser bestehen: Essig, Wein, Molke. Da die Qualität des Gebrauchswassers große hygienische Bedeutung besitzt, wird gefordert, daß die Behörden sich um eine Kontrolle bemühen und notfalls Trink- von Nutzwasser trennen. — Meerwasser besitzt mehr Trockenstoffe als Süßwasser. Die gelösten Stoffe sind unterschiedlicher Art, daher schmeckt Meerwasser nicht rein salzig, sondern auch bitter. Durch Eindampfen kann man die Trockensubstanz isolieren; die entweichenden Dämpfe aber geben bei ihrer Kondensation nicht wieder Meerwasser, sondern Süßwasser. Diese Erkenntnis wurde technisch ausgenutzt: Meerwasser wurde erhitzt, der aufsteigende Dampf an Wollflocken aufgefangen und verdichtet. Das abgepreßte Wasser war Trinkwasser. ARISTOTELES berichtet auch über die Möglichkeit, Meerwasser durch unglasierte Tongefäße, die wohlverschlossen in dieses einzubringen seien, zu entsalzen. Im Text wird allerdings von einem *ἀγγεῖον κήρινον*, also einem Wachsgefäß gesprochen. Dieser naturwissenschaftliche Unsinn hat Erklärer und Kommentatoren immer wieder in Unruhe versetzt. Jede Schwierigkeit wird jedoch behoben, wenn man *ἀγγεῖον κεράμινον* liest (Tongefäß; E. O. v. LIPPMANN 1911), das als Ionenaustauscher dienen soll.

In seiner „Zeugung und Entwicklung der Tiere“ beschäftigt sich ARISTOTELES mit der Schädlingsbekämpfung. Zur Vertreibung von Ameisen benutzt man Schwefel, Hirschhorn oder Styrax. Auch beobachtete er schon, daß der Stich der Feigengallwespe eine Vergrößerung der Feige infolge verstärkten Saftzuflusses bewirkt (K. BRAUN 1933).

„Süßstoffe“ sind enthalten in Rosinen, Feigen, Trauben, Honig. Feigen sind für cariöse Veränderungen an den Zähnen verantwortlich, weil „wegen (ihrer) klebrigen Eigenschaft kleine Teilchen an und zwischen die Zähne kommen“. Durch Gärung süßer Säfte, vornehmlich des Mostes und des Honigs, entstehen Wein und Met. Beim Aufbewahren in der Wärme bildet sich hieraus Essig. „Obgleich dieser aus dem Weine hervorgeht, so ist er doch weder in ihm, noch auch im Wasser schon enthalten gewesen. Er läßt sich auch nicht in Wein zurückverwandeln“. — Sauerteigzusatz bewirkt eine Teiglockerung mit Volumenvergrößerung, Gasabgabe und Farbänderung des Teigstückes (E. O. v. LIPPMANN 1913).

ARISTOTELES war Lehrer ALEXANDERs des Großen. Dieser hat sich bei der Ausdehnung seines Herrschaftsbereiches bis nach Indien darum bemüht, naturwissenschaftliche Kenntnisse zu verbreiten und auszuwerten. An seinen Kriegszügen nahmen Wissenschaftler teil. Von diesen erfahren wir erstmals von der Verwendung des Zuckerrohrs in Indien (E. O. v. LIPPMANN 1929). Ein anderer Schüler von ARISTOTELES, THEOPHRASTOS aus Eresos auf der Insel Lesbos (371—286 v. Chr.), schrieb die Bücher „Geschichte der Pflanzen“ und „Von den Ursachen der Pflanzen“. Unter den erwähnten 455 Pflanzen werden als Heilkräuter Zichorie, Tollkirsche, Eibisch beschrieben. An Schädlingen nennt er Apfelwürmer und Blattläuse an Gemüse. Für die Bekämpfung des Erdflohs am Kohl schlägt er

Besprengen mit Regenwasser, am Rettich Zwischenpflanzen von Bockshornklee (Trigonellum foenum graecum) vor. Als Getreideschädling bei Weizen und Gerste werden Kornkäfer sowie der Getreiderost genannt. Ein lästiges Unkraut auf Getreidefeldern ist der ebenfalls zu den Gramineen gehörige Taumellolch (Lolium temulentum). Dessen Früchte sind meist von einem Pilz befallen und deshalb giftig. — Zeigt sich bei Weinstöcken ein zu starkes Wachstum, soll man die Wurzeln freilegen und einen Teil von ihnen abschneiden, wodurch das Aufsteigen von Saft vermindert werde. Bei Unfruchtbarkeit soll man den Boden um die Obstbäume herum aufgraben, bei Mandel- und Birnbäumen ein Eisenstück in die Wurzel eintreiben und die Wunde mit Erde bedecken; bei Feigenbäumen wird die Wurzel beschnitten, Asche gestreut und der Stamm verwundet. Solche Reizeinleitungen haben sich bis in die neueste Zeit erhalten. Zur Bekämpfung des Holzwurms in Apfel-, Birn- und Feigenbäumen suchte man den Saft bitter zu machen durch Vergraben von Mastix, trieb also eine Art innerer Therapie. Gummifluß bei Kirsch- und Pflaumenbaum werden erwähnt (K. Braun 1933). In dem Werk „Über die Wohlgerüche" beschreibt Theophrastos die Wasserdampfdestillation ätherischer Öle. Auch die Herstellung des als Kosmetikum (Schminke) und zum Färben benutzten Bleiweißes ($2\ PbCO_3 \cdot Pb(OH)_2$) und dessen Darstellung durch Einwirkung von Essigdämpfen und Luft auf Blei werden beschrieben.

Interessant ist eine Lobrede auf die Bäckerei damaliger Zeit, über die Aristophanes (450—363 v. Chr.) berichtet: „Das Brot, das man auf dem Markte kauft, ist von blendender Weiße und bewundernswert im Geschmack. Wir besitzen heute tausend Mittel, um alle Sorten Mehl in eine ebenso gesunde wie angenehme Nahrung zu verwandeln. Fügt zu Weizenmehl Milch, Öl und Salz, und ihr werdet die delikatesten Brote backen. Knetet ihr den Teig jedoch mit Honig und rollt ihn in dünne Blätter, so erhaltet ihr Kuchen, die man warm in Wein tunken muß. Man kann dem Teig auch Sesammehl, Käse, Öl zusetzen oder Früchte verschiedenster Art mit einbacken. — Nehmt reifen Roggen, zerstoßt ihn in einem Mörser, bringt das Mehl in ein Gefäß, gießt Öl hinein, und während ihr diese Mischung langsam auf dem Feuer backt, gebt nach und nach gekochtes Huhn, gebratenes Ziegen- und gesottenes Lammfleisch hinzu."

Einen wichtigen Beitrag für die Lebensmittelwissenschaft leistet gegen 250 v. Chr. Archimedes von Syrakus mit der Entdeckung der Bestimmung des spezifischen Gewichtes.

Rom

Die Begegnung Roms mit der Welt der Griechen hat etwas Besonderes an sich. In einer Reihe militärischer und politischer Aktionen hatten die Römer die hellenistischen Reiche des Ostens entmachtet und dort ihre Vorherrschaft aufgerichtet. Doch im Augenblick ihres politischen Triumphes wurde offenbar, daß der Besiegte über Kräfte verfügte, denen der Sieger nichts Gleichwertiges entgegenzusetzen hatte. Auf Grund ihrer großen Vergangenheit blieb die griechische Nation überlegen in den Formen des Lebens, in dem Niveau ihrer Kultur, in der Durchgeistigung ihres Daseins. „Graecia capta ferum victorem et artes / intulit agresti Latio", beschrieb Horaz zur Zeit des Kaisers Augustus diesen Prozeß. Die Unterwerfung des Ostens leitete die Hellenisierung Roms ein, beginnend schon im dritten Jahrhundert vor Christus und setzte sich in steigendem Maße fort nach der endgültigen Eroberung Griechenlands im Jahre 146 v. Chr.

Das erste in lateinischer Sprache geschriebene landwirtschaftliche Werk stammt von M. P. Cato (239—169 v. Chr.). Es trägt den Titel „De agri cultura", beschreibt das Leben auf einem römischen Gut und enthält landwirtschaftliche Regeln und Kochrezepte: Der Bauer züchtet Rinder für die Milchwirtschaft, daneben Schweine und Hühner, er hütet Schafe und Ziegen. Er baut hauptsächlich Spelt an, eine anspruchslose Weizenart, außerdem Gerste und Hirse. Hafer wird wie die Ackerwinde als Unkraut angesehen. Bei der Lagerung wird

Getreide weder vom Kornkäfer noch von Mäusen geschädigt, wenn man die Kornböden mit Amurca besprengt. Amurca stellt ein Allheilmittel der römischen Landwirtschaft dar und ist der schleimige Bodensatz, der bei der Herstellung und Klärung des Olivenöls entsteht. — Bohne, Lupine und Wicke werden nur als Gründünger angepflanzt. Nahrungsmittel sind Rüben und Kohl. Der Knoblauch ist als Speisewürze bekannt. Im Baumgarten stehen Oliven- und Feigenbäume. Letztere und der Weinbau verdrängen allmählich die Getreide- und Gemüsefelder. Olivenöl wird nun in großen Mengen hergestellt. Es ist daher ein billiger Butterersatz und dient auch als Lampenbrennstoff sowie als Sonnenschutzöl. Den Rebstecher (Byctiscus betulae) am Weinstock bekämpft man mit Hilfe eines „Baumringes" aus eingedickter Amurca, Erdpech („Bitumen"=unter besonderen Bedingungen verfaulte pflanzliche und tierische Meeresbewohner) und Schwefel.

Abb. 19a. Grabmal des Bäckers und Müllers *Marcus Vergilius Eurysaces* an der *Porta Maggiore* in Rom. Erstes vorchristliches Jahrhundert (nach H. Lamer 1915)

Die sich entwickelnden Großbetriebe mit Sklaven als billige Arbeitskräfte exportieren Olivenöl und Wein nach Gallien, Spanien, Afrika. Dafür wird billiges Getreide aus Sizilien, Nordafrika und Ägypten bezogen. Auch Fleisch, Fische und Wein werden importiert und bis zum Verkauf in Vorratsräumen gelagert. Es gab spezialisierte Lebensmittelhändler: Obstverkäufer, Gemüsehändler, Fischhändler und Fleischer. In Großbäckereien arbeiteten zahlreiche Bäcker (pistores) und Müller (molinarii), wie das noch erhaltene, aus dem ersten vorchristlichen Jahrhundert stammende Grabmal des Fabrikanten M. V. Eurysaces an der Porta Maggiore in Rom (Abb. 19) zeigt. Der Grundriß ist ein gleichschenkliges Dreieck. Auf diesem stehen Säulenstumpen, die wohl Silos darstellen. Im Oberbau sind topfartige Vertiefungen in drei Reihen übereinander angebracht, welche wahrscheinlich Kornmaße sein sollen. Die Bekrönung bildet ein Fries mit Abbildungen aus der Fabrikation. In der obersten Reihe sieht man das Mahlen des Getreides in zwei von Eseln angetriebenen Steinmühlen; die gemahlenen Mengen werden in Listen eingetragen, das fertige Mehl wird weggekarrt (links). Rechts wird das Geld für das angelieferte Getreide ausgezahlt, bzw. der Mahllohn entrichtet. In der mittleren Reihe links wird der Teig mit Hilfe eines Esels geknetet, dann auf

Tischen ausgeformt und schließlich gebacken. Die unterste Reihe zeigt, wie das fertige Backwerk zu einer mannshohen Waage getragen, dort gewogen und schließlich forttransportiert wird. Vielfältig ist die Zahl der zum Backen verwendeten Rohstoffe. Außer Korn sind zu nennen Honig, Öl, Milch, Käse, Reis, Sesamkörner, Nüsse, Mandeln, Anis, Lorbeerblätter, Pfeffer (H. E. JACOB 1954). — Das Bäckergewerbe wurde von Staats wegen gefördert. Man errichtete öffentliche Lehranstalten für Koch- und Backkunst. Bäcker waren die einzigen Gewerbetreibenden Roms, die zu höheren Ämtern berufen werden konnten (A. STANGE 1927).

Abb. 19b. Darstellungen aus dem Bäckereibetrieb (nach H. LAMER 1915)

M. T. VARRO (116—27 v. Chr.) galt als der gelehrteste Mann seiner Zeit. Er soll 620 Bücher geschrieben haben und wurde von CÄSAR mit der Gründung der Reichsbibliothek zu Rom betraut. Die 150 Bände der in Vers und Prosa gehaltenen, häufig mit griechischem Titel oder Sprichwörtern versehenen „Saturae Menippeae" enthalten Regeln für gesundes Leben, Essen und Trinken wie „est modus matulae περὶ μέθης" — der Nachttopf ist das Maß für die Trunkenheit. — „De vita populi Romani" ist eine Sittengeschichte, „Disciplinarum libri novem" eine zusammenfassende Darstellung über u. a. Astrologie, Arithmetik, Geometrie, Medizin. Seine Schrift über den Ackerbau „Rerum rusticarum libri tres" verfaßte er mit 80 Jahren. In dieser sind nicht nur die landwirtschaftlichen Verhältnisse in Italien, sondern im ganzen römischen Reich dargestellt. Erwähnt werden Kenntnisse über Pflanzenfeindschaften: Olivenbäume sollen sich nicht mit Walnußbäumen vertragen; Weinreben soll man nicht zusammen mit Kohl anbauen. Datteln werden beim Liegen wurmstichig, Feigen schimmeln. Reife Granatäpfel und Walnüsse sollen in mit Sand gefüllten Fässern, Äpfel in Spreu gelagert werden. — Besondere Beachtung findet bei allen landwirtschaftlichen Arbeiten die Stellung der Gestirne. VARRO weist auch auf die ursprüngliche Herrschaft des Viehgeldes durch die Herkunft des Wortes pecunia von pecus hin und erwähnt erstmals das aus der griechischen Sprache übernommene „butyrum".

ATHENAEUS aus Attalia in Sizilien, der um 68 v. Chr. in Rom als Arzt tätig war, erklärte den Weizen für das kräftigste Nahrungsmittel und beobachtete je nach Anbauort Nährwertunterschiede. Nach seiner Ansicht besitzen dünne Brote einen geringeren Nährwert als dicke, weil sie der Backprozeß stärker ausgetrocknet habe und dadurch ihre nährende Kraft vermindert wäre.

Archigenes empfiehlt Wassersüchtigen im Topf gebackenes, mit Salz, den kümmelähnlichen Früchten von Ammi majus und Fenchel gewürztes Brot. Seine Diätvorschriften sehen ferner vor: Gekochte Schnecken und Eier, Vögel, „welche ein trockenes Fleisch haben wie Rebhühner, Wachteln und Turteltauben", Fleisch von Hasen, Wildziegen, Rehen; Schweinefüße, Krebse, frische Igel, Garnelen; als Gemüse Pastinakwurzel, gekochte Zwiebeln, Tunke aus Essig und Laserwurzel (Laserptium tribolum); als Gewürze Fenchel, Hyssop, Rosmarin. Abends soll der Kranke kein Gebäck aus Weizenmehl essen, sondern Datteln, Granatäpfel, Mandeln, Nüsse, Rosinen (J. H. Becker 1812).

Aretaeus aus Kleinasien lebte in der Zeit von 81—54 v. Chr. in Rom. Er bevorzugte in seinen Ernährungsvorschriften Ptisane, auch mit Dill, Lauch, bitteren Mandeln oder Honig zubereitet. Ferner empfahl er grob gestoßenen Spelt, also eine Art Graupen, aus welchen Kuchen und Brühe für Kranke bereitet werden sollte. Für besonders wertvoll wurden auch gehalten: trockenes, zerstoßenes und durchgeseihtes mit Met vermischtes Brot, rohe Hühnereier, gebratene Tauben und Hühner, Schweinehirn, Fische und gekochte oder in Schmalz gebratene Äpfel ohne Schale und Kerngehäuse.

L. J. M. Columella wurde in Cadiz geboren. In dieser Stadt an der spanischen Südküste, die neben Tarragona und Cartagena Hauptausfuhrhafen für spanisches Getreide war, lebten viele Millionäre des Römischen Imperiums. Sein zwölfbändiges Werk „De re rustica" erschien um das Jahr 62 n. Chr. und berichtet auch über die auf recht hoher Stufe stehende römische Käserei. Hartkäse, also etwa unserem Emmentaler oder Gorgonzola vergleichbare Käsearten, auch dem Parmesan ähnliche Käsesorten wurden in Laiben mit einem Gewicht bis zu 40 Kilogramm hergestellt. Ferner kannte man Sauermilchkäse, etwa unserem Harzer Käse entsprechend und Kochkäse, auch aus Esels- und Pferdemilch bereitete Käsesorten (caseus phrygius; J. H. Becker 1812). Manche Käsesorten wurden durch Abbrühen oder Räuchern haltbar gemacht. In Privathäusern gab es besondere Käseküchen, in größeren Städten auch gewerbliche Unternehmen, die Käse räucherten. Als Lab wurde Hasen- oder Ziegenlab, auch der Saft von Feigenzweigen verwendet (G. Roeder 1954). Columella erwähnt auch die Vorzüge tiefen Pflügens, gibt Anweisungen für richtige Furchenführung und berichtet über die Schwierigkeiten beim Pflügen zu trockenen oder zu feuchten Bodens. — Der beste Safran kommt seiner Meinung nach aus Kleinasien. Mit Safran wurden auch Festkleider gefärbt, wegen seines durchdringenden Duftes streute man ihn bei Gelagen auf den Boden, füllte die Ruhekissen mit ihm und sprengte im Theater mit Safranwasser (A. F. Ortigosa 1963).

Dioskurides, ein im ersten nachchristlichen Jahrhundert in Kleinasien lebender Militärarzt erwähnt in seinem Werk „De materia medica" 600 Arzneipflanzen. Dieses Buch blieb eineinhalb Jahrtausende lang die Grundlage aller Pflanzenkenntnisse und wurde auch ins Arabische übersetzt. Dioskurides berichtet auch von Molkenkuren, für welche die Molke durch Dicklegen der Milch mittels Lab oder Essig frisch gewonnen wurde. Er erwähnt *ὑδρόμελι*, das aus Honig und Wasser oder Meerwasser zubereitete Getränk (G. Roeder 1954) und „mulsum", den aus altem Wein mit viel Honig ohne oder unter schwacher Gärung bereiteten Honigwein, welcher auch mit Quitten und Trauben oder den „Aromen des Orients" gewürzt sein konnte. Met wird durch starke Vergärung von Honig, Most und Malz hergestellt. Oxymel ist eine Flüssigkeit, die durch Aufkochen von Honig, Wasser und Essig hergestellt wird.

Reis wurde importiert. „Griechen und Römer bauen ihn nicht, kennen ihn aber durch den Handel mit Indien." Für den Gegenwert von etwa 2 Mark bekam man eine Portion Reis, „mit dem Du Dir den Magen gehörig vollschlagen kannst", berichtet Horaz (65—8 v. Chr.), ein Freund des Mäcenas (durch Vermittlung Vergils). — „Chemische" Kenntnisse umfassen die Gerinnungsfähigkeit des Hühnereiweißes, die Anwendung von „gedörrtem" Salz (= getrocknetes Salz) als Trockenmittel (H. Valentin 1950), die Klärung und Reinigung von Honiglösungen mittels Alaun; physikalische Geräte sind das Wasserbad und ein primitives Destilliergerät; die Gewinnung von Rosenöl aus Rosenblättern erfolgt durch Extraktion nach dem Gegenstromprinzip unter sorgfältiger und rascher Trennung des ätherischen Öles von der wässrigen Phase, weil diese das Öl minderwertig und ranzig mache.

Während der Regierungszeit des Kaisers Tiberius (14—37 n. Chr.) lebte M. G. Apicius, der die Kochkunst nicht nur um viele Erfindungen bereicherte, sondern diese auch in eigens dazu von ihm gegründeten Schulen lehren ließ. Er erschöpfte sein großes Vermögen bis auf den kleinen Rest von etwa 1 Million Mark ($2^1/_2$ Millionen Sesterzen; F. Lübker 1914) und nahm dann Gift, um nicht, wie er fürchtete, Hungers sterben zu müssen. Unter seinem Namen wurde — wahrscheinlich von einem Koch namens Caelius — die Rezeptsammlung „De re coquinaria" gefertigt. In 10 Büchern sind insgesamt 428 Vorschriften der römischen Küche überliefert: Fleischgerichte wie Eisbein mit Erbsenpüree und Sauerkraut, Geflügelgerichte, Eierspeisen wie Omeletts, Fischspeisen, auch Fischsuppen von der Art der französischen Bouillabaisse, Brei- und Suppenrezepte, Kuchenarten ähnlich den englischen Pies; auch in Rom wird auf dieses kochende Gericht ein Schornstein aus Teig aufgesetzt. Ferner sind erwähnt „Arme Ritter" aus eingeweichtem, gesüßtem Weißbrot, Kompottarten, Gemüse- und Kräutergerichte, Salate sowie viele Rezepte für Soßen, dies deshalb, weil man bei der damals üblichen Zubereitung des Fleisches am Spieß, in der Pfanne oder auf dem Bratrost im allgemeinen trockene und geschmacklose Stücke erhielt. Deshalb verwendete man zu den Speisen auch allerlei Würzkräuter und die (salzigen) („salsa", das Urwort von Soße) Tunken, deren Geschmack — ähnlich wie heute bei den englischen — in keinem Zusammenhang stand mit dem Gericht, das sie begleiteten. Für Fleisch wurde empfohlen eine Soße aus Koriander, Liebstöckelkraut, Pfeffer, Raute, Fischlake, Honig und etwas Öl; als Kräuter- oder Remouladensoße eine mit Essig, Öl, Eiern und scharfen Gewürzen zubereitete; Pilzsoße bestand aus Bohnenkraut, Ingwer, Kümmel, Pfeffer, Salz, Thymian, Öl, Wein und Asant (Ferula Assafoetida), von welcher Pflanze Blätter, Stengel und Wurzel frisch und getrocknet verwendet wurden. Übrigens enthält auch Worcestershiresoße ein wenig Asa foetida (neben Curry, Gewürznelken, Ingwer, Paprika, Pfeffer, Piment, Senfsamen, Tamarinde, Essig, Sherry und Zucker) (R. Gollmer 1909). Weintrauben wurden durch Einlegen in Gerstenkleie haltbar gemacht, Äpfel durch Eintauchen in kochendes Meerwasser, Quitten durch Einbringen in Honig, Bratfische durch Übergießen mit heißem Essig, Austern durch Einlegen in Essig und Zugabe von Salz und Lorbeerbeeren. — „Schön grüne Gemüse erhält man, wenn man beim Kochen Soda zusetzt", weil, wie wir heute wissen, das Blattgrün teilweise erhalten bleibt.

Die naturwissenschaftlichen Kenntnisse seiner Zeit stellt C. Plinius Secundus (24—79 n. Chr.) als umfassendes Sammelwerk „Naturalis historia" in 37 Bänden zusammen und zitiert 473 Autoren mit über 2000 Einzelschriften. Er fand als der am Cap Misenum stationierte Flottenkommandant des Kaisers Titus beim Vesuvausbruch den Tod, als er sich gegen die Lavaströme um der ἱστορία (= Erkundung) willen vorwagte (H. Wilsdorf 1955). Dieser weit herumgekommene Offizier und Verwaltungsbeamte ließ durch einen Stenographen alles aufnehmen, was er tagsüber gesehen und nachts gelesen hatte. Er beschreibt etwa 1000 Pflanzen. In seinen Schriften sind in Verbindung mit Lebensmitteln viele technologische Einzelheiten übermittelt, so daß sich aus ihnen und denen von Dioskurides — Plinius und Dioskurides kannten sich gegenseitig nicht und haben sich nie zitiert; sie schöpften jedoch häufig aus gemeinsamen Quellen, wodurch sich ihre vielfach nachweisbare Übereinstimmung erklärt (O. E. v. Lippmann 1929) — ein recht klares Bild der Lebensmitteltechnologie im ersten nachchristlichen Jahrhundert gewinnen läßt.

So wird Kochsalz aus Meerwasser durch Verdunsten in Salzgärten gewonnen und ist meist pulverig, selten kristallisiert; Steinsalz findet sich in großen, wasserhellen, durchsichtigen, leicht zu zerkleinernden Stücken in der Erde. Salz wird auch aus Sole gesotten, welche man aus Brunnen pumpt. Salz trocknet, konserviert und schützt vor Verwesung und Fäulnis; es ist für die menschliche Nahrung unentbehrlich. Wenn aber Mütter zuviel Salz verzehren, bringen sie Kinder ohne Nägel zur Welt.

Zum Konservieren von Wein kann der ,,Dunst des Schwefels" (SO_2) verwendet werden, zurWeinverbesserung Gips, Kalk und Marmor, verstärkt durch den Zusatz von Asche, Aschenlauge oder eingedicktem Meerwasser. Wenn die Farbe des Weines unter dieser Behandlung leiden sollte, kann man sie durch Farbstoffe wieder aufbessern. Um welche es sich handelt, wird nicht mitgeteilt; die von Plinius genannten Farbstoffe Indigo, Krapp, Purpur, Scharlach, Saflor (Carthamus tinctorius) werden niemals in Verbindung mit Lebensmitteln genannt. — Pech, aus Teer und Essig gekocht, wird zum Konservieren von Wein und Most sowie zum Austeeren von Weinfässern benutzt. Die konservierende Wirkung von pflanzlichen Harzen auf Wein ist bekannt. In der Hefe, ,,verdichteter Schaum", der bei der Gärung von Most, Weißwein und aus mit Gerste oder Weizen bereitetem Bier entsteht (E. O. v. Lippmann 1906), ist eine ,,Kraft" vorhanden, welche Leute, die in Weinfässer hineinsteigen, zu töten vermag (CO_2). Daran, daß ein brennendes Licht verlöscht, läßt sich diese Gefahr erkennen. Die Unterbrechung der Weingärung wird durch Zusatz von Bimsstein erzielt. Falernerwein ist so stark, daß er sich anzünden läßt.

Olivenöl, das ,,echte" Öl, wird aus reifen Oliven gewonnen, indem man sie in Körben, zwischen Blechen oder erwärmten Platten mit Schraubenpressen auspreßt. Durch Entschleimen wird es wohlriechend und genießbar, durch häufiges Umrühren bei Sonnenexposition farblos, zugleich aber auch sauer und ranzig. Ein solches Öl greift — wegen seines Gehaltes an freien Fettsäuren — Kupfergefäße beim Kochen an und soll deshalb in Muscheln oder Bleigefäßen (!) aufbewahrt werden. Durch Zusatz von Salz kann man anhaftendeFeuchtigkeit entziehen und das Öl haltbarer machen. — Olivenöl dient nicht nur als Heilmittel, sondern auch zur Extraktion von Duftstoffen und Aromen aus Blüten, Blättern und Früchten, indem man entweder wie bei Rosenblüten mit Öl in Glasgefäßen an der Sonne digeriert oder in Öl einweicht und dann auspreßt oder mit Öl auskocht wie bei Lilien, Safran, Kalmus, Majoran, Gewürznelken. — Butter, der ,,dichte feste Milchschaum", kann Olivenöl in Notzeiten ersetzen, wenn dieses nicht in ausreichender Menge zur Verfügung steht, oder sie kann zum Backen benutzt werden. Als bestes tierisches Fett galt Schweineschmalz, das man durch wiederholtes Umschmelzen reinigte. Auch andere Tiere haben Fette — vornehmlich für medizinische Zwecke — geliefert. — Durch Überschichten mit Honig versuchte man Fette länger haltbar zu machen.

Dinkelweizen ist nach Plinius die älteste Getreideart und war bei den Römern lange Zeit als Brei Volksnahrung, später nur noch Sklavennahrung und Ration für bestrafte Soldaten. Numa Pompilius (715—672 v. Chr.), der zweite König Roms, soll angeordnet haben, Getreidekörner vor dem Zermahlen zu rösten, um eine gesündere Nahrung zu erhalten. — Zu Lebzeiten des Plinius wurde viel Weizen verwendet. Roggen haben die Römer nicht geschätzt, und er wurde daher von ihnen niemals in großem Umfange angebaut, obwohl er zu jener Zeit im europäischen Raum nördlich der Alpen das für die Slawen und Germanen wichtigste Brotgetreide war (A. K. KRANZ 1963). Die Kelten in Gallien bauten kaum Getreide an. Im Süden gab es Feigen und Wein, der Norden war Wald und Weideland. Ihr Reichtum bestand aus Vieh, die Aristokratie interessierte sich für Pferde, Jagd und Fischerei. Das Brotmehl, das man schließlich gebrauchte, gewann man aus Eicheln (H. E. JACOB 1954), schwer faßbar für den, der Franzosen kennt. Die Menge der römischen Soldaten in Frankreich, Holland, Belgien und am Niederrhein bekam Getreide auf dem Schiffswege aus Sussex und Kent, also aus England.

Bei PLINIUS ist auch die Gewinnung von Weizenstärke beschrieben. Man stellte sie nicht aus Mehl, sondern aus unzerkleinerten Weizenkörnern her, weshalb sie den Namen ἄ-μυλον (μύλη = Mühle), lat. amylum, führt. Man läßt Weizen unter häufigem Umrühren einige Tage im Wasser quellen, zertritt ihn dann mit den Füßen und gießt das überstehende Wasser ab, in welchem sich Salze, Proteine und Schalenbestandteile befinden. Den Rückstand trocknet man in der Sonne auf Ziegeln, um die Feuchtigkeit rasch abzuführen.

Obst soll man in kühlen, trockenen Räumen mit Fensteröffnungen nach Norden lagern und mit dicht abschließenden Überzügen versehen, z. B. Äpfel und Weintrauben mit in Wein geknetetem Ton bestreichen, Quitten mit Gips oder Wachs überziehen. Birnen bewahrte man in ausgepichten Tongefäßen auf, welche mit der vergipsten Öffnung nach unten in die Erde eingegraben wurden. Hülsenfrüchte verwahrte man in Gefäßen, in denen vorher längere Zeit Salzwasser gestanden hatte (K. BRAUN 1933). — Erwähnt werden möge noch die Ansicht, daß man durch mechanische Verletzung Mandelbäume mit süßen Samen veranlassen könne, bittere Mandeln hervorzubringen.

PLINIUS kennt keine organischen Säuren in reinem Zustand, berichtet jedoch über Eigenschaften und Verhalten von Apfel-, Ameisen-, Essig-, Milch-, Oxal-, Wein- und Zitronensäure. Er nannte Quecksilber „argentum vivum" und beschrieb die Trennung von Gold und Silber nach dem Salz- und dem Sulfidverfahren (W. GEILMANN 1963). PLINIUS führte etwa 40 verschiedene „ätherische" Öle auf, die durch Ausziehen, Auspressen oder Auskochen mit Essig, Met, Most, Öl, Milch oder Wasser gewonnen werden.

PLINIUS berichtet auch über den römischen Handelsverkehr. Nach der Vernichtung des Ägyptischen Reiches im Jahre 30 v. Chr. und dem Selbstmord von KLEOPATRA und ANTONIUS wurde Ägypten römische Kronkolonie, besser gesagt „kaiserliches Dominium" (H. E. JACOB 1954), das im staatsrechtlichen Gegensatz zu allen anderen römischen Provinzen seine Erträge, ein Drittel des in Italien benötigten Brotgetreides, direkt an den Kaiser lieferte. Gleichzeitig übernahm die kaiserliche Privatschatulle den von den makedonischen Ptolemäer-Königen um 300 v. Chr. aufgebauten ägyptischen Handel mit Indien, von woher Cardamon, Gewürznelken, Ingwer, „der trotz seiner Schärfe von Würmern zerfressen wurde", Pfeffer, Zimt, blauschwarzes Frauenhaar (Capilli Indici), getrocknetes pulverisiertes Alligatorfleisch für Liebestränke und zahlreiche Drogen eingeführt wurden. Über den Umfang der Importe berichtet H. v. STOKAR (1956), daß 100 Schiffe mit einer Kapazität von insgesamt etwa 200000 to im Linienverkehr mit Indien eingesetzt gewesen seien und jährlich Waren für umgerechnet etwa 5 Millionen Mark importiert hätten.

PLINIUS erwähnt auch die revolutionierende Erfindung der Römer, des die Scholle *wendenden* Pfluges mit dem hölzernen Streichbrett. Dieser Pflug ersetzte die bisherigen, auch von den Griechen noch benutzten Geräte mit einer Metallspitze, welche den Boden nur aufriß. Jetzt wurde es möglich, auch schwere Böden zu kultivieren; später setzte dieser wendende Pflug die germanischen Kolonisten in den Gebieten ostwärts der Elbe in den Stand, die dortigen schweren und fruchtbaren Böden zu beackern, welche die nur mit dem hölzernen Hakenpflug ausgerüsteten slawischen Vorsiedler nicht hatten bearbeiten können, ein Beispiel aus der Geschichte, das zeigt, wie abnehmender Ertragszuwachs durch technischen Fortschritt hinausgeschoben werden kann (F. BAADE 1952).

Einer der berühmtesten Ärzte des Altertums war GALEN aus Pergamon (etwa 129—200 n. Chr.). Er war daselbst Gladiatorenarzt, seit 169 in Rom Leibarzt von Kaiser COMMODUS (180—192) und hat angeblich 400 medizinische Schriften und mehr als 200 andere aus zahlreichen Gebieten des damaligen Wissens verfaßt (E. O. v. Lippmann 1929). Um das Jahr 182 behandelte er in einem drei Bücher umfassenden Werk ,,Die Kräfte der Nahrungsmittel". Lebensmittel unterteilt er in solche pflanzlicher und solche tierischer Herkunft und berichtet ausführlich über seine Erfahrungen mit Lebensmitteln in seiner Heimat, der heutigen Türkei, in Ägypten, Mazedonien und Thrakien, dem heutigen Bulgarien. ,,Cum igitur tres sint causae a quibus morbi auspicatur. Una quidem in iis, quae offeruntur" (E. Wenkebach 1918).

Eine an moderne Hygiene gemahnende Betrachtung bezieht sich auf die Beschaffenheit des Flußwassers oberhalb und unterhalb von Rom (E. Beintker und W. Kahlenberg 1948, 1952). Über die Hygiene und die städtische Wasserversorgung, die in den tiefergelegenen Stadtteilen sogar die Dachgeschosse ständig mit Trinkwasser belieferte, berichten Vitruv und Frontinus. Es gab das einwandfreie Trinkwasser der in Blei- oder Tonrohren verlegten Zuleitungen Virgo und Aqua marcia; das der Anio vetus durfte nur für Badezwecke benutzt werden (M. Schürmann 1964).

Galen behandelt auch die Getreidearten Einkorn, Emmer, Gerste, Hafer, Hirse, Spelt, Reis und Weizen. Die letztgenannte ist seiner Ansicht am weitesten verbreitet und Winterweizen nahrhafter als Sommerweizen, weil er resistenter ist. Reis mag Galen nicht. Er sei schwerer zu verdauen als Graupen aus Weizen oder Gerste, nähre wenig und schmecke nicht (W. v. Stokar 1956). Hafer wird eigentlich nur als Pferdefutter benutzt, kann aber im Notfall auch den Menschen zur Nahrung dienen und ergibt mit Wasser gekocht und bei Zusatz von Honigwein, eingekochtem Most oder Süßwein sogar ein schmackhaftes Gericht. Als Naschwerk schätzt man geröstete Getreidesamen, Erbsen, Mandeln, Nußkerne, weil sie die Trinklust steigern. Aus Getreidesamen werden auch die medizinisch wichtigen Pflanzenschleime und andere Medikamente zubereitet, die ,,gute Säfte" im Körper entstehen lassen und abführen. Dem letztgenannten Zweck dienen auch in Weizenteig gebackene Quitten mit einer Füllung von Purgierwinde (Convolvulus scammonia). — Mit Gerstenschleim gekochte Puffbohnen (Vicia faba) waren die Hauptmahlzeit der Gladiatoren. Puffbohnenmehl diente auch als Kosmetikum. Es nimmt den Schmutz von der Haut. Daher benutzten es Sklavenhändler und Frauen ,,vor dem Verkauf".

Eingehend beschreibt Galen die Bäckerei. Brotteig soll ausreichend geknetet werden, bis er ,,sich lang ausziehen läßt" und dann abstehen. Der Backvorgang kann erfolgen:

1. im Backtopf,
2. im normalen Backofen (Abb. 19b, mittlere Reihe rechts),
3. auf dem Kohlebecken oder auf einer irdenen Herdplatte (Abb. 10),
4. in heißer Asche.

Die Brotarten sind nährwertmäßig in folgender Reihe zu beurteilen:

1. Brot aus Winterweizen,
2. Weizenfeinbrot (lat. simila = feinstes Weizenmehl, daraus dt. Semmel),
3. Mengbrot, ein Mittelding zwischen Kleie- und Mehlbrot,
4. Kleiebrot, hat geringeren Nährwert, fördert aber die Verdauung,
5. Aschebrot, beim Backen in heißer Asche wird diesem ,,Unbekömmliches" hinzugefügt.

Andere Gebäcke sind Fladen und Honigkuchen. Beide wurden aus nicht gelockertem Teig hergestellt, obwohl nach H. Blümner (1912) die Benutzung von Soda als chemisches Triebmittel bekannt war. Die Honigkuchen waren stark ausgebacken und hart. Man aß sie mit Honig, Milch, Öl und Mohnsamen. Wenn sie zu alt geworden waren, zerrieb man sie und stellte aus den Reibseln neue Kuchen oder Brei her. Auch in Öl gebackene Pfannkuchen werden erwähnt; ,,manche mischen Honig darunter, manche Meersalz".

Von den Fleischarten hält Galen Schweinefleisch für am nahrhaftesten, weil es die größte Ähnlichkeit mit Menschenfleisch besitze. Als Beweis führt er an, daß bei ,,nichtswürdigen Gastwirten und gewissen anderen Leuten" schon Menschenfleisch gegessen worden sei, ohne daß hinsichtlich Geschmack und Geruch ein Verdacht aufgetreten wäre. — Das Fleisch des Schlachtviehs kann durch gutes Futter verbessert werden. Füchse sind im Herbst durch den Genuß von Weintrauben fett, und die durch Fütterung mit Feigen erhaltene „Feigenleber" mancher Tiere ist besonders wohlschmeckend. Als bei Fleischzubereitungen übliche Würzmittel nennt GALEN die Samen von Dill, Sellerie, Kümmel, Liebstöckel, ferner die Dillpflanze, Lauch, Majoran, Pfefferminze, Thymian, Zwiebeln.

Butter war damals vornehmlich Heilmittel und wurde unter anderem zum Einreiben des Körpers nach dem Baden benutzt, sie besaß also nicht die Wertschätzung, welche wir ihr heute beimessen. Römer und Griechen zogen das in ihrem Klima haltbarere Öl vor. — Eier von Gänsen, Fasanen, Hühnern und Straußen werden nicht roh verzehrt, sondern unterschiedlich lange gekocht, auch in heißer Asche gebacken, in der Pfanne als Spiegeleier zubereitet oder als „Verlorene Eier" mit Öl, Fischlake und Wein angerührt im Wasserbad mäßig gerinnen gelassen.

In Rom waren vier Mahlzeiten üblich: Frühstück (ientaculum), Mittagsmahlzeit (prandium), Vesper (merenda) und als Hauptmahlzeit das Abendbrot (cena), welches mit einem „Apéritif" in Form von Met oder mulsum begann. Als Vorspeisen gab es Salat, Eier, Bratwürstchen. Die Hauptmahlzeit enthielt vor allem Fleisch in verschiedenen Zubereitungen. Dazu wurde schwerer griechischer oder italienischer Wein serviert. Da man ihn noch nicht völlig klar herstellen konnte, wurde er durch ein Filter in den Mischkrug gegossen, dort mit Wasser gemischt und zumeist angewärmt genossen. Der Nachtisch bringt allerlei Backwerk, Käse, Mandeln, Nüsse und Obst wie Äpfel und Birnen. Die Abfälle werden unter den Tisch geworfen. Das Eßbesteck umfaßt Löffel und Messer. Nur in der Küche und zum Vorlegen werden große, zweizinkige Gabeln benutzt, die zum *Tischbesteck* erst seit dem 16. Jahrhundert gehören. — Wegen der im antiken Rom beim Essen üblichen halbliegenden Stellung wurden Speiseformen wie Püree, Ragout oder Kroketten bevorzugt, da diese sich mit dem Löffel oder den Fingern bequem zum Munde führen ließen. Letztere wurden während der Mahlzeit des öfteren mit wohlriechendem Wasser abgespült und mit einer Serviette getrocknet (HORAZ). Zur Zahnreinigung benutzte man Zahnstocher aus Hirschhorn (E. NACK und W. WÄGNER 1963) und Zahnpulver aus einer Mischung von Salz, Zucker und Holzkohle (E. O. v. LIPPMANN 1929).

Erwähnt sei noch, daß die Römer die Ursache dafür sind, daß die Citrusfrüchte einen falschen Namen erhielten. „Κέδρος" heißt Zeder. Zedernholz und die Schalen der durch den Zug ALEXANDERs des Großen nach Südasien bekannt gewordenen Zitronen wurden (bis ins Mittelalter) als Mottenschutz verwendet. Wegen des ähnlichen Duftes benannten die Römer die Citrusfrüchte „Zedern(= citrus)apfel" unter Beifügung des Herkunftslandes (medica = aus Persien). Noch P. DE CRESCENTUS (1493) erwähnt „Citricum. Diß rinden geleyt by die dücher nemen keynen schaden von keynen motten oder aner wormen". —

Der ursprüngliche Tauschhandel, bei welchem Vieh (pecus) als Zahlungsmittel gedient hatte, lieferte den Begriff des Geldes (pecunia). Seit dem Jahre 268 v. Chr. befand sich im Tempel der JUNO MONETA die römische Münze. Auch die Maße waren genau bestimmt. Für trockene Waren wie Getreide benützte man den Scheffel, 1 modius = 8,75 l = 32 heminae („Becher") = 128 acceptabulae („Hohlmaß") = 192 cyanthi („Schöpflöffel") = 768 ligulae („Löffel"); für Flüssigkeiten die Amphore = 26,3 l oder den culleus (Ledersack, Schlauch) zu 525,3 l (H. J. v. ALBERTI 1957).

Das Zeitalter der Araber-Wissenschaft

Mit dem Ende des weströmischen Reiches um 476 beginnen die Araber, bis dahin ein nomadisierendes Volk, nach patriarchalischen Sitten in einem recht unfruchtbaren Land lebend, ihren Handel mit Indien zu verstärken, über Ägypten griechische Kultur und die jüdische oder christliche Religion anzunehmen. Im Jahre 610 tritt MOHAMMED (570—632) als Prophet auf und gründet 622 nach seiner Flucht aus Mekka in Medina die islamische Religion. Im Koran erläßt er ähnliche Hygienevorschriften wie Moses in der Bibel. Er untersagt den Verzehr von Tierblut und allen Tieren, die sich von Menschenfleisch ernähren oder andere Tiere getötet haben (Tollwut) oder von Tieren, die ohne Blutverlust erstickt wurden. Daher sind alle zum Katzengeschlecht gehörenden Tiere wie Löwen und Tiger, ferner der Igel, alle Raubvögel verboten. Nur bestimmte Fischsorten sind, solange sie frisch sind, erlaubt. Weintrauben dürfen nur frisch oder getrocknet verzehrt werden, Wein ist verboten.

Die Araber erobern 635 Damaskus und Südpalästina, 637 Jerusalem und Persien, 641 Alexandrien, 642 Ägypten, 644 Libyen. In Alexandrien wird die große Bibliothek mit 700000 Bänden geplündert. Während ihrer Ausbreitung über Mittelmeerraum und Orient lernen die Araber, die selbst keine Landwirtschaft betreiben —

„Bei den schnaubenden Rossen —
sie schlagen Feuer aus dem Grund!
Sie rennen schnell, mit der Morgenfrühe
wetteifern sie, eine Fahne von Staub
steht hinter ihnen; sie stürmen vor,
ihre Hufe zerreißen das Zentrum des Feindes!"

heißt es im Koran —, die landwirtschaftlichen Produkte der eroberten Länder kennen. Am unteren Euphrat: Zuckerrohr, Orange und Zitrone, im Irak: Hirse, Reis und die übrigen Getreidearten, Ölbäume und Sesam, Datteln, Weintrauben, Haselnüsse, Mandeln, Pistazien, Saflor (Carthamus tinctorius = Färberdistel), Safran, Koriander, Kümmel, Knoblauch, Zwiebel, Zuckerrohr, Gemüse; in Ägypten: Bier aus Weizen, Hirse und Gerste. 712 erobern sie Sevilla und bauen dann in Spanien Zuckerrohr an.

Die arabische Blütezeit der Wissenschaften zwischen dem 9. und 11. Jahrhundert wird vielfach nicht genügend gewürdigt. Sie war die Fortsetzung der griechisch-römisch-orientalischen Mischkultur, die wir als Hellenismus bezeichnen. Eine aus der religiös fundierten Lebensanschauung praktizierte Theorie schuf das Wissen um den gesunden Menschen. Die arabische Heilkunst war äußerst behutsam und Kunst im Sinne des Wortes, eine Kunst des Bewahrens und der Achtung vor der Persönlichkeit. Der radikale Eingriff mit dem Messer ist erst dann indiziert, wenn andere Möglichkeiten erschöpft sind. Jeder chirurgische Eingriff wird nicht nur als ein solcher in die persönliche Integrität eines Menschen oder seine private Sphäre angesehen, sondern als Eingriff in Familie und Beruf. Demzufolge erfuhr die Pharmazie einen gewaltigen Aufschwung. Zahllose neue Arznei- und Nahrungsmittel, auch Speisegerätschaften wurden eingeführt. Strenge Kriterien werden an ein Pharmakon gelegt: Arzneimittel und Krankheit sollen in einem überschaubaren Verhältnis stehen. Der Effekt soll schnell erkennbar sein, damit zufällige Nebeneinwirkungen ausgeschlossen werden. Die Wirkung von als Arzneien benutzten Lebensmitteln muß im Tierversuch nachkontrollierbar sein. Die Kunst diätetischer Lebensführung gehört zum guten Ton.

Einen modernen Standpunkt nahm die arabische Wissenschaft auch auf dem Gebiet der Irrenpflege ein zu einer Zeit, als die unmenschliche Behandlung der Geisteskranken üblich war und sie Verbrechern gleichgestellt wurden. Der Koran empfiehlt bei Geistesstörungen Sorgepflicht für Kleidung und Nahrung. Die Stadt Cordoba in Andalusien, Hauptstadt des von Bagdad unabhängigen Kalifats Omeya, besaß 500 Krankenhäuser, 80 Schulen, auch Mädchenschulen und über 900 öffentliche Bäder. Die dortige Bibliothek des Kalifen Hakim II. umfaßte nahezu 400000 Bände. Fast jedermann konnte in dieser Gegend lesen und schreiben. Es ist daher kein Wunder, daß Hroswitha v. Gandersheim diese Stadt als die „helle Zierde der Welt" (H. Schipperges 1962) bezeichnet, zumal sich damals aus der „madrasa", die noch im Raum der Moschee gelagert war, durch profane Stiftungen Akademien entwickelten, die schon 200 Jahre vor Entstehung des eigentlichen europäischen Hochschulwesens Organisation und Geist der Universitäten vorwegnahmen.

Einer der ersten in arabischer Sprache schreibenden medizinischen Schriftsteller ist Al Razi (850—923), in Persien geboren, Leibarzt des Kalifen Muqtadir (908—932) in Bagdad. Al Razi wird als der erste Iatrochemiker bezeichnet, weil er zuerst Chemikalien als Heilmittel benutzte. Daneben verwendete er viele Lebensmittel als Heilmittel: Kuh-, Esel-, Kamel- und Ziegenmilch, Butter, Reis, Sellerie; Äpfel, Feigen, Maulbeeren, Pflaumen, Quitten, Weintrauben, Zitronen; Mandeln, Nüsse, Pistazien; Citrus bajoura in Form von Sukkade, süßen und sauren Sirupen oder mit Eiswasser; Ingwer, Koriander, Mohnsamen, Pfeffer, Safran; ätherische Öle, Veilchen- und Rosenauszüge; Melonen- und Gurkenkerne; Gersten-, Weizen- und andere Pflanzenschleime; Sauerklee.

Arzneien und Lebensmittel, insbesondere Getränke, werden zuweilen intensiv gekühlt. Viele Jahrhunderte dient der Schnee vom Libanon als „natürliches" Kältemittel. Der Kalif AL MAHDI läßt um 780 n. Chr. Kamelladungen mit Schnee nach Mekka bringen. Um 1030 erhält die Küche des Kalifen sogar täglich 14 Ladungen Schnee, der für die Bereitung kalter Getränke und Sirupe benutzt und auch an Kranke abgegeben wird. Dieser Schneetransport von Syrien nach Arabien erfolgte im Eiltransport über Gaza als Umschlagsstation. Diese Stadt war ebenfalls Knotenpunkt für eine Brieftaubenpost, und der Kalif AZIZ ließ sich auf diesem Luftwege auch Frischobst aus Baalbek kommen. Der Vezir JAKUB IBN QILLIS charterte 600 Tauben und belud jede mit zwei Seidensäckchen, die jeweils eine Kirsche enthielten (E. O. v. LIPPMANN 1929).

Der Physiker und Chemiker AL CHAZINI, Schatzmeister am Hofe eines seldschukischen Sultans, konstruierte eine Waage großer Empfindlichkeit und berichtete 1121 von einer Spindel, die mehr als 700 Jahre früher der griechische Mathematiker und Physiker PAPPOS in Alexandrien erdacht haben soll: „Es ist eine zylindrische Röhre, mit waagerechten Teilstrichen versehen, die angeben, wie tief die Spindel in eine Flüssigkeit einsinkt; damit sie aufrecht schwimme, ist am unteren Ende ein kleines Gewicht befestigt." Er selbst benutzte Spindeln aus Kupfer- oder Silberblech und stellte Messungen bei Fluß-, Meer- und Teichwasser, Öl und Honig an. AL CHAZINI benutzt auch Pyknometer, kennt die durch Temperaturschwankungen und durch anhaftende Luftblasen bedingten Fehler und gelangt zu Messungen von überraschender Genauigkeit (E. O. v. LIPPMANN 1929).

Das griechische Wort *χεῦμα* (= gegossene Schale; zu *χέειν* = gießen, schütten) wurde von den Arabern mit dem Artikel versehen: al-Kimija. Durch spanische Vermittlung entstand frz. alchimie und hieraus Chemie. Aus arab. al-kohl (= „Bleiglanz zum Färben der Augenbrauen") wurde unser Wort Alkohol. *Τὸ ξηρόν* (= das „Trockene") hat dem Stein der Weisen den arabischen Namen al-iksîr geliefert. Dem Glauben an seine heilende und verjüngende Kraft entspricht die spätere Bedeutung des Wortes Elixier als „Heiltrank". Das dem Chemiker bekannte Sublimiergefäß, die Aludel, läßt ihre Herkunft aus arab. al-uthâl erkennen, auch Amalgam ist über al-malgham zu uns gekommen. Qahwa bedeutete ursprünglich „Wein" und änderte seine Bedeutung in „Kaffee", als dieser den Wein infolge MOHAMMEDs Verbot verdrängte (F. KLUGE 1960). Der zweite Bestandteil des Wortes Kaffeebohne ist eine volksetymologische Umwandlung ihres arabischen Namens „bonn". In den ältesten abendländischen Nachrichten wird der Kaffeestrauch als „arbor Bon cum fructu suo Buna" bezeichnet (G. JACOB 1924). Mauthaban hieß ursprünglich „sitzender (untätiger) König" und war später eine byzantinische Münze mit dem Bild des thronenden Christus. Die Bedeutung wandelte sich über „Hohlmaß" und „Schachtel" zu der in dieser verpackten Ware aus Mandeln und Zucker (E. LITTMANN 1924, G. JACOB 1924, H. FINCKE 1927). Arabische Lehnwörter sind auch Alkali und Kali (qila = Pottasche), Kubebe (kubâba), Karaffe (gharràfa = Schöpfgerät), Kandis (qand), Mokka, Safran (zafarân; safra = gelb), Spinat (isbinăch), Tasse (tāssa = Schälchen), Arrak (araq = gewonnen aus dem „Schweiß" (araq) der Dattelpalme). In der Mathematik haben sich Algebra (al-gabr = Vollendung) und Ziffer (sifr = leer; Null) eingebürgert, während die sogenannten arabischen Zahlen aus Indien stammen, uns von den Arabern aber überliefert worden sind (E. LITTMANN 1924). — Der Punsch ist eine indische Erfindung. Er führt seinen Namen nach dem (persischen) Zahlwort für 5, weil er aus 5 Ingredientien: Arrak, Gewürz, Wasser, Zitronensaft und Zucker hergestellt wird (G. JACOB 1924). SCHILLER hat in seinem Punschlied „Vier Elemente, innig gesellt" das Gewürz vergessen.

Mittelalter

Etwa mit dem Beginn unserer Zeitrechnung verstärkten sich die kulturellen Beziehungen zwischen Römern und Germanen. Letztere übernahmen Garten- und Obstbau. Äpfel, Birnen, Kirschen, Pfirsiche, Pflaumen, Quitten wurden veredelt. Der Weinbau hatte sich in karolingischer Zeit im gesamten linksrheinischen, baden-württembergischen, fränkischen, südbayerischen und österreichischen Gebiet voll entwickelt. Auch Oberhessen hatte um diese Zeit Weinbau; im Mittelalter gingen die dortigen Weinberge wieder ein. Karl d. Gr. ordnete an, daß auf den königlichen Weingütern Schankstätten einzurichten seien. Als Kennzeichnung bestimmte er die noch heute üblichen ausgehängten Traubenkränze (R. Krämer-Badoni 1960). — Eine riesige Weinpresse (Abb. 20) wurde am 16. April 1416 zu Baden in der Schweiz mit einem Weinberg verkauft. Sie wurde erst 1916 abgebrochen. Ihr gewaltiger Hebel war 18 m lang. Die untere Balkenlage maß 10 m,

Abb. 20. Weinpresse aus der Zeit um 1500 (nach F. M. Feldhaus 1954)

das Preßbrett war 4 m lang und ebenso breit. Die Schraubspindel war 5 m lang. Zu dieser Riesenmaschine waren etwa 20 Kubikmeter Eichenholz verarbeitet worden (F. M. Feldhaus 1954).

Die Germanen lernten von den Römern auch Eßkastanien (Castanea sativa), Walnüsse, Pfirsiche, Aprikosen, Pflaumen und Gewürze kennen, deren Herkunft aus der lateinischen Sprache heute nicht mehr in allen Fällen zu erkennen ist: Anis (anisum), Fenchel (foeniculum), Kümmel (cuminum), Kohl (caulis), Lattich (lactuca = Kopfsalat), Minze (mentha), Petersilie (petroselinum), Senf (sinapis), Spargel (asparagus). Vor dem Bekanntwerden mit den Römern bauten die Germanen an: Gerste, Weizen, Hirse, Hafer, Roggen, Erbse, Bohne, Linse, Mohrrübe, Lauch, Kürbis, Mohn; an Beeren- und Steinobst kannte man: Himbeere, Brombeere, Erdbeere, Heidelbeere, Preiselbeere, Schlehe, Weichselkirsche.

Die übliche Nahrung war „muos", Brei aus Hafermehl (Plinius). Dazu gab es morgens und vormittags Brot oder im Feuer gebackene Fladen, mit Salz bestreut (Salz haben die Germanen schon in vorgeschichtlicher Zeit im Bergbau und in Salinen gewonnen; die Sole wurde über heiße Steine gegossen; Varro, Plinius, Tacitus) oder mit Honig oder mit Butter bestrichen. Butter war in dieser Zeit in Deutschland Volksnahrungsmittel, das auch der arme Mann in Notzeiten vermißte: „dasz arm volk het an mangerlei mangel und besunder an putern" (K. Trübner 1939). Als Getränk verwendete man Wasser, selten Milch. Aus einer Frankfurter Urkunde vom Jahre 794 geht hervor, daß Backmehl damals bestehen konnte aus Buchweizen, Gerste, Hafer, Pferdebohnen, Roggen, Spelt, Weizen. Wegen der gering entwickelten Technik der Mehlherstellung verblieb viel Kleie im Mehl, so daß die „Derbbrote" wohl recht dunkel ausgesehen haben. Weißbrot wurde außer zum Gebrauch bei Hofe und für die Kommunion nicht hergestellt (A. Stange 1927). Als Lockerungsmittel diente der Bodensatz von der Bier- und Weinbereitung, hevo (ahd.), heve (mhd.), die „Hebe". — Das Mittagessen bildeten Suppen und Gemüseabkochungen, auch Schweine-, Dachs-

und Eichhörnchenfleisch. Dabei möge erwähnt werden, daß die Germanen ihre Schweine mit Schellen versehen in die Eichen- und Buchenwälder zur Futtersuche getrieben haben (K. Hintze 1934). — Nachmittags aß man wieder Brot, dazu gab es Käse oder Speck, abends Mehl-, Milch- oder Biersuppen.

Der Genuß von Bier (von der Hausfrau aus Gerste, Weizen oder Hafer gebraut) war so verbreitet, daß Wolfram v. Eschenbach die höfischen Kreise auffordern mußte, sich dieses Getränkes zu enthalten. In Norddeutschland trank man außerdem den herben Most oder Wein aus Äpfeln, Birnen, Schlehen oder Beerenobst (G. Röttger 1937), ferner Met mit oder ohne Zusatz von Honig und Gewürzen. In Süddeutschland wurde Wein bevorzugt; saure Weine und Obstweine wurden mit Honig gesüßt und gewürzt. „Welscher Wein" aus Zypern wurde über Venedig importiert und trat 1288 in Basel erstmalig als Handelsware auf. Beliebt war auch der französiche „Hippocras", ein aus den Würzweinen der Antike hervorgegangener Rotwein mit Nelken und Zimt, der als Hippokrates' Erfindung galt und für besonders gut und kräftig gehalten wurde (E. O. v. Lippmann 1929).

Bonifatius (674—754) erließ 736 die erste fleischhygienische Verordnung in Deutschland, als er den Genuß von Speck und Schweinefleisch nur in geräuchertem oder gekochtem Zustande gestattete. Der Verzehr von Pferdefleisch wurde gänzlich verboten; vermutlich stand hinter dieser Anordnung aber die Absicht der Kirche, die Opferung des dem Wotan heiligen Pferdes auszumerzen (O. D. Potthoff 1927).

Karl d. Gr. (Regierungszeit 768—814) erließ 812 mit dem „Capitulare (= königliche Verordnung) de villis imperii" Vorschriften für die Bewirtschaftung seiner großen Königsgüter in Deutschland und Frankreich, ferner auch eine Münzordnung: 1 Pfund Silber = 20 Solidi = 240 Denare. — Das Format (29,5 cm hoch; 12,5 cm breit) des einzigen erhalten gebliebenen Exemplares des „Capitulare" weist darauf hin, daß es sich um ein „Taschenbuch" gehandelt hat. In seinen letzten 70 Paragraphen (W. Schneider 1955) wird beschrieben, welche Arzneipflanzen, Gemüse, Gewürze und Obstbäume auf den Gütern angebaut werden sollten: Anis, Bohnenkraut, Dill, Diptam, Fenchel, Gurke, Kerbel, Koriander, Knoblauch, Kresse, Kürbis, Liebstöckel, Lorbeer, Melone, Minze, Mohn, Petersilie, Porree, Salat, Sellerie, Senf, Schnittlauch, Zichorie, Zwiebel; Bohne, Erbse, Kichererbse, Kohl, Kohlrabi, Mohrrübe, Pastinak; verschiedene Apfel- und Birnensorten, Brombeere, Feige, Haselnuß, Kirsche, Koloquinte, Mandel, Pfirsich, Pflaume, Walnuß.

Durch die Anlage von Haus-, Kloster- und Gutsgärten entwickelte sich die Bienenzucht. Der Honig diente zum Süßen selbst von Fischspeisen und auch zum „Honigen" von Bier (E. O. v. Lippmann 1929). Für den großen Fischbedarf der Fastenzeit reichten die fischreichen Ströme nicht aus. Daher wurden Fischteiche angelegt. Ottern und Biber galten ebenfalls als Fische; ihr Fleisch war daher auch in der Fastenzeit erlaubt. — Der Benediktinermönch Walafried Strabo beschrieb im „Hortulus Walafridi Strabi" die in der ersten Hälfte des neunten Jahrhunderts auf der Insel Reichenau im Klostergarten gezogenen Pflanzen: Fenchel, Kerbel, Kürbis, Liebstöckel, Melone, Mohn, Rettich und Sellerie (J. Berendes 1908).

Die gewerbliche Produktion lag in den Händen von Handwerkern. Es gab bäuerliches Handwerk auf dem Dorfe, angestelltes Handwerk auf den Gutswirtschaften und städtisches Gewerbe. Über letzteres wird schon im fünften Jahrhundert berichtet, als das Städtewesen in Deutschland noch unbedeutend war. Seine Entwicklung ist jedoch für das Handwerk richtungweisend geworden. Im 12. Jahrhundert schlossen sich die städtischen Handwerker zu „Bruderschaften", auch „Einungen" (Innungen) genannt, zusammen. Das Handwerk selbst wurde als „Amt" bezeichnet; daher ging man später dazu über, diese Titulierung auf die Vereinigung zu übertragen („Knochenhaueramt" = Fleischer). Der Warenverkauf erfolgte zumeist auf den

„Bänken" am Rathaus; Verkauf im eigenen Geschäft gab es erst, als sich die Handwerker in bestimmten Gassen ansiedelten, woher z. B. Fleischer- oder Brotgassen ihre Namen haben.

Die Handwerkervereinigungen waren mit Vollmachten ausgestattet, welche ihnen innerhalb der Stadt eine Monopolstellung verliehen: Beschaffung des Rohmaterials, Überwachung der Arbeit der Mitglieder, Festlegung von Lehr- (im allgemeinen vier Jahre) und Arbeitszeit (in Köln von 5—21 Uhr) und berufliche Vertretung nach außen waren genauso ihre Aufgaben wie gemeinsamer Gottesdienst und Pflege der Geselligkeit. Die Bäcker waren in Regensburg schon 955 mit gewissen Rechten ausgestattet. In einer Verfügung Kaiser Heinrichs V. (1106—1125) aus dem Jahre 1111 werden in Speyer Bäcker und Fleischer als Stände erwähnt, in einer Trierer Urkunde von 1161 „Meister der Metzger". Fleischer werden auch 1104 im Stadtrecht von Augsburg und 1164 im Stadtrecht von Hagenau genannt. 1227 wird in Berlin eine Bäckerinnung gegründet; vor der Aufnahme mußte der Bewerber eine Brotbackprobe ablegen. In Basel regelte Bischof Luitpold die Rechte und Pflichten der Metzgerzunft durch einen Erlaß vom 12. Juni 1248 (O. D. Potthoff 1927). Unter König Ludwig d. Heiligen (1226—1270) gibt es in Frankreich eine Innung der Kuchenbäcker und eine Zunft der Oblatenmacher (E. O. v. Lippmann 1929). 1295 werden in Pilsen die ersten urkundlich belegten Braurechte verliehen. — In diese Zeit fällt auch die Differenzierung des Backgewerbes in Weißbäcker, aus denen sich die Zuckerbäcker und Konditoren entwickeln, welche Hefeteig, Milchbrote, Kuchen und Pasteten bereiteten, und die Schwarz- und Sauerbäcker, denen die Bereitung der Roggen- und Sauerteigbrote zufiel. In München soll es um 1500 38 „Schönbäcker" (Weißbäcker) und 20 Sauerbäcker gegeben haben. Den Wohlstand einzelner Meister beleuchtet der Bericht über die Hochzeit der Tochter des Bäckermeisters Veit Gundlinger aus dem Jahr 1493, an welcher 720 Personen teilnahmen und die eine Woche lang dauerte. Dieser Bericht ist deshalb interessant, weil man einen Einblick erhält, was bei bürgerlichen Festmählern verzehrt wurde: 20 Ochsen, 30 Hirsche, 46 Kälber, 49 Ziegen, 95 Schweine; 15 Auerhähne, 25 Pfauen, 500 Stück Federvieh verschiedener Art, 1006 Gänse; 15000 Stück Aale, Barben, Forellen, Hechte, Karpfen (A. Stange 1927).

Tabelle 1. *Lebensmittelpreise um 1500*

Menge	Lebensmittel	Preis (Mark)
2 kg	Brot	1,65
0,5 kg	Butter	0,25
0,5 kg	Schweizer Käse	0,40
1 Stck.	Aal	0,23
1 Stck.	Hecht	1,85
0,5 kg	Forellen	2,10
1 Stck.	Lerche	0,02
1 Stck.	Wachtel	0,25
1 Stck.	Wildtaube	0,45
1 Stck.	Ente	1,15
1 Stck.	Rebhuhn	1,15
1 Stck.	Hase	1,15
0,5 kg	Kalbfleisch	1,45
0,5 kg	Rindfleisch	1,45
0,5 kg	Schweinefleisch	1,85
0,5 kg	Äpfel	0,15
0,5 kg	Birnen	0,30
0,5 kg	Weintrauben	1,15
1 Stck.	Orange	0,15
0,5 kg	Reis	0,70
0,5 kg	Weizen	1,00
1 l	Wein	0,07
1 l	Milch	0,20
0,5 kg	Zucker	2,80
0,5 kg	Ingwer	1,90
0,5 kg	Pfeffer	3,50
0,5 kg	Safran	4,50

Der Versuch, für diese Zeit Lebensmittelpreise zusammenzustellen, ist schwierig. Bei der Umrechnung kann man zwar berücksichtigen, wieviel Edelmetall ein altes Geldstück enthält. Aber damit ist nicht die Kaufkraft ermittelt. Dennoch haben wir in Tabelle 1 eine solche Zusammenstellung versucht, aus welcher sich zumindest die Relation der Preise einzelner Lebensmittel zueinander ergibt. Die reine Arbeitszeit betrug damals 10—12 Stunden, der Stundenlohn 5—10 Pfennige (A. Hauser 1962).

Lebensmittel waren also damals teuer. Für 0,5 kg Butter mußte der Handwerker 3—5 Stunden arbeiten, für 1 Liter Wein 1—2 Stunden, für eine Orange 2—3 Stunden. — Erwähnt sei noch, daß es zu dieser Zeit zwischen 4 und 5 Uhr die Morgensuppe gab, um 10 Uhr (in späterer Zeit um 11 Uhr bzw. 11.30 Uhr) einen Imbiß in Form von Brei, in wohlhabenden Kreisen auch Fleisch, Gemüse und Getränke; zwischen 18 und 19 Uhr das aus Brot, Käse und Wein bestehende Abendbrot (A. Hauser 1962).

Nicht ohne Einfluß auf die wirtschaftliche Entwicklung dieser Zeit war der Erste Kreuzzug (1096—1099). Für das Orientgeschäft stand jetzt wieder der bequeme Wasserweg des Mittelmeeres zur Verfügung. Produkte des Levantehandels begannen in Deutschland eine geldähnliche Rolle zu spielen. Hatten die Goten unter ALARICH I. im Jahre 408 für die Schonung Roms 3000 Pfund Pfeffer gefordert, so gab man jetzt Pfeffer als Mitgift, benutzte ihn zum Begleichen von Deputaten und Zöllen sowie als Abgabe. Die Behörden von Worms waren verpflichtet, dem Bischof an hohen Festtagen jeweils 3 Pfund Pfeffer darzubringen. Pfeffer diente neben Nelken und Muskat als Schmuck für Frauenhauben (E. O. v. LIPPMANN 1929). — Von Verona wurde im Jahre 1448 für 10000 Dukaten (etwa 100000 Goldmark) Safran nach Deutschland ausgeführt (A. F. ORTIGOSA 1963). Um 1908 betrug der Gewürzimport Deutschlands 150 Tonnen mit einem Geldwert von 15 Millionen Goldmark. Pfeffer machte die Hälfte der Gewürzeinfuhr aus (R. GOLLMER 1909).

In Kairo gab es, wie es in einem Reisebericht aus dem Jahre 1460 heißt, große Brutbetriebe. ,,Da sind vil backöfen, dar inn man jüng huner außbrütett und man legt offt bey 12000 ayr in der selben packofen" (G. JACOB 1924). — In das 14. und 15. Jahrhundert fallen die Universitätsgründungen in Heidelberg 1386, Köln 1388, Erfurt 1392, Würzburg 1403, Leipzig 1409, Rostock 1419, Greifswald 1456, Trier 1457, Basel 1459, Ingolstadt 1472, Tübingen und Mainz 1477.

Der spanische Arzt A. BACHUONE aus Villanova in Katalonien (ARNALDUS DE VILLANOVA; 1235—1312) berichtet in seinem Buch ,,De regimine sanitatis" von pflanzlichen und tierischen Lebensmitteln. Er beschreibt einen mit mehreren Gewürzen und Kräutern vermischten Käse, vermutlich Schabzieger. Salbei wird nicht nur als Zusatz zum Wein, sondern auch zur Soße und als Würzmittel für die Füllung von Gänsen und Spanferkeln empfohlen. Bestimmte Nahrungsmittel sollen nicht zusammen verzehrt werden wie Milch und Essig, Milch und Fische. Von der Verwendung kupferner Gefäße zum Aufbewahren von Öl oder Fett wird abgeraten. In seinem Buche ,,De aqua vitae" beschreibt er die Destillation von Rosmarinspiritus; vermutlich ist ihm auch Lackmuspapier bekannt (H. VALENTIN 1950). — Die Kunst des Weinbrennens zählt zu jener Zeit noch zu den alchimistischen Geheimnissen. Erst 1479 erscheint in Ulm ein Destillierbuch von M. SCHRICK. Es ist in lateinischer Sprache geschrieben; die erste deutsche Fassung stammt aus dem Jahre 1498.

Weinbrand galt damals vornehmlich als Arzneimittel (J. H. BECKER 1812), Branntwein (aus Getreide) wurde — wegen seines Gehaltes an Fuselölen — als gesundheitsschädlich angesehen. Beliebt waren aber Würztränke, zu deren Bereitung P. ULSTEDT aus Nürnberg in seinem im Jahre 1485 erschienenen ,,Coelum Philosophorum" Vorschriften mitteilt. Einen ,,Claret" stellt man her ,,durch Macerieren und Filtrieren von 4 Pfund (1400 Gramm) Weißwein, 4 Unzen (120 Gramm) hartem, weißen Zucker, 1 Unze (30 Gramm) Zimt, 1 $^1/_2$ Gros (216 Stück) Ingwer, 3 Gros (432 Stück) Koriandersamen, 1 $^1/_2$ Gros (216 Stück) Paradieskörner (Amonum granum Paradisi), $^1/_2$ Gros (72 Stück) Zitwersamen und 2 Skrupeln (2,4 Gramm) spanischem Pfeffer" (E. O. v. LIPPMANN 1929).

Über die gärungshemmende Eigenschaft konzentrierter Zuckerlösungen berichtet um 1450 SALADIN D'ASCULO, Leibarzt des Fürsten von Tarent, im ,,Compendium aromatiorum". Er konserviert Butter und Fett durch dichtes Bestreuen mit Puderzucker.

Die früheste erhalten gebliebene Sammlung deutscher Kochrezepte stammt aus der ersten Hälfte des 14. Jahrhunderts. In diesem in ostfränkischer Sprache abgefaßten ,,bůch von gůter spise" (H. HAJEK 1958) teilt der vermutlich aus Würzburg stammende unbekannte Verfasser 96 Rezepte mit. Im ersten Teil des Buches (54 Rezepte) wird Pfeffer 17mal, Safran 13mal und Salbei 7mal als Gewürz angegeben; im zweiten Teil (42 Rezepte) ist 14mal Mandelmilch (Emulsio amygdalarum) als Rezeptgrundlage gewählt. Die Namen einiger Gerichte wie „Heidnischer kuchen", „Huenre von Kriechen" (griechische Hühner), „ris von Kriechen" (griechischer Reis) lassen orientalischen Einfluß erkennen. Kuchen aus Mandeln, Zucker, Semmelmehl, Milch und Eiern sind wie Eiersuppen mit Safran, Pfeffer und Honig sowie Eierkuchen mit Honig und Weintrauben auch Bestandteile des Festschmauses bei der Einweihung der Frauenkirche in Weißenfels 1313 (E. O. v. LIPPMANN 1929). — Ein von verschiedenen Verfassern im 15. Jahrhundert in mittelniederdeutscher Sprache geschriebenes Kochbuch enthält 103 Rezepte, eine Vorschrift zum Entfernen von Fettflecken aus Kleidungsstücken und eine Anzahl von Herstellungsvorschriften für Farben (H. WISWE 1956). A. FEYL (1963) publizierte eine aus der ersten Hälfte des 15. Jahrhunderts stammende Handschrift des Koches EBERHART von Herzog HEINRICH aus Landshut in Bayern.

Einen schwerwiegenden Eingriff bildeten im Mittelalter die Pestseuchen, deren erste 1330 in Italien auftrat und die als „Schwarzer Tod" bis ins 17. Jahrhundert immer wieder weite Teile Europas heimsuchten. Träger der Pestbazillen war der Menschenfloh (E. KEYSER 1957). Im 14. Jahrhundert sollen in Europa 25 Millionen Menschen, ein Viertel der Bevölkerung, an der Pest gestorben sein. Die Menschenverluste bedeuteten: Land ohne Arbeitskräfte und Nachlassen der Nachfrage nach landwirtschaftlichen Erzeugnissen. So begann die große mittelalterliche Agrarkrise. In diesen Notzeiten kam es zu grauenvollen Menschenfressereien. Aus England wird im Jahre 1315 berichtet, daß Eltern das Fleisch ihrer Kinder gegessen hätten oder andere Kinder stahlen und sie auffraßen. Gefängnisinsassen rissen andere, die neu eingeliefert wurden, in Stücke und verschlangen sie „mit Gier noch halb lebendig". — Im belagerten Paris wurde 1590 aus pulverisierten Totenknochen und Wasser „Brot" gebacken. Eine reiche Dame ließ ihre an Hunger gestorbenen Kinder einsalzen und aß sie mit ihrer Dienerin auf (H. E. JACOB 1954). Menschenfresserei hat es bis in die neueste Zeit gegeben. Die letzten verbürgten Berichte stammen aus der Russischen Revolution (A. RACHMANOVA 1951). — Auch aus den Jahren 793, 868, 869, 1005 und 1032 wird von Menschenfresserei berichtet: „Leichen wurden ausgegraben und verzehrt, die Stärkeren mordeten die Schwächeren, Mütter ihre Kinder, um den Hunger zu stillen" (J. KULISCHER 1928).

Das Zeitalter der Entdeckungen (16. Jahrhundert)

Wie war die allgemeine soziale und wirtschaftliche Situation um 1500 in Deutschland? Das Gros der Bevölkerung bezog sein Einkommen aus landwirtschaftlicher Arbeit. Die Städte waren die wichtigsten Abnehmer der landwirtschaftlichen Produktion; um 1500 erreichte die städtische Kultur ihre Blütezeit. Der europäische Handelsraum war weitgehend erschlossen, das kaufmännische Interesse konzentrierte sich jetzt auf die Steigerung des Handelsvolumens. Der Frachtverkehr entstand als selbständiges Gewerbe. Der Großhändler behielt Platz im Kontor und lenkte von dort sein Unternehmen. Die Zahl der handwerklichen Betriebe nahm zu, wobei der Frauenanteil in diesen Berufen nicht vergessen sein sollte. Das Augsburger Stadtrecht erwähnt 1276 ausdrücklich, daß ein Handwerker seine Kinder, „es sei Sohn oder Tochter", ein Handwerk erlernen lassen könne (G. D. ROTH 1961); nach den Steuerlisten von Frankfurt am Main waren zu Anfang des 15. Jahrhunderts ein Drittel aller Steuerzahler Frauen (T. PREUSS 1956). Erst im 17. Jahrhundert setzte sich die Auffassung durch, daß eine Frau vom Handwerk ausgeschlossen sein solle, obgleich der Reichsabschied von 1772 weibliche Arbeitskräfte noch ausdrücklich zum Handwerk zuließ.

Die Entdeckung Amerikas durch COLUMBUS im Jahre 1492 und des Seeweges nach Ostindien durch den Portugiesen VASCO DA GAMA (1486) waren der Beginn eines neuen Zeitalters. Die Welt wurde größer und Europa aus seiner zentralen Stellung gelöst. Für die Entdeckungsfahrten war außer lockender Ferne ein politischer Grund maßgeblich. 1453 wurde Konstantinopel von den vordringenden

Türken eingenommen; der Zusammenbruch des byzantinischen Kaisertums zerstörte die Handelsverbindungen zum Orient. Spanien und Portugal, deren wirtschaftspolitische Interessen eng mit der Nutzung der Meere verbunden waren, mußten daher den Versuch unternehmen, einen neuen Weg nach Indien ausfindig zu machen.

Was brachten die Entdeckungen für Europa? Durch die Spanier gelangten Ananas, Kakao, Mais, Tabak, Tee, Vanille in den europäischen Gesichtskreis, später folgten Kartoffel und Tomate. Der Zuckerrohranbau nahm unter Zuhilfenahme zunächst von Indianern, dann von Negern als Sklaven in den entdeckten amerikanischen Gebieten schon in kurzer Zeit ein gewaltiges Ausmaß an (H. Fincke 1936). — Lissabon wurde in wenigen Jahren zum wichtigsten Markt für indische Produkte, da die Nachfrage nach Muskatnuß, Pfeffer, Safran und anderen

Abb. 21. Rauchende Indianer. Holzschnitt (Basel 1494; nach Reemstma 1960)

Gewürzen in Europa sehr groß war, Portugal jedoch nur einen Teil der eingeführten ,,Kolonialwaren" selbst verbrauchen konnte. Das Wertverhältnis zwischen Kolonialwaren und europäischen Waren gibt einen Einblick in die günstige Ertragslage, die der Gewürzhandel bot. Ein Viertelpfund Muskatnuß kostete so viel wie 12 Meter bester Ulmer Leinwand. Für 1 Pfund Safran mußte man den Preis eines erstklassigen Reitpferdes bezahlen (G. D. Roth 1961). Heute besitzen diese Gewürze nur noch den zehnten Teil ihres damaligen Wertes.

Die erste Nachricht vom Kaffee brachte L. Rauwolf (1582) von einer Reise in den Orient mit: ,,Vnder andern habens ein gut Getränck / welchs sie hoch halten / Chaube von inen genennt / das ist gar nahe wie Dinten so schwartz . . . Dieses pflegens am Morgen frü / auch an offnen orten / vor jeder Menningklich one alles abscheuh / zu trincken / aus jrdinen vnnd Porcellanischen tieffen Schälein / so warm / alsz sies könden erleiden". — Am Euphrat fand Rauwolf große Maisfelder; so weit hatte sich diese Pflanze in weniger als einhundert Jahren von Südamerika her ausgebreitet, weil man zu ihrem Anbau weder Pflug noch Ochsen nötig hatte, sondern wie die Inkas mit dem Hackbau auskam. Über Serbien und Ungarn gelangte die Kenntnis der Maispflanze nach Deutschland. H. Bock (1531) nennt sie ,,Welschkorn, türkisch Korn". Seit dem 17. Jahrhundert ist der Mais aus Südosteuropa nicht mehr fortzudenken. Allerdings widerstand Maismehl dem gewohnten Backen und wurde anstelle von Gerstenbrei gegessen, daher der Name Polenta (lat. = Gerstenmehl, Gerstengraupen).

Über den Tabakgenuß wurde Europa durch Columbus' mit Holzschnitten versehenen Reisebericht, erschienen 1494 in Basel, unterrichtet (Abb. 21). Der

Botaniker M. de Lobel bezeichnete 1570 in seinem „Neuen Pflanzenbuch" den Tabak als „Indorum sana sancta. Heutzutage sieht man beinahe alle Seeleute, die aus Amerika kommen, kleine Trichter aus Palmblättern oder Stroh im Munde halten, in denen sich zusammengerollte, zerschnittene und getrocknete Tabakblätter befinden. Diese zünden sie mit Feuer an und saugen mit offenem Munde, soviel sie können, den Rauch ein. Sie sagen sogar, daß dies Durst und Hunger stille, die Kräfte wiederherstelle und den Geist erleichtere" (Reemtsma 1960). — Die älteste bildliche Darstellung des Tabakrauchens befindet sich auf einem aus der Zeit um 300 n. Chr. stammenden Relief am Maya-Tempel von Palenqua in Mexiko.

Abb. 22. Titelblatt (Holzschnitt) von P. Wagners „Kuchemaistrey", 1507. Küchenszene. Mechanischer Bratenwender

H. Gutenberg (1394—1468), ein Goldschmied und Angehöriger des Mainzer Stadtadels, ist der Erfinder des Letterngusses. Sein Ziel war die Umwandlung der manuellen Reproduktion in eine mechanische unter Zuhilfenahme der seit der Antike bekannten Schraubenpressen für Öl und Wein. Vor 1436 hatte er aus Metall geschnittene kleine Spiegelrähmchen gebaut, die zum „trucken" — hierunter verstand man alles, was durch Druck oder Pressen erzeugt wurde — dienten. Seine Buchdruckerpressen arbeiteten seit 1458 in Bamberg und Straßburg, 1465 in Köln, 1467 in Rom. Bis zum Ende des Jahrhunderts gab es in etwa 260 Städten Europas mehr als 1100 Buchdruckereien, die ungefähr 40000 verschiedene, zum Teil umfangreiche Werke in einer Gesamtauflage von 10 Millionen Bänden gedruckt hatten (F. M. Feldhaus 1954).

Mit dem Aufkommen des Buchverlagswesens wurde ein neues Organisationsmittel in den Dienst von Wissenschaft und Wirtschaft gestellt. P. Wagners „Kuchemaistrey" ist der Beginn einer Hochflut gastronomischer Literatur. Dieses Werk (Abb. 22) erschien 1485 mit 32 Blättern zu je 31 Zeilen pro Seite und erlebte jahrzehntelang weitere Auflagen. „Die vorred ditz buchs" erläutert, daß in seinem ersten Teil nur über Fastenspeisen berichtet wird. Hierzu gehören gebratene, gebackene und gesottene Fische und Biberschwänze, auch versilbert oder vergoldet, ferner Gemüse und gewürzte Suppen. Der zweite Teil enthält kalte und warme Fleischgerichte und Angaben darüber, wie man Reste wieder verwerten kann. Im dritten Teil sind Eierspeisen, Backwaren und ihre Färbung, Kranken- und Kindbettkost beschrieben. Vierter und fünfter Teil geben Vorschriften zur Kräuterwein- und Essigherstellung, eine Anweisung zur Behandlung von Magenverstimmungen und allgemeine Diätvorschriften für Essen und Trinken. Bereits die ersten Auflagen dieses Buches besitzen ein alphabetisches Register. — Platinas (= B. Sacchi aus Piacenza in Norditalien, Bibliothekar bei Sixtus IV., Papst von 1471—1484) Bücher behandeln allgemeine Gesundheitsregeln, Anforderungen, die an einen guten Koch zu stellen sind, Gestaltung einer Festtafel. Es wird auch berichtet über Schlachttiere, Gewürze, Kochrezepte verschiedenster Art wie Hautgout-Schüsseln, Eierspeisen, Kaviar, ferner über Brote und Kuchen sowie Früchte zum Nachtisch (J. H. Becker 1811). — Der gesamten alten Kochbuchliteratur widmet sich später H. Schraemli (1949).

Im Jahr 1500 erscheint das Werk von H. Brunschwygk (1450—1533) „Liber de arte distillandi de Simplicibus". „Das buch der rechten kunst zü distilieren die eintzige ding" leitet eine Entwicklung ein, durch welche man in der Folgezeit die ätherischen Öle, auch das Senföl, ferner die Ameisensäure kennenlernt und in den Stand gesetzt wird, andere Einzelstoffe aus Pflanzen und Tieren zu isolieren (H. Fincke 1933).

Th. Bombastus v. Hochenheim, genannt Paracelsus (1493—1541), Abkömmling eines schwäbischen Adelsgeschlechtes, schuldigt Essen und Trinken als Ursache für Gicht und Steinleiden an und erklärt im „Opus Paramirum": „Der Mensch ist, was er ißt." Er lehrt ferner, daß das gestörte Gleichgewicht des Organismus durch Zufuhr der richtigen Stoffe in geeigneter Dosierung wieder in Ordnung gebracht werden könne: „Alle ding sind gift und nichts on gift; alein die dosis macht das ein ding kein gift ist." Das Wirksame in jedem Heilmittel, das „Arcanum, die quinta essentia, wird ausgezogen aus allen gewechsen, gescheiden von aller unreinigkeit und tötlichkeit, gesubtilt auf das allerreinigste". Durch Ausfrieren von Wein gewinnt Paracelsus um 1530 Weingeist und gibt ihm den Namen Alkohol. Er stellt auch fest, daß Alkohol und auch Zucker, auf den er gegossen wurde, ohne Rückstand verbrennen (E. O. v. Lippmann 1929; G. Lockemann 1950; P. Walden 1952) und beim Brennen von Kalkstein eine „besondere Luftart" entstünde (Kohlensäure).

G. Agricola (1494—1555) legt für den Bergbau im „Bermannus" das damalige analytisch chemische Wissen nieder und beurteilt die Erze auch nach Geruch und Geschmack. Eingehend beschreibt er die technische Gewinnung reiner konzentrierter Salpetersäure, die seit dem 15. Jahrhundert als „Scheidewasser" zur Trennung von Gold-Silber-Legierungen benutzt wurde. — Die Rückstände von Mineralwässern untersucht L. Thurneysser zum Thurn (1530—1596) in einem Laboratorium, das ihm im Grauen Kloster zu Berlin eingerichtet wurde. Er veranlaßte in dieser Stadt den Bau der ersten Wasserleitung. — Auch A. Libau (Libavius, 1540—1616) untersucht Mineralwässer und weist in den Säuerlingen Kohlensäure nach. 1595 gibt er das erste Lehrbuch der Chemie „Alchymia collecta" heraus. Er beschreibt die Herstellung von Pottasche aus Weinstein und Salpeter, benutzt das Lötrohr und entwirft einen Plan für ein dreistöckiges chemisches Laboratorium, das auch einen Weinkeller enthalten soll. — K. Kunrath (1560—1605) berichtet in seiner „Medulla (= Mark, Herz) destillatoria" über den Zucker. Dieser wird „aus dem Zuckerrohr gepreßt, in hölzerne Kisten eingemacht . . . in Hamburg, Nürnberg und anderen Örtern deutscher Nationen mehr . . . finieret und zurecht gesotten, auch in Hüte formieret, desgleichen in Zuckerkandi braun und weiß gemacht". Das Raffinieren „gelingt aber nicht jedermännig, sondern erfordert zur Vollendung einen wohlerfahrenen Chymikus". — In den löslichen gelben oder gelbroten, beim Karamelisieren entstehenden Rückständen, sahen die Alchemisten das „goldrote Elixier", den Stein der Weisen, der Gesundheit und als „trinkbares Gold" ewiges Leben bringen solle (E. O. v. Lippmann 1929).

17. Jahrhundert

Durch den Dreißigjährigen Krieg sank die Einwohnerzahl Deutschlands von 15 auf 5 Millionen. Dreiviertel des Viehbestandes wurden vernichtet, ein Drittel der landwirtschaftlichen Anbaufläche war verödet. Dennoch entstanden in der zweiten Hälfte dieses Jahrhunderts die Denksysteme von Hobbes, Descartes, Leibniz und Spinoza, wurden höhere Mathematik und chemische Analyse erbaut, erhielten Astronomie durch Newton und Halley, Mechanik durch Newton und Huygens ihre heutige Gestalt. Holländer und Italiener drangen mit dem Mikroskop in bisher verschlossene Räume des Lebens ein; um 1670 erfolgten die ersten mikroskopischen Untersuchungen an Lebensmitteln (J. Vogel 1841).

Im Jahre 1609 wird J. Hartmann (1569—1631), ehemaliger Hofmathematiker bei Moritz von Hessen, zum Professor der „Chymiatrie" an der Universität Marburg ernannt. Er gründet das erste chemische Universitätslaboratorium und läßt seine Studenten darin arbeiten (G. Lockemann 1960). F. Bartoletti (1585—1630) scheidet 1615 aus Milch „Manna seri Lactis" ab und weist damit auf den Milchzucker hin. A. Sala (1576—1637) entdeckt im Sauerampfer das Kaliumoxalat, lehrt in der Schrift „Hydrelaeologia" die Unzerstörbarkeit der

Elemente, in der „Saccharologia" die Umwandlung des Zuckers in Alkohol. Er benutzt den Farbumschlag von Pflanzensäften, z. B. aus grünem Wegerich, blauen Veilchen und Kornblumen, auch durch „das blawe Papier selbst", zum Erkennen von Säuren. J. R. Glauber (1604—1670) erwähnt 1657 das Vorkommen von Traubenzucker in Honig, Rosinen und eingedicktem Most. Er lehrt die Herstellung von Malzextrakt und empfiehlt diesen als Mittel gegen den Skorbut der Seefahrer (P. Walden 1952). Er prägt auch den Begriff des Salzes, worunter alle wasserlöslichen Stoffe verstanden sein sollen, und erklärt die Entstehung aus Säure und Base. O. Tachenius führt chemische Analysen auf nassem Wege durch und weist Schwermetallionen mit Galläpfeltinktur und Chloride mit Silbersalzlösungen nach. Die Gewichtszunahme von Blei beim Übergang in Mennige bestimmt er annähernd quantitativ. In Ölen und Fetten vermutet er eine „verborgene Säure" (G. Lockemann 1950). Die Bezeichnungen Analyse, Reagens und Reaktion führt R. Boyle (1627—1691) in die Chemie ein. Er erweitert die schon von Sala als Indicatoren verwendeten Pflanzenfarbstoffe durch Lackmus. In der Milch weist er Eiweiß nach. Er stellt auch Kältemischungen her (F. Ferchl 1937; G. Lockemann 1950). Er und Mariotte finden unabhängig voneinander das Gasgesetz $p \cdot v =$ konst. Der Hamburger Alchimist H. Brand erhält 1696 bei der trocknen Destillation von Harn einen goldgelben Stoff, den er für das „Elixier" hält, tatsächlich aber Phosphor ist, das einzige im 17. Jahrhundert neu entdeckte Element.

R. Descartes (Cartesius, 1596—1650) erklärt die Verdauung der Speisen mit einer Gärung, bei welcher eine starke Säure entbunden werde, deren Einwirkung auf die Nervenfasern der Magenschleimhäute den Hunger bewirke (J. H. Becker 1812). Th. Hobbes (1588—1679) nimmt an, daß die Geschmacksempfindungen auf den Formen und Bewegungen von „Atomen" beruhen, die den Gaumen berühren. B. de Spinoza (1632—1677) leitet den Geschmack aus Größe und Lage der „Atome" gegenüber der Poren der Zunge ab. Friese sagt 1696 in seiner „Anleitung zur Physika": „Sind die Partikula eines schmackhaften Dinges rund, so vermögen sie geschwinder über die Zunge hinzulaufen, wie beim Zucker zu sehen, hingegen, wo sie spitzig und scharf, legen sie sich auf die Zunge wie Pfeffer und Salz" (E. O. v. Lippmann 1929).

G. Galilei (1564—1642) hat wahrscheinlich um 1592 über die Luftausdehnung die ersten Temperaturmessungen vorgenommen. Für die Wahl des oberen Fixpunktes eines um 1611 geschaffenen „Thermoskops", des Vorläufers unserer Thermometer, schlug Dalence die Temperatur schmelzender Butter, für den unteren Fixpunkt Boyle den Erstarrungspunkt von Anisöl vor (R. Vollmann 1957).

A. van Leeuwenhoek (1632—1732) fand, nachdem Hook im Jahre 1667 unter dem Mikroskop die Gewebszellen des Flaschenkorks entdeckt hatte, 1673 die roten Blutkörperchen, 1675 Protozoen und 1683 im menschlichen Speichel Bakterien. Er mikroskopierte auch Stärkekörner und Bierhefe und bildete sie ab. M. Malpighi (1628—1694) hat Stärke im Jahre 1687 mikroskopiert. N. Grew unterschied 1683 milch-, gummi-, harz- und schleimführende Gefäße (H. Fincke 1933).

Der Brüsseler Arzt J. B. van Helmont (1577—1644) ändert die von Paracelsus 1538 als Begriff für Luft gewählte Bezeichnung χάος in „Gas". Von nun an versteht man unter diesem Begriff die von der atmosphärischen Luft abweichenden Gasarten. Im Gas brennender Kohlen weist er Kohlensäure nach; diesen Stoff findet er auch bei der Bier- und Weingärung, im Magen und in verschiedenen Erdhöhlen (P. Walden 1952). Van Helmont glaubt noch, daß Ratten aus Kleie und alten Lumpen entstünden. — B. Swalwe (geb. 1645) weist darauf hin, daß frisches warmes Brot nicht bekömmlich sei. Auch die Beimischung von Milch, „womit gewissenlose Bäcker die üble Beschaffenheit des Weizenmehls zu verbergen suchen", mache das Brot schwer verdaulich. — Der Florentiner F. Redi weist 1675 nach, daß auf faulendem Fleisch keine Maden entstehen können, wenn man Insekten fernhält. Maden können sich also nicht durch „Urzeugung" bilden. — V. H. Vogler, Lehrer in Helmstedt (gest. 1677), teilt die Nahrungsmittel ein in „erhitzende" wie Gewürzkräuter, Räucherfleisch, Salz, Wein, Zwiebeln und in „kühlende" wie Essig und Zitrone (J. H. Becker 1812). — J. S. Elsholtz, kurbrandenburgischer Arzt in Cölln an der Spree, gibt im Jahre 1642 eine ziemlich vollständige Zusammenfassung über die damals bekannten Lebensmittel heraus.

O. v. Guericke (1602—1681) versucht mit einer zur Pumpe umgearbeiteten Handfeuerspritze aus Messing eine kupferne Hohlkugel luftleer zu machen. Zunächst wird die Kugel mit lautem Knall zusammengepreßt, „wie man ein Leintuch in der Hand zusammenknüllt". 1657 kann er jedoch berichten, daß 12 Pferde die leergepumpte Hohlkugel nicht zu trennen vermocht hätten. Guerickes Experimente wurden zur Basis für viele spätere Industrien, die der Luftpumpe ihr Dasein verdanken: In der Rübenzuckerfabrikation ist die Vakuumpfanne eine der wichtigsten Arbeitsvorrichtungen, Vakuumpackungen sind ein unentbehrlicher Schutz für sauerstoffempfindliche Lebensmittel, bei der Gewinnung zahlreicher chemischer Verbindungen bedarf es einer Destillation unter vermindertem Druck.

G. W. Leibniz (1646—1716) ist anfangs Sekretär einer alchemistischen Gesellschaft in Nürnberg. Im Alter von 25 Jahren berichtet er der Royal Society in London und der Pariser Akademie über eine verbesserte Linse, eine „lebendige Rechenbank" (Vorläufer unserer Rechenmaschine und der Kybernetik) sowie eine Universalsprache. Von aktuellem Interesse sind weiter seine Vorschläge an Kaiser Leopold I., durch einen zu verfassenden kritischen Bücherkatalog der Inflation des Schreibens entgegenzuwirken, „weil es geschieht, daß offt schlechte Bücher wegen ihrer prächtigen Titel verkaufft werden, guthe aber liegenbleiben" (F. Heer 1958). Im Jahre 1700 gründet er die Königliche Akademie der Wissenschaften und Freien Künste in Berlin und wird ihr erster Präsident. 1743 wird in dieser Akademie ein chemisches Laboratorium eingerichtet. — In den „Utrechter Denkschriften" empfiehlt Leibniz 1714 als Marschverpflegung für Soldaten „Kraft-Compositiones", die Fleischextrakt und Zucker enthalten. Letzterer hindere einerseits die Fäulnis und sei andererseits ein treffliches Nähr- und Kräftigungsmittel. Er teilt auch mit, daß man Fleisch durch Eintauchen in geschmolzenen Zucker für kurze Zeit haltbar machen kann (E. O. v. Lippmann 1899).

Mehrere Betriebe der Lebensmittelindustrie beschäftigten sich zu dieser Zeit mit der Aufbereitung von Rohrzucker und der Alkoholherstellung. 1573 wurde in Augsburg, 1585 in Hamburg, 1587 in Dresden, 1660 in Berlin eine Zuckerraffinerie eingerichtet. Im Jahre 1690 lebten in Hamburg 8000 Menschen von Zuckerfabrikation und -handel. — 1650 wurde in Nordhausen am Harz die Produktion von Kornbranntwein aufgenommen. Leibniz schloß 1694 mit Kraft, der die Möglichkeit entdeckt hatte, Kornbranntwein durch Kalk zu entfuseln, einen Vertrag zur Gründung einer Gesellschaft, die sich mit der Herstellung von Branntwein aus Sirup oder Zucker beschäftigen sollte (E. O. v. Lippmann 1929). J. J. Becker (1635—1682) lehrte die Alkoholgewinnung aus Kartoffeln, welche jetzt in großem Umfang als Nahrungsmittel Verwendung fanden. — Der Physiker D. Papin (1642—1712) verfaßte 1681 ein Werk über die Konservierung von Lebensmitteln mit seinem Dampfkochtopf. Das Verfahren zur Herstellung von Fleischkonserven teilte er Leibniz mit, der sich vergeblich bemühte, diese Methode gewerblich auszunutzen.

Die Kenntnis von Kältemischungen breitete sich von Italien und Spanien im 17. Jahrhundert nach Frankreich und Deutschland aus. Der Florentiner Procopio soll um 1660 der Pariser Bevölkerung das Speiseeis zugänglich gemacht haben. In seinem 1671 gegründeten Café Procope wurden zahlreiche Speiseeissorten angeboten. 1676 gab es in Paris bereits eine aus zahlreichen Mitgliedern bestehende Zunft der Glaceverkäufer und Limonadiers. Die deutsche Bezeichnung Speiseeis taucht erst nach 1900 auf (H. Fincke 1958a).

Als ein mit der Fleischerei verbundener Gewerbezweig erscheint 1622 in Leipzig die Lichterzieherei (Talgkerzen), 1705 in Saalfeld die Seifensiederei (O. D. Potthoff 1927). Bis zu dieser Zeit waren Kerzen- und Votivbildherstellung mit selbst geschnittenen Modeln Monopol der Lebzelter gewesen, die Wabenhonig kauften und den auslaufenden oder abgepreßten Honig zu Lebzelten oder Honigkuchen verarbeiteten; der aus Honig und Wachs bestehende Rückstand wurde zu Met vergoren, das restierende Wachs zur Herstellung von Wachsarbeiten benutzt.

18. Jahrhundert

G. E. Stahl (1660—1734), Professor für Medizin und Chemie in Halle, hält den Zucker für ein Salz (E. O. v. Lippmann 1929). Die Salznatur gehe hervor aus seiner Löslichkeit, Kristallisationsfähigkeit, weißen Färbung und seinem Geschmack, „da ein nicht salzartiger Stoff überhaupt nicht schmecken könnte". — Für die menschliche Ernährung reichen nach Stahls Ansicht pflanzliche Nahrungsmittel aus, obgleich der Bau des Magens zeige, daß der Mensch auch Fleischnahrung bewältigen könne. Ein Studienfreund Stahls und Schüler Boyles, ebenfalls Professor für Medizin in Halle, F. Hoffmann (1660—1742), der „Erfinder" der „Hoffmanns-Tropfen" (Spiritus aethereus), untersucht Fette und ätherische Öle, deren spezifisches Gewicht er pyknometrisch bestimmt, Eier, Wein und Kochsalz und teilt die Mineralwasser ein in alkalische, Salz- und Bitterwässer, Eisen- und Schwefelwässer. Für besonders nahrhaft hält er Vollkornbrot, Butter, Käse, Milch, auch „Pflanzenmilch" aus Mandeln oder Kokosnüssen sowie Fleisch junger Hammel und junger Kälber. Übrigens hat man bis ins späte Mittelalter geglaubt, Kälber müßten erst vier Zähne haben, ehe sie geschlachtet werden dürften. Für physiologisch ungünstig hält er saures Bier, sauren Wein, Essig und unreifes Obst, Kochsalz und stark gesalzene Speisen, sogar Honig und Zucker, weil diese im menschlichen Organismus nicht vorkämen. Auch das Fleisch alter Tiere, geräuchertes oder gepökeltes Fleisch, hartgekochte Eier, frisches Brot, Mehlspeisen, ranzige Fette, „welche Säure erzeugen", hält er für nicht zuträglich. Hoffmann veröffentlicht mehr als 200 Arbeiten, darunter auch ein Buch über das „Saltz-Werck" in Halle an der Saale (1708) und eine Schrift über Pumpernickel (1722).

J. B. Beccari (1682—1766), Professor der Medizin und Chemie in Bologna, entdeckt den Kleber im Weizenmehl. C. Neumann (1683—1737) beschäftigt sich mit der Analyse von Bier, Kaffee, Kochsalz, Tee und Wein. Bei Pflanzenölen beobachtet er die Ausscheidungen von Festbestandteilen in der Kälte. N. Lemery (1645—1715), Mitglied der Akademie der Wissenschaften zu Paris, schrieb ein mehrfach aufgelegtes Buch (1702, 1706, 1715, 1755) über Lebensmittel und führte Analysen durch. Er stellte auch eine „Valenztheorie" auf: Die „kleinsten Teilchen" in den chemischen Stoffen halten durch Haken und Ösen zuammen. — W. Homberg (1652—1715) berichtet 1687 über Kakaobutter und ihre Herstellung, 1695 über Untersuchungen an derselben. Außerdem beschäftigt er sich mit den (stöchiometrischen) Sättigungsverhältnissen der Säuren. Ch. Wiegleb (1732—1800), Apotheker in Langensalza, führt viele Pflanzenuntersuchungen und Mineralwasseranalysen aus. 1784 gewinnt er Oxalsäure aus Zucker. J. F. Westrumb (1751—1819), Ratsapotheker in Hameln, berichtet 1785 über die Reinigung von Wein- und Citronensäure, führt viele Mineralwasseruntersuchungen aus und stellt Fleischextrakt her. Er beschäftigt sich auch mit den wissenschaftlichen Grundlagen der Brennerei, Essigfabrikation und der Hirschhornsalzherstellung.

A. L. Lavoisier (1743—1794; hingerichtet während der französischen Revolution) stellte bei der Elementaranalyse von Weingeist fest, daß dieser nur aus

Kohlenstoff, Wasserstoff und Sauerstoff besteht. 1789 nahm er eine Elementaranalyse von Zucker vor. Er versuchte auch, Zucker quantitativ durch Vergärung zu bestimmen, nachdem er erkannt hatte, daß hierbei eine Zerlegung in Alkohol und Kohlensäure erfolgt. 1788 erkannte er Kohlenstoff als Element und wies nach, daß Kohlensäure eine Verbindung desselben mit Sauerstoff ist. Zusammen mit BERTHOLLET begründete er in den Jahren 1787 und 1788 die chemische Nomenklatur mit der Schaffung der Bezeichnungen Alkohol, Äther, Oxyd, Salz, Säure.

C. W. SCHEELE (1742—1786), Apotheker in Köping in Schweden, seit 1777 Mitglied der Schwedischen Akademie der Wissenschaften, stellt folgende organische Säuren dar: Weinsäure aus Weinstein (1769), Milchsäure aus saurer Milch (1775), Oxalsäure durch Oxydation von Zucker mit Salpetersäure, daher zunächst als „Zuckersäure“ bezeichnet (1776), Zitronensäure aus Zitronensaft (1784), Apfelsäure aus Apfelsaft (1785). 1782 veröffentlicht er die Schrift „Bemerkungen über eine Art, den Essig aufzubewahren“. Darin schlägt er vor, Essig in Flaschen zu füllen, diese zu verschließen und dann in einen Topf mit Wasser zu setzen. „Wenn das Wasser etwa eine Stunde gekocht hat, werden die Bouteilen aus dem Topf genommen. Der solchergestalt gekochte Essig hält sich mehrere Jahre“ (O. ZEKERT 1942). 1773 entdeckt SCHEELE die Fähigkeit von Holzkohle, Gase zu adsorbieren, was technisch erst viel später genutzt wird. 1783 findet er beim Erhitzen von Olivenöl mit Bleiglätte (PbO) „Ölsüß“, das CHEVREUL 1813 wegen seines süßen (γλυκύς) Geschmackes Glyzerin nannte.

Mit der Entdeckung des Sauerstoffs (1774) durch den englischen Geistlichen PRIESTLEY (1733—1804) und SCHEELE und durch die scharfsinnigen Untersuchungen von A. L. LAVOISIER über das Wesen des Verbrennungsprozesses hat eine große chemische Revolution begonnen. Als Einheit der Wärme setzten die Franzosen die Calorie (lat. calor = Wärme) fest als die Wärmemenge, durch die 1 Kilogramm Wasser um 1 Grad Celsius erwärmt wird. Die chemische Energie einer brennbaren Substanz wird so durch ihre Verbrennungswärme bestimmt. Das erste Calorimeter wurde von LAVOISIER und LAPLACE 1780 in den Annalen der Französischen Akademie der Wissenschaften beschrieben.

J. B. TROMMSDORFF (1770—1837) isoliert 1788 die Zimtsäure. J. T. LOWITZ (1757—1804), Apotheker der Kaiserlichen Apotheke und Professor für Chemie zu Petersburg, hat 1789 Eisessig hergestellt und 1792 Fruchtzucker als „flüssigen Zucker“ aus Honig gewonnen. Er fand auch die für Rußland volkspolitisch wichtige Methode, Branntwein durch Holzkohle weitgehend vom Fusel zu befreien. 1796 stellte er absoluten Alkohol und Äther her. — Der Kultusminister NAPOLEONS I., A. F. DE FOURCROY (1755—1809), Professor der Chemie in Paris, fand Stickstoff in allen tierischen Stoffen (1786), untersuchte 1790 Kuhmilch, veröffentlichte 1792 eineArbeit über Pflanzeneiweiß. Außerdem beschäftigte er sich mit dem Nachweis der Verfälschung von Wein durch Bleizucker.

F. HERMBSTÄDT (1760—1833), Hofapotheker und nach der Gründung im Jahre 1806 Professor für Chemie, Pharmazie und Technologie an der Universität in Berlin, könnte als der erste Agrikulturchemiker bezeichnet werden. Im Jahre 1796 veröffentlichte er Arbeitsvorschriften zum Nachweis von Pflanzeninhaltsstoffen. Als Reagentien benutzte er: Alkohol, Äther, Bariumacetat, Benzin, Bleiessig, Chlorcalcium, Eisenchlorid, Essigsäure, Kalilauge, Lackmuspapier, Pottasche, Salmiakgeist, Salpetersäure, Schwefelsäure, Silbersulfat. Eiweißstoffe charakterisiert er dadurch, daß sie „in der Flamme eines Lichtes wie Horn brennen“, und findet dabei, daß „vegetabilisches Gluten, die Colla (= Leim) des Getreidemehles“ (Kleber) mit „Eiweißstoff“ völlig gleichartig zu sein scheint. — Andere Stoffe können durch Destillation, Extrahieren, Fällen oder Kristallisieren nahezu quantitativ bestimmt werden. — 1782 untersuchte er Milchzucker, 1784 Milchsäure. 1797 stellte er im Tiergarten Versuche an, aus dem Saft des Silberahorns (Acer saccharum) „Ahornzucker“ herzustellen, dessen Hauptbestandteil die Saccharose ist. 1814 berichtete er über die Herstellung von Sirup aus Stärke, 1819 über Likörherstellung, 1820 über das Bierbrauen.

A. S. MARGGRAF (1709—1782), Apotheker in Berlin, später Direktor der physikalischen Klasse der Königlichen Akademie der Wissenschaften, gelang es durch Ausziehen mit Weingeist aus der weißen Abart von Beta vulgaris 6,2% Saccharose und aus der roten Abart 4,5% Saccharose abzuscheiden. ,,Diejenigen Pflanzen nun, deren Wurzeln ich, um Zucker daraus zu scheiden, der chymischen Untersuchung widmete, und worin ich den mehresten wahren Zucker zu sein gemerket hatte, sind keine ausländische, sondern in hiesigen sowohl als andern Ländern häufig, auch in mittelmäßigem Erdreich wachsende Vegetabilia . . . Die vornehmsten Kennzeichen, daß sie Zucker in sich halten, sind, daß wenn sie in Scheiben zerschnitten und getrocknet werden, nicht allein sehr süß schmecken, sondern auch mit einem Microscopio betrachtet, cristallinische, dem Zucker gleichstehende weiße Theilchen hin und her eingesprengt auf sich sehen lassen.“ MARGGRAF gehört zu den ersten Chemikern, die das Mikroskop systematisch zu ihren Untersuchungen herangezogen haben (O. ZEKERT 1942). Traubenzucker erkennt er als ,,eine Art Zucker“. 1740 stellt er Phosphorsäure her, 1749 entdeckt er die Ameisensäure. In der analytischen Chemie verdanken wir ihm die Verwendung von destilliertem Wasser, um den ,,Erdgehalt“ normalen Wassers auszuscheiden, ferner die Anwendung der Flammenfärbung zur Unterscheidung von Natrium- und Kaliumsalzen und die Phosphorsalzperle.

In seinen ,,Beyträgen zu nützlichem Gebrauch des Microscopii“ weist H. BAKER aus London (1754) auf die Anwendungsmöglichkeiten des Mikroskops bei der Lebensmitteluntersuchung hin. Im Sauerteig findet er ,,kleine aalgleiche Thierlein“ und sucht (vergeblich) auch in verbrannten oder verdorbenen Weizenkörnern nach ihnen. Resignierend muß er feststellen: ,,Was das Leben würcklich ist, scheinet viel zu subtil vor unsernVerstand es zu begreifen.“ Seine mikroskopischen Beobachtungen gibt er durch Zeichnungen wieder. Der Diakon GOEZE aus Quedlinburg beobachtet 1784 mit einem zusammengesetzten Vergrößerungsglas die Cysticercusbläschen im Schweinefleisch und stellt fest, daß es sich hierbei um das Finnenstadium der Bandwürmer handelt. — L. SPALLANZANI (1729—1799) führt Untersuchungen über die Eiweißverdaulichkeit durch. Er versucht, den noch immer bestehenden Glauben an die Urzeugung zu widerlegen, indem er nachweist (1765), daß in einer aufgekochten Flüssigkeit keine neuen Mikroorganismen erscheinen können. In einem sterilen Wassertropfen, dem er einen einzelnen Keim zufügt, beobachtet er die Vermehrung durch Teilung.

A. BAUMÉ (1728—1804) führt 1762 graduierte Aräometer zur Bestimmung des Salzgehaltes wäßriger Lösungen und für die Alkoholometrie ein. J. BLACK (1728—1799) unterscheidet 1760 zwischen Temperatur- und Wärmemenge und begründete damit die Calorimetrie. Er entdeckt latente und spezifische Wärme. Er erkennt Kohlensäure als Produkt von Gärung und Atmung und weist sie 1755 durch Kalkwasser nach. 1756 findet er Weinsäure im Weinessig und Phosphorsäure im Bieressig. — Nachdem man gefunden hatte, daß sich Quecksilber und Weingeist bei Temperaturunterschieden merklich ausdehnen oder zusammenziehen, schuf G. FAHRENHEIT (1686—1736) das erste Quecksilberthermometer. Als unteren Fixpunkt wählte er die niedrigste Temperatur (—32° C) während der strengen Kälte des Jahres 1709 in seiner Vaterstadt Danzig (W. ANDERS 1963). Er unterteilte die Skala zwischen seinem Nullpunkt (—32° C) und dem beim Siedepunkt des Wassers liegenden oberen Fixpunkt in 212 Grade. — R. A. P. DE RÉAUMUR (1683—1757) wählte bei seinem um 1730 geschaffenen Weingeistthermometer den Gefrierpunkt des Wassers als unteren und dessen Siedepunkt als oberen Fixpunkt. Er teilte die Skala in 80 Grade ein. 1734 berichtete er über die Anwendung von Kältemischungen aus Eis oder Schnee mit Kochsalz oder Salpeter und gab dabei Anweisungen, wie man am besten weiches Speiseeis fertigen könne. Er bezeichnete dieses als „neige“ (Schnee; H. FINCKE 1958a). — Der schwedische Astronom A. CELSIUS (1701—1744) schlug vor, der Einfachheit des Rechnens wegen die Spanne zwischen Gefrier- und Siedepunkt in 100 Grade zu unterteilen.

Als mehr oder weniger direkte Folge naturwissenschaftlicher Erkenntnisse beginnt in diesem Jahrhundert eine starke Entwicklung industrieller Fertigung auf vielen Gebieten, begünstigt auch durch die Erfindung der Dampfmaschine im Jahre 1775 durch J. WATT (1736—1806). 1750 wird die erste Kartoffelbrennerei in Monsheim bei Worms eingerichtet und 1796 eine Anlage zur Gewinnung von Rübenzucker durch MARGGRAFs Schüler C. ACHARD (1753—1821). — Die Folge der industriellen Revolution ist eine soziale Umwandlung der Bevölkerungsstruktur, bedingt durch die Abwanderung vom Lande in die Stadt. Die Verdichtung des menschlichen Siedlungsraumes führte zu Krisen in der Versorgung mit Lebensmitteln. J. H. BECKER (1811) führt folgende Ersatzstoffe für Brot aus dem 18. Jahrhundert auf: Äpfel, Bohnen, Eicheln, Erbsen, Heidelbeeren, Kartoffeln, Rüben, Kürbis, Mais, Reis, Quecken- und andere Wurzeln, Rinden. Außer „Fischbrot" wird im Jahre 1784 vorgeschlagen, aus gedörrter, zerstoßener Ochsenhaut und Mehl Brot zu backen. — Die Teuerung des Brotkorns in London im November 1795 veranlaßte den Amerikaner B. THOMPSON (1753—1814), der das Laboratorium für Chemie und Physik der Royal Institution of Great Britain gegründet hat (1799) und auch um Hebung des sozialen Lebens durch technische Hilfsmittel besorgt war, wofür ihn der bayerische Kurfürst KARL THEODOR zum „Graf RUMFORD" ernannte (1792), ein Nahrungsmittel aus Erbsen, Graupen, Kartoffeln mit Kümmel, Lorbeerblättern und Nelken zusammenzustellen. Dieses wurde unter der Bezeichnung Rumfordsche Suppe schnell bekannt (J. H. BECKER 1810) und half 1816 in der Schweiz eine Hungersnot lindern (B. STRAHLMANN 1962). — Um 1800 gibt es etwa 200 Millionen Europäer.

19. Jahrhundert

Das 18. Jahrhundert ist in die Geschichte als das der Aufklärung eingegangen. Der Geist der Kritik beherrschte seine Jahre. Dies gilt auch für das Gebiet der Naturwissenschaften. Das in diesem und im 19. Jahrhundert erwachende naturwissenschaftliche Denken bedeutete eine Änderung der bisherigen weltanschaulichen Betrachtungsweise, welche in Deutschland unter dem Einfluß der Naturphilosophie die exakte Prüfung hinter die Spekulation zurückgestellt hatte. Jetzt stand das Experiment an der Spitze naturwissenschaftlichen Denkens.

J. L. PROUST (1745—1826), Schüler von LAVOISIER, Apotheker in Paris, findet 1806 Mannit, 1813 Lichenin im Isländischen Moos. 1818 isoliert er aus Käse Leucin, beschäftigt sich 1821 mit der Herstellung von Fleischbrühwürfeln und findet 1824 im Magensaft von Tieren die Salzsäure. L. N. VAUQUELIN (1763—1823), Professor der Chemie in Paris, entdeckt 1805 das Asparagin im Spargel, woher es seinen Namen führt, 1806 die Chinasäure, 1811 im Eidotter das Lecithin. Der Apotheker G. S. C. KIRCHHOFF (1764—1833), Hofrat und Mitglied der Kaiserlichen Akademie in St. Petersburg, gewinnt 1811 Traubenzucker aus Kartoffel-, Weizen- und Buchweizenstärke durch Kochen mit verdünnter Schwefelsäure und beobachtet, daß letztere bei der Stärkeverzuckerung nicht verbraucht wird. N. TH. SAUSSURE (1767—1845), Professor für Chemie in Genf, erweitert die pflanzenphysiologischen Kenntnisse: Landpflanzen entnehmen ihren Kohlenstoffbedarf der Luft, die ebenfalls unentbehrlichen Mineralsalze dem Erdboden. 1807 klärt er die chemische Zusammensetzung von Äthanol, 1819 beobachtet er, daß bei der Einwirkung von Malz auf Mehl „eine besondere Zuckerart" entsteht. J. F. JOHN (1782—1847), Professor für Medizin in Moskau, Frankfurt/Oder und Berlin, stellt 1814 „chemische Tabellen der Pflanzenanalysen" zusammen. Auf 84 Seiten der Buchgröße 41 × 25 cm trägt er Werte aus 87 in- und ausländischen Zeitschriften und Büchern zusammen. Die Tabellen des Tierreichs, in der gleichen Weise zusammengestellt, umfassen 137 Seiten (H. Fincke 1953). In Pflanzen weist er Kupfer und in Knochen Fluor nach. — L. J. Thenard (1771 bis 1857), Schüler von Vauquelin, Professor für Chemie in Paris, gibt die erste richtige Erklärung für die Entstehung der Ester und stellt 1807 Weinsäure-, Citronensäure- und Äpfelsäureäthylester her. 1808 publiziert er über die Gerinnung von Eiweiß durch Hitze oder die Einwirkung von Säuren. — Ch. F. Buchholz (1770—1818), Apotheker in Kassel, findet in bitteren Mandeln eine das Eisen blaufärbende Substanz. 1811 isoliert er das Vanillin, das zunächst für Benzoesäure gehalten wurde, und beschäftigt sich mit der Gärung von Milchzucker. P. J. Robiquet (1780—1840), Apotheker in Paris, findet 1822 das Bittermandelöl, 1830 das Amygdalin und seine Aufspaltbarkeit, 1839 Senföl. F. W. Sertürner (1783—1841), Apotheker in Einbeck und Hameln, isoliert 1805 das Morphium aus dem Opium und erkennt es als salzbindende Base. Den Namen Alkaloid für Pflanzenbasen („Pflanzenalkali") schlug der Apotheker W. Meissner aus Halle an der Saale vor, welcher 1818 eine Base aus Sabadillsamen isolierte und sie Alkaloid nannte (H. Thoms 1931). — J. Berzelius (1779—1848), Professor an der Medizinschule für Chemie und Pharmazie in Stockholm, arbeitet 1808 über die Fleischmilchsäure, 1810 über Fleischextrakt. 1831 stellt er fest, daß nach der Neutralisierung hydrolisierten Fleischeiweißes fleischbrühähnliche Gerüche auftreten; die praktische Auswertung dieser Erkenntnisse nimmt später J. Maggi vor (H. Maass 1948b). 1821 erschien Berzelius' Lehrbuch der Lötrohranalyse in der deutschen Übersetzung von H. Rose. — L. J. Gay-Lussac (1778—1850), Professor für Chemie und Physik in Paris, führt die Maßanalyse in die Chemie ein, vervollkommnet die organische Elementaranalyse mit den Reagentien Kaliumchlorat und Kupferoxyd und entdeckt 1808 das nach ihm benannte Gesetz der konstanten Volumina bei Reaktionen von Gasen. 1810 stellt er die Gleichung für die alkoholische Gärung auf, 1813 weist er die Existenz des Alkohols im Wein nach, 1815 entdeckt er das Cyan. Aus Holz und Leinwand (Cellulose) erzeugt er 1819 Traubenzucker und erkennt, daß Stärke und Zucker die gleiche Grundformel haben. — M. Faraday (1791—1867), Professor für Chemie in London, gelang 1823 die Verflüssigung von Gasen durch Kälte und Druck. Flüssige Kohlensäure gewann er dadurch, daß er in einem Schenkel eines verschlossenen Glasrohres Hirschhornsalz mit Schwefelsäure zersetzte und den anderen Schenkel auf —20° C abkühlte. Er fand auch, daß, wenn Brunnenwasser über Nacht dem Strom ausgesetzt blieb, es am Morgen keine Zeichen der Zersetzung mehr erkennen ließ, und zog den richtigen Schluß, das Wasser habe seine Leitfähigkeit deshalb verloren, weil die vorhandenen Salze zersetzt waren. Die Namen Elektrolyt, Elektrode, Ion, Anion, Kation, Anode, Kathode sind von ihm gebildet worden und haben dazu beigetragen, Klarheit in den neu entstandenen Wissenschaftszweig der Elektrochemie zu bringen. Sie führten zu W. Hittorfs Studien über die Wanderung der Ionen bei der Elektrolyse, zu F. Kohlrauschs Gesetz von der unabhängigen Wanderung der Ionen und S. Arrhenius' Lehre von der Dissoziation gelöster Salze in ihre Ionen. Auch Benzol hat Faraday (1825) erstmalig hergestellt (W. Ostwald 1929).

A. Payen (1795—1871) erkennt die stärkeabbauende Wirkung von Diastase. Er findet auch, daß Stärke und Dextrin die gleiche Grundformel haben, und berichtet 1839 über den Aufbau von Cellulose. A. P. Dubrunfaut (1797 bis 1881), Professor für Chemie in Paris, gründet eine Schule für Zuckerfabrikation und Branntweinherstellung. 1847 ermittelt er, daß Invertzucker aus Fructose und Dextrose besteht, und findet die Summenformel dieser Stoffe. 1850 entdeckt er das Trisaccharid Raffinose, 1856 beobachtet er Galaktose bei der Spaltung des Milchzuckers und das optische Drehungsvermögen von Lactose. J. B. Biot (1774—1862), Professor für Physik in Paris, benutzt als erster die Zirkularpolarisation bei der quantitativen Zuckerbestimmung, beobachtet die optische Aktivität von Dextrose, Rohrzucker, Weinsäure und führt polarimetrisch Stärkebestimmungen durch. E. F. LEUCHS (1800—1857) aus Nürnberg beobachtet 1831 die Verzuckerbarkeit von Stärke durch Speichel.

H. A. v. VOGEL (1778—1867), Professor in München, arbeitet 1812 über Stärkezucker und die Umwandlung von süßen Stoffen in gärfähige Zucker, analysiert 1817 die bitteren Mandeln, wobei er deren Ferment, das Emulsin, entdeckt. Aus Tonkabohnen isoliert er 1812 das Kumarin und 1820 die Benzoesäure. Im Verlauf der Untersuchung von Heidelbeeren beschäftigt er sich mit ihrem Nachweis in durch Heidelbeersaft gefärbtem Rotwein.

Die Natur der Fette als Verbindungen aus Glyzerin und Fettsäuren klärt M. E. CHEVREUL (1786—1889), Professor der angewandten Chemie in Paris. Er erläutert den Vorgang der Verseifung und findet Stearinsäure, Ölsäure, Valeriansäure (1817), Buttersäure (1818), Capronsäure (1823), Caprinsäure; ferner analysiert er das Glyzerin und prägt im Jahre 1813 das Wort „Margarine" in der Annahme, Oleomargarin enthalte eine zwischen Palmitar- und Stearinsäure liegende Fettsäure $C_{17}H_{34}O_2$, die er „Margarinesäure" nannte (A. BEYTHIEN 1947). 1824 findet er Cholesterin in der Galle und gibt dem Stoff auch diesen Namen. 1832 entdeckt er im Fleischextrakt das Keratin.

F. F. RUNGE (1795—1867), zunächst Apotheker in Lübeck, seit 1825 Professor für Technologie in Breslau, fand 1809 das Chinolin, plublizierte 1819 über den wirksamen basischen Bestandteil der Chinarinde (Chinin) und beobachtete schon als Student die mydriatische Wirkung der „giftwirkenden" Substanz (Atropin) der Blätter von Bilsenkraut, Stechapfel und Tollkirsche. Er durfte sein berühmt gewordenes Katzenexperiment auch GOETHE vorführen, der ihm danach Kaffeebohnen mit der Aufforderung übergab, diese zu untersuchen. Die Folge war die Entdeckung des Coffeins (O. ZEKERT 1942). RUNGES bedeutendste Leistung ist die Entdeckung des Anilins (1833) und des Phenols (1834) im Steinkohlenteer. — J. PELLETIER (1788—1842), Professor der Naturgeschichte in Paris, isolierte 1815 das Kurkumin aus der Kurkumawurzel, entdeckte 1818 Strychnin und die Crotonsäure, 1820 das Chinin. — H. W. F. WACKENRODER (1798—1854), Professor für Pharmazie in Jena, promovierte 1826 mit einer Arbeit über Lipochrome, entdeckte 1831 das Carotin und in Kartoffelkeimen das Solanin. Er hat gemeinsam mit GOETHE chemische Untersuchungen vorgenommen und war viele Jahre Schriftleiter des „Archivs der Pharmazie". — J. FR. PERSOZ (1805—1868), Professor in Paris, stellt 1832 aus Rohrzucker und verdünnter Säure Invertsirup her, entdeckt mit PAYEN 1833 das Dextrin und erkennt die Diastase im Malz. — C. F. MOHR (1806—1879), Professor für Pharmazie in Bonn, führt die von GAY-LUSSAC erfundene Maßanalyse, über die er ein vielbenutztes Lehrbuch schrieb, in Deutschland ein und bereichert die Laborausstattung mit von ihm ersonnenen Geräten wie Quetschhahnbürette und Korkbohrer. 1848 erfindet er eine verbesserte hydrostatische Waage, welche als Mohrsche Waage heute noch Verwendung findet. — G. J. MULDER (1802—1881) führt 1838 für Eiweißstoffe die Bezeichnung Protein ein, abgeleitet von πρῶτος, der Erste, weil das Leben vorwiegend an Eiweißstoffe gebunden ist. — J. B. DUMAS (1800—1884), Chemieprofessor in der Schweiz, unternimmt 1821 Versuche, das Molekulargewicht mit einer Dampfdichtebestimmungsapparatur zu ermitteln und stellt für viele Stoffe richtige Formeln auf. 1830 findet er die volumetrische Stickstoffbestimmung, 1843 entdeckt er die Homologie der Fettsäurereihe. Er untersuchte auch Kasein und Milch. — J. B. BOUSSINGAULT (1802—1887) war Chemieprofessor in Lyon. Seine Arbeiten, die sich über fast 50 Jahre erstrecken, betreffen den Stickstoffgehalt von Futtermitteln (1835), den Klebergehalt des Mehles (1836/37), die Fettbildung (1845), die Entstehung der pflanzlichen Substanzen bei der Getreidekultur

(1846), das Gefrieren des Weines (1849), Kaliumaufnahme durch den Weinstock (1850), die quantitative Bestimmung von Ammoniak durch Wasserdampfdestillation nach Alkalisierung mit MgO (1850), die Untersuchung von Kakao und Schokolade (1883). — Über die beiden letztgenannten Stoffe hat der Mediziner A. MITSCHERLICH (1836—1918) ebenfalls publiziert und über die auf der Epidermis der Kakaosamen vorkommenden Haare berichtet, die als „Mitscherlichsche Körperchen" ein pharmakognostischer Begriff geworden sind. Sein Buch ist „eines der ganz wenigen bedeutsamen, selbständigen Bücher über Kakao, die während des 19. Jahrhunderts in deutscher Sprache erschienen" (H. FINCKE 1959b). — C. R. FRESENIUS (1818—1897), Apotheker und Assistent von LIEBIG in Gießen, bereichert die Oenologie durch eine Vielzahl von Weinuntersuchungen. 1841/42 gibt er eine Anleitung zur qualitativen Analyse heraus, die bis 1895 in 16 Auflagen erscheint und in zahlreiche Fremdsprachen, selbst ins Chinesische übersetzt wird. 1865 gründet FRESENIUS die noch heute erscheinende „Zeitschrift für die analytische Chemie".

C. F. GAUSS und W. WEBER konnten 1836 zeigen, daß sich alle Einheiten der Physik auf die drei Dimensionen Länge, Masse und Zeit zurückführen lassen. Gibt man diesen Einheiten die Bezeichnungen Centimeter, Gramm und Sekunde, so hat man das CGS-System, welches das absolute Maßsystem genannt wird, obwohl natürlich seine Einheiten konventionell festgesetzt worden sind. Die Forderung nach einem definierten Meßsystem war auch schon von J. KEPLER (1615, 1616) erhoben worden, angeregt dazu angeblich bei Betrachtung seines Weinvorrates in Linz (L. F. OFTERDINGER 1870). Später bat der Rat der Stadt Ulm KEPLER, Vorschläge zu machen zur Festsetzung der städtischen Maße und Gewichte. Am 30. Juli 1627 gab KEPPLER sein Gutachten ab, „Discurs. Welcher Gestalt allerhand Ulmische Massachen an einander zu verknüpffen und zu conservieren seyn möchten" und schlug als „Eichnormal" den Bau eines Messingkessels mit einer inneren Höhe von 58,6 cm und einem Durchmesser von 60 cm, mit einem Inhalt von 164,6 Litern vor, in welchem nahezu alle damals in Ulm gebräuchlichen Maße von Länge, Volumen und Masse zusammengestellt sind, darunter die Traid Mass (Getreidemaß „Imi" = etwa 19 l) und das Schenkmaß, die „Wein Euch". „Die traid / Mass aber vergleicht sich . . . mit der Wein / Eüch also, dass ein Schenkmass zimblich / nahe ein Vierteln" vom Getreidemaß, also knapp 5 Liter, ergibt. — So lauten Beschreibung und Gebrauchsanweisung des Ulmer Kessels:

„Zween schuh mein Tieffe, ein Elen mein Quer,
Ein geeychter Aymer (164,6 Liter) macht mich lehr
Dan seind mir vierthalb Centner bliben
Voll Thonaw Wasser wege Ich siben
Doch lieber Mich mit Kernen Eych
Vnd vier vnd sechzigmahl abstrych,
So bistu Neunzig Immi Reych: gos mich Hans Braun 1627."

Die moderne Entwicklung der Maßeinheiten ist ein Kind der Französischen Revolution. Aufgrund eines Gesetzes von 1795 wurde sinngemäß so, wie KEPLER es gemacht hatte, ein Platinstab als Einheit des Meters, ein Platinzylinder als Einheit des Kilogramms hergestellt und am 10. Dezember 1799 durch den Conseil des Anciens als „mètre" und „kilogramme des archives" (weil im Staatsarchiv aufbewahrt) als gesetzliche Maße festgelegt. Mit dem 1. Januar 1840 wurden diese in Frankreich, am 28. Juli 1866 in den USA und am 1. Januar 1872 im Deutschen Reich als alleinige Maße für Menge und Masse eingeführt. — Die 10. Generalkonferenz der Meterkonvention, der jetzt 38 Mitgliedsländer angehören, hat 1954 folgende 6 Grundeinheiten festgesetzt:

Für die *Länge:* das Meter (1960 festgelegt als das 1650763,73fache der Wellenlänge der von Atomen des Nuklids ^{86}Kr beim Übergang vom Zustand $5d_5$ zum Zustand $2p_{10}$ ausgesandten, sich im Vakuum ausbreitenden Strahlen),

für die *Masse:* das Kilogramm,
für die *Zeit:* die Sekunde,
für die *elektrische Stromstärke:* das Ampere,
für die *thermodynamische Temperatur:* den Grad Kelvin,
für die *Lichtstärke:* die Candela.

Die sehr wichtige Entdeckung des Gesetzes von der Erhaltung der Energie fällt in das Jahr 1840, als der 26jährige schwäbische Schiffsarzt J. R. MAYER auf der Reede von Surabaya in Ostindien, von einer einfachen klinischen Beobachtung ausgehend, den Gedanken von der

Unzerstörbarkeit der Kraft faßte. „Die Kräfte . . . sind: Bewegung, Elektrizität und Wärme“, schrieb er 1841 an den Physikprofessor C. W. BAUR in Stuttgart. Er berechnet auch das mechanische Wärmeäquivalent. Um eine mechanische Arbeit von 427 Meterkilogramm (heutiger Wert) zu leisten, ist eine große Calorie erforderlich. 1847 begründet H. HELMHOLTZ (1821—1894), Professor für Physik in Berlin, das gleiche Gesetz durch eine Übersicht über die verschiedenen Energieumwandlungen bei physikalischen und chemischen Prozessen. HELMHOLTZ zieht auch Vorgänge der lebenden Natur in seine Betrachtungen ein: Die Umsetzung der Strahlungsenergie der Sonne in die chemische Energie des Pflanzenwachstums, die Umwandlung der Verbrennungsenergie der Nahrung bei Tier und Mensch in die von seinem Körper abgegebene Wärme. — Technik ist also die Umsetzung einer Energieform in eine andere. Die Frage der Ausbeute und des Energieverlustes kann durch die Berechnung der Vorgänge nach dem Energieerhaltungsgesetz beantwortet werden. Die Wirtschaftlichkeit technischer Verfahren ist vorherbestimmbar. Die 2 Hauptsätze der Thermodynamik (R. CLAUSIUS 1850) geben die theoretische Begründung. Elektrotechnik, Elektrochemie, Lebensmitteltechnologie, Kältetechnik, Photochemie beruhen auf der Thermodynamik. Lebensmitteltechnologie ist also eine „Tochter der Physik“.

Als J. v. LIEBIG (1803—1873) sein Studium begann, war ihm keine Möglichkeit bekannt, auf deutschem Boden die wissenschaftliche Laboratoriumsarbeit zu erlernen. Die großen Chemiker jener Zeit hielten zwar Vorlesungen, unterrichteten jedoch nicht. Nur durch einen glücklichen Zufall konnten Bevorzugte zur Mitarbeit im Laboratorium zugelassen werden. Diesem Zustand hat LIEBIG ein Ende gemacht, indem er 1824 (im Wachgebäude einer Gießener Kaserne) das erste deutsche chemische Forschungs- und Lehrinstitut gründete. Zwar gab es in Deutschland auch zu LIEBIGs Jugendzeit in Jena ein gutes, von DÖBEREINER unter Mithilfe GOETHEs eingerichtetes chemisches Unterrichtslaboratorium, aber die Kunde davon war nicht bis zu LIEBIG gedrungen. — In LIEBIGs Laboratorium wurde, wie noch heute üblich, zuerst die qualitative Analyse erlernt, dann die quantitative, danach wurden Präparate hergestellt und schließlich selbständige Untersuchungen begonnen. 1831 beschrieb er seinen Kali-Kugel-Apparat, mit dem Kohlenstoff, Wasserstoff und Sauerstoff durch Elementaranalyse schneller und genauer als bisher ermittelt werden konnten. Dies führte zu einem raschen Anwachsen der Summe quantitativ durchforschter Tatsachen, aus denen sich ergab, daß auch in der organischen Chemie die Elemente nach ganz bestimmten Gewichtsverhältnissen miteinander verbunden sind. Bei der „Zersetzung des Alkohols durch Chlor“ entdeckte er Chloral und Chloroform, beim weiteren Studium des Alkohols den Aldehyd. Mit WÖHLER zusammen wurden die chemischen Formeln für Benzaldehyd und Benzoesäure gefunden. 1837 publizierten sie über die Aufspaltbarkeit des in den bitteren Mandeln vorkommenden Amygdalins in Benzaldehyd, Blausäure und einen Zucker. In Äther, Äthanol und seinen Abkömmlingen sah LIEBIG das gleiche Radikal zugrunde liegen (J. LIEBIG 1834). 1837 stellte er fest, daß Citronensäure drei Reihen von Salzen bildet, Wein- und Apfelsäure zwei Reihen und Ameisen- und Essigsäure nur eine Reihe und fragte: „warum das Hydrat der einen Säure drei, das der anderen nur 1 oder 2 Atome Wasser enthält“. Als Antwort prägte er den Begriff der Basizität. „Wir kennen also im Allgemeinen drei verschiedene Klassen von organischen Säuren, . . . einbasische, zweibasische und dreibasische“.

LIEBIG hat sich auch „der animalischen Physiologie zugewendet, den Metamorphosen der Nahrungsmittel, der Respiration und thierischen Wärme. Ich habe durch Analysen von Brod, Fleisch, der Excremente ausgemittelt, daß ein . . . erwachsener Mann . . . täglich 27 $^1/_2$ Loth (etwa 35 g) Kohlenstoff verzehrt, den Kohlenstoff der Excremente abgerechnet“. In seinem 1842 erschienenen Buch „Die organische Chemie in ihrer Anwendung auf Physiologie und Pathologie“ hat er aufgrund seines ungeheuren Reichtums an experimenteller Erfahrung versucht, die Probleme des Stoffwechsels in ein übersichtliches System zu fassen und als Erfolg eine bessere Ernährung zu erreichen. Er erkannte, daß die aufgenommene Nahrung im Körper verbrannt wird. Darin liegt die Quelle für die Wärme und

Arbeitsfähigkeit des Körpers. Die Oxydationsprodukte werden als Kohlendioxyd und Wasserdampf mit dem Atem ausgeschieden, die stickstoffhaltigen Verbrennungsprodukte in Harn und Schweiß.

Die bedeutendste Leistung LIEBIGs ist wahrscheinlich seine Agrikulturchemie. Damals herrschte in der Landwirtschaft die Humustheorie. Gedeihen und Fruchtbarkeit der Pflanzen sollten lediglich abhängig sein vom Humusgehalt des Bodens. Hiergegen wandte sich LIEBIG und zeigte aufgrund von Analysen, daß außer Kohlenstoff, dem Baustein des Humus, auch andere Elemente als Bestandteile der Pflanze berücksichtigt werden müssen. Der von den Pflanzen aufgenommene Kohlenstoff stamme aus der Atmosphäre, wie bereits PRIESTLEY (1771) nachgewiesen habe. Mineralbestandteile werden von den Pflanzen aus dem Boden aufgenommen, wodurch dieser verarmt. Wenn die Ertragsfähigkeit der Felder nicht verlorengehen oder sogar gesteigert werden soll, müssen dem Acker die verbrauchten anorganischen Stoffe wieder zugeführt werden. Aus der Unterschiedlichkeit der Zusammensetzung von Pflanzenaschen läßt sich erkennen, welch ungleiche Ansprüche die verschiedenen Gewächse an den Boden stellen. Eine Voraussetzung für den störungsfreien Ablauf pflanzlicher Lebensvorgänge ist das Angebot an Mineralsalzen in einer bestimmten Kombination. Nach dem Liebigschen Minimumgesetz ist der Ertrag der Ernte abhängig von dem Mineralstoff, dessen Konzentration die geringste im Erdboden ist.

Der Entzug von Bodensalzen durch die Pflanzen ist beträchtlich. Zum Beispiel entzieht Wintergetreide dem Boden in der Zeit zwischen Aussaat und Ernte pro Hektar etwa 39 Kilogramm K_2O und 24 kg P_2O_5. Die Bodensalze werden also schnell erschöpft und müssen durch „Kunstdünger" ersetzt werden. Die Entwicklung dieser Kunstdüngerwirtschaft brachte eine ungeahnte Steigerung der landwirtschaftlichen Erträge und ermöglichte eine starke Bevölkerungszunahme. Um 1650 hatte in Europa die Bevölkerungszahl 100 Millionen betragen, um 1800 lag sie bei 190 Millionen, 1855 bei 265 Millionen, 1900 bei 400 Millionen. R. T. MALTHUS' (1879) Prophezeiung, die Menschheit sei zum Hungertode verurteilt, weil die Bevölkerung in geometrischer, ihr Nahrungsspielraum aber nur in arithmetischer Progression zunehme, hat sich also nicht bewahrheitet. Vielmehr begann der Bodenertrag unter dem Einfluß der Agrikulturchemie LIEBIGs und des verstärkten Einsatzes von Maschinen in der Landwirtschaft (1863 wurde die erste Pflugfabrik gegründet; um dieselbe Zeit kamen aus England die ersten Drillmaschinen, gab es in Westfalen die erste, von Pferden gezogene Dreschmaschine, wurde auf einer Ausstellung in Bielefeld die erste Dampfdreschmaschine gezeigt, F. HAUENSTEIN 1963) rapide zu steigen (Tabelle 2):

Tabelle 2. *Zunahme des Weltertrages von Getreide und Zucker im 19. und 20. Jahrhundert*

Landwirtschaftliche Erzeugnisse	Weltertrag in Mio Tonnen				
	1850	1875	1890	1913	1957
Weizen	50	60	65	106	162
Roggen	30	—	40	—	—
Rübenzucker . . .	1,2	1,8	—	8,1	—

F. WÖHLER (1800—1882), Professor der Chemie in Göttingen, führte 1828 die erste Synthese eines organisch-chemischen Stoffes (Harnstoff) aus anorganischen Substanzen durch und leitete damit eine epochale Umwälzung der Chemie ein, da man bislang angenommen hatte, daß organische Verbindungen nur vom Pflanzen- oder Tierkörper gebildet werden könnten.

Die überragende Sonderstellung von E. FISCHER (1852—1919) gründet sich auf seine Arbeiten zur Klarstellung der Struktur organischer Naturstoffe, die Untersuchungen über Kohlenhydrate, Fermente, Eiweißstoffe, Nukleinsäuren und Fette. Bedeutungsvoll und von weittragenden „Folgen ist das geniale Unternehmen FISCHERs, die rätselvollen und im wörtlichen Sinne bisher unfaßbaren Stoffsysteme der Fermente als chemische Reagentien von hoher Spezifität der konstitutionellen

Erforschung lebenswichtiger Stoffklassen dienstbar zu machen" (M. BERGMANN 1930), z. B. bei der Strukturaufklärung des Amygdalins. 1890 gelang FISCHER die Konstitutionsermittlung und Synthese von Dextrose, Fructose und Mannose, 1894 die Isolierung der Fermente Maltase und Laktase, 1897 erkannte FISCHER Coffein, Theobromin und Theophyllin als Purinabkömmlinge und synthetisierte diese Stoffe. 1902 erhielt er für seine Zucker- und Purinarbeiten den Nobelpreis.

Der französische Physiker Ch. CAGNIARD DE LA TOUR (1777—1859) und der Deutsche TH. SCHWANN (1810—1882), Professor für Physiologie in Loewen und Lüttich, erkannten 1836 bzw.1837, daß die Hefe, die sich bei der alkoholischen Gärung absetzt, aus Sproßpilzen besteht. CAGNIARD-LATOUR erwog die Möglichkeit, daß Hefe die Ursache für die alkoholische Gärung sein könne. Auch LIEBIG hatte die Beteiligung der Hefe bei der alkoholischen Gärung zugegeben und meinte, es sei ihr toter, zerfallener Teil, der, mit der Luft in Berührung gekommen, wirke. Erst im Jahre 1897 konnte E. BUCHNER (1860—1917; Tod durch Verwundung im Weltkrieg), Professor für Chemie in Tübingen, Berlin, Breslau und Würzburg, zeigen, daß auch der zellenfreie Extrakt des Hefepilzes vergärt, daß also die Gärung mit der Lebendigkeit des Gärungserregers direkt nichts zu tun hat. Der Extrakt, „zweifelsohne ein Eiweißkörper", nannte BUCHNER „Zymase". Für seine gärungschemischen Arbeiten erhielt er 1907 den Nobelpreis. — Der dänische Gärungsphysiologe E. C. HANSEN (1842—1909) differenzierte 1883 mit einer neuen mikroskopischen Untersuchungstechnik mehrere Hefearten und legte damit „den letzten Stein in das Fundament der neuzeitlichen Gärungstechnik" (F. WEINFURTNER 1960). — H. v. MOHL entdeckte 1844/46 das Protoplasma in der Pflanzenzelle. J. MENDEL (1822—1884), Naturkundelehrer an der Brünner Staatsrealschule, führte in der Zeit von 1856—1865 an Gartenerbsen mehrere hundert künstliche Befruchtungen aus und erhielt mehr als 10000 Bastarde. Er erkannte die dominante und rezessive Vererbung und stellte zahlenmäßig ihr Auftreten in der Generationenfolge dar („Mendelsche Gesetze"). Versuche mit Bienen und Mäusen blieben nach seiner Wahl zum Abt des Altbrünner Augustinerklosters liegen, und leider geriet auch diese bedeutende biologische Entdeckung selbst in Vergessenheit. 1900 fanden C. CORRENS (1864—1933), H. DE VRIES (1848—1935) und E. TSCHERMAK (geb. 1871) die gleichen Gesetze.

L. PASTEUR (1822—1892) gehört zu den großen Gelehrten, die sich nicht an die Grenzen einer einzelnen Wissenschaft gebunden fühlen, sondern neue Forschungszweige schaffen, wenn ihr Ziel solche Gebietserweiterungen verlangt. PASTEUR war von Beruf Chemiker und hat nicht nur das Geheimnis der Stereoisomerie gelüftet, sondern auch zur Aufklärung der Gärungsvorgänge beigetragen und damit den Weg zur Biologie gefunden. Er war neben KOCH der bedeutendste Forscher auf dem Gebiet der Infektionskrankheiten, der Bakteriologie und Immunitätslehre. Er hat die Schutzimpfungen der Tiere gegen Milzbrand und die der Menschen gegen Tollwut entdeckt; Gärungs- und Konservenindustrie verdanken ihm viel.

E. MITSCHERLICH (1794—1863) hatte gefunden, daß die Salze von Trauben- und Weinsäure die gleiche chemische Zusammensetzung besitzen; BIOT, daß die weinsauren Salze die Ebene des polarisierten Lichtes nach rechts drehen, während die Salze der Traubensäure optisch inaktiv sind. PASTEUR erkannte, daß dieser scheinbare Widerspruch in dem molekularen Gefüge liegen müsse, und wurde zum Schöpfer der Theorie des asymmetrischen Kohlenstoffatoms und damit zum Begründer der modernen Stereochemie. Die Untersuchungen über die Weinsäure führten zu Arbeiten über die Gärung, wobei er feststellte, daß Penicillium glaucum sich lieber von rechts- als von linksdrehender Weinsäure ernährt. Er entdeckte die Galaktose als Spaltprodukt des Milchzuckers, fand den Erreger der Buttersäuregärung und dessen Eigentümlichkeit, nur anaerob leben zu können. Er beriet die Runkelrüben- und Kornspiritusindustrie in Lille, die Essigfabriken in Orleans und konnte zeigen, daß der Essigsäureerreger, wenn man ihn nach der Vollendung der Essigsäuregärung des Weins nicht entfernt, den Essig weiter oxydiert. — Er untersuchte Luft aus Kellern, vom Flachlande und aus verschiedenen Lufthöhen auf gärungsfähigen Substanzen (Milch oder zucker- oder eiweißhaltiges Wasser) und fand, daß die Luft in großen Höhen staub- und keimärmer ist als die Luft aus dem Tieflande.

PASTEUR konnte auch zeigen, daß junger, hermetisch abgeschlossener Wein nicht altert und daß sein Bitter- oder Sauerwerden auf der Infektion mit bestimmten Mikroorganismen beruht. Er fand, daß eine Kurzzeiterhitzung auf 45°—60° C genügt, um Wein (oder auch Bier; ,,Etudes sur la bière" 1876) vor jeder Infektion zu schützen. Eine modern gestaltete organoleptische Prüfung durch 2 Weinkoster bewies 1865, daß zwischen pasteurisiertem und nicht pasteurisiertem Wein kein Geschmacksunterschied feststellbar war. 1880 stellte PASTEUR fest, daß Hühner, die die Hühnercholera überstanden hatten, immun geworden waren. Er schwächte den Erreger durch Überimpfen so ab, daß schließlich eine Einspritzung das Huhn vor der Erkrankung zu schützen imstande war. 1882 führte er seine Untersuchungen über die Sepsis aus und fand die Schutzimpfung gegen Schweinerotlauf, 1885 die gegen Tollwut. 1888 wurde in Paris das ,,Institut Pasteur" — aus Spenden in Höhe von mehr als 2 Millionen Francs — eingeweiht, ein Zweckbau ohne Verzierungen, aber mit viel Licht und Luft (R. KOCH 1930).

R. KOCH (1843—1910) ist Schöpfer der klassischen Methodik der Mikropathologie. Seine Färbemethoden erweiterten den Arbeitsbereich der Bakteriologie, seine Plattenkulturmethode mit Gelatine (1883) wurde zur Grundlage für Bakteriologie und Mykologie. 1882 entdeckte er den Tuberkel-, 1884 den Cholerabacillus. — Von KOCH stammt der Ausspruch, daß wir eines Tages den Lärm ebenso unerbittlich würden bekämpfen müssen wie die Cholera (W. v. LAROCHE 1964).

M. v. PETTENKOFER (1818—1901), Ordinarius für Hygiene in München, hat dieses Fach als eigene Forschungsrichtung in die Medizin eingeführt und in dem von ihm 1865 errichteten Institut Ernährung, Beleuchtung, Beheizung, Gewerbeschäden, Kanalisation, Körper- und Krankenpflege, Luft, Trinkwasser, Wohnung in seine Studien einbezogen und die Bedeutung der Chemie für diese Gebiete sowie für die der Stoffwechselphysiologie und Epidemologie dargetan. Bekannt sind seine Verdienste auf dem Gebiet der Cholera- (1892) und Typhusbekämpfung sowie um die Trinkwasserversorgung und die Sanierung der Stadt München. Mit dem Physiologen C. VOIT (1831—1909) konstruierte er seinen berühmten Respirationsapparat (mit welchem er feststellte, daß Sauerstoffverbrauch und CO_2-Abgabe eines Menschen bei körperlicher Arbeit stark zunehmen, die Ausscheidung von Harnstoff im Urin sich aber nicht ändert). 1879 gründete er die Zeitschrift ,,Archiv für Hygiene". — Erwähnt sei noch, daß PETTENKOFER auch als Apotheker (er leitete die Münchner Hofapotheke bis 1896) und Chemiker tätig gewesen ist. 1843 fand er bei SCHERER in Würzburg im menschlichen Harn die Hippursäure, womit ihm der Nachweis gelang, daß die Ernährung einen Einfluß auf die Zusammensetzung des Harns hat, kurze Zeit darauf die nach ihm benannte Reaktion auf Gallenfarbstoff und 1844 bei LIEBIG in Gießen das Kreatinin im Harn. Er entdeckte auch, daß die Rotfärbung (mit $FeCl_3$) des Speichels auf dessen Gehalt an Kaliumrhodanid beruht. — An verschiedenen Orten Süddeutschlands hat PETTENKOFER Holzgasfabriken eingerichtet; Holz war damals billiger als Steinkohle.

E. HOPPE-SEYLER (1825—1895) gab ein Handbuch der physiologisch- und pathologisch-chemischen Analyse heraus (1858), in welchem nur Methoden enthalten sind, die er selbst erprobt hat. Seit 1877 erscheint seine ,,Zeitschrift für physiologische Chemie".

Nach 1800 bürgert sich vornehmlich in England und Frankreich die Mikroskopie stärker in die Praxis der Lebensmitteluntersuchung ein, nachdem J. v. FRAUNHOFER (1787—1826), ,,Spiegelmacher und Zieretten-Glasschleifer-Gesell", wie es in einem im Deutschen Museum in München aufbewahrten Zeugnis heißt, das Glasschmelzverfahren zur Herstellung optischen Glases verbessert und das achromatische Mikroskop erstellt hatte. Auf seinen Erkenntnissen aufbauend, konnten C. ZEISS (1816—1888) und E. ABBÉ (1840—1905) in Jena die Stätten schaffen, die zur Grundlage wurden für den Aufstieg der deutschen optischen Industrie. Angeregt durch M. J. SCHLEIDEN, den Begründer der modernen Botanik und Zellenlehre, nahm ZEISS 1848 die Fertigung von Lupenmikroskopen, 1858 den Bau zusammengesetzter Mikroskope mit ,,ein paar Lehrlingen, einem Schleifer und einem, abwechselnd zwei Gehilfen auf". Zwei Drittel seines Umsatzes wurden außerhalb von Jena erzielt, ein Beweis für die Qualität seiner Instrumente. Die Arbeitszeit in seinen Werkstätten betrug $10^1/_2$ Stunden. — Die in Deutschland von MOHL,

Schleiden und Berg, in Holland von Oudemans um die Mitte des 19. Jahrhunderts und später veröffentlichten Abbildungen von pflanzlichen Bestandteilen dienen mehr botanisch-anatomischen und pharmakognostischen als lebensmittelkundlichen Zwecken. Nur H. Klencke (1858) illustriert sein Buch über die Verfälschung von Lebensmitteln mit mehr als 200 Abbildungen mikroskopischer Zeichnungen und schreibt im Vorwort: „Die Erkennungsmittel der Waarenfälschung sind das Mikroskop und chemische Reagentien." A. Artmann (1859) empfiehlt, das Mikroskop zur Untersuchung der Stärkekörner einzusetzen. „Leider verändern sie während des Backens ihre Gestalt theilweise."

J. E. Purkinje (geb. 1787) führt 1837 Mikrotom und Canadabalsam als Hilfsmittel für die Mikroskopie ein. Th. Schwann nimmt mikroskopische Untersuchungen über Gefüge und Wachstum von Tieren und Pflanzen vor, entdeckt die Zelle als das Element des Tierkörpers (1832), das Pepsin im Magensaft (1836) und dessen katalytische Wirkung bei der Eiweißverdauung.

Den Versuch, die Geschichte der menschlichen Lebensmittel darzustellen, macht D. J. Danz (1806). J. H. Becker, Arzt in Parchim, setzt diese Arbeiten in der Zeit von 1810-1827 fort. Er trägt alle erreichbaren Bücher und Zeitschriften, die sich auf Nahrungsmittel beziehen, zusammen und veröffentlicht sie in einer Bibliographie mit 7276 Titelangaben. — Die Ernährungsweisen sowie Nahrungsmittel und Genußmittel von etwa 90 Völkern der Erde bespricht unter Einbeziehung von Altertum und Mittelalter der Mediziner E. Reich (1836—1919). Mit Recht nimmt dieser Autor für sich in Anspruch, als erster „die medizinische Welt auf eine von uns als bromatologischer Natur erachtete Doktrin aufmerksam gemacht zu haben, eine Lehre, ohne deren Kenntnis nimmermehr von einer erfolgreichen Durchdringung der Diätetik und der vergleichenden Ätiologie die Rede sein kann".

Im Jahre 1809 forderte die „Ackerbaugesellschaft" in Frankreich in einem Rundschreiben dazu auf, Anregungen zu sammeln „über die Kunst, durch die bestmöglichen Mittel alle Nahrungs-Substanzen zu erhalten". Darauf reichte N. F. Appert (1750—1840) die Beschreibung eines Verfahrens ein, mittels „eines Kochbades (bain marie) . . . oder des Wasserdampfes . . . alle animalischen und vegetabilischen Substanzen mehrere Jahre zu erhalten". Die zu konservierenden Lebensmittel wurden in weithalsige, für diesen Zweck eigens hergestellte Glasgefäße — auch Weißblech und Zinn wurden erprobt — eingebracht und so verschlossen, daß nach der Erhitzung keine Luft mehr eindringen konnte. Ausführlich berichtet er darüber, wie lange die einzelnen Lebensmittel — Kraftbrühe, Geflügel, Hammel- und Schweinefleisch, Gemüse, Marmelade, Kompott, Fruchtsaft, Kaffee- und Teeaufgüsse, Bier, Milch, Sahne, Butter, Eier — zu erhitzen seien, welche Rohstoffqualitäten man wählen solle, z. B. bei Erbsen „nicht die allerfeinsten, weil diese bey der Operation leicht im Wasser zergehen". Eine Kommission, der auch Gay-Lussac angehörte, überprüfte dieses Verfahren im Jahre 1810 und bestätigte, „daß die ... enthaltenen Angaben, sowohl für die Art zu operieren, als . . . die daraus entstehenden Resultate richtig" sind. Das Verfahren Apperts begründete, wie er es zunächst für Frankreich voraussagte, einen neuen Industriezweig. Es entstand die Konservenindustrie. In Süddeutschland übernahm dieses Verfahren der Fabrikant Weck (der Name bedeutet „Bäcker") zum „Einwecken" von Obst, Gemüse und Fleisch. In seiner Firmenzeitschrift „Frischhaltung" wird 1906 erstmalig das Wort „einwecken" benutzt.

Mit der „Conservierung vom technischen Standpunkt aus betrachtet" beschäftigte sich auch F. Artmann (1859). Er berichtet über die Herstellung von Kondensmilch, die durch Eindicken von Milch auf etwa ein Fünftel des Volumens (Appert dickte Milch auf zwei Drittel ein) und Erhitzen in einer verschlossenen Weißblechdose unbeschränkt haltbar bleibe. Milchpulver wurde erzeugt, indem man ungezuckerte Milch zur Trockne eindampfte und in gut schließenden Gefäßen aufbewahrte. Wahrscheinlich hat man Milchpulver auch gepreßt, denn es ist von „Milchtafeln" die Rede. — Der Amerikaner Page gründete 1866 in der Schweiz die erste Kondensmilchfabrik.

Ein Patent aus England sieht die Herstellung von „Patentfleisch" vor. Wenn man das Schlachttier nicht ausbluten läßt, erhält man etwa 10 v. H. mehr an Gewicht. Das Fleisch soll eine intensiv rote Farbe besitzen, im Sommer allerdings nicht gut haltbar sein. Auch von einem „Fleisch- und Blutzwieback" wird berichtet: „Der Fleischzwieback, welcher von G. Borden zu Galveston in Texas fabrikmäßig erzeugt wird, ist ein Gemisch von Fleischextrakt und Weizenmehl, welches in der Form des Schiffszwiebacks in den Handel kommt." — Fleischextrakt — als Anregungsmittel für die Verdauung und zum Würzen von Nichtfleischspeisen — hat Liebig weltberühmt gemacht, obwohl er ihn nicht erfunden hat. Fleischextrakt wurde vom Jahre 1847 an in Pettenkofers Münchner Hofapotheke hergestellt und verkauft. Auch F. Mohr führte ihn seit 1852 in seiner Apotheke in Koblenz.

Abb. 23. Stahlbandofen des englischen Admirals Coffin aus dem Jahre 1810 zur Herstellung von Zwieback (nach J. Storck und W. D. Tegge 1952)

Erst 1862 wurde Liebigs Name öffentlich mit Fleischextrakt verknüpft, als der Hamburger Ingenieur Giebert in der Hafenstadt Fray-Bentos in Uruguay eine Fabrik für Fleischextrakt gründete und von Liebig die Erlaubnis erwirkte, dessen Namenszug auf der Verpackung führen zu dürfen. Die Erlaubnis war an die Bedingung geknüpft, daß Liebig und Pettenkofer dauernd die Kontrolle über die Beschaffenheit des Extraktes behielten (R. Winderlich 1930).

Den offenbar erheblichen Bedarf an Schiffszwieback decken große Zwiebackfabriken englischer und französischer Seestädte, in denen „die frühere sehr mühsame und lang dauernde Handarbeit mit großem Vorteil durch Maschinenbetrieb ersetzt worden ist". Man besitzt Maschinen, die das Kneten, Ausrollen, Ausschneiden und Abstechen des Teiges sowie das Backen (Abb. 23) mit „größerer Präzision" auszuführen gestatten. Die englische Firma Haylock & Co. beschäftigt mehr als 100 Personen und erzeugt wöchentlich 15 to Zwieback. — In Friedrichsdorf im Taunus gründet Ch. Stemmler 1788 den ersten deutschen Betrieb, der Zwieback auch für den allgemeinen Gebrauch fertigt und hierfür als Rohstoffe u. a. Weizenmehl, Milch und Butter benutzt.

Seit 1861 stellen die Schering-Werke in Berlin Malzextrakt her. — 1865 beginnt in Vevey der Frankfurter Apotheker H. Nestlé (1814—1890) die fabrikmäßige Herstellung von Kindermehl, Trocken- und Kondensmilch. Im gleichen Jahre findet Professor Horsford in Cambridge (USA) ein Backpulver aus Dinatriumphosphat und Natriumhydrogencarbonat. 1868 setzt er hiervon bereits 500 to ab, so daß er die Professur aufgeben und sich ganz seiner Fabrikation widmen kann. Liebig läßt Backpulver in Mannheim und Bonn herstellen (J. v.

LIEBIG 1869). — Seit dem Jahre 1892 bringt der Bielefelder Apotheker Dr. A. OETKER sein Backpulver „Backin", ein Gemisch aus Natriumhydrogencarbonat und Weinstein, in den Handel. Der Inhalt eines Beutelchens war für 500 g Mehl berechnet und kostete 10 Pf. (B. v. NOLCKEN 1962).

Auf Wunsch NAPOLEONs III. sucht der französische Chemiker MÈGE-MOURIES nach einem haltbaren, nicht ranzig werdenden butterähnlichen Speisefett für Heer und Marine. Er findet 1867 ein Herstellungsverfahren, das von Rindertalg ausgeht und in der Weise ausgeführt wird, daß man Talg zunächst schmilzt und dann bei etwa 25° C teilweise erstarren läßt. Das flüssig bleibende Oleomargarin wird vom auskristallisierenden Stearin abgepreßt und mit Milch zu einer Emulsion vereinigt. Diese wird verbuttert. 1871 errichtet man die erste Fabrik in Paris. Das Produkt erhält wegen seiner Ähnlichkeit mit Butter bald den Namen „Kunstbutter".

Im Jahre 1861 bringt ein mexikanischer Offizier Chiclegummi vom Sapotilbaum (Achras sapota) nach New York; nach wenigen Jahren beginnt die fabrikmäßige Herstellung von Kaugummi.

1879 wird von C. FAHLBERG und I. REMSEN Saccharin hergestellt und von FAHLBERG seit 1886 fabrikmäßig erzeugt. — C. LYLE und J. J. FASTIG wird das englische Patent Nr. 8836 für ein Honigersatzmittel erteilt. Unter der Bezeichnung „Tafelhonig" wird 1886 in zahlreichen Schweizer Betrieben Kunsthonig hergestellt. In Deutschland beginnt man etwa 10 Jahre später (in Meißen, Leipzig und Tangermünde) durch Inversion von Rohrzucker mit Säure, Aromatisierung mit echtem Honig oder künstlichen Riechstoffen und Gelbfärbung, „Kunsthonig" herzustellen. Erst später wird der Zusatz von Hydroxymethylfurfurol gesetzlich vorgeschrieben (A. BEYTHIEN 1947).

Die für die Lebensmittelwissenschaft gegen Ende des 19. Jahrhunderts bedeutsamste Persönlichkeit ist J. KÖNIG (1843—1930), Schüler von WÖHLER und LIEBIG. Der äußere Anstoß für seine Beschäftigung mit Lebensmitteln soll die Frage einer Tischnachbarin bei einem Festessen gewesen sein, ob Spargel einen hohen Nährwert besitze (L. ACKER 1962). KÖNIG weiß darauf keine Antwort und findet auch beim Literaturstudium nichts. Dabei entgeht ihm — im Sinne der weiteren Entwicklung glücklicherweise — eine Tabelle mit Analysenwerten in dem Buch von J. MOLESCHOTT (1859), in dem unter 5 Analysen von Spargel eine von RICHARDSON den Wassergehalt mit 93,27% angibt und damit nur wenig von dem 100 Jahre später von S. W. SOUCI, W. FACHMANN und H. KRAUT (1962) angegebenen Mittelwert von 93,5% abweicht. — KÖNIG stellt nun sofort eigene Untersuchungen an und dehnt sie auch auf andere Lebensmittel aus. Die ersten Ergebnisse über die Zusammensetzung verschiedener Lebensmittel werden bereits 1876 veröffentlicht. Die in der folgenden Zeit unter Berücksichtigung des Schrifttums bis 1848 zusammengetragenen Daten erscheinen 1878 in zwei Bänden als KÖNIGs „Chemie der menschlichen Nahrungs- und Genußmittel"; sie werden mehrfach neu aufgelegt und erreichen schließlich den Umfang von 7 Bänden. 1899 wird dem Honorarprofessor und Leiter der Landwirtschaftlichen Versuchsstation in Münster der Lehrstuhl für Nahrungsmittelchemie und Hygiene an der Königlich-Philosophisch-Theologischen Akademie übertragen, den er nach 19jähriger Lehrtätigkeit an seinen Nachfolger A. BÖMER abgibt. KÖNIGs Arbeiten erstrecken sich nahezu auf das gesamte Gebiet der Nahrungsmittelchemie. Er beschäftigt sich mit der Analyse flüchtiger Stoffe, mit dem Verhältnis von Dextrose zu Fruktose in Süßwein und Honig zwecks Nachweismöglichkeit für Verfälschungen, mit den Proteinstoffen des Weizenklebers und dessen Bedeutung für die Backfähigkeit des Mehls, mit der Bedeutung von Fischfleisch als Nahrungsmittel, mit der Verdaulichkeit von Lebensmitteln und ihrer Ausnutzbarkeit. Ferner interessieren ihn Abwasserfragen und Fragen der Schädigung durch Rauch.

Die steigende Zahl von Publikationen auf dem Gebiet der Lebensmittelwissenschaft erfordert die Herausgabe von spezialisierten, periodisch erscheinenden Zeitschriften. Seit 1886 erscheint im Verlag von J. SPRINGER, Berlin, die „Vierteljahreszeitschrift über die Fortschritte auf dem Gebiet der Chemie der Nahrungs- und Genußmittel und Gebrauchsgegenstände sowie der hierher gehörenden Industriezweige", herausgegeben von A. HILGER, R. KAYSER, J. KÖNIG, E. SELL. Nach einer Vereinbarung von 1897 zwischen A. HILGER und J. KÖNIG wird diese Zeitschrift mit „Forschungsberichte über Lebensmittel und ihre Beziehungen zur Hygiene" zusammengelegt und erscheint von 1898 an unter dem Titel „Zeitschrift für die Untersuchung der Nahrungs- und Genußmittel sowie der Gebrauchsgegenstände", seit 1926 als „Zeitschrift für die Untersuchung der Lebensmittel" (die Abkürzung „ZUL" wird trotz späterer Titeländerung beibehalten) und von 1943 an mit dem Namen „Zeitschrift für Lebensmittel-Untersuchung und -Forschung". Von A. JUCKENACK wird seit 1909 die Anlage „Gesetze und Verordnungen" herausgegeben.

Die nachfolgende Darstellung möge die Übersicht erleichtern, wann einzelne Männer mit besonderer Bedeutung für das Gebiet der Lebensmittelwissenschaft gelebt haben:

BECCARI	1682—1776	MENDEL	1822—1884
REAMUR	1683—1757	PASTEUR	1822—1892
FAHRENHEIT	1686—1736	NESSLER	1827—1905
CELSIUS	1701—1744	KEKULÉ	1829—1896
MARGGRAF	1709—1782	ABBÉ	1840—1905
BAUMÉ	1728—1804	KOCH	1843—1910
SCHEELE	1742—1786	KÖNIG	1843—1930
LAVOISIER	1743—1794	KJELDAHL	1849—1900
ACHARD	1753—1821	FISCHER	1852—1919;
GAUSS	1777—1855		Nobelpreis 1902
GAY-LUSSAC	1778—1850	LIPPMANN	1857—1940
BERZELIUS	1779—1848	BUCHNER	1860—1917;
FRAUNHOFER	1787—1826		Nobelpreis 1907
CHEVREUL	1786—1889	JUCKENACK	1869—1939
FARADAY	1791—1867	BEYTHIEN	1867—1949
WÖHLER	1800—1882	PREGL	1869—1930;
BOUSSINGAULT	1802—1887		Nobelpreis 1923
LIEBIG	1803—1873	TILLMANS	1876—1935
BUNSEN	1811—1899	WINDAUS	1876—1959;
FEHLING	1812—1885		Nobelpreis 1928
MAYER	1814—1878	FINCKE	1879
ZEISS	1816—1888	HOLTHÖFER	1883—1958
PETTENKOFER	1818—1901	KARRER	1889; Nobelpreis 1937
HELMHOLTZ	1821—1894	TÄUFEL	1892

20. Jahrhundert

Der über den biologischen Geschehnissen liegende Schleier reißt im 20. Jahrhundert an manchen Stellen auf. CORRENS, de VRIES und TSCHERMAK (1900) entdecken von neuem die Vererbungsgesetze. — M. PLANCK (1900) berichtet über die Entdeckung „der Naturkonstante h". — E. FISCHER erforscht Proteine, Peptide, Aminosäuren und entwickelt den Begriff der „biologischen Wertigkeit der Aminosäuren". Bei der Untersuchung der Zuckergärung durch Hefe schaffen HARDEN und YOUNG 1904 den Begriff Coenzym. L. C. MAILLARD veröffentlicht 1912 seine Untersuchungen über die Bildung von Melanoidin aus der Reaktion von Zuckern mit Aminosäuren, und R. WILLSTÄTTER (1913) isoliert die Blütenfarbstoffe und klärt ihre Natur auf.

Die im früheren Zeitraum von Chemikern nur selten beschrittene biochemische Forschungsrichtung der Betrachtung der Lebensvorgänge im Licht chemischen Geschehens bzw. ihrer Abhängigkeit von chemischer Stoffnatur und Stoffwandlung tritt in den Vordergrund. Bei der Untersuchung des Zusammenhanges zwischen Krankheitserscheinungen und Nahrung entdeckt man die Vitamine. Dabei knüpft die Entdeckung des Vitamins C (A. v. SZENT-GYÖRGYI 1928; gewonnen aus Nebennierenrinde, Kohl und Apfelsinen) an den beobachteten Skorbut an, von dem man wußte, daß nicht Mangel an Nahrung, sondern deren Mangelhaftigkeit die Schuld an dieser Erkrankung trug. PLINIUS empfahl Zitronensaft, die Wikinger benutzten Sauerkraut, K. v. MEGENBERG 1347 in seinem „Buch der Natur" „Früchte vom Orangenbaum". In dem 1582 gedruckten und PARACELSUS zugeschriebenen Werk „Thesaurus chemicorum" steht folgendes Rezept: „Limonen ausgezogen in ein rein vas, darein legt goltfeil" (= pulverisiertes Gold). Hier treffen wir die Kombination des vitaminreichen Zitronensaftes mit der Wirkung von kolloidalem Gold. R. GLAUBER (1604—1670) empfahl 1657 Malzextrakt, LEIBNIZ Zuckerwasser mit Zitronensaft, der österreichische Militärarzt KRAMER um 1720 frisches Obst und Gemüse. — Als die englische Admiralität J. COOK 1769 zur Beobachtung des Venusdurchganges in die Südsee sandte, sollte auch geprüft werden, ob Skorbut durch Ernährungsmaßnahmen bekämpft werden könne. Der englische Arzt J. LIND hatte vorgeschlagen, möglichst viel frische Lebensmittel an Bord zu nehmen, dazu Malzextrakt und Karottenmarmelade. Da Frischgemüse zu schnell verdarb, empfahl LIND rohes Sauerkraut. Außerdem wurde mitgeführt eine Art Bouillonpaste, aus frischem Fleisch und Knochen zu einer braunen Gallerte eingekocht und in kleine Formen gegossen. „Ein bis zwei Lot (16—32 g) davon zerschnitten und in heißem Wasser zerlassen und aufgekocht, geben für eine Person eine kräftige Brühe oder Suppe" (P. HERRMANN 1958). COOKs Mannschaft blieb von dem Skorbut verschont.

Jüngeren Datums ist der Weg, der über die Beriberi zum Vitamin B führt. Der japanische Arzt TAKAKI stellte 1885 fest, daß diese Erkrankung geheilt wird, wenn man der Nahrung (die vorher entfernte) Reiskleie zufügt, und Ch. EYKMAN konnte 1897 zeigen, daß sich bei Hühnern und Tauben Beriberi durch Fütterung mit poliertem Reis erzeugen läßt. C. FUNK fand 1912 den gegen Beriberi wirksamen Stoff und nannte ihn wegen seiner Lebenswichtigkeit und seines amidartigen Charakters „Vitamin". — E. V. MCCOLLUM und M. DAVIS isolierten aus Milch ein fettlösliches Vitamin, dem sie die Bezeichnung A zulegten (1913), und ein wasserlösliches B (1915). H. STEENBOCK und P. W. BOUTWELL beobachteten 1920, daß Vitamin A auch im Lebertran vorkommt und sich in dessen unverseifbaren Anteil anreichert, ferner in Karotten und in gelbem Mais vorhanden ist. Die Konstitutionsaufklärung erfolgte durch P. KARRER (1931).

Die Bezeichnung Vitamin D wurde von E. MELLANBY (1918/19) eingeführt, der Rachitis als eine Mangelkrankheit erkannt hatte. Die Strukturaufklärung des Vitamin D verdanken wir A. WINDAUS, der auch die Konstitutionsformeln des von dem Pariser Apotheker Ch. TANRET (1847—1917) im Fett des Mutterkorns entdeckten Ergosterins und des von CONRADI (1775) gefundenen und von CHEVREUL in Kristallform rein dargestellten Cholesterins aufstellte (1934 bzw. 1903).

Amerikanische Physiologen widmeten seit 1921 ihre Aufmerksamkeit dem Einfluß der Nahrung auf Fruchtbarkeit und Laktation. B. SURE fand 1926, daß Weizen-, Baumwollsaat- und Palmöl die Sterilität verhindern. H. M. EVANS isolierte aus der unverseifbaren Fraktion von Weizenkeimlingsöl α-Tokopherol (Vitamin E).

Für chronische Mangelerscheinungen prägte W. KOLLATH (1950) den Begriff der „Mesotrophie" in Verbindung mit dem als Ursache für die „Zivilisationskrankheiten" fehlenden „Vollwert" der Nahrung. Die Toxikologie in Verbindung mit der menschlichen Ernährung beschreibt F. EICHHOLTZ (1956). — In Deutschland tritt 1958, in den Niederlanden 1960 die sogenannte „Bläschenkrankheit" auf. Sie wird mit einem in der Margarine verwendeten Emulgator in Verbindung gebracht (J. F. Reith 1961); später stellt sich heraus, daß für die Erkrankung eine andere Ursache vorliegen könnte.

Die Hinwendung der Lebensmittelwissenschaft zu Kolloid- und Biochemie hat dieser Forschungsrichtung zwei besondere Merkmale aufgeprägt. Einerseits trat immer mehr die für Biologie und Technik bedeutungsvolle synthetische Darstellung von Stoffen mit außerordentlich großen Molekülen hervor („makromolekulare Chemie"; H. Staudinger), welche in die technische Großproduktion von Kunststoffen mündete: Kunstharzen, künstlichem Kautschuk, künstlichen Textilstoffen. Andererseits wurde durch die biochemische Arbeitsweise das Arbeiten mit kleinen Stoffmengen erforderlich.

Besondere Bedeutung hat die von F. Pregl (1869—1930) seit 1914 geschaffene Mikroanalyse, wozu er „aus Mangel an Material bei seinen Gallensäureforschungen gedrängt" wurde. F. Emich (1860—1940) sagt: „Unzählige Untersuchungen rein wissenschaftlicher, physiologischer, medizinischer und technischer Richtung sind seit Einführung der Mikroanalyse überhaupt erst möglich geworden . . . Die Ersparnisse an Material, Zeit und Mühe haben das Tempo des Fortschrittes der Wissenschaften erheblich beschleunigt, und die Mikromethoden sind längst zu einem unentbehrlichen Rüstzeug der Chemiker geworden" (P. Walden 1941). — In den zwanziger Jahren fand die chromatographische Absorptionsmethode, mit deren Hilfe auch ungefärbte Stoffe (H. Brockmann 1949) aufgrund ihrer verschiedenen Adsorbierbarkeit an Al_2O_3 getrennt werden können, Eingang in die Lebensmittelanalyse. R. Consden, A. H. Gordon und A. J. P. Martin (1944) faßten den Gedanken, statt der Silicasäule Papier zu verwenden, und es zeigte sich, daß diese Methode selbst bei Ausgangsmengen von 5—50 γ zur Analyse von Vitaminen (R. Strohecker 1959), Zuckergemischen, Steroiden besonders geeignet ist. — Einen Vorläufer besitzt die Papierchromatographie in der Capillaranalyse, welche von Chr. F. Schönbein (1799—1868) im Jahre 1861 als „Trennung durch Capillar-Attraktionen von Papier" vorgenommen wurde. Sein Schüler Chr. F. Goppelsroeder (1837—1919) benutzte diese Methode bereits zur Bestimmung von Farbstoffen in Lebensmitteln. — Th. Wieland u. E. L. Wirth trennten 1950 natürliche Proteingemische in der „Retentionsanalyse" mittels Papierelektroferogrammen. — G. Popp gibt 1926 die erste zusammenfassende Übersicht über das Gebiet der Verwendung ultravioletter Strahlen bei der Lebensmitteluntersuchung heraus, das P. W. Danckwortt (1928) sowie J. Eisenbrand (1951) auf die Anwendung von Fluorescenzreaktionen erweitern.

Über die sensorische Analyse (Organoleptik, Geruchs- und Geschmacksanalyse, Sinnenprüfung) berichtet K. G. Wagner (1950). In Dänemark wurde zur Feststellung eines Geschmacks- oder Geruchsunterschiedes die Dreiecksprüfung entwickelt (E. Helm u. B. Trolle 1946). Wenige Jahre später entstand in den USA die „Profilmethode" (S. E. Cairncross u. L. B. Sjöstrom 1950), welche eine umfassende Beschreibung der wahrnehmbaren Geruchs- und Geschmacksstoffe ermöglicht. In Deutschland haben G. Jellinek (1956) und in Polen D. J. Tilgner (1958) durch Vorträge und Veröffentlichungen die Erkenntnisse und Methoden der sensorischen Analyse für die Praxis der Lebensmitteluntersuchung nutzbar gemacht.

Th. Paul stellte in den Jahren 1905—1908 Messungen des pH-Wertes bei der polarimetrischen Verfolgung der Saccharoseinversion an und führte Untersuchungen für den Zusammenhang zwischen Art der Säure, Säuregrad und pH-Wert durch.

J. Fiehe entwickelte 1908 eine Reaktion zur Prüfung auf künstlichen Invertzucker (Hydroxymethylfurfurol). J. Werder (1929) fand im Nachweis von Sorbit das geeignete Mittel, um Obstwein in Wein nachzuweisen. 1937 entdeckte der Japaner Kinosita, daß bei mit Dimethylaminoazobenzol („Buttergelb") gefütterten Ratten Leberkrebs auftritt. Von H.

DRUCKREY wurde diese Erscheinung und die Toxikologie von Lebensmittelfarbstoffen weiter untersucht.

Zu den „Altmeistern" des Spezialgebietes Lebensmittelchemie zählen in der ersten Hälfte des 20. Jahrhunderts folgende Forscher:

A. BEYTHIEN (1867—1949), bekannt durch das in vielen Auflagen erschienene „Laboratoriumsbuch für den Lebensmittelchemiker", das vierbändige „Handbuch der Nahrungsmitteluntersuchung" (1914—1918). Nach dem zweiten Weltkrieg erschienen „Einführung in die Lebensmittelchemie" (1946) und „Die Geschmacksstoffe der menschlichen Nahrung" (1949).

A. BÖMER (1868—1936), Professor für Angewandte Chemie in Münster, fand im Jahre 1898, daß man pflanzliche und tierische Fette auf Grund des Schmelzpunktunterschiedes zwischen Phytosterin- und Cholesterinacetat unterscheiden kann. Er wies auch nach, daß die natürlichen Fette überwiegend aus gemischten Glyzeriden zusammengesetzt sind und gab eine Methode zur Reinheitsprüfung von Schweinefett an. Für die Beurteilung von Lebensmitteln sind Grenzzahlen von Bedeutung (1925), weil sie die Grenzen angeben, in welchen Zusammensetzung und Beschaffenheit von Naturstoffen schwanken und in denen sich technologische Einflüsse auswirken können. Er unterschied: Physikalische und chemische Grenzzahlen und Konstanten zur Feststellung der Identität und Reinheit des Stoffes; Physiologische Grenzzahlen, bedingt durch die physiologischen Eigenschaften von Tier und Pflanze und ihrer Organe; Gesetzliche Grenzzahlen. — 1898 übernahm BÖMER die Schriftleitung der „Zeitschrift für die Untersuchung der Nahrungs- und Genußmittel". Er war auch Mitherausgeber des „Handbuches der Lebensmittelchemie" (1933).

J. TILLMANS (1876—1935), Professor für Nahrungsmittelchemie in Frankfurt a. Main, promovierte bei KÖNIG „über das Fadenziehend- und Schleimigwerden von Brot und Milch", entdeckte das Trifructosan im Roggen, beschäftigte sich mit der Enteisung und Entmanganung von Trinkwasser und entwickelte die erste chemische Methode zur quantitativen Bestimmung von Vitamin C.

H. SCHEUNERT (1879—1957) kann als Nestor der deutschen Vitaminforschung bezeichnet werden. Als Ordinarius für das neugegründete Fach Veterinärphysiologie in Leipzig (1923) beschäftigte er sich (später) vornehmlich mit der Ernährung des Menschen, der Chemie und Physiologie der Vitamine. Seit 1948 war er Direktor des Instituts für Ernährungsforschung in Potsdam-Rehbrücke.

H. FINCKE (geb.1879) war Schüler KÖNIGs. FINCKEs „Handbuch der Kakaoerzeugnisse" (1936) war die erste wissenschaftliche Publikation über dieses Fachgebiet, in der auch analytische, technologische, lebensmittelrechtliche und volkskundliche Fragen bearbeitet worden sind. Das Werk hat Weltgeltung erlangt. In seinem Buch „Die Kakaobutter und ihre Verfälschungen" (1929) beschreibt er eine bei 116° C schmelzende Fraktion des Fettes aus Kakaoschalen, auf welche sein Sohn A. FINCKE (1962, 1963) die Unterscheidung von Extraktionsfett und Preßfett gründet. H. FINCKEs etwa 500 Abhandlungen beschäftigen sich mit der Analytik vornehmlich von Süßwaren, dem Nachweis von Ameisensäure im Honig, der Geschichte der Lebensmittelchemie und einzelner Lebensmittel wie Speiseeis, Kunsthonig, der Aufklärung der Namen Marzipan und Spekulatius, dem Gefüge von Lebensmitteln, der Psychologie des Lebensmittelgenusses, der warenkundlichen Ordnung und lebensmittelrechtlichen Fragen. H. FINCKE erhielt 1935 die Verdienstmedaille des „Office International du Cacao et du Chocolat"; 1944 die KÖNIG-Gedenkmünze; 1949, 1951 und 1952 den HERTZER-Preis.

K. TÄUFEL (geb. 1892), Ordinarius für Lebensmittelchemie und -technologie in Berlin, befaßte sich als Schüler PAULs mit der Chemie der natürlichen und künstlichen Süßstoffe. Bald wandte er sich der Chemie und Biologie der Nahrungsfette zu, vor allem dem Verderb und den sich hieraus ergebenden chemisch-analytischen Problemen. Weitere Arbeiten betrafen die Pektinstoffe, Analytik der Citronensäure und deren Verbreitung in der Natur, die Reversion von Sacchariden, Wechselwirkungen zwischen Protein und Kohlenhydraten.

E. O. v. LIPPMANN (1857—1940), Direktor der Zuckerraffinerie Halle an der Saale, publizierte 255 Beiträge über die Geschichte der Naturwissenschaften und Technik. Das Schrifttumsverzeichnis seines 1929 in zweiter Auflage erschienenen „Geschichte des Zuckers" führt mehr als 3500 Autorennamen auf. — H. HOLTHÖFERs (1883—1958) Lebenswerk ist der Kommentar zum Lebensmittelgesetz und zu sonstigem deutschen Lebensmittelrecht. Mit 45 Jahren war HOLTHÖFER schon Oberlandesgerichtspräsident in Königsberg (später Berlin).

Bei der Erinnerungsfeier an J. KÖNIG anläßlich der Hauptversammlung des Vereins Deutscher Lebensmittelchemiker in Würzburg im Jahre 1934 wurde die Stiftung einer KÖNIG-Gedenkmünze als Ehrung für überragende Verdienste um die Wissenschaft und Praxis der Lebensmittelchemie beschlossen.

Preisträger waren bisher:

1934	A. BEYTHIEN, A. BÖMER, W. FRESENIUS, A. JUCKENACK
1935	J. TILLMANS, G. KAPELLER, W. PETRI, J. WERDER
1938	F. HÄRTEL. O. KÖPKE, F. LITTERSCHEID
1940	H. HAUPT, F. NOTTBOHM
1943	K. WREDE
1944	H. FINCKE
1945	B. BLEYER
1951	W. DIEMAIR
1952	C. GRIEBEL
1953	O. HÖGL
1955	F. EGGER
1957	A. BRÜNING
1960	F. REITH
1963	J. SCHORMÜLLER

Damit gelangt die Geschichte der Lebensmittelwissenschaft in den Zeitbereich der Gegenwart. Eine detaillierte Darstellung der Ergebnisse aller Forschungen auf diesem Gebiet ist Sinn und Zweck des gesamten Handbuches. Unzählige Bausteine lassen sich erkennen, aus denen das Gebäude der gegenwärtigen Lebensmittelwissenschaft errichtet werden konnte. Aus der ersten Anwendung von Wärme und Mikroorganismen mit ihren Fermenten ist durch mehrtausendjähriges Beobachten, Nachdenken und Experimentieren ein kaum noch übersehbarer Fächer von Einzelerkenntnissen und Erfahrungen gewonnen worden, der die Voraussetzung für eine ordnungsgemäße Versorgung von 3 Milliarden Menschen mit Lebensmitteln bilden kann. Die vorhersehbare Verdopplung dieser Zahl noch vor dem Jahre 2000 zwingt die Lebensmittelwissenschaft, ihre Erkenntnisse als Basis für weitere Entwicklungen bereitzuhalten.

Überblick über die Geschichte der Lebensmittelkontrolle und -fälschungen

Bereits sehr früh hat man die Notwendigkeit erkannt, gegen gesundheitliche oder wirtschaftliche Nachteile infolge von Mängeln an Rohstoffen oder Lebensmitteln vorbeugend zu wirken. Es reicht nicht aus, erst dann einzugreifen, wenn eine Schädigung erfolgt ist. Der schnelle Verbrauch und der Umstand, daß eine gesundheitsschädigende Wirkung hinterher meist nicht mehr mit Sicherheit auf ein bestimmtes Lebensmittel zurückgeführt werden kann, verlangen eine Überwachung durch die Obrigkeit, zu deren Funktionen auch Sicherung des Lebensunterhaltes, Bereitstellung von Lebensmitteln in ausreichenden Mengen, in notwendiger Güte und zu gerechtem Preis gehört. — Einer der Gründe für die Notwendigkeit der Lebensmittelüberwachung liegt auch in der Neigung mancher Menschen begründet, zu betrügen und sich um das Wohlergehen anderer nicht zu kümmern; so wird zum eignen Vorteil unter Täuschung des Käufers verdorbene oder schlechte, nachgemachte oder verfälschte Ware in den Verkehr gebracht. Diese Neigung zum Fälschen hat allenthalben und zu allen Zeiten bestanden. Die Fälschungstechnik hat ihre Höhe gewechselt. Sie ist abhängig vom Stand der allgemeinen Technik und der Wissenschaft.

Wie weit man die vorhandenen Kenntnisse zum Nachweis von Lebensmittelfälschungen hat einsetzen können, wissen wir nicht im einzelnen. Doch ist nicht daran zu zweifeln, daß man sich nicht stets mit visuellen oder geschmacklichen Prüfungen begnügt hat. Es gab Prüfungsvorschriften für Farbstoffe, bei denen die gute Löslichkeit in Wasser ohne oder mit gleichzeitigem Zusatz anderer Stoffe oder das Verhalten beim Zerreiben ermittelt wurde (H. FINCKE 1933); man hat Messungen von Länge, Volumen und Gewicht vorgenommen (3. MOSE 19, 35). — Wägungen wurden mittels geeichter Waagen und Gewichte (TH. IBEL 1908), deren Richtigkeit von Staatsbeamten nachkontrolliert wurde (E. WIEDEMANN 1906) ausgeführt. Falscher Mittelpunkt des Waagebalkens, mit Blei beschwerte Waagschalen (TH. IBEL 1908), zu leichte Gewichtsstücke (MICHA 6, 10) waren beliebte Vergehen. HAMMURAPI bedroht im 3. vorchristlichen Jahrtausend Bierpantschen und Preiswucher mit strengen

Strafen, gegebenenfalls sogar mit Todesstrafe (K. HINTZE 1934). B. MEISSNER (1920) berichtet, daß im Falle von Untergewicht, Überschreitung des Höchstpreises, Verfälschung durch Zusätze (Wasser bei alkoholischen Getränken, Steinchen bei abgemessenen Getreidemengen) die Delinquenten öffentlich ins Wasser geworfen wurden. Vielleicht erfolgte die Ausführung dieser Strafe ähnlich wie das mittelalterliche „Schupfen" oder „Wippen", bei welchen die betreffende Person in einen Käfig gesperrt und mehrmals in schmutzigem Wasser oder in Jauche untergetaucht wurde (Abb. 24; A. STANGE 1927).

In Athen gab es eine Marktaufsicht, zuständig für alle gehandelten Waren: in den Apotheken auf der griechischen Sporadeninsel Kos war das Personal um 450 v. Chr. verpflichtet, die Waren immer wieder auf Güte bzw. Verdorbenheit zu prüfen (J. H. BECKER 1812). In Rom war seit 493 v. Chr. den Ädilen die Aufsicht über die Märkte und die dort verkauften Lebensmittel übertragen, seit 367 v. Chr. auch die cura annonae, d. h. die Versorgung der Hauptstadt mit (billigem) Getreide, Abgabe von Korn und Öl auf Staatskosten und die Überwachung von Maßen und Gewichten. Außerdem war ihnen die cura orbis, die Hygiene-Polizei mit der Kontrolle von Bädern, Schenken, Straßen, Gebäuden und Sitten, unterstellt (F. LÜBKER 1914). Verdorbenes Getreide und verdorbenes Fleisch wurden in den Tiber geworfen, dessen Wasser man zum Trinken benutzte, bis APPIUS CLAUDIUS 305 v. Chr. eine Wasserleitung für Rom bauen ließ.

Abb. 24. „Schupfen" oder „Wippen" als Strafe für Lebensmittelfälschungen (nach A. STANGE 1927)

Im Kochbuch des APICIUS, der um Christi Geburt in Rom lebte, finden wir Angaben über damals übliche Lebensmittelfälschungen. Dem kampanischen Grieß verlieh man seine ansprechende Weiße durch Zusatz von Kreide oder Ton. Diese Erdarten wurden auf dem „weißerdigen Hügel" zwischen Puteoli und Neapel gefunden. Wie lebhaft man dort nach diesen „technischen Hilfsstoffen" gegraben hat, beweist der Umstand, daß Kaiser AUGUSTUS den Neapolitanern eine jährliche Abfindung von 20000 Sestertien (etwa 5000 DM) zahlen mußte, als er diesen Hügel für den Bau von Wohnungen benötigte. Auch das „Ölen" von Getreide wird erwähnt, das dazu dient, die Körner schwerer zu machen, behauptet wurde allerdings, das Getreide werde durch diese Behandlung haltbarer. — Als Verfälschungsmittel für Mehl wird Gips genannt. Bei der fabrikmäßigen Herstellung von Linsenmehl wurden häufig zerkleinerte Steine oder Sand beigemengt. Rosenwein wurde ohne Rosen aus Zitronenblättern hergestellt, und um „verdorbenen Honig wieder brauchbar zu machen", vermischte man 2 Teile guten mit 1 Teil verdorbenen Honig. „Fraus indigna" sagt der Verfasser.

In Alexandrien gab es zu Beginn unserer Zeitrechnung, in Byzanz unter JUSTINIAN (525—565), Marktkontrollen.

In § 34 des „Capitulare de villis" KARLs des Großen wird gefordert, daß alle mit den Händen in Berührung kommenden Lebensmittel „mit der größten Reinlichkeit behandelt werden sollen". Nach § 48 dürfen Weintrauben nicht mit den Füßen ausgetreten werden (K. HINTZE 1934), ein Brauch, der noch heute in Südeuropa geübt wird.

Kaiser Leo VI. (886—912) erließ in Konstantinopel eine Anweisung zur Kontrolle der Lebensmittelhändler. Ähnliche Einrichtungen gab es später in Bagdad und anderen arabischen Großstädten. — Regensburg und Ulm besaßen seit etwa 1100 eine Lebensmittelkontrolle, Straßburg verlangte 1104 allmonatlich die Herstellung von Probegebäcken, die der Rat kontrollierte. Im Soester Stadtrecht von 1120 heißt es: Wer faulen (verfälschten) Wein mit gutem Wein mischt, der hat, wenn er überführt wird, sein Leben verwirkt. Das Soester Stadtrecht berücksichtigte auch den Verkehr mit Öl, Getreide, Bier und Brot, indem es die Verwendung falscher Maße und Gewichte unter Strafe stellte (H. Holthöfer u. A. Juckenack 1948). — In Nürnberg wurde 1150 eine Gewürzrevision eingerichtet. Wahrscheinlich spielten hierbei wirtschaftliche Gründe eine größere Rolle als die Befürchtung gesundheitlicher Gefahren.

Im 12. Jahrhundert ist nicht nur das Klärungsvermögen des Bleiessigs (Auflösung von basischem Bleicarbonat in Essigsäure) für Zuckerlösungen bekannt, sondern auch seine Gesundheitsschädlichkeit. Wie der Ägypter Al Nabawari (gest. 1193) berichtet, sind die ägyptischen Apotheker verpflichtet, keine Bleiessig enthaltenden Arzneien zu führen. Die „Marktbehörde" prüft dies durch die „Abortprobe": Die verdächtige Flüssigkeit wird mit Wasser verdünnt über die Öffnung eines Abortes gehängt. Schwarzfärbung (PbS) gilt als positiver Nachweis (E. O. v. Lippmann 1929).

In Augsburg gibt es seit 1150 eine Wein- und Bierkontrolle und seit dem Jahre 1275 ein geräumiges Salzhaus für den Salzverkauf. München hat 1300 sieben Salzmesser, die beim Salzkauf den Unterschied zwischen weißem (durch Wasserverdampfung gewonnenem) und schwarzem (mit Rußresten, durch Eingießen von Sole in Holzfeuer gewonnenem) Salz berücksichtigen müssen (F. Solleder 1938).

In Regensburg gibt es 1306 eine Gewürzrevision, in Danzig 1376 eine Überwachung des Lebensmittelhandels. Um 1320 wird ausdrücklich verordnet, daß die Münchner Bäcker ihre Erzeugnisse nur in ihren Läden oder auf einer der 34 Brotbänke feilhalten und verkaufen dürfen. Diese am Rathaus gelegenen Bänke, für deren Benutzung selbstverständlich eine Gebühr entrichtet werden mußte, waren zunächst wegen der besseren Kontrollmöglichkeiten die allein zugelassenen Verkaufsstellen für Lebensmittel; erst später wurde der Verkauf in eigenen Geschäftsräumen gestattet. Im Jahr 1334 haben die 40 Münchner Fleischer 1,5 to Unschlitt als Pachtsumme für die Benutzung der städtischen Bänke zahlen müssen.

In London gibt es seit 1329, in Frankfurt am Main seit 1360 eine Kommission „zur Verhinderung der Weinfälschung mit Alaun, Indigo und Safran" (E. O. v. Lippmann 1929). Im Jahre 1353 wird den französischen Apothekern, die auch mit Zucker eingemachte Früchte herstellen und verkaufen, durch einen königlichen Erlaß untersagt, den „guten, weißen Caffetinzucker" durch Honig zu ersetzen, und der Münchner Diensteid der Apotheker beinhaltet (1488), daß anstelle von Zucker kein Ersatzmittel, auch nicht Honig, benutzt werden dürfe (F. Solleder 1938). In Neapel mußte ein Apotheker wegen Verfälschung von Manna mit Zucker und Stärke 9000 Dukaten (etwa 75000 Mark) Strafe zahlen (E. O. v. Lippmann 1929).

Auf dem Lebensmittelgebiet müssen im Mittelalter mancherorts recht schlechte Zustände geherrscht haben. Zahlreich sind die Klagen über verdorbene oder verfälschte Lebensmittel der Metzger, Müller, Kaufleute und Gastwirte. Aus Basel hören wir, es werde „vil beschisses getriben" (P. Koelner 1935), der Straßburger Kanzelredner, Professor Dr. G. v. Kaisersberg (1445—1510) sagt in einer seiner Predigten (1510) „Sie luogend wie sie iren nechsten betriegen, bescheyssen mügent, geben im meusz dreck für pfeffer" und S. Brand (1494) dichtet:

„Ich red, wer mir das Maul verschoben,
Das du dein dreck als wol kanst loben.
Dein saffran hast zu Fenedig gesackt
Und hast rintfleisch dar unter gehackt

Und melst unter negelein gepets prot (Röstbrot)
Und gipst für lorper hin geißkot
Und fichtenspen für zimentrinten
Und nimst das laup von einer linten.
Dar mit tust du den pfeffer meren,
Tust unter mandel pfirsich keren
Und unter weinper muckenkopf (Fliegenköpfe),
Für muskat aichen laubes knopf
Und muckenschwamen (Fliegenpilze) für rusin
Und gibst hutzeln (getrocknete Birnen) fur feigen hin,
Gibst weißen huntsdreck hin fur zucker''.

Man schaltete daher das Lebensmittelgewerbe selbst für Kontrollen ein, die in äußerer Beschau und einfachen Untersuchungen bestanden, weil man mit Recht annahm, daß gewerbliche Sachverständige Fälschungen leichter auf die Spur kommen könnten. Nürnberg richtete ein Kontrollorgan des Rates zur Überwachung der Markt- und Handelsgesetze ein, als deren Vertreter der ,,Pfänder'' mit Meistern, z. B. der Bäckerinnung, eine Brotschau vornahm. Die Schauer führten auch Betriebskontrollen aus (B. TRINCZEK 1962). 1290 wurden die Weinschau, 1407 die Schau gesalzener Fische, 1441 eine Safran-, 1519 eine Mehl-, 1568 eine Fleisch- und 1593 eine Schmalzschau eingerichtet. Dieses Verfahren bewährte sich. Wir hören bald von Bestrafungen: 1409 für ,,Weinschmieren''; 1440 wurden F. HELBING die Ohren abgeschnitten, gleichzeitig wurde ihm die Stadt zeitlebens auf 10 Meilen ,,beim Hals'' verboten, weil er beim Getreidemessen betrogen und die Kontrollbeamten bestochen hatte. Letzteren wurden die Vorderfinger der rechten Hand abgehauen, und es wurde ihnen ebenfalls das Betreten der Stadt verboten (H. HOLTHÖFER u. A. JUCKENACK 1948); 1465 wurden 2 Männer wegen ,,Fälscherei des Safrans und anderer Gewürze, mit samt ihrer gefälschten Waare . . . lebendig verbrannt, und Elß . . . , die ihnen dazu geholfen, lebendig begraben'' (J. F. ROTH 1801).

Es erfolgte eine Unzahl örtlicher Verordnungen, die sich meist nur auf einzelne Lebensmittel bezogen, um Mängel abzustellen. In Arnstadt wurde verordnet: ,,Auch sollen die Fleischawer ihr geschlachtet Fleisch nicht streichen, färben, erheben noch aufblasen, bei Buße von 3 Fuhren Steine dem Rat'' (für die Stadtmauer). In Quedlinburg wurde 1415 verboten, tote Schweine und Kälber in die Wasserläufe der Stadt zu werfen; 1541 wurde dieses Verbot erweitert auf Lämmer, Schafe, Gänse, Hühner, Asche und Schweinemist (O. D. POTTHOFF 1927). 1450 stellte das ,,Nürnberger Wandelbuch'' die Verfälschung von Zucker mit Weizen- oder Reismehl unter Geldstrafe. In Augsburg wurde 1549 vorgeschrieben, daß die Fleischträger frisch gewaschene Kittel tragen sollen. Königsberg erließ 1584 eine Mühl-, Brot- und Bäckerordnung, nach welcher Stadtbeamte ,,vielmals Brodt aus der Stadt holen / vnd . . . nachwegen lassen'' sollen; außerdem müssen ,,die Becker . . .vnterschiedene Proben backen'' (S. MÜLLER 1616).

Als man im Ausland noch nicht an eine allgemeine Lebensmittelgesetzgebung dachte, suchte man in Deutschland auch schon durch Reichstagsabschiede und Kaiserliche Erlasse zu wirken. Im Jahre 1497 wurde auf dem Reichstag in Lindau über das zu starke Schwefeln des Weins beraten, anläßlich des nächstjährigen Reichstages wurde in Freiburg i. B. der ,,Römischen Königlichen Majestät Ordnung und Satzung über Wein aufgerichtet''. Die erste Reichsverordnung, die den gesamten Lebensmittelverkehr berücksichtigt, ist die ,,Peinlichen Hals-Gerichtsordnung'' Kaiser KARLs V. vom Jahre 1532. Wer ,,böslicher und gefährlicher Weise Maß / Waag / Gewicht / Specerey oder ander Kauffmannschafft fälschet / und die für gerecht braucht und außgiebt, der soll (in unser Hochdeutsch übersetzt) in empfindliche Strafe genommen, des Landes verwiesen oder an seinem Leibe mit Ruten ausgehauen werden; sofern die Fälschung oft, umfangreich und böswillig geschehen ist, soll der Täter mit dem Tode bestraft werden''. — Ein frühes Landesgesetz, das sich um die gewerbliche Ordnung für Getreide, Mehl und Brot bemüht, ist die 1699 in Stuttgart gedruckte ,,Der Hertzogthumbs

Würtembergs Newe Becken-Brodt-Beschawer- und -Korn-messer-Ordnungen" (H. Eiselen 1959).

Der Weinverbrauch war zu damaliger Zeit erheblich. 1411 wurden bei der Königswahl in Frankfurt 14500 Liter Wein getrunken, 1485 beim Reichstag 16800 Liter. 1488 wurde für Schwaben, Franken und Elsaß ein Weinkontrolleur mit Strafbefugnissen eingesetzt. Die umfangreichen Fälschungen, vornehmlich der „Entsäuerung" minderwertiger Weine mit (dem süßschmeckenden) Bleiessig, zwangen zu den ersten systematischen Versuchen zur Auffindung von Giften mit Hilfe chemischer Nachweisverfahren (H. Sperlich 1962). J. Zeller u. L. Weilmann verwendeten 1707 für die „Württembergische Weinprobe" (Schwermetallnachweis) Auripigment (As_2S_3) und Kalk, S. Hahnemann (1787) für die „Hahnemannsche Weinprobe" Schwefelleber ($K_2S_3 + K_2S_2O_3$) und Salzsäure. — G. D. Hönn gibt in den Jahren 1743 und 1753 ein „Betrugs-Lexicon" heraus. Dieses führt unter den Berufen, bei welchen Betrügereien vorkommen können, auch Bäcker, Brauer, Mehlhändler auf.

In den letzten Jahrzehnten des 18. Jahrhunderts beschäftigte sich auch die Medizin mit Lebensmittelkontrolle und hygienischen Fragen. Beamtete Ärzte waren tätig bei der Bekämpfung von Gesundheitsschädigungen durch verdorbene oder schädliche Zusätze enthaltende Lebensmittel und bei durch die verwendeten Gerätschaften hervorgerufenen Schäden. Da die Arbeiten hierüber in zahlreichen verschiedenen Zeitschriften veröffentlicht worden waren, faßte J. P. Frank 1778—1788 die ihm bekannt gewordenen Ergebnisse in seinem „System einer vollständigen medizinischen Polizei" zusammen. 1803 schrieb W. H. G. Remer, Professor der Philosophie und Medizin in Helmstedt, ein auch ins Französische, Italienische und Russische übersetztes „Lehrbuch der polizeilich-gerichtlichen Chemie". „Polizeiliche Chemie" befaßte sich mit der Vorbeugung, Aufdeckung und Abstellung solcher Nachteile, die sich ergaben aus der Verfälschung von Lebensmitteln, der Benutzung gesundheitsschädlicher Bedarfsgegenstände und gesundheitsschädlicher Farben, aus unzulässigem Verkauf von Arzneimitteln, aus der Beschaffenheit des Trinkwassers und der Verwendung von Mineralquellen, aus der Verunreinigung der Luft, der Verfälschung von Tabak und anderen Genußmitteln sowie aus der Fälschung von Urkunden; Aufgaben also, die heute der Lebensmittelchemiker wahrzunehmen hat.

Am 9. Mai 1806 gab die Königliche Böhmische Gesellschaft der Wissenschaften zu Prag zum zweiten Male die Preisfrage auf: „Durch welche Mittel und Wege können die mannigfachen Verfälschungen sämtlicher Lebensmittel außerhalb der gesetzlichen Untersuchung aufgehoben oder doch vermindert werden?" Nach den Vorstellungen der Gesellschaft sollten Untersuchungsverfahren mitgeteilt werden, die auch von Laien ausführbar seien, um Fälscher abzuschrecken und in größerem Umfang als bisher Anzeigen zu ermöglichen. Von den eingegangenen Antworten war nur die von J. W. Knoblauch (1810) brauchbar, bemerkenswert durch ihre systematische Einteilung der Lebensmittel und Mitteilungen über qualitative Nachweisverfahren für Fälschungen. So wird vorgeschlagen, die Hahnemannsche Weinprobe (auf Schwermetalle) auch bei Mehl anzuwenden. Erinnert wird an das Verbot aus dem Jahre 1787, Gurken mit Kupfer oder Grünspan (Kupferacetat) zu grünen. — Von sonstigem Schrifttum über dieses Thema sind aus jener Zeit erwähnenswert das Buch von F. Reinhardt (1801) mit allgemeinen Angaben zur „Waaren-Kenntniß"; das von Chr. H. Th. Schreger (1810) bringt „einen leicht faßlichen Unterricht" für „öffentliche Gesundheits-, Polizei- oder Wirtschaftsbeamte, Hauswirte und Hauswirtinnen" mit Angaben für einfache Untersuchung und Beurteilung von Lebensmitteln. „Man kann durch öfteres Beschauen, Gegeneinanderhalten und andere sinnliche Untersuchungen verschiedene dergleichen Gegenstände nach und nach immer besser würdigen lernen." Butter kann mit Rübensaft gefärbt sein. Honig wird gestreckt mit Weizenstärke, Bohnen-, Hirse- und Erbsmehl. Mit Wasser ist Honig verfälscht, wenn er kein

Ei mehr tragen kann, Sandzusatz erkennt man am Knirschen zwischen den Zähnen. In den Teig geratene Haare und Stecknadeln findet man entweder beim Brotschneiden oder beim „gehörigen Kauen des Brotes". Die Hahnemannsche Schwefelleber wird als Reagenz auf fast alle Lebensmittel angewendet, die mit Blei verfälscht sein könnten. — Der Weinfälscherei sind 19 Abschnitte gewidmet. — In der Einleitung zu einem vom Englischen ins Deutsche übersetzten Büchlein von F. ACCUM (1822) schreibt C. G. KÜHN, der Verfasser habe „sich angelegen seyn lassen, die Betrügereien an den Tag zu bringen, welche mit den Dingen, deren täglicher Genuß uns zum höchsten Bedürfnisse geworden ist, getrieben werden, und die chemischen Mittel angegeben, wodurch man sich überzeugen kann, ob die genossene Substanz ächt, oder nachgekünstelt, der Gesundheit zuträglich oder mehr oder minder nachtheilig sey". 195 Seiten sind alkoholischen Getränken und dem qualitativen Bleinachweis bei ihnen gewidmet. Mit Brot befassen sich 11 Seiten, u. a. ist der Nachweis von Alaun beschrieben.

Im Allgemeinen Landrecht des Preußischen Staates vom 1. Juni 1794 fand der Schutz der Bevölkerung vor gesundheitsschädlichen Lebensmitteln ausdrücklich Berücksichtigung. Auch wurde seitens der Verwaltungsbehörden eingewirkt, daß die Polizei den Lebensmittelhandel unter besondere Aufsicht zu stellen habe. Hierzu wurde die Beteiligung der Kreis-, Polizei- und Stadtärzte angeordnet, die ihrerseits für chemische Untersuchungen Chemiker oder Apotheker, zur Fleischbeschau Tierärzte heranziehen konnten. Auch in den übrigen deutschen Staaten wurden beamtete Ärzte mit der Überwachung des Lebensmittelverkehrs betraut (H. FINCKE 1933). — Eine Leipziger Ratsverordnung vom 22. Oktober 1817 bestimmt, welche Farbstoffe zum Färben von Zuckerwaren zugelassen und welche verboten sind (W. MUELLER 1950). Nicht gestattet ist die Verwendung metallhaltiger Farben, die auch im Amtsblatt der Königlich-Preußischen Regierung zu Breslau (1837) verboten werden (A. DUFLOS 1846). Das Verzeichnis der — von einer französischen Kommission als unbedenklich angesehenen — erlaubten Farbstoffe für Zuckerwaren, Liköre und Eßwaren finden wir bei H. KLENCKE (1858), der alle für diese Zeit maßgeblichen Veröffentlichungen, auch aus dem französischen (A. CHEVALIER 1855) und dem englischen Raum (A. HILL 1855, HASSALL 1857), ausgewertet hat: Auszüge aus Brasilholz (Caesalpinia christa u. echinacea; rot), Indigo (blau), Safran (gelb), Rübenblättern (grün), Schwertlilienblüten (violett); Berliner Blau, Ultramarin, Fuchsin, Graphit, Schwerspat, Kalk und weißgebrannte Knochenasche. Verboten sind Zinkweiß (ZnO) und Grünspan (Kupferacetat). — Dieser Regelung folgt auch Hannover mit der „Bekanntmachung des Königlichen Ministeriums des Inneren vom 20. November 1859, das Färben von Backwerk, Conditorwaaren und Getränke betreffend", wobei bemerkt wird, daß das „Feilhalten von Backwerk, Conditor-, Traganth- und Pastillagewaaren, Liqueuren und allen sonstigen genießbaren Gegenständen, welche mit anderen, als den erlaubten Färbestoffen bemalt oder gefärbt sind, mit Geldbuße bis zu 5 Thlr. zu ahnden sind" (E. H. SCHAAR 1961).

Die durch die Fortentwicklung der Naturwissenschaften verbesserten und mehr Kenntnisse erfordernden Nachweisverfahren führten dazu, daß Chemiker und Apotheker nicht gelegentlich, sondern vornehmlich mit lebensmittelanalytischen Untersuchungen betraut und zu diesem Zwecke besondere Laboratorien errichtet wurden: 1855 in Bonn, 1857 in Marburg und Dahme, 1870 in Hildesheim, 1871 in Münster (Westf.), 1876 in Nürnberg, 1877 in Hannover. Mit regelmäßigen Untersuchungen beschäftigte sich auch die 1870 errichtete Zentralstelle für öffentliche Gesundheitspflege in Dresden, seit 1875 das Hygienische Institut der Universität Leipzig und als private Anstalt das Laboratorium von R. FRESENIUS, dessen Anfänge in das Jahr 1848 zurückreichen (A. BEYTHIEN 1925; A. BEHRE

1953). 1876 wurde im Kaiserlichen Gesundheitsamt zu Berlin eine lebensmittelchemische Abteilung eingerichtet.

Das Nahrungsmittelgesetz vom 15. Mai 1879 brachte für ganz Deutschland die amtliche Lebensmittelüberwachung mit Gründung weiterer Untersuchungsanstalten (Krefeld 1879, Breslau 1881, München, Erlangen und Würzburg 1884; A. Beythien 1925) und schuf 1894 den besonders ausgebildeten Spezialisten, den Lebensmittelchemiker. Als Ergänzungen zu diesem Gesetz wurden erlassen: Blei- und Zinkgesetz (1885); Farbengesetz (1887; nachdem man bemerkt hatte, daß Fuchsin von der Herstellung kleine Arsenmengen enthalten kann, verbot man alle Farbstoffe mit bestimmten (Schwer-)Metallionen und Pikrinsäure (H. Fincke 1955)); Margarinegesetz (1897; eigentlich ,,Gesetz betr. den Verkehr mit Butter, Käse, Schmalz und deren Ersatzmittel''; über Schmalz wird allerdings nichts gesagt); erstes (1902) bis fünftes (1939) Süßstoffgesetz (im Jahre 1924 wurden in Deutschland 40 to, 1944 500 to Reinsaccharin abgesetzt — H. J. Jungel 1951); erstes (1892) bis viertes (1930) Weingesetz (1892 wird versucht, die einzelnen Weine durch analytische Kennzahlen zu charakterisieren, wobei man sich zunächst auf die Bestimmung der Mineralstoffe und des Extraktgehaltes beschränkte. 1901 wird eine Kommission gegründet, welche die Analytik verbessern und alljährlich ihre Ergebnisse besprechen soll. So entstand die ,,Amtliche Anweisung zur Untersuchung des Weines'' (1920). — 1918 erhält diese Kommission den Namen ,,Reichsausschuß'', 1948 ,,Bundesausschuß für Weinforschung'' (H. Thaler 1956).

Auch die Fleischhygiene machte im 19. Jahrhundert eine bemerkenswerte Entwicklung durch. 1822 wurde in Europa erstmalig eine verkalkte Trichine in einem menschlichen Leichnam entdeckt, wahrscheinlich zu dieser Zeit durch chinesische Schweine eingeschleppt. Man erließ daher Fleischbeschauordnungen: Niederbayern 1836, Schwaben 1857, Württemberg 1860, Bayern 1862, Baden 1865. Zu Epidemien kam es 1863 in Hettstedt und 1865 in Hadersleben, wo 500 Menschen erkrankten und 129 starben. Die Berliner Medizinische Gesellschaft regte daraufhin die Einführung der Trichinenschau auch für das Land Preußen an, die man z. B. in Linden bei Hannover 1866 nach einer großen Trichinenepidemie einführte, aber später wieder eingehen ließ, so daß es 1874 erneut 400 Erkrankungen und mehr als 40 Tote gab. — 1868 wurde das Preußische Schlachthofgesetz verkündet, 1880 das Reichsviehseuchengesetz (Neufassung 1909) und 1900 das Reichsfleischbeschaugesetz (Neufassung 1940) mit den darauf fußenden Bekanntmachungen über unzulässige Zusätze und Behandlungsverfahren. Gegen Ende des 19. Jahrhunderts waren im Verlauf des Überganges vom Direktverzehr des Fleisches zum Verbrauch von Fleisch*erzeugnissen* in verstärktem Umfang Mißstände aufgetreten wie Wurstvergiftungen; Überfettung (A. Juckenack u. R. Sendtner 1899); Färbung von Wurstwaren, Fleisch und Hackfleisch mit Cochenille, Fuchsin, Karmin, Safranin; Konservierung von Hackfleisch durch Sulfit oder Nitrit. In Berlin, Bayern und Sachsen wurden ,,Warnungen gegen diese Unsitte erlassen . . . Ein Teil der Fleischwarenfabrikanten und des Metzgergewerbes hält dagegen die künstliche Färbung im Verkehrsinteresse für notwendig'' (F. Lindner 1963). — In den ,,Vereinbarungen des Kaiserlichen Gesundheitsamtes'' ist ein Kapitel über Wurstwaren enthalten. Eine Neufassung wurde im Jahre 1909 von der Freien Vereinigung der Nahrungsmittelchemiker mit dem deutschen Fleischerverband erarbeitet. Tierärzte waren nicht beteiligt, da sie nur für den Nachweis von Parasiten wie Finnen und Trichinen zuständig waren. Die ,,Vereinbarungen'' beschrieben Zusammensetzung von Wurstwaren und Untersuchungsverfahren. Für Leberkäse wurde Leberanteil verlangt. — Nach dem ersten Weltkrieg stellte die Verwendung von Bindemitteln einen verbreiteten

Mißstand dar, und der Reichsnährstand war sogar bestrebt, einen Zusatz von Magermilchpulver oder Milcheiweiß „bindend“ vorzuschreiben (F. LINDNER 1936).

Am 5. Juli 1927 wurde das „Gesetz über den Verkehr mit den Lebensmitteln und Bedarfsgegenständen“ verkündet. Zu diesem Gesetz werden Verordnungen erlassen: Kunsthonig (1930), Kaffee (1930), Kakao und Kakaoerzeugnisse (1933), Speiseeis (1933), Teigwaren (1934), Tafelwässer (1934 bzw. 1938), Lebensmittelkennzeichnung (1935), Fleischbrühwürfel und ähnliche Erzeugnisse (1940), Tee und teeähnliche Erzeugnisse (1940), Butter (1951), Käse (1951 bzw. 1957). Am 23. Dezember 1958 wurde das „Gesetz zur Änderung und Ergänzung des Lebensmittelgesetzes“ bekanntgemacht. Es bringt das Verbotsprinzip bei der Regelung des Zusatzes „Fremder Stoffe“, deren begriffliche Abgrenzung zunächst schwierig ist. Eine Sonderregelung erfahren die „Technischen Hilfsstoffe“, ursprünglich „Verschwindstoffe“ genannt. — Am 19. Dezember 1959 werden zusätzliche Verordnungen erlassen über Essenzen, Farbstoffe, Fleisch, Fruchtbehandlung, Kaugummi, Konservierungsstoffe, Lebensmittelbestrahlung, Tabak, Trinkwasseraufbereitung und die Allgemeine Fremdstoffverordnung.

Internationale Pläne gehen dahin, Normen aufzustellen in einem europäischen und weltweiten Codex alimentarius (H. W. TOLKMITT 1963) für hygienische Vorschriften, die Zusammensetzung und Begriffsbestimmungen, Analysenmethoden und Aufmachung von Lebensmitteln, Vorschläge, die 1887 A. HILGER anläßlich des VI. Internationalen Kongresses für Hygiene in Wien schon gemacht hatte. Sein geplanter „Codex international d'analyses typique“ konnte aber damals wegen der in den einzelnen Staaten recht unterschiedlichen Gesetzgebung und uneinheitlicher Untersuchungsverfahren nicht verwirklicht werden (O. HÖGL 1962).

Bibliographie

ACCUM, F.: Von der Verfälschung der Nahrungsmittel und von den Küchengiften. Übersetzt von L. CERUTTI. 2. Ausg. (1. Ausg. London: 1820). Leipzig: C. H. F. Hartmann 1822.

ADRIAN, W.: So wurde Brot aus Halm und Glut. Bielefeld: Ceres-Verlag GmbH 1951.

AGRICOLA, G.: Bermannus, de re metallica. Basel: Jeronymus Froben 1530.

— De re metallica libri XII. Basel: Jeronymus Froben und Nicolaus Bischoff 1556.

ALBERTI, H.-J. v.: Maß und Gewicht. Berlin: Akademie-Verlag 1957.

APPERT, H.: Die Kunst, alle animalischen und vegetabilischen Substanzen mehrere Jahre zu erhalten. Deutsche Übersetzung. 3. Aufl. (Nachdruck 1960. Lubecawerke, Die Erfindung der Konserve). Wien: Mörschner u. Jasper 1832.

ARTMANN, F.: Die Lehre von den Nahrungsmitteln, ihrer Verfälschung und Konservierung, vom technischen Gesichtspunkt aus bearbeitet. Prag: Carl Bellmann 1858.

BAADE, F.: Brot für ganz Europa. Hamburg und Berlin: Paul Parey 1952.

BAKER, H.: Beiträge zu nützlichem und vergnügendem Gebrauch und Verbesserung des Microscopi. Augsburg: Eberh. Klett 1754.

BECKER, J. H.: Versuch einer allgemeinen und besonderen Nahrungsmittelkunde. Stendal: Franzen u. Große. 1. Teil, 1. Abt. 1810, 2. Abt. 1811, 3. Abt. 1812. 2. Teil, 1. Abt. 1818, 2. Abt. 1822.

BEINTKER, E., u. W. KAHLENBERG: Werke des Galenos. Stuttgart: Hippokrates 3. Bd. 1948; 4. Bd. 1952.

BERGMANN, M.: Emil Fischer. In: Das Buch der großen Chemiker. Hrsg. von G. BUGGE. Bd. II, S. 408—420. Berlin: Verlag Chemie 1930.

BERZELIUS, J.: Von der Anwendung des Löthrohres in der Chemie und Mineralogie. Aus der Handschrift übersetzt von H. ROSE. Nürnberg 1821.

BLÜMNER, H.: Technologie und Terminologie der Gewerbe und Künste bei Griechen und Römern. 2. Aufl., Bd. I. Leipzig und Berlin: B. G. Teubner 1912.

BOCK, H.: Kreuter-Buch. Straßburg: Wendel Rihel 1551.

BRAUN, K.: Überblick über die Geschichte der Pflanzenkrankheiten und Pflanzenschädlinge. In: Sorauers Handbuch der Pflanzenkrankheiten. Bd. I. Berlin: Paul Parey 1933.

BREASTED, J. H.: Geschichte Ägyptens. Zürich: Phaidon 1936.

BRUNSCHWYGK, H.: Das buch der rechten kunst zü distilieren die eintzige ding. Zit. nach SCHELENZ (1964). Straßburg: Johann Grueninger 1500.

CERAM, C. W.: Götter, Gräber und Gelehrte. Hamburg: Rowohlt 1949.
CHEVALLIER, M. A.: Dictionnaire des alterations et falsifications des substances alimentaires, medicamenteuses et commerciales, avec l'indication des moyens de les reconnaitre. 2. Edition. Zit. nach KLENCKE (1858). Paris 1855.
CORNELIUS, F.: Geistesgeschichte der Frühzeit. Leiden/Köln: E. J. Brill 1960.
CRESCENTIUS, P. DE: Von dem Nutz der Ding die in Aeckern gebuwt werden. Zit. nach BRAUN (1933). Straßburg 1493.
DANCKWORTT, P. W., u. J. EISENBRAND: Lumineszenz-Analyse im filtrierten ultravioletten Licht. Leipzig: Akademische Verlagsges. Geest & Portig 1956.
DANZ, D. J. T. L.: Versuch einer allgemeinen Geschichte der menschlichen Nahrungsmittel. 2. Bd. Leipzig: Dyckische Buchh. 1806.
DARWIN, CH. G.: Die nächste Million Jahre. Braunschweig: F. Vieweg u. Sohn 1953.
DUFLOS, A.: Die wichtigsten Lebens-Bedürfnisse, ihre Ächtheit und Güte, ihre zufälligen Verunreinigungen und ihre absichtlichen Verfälschungen, mit gleichzeitiger Berücksichtigung der in den Haushaltungen, den Künsten und Gewerben benutzten chemischen Gifte. (2. Aufl. 1846). Breslau: Hirt 1842.
EBELL, G. A.: Die Bleyglasur des irdenen Küchengeschirrs als eine unerkannte Hauptquelle vieler unserer Krankheiten. 2. Aufl. Hannover: Hahn'sche Hofbuchhandlung 1825.
EICHHOLTZ, F.: Die toxische Gesamtsituation auf dem Gebiet der menschlichen Ernährung. Berlin-Göttingen-Heidelberg: Springer 1956.
ERMAN, A., u. H. RANKE: Ägypten und ägyptisches Leben im Altertum. Tübingen: J. C. H. Mohr 1923.
FELDHAUS, F. M.: Die Maschine im Leben der Völker. Basel und Stuttgart: Birkhäuser 1954.
FERCHL, F.: Chemisch-Pharmazeutisches Bio- und Bibliographikon. Mittenwald: Nemayer 1937.
FEYL, A.: Das Kochbuch Meister Eberhards. Freiburg i. Br.: Dissertation 1963.
FINCKE, H.: Die Kakaobutter und ihre Verfälschungen (Monographien aus dem Gebiete der Fett-Chemie. Hrsg. von K. H. BAUER. Bd. XII). Stuttgart: Wissenschaftliche Verlagsgesellschaft 1929.
— Begriff und Aufgaben der Lebensmittelchemie, ihre Beziehungen zu anderen Wissenschaften, ihre Bedeutung für die Volksgesundheit und die Volkswirtschaft und ihre Geschichte. In: Handbuch der Lebensmittelchemie. Hrsg. von A. BÖMER, A. JUCKENACK u. J. TILLMANS. Bd. I, S. 1—94. Berlin: Springer 1933.
— Handbuch der Kakaoerzeugnisse. Berlin: Springer 1936.
FINSLER, G.: Homer. Erster Teil, zweite Hälfte. 3. Aufl. Leipzig und Berlin: B. G. Teubner 1924.
FRANK, J. B.: System einer vollständigen medizinischen Polizei. Mannheim 1778—1788.
GERLACH, W.: Fortschritte der Naturwissenschaft im 19. Jahrhundert. In: Propyläen Weltgeschichte. Hrsg. von G. MANN. Bd. 8, S. 235—277. Berlin-Frankfurt-Wien: Propyläen-Verlag 1960.
GLAUBER, R.: Trost der Seefahrenden. Amsterdam 1657.
GOLLMER, R.: Das Apicius-Kochbuch. Breslau u. Leipzig: A. Langewort 1909.
HAJEK, H.: Daz bůch von gůter spise. In: Texte des späten Mittelalters. Hrsg. von W. STAMMLER u. E. A. PHILIPPSON (H. 8). Berlin: Erich Schmidt-Verlag 1958.
HAUSER, A.: Vom Essen und Trinken im alten Zürich. Zürich: Berichthausverlag 1962.
HEHN, V.: Kulturpflanzen und Hausthiere. 7. Aufl. Berlin: Verlag von Gebrüder Borntraeger 1902.
HELMHOLTZ, H.: Über die Erhaltung der Kraft. Berlin: G. Reimer 1847.
HERRMANN, P.: Das große Buch der Entdeckungen. Reutlingen: Enßlin u. Laiblin 1958.
HINTZE, K.: Geographie und Geschichte der Ernährung. Leipzig: Thieme 1934.
HOFFMANN, F.: Kurtze doch gründliche Beschreibung des Saltz-Wercks in Halle. Halle: Waysen-Haus 1708.
— De panis grossioris Westphalorum, vulgo Bompournickel, natura, elementis chymicis & virtute. In: Observationvm physico-chymicarvm selectiorvm, Libri III. Halle: Rengeriana 1722.
HOLTHÖFER, H., u. A. JUCKENACK: Das Lebensmittelgesetz und sonstiges deutsches Lebensmittelrecht. 3. Aufl. Bd. I. Berlin: C. Heymann 1948.
HOMER: Ilias VI 236; XVI 228
HOMER: Odyssee I 431; III 480; XX 149; XXII 74.
HORAZ, Q. F.: Epistolae I 4.
IBEL, TH.: Die Wage im Altertum und Mittelalter. Erlangen: Dissertation 1908.
JACOB, G.: Der Einfluß des Morgenlandes auf das Abendland, vornehmlich während des Mittelalters. Hannover: H. Lafaire 1924.
JACOB, H. E.: Sechstausend Jahre Brot. Hamburg: Rowohlt 1954.

JENSEN, H.: Die Schrift in Vergangenheit und Gegenwart. 2. Aufl. Berlin: VEB Deutscher Verlag der Wissenschaften 1958.
KAISERSBERG, G. v.: Das Buch Granatapfel im Latein genannt Malogranatus. Augsburg: St. Ursulen Kloster 1510.
KEPLER, J.: Nova stereometria doliorum vinariorum imprimis austriacea figurae omnium aptissimae et usus in eo virgae cubicae compendiossisimus et plane singularis. Linz 1615.
— Außzug auß des Vralten Messe-Kunst Archimedis. Vnd derselben newlich in Latein ausgegangener Ergentzung, betreffend. Rechnung der körperlichen Figuren, holen Gefessen und Weinfässer. Lintz 1616.
KLENCKE, H.: Die Verfälschung der Nahrungsmittel und Getränke, der Kolonialwaaren, Droguen und Manufacte, der gewerblichen und landwirthschaftlichen Producte. Leipzig: Weber 1858.
KLUGE, F.: Etymologisches Wörterbuch der deutschen Sprache. 18. Aufl., bearb. von W. MITZKA. Berlin: W. de Gruyter & Co. 1960.
KNOBLAUCH, J. W.: Von den Mitteln und Wegen, die mannichfaltigen Verfälschungen sämmtlicher Lebensmittel außerhalb der gesetzlichen Untersuchung zu erkennen, zu verhüten, und wo möglich wieder aufzuheben. Preisschrift. 3 Bde. Leipzig: Mittler 1810.
KOCH, R.: Pasteur. In: Das Buch der großen Chemiker. Hrsg. von G. BUGGE. Bd. II. S. 154 bis 172. Berlin: Verlag Chemie 1930.
KOELNER, P.: Die Safranzucht zu Basel. Basel: B. Schwabe & Co. 1935.
KOLLATH, W.: Der Vollwert der Nahrung. Stuttgart: Wissensch. Verlagsges. 1950; 2. Bd. 1960.
KRÄMER-BADONI, R.: Das kleine Buch vom Wein. Gütersloh: Bertelsmann-Verlag 1960.
KRAMER, S. N.: Geschichte beginnt mit Sumer. München: Paul List-Verlag 1959.
KULISCHER, J.: Allgemeine Wirtschaftsgeschichte des Mittelalters und der Neuzeit. Bd. I. Das Mittelalter. München-Berlin: R. Oldenbourg 1928.
LEMERY, L.: Traité des Aliments. Paris: Cusson 1702. 2. Aufl. Paris: Witte 1705 u. 1712. 3. Aufl., ergänzt durch J. J. BRUHIER. Paris: Durant 1755, 2 Bde.
LIPPMANN, E. O. v.: Abhandlungen und Vorträge zur Geschichte der Naturwissenschaften. Bd. I. Leipzig: Veit & Co. 1906; Bd. II. 1913.
— Geschichte des Zuckers seit den ältesten Zeiten bis zum Beginn der Rübenzucker-Fabrikation. 2. Aufl. Berlin: Springer 1929.
LITTMANN, E.: Morgenländische Wörter im Deutschen. 2. Aufl. Tübingen: Verlag von J. C. B. Mohr (Paul Siebeck) 1924.
LOCKEMANN, G.: Geschichte der Chemie in kurzgefaßter Darstellung. Bd. I. Vom Altertum bis zur Entdeckung des Sauerstoffs. Berlin: de Gruyter & Co. 1950.
LÜBKER, F.: Reallexikon des klassischen Altertums. 8. Aufl. bearbeitet von J. GEFFKEN und E. ZIEBARTH. Leipzig und Berlin: B. G. Teubner 1914.
MALTHUS, T. R.: Versuch über das Bevölkerungs-Gesetz. Nach der siebenten Ausgabe des englischen Originals übersetzt von F. STÖPEL. Berlin: Expedition des Merkur 1879.
MAURIZIO, A.: Die Geschichte unserer Pflanzennahrung. Berlin: Verlagsbuchh. Paul Parey 1928.
MAYER, K.: 4500 Jahre Pflanzenschutz. Stuttgart: E. Ulmer 1959.
MEISSNER, B.: Babylonien und Assyrien. 1. Bd. Heidelberg: C. Winter 1920; 2. Bd. 1925.
MEGENBERG, K. v.: Buch der Natur. 1347; zit. nach E. O. v. LIPPMANN 1929.
MENNINGER, K.: Zahlwort und Ziffer. Göttingen: Vandenhoeck und Ruprecht 1958.
MITSCHERLICH, A.: Der Cacao und die Chocolade. Berlin: August Hirschwald 1859.
MOLESCHOTT, J.: Physiologie der Nahrungsmittel. Ein Handbuch der Diätetik. 2. Aufl. Gießen: Ferber 1859. Darmstadt: Leske 1850 (1. Aufl.).
MÜLLER, S.: Bericht vom Brodtbacken. Leipzig: Henning 1616.
NACK, E., u. W. WÄGNER: Rom. (26.—35. Tausend). Wien-Heidelberg: Ueberreuter 1961.
NOLCKEN, B. v.: Dr. August Oetker 100 Jahre. Bielefeld: Dr. A. Oetker 1962.
OMM, P.: Meßkunst ordnet die Welt. Buchschlag: Impuls-Verlag 1958.
OSTWALD, W.: Faraday. In: Das Buch der großen Chemiker. Hrsg. von G. BUGGE. Bd. I, S. 417—427. Berlin: Verlag Chemie 1929.
PLATO: Politeia II 14; X 5.
— Timaios VI 171, 204.
PLINIUS, C.: Naturalis historia XII 3, 7, 8, 15, 16; XVIII 72, 78, 84, 149, 107; XX 59; XXXI 82; XXIII 4, 6; XXXIV 16.
POTTHOFF, O. D.: Illustrierte Geschichte des Deutschen Fleischer-Handwerks vom 12. Jahrhundert bis zur Gegenwart. Berlin: Askanischer Verlag 1927.
PREUSS, T.: Starkes schwaches Geschlecht. Hamm (Westf.): Grote 1956.
RACHMANOWA, A.: Ehen im roten Sturm. 31. Aufl. Graz-Salzburg-Wien: A. Pustet 1951.
RAUWOLF, L.: Beschreibung der Reyß. Franckfurt am Mayn: Chr. Raben 1582.
Reemtsma: „tabago" — Ein Bilderbuch vom Tabak und den Freuden des Rauchens. Hamburg: H. F. u. Ph. F. Reemtsma 1960.

Reinhard, F.: Waaren-Kenntniß, Betrugs- und Sicherstellungs-Lexicon. 2 Bde. Erfurt: Keyser 1801.
Remer, W. H. G.: Lehrbuch der polizeilich-gerichtlichen Chemie. Helmstedt: Fleckeisen 1803.
Roeder, G.: Grundzüge der Milchwirtschaft und des Molkereiwesens. Hamburg: P. Parey 1954.
Röttger, G.: Altgermanien nach antiker und heutiger Kenntnis. Vd. II. Leipzig und Berlin: B. G. Teubner 1937.
Roth, G. D.: Kurze Wirtschaftsgeschichte Mitteleuropas. München: R. Oldenbourg 1961.
Roth, J. F.: Geschichte des Nürnberger Handels. 4 Bde. Leipzig: Böhme 1801—1802.
Rust, A.: Der primitive Mensch. In: Propyläen-Weltgeschichte. Hrsg. von G. Mann u. A. Heuss. Bd. 1. Berlin-Frankfurt-Wien: Propyläen-Verlag 1961.
Solleder, F.: München im Mittelalter. München 1938. Neudruck; Aalen: Scientin-Verlag 1962.
Schelenz, H.: Zur Geschichte der pharmazeutisch-chemischen Destilliergeräte. Hildesheim: Georg Olm 1964.
Schier, B.: Pelze in altertumskundlicher Sicht (Archiv für Pelzkunde, Bd. 2) Frankfurt/Main: P. Schöps 1951.
Schiller, F. v.: „Punschlied" in Schillers Werke, Bd. I. Leipzig und Wien: Bibliographisches Institut 1885.
Schreger, Chr. H. Th.: Handbuch zur Selbstprüfung der Speisen und Getränke nach ihrer Güte und Aechtheit. Nürnberg: Steinische Buchh. 1810.
Schrick, M.: Von den ußgebrenten Wassern. Augsburg 1483.
Souci, S. W., W. Fachmann u. H. Kraut: Die Zusammensetzung der Lebensmittel. Nährwert-Tabellen. Stuttgart: Wissenschaftl. Verlagsges. 1962.
Stange, A.: Das Bäckerei-, Konditorei- einschließlich Müllereigewerbe von den ältesten Zeiten bis zur Gegenwart. Köln: Gebr. Brocker 1927.
Stein, W.: Kulturfahrplan. Die wichtigsten Daten der Kulturgeschichte von Anbeginn bis heute. 141.—157. Tausend. Berlin-Grunewald: Herbig 1946 (1958).
Storck, J., and W. D. Tegge: Flour for Man's Bread. St. Paul (Min.): University of Minnesota Press 1952.
Tacitus, C. T.: Annales XIII, 57.
Thoms, H.: Grundzüge der pharmazeutischen und medizinischen Chemie. 9. Aufl. Berlin: Springer 1931.
Trübner, K.: Deutsches Wörterbuch. 1. Bd. Berlin: W. de Gruyter & Co. 1939.
Valentin, H.: Geschichte der Pharmazie und Chemie. Stuttgart: Wissenschaftl. Verlagsges. m.b.H. 1950.
— Geschichte der Pharmazie und Chemie. Stuttgart: Wissenschaftl. Verlagsges. m.b.H. 1950.
Varro, M. T.: Rerum rusticarum I, 7.
Vogel, J.: Anleitung zum Gebrauch des Mikroskopes zur zoochemischen Analyse und zur mikroskopisch-chemischen Untersuchung überhaupt. 1. Bd. Leipzig: L. Voss 1841.
Währen, M.: Brot seit Jahrtausenden. Bern: Verlag des schweizerischen Bäcker- und Konditorenmeisterverbandes 1953.
Walden, P.: Geschichte der organischen Chemie seit 1880. Berlin: Springer 1941.
— Chronologische Übersichtstabellen. Zur Geschichte der Chemie von den ältesten Zeiten bis zur Gegenwart. Berlin-Göttingen-Heidelberg: Springer 1952.
Weinfurtner, F.: Geschichtliches über die Kenntnisse der Hefen. In: Die Hefen. Hrsg. von F. Reiff, R. Kautzmann, H. Lüers u. M. Lindemann. Bd. I, S. 1—19. Nürnberg: H. Carl 1960.
Winderlich, R.: Kekule. In: Das Buch der großen Chemiker. Hrsg. von G. Bugge. Bd. II, S. 200—216. Berlin: Verlag Chemie 1930.
— Justus Liebig. In: Das Buch der großen Chemiker. Hrsg. von G. Bugge. Bd. II, S. 1—30. Berlin: Verlag Chemie 1930.
Wilsdorf, H.: Georg Agricola. Bermannus oder über den Bergbau. Berlin: VEB Deutscher Verlag der Wissenschaften 1955.
Wissmann, H. v.: Meine zweite Durchquerung Äquatorial-Afrikas. Frankfurt/Oder: Trowitzsch & Sohn 1890.
Woenig, F.: Die Pflanzen im alten Ägypten. Leipzig: A. Heitz 1886. 2. Aufl. 1897.
Wooley, C. L.: Vor 5000 Jahren. Stuttgart: H. Franckh 1929.
Xenophon: Anabasis II 3; IV 4, 5, 21, 26.
Zekert, O.: Deutsche Apotheker. Berlin-Wien: Dtsch. Apother-Verlag 1942.
— Das ärztliche Rezept. Ingelheim: Ch. Boehringer 1960.
Zuckermann, B.: Das jüdische Maaßsystem und seine Beziehungen zum griechischen und römischen. Jahresbericht des jüdisch-theologischen Seminars „Fraenckelscher Stiftung". Breslau: Grass, Barth u. Co. (W. Friedrich) 1867.

Zeitschriftenliteratur

ACKER, L.: Zur Geschichte des Lehrstuhls für Nahrungsmittelchemie und Hygiene an der Universität Münster. Dtsch. Lebensmittel-Rdsch. **58**, 296—299 (1962).

ANDERS, W.: Die Väter des Thermometers. Dtsch. Erfinder-Post **16**, 7, 19 (1963).

BEHRE, A.: Zur Geschichte der Lebensmittelchemie und Lebensmittelüberwachung. Dtsch. Lebensmittel-Rdsch. **49**, 8—12, 25—29, 68—72, 91—98, 121—124, 142—147 (1953).

BERENDES, J.: Hortulus Walafridi Strabi. Das Gärtchen des Walafridus Strabus. Pharmaz. Post **41**, 873—875 (1908).

BEYTHIEN, A.: Die Entwicklung der modernen Nahrungsmittelchemie. Z. Untersuch. Nahrungs- u. Genußmittel **50**, 14—21 (1925).

— Einige Gedenktage der Lebensmittelchemie und der Lebensmittelindustrie. Dtsch. Lebensmittel-Rdsch. **43**, 104—105 (1947).

BORCHARDT, L.: Die Dienerstatuen aus den Gräbern des alten Reiches. Z. für ägyptische Sprache und Alterthumskunde. **35**, 119—134 (1897).

CAIRNCROSS, S. E., and L. B. SJÖSTRÖM: Flavor Profiles — a new approach to flavor problems. Food Technol. **4**, 308—311 (1950).

CORNELIUS, F.: Erweiterung des Geschichtsbildes. Forsch. u. Fortschr. **36**, 212—214 (1962).

DIEKMANN, H.: Getreide und Getreidenahrung bei den Cheruskern. Brot u. Gebäck **16**, 134 bis 138 (1962).

EISELEN, H.: Der geistige Standort des deutschen Brotmuseums. Dtsch. Lebensmittel-Rdsch. **55**, 312—314 (1959).

EISENBRAND, J.: Über die Anwendung von Fluoreszenzreaktionen in der Lebensmittelchemie. Dtsch. Lebensmittel-Rdsch. **47**, 215—220 (1951).

FELDHAUS, F. M.: Die älteren Knetmaschinen und ihre Erfinder. Gordian **55**, 1322, 31—33 (1955).

FIEHE, J.: Eine Reaktion zur Erkennung und Unterscheidung von Kunsthonigen und Naturhonigen. Z. Untersuch. Nahrungs- u. Genußmittel **16**, 75—77 (1908).

FINCKE, A., u. H. SACHER: Unterscheidungen zur Reinheitsprüfung von Kakaobutter und Schokoladenfetten. 6. Mitt. Süßwaren **7**, 428—431 (1963).

FINCKE, H.: Zur Geschichte der Lebensmittelchemie und Lebensmittelüberwachung. Dtsch. Lebensmittel-Rdsch. **49**, 283—285 (1953).

— EDUARD REICHS „Nahrungs- und Genußmittelkunde" von 1860/61. Dtsch. Lebensmittel-Rdsch. **51**, 168—169 (1955).

— Über die Färbung von Zuckerwaren in früherer Zeit. Zucker- u. Süßwaren-Wirtsch. **8**, 843—846, 905—907 (1955).

— Beitrag zur Geschichte eisgekühlter und gefrorener Lebensmittel. Süßwaren **2**, 8—10 (1958a).

— Von den Mitscherlichschen Körperchen im mikroskopischen Bild des Kakaosamens. Gordian **59**, 1404, 14—16 (1959a).

— Die Gründung der „Zeitschrift für Untersuchung der Lebensmittel" im Jahre 1897 und die ersten Bemühungen zur Bildung einer alle deutschen Lebensmittelchemiker umfassenden Vereinigung. Mitt.-Bl. GDCh., Fachgr. Lebensmittelchem. **14**, 157—160 (1960).

FRANZ, G.: Die historische Entwicklung des Pfluges. Landtechnik **14**, 6—14 (1959).

GEILMANN, W.: Die chemische Analyse von der Frühzeit der menschlichen Kultur bis zur Gegenwart. I. Die trockene Analyse oder die Probierkunst. Z. analyt. Chem. **192**, 14—27 (1963).

HAUENSTEIN, F.: Hundert Jahre Agrarpolitik. Frankfurter Allgemeine Zeitung, Nr. 177, S. 5 (1963).

HELM, E., and B. TROLLE: Selection of a taste panel. Wallerstein Lab. Commun. **9**, 28, 181—194 (1946).

HÖGL, O.: 75 Jahre Schweiz. Gesellschaft für analytische und angewandte Chemie. Vortrag. In: Bericht über die Jubiläumsversammlung zum 75jährigen Bestehen der Schweizerischen Gesellschaft für analytische und angewandte Chemie. Mitt. Lebensmitteluntersuch. Hyg. **53**, 413—518 (1962).

HROZNY, F.: Über das Bier im alten Babylonien und Ägypten. Anzeiger der Kaiserlichen Akademie der Wissenschaften, phil.-hist. Klasse **47**, 172—179 (1910a).

— Das Getreide im alten Babylonien. Anzeiger der Kaiserlichen Akademie der Wissenschaften, phil.-hist. Klasse **47**, 27—32 (1910b).

JELLINEK, G.: Geschmacksprüfung als Hilfsmittel in der Forschung. Fette u. Seifen **58**, 910—919, 1059—1063 (1956).

JUCKENACK, A., u. R. SENDTNER: Über das Färben und die Zusammensetzung der Rohwurstwaaren des Handels mit Berücksichtigung der Färbung des Hackfleisches. Z. Untersuch. Nahrungs- u. Genußmittel **2**, 177—197 (1899).

JUNGEL, H. J.: Siebzig Jahre Süßstoff. Dtsch. Lebensmittel-Rdsch. **47**, 7—13 (1951).

Kelm, H.: Die Ayoré im Gran-Chaco. — Zauberer und Krieger. Die Umschau **62**, 533—536 (1962).
Keyser, E.: Neue deutsche Forschung über die Geschichte der Pest. Vjschr. Sozial- u. Wirtschaftsgeschichte **44**, 243—253 (1957).
Kirchhoff, G. S. C.: Memoires de l'Académie Impériale des Sciences de St. Pétersbourg **4**, 27 (1813).
Klemm, M.: Entomologie und Pflanzenschutz in China. Zit. nach K. Mayer (1959). Braunschweig: Nachrichtenblatt des Deutschen Pflanzenschutzes 1959.
Kranz, A. R.: Die Abstammung und Entwicklung des Roggens. Die Umschau **63**, 499—503 (1963).
La Roche, W. v.: Lärm macht krank. Westermanns Monatshefte **105**, 2, 34—38 (1964).
Liebig, J.: Ueber einen neuen Apparat zur Analyse organischer Körper, und über die Zusammensetzung einiger organischen Substanzen. Annalen der Physik und Chemie **21**, 1—43 (1831).
— Ueber die Constitution des Aethers und seiner Verbindungen. Ann. Pharmacie **9**, 1—39 (1834).
— Eine neue Methode der Brodbereitung. Ann. Chemie Pharmacie **149**, 54—61 (1869).
Lindner, A. F.: Wurstbindemittel und ihre Beurteilung. Z. Untersuch. Lebensmittel **72**, 322—331 (1936).
— Allgemeines und Historisches über die Bildung von Beurteilungsmaßstäben für Lebensmittel und Bedarfsgegenstände. Dtsch. Lebensmittel-Rdsch. **59**, 320—325 (1963).
Lippmann, E. O. v.: Zur Geschichte der Conserven und des Fleischextractes. Chemiker-Ztg. **23**, 449 (1899).
— Die „Entsalzung des Meerwassers" bei Aristoteles. Chemiker-Ztg. **35**, 629—630 (1911).
Maass, H.: Über die Herstellung von Suppenwürzen. Dtsch. Lebensmittel-Rdsch. **44**, 146 bis 148 (1948).
Maillard, L. C.: Action des acides aminés sur les sucres; formation melaniodines par voie methodique. Comptes rendus hebdomadaires des séances de l'Académie des sciences, Paris 66—68 (1912).
Montelius, O.: Der Handel in der Vorzeit. Prähistorische Zschr. **2**, 249—291 (1910).
Mueller, W.: Aus der Frühzeit der deutschen Süßwarenindustrie. Zucker- u. Süßwaren-Wirtsch. **3**, 1—37 (1950).
Ofterdinger, L. F.: Über den Keppler'schen Kessel in Ulm. Verh. d. Vereins f. Kunst u. Alterthum in Ulm u. Oberschwaben. Neue Reihe, 2. H., 47—51 (1870).
— Ueber Maß und Gewicht der Reichsstadt Ulm. Verh. d. Vereins f. Kunst u. Alterthum in Ulm u. Oberschwaben. Neue Reihe, 5. H., 55—58 (1873).
Ortigosa, A. F.: Safran. Camera de Comercio Espanola. 28—30 (Sept. 1963).
Popp, G.: Die Verwendung ultravioletter Strahlen bei der Untersuchung von Nahrungsmitteln. Z. Untersuch. Lebensmittel **52**, 165—171 (1926).
Reith, J. F.: Zusammenhänge zwischen Lebensmittelchemie und Toxikologie. Dtsch. Lebensmittel-Rdsch. **57**, 225—230 (1961).
Schaar, E. H.: Weißgebrannte Knochen: erlaubt, Bleiweiß: verboten. Heimatland **60**, 192 bis 193 (1961).
Schipperges, H.: Eine griechisch-arabische Einführung in die Medizin. Dtsch. med. Wschr. **82**, 1675—1680 (1962).
Schmökel, H.: Die Welt der Zahlen im alten Sumer. Der weiße Turm **6**, 3, 7—10 (1963).
Schneider, W.: Über das Capitulare de villis. Pharmaz. Ind. **17**, 125—127 (1955).
Schürmann, M.: Wasserleitungen im antiken Rom. Wasser, Luft und Betrieb 8, 89—90 (1964).
Schwedhelm, K.: Mysterium der Zahl. Der weiße Turm **6**, 3, 2—6 (1963).
Sperlich, H.: Toxikologische Analyse einst und jetzt. Dtsch. Apotheker-Z. **102**, 1641—1650 (1962).
Stokar, W. v.: Der Ursprung unseres Hausbrotes. Brot u. Gebäck **10**, 11—15 (1956).
Strahlmann, B.: Lebensmittelchemie in der Schweiz an der Wende vom 19. zum 20. Jahrhundert. Mitt. Lebensmitteluntersuch. Hyg. **53**, 459—482 (1962).
Strohecker, R., W. Heimann u. F. Matt: Zur quantitativen Bestimmung der Ascorbinsäure auf papierchromatographischem Weg. Z. analyt. Chem. **145**, 401—417 (1955).
Thaler, H.: Die Entwicklung der Weinanalytik. Dtsch. Lebensmittel-Rdsch. **52**, 42—44 (1956).
Tilgner, D. J.: Der gegenwärtige Stand der quantitativen und qualitativen sensorischen Analyse der Qualität von Lebensmitteln. Dtsch. Lebensmittel-Rdsch. **54**, 99—108 (1958).
Tolkmitt, H. B.: Entwicklung des Lebensmittelrechts im nationalen und internationalen Bereich. Milchwiss. **18**, 403—405 (1963).
Trinczek, B.: Zur Geschichte der Lebensmittelüberwachung und der Chemischen Untersuchungsanstalt in Nürnberg. Mitt.-Bl. GDCh., Fachgr. Lebensmittelchem. **16**, 241—243 (1962).

VOLLMANN, R.: Die ersten Versuche zur Herstellung übereinstimmender Thermometer. CIBA-Zschr. 8, 2895—2897 (1957).
WÄHREN, M.: Typologie der altägyptischen Brote und Gebäcke. Brot u. Gebäck **15**, 1—13 (1961).
— Brot und Gebäck im Leben und Glauben der alten Ägypter. Brot u. Gebäck **16**, 12—20 (1962).
WAGNER, K. G.: Bestehen Möglichkeiten zur Verbesserung der Ergebnisse von Sinnenprüfungen? Dtsch. Lebensmittel-Rdsch. **46**, 174—177 (1950).
WENKEBACH, E.: Das Proömium der Kommentare Galens zu den Epidemien des Hippokrates. Abhandlungen der Königlich Preußischen Akademie der Wissenschaften. 8, 35—36 (1918).
WIEDEMANN, E.: Das Experiment im Altertum. Unterrichtsblätter für Mathematik und Naturwissenschaften **12**, 73—79, 97—102, 121—129 (1906).
WIELAND, TH., u. E. FISCHER: Über Elektrophorese auf Filtrierpapier. Naturwiss. **35**, 29—30 (1948).
WISWE, H.: Ein mittelniederdeutsches Kochbuch des 15. Jahrhunderts. Braunschweigerisches Jahrbuch **37**, 19—55 (1956).
WÖHLER, F., u. J. v. LIEBIG: Über die Bildung des Bittermandelöls. Annalen der Pharmazie **22**, 1—24 (1837).
ZACHER, F.: Vorratsschädlinge und Vorratsschutz, ihre Bedeutung für Volksernährung und Weltwirtschaft. Z. hyg. Zoologie **29**, 193—202 (1937).

Aufgaben und Probleme der Lebensmittelwissenschaft

Von

Prof. Dr. **Otto Högl**, Bern

I. Allgemeine Übersicht

1. Einleitung

Nur wenige Lebensmittel, wie etwa das Trinkwasser oder das Kochsalz, sind einfache anorganische Verbindungen. Ganz überwiegend sind die Lebensmittel komplizierte biogene Stoffe, ursprünglich Teile pflanzlicher oder tierischer Körpersubstanz.

Sie gelangen teilweise in natürlicher, nahezu unveränderter Form zum Genuß durch den Menschen, wie etwa die Auster oder zahlreiche Obst- und Gemüsearten. Großenteils treten jedoch bei der häuslichen Zubereitung oder bei der technischen Verarbeitung wesentliche Veränderungen in struktureller, chemischer und physikalischer Hinsicht ein. Diese Veränderungen können außerordentlich tiefgreifend sein, zum Teil im Sinne einer Anreicherung ganz bestimmter Hauptanteile und teilweiser oder gänzlicher Eliminierung aller übrigen Komponenten, wie bei dem raffinierten Zucker, oder auch durch mehr oder weniger weitgehende chemische Umwandlung der Grundsubstanzen selber, wie dies z. B. bei Eiweißhydrolysaten der Fall ist.

Ihrer Bestimmung gemäß haben die Lebensmittel dem menschlichen Körper als Nahrung zu dienen. Sie müssen sich also, ob verändert oder nicht, wieder in den Stoffwechsel eines lebenden Körpers einfügen und ihm die Grundlage liefern, derer er zu seiner Lebensentfaltung bedarf.

Einer uralten Erfahrung gemäß bedingen die erwähnten Veränderungen keineswegs in allen Fällen eine Verschlechterung des Lebensmittels im physiologischen Sinne. Vielfach ist das Gegenteil der Fall.

So kann manche Pflanze, deren vitale Grundlage so stark von derjenigen des Menschen verschieden ist, in „harmonischer Einheit" dieses speziellen Lebewesens, Substanzen ohne Schaden enthalten, die für den Menschen im höchsten Grade gefährlich sind. Eine solche „natürliche" Pflanzensubstanz ist in diesem Falle sicher keine gute Nahrung. Die lebenden Organismen oder Teile derselben enthalten fast stets Abwehrstoffe gegenüber andern Lebewesen – antibiotisch wirkende Substanzen, oder auch Glykoside und Alkaloide—, die vielfach erst durch eine besondere Behandlung entfernt oder zerstört werden müssen, um überhaupt ein genußtaugliches Lebensmittel zu ergeben. Nicht die Frage, ob ein Lebensmittel „natürlich" oder künstlich" sei (übrigens eine sehr subjektive Charakterisierung), entscheidet über dessen Güte in physiologischer Hinsicht, sondern generationenlange Erfahrung oder wissenschaftliche Erforschung der Zusammenhänge. Die „harmonische Einheit" zwischen Nahrung und Mensch ist also nicht naturgegeben, sondern muß geschaffen werden.

Der lebende Organismus ist imstande, recht verschiedenartige Substanzen zu resorbieren und zu assimilieren. Das „Gleichgewicht im offenen System", wie es bei Lebewesen angenommen werden kann (L. v. BERTALANFFY 1951), pariert Änderungen in der Nahrungszufuhr durch entsprechende Verschiebung, ohne seine grundlegenden und besonderen Eigenschaften zu verlieren. In der Regel sind es erst massive Eingriffe oder spezifische Substanzen, die besonders den Ablauf von Fermentvorgängen hindern, die das erwähnte Gleichgewicht so nachhaltig stören, daß Lebensbedrohung eintritt. Daneben kann aber der Ablauf der Lebensvorgänge durch die Nahrung schon in geringerem Maße verschlechtert oder verbessert werden. Ihn möglichst *optimal* durch richtige Nahrungswahl zu gestalten, muß das Ziel aller Bemühungen zur Verbesserung der Lebensmittel sein.

2. Physiologie — Ernährungsforschung — Lebensmittelwissenschaft

Das Studium der Wechselwirkungen zwischen menschlichem Körper und zugeführter Nahrung ist in erster Linie Aufgabe der Physiologie und der Ernährungsforschung. Ohne Kenntnis dieser Zusammenhänge wird aber auch der Forscher auf dem Gebiete der Lebensmittelwissenschaft kaum in der Lage sein, systematisch und erfolgreich die maßgebenden Eigenschaften und den richtigen Aufbau der Lebensmittel zu erkennen. Umgekehrt ist aber auch der Physiologe und Ernährungsforscher auf die genaue Kenntnis der Zusammensetzung der Lebensmittel angewiesen, wenn er die Stoffwechselvorgänge oder die Wirkung einer Ernährungsform richtig deuten will.

Die Beziehungen zwischen den drei Forschungsrichtungen sind eng und ineinander verflochten. Die eine stützt die andere und kann sie umgekehrt nicht entbehren. Eine scharfe Trennung ist kaum möglich. Soweit dies aber im Sinne einer Vertiefung und Spezialisierung geschieht, muß wohl *das möglichst tiefe Eindringen in den Aufbau und die Zusammensetzung der Lebensmittel* als Arbeitsgebiet der Lebensmittel-Wissenschaft gelten.

3. Lebensmittelwissenschaft und Lebensmitteltechnologie

Die Aufgabe, Lebensmittel im günstigen Sinne zu verändern, wirft in erster Linie technische Probleme auf, die durch die Agrarwissenschaft und die gewerbliche und industrielle Verarbeitung gelöst werden können. Diese Aufgabe kommt damit, wenn wir dies zusammenfassen, dem Lebensmitteltechnologen zu.

Dabei kann aber die rein technische Betrachtung der sich ergebenden Probleme keinesfalls genügen. Sie kann im Gegenteil zu schweren Fehlleitungen führen. Der Lebensmitteltechnologe muß sich daher wiederum neben seiner Kenntnis der technischen Möglichkeiten und Notwendigkeiten durch die Erkenntnisse der Lebensmittelwissenschaft und der Physiologie leiten lassen, sollen seine Bemühungen wirklich dem Hauptzweck, *der Verbesserung der Nahrung des Menschen*, dienen.

In diesem Sinne muß der leitende Lebensmitteltechnologe gleichzeitig Lebensmittelwissenschaftler sein, so daß auch hier eine enge Beziehung und gegenseitige Förderung bestehen muß. Eine Trennung ist kaum möglich und wiederum nur als Spezialisierung und Vertiefung bis zu einem gewissen Grade denkbar und notwendig.

4. Ziele und Aufgaben der Lebensmittelwissenschaft

Werden nun, wie dies in den vorangehenden Abschnitten versucht wurde, die Grenzen gezogen, die, wenn auch keineswegs scharf, die Lebensmittelwissenschaft von den verwandten Wissensgebieten trennen, so bleiben für sie als Arbeitsfeld die *Erforschung der Zusammensetzung und der Eigenschaften und das Verfolgen der erwünschten und unerwünschten Veränderungen der Stoffe*, die schließlich als Lebensmittel dienen sollen.

Für den Lebensmittelwissenschaftler als den ausgesprochenen Kenner dieser Stoffe stellt sich damit aber auch *die Aufgabe*, die als *die wichtigste zu betrachten ist: die Beurteilung des Wertes oder Unwertes eines Lebensmittels*. Dies macht die Kenntnis der Wirkung auf den menschlichen Organismus zur Notwendigkeit (vgl. Abschnitt 2).

In bezug auf die technischen Veränderungen muß das gleiche gelten, indem es hier Wege zu weisen gibt, wie eine Verbesserung der Beschaffenheit erreicht und eine Verschlechterung vermieden werden kann. Technologische Kenntnisse sind darum für den Lebensmittelwissenschaftler ebenso notwendig wie solche der Physiologie, Biologie und Ernährungslehre.

II. Aufgaben der Lebensmittelwissenschaft

In Teil I wurden, auf eine kurze Formel gebracht, als wichtigste Ziele der Lebensmittelwissenschaft die *Erforschung der Zusammensetzung der Lebensmittel und deren Beurteilung* aufgestellt. Eingedenk dieser Forderungen lassen sich nachfolgende *Aufgabenbereiche* für die Lebensmittelwissenschaft und -forschung ableiten.

1. Da die Ausschaltung von Gesundheitsschäden durch Lebensmittel wohl als primäre Zielsetzung jeder Bemühung im Sinne einer Erhöhung des Wertes der Nahrung angesehen werden muß, sei *die Erkennung und Beseitigung schädlicher Komponenten* in Lebensmitteln an erste Stelle gesetzt.

2. Ein von schädlichen Komponenten freies Lebensmittel ist noch keineswegs immer und in jeder Hinsicht hochwertig. Generationenlange Erfahrung ergibt jedoch, daß in traditioneller Art hergestellte, qualitativ einwandfreie Lebensmittel geeignet sind, bei richtiger Kombination Menschen ihr Leben lang gesund und leistungsfähig zu erhalten. Wird also am traditionell guten, loyalen Lebensmittel festgehalten und dessen Zusammensetzung und Eigenschaften erkannt und fixiert, so wird damit ein Werturteil ermöglicht. Bei Einhaltung einer solchen Qualität sollte es möglich sein, den derzeitigen Ernährungs- und Gesundheitszustand eines Volkes, soweit er von der Nahrung abhängt, auf gleicher Höhe zu halten und eine Verschlechterung zu vermeiden. Damit kann die *Erforschung* des *Aufbaus und der Zusammensetzung „traditionell" bereiteter Lebensmittel* an zweiter Stelle genannt werden.

3. Wir sind gewöhnt, besonders in Fragen der Ernährung, statisch zu denken: Brot sei Brot seit Jahrhunderten, Früchte und Gemüse, die unsere Großeltern aßen, wären die gleichen, wie die unserer Kinder und Enkel. In Tat und Wahrheit ändert sich alles, der Anbau, die Zucht, die Verarbeitung; das eine langsam, das andere sprunghaft schnell, ohne daß der Verbraucher immer dessen gewahr wird. Es ist selbst für den Fachmann schwierig, sich nur über die im Laufe einiger Jahrzehnte eingetretenen Änderungen der Lebensmittel Rechenschaft zu geben. Darum genügt es nicht, die Zusammensetzung der Lebensmittel, wie sie vor 50 oder 100 Jahren war, zu kennen. An die Stelle der statischen muß auch bei der Ernährung die dynamische Denkweise treten. Die landwirtschaftlichen Anbaumethoden und die Zuchtwahl, die gewerbliche und industrielle Verarbeitung sowie der Handel passen sich der wachsenden Erdbevölkerung und der zunehmenden Verstädterung, ebenso den sich dauernd und zum Teil sehr rasch ändernden Lebensgewohnheiten der Menschheit an. Ein weiterer Aufgabenbereich ist damit klar umrissen:

Die *Erkennung, Verfolgung und Beurteilung der Änderungen, die sich bei Lebensmitteln infolge Wandlung der Gewinnungs-, Herstellungs- und Vertriebsmethoden ergeben.*

Meist liegt zwar das Bestreben einer Verbesserung des Nähr-, Gebrauchs- oder Genußwertes allen absichtlichen Änderungen der Lebensmittel zugrunde, doch ergeben sich öfters krasse Diskrepanzen zwischen den äußerlich erstrebten und den physiologisch wünschenswerten Eigenschaften.

4. Die Charakterisierung und Beurteilung von Lebensmitteln stützt sich auf analytisch ermittelte Zahlen und festgelegte Grenzwerte. Auch dort, wo subjektive Eindrücke, wie etwa bei der Sinnenprüfung, der Beurteilung dienen, versucht man, sie zu „objektivieren", indem man sie ebenfalls auf vergleichbare Zahlenwerte zurückführt. Wie bekannt, entspricht jede erhaltene Zahl nur annähernd dem „wahren" Wert. Der Lebensmittelwissenschaftler muß sich dieser Relativität, die bei biologischen Objekten und Sinneseindrücken besonders ins Gewicht fällt, bewußt bleiben.

Er muß womöglich nicht nur eine, sondern mehrere und möglichst verschiedene Methoden zur Charakterisierung und Beurteilung eines Lebensmittels heranziehen, wenn seinem Urteil das volle Gewicht zukommen soll. Er sollte sowohl die Sinnenprüfung und Mikroskopie, die biologischen und toxikologischen Testmethoden, als auch die physikalischen und chemischen Verfahren und deren sehr unterschiedliche Genauigkeit sowie deren verschiedenes Gewicht grundlegend kennen, was nur durch kritische Überprüfung und Auswertung der Ergebnisse geschehen kann. So ist es denkbar, physikalisch-chemisch sehr exakte und gut reproduzierbare Zahlen über den Zustand und gewisse Eigenschaften eines Lebensmittels zu erhalten. Eine reale Bedeutung erhalten diese Zahlen jedoch in bestimmten Fällen erst, wenn sie mit der viel weniger präzisen Sinnenprüfung parallel gehen, da nur dieser letzteren, z. B. bei Beurteilung des Genußwertes, entscheidende Bedeutung zukommt.

Im Laufe der letzten Jahre haben die analytischen, chemisch-physikalischen Methoden eine außerordentliche Ausweitung und gleichzeitige Vertiefung erfahren. Jede wirklich neuartige Methode, wie etwa die Papier- oder Gaschromatographie, eröffnet neue und weite Forschungsgebiete, die vorher kaum zugänglich waren. Sie kann damit auch ganz neue Aspekte in bezug auf die zu erforschenden Lebensmittel vermitteln. Den analytischen Methoden verschiedenster Art kommt in der Lebensmittelforschung offensichtlich eine Schlüsselstellung zu. Auch bei der Überwachung und Führung technischer Prozesse und bei der Überprüfung der Endprodukte ist die analytische Methode, sei es eine solche mit den Sinnen oder mit physikalisch-chemischen Geräten, die Methode der Wahl. *Dem Einblick in die Leistungsfähigkeit bestehender und dem Ausbau neuartiger Untersuchungsmethoden kommt damit in der Lebensmittelwissenschaft größte Bedeutung zu.*

5. Der aktive Aufbau von Lebensmitteln mit chemisch-synthetischen Methoden hat von Jahr zu Jahr größere Wichtigkeit erlangt.

In Teil III wird es notwendig sein, auf die Problematik der *Synthese von Hauptnahrungsmitteln einzugehen.*

Demgegenüber ist es unbestreitbar, daß die *Synthese einzelner Nebengemengteile* von Lebensmitteln, wie etwa der Vitamine und anderer physiologisch wirksamer und erwünschter Stoffe, die sich schon natürlicherweise in Lebensmitteln vorfinden, aber z. B. im Laufe der Gewinnung oder Verarbeitung teilweise oder ganz verlorengehen, größte Bedeutung erlangt hat. Diese Großtat der Wissenschaft ist als eine sehr wesentliche Verbesserung und Bereicherung unserer Nahrung zu betrachten und im Sinne der Volksgesundheit kaum hoch genug einzuschätzen.

Der *Aufbau der zahlreichen Lebensmittel-Zusatzstoffe*, deren Synthese oder Reindarstellung vielfach keine besonderen Schwierigkeiten bereitet, ist wohl nicht unbedingt als Spezialaufgabe der Lebensmittelwissenschaft zu betrachten. Die Aufgabe dieser letzteren ist eher darin zu erblicken, die Reinheit und physiologische

Verträglichkeit solcher Stoffe als Lebensmittelkomponenten zu prüfen, womit sie mit der analytischen Untersuchung und Beurteilung (Teil II/4) zusammenfällt.

Zur Zeit kann wohl die *Synthese zahlreicher essentieller oder sonst physiologisch wichtiger Bestandteile der Lebensmittel* als eine sehr bedeutsame Aufgabe der Lebensmittelwissenschaft betrachtet werden.

6. In Anbetracht der großen Bedeutung der Lebensmittelqualität in hygienischer und volkswirtschaftlicher Hinsicht ist in allen zivilisierten Staaten der Lebensmittelverkehr zum Teil sehr eingehend gesetzlich geregelt. Wenn auch grundsätzlich die Behandlung von Rechtsfragen in die Kompetenz des Juristen fällt, ist die Spezialkenntnis der Materie, vor allem im Sinne volksgesundheitlicher Aspekte, von derart großer Wichtigkeit, daß jeder Lebensmittelwissenschaftler sich mit Fragen des Lebensmittelrechts vertraut machen muß. Dies um so mehr, als er richtigerweise häufig als Sachverständiger bei gerichtlichen und anderen Expertisen und bei der Aufstellung von Rechtsvorschriften beigezogen wird. Die Frage, ob in einem bestimmten Falle Gesundheitsschädlichkeit, Wertverringerung oder Fälschung eines Lebensmittels vorliegt oder ob der Verbraucher irgendwie in seiner Erwartung getäuscht wird, kann vielfach nur vom Lebensmittelwissenschaftler entschieden werden.

Fragen des Lebensmittelrechts stehen daher in engstem Zusammenhang mit der Lebensmittelwissenschaft.

III. Probleme der Lebensmittelwissenschaft im Zusammenhang mit deren Aufgaben

Wie bei einem Wissensgebiet, das so eng mit dem Leben verknüpft ist, nicht anders zu erwarten, stellen sich in der Lebensmittelwissenschaft außerordentlich vielfältige Probleme. Jeder der in Teil II umrissenen Aufgabenbereiche umfaßt Gebiete, auf welchen die Forschung schon ziemlich weit fortgeschritten ist, manches Problem gelöst wurde und viel Tatsachenmaterial vorliegt.

Daneben – und dies wohl in weitaus größerem Ausmaße – drängen sich auf Grund der verschiedenen Impulse, die sich aus wissenschaftlicher Erforschung, technologischer Praxis und aus der dauernden Änderung der Lebens- und Ernährungsverhältnisse ergeben, in anderen Bereichen so zahlreiche und dringende Probleme auf, daß es unmöglich erscheint, eine auch nur annähernd vollständige Aufzählung anzustreben. Wir müssen uns mit Hinweisen begnügen, die für die betreffenden Problemkreise möglichst charakteristisch sind. Auch die Angabe der Literatur kann nur andeutungsweise und in dem Sinne erfolgen, Beispiele zu bieten. Daneben wurde versucht, jeweils einige zusammenfassende Werke aufzuführen, wodurch der Leser Gelegenheit erhalten soll, sich über den Stand des Wissens auf den verschiedenen Gebieten Rechenschaft zu geben und die gewünschte Orientierung zu finden.

Die in Teil II gegebene Aufteilung des Wissensgebietes in sechs Aufgabenbereiche sei bei der Betrachtung der sich dabei ergebenden Probleme beibehalten. Die dort aufgeführten Titel bleiben darum auch in diesem Teil wegleitend.

1. Erkennung und Beseitigung schädlicher Komponenten in Lebensmitteln

Schädliche Komponenten können vom Rohprodukt her in Lebensmitteln vorkommen oder auf recht verschiedenen Wegen nachträglich in dieselben gelangen. Folgende Gliederung gibt eine summarische Übersicht über die Möglichkeiten:

a) Natürliche Gifte,
b) Pathogene Mikroorganismen und Parasiten
c) Verderbnis
d) Verunreinigungen im Laufe der Gewinnung und Verarbeitung
e) Absichtliche Zusätze zu Lebensmitteln

a) Natürliche Gifte

Während der Körper höherer Tiere in gesundem Zustande in den seltensten Fällen Stoffe enthält, die als schädlich für den Menschen gelten können, ist dies bei den pflanzlichen Rohstoffen relativ häufig der Fall. Selbst eine typische Kultur- und Nahrungspflanze wie die Kartoffel enthält bekanntermaßen in geringer Menge das giftige Solanin (V. PRELOG 1942 u. 1944, R. KUHN u. Mitarb. 1955 u. 1957, TH. v. FELLENBERG 1940, W. LEPPER 1949), dessen Menge unter normalen Verhältnissen unter der Schädlichkeitsgrenze bleibt. Infolge äußerer Bedingungen, die nicht immer geklärt werden konnten, kann ein bedeutender Anstieg eintreten, der zu Gesundheitsschäden führt.

A. I. VIRTANEN (1959) hat in allen von ihm untersuchten Kulturpflanzen (Knoblauch, Zwiebeln, Kohlarten, Möhren, Roggenkörner) antibiotisch oder antifungal wirksame Substanzen festgestellt, die wohl großenteils in der zubereiteten menschlichen Nahrung als unschädlich zu betrachten sind. Da eine eingehende Prüfung der verschiedenen Stoffe in langdauernden Versuchen bisher nicht erfolgt ist, besteht immerhin keine Sicherheit für absolute Unbedenklichkeit.

Bei der Bohne *(Phaseolus vulgaris)* liegen die Verhältnisse insofern anders, als ein Genuß in rohem Zustande häufig zu starken Gesundheitsschäden führt (C. GRIEBEL 1950, W. G. JAFFÉ 1960). Der wirksame Körper, das Phasin bzw. Phaseolotoxin (W. G. JAFFÉ), wird als hitzeempfindlicher, eiweißähnlicher Stoff erst durch eine genügende Erhitzung (Kochen) denaturiert, wodurch er seine toxischen Eigenschaften einbüßt. Bei der Mondbohne *(Phaseolus lunatus)* muß das vorhandene Phaseololunatin, ein Glykosid, zunächst fermentativ zerlegt und die freigesetzte Blausäure durch Verdampfen entfernt werden. Bei der Sojabohne *(Soja hispida)* müssen die bitterschmeckenden Saponine und Hämagglutinine durch Hitzebehandlung inaktiviert werden (S. WADA u. Mitarb. 1958, J. E. LIENER 1958).

Schließlich ergeben sich beträchtliche Gefahren durch Verwechslung einwandfreier Nahrungspflanzen mit ähnlichen, die Giftstoffe enthalten. Allgemein bekannt ist die Verwechslung eßbarer und giftiger Beeren durch Kinder. Besonders trifft dies aber zu auf die wild wachsenden Pilze, wo alljährlich in den meisten Ländern Europas zahlreiche Vergiftungen leichterer, zum Teil aber auch schwerer Art, die bis zum Tode führen, eintreten. Über die hier vorkommenden, zum Teil außerordentlich aktiven Giftstoffe ist in den letzten Jahren umfangreiche Arbeit geleistet worden, so über das Amanitin und Phalloidin bei einigen Amanita-Arten (T. WIELAND u. Mitarb. 1950—1959) und über das Muscarin bei Amanita-, Entoloma- und Inocybearten (C. H. EUGSTER u. Mitarb. 1957 u. 1960). Zahlreiche andere Giftstoffe aus Pflanzen, die als Nahrungs-, Genuß- oder Aromatisierungsmittel dienen, sind ebenfalls in den letzten Jahren genauer untersucht worden, wie das Cumarin, das in verschiedenen Weide- und Waldkräutern vorkommt (L. W. HAZLETON u. Mitarb. 1956), das Myristicin der Muskatnuß (A. A. CHRISTOMANOS 1927, E. B. TRUITT u. Mitarb. 1961) usw.

Obwohl über sehr viele der in Nahrungspflanzen und deren Doppelgängern vorkommenden Giftstoffe schon seit Jahrzehnten eingehende Kenntnisse vorliegen, ist offensichtlich zum Teil erst neuestens die Lösung gefunden worden. Sicher ist aber noch manche Giftkomponente unerkannt oder nicht identifiziert geblieben.

Es sei immerhin festgestellt, daß akute Gefahren durch natürlich in den Grundprodukten vorkommende Giftstoffe großenteils erkannt worden sind und durch die modernen Methoden der Auslese und Verarbeitung ausgeschaltet werden. Viel weniger sichere Aussagen können über die chronischen Wirkungen bestimmter Lebensmittelkomponenten gemacht werden. Die langsam einsetzenden und evtl. über Jahre hinaus zunehmenden Schädigungen sind nur schwer auf ihre Ursache zurückzuführen, zumal es sich zum Teil um ganz normale Lebensmittelbestandteile handeln kann.

b) Pathogene Mikroorganismen und Parasiten

Wie oben (unter a) dargelegt, sind natürlich vorkommende, auf den Menschen giftig wirkende Komponenten in pflanzlichen Produkten viel häufiger vorzufinden, als in tierischen. Anders verhält es sich mit den pathogenen Mikroorganismen und Parasiten: einer größeren Ähnlichkeit des tierischen Organismus zum menschlichen entspricht die Möglichkeit des Übertrittes solcher Lebewesen vom Tiere, welches die Rohstoffe für Lebensmittel in Form von Fleisch, Eiern, Milch usw. liefert, auf den Menschen, für welchen die betreffenden Organismen ebenfalls pathogen sein können. Durch umfassende hygienische Maßnahmen, wie die Befreiung der Milchviehbestände von Tuberkulose und Brucellose, Pasteurisation oder Uperisation von Milch und Milchprodukten, die praktische Eliminierung der Trichinose durch den Ausbau der Trichinenschau und durch allgemeine veterinär-medizinische Vorkehrungen, ist manche Gefahr behoben worden (Joint FAO/WHO Expert Committee on Zoonoses 1951, 1958; FAO/WHO 1954, 1956, 1958, 1962).

Die Übertragung hochpathogener Mikroorganismen, wie etwa derjenigen von Ruhr, Cholera und Typhus durch Wasser und andere Lebensmittel, ist in zivilisierten Ländern zur Seltenheit geworden. Demgegenüber ist der Kampf gegen pathogene Stämme von Staphylokokken, Streptokokken, Salmonellen (H. Dräger 1958, J. Kuprianoff 1957) und ähnlichen Erregern keineswegs immer erfolgreich: In den letzten Jahren ist eher eine Zunahme der Fälle festzustellen, was auf verstärkten Verkehr mit weit entfernten Ländern, längere Aufbewahrung fixfertig präparierter Gerichte u. dgl. zurückzuführen ist. Unversehens können aber auch neue Gefahren auftreten, sei es durch Änderung der Virulenz eines Mikroorganismus, durch Ausbildung gegen Desinfektions- und Heilmittel resistenter Stämme (Staphylokokken!) oder durch Herabsetzung der Abwehrbereitschaft des menschlichen Körpers. Es handelt sich dabei vor allem um bakteriologisch-hygienische Probleme, und es kann hier nicht der Ort sein, im Detail darauf einzugehen. Die exakte Identifizierung der pathogenen Arten und Stämme, welchen die Mikroorganismen zuzuordnen sind, muß dem Fachbakteriologen überlassen werden.

Die überaus wichtige rasche Aufklärung der Ursachen von sog. „Lebensmittelvergiftungen", die oft in sehr drastischer Art in Erscheinung treten (F. W. Tanner u. L. D. Tanner 1953, G. M. Dack 1956, D. A. A. Mossel u. Mitarb. 1962), setzt aber auch die genaue Kenntnis der Lebensmittel und der Möglichkeiten von Infektion und Kontamination derselben im Laufe der Herstellung, Verarbeitung und Lagerung voraus, wo wiederum der Lebensmittelwissenschaftler auf Grund seiner umfassenden Erfahrung wertvolle Beiträge leisten kann. Eine enge Zusammenarbeit der verschiedenen Disziplinen führt am ehesten zum Ziel.

Pilzliche Schädlinge treten bei verschiedensten Lebensmitteln in Erscheinung. Besonders die Getreidearten sind solchem Befall ausgesetzt. Erinnert sei an die ungeheuren Leiden, die der Menschheit in vergangenen Jahrhunderten (bis ins 18. Jahrhundert hinein!) durch den Ergotismus, die Wirkung des Mutterkorns im Brotgetreide, erwachsen sind (G. Barger 1931, A. Stoll 1942 und 1951, H. Guggisberg 1954). Durch geeignete Bekämpfung mit Fungiciden und durch zweckmäßige landwirtschaftliche Maßnahmen, sowie durch sorgfältige technische Behandlung in der Mühle sind diese Schäden praktisch verschwunden. Je nach den äußeren Bedingungen kann aber eine außerordentlich intensive Entwicklung pilzlicher Schädlinge oder auch eine übernormale Toxinbildung zu Überraschungen Anlaß geben. So forderte in Rußland am Ende des zweiten Weltkrieges die „Aleucie toxi-alimentaire" infolge Befalles unter freiem Himmel gelagerten Getreides durch nicht näher identifizierte Schimmelpilzarten viele Menschenopfer. Verschiedene Penicilliumarten, wie *Penicillium islandicum*, *Penicillium citrinum*, *Penicillium rubrum*, erzeugen Toxine bei Befall verschiedener pflanzlicher Rohstoffe. Durch Reis ("Yellow rice") wurden Extrakte bei Versuchen an Tieren als schwer leber- und nierenschädigend befunden und selbst Tumorbildungen beobachtet, so daß die in China, Japan und anderen Ländern mit hohem Reiskonsum relativ häufigen Leberschäden und Lebertumore damit in Zusammenhang gebracht werden (N. P. Buu-Hoi u. Mitarb. 1962, B. J. Wilson 1962).

Im Jahre 1960 traten bei Geflügel ("Turkey-X-Disease") sehr zahlreiche tödliche Intoxikationen durch Verfütterung von Erdnüssen auf, die durch *Aspergillus flavus* befallen waren. Das toxische Prinzip („Aflatoxin") konnte unterdessen isoliert werden (J. G. Lancaster u. F. P. Jenkins 1961, K. Sargeant u. Mitarb. 1961). In Erdnüssen für menschlichen Konsum, die offenbar sorgfältiger aufgearbeitet wurden, ließ sich bisher das Toxin nicht nachweisen.

Wie die aufgeführten Beispiele zeigen, bietet auch heute noch der Gehalt von Lebensmitteln an Giften von Natur aus oder infolge Befalles der Roh- und Fertigprodukte durch pathogene Organismen eine Fülle von ungelösten Fragen. Manche toxische Substanz ist in den letzten Jahren erkannt und isoliert worden. Zum Teil ist auch die Konstitutionsaufklärung gelungen. Demgegenüber ist *der Wirkungsmechanismus* erst in relativ wenigen Fällen bekannt. Hier bieten die modernen Methoden der Markierung durch radioaktive Elemente neue und sehr weitreichende Möglichkeiten. Auch andere, vor allem biologische und bakteriologisch-serologische Testmethoden führen zu neuen Ergebnissen. Wie in den weiteren Abschnitten ebenfalls angedeutet, bleibt aber die Frage der chronischen Toxicität, insbesondere auch die der cancerogenen Wirkungen, sehr aktuell. Es wird wohl notwendig sein, nach und nach möglichst viele Bestandteile der Lebensmittel, auch solche „rein natürlichen" Ursprungs, in dieser Hinsicht zu prüfen.

c) Verderbnis und deren Verhinderung

Mischinfektionen durch Mikroorganismen verschiedener Art, verbunden mit fermentativen und chemischen Vorgängen, führen zu der häufigen, aber meist nicht einheitlich faßbaren *Verderbnis* der Lebensmittel. Die Bildung hochtoxischer Zersetzungsprodukte ist dabei wohl weniger häufig, als gemeinhin angenommen wird. Lästig ist aber das Auftreten ekelerregenden Geruchs und Geschmacks, was zu Ungenießbarkeit führt. Gesundheitsgefahren ergeben sich jedoch, wenn bakterielle oder pilzliche Schädlinge sich beigesellen (vgl. oben unter b), die Toxine bilden. Bei der komplexen Art der Verderbnis ist dies meist nicht erkennbar. Eine Verhinderung der Verderbnis drängt sich auf, womit sich das Problem der *Konservierung* von Lebensmitteln stellt (Diemair, W. 1946). Selbst bei dem technologisch ältesten Verfahren des *Trocknens* (O. Krischer und K. Kröll 1963) *und* der *Hitzeanwendung* (CIIA, V. Symposion 1960, S. A. Goldblith u. Mitarb. 1961) sind keineswegs die Probleme gelöst. Neue und sehr vielversprechende Tendenzen zeichnen sich ab. Die *Kältekonservierung* ist mit schwierigen technischen und finanziellen Problemen eng verflochten. Die Möglichkeiten sind noch bei weitem nicht ausgeschöpft. Große internationale Organisationen sind entstanden, die sowohl die wissenschaftliche als auch die technische Entwicklung in großzügiger Art fördern (D. K. Tressler u. Mitarb. 1957). Die *Konservierung durch ionisierende Strahlen* und andere neuartige physikalische Verfahren befindet sich erst in den Anfängen, obwohl schon sehr viel wissenschaftliche und technische Arbeit geleistet wurde (J. Kuprianoff und K. Lang 1960). Es verbleibt schließlich die sog. *chemische Konservierung*, die uns zu den Problemen der Zusätze zu Lebensmitteln führt (vgl. Abschnitt e).

Obwohl auch hier eine alte Tradition besteht, werden immer wieder neue Substanzen vorgeschlagen (Sorbinsäure, Pyrokohlensäurediäthylester u. dgl.), die großes Interesse bieten. Dabei ist jedoch die Toxikologie der althergebrachten Konservierungsmittel noch nicht vollständig geklärt.

d) Verunreinigungen im Laufe der Gewinnung und Verarbeitung

In den vergangenen Jahrzehnten (und wohl Jahrhunderten!) führten vor allem die giftigen Schwermetalle, wie Blei, Kupfer, Cadmium und Zink und die Elemente Arsen, Antimon usw. zu häufigen Intoxikationen. Es geschah dies infolge der Verwendung schlechten Materials zu Geräten und Gefäßen, durch ungenügende Reinigung derselben oder durch Verwendung stark verunreinigter Chemikalien in der Lebensmittelindustrie (z. B. arsenhaltiger Schwefelsäure). Auch heute noch treten infolge Nachlässigkeit, wie der Verwendung verzinkter oder cadmierter Gefäße für saure Lebensmittel, des ungenügenden Einbrennens von Glasuren in Steingut u. dgl., Gesundheitsschäden auf (G. W. Monier-Williams 1962). Die heutigen analytischen Methoden gestatten es ohne Schwierigkeit, selbst sehr geringe Verunreinigungen solcher Art zu erkennen. Der Nachweis und die Ausschaltung stellen zwar technische, in der Regel aber keine wissenschaftlichen Probleme mehr.

Die Frage des Übergangs schädlicher Metalle in die Nahrung wurde nochmals aktuell, als die Schädlingsbekämpfung mit anorganischen Mitteln, die in der wirksamen Substanz Kupfer, Arsen, Blei u. dgl. enthielten, größere Ausmaße annahm. Man befürchtete nicht nur einen Übergang gewisser Mengen solcher Stoffe in die Lebensmittel direkt, sondern war auch beunruhigt darüber, daß auf die Dauer eine Anreicherung der Kulturböden an solchen Stoffen sich ergeben und zu nachteiligen Folgen führen würde.

Als im Laufe der 30er Jahre dieses Jahrhunderts die Schädlingsbekämpfung auf der Basis organischer Verbindungen einsetzte, wurde dies als wesentlicher Fortschritt empfunden (P. Müller 1955/59). Die in der Zwischenzeit eingetretene Entwicklung hat zwar gewaltige technische Erfolge gezeitigt, aber insofern eine Enttäuschung zur Folge gehabt, als durch den Aufschwung der Schädlingsbekämpfung und die Entwicklung immer neuer, zum Teil außerordentlich toxischer Produkte, die Gefahren für die menschliche Gesundheit nicht geringer geworden sind. Eine akute Intoxikation ist für den Verbraucher zwar bei korrekter Anwendung kaum zu befürchten, da jedoch manche der erwähnten Insecticide kumulative Eigenschaften aufweisen und stets geringe Reste im Lebensmittel verbleiben, ergeben sich Gefahren, deren Tragweite nur schwer abzuschätzen ist. Damit haben sich für die Lebensmittelwissenschaft außerordentlich zahlreiche und gewichtige Probleme ergeben:

1. Welche Werte weist die akute, subakute und chronische Toxicität der in Frage stehenden Stoffe auf?
2. Welche Konzentrationen in Lebensmitteln können noch als unbedenklich gelten (USA, Code of Fed. Regul. 1962)?
3. Stehen die notwendigen Nachweis- und Bestimmungsmethoden zur Verfügung?

4. Ist es möglich, die Anwendung so zu lenken, daß in den Lebensmitteln keine oder nur so geringe Spuren der Pesticide verbleiben, daß sie zu keinen Schäden Anlaß geben?

Neben der Toxicität fällt öfters auch die ungünstige Beeinflussung von Geruch und Geschmack ins Gewicht. Es ergeben sich damit toxikologische, technologische, analytische und legislative Probleme in großer Zahl, dies um so mehr, als dauernd neue Produkte der genannten Art in den Verkehr gelangen.

Die Frage der Abgabe schädlicher Komponenten an die Nahrung durch Gefäße, Geräte und Verpackungsmaterialien wurde bereits oben kurz berührt. Obwohl der Übergang toxischer Metalle in die Nahrung auf diesem und auf anderen Wegen weiterhin eine gewisse Aktualität behält, ist das altbekannte Arbeitsgebiet seit einer Reihe von Jahren durch einen neuen Problemkomplex gewaltig ausgeweitet worden: die *Verwendung von Kunststoffen* bei Geräten und Verpackungsmaterialien für Lebensmittel. Der auspolymerisierte Kunststoff selber kann in vielen Fällen beim Kontakt mit Lebensmitteln als unbedenklich gelten, da er infolge der Reaktionsträgheit des Materials das Lebensmittel kaum beeinflußt. Immerhin gibt es auch hier Ausnahmen, wie etwa die Korrosion von Polystyrol durch ätherische Frucht- und Schalenöle oder die Beeinflussung verschiedener Kunststoffe durch Alkohol höherer Konzentration (O. Wanger 1959, E. Flückiger 1959 u. 1961).

Außerordentlich kompliziert gestaltet sich jedoch die Frage der Verwendbarkeit der Kunststoffe infolge des Gehaltes derselben *an technischen Hilfsstoffen* verschiedenster Art. Zu nennen sind hier die sog. Weichmacher, die Polymerisationskatalysatoren, Antioxydantien, Gleitmittel, Füllmittel, Pigmente, Emulgatoren usw., Substanzen verschiedenster Natur und vielfach starker Reaktionsfähigkeit, die zum Teil eine beträchtliche Toxicität aufweisen (R. Franck 1962, R. Lefaux 1960). Durch Einschluß in den inerten Kunststoff kann allerdings die Herauslösbarkeit so stark herabgesetzt sein, daß ein Übergang in das Lebensmittel praktisch nicht stattfindet. Hochtoxische Substanzen sollten aber trotzdem in allen Fällen, wo ein Kontakt mit Lebensmitteln in Frage kommt, keine Verwendung finden. Neben den toxischen Wirkungen beeinflussen die obenerwähnten Substanzen die Lebensmittel öfters ungünstig in bezug auf Geruch und Geschmack. Dies hat vielfach als natürliche Sicherung gedient und den Hersteller gezwungen, sehr sorgfältig zu arbeiten und manchen Hilfsstoff überhaupt wegzulassen.

e) Absichtliche Zusätze zu Lebensmitteln

Im Gegensatz zu Stoffen, die einerseits aus den Gefäßen und Geräten in die Lebensmittel übergehen können, den Schädlingsbekämpfungsmitteln und anderen landwirtschaftlichen Hilfsstoffen andererseits, die zwar dem Rohprodukt in bestimmten Stadien des Anbaus, der Zucht oder der Verarbeitung absichtlich zugesetzt, jedoch in der Regel so dosiert werden, daß nichts oder nur Spuren davon im Lebensmittel verbleiben, handelt es sich bei den „absichtlichen Zusätzen" zu Lebensmitteln, den Farbstoffen, Emulgatoren, Aromatisierungs- und Konservierungsmitteln und anderen Stoffen mit ähnlicher Zweckbestimmung darum, den Zusatz im Lebensmittel zu belassen und dadurch demselben ein anderes Aussehen, eine besondere Konsistenz, einen erwünschten Geruch oder Geschmack oder schließlich bessere Eigenschaften im Sinne von Haltbarkeit usw. zu verleihen.

Sinngemäß kann und darf es sich hier nicht um toxische Substanzen handeln. Dennoch sind die sich ergebenden Probleme mindestens ebenso komplex wie bei den Schädlingsbekämpfungsmitteln, wenn auch die Toxicität in einer ganz anderen Größenordnung erscheint. Eine solche akuter Art fällt, angesichts der Zweckbestimmung, nicht in Betracht. Um so schwieriger ist die Frage zu beantworten, ob nicht allenfalls eine extrem chronische Toxicität auftreten könnte. Da das

Lebensmittel – und mit ihm der Zusatz – u. U. täglich und jahrelang aufgenommen werden, können sich durch Kumulation oder Summation (H. Druckrey 1951) dennoch ungünstige Wirkungen ergeben. Der Nachweis absoluter Unschädlichkeit ist mit Sicherheit nicht zu erbringen. Immer kann der Einwand erhoben werden, daß nicht alle denkbaren Möglichkeiten berücksichtigt wurden. Diese sind aber tatsächlich fast unerschöpflich: so können absichtliche emulgierende Zusätze oder auch natürliche Lebensmittelbestandteile die Resorbierbarkeit sonst praktisch unlöslicher Substanzen wesentlich ändern [Resorption cancerogener Kohlenwasserstoffe (K. Setälä u. Mitarb. 1957)]. Doch auch die einzelnen menschlichen Individuen verhalten sich je nach Alter und Gesundheitszustand physiologisch stark verschieden. Die Darmwandung des Kleinkindes weist eine viel geringere Selektionsfähigkeit auf als diejenige des Erwachsenen. Bei Säuglings- und Kleinkindernahrung ist darum besondere Vorsicht am Platze.

Wird die Substanz an sich als chemisches Individuum betrachtet, so ist festzustellen, daß grundlegende Änderungen der Toxicität oft bei ganz geringfügigen Variationen im Molekülbau eintreten. Analogieschlüsse auf Grund der Strukturformeln sind daher bis heute wenig aufschlußreich. Maßgebend bleibt die biologische Prüfung. Da vor allem extrem chronische Wirkungen zu beurteilen sind, können sie nur an relativ kurzlebigen Tieren, Mäusen, Ratten und Meerschweinchen überprüft werden. Obwohl hier außerordentlich sorgfältige und zahlreiche Arbeiten durchgeführt wurden, bleibt eine gewisse Unsicherheit der Übertragung der Ergebnisse des Tierversuches auf den Menschen. Nicht nur die Fütterungsversuche, sondern auch die verschiedenen Injektionstests und dermatologische Prüfungen müssen von Fall zu Fall einbezogen werden, ebenso die Auswirkungen in genetischer Hinsicht, mutagene Einflüsse („Teratogenesis" = Entstehung von Mißbildungen) und anderes mehr.

Noch vor 10 bis 15 Jahren stand der Lebensmittelwissenschaftler solchen Fragen recht hilflos gegenüber. Das Studium der Delaney-Berichte (1951/52) läßt dies deutlich erkennen. Unterdessen ist in verschiedenen wissenschaftlichen Gremien eine umfassende Arbeit geleistet worden. Insbesondere wurde den cancerogenen Stoffen große Aufmerksamkeit geschenkt (Deutsche Forschungsgemeinschaft 1954, Food Protection Committee 1960/1961. FAO/WHO 1958, 1961, 1962). In mehreren Werken sind die Stoffe, die als Zusätze in Frage kommen, ebenso die darüber erschienene Literatur, zusammengestellt worden (G. Hecht 1958, S. W. Souci u. Mitarb. 1958). Die Aufstellung sog. „positiver Listen" (Europ. Forschungskomitee, Ascona 1957, Montecatini 1959). d. h. die gesetzlich fixierte Zulassung nur eingehend geprüfter Stoffe, erleichtert manchen Entscheid, doch sind die Prüfungen langdauernd und kostspielig, und immer wieder ergeben sich neue, unerwartete Möglichkeiten von Schäden, bei welchen die Abklärung der Ursachen große Mühe bereitet und selbst die Tierversuche auf chronische Toxicität nicht zum Ziele führen. Gerade in den Jahren 1958 bis 1960 ergaben sich in diesem Sinne zwei sehr eindrucksvolle Beispiele: die „Bläschenkrankheit" in Deutschland (1958) und die „holländische Margarinekrankheit" (1960) (J. F. Reith 1961, J. W. H. Mali u. Mitarb. 1962, R. D. G. Simons 1962, M. Alexander und S. Grell 1963). Auf dem nahe verwandten Gebiet der Arzneimittelprüfung beobachtete man die Thalidomidschäden, d. h. genetisch bedingte Mißbildungen durch Einnahme gewisser Schlafmittel. In beiden Fällen waren eingehende Tierversuche vorausgegangen, ohne daß sich deutliche Anhaltspunkte für die bei der allgemeinen Anwendung später eingetretenen Schäden ergeben hätten. Die biologischen Tests müssen also noch umfassender ausgebaut werden.

Die Verpflichtung zur eingehenden, langdauernden biologischen Prüfung aller Lebensmittelzusätze vor deren Inverkehrbringen bleibt dennoch weiterhin die beste Sicherung gegen Schäden. In zahlreichen Ländern wurde sie in den letzten Jahren gesetzlich zum Obligatorium erhoben.

2. Erforschung des Aufbaus und der Zusammensetzung traditionell bereiteter Lebensmittel

Nachdem bereits zu Beginn und um die Mitte des 19. Jahrhunderts die bedeutendsten Chemiker ihrer Zeit, wie J. LIEBIG und F. WÖHLER, J. L. PROUST, H. BRACONNOT, J. L. GAY-LUSSAC und W. H. WOLLASTON, R. BUNSEN, J. G. KJELDAHL, R. FRESENIUS und andere sich mit der Klärung des Aufbaus von Lebensmitteln und mit der Ausarbeitung der dazugehörigen Methoden befaßt hatten, setzte im letzten Viertel des Jahrhunderts die systematische Durcharbeitung des so erschlossenen Forschungsgebietes ein.

Es sei erlaubt, einige der maßgebenden Forscher jener Zeit als die „Klassiker" der Lebensmittelwissenschaft zu bezeichnen: J. KÖNIG in Münster i.W., A. BEYTHIEN (Dresden), G. AMBÜHL (St. Gallen), A. BÖMER (Münster i. W.), N. GERBER (Zürich), A. HILGER (Erlangen und München), A. JUCKENACK (Berlin), H. KREIS (Basel), K. WINDISCH (Berlin) und andere. Einen geschichtlichen Überblick gibt für Deutschland H. FINCKE (1953), für die Schweiz B. STRAHLMANN (1962).

In jener Zeit wurde die Zusammensetzung der gebräuchlichen Lebensmittel in großen Zügen, deren Aufbau aus den Komponenten Eiweiß, Fett, den Kohlenhydraten, Mineralstoffen und Wasser mit Hilfe der unterdessen zuverlässig ausgebauten analytischen Methoden festgelegt und tabellarisch zusammengestellt (J. KÖNIG 1878).

Auch der calorische Wert der Nahrung wurde eingehend bearbeitet (W. O. ATWATER, M. RUBNER, C. v. VOIT), womit grob quantitativ ein Urteil über die nährenden Eigenschaften der Lebensmittel möglich wurde.

Es blieb dem 20. Jahrhundert vorbehalten, in die qualitativen Unterschiede der einzelnen Nahrungskomponenten tiefer einzudringen (E. V. MCCOLLUM 1957). Die Existenz lebenswichtiger („essentieller") Stoffe in den Lebensmitteln wurde erkannt und führte zu der heute mehr oder weniger feststehenden Zahl von Substanzen, die mit der Nahrung zugeführt werden müssen, wenn der Organismus nicht an irgendeinem mangelnden Anteil zu Schaden kommen soll (E. J. UNDERWOOD 1962, W. STEPP, J. KÜHNAU und H. SCHRÖDER 1952 u. 1957). Das Wissen hat sich in den letzten 50 Jahren auf diesem Gebiet gewaltig ausgeweitet. Neue, sehr sorgfältig erarbeitete und überprüfte Tabellenwerke sind erschienen (S. W. SOUCI u. Mitarb. 1962, R. A. MCCANCE u. Mitarb. 1960, H. SCHALL 1962, FAO 1954, O. HÖGL u. Mitarb. 1960, W. BECKER u. Mitarb. 1960—1962), womit jedoch noch keineswegs alle Fragen als gelöst gelten können.

Es ist nicht anzunehmen, daß alle essentiellen Stoffe bereits bekannt sind. So ergeben sich sicher noch Lücken und Unklarheiten bei den Spurenelementen. Die Frage der Bedarfsdeckung ist bei mancher organischen essentiellen Komponente nicht geklärt, wie speziell etwa bei den lebenswichtigen Fettsäuren. Die Bedeutung verschiedener anderer Lipoide, der Fermente und anderer Wirkstoffe in der Nahrung und deren gegenseitige Beeinflussung ist nur zum Teil bekannt. Während bei einem einzelnen chemischen Individuum nach der Strukturaufklärung die Synthese zu einem Vergleich und zu einer eindeutigen Identifizierung führen kann, ist die Zusammenstellung einer „synthetischen" Nahrung angesichts der Vielheit der darin enthaltenen Komponenten schwierig. Dennoch wird der Versuch bis heute häufig durchgeführt, so schon um 1910 von E. ABDERHALDEN mit Gemischen von Aminosäuren als Ersatz von Eiweißstoffen, wobei das synthetische Gemisch in keiner Weise geeignet war, das Leben der Versuchstiere auch nur kurze Zeit zu erhalten. Ein Fehlen essentieller Stoffe bzw. eine Anwesenheit solcher unbekannter Art in den Eiweißstoffen war offensichtlich. Später ist es W. C. Rose (1949) gelungen, zur eindeutigen Festlegung der acht für den Menschen lebensnotwendigen Aminosäuren zu gelangen, deren eine hierbei entdeckt wurde. Solche Versuche geben Aufschluß über die Anwesenheit oder das Fehlen wirksamer Bestandteile, was nicht nur physiologisch von größter Bedeutung ist, sondern auch, wie die Entdeckung des Threonins durch R. H. McCoy und W. C. Rose (1935) zeigt, ergänzende Kenntnisse in bezug auf die Zusammensetzung der Lebensmittel vermittelt.

Für die Lebensmittelwissenschaft stellt sich das Problem jedoch noch umfassender: nicht nur die besonders wirksamen, sondern *alle* Komponenten des Lebensmittels sollten letzten Endes bekannt sein. Wenn solche Anteile auch nicht lebenswichtig sind, so gehören sie doch zur Ganzheit des Lebensmittels. Sie können den Charakter desselben in mancher Bezienung beeinflussen, wie etwa in organoleptischer Hinsicht, sie können aber auch technologisch oder analytisch von Bedeutung sein.

Die Bilanzmethode nach K. Farnsteiner (1904), W. J. Baragiola u. Mitarb. (1913—1929) zeigt einen anderen Weg auf, um sich Rechenschaft über die vollständige Erfassung der Bestandteile eines Lebensmittels zu geben: Die Addition aller einzeln bestimmten Bestandteile eines Lebensmittels sollte 100% ergeben. Zeigt sich ein signifikanter Fehlbetrag, so müssen noch Komponenten vorhanden sein, die man nicht kennt. Diese Art der Betrachtung ist geeignet, Lücken der Kenntnisse festzustellen und damit neue Probleme aufzuwerfen. Ein entsprechender Hinweis von W. J. Baragiola (1918), wonach im Extrakt von Obstwein sich bei Addition aller bekannten Komponenten ein Fehlbetrag von 20—30% ergab, löste viele Arbeiten aus und führte nach Jahren zur Entdeckung des Sorbits in Obstweinen durch J. Werder (1928/29). Zahlreiche Lebensmittel sind noch nicht in dieser Weise durchgearbeitet worden. Auf Grund der Untersuchungen von W. Mosimann und O. Högl (1960) ist bei Kaffee-Trockenextrakten nur etwa ein Drittel der Inhaltsstoffe wirklich bekannt und die Einzelkomponente definiert. Eine zusammenfassende Bezeichnung eines weiteren Viertels als „Bräunungsstoffe" kann kaum als klare Charakterisierung gelten. Die Kenntnis eines beträchtlichen verbleibenden Anteils fehlt noch vollständig. Bei Rindfleischextrakten führt die Bilanzmethode zu Werten bis gegen 100% an bekannten Bestandteilen. Extrakte aus Walfleisch ergeben beträchtliche Fehlbeträge (P. Tempus 1956), so daß auch in diesem Falle noch unbekannte Komponenten zugegen sein müssen. Unterdessen sind Anhaltspunkte über die Natur der fehlenden Komponenten gefunden worden (A. Carisano und F. Carrà 1963, P. Schenk 1963).

Diese wenigen Beispiele mögen zeigen, daß es noch Lebensmittel gibt, in denen sehr bedeutende Anteile unbekannt geblieben sind. Sollen demgegenüber geringe Quantitäten, etwa in Milligramm pro Kilogramm oder noch geringere erfaßt werden, so versagen natürlich die oben erwähnten, relativ groben Methoden. Die Forschung muß sich in mühsamer Kleinarbeit in die Materie vertiefen, die Komponenten in Gruppen ähnlicher Stoffe zu erfassen versuchen und die Gruppen in einzelne Substanzen auftrennen.

Die Beurteilung der Lebensmittel in quantitativer Hinsicht, im Zusammenhang mit dem calorischen Nährwert, darf wohl in großen Zügen als feststehend gelten. Die Erfassung der *Qualität*, die u. U. von der Kenntnis kleinster Mengen bestimmter Stoffe abhängen kann, steht sicher noch vor einer großen Zahl ungelöster Probleme.

3. Veränderung der Lebensmittel im Verlaufe der Gewinnung und Verarbeitung

Wie in Teil II bereits angedeutet, hat unsere Nahrung im Laufe der Zeit wesentliche Änderungen erfahren. Was vorher in Jahrhunderten geschah, spielt sich, wie mit einer Zeitraffe aufgenommen, heute in Jahrzehnten, zum Teil wohl in noch viel kürzeren Zeiten ab. Unsere Nahrungsgrundlage ist, unter dem Einfluß der Technik und der sich damit ändernden Lebensverhältnisse, ins Gleiten geraten – in einer Art und Schnelligkeit, die schon zu Beunruhigung Anlaß geben kann. Daß sich damit für die Lebensmittelwissenschaft hochbedeutsame Probleme ergeben, ist selbstverständlich. Die Veränderungen haben seit Generationen in der *landwirtschaftlichen Produktion* ihren Anfang genommen. Sie wurden *im Gewerbe und im Haushalt* durch die dort eintretende Verarbeitung oder Zubereitung seit ebenso langer Zeit weitergeführt. Der Neuzeit blieb die *industrielle Verarbeitung* vorbehalten, bei welcher einerseits eine *weitgehende Reinigung* bis zur sog. „Raffination" erfolgt, andererseits auch *tiefgreifende Veränderungen* der *Grundsubstanzen* selber vorgenommen werden (R. S. Harris u. S. B. v. Loesecke 1960).

a) *Die Veränderungen der Lebensmittel im Verlaufe der landwirtschaftlichen Produktion* ergeben sich in erster Linie als Folge einer intensiveren Wirtschaftsweise. Durch Züchtung ertragreicherer Sorten, zweckmäßige Bodenbearbeitung, Düngung und Schädlingsbekämpfung sind die Erträge der meisten Kulturpflanzen außerordentlich stark gesteigert worden, so bei der Zuckerrübe von 6% im Jahre 1840 auf 16—17% Zucker, auf Rübengewicht berechnet, in den letzten Jahrzehnten. Ähnliche Beziehungen ergeben sich bei der Milch-, Eier- und Fleischerzeugung bei Lebensmitteln tierischen Ursprungs. Eine Qualitätsverschlechterung der gewonnenen Produkte ist als Folge einer solchen Ertragssteigerung bei Beachtung optimaler Bedingungen bei der Ernährung der Pflanzen und Tiere nur in wenigen Fällen feststellbar. Am ehesten ist dies bei der Rebe im Hinblick auf die Qualität des erzeugten Weines der Fall. Es ist sicher, daß die Zuchtwahl bei Früchten und Gemüsen im allgemeinen sowohl die Qualität als auch den Ertrag wesentlich verbessert hat (W. Schuphan 1961). Problematisch wird jedoch die Tendenz zur Erhöhung der Erträge, wenn durch Zusatz von Wuchsstoffen bei Pflanzen, von Hormonen in der Tierzucht offenbar das vernünftige Maß überschritten wird und sich sogar Gefahren für die menschliche Gesundheit ergeben.

b) Im *Gewerbe* und im *Haushalt* wird seit Generationen die Veränderung der Lebensmittel durch Reinigung und Zerkleinerung von Hand oder mit einfachen Maschinen, durch Wärmebehandlung (Kochen, Braten, Backen, Rösten usw.) und ähnliche Operationen durchgeführt (Deutsche Ges. für Ernährung 1960). Sie führt fast immer zu beträchtlichen Verlusten an empfindlichen, u. U. auch an essentiellen Nebengemengteilen wie den Vitaminen infolge Luftsauerstoff- und Wärmeeinflusses, zu Verlusten an Mineralstoffen durch Extraktion und Beseitigung des Kochwassers, während die Hauptanteile und Calorienträger in der Regel kaum geschädigt und in der Verdaulichkeit sogar verbessert werden können (vgl. Teil III 1a) (F. Heepe 1961). Gegenüber früheren Zeiten ist insofern eine Änderung eingetreten, als zum Teil das Ausgangsmaterial durch eine vorangehende Verarbeitung schon eine Verarmung an Nebengemengteilen erfuhr. Probleme für die Lebensmittelwissenschaft stellen sich hierbei in großer Zahl, insbesondere beim Übergang der Zubereitung vom Familienhaushalt zur Großküche und Massenverpflegung (J. C. Somogyi u. H. Kapp 1961). Durch Wahl geeigneter Geräte und Verfahren können die schädlichen Einflüsse vermindert werden. Durch eingehende Prüfung der Möglichkeiten, Untersuchung der erhaltenen Nahrung, Belehrung des Personals und ähnliche Maßnahmen muß versucht werden, die entstandenen

Nachteile zu kompensieren, was aber noch viele Bemühungen notwendig macht. Durch das Heranschaffen der Rohprodukte aus entfernten Ländern in die Bevölkerungszentren, die lange Zeitdauer zwischen Ernte und Verbrauch und das damit verbundene Pflücken in unreifem Zustande treten ebenfalls Änderungen im Nährwert, meistens im negativen Sinne ein. Das weltweite Studium solcher Vorgänge, die Entwicklung der Kälte- und Trocknungstechnik weisen darauf hin, daß die Probleme genau erkannt wurden, aber erst zum Teil gelöst werden konnten.

Unter die gewerblichen können auch die zahlreichen und sehr bedeutsamen Veränderungen der Lebensmittel durch Mikroorganismen gerechnet werden, begonnen bei der Gärung des Brotteiges, über die Käsebereitung, die Bierbrauerei, die Wein- und Obstweinherstellung usw. Das Gewerbe hat sich auf manchem dieser Gebiete vielfach zu einer Lebensmittelindustrie entwickelt, ohne den ursprünglichen gewerblichen Charakter ganz zu verlieren. Die technologischen und lebensmittelchemischen Probleme sind hier so zahlreich und zwingend, daß jeder größere Betrieb dieser Art ein Laboratorium zur Überwachung der Vorgänge errichten muß.

Versuchsanstalten und zentrale Laboratorien der betreffenden Gewerbezweige stellen die Fachleute zur Verfügung, welche eine wissenschaftliche Behandlung der stets auftauchenden Probleme in Verbindung mit der Praxis sichern (J. Hawthorn u. J. M. Leitch 1962).

c) Mit den Großbetrieben des Gärungsgewerbes war der Schritt von der alten Betriebsform zur industriellen Entwicklung bereits getan. Die Bearbeitung der Massengüter, wie etwa der Cerealien, der Ölsaaten, der Zuckerrüben u. dgl. erfolgt seit Jahrzehnten praktisch nur noch in industriellem Maßstabe. Gerade bei pflanzlichen Rohstoffen stellte sich zunächst das physiologisch durchaus berechtigte Verlangen nach Entfernung der rauhen und zum Teil schädlichen Nebengemengteile. Die Anreicherung der Hauptbestandteile fast bis zur chemischen Reinheit kam auch dem Verlangen nach einfacher Lagerhaltung, der Verringerung des Transportgewichtes und -volumens usw. entgegen und führte zu den sog. „raffinierten“ Lebensmitteln, die in jeder Hinsicht bequem und in diesem Sinne auch für den Verbraucher angenehm sind. Bei pflanzlichen Produkten, wie speziell bei der reinen Saccharose, dem Mehl geringer Ausmahlung, den Stärkemehlen und den raffinierten Fetten und Ölen ist die Trennung der Haupt- von den Nebengemengteilen viel weiter fortgeschritten, als bei den tierischen, bei welchen eine so weitgehende Aufarbeitung selten in Frage kommt. Die starke Verarmung an essentiellen, aber auch an sonstigen wichtigen Lebensmittelkomponenten ist in den oben erwähnten und ähnlichen Fällen ganz eklatant. Das Problem eines Ausgleiches stellt sich gebieterisch (R. S. Harris u. S. B. von Loesecke 1960, E. Menden u. H. D. Cremer 1958). Durch eine gemischte Ernährung, durch Wahl an essentiellen Stoffen und Mineralbestandteilen reicher Lebensmittel kann der Verbraucher selber der Verarmung seiner Nahrung entgegenwirken. Es wird kaum möglich sein, die Verfahren, die zu hochangereicherten, in einfacher Weise zu handhabenden Lebensmitteln führen, so umzugestalten, daß daraus Produkte entstehen, welche zwar die wichtigen, aber nicht die unangenehmen Begleitstoffe enthalten. Ein Ausgleich, insbesondere an essentiellen Stoffen, stellt sich damit in dringender Art und muß als eines der wichtigsten Postulate für die Zukunft betrachtet werden.

d) Neben der „Raffination“ der Lebensmittel, bei welcher die Grundsubstanz zwar von den Begleitstoffen getrennt wird, an sich jedoch großenteils erhalten bleibt, werden seit langer Zeit Lebensmittel einer Behandlung unterzogen, die die Hauptkomponenten selber betrifft und sie von Grund auf verändert. Vielfach handelt es sich dabei um hydrolytische Vorgänge. Als Beispiele können genannt werden: die Hydrolyse der Eiweißstoffe und deren Überführung in Aminosäurengemische, die in der Regel als Suppen- oder Speisewürzen dienen (K. SCHILLER 1950) und die Hydrolyse der Polysaccharide. Bei dieser letzteren entstehen deren Abbauprodukte, Mono- und Oligosaccharide, neben Polysacchariden geringeren Molekulargewichts (Stärkezucker, Invertzucker, Kunsthonig). Gegen solche Abbauverfahren wäre theoretisch nicht viel einzuwenden, da sich ja in den Verdauungsorganen des Menschen ähnliche Vorgänge abspielen. Die Behandlung mit stark wirkenden Chemikalien, in der Regel mit Mineralsäuren, wirkt jedoch nicht nur hydrolysierend. Neben der Degradation der Makromoleküle werden zahlreiche Lebensmittelkomponenten, insbesondere wiederum die Begleitsubstanzen subtiler Art zerstört. Bei der Eiweißhydrolyse werden aber auch Teile des Hauptbestandteils, einzelne Aminosäuren, wie z. B. das Tryptophan, eliminiert. Daneben entstehen Artefakte, wie das Hydroxymethylfurfurol und die Lävulinsäure im Invertzucker, über deren physiologische Eigenschaften keine volle Klarheit herrscht. Ähnlich wie bei der Raffination tritt eine eindeutige Verarmung an essentiellen organischen Stoffen ein, so daß sich hier gleiche Probleme stellen wie dort.

e) In neuester Zeit hat die Entwicklung industrieller Verfahren eine ganz andere Richtung eingeschlagen: Zwar muß weitgehende Haltbarkeit und Bequemlichkeit der Zubereitung in Anpassung an die modernen Lebensformen wegleitend bleiben. Das Lebensmittel soll jedoch nicht durch massive Eingriffe, sondern sehr schonend in die gewünschte Form gebracht werden, unter möglichster Erhaltung aller Eigenschaften des Frischproduktes. Hier ist es vor allem die Zusammenarbeit des Lebensmittelwissenschaftlers mit dem Technologen, die zum Erfolg führt und dem Verbraucher ausgezeichnete und bequem zu handhabende Lebensmittel vermitteln kann.

4. Analyse der Lebensmittel

Einblick in die Leistungsfähigkeit und Ausbau neuartiger Analysenmethoden

Die Lösung der in den vorangehenden Teilen und Abschnitten erwähnten Aufgaben, die Bewältigung der sich ergebenden Probleme, ist fast immer mit einer Anpassung, vielfach mit einer Verfeinerung der Arbeitsmethoden verbunden. Die Feststellung schädlicher Komponenten, der Einblick in die Zusammensetzung, die Überprüfung der Veränderungen der Lebensmittel stellen in erster Linie analytische Probleme, seien die Methoden dabei solche chemisch-physikalischer, bakteriologischer, biologischer oder organoleptischer Art.

Zeitraubende, umständliche Methoden werden ungern gebraucht. Sie gestatten auch nur langsame Fortschritte in der Forschung. Gelingt es, sie durch rasche und präzise zu ersetzen, so können bessere Resultate in kürzerer Zeit oder in größerer Zahl erhalten werden, was für die Tiefe der Erforschung von großer Bedeutung sein kann. Biologische Methoden geben, gerade bei biologischen Objekten wie den Lebensmitteln, meist die sichersten Antworten auf eine Fragestellung physiologischer oder lebensmittelwissenschaftlicher Art. Sie sind aber meist sehr zeitraubend. Kann man sie durch eine chemisch-physikalische Methode üblicher Art ersetzen, so wird meistens eine wesentliche Beschleunigung der Arbeit eintreten. Ist der Problemkreis so umfangreich, daß es sich lohnt, eine spezielle physikalische, evtl. automatisch registrierende Apparatur zu entwickeln, so können in kurzer Zeit große Zahlenreihen erhalten und ausgezeichnete Einblicke in die Materie gewonnen werden. Doch sind hier Grenzen gesetzt. In der Regel wird in einem solchen Falle eine physikalische Größe als Eigenschaft der betreffenden Substanz zugrunde gelegt, wobei sich verschiedenste Einflüsse geltend machen und das Ergebnis beeinträchtigen können. Die Messung selber wird zum Problem, welches nur bei eingehender Kenntnis und Überprüfung aller Begleitumstände und gutem Verständnis für das Prinzip der apparativen Messung gelöst werden kann. Bei komplizierten physikalischen Geräten sind solche Kenntnisse besonders wichtig, doch muß auch jede andere analytische Methode in ihrer Aussage genau bekannt sein und auf Fehlerquellen geprüft werden. Vergleichende Untersuchungen in mehreren Laboratorien oder mindestens unter mehreren Mitarbeitern des gleichen Laboratoriums lassen die Reproduzierbarkeit der Resultate und die Genauigkeit der Methode erkennen und errechnen.

Das Auffinden prinzipiell neuer Methoden erschließt vielfach ganz neue Forschungsgebiete und gestattet die Inangriffnahme von Problemen, deren Lösung vorher fast aussichtslos schien. Allgemein bekannt ist die Vertiefung der Lebensmittelforschung, die durch den Ausbau chromatographischer Methoden ermöglicht wurde: die Trennung von Gruppen ähnlicher Substanzen, eine Aufgabe, die sich gerade bei biologischen Objekten so häufig stellt. Die Trennungen der Aminosäuren, der Zuckerarten, der Pflanzenfarbstoffe und der Aromen und Bukettstoffe sind nur einige Beispiele auf diesem Gebiet, wobei manches Problem gelöst, aber noch viel zahlreichere gestellt wurden. Der rasche Ausbau physikalisch-chemischer Methoden nebst den dazugehörigen, neuartigen und leistungsfähigen Apparaten öffnet der analytischen Chemie ebenfalls neue Wege. Der Versuch, einen gewissen Überblick über die Anwendungsmöglichkeiten dieser Art in der Lebensmittelchemie zu geben, wurde im *Schweizerischen Lebensmittelbuch*, 5. Auflage (1963), unternommen.

Von größter Wichtigkeit ist es stets, die Ergebnisse analytischer Bestimmungen zu kontrollieren, um unrichtige Beurteilung zu vermeiden. Die Bestimmung eines Wertes mit prinzipiell möglichst verschiedenartigen Methoden ist dabei von besonderer Bedeutung. Eine Kontrolle der Genauigkeit analytischer Arbeit bei der Erforschung von Lebensmitteln gestattet die bereits in Teil III/2 erwähnte Methode der Bilanzen, die leider relativ wenig Anwendung findet (K. Farnsteiner 1904, W. J. Baragiola u. Mitarb. 1913, 1915, 1918).

Dabei kann einerseits das ganze Lebensmittel = 100 gesetzt und der Summe aller einzeln bestimmten Komponenten gegenübergestellt werden. Andererseits ist es aber auch möglich, irgendeine Gruppe von Verbindungen, z. B. diejenigen des Stickstoffs, des Schwefels, die Mineralstoffe usw., herauszugreifen und zunächst den Gesamtstickstoff, Gesamtschwefel oder die Asche zu bestimmen und dann mit der Summe der einzeln bestimmten Komponenten zu vergleichen. Sogar physikalische Eigenschaften, wie die Dichte, der Siedepunkt (W. J. Baragiola u. Mitarb. 1920, O. Högl 1929) usw. können in gleicher Weise behandelt und auf Übereinstimmung der Gesamtbestimmung mit der Summe der Einzeleinflüsse verglichen werden. Unerklärliche Abweichungen deuten auf fehlerhafte Bestimmungsmethoden oder, wie in Teil III/2 erwähnt, auf unbekannte Anteile, was zu weiterer Untersuchung und Lösung der Probleme Anlaß gibt.

Die Bestimmung von Spuren verschiedenster, vor allem essentieller Lebensmittelkomponenten, aber auch der Reste von Schädlingsbekämpfungsmitteln und von Stoffen, die von Gefäßen und Geräten in die Lebensmittel gelangen, hat den Analytiker gezwungen, sich derjenigen Methoden zu bedienen, die es gestatten, geringste Mengen von Stoffen zu erfassen. Von den Mikromethoden (Ausgangsmenge um 10^{-3} g) gelangt man so (nach Kirk 1950) zu den Ultramikro- (10^{-6} g) und den Submikromethoden (10^{-9} g), wobei in Abhängigkeit von der Größenordnung ganz bestimmte Methoden in den Vordergrund treten [Colorimetrie (E. B. Sandell 1959), Spektrometrie, Polarographie, Isotopentechnik, Ionisations-Gaschromatographie]. Neben den physikalisch-chemischen haben auch die mikrobiologischen Methoden in der Analytik der Spurenstoffe beträchtliche Bedeutung erlangt.

Der absichtliche Zusatz von fremden Stoffen zu Lebensmitteln (Teil III/1e) hat, im Sinne der Erkennung und Bestimmung derselben in Lebensmitteln, aber auch bei der Reinheitsprüfung der Substanzen selber, zahlreiche neue Probleme aufgeworfen, indem die Analysenverfahren von den bei Lebensmitteln üblicherweise gebrauchten Methoden vielfach stark abweichen. Es liegen erst einige Versuche zu einer zusammenfassenden Darstellung dieses Arbeitsgebietes vor (O. Högl 1960, W. H. Butz und H. J. Noebels 1961). Demgegenüber wurden die Reinheitsanforderungen bei verschiedenen Gruppen von Lebensmittelzusätzen schon eingehend überprüft, so bei Konservierungsmitteln und Farbstoffen (FAO, WHO 1958 u. 1959). Mit diesen Hinweisen wurde versucht, einige der Aufgaben und Probleme analytischer Art, die sich bei wissenschaftlicher Behandlung der Lebensmittel ergeben, zu umschreiben. Jeder Forscher auf diesem Gebiet wird sich der Aufgabe gegenübergestellt sehen, bestehende Methoden auf ihre Eignung zu überprüfen, sie den besonderen für seine Arbeit maßgebenden Bedingungen anzupassen oder selber neue Methoden zu entwickeln. Der Intuition des einen oder andern mag es auch in einer glücklichen Stunde gelingen, prinzipiell neue Wege zur Analytik der Lebensmittel zu finden und damit große neue Forschungsmöglichkeiten zu erschließen.

5. Synthese von Lebensmitteln

a) Synthetischer Aufbau von Lebensmittelkomponenten

Die Feststellung, daß bestimmte Stoffe durch den menschlichen Körper nicht synthetisch aufgebaut werden können, sondern notwendigerweise in der Nahrung vorhanden sein müssen, wenn auf die Dauer keine Mangelerscheinungen auftreten sollen, hat die Wissenschaft vor das wichtige Problem gestellt, diese Stoffe möglichst vollständig zu erfassen, jedoch auch zu zeigen, in welcher Weise diese Substanzen in genügender Menge beschafft werden können. Wie bekannt, finden sich die erwähnten „essentiellen" Stoffe, die Spurenelemente, Vitamine, Provitamine, Amino- und Fettsäuren in sehr verschiedener Menge in den Lebensmitteln vor. Sie können zudem bei der Gewinnung und Verarbeitung zum Teil oder ganz verlorengehen. Die Isolierung der vielfach sehr empfindlichen Substanzen aus Naturstoffen ist schwierig und kostspielig. Manchmal stehen geeignete Rohprodukte nur in ungenügender Menge zur Verfügung.

Durch die in vielen Fällen gelungene *Synthese* ist eines der wichtigsten Probleme der Ernährung, die ausreichende Beschaffung essentieller Stoffe und die Anreicherung der Nahrung daran, gelöst worden. Nachdem der Beweis erbracht wurde, daß die Wirksamkeit der synthetischen Körper derjenigen der natürlichen nicht nachsteht, ist die Möglichkeit, eine in dieser Hinsicht optimale Nahrung zu verwirklichen, der Erfüllung beträchtlich näher gerückt.

Doch gleich stellen sich neue Fragen. Sicher sind noch nicht alle essentiellen Stoffe bekannt, so daß schon in dieser Hinsicht die Forschung weiterschreiten muß. Noch weniger sind die Beziehungen geklärt, die zwischen verschiedenen Formen der Ernährung und des physiologischen Zustandes der Person gegenüber dem geringeren oder größeren Bedarf an essentiellen Stoffen bestehen.

Die Empfindlichkeit mancher dieser Substanzen gegen Sauerstoff, Wärme oder auch andere Umwelteinflüsse wirft Probleme der Erhaltung der Wirksamkeit bei der Lagerung und Speisenzubereitung auf. Schutzvorkehrungen verschieden ster Art, wie Zugabe von Antioxydantien, Einbettung in schützende Lebensmittel komponenten u. dgl. müssen ins Auge gefaßt werden.

Es gesellt sich ein weiterer Umstand hinzu, welcher einer allgemein genügenden Versorgung der menschlichen Nahrung mit essentiellen Stoffen entgegensteht, während in der Tierernährung eine optimale Zufuhr lebensnotwendiger Substanzen zum Futter nahezu selbstverständlich geworden ist, stehen gerade verantwortungsbewußte Ernährungsfachleute der allgemeinen künstlichen Anreicherung der menschlichen Nahrung auf die optimalen Werte vielfach zurückhaltend gegenüber. Maßgebend ist dabei die Befürchtung, der Verbraucher könnte sich bei einer solchen künstlichen Anreicherung noch mehr als bisher von der natürlicherweise an Wirkstoffen reichen Nahrung abwenden und – in der Regel aus Gründen der Bequemlichkeit – die künstlich veränderte bevorzugen. Dieses Problem kann daher keineswegs als endgültig gelöst gelten.

Das vermindert aber in keiner Weise die Bedeutung der Tatsache, daß lebenswichtige Bestandteile der Nahrung in vielen Fällen infolge der Möglichkeit, sie synthetisch herzustellen, in nahezu unbegrenzter Menge verfügbar gemacht worden sind.

b) Die Total- oder Teilsynthese mancher Hauptnahrungsmittel

wie etwa der Fette und Öle, ist heute ebenfalls möglich. Man könnte versucht sein, hier eine ganz große Möglichkeit zur Bereitstellung unbegrenzter Mengen von Lebensmitteln zu erblicken.

Obwohl gerade bei den synthetischen Fetten sehr eingehende Untersuchungen physiologischer Art mit relativ günstigem Ergebnis durchgeführt wurden (W. Diemair u. K. H. Schröder 1948, G. Schiller 1948, H. Kraut 1948, E. Kuntz 1948, A. Scheunert 1951, K. Thomas 1953), stehen deren praktisch-technischer Herstellung, insbesondere auch einer teilsynthetischen, sehr schwerwiegende Bedenken entgegen und dies aus folgenden Gründen: Ein synthetisches Fett unterscheidet sich in wesentlichen Punkten von einem natürlichen. Wenn auch manche Differenz, wie z. B. die Anwesenheit ungeradzahliger Kohlenstoffketten im „künstlichen" Fett, sich bisher als physiologisch unbedenklich erwiesen hat, kann ein künstliches Fett schließlich doch nur solche Substanzen enthalten, die ihm, in Kenntnis der Dinge, zugesetzt wurden oder bei der Synthese entstanden sind. Wird angenommen, daß wir noch nicht alle mehr oder weniger wichtigen Lebensmittelkomponenten kennen, so kann das Kunstprodukt gegenüber dem natürlichen doch wesentliche Mängel aufweisen. Die Kostspieligkeit der synthetischen Verfahren bringt vorläufig keine reelle Verbilligung, sondern eine Verteuerung mit sich. Dennoch wurde in der Praxis gerade durch Teilsynthese versucht, eine Verbilligung, jedoch keine vollwertige Nachahmung wertvoller Lebensmittel zu erreichen. Nur die teilsynthetische Aufwertung billiger Produkte zu den edelsten, wie dem Olivenöl und der Butter, verspricht daher Gewinn. Es handelt sich eher darum, analytisch auf die wichtigsten Zahlen der wertvollen Lebensmittel zu gelangen und so den Kontrollorganen die Möglichkeit zu nehmen, die Nachahmung zu erkennen. Zur Zeit kann darum für den ernsthaften Wissenschaftler die Synthese von Hauptnahrungsmitteln kaum als ein aktuelles Problem betrachtet werden. Zurückhaltung ist am Platze.

c) Lebensmittelzusatzstoffe

Verbleiben schließlich noch *die zahlreichen Lebensmittelzusatzstoffe*, deren synthetischer Aufbau vielfach keine Schwierigkeiten bereitet. In allen diesen Fällen ist aber die Aufgabe der Lebensmittelwissenschaft eher darin zu erblicken, die Reinheit und physiologische Verträglichkeit solcher Stoffe als Lebensmittelkomponenten abzuklären, womit sie mit der analytischen Untersuchung und Beurteilung zusammenfällt.

6. Lebensmittelwissenschaft und Fragen des Lebensmittelrechts

Den Rechtsnormen die adäquate Form zu geben, ist Aufgabe des Juristen. Demgegenüber kann der Inhalt und die Richtung der gesetzlichen Regelung auf einem so spezialisierten Gebiete, wie dem des Lebensmittelrechts, nicht nur als eine formalrechtliche Frage angesehen und behandelt werden. Die Kenntnis der wissenschaftlichen, technologischen und traditionellen Voraussetzungen ist nicht minder wichtig als der Einblick in die Zielsetzung der Lebensmittelgesetzgebung, welche einerseits hygienischer, andererseits psychologisch-sozialer Natur ist.

Der Sinn lebensmittelrechtlicher Vorschriften darf darin erblickt werden, die Qualität der in den Verkehr gebrachten Lebensmittel hochzuhalten oder noch weiter zu fördern und den Wettbewerb unter den Beteiligten in dieser Richtung zu lenken. Die Verhinderung des Strebens nach Verbilligung der Ware auf Kosten der Qualität, die möglichste Ausschaltung des unlauteren Wettbewerbes, muß als weitere Zielsetzung und Ergänzung der aktiven Qualitätsförderung betrachtet werden.

Der Spezialist könnte sich nun leicht dazu verleiten lassen, die Regelung des Lebensmittelverkehrs durch möglichst detaillierte Vorschriften vorzusehen, um in dieser Weise alle Mißbräuche zu verhüten. Dies bringt sicher gewisse Nachteile mit sich, da eine detaillierte Vorschrift jeder Änderung entgegensteht und so auch einen gesunden – und unbedingt notwendigen – Fortschritt in der Lebensmittelwirtschaft verhindern könnte. Zudem wird es niemals möglich sein, alle Eventualitäten vorzusehen. Ergeben sich aber neue Gesichtspunkte, die nicht vorgesehen sind, so entsteht der Eindruck, daß solche Möglichkeiten absichtlich offengelassen wurden. Häufige Revisionen und noch mehr ins Detail gehende Vorschriften müssen die Folge sein. Jede Änderung bringt aber für die Betroffenen neuartige Bedingungen im Wettbewerb und damit gewisse Belastungen und Ungerechtigkeiten mit sich.

Der Jurist strebt eher eine allgemein gehaltene, alle Möglichkeiten umfassende Formulierung an, was sicher viele Vorteile bietet und häufige Änderungen der gesetzlichen Bestimmungen zu vermeiden hilft. Eine zu allgemeine Regelung läßt aber wiederum meist verschiedene Interpretationen der legalen Texte zu, was ebenfalls Schwierigkeiten bereiten kann.

Jeder Sachverständige, sei er Jurist, Lebensmittelwissenschaftler oder Hygieniker, wird also nicht um den schwierigen Entscheid herumkommen, wieweit er Details berücksichtigen oder allgemeine Formulierungen wählen soll. Eine gesetzliche Regelung muß im Sinne der Erhaltung der Handels- und Gewerbefreiheit nicht weiter gehen, als dies zum Schutze des Verbrauchers und des reellen Wettbewerbes notwendig ist. In hygienischer Hinsicht sind die Probleme in der Regel leichter zu lösen als in Fragen der Irreführung des Konsumenten und solchen des unlauteren Wettbewerbes. Wieweit hilft sich der Käufer selber, wo wird er in seiner Erwartung getäuscht? Selbst für den Kenner des Lebensmittelverkehrs sind solche Fragen oft ungemein schwer zu beantworten. Jede gute Lösung eines Problems ist ein schöpferischer Akt, sei es in der Rechtssetzung, sei es im wissenschaftlichen oder technologischen Bereich. Der Lebensmittelwissenschaftler befaßt sich mit Fragen der Ernährung und damit der Volksgesundheit. Auch die sozialen und moralischen Aspekte sind von Bedeutung. Er muß sich dessen bewußt sein, daß er dem Volke nicht immer das bieten darf, was es sich momentan wünscht, sondern das, was ihm nottut. Dazu braucht es Mut und einen unabhängigen, klaren Geist.

Bibliographie

Barger, G.: Ergot and Ergotin. London: Gurney and Jackson 1931.
Bertalanffy, L. v.: Theoretische Biologie. II. Band. S. 50. 2. Aufl. Bern: A. Francke 1951.

Butz, W. H., and H. J. Noebels: Instrumental methods for the analysis of food additives. New York-London: Interscience Publ. 1961.
CIIA (= Commission Internationale des Industries Agricoles). V. Symposium sur les substances étrangères dans les aliments. *Influence des agents de conservation physique sur la qualité des aliments.* Budapest: Maison d'éd. Acad. Hongroise des Sc. 1960.
Dack, G. M.: Food Poisoning. 3. Aufl. Chicago: The Univ. of Chicago Press 1956.
Diemair, W.: Die Haltbarmachung der Lebensmittel. 2. Aufl. Stuttgart: Enke 1946.
Dräger, H.: Entstehung und Verhütung von Lebensmittelvergiftungen durch Salmonellenbakterien. Jena: G. Fischer 1958.
Dukes, C. E.: Bacteria in relation to domestic science. London: Oxford Univ. Press 1947.
Delaney-Berichte: Chemicals in food products. Hearings before the House select Committee to investigate the use of chemicals in food products. H. Res. 74. Part I: Govern't printing office Washington D.C. 1951; Part II and III: Govern't printing office Washington D.C. 1952.
Deutsche Forschungsgemeinschaft (DFG): Ergebnisse einer Tagung westeuropäischer Wissenschaftler zur Prophylaxe des Krebses, Godesberg 1. 5. 1954. DFG Godesberg 1954.
Deutsche Ges. für Ernährung: Veränderungen der Nahrung durch industrielle und haushaltmäßige Verarbeitung. Wiss. Veröff. der deutschen Ges. f. Ernährung. Bd. 5. Darmstadt: Steinkopff 1960.
Eugster, C. H.: The chemistry of muscarin. Advanc. org. Chem. Bd. II, S. 427. New York: Interscience Publ. 1960.
Europäisches Forschungskomitee für den Schutz der Bevölkerung vor chronisch-toxischen Umweltschädigungen (EUROTOX): Bericht über die 3. Konferenz in Ascona 1957. Mitt. Lebensmitteluntersuch. Hyg. 48, 269 (1957). (Positive Liste für Lebensmittelfarbstoffe).
— Bericht über die 4. Konferenz in Montecatini 1958. Publ.: Notiziario dell Ammin. San. XII, 11 (1959). (Positive Liste für Konservierungsmittel und Antioxydantien).
Franck, R.: Kunststoffe im Lebensmittelverkehr. Empfehlungen der Kunststoff-Kommission des Bundesgesundheitsamtes. Textausgabe. Köln-Berlin-Bonn-München: Carl Heymann 1962.
FAO[1]*:* (Ch. Chatfield): Tables de composition des aliments (Minéraux et vitamines). Etudes de nutrition de la FAO No. 11. Rome 1954.
— Les maladies animales et la santé humaine. Camp. mondiale contre la faim. Etude de base No. 3. Rome 1962.
FaO/WHO[2]*:* La pasteurisation du lait. Etudes agric. FAO No. 23. Rome 1954.
— The principles of milk legislation and control. (W. Y. Lethem): FAO Agric. Development Paper No. 59. Rome 1956.
— L'Hygiène des viandes. Etudes agric. FAO No. 34. Rome 1958.
Food Protection Committee des Food and Nutr. Board: Problems in the evaluation of carcinogenic hazards from use of food additives. Publ. No. 749. Washington D.C. 1961.
— Principles and procedures for evaluating the safety of food additives. Publ. No. 750. Washington D.C. 1960.
Goldblith, S. A., M. A. Joslyn and J. T. R. Nickerson: Introduction to thermal processing of foods. Westport/Conn.: Avi Publ. Co. 1961.
Guggisberg, H.: Mutterkorn, vom Gift zum Heilstoff. Basel: Karger 1954.
Harris, R. S., and S. B. v. Loesecke: Nutritional evaluation of food processing. New York-London: Wiley & Sons 1960.
Hawthorn, J., and J. M. Leitch: Recent advances in food science. Vol. 1: Commodities. Vol. 2: Processing. London: Butterworth 1962.
Hecht, G.: Toxikologische Daten von Farbstoffen und ihre Zulassung für Lebensmittel in verschiedenen Ländern. Mitteilung 6 der Deutschen Forschungsgemeinschaft. 2. Aufl. Bad Godesberg 1958.
Heepe, F.: Die Vitamine in der Diät- und Küchenpraxis. Darmstadt: Steinkopff 1961.
Högl, O.: Analytik der Lebensmittelzusatzstoffe. XVII. Internationaler Kongreß für Reine und Angewandte Chemie in München 1959. London: Butterworth und Weinheim: Verlag Chemie 1960.
—, u. E. Lauber: Nährwert der Lebensmittel. Bern: Eidg. Drucksachen- und Materialzentrale 1960.
Joint FAO/WHO Expert Committee on Zoonoses: 1. Bericht. Genf 1951; 2. Bericht Genf 1958 (darin Hinweise auf weitere Berichte von Experten-Kommissionen über spezielle Zoonosen).
Joint FAO/WHO Expert Committee on Food Additives: Procedures for the testing of intentional food additives to establish their safety for use. 2. Bericht. Rome 1958.
— Evaluation of the carcinogenic hazards of food additives. 5. Bericht. Genf 1961.

[1] FAO: Food and Agriculture Organization of the United Nations.
[2] WHO: World Health Organization.

Joint FAO/WHO Expert Committee on Food Additives: Evaluation of the toxicity of a number of antimicrobials and antioxidants. 6. Bericht. Genf 1962.
— Specifications for identity and purity of food additives. Vol. I. Antimicrobial preservatives and antioxidants. Food and Agriculture Organization of the United Nations. Rome 1962.
— Specifications of identity and purity of food additives. Vol. II. Food colors. Food and Agriculture Organization of the United Nations. Rome 1963.
KIRK, P. J.: Quantitative Ultramicroanalysis. New York: Wiley & Sons 1950.
KÖNIG, J.: Chemie der menschlichen Nahrungs- und Genußmittel. 1. Aufl. Berlin: Springer 1878 (und 3 weitere Auflagen).
KRISCHER, O., u. K. KRÖLL: Trocknungstechnik. 1. Band. O. KRISCHER: Die wissenschaftlichen Grundlagen der Trocknungstechnik. Berlin-Göttingen-Heidelberg: Springer 1963.
KUPRIANOFF, J., u. K. LANG: Strahlenkonservierung und Kontamination von Lebensmitteln. Darmstadt: Steinkopff 1960.
LEFAUX, R.: Emballages et conditionnements modernes. Paris: Comp. française d'éditions 1960.
MCCANCE, R. A., and E. M. WIDDOWSON: The composition of foods. Special Report Series N. 297. Medical Research Council. London: Her Maj. Stationary Office 1960.
MCCOLLUM, E. V.: A history of nutrition. Cambridge/Mass.: The Riverside Press 1957.
MENDEN, E., u. H. D. CREMER: Über das Problem der Nährwertaufbesserung unter besonderer Berücksichtigung der „Anreicherung" von Nahrungsmitteln. Schriftenreihe des Inst. f. Ernährungswissenschaft der Universität Gießen, Heft 1. Wiesbaden-Berlin: Behr's Verlag 1958.
MONIER-WILLIAMS, G. W.: Trace elements in food. London: Chapman and Hall 1962.
MOSSEL, D. A. A., J. BECHET et R. LAMBION: La prévention des infections et des toxiinfections alimentaires. (C.E.P.J.A.). Bruxelles 1962.
MÜLLER, P.: DDT. Das Insektizid Dichlordiphenyltrichloräthan und seine Bedeutung. Bd. 1 u. 2. Basel: Birkhäuser 1955 u. 1959. Bd. 3 in Vorbereitung.
SANDELL, E. B.: Colorimetric determination of traces of metals. New York: Interscience Publ. 1959.
SCHALL, H.: Nahrungsmittel-Tabelle. 18. Aufl. Leipzig: J. A. Barth 1962.
SCHILLER, K.: Suppen, Soßen, Würzen und Brüherzeugnisse. Stuttgart: Wiss. Verlagsges. 1950.
SCHUPHAN, W.: Zur Qualität der Nahrungspflanzen. München-Bonn-Wien: BLV Verlagsges. 1961.
Schweizerisches Lebensmittelbuch (Methodenbuch) I. Band, Teil 5. Physikalisch-chemische Methoden. 5. Aufl. Bern: Eidg. Drucksachen- und Materialzentrale 1964.
SOMOGYI, J. C., u. H. KAPP: Vollwertige Ernährung und Gemeinschaftsverpflegung. Bibliotheca „Nutritio et Dieta". Basel-New York: Karger 1961.
SOUCI, S. W., W. FACHMANN u. H. KRAUT: Die Zusammensetzung der Lebensmittel (Nährwerttabellen). I. Lieferung. Stuttgart: Wiss. Verlagsges. 1962 (weitere Lieferungen folgen).
—, u. E. MERGENTHALER: Fremdstoffe in Lebensmitteln. München: Bergmann 1958.
STEPP, W., J. KÜHNAU u. H. SCHRÖDER: Die Vitamine und ihre klinische Anwendung. Stuttgart: Enke 1952 (1. Band) und 1957 (2. Band).
STOLL, A.: Altes und Neues vom Mutterkorn. Mitt. naturforsch. Ges. Bern. Bern: P. Haupt 1942.
— Die spezifischen Wirkstoffe des Mutterkorns. Aulendorf/Württ.: Ed. Cantor 1951.
TANNER, F. W., and L. D. TANNER: Food-borne infections and intoxications. Champaign (Ill.): Gerrard Press 1953.
THOMAS, K., u. G. WEITZEL: Fütterungsversuche mit synthetischen Fettsäuren. In: Gegenwartsprobleme der Ernährungsforschung. Experientia Suppl. I. Symposium Basel 1952. Basel-Stuttgart: Birkhäuser 1953.
TRESSLER, D. K., and C. F. EVERS: The freezing preservation of foods. Westport (Conn.): Avi Publ. Co. 1957.
UNDERWOOD, E. J.: Trace elements in human and animal nutrition. New York: Academic Press 1962.
VIRTANEN, A. I.: Das Vorkommen und die Bedeutung antibiotischer Substanzen in unseren Kulturpflanzen. In: Beiträge zum Antibiotika- und Eiweißproblem. Wiss. Veröff. der deutschen Ges. für Ernährung (2). Darmstadt: Steinkopff 1959.

Zeitschriftenliteratur

ALEXANDER, M., u. J. GRELL: Tierexperimenteller Beitrag zur sogenannten Margarinekrankheit. Arch. Hyg. Bakt. **147**, 147—171 (1963).
BARAGIOLA, W. J., u. W. BOLLER: Sogenannte alkoholfreie Weine des Handels. Darstellung der Ergebnisse von Traubensaft-Untersuchungen im Sinne der neueren chemisch-physikalischen Lehren. Z. Untersuch. Nahrungs- u. Genußmittel **26**, 369—408 (1913).

Baragiola, W. J., u. O. Schuppli: Die Bindungsformen des Schwefels im Weine und ihre Bestimmung. Z. Untersuch. Nahrungs- u. Genußmittel **29**, 193—221 (1915).

— — Versuch einer Bilanz des spezifischen Gewichtes beim Weine. Z. Untersuch. Nahrungs- u. Genußmittel **39**, 313—334 (1920).

— — F. Braun u. J. B. Kléber: Äpfelweine. Z. Untersuch. Nahrungs- u. Genußmittel. **36**, 225—253 (1918).

Becker, W., u. G. Zausch: Natrium-, Kalium- und Calcium-Tabellen von Lebensmitteln. Dtsch. med. J. 1960, 1961, 1962.

Buu-Hoi, N. P., et F. Zajdela: La lutéoskyrine est-elle le principe hépato-toxique du riz «jauni»? Med. exp. **6**, 29—32 (1962).

Carisano, A., e F. Carrà: Metodo di determinazione dei dipeptidi β-Alaniistidinici nei preparati per brodo. Dosaggio dell'estratto di carne. Industria Conserve **1**, 28—30 (1963).

Christomanos, A. A.: Zur Pharmakologie des Apiols und einiger seiner Verwandten (Myristicin). Arch. exp. Pathol. Pharmakol. **123**, 252—258 (1927).

Diemair, W., u. K. H. Schröder: Zur Chemie des synthetischen Fettes. Dtsch. Lebensmittel-Rdsch. **44**, 23—26 (1948).

Druckrey, H.: Mechanismus der cancerogenen Wirkung. Arzneimittel-Forsch. **1**, 383-394 (1951).

Eugster, C. H., u. P. G. Waser: Indirekter Konstitutionsbeweis für Muscarin durch synthet. Versuche. (5. Mitt. über Muscarin). Helv. chim. Acta **40**, 888—906 (1957).

Farnsteiner, K.: Neue Gesichtspunkte für die indirekte Bestimmung des Extraktgehaltes. Z. Untersuch. Nahrungs- u. Genußmittel **8**, 593—603 (1904).

Fellenberg, Th. v.: Über solaninhaltige Kartoffeln. Mitt. Lebensmitteluntersuch. Hyg. **31**, 85—90 (1940).

Fey, H., u. E. Wiesmann: Die Gefahr des Salmonellenimportes mit Eiprodukten und tierischen Futtermitteln. Schweiz. med. Wschr. **90**, 791—793 (1960).

Fincke, H.: Zur Geschichte der Lebensmittelchemie und Lebensmittelüberwachung. Dtsch. Lebensmittel-Rdsch. **49**, 283—285 (1953).

Flückiger, E.: Erfahrungen mit Kunststoffen in der Milchwirtschaft. Mitt. Lebensmitteluntersuch. Hyg. **50**, 499—507 (1959).

— Verhalten von Polystyrolbechern gegen Fruchtjoghurt. Schweiz. Milchztg. (Schaffhausen) **87**, Nr. 62, S. 381—383 (1961).

Griebel, C.: Erkrankungen durch Bohnenflocken (Phaseolus vulgaris L.) und Platterbsen (Lathyrus tingitanus L.). Z. Lebensmittel-Untersuch. u. -Forsch. **90**, 191—197 (1950).

Hazleton, L. W., T. W. Tusing, B. A. Zeitlin, R. Thiessen and H. K. Murer: Toxicity of coumarin. J. pharmacol. exp. therapeutics **118**, 348—358 (1956).

Högl, O.: Versuch einer Bilanz der Wirkungen verschiedener Weinbestandteile auf den Siedepunkt des Weines. Z. Untersuch. Lebensmittel **57**, 288—312 (1929).

Jaffé, W. G.: Über Phytotoxine aus Bohnen (Phaseolus vulgaris). Arzneimittel-Forsch. **10**, 1012—1016 (1960).

Kraut, H., Ä. Weischer, R. Hügel u. G. Stumpff: Über die Verträglichkeit von synthetischem Fett aus Fettsäuren mit 6—12 C-Atomen. III. Wachstumsversuche. Biochem. Z. **318**, 472—494 (1948).

Kuhn, R., J. Löw u. H. Trischmann: Die Konstitution des Solanins. Ber. dtsch. chem. Ges. **88**, 1492—1507 (1955).

— — — Die Konstitution des α-Chaconins. Ber. dtsch. chem. Ges. **88**, 1690—1693 (1955).

Kuntz, E.: Über das analytische Verhalten synthetischer Fettsäureglyzeride (II). Dtsch. Lebensmittel-Rdsch. **44**, 27—29 (1948).

Kuprianoff, J.: Zur Frage der Pasteurisation von Eiern und Eiprodukten. Dtsch. Lebensmittel-Rdsch. **53**, 221—227 (1957).

Lancaster, J. G., F. P. Jenkins and J. McL. Philp: Toxicity associated with certain samples of groundnuts. Nature (Lond.) **192**, 1095—1096 (1961).

Lepper, W.: Solaningehalt von 58 Kartoffelsorten. Z. Lebensmittel-Untersuch. u. -Forsch. **89**, 264—273 (1949).

Liener, J. E.: Inactivation studies on the soybean haemagglutinin. J. biol. Chem. **233**, 401—405 (1958).

Mali, J. W. H., K. E. Malten u. F. C. J. van Neer: Die holländische Margarinekrankheit. Hautarzt **13**, 152—160 (1962).

McCoy, R. H., C. E. Meyer and W. C. Rose: Feeding experiments with mixtures of highly purified aminoacids. VIII. Isolation and identification of a new essential amino acid. J. biol. Chem. **112**, 283—302 (1935).

Mosimann, W., u. O. Högl: Beiträge zur Kenntnis nicht flüchtiger Kaffee-Extraktivstoffe. Mitt. Lebensmitteluntersuch. Hyg. **51**, 266—292 (1960).

Prelog, V., u. S. Szpilfogel: Über das 2-äthyl-5-methyl-pyridin, ein Dehydrierungsprodukt des Solanidins. (Strukturaufklärung des Solanidins). Helv. chim. Acta **25**, 1306—1313 (1942).

— — Über die stereoisomeren Dihydro-Solanidine. Helv. chim. Acta **27**, 390—400 (1944).

REBMANN, E.: Die Aarauer Scharlachepidemie 1949, eine durch infizierte Milch verursachte Massenerkrankung. Beilage B, Bull. des eidg. Gesundheitsamtes Bern, v. 29. 10. 1949.
REITH, J. F.: Planta-ziekte en toxicologie. Pharm. Weekbl. **96**, 125—141 (1961).
ROSE, W. C.: Amino acid requirements of man. Federation Proc. **8**, 546—552 (1949).
— Human protein requirements and their fulfilment in practice. Proc. of a Conference in Princetown (USA) 1955.
SARGEANT, K., A. SHERIDAN and J. O'KELLY: Toxicity associated with certain samples of groundnuts. Nature (Lond.) **192**, 1096—1097 (1961).
SCHENK, P.: Persönliche Mitteilung (1963).
SCHEUNERT, A.: Über den Wert der synthetischen Fette für die Ernährung. Pharmazie **6**, 571—577, 652—658 (1951).
SCHILLER, G.: Synthetische Fette auf der Grundlage von Paraffinfettsäuren. Z. Lebensmittel-Untersuch. u. -Forsch. **88**, 174—190 (1948).
SETÄLÄ, K., P. HOLSTI et S. LUNDBOM: Critères d'évaluation des dangers de cancérisation. Les actions co-cancérigènes. Union internationalis contra cancrum acta **13**, 280—289 (1957).
SIMONS, R. D. G. PH.: Die sogenannte Margarinekrankheit in den Niederlanden. Dtsch. med. Wschr. **87**, 1563—1567 (1962).
STRAHLMANN, B.: Die Lebensmittelchemie in der Schweiz an der Wende vom 19. zum 20. Jahrhundert. Mitt. Lebensmitteluntersuch. Hyg. **53**, 459—482 (1962).
TRUITT, E. B., E. C. CALLAWAY, M. C. BRAUDE and J. C. KRANTZ: In: The pharmacology of myristicin. A contribution to the psychopharmacology of nutmeg. J. Neuropsychiatry **2**, 205—210 (1961).
TEMPUS, P.: Fleischextrakte, Hefeextrakte und Eiweißhydrolysate. Ein Beitrag zur Kenntnis ihrer stickstoffhaltigen Verbindungen. Diss. phil. nat. Universität Bern (1956) [Mskr.].
U.S.A.-Code of Federal Regulations: Title 21, Chapter 1., Part 120. National Agricultural Chemicals. Ass. News and Pesticide Review, Febr. 1962. (Liste der Toleranzwerte von Resten von Schädlingsbekämpfungsmitteln).
WADA, S., M. J. PALLAUSCH and S. E. LIENER: Chemical composition and end groups of the soybean haemagglutinin. J. biol. Chem. **233**, 395—400 (1958).
WANGER, O.: Prüfung von Kunststoffen auf deren Beständigkeit gegenüber Spriten und Spirituosen. Mitt. Lebensmitteluntersuch. Hyg. **50**, 493—498 (1959).
WERDER, J.: Zum Nachweis von Obstwein in Traubenwein. Mitt. Lebensmitteluntersuch. Hyg. **19**, 394—395 (1928).
— Zum Nachweis von Obstsaft (Obstwein) in Traubenwein. Mitt. Lebensmitteluntersuch. Hyg. **20**, 7—14 (1929).
WIELAND, T.: Über die Giftstoffe des Knollenblätterpilzes. Z. Lebensmittel-Untersuch. u. -Forsch. **90**, 286 (1950).
— Chemical and toxicological studies with cyclopeptides of Amanita phalloides. Pure and Applied Chemistry **6**, 339—349 (1963).
WILSON, B. J., and C. H. WILSON: Hepatotoxic substance from penicillium rubrum. J. Bact. **83**, 693 (1962).

Wasser

Von

Prof. Dr. L. Riedel, Karlsruhe

Mit 10 Abbildungen

A. Allgemeines über die Bedeutung des Wassers

Das Wasser ist die auf der zugänglichen Erdoberfläche am häufigsten vorkommende chemische Verbindung. Bei gleichmäßiger Verteilung würden die Wassermassen der Ozeane die gesamte Erdoberfläche in einer rund 2700 m hohen Schicht bedecken. Da das Wasser im allgemeinen leicht und billig zu erhalten ist, wird seine Bedeutung vielfach stark unterschätzt. Erst wenn Mangel daran herrscht, wird offenbar, daß diese Substanz zu den durchaus unentbehrlichen Grundstoffen des irdischen Lebens gehört. Leben ist an Stoffwechsel und daher notwendig an eine gewisse Beweglichkeit der Moleküle gebunden, wie sie der flüssige Aggregatzustand bietet. Wasser ist eines der besten und im Hinblick auf die Lebensprozesse das allein in Betracht kommende Lösungsmittel, welches den Stoffwechsel erst ermöglicht. Ohne Wasser ist Leben, jedenfalls in der Form, wie es sich hier auf der Erde entwickelt hat, unmöglich.

Angesichts der fundamentalen Bedeutung des Wassers als Lösungs- und als Transportmittel (für die Nährstoffe, die Stoffwechselendprodukte, die Hormone usw.) im Lebensgeschehen erscheint es nicht überraschend, daß die pflanzlichen und tierischen Gewebe und Organe im allgemeinen zu über 70% aus Wasser bestehen. Der Körper eines erwachsenen Menschen enthält rund 60% Wasser. In dieser Zahl sind jedoch die verhältnismäßig wasserarmen und am Stoffwechsel weniger stark beteiligten Bestandteile (Skelett, Haut und Fettgewebe) mit berücksichtigt. Die Muskeln bestehen dagegen zu etwa 74%, das Blut und die inneren Organe teilweise sogar bis zu 80% und darüber aus Wasser. Diese hohen Gehalte sind durchaus lebensnotwendig, was daraus hervorgeht, daß ein Verlust von 10% des normalen Wasserbestandes bereits zu schweren Funktionsstörungen führt und von mehr als 15% im allgemeinen tödlich wirkt.

Da ein erwachsener Mensch durch die Nieren, die Haut, die Lungen und den Darm täglich rund 3 l Wasser verliert, ist eine entsprechende Zufuhr erforderlich, um den normalen Wasserbestand aufrecht zu erhalten. Diese erfolgt in Form von Getränken und flüssigen Lebensmitteln (Milch, Fruchtsäfte, Suppen u. dgl.), zu einem beträchtlichen Teil aber auch mit der festen Nahrung, die entsprechend ihrer organischen Herkunft im allgemeinen ebenfalls einen hohen Prozentsatz Wasser enthält. So besteht Fleisch je nach seinem Fettgehalt zu 60 bis 80%, Gemüse und Obst zu 70 bis 90% und Brot zu 30 bis 45% aus Wasser. Ein nicht unbeträchtlicher Teil des Wassers wird ferner indirekt über die Trockensubstanz der Nährstoffe zugeführt, die bei der Verbrennung im Körper neben Kohlensäure auch Wasser liefern, weshalb die direkt aufgenommene Wassermenge im Durchschnitt stets geringer ist als die abgeschiedene.

Es ist selbstverständlich, daß das Wasser als einer der Hauptbestandteile der Lebensmittel auch für deren Eigenschaften und Verhalten bei irgendwelchen Zustandsänderungen oder Verarbeitungsprozessen von großer Bedeutung ist. Obwohl das Wasser in Lebensmitteln im allgemeinen nicht in reiner Form vorkommt, ist es zweckmäßig, zunächst die physikalisch-chemischen Eigenschaften des reinen Wassers zu betrachten.

B. Reines Wasser

Wasser ist tatsächlich ein Gemisch verschiedener Molekülarten, in dem neben normalen H_2O-Molekülen aus H- und ^{16}O-Atomen auch schwerere Moleküle mit D-Atomen (Deuterium oder schwerer Wasserstoff mit der Massenzahl 2) und O-Atomen mit den Massenzahlen 17 und 18 enthalten sind. Da der Anteil dieser schweren Wasserarten mit 0,24 Gew.-% im natürlichen Wasser sehr gering ist und nur wenig schwankt, ist diese Tatsache im allgemeinen praktisch ohne Bedeutung.

I. Physikalische Eigenschaften

Tab. 1 gibt einen Überblick über einige wichtige physikalische Eigenschaften des reinen Wassers und Eises. Wasser ist auch hinsichtlich seines physikalisch-

Tabelle 1. *Physikalische Eigenschaften von Wasser und Eis*

Gefrierpunkt bei 760 mm Hg Luftdruck: 0,00° C (Fixpunkt)
Siedepunkt bei 760 mm Hg Dampfdruck: 100,00° C (Fixpunkt)
Tripelpunkt: Temp. 0,010° C; Druck 4,584 mm Hg
Kritischer Punkt: Temp. 374,2° C; Druck 218,3 atm; Dichte 0,326 g/cm³

Eis bei 0° *C:* Dichte 0,917 g/cm³; Schmelzwärme 79,8 cal/g; Spez. Wärme 0,504 cal/g °C; Wärmeleitfäh. 1,8 kcal/mh °C

Temp.	—5° C	—10° C	—15° C	—20° C	—25° C	—30° C
Dampfdruck (mm Hg)						
von Eis	3,01	1,95	1,24	0,77	0,47	0,28
von unterkühltem Wasser	3,16	2,14	1,43	—	—	—

Temp.	0° C	20° C	40° C	60° C	80° C	100° C
Wasser						
Dampfdruck (mm Hg) .	4,58	17,53	55,32	149,4	355,2	760,0
Dichte (g/cm³)	0,9998	0,9982	0,9922	0,9832	0,9718	0,9583
Spez. Wärme (cal/g °C)	1,0065	0,9992	0,9975	0,9992	1,0020	1,0067
Verdampfungswärme (cal/g)	597,2	586,0	574,7	563,3	551,3	538,9
Wärmeleitfähigkeit (kcal/mh °C)	0,486	0,515	0,540	0,561	0,576	0,585
Oberflächenspannung (dyn/cm)	75,62	72,75	69,55	66,17	62,60	58,84
Zähigkeit (Centipoise) .	1,792	1,002	0,653	0,466	0,355	0,282
Brechungsindex (5893 Å)	1,3338	1,3330	1,3306	1,3272	1,3230	1,3180
Dielektrizitätskonstante	88,0	80,4	73,3	66,7	60,8	55,3

chemischen Verhaltens eine Flüssigkeit von ganz besonderer Art. Verglichen mit anderen Substanzen von ähnlichem chemischem Aufbau sind die Werte fast aller physikalischen Eigenschaften des Wassers extrem hoch oder niedrig. So müßte es beispielsweise „eigentlich", wenn man die Werte der Siedepunkte in folgenden Reihen extrapoliert, etwa bei —80° C sieden und nicht bei +100° C.

Substanz . . .	H_2Te	H_2Se	H_2S	H_2O	$(C_3H_7)_2O$	$(C_2H_5)_2O$	$(CH_3)_2O$	H_2O
Siedepunkt (° C)	—2,3°	—41,4°	—60,4°	+100,0°	+90,1°	+34,6°	—24,8°	+100,0°

Dazu kommen einige qualitative Anomalien, wie die Volumenvergrößerung beim Erstarren, das Dichtemaximum bei 4° C und das Minimum der spezifischen Wärme bei 35° C. Die Viscosität des Wassers nimmt bei Temperaturen unter 30° C mit wachsendem Druck überraschenderweise zunächst ab und steigt erst bei Drucken über 1000 atm wieder an. Ganz ungewöhnlich ist auch die große Wärmeleitfähigkeit und ihr starker Anstieg mit zunehmender Temperatur, sowie das Maximum bei 130° C.

Die hohen Werte der calorischen Eigenschaften des Wassers sind in Verbindung mit dem abnormen Verhalten der Dichte bei 4° C und beim Gefrieren von größter Bedeutung für den Wärmehaushalt der Erde. Eine Wassermasse wirkt sozusagen als Wärmepuffer, da sie fähig ist, erhebliche Wärme- oder Kältemengen aufzunehmen, wobei sich (wegen der großen spezifischen Wärme) die Temperatur nur wenig zu verändern braucht bzw. wobei (wegen der großen Verdampfungs- und Schmelzwärme) nur ein kleiner Teil des Wassers verdampfen oder gefrieren muß. Diese Eigenschaft des Wassers spielt natürlich neben der großen Wärmeleitfähigkeit auch eine wesentliche Rolle für die Regelung der Körpertemperatur des menschlichen oder tierischen Organismus. So genügt schon eine geringfügige Absonderung und Verdampfung von Schweiß, um einen beträchtlichen Kühleffekt zu bewirken. Die ungewöhnlich hohen Werte der calorischen Eigenschaften des Wassers sind auch für die thermischen Zustandsänderungen der wasserhaltigen Lebensmittel (z. B. beim Trocknen oder Gefrieren) von großer technischer Bedeutung.

II. Molekülstruktur

Die Ursache für das abnorme Verhalten des Wassers liegt, kurz gesagt, in der Quadrupolnatur des Wassermoleküls und in seiner Fähigkeit zur Bildung von Wasserstoffbrücken. Spektroskopische Untersuchungen an Wasserdampf führten zu dem Ergebnis, daß das H_2O-Molekül nicht gestreckt, sondern gewinkelt ist, wobei die OH-Kernabstände je 0,957 Å und der Winkel zwischen den beiden OH-Valenzen 105,0° betragen (H. A. STUART 1952, S. 539). Da die beiden Elektronen der H-Atome im Wassermolekül in die äußere Elektronenschale des O-Atoms aufgenommen werden, um diese zu einer stabilen (edelgasähnlichen) Achterschale zu ergänzen, bleibt an den Stellen der H-Kerne ein positiver Ladungsüberschuß bestehen, dessen Wirkung nach außen allerdings durch die Elektronenschale des Moleküls abgeschwächt wird. Diese zeigt andererseits einen entsprechenden negativen Ladungsüberschuß, der (nach wellenmechanischen Überlegungen von J. D. BERNAL und R. H. FOWLER 1933) in zwei Schwerpunkten konzentriert ist, die in einer Ebene senkrecht zu der der HOH-Kerne liegen, und zwar so, daß die Richtungen vom O-Kern nach den H-Kernen einerseits und den Schwerpunkten der negativen Ladung andererseits angenähert dieselben sind wie die vom Zentrum eines regelmäßigen Tetraeders nach den vier Ecken. Der Winkel zwischen den beiden OH-Valenzen würde in diesem regelmäßigen Tetraedermodell allerdings 109,5° betragen. Die Energie zur Deformation des Valenzwinkels ist jedoch so klein (H. A. STUART 1952, S. 185), daß der Unterschied gegenüber dem experimentellen Wert von 105° tatsächlich bedeutungslos ist.

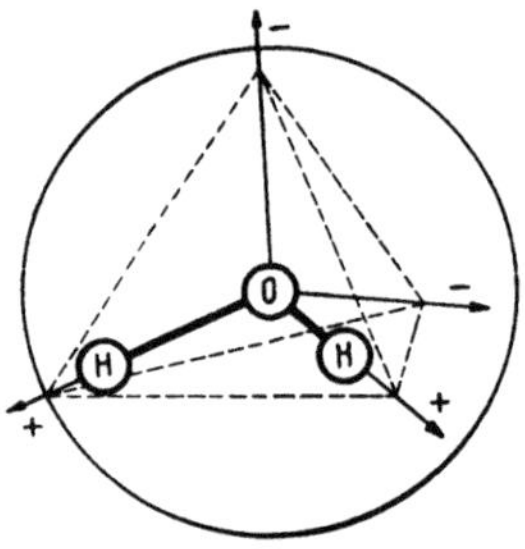

Abb. 1. Quadrupolnatur des Wassermoleküls

Berücksichtigt man ferner, daß der Abstand zweier benachbarter Sauerstoffatome im Eisgitter bei 0° C 2,76 Å beträgt und nur ganz wenig von der Temperatur abhängt (K. LONSDALE 1958), so kann man zusammenfassend das Wassermolekül hinsichtlich seiner Wirkung auf andere Moleküle angenähert als einen kugelförmigen Quadrupol mit einem Durchmesser von 2,76 Å ansehen, in dessen Mitte sich der O-Kern befindet, während je zwei positive und zwei negative Ladungsschwerpunkte die Ecken eines regelmäßigen Tetraeders bilden (Abb. 1).

III. Die Wasserstoffbrücken-Bindung

Wegen seiner elektrischen Quadrupolnatur wird ein Wassermolekül mit einem zweiten in Wechselwirkung treten, indem einer der negativen Ladungsschwerpunkte der Elektronenhülle des einen Moleküls einen der Wasserstoffkerne des anderen Moleküls anzieht: $\begin{matrix}H\\H\end{matrix}\!\!>O\cdots H{-}O\diagdown_{H}$. Der H-Kern bildet somit eine Brücke und vermittelt die Anziehung zwischen den beiden O-Atomen. Die Bindungsenergie einer solchen „Wasserstoffbrücke" ist auffallend groß gegenüber den Wechselwirkungsenergien, die man bei gewöhnlichen van der Waalsschen Kräften beobachtet. Da jedes H_2O-Molekül in einem Eiskristall durch vier derartige Brükken an seine Nachbarn gebunden ist (Abschnitt IV), erhält man aus der Sublimationswärme des Eises für die Energie einer solchen Bindung 6,1 kcal/mol bei

0° C. Von diesem Betrag muß man jedoch etwa ein Fünftel gewöhnlichen van der Waalsschen Kräften zuschreiben, so daß die eigentliche Bindungsenergie einer Wasserstoffbrücke im Eis rund 5 kcal/mol beträgt (L. PAULING 1960, S. 468).

Ähnlich starke Wechselwirkungen treten immer auf zwischen Molekülen mit OH- oder NH-Gruppen einerseits und solchen mit kleinen, stark elektronegativen Atomen, wie O und N andererseits. Sie sind die Ursache für die starke Assoziation der Alkohole, der Fettsäuren und Amine, sowie für die große Affinität derartiger Verbindungen zum Wasser, wie sie z. B. in der Löslichkeit zum Ausdruck kommt. Auch zwischen den NH- und den CO-Gruppen der Polypeptidketten der Proteine können sich Wasserstoffbrücken bilden, die für die Form und die Eigenschaften derartiger Makromoleküle von ausschlaggebender Bedeutung sind (L. PAULING 1960, S. 498). Da auch das Wassermolekül mit den genannten Gruppen H-Brücken bilden kann, wird der große Einfluß des Wassergehaltes auf das Verhalten der Proteine (Denaturierung beim Trocknen oder Gefrieren) verständlich.

IV. Die Struktur des Eises

Ein Wassermolekül vermag vier andere in tetraedrischer Anordnung zu binden, wobei seine beiden H-Atome zwei der vier H-Brücken bilden können, während die beiden anderen durch die H-Atome der Partner vermittelt werden müssen. Es ist nun sehr wesentlich, daß sich diese Molekülkonfiguration nach allen Richtungen beliebig fortsetzen läßt, so daß ein Raumgitter entsteht, in dem jedes beliebig herausgegriffene Molekül in der genannten Weise mit vier anderen durch H-Brücken verbunden ist. Es gibt zwei Anordnungen, in denen diese Bedingung erfüllt ist. Beide treten bei tiefen Temperaturen, wenn die Wärmebewegung der Moleküle die Ordnung nicht zu stark stört, tatsächlich auf.

Unterhalb von —80° C beobachtete man eine kubische Kristallform des Eises, bei der die Sauerstoffatome ein diamantartiges Gitter bilden, während bei höheren Temperaturen nur das gewöhnliche, hexagonale „Eis I" stabil ist (R. BRILL 1962), in welchem die O-Atome ebenso angeordnet sind wie die Si-Atome im Tridymit (SiO_2). Beiden Formen gemeinsam ist ein sehr lockerer, sperriger Aufbau mit großen Hohlräumen, der zur Folge hat, daß das Volumen des Eises etwa doppelt so groß ist, als wenn die Moleküle in dichtester Kugelpackung angeordnet wären (Abb. 2).

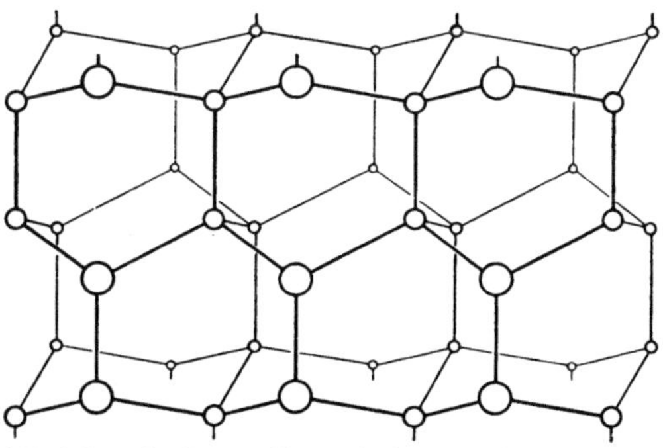

Abb. 2. Lage der Sauerstoffatome im hexagonalen Eis. (Kreise gleicher Größe liegen in der gleichen Ebene, die größten am weitesten vorn)

Da das H-Atom in einer Wasserstoffbrücke nicht genau in der Mitte zwischen den O-Atomen sitzt, sondern von dem einen nur um den (meist leicht vergrößerten) Valenzabstand von etwa 1 Å, von dem anderen dagegen um etwa 1,76 Å entfernt ist, erhebt sich die Frage, wie die H-Atome auf den für sie möglichen Plätzen innerhalb des Gitters der Sauerstoffatome im Eis angeordnet sind. L. PAULING schlug 1935 dafür eine völlig ungeordnete (statistische) Verteilung vor, wobei sich aber selbstverständlich immer genau ein H-Atom zwischen je zwei O-Atomen befinden muß und bei jedem O-Atom stets zwei H-Atome sitzen müssen, die mit diesem ein H_2O-Molekül bilden. Man kann auch sagen: in dem Pauling-Modell bilden nur die O-Atome ein völlig geordnetes Gitter, während die Orientierung der H_2O-Moleküle innerhalb der möglichen durch die H-Brückenbildung bedingten Lagen völlig regellos ist. Die Restentropie für einen solchen ungeordneten Eiskristall berechnete PAULING zu $R \ln (3/2) = 0{,}806$ cal/mol °K. Die Bestimmung der spezifischen Wärme von Eis zwischen 15 und 273° K durch W. F. GIAUQUE und J. W. STOUT 1936 lieferte 0,82 cal/mol °K für die Nullpunktsentropie, also eine quantitative Bestätigung des Pauling-Modells.

In engstem Zusammenhang mit der fehlenden Orientierung der Wassermoleküle im Eisgitter steht die Tatsache, daß die Dielektrizitätskonstante des Eises bei Temperaturen über etwa 200° K bereits von derselben Größenordnung ist wie die des Wassers. Daraus geht hervor, daß sich die H_2O-Moleküle innerhalb des Gitters ziemlich frei nach einem äußeren Feld ausrichten können (L. PAULING 1960, S. 467). Weiterhin ist hier auf die überraschend große

Beweglichkeit der Protonen im Eis hinzuweisen, die nach M. EIGEN und L. DE MAEYER 1958 rund hundertmal größer ist als die (selbst schon extrem hohe) Beweglichkeit der H^+-Ionen im Wasser.

V. Die Struktur des Wassers

Beim Schmelzen bricht das weiträumige Eisgitter zusammen, so daß sich die Moleküle im flüssigen Zustand dichter zusammenlagern können. Hierdurch wird die Volumenverkleinerung verständlich. Diese müßte jedoch viel stärker sein, wenn die sperrige Eisstruktur tatsächlich völlig zerstört würde. Daraus ist zu schließen, daß die Eisstruktur auch nach dem Schmelzen zunächst noch in irgendeiner Form fortbesteht und erst bei höheren Temperaturen allmählich abgebaut wird. Mit Hilfe der Vorstellung eines solchen Nachschmelzens eisartiger Aggregate bei Temperaturen oberhalb des Eispunktes lassen sich die meisten Anomalien des Wassers zwanglos deuten, darunter insbesondere das Dichtemaximum bei 4° C und der hohe Wert der spezifischen Wärme mit ihrem Minimum bei 35° C. Da die sperrigen Eisaggregate aus thermodynamischen Gründen bei hohen Drucken abgebaut („zerquetscht") werden, läßt sich auch die ungewöhnliche Abnahme der Viscosität des Wassers bei Druckerhöhung verstehen.

In zahllosen Untersuchungen wurde und wird immer wieder versucht, auf Grund von Modellvorstellungen zu präzisen Aussagen über die Art und die Häufigkeit solcher eisartigen Strukturen im Wasser in Abhängigkeit von Temperatur und Druck zu gelangen. Doch bisher hat keine dieser Theorien allgemeine Anerkennung gefunden. Daher möge hier der Hinweis auf eine der neuesten Arbeiten dieser Art von G. NÉMETHY und H. A. SCHERAGA 1962 genügen, welche den Zugang zu dem einschlägigen Schrifttum eröffnet.

VI. Der Gefrierprozeß

Abb. 3 zeigt das sog. Phasendiagramm des Wassers mit den Existenzgebieten der drei Aggregatzustände: Eis (*E*), Flüssigkeit (*F*) und Gas (*G*). Diese Bereiche werden durch drei Gleichgewichtskurven, die Dampfdruck-, die Schmelzdruck- und die Sublimationsdruck-Kurve (*D*, *S* und *Sb*), voneinander getrennt, welche sich im Tripelpunkt (*T*) schneiden, bei dem alle drei Phasen miteinander im Gleichgewicht stehen. Die Schmelzdruckkurve (*S*) verläuft außerordentlich steil, und zwar etwas nach links geneigt, d. h. mit zunehmendem Druck wird die Schmelztemperatur (wegen der Volumenabnahme beim Schmelzen) etwas erniedrigt, bei 100 atm jedoch nur um 0,76° C. Bei 2050 atm gefriert das Wasser erst bei —22,0° C. Doch bei noch höheren Drucken steigt der Gefrierpunkt wieder an, wobei sich allerdings nicht mehr das gewöhnliche hexagonale „Eis I" bildet, sondern eine Reihe verschiedener dichterer Modifikationen, von denen beispielsweise das „Eis VII" erst oberhalb von 81,6° C und 21700 atm beständig ist (G. KORTÜM 1960, S. 255).

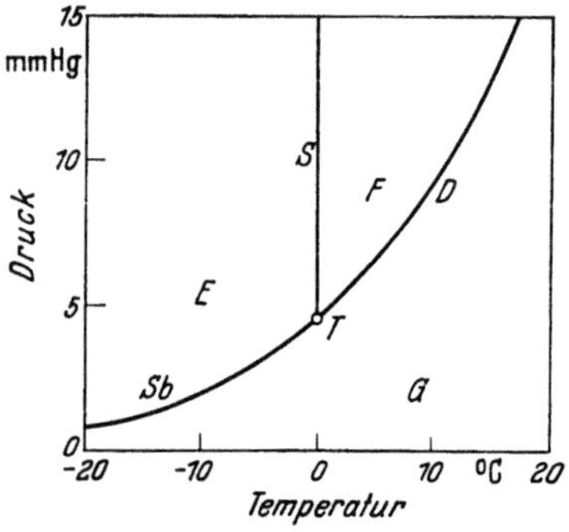

Abb. 3. Phasendiagramm des Wassers

Aus Abb. 3 geht hervor, daß das Eis bei Drucken unter 4,58 mm Hg, dem Tripelpunktsdruck, bei Erwärmung unmittelbar in den Gaszustand übergeht, also sublimiert, ohne erst zu schmelzen. Diese Tatsache bildet die Grundlage der „Gefriertrocknung", die auch für die Konservierung der Lebensmittel neuerdings in steigendem Maße an Bedeutung gewinnt.

Eine kleine Menge von reinem Wasser in einem Glasröhrchen läßt sich im allgemeinen leicht auf Temperaturen unter —10° C abkühlen, ohne zu gefrieren. Bringt man in solches unterkühltes Wasser ein winziges Stückchen Eis, so wird die Unterkühlung sofort aufgehoben. Der Eiskristall wächst sehr schnell an, und durch die frei werdende Erstarrungswärme steigt die Temperatur auf die Gleichgewichtstemperatur 0° C. Gehemmt ist also nicht das Wachstum eines bereits vorhandenen Eiskristalls, sondern offenbar die Entstehung der ersten, kleinsten „Kristallkeime" aus der Flüssigkeit. Normalerweise bilden sich die ersten Eiskristalle an submikroskopischen Fremdteilchen, die im Wasser suspendiert sind. Man spricht dann von „heterogener Keimbildung". Da bereits ein einziger Keim genügt, um die Unterkühlung aufzuheben, wird verständlich, daß es extremer Sorgfalt bedarf, um die heterogene Keimbildung völlig auszuschließen. Es ist daher erst in neuester Zeit gelungen, in der Frage der „homogenen Keimbildung" zu klaren Ergebnissen zu kommen (E. J. LANGHAM und B. J. MASON 1958).

Ein homogener Keim entsteht durch zufällige Zusammenlagerung einer kleinen Anzahl von Wassermolekülen in der Eiskonfiguration. Da ein großer Teil der Moleküle bei einem sehr kleinen Eiskristall in der Oberfläche oder gar in den Kanten und Ecken sitzt und daher weniger fest gebunden ist, so wird ein solcher Keim in der Nähe des Eispunktes infolge der Wärmebewegung der Moleküle im allgemeinen wieder zerfallen, ehe er zu einem größeren stabilen Kristall anwachsen kann. Daher setzt die homogene Keimbildung erst unterhalb einer gewissen kritischen Temperatur ein, bei der die Wärmebewegung gerade nicht mehr ausreicht, um einen Keim zu zerstören. Da ferner die Wahrscheinlichkeit für die zufällige Entstehung eines Eiskeims mit der Menge des Wassers zunimmt, so muß die homogene Keimbildung in einem größeren Wasservolumen bereits bei etwas höheren Temperaturen eintreten als in einem kleinen. Eine Wassermenge von etwa 1 cm^3 und darüber läßt sich daher im Grenzfall äußerster Reinheit, d. h. bei völliger Abwesenheit von Fremdkeimen, höchstens bis auf etwa $-32°$ C unterkühlen, während man Tröpfchen von 0,1 mm ⌀ bis zu $-35°$ C und solche von 1 μ ⌀ sogar bis zu $-41°$ C abkühlen kann, ehe die Erstarrung einsetzt.

Bei noch stärkerer Unterkühlung muß die Keimbildungswahrscheinlichkeit jedoch schließlich wieder abnehmen, weil die Moleküle ihre Beweglichkeit immer mehr verlieren. Da ferner die Keimbildung stets eine gewisse Zeit erfordert, so müßte es grundsätzlich möglich sein, hinreichend kleine Wassertröpfchen so schnell auf tiefe Temperaturen abzukühlen, daß sie amorph (glasartig) erstarren, ohne zu kristallisieren. Bisher hat man „amorphes Eis" allerdings nur aus Wasserdampf durch Kondensation bei sehr niedrigen Drucken und Temperaturen erzeugen können. Bei der Erwärmung wandeln sich solche amorphen Schichten bei etwa $-120°$ C in kubisches und weiter bei $-80°$ C in hexagonales Eis um. Diese Umwandlungen sind jedoch irreversibel. Gewöhnliches Eis ändert also bei der Abkühlung seine Struktur nicht (R. BRILL 1962).

Die Kristallisationsgeschwindigkeit, d. h. die Geschwindigkeit des Vorrückens der Eisfront in cm/sec, wird im allgemeinen hauptsächlich durch die Abführung der frei werdenden Schmelzwärme aus der Kristallisationszone bestimmt. Wenn man von diesem Einfluß absieht und nur die Abhängigkeit von der Temperatur in der Grenzfläche betrachtet, so muß auch die Kristallisationsgeschwindigkeit bei starker Unterkühlung entsprechend der Beweglichkeit der Moleküle abnehmen (H. T. MERYMAN 1956). Diese Tatsache ist wesentlich für die Größe der einzelnen Kristalle in dem entstehenden Eis. Bei der langsamen Abkühlung größerer Wassermengen ist genügend Zeit zur heterogenen Keimbildung in der Nähe des Eispunktes. Dort ist die Kristallisationsgeschwindigkeit groß, so daß wenige Keime rasch zu großen Kristallen anwachsen, wodurch ein grobkristallines Gefüge entsteht. Bei großer Abkühlungsgeschwindigkeit, die im allgemeinen nur bei kleineren Proben zu erreichen ist, wird dagegen eine starke Unterkühlung auftreten, und man kommt in ein Gebiet mit großer Keimbildungs-, aber kleiner Kristallisationsgeschwindigkeit. Infolgedessen entstehen viele Keime, die jedoch nur langsam anwachsen und schließlich ein feinkristallines Gefüge ergeben. Diese Zusammenhänge sind beim Gefrieren der Lebensmittel von Bedeutung.

VII. Die Dissoziation des Wassers

Ein geringer Bruchteil der Moleküle des Wassers ist in Ionen zerfallen, wobei sich ein thermisches Gleichgewicht einstellt: $H_2O \rightleftharpoons H^+ + OH^-$. Wenn man von Wasserstoffionen spricht, so wird jedoch stets vorausgesetzt, daß diese im Wasser nicht als freie Protonen auftreten, sondern, mit einem weiteren Wassermolekül sehr fest vereinigt, als H_3O^+-(Hydronium)-Ionen. Das Massenwirkungsgesetz liefert für die Ionendissoziation des Wassers die wichtige Beziehung: $c_{H^+} \cdot c_{OH^-} = K_W$, d. h. das Produkt der Konzentrationen (in mol/l) der beiden Ionenarten ist stets, also auch in wäßrigen Lösungen (bei nicht zu hohen Konzentrationen) konstant. Das „Ionenprodukt" K_W ist bei 25° C zufällig fast genau gleich 10^{-14}. Damit wird der „pH-Wert" (definiert als $pH = -\log c_{H^+}$) für reines Wasser oder neutrale Lösungen wegen $c_{H^+} = c_{OH^-}$ gleich 7. Von $10^{10}/18 = 5{,}55 \cdot 10^8$ Wassermolekülen ist also immer nur ein einziges dissoziiert. Die elektrische Leitfähigkeit von ganz reinem Wasser ist daher sehr gering. Da die Dissoziation endotherm verläuft, nimmt sie mit steigender Temperatur zu, weshalb der pH-Wert neutraler Lösungen bei 0° C bereits etwa 7,5, bei 50° C dagegen nur 6,5 beträgt. Der pH-Wert ist bestimmend für den Zustand aller Stoffe, die selbst schwache Säuren oder Basen sind, d. h. H^+- oder OH^--Ionen abgeben oder aufnehmen können, wie z. B. die Proteine. Er ist daher auch für die Veränderungen vieler Lebensmittel bei der Bearbeitung (insbesondere beim Trocknen und Gefrieren) und bei der Lagerung von großer Bedeutung.

C. Wäßrige Lösungen

I. Die Löslichkeit von Nichtelektrolyten

Maßgebend für die Vermischung zweier Substanzen A und B ist einerseits die mit der Temperatur ansteigende thermische Bewegung der Moleküle, andererseits der Einfluß der Kräfte zwischen diesen. Da Abstoßungskräfte im allgemeinen erst bei sehr hohen Drucken wirksam werden, kommt es darauf an, ob die Anziehung zwischen den Molekülarten A und B stärker oder schwächer ist als die der A- bzw. der B-Moleküle unter sich. Im ersten Fall der „Überanziehung" wird die Vermischung durch die zwischenmolekularen Kräfte begünstigt, im zweiten Fall der „Unteranziehung" wirken die Kräfte dem thermischen Vermischungsbestreben entgegen. Auf Grund dieser Vorstellung wird verständlich, daß das Wasser gerade wegen seiner Fähigkeit zu ausgeprägter Wechselwirkung durch die Bildung von H-Brücken keineswegs ganz allgemein als gutes Lösungsmittel wirkt. So sind z. B. die Kohlenwasserstoffe und ihre Halogenverbindungen in Wasser praktisch gar nicht oder nur sehr wenig löslich. Um die starke Verknüpfung der H_2O-Moleküle innerhalb des Wassers zu überwinden, müssen die Moleküle des zu lösenden Stoffes offenbar befähigt sein, selbst mit den Wassermolekülen in etwa ebenso starke oder noch stärkere Wechselwirkung zu treten. Das ist der Fall, wenn sie auch Wasserstoffbrücken bilden können, d. h. wenn sie eine oder mehrere folgender als „hydrophil" bezeichneter Gruppen enthalten: —OH, —CO—, —CHO, —COOH, $—NH_2$, —NH—, $—SO_3H$ u. dgl. Demgegenüber verhalten sich z. B. die Alkylgruppen wasserabweisend: „hydrophob". Eine hydrophile Gruppe vermag eine kleine Anzahl der hydrophoben CH_2-Gruppen mit sich in die Lösung zu ziehen. Daher sind beispielsweise die Anfangsglieder der homologen Reihen der Alkohole oder der Carbonsäuren völlig wasserlöslich, während die höheren Glieder nahezu unlöslich sind. Durch eine größere Anzahl von hydrophilen Gruppen können jedoch auch Stoffe mit großen, ja sogar mit Makro-Molekülen wasserlöslich werden, wie beispielsweise Zucker oder Proteine. Die Wechselwirkung gelöster Moleküle mit dem Lösungsmittel bezeichnet man allgemein als Solvatation, beim Wasser speziell als Hydratation.

II. Die Löslichkeit von Elektrolyten und die Ionenhydratation

Während das Wasser als Lösungsmittel für organische Stoffe aus den oben genannten Gründen keineswegs eine besondere Vorzugsstellung einnimmt, wenn man es etwa mit Äthanol, Äther oder Aceton vergleicht, so gilt dies doch ganz ausgesprochen für sein Verhalten gegenüber Salzen und starken Säuren und Basen. Die Bildung eines heteropolaren Moleküls wie NaCl läßt sich bekanntlich durch die Vorstellung erklären, daß zunächst durch Elektronenübergang zwei Ionen mit abgesättigten Elektronenschalen entstehen, die sich dann infolge ihrer relativ großen elektrischen Ladung und des kleinen Abstandes zwischen ihnen mit starker Kraft elektrostatisch anziehen. Das Kristallgitter eines solchen Salzes ist ein Ionengitter, welches ebenfalls, wenn man die Existenz der Ionen einmal voraussetzt, rein elektrostatisch zusammengehalten wird. Wie groß die darin herrschenden Kräfte sind, erkennt man an der Höhe des Siedepunktes solcher Substanzen (z. B. 1465° C für NaCl).

Es ist zunächst durchaus überraschend, daß das Wasser diese starken chemischen Bindungen zu lösen vermag. Der Grund dafür liegt in seiner ungewöhnlich großen Dielektrizitätskonstanten: $\varepsilon = 80{,}4$ bei 20° C (Tab. 1), die nur von ganz wenigen anderen Flüssigkeiten erreicht oder überschritten wird. Die Coulombsche Kraft zwischen geladenen Teilchen ist nämlich umgekehrt proportional zu ε und daher im Wasser rund achtzigmal kleiner als im Vakuum. Bei gewöhnlichen Temperaturen genügt daher schon die Wärmebewegung der Moleküle, um die Bindungskraft zwischen zwei Ionen im Wasser zu überwinden. Dazu kommt die Wechselwirkung der Ionen mit dem Wasser.

Die Ionen können eine gewisse Anzahl von Wassermolekülen durch elektrostatische Anziehung der entgegengesetzt geladenen Seiten der H_2O-Quadrupole so fest an sich binden, daß die dabei frei werdende „Hydratationswärme" etwa ebenso groß ist wie die Energie, die zur Herauslösung der Ionen aus dem Verband im Kristallgitter benötigt wird. Die Lösungswärmen der Salze sind daher als kleine Differenzen zweier großer Zahlen aufzufassen: dem Energieaufwand zur Zerstörung des Gitters und dem Energiegewinn bei der Hydration der Ionen, und je nachdem, welcher Beitrag im Einzelfall gerade überwiegt, kann die Lösungswärme auch bei chemisch sehr ähnlichen Stoffen von verschiedenem Vorzeichen sein, wie z. B. für NaBr und NaJ.

Die unmittelbar an das Ion gebundenen Wassermoleküle bilden wegen der großen elektrostatischen Kräfte eine feste Hydrathülle, die durch die Wärmebewegung nicht merklich beeinflußt und bei der Bewegung der Ionen, z. B. in einem elektrischen Feld, mitgeschleppt wird. Die „Hydratationszahl", d. h. die Anzahl der von einem Ion fest gebundenen Wassermoleküle, ist im allgemeinen um so größer, je kleiner das Ion ist (wegen der größeren Feldstärke an dessen Oberfläche) und je mehr Ladungen es trägt. Auf Grund verschiedener Methoden, die im allgemeinen zu etwas verschiedenen Ergebnissen führen, hat man z. B. folgende Werte ermittelt: Li^+ 5—6, Na^+ 4, K^+ 2—4, F^- 4—5, Cl^- 2—3 (B. E. Conway 1952, S. 131). Für die (zweiwertigen) Ionen der Erdalkalimetalle liegen die Hydratationszahlen bei 6 (J. D. Bernal und R. H. Fowler 1933). Daß die Ionen mit ihren Wasserhüllen tatsächlich feste, einheitliche Komplexe bilden, geht auch daraus hervor, daß sie vielfach zu kristallisierten Hydraten erstarren, z. B. $CaCl_2 \cdot 6\,H_2O$. Neben der fest gebundenen ersten Hydrathülle muß man jedoch wegen der großen Reichweite der elektrostatischen Kräfte mindestens noch eine weitere Schicht von Wassermolekülen annehmen, die allerdings wesentlich lockerer gebunden sein wird.

Die gegenseitige Anziehung der entgegengesetzt geladenen Ionen hat weiterhin zur Folge, daß das Wasser in einer Elektrolytlösung gewissermaßen unter Druck steht, weshalb sich die Eigenschaften von derartigen Lösungen bei steigender Konzentration im allgemeinen ebenso verhalten wie die Eigenschaften des reinen Wassers bei steigendem Druck. So können die eisartigen Komplexe im Wasser sowohl durch hohen Druck als auch durch die Auflösung eines Elektrolyten abgebaut werden. Von der Dichteanomalie des Wassers bei 4° C ist daher bei 1000 atm ebensowenig zu merken wie beispielsweise in einer 30%igen $CaCl_2$-Lösung bei 1 atm.

III. Thermodynamische Gesetzmäßigkeiten

Für ideale oder ideal verdünnte Mischungen liefert die Thermodynamik einige grundlegende Beziehungen, die auch für wäßrige Lösungen wenigstens im Grenzfall unendlicher Verdünnung, d. h. wenn die gelösten Teilchen praktisch keine Kräfte mehr aufeinander ausüben, zutreffen müssen. Die wichtigste ist das Gesetz von *Raoult*, nach welchem der Dampfdruck p (in einem Gasgemisch der Partialdruck) des Lösungsmittels über einer Lösung aus dem Dampfdruck p_0 des reinen Lösungsmittels bei derselben Temperatur durch die einfache Gleichung: $p = x_1 p_0$ berechnet werden kann, worin x_1 den Molenbruch des Lösungsmittels bezeichnet. Dieses Gesetz kann man auch so formulieren, daß die relative Dampfdruckerniedrigung gleich dem Molenbruch des gelösten Stoffes ist: $(p_0 - p)/p_0 = x_2$.

Der Dampfdruckerniedrigung entspricht unmittelbar eine Siedepunktserhöhung ΔT_S sowie eine Gefrierpunktserniedrigung ΔT_F des Lösungsmittels in einer Lösung gegenüber dem reinen Zustand. Für verdünnte wäßrige Lösungen erhält man: $\Delta T_S = 28{,}5\, x_2$ bei 100° C bzw. $\Delta T_F = 103{,}1\, x_2$ bei 0° C oder auch, wenn man statt des Molenbruches die Molkonzentration c (mol/l oder mol/kg) einführt: $\Delta T_S = 0{,}513\, c$ bzw. $\Delta T_F = 1{,}858\, c$ mit den bekannten Zahlenwerten für die „molare Siedepunktserhöhung" bzw. die „molare Gefrierpunktserniedrigung". Diese Beziehungen enthalten einige mathematische Vereinfachungen und gelten auch bei idealem Verhalten der Mischungspartner nur für den Grenzübergang $x_2 \to 0$ bzw. $c \to 0$, d. h. sie liefern nur die Neigung der Grenztangenten an die Siede- bzw. Gefrierkurven.

Von großer Bedeutung ist in diesem Zusammenhang schließlich noch die Gleichung für den osmotischen Druck P, der sich in einer Lösung einstellt, wenn sie sich durch eine nur für das Lösungsmittel durchlässige („semipermeable") Membran mit dem reinen Lösungsmittel ins Gleichgewicht setzen kann. Für ideale Lösungen wird: $P\,V = -R\,T \ln x_1$, worin V das Molvolumen des Lösungsmittels und R die universelle Gaskonstante bezeichnet. Im Grenzfall großer Verdünnung kann man dafür auch schreiben: $P = cRT = 0{,}0821\, cT$ atm, d. h. der osmotische Druck ist gleich dem Druck, den der gelöste Stoff allein in demselben Volumen ausüben würde, wenn er darin als ideales Gas existieren könnte.

Bei der Anwendung dieser Gesetze auf Elektrolytlösungen muß man die Erhöhung der Zahl der gelösten Teilchen durch die Ionendissoziation berücksichtigen. Dabei ist die Wechselwirkung zwischen den Ionen infolge der weitreichenden elektrostatischen Kräfte allerdings so groß, daß man auch schon bei sehr verdünnten Lösungen mit beträchtlichen Abweichungen von den genannten Beziehungen zu rechnen hat. Bei kolloidalen Lösungen ist wegen der Größe der Einzelteilchen die Molkonzentration selbst bei hohen Gewichtsprozentgehalten so gering, daß die Dampfdruck- und die Gefrierpunktserniedrigung im allgemeinen praktisch zu vernachlässigen sind. Nur der osmotische Druck liefert bei solchen Lösungen noch gut meßbare Effekte, die zur Molekulargewichtsbestimmung dienen können. Da die pflanzlichen und tierischen Säfte (Obstsäfte, Blut, Milch, Gewebeflüssigkeiten u. dgl.) im allgemeinen als wäßrige Lösungen der verschiedensten Molekülarten und die Zellwände als selektiv durchlässige Membranen angesehen werden müssen, spielen diese Beziehungen auch bei den Zustandsänderungen der meisten Lebensmittel (z. B. beim Trocknen und Gefrieren) eine wesentliche Rolle.

D. Das Wasser in Lebensmitteln

I. Die Sorptionsisotherme

1. Allgemeines

Kennzeichnend für den thermodynamischen Zustand des Wassers in irgendeinem stofflichen System, wie z. B. in einem Lebensmittel, ist der Gleichgewichtspartialdruck p des Wasserdampfes, der sich nach hinreichend langer Zeit über dem System einstellt. Es ist üblich, p auf den Dampfdruck p_0 des reinen Wassers bei derselben Temperatur zu beziehen, d. h. statt p das ,,Dampfdruckverhältnis"

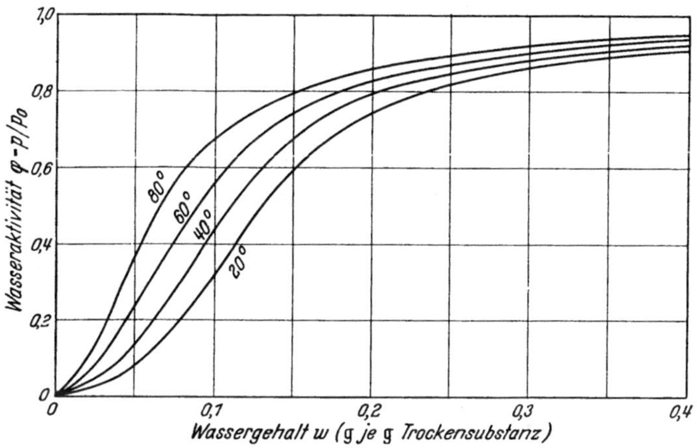

Abb. 4. Sorptionsisothermen für Kartoffelstücke bei verschiedenen Temperaturen (nach P. GÖRLING 1956)

oder die ,,relative Luftfeuchtigkeit" $\varphi = p/p_0$ anzugeben. Diese ist nach dem verallgemeinerten Gesetz von RAOULT gleich der Aktivität des Wassers in dem betreffenden System und damit kennzeichnend für dessen chemisches Potential. Zwei wasserhaltige Substanzen können nur dann ohne Veränderung nebeneinander bestehen, wenn die Wasseraktivitäten übereinstimmen. Andernfalls wird wegen des Partialdruckgefälles so lange Wasser aus der Phase mit dem größeren Wert von φ verdampfen und in die andere überdestillieren, bis das Gleichgewicht erreicht ist.

Die Wasseraktivität φ in irgendeiner wasserhaltigen Substanz, wie z. B. Fleisch oder Stärke, hängt im allgemeinen vom Wassergehalt w und von der Temperatur ab. Trägt man φ bei jeweils konstanten Temperaturen als Funktion von w (hier stets gemessen in g Wasser je g Trockensubstanz: g/g Tr.S.) auf, so erhält man die sog. ,,Sorptionsisothermen", die den Zustand des Wassers in dem betreffenden System in thermodynamischer Hinsicht vollständig kennzeichnen. Abb. 4 zeigt als Beispiel den Verlauf dieser Kurven für Kartoffelstücke bei vier verschiedenen Temperaturen, der auch für andere Lebensmittel als typisch angesehen werden kann.

2. Die partielle molare Sorptionswärme

Ohne jede nähere Kenntnis des Bindungszustandes der Wassermoleküle in dem betrachteten Gut läßt sich rein thermodynamisch aus der Temperaturabhängigkeit der Sorptionsisothermen die ,,partielle molare Sorptionswärme" W des Wassers berechnen, die erforderlich ist, um ein Mol aus dem Gut in den Zustand des reinen, flüssigen Wassers überzuführen. Die Menge des Gutes soll so groß sein, daß die Änderung von w dabei vernachlässigt werden kann. Die Gleichung zur Berechnung von W lautet:

$$\left(\frac{\partial \ln \varphi}{\partial (1/T)}\right)_{w = \text{const.}} = -\frac{W}{R} \tag{1}$$

Zur Auswertung von Gl. (1) trägt man zweckmäßigerweise bei jeweils konstant gehaltenem Wassergehalt w die Größe $\log \varphi$ in Abhängigkeit von $1/T$ auf. Dabei erhält man im allgemeinen nahezu gerade Linien, aus deren Neigung gemäß Gl. (1) die partielle molare Sorptionswärme W bestimmt werden kann. Über größere Temperaturbereiche ergeben sich leicht gekrümmte Kurven, aus denen sich auch die Temperaturabhängigkeit von W entnehmen läßt.

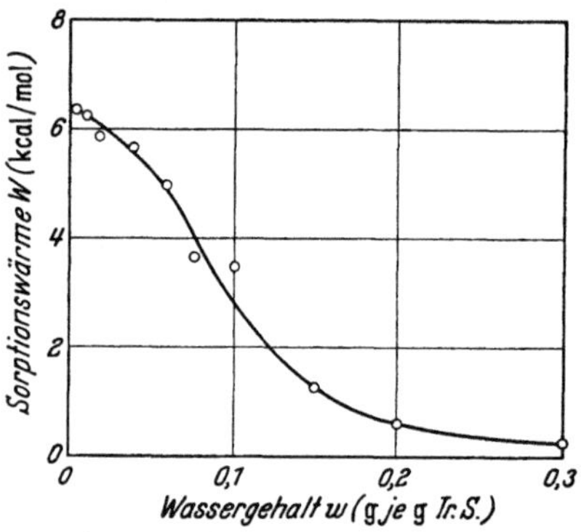

Abb. 5. Partielle molare Sorptionswärme des Wassers in Kartoffeln bei 30° C in Abhängigkeit vom Wassergehalt (nach P. GÖRLING 1956)

Abb. 5 zeigt die auf diese Weise aus den Sorptionsisothermen für Kartoffelstücke (Abb. 4) ermittelten Ergebnisse für die partielle molare Sorptionswärme W des Wassers bei 30° C in Abhängigkeit vom Wassergehalt. Während W bei sehr kleinen Wassergehalten (für $w \to 0$) einen verhältnismäßig hohen Wert W_0 erreicht, der hier etwa das 0,6fache der Verdampfungswärme des reinen Wassers beträgt, fällt die Kurve mit zunehmendem w rasch ab und strebt offenbar asymptotisch dem Grenzwert 0 zu. Dieser aus den Sorptionsisothermen berechnete Verlauf von W konnte in anderen Fällen unmittelbar durch calorimetrische Untersuchungen quantitativ bestätigt werden, so daß an der Brauchbarkeit von Gl. (1) keine Zweifel zu bestehen scheinen.

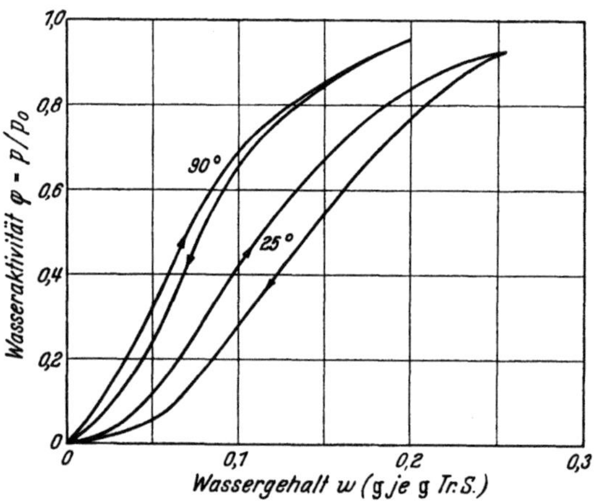

Abb. 6. Sorptions- und Desorptionsisothermen für denaturiertes Eialbumin bei 25 und 90° C (nach R. L. ALTMANN und S. W. BENSON 1960)

3. Die Hysteresis der Wassersorption

Eine gewisse Schwierigkeit entsteht allerdings dadurch, daß die Sorptionsisothermen vielfach tatsächlich keine Gleichgewichtskurven im thermodynamischen Sinne darstellen. Dies äußert sich darin, daß man im allgemeinen bei steigendem Wassergehalt (bei der Sorption) eine andere Kurve erhält als bei abnehmendem (bei der Desorption). In Abb. 6 sind als Beispiel diese Sorptions-Desorptions-Cyclen für denaturiertes Eialbumin bei 25 und 90° C wiedergegeben. Daraus geht hervor, daß die Hysteresis mit steigender Temperatur geringer wird. Wenn man Gl. (1) auf die Desorptionsisothermen anwendet, so erhält man die partielle molare „Desorptionswärme“, welche im allgemeinen wesentlich größer ist als die Sorptionswärme bei derselben Temperatur und demselben Wassergehalt. Diese fast immer auftretende Erscheinung deutet darauf hin, daß sich bei der Wassersorption und -desorption nicht nur der physikalisch-chemische Zustand des Wassers selbst ändert, sondern zugleich und damit eng zusammenhängend auch der des wasserbindenden Substrates. Hierdurch wird die molekulartheoretische Interpretation der thermodynamischen Daten außerordentlich erschwert, und alle Erklärungen, bei denen die Wassersorption als reversibler Vorgang im thermodynamischen Sinne aufgefaßt wird, sind von vornherein mit einer gewissen Unsicherheit behaftet.

4. Die Langmuir-Gleichung

Den Ausgangspunkt zur Deutung des Verlaufs der Sorptionsisothermen bildet die Gleichung von LANGMUIR, die ursprünglich allerdings für die Belegung fester Oberflächen durch Gase (Adsorption) abgeleitet worden war. Nun darf man sich die Wassersorption an Proteinen u. dgl. sicherlich nicht so vorstellen, als wenn dabei die Oberfläche dieser Substanzen mit H_2O-Molekülen belegt würde. Vielmehr ist anzunehmen, daß die Wassermoleküle von ganz bestimmten Gruppen des Substrats (z. B. OH, NH oder CO) unter Bildung von Wasserstoffbrücken verhältnismäßig fest gebunden werden. Es läßt sich jedoch leicht zeigen, daß die Langmuirsche Gleichung (2) auch für eine solche quasi-chemische Reaktion zutreffen muß:

$$w = \frac{\varepsilon \varphi}{K + \varphi} . \tag{2}$$

Darin ist ε eine Konstante, die den Wassergehalt bei vollständiger Besetzung aller wasserbindenden Gruppen (nach LANGMUIR bei vollständiger Belegung der Oberfläche durch eine monomolekulare Schicht) angibt. K hat die Bedeutung der Gleichgewichtskonstanten für die Abspaltung des Wassers von diesen Gruppen. Aus der Temperaturabhängigkeit von K läßt sich daher nach der bekannten Gleichung von VAN'T HOFF [die hier mit Gl. (1) identisch wird] die Bindungsenergie W berechnen.

Wenn verschiedene wasserbindende Gruppen vorliegen, wie z. B. bei den Proteinen, so müßte man eigentlich mehrere solcher Langmuir-Terme nach Gl. (2) mit jeweils verschiedenen Konstanten addieren, um den Verhältnissen exakt gerecht zu werden. Da sich über die Zahlenwerte von ε, K und W von vornherein nichts aussagen läßt, wird man sich im allgemeinen allerdings mit nur einem Term nach Gl. (2) begnügen müssen, dessen Konstanten durch Anpassung an die gemessenen Sorptionsisothermen bestimmt werden können. Dabei sollte man sich jedoch stets dessen bewußt sein, daß die so ermittelten Werte von ε, K und W möglicherweise nur als verhältnismäßig rohe Mittelwerte angesehen werden dürfen. Zur praktischen Anwendung schreibt man Gl. (2) zweckmäßig in der Form:

$$\frac{\varphi}{w} = \frac{K}{\varepsilon} + \frac{\varphi}{\varepsilon} . \tag{3}$$

Wenn man φ/w in Abhängigkeit von φ aufträgt, so erhält man also im Bereich der Gültigkeit der Langmuirschen Theorie eine Gerade, deren Neigung gleich $1/\varepsilon$ und deren Ordinatenabschnitt gleich K/ε ist, woraus ε und K bestimmt werden können. Für die 20°-Isotherme von Kartoffelstücken ergeben sich z. B. auf diese Weise etwa die Werte $\varepsilon = 0{,}09$ und $K = 0{,}06$. Abb. 7 zeigt, daß die damit berechnete Langmuir-Isotherme die Meßdaten jedoch nur in einem sehr beschränkten Bereich kleiner φ-Werte wiederzugeben vermag.

5. Die BET-Gleichung

Um dem Verlauf der Sorptionsisothermen bei höheren Wassergehalten besser gerecht zu werden, ist es üblich geworden, statt Gl. (2) die Gleichungen von

S. BRUNAUER, P. H. EMMETT und E. TELLER 1938 („BET") für multimolekulare Adsorption anzuwenden, die eine Erweiterung der Langmuirschen Beziehung darstellen. Unter der Annahme, daß sich über der ersten mit einer gewissen Bindungsenergie adsorbierten Molekülschicht durch reine Kondensation (also ohne Bindungsenergie) noch beliebig viele weitere Schichten ausbilden können, die alle untereinander im Gleichgewicht stehen, gelangten diese Autoren zu folgender Beziehung, deren Konstanten dieselbe Bedeutung haben wie die in Gl. (2):

$$w = \frac{\varepsilon \varphi}{(1-\varphi)\left[K(1-\varphi)+\varphi\right]}\,. \tag{4}$$

Man erkennt sofort, daß diese Gleichung in die von LANGMUIR übergeht, wenn φ gegen 1 vernachlässigt werden kann und daß [im Gegensatz zu Gl. (2), aber in Übereinstimmung mit den gemessenen Sorptionsisothermen] w sehr groß wird, wenn φ gegen 1 geht. Obwohl die Vorstellung von mehreren aufeinander kondensierten Molekülschichten bei der Wasseradsorption durch Proteine u. dgl. nicht sehr plausibel erscheint, läßt sich die Anwendung von Gl. (4) auch in solchen Fällen durch die Tatsache rechtfertigen, daß sie die Meßdaten in einem wesentlich größeren Bereich wiederzugeben vermag als Gl. (2), obwohl sie ebenfalls nur zwei anzupassende Konstanten enthält. Da sich Gl. (4) auch in die Form

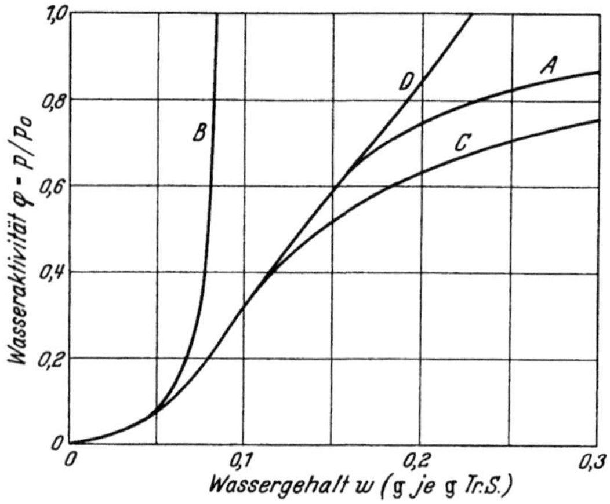

Abb. 7. Sorptionsisotherme für Kartoffelstücke bei 20° C nach P. GÖRLING 1956 (Kurve A) und angepaßte Funktionen nach Gl. (2) (Kurve B), nach Gl. (4) (Kurve C) und Gl. (6) mit $n = 5$ (Kurve D)

$$\frac{\varphi}{w(1-\varphi)} = \frac{K}{\varepsilon} + \frac{(1-K)\varphi}{\varepsilon} \tag{5}$$

bringen läßt, ist es zweckmäßig, aus den Meßergebnissen den links stehenden Ausdruck zu berechnen und über φ aufzutragen, wobei man im Gültigkeitsbereich dieser Beziehung eine Gerade erhält, deren Ordinatenabschnitt wieder K/ε, deren Neigung aber jetzt $(1-K)/\varepsilon$ liefert. So ergeben sich z. B. nach P. GÖRLING für Kartoffelstücke bei 20° C die Werte $\varepsilon = 0{,}0766$ und $K = 0{,}0507$, die also mit den mittels Gl. (3) bestimmten Werten nur ungefähr übereinstimmen. Abb. 7 läßt erkennen, daß Gl. (4) tatsächlich die Meßwerte in einem wesentlich größeren Bereich darzustellen gestattet als Gl. (2).

Für den Fall, daß sich nur eine beschränkte Zahl n von Molekülschichten übereinander ausbilden können, wie z. B. in sehr engen Hohlräumen, hat man statt Gl. (4) folgende allgemeinere Beziehung anzuwenden:

$$w = \frac{\varepsilon \varphi}{1-\varphi} \cdot \frac{1-\varphi^n - n(1-\varphi)\varphi^n}{K(1-\varphi)+\varphi(1-\varphi^n)}\,. \tag{6}$$

Für $n = 1$ wird Gl. (6) mit Gl. (2) identisch und ebenso für $n \to \infty$ mit Gl. (4). Da ferner Gl. (6) auch für kleine φ-Werte in Gl. (4) übergeht, kann man die mit Hilfe dieser Gleichung ermittelten Zahlenwerte für ε und K auch bei der Anwendung von Gl. (6) benutzen und braucht dann nur noch auszuprobieren, welcher Wert von n den Meßwerten am besten gerecht wird. Für das Beispiel der Abb. 7 ist $n = 5$ besonders günstig (Kurve D), wenn auch der Gewinn gegenüber Gl. (4) (Kurve C) nicht sehr groß ist. Bei höheren Wasseraktivitäten muß man daher stets mit großen Abweichungen rechnen.

6. Das Capillarwasser

Als Hauptursache für die starke Zunahme des Wassergehalts w bei großen φ-Werten hat man ohne Zweifel in den meisten Fällen die Capillarkondensation anzusehen. Eine Flüssigkeit (mit der Oberflächenspannung σ) in einer Capillare (mit dem Radius r) steht unter einem Unterdruck, dem sog. „Capillardruck" $p_\sigma = 2\,\sigma/r$, der sich unmittelbar aus der „Steighöhe" in einer offenen, senkrechten Capillare ermitteln läßt. Die Folge dieses Unterdrucks ist eine Erniedrigung des Dampfdrucks p der Flüssigkeit in der Capillare gegenüber dem normalen Dampfdruck p_0 bei derselben Temperatur. Dafür gilt die Gleichung von THOMSON, in welcher V das Molvolumen der Flüssigkeit bezeichnet:

$$\ln \frac{p}{p_0} = - \frac{2\sigma}{r} \cdot \frac{V}{RT} \,. \tag{7}$$

Setzt man die entsprechenden Zahlenwerte für Wasser ein (Tab. 1), so ergeben sich für 20° C folgende zusammengehörigen Werte von r und $\varphi = p/p_0$:

Radius r	5 Å	10 Å	20 Å	50 Å	100 Å	200 Å	500 Å	0,1 μ	1 μ
Aktivität φ	0,116	0,340	0,583	0,806	0,898	0,948	0,979	0,989	0,999

Obwohl die Voraussetzungen für die Anwendbarkeit von Gl. (7) im Bereiche molekularer Dimensionen sicher nicht mehr erfüllt sind, darf man aus diesem Ergebnis doch wohl den Schluß ziehen, daß die Capillarkondensation schon bei sehr kleinen Wassergehalten bedeutsam werden kann, sofern die entsprechend engen Hohlräume vorhanden sind. Da man zur Berechnung der hierdurch festgehaltenen Wassermengen das zu jedem Radius r gehörige Volumen der Capillarräume kennen muß (also die Verteilungsfunktion des Wassers auf die verschiedenen r-Werte), läßt sich aus Gl. (7) der Verlauf der Sorptionsisotherme nicht unmittelbar berechnen.

Im Bereich hoher Wasseraktivitäten kann man jedoch empirisch durch Druckversuche weiterkommen. Wenn man nämlich den Unterdruck $p_\sigma = 2\,\sigma/r$, mit dem das Wasser in den Capillarräumen festgehalten wird, durch einen äußeren Druck P kompensiert, so kann man das Wasser aus den Capillaren herauspressen, aber nur bis zu einem bestimmten Radius herunter, der durch die Gleichung $P = 2\,\sigma/r$ gegeben ist. Mißt man daher bei verschiedenen Preßdrucken P die im Gleichgewichtszustand jeweils noch festgehaltenen Wassermengen w, so läßt sich die zugehörige Aktivität φ mittels Gl. (4) berechnen, wenn man darin $2\,\sigma/r$ durch P ersetzt. Bei derartigen Druckversuchen an Kartoffelscheiben fand P. GÖRLING 1956 tatsächlich befriedigende Übereinstimmung zwischen dem auf die geschilderte Art berechneten und dem gemessenen Verlauf der Sorptionsisotherme. Die Messungen konnten allerdings nur für φ-Werte von 0,90 und darüber durchgeführt werden, wofür bereits Preßdrucke bis zu 158,9 kg/cm² erforderlich waren.

Der größte Teil des Wassers in einem wasserreichen Lebensmittel organischer Herkunft, wie Fleisch oder Kartoffeln, befindet sich naturgemäß in Hohlräumen zwischen oder in den Zellen, denen man Capillarhalbmesser in der Größenordnung von etwa 1 μ und darüber zuordnen muß. Die Dampfdruckerniedrigung ist daher praktisch zu vernachlässigen, und die Drucke $P = 2\,\sigma/r$, die erforderlich sind, um dieses Wasser aus dem Gewebe herauszupressen, sind gering, wie folgende Zusammenstellung für 20° C zeigt:

Radius r	0,1 μ	1 μ	10 μ	0,1 mm	1 mm
Druck P (kg/cm²) .	14,84	1,484	0,148	0,0148	0,0015

Da ein Druck von 1 kg/cm² einer Wassersäule von rund 10 m Höhe entspricht, ist zu schließen, daß das Wasser aus Hohlräumen mit $r = 0{,}1$ mm und darüber (entsprechend rund 15 cm Wassersäule und darunter) im allgemeinen schon ohne besondere Belastung auslaufen oder abtropfen kann. Ferner wird verständlich, daß eine Zerstörung der Zellstruktur, wie sie beispielsweise beim Gefrieren vieler wasserreicher Lebensmittel bis zu einem gewissen Grad auftritt, zu einem Saftverlust (dem sog. „Drip") führen kann.

7. Das Lösungswasser

Von großer Bedeutung für den Verlauf der Sorptionsisothermen ist ferner die Tatsache, daß in den Zellsäften und Gewebeflüssigkeiten neben kolloidalen im allgemeinen auch niedermolekulare Substanzen (insbesondere Ionen verschiedener Art, aber auch Zucker u. dgl.) in nicht unbeträchtlicher Menge gelöst sind. Hieraus folgt eine Dampfdruckerniedrigung, welche bei der Trocknung des Gutes wegen der damit verbundenen Konzentrationssteigerung stärker wird.

Das Raoultsche Gesetz (Abschn. C III) liefert für das innerhalb des Gutes in idealer Lösung vorliegende Wasser folgende einfache Beziehung:

$$w = \frac{\lambda \varphi}{1 - \varphi}\,. \tag{8}$$

Darin ist $\lambda = M_1 \cdot n_2$, wobei M_1 das Molekulargewicht des Wassers und n_2 die Summe der Molzahlen der gelösten Substanzen je g Trockensubstanz des Gutes darstellt. Diese Gleichung liefert also neben der BET-Theorie der polymolekularen Adsorption und der Capillarkondensation eine dritte Möglichkeit zur Erklärung der starken Zunahme von w, wenn φ gegen 1 geht.

8. Eine Gleichung für die Sorptionsisotherme

Im allgemeinen wird man damit rechnen müssen, daß bei der allmählichen Trocknung eines Gutes in immer engeren Capillarräumen immer höher konzentrierte Lösung zurückbleibt, d. h. daß die Capillarkondensation mit dem Lösungseffekt ganz unmittelbar verquickt ist. Ebenso hängt die polymolekulare Adsorption (die ja eigentlich auch nur eine Kondensation darstellt) in unauflöslicher Weise mit der Capillarkondensation zusammen. Da man über letztere wegen der unbekannten und stark von der Art des Gutes abhängigen Verteilungsfunktion der Capillarräume von vornherein nichts aussagen kann, erscheint es zweckmäßig, auf eine theoretisch begründete Formel für diese Einflüsse einstweilen ganz zu verzichten und den entsprechenden Wasseranteil innerhalb der Gleichung für die Sorptionsisotherme durch eine den jeweiligen Meßergebnissen angepaßte Funktion auszudrücken.

So erhält man durch Summierung eines Langmuir-Terms für das „gebundene" Wasser und eines gegenüber Gl. (8) etwas verallgemeinerten Gliedes für das Capillar- und das Lösungswasser folgende Gleichung für die Sorptionsisotherme (L. Riedel 1961):

$$w = \frac{\varepsilon \varphi}{K + \varphi} + \frac{\lambda \varphi^n}{1 - \varphi}\,. \tag{9}$$

Mit den vier anzupassenden Konstanten ε, K, λ und n wird sich im allgemeinen schon eine befriedigende Darstellung der Meßwerte über den ganzen φ-Bereich erzielen lassen. Andernfalls steht natürlich nichts im Wege, das zweite, als ein rein empirisches Glied beliebig zu modifizieren. Setzt man den Exponenten n gleich oder größer als 3, so wird das zweite Glied für φ-Werte unter 0,1 vernachlässigbar klein. Man ermittelt dann durch Anpassung des Langmuir-Gliedes in diesem Bereich zunächst ε und K und damit dann weiter aus den Meßdaten bei großen φ-Werten λ und n. Für $\varphi \to 1$ geht w gegen unendlich. Das ist für Lösungen (z.B. Milch oder Honig) unmittelbar verständlich. Bei Abwesenheit gelöster Substanzen wird dagegen φ schon bei einem endlichen Wassergehalt, wenn alle Capillarräume gefüllt sind, praktisch gleich 1 sein. Um solchen Fällen gerecht zu werden, kann man in Gl. (9) für das zweite Glied einfach $\lambda \varphi^n$ schreiben.

II. Das gebundene Wasser in Lebensmitteln

1. Über die Unterscheidung verschiedener Bindungszustände

Vom rein thermodynamischen Standpunkt aus gesehen hat es keinen Sinn, über den Zustand des Wassers in Lebensmitteln mehr aussagen zu wollen, als was in der Schar der Sorptionsisothermen (einschließlich der daraus ableitbaren partiellen molaren Sorptionswärme und Sorptionsentropie) zum Ausdruck kommt. Die strenge thermodynamische Behandlung eines Problems ist zwar zuverlässig und allgemein anwendbar, aber andererseits auch abstrakt und verhältnismäßig wenig fruchtbar. Um ein echtes Verständnis für die entscheidenden Zusammenhänge zu gewinnen, aus dem heraus erst praktisch wesentliche Voraussagen möglich sind, braucht man eine anschauliche Modellvorstellung, die aber immer nur für spezielle Fälle brauchbar sein wird. Außerdem ist stets damit zu rechnen, daß der empirische Tatbestand durch mehrere Modelle etwa gleich gut dargestellt werden kann und daß sich kein Modell als das einzig wahre beweisen läßt.

Dieser häufig anzutreffende Sachverhalt kennzeichnet auch das hier zur Diskussion stehende Problem des „gebundenen Wassers" in Lebensmitteln. Sobald der rein empirische Tatbestand und die thermodynamische Behandlung verlassen werden, stößt man auf eine Vielfalt von Ansichten, von denen keine als die einzig richtige bezeichnet werden kann. Das kommt sehr deutlich in einem Bericht von J. Kuprianoff 1958 zum Ausdruck. Dabei handelt es sich keineswegs um bloße Definitionsfragen, sondern um das physikalisch-chemische Problem, ob es sinnvoll ist, verschiedene Bindungszustände des von einem Lebensmittel festgehaltenen Wassers zu unterscheiden und wie man die zugehörigen Wassermengen bestimmen kann.

Das Modell, welches unseren Überlegungen am besten entsprechen dürfte, bildet die Grundlage von Gl. (9). Darin wird klar unterschieden zwischen dem fest gebundenen „Langmuir-Wasser", welches durch eine verhältnismäßig hohe Bindungswärme ausgezeichnet ist, und dem praktisch ohne Bindungsenergie festgehaltenen Rest, der rein empirisch durch den zweiten Term von Gl. (9) dargestellt wird. Die Frage nach der Menge des „fest gebundenen" Wassers läßt sich durch Angabe der Konstanten ε und K eindeutig beantworten. Von den insgesamt zur Verfügung stehenden wasserbindenden Gruppen, deren Zahl durch ε gegeben wird (Abschnitt D, I, 4), ist nur der Bruchteil $\varphi/(K + \varphi)$ besetzt, der vom Wassergehalt und von der Temperatur abhängt. Auch für $\varphi = 1$ sind also keineswegs alle Plätze besetzt. Das ist nur angenähert der Fall, wenn K sehr klein wird, d. h. bei sehr starker Bindung und bei tiefen Temperaturen.

Eine scharfe Abgrenzung weiterer Bindungszustände des Wassers in einem Lebensmittel läßt sich theoretisch kaum begründen. Vom praktischen Standpunkt aus betrachtet erscheint es allerdings zweckmäßig, das in größeren Capillarräumen nur sehr lose festgehaltene Wasser, welches nahezu keine oder eine nur durch gelöste Stoffe hervorgerufene Dampfdruckerniedrigung zeigt, als „abpreßbares Wasser" von dem stärker gebundenen Capillarwasser zu unterscheiden. Um dabei zu einer klaren Definition zu kommen, müßte man eine Grenze, etwa durch Angabe eines bestimmten Preßdrucks P, konventionell festlegen. Speziell für Fleisch wurde in neuerer Zeit eine „Filterpapier-Preßmethode" entwickelt, die es gestattet, mit einfachen Mitteln gut reproduzierbare Werte des „abpreßbaren Wassers" zu bestimmen. Dabei kann man sogar auf eine exakte Festlegung und Messung des Preßdrucks P verzichten, da sich zeigte, daß die abgepreßte Wassermenge von P praktisch nicht mehr abhängt, wenn ein gewisser Mindestdruck überschritten wird (R. GRAU u. R. HAMM 1957).

2. Die Deutung der partiellen molaren Sorptionswärme

Da sich das „Langmuir-Wasser" von dem Rest durch seine als einheitlich anzusehende Bindungsenergie unterscheidet, bietet die Bestimmung der partiellen molaren Sorptionswärme W (aus der Temperaturabhängigkeit der Sorptionsisothermen oder auf Grund calorimetrischer Untersuchungen) eine besonders naheliegende Möglichkeit, um zu Aussagen über das gebundene Wasser zu gelangen. Wenn man W einfach als „Bindungswärme" auffaßt, so könnte man aus Abb. 5 schließen, daß eine Folge von Bindungszuständen des Wassers mit stetig abnehmender Energie vorliegt, was in direktem Widerspruch zu unserem Modell stehen würde. Dieser Schlußweise liegt die Vorstellung zugrunde, daß bei einer einheitlichen Bindungsenergie alles Wasser unterhalb des Wassergehaltes $w = \varepsilon$ fest gebunden, und darüber alles „frei" sein müsse, d. h. praktisch ohne Bindungsenergie festgehalten werde. Dann sollte W in der Tat unterhalb $w = \varepsilon$ konstant gleich W_0 und darüber praktisch gleich 0 sein, und auch andere Eigenschaften müßten in Abhängigkeit vom Wassergehalt an der Stelle $w = \varepsilon$ eine scharfe Unstetigkeit zeigen.

Diese primitive Vorstellung ist jedoch falsch. Sie würde nur zutreffen, wenn in Gl. (9) $K = 0$ ist, also das Gleichgewicht ganz auf der Seite des gebundenen Wassers liegt, was aber bei den relativ kleinen Bindungsenergien keineswegs erwartet werden kann. Alle Versuche, in die Kurven der Abhängigkeit irgendeiner gemessenen Eigenschaft (insbesondere auch in die Sorptionsisothermen selbst) solche scharfen Knicke hinein zu konstruieren und daraus unmittelbar auf die „Menge des gebundenen Wassers" zu schließen, sind daher äußerst bedenklich und bedürfen in jedem Einzelfall einer besonderen Rechtfertigung.

3. Die spezifische Wärme

Daß es sich bei dem „Langmuir-Wasser" tatsächlich um die Einstellung eines thermischen Gleichgewichts handelt, welches sich im Bereiche normaler Temperaturen merklich verschiebt, geht ganz eindeutig aus Abb. 8 hervor, die den Verlauf der spezifischen Wärme von Weißbrot in Abhängigkeit vom Wassergehalt $w/(1+w)$ (in Gewichtsprozenten, bezogen auf das Naßgut) außerhalb des Gefriergebiets zeigt. Ähnliche Kurven wurden auch für andere Lebensmittel gemessen (L. RIEDEL 1956, 1957a und b). Wenn das Wasser nach der oben diskutierten primitiven Vorstellung tatsächlich unterhalb von $w = \varepsilon$ vollständig gebunden und darüber vollständig „frei" wäre, müßten diese Kurven aus zwei geradlinigen Teilstücken bestehen mit einem scharfen, stets an derselben Stelle gelegenen Knick, und man könnte durch geradlinige Verlängerung des linken Stückes bis zum Schnitt mit der 100%-Ordinate unmittelbar die spezifische Wärme des gebundenen Wassers bestimmen. Dabei würde man nach Abb. 8 Werte weit über 1 cal/g °C erhalten, während die spezifische Wärme des gebundenen Wassers tatsächlich wesentlich kleiner als die des freien Wassers sein dürfte, weshalb die Kurven für 0 und 40° C nach unten und nicht nach oben geknickt sein müßten. Daraus folgt mit sehr großer Wahrscheinlichkeit, daß die spezifische Wärme durch einen latenten Wärmeanteil erhöht wird, der sich zwanglos als Folge der zunehmenden Abdissoziation des gebundenen Wassers mit steigender Temperatur erklärt.

4. Das calorische Verhalten der Lebensmittel beim Gefrieren

Mit Hilfe eines adiabatischen Calorimeters ist es in neuerer Zeit möglich geworden, den Temperaturverlauf der spezifischen Wärme einiger wichtiger Lebensmittel bei verschiedenem Wassergehalt auch im Gefrierbereich zu verfolgen. Abb. 9 gibt die Meßergebnisse für Weißbrot wieder, welche in ganz ähnlicher Form auch an Fisch, Fleisch und Weißei beobachtet wurden (L. RIEDEL 1956, 1957). Bei höheren Wassergehalten zeigen die Kurven im Gefriergebiet einen ausgeprägten Buckel, dessen Fläche der jeweils benötigten Schmelzwärme entspricht. Mit abnehmendem Wassergehalt wird dieser Buckel flacher und verschiebt sich zu immer tieferen Temperaturen, um schließlich unterhalb 18% Wasser ganz zu verschwinden.

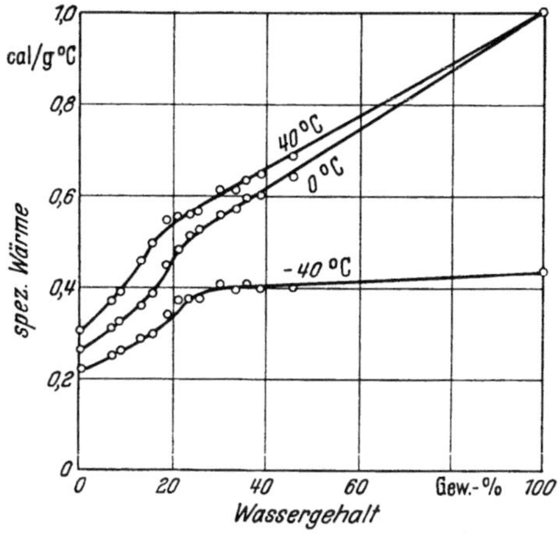

Abb. 8. Spezifische Wärme von Weißbrot bei —40, 0 und 40° C in Abhängigkeit vom Wassergehalt (nach L. RIEDEL 1959)

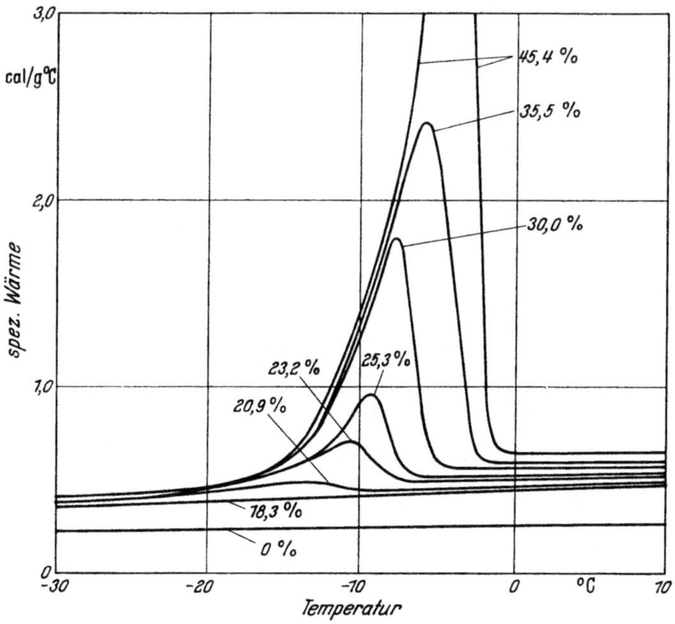

Abb. 9. Spezifische Wärme von Weißbrot von verschiedenem Wassergehalt (in Gew.-%) in Abhängigkeit von der Temperatur (nach L. RIEDEL 1959)

In derartigen Proben gefriert also das Wasser überhaupt nicht. Dividiert man die jeweilige Schmelzenthalpie (die Fläche unterhalb des „Gefrierbuckels") durch die Schmelzwärme des reinen Wassers (Tab. 1), so erhält man die Menge des ausgefrorenen und (als Differenz zum Gesamtwassergehalt) die des „nicht gefrierbaren Wassers". Dafür findet man bei höheren Wassergehalten, wie Abb. 10 zeigt, für Brot einen konstanten Wert von rund 0,30 g je g Trockensubstanz. In ähnlicher Weise ergab sich für Fisch und Fleisch ein Wert von 0,40 g nicht gefrierbaren Wassers je g Protein. Die Kenntnis dieser Zahlen ist nützlich für die Berechnung des Kältebedarfs zum Einfrieren der verschiedenen Lebensmittel.

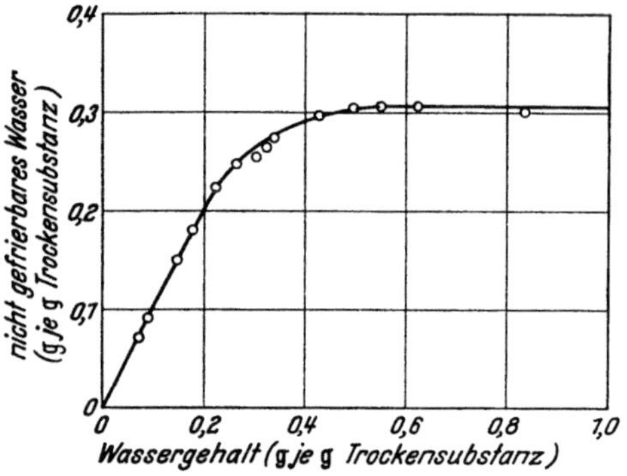

Abb. 10. Anteil des nicht gefrierbaren Wassers in Abhängigkeit vom Gesamtwassergehalt für Weißbrot (nach L. Riedel 1959)

Die Ansicht, daß der Betrag des „nicht gefrierbaren Wassers" dem des „fest gebundenen Wassers" unmittelbar gleichzusetzen sei, läßt sich kaum aufrecht erhalten. Calorimetrische Untersuchungen an Rindfleisch bis zu Temperaturen von —170° C hinab haben nämlich gezeigt, daß zwar der Gefrierprozeß bei etwa —40° C als abgeschlossen angesehen werden kann (vgl. Abb. 9), daß aber schon kurz oberhalb von —100° C Anomalien in der Temperaturabhängigkeit der spezifischen Wärme auftreten, die auf eine Abdissoziation des gebundenen Wassers hindeuten. Es ist zwar gelungen, diese Anomalien sogar annähernd quantitativ zu deuten, aber gerade dabei ist klar geworden, daß die Verhältnisse, jedenfalls für Fleisch, sehr kompliziert sind und daß es verfrüht wäre, heute schon allgemeine Aussagen über den Zusammenhang des „nicht gefrierbaren" mit dem „fest gebundenen" Wasser machen zu wollen (L. Riedel 1961).

5. Weitere Methoden zur Bestimmung des gebundenen Wassers

Ebenso wie aus der spezifischen Wärme kann man natürlich auch aus manchen andern Eigenschaften (z. B. aus der Dichte, der elektrischen Leitfähigkeit oder der Dielektrizitätskonstanten) gewisse Informationen über das gebundene Wasser erhalten, wenn man ihre Abhängigkeit vom Gesamtwassergehalt untersucht. Auch die modernen Verfahren der Strukturuntersuchung (wie die Beugung von Röntgenstrahlen, oder die Infrarot- und die Kernresonanz-Spektroskopie) wurden schon vereinzelt zu diesem Zweck herangezogen. Davon zu unterscheiden sind einige andere Methoden, die auf der Einstellung des thermischen Gleichgewichts für das Wasser in dem zu untersuchenden Gut und einer andern Phase beruhen und die daher im Grunde nur andere Möglichkeiten zur Ermittlung einzelner Punkte der Sorptionsisothermen darstellen. Dazu gehört natürlich die schon behandelte Bestimmung des ausgefrorenen Wassers, sowie insbesondere die Kobaltchlorid-Methode (bei der man dem Lebensmittel $CoCl_2 \cdot 6\,H_2O$ zusetzt und die Farbänderung bei der Entwässerung beobachtet), ferner die Bestimmung des nichtlösenden Wasseranteils aus der Konzentrationsänderung einer zugesetzten Lösung von Zucker oder dergleichen.

Da die Verdampfungsgeschwindigkeit des Wassers auch von der Kraft abhängen muß, mit der es von dem Gut festgehalten wird, liegt es nahe, den zeitlichen Verlauf dieser Größe während der Trocknung zu verfolgen, um daraus etwas über die Art der Wasserbindung zu erfahren. So schloß beispielsweise M. Ulmann 1956 aus gewissen Unstetigkeiten im Verlauf der Trocknungskurve von Kartoffelstärke auf verschiedene Bindungszustände, deren Grenzen bei Wassergehalten von 33, 19, 10 und 8% liegen sollen. Da es sich bei der Verdampfungsgeschwindigkeit um eine sehr komplexe kinetische Größe handelt, bestehen allerdings erhebliche Bedenken gegen die Annahme, daß darin die Wasserbindungsverhältnisse unverfälscht zum Ausdruck kommen sollen (vgl. auch F. Schierbaum, K. Täufel und M. Ulmann 1962).

6. Ergebnisse für das gebundene Wasser

Selbst in solchen Fällen, in denen unser einfaches Modell zutrifft, kann man keineswegs erwarten, daß alle die genannten Verfahren bei der meist üblichen, primitiven Art der Auswertung unmittelbar zu übereinstimmenden Ergebnissen für die Menge des gebundenen Wassers führen werden. Daher schwanken die Werte für die gleiche Substanz je nach der Bestimmungsmethode häufig um über 100%. Sie liegen im allgemeinen zwischen etwa 0,1 bis 0,5 g „gebundenes“ Wasser je 1 g Substrat, (z. B. Protein oder Stärke) obwohl gelegentlich auch kleinere Werte genannt werden. Besonders zuverlässig dürfte die aus dem Anfangsteil der Sorptionsisothermen ermittelte Größe ε sein, die auch die einzig legitime Basis zur Untersuchung von stöchiometrischen Beziehungen zwischen der Zahl der für die Wasserbindung insgesamt zur Verfügung stehenden Plätze und der Zahl der dafür in Frage kommenden hydrophilen Gruppen des Substrats darstellt. In dieser Richtung liegen einige Ansätze vor, die jedenfalls erkennen lassen, daß die Grundkonzeption des Modells brauchbar ist.

Das Gesagte bezieht sich zunächst auf einzelne Bestandteile der Nährstoffe, wie Proteine oder Stärke. Es besteht kein Zweifel, daß die Verhältnisse bei natürlichen Lebensmitteln, wie Fleisch oder Kartoffeln, infolge ihrer komplexen Zusammensetzung und biologischen Struktur, einer theoretischen Analyse noch viel schwerer zugänglich sein dürften. Dies zeigt z. B. eine Untersuchung von G. Nemitz 1961, der bei Eiklar einen sehr erheblichen Einfluß des Salzgehalts auf die Wasserbindung feststellte. Dieser kann sich in verschiedener Richtung auswirken. Einerseits können die Ionen selbst Wasser binden, andererseits können sie einen Teil der hydrophilen Gruppen des Substrats besetzen und diese damit dem Wasser entziehen. Es ist klar, daß es einstweilen wenig Sinn hätte, derartige für jede Ionenart verschiedene, ineinandergreifende Gleichgewichtseinstellungen exakt behandeln zu wollen.

7. Die Bedeutung des gebundenen Wassers für die Konservierung der Lebensmittel

Da sowohl mikrobielle wie chemische Veränderungen in Lebensmitteln durch die Entfernung des „freien“ Wassers stark gehemmt werden, bietet die Trocknung neben der Temperaturerniedrigung eine einfache Möglichkeit zur Konservierung über längere Zeiten. Schimmelpilze gedeihen nur bei Wasseraktivitäten über etwa 70%, daher kann man aus der Sorptionsisotherme des betreffenden Gutes den Wassergehalt entnehmen, der nicht überschritten werden darf, wenn die Schimmelbildung an der Oberfläche verhindert werden soll. Auch das Wachstum der Bakterien und die Entwicklung der Enzymaktivität sind im allgemeinen an einen gewissen Mindestwassergehalt gebunden, der allerdings von Fall zu Fall stark variiert und wohl ebenfalls richtiger als unterer Grenzwert für die Wasseraktivität aufgefaßt werden sollte (L. Acker u. E. Lück 1958).

Wenn man den Wassergehalt zu stark erniedrigt, so treten infolge der Trocknung oder während der anschließenden Lagerung irreversible Veränderungen auf, die bei der Rehydratation nicht wieder rückgängig gemacht werden und eine im allgemeinen unerwünschte Veränderung des betreffenden Lebensmittels zur Folge haben (z. B. das Strohigwerden bei Fleisch, Fisch oder Gemüse). Es gibt also im allgemeinen für jedes Lebensmittel einen gewissen optimalen Wassergehalt für die Trocknung, dessen Kenntnis naturgemäß praktisch von größter Bedeutung ist. Es liegt nahe, diesen optimalen Wassergehalt mit der Menge des „gebundenen“ Wassers in Zusammenhang zu bringen. Einerseits muß offenbar das „freie“ Wasser möglichst weitgehend entfernt werden, um die chemische und die mikrobielle Aktivität zu hemmen, andererseits muß das gebundene Wasser möglichst geschont werden, da die von den H_2O-Molekülen befreiten hydrophilen Gruppen der Substrate (Proteine, Cellulose usw.) die Neigung haben, miteinander H-Brücken zu bilden, die bei der Rehydration nicht mehr aufgebrochen werden, wodurch irreversible Strukturänderungen entstehen.

Die Verhältnisse werden jedoch stark kompliziert, wenn gelöste Ionen vorliegen, wie z. B. im Fleisch, da die mit der Entfernung des freien Wassers verbundene starke Erhöhung der Elektrolytkonzentration auch schon zu irreversiblen, Veränderungen (Coagulation und Denaturierung der Proteine) führen kann. Es ist daher kaum zu erwarten, daß sich einfache, allgemein anwendbare Beziehungen zwischen dem optimalen Wassergehalt zur Vermeidung irreversibler Veränderungen und der (nach irgendeiner Methode bestimmten) Menge des „gebundenen" Wassers werden finden lassen. Trotzdem ist die Untersuchung des Zusammenhangs zwischen den Lagerveränderungen mit der Menge des jeweils „gebundenen" (z. B. des nicht gefrierbaren) Wassers von großem Interesse, da sie die Möglichkeit bietet, diese irreversiblen Veränderungen quantitativ zu verfolgen und über ihre Natur gewisse Aussagen zu machen.

Um den schädlichen Einfluß des freien Wassers zu verhindern, braucht man es nicht zu entfernen, man kann es auch in Eis überführen. Die Immobilisation des freien Wassers spielt neben der Temperaturerniedrigung beim Gefrieren und der Gefrierlagerung der Lebensmittel eine wesentliche Rolle. Aus Abb. 9 geht hervor, daß Lagertemperaturen unter —20° C erforderlich sind, um alles gefrierbare Wasser wirklich in Eis überzuführen. Aber auch dann wird im allgemeinen noch ein Rest von „freiem" Wasser übrig sein, welcher für die irreversiblen Veränderungen des Gutes während der Gefrierlagerung entscheidend ist. Unter diesen ist der *„Gefrierbrand"* besonders gefürchtet. Er entsteht durch Austrocknung der äußeren Schichten, vor allem bei tierischem Gewebe, aber auch bei Obst und Gemüse, indem das Eis wegsublimiert, wobei feinste Poren mit einer sehr großen reaktionsfähigen Oberfläche zurückbleiben. Diese bietet die Möglichkeit zu verschiedenartigen irreversiblen Veränderungen, insbesondere in Anwesenheit von Sauerstoff, aber auch ohne diesen unter Beteiligung des nicht gefrorenen Wassers und der darin stark konzentrierten Ionen.

Das Auftreten des Gefrierbrandes zeigt, daß die Umwandlung des gefrierbaren Wassers in Eis nicht ausreicht, um den optimalen Wassergehalt zu erreichen. Beide Vorteile (sowohl der tiefen Temperaturen als auch eines beliebig wählbaren, günstigen Wassergehalts) bietet die „Gefriertrocknung". Dabei führt man das gefrierbare Wasser zunächst bei tiefen Temperaturen in Eis über, welches anschließend durch Sublimation im Vakuum bei Drucken von etwa 0,1 bis 2 mm Hg entfernt wird. Durch weiteres Trocknen wird schließlich auch noch das nicht gefrierbare Wasser zu einem mehr oder weniger großen Teil herausgeholt.

Im Gegensatz zu den üblichen Trocknungsverfahren werden bei der Gefriertrocknung Hitzeschäden und Aromaverluste praktisch ganz vermieden. Besonders vorteilhaft ist ferner die nahezu völlige Erhaltung der Struktur, weshalb das gefriergetrocknete Gut bei der Wiederbefeuchtung das entzogene Wasser sehr rasch und praktisch vollständig wieder aufnimmt. Ein Gefrierbrand tritt bei der Gefriertrocknung trotz der ähnlichen Situation nicht auf, da der kritische Wassergehalt, bei welchem die Neigung zu irreversiblen Veränderungen infolge der Anwesenheit von noch genügend freiem Wasser besonders groß ist (bei Karpfenmuskel beispielsweise bei etwa 20% Wasser) verhältnismäßig rasch durchlaufen wird (W. Partmann 1962). Infolge ihrer lockeren, porösen Struktur ist die gefriergetrocknete Ware naturgemäß sehr hygroskopisch und empfindlich gegenüber dem Luftsauerstoff, weshalb die Lagerung in einer inerten Gasatmosphäre und in einer luft- und wasserdampfdichten Verpackung erfolgen soll. Unter diesen Umständen können gefriergetrocknete Lebensmittel mit genügend niedrigen Restwassergehalten (etwa unter 5%) bei Raumtemperaturen bis zu zwei Jahren gelagert werden (G. Nemitz 1963).

8. Das nicht abpreßbare Wasser und das Quellungswasser

Bei der in Abschnitt D, I, 7 erwähnten Filterpapier-Preßmethode erfaßt man als „nicht abpreßbares“ Wasser außer dem fest gebundenen „Langmuir-Wasser“ noch das in den engsten Hohlräumen zwischen den Makromolekülen sitzende Capillarwasser. Auch die Menge dieses Wassers ist von großer Bedeutung, da sie eng mit dem Geschmack und der Konsistenz (Saftigkeit, Zartheit) wasserreicher Lebensmittel zusammenhängt und eine verhältnismäßig einfache Möglichkeit bietet, objektive Aussagen über den Einfluß verschiedener Faktoren auf den Zustand des Gutes zu gewinnen.

Solche Untersuchungen führten insbesondere an Fleisch zu sehr interessanten und praktisch wichtigen Ergebnissen (R. Hamm 1960). So zeigte die Menge des nicht abpreßbaren Wassers in Abhängigkeit vom pH-Wert ein ausgeprägtes Minimum am isoelektrischen Punkt (für pH = 5), welches dadurch erklärt werden kann, daß sich die Proteingruppen im sauren oder basischen Milieu gleichartig aufladen und elektrostatisch abstoßen, wodurch die Hohlräume zwischen den Peptidketten vergrößert werden und daher mehr Wasser aufnehmen können. Die Bestimmung dieser „pH-Hydratations-Kurven“ liefert wertvolle Aussagen über den elektrochemischen und den biochemischen Zustand des Muskelgewebes und seine Veränderung unter den verschiedensten Bedingungen.

Die Menge des nicht abpreßbaren Wassers zeigt im allgemeinen eine enge Korrelation zur Quellfähigkeit eines Gutes, welche als die im Gleichgewicht mit reinem Wasser spontan aufgenommene Wassermenge gemessen werden kann, wobei im Gegensatz zu dem nicht abpreßbaren Wasser auch das in größeren Capillarräumen befindliche, leicht abpreßbare Wasser mit erfaßt wird. Hinsichtlich der Quellung unterscheidet man begrenzt und unbegrenzt quellbare Kolloide. Bei den ersten bilden die Hauptvalenzketten eine Raumnetzstruktur, in die naturgemäß nur eine begrenzte Wassermenge eingelagert werden kann, während unbegrenzt quellbare Kolloide aus einzelnen Makromolekülen bestehen, die bei der Wasseraufnahme auseinanderrücken und schließlich eine kolloidale Lösung bilden, welche unbegrenzt verdünnt werden kann. Beide Arten können auch zusammen vorkommen, wie beispielsweise im Fleisch, dessen Eiweiß zu etwa zwei Drittel aus „Struktur-Proteinen“ im Sinne der begrenzt quellbaren Kolloide besteht, während der Rest wasserlöslich ist.

E. Abschließende Bemerkungen

Aus den vorausgegangenen Erörterungen dürfte klar geworden sein, daß das Problem der Wechselwirkung des Wassers mit den anderen Bestandteilen der verschiedenen Lebensmittel sehr kompliziert ist, da fast immer mehrere Prozesse ineinandergreifen, die sich nicht klar abgrenzen lassen. Man ist daher im allgemeinen gezwungen, die für die Verarbeitung und Konservierung wesentlichen Fragen unmittelbar empirisch zu untersuchen und muß sich meistens damit begnügen, die Wirkung der verschiedenen Einflüsse anhand einfacher Modellvorstellungen wenigstens qualitativ zu verstehen. Dabei sind in den letzten Jahren zahlreiche wichtige Einsichten gewonnen worden, die, soweit sie sich auf spezielle Lebensmittel beziehen, hier im allgemeinen unerwähnt bleiben mußten. In den umfangreichen Literaturübersichten von R. Hamm 1960 sowie von F. Schierbaum und K. Täufel 1963 findet man ausführliche Darstellungen des gesamten Problemkomplexes der „Hydration“ speziell für Fleisch bzw. für Stärke und zugleich den Zugang zu zahlreichen wesentlichen Originalarbeiten. Über die Abhängigkeit enzymatischer Reaktionen in getrockneten Lebensmitteln vom Wassergehalt liegt ein Übersichtsbericht von L. Acker 1962 vor. Schließlich sei noch hingewiesen auf den Bericht über ein Symposium mit dem Thema “Fundamental Aspects of the Dehydration of Foodstuffs” aus dem Jahre 1958, welcher zahlreiche grundlegende Beiträge zu den oben angeschnittenen Problemen enthält.

Bibliographie

Conway, B. E.: Electrochemical Data. Amsterdam, Houston, London, New York: Elsevier Publishing Company 1952.
Fundamental Aspects of the Dehydration of Foodstuffs. Papers read at the Conference held in Aberdeen, 25th—27th March, 1958. Society of Chemical Industry, 14 Belgrave Square, London, S.W. 1, 1958.
Görling, P.: Untersuchungen zur Aufklärung des Trocknungsverhaltens pflanzlicher Stoffe. VDI-Forschungsheft 458. Düsseldorf: VDI-Verlag GmbH 1956.
Kortüm, G.: Einführung in die chemische Thermodynamik. 3. Aufl. Göttingen: Vandenhoeck u. Ruprecht; Weinheim/Bergstr.: Verlag Chemie GmbH 1960.
Nemitz, G.: Über die Wasserbindung durch Eiweißstoffe und deren Verhalten während der Trocknung. Diss. T. H. Karlsruhe 1961.
Pauling, L.: The Nature of the chemical Bond. 3. Aufl. Ithaca, New York: Cornell University Press 1960.
Stuart, H. A.: Die Struktur des freien Moleküls. Berlin-Göttingen-Heidelberg: Springer 1952.

Zeitschriftenliteratur

Acker, L.: Enzymic reactions in foods of low moisture content. Advanc. Food Res. **11**, 263—330 (1962).
— u. E. Lück: Über den Einfluß der Feuchtigkeit auf den Ablauf enzymatischer Reaktionen in wasserarmen Lebensmitteln. Z. Lebensmittel-Untersuch. u. -Forsch. **108**, 256—269 (1958).
Altman, R. L., and S. W. Benson: The sorption of water vapor by native and denatured egg albumin. J. phys. Chem. **64**, 851—855 (1960).
Bernal, J. D., and R. H. Fowler: A theory of water and ionic solution, with particular reference to hydrogen and hydroxyl ions. J. chem. Physics **1**, 515—548 (1933).
Brill, R.: Zur Kenntnis der Struktur des Eises. Angew. Chem. **74**, 895—900 (1962).
Brunauer, S., P. H. Emmett and E. Teller: Adsorption of gases in multimolecular layers. J. amer. chem. Soc. **60**, 309—319 (1938).
Eigen, M., and L. de Maeyer: Self-dissociation and protonic charge transport in water and ice. Proc. roy. Soc., Ser. A (Lond.) **247**, 505—533 (1958).
Giauque, W. F., and J. W. Stout: The entropy of water and the third law of thermodynamics. The heat capacity of ice from 15 to 273° K. J. amer. chem. Soc. **58**, 1144—1150 (1936).
Grau, R., u. R. Hamm: Über das Wasserbindungsvermögen des Säugetiermuskels. II. Über die Bestimmung der Wasserbindung des Muskels. Z. Lebensmittel-Untersuch. u. -Forsch. **105**, 446—460 (1957).
Hamm, R.: Biochemistry of meat hydration. Advanc. Food Res. **10**, 355—463 (1960).
Kuprianoff, J.: "Bound water" in foods. In "Fundamental aspects..." (vgl. Bibliographie) S. 14—23 (1958).
Langham, E. J., and B. J. Mason: The heterogeneous and homogeneous nucleation of supercooled water. Proc. roy. Soc., Ser. A (Lond.) **247**, 493—504 (1958).
Lonsdale, K.: The structure of ice. Proc. roy. Soc., Ser. A (Lond.) **247**, 424—434 (1958).
Meryman, H. T.: Mechanics of freezing in living cells and tissues. Science **124**, 515—521 (1956).
Némethy, G., and H. A. Scheraga: Structure of water and hydrophobic bonding in proteins. I. A model for the thermodynamic properties of liquid water. J. chem. Physics **36**, 3382—3400 (1962).
Nemitz, G.: Die Gefriertrocknung von Lebensmitteln. Dtsch. Lebensmittel-Rdsch. **59**, 1-4 (1963).
Partmann, W.: Post-mortem changes in chilled and frozen muscle. J. Food Sci. **28**, 15-27 (1963).
Pauling, L.: The structure and entropy of ice and of other crystals with some randomness of atomic arrangement. J. amer. chem. Soc. **57**, 2680—2684 (1935).
Riedel, L.: Kalorimetrische Untersuchungen über das Gefrieren von Seefischen. Kältetechn. **8**, 374—377 (1956).
— Kalorimetrische Untersuchung. über das Gefrieren von Fleisch. Kältetechn. **9**, 38-40 (1957a).
— Kalorimetrische Untersuchungen über das Gefrieren von Eiklar und Eigelb. Kältetechn. **9**, 342—345 (1957b).
— Kalorimetrische Untersuchungen über das Gefrieren von Weißbrot und anderen Mehlprodukten. Kältetechn. **11**, 41—43 (1959).
— Zum Problem des gebundenen Wassers in Fleisch. Kalorimetrische Untersuchungen an Rindfleisch von verschiedenem Wassergehalt bei Temperaturen zwischen —180 und 0° C. Kältetechn. **13**, 122—128 (1961).
Schierbaum, F., u. K. Täufel: Zum Stand der Kenntnisse über die Wechselwirkung zwischen nativer Stärke und Wasser. Ernährungsforsch. **7**, 647—679 (1963).
— — u. M. Ulmann: Die Hydratation der Stärke. III. Entwässerung der Stärke unter dem Einfluß von Infrarot-Strahlen. Stärke **14**, 161—167 (1962).
Ulmann, M.: Über verschieden gebundenes Wasser in der Kartoffelstärke. Ernährungsforsch. **1**, 96—104 (1956).

Mineralstoffe und Spurenelemente

Von

Priv.-Doz. Dr. H. LANGENDORF, Mainz

Mit 3 Abbildungen

A. Einleitung

Mineralstoffe sind Substanzen, die für den Vollzug des Lebens unbedingt notwendig sind. Als Elektrolyte kleiner Dimension sind sie an der Wahrung der elektrochemischen und osmotischen Gleichgewichte in den Organismen beteiligt. Sie verleihen dem Lösungsmittel Wasser die für die Suspension kolloid-disperser Stoffe notwendigen Eigenschaften und sie beeinflussen die Stoffwechselprozesse durch Förderung oder Hemmung von Fermentreaktionen. Bei der Aktivität von Nerven und Muskeln haben sie wichtige Funktionen zu erfüllen. Endlich sind sie Bausteine der Stütz- und Gerüstsubstanzen. Da sie wie alle biologische Substrate einem ständigen Umsatz unterworfen sind, gehört die Wahrung ihres Bestandes im Organismus durch kontrollierte Aufnahme und/oder Ausfuhr zu den lebenswichtigen biologischen Funktionen. Der biologischen – nicht immer nützlichen – Aktivität der Mineralstoffe, speziell der Metalle, muß bei der Auswahl der Materialien, die während der Herstellung und Zubereitung mit Nahrungsmitteln in Berührung kommen, Rechnung getragen werden.

Die begriffliche Abgrenzung der Mineralstoffe von den organischen Bestandteilen der Organismen ist ohne eine gewisse Willkür nicht möglich. Mineralstoffe erscheinen bei der Analyse biologischer Substanz in der Asche, aber diese Abgrenzung wäre eine Definition ohne biologischen Bezug. Es handelt sich um anorganische Ionen, die teils in freier Form, teils in Ester-, Anhydrid- oder komplexer Bindung an organische Substrate vorliegen. In ihrem biologischen Kreislauf dienen Stickstoff und Schwefel zwar überwiegend als organische Strukturelemente, da sie jedoch von der Pflanze aus anorganischen Vorstufen erst in die organische Form gebracht werden, im tierischen und menschlichen Stoffwechsel dagegen gänzlich oder teilweise wieder zu anorganischen Ionen abgebaut werden und als solche dem Elektrolythaushalt angehören, sind sie, auch in der organischen Form, potentielle Mineralstoffe. Zu dieser Kategorie zählt auch der Kohlenstoff der organischen Substanz, denn aus ihm entstehen Kohlensäure und Hydrogencarbonat, das funktionell bedeutendste Puffersystem des Säure-Basen- Gleichgewichtes. Das Wasser schließlich wird zu einem nicht unerheblichen Anteil durch die Oxydation des Substrat-Wasserstoffes gebildet. Es gibt keine scharfe Grenze zwischen organischem und Mineralstoffwechsel, aber doch eindeutige Schwerpunkte: der organische Stoffwechsel dient der Erzeugung von Energie, die anorganischen Stoffe ermöglichen und kontrollieren die dazu notwendigen Prozesse.

Gewöhnlich werden die Mineralstoffe in Mengenelemente und Spurenelemente eingeteilt. Auch diese Unterscheidung entbehrt nicht einer gewissen Willkür. Abgesehen davon, daß mit diesen Begriffen keine funktionsbezogene Aussage verbunden ist, müßte für Pflanzen eine andere Einteilung getroffen werden als für Tiere und Menschen. Die im folgenden gewählte Disposition bezieht sich auf die Verhältnisse beim Menschen. Sie beginnt mit dem Wasser und wendet sich dann den einzelnen Elementen zu, wobei die Reihenfolge dadurch bestimmt wird, ob sie vorzugsweise als freie Ionen oder in organischer Bindung im Organismus vorliegen. Auch unter diesem Aspekt wird sich eine Absonderung der Spurenelemente von den Mengenelementen ergeben. Die Darstellung der Verteilung und der Funktion der Mineralstoffe im lebenden Organismus ist wiederum auf den Menschen ausgerichtet, weil einmal damit näherungsweise auch die Verhältnisse beim Tier berücksichtigt sind und zum anderen die Nahrung und die darin enthaltenen Mineralstoffe letztlich dazu dienen, den Mineralhaushalt des Menschen zu versorgen. Auf eine Beschreibung spezieller Probleme der Mineralstoff-Verteilung und -Funktion in den Pflanzen wurde verzichtet.

B. Das Wasser

Das Wasser, dessen physikalische und chemische Eigenschaften im vorangehenden Beitrag abgehandelt worden sind, ist das allgegenwärtige Lösungsmittel der lebenden Materie, ohne das ein aktives Leben nicht möglich ist. Es ist aber nicht nur Medium, sondern auch Vehikel, Stoffwechselendprodukt und Substrat. Als amphiprote Substanz ($H_2O + H_2O \rightleftharpoons H_3O^+ + OH^-$) ist es bei allen Säure-Basenreaktionen als zweites protolytisches System im Sinne J. N. BRØNSTEDTS (1923) beteiligt, weshalb nur solche Elektrolyte, gleichgültig ob anorganisch oder organisch, als unmittelbare Komponenten des Säure-Basen-Gleichgewichtes gelten können, die mit dem Wasser im angegebenen Sinne reagieren können (D. C. DARROW und S. HELLERSTEIN 1958, H. LANGENDORF 1961).

Tabelle 1. *Wasserbilanz eines erwachsenen Menschen (Richtzahlen)*

Flüssigkeitsaufnahme	1000—1500 ml
Wassergehalt der Nahrung	700 ml
Oxydationswasser	300 ml
	2000—2500 ml
Perspiratio insensibilis	500 ml
Ausatmungsluft	400 ml
Wassergehalt im Kot	100 ml
Harn	1000—1500 ml
	2000—2500 ml

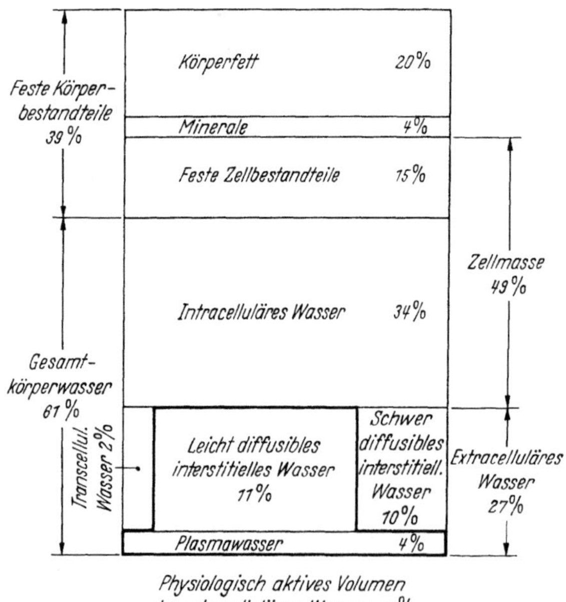

Abb. 1. Die Verteilung des Wassers im menschlichen Organismus (nach D. P. MERTZ 1962)

Der Wasserumsatz eines erwachsenen Menschen ergibt sich aus der Aufnahme mit fester und flüssiger Nahrung und der Bildung von Oxydationswasser einerseits und der Ausscheidung mit dem Harn, der Ausatmungsluft, dem Kot, der Perspiratio insensibilis (der unbemerkten Verdunstung durch die Haut) und gegebenenfalls dem Schweiß. Die Zahlen der Tab. 1 sind nur Richtzahlen, die je nach Körpergröße (Oberfläche!), Klima- und Arbeitsbedingungen starke Abweichungen aufweisen können.

Im Organismus ist das Wasser sehr unterschiedlich verteilt. Blut enthält etwa 80 % Wasser, die Skeletmuskulatur rund 75 %, innere Organe 70 % und das Skelet 25 % (im Alter weniger). Von größerer funktioneller Bedeutung ist die Einteilung des Körpers in verschiedene Lösungsräume, die durch Membranen unterschiedlicher Permeabilitätseigenschaften voneinander getrennt sind.

Das Blut, selbst wieder unterteilt in Plasma und corpusculäre Phase, wird durch die für große Moleküle undurchlässige Capillarmembran vom Interstitium getrennt, so daß sich zwischen Plasma und interstitieller Flüssigkeit ein Donnan-Gleichgewicht einstellt. Die Zellmembranen, deren Permeabilitätseigenschaften noch Gegenstand experimenteller Forschung sind, separieren das interstitielle vom intracellulären Wasser. Das Wasser im Intestinaltrakt, den Harnwegen und den Drüsenausgängen wird als transcelluläres Wasser bezeichnet (EDELMAN und LEIBMAN).

Die Abb. 1 zeigt die Verteilung des Wassers im menschlichen Organismus. Wenn man das fettfreie Körpergewicht als Bezugsbasis wählt, macht das Gesamtwasser 70—75%, das intracelluläre Wasser 40—45%, das transcelluläreWasser 2,5% aus, der Rest entfällt auf das extracelluläre Volumen.

C. Die Mineralstoffe

I. Die mineralische Zusammensetzung des menschlichen Körpers

Die in der Tab. 2 zusammengestellten Angaben über die relative Häufigkeit der Mineralstoffe im menschlichen Organismus können ebenfalls nur als ungefähre Richtzahlen gelten. Da es zuwenig Analysen von menschlichen Gesamtkörpern gibt, kommt ihnen nicht die Signifikanz von Mittelwerten zu. Die Zusammensetzung der für die menschliche Ernährung verwendeten Tierkörper ist ähnlich, wenn auch im einzelnen beträchtliche Abweichungen vorkommen können (Fettgehalt, Ausbildung des Skelets). Da der Mineralgehalt stark mit dem Fett- und Wassergehalt variiert, ist er auch vom Alter und Geschlecht des Individuums abhängig. Die Liste ist durchaus nicht vollständig. Viele Elemente sind bisher nur qualitativ nachgewiesen worden, von anderen ist nur ihre Konzentration in bestimmten Organen bekannt. Gerade die Zahlen über die relative Häufigkeit der „Spurenelemente" sind besonders unsicher.

Tabelle 2. *Relative Häufigkeit der Mineralstoffe im menschlichen Organismus*

Calcium	1—2 g/100 g
Phosphor	0,6—1,2 g/100 g
Kalium	0,2—0,25 g/100 g
Natrium	0,1—0,15 g/100 g
Chlorid	0,1—0,12 g/100 g
Magnesium	0,04—0,05 g/100 g
Eisen	70—100 mg/kg
Zink	20—30 mg/kg
Kupfer	1,5—2,5 mg/kg
Mangan	0,15—0,3 mg/kg
Jod	0,1—0,2 mg/kg
Molybdän	~0,1 mg/kg
Silicium	15 mg/kg
Aluminium	2 mg/kg
Arsen	0,03—0,3 mg/kg

Die Zahlen geben nur Größenordnungen an und beziehen sich auf das Feuchtgewicht.

Bei Pflanzen weist die mineralische Zusammensetzung nicht nur zwischen den verschiedenen Gattungen und Arten, sondern auch innerhalb der Arten je nach dem Standort beträchtliche Unterschiede auf. Die Beschränkung auf einen engen Lebensraum läßt die Pflanzen nur dort gedeihen, wo der Boden ihre Minimalanforderungen u. a. an Mineralstoffe erfüllt. Aber dort, wo sie gedeiht, wird ihre Mineralzusammensetzung weitgehend von der mineralischen Komposition des Bodens geprägt. Die unmittelbare Abhängigkeit der Pflanze vom Boden und der Nutztiere von den Pflanzen eines engen Bereiches ist letztlich die Ursache des Spurenelementen-Problems.

II. Natrium, Kalium und Chlorid

1. Verteilung im Organismus und osmotische Funktion

Die quantitativ bedeutendsten Repräsentanten der freien, d. h. nicht komplex gebundenen Ionen in den Körperflüssigkeiten sind Na^+, K^+ und Cl^-. Alle drei sind für den Warmblüter essentielle Elemente. Na^+ und K^+ sind trotz ihrer chemischen Verwandtschaft im biologischen Bereich Antagonisten. Sie können sich weder

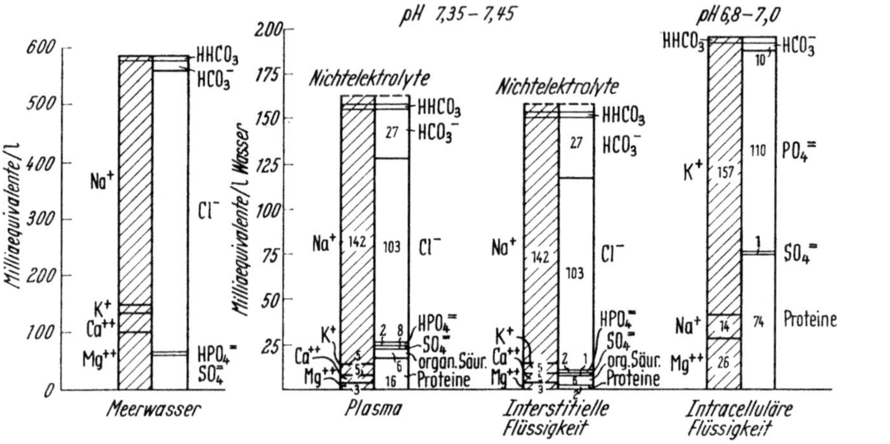

Abb. 2. Die Elektrolyt-Konzentrationen in den Flüssigkeitsräumen des menschlichen Körpers und im Meerwasser (nach J. L. GAMBLE 1954 aus W. SIEGENTHALER 1961)

gegenseitig ersetzen noch sind sie durch andere Alkalimetalle ersetzbar. Als einwertige Kationen sind sie wesentlich weniger zur Komplexbildung bereit als die mehrwertigen Metalle. Trotzdem liegt sicher ein Teil von ihnen in „gebundener"

Tabelle 3. *Verteilung von Natrium, Kalium und Chlorid bei einem normalen jungen Mann* (modifiziert nach I. S. EDELMAN und S. LEIBMAN 1959)

mVal/kg K.-Gew.	Total	austauschbar	ICR	ECR (einschl. Knochen)	Knochen
Natrium	58	39,6	1,4	56,6	25
Kalium	53,8	48,9	48,3	5,5	4,1
Chlorid	33	(33)	4,1	28,9	5

Form vor, wobei der Begriff „Bindung" im weitesten Sinne gebraucht ist und jede Form der Immobilisierung einschließt (H. H. USSING 1960). In den extracellulären Flüssigkeiten überwiegt das Vorkommen als freie, hydratisierte Ionen.

Der Antagonismus zwischen Na^+ und K^+ macht sich in der spezifischen Verteilung im Körper bemerkbar. Na^+ ist das dominierende Kation im Extracellulärraum, K^+ nimmt die gleiche Stellung im Intracellulärraum ein (vgl. Abb. 2 und Tab. 3). Vom gesamten Na^+-Bestand des Körpers sind etwa 55% in den extracellulären und nur 2,5% in den intracellulären Flüssigkeiten enthalten, etwa die gleiche Menge findet sich im transcellulären Wasser. Obwohl die Na^+-Konzentration im Knochen an sich niedrig ist ($\sim$ 0,8%), sind wegen des hohen Skeletgewichtes über 40% des gesamten Na^+ in den Knochen lokalisiert. Vom gesamten Bestand sind etwa 70% innerhalb von 18—20 Std gegen radioaktives Na austauschbar. Etwa 70% des nichtaustauschbaren Na^+ sind in den Knochen enthalten. Das austauschbare Knochen-Na setzt sich aus Na^+ in der extracellulären Flüssigkeit und aus oberflächlich an die Knochenkristalle adsorbiertem Na^+ zusammen (I. S. EDELMAN und J. LEIBMAN 1959). Ein Teil des austauschbaren Knochen-Na dient dem Körper als Na^+-Depot (W. H. BERGSTROM 1956, G. NICHOLS 1956, G. B. FORBES 1960).

Vom gesamten K^+ sind rund 90% innerhalb 48 Std austauschbar. Nur 10% befinden sich im Extracellulärraum einschließlich des Skelets, das allein rund 7,5% enthält. Nahezu 90% sind in den Zellen lokalisiert.

Cl^-, ebenfalls vorwiegend extracellulär gelegen (88%, davon im Skelet 15%), scheint so gut wie vollständig austauschbar zu sein (vgl. dazu Tab. 3 und Lit. bei I. S. Edelman und J. Leibman 1959, D. P. Mertz 1962, M. Schwab und K. Kühns 1960).

Das extracelluläre Na^+ determiniert mit seiner Konzentration von 140 bis 150 mVal/l den osmotischen Druck. Auf der Anionenseite spielt das Cl^- mit rund 100 mVal/l eine ähnliche Rolle. Die „Säule" des osmotischen Druckes in den Zellen ist das K^+ mit 150–170 mVal/l, dem als osmotisch wirksame Anionen organische Metabolite, HCO_3^-, Phosphat und wenig Cl^- zur Seite stehen.

Zwischen intra- und extracellulärem Raum besteht osmotisches Gleichgewicht. Akute Veränderungen der Osmolarität in einem der Räume können durch Wasserverschiebungen durch die Zellmembran gemildert werden (J. L. Gamble 1954). Für die ständige Wahrung der Isotonie ist vor allem Na^+ verantwortlich, dessen Konzentration im extracellulären Raum zu den geregelten Parametern des Mineralhaushaltes gehört. Cl^- spielt dabei nur eine sekundäre Rolle, denn die „Anionen-Säule" des extracellulären Ionogrammes (Abb. 2) ist in sich variabel. Im Zuge der Regelung des Säure-Basen-Gleichgewichtes kann die HCO_3^--Konzentration stark verändert werden, so daß die Wahrung der Elektroneutralität einen Ausgleich mit Hilfe von Cl^- erfordert. Die Konzentrationen von HCO_3^- und Cl^- müssen sich allerdings nicht immer gegensinnig bewegen, vor allem nicht bei langsam sich entwickelnden Störungen des Säure-Basen-Gleichgewichtes.

2. Resorption und Ausscheidung

Die Resorption von Na^+, K^+ und Cl^- erfolgt sehr rasch und nahezu quantitativ in den obersten Dünndarmabschnitten. Da die Resorptionskapazität für Na^+ nach distalwärts noch zunimmt, wird auch das Na^+ der Darmsekrete (Galle, Darmsaft, Pankreassaft) so weitgehend resorbiert, daß die fäkale Ausscheidung gewöhnlich vernachlässigt werden kann. Eine hohe Effektivität hat auch die Cl^--Resorption, die zum Teil wahrscheinlich im Austausch gegen HCO_3^- erfolgt. Dagegen muß die fäkale K^+-Ausscheidung bei Bilanzuntersuchungen beachtet werden, da sie gegebenenfalls über 10% der Gesamtausscheidung ausmachen kann (R. D. Squires und E. J. Huth 1959).

Der wichtigste Ausscheidungsweg für die drei Elektrolyte geht über die Nieren. In den Glomeruli werden pro Tag rund 150–180 l Primärharn gebildet, der im wesentlichen ein Ultrafiltrat des Plasmas ist. Auf dem Wege durch die Tubuli zum Nierenbecken wird mit Hilfe von Rückresorptions- und Sekretionsvorgängen der endgültige Harn bereitet, dessen Volumen nur noch 1,5 l/Tag beträgt und dessen Soluta in ganz anderen Relationen als im Plasma vorliegen.

Einen schematischen Überblick über die Vorgänge im proximalen und distalen Tubulus geben die Abb. 3a und b. Der größte Teil des Wassers und der Soluta wird bereits im proximalen Tubulus rückresorbiert. In den distalen Abschnitten unterliegt ein Teil der Na^+- und Wasser-Rückresorption einer hormonalen Steuerung, und zwar wird die Na^+-Rückresorption durch das Nebennierenrindenhormon Aldosteron gefördert, die Wasserrückresorption durch das Adiuretin des Hypophysen-Hinterlappens. Volum-Receptoren regen die Aldosteron-Produktion bei einer Verminderung des intravasalen Volumens an und ermöglichen so durch die vermehrte Na^+-Rückresorption eine isotone Volumzunahme. Eine Steigerung des osmotischen Druckes bewirkt eine Adiuretin-Ausschüttung, die durch Wasserretention die Isotonie wieder herstellt. Erst das Zusammenspiel zwischen der Regelung der Na^+-Konzentration und des Volumens macht eine wirksame Erhaltung der Isotonie möglich (nähere Einzelheiten vgl. bei D. P. Mertz 1962 und W. Siegenthaler 1961).

Die Fähigkeit der Niere zur Na^+-Retention ist sehr wirksam. Bei Na^+-armen Kostformen kann die Na^+-Konzentration im Harn fast auf Null absinken. Es ist daher schwer, bei einem Gesunden allein durch alimentäre Maßnahmen einen Na^+-Mangel zu erzeugen. Da der Schweiß niemals Na^+-frei ist, kann es bei Hitzearbeitern und in heißen Klimaten zu erheblichen Na^+-Verlusten kommen, weshalb in diesen Fällen die Zufuhr von leicht gesalzenen Getränken empfohlen wird. Auch länger dauerndes Erbrechen und Durchfälle können zu einem Defizit an Na^+, Wasser und anderen Elektrolyten führen. Eine Auffüllung des Volumens gelingt in solchen Fällen nur bei gleichzeitiger Verabreichung von Na^+ (Kochsalz), wie umgekehrt die Ausscheidung eines überhöhten Volumens (Ödeme) die gleichzeitige Ausschwemmung von Na^+ (und Cl^-) erfordert.

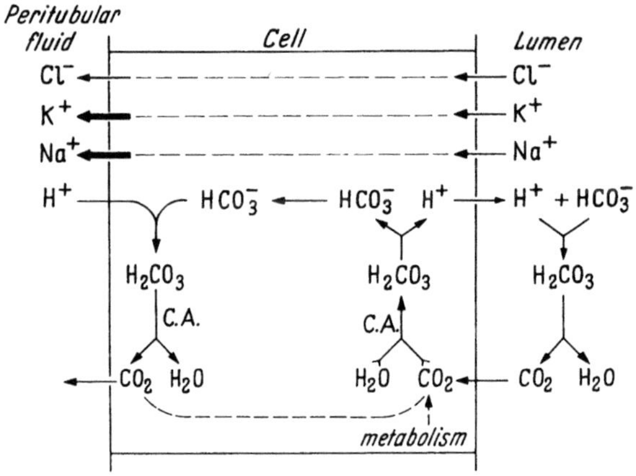

Abb. 3a. Schema der Rückresorptionsprozesse im proximalen Tubulus (nach P. KRUHOFFER 1960). C.A. = Carboanhydratase

Das Ausmaß der renalen K^+-Ausscheidung wird von der tubulären Sekretion bestimmt. Sie erfolgt in Konkurrenz zur H^+-Sekretion und im Austausch gegen tubuläres Na^+ (Abb. 3). Die K^+-Ausscheidung wird daher auch vom Säure-Basen-Haushalt beeinflußt. Da die K^+-Ausscheidung nicht in dem Maße gedrosselt werden kann wie die Na^+-Ausscheidung, kann ein K^+-Defizit leichter als ein Na^+-Defizit erzeugt werden. Ein rein alimentärer K^+-Mangel ist jedoch nicht zu befürchten.

Die Cl^--Rückresorption erfolgt zusammen mit Na^+, sofern dieses nicht im Austausch gegen K^+ und H^+ rückresorbiert wird. Offensichtlich besteht hierbei eine Konkurrenz zu anderen leicht resorbierbaren Anionen, physiologischerweise zum HCO_3^-. Durch Infusion einwertiger Anionen, wie z. B. Nitrat, gelingt es, schwere Cl^--Mangelzustände zu erzeugen (E. P. HIATT 1940). Schwer resorbierbare Anionen wie Sulfat sind in dieser Hinsicht weit weniger wirksam (W. R. AMBERSON u. Mitarb. 1938). Wie die Na^+-Ausscheidung kann auch die Cl^--Ausscheidung sehr stark gedrosselt werden.

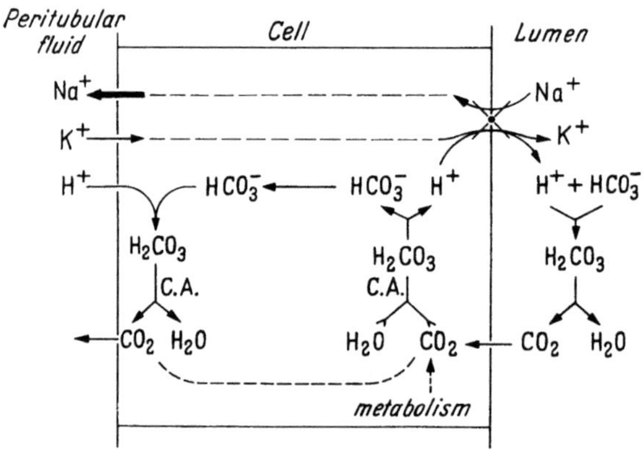

Abb. 3b. Schema der Rückresorptions- und Austauschprozesse im distalen Tubulus (nach P. KRUHOFFER 1960). C.A. = Carboanhydratase

3. Weitere Elektrolytfunktionen

Na^+ und K^+ sind an den Erregungsprozessen in Nerven und Muskeln beteiligt. Die hierbei ablaufenden elektrischen Phänomene hängen mit dem K^+-Austritt und Na^+-Einstrom in die Zellen bzw. Fasern zusammen. In der Erholungsphase werden die ursprünglichen Konzentrationsverhältnisse wieder hergestellt. Hierbei wie auch bei der Aufrechterhaltung der Konzentrationsgradienten zwischen Zelle und interstitieller Flüssigkeit spielen stoffwechselabhängige (aktive) Transportprozesse eine große Rolle. Trotz intensiver Forschungsarbeit bestehen über diese Mechanismen im Grunde nur Modellvorstellungen (vgl. dazu H. H. USSING 1960). K^+ ist für eine Reihe von enzymatischen Prozessen als Aktivator notwendig. Na^+ ist in dieser Hinsicht weit weniger wirksam und wirkt oft dort als Inhibitor, wo K^+ als Aktivator dient. Eine Zusammenstellung der durch die Alkalimetalle aktivierten und gehemmten Enzyme findet sich bei H. H. USSING (1960), vgl. auch bei M. DIXON und E. C. WEBB (1958) sowie K. LANG (1957).

Eine höhere Cl^--Konzentration als in der extracellulären Flüssigkeit findet sich im Magensaft (bis zu 160 mVal/l), von der etwa die Hälfte auf die Salzsäure entfällt. Über den Mechanismus der HCl-Bildung und -Sekretion durch die Belegzellen der Magenschleimhaut besteht noch keine einhellige Meinung, es handelt sich aber um einen aktiven H^+- und Cl^--Transport (E. HEINZ 1960).

4. Vorkommen in Nahrungsmitteln und Bedarf

Na^+ und K^+ kommen praktisch in allen Nahrungsmitteln vor. Im allgemeinen überwiegt K^+ in den nativen Nahrungsmitteln, insbesondere in pflanzlichen, von denen viele ausgesprochen Na^+-arm sind (vgl. Tab. 6). Ein ubiquitäres, aber in sehr wechselnden Konzentrationen vorkommendes Anion ist das Cl^-. Da es hierzulande üblich ist, die Nahrung mit Kochsalz zu würzen, wird die Na^+- und Cl^--Zufuhr weitgehend von der Intensität der Würzung bestimmt.

Exakte Zahlen über den menschlichen Na^+-, K^+- und Cl^--Bedarf lassen sich nicht angeben. Bei Küken fanden C. H. BURNS u. Mitarb. (1953) einen Na^+-Bedarf von 0,1–0,3% des Futtergewichtes, einen K^+-Bedarf von 0,23–0,4% und einen Cl^--Bedarf von $< 0{,}06\%$. Ratten benötigen für ein optimales Wachstum 0,05% Na^+, 0,15–0,18% K^+ und $< 0{,}035\%$ Cl^- (K. LANG 1957). Nach C. H. BURNS ist das Na^+/K^+-Verhältnis in der Nahrung für das Wachstum genau so wichtig wie die Absolutmenge. Bei der Ratte und beim Menschen scheint dieser Quotient nicht von so ausschlaggebender Bedeutung zu sein (K. LANG 1957).

Die effektive Aufnahme von Na^+, K^+ und Cl^- hängt weitgehend von der Zubereitungsart der Nahrungsmittel ab. Da das extracelluläre Na^+ leichter verloren geht als das intracelluläre K^+, ist gegen eine Supplementierung der Kost mit NaCl nichts einzuwenden, bei bevorzugter Verwendung Na^+-armer Lebensmittel oder bei häufigen großen Schweißverlusten ist sie sogar nützlich. Nach K. LANG (1957) schwankt die Zufuhr in weiten Grenzen, bei Na^+ und Cl^- zwischen 70 und 350 mVal und bei K^+ bis zu 100 mVal/Tag.

5. Das Kochsalz

Klinische und experimentelle Erfahrungen haben schon seit langem den Zusammenhang zwischen chronischer hoher Kochsalzzufuhr und Hochdruckkrankheit aufgezeigt. Die Erfolge einer kochsalzarmen oder -freien Ernährung bei bestehendem Hochdruck, Ödemneigung und Nierenkrankheiten sowie der zweifellos vorhandene übermäßige Kochsalzverzehr einiger Bevölkerungsschichten haben zu der Forderung nach einer möglichst NaCl-armen Ernährung geführt, die noch heute von manchen Ärzten vertreten wird.

Neuerdings wird eine Erhöhung des Serumcholesterins durch chronische hohe Salzzufuhr diskutiert, Bei den Versuchen von M. SUZUKI (1959) mit Ratten und von L. K. DAHL (1960) mit Ratten und Hunden war der Salzgehalt des Futters exzessiv hoch (8—12% NaCl oder 11,6% Meersalz bei Ratten, NaCl-Zufuhr bei Hunden 5,5 und 12,5 g/Tag). Vergleichsweise enthält das übliche Rattenfutter NaCl in einer Größenordnung von 1%; den Hunden wurde etwa so viel NaCl zugeführt, wie ein erwachsener Mensch zu konsumieren pflegt.

Früher wurde das Cl^- im Kochsalz als das schädigende Agens angesehen, weil es zu den Säuren gezählt wurde, die prinzipiell als schädlich galten. Kochsalz-Ersatzpräparate bestanden daher aus einer Mischung von Na^+-Salzen. Seitdem jedoch die Funktion des Na^+ als osmotisch wirksamstes Substrat bekannt ist, müssen die pathogenen Effekte des Kochsalzes auf das Na^+ und nicht auf das Cl^- zurückgeführt werden. Diätetische Kochsalz-Ersatzpräparate müssen heute Na^+-frei sein.

Für den Gesunden ist Kochsalz ein billiges, und mit Bedacht genossen, auch unschädliches Würzmittel. In quantitativer Hinsicht überragt es bei weitem alle Stoffe, die mit dem Ziel der Geschmacksbeeinflussung der Nahrung zugesetzt werden. Die klinische Erfahrung der Schädlichkeit eines übermäßigen Verbrauchs und des therapeutischen Nutzens einer salzarmen Diät darf nicht dahin überbewertet werden, das Kochsalz als Würzmittel generell zu verwerfen. Es sollte zu denken geben, daß der Körper ein Hormon produziert (Aldosteron), das allein der Na^+-Retention dient. Sicher ist es nicht von Vorteil, durch eine unnötig Na^+-arme Diät die Regulationseinrichtungen zur Wahrung der Isotonie und Isovolumie ständig zu strapazieren. Bei einem Leben am Rande des Defizits fehlen im Bedarfsfalle die Reserven. Gefährliche Dehydratationszustände werden um so leichter eintreten, je weniger Na^+ zur Festhaltung des Körperwassers zur Verfügung steht.

Kochsalz dient nicht nur der Geschmacksbeeinflussung, sondern auch der Erzielung einer bestimmten Konsistenz, so bei der Herstellung von Brot (Lockerung des Teiges) oder mancher Wurstarten (Wasserbindung). Seit urdenklichen Zeiten dient es als Konservierungsmittel, hat aber in dieser Hinsicht durch die Einführung wirksamerer Verfahren viel an Bedeutung verloren.

6. Das Meersalz

Eine lebhafte Propaganda versucht den Verbraucher davon zu überzeugen, daß das Meersalz, allein oder zusammen mit Kochsalz angeboten, den Mineralbedarf des Körpers in besonders ausgewogener Weise befriedigen und darüber hinaus wichtige Spurenelemente in ausreichender Menge zuführen könne. An sich ist gegen eine Verwendung von Meersalz als Tafelsalz nichts einzuwenden, den propagandistischen Übertreibungen muß jedoch widersprochen werden.

Meerwasser enthält die gleichen Elektrolyte wie das Blutplasma, jedoch in anderer Zusammensetzung (mehr Mg^{++}, weniger K^+, s. Abb. 2). A. B. Macallum (1926) hat die Hypothese aufgestellt, daß sich im Ionenspektrum des Plasmas der rezenten Landbewohner die Meerwasser-Zusammensetzung jener erdgeschichtlichen Perioden widerspiegle, in der ihre Vorfahren an Land gestiegen sind. Einen endgültigen Beweis für diese interessante Theorie gibt es nicht, auf keinen Fall ist sie aber ein Argument für die besondere Nützlichkeit des heutigen Meerwassers bzw. -salzes für den jetzt lebenden Menschen.

Da die Resorptionsquoten für die einzelnen Elektrolyte sehr unterschiedlich sind und von zahlreichen Faktoren, u. a. von den übrigen Nahrungsbestandteilen abhängen, kommt es auf eine Ähnlichkeit der Zusammensetzung eines Salzpräparates mit der der extracellulären Flüssigkeit gar nicht an. Kein Salzpräparat kann für sich beanspruchen, die benötigten Mineralstoffe in einem besonders ausgewogenen Verhältnis anzubieten.

Im Meersalz sind nahezu alle Elemente mit entsprechend empfindlichen Methoden nachzuweisen, trotzdem hat es als Quelle für lebensnotwendige Spurenelemente keine Bedeutung (W. Weis 1961). Bei einem täglichen (hohen!) Konsum von 10 g Meersalz würden von K^+ nur 5%, von Ca^{++} 20%, von Zn 1%, von Fe 0,5%, von Mn 0,1% und von J 5% der Mengen zugeführt, die in einer normalen gemischten Kost ohnehin enthalten wären.

III. Calcium, Magnesium und Phosphat

1. Verteilung im Organismus und Funktion

Ca^{++}, Mg^{++} und Phosphat sind Mineralstoffe, die in den Körperflüssigkeiten zu einem beträchtlichen Teil Komplexbindungen eingehen (vgl. Tab. 4). Als

Tabelle 4. *Die Fraktionen von Calcium, Magnesium und anorganischem Phosphat im menschlichen Plasma* (nach M. Walser 1961)

	Ca mMol/l		Mg mMol/l		Phosphat mMol/l
freie Ionen	1,18 (47,5%)	freie Ionen	0,53 (55%)	HPO_4^{--}	0,50 (43%)
eiweißgebund.	1,14 (46,0%)	eiweißgebund.	0,30 (32%)	$H_2PO_4^-$	0,11 (11%)
$CaHPO_4$	0,04 (1,6%)	$MgHPO_4$	0,03 (4%)	eiweißgebund.	0,14 (12%)
Ca-Citrat	0,04 (1,7%)	Mg-Citrat	0,04 (4%)	$NaHPO_4$	0,33 (29%)
nicht identif.	0,08 (3,2%)	nicht identif.	0,06 (6%)	$CaHPO_4$	0,04 (3%)
				$MgHPO_4$	0,03 (3%)
Total	2,48	Total	0,96	Total	1,15

Hauptkomponenten der Knochenmineralien überragen in quantitativer Hinsicht Ca^{++} und Phosphat. (Phosphor kommt nur als Phosphat in lebenden Organismen vor.) Ein erwachsener Mensch enthält rund 1 kg Ca^{++}, davon 99% im Skelet. Das Gewicht des Phosphat-P beträgt gut die Hälfte des Ca^{++}-Gewichtes (R. M. FORBES u. Mitarb. 1953 und 1956), davon sind 90% in den Knochen. Die Mg^{++}-Konzentration beträgt nach CH. M. SPRAY und E. M. WIDDOWSON (1950) sowie E. M. WIDDOWSON u. Mitarb. (1951) 40—50 mg/100 g fettfreies Gewicht, entsprechend einer Gesamtmenge um 30 g bei einem erwachsenen Menschen. 50 bis 70% enthält das Skelet, 1,5% der Extracellulärraum, der Rest liegt in den Zellen.

Im Serum ist Ca^{++} fast zur Hälfte und Mg^{++} zu einem Drittel an Eiweiß gebunden (Tab. 4). Die Höhe dieser Fraktionen hängt von der Eiweiß-Konzentration und dem pH ab. In den Zellen ist die eiweißgebundene Fraktion noch größer. Während die Mg^{++}-Konzentration in den Zellen wesentlich größer ist als außerhalb, ist Ca^{++} ziemlich gleichmäßig verteilt. Das meiste Phosphat innerhalb und außerhalb der Zellen ist organisch gebunden.

Ca^{++} ist ein essentieller Gerinnungsfaktor in Blut und Milch. Es ist für die Erregungsprozesse in Nerven und Muskeln unentbehrlich (Überregbarkeit bei Hypocalcämie). Die abdichtende Wirkung auf Membranen wird bei der Therapie anaphylaktischer Ödeme ausgenutzt. Als Fermentaktivator spielt es eine geringere Rolle als Mg^{++}, häufig wird eine Fermenthemmung durch Ca^{++} beobachtet (vgl. dazu M. DIXON und E. C. WEBB 1958).

Mg^{++} ist der wichtigste Mineralstoff für das Leben schlechthin, das ohne die Überführung der Sonnenenergie in chemische Energie mit Hilfe des Chlorophylls nicht möglich wäre: Mg^{++} ist das Zentralatom des Chlorophylls.

Eine ganze Reihe von Fermenten wird von Mg^{++} aktiviert (vgl. M. DIXON und E. C. WEBB 1958 sowie K. LANG 1957). Es vermittelt durch Komplexbildung mit dem Ferment und/oder dem Substrat die Beziehung zwischen Ferment und Substrat. Im experimentellen Mg^{++}-Mangel wurden bei Ratten (R. B. BEECHEY u. Mitarb. 1959 und 1961) sowie beim Menschen (M. G. FITZGERALD und P. FOURMAN 1956) keine biochemischen Effekte gefunden, was darauf hinweist, daß die intracelluläre Mg^{++}-Konzentration so lange wie möglich erhalten wird.

Zahlreiche Stoffwechselwege beginnen damit, daß das Substrat durch eine enzymatische Veresterung mit Phosphat auf ein höheres Energieniveau gehoben wird. Phosphat-Donator ist zumeist Adenosintriphosphat (ATP), das vor allem bei der Endoxydation des Substrat-Wasserstoffes in der Atemkette aus Adenosindiphosphat und anorganischem Phosphat gebildet wird. ATP gehört neben anderen Nucleosid-triphosphaten, Kreatinphosphat, Carbamylphosphat, Acylphosphaten und Enolphosphaten zu den sog. energiereichen Phosphaten, weil bei der Hydrolyse der Phosphatbindung unter Standardbedingungen mehr als 5000 cal/Mol freigesetzt werden. Nucleotide sind die Bausteine der Nucleinsäuren, von denen die Desoxyribonucleinsäure als genetisches Substrat und die Ribonucleinsäuren als Informationsüberträger und Matrizen für die Eiweißsynthese dienen. Zahlreiche Cofermente sind nach dem Muster der Nucleotide aufgebaut und enthalten ebenfalls Phosphat, das ferner in Lipoiden (Phosphatide) und Eiweiß (Phosphoproteide, Casein!) vorkommt.

2. Die Knochenmineralien

Der Knochen ist kein ruhendes Gewebe, sondern er unterliegt auch beim erwachsenen Individuum ständigen Auf- und Abbauvorgängen, wie durch Einlagerung von radioaktivem Ca und P gezeigt werden kann. Etwa die Hälfte der frischen Knochensubstanz besteht aus anorganischem Material, der Rest teilt sich etwa zu gleichen Teilen auf in Wasser und organische Matrix (vgl. bei G. H. BOURNE 1956, P. FOURMAN 1960, J. T. IRVING 1957). Mit zunehmendem Alter nimmt der Wassergehalt des Knochens ab.

Die organische Matrix besteht aus Kollagen-Fasern in einem Mucopolysaccharid-Proteinkomplex. In diese Gerüste sind die Knochenkristalle eingelagert. Der Vorgang der Calcifikation des Knochens, bei dem Vitamin D eine wichtige Rolle spielt, ist noch nicht völlig geklärt (vgl. bei G. H. BOURNE 1956, P. FOURMAN 1960, J. T. IRVING 1957, K. SCHÜTTE 1956).

Nach röntgenologischen Untersuchungen bestehen die Knochenkristalle aus Hydroxylapatit $\{Ca[Ca_3(PO_4)_2]_3\}^{++} \cdot 2\,OH^-$, die durch amorphes $CaCO_3$ abgedeckt sind (A. ENGSTRÖM 1960). Die Kristalle bilden hexagonale Platten mit den Ausmaßen 85 · 250 · 500 Å. Ihre Oberfläche beträgt pro Gramm Kristall etwa 100 m^2 bzw. bei einem Skeletgewicht von ~ 16% des

Körpergewichtes rund $5 \cdot 10^5$ m² bei einem erwachsenen Menschen. Körpereigene und körperfremde Ionen können in Matrix und Kristalle eingebaut oder an der Kristalloberfläche adsorbiert werden. Oberflächlich gebundenes Na^+, K^+ und Mg^{++} stehen als Depot für die Körperflüssigkeiten zur Verfügung (J. K. AIKAWA u. Mitarb. 1962, B. A. BARNES u. J. MENDELSON 1963, W. H. BERGSTROM 1956, S. DUCKWORTH und W. GODDEN 1945, W. R. FEATHERSTON u. Mitarb. 1963, M. G. FITZGERALD 1956, G. B. FORBES 1960 und I. MACINTYRE und D. DAVIDSON 1958).

Kristalle und Matrix können jedoch auch toxische (Be, Pb) und radioaktive Metalle (Ra, Sr, Ce, Transurane) einlagern und für lange Zeit im Körper festhalten. Die Fixierung radioaktiver Spaltprodukte in der Nähe des strahlungsempfindlichen Knochenmarks ist ein Problem von nicht zu unterschätzender Bedeutung.

Bei Ca^{++}- und Phosphat-Mangelzuständen wird die Konzentration in den Geweben auf Kosten des Knochenminerals aufrechterhalten. Dabei wird die aus statischen Gründen am leichtesten entbehrliche Spongiosa zuerst angegriffen und in toto abgebaut, nicht entmineralisiert (M. S. CARTTAR u. Mitarb. 1950).

3. Resorption und Ausscheidung

Die Ca^{++}-Resorption ist ein aktiver (O_2-bedürftiger) und von Vitamin D abhängiger Prozeß (E. B. DOWDLE u. Mitarb. 1960, D. KIMBERG u. Mitarb. 1961, D. SCHACHTER u. Mitarb. 1959, 1960a u. b, 1961), auf den auch die anderen Nahrungsbestandteile einwirken. Aminosäuren (und hoher Eiweißgehalt der Nahrung) fördern die Resorption (R. A. MC CANCE u. Mitarb. 1942, K. TSUNO 1961b, R. H. WASSERMAN u. Mitarb. 1956), desgleichen Lactose (O. BERGEIM 1926, C. S. ROBINSON u. Mitarb. 1939, F. W. LENGEMAN 1959, P. FOURNIER u. Mitarb. 1960 und R. H. WASSERMAN u. F. W. LENGEMANN 1960). Der Mechanismus des Lactose-Effektes ist noch ungeklärt und scheint beim Menschen keine große Rolle zu spielen (E. GREENWALD u. Mitarb. 1963). Nach K. SCHREIER und E. SCHNEPF (1956) wirken auch Citrat und Tartrat resorptionsverbessernd. Eine gleichzeitige hohe Phosphat-Zufuhr erschwert die Resorption, allerdings kommen derart ungünstige Ca:P-Verhältnisse beim Menschen kaum vor (R. NICOLAYSEN u. Mitarb. 1953, vgl. auch K. LANG 1957 und J. T. IRVING 1957). Die Ausnutzbarkeit aus leicht löslichen Salzen (Chlorid, Lactat, Gluconat, Acetat) unterscheidet sich kaum von der aus schwer löslichen Salzen (Carbonat, Phosphat). Nur Oxalat setzt die Resorption deutlich herab (K. LANG 1957), weshalb oxalatreiche Nahrungsmittel wie Spinat die Ca-Bilanz meist verschlechtern (M. L. FINCKE und H. C. SHERMAN 1935). Der Oxalat-Effekt wird durch reichliche Ca^{++}-Zufuhr und gute Vitamin D-Versorgung gemildert.

Die in den Schalenanteilen der Cerealien reichlich vorkommende Phytinsäure bildet unlösliche Ca-Salze und verschlechtert in kurzfristigen Versuchen mit Phytin-reichen Nahrungsmitteln (Schwarzbrot) die Ca^{++}-Bilanz (R. A. MCCANCE und E. M. WIDDOWSON 1942a u. b). Der Effekt geht jedoch nach etwa drei Wochen vorüber. Mit Ausnahme des Hafers enthalten die Cerealien das Phytin-spaltende Ferment Phytase, so daß ein großer Teil des Phytins bei guter Teigführung gespalten wird (K. LANG und A. EBERWEIN 1948). Bei gemischter Ernährung spielt das Phytin-Problem keine Rolle (F. BRONNER u. Mitarb. 1954 und 1956a, vgl. auch R. S. HARRIS 1955, J. T. IRVING 1957, K. LANG 1957 und E. J. UNDERWOOD 1959).

Hohe Fettzufuhren sowie die Behinderung der Fettverdauung durch Unterbindung des Gallenganges vermögen im Tierversuch durch die Bildung schwerlöslicher Ca-Seifen die Ca-Ausnutzung zu beeinträchtigen (Lit. vgl. bei J. T. IRVING 1957). Beim gesunden Menschen stellt sich das Problem nicht, da seine Nahrung kaum mehr als 20% Fett enthält.

Im Dünndarm findet eine beträchtliche Ca^{++}-Sekretion statt (0,5–1 g/Tag, R. NICOLAYSEN u. Mitarb. 1953). Das meiste Ca^{++} wird wieder resorbiert, so daß das endogene Ca^{++} etwa 15% des fäkalen Ca^{++} ausmacht (F. BRONNER u. Mitarb. 1956b). Allerdings schwankt die Ca^{++}-Resorptionsquote erheblich (R. NICOLAYSEN u. Mitarb. 1953) und kann sich weitgehend dem Bedarf anpassen (M. BLAU u. Mitarb. 1957, S. N. GERSHOFF u. Mitarb. 1958, D. M. HEGSTEDT u. Mitarb. 1952b, F. A. JOHNSTON und R. A. FOLSOM 1961, H. KRAUT und H. WECKER 1943, 1948, O. J. MALM 1958, D. THORANGKUL u. Mitarb. 1959). Daher kann die Ca^{++}-Bilanz beim Menschen noch bei Ca^{++}-Zufuhren bis herunter zu etwa 300 mg/Tag ausgeglichen sein. Die normale Ca^{++}-Ausnutzung dürfte etwa 20–25% der Ca^{++}-Aufnahme betragen (R. NICOLAYSEN u. Mitarb. 1953). Ohne ersichtlichen Grund können jedoch langfristige Schwankungen der Ausnutzungsquote eintreten, was auf die Notwendigkeit hinweist, die Zeitdauer für Untersuchungen des Mineralstoffwechsels möglichst auszudehnen.

Der Ca^{++}-Verlust mit dem Schweiß kann erheblich sein, nach C. F. CONSOLAZIO u. Mitarb. (1962) bis zu 30% der Gesamtausscheidung (vgl. auch F. A. JOHNSTON u. Mitarb. 1950 und H. H. MITCHELL und T. S. HAMILTON 1949).

Die Verhältnisse bei der Mg^{++}-Resorption dürften denen bei der Ca^{++}-Resorption entsprechen. Bei normaler Zufuhr (20 mVal/Tag) fanden L. R. GRAHAM u. Mitarb. (1960) eine Resorptionsquote von 44,3% und bei sehr niedriger Zufuhr (1,9 mVal/Tag) eine solche von 75,8% beim Menschen. Phytin verschlechtert die Mg^{++}-Resorption, was möglicherweise für den Mg^{++}-Mangel bei Wiederkäuern von Bedeutung ist (A. H. ROBERTS und J. YUDKIN 1960).

Das zum größten Teil in organischer Bindung vorliegende Nahrungsphosphat muß vor der Resorption erst hydrolytisch abgespalten werden, was zum Teil schon während der Zubereitung geschieht, im Magen fortgesetzt und durch die Darm-Phosphatasen vollendet wird. Die Resorption ist vollständiger als beim Ca^{++}, so daß der renale Ausscheidungsweg der bedeutendere ist (60–80% beim Menschen). Das Phosphat des Kotes entstammt zu 70–80% dem Nahrungsphosphat, der Rest wurde mit den Sekreten in den Darm sezerniert (G. HEVESY u. Mitarb. 1939, zit. bei K. LANG 1957). Ein hoher Ca^{++}-Überschuß vermag die Phosphat-Resorption wegen der Bildung von unlöslichem tertiärem Ca-Phosphat zu beeinträchtigen. Bei normaler Ernährung besteht diese Gefahr nicht, da die Nahrungsmittel mit einem hohen Ca^{++}-Gehalt gleichzeitig die Hauptquellen für Phosphat sind. Das Phytin-Phosphat wird nur in dem Maße ausgenutzt, in dem es vorher hydrolytisch gespalten wurde.

Das Phosphat des Harnes (pH zwischen 4,5 und 8) kann als $H_2PO_4^-$ und/oder HPO_4^{--} vorliegen (pK_2 bei 6,8). Es bildet das wichtigste Puffersystem des Harnes. Im Plasma liegen $H_2PO_4^-$ und HPO_4^{--} im Verhältnis 1:4 vor (pH 7,4). Die Vergrößerung des Quotienten im saureren Harn bedeutet eine Eliminierung von Wasserstoffionen in gebundener Form, die quantitativ durch die Bestimmung der Titrationsacidität (Titration des Harnes nach Entfernung des Hydrogencarbonates mit NaOH bis pH 7,4) festgestellt wird.

Neben Vitamin D wirkt auch das Nebenschilddrüsen-Hormon auf den Ca^{++}- und Phosphat-Stoffwechsel ein. Das Vitamin fördert die Ca^{++}-Resorption und die Calcifikation und übt damit auch einen Effekt auf den Phosphat-Haushalt aus. Das Hormon hemmt die renale Phosphat-Rückresorption und bewirkt eine Demineralisation des Skelets. Auf die recht komplizierten und in manchen Punkten noch dunklen Einzelheiten kann hier nicht näher eingegangen werden. Über die Regulation des Mg^{++}-Haushaltes ist noch wenig bekannt.

4. Vorkommen in Nahrungsmitteln und Bedarf

Die besten Quellen für Ca^{++} und Phosphat sind Milch und Milchprodukte. Demgegenüber sind Fleisch, Eier und Vegetabilien relativ Ca^{++}-arm. Einen sehr hohen P-Gehalt haben ungeschälte Getreidekörner, der aber wegen des hohen

Phytin-Anteils (bis 90% des Gesamt-P) nur zum Teil ausnutzbar ist. Tierische Lebensmittel enthalten zumeist wesentlich mehr P als Ca^{++}, bei Früchten und Gemüsen sind die Unterschiede gewöhnlich nicht so groß. Mg^{++} kommt in allen Lebensmitteln vor und häufig übersteigt der Mg^{++}-Gehalt den Ca^{++}-Gehalt (vgl. Tab. 6).

Die Form der anorganischen Phosphat-Fraktion in den Lebensmitteln richtet sich nach deren pH-Wert. Da der pK_1 der Phosphorsäure bei etwa 2 liegt, abhängig von der Ionenstärke und den Begleitelektrolyten, kann in Lebensmitteln mit pH-Werten unter 4 freie Phosphorsäure in meßbarer Menge vorhanden sein. In handelsüblichem Citronensaft fanden H. LANGENDORF und K. LANG (1961) eine H_3PO_4-Konzentration von rund 1 mMol/l, in anderen sauren Obstsäften und im Wein 0,1–0,25 mMol/l (vgl. auch W. DIEMAIR und W. PFEIFER 1962). Nach der Allgemeinen Fremdstoff-Verordnung darf coffeinhaltigen Erfrischungsgetränken H_3PO_4 bis zu einer Konzentration von 70 mg/100 ml (7 mMol/l) zugesetzt werden.

Da immer wieder das Auftreten von Ca^{++}-Mangelzuständen besonders bei Kindern und alten Menschen in Notstandsgebieten, aber nicht nur dort, beobachtet wird, beansprucht die Frage nach der Höhe des Ca^{++}-Bedarfs besonderes Interesse. Ein realer Wert kann allerdings bis heute nicht angegeben werden. Einmal richtet sich der Bedarf nach der speziellen Situation des Einzelmenschen, zum andern kann sich der Mensch mit sehr unterschiedlichen Ca^{++}-Zufuhren ins Gleichgewicht setzen (vgl. S. 133). R. NICOLAYSEN (1961) hält eine tägliche Zufuhr von 800 mg nicht zu hoch und die meisten ernährungswissenschaftlichen Gremien empfehlen eine Zufuhr zwischen 800 und 1200 mg. Nach einer kürzlich erschienenen Zusammenstellung[1] bestehen große regionale Unterschiede hinsichtlich der Ca^{++}-Zufuhr. In Nord- und Mitteleuropa, in Nordamerika und Ozeanien werden pro Tag 900 mg aufgenommen, wovon 70–90% aus Milch und Milchprodukten stammen. In den europäischen Mittelmeerländern und Lateinamerika liegt die Zufuhr zwischen 650 und 800 mg/Tag, davon 50–70% aus der Milch. In Chile, Ägypten, Indien, Südafrika und der Türkei ist die Zufuhr mit der Milch nicht nennenswert, die Hauptquelle sind Cerealien und die Zufuhr liegt zwischen 350 und 500 mg/Tag. Die niedrigste Zufuhr (350 mg und weniger), vorwiegend aus Getreide, Gemüse und Ölfrüchten, findet man in Japan. Die Übersicht zeigt, welche entscheidende Rolle der Milchverzehr für die Ca^{++}-Versorgung spielt.

Unter diesen Aspekten erscheint das Auftreten von Ca^{++}-Mangelsymptomen in einem anderen Licht. Neben anderen Autoren sind daher H. JESSERER (1961) und R. NICOLAYSEN (1961) der Meinung, daß es eine alimentär bedingte Ca^{++}-Mangelkrankheit nicht gibt, sondern daß andere Faktoren (Vitamin D-Mangel, Resorptionsstörungen, Nierenkrankheiten, endokrine Fehlfunktionen) entscheidend zur Entstehung der Mangelsymptome beitragen.

Verkalkungen in weichen Geweben, Hypercalcämien und Osteosklerosen können die Folge hoher Ca^{++}-Zufuhren sein, sind aber häufiger durch ein Versagen der renalen Ausscheidung bedingt. Die infantile Hypercalcämie beruht auf einer Überempfindlichkeit gegenüber Vitamin D. Gewebsverkalkungen gehören zum sog. Milchtrinker-Syndrom, das bei Ulcus-Kuren auftreten kann (längere Zufuhr von 4–5 l Milch mit einem P- und Ca^{++}-Gehalt von ~ 1 g/l mit alkalisierenden Salzen, also gleichzeitig hohe Ca^{++}- und P-Zufuhr, näheres vgl. bei P. FOURMAN 1960). Bei einem Ca^{++}-Gehalt der Nahrung von mehr als 1% (die Empfehlungen liegen in der Größenordnung von 0,1%) kann die Auswertung von Eiweiß, Fett und Mineralstoffen beeinträchtigt werden, besonders wenn deren Zufuhr knapp ist (G. K. DAVIS 1959). Die Ca^{++}-Supplementierung von Nahrungsmitteln ist nicht zu empfehlen, da der Überblick über die tatsächliche Ca^{++}-Zufuhr verlorengeht.

---

[1] Chron. OMS (Genf) **16**, 273 (1962).

Die Mg^{++}-Bilanz ist bei Zufuhren von über 260 mg/Tag meist ausgeglichen (J. M. LEICHSENRING u. Mitarb. 1951, R. M. LEVERTON u. Mitarb. 1961). Die Durchschnittskost enthält gewöhnlich zwischen 300 und 500 mg, so daß Mangelerscheinungen nicht zu befürchten sind. Genaue Bedarfszahlen sind nicht bekannt. Im experimentellen Mg^{++}-Mangel stehen Übererregbarkeit und Krämpfe im Vordergrund. Kürzlich hat E. B. FLINK (1963) eine Übersicht über den Mg^{++}-Mangel beim Menschen (der niemals nur aus alimentären Gründen auftritt) gegeben.

Der Phosphat-Bedarf ist bei ausreichender Ca^{++}- und Eiweiß-Versorgung auf jeden Fall gedeckt (H. VAN GENDEREN 1961). Die Empfehlungen lauten dahin, daß die Phosphat-Zufuhr, ausgedrückt in Gewichtseinheiten P, das 1–2fache der Ca^{++}-Zufuhr oder 1–2 g/Tag betragen soll. Ein alimentärer P-Mangel ist nicht bekannt. Auf die Gefahren einer überhöhten P-Zufuhr ist bereits beim Milchtrinker-Syndrom aufmerksam gemacht worden. K. LANG (1959) hat die maximal duldbare P-Zufuhr für den Menschen auf Grund von Tierversuchen ermittelt, wobei er die Calorienaufnahme als Vergleichsbasis wählte. Er kam so zu 6,6 g bei 2800 kcal Energieaufnahme. Zwischen der mittleren wünschenswerten Zufuhr (1,5 g) und der maximal tolerierbaren besteht somit ein Quotient von 1:4,4. Eine Erhöhung der P-Zufuhr von 1 oder 2 g ist auf keinen Fall schädlich. In dieser Größenordnung bewegt sich die zusätzliche P-Zufuhr bei der Verabreichung von Phosphat-Präparaten an Leistungssportler (vgl. dazu L. PROKOP 1961 und K. LANG 1957a).

Das Problem der erhöhten P-Zufuhr wurde vor allem bei der Diskussion um die Verwendung kondensierter Phosphate in der Lebensmittelindustrie aufgeworfen. Unter dem Sammelbegriff kondensierte Phosphate versteht man Polyphosphate, Metaphosphate und vernetzte Phosphate, die alle durch Polymerisation aus Orthophosphat unter Wasseraustritt und der Ausbildung von P—O—P-Brücken entstanden sind. Der Polymerisationsgrad der kettenförmigen Polyphosphate reicht von 2 bis 10^6, Metaphosphate sind Ringanionen mit 3 oder 4 Phosphatresten und die vernetzten Polyphosphate haben einen Polymerisationsgrad von 4 und mehr. Das Grahamsche und Kurrolsche Salz sind Gemische hochpolymerer Phosphate mit Kettenlängen bis 200 bzw. 4600 P-Atomen und auch das Maddrellsche Salz ist ein hochpolymeres Phosphat. Die Kettenlänge hängt von der Herstellungstemperatur und der Schmelzdauer ab (vgl. dazu E. THILO 1958).

Ortho- und Pyrophosphate sind nach der Fremdstoff-Verordnung bei der Herstellung von Lebensmitteln mit Ausnahme von Fleisch und Fleischerzeugnissen und Milch und Milcherzeugnissen zugelassen, dagegen nicht Polyphosphate, die nur in begrenzter Menge als Richtsalze bei der Herstellung von Schmelzkäse erlaubt sind. Auf den Widerspruch im Gesetzestext – Pyrophosphat ist die erste Kondensationsstufe der Polyphosphate – hat F. HAHN (1961) aufmerksam gemacht.

Polyphosphate sind natürliche Bestandteile von Bakterien, Hefen, einigen Algen und wurden auch im Kot von Wachsmotten nachgewiesen (K. LOHMANN 1958). Der Stoffwechsel dieser Stoffe ist besonders bei Hefen untersucht worden (K. LOHMANN 1957). K. LANG (1958) hat über das Stoffwechselverhalten bei höheren Tieren berichtet und H. VAN GENDEREN (1958) über die Pharmakologie. Polyphosphate werden nur in dem Maße resorbiert, als sie im Darm zu Oligo- und Orthophosphat gespalten werden. Die Toxicität der Polyphosphate ist daher im wesentlichen die Toxicität des auf diesem Wege eingebrachten Orthophosphates.

Der Einfluß der Polyphosphate auf die Resorption von Ca^{++}, $Fe^{++}/^{+++}$ und anderen mehrwertigen Metallen ist erstaunlich gering (F. HAHN 1957, C. H. SCHWIETZER), da sie keine Komplexbildner, sondern Ionenaustauscher sind (E. THILO 1957).

Die im Darm reichlich vorhandenen Alkalimetalle verhindern daher die Bindung der in viel geringeren Konzentrationen vorhandenen mehrwertigen Metalle.

Als Träger zugesetzter Phosphate und Polyphosphate sind nach K. LANG (1959) in erster Linie zu berücksichtigen: Trinkwasser, dem zur Härtefällung im Mittel 7 mg P_2O_5/l (= 3 mg P) zugesetzt wird (P. HÖFER 1958); Schmelzkäse, dessen P-Gehalt sich nach H. MAIR-WALDBURG (1958) um 0,22–0,35% auf 0,79–1,0% erhöht; Kondensmilch, der bis zu 0,05% $NaH_2PO_4 \cdot 2\,H_2O$ (= 90 mg P)/l zugesetzt wird (es gibt auch Kondensmilch ohne P-Zusatz); Backpulver, dessen saure Komponente saures Diphosphat ist (für 500 g Mehl werden 6,6 g $Na_2H_2P_2O_7$ = 1,84 g P benötigt, entsprechend einem Mehrgehalt von 185 mg P in 100 g des fertigen Gebäcks); coffeinhaltige Erfrischungsgetränke mit 70 mg H_3PO_4/100 ml (= 22 mg P). Der Zusatz zu Brühwürsten (technisch nützlich wäre ein Zusatz von 0,4–0,5%

Tabelle 5. *Mögliche langfristige Phosphatbelastung durch den Verzehr von Lebensmitteln, die mit Phosphat-Zusatz hergestellt sind* (nach K. LANG 1959)

Vorausgesetzter Tageskonsum		Zusätzliche P-Menge pro Tag in mg
2 l	phosphatiertes Wasser	6
250 g	Schmelzkäse	500
200 g	Brühwurst[1]	250[1]
25 g	Kondensmilch	9
100 g	Gebäck, hergestellt mit phosphathaltigem Backpulver	185
1 l	Limonade mit höchstzulässigem H_3PO_4-Gehalt	220
Summe		1170

[1] Da die Verwendung von Polyphosphat bei der Brühwurst-Herstellung nicht zugelassen ist, verringert sich die Summe auf 920 mg.

Phosphatgemisch = 100–125 mg P/100 g Wurst) ist nicht zugelassen, ebenso nicht die Verwendung als Synergist in Antioxydantien. In der Tab. 5 ist die mögliche zusätzliche P-Zufuhr (nach K. LANG 1959) überschlägig angegeben. Die Mehrzufuhr bleibt durchaus in dem oben abgesteckten Rahmen.

IV. Schwefel und Stickstoff

Der Aminosäure-S wird im Stoffwechsel in SO_4^{--} übergeführt, wobei an zwei Stellen (Bildung von Cysteinsulfinat und oxydative Spaltung von Sulfinylpyruvat) je ein Proton freigesetzt wird (Einzelheiten des S-Stoffwechsels vgl. bei J. LEMAN und A. S. RELMAN 1959 sowie L. YOUNG und G. A. MAW 1958). Daher erhöht eine Methionin-Zufütterung die H^+-Ausscheidung durch die Niere nahezu quantitativ (2 Mol H^+/Mol Methionin). (J. N. HUNT 1956, J. LEMAN und A. S. RELMAN 1959, J. H. MUELLER 1923). Die Protonen werden nicht frei, sondern als $H_2PO_4^-$ und NH_4^+ ausgeschieden. Der Aminosäure-S ist die wichtigste Determinante der renalen Säureausscheidung.

SO_2, H_2SO_3 und Sulfite rechnen nicht zu den eigentlichen Konservierungsstoffen und sind zur Behandlung von Früchten und Fruchterzeugnissen sowie zur Kellerbehandlung des Weines zugelassen.

In den Tubuluszellen der Niere wird aus der Säureamidgruppe des Glutamins NH_4^+ gebildet. Mit ihm verläßt ein Proton in gebundener Form den Organismus und gleichzeitig steht ein Kation für die Anionenausscheidung zur Verfügung. Die normale H^+-Ausscheidung beträgt etwa 30–80 mVal/Tag, wovon 10–30 mVal auf die Titrationsacidität und 20–50 mVal auf die NH_4^+-Ausscheidung entfallen.

Bei schweren Acidosen kann die Säureausscheidung bis auf etwa 1000 mVal/Tag ansteigen (R. F. PITTS 1954).

Ammoniak, worunter die Summe von $NH_3 + NH_4^+$ verstanden sein soll, ist ein normaler, zumeist in geringer Konzentration (0,01—0,2 mg-%) vorkommender Bestandteil tierischer und pflanzlicher Gewebe. NH_4^+-Salze, wichtige N-Quellen für die Pflanze, können auch von höheren Tieren in beschränktem Maße zur Aminosäurebildung verwertet werden (G. L. FOSTER u. Mitarb. 1939, und D. RITTENBERG u. Mitarb. 1939). Der Effekt ist jedoch zu klein, als daß ihm eine praktische Bedeutung für die menschliche Ernährung zukäme. Die sog. Säure- oder Ammonium-Pflanzen (W. RUHLAND und K. WETZEL 1926) haben einen besonders sauren Zellsaft und einen höheren NH_3-Gehalt. Zu ihnen gehören auch einige Gemüsepflanzen wie Spinat, Gartenmelde, Mangold, Guter Heinrich und Rhabarber. In ihren Blattspreiten liegt die NH_3-Konzentration bei 1—2 mg-%. In frischen Kartoffelknollen fanden L. H. LAMPITT und N. GOLDENBERG (1940) 8—12 mg-% NH_3-N. Einen recht hohen NH_3-Gehalt können auch Pilze und Obstsäfte, insbesondere Traubensaft aufweisen, nach älteren Angaben etwa 10 mg-%. Abgesehen vom Käse gilt ein erhöhter NH_3-Gehalt in Lebensmitteln als ein Zeichen des Verderbs.

V. Säure-Basen-Gleichgewicht und Ernährung

Die Nahrung enthält acidifizierende und alkalisierende Komponenten, die die Säure-Basen-Regulation des Organismus beanspruchen. Zur Ermittlung des Säure- oder Basenüberschusses von Nahrungsmitteln stellte man früher den aus der Aschenanalyse bestimmten Gehalt an Alkali- und Erdalkalimetallen (Basen) den Anionen Cl^-, Phosphat und SO_4^{--} als Säuren gegenüber. Die Formel ist für Überschlagsberechnungen brauchbar, ihre Begründung jedoch falsch. Acidifizierend wirken der Aminosäure-S (vgl. oben) und Phosphat, soweit es noch dissoziable Protonen in den Organismus einbringt. Da der Quotient $H_2PO_4^-:HPO_4^{--}$ im Plasma 1:4 beträgt (Ladungszahl 1,8), ist H_3PO_4 dem Organismus gegenüber eine 1,8wertige Säure und HPO_4^{--} eine 0,2wertige Base. Die Summe der acidifizierenden Komponenten beträgt somit $2 \cdot S + x \cdot P$, wobei x den Säurewert des Phosphates bedeutet, der zwischen + 1,8 und — 0,2 liegen kann. Alkalisierend wirken nicht die starken Kationen, sondern die Anionen der organischen Säuren, die im Stoffwechsel als Säuren verbrannt werden und somit eine äquivalente Anzahl von Protonen eliminieren. Ihre Konzentration in den Nahrungsmitteln läßt sich approximativ aus der Differenz zwischen der Summe der Kationen und der Summe der übrigen Anionen, d. h. Cl^- und Phosphat, diesmal jedoch mit seiner Ladungszahl y in die Bilanz eingesetzt, ermitteln: organische Anionen = (Summe der Kationen) — $(Cl^- + y \cdot P)$. Die Gesamtbilanz lautet somit:

$$\begin{aligned}\text{Säure-Basen-Bilanz} &= [\text{Kationen} - (Cl^- + y \cdot P)] - (2 \cdot S + x \cdot P) \\ &= \text{Kationen} - [Cl^- + 2 \cdot S + (x + y) \cdot P]\,.\end{aligned}$$

Es läßt sich leicht einsehen, daß $(x + y)$ immer = 1,8 sein muß. Von den Kationen brauchen wegen der Ungenauigkeit der Berechnung, die die Einflüsse unterschiedlicher Resorption und Oxydierbarkeit nicht erfassen kann, nur Na^+, K^+ und Ca^+ berücksichtigt zu werden.

Die auf diese Weise ermittelten Näherungswerte liegen bei der üblichen gemischten Kost in der Größenordnung von — 50 mVal/Tag. Lacto-vegetabile und vegetarische Kostformen haben einen geringeren Säure- oder einen leichten Basenüberschuß, animalische Kostformen sind stärker säureüberschüssig. Nur mit ausgesuchten Diäten lassen sich Überschüsse in beiden Richtungen von etwa 150 mVal erzielen (H. LANGENDORF 1963). Ratten beantworten noch höhere, aber immerhin vergleichbare Belastungen mit einer Verkürzung der Lebenszeit (H. LANGENDORF 1963). Negative Einflüsse freigewählter einseitiger Kostformen auf den Menschen über das Säure-Basen-Gleichgewicht sind nicht zu befürchten, da derart hohe Überschüsse über längere Zeit nicht zu erzielen sind.

D. Die Spurenelemente

I. Allgemeines

Unter Spurenelementen, auch Oligo- oder Hochleistungselemente oder Mikronährstoffe genannt, versteht man die im Vergleich zu den „Mengenelementen" Na, K, Cl, Ca, Mg, N, S, H, O und C nur in minimalen Konzentrationen in lebenden Organismen vorkommenden Elemente. Einige von ihnen sind für Pflanzen oder Tiere lebensnotwendig, die meisten sind es nicht. Der Beweis, ob ein Spurenelement essentiell ist, also wirklich den Namen Mikronährstoff verdient, ist nicht leicht zu führen. Alle Elemente, die in Boden, Wasser und Luft vorkommen, also auch solche, die aus Staub und Abgasen stammen, können von Pflanzen, Tieren und Menschen aufgenommen und in den Geweben abgelagert werden, denn es gibt keine absolut dichte Barriere zwischen Umwelt und Organismus für gleichgültige oder unerwünschte Stoffe. Das Vorhandensein eines Elementes innerhalb des Organismus ist noch kein Argument für eine biologische Funktion. Es muß der Nachweis geführt werden, daß entweder das Fehlen des betrachteten Elementes in der Nahrung zu Krankheitserscheinungen führt (die Eliminierung eines bestimmten Elementes aus der Nahrung ohne Schädigung anderer Nahrungskomponenten bereitet erhebliche Schwierigkeiten), oder daß es ein integrierender Bestandteil von einem Vitamin, Hormon oder Ferment ist.

Für den Menschen sind neben den bereits aufgezählten Mengenelementen noch 7 Spurenelemente essentiell, nämlich Mn, Fe, Co, Cu, Zn, Mo und J. Bis auf das J sind sie alle Übergangselemente, die ersten fünf aus der I., das Mo aus der II. Gruppe, und Schwermetalle. Als solche sind sie ausgezeichnete Komplexbildner und liegen daher im Organismus mehr oder weniger vollständig in Chelaten und Komplexen vor. Diese essentiellen Elemente sollen in der Reihenfolge ihrer Atomgewichte etwas näher besprochen werden.

Von einigen Elementen, u. a. As, Cd, Cr, F, Ni, Se, Sr, Ti, V und Sn, wurde eine Lebensnotwendigkeit behauptet, konnte aber noch nicht bewiesen werden. Die meisten sind wahrscheinlich nicht essentiell. Da sich die augenblickliche Diskussion vor allem mit Cr, F und Se beschäftigt, sollen auch nur diese drei eingehender untersucht werden. Die übrigen Elemente – die Alkalimetalle außer Na und K, Al, B (für Pflanzen essentiell), Ba, Br, die Edelgase und Edelmetalle, Seltene Erden und Si (für Pflanzen essentiell) sind mit hoher Wahrscheinlichkeit nur gleichgültige Begleitstoffe. Einige Elemente sind toxisch, so Be, Hg, Pb, Sb (vgl. jedoch S. 148) und die radioaktiven Spaltprodukte, vor allem die Isotope von Sr, Ce, Cs und J. Von den gleichgültigen und toxischen Elementen können nur diejenigen kurz gestreift werden, die ein physiologisches oder technisches Interesse beanspruchen.

Von den essentiellen Elementen ist J Bestandteil eines Hormons, alle andern sind in ihrer Eigenschaft als Komplexbildner Aktivatoren oder Bestandteile von Enzymen. Es ist hier nicht der Ort, auf diese Dinge näher einzugehen und es sei deshalb auf die einschlägige Literatur verwiesen [z. B. P. D. BOYER, H. LARDY und K. MYRBÄCK 1960, M. DIXON und E. C. WEBB 1958, W. LANGENBECK 1959, die Beiträge zum Symp. on Biolog. Aspects of Metal-Binding, Fed. Proc. **20**, Suppl. 10 (1961)].

Leider ist das Problem der Spurenelemente Gegenstand von Spekulationen aller Art geworden. Die Erfahrungen aus der Tier- und Pflanzenernährung wurden auf den Menschen übertragen und eine Supplementierung der Kost mit Spurenelementen gefordert bzw. durchgeführt. Von der unhaltbaren Meinung, daß jedes natürlich vorkommende Element auch eine biologische Funktion haben müsse, sei hier gar nicht weiter die Rede.

Das Auftreten von Tier- und Pflanzenkrankheiten wegen eines Mangels an Spurenelementen ist im Grunde ein Problem der modernen Landwirtschaft und die Folge der intensiven Bodennutzung und der Kultivierung und Beweidung an sich ungeeigneter Böden. Wenn der Boden an einem für die Pflanze allein oder für die Pflanze mehr als für Tiere essentiellen Element verarmt, werden die Erträge schlecht. Trotzdem reichert die Pflanze das Element dem Boden gegenüber relativ an. Die Nutznießer der Pflanze werden daher mehr von der Ertragsminderung als von einem Spurenelement-Mangel betroffen. Ein Boden, der ein mehr für Tiere als für Pflanzen essentielles Element in zu geringer Menge enthält, bringt gute Erträge mangelhafter Qualität. Den Schaden tragen die Nutztiere, die gezwungen sind, ihre Nahrung aus einem begrenzten Gebiet zu beziehen und nicht auf gesündere Weiden ausweichen können, wie es Wildtiere tun würden. Der Mensch als letztes Glied in der Kette vom Boden über Pflanze und Tier wird in jedem Falle mehr vom geminderten Ertrag als vom Spurenelement-Mangel betroffen. Da er seine Nahrung zudem noch aus vielen Quellen und mehreren Gebieten zu beziehen pflegt, ist die Gefahr einer Minderversorgung für ihn in der Regel nicht gegeben. Mit Ausnahme des alimentären Eisen- und Jodmangels sind daher keine Krankheiten des Menschen bekannt, die von einem Mangel an Spurenelementen in der Nahrung verursacht sind (A. I. VIRTANEN 1954). Es besteht keine Notwendigkeit, die menschliche Nahrung mit Spurenelementen zu supplementieren (abgesehen von Fe und J, aber nur dort, wo es wirklich erforderlich ist). Auch die Gabe von Spurenelement-Spezialpräparaten ist überflüssig, zumal W. WEIS (1961) nachdrücklich darauf hingewiesen hat, daß in den Tagesdosen der meisten dieser Präparate weniger an Spurenelementen enthalten ist, als mit der gewöhnlichen Kost zugeführt wird.

II. Spurenelemente mit bewiesener Lebensnotwendigkeit

1. Mangan

Der gesamte Mn-Bestand eines erwachsenen Menschen wird von W. WEIS (1961) mit 30 bis 100 mg, von D. C. BORG und G. C. COTZIAS (1958) mit 11—20 mg angegeben. Im Gegensatz zu anderen mehrwertigen Metallen liegt Mn in leicht dissoziablen Komplexen vor und hat einen spezifischen Stoffwechselweg (G. C. COTZIAS und J. J. GREENOUGH 1958). Retiniertes ^{54}Mn kann nur durch metallisches Mn verdrängt werden, es besteht also kein Verdrängungsmechanismus zwischen Mn und verwandten Metallen. Mn ist vor allem in den Mitochondrien lokalisiert, weshalb die ^{54}Mn-Clearance aus dem Blut zur Bestimmung der Mitochondrienmasse in vivo verwendet werden kann (D. C. BORG und G. C. COTZIAS 1958). Zahlreiche Fermente werden von Mn aktiviert. Im experimentellen Mn-Mangel findet man bei Ratten und Kaninchen eine Reduzierung der Aktivität der Leber-Arginase und der alkalischen Phosphatasen verschiedener Organe (P. D. BOYER u. Mitarb. 1942, M. E. SHILS und E. V. MCCOLLUM 1943, S. E. SMITH und G. H. ELLIS 1947). Mn ist zur Entwicklung des Skelets notwendig. Die Perosis der Hühner, eine Störung des Knochenwachstums und der Verkalkung, beruht auf einem Mn-Mangel (H. S. WILGUS u. Mitarb. 1936). Bei Ratten und Kaninchen werden außerdem Fertilitätsstörungen und kongenitale Ataxie beobachtet (Lit. vgl. bei G. W. MONIER-WILLIAMS 1950 und E. J. UNDERWOOD 1962). Mn-Mangel bei Rindern und Schafen ist selten und soll sich ebenfalls in Knochenanomalien und Fertilitätsstörungen manifestieren. Nach H. ROTH (1960) beruht aber die sog. Mn-Mangelkrankheit der Wiederkäuer auf einem ungünstigen Ca:P-Verhältnis im Futter.

Die Mn-Resorption ist schlecht (Resorptionsquote bei Ratten 3%, G. C. COTZIAS 1958), die Ausscheidung erfolgt praktisch ausschließlich mit dem Kot. Über den Mn-Bedarf des Menschen ist nichts sicheres bekannt, die Zufuhr liegt beim Erwachsenen zwischen 3 und 9 mg/Tag, bei Kindern zwischen 0,2–0,3 mg/kg K.-Gew. (G. C. COTZIAS 1960). Unter allen Nahrungsmitteln weisen Teeblätter mit bis zu 90 mg-% den höchsten Mn-Gehalt auf (G. W. MONIER-WILLIAMS 1950). Bei der schlechten Resorbierbarkeit sind alimentäre Mn-Intoxikationen nicht zu befürchten. Ratten und Hühner tolerieren mehr als 1000 ppm Mn im Futter (E. J. UNDERWOOD 1962). Mn-Vergiftungen sind dagegen durch das Einatmen von Mn-haltigem Staub bei Bergarbeitern bekannt geworden (vgl. G. C. COTZIAS 1960).

Als potenter Enzymaktivator beschleunigt Mn auch fermentative Abbauprozesse in gelagerten Lebensmitteln. Unangenehm ist auch der hohe Mn-Gehalt mancher Trinkwässer. Mn-speichernde Bakterien (B. manganicus, Leptothrix- und Clonothrix-Arten) oxydieren Mn zu Braunstein und lagern diesen in fädigen Formen im Rohrnetz ab. Der Geschmack des Wassers leidet und die Wäsche kann fleckig werden. Nach den Hygienischen Leitsätzen der Trinkwasserversorgung (1932) soll der Mn-Gehalt im Rohrnetz 0,05 mg/l nicht übersteigen.

2. Eisen

Ein erwachsener Mensch besitzt etwa 5—7 g Fe, davon etwa die Hälfte als Hämoglobin-Fe^{++} (O_2-Transport im Blut), knapp 10% als Myoglobin-Fe^{++} (O_2-Speicher im Muskel), etwa 1 g als Depot-Fe (Fe^{+++} in Ferritin und Hämosiderin) und noch einmal die gleiche Menge im Zell-Fe (Hämin-Fermente und andere Fermente). Das Fe im Serum, 0,1 mg-% beim Manne und 0,08 mg-% bei der Frau, ist praktisch vollständig als Fe^{+++} an ein spezielles Transporteiweiß, das Transferrin oder Siderophilin, gebunden.

Der Mensch besitzt kein Organ zur Fe-Ausscheidung, so daß die Regulation des Fe-Haushaltes über eine Steuerung der Resorption erfolgen muß (L. HEILMEYER und K. PLÖTNER 1937, R. A. McCANCE und E. M. WIDDOWSON 1938). Die Fe-Resorption (vgl. darüber bei C. V. MOORE und R. DUBACH 1959) ist ein aktiver Prozeß, der bereits im Magen beginnt und vor allem im oberstenDünndarm stattfindet. Aber auch das Colon ist noch zur Fe-Resorption befähigt. Die Darmschleimhaut kann nur von Fe^{++} passiert werden (C. V. MOORE u. Mitarb. 1944), jedoch liegen in der Nahrung (Ascorbinsäure und andere Reduktionsmittel) und in der Magensalzsäure ausreichende Reduktionskapazitäten vor, die Fe^{+++} in Fe^{++} überführen können. Selbst Menschen mit einem anaciden Magensaft können noch eine ausreichende Fe-Resorption haben. Die unterschiedliche Resorbierbarkeit ist mehr ein therapeutisches als ein ernährungsphysiologisches Problem.

Die Fe-Resorption wird durch das Ferritin in den Darmzellen vermittelt. Im Gegensatz zu der Ansicht von S. GRANICK (1951), nach der die Ferritin-Beladung der Mucosazellen die Resorption schließlich blockieren sollte (mucosal bloc), fanden W. KEIDERLING und F. WÖHLER (1954) sowie F. WÖHLER u. Mitarb. (1958) eine Parallelität zwischen der Ferritin-Konzentration in den Mucosazellen und der Resorptionsgeschwindigkeit. Als erhöhende Faktoren der Resorption werden Anämie, leere Fe-Depots, Hypoxie, erniedrigter Serumeisen-Spiegel, gesteigerte Erythropoese und verminderte Aktivität der Fe-haltigen Fermente diskutiert. Nach C. V. MOORE und R. DUBACH (1956) kann keiner dieser Parameter als alleiniger Regulationsfaktor der Resorption betrachtet werden.

Vom Fe der Nahrung wird nur verhältnismäßig wenig resorbiert. Die Quote liegt nach Versuchen mit ^{59}Fe-markierten Nahrungsmitteln (auf ^{59}Fe-haltigen Nährböden gewachsene Vegetabilien und Fleisch und Eier von mit ^{59}Fe vorbehandelten Hühnern) beim Gesunden zwischen 5 und 10% (C. V. MOORE 1957, C. V. MOORE und R. DUBACH 1956). Bei Anämie, leeren Depots usw. kann die Quote wesentlich höher liegen. Die Resorption wird leicht behindert durch die Anwesenheit von Polyphosphaten im Darmsaft (C. SCHWIETZER 1956), stärker durch Phytinsäure (L. M. SHARPE u. Mitarb. 1950) und Phosphat (D. M. HEGSTEDT u. Mitarb. 1952a), die mit dem Eisen unlösliche Salze bzw. Komplexe bilden können. Im Gegensatz zu der früher vertretenen Meinung ist das Hämoglobin-Fe nicht schlechter resorbierbar als das andere Fe in Nahrungsmitteln (D. A. K. BLACK und J. E. POWELL 1942, S. T. CALLENDER u. Mitarb. 1957).

Der tägliche Fe-Verlust (Abstoßung von Haut- und Schleimhautzellen, Blutungen) liegt beim Manne im Mittel bei 0,5—1,0 mg und bei der menstruierenden Frau um 0,5—1,0 mg höher (Verlust durch die Perioden-Blutung auf die ganze Periode umgerechnet). Bei der Resorptionsquote von 5—10% wird der Fe-Bedarf des Erwachsenen durch eine tägliche Zufuhr von 12—15 mg gedeckt. Man sieht, daß die Fe-Bilanz gerade bei Frauen im Reproduktionsalter leicht gefährdet werden kann.

Der Fe-Gehalt der Nahrungsmittel ist im allgemeinen niedrig (vgl. Tab. 6). Da die Milch zu den Fe-ärmsten Nahrungsmitteln zählt (0,1 mg-%, davon 40% in der Fettfraktion), besteht auch bei Kleinkindern und Diätbedürftigen die Gefahr eines alimentären Fe-Mangels. Zu den Fe-reichen Gemüsen gehört der

Spinat, wenn auch sein legendärer Ruf als Fe-Quelle für Kleinkinder auf einem Irrtum beruht (C. SCHWIETZER 1960). (In alten Nahrungsmitteltabellen war das auf das Trockengewicht bezogene Analysenergebnis von BUNGE ohne Umrechnung auf das Feuchtgewicht bezogen worden.) Im Ei ist das Fe praktisch im Dotter konzentriert (Dotter 7,2 mg-%, Eiklar 0,2 mg-%). Unter den Fleischwaren sind die inneren Organe Fe-reicher als Muskelfleisch, von dem wiederum das rote Fe-reicher ist als das weiße. Nach W. WEIS (1961) werden mit einer gemischten Normalkost zwischen 14 und 60 mg Fe/Tag konsumiert und selbst ärmste Kostformen enthalten noch 10 mg.

Das Leitsymptom des Fe-Mangels bei Mensch und Tier ist die Anämie. Im Tierversuch lassen sich ferner Verminderungen der Aktivitäten Fe-haltiger Fermente nachweisen (E. BEUTLER u. Mitarb. 1957—1959). Obwohl Fe-Ionen sehr toxisch sind, ist die Gefahr einer peroralen Fe-Vergiftung beim Erwachsenen wegen der schlechten Resorbierbarkeit gering. Bei Kindern, die Eisensulfat-Tabletten mit Bonbons verwechselt hatten, ist es schon zu letalen Intoxikationen gekommen (Dosis letalis zwischen 3 und 10 g $FeSO_4$ je nach Alter) (Lit. vgl. bei K. R. REISSMANN 1959).

Fe ist nicht immer ein willkommener Bestandteil von Nahrungsmitteln, zumal wenn es durch Kontamination oder Korrosion der Gefäße hineingelangt ist. Fe katalysiert die Oxydation von Fett und vermag daher schon in Spuren den Geschmack von Milch oder Butter zu beeinträchtigen. Im Wein kann es zu Trübungen Anlaß geben, ebenso im Wasser. Nach den Hygienischen Grundsätzen der Trinkwasserversorgung soll der Fe-Gehalt im Rohrnetz nicht über 0,1 mg/l liegen. Zu hoher Fe-Gehalt beeinträchtigt den Geschmack und hinterläßt Rostflecke auf der Wäsche. Eisenhydroxid-Flocken und das starke Wachstum Fe-speichernder Bakterien (Leptothrix, Crenothrix und Cladothrix) können Verstopfungen in den Rohrleitungen verursachen.

Da Fe leicht korrodiert, ist es als Material für Gebrauchsgegenstände auf dem Lebensmittelsektor nur bedingt geeignet. Abhilfe schaffen korrosionsbeständige Überzüge aus Zn, Sn (Weißblech), Cr, Ni, Lack, Email oder schlagfester Oxidhaut sowie die Verwendung von Chromnickelstählen (V 2 A).

3. Cobalt

Nachdem im Jahre 1948 E. L. RICKES u. Mitarb. in den USA und E. L. SMITH in England Co als Zentralatom des Vitamin B_{12} nachweisen konnten, war die bis dahin umstrittene Lebensnotwendigkeit von Co für den Menschen erwiesen. Vorher schon konnten Weidekrankheiten, die unter verschiedenen Namen bekannt waren (coast disease, bush sickness, wasting disease, salt sickness usw.) und deren Leitsymptome in schwerer Anämie, Freßunlust und extremer Abmagerung bestehen, als Co-Mangelkrankheiten identifiziert werden (Lit. vgl. bei E. J. UNDERWOOD 1962). Menschen und Nicht-Wiederkäuer haben keinen eigentlichen Co-Bedarf, sondern einen Vitamin B_{12}-Bedarf. Auch die Mangelkrankheit der Wiederkäuer ist im Grunde als Vitamin B_{12}-Defizit aufzufassen. Der relativ hohe Co-Bedarf dieser Species dient dazu, die Rumen-Mikroorganismen zu einer ausreichenden B_{12}-Synthese zu befähigen.

Da die Vitamine an anderer Stelle besprochen werden, erübrigt sich hier ein Eingehen auf die Funktion des Vitamins und der von ihm abgeleiteten Coenzyme.

Nach neueren Untersuchungen scheint Co auch für manche Pflanzen essentiell zu sein. S. AHMED und H. J. EVANS (1959), G. BOND und E. J. HEWITT (1961, 1962), E. G. HALLSWORTH u. Mitarb. (1960) und H. M. REISENAUER (1960) fanden eine Förderung der N-Fixation durch die Wurzelknötchen von Leguminosen und Nicht-Leguminosen.

Co kommt in sehr niedrigen Konzentrationen, meist um oder unter 0,01 mg-%, in allen Geweben vor. Man kann daraus den gesamten Co-Bestand eines erwachsenen Menschen auf rund 5 mg veranschlagen.

M. J. HARP und F. I. SCOULAR (1952) fanden bei freigewählter Kost eine Co-Zufuhr von 5,63—7,97 μg/Tag, wovon 73—97% resorbiert und im Mittel 67% renal ausgeschieden wurden. Die Bilanzen waren bei 21 von 23 Versuchspersonen (College-Girls) positiv.

Über den Co-Gehalt von Nahrungsmitteln liegen noch nicht sehr viele verwertbare Analysenergebnisse vor (vgl. Tab. 6). Als besonders Co-reich gelten einige Leguminosen und weiße Rettiche. Das vom Menschen an sich benötigte Vitamin B_{12} wird jedoch fast ausschließlich aus tierischen Nahrungsmitteln bezogen. Mit dem Vitamin (Zufuhr 1–2 μg/Tag, Co-Gehalt 4,5%) werden nur 0,045–0,09 μg Co zugeführt.

Hohe Co-Gaben verursachen bei verschiedenen Tieren (aber nicht bei erwachsenen Wiederkäuern) und beim Menschen eine gesteigerte Erythropoese mit Polycythämie (Übersicht bei W. C. GRANT und W. S. ROOT 1952). Noch höhere Dosen unterdrücken die Erythropoese und führen schließlich zur Anämie. Der Mechanismus dieser Wirkung ist noch ungeklärt. Nach L. ERIKSEN u. Mitarb. (1961) ist die Polycythämie bereits die erste Folge der toxischen Co-Wirkung, die mit einer Hemmung der Häm-Synthese ohne Einfluß auf die Globin-Synthese einhergeht.

4. Kupfer

Ein erwachsener Mensch enthält etwa 100—150 mg Cu (T. P. CHOU und W. H. ADOLPH 1935, C. M. SPRAY und E. M. WIDDOWSON 1950, E. M. WIDDOWSON u. Mitarb. 1951), das sich ziemlich gleichmäßig auf alle Organe verteilt. Nur die Leber ist besonders Cu-reich (0,75 mg-%, beim Neugeborenen noch mehr). In Blut und Plasma liegt die Konzentration bei 0,1 mg-%. Praktisch das gesamte Cu ist im Organismus an Eiweiß gebunden. Nach H. SCHEINBERG (1961) sind bisher sieben sichere Cu-Proteide beim Menschen nachgewiesen worden, nämlich das Cerebro-Cuprein, das Hepato-Cuprein, das Coeruloplasmin, das Erythrocuprein, das Hämocuprein, die Cytochrom c-oxydase und die Tyrosinase. Der Cu-Gehalt der Butyryl-CoA-dehydrogenase und der δ-Aminolävulinsäure-dehydrogenase dürfte auf einer Kontamination beruhen. Von H. YAMADA und K. T. YASUNOBU (1962) wurde Cu neuerdings in der Monoaminoxydase des Plasmas nachgewiesen. Mit Ausnahme der Cytochrom-oxydase (aerobe Oxydation) und der Tyrosinase (Melaninbildung) ist über die biologische Funktion dieser Proteide wenig bekannt. Das Coeruloplasmin, das 96% des Plasma-Cu enthält, hat die Eigenschaften einer Phenoloxydase, aber das natürliche Substrat ist bisher nicht aufgefunden worden (vgl. bei O. HORNYKIEWICZ 1961 und W. KEIDERLING 1961). Cu-Proteide von Pflanzen und Bakterien wirken ebenfalls als Polyphenoloxydasen (Laccasen), auch ist die pflanzliche Ascorbinsäureoxydase ein Cu-Enzym. Cu ist das einzige der Übergangsmetalle, das im physiologischen pH-Bereich Komplexe mit Phenolen bilden kann (vgl. bei R. J. P. WILLIAMS 1959).

Die Cu-Resorption ist ziemlich schlecht (C. L. COMAR u. Mitarb. 1948, G. SCHUBERT und W. RIEZLER 1947), im Kot erscheinen gewöhnlich über 90% des aufgenommenen Cu (W. WEIS 1961). Nur ein Teil davon ist über die Galle ausgeschiedenes Cu. Die tägliche renale Cu-Ausscheidung liegt zwischen 0,01 und 0,1 mg (W. WEIS 1961). Über den normalen Cu-Stoffwechsel ist wenig bekannt.

Die normale Kost enthält im Durchschnitt 2–5 mg Cu/Tag (R. M. LEVERTON und E. S. BRINKLEY 1944, S. L. TOMPSETT 1934), wodurch der Bedarf offensichtlich gedeckt wird. Beim pathologischen Cu-Mangel des Menschen und beim Cu-Mangel der Weidetiere wird die Fe-Ausnutzung gestört und es kommt zu einer eisenrefraktären Anämie (Übersicht vgl. bei G. MATRONE 1960). Weitere Symptome sind Osteoporose, Störungen der Phosphatid-Synthese, Aktivitätsminderung der Cytochrom-oxydase, bei Schafen Achromotrichie der Wolle und Ataxie (Näheres vgl. bei K. LANG 1957, H. SCHEINBERG 1961 und E. J. UNDERWOOD 1962, Pathologie des menschlichen Cu-Stoffwechsels vgl. W. KEIDERLING 1961).

Zu den Cu-reichen Nahrungsmitteln zählen innere Organe, speziell die Leber, zu den Cu-armen die Milch (vgl. Tab. 6). Vermutlich dient die Leber beim Neugeborenen als Cu-Depot.

10–15 mg Cu, etwa als Sulfat, bewirken beim Menschen Erbrechen und Durchfälle. Massive Dosen führen zu schweren Schäden der Intestinalschleimhaut (H. FÜHNER 1943, S. MOESCHLIN 1964). Obwohl die Gefahr chronischer Intoxikationen auf peroralem Wege nicht groß ist, sind Cu-Verbindungen zum Färben und Grünen von Lebensmitteln verboten.

In der praktischen Tierernährung spielen die Wechselbeziehungen zwischen dem Stoffwechsel von Cu, Mo und Sulfat eine große Rolle (Übersicht vgl. bei R. F. MILLER und R. W. ENGEL 1960). Mo forciert die Symptome eines Cu-Mangels, wenn gleichzeitig eine ausreichende Sulfat-Zufuhr erfolgt, andrerseits vermag Cu die Erscheinungen der Mo-Intoxikation zu mildern.

Wegen seiner physikalischen Eigenschaften (Wärmeleitfähigkeit, Verformbarkeit) ist Cu seit alters her ein bevorzugtes Material für Bedarfsgegenstände, Apparaturen und Leitungen. Normalerweise werden aus blanken Cu-Oberflächen nur geringe Cu-Mengen gelöst, aber die Bildung eines leichter löslichen Oxid-Überzuges, der in der Praxis (saure Speisen, Zutritt von Luft-Sauerstoff) nicht immer zu vermeiden ist, kann eine unangenehme Cu-Kontamination zur Folge haben. Da Cu wie Fe die Fettoxydation katalysiert, ist die Kontamination von Milch und Butter besonders unerwünscht. Schon 1,5 ppm beeinträchtigen den Geschmack der Milch, Butter mit 0,3 ppm Cu hält sich schlecht und mehr als 1 ppm verursachen bald einen fischigen und talgigen Geschmack (W. L. DAVIES 1936). Aus diesen Gründen verwenden heutzutage milchverarbeitende Betriebe nur noch Geräte und Kessel aus V2A-Stahl. Nur in einigen Emmentaler Käsereien sind noch Kupferkessel in Gebrauch, da sich in ihnen der Käsebruch leichter von der Wand löst als in Stahlkesseln. Cu fördert die Oxydation der Ascorbinsäure in seiner Eigenschaft als Aktivator der Ascorbinsäure-oxydase.

Die Korrosionsfestigkeit kupferner Geräte wird durch eine einwandfreie Verzinnung erhöht. Allerdings muß der Sn-Überzug wirklich lückenlos sein, da sich sonst an defekten Stellen in saurem Medium Lokalelemente bilden, die die Cu-Korrosion erst recht in Gang bringen. Legierungen aus Cu und Sn (Bronzen) sind wegen ihrer hohen Festigkeit und Beständigkeit sehr geschätzt.

5. Zink

Zn hat eine hohe Komplexbindungsaffinität zu Imidazol-Strukturen (Histidin, Purine) und SH-Gruppen (G. WEITZEL 1956) und findet sich als Bestandteil der Hormone Insulin und Glucagon sowie der Fermente Carboanhydratase, Carboxypeptidase, Alkohol-dehydrogenase, Lactat-dehydrogenase, Glycerinaldehydphosphat-dehydrogenase und Glutaminsäure-dehydrogenase (S. J. ADELSTEIN und B. L. VALLEE 1958, D. KEILIN und I. MANN 1955, B. L. VALLEE 1955). Nach C. M. SPRAY und E. M. WIDDOWSON (1950) sowie E. M. WIDDOWSON u. Mitarb. (1951) liegt die Gewebskonzentration zwischen 1,9 und 3,3 mg-%, bezogen auf das fettfreie Gewicht oder insgesamt 2—4 g bei einem erwachsenen Menschen. Obwohl der Gesamtgehalt des Menschen an Fe doppelt so groß ist, ist die Fe-Gewebskonzentration niedriger als die Zn-Gewebskonzentration, da mehr als die Hälfte des Fe als Hämoglobin-Fe vorliegt. Eine auffallend hohe Zn-Konzentration weisen die pigmentierten Augengewebe auf, daneben die Inselzellen des Pankreas und die Prostata. Die Zn-Konzentration in der Milch (3—5 mg/l) ist die höchste aller Spurenelemente. Beim Mann ist die Zn-Konzentration im Blut (0,89 mg-%) und Plasma (0,39 mg-%) etwas höher als bei der Frau (0,86 bzw. 0,31 mg-%, B. L. VALLEE und J. G. GIBSON 1958).

Die Resorptionsquote liegt bei der Ratte bei 5% (J. P. FEASTER u. Mitarb. 1955). Nach J. E. FURCHNER und C. R. RICHMOND (1962) wird die Resorption durch die Höhe des Nahrungs-Zn gesteuert. Zn wird, auch nach intravenöser Injektion, fast ausschließlich über den Darm ausgeschieden. Mit der üblichen Kost werden täglich nach W. WEIS (1961) 6—40 mg zugeführt, eine Menge, die den geschätzten Bedarf von 2—10 mg in jedem Falle deckt. Zn-Mangelsymptome beim Tier sind Wachstumsstörungen, Haarausfall und reduzierte Fermentaktivitäten (vgl. bei E. J. UNDERWOOD 1962).

In pflanzlichen Nahrungsmitteln liegt der Zn-Gehalt häufig unter 0,1 mg-% (Ausnahmen: getrocknete Hülsenfrüchte, hoch ausgemahlene Mehle), tierische Nahrungsmittel sind im allgemeinen Zn-reicher, aber der Gehalt bleibt in der Größenordnung von einigen mg-% (vgl. Tab. 6).

Geräte aus Zn oder verzinktem Eisen sind gegen saure Nahrungsmittel nicht sehr beständig und so sind immer wieder Massenvergiftungen durch Kartoffelsalat bekannt geworden, der in verzinkten Gefäßen aufbewahrt wurde. Symptome der Zn-Vergiftung sind gastrointestinale Erscheinungen und Kopfschmerzen. An sich ist Zn wenig toxisch. Die Zn-Vergiftung beruht entweder auf toxischen Verbindungen des Zn mit Nahrungsmittelbestandteilen oder auf Verunreinigungen des Zn mit Pb oder As (S. MOESCHLIN 1964). Sehr toxisch ist dagegen Zn bei der Aufnahme über die Lunge (Gießereifieber).

Bei hoher Dauerbelastung (0,5% Zn im Futter) kommt es bei Ratten zu Wachstum- und Fertilitätsstörungen, und Interferenzen mit dem Cu- (Anämie) und Ca- und P-Stoffwechsel (Entmineralisierung des Skelets, Lit. vgl. bei K. LANG 1957 und E. J. UNDERWOOD 1962). Beim Schwein wird die Zn-Retention durch $ZnSO_4$-Zulagen verbessert, aber die Ca-, Mg- und P-Retention verschlechtert, allerdings ohne Einfluß auf den Verlauf der Mast (M. KIRCHGESSNER und W. OELSCHLÄGER 1962).

6. Molybdän

Mo ist als essentieller Faktor für die N-Fixation und Nitratreduktion in Pflanzen seit langem bekannt (vgl. MONIER-WILLIAMS 1950 und K. SCHARRER 1955), aber erst in neuerer Zeit wurde seine Lebensnotwendigkeit für den Säuger durch die Identifizierung mit dem Xanthinoxydase-Faktor (E. C. DE RENZO u. Mitarb. 1953, D. A. RICHERT und W. W. WESTERFELD 1953) nachgewiesen. Über den Mo-Stoffwechsel ist wenig bekannt. Die Konzentration in den meisten Geweben liegt unter 0,02 mg-% (Trockengewicht), nur Leber (0,32 mg-%) und Nieren (0,16 mg-%) enthalten mehr. Der Gesamtbestand eines erwachsenen Menschen wird auf 7 mg geschätzt (W. WEIS 1961).

Besonders in der sechswertigen Form wird Mo verhältnismäßig gut resorbiert und vor allem renal ausgeschieden (Lit. vgl. bei E. J. UNDERWOOD 1962). Über den Bedarf lassen sich keine Angaben machen, offensichtlich wird er durch das in der Nahrung enthaltene Mo ausreichend gedeckt.

Bisher liegen nur wenige Daten über den Mo-Gehalt von Nahrungsmitteln vor. Nach W. W. WESTERFELD und D. A. RICHERT (1953) sind Leguminosen, Getreidekörner, dunkelgrüne Blattgemüse, Leber, Nieren und Milz mit einem Gehalt von mehr als 0,06 mg-% gute Mo-Lieferanten. Der Mo-Gehalt weist starke Schwankungen auf (0,025–0,47 mg-% in Leguminosen, 0,012–0,114 mg-% in Getreidekörnern). Die Autoren schätzen, daß das Nahrungs-Mo zu 50–100% ausgenutzt wird.

Mit 0,002 mg-% Mo im Futter zeigen sich bei Ratten noch keine Ausfallserscheinungen. Erst der Zusatz des Mo-Antagonisten Wolfram im Verhältnis 1000:1 reduziert die Xanthinoxydase-Aktivität. Das gleiche Futterregime bewirkt bei Küken ein verzögertes Wachstum und erhöhte Sterblichkeit (E. S. HIGGINS u. Mitarb. 1956).

Von großer praktischer Bedeutung ist die Mo-Toxicität für Weidetiere. Ein hoher Mo-Gehalt der Weidepflanzen führt zu exorbitanten Durchfällen ("teart"), der durch Cu- und Sulfat-Zufütterung verhindert werden kann (vgl. bei R. F. MILLER und R. W. ENGEL 1960 und E. J. UNDERWOOD 1962). Für den Menschen ist nur sechswertiges Mo in hohen Dosen toxisch (S. MOESCHLIN 1964).

7. Jod

Die geringe J-Menge, die in einem Menschen enthalten ist (10 mg, D. S. RIGGS 1957), ist zu 70—80% in der Schilddrüse konzentriert. Relativ J-reich sind die Ovarien, die eine 3 bis 4fach höhere J-Konzentration als die Muskulatur (5 μg/100 g) aufweisen. Die Bedeutung des relativen J-Reichtums der Ovarien ist nicht bekannt. J ist zumeist an das Schilddrüsenhormon Thyroxin und seine Desaminierungs- und Decarboxylierungsprodukte gebunden, nur ein Bruchteil liegt als J^- in den Geweben und Körperflüssigkeiten vor (1—2 μg/100 g). Das Blut enthält insgesamt 8—12 μg J/100 ml. Der J-Gehalt der Schilddrüse ist starken Schwankungen unterworfen, abhängig vom Aktivitätszustand der Drüse und dem Alter. Er beträgt im Mittel 8 mg und kann im J-Mangel auf < 1 mg absinken. Die Schilddrüse nimmt J^- auf, oxydiert es zum J und baut es in eiweißgebundene Tyrosin-Reste ein, von denen jeweils zwei zum Thyroxin (Tetrajod-thyronin) oder 3,5,3'-Trijodthyronin zusammengelagert werden. Die Hormone bleiben zunächst in Verbindung mit dem Eiweiß (Thyreoglobulin) und werden erst bei Bedarf abgespalten. Im Blut gehen sie eine lockere Bindung mit einem α-Globulin ein. Im

J-Mangel hypertrophiert die Schilddrüse, um die Hormon-Unterproduktion nach Möglichkeit auszugleichen.

Das J der Nahrungsmittel wird rasch und nahezu vollständig als J^- resorbiert und erscheint sehr schnell in der Schilddrüse. Die Ausscheidung erfolgt renal als J^-. Ein erwachsener Mensch scheidet täglich 100—200 μg aus (A. W. ELMER 1938) und die Zufuhr sollte in der gleichen Größenordnung liegen, wenn auch mit geringeren Tagesdosen noch eine ausgeglichene Bilanz zu erzielen ist (Lit. vgl. bei E. J. UNDERWOOD 1962).

Der J-Gehalt der Nahrungsmittel liegt mit Ausnahme mariner Nahrungsmittel (Seefische usw.) in der Größenordnung von einigen μg/100 g und ist stark vom Herkunftsort abhängig, so daß Mittelwertsangaben (vgl. Tab. 6) nur von beschränktem Nutzen sind. Im Hinblick auf die J-Versorgung kommt es weniger auf die Art der Nahrungsmittel als auf den Ort ihrer Herkunft an. Einen Aufschluß über den J-Gehalt der örtlichen Nahrungsmittel gibt die J-Konzentration des Trinkwassers. In Kropf-freien Gebieten liegt sie über 2—15 μg/l, in Gebieten mit endemischem Kropf zwischen 0,1—2 μg/l (Lit. vgl. bei K. LANG 1957 und E. J. UNDERWOOD 1962).

Ohne Zweifel ist die J-Armut des Bodens die wichtigste, wenn vielleicht auch nicht die einzige Ursache des endemischen Kropfes, der in vielen Gebieten der Erde auftritt (Karte der Kropfgebiete bei E. J. UNDERWOOD 1962). Als erfolgreichste Gegenmaßnahme hat sich die Supplementierung des Kochsalzes mit Jodiden bewährt. In der Bundesrepublik sind 5 mg J als Na-, K- oder Ca-Jodid pro kg Kochsalz zugelassen. Andererseits darf der Gehalt bei einem deklarierten J-Zusatz nicht unter 3 mg/kg liegen (Verordnung über diätetische Lebensmittel 1963). Wichtig ist die langfristige Zufuhr des jodierten Salzes von Kindheit an und während der Schwangerschaft. Eine J-Supplementierung des Tafelsalzes in gesunden Gegenden ist nicht notwendig, bei der Beschränkung der zugelassenen Menge aber auch nicht bedenklich.

In manchen Pflanzen (Kohlarten, Brassica-Samen, Soja, Zuckerrüben u.v.a.) kommen goitrogene Substanzen vor, die die Hormonbildung in der Schilddrüse hemmen. Die Kropfnoxe der Brassica-Samen wurde als l-5-Vinyl-2-thio-oxazolidon identifiziert (E.B. ASTWOOD u. Mitarb. 1949). Ihre Wirkung kann durch Erhöhung der J-Zufuhr nur teilweise kompensiert werden. Die Kropfnoxen der Kohlarten setzen im Gewebe den J^--Kompetitor Thiocyanat frei. Der Kohlkropf kann daher durch J^--Beifütterung verhindert werden (Lit. vgl. bei E. J. UNDERWOOD 1962). Diese vor allem bei Kaninchen gemachten Erfahrungen lassen sich nicht ohne weiteres auf den Menschen übertragen. Die Konzentration dieser Substanzen in den betreffenden Pflanzen ist sehr gering, auch werden sie durch Kochen zerstört. Manche Autoren sind jedoch der Meinung, daß der Anstieg der Kropfhäufigkeit in Notzeiten mit dem vermehrten Verzehr goitrogener Gemüse in Zusammenhang gebracht werden muß (vgl. bei E. J. UNDERWOOD 1962).

Die Reduzierung des Stoffwechsels durch Thyreostatica fördert den Fleisch- und Fettansatz, so daß man sie als Mast-Hilfsmittel vorgeschlagen hat (Thiouracil, Thioharnstoff und Derivate). In der Bundesrepublik ist das Einpflanzen oder Einspritzen thyreostatischer (und oestrogener) Stoffe bei lebenden Tieren nach dem Lebensmittelgesetz nicht erlaubt.

Einer zu hohen J-Zufuhr, die zu einer Hyperthyreose führen würde, wird durch den geringen J-Gehalt der Lebensmittel und durch die gesetzliche Beschränkung der J-Supplementierung sowohl in quantitativer Hinsicht als auch in bezug auf das Vehikel (Kochsalz) wirksam begegnet.

III. Spurenelemente mit nicht bewiesener Lebensnotwendigkeit

1. Fluor

Die F^--Konzentration in den weichen Geweben liegt bei 0,2—0,3 mg-% (Trockengewicht). Wegen seiner Affinität zu den Knochensalzen reichert es sich allmählich in Knochen und

Zähnen an, wo es durch heteroionischen Austausch OH^- zu ersetzen vermag. Bei der durchschnittlichen Zufuhr von 0,5—1,5 mg/Tag (F. J. McCLURE 1949) wird die — begrenzte — Aufnahmefähigkeit des Knochens nicht erreicht, die Ausscheidung erfolgt renal.

Die F^--Zufuhr aus tierischen und pflanzlichen Nahrungsmitteln (vgl. Tab. 6) liegt bei 0,3–0,5 mg/Tag, der Rest wird durch das Trinkwasser beigesteuert, dessen F^--Konzentration zumeist unter 0,2 mg/l liegt, in einigen Gebieten aber auch über 5 mg/l betragen kann. Bei F^--Konzentrationen über 2 mg/l kommt es bei den Einheimischen zur dentalen Fluorose, einer Schädigung des Zahnschmelzes (mottled enamel). Die gleiche Erkrankung kann wegen des hohen F^--Gehaltes von Teeblättern auch bei starken Teetrinkern beobachtet werden.

Bei den Erhebungen über die dentale Fluorose stellte sich eine Beziehung zwischen steigendem F^--Gehalt des Trinkwassers und abnehmender Carieshäufigkeit bei Schulkindern heraus. Als optimale Konzentration, bei der die Carieshäufigkeit signifikant reduziert ist und eine Fluorose noch nicht auftritt, wurde 1 mg/l ermittelt. In den USA wurde daraufhin das Trinkwasser einiger Städte mit NaF oder $(NH_4)_2SiF_6$ entsprechend angereichert, was zu einer Abnahme der Caries bei Schulkindern führte. Bei Erwachsenen wurde kein Effekt beobachtet. Die Maßnahme hat nur dann Erfolg, wenn sie möglichst früh während der Zahnentwicklung einsetzt. Wegen der außerordentlich geringen therapeutischen Breite, 2 mg/l führen bereits zur Fluorose, ist die allgemeine Trinkwasserfluoridierung nicht unbedenklich und stößt vielfach auf Ablehnung. Auch die Verabreichung von NaF-Tabletten an die Kinder durch die Lehrer ist eine schwer zu kontrollierende Maßnahme (vgl. darüber bei K. KERESZTESI 1961 und F. ROZEIK 1963). Auf jeden Fall ist F^- ein Fremdstoff und fällt damit unter die einschlägigen Bestimmungen des Lebensmittelgesetzes.

Da die Caries vielerlei Ursachen zu haben scheint und keinesfalls eine F^--Mangelkrankheit ist, ist die cariesverhütende Wirkung kein Beweis für eine Lebensnotwendigkeit des F^-. Da neben den toxischen Effekten – F^- ist ein Hemmstoff für zahlreiche Fermentreaktionen – keine weiteren biologischen Wirkungen bekannt sind, dürfte es mit der größten Wahrscheinlichkeit zu den nicht essentiellen Spurenelementen zu zählen sein.

2. Selen

Se galt bis vor kurzem als toxisches Element, das für die „alkali disease“ und „blind staggers“ der Weidetiere auf Se-reichen Böden verantwortlich ist. Die in solchen Gebieten lebenden Menschen erkranken nicht, obwohl bei ihnen Se-Konzentrationen bis zu 200 μg/100 ml im Harn beobachtet werden. Die scheinbar höhere Se-Toleranz im Vergleich zu den Weidetieren hängt mit den Ernährungsgewohnheiten zusammen. Da der Mensch seine Nahrungsmittel aus verschiedenen Gebieten bezieht und Se-Verluste bei der Zubereitung auftreten, dürfte die Toleranzgrenze von 3—4 mg Se/kg Lebensmittel kaum für längere Zeit überschritten werden (E. J. UNDERWOOD 1962). Die toxischen Eigenschaften des Se spielen ferner in der Glas-, Elektro- und Metallindustrie eine Rolle. Hier erfolgt die Aufnahme durch Haut und Lunge, die Ausscheidung zu mehr als 50% über die Nieren, der Rest über Darm und Lunge (Geruch der Atemluft nach Dimethylselenid). Toxische Symptome (allgemeines Krankheitsgefühl, Magen- und Leberstörungen) treten bei den Industriearbeitern schon auf, wenn die Se-Konzentration im Harn 5—13 μg/100 ml beträgt (C. J. POLSON und R. N. TATTERSALL 1959). Nach D. M. HADJIMARKOS (1962) ist eine erhöhte Cariesanfälligkeit das Symptom einer leichten Selenose.

K. SCHWARZ (1951) beobachtete, daß die durch Verfütterung von Torulahefe bei Ratten induzierte Lebernekrose durch einen Faktor aus amerikanischer Bierhefe verhindert werden kann, der weder mit Vitamin E noch mit Cystin identisch ist (Faktor 3). Später gelang der Nachweis, daß dieser Faktor Se enthält und daß auch andere Se-Verbindungen antinekrogen wirken (K. Schwarz und C. M. Foltz 1957). Se vermag auch gewisse Erscheinungen des Vitamin E-Mangels (exsudative Diathese bei Küken, Muskeldystrophie bei Küken und Ratten) zu verhindern (Übersicht vgl. bei K. Schwarz 1961). Auch die sog. Weißfleischigkeit der Lämmer kann durch Se behoben werden. Es gibt somit eine Reihe gewichtiger Indizien, die im Sinne einer Lebensnotwendigkeit des Se interpretiert werden können. Von manchen Autoren wird jedoch darauf hingewiesen, daß die durch Se verhinderten Schäden erst durch bestimmte Fütterungsregime (mangelhafte Eiweißqualität, Vitamin E-Mangel bei hoher Fettzufuhr) induziert werden und nicht eigentlich auf einem Se-Mangel beruhen (K. Lang 1957).

Die antinekrogen wirksamen Se-Verbindungen, an der Spitze Faktor 3, dessen Struktur noch unbekannt ist, haben antioxydative Eigenschaften und vermögen in dieser Hinsicht Vitamin E zu unterstützen (H. Zalkin u. Mitarb. 1960). In bezug auf die anderen Vitamin-Funktionen ist Se wirkungslos.

Se kann an Stelle von S in organische Verbindungen eingebaut werden. Nach K. Schwarz u. Mitarb. (1959) beruht die antinekrogene Aktivität von handelsüblichem Cystin auf der Verunreinigung mit Se. Ratten bauen Se in Cytochrom c ein und Cytochrom c aus Pferde-Herzmuskel enthält pro Gramm 0,1—0,5 μg Se (K. P. McConnell und R. D. Dallam 1962). Injiziertes ^{75}Se verbleibt in der Leber in der Überstands- und Mitochondrien-Fraktion (54,6 bzw. 31%) und wird zu einem hohen Prozentsatz in Eiweiß eingebaut (K. P. McConnel u. Mitarb. 1959).

Wenn Se ein essentielles Element ist, gehört es zu den wirksamsten. Küken benötigen bei ausreichender Vitamin E-Versorgung und Torula- oder Soja-Fütterung nur 0,01 mg/kg Futter zur Verhütung der exsudativen Diathese (M. C. Nesheim und M. L. Scott 1958). Die tägliche Se-Aufnahme des Menschen wird mit 0,07 mg angegeben (W. Weis 1961).

3. Chrom

Cr kommt in sehr niedrigen Konzentrationen (0,002—0,004 mg-%, Feuchtgewicht) in allen Geweben vor. Es wird im Laufe des Lebens nicht angereichert. Die Resorption ist mangelhaft, die Ausscheidung erfolgt renal. S. J. Adelstein und B. L. Vallee (1958) fanden eine Cr-reiche Fraktion in der Ochsenleber, die als Cr-Ribonucleoproteid mit einem Cr-Gehalt von 1080 ppm (Konzentrierung gegenüber der Gesamtleber um den Faktor $2 \cdot 10^6$!) identifiziert werden konnte (W. E. C. Wacker und B. L. Vallee 1959).

K. Schwarz und W. Mertz (1959, 1961) beobachteten unter bestimmten Fütterungsbedingungen eine Verlängerung der Zeit des Blutzuckeranstieges nach Glucose-Belastung bei Ratten. Diese Verschlechterung der Glucose-Toleranz konnte durch nicht näher identifizierte Cr(III)-Komplexe (Glucose-Toleranz-Faktor) behoben werden. Als wirksame Dosis werden 10 μg/100 g K.-Gew. angegeben. H. A. Schroeder u. Mitarb. konnten eine Verbesserung des Wachstums von Mäusen (1963a) und männlichen Ratten (1963b) durch die Verabreichung von Trinkwasser mit 5 ppm Cr(III) feststellen. Bei Rattenweibchen wurde kein Effekt beobachtet.

Verchromte Bedarfsgegenstände, Leitungen und Armaturen erweisen sich als sehr korrosionsfest, so lange der Cr-Überzug intakt ist. Chromnickelstähle finden wegen ihrer Härte und Beständigkeit eine ausgedehnte Anwendung, in den letzten Jahren auch als Material für Küchengeschirr.

Chromate und Bichromate führen in Grammdosen zur tödlichen Vergiftung. Eingeatmeter Chromat-Staub zerstört die Nasenschleimhaut und bewirkt Lungenkrebs. Bei Vergiftungen mit Bleichromat, das in den (zur Lebensmittelfärbung nicht zugelassenen) Chromfarben enthalten ist, stehen die Symptome der Pb-Vergiftung im Vordergrund (H. Führer 1943).

IV. Weitere Spurenelemente

Aluminium, das verbreitetste Metall der Erdrinde, kommt in allen Lebewesen vor. Seine Gewebskonzentration dürfte beim Menschen in der Größenordnung von 0,02—0,06 mg-% (Feuchtgewicht) liegen. Das Blut enthält nach M. SEIBOLD (1960) 17 μg/100 ml. Eine biologische Funktion kommt ihm offensichtlich nicht zu. Der früher diskutierte Einfluß auf die Oxydation von Succinat und anderer Substrate durch Lebermitochondrien konnte von K. H. BÄSSLER und V. UNBEHAUN (1962) widerlegt werden. Negative Al-Bilanzen beim Menschen (R. A. KEHOE u. Mitarb. 1940) sowie Al-freie Fütterung bei Ratten (V. C. MYERS und J. M. MULL 1928) blieben ohne schädliche Folgen. Die Resorption ist schlecht, die Ausscheidung erfolgt überwiegend fäkal. Da sich Al sehr rasch mit dem korrosionsfesten Oxid überzieht, eignet es sich als Material für Bedarfsgegenstände, Behälter, Töpfe und Verpackungen. Einen ausführlichen Bericht über alle damit verbundenen Probleme haben I. R. CAMPBELL u. Mitarb. (1957) gegeben. Die normale Al-Aufnahme beträgt im Mittel 10—40 mg/Tag (W. WEIS 1961), worin bereits jene geringen Mengen enthalten sind, die aus Töpfen usw. in die Lebensmittel übergegangen sind. Auch wesentlich größere Mengen werden ohne Schaden vertragen (I. R. CAMPBELL u. Mitarb. 1957).

Antimon, dessen Verbindungen giftig sind (Brechweinstein!), ist selbst vielleicht ungiftig und die Toxicität von metallischem Sb beruht möglicherweise auf Verunreinigungen mit As oder Pb (S. MOESCHLIN 1964). Aus manchen Legierungen, wie dem Britannia-Metall, geht es praktisch nicht in Lösung, so daß diese zu Gebrauchsgegenständen verarbeitet werden können.

Das toxische *Arsen* kommt in den Geweben aller Organismen in einer Konzentration zwischen 3 und 30 μg/100 g vor. In der täglichen Nahrung sind etwa 0,07—0,5 mg enthalten (W. WEIS 1961). Es wird aus seinen verschiedenen Verbindungen unterschiedlich resorbiert und retiniert und es scheint, daß die Retentionsfähigkeit für die Toxicität der betreffenden Verbindung verantwortlich ist (Dosis letalis für arsenige Säure 120 mg, S. MOESCHLIN 1964). Resorbiertes As wird teils fäkal, teils renal ausgeschieden (Lit. vgl. bei E. J. UNDERWOOD 1962). Die Verwendung von As-haltigen Insecticiden erfordert eine gründliche Säurewäsche der derart behandelten Lebensmitteln. In den USA darf der As-Gehalt von Früchten und Gemüsen 1,4 ppm nicht übersteigen.

Beryllium ist eines der gefährlichsten Gewerbegifte, über das J. SCHUBERT (1959) und L. B. TEPPER u. Mitarb. zusammenfassend berichtet haben.

Auch das toxische *Blei* kommt in allen Geweben vor. Neuerdings fanden E. WEINIG und B. BÖRNER (1961) im menschlichen Knochen Pb-Konzentrationen von 0,8—5,3 mg-%. Selbst in den Knochen Neugeborener ist Pb nachweisbar. Nach W. WEIS (1961) liegt die tägliche Aufnahme zwischen 0,1 und 3 mg, die chronische Zufuhr von 2 mg/Tag führt zur Intoxikation. Pb wird schlecht resorbiert und normalerweise nur in Spuren im Harn gefunden (0,01 bis 0,02 mg/Tag). Der Pb-Gehalt von Loten und Legierungen, die mit Lebensmittel in Berührung kommen, ist gesetzlich geregelt (Blei-Zink-Verordnung, die dringend einer Neufassung bedarf). Pb-Rohre dürfen nicht in Trinkwasserleitungen eingebaut werden.

Bor ist nur für Pflanzen essentiell, sein Fehlen führt zu verschiedenen Pflanzenkrankheiten (vgl. bei K. SCHARRER 1955, G. W. MONIER-WILLIAMS 1950 und F. J. MCCLURE 1949). In tierischen Geweben werden Konzentrationen von 0,05—0,1 mg-% gefunden. Die tägliche Zufuhr (10—20 mg, W. WEIS 1961), ist höher als der gesamte B-Gehalt der Organe. B wird rasch resorbiert, renal ausgeschieden und nicht retiniert. Die lipoidlösliche Borsäure kann bei hoher Zufuhr (Behandlung ausgedehnter Brandwunden!) im Zentralnervensystem gespeichert werden und zu Vergiftungen führen. Auch Perborate sind insbesondere für Kinder gefährlich. S. MOESCHLIN (1964) gibt die Dosis letalis der Borsäure für Säuglinge mit 2—3 g, für größere Kinder mit 5—6 g und für Erwachsene mit 15—20 g an. Borsäure ist als Konservierungsmittel nicht zugelassen.

Cadmium ist ein bekanntes gewerbliches Gift. Es sind aber auch Vergiftungen durch Lebensmittel beschrieben worden, die durch cadmierte Armaturen mit Cd kontaminiert worden waren (vgl. bei G. W. MONIER-WILLIAMS 1950). Bereits 15 ppm Cd in Lebensmittel, ein Mehrfaches des normalen Gehaltes, gelten als schädlich (E. J. UNDERWOOD 1962). Nicht letale Cd-Vergiftungen durch kontaminiertes Eis (50 mg/Portion) und Fruchtsaft (56 mg) werden von C. J. POLSON und R. N. TATTERSALL (1959) erwähnt. Nach S. MOESCHLIN (1964) können jedoch bereits 30—40 mg tödlich wirken. Aus der Nierenrinde, dem Cd-reichsten Organ, konnten J. H. R. KÄGI und B. L. VALLEE (1960) das Cd-haltige Protein Metallothionein isolieren (2,9% Cd, 0,6% Zn). Eine Funktion des elektrophoretisch nicht ganz einheitlichen Proteins ist nicht bekannt, aber seit seiner Entdeckung wird Cd von manchen Autoren mit Vorbehalt zu den essentiellen Elementen gerechnet.

Caesium, in allen Geweben in geringsten Konzentrationen enthalten und chemisch dem Kalium verwandt, ist nicht essentiell. ^{137}Cs entsteht bei Kernwaffenexplosionen und hat eine lange HWZ (28 Jahre). Es wird im Organismus zwar nicht gespeichert, aber im Verhältnis zum K dennoch um den Faktor 2 angereichert (Näheres vgl. bei J. KUPRIANOFF und K. LANG 1960).

Lithium hat keine biologische Funktion. Früher übliche Kochsalz-Ersatzpräparate mit LiCl haben bereits in Dosen von 4—5 g zu Vergiftungserscheinungen geführt (S. MOESCHLIN 1964).

Nickel ist relativ ungiftig und als korrosionsfester Überzug metallener Gebrauchsgegenstände sehr geschätzt. Die tägliche Zufuhr liegt bei 0,25—0,50 mg. Es wird gut resorbiert und vorwiegend renal ausgeschieden (W. WEIS 1961). Bei der Zufuhr über die Lungen erweist es sich als cancerogener Stoff.

Von dem gefährlichen *Quecksilber* werden nach H. FÜHNER (1943) mit der Nahrung täglich 10 μg aufgenommen und über Darm und Niere wieder ausgeschieden. Normalerweise ist es in Spuren im Blut und den Organen enthalten (vgl. bei K. LANG 1957).

Rubidium kann bei niederen Lebewesen K ersetzen und bei höheren Tieren die Erscheinungen des K-Mangels vorübergehend bessern (Lit. vgl. bei E. J. UNDERWOOD 1962). Ein Rb-Bedarf besteht jedoch nicht. Es wird in Milligramm-Dosen mit der Nahrung aufgenommen.

Silicium ist für Pflanzen essentiell und wird daher in ziemlich großen Mengen aufgenommen. Die renale Ausscheidung liegt zwischen 20 und 100 mg/Tag, die fäkale zwischen 150 bis 300 mg. Si wird kaum retiniert, der Gesamtbestand liegt bei einem Gramm (W. WEIS 1961). Bei der SiO_2-Aufnahme durch die Lunge kommt es zu der gefürchteten Silicose (Staublunge).

Vanadium ist als Protein-Bestandteil in niederen Lebewesen (Hämovanadin bei Tunicaten) nachgewiesen worden. Es hemmt die Cholesterin-Synthese (G. L. CURRAN 1954), wahrscheinlich auf der Stufe der Squalen-Synthese (D. L. AZARNOFF u. Mitarb. 1961), andererseits fördert es eine Reihe von Fermenten in vitro, so daß es von H. M. PERRY u. Mitarb. (1962) unter die möglicherweise essentiellen Elemente eingestuft wurde. Eine cariesverhütende Wirkung wird ebenfalls behauptet (vgl. bei E. J. UNDERWOOD 1962).

Zinn ist wenig toxisch (S. MOESCHLIN 1964) und gegen den Angriff saurer Lebensmittel recht beständig, so daß es sich als Schutzüberzug von kupfernen und eisernen Gefäßen und als Verpackungsmaterial (Stanniol, heute meist aus Al) eignet. Trinkgefäße aus Sn werden wegen ihrer Geschmacksneutralität geschätzt. Gelegentlich kann Sn bei langem Stehen in weit über das normale Maß hinausgehender Menge in saure Nahrungsmittel übertreten. In dem Fall von S. WARBURTON u. Mitarb. (1962) enthielt ein Fruchtsaft aus Ananas und Pampelmuse (pH 3), der die Verzinnung der zum Transport benutzten Milchkanne sichtbar abgelöst hatte, 2000 mg Sn /l. Die Teilnehmer an diesem Essen erkrankten an gastrointestinalen Erscheinungen.

E. Schlußbemerkungen

Die Mineralstoffe und Spurenelemente in den Nahrungsmitteln sind ihrer Natur nach nützliche, schädliche oder gleichgültige Stoffe. In aller Regel enthält eine den Eiweiß-, Energie- und Vitamin-Bedarf deckende Kost die nützlichen Elemente in ausreichender, die schädlichen Elemente in ungefährlicher Menge. Die naheliegende Frage nach dem Bedarf des Menschen an den nützlichen Elementen kann im Grunde nicht beantwortet werden, weniger, weil es an experimentellem oder statistischem Material fehlt, sondern weil der wahre Bedarf von der aktuellen Situation, nicht nur von der Ernährungssituation, bestimmt wird. Genau so wenig gibt es exakte Angaben über die optimale Zufuhr der einzelnen Mineralstoffe. Die ernährungswissenschaftlichen Gremien in aller Welt haben sich darauf beschränkt, für einige Stoffe (Ca, P, Fe) eine Zufuhr in gewisser Höhe zu empfehlen. In Grenzsituationen können diese Empfehlungen zu hoch oder zu niedrig liegen.

Es ist bekannt, daß ältere Nahrungsmitteltabellen manche unrichtigen Angaben enthalten, die auf unzureichenden Analysenmethoden beruhen. Der Autor hat daher die Daten für die Tab. 6 allein aus den im Erscheinen begriffenen Nährwert-Tabellen von S. W. SOUCI, W. FACHMANN und H. KRAUT entnommen, die sich nur auf moderne und in ihrer Zuverlässigkeit überprüfte Analysenmethoden stützen. Im Interesse der Zuverlässigkeit wurde auf eine Vollständigkeit der Tabellen verzichtet.

Tabelle 6. *Mineralstoffe in Lebensmitteln*

Mittelwerte und (in Klammern) Schwankungsbereiche, bezogen auf 100 g eßbaren Anteil. In der

	Calorien kcal	Eiweiß g	Na mg	K mg	Cl mg	Ca mg	Mg mg	P mg
a) Gemüse und Pilze								
Blumenkohl	28,3	2,46	16	328	29	20	17	54
		(2,00–2,72)	(10–24)	(313–350)	—	(17–22)	—	(30–72)
Bohnen, grün	33,4	2,24	1,7	256	—	50,8	26,0	37,0
(Schnitt- bohnen)		(1,97–3,00)	(0,1–3,0)	(186–300)	(30–41)	(40,0–65,0)	(16,0–31,0)	(23,0–50,0)
Bohnen, weiß	352	21,3	2	1310	25	106	132	429
(Bohnen- samen)		(20,0–23,7)	(1–12)	(1270 bis 1350)	—	(52–163)	(130–134)	(400–443)
Erbsen, grün	92,9	6,70	2	296	40	26	33	119
		(6,00–7,20)	(0,5–4,0)	(228–370)	(28–52)	(20–34)	(22–43)	(80–145)
Erbsen, reif,	370	22,9	30	944	56	45	125	301
geschält		(21,0–24,5)	(10–42)	(910–1000)	—	(33–80)	—	(268–400)
Feldsalat	21,1	1,84	4	421	70	30	13	49
(Rapunzel)		(1,2–2,14)	(3–6)	(404–436)	—	(24–40)	—	(48–50)
Gurke	9,7	0,6	8,5	141	37	15	8	23
		(0,5–0,8)	(5,0–13,0)	(67–200)	—	(10–20)	—	(17,6–30)
Kartoffel	85,0	2,0	19	523	45	13	32	58
		(1,14–2,50)	(6–30)	(339–600)	(26–59)	(2,9–17)	(15–39)	(31–86)
Kohlrabi	26,0	1,94	10	392	57	75	48	49,7
		(1,60–2,30)	(3–32)	(340–500)	—	(46–90)	—	(44,2–55,0)
Linsen, ge-	354	23,5	4	810	84	74	—	412
trocknet		(21,5–26,0)	(3–5)	(521–1200)	—	(59–82)	—	(400–423)
Möhren	34,8	1,0	45	282	—	35	21	31
(Karotten)		(0,7–1,2)	(10–90)	(189–355)	—	(25–40)	(20–21)	(20–38)
Rosenkohl	51,8	4,45	7	411	40	29	20	86,4
		(3,87–5,00)	(4–10)	(375–500)	—	(25–34)	—	(75,3–97,3)
Rotkohl	27,3	1,50	4	266	100	35	18	30
(Blaukraut)		(1,39–1,70)	(2–6)	(245–302)	—	(29–46)	(17–18)	(27,5–31)
Sauerkraut,	26	1,52	355	288	—	48	24	43
abgetropft		(1,0–2,0)	(134–890)	(140–475)	—	(36–57)	—	(18–94)
Spargel	20	1,9	4	207	53	21	20	46
		(1,5–2,2)	(2–5)	(187–280)	—	(20–22)	(19–22)	(35–62)
Spinat	23,1	2,45	62	662	76	106	62	48
		(2,0–3,0)	(25–80)	(583–742)	(30–120)	(81–130)	(38–86)	(46–70)
Tomate	18,8	0,95	6,3	297	60	14	20	26
		(0,69–1,0)	(2,6–10)	(264–314)	(24–69)	(10–21)	—	(17,5–28,5)
Weißkohl	24,8	1,37	13	227	37	46	23	27,5
		(1,18–1,5)	(6-19)	(177–250)	—	(17–76)	—	(21,4–31)
Wirsingkohl	33	2,95	9	282	—	47	12	55,6
		(2,56–3,35)	(3–15)	(237–350)	—	(41–55)	—	(46,0–67,3)
Champignon	24,3	2,76	6	486	25	9	—	115
		—	(3,7–9)	(464–520)	—	—	—	—
Pfifferling	22,6	1,52	3	507	—	8	—	44,2
		—	(1–7)	(305–914)	—	(0–26)	—	—
Steinpilz	33,9	2,77	6	486	—	9	—	115
		—	(3,7–9)	(468–520)	—	—	—	—
b) Obst und Nüsse								
Ananas	57,5	0,5	2,1	191	45	10,3	22	9,7
		(0,4–0,5)	(0,3–5,9)	(167–250)	(43–46)	(3,0–16,0)	—	(8,0–11,0)
Apfel	52,4	0,3	1,8	137	—	8	2,8	11
		(0,2–0,4)	(1,5–2,0)	(124–150)	(1,5–4,0)	(6–10)	(2,0–3,3)	(9,6–17)
Apfelsine	54,4	0,96	3,0	170	4	44	11	23
		(0,5–1,16)	(0,3–5,5)	(150–220)	—	(33–58)	—	(20–26)

(nach S. W. Souci, W. Fachmann u. H. Kraut)
letzten Spalte ist das Gewicht der Rohware angegeben, in dem 100 g eßbarer Anteil enthalten sind.

Fe mg	Co mg	Cu mg	Mn mg	Zn mg	J µg	F µg	Rohware g
0,63	—	0,14	0,17	0,23	0,12	12	161
(0,30–1,10)	—	—	—	—	—	—	
0,79	—	0,07	0,45	0,012	3,0	12	108
(0,5–1,1)	—	(0,07–0,08)	(0,32–0,55)	—	—	(11–15)	
6,1	0,35	—	2,0	—	—	—	101
(5,0–6,9)	(0,20–0,50)	—	(1,0–3,0)	—	—	(0,02–0,17)	
1,9	0,003	0,24	0,70	3,0	4,2	24	250
(1,7–2,0)	—	—	(0,41–0,98)	(1,32–5,00)	(2,3–6,0)	(9–49)	
5,2	—	0,99	—	—	13,8	—	103
(4,7–6,0)	—	(0,58–1,4)	(2–8)	—	—	—	
—	—	—	—	—	—	—	139
—	—	—	—	—	(5–62)	—	
0,5	—	0,09	0,15	0,16	2,5	20	135
—	—	—	—	—	—	—	
0,9	—	—	0,15	—	4,5	50	125
(0,7–1,1)	—	(0,16–0,17)	(0,05–0,28)	(0,02–0,4)	(3,0–7,0)	(21–77)	
0,9	—	0,14	0,11	—	1,4	—	147
(0,6–1,2)	—	—	—	—	—	—	
6,9	0,035	0,66	—	—	—	26	100
(5–10)	—	—	—	(2–9)	—	—	
0,7	0,002	0,08	—	—	3,8	—	120
(0,5–0,8)	—	—	(0,06–0,3)	(0,10–3,60)	—	—	
1,1	—	0,1	0,27	0,87	0,7	—	123
(1,0–1,3)	—	—	—	—	—	—	
0,5	—	0,06	0,1	—	5,2	12	128
—	(0,007–0,024)	—	—	(0,16–1,5)	—	—	
0,5	—	—	—	—	—	90	100
—	—	—	—	—	—	—	
1,0	—	0,15	0,27	—	—	48	135
(0,9–1,1)	—	(0,14–0,16)	(0,25–0,30)	(0,2–0,8)	(4,2–10,0)	—	
6,6	—	—	—	—	20,1	280	128
(2,8–10,4)	(0,005–0,013)	(0,2–0,5)	(0,5–2,0)	(0,3–0,9)	—	(44–640)	
0,5	0,009	0,09	0,14	0,24	1,7	24	109
(0,4–0,6)	—	—	—	—	—	—	
0,5	—	0,06	0,1	—	5,2	12	128
—	(0,0076 bis 0,024)	—	—	(0,16–1,5)	—	(10–300)	
—	—	—	—	—	—	—	139
—	—	—	—	—	—	—	
—	—	1,79	0,08	0,28	18	31	110
(0,7–3,1)	—	—	—	—	—	(25–37)	
6,5	—	—	—	—	—	—	164
—	—	(0,002–0,01)	(0,0005 bis 0,002)	(0,002–0,008)	—	—	
1,0	—	—	—	—	—	—	125
—	—	(0,2–1,0)	(0,05–0,2)	(0,2–0,8)	—	—	
0,35	—	0,08	0,11	0,26	—	14	179
(0,3–0,4)	—	(0,07–0,08)	—	—	(0,2–9,7)	—	
0,35	—	0,09	—	—	1,6	8	109
(0,2–0,6)	—	(0,08–0,1)	(0,05–0,08)	(0,04–0,16)	(0,1–2)	(3,5–13)	
0,50	—	—	0,03	0,17	2,1	—	139
(0,3–0,84)	—	(0,025–0,20)	—	—	—	(7–18)	

Tabelle 6.

	Calorien kcal	Eiweiß g	Na mg	K mg	Cl mg	Ca mg	Mg mg	P mg
Banane	90,3	1,1	1,8	370	—	10,6	32	29
		(1,0–1,3)	(0,4–4)	(350–420)	—	(8–16)	—	(28–30)
Birne	58,9	0,5	2,0	122	19	17	10	22
		(0,4–0,7)	(1,2–3,0)	(100–147)	—	(13–20)	—	(16–30)
Erdbeeren	39,3	0,9	3,2	142	—	26	14	33
		(0,6–1,3)	(0,8–5)	(100–200)	—	(16–30)	(13–15)	(27–38)
Heidelbeeren	62	0,6	1,0	65	5,0	10	2,4	9,1
		(0,6–0,78)	(0,3–2,0)	(31–99)	—	(3–16)	—	(2,2–13)
Himbeeren	40	1,3	—	170	—	40	30	44
		(1,2–1,4)	(0,5–2,0)	(130–200)	—	—	—	(37–50)
Johannisbeeren, rot	37,4	1,1	1,7	244	4	25	5,1	32
		(1–1,3)	(0,7–2,2)	(238–250)	—	(10–36)	—	(30–33)
Kirschen, süß	63,9	0,8	2,6	259	61	17,6	0,8	25
		(0,5–1,1)	(2,0–3,4)	(246–290)	—	(16–20)	(0,7–1,0)	(20–31)
Pfirsiche	45,7	0,72	3,7	220	1,7	11,5	10,5	31,8
		(0,5–0,8)	(2,4–5,0)	(194–259)	—	(8–15)	(10–11)	(22–35)
Pflaumen	52,9	0,7	2,2	167	0,0015	13,3	13	22,8
		(0,5–0,8)	(0,6–4,0)	(150–184)	—	(10–17)	—	(20–26)
Stachelbeeren	44	0,8	1,6	203	0,9	29	15	30
		(0,7–0,91)	(1,2–2,0)	(170–230)	(0,8–1,1)	(22–34)	(12–19)	(28–33)
Weintrauben	74	0,72	—	—	15	22	15	26
		(0,5–0,9)	(0,5–5,0)	(160–250)	—	(17–30)	—	(21–30)
Zitronen	27,9	0,7	2,7	149	4,5	11	28	16
		(0,3–0,9)	(2–3)	(148–150)	—	(10–40)	—	(10–22)
Erdnüsse, geröstet und geschält	631	26,5	5	674	—	67	150	411
		—	—	(648–700)	—	(60–74)	—	(360–480)
Paranüsse	714	14,0	2	644	—	—	160	674
		(13,5–14,4)	1–2	(610–677)	—	(78–186)	—	(655–693)
Walnüsse	705	14,6	4	575	1,01	72	—	429
		(14,2–15,0)	(2–5)	(450–700)	—	(60–83)	—	(380–500)
c) Getreide und Getreideerzeugnisse, Brot								
Gerste, ganzes Korn	370	10,6	—	444	23	38	119	342
		(9,7–11,3)	(5,9–29,3)	(371–521)	—	(33–42)	—	—
Haferflocken	402	13,8	3	360	123	66	80	407
		(12–16,3)	(2–5)	(345–400)	—	(53–71)	—	(390–416)
Mais, ganzes Korn	375	9,2	6	330	12,0	15	120	256
		(8,2–10,6)	(1–10)	(310–350)	—	(10–19)	—	—
Maisstärke	367	0,40	—	7	6	0	2	30
		(0,24–0,63)	(2–4)	(3–10)	—	0	—	—
Roggen, ganzes Korn	359	11,6	40	530	20	115	140	373
		(10–13)	—	—	—	—	—	(370–376)
Roggenmehl 1370	367	8,91	1	303	—	31,1	46,8	170
		(7,14–11,70)	—	(300–305)	—	(22,0–43,3)	—	—
Weizen, ganzes Korn	363	11,7	7,8	502	55	43,7	173	406
		—	(6,6–9,0)	(432–571)	—	(39,4–48,0)	—	(383–428)
Weizengrieß	370	10,3	1	112	—	17	—	87
		(9,25–11,0)	(0–2)	(105–115)	—	(15–18)	—	(84–90)
Weizenmehl 405	368	10,6	2	108	—	15	—	—
		(10,3–10,9)	(1–2)	(102–113)	—	(13–16)	—	—
Weizenmehl 812	365	12,7	3	170	—	20	—	161
		(12,0–13,4)	(2–5)	(150–203)	—	(15–24)	—	(130–191)
Weizenmehl 1700	367	12,1	2	290	—	41	—	372
		(11,4–13,3)	—	—	—	—	—	—
Reis, poliert	368	7,0	6	103	—	6	—	120
		(6,7–7,5)	(1–10)	(97–113)	—	(3–10)	—	(100–140)
Kommißbrot	257	6,57	468	269	254	32	35	168
		(6,0–7,64)	—	(260–280)	(227–280)	—	—	(166–170)

(Fortsetzung)

Fe mg	Co mg	Cu mg	Mn mg	Zn mg	J µg	F µg	Rohware g
0,55	—	0,20	—	0,28	—	23	147
(0,5–0,6)	—	(0,19–0,21)	(0,6–0,8)	—	(2,8–20)	—	
0,3	0,018	0,1	0,06	—	1,0	—	106
(0,2–0,3)	—	—	—	(0,2–1,8)	—	(6–22)	
0,9	—	0,17	—	0,09	1,0	18	105
(0,8–1,0)	—	—	(0,06–0,2)	—	—	—	
0,74	—	0,11	3,5	—	—	—	103
(0,4–1,0)	—	—	(2,3–4,4)	—	—	—	
1,0	—	0,14	—	—	—	—	100
(0,9–1,0)	—	—	—	—	—	—	
0,9	—	0,12	0,6	0,2	1,0	12	102
(0,9–1)	—	—	(0,2–1,0)	—	—	—	
0,45	0,0005	0,1	0,03	—	—	18	112
(0,4–0,5)	—	—	—	(0,15–2,2)	—	—	
1,3	—	0,05	0,11	0,02	1,0	21	109
(0,6–2,0)	—	(0,01–0,05)	—	—	—	—	
0,4	—	0,3	—	0,05	—	—	106
(0,3–0,5)	—	—	(0,05–0,2)	—	(1,0–10,0)	—	
0,63	—	0,095	0,04	—	0,2	—	102
(0,5–1,0)	—	(0,08–0,11)	—	—	—	—	
0,5	—	0,07	0,09	0,11	0,7	—	106
(0,2–0,6)	—	—	—	(0,02–0,2)	—	—	
0,45	—	—	—	—	70	—	156
(0,1–0,6)	—	(0,3–0,4)	(0–0,05)	(0,03–0,2)	—	(2,8–17,4)	
2,0	—	—	1,57	—	—	—	100
—	—	(0,3–1,0)	—	—	(5,8–20)	—	
3,4	—	1,3	—	—	0	—	204
—	—	—	(0,3–0,9)	—	0	—	
2,1	0,005	—	1,8	2,4	3	680	213
(2,0–2,1)	—	(0,3–1,0)	—	—	—	—	
2,8	0,01	—	—	2,7	7,0	—	100
(2,0–3,6)	—	(0,1–0,5)	(1,5–1,8)	—	—	(43–48)	
3,6	0,01	—	—	14	6,0	45	100
(1,0–7,0)	—	(0,23–0,7)	(2,8–4,6)	—	—	(18–78)	
—	—	—	—	2,5	2,6	62	100
(0,5–2,4)	(0,0002 bis 0,008)	(0,07–0,25)	(0,15–0,8)	—	(2,5–2,7)	—	
0,5	—	—	—	—	2,5	—	100
—	—	—	—	—	—	—	
—	0,011	—	—	1,3	7,2	150	100
(3,7–6,5)	—	(0,4–0,6)	(1,9–2,9)	—	—	(42–710)	
2,6	—	—	—	—	—	—	100
—	—	—	—	—	—	—	
3,3	0,001	—	2,4	10,0	0,6	93	100
(3,1–3,5)	—	—	—	—	—	—	
1	—	—	—	—	—	—	100
—	—	—	—	—	—	—	
1,95	—	—	—	—	—	—	100
—	—	—	—	—	—	—	
1,7	—	—	—	—	—	—	100
(1,3–2)	—	—	—	—	—	—	
3,3	—	0,17	—	1,3	—	—	100
—	—	—	(0,4–0,7)	—	(3–14)	—	
0,6	0,0006	0,13	—	—	2,2	—	100
(0,4–0,8)	—	—	(1,0–3,0)	(0,2–0,8)	—	(10–67)	
3,0	—	—	2,3	—	—	—	100
—	—	—	—	—	—	—	

Tabelle 6.

	Calorien kcal	Eiweiß g	Na mg	K mg	Cl mg	Ca mg	Mg mg	P mg
Roggenbrot	253	6,4	220	—	—	20	7	134
		(6–7)	—	(95–115)	—	(11–25)	—	(127–140)
Brötchen	278	6,8	486	115	450	24	24	109
		—	(409–691)	(79–136)	—	(14–35)	—	(96–122)
Weißbrot	259	8,20	385	132	450	58	24	89
		(8,08–8,4)	(354–457)	(94–175)	—	(27–88)	—	(70–122)
Grahambrot	250	8,4	370	209	—	—	42	—
		(6,7–9,7)	—	(189–230)	(377–380)	(23–61)	(40–44)	(144–208)
Knäckebrot	383	10,1	463	436	—	55	68	—
		(8–11,4)	(339–709)	(410–461)	—	(48–66)	—	(236—400)
Pumpernickel	247	6,83	370	338	—	55	80	147
		(5,6–8,1)	(335–404)	(304–371)	—	(43–61)	—	(116–210)
Steinmetzbrot	254	7,63	420	275	350	26	122	259
		(6,25–9,0)	(310–530)	(230–320)	—	(21–32)	—	(218–300)
d) Milch und Milchprodukte								
Frauenmilch	70,5	1,2	15	53	36	31	4	15
		(1,16–1,23)	(13–17)	(49–69)	(33–51)	(27–39)	(3–5)	(13–17)
Kuhmilch (Vorzugsmilch	67,7	3,13	47	155	90,1	128	—	87,3
		(3,04–3,22)	(32–54)	(147–160)	(87,5 bis 92,7)	(126–130)	(9,2–23,6)	(80,2–94,4)
Kuhmilch (Magermilch)	35,1	3,5	53	150	100	123	14	97
		(2,5–5,5)	(20–89)	(95–195)	—	(100–180)	—	(80–120)
Joghurt	73,7	4,8	62	190	—	150	—	135
		—	(48–75)	(181–200)	—	(119–180)	—	—
Buttermilch	35,9	3,5	57	147	100	109	16	90
		(3,0–3,7)	(50–64)	(140–150)	—	(100–118)	—	(80–96)
Kondensmilch, ungezuckert	141	7,0	94	297	—	228	—	213
		(6,49–8,40)	(67–152)	(272–341)		(213–243)	—	(195–230)
Emmentaler Käse	417	27,4	620	100	1210	1180	55	860
		—	(470–750)	(85–122)	(1200 bis 1220)	(930–1400)	—	(560–1010)
Camembert-Käse	301	18,7	1150	109	—	382	—	184
		(17,5–19,7)	(900–1300)	(88–122)	—	(285–463)	—	—
Speisequark, mager	88,3	17,2	36	95	150	71	—	189
		—	—	—	—	—	—	(185–192)
Butter vgl. Fette								
e) Eier und Eierteigwaren								
Hühnerei	167	12,9	144	147	180	56	12	216
		(12,5–13,3)	(122–156)	(128–155)	(170–180)	(54–60)	(11–13)	(206–225)
Hühnereigelb	377	16,1	51	138	180	140	16	590
		(16,0–16,3)	(26–86)	(108–155)	(180–190)	(131–147)	(15–17)	(568–607)
Hühnereiweiß	54,5	11,1	170	154	0,17	11	12	21
		(10,8–12,3)	(155–200)	(136–174)	—	(5,3–20)	(11–12)	(15–30)
Eierteigwaren (Nudeln usw.)	390	13	7	157	—	20	—	196
		—	(4–8)	(147–168)	—	(15–22)	—	—
f) Fette								
Butter (Markenbutter)	755	0,7	6,0	20	—	16	4,1	19
		(0,5–0,8)	(4,0–8,0)	(13–27)	—	(12–21)	(4,0–4,2)	(16–22)
Rindertalg	921	0,8	10,5	6	18	0	1,1	7
		(0,15–2,0)	(1–20)	(2–10)	—	0	—	—

(Fortsetzung)

Fe mg	Co mg	Cu mg	Mn mg	Zn mg	J µg	F µg	Rohware g
1,9	—	0,28	1,28	2,2	8,5	—	100
(1,5–2,3)	—	—	—	—	—	—	
0,55	—	0,1	1,2	—	—	—	100
(0,4–0,7)	—	—	—	—	—	—	
0,95	—	0,22	—	—	5,8	61	100
(0,4–1,5)	—	(0,1–0,34)	(0,2–1,0)	(0,2–0,8)	—	(54–67)	
1,6	—	—	—	—	—	—	100
—	—	—	—	—	—	—	
4,7	—	—	—	—	—	—	100
(4,4–5,0)	—	—	—	—	—	—	
—	—	—	—	—	—	—	100
—	—	—	—	—	—	—	
3,0	—	0,15	0,7	—	—	56	100
—	—	—	—	—	—	—	
0,15	—	0,04	0,0007	0,38	5,9	25	100
(0,03–0,36)	—	(0,03–0,05)	—	(0,23–0,53)	(4,3–9,0)	—	
0,14	0,000072	0,026	0,003	0,35	11,3	20	100
(0,07–0,24)	(0–0,00023)	(0,02–0,03)	(0,002–0,004)	(0,1–0,5)	(3,5–102)	(6–33)	
—	—	0,0028	—	0,4	—	—	100
(0,1–0,25)	(0–0,00023)	(0–0,043)	(0,00045 bis 0,00675)	—	(1,3–2,2)	—	
0,2	—	—	—	—	—	—	100
—	—	—	—	—	—	—	
0,1	—	—	—	—	—	—	100
—	—	—	—	—	—	—	
0,13	—	0,035	—	0,73	—	—	100
(0,04–0,28)	—	(0,01–0,05)	—	(0,5–0,9)	—	—	
0,9	0,05	0,13	—	—	—	160	100
—	—	—	—	—	—	—	
0,5	—	—	—	3,1	—	—	100
—	—	—	—	(1,8–4,1)	—	—	
—	—	—	—	—	—	—	100
(0,4–0,5)	—	—	—	—	—	—	
2,1	—	—	0,03	1,35	9,7	—	114
(1,54–2,7)	—	(0,05–0,23)	(0–0,05)	(0,8–2,0)	(1–40)	(12–120)	
7,2	0,035	0,35	—	—	—	—	100
(5,1–12,2)	(0,02–0,05)	—	(0,05–0,2)	(2,6–4,0)	(7,5–15,8)	—	
0,2	—	0,13	—	—	6,8	—	100
(0,1–0,2)	—	—	—	—	—	(14–150)	
2,1	—	—	—	—	—	—	100
—	—	—	—	—	—	—	
0,15	—	0,028	0,04	0,3	5,6	150	100
(0,035–0,50)	—	(0,006–0,095)	—	—	—	—	
0,32	—	0,00185	0,001	—	—	—	100
(0,1–0,5)	—	(0,0004 bis 0,005)	—	—	—	—	

Tabelle 6.

	Calorien kcal	Eiweiß g	Na mg	K mg	Cl mg	Ca mg	Mg mg	P mg
Schweineschmalz	947	0,1	1	1	4	—	—	—
		—	(1–2)	(1–1,5)	—	(0–0,8)	(0–1,3)	(0–3)
Cocosfett, gereinigt	923	0,8	—	—	0,1	—	0,2	0,9
		(0–1,7)	(0–4)	(0–4)	—	(0–3)	—	(0,87–0,92)
g) Fleisch und Fleischwaren								
Hammel, ganze Hälfte mittelfett	323	16,4	100	350	—	9	—	179
		(15,7–17,0)	—	—	—	—	—	—
Kalb, ganze Hälfte, mittelfett	177	19,7	108	327	74	13	10	212
		(19,1–20,5)	(68–156)	(301–350)	—	(11–16)	—	(193–230)
Kalb, Kotelett	171	19,5	156	301	—	11	—	200
		—	(115–196)	—	—	—	—	—
Kalbsleber	143	19,2	84	295	—	4	46	311
		(17,7–19,9)	(74–93)	(256–325)	—	(2–6)	—	(279–343)
Kalbsniere	138	16,7	200	290	—	10	—	260
		(15–18)	(185–250)	(270–300)	—	—	—	(220–300)
Rind, ganze Hälfte, mittelfett	283	17,5	89	329	51	8,9	24,6	150
		—	(47–167)	(313–345)	—	(4,65–10)	(22,6–26,8)	—
Rindfleisch, Lende	254	16,4	85	348	—	3	—	154
		(16,1–16,7)	(67–114)	(275–398)		(2–4)	—	(126–182)
Rinderleber	141	19,7	116	292	—	7	—	358
		(19,7–20,6)	(77–155)	(235–318)	—	(0–26)	—	—
Rinderzunge	223	16,0	100	255	13	9,5	10	229
		(15,7–16,4)	—	(250–260)	—	(9–10)	—	(187–262)
Schwein, ganze Hälfte, mittelfett	480	11,9	84	327	48	8	31	172
		—	(68–100)	(300–350)	—	(7–10)	—	(117–200)
Schweinefleisch, Bug	395	14,0	68	300	—	8	—	150
		(13,5–14,4)	—	—	—	—	—	—
Schwein, Kotelett	358	15,2	62	326	—	—	—	—
		(13,3–17,1)	(60–66)	(314–332)	—	(2–10)	—	(98–186)
Schweineschinken, gesalzen und gekocht	282	19,5	876	348	—	10	—	158
		—	—	(340–350)	—	—	—	(150–166)
Schweineschinken, gesalzen, geräuchert, roh	395	18	2530	248	2060	10	20	207
		(12–25)	(1750–3240)	(131–354)	—	—	—	(134–350)
Schweinespeck, durchwachsen	658	9,1	1770	225	—	9	—	108
		—	—	—	—	—	—	—
Ente	243	18,1	—	292	85	11	—	187
		(16,0–20,8)	(80–200)	(285–300)	—	(9–15)	—	(172–200)
Huhn (Brathuhn)	144	20,6	82,5	359	85	12	37	200
		—	(75–100)	(343–470)	—	(10–16)	—	—
Truthahn	282	20,1	66	315	100	26,5	—	257
		—	—	—	—	(23–30)	—	(183–330)
Hase	124	21,6	50	400	—	9,05	—	220
		(20–23)	—	—	—	(7,15–10,0)	—	(200–239)
Reh, Keule	106	21,4	60	309	40	5	—	220
		(21,2–21,7)	(57–63)	(283–335)	—	(1–11)	—	—
Reh, Rücken	133	22,4	84	342	40	25	—	220
		(21,7–23,4)	(71–103)	(312–378)	—	—	—	—
Dosenwürstchen	239	13,0	711	—	1100	9,5	—	185
		(11,9–14,1)	(632–790)	—	—	(9–10)	—	(170–200)

(Fortsetzung)

Fe mg	Co mg	Cu mg	Mn mg	Zn mg	J μg	F μg	Rohware g
—	—	—	—	—	9,7	—	100
(0–0,1)	—	(0–0,02)	—	—	—	—	
0,02	—	0,002	1	—	—	—	100
—	—	—	—	—	—	—	
2,3	—	0,42	0,04	—	2,7	120	132
(1,6–3,0)	—	—	—	—	—	—	
2,3	—	0,25	0,03	—	2,8	90	127
(2,0–2,9)	—	—	—	—	—	—	
2,9	—	0,25	0,03	—	2,8	90	125
—	—	—	—	—	—	—	
10,6	—	6,3	0,34	—	—	—	104
—	—	(2,0–10,4)	—	—	—	—	
11,5	—	—	—	—	—	—	114
(7,9–15)	—	—	—	—	—	—	
2,8	—	—	—	3,17	3,0	—	119
(2,1–3,3)	—	—	(0–0,05)	(2,59–4,21)	—	(20–200)	
2,5	—	—	—	—	—	—	109
—	—	—	—	—	—	—	
7,1	0,0105	3,62	0,25	5,1	—	99	108
(6,6–8,3)	—	(2,02–7,94)	—	(3,0–8,5)	—	—	
3,0	—	—	—	—	—	—	135
(2,8–3,0)	—	—	—	—	—	—	
1,7	—	0,5	—	—	3,0	—	123
(1,4–2,0)	—	—	—	—	—	(20–98)	
2	—	—	—	—	—	—	115
—	—	—	(0,05–0,2)	—	—	(20–98)	
2,5	—	—	—	—	—	—	125
—	—	—	(0,05–0,2)	—	—	(20–98)	
2,5	—	—	—	—	—	—	103
—	—	—	—	—	—	—	
2,25	—	—	—	—	—	—	115
(2–2,5)	—	—	—	—	—	(110–330)	
0,8	—	—	—	—	—	—	109
—	—	—	—	—	—	—	
2,1	—	0,45	0,03	—	—	—	125
(1,8–2,4)	—	(0,41–0,50)	—	—	—	—	
1,8	—	0,3	—	—	—	—	135
(1,5–2,0)	—	—	(0–0,05)	—	—	(63–140)	
4,2	—	0,18	—	—	—	—	137
(3,8–4,5)	—	—	—	—	—	—	
2,4	—	—	—	—	—	—	125
(2,0–3,2)	—	—	—	—	—	—	
3,0	—	—	—	—	—	—	122
—	—	—	—	—	—	—	
3,0	—	—	—	—	—	—	143
—	—	—	—	—	—	—	
2,7	—	—	—	—	—	—	100
(2,4–3)	—	—	—	—	—	—	

Tabelle 6.

	Calorien kcal	Eiweiß g	Na mg	K mg	Cl mg	Ca mg	Mg mg	P mg
Leberwurst	449	12,4	810	143	—	41	—	154
		(10,9–13,8)	(609–1060)	(105–177)	—	(0–105)	—	—
Salami, deutsche	550	17,8	1260	302	2390	35	—	—
		—	(750–1500)	(204–473)	—	(22–45)	—	—
h) Fische								
Hering	255	17,3	118	317	—	57	—	240
		(16,4–18,2)	(106–130)	(300–400)	—	(31–100)	—	(200–270)
Kabeljau	77,7	17,0	86	350	97	11	28	190
		(16,0–18,1)	(68–104)	(205–449)	—	(10–11)	—	(186–200)
Rotbarsch	112	18,9	94	345	—	46	—	212
		(18,5–21,4)	(88–100)	(300–390)	—	—	—	—
Schellfisch	79,9	17,9	116	301	—	18	24	176
		(17,7–18,2)	(80–145)	(131–395)	—	(6–32)	—	(173–179)
Aal	299	12,7	78	247	—	19	43	166
		(12–14)	(67–89)	(237–250)	—	(18–20)	—	(131–202)
Forelle	104	19,1	39	470	—	14	—	220
		(19,0–19,2)	(28–50)	(390–549)	—	(12–16)	—	—
Karpfen	151	18,9	39	264	62	34	15	220
		(16–22)	(30–48)	(220–288)	—	—	—	—
Lachs	217	19,9	51	371	—	13	—	266
		(17,4–21,1)	(48–53)	(331–410)	—	—	—	(242–289)
Austern	71,1	9,0	—	—	—	82	—	157
		(6,0–10,7)	(73–505)	(110–258)	—	(70–94)	—	(143–170)
Garnele	103	18,7	140	258	—	200	—	300
		(15,8–19,9)	—	—	—	—	—	—
i) Verschiedenes								
Honig	305	0,38	7,4	47	—	4,5	—	18
		(0,3–0,5)	(4,8–10,0)	(43–50)	—	(3,6–5,0)	—	(16–20)
Kakaopulver, schwach entölt	472	19,8	37	1920	32	114	414	656
		(17–22)	(17–57)	(980–3200)	—	(76–140)	(370–457)	(600–712)
Schokolade, milchfrei	551	2,0	19	397	—	63	—	287
		—	—	—	—	—	—	—
Schokolade, Vollmilch-	563	9,1	58	—	131	214	104	242
		(8,9–9,4)	(45–80)	(441–500)	—	(182–257)	—	(200–283)
Apfelsaft	47	0,055	2	112	—	7	—	6
		—	(0,9–2)	(106–117)	—	(6–8)	—	—
Apfelsinensaft	46,8	0,8	3	164	5	20	12	16
		(0,59–1,13)	(0,8–6,0)	(87–212)	(4–6)	(8–33)	(10–13)	(10–20)
Zitronensaft	24,0	0,33	1,5	142	4,5	14	0,5	14
		(0,3–0,5)	—	—	—	—	—	(9–26)
Vollbier, hell (3,61 g Alkohol)	47	0,5	5	38	—	4	—	28
		—	(2–6)	(32–44)	—	(2–5)	—	(25–30)

Bibliographie

Bourne, G. H.: The Biochemistry of Bone. New York: Academic Press 1956.

Boyer, P. D., H. Lardy, and K. Myrbäck (Hrsg): The Enzymes. New York: Academic Press. Band 1: 1959, Band 3: 1960.

Davies, W. L.: The Chemistry of Milk. London: Chapman and Hall 1936.

Dixon, M., and E. C. Webb: Enzymes. London: Longmans 1958.

Elmer, A. W.: Iodine Metabolism and Thyroid Function. London: Oxford University Press 1938.

Fourman, P.: Calciumstoffwechsel und Knochenkrankheiten (Dtsch. Übersetzung von N. Zöllner). Stuttgart: Thieme 1963.

(Fortsetzung)

Fe mg	Co mg	Cu mg	Mn mg	Zn mg	J µg	F µg	Roh-ware g
5,3	—	—	—	—	—	—	102
(5,0–5,4)	—	—	—	—	—	—	
—	—	—	—	—	—	—	105
—	—	—	—	—	—	—	
1,1	—	0,3	0,02	—	52	160	159
—	—	—	—	—	—	—	
0,46	—	0,5	—	—	130	700	179
(0,4–1,0)	—	—	(0–0,05)	—	(100–150)	—	
4,3	—	—	—	—	—	—	185
—	—	—	—	—	—	—	
0,61	—	0,23	0,02	—	416	160	175
(0,52–0,70)	—	—	—	—	(368–523)	—	
0,60	—	—	0,025	—	4,0	160	143
(0,50–0,70)	—	—	—	(0,2–0,8)	—	—	
1,0	—	0,33	0,03	—	3,2	—	200
—	—	—	—	—	—	—	
1	—	—	—	—	4,0	—	182
—	—	—	—	—	—	—	
1,0	—	0,2	—	0,8	34,1	580	156
(0,95–1,5)	—	—	(0,01–0,05)	—	—	—	
5,8	—	—	—	—	58	—	1000
(3,1–7,5)	—	(1,2–3,7)	(0,2–1,0)	(6,5–160)	—	(65–160)	
2,0	—	0,43	—	1,9	130	93	244
—	—	—	(0–0,05)	—	—	—	
1,3	—	—	—	—	—	—	100
(0,9–2,0)	—	—	—	—	—	—	
12,5	—	—	—	—	—	—	100
(11,6–15,0)	—	—	—	(2,0–5,0)	—	(50–200)	
3,2	—	—	3,1	—	5,5	50	100
(2,5–4,4)	—	(1,1–2,7)	—	—	—	—	
3,1	—	—	3,1	—	5,5	50	100
(2,0–4,0)	—	(1,1–2,7)	—	—	—	—	
0,1	—	0,35	—	—	1,0	—	100
—	—	—	—	—	—	—	
0,28	—	0,08	—	—	1,0	—	100
(0,20–0,35)	—	—	—	—	—	—	
0,1	—	—	—	—	—	—	100
—	—	—	(0–0,05)	(0,025–0,2)	—	—	
—	—	0,04	—	0,02	—	—	100
—	—	(0,02–0,05)	—	(0,01–0,02)	—	—	

Führner, H.: Medizinische Toxikologie. Leipzig: Thieme 1943.

Gamble, J. L.: Chemical Anatomy, Physiology and Pathology of Extracellular Fluid. Cambridge (Mass.): Harvard Univ. Press 1954.

Genderen, H. van: Die Pharmakologie der kondensierten Phosphate im Zusammenhang mit der Anwendung dieser Stoffe als Lebensmittelzusätze. In: Kondensierte Phosphate in Lebensmitteln. S. 147—157. Berlin-Göttingen-Heidelberg: Springer 1958.

Heilmeyer, L., u. K. Plötner: Das Serumeisen und die Eisenmangelkrankheit. Jena: G. Fischer 1937.

Heinz, E.: Grundmechanismen der Magensäureproduktion und deren Regulation. In: Klinische Physiologie. Aktuelle Probleme in Übersichten. Band 1, Lfg. 2, S. 184—203. Stuttgart: Thieme 1960.

HÖFER, P.: Über die Verwendung von Polyphosphaten in der Wasseraufbereitung und über die Bekömmlichkeit und Genußfähigkeit phosphatbehandelten Wassers. In: Kondensierte Phosphate in Lebensmitteln. S. 122—134. Berlin-Göttingen-Heidelberg: Springer 1958.
IRVING, J. T.: Calcium Metabolism. London: Methuen 1957.
JOHNSON, L. A., and M. J. SEVEN (Hrsg.): Biological Aspects of Metal-Binding. Federat. Proc. **20**, Suppl. 10 (1961).
KEIDERLING, W. (Hrsg.): Eisenstoffwechsel. Stuttgart: Thieme 1959.
KRUHØFFER, P.: Handling of Alkali Metal Ions by the Kidney. In: Handbuch der experimentellen Pharmakologie. Ergänzungswerk. Band 13, Teil II, S. 233—423. Berlin-Göttingen-Heidelberg: Springer 1960.
KUPRIANOFF, J., u. K. LANG: Strahlenkonservierung und Kontamination von Lebensmitteln. Darmstadt: Steinkopff 1960.
LANG, K.: Biochemie der Ernährung. Darmstadt: Steinkopff 1957.
— Verhalten der kondensierten Phosphate im Stoffwechsel. In: Kondensierte Phosphate in Lebensmitteln. S. 135—146. Berlin-Göttingen-Heidelberg: Springer 1958.
LANGENBECK, W.: Zur Biochemie der Spurenelemente. Ber. Verh. sächs. Akad. Wiss. Leipzig, Math.-naturwiss. Kl. **103**, Heft 5 (1959).
LOHMANN, K.: Über das Verhalten kondensierter Phosphate in Lebewesen. In: Kondensierte Phosphate in Lebensmitteln. S. 29—43. Berlin-Göttingen-Heidelberg: Springer 1958.
MAIR-WALDBURG, H.: Anwendung und Wirkung kondensierter Phosphate in Milcherzeugnissen. In: Kondensierte Phosphate in Lebensmitteln. S. 104—121. Berlin-Göttingen-Heidelberg: Springer 1958.
MERTZ, D. P.: Die extracelluläre Flüssigkeit. Stuttgart: Thieme 1962.
MOESCHLIN, S.: Klinik und Therapie der Vergiftungen. 4. Aufl. Stuttgart: Thieme 1964.
MONIER-WILLIAMS, G. W.: Trace Elements in Foods. New York: Wiley and Sons 1950.
MOORE, C. V., and R. DUBACH: Physiology of Iron Metabolism: Resorption, Conservation, Elimination, and Physiological Iron Losses. In: Eisenstoffwechsel. Hrsg. von W. KEIDERLING. S. 112—127. Stuttgart: Thieme 1959.
PITTS, R. F.: Mechanisms for Stabilizing the Alkaline Reserves of the Body. Harvey Lectures 1952/53. New York: Academic Press 1954.
POLSON, C. J., and R. N. TATTERSALL: Clinical Toxicology. London: English Universities Press 1959.
REISSMANN, K. R.: Acute peroral Iron Intoxication. In: Eisenstoffwechsel. Hrsg. von W. KEIDERLING. S. 281—292. Stuttgart: Thieme 1959.
SCHARRER, K.: Biochemie der Spurenelemente. Berlin: Parey 1955.
SCHÜTTE, K.: Stoffwechsel des Knochengewebes. In: Chemie und Stoffwechsel von Binde- und Knochengewebe. S. 77—102. Berlin-Göttingen-Heidelberg: Springer 1956.
SCHWAB, M., u. K. KÜHNS: Die Störungen des Wasser- und Elektrolytstoffwechsels. Stuttgart: Thieme 1960.
SCHWIETZER, C. H.: Die Beeinflussung des Mineralhaushaltes durch kondensierte Phosphate. In: Kondensierte Phosphate in Lebensmitteln. S. 158—165. Berlin-Göttingen-Heidelberg: Springer 1958.
SIEGENTHALER, W.: Klinische Physiologie und Pathologie des Wasser- und Salzhaushaltes. Berlin-Göttingen-Heidelberg: Springer 1961.
SOUCI, S. W., W. FACHMANN u. H. KRAUT (Hrsg.): Die Zusammensetzung der Lebensmittel. Nährwert-Tabellen. Stuttgart: Wissenschaftl. Verlagsgesellschaft 1962.
TEPPER, L. B., H. L. HARDY, and R. L. CHAMBERLIN: Toxicity of Beryllium Compounds. Amsterdam und London: Elsevier Publ. Corp. 1961.
THILO, E.: Chemie und Nomenklatur der kondensierten Phosphate. In: Kondensierte Phosphate in Lebensmitteln. S. 5—27. Berlin-Göttingen-Heidelberg: 1958.
UNDERWOOD, E. J.: Trace Elements in Human and Animal Nutrition. 2. Aufl. New York: Academic Press 1962.
USSING, H. H.: The Alkali Metal Ions in isolated Systems and Tissues. In: Handbuch der experimentellen Pharmakologie. Ergänzungswerk. Band 13, Teil I, S. 1—195. Berlin-Göttingen-Heidelberg: Springer 1960.
VALLEE, B. L.: Zinc and Metalloenzymes. In: Advances Protein Chem. **10**, 317—384 (1955).
WILLIAMS, R. J. P.: Coordination, Chelation and Catalysis. In: The Enzymes. Hrsg. von P. D. BOYER, H. LARDY and K. MYRBÄCK. Band 1, S. 391—441. New York: Academic Press 1959.
YOUNG, L., and G. A. MAW: The Metabolism of Sulphur Compounds. London: Methuen 1958.

Zeitschriftenliteratur

ADELSTEIN, S. J., and B. L. VALLEE: Zinc in beef liver glutamic dehydrogenase. J. biol. Chem. **233**, 589—593 (1958).
AHMED, S., and H. J. EVANS: Effect of cobalt on the growth of soybeans in the absence of supplied nitrogen. Biochim. biophys. Res. Comm. **1**, 271—275 (1959).

AIKAWA, J. K., J. Z. REARDON, and D. R. HARMS: Effect of a magnesium-deficient diet on magnesium metabolism in rabbits: a study with Mg^{28}. J. Nutr. **76**, 90—93 (1962).
AMBERSON, W. R., T. P. NASH, A. G. MULDER, and D. BINNS: The relationship between tissue chloride and plasma chloride. Amer. J. Physiol. **122**, 224—235 (1938).
ASTWOOD, E. B., M. A. GREER, and M. G. ETTLINGER: 1-5-Vinyl-2-thiooxazolidone, an antithyroid compound from yellow turnip and from brassica seeds. J. biol. Chem. **181**, 121—130 (1949).
AZARNOFF, D. L., F. E. BROCK, and G. L. CURRAN: A specific site of vanadium inhibition of cholesterol biosynthesis. Biochim. biophys. Acta **51**, 397—398 (1961).
BÄSSLER, K. H., u. V. UNBEHAUN: Zur Frage der Aluminium-Wirkung auf Stoffwechselvorgänge. Arzneimittel-Forsch. **12**, 124—127 (1962).
BARNES, B. A., and J. MENDELSON: The measurement of exchangeable magnesium in dogs. Metabolism **12**, 184—195 (1963).
BEECHEY, R. B., N. ALCOCK, S. HANNA, and I. MACINTYRE: Magnesium deficiency and oxidative phosphorylation. Biochem. J. **71**, 18P (1959).
— — and I. MACINTYRE: Oxidative phosphorylation in magnesium and potassium deficiency in the rat. Amer. J. Physiol. **201**, 1120—1122 (1961).
BERGEIM, O.: Intestinal chemistry. V. Carbohydrates and calcium and phosphorous absorption. J. biol. Chem. **70**, 35—45 (1926).
BERGSTROM, W. H.: The skeleton as an electrolyte reservoir. Metabolism **5**, 433—437 (1956).
BEUTLER, E.: Iron enzymes in iron deficiency. I. Cytochrome c. Amer. J. med. Sci. **234**, 517—527 (1957).
— Iron enzymes in iron deficiency. IV. Cytochrome oxidase in rat kidney and heart. Acta Haematol. **21**, 371—377 (1959).
— Iron enzymes in iron deficiency. VI. Aconitase activity and citrate metabolism. J. clin. Invest. **38**, 1605—1616 (1959).
— and R. K. BLAISDELL: Iron enzymes in iron deficiency. II. Catalase in human erythrocytes. J. clin. Invest. **37**, 833—835 (1958).
— — Iron enzymes in iron deficiency. III. Catalase in rat red cells and liver with some further observations on cytochrome c. J. Lab. clin. Med. **52**, 694—699 (1958).
— — Iron enzymes in iron deficiency. V. Succinic dehydrogenase in rat liver, kidney and heart. Blood **15**, 30—35 (1960).
BLACK, D. A. K., and J. F. POWELL: Absorption of haemoglobin iron. Biochem. J. **36**, 110—112 (1942).
BLAU, M., H. SPENCER, J. SWERNOV, J. GREENBERG, and D. LASZLO: Effect of intake level on the utilization and intestinal excretion of calcium in man. J. Nutr. **61**, 507—521 (1957).
BOND, G., and E. J. HEWITT: Cobalt and the fixation of nitrogen by root nodules of Alnus and Casuarina. Nature (Lond.) **195**, 94—95 (1962).
BORG, D. C., and G. C. COTZIAS: Manganese metabolism in man. Rapid exchange of Mn^{56} with tissue as demonstrated by blood clearance and liver uptake. J. clin. Invest. **37**, 1269—1278 (1958).
BOYER, P. D., J. H. SHAW, and P. H. PHILLIPS: Studies of manganese deficiency in the rat. J. biol. Chem. **143**, 417—425 (1942).
BRØNSTEDT, J. N.: Einige Bemerkungen über den Begriff der Säuren und Basen. Recueil Trav. chim. Pays-Bas **42**, 718—728 (1923).
BRONNER, F., R. S. HARRIS, C. J. MALETSKOS, and C. E. BENDA: Studies in calcium metabolism. Effect of food phytates on $calcium^{45}$ uptake in children on low calcium breakfasts J. Nutr. **54**, 523—542 (1954).
— — — — Studies in calcium metabolism. Effect of food phytates on $calcium^{45}$ uptake in boys on a moderate calcium breakfast. J. Nutr. **59**, 393—406 (1956a).
— — — — Studies in calcium metabolism. The fate of intravenously injected radiocalcium in human beings. J. clin. Invest. **35**, 78—88 (1956b).
BURNS, C. H., W. W. CRAVENS, and P. H. PHILLIPS: The sodium and potassium requirements of the chick and their interrelationship. J. Nutr. **50**, 317—329 (1953).
CALLENDER, S. T., B. J. MALLETT, and M. D. SMITH: Absorption of haemoglobin iron. Brit. J. Haematol. **3**, 186—192 (1957).
CAMPBELL, I. R., I. S. CASS, J. CHOLAK, and R. A. KEHOE: Aluminium in the environment of man. A.M.A. Arch. Industr. Health **15**, 359—448 (1957).
CARTTAR, M. S., F. C. MCLEAN, and M. R. URIST: The effect of the calcium and phosphorus content of the diet upon the formation and structure of bone. Amer. J. Path. **26**, 307—331 (1950).
CHOU, T. P., and W. H. ADOLPH: Copper metabolism in man .Biochem. J. **29**, 476—479 (1935).
COMAR, C. L., G. K. DAVIS, and L. SINGER: The fate of radioactive copper administered to the bovine. J. biol. Chem. **174**, 905—914 (1948).

CONSOLAZIO, C. F., L. O. MATOUSH, R. A. NELSON, L. R. HACKLER, and E. E. PRESTON: Relationship between calcium in sweat, calcium balance, and calcium requirements J. Nutr. 78, 78—88 (1962).
COTZIAS, G. C.: Manganese in health and disease. Physiol. Rev. 38, 503—532 (1958).
— Metabolic relations of manganese to other minerals. Federat. Proc. 19, 655—658 (1960).
— and J. J. GREENOUGH: The high specificity of the manganese pathway trough the body. J. clin. Invest. 37, 1298—1305 (1958).
CURRAN, G. L.: Effect of certain transition group elements on hepatic synthesis of cholesterol in the rat. J. biol. Chem. 210, 765—770 (1954).
DAHL, L. K.: Effects of chronic excess salt feeding. Elevation of plasma cholesterol in rats and dogs. J. exp. Med. 112, 635—651 (1960).
DARROW, D. C., and S. HELLERSTEIN: Interpretation of certain changes in body water and electrolytes. Physiol. Rev. 38, 114—137 (1958).
DAVIS, G. K.: Effects of high calcium intakes on the absorption of other nutrients. (Symposium). Federat. Proc. 18, 1119—1123 (1959).
DIEMAIR, W., u. K. PFEIFER: Zur Kenntnis der freien Phosphorsäure in Fruchtsäften. Z. Lebensmittel-Untersuch. u. -Forsch. 117, 209—215 (1962).
DOWDLE, E. B., D. SCHACHTER, and H. SCHENKER: Requirement for vitamin D for the active transport of calcium by the intestine. Amer. J. Physiol. 198, 269—274 (1960).
DUCKWORTH, J., and W. GODDEN: The lability of skeletal magnesium reserves. The influence of rates of bone growth. Biochem. J. 35, 816—823 (1945).
EDELMAN, I. S., and J. LEIBMAN: Anatomy of body water and electrolytes. Amer. J. Med. 27, 256—277 (1959).
ENGSTRÖM, A.: The structure of bone; an excursion into molecular biology. Clin. Orthop. 17, 34—37 (1960).
ERIKSEN, L., N. ERIKSEN, and S. HAAVALDSEN: The effect of cobalt ions on the biosynthesis of hemoglobin by rabbit reticulocytes in vitro. Acta physiol. scand. 53, 300—307 (1961).
FEASTER, J. P., S. L. HANSARD, J. T. MCCALL, and G. K. DAVIS: Absorption, deposition and placental transfer of $zinc^{65}$ in the rat. Amer. J. Physiol. 181, 287—290 (1955).
FEATHERSTON, W. R., M. L. MORRIS JR., and P. H. PHILLIPS: Influence of lactose and dried skim milk upon the magnesium deficiency syndrom in the dog. I. Growth and biochemical data. J. Nutr. 79, 431—436 (1963).
FINCKE, M. L., and H. C. SHERMAN: The availability of calcium from some typical foods. J. biol. Chem. 110, 421—428 (1935).
FITZGERALD, M. G., and P. FOURMAN: An experimental study of magnesium deficiency in man. Clin. Sci. 15, 635—647 (1956).
FLINK, E. B.: Magnesiummangelzustände beim Menschen. Fortschr. Med. 81, 743—745 (1963).
FORBES, G. B.: Metabolic role of sodium in bone. Helv. paediat. Acta 14, 506—510 (1960).
FORBES, R. M., A. R. COOPER, and H. H. MITCHELL: The composition of the adult human body as determined by chemical analysis. J. biol. Chem. 203, 359—366 (1953).
— H. H. MITCHELL, and A. R. COOPER: Further studies on the gross composition and mineral elements of the adult human body. J. biol. Chem. 223, 969—975 (1956).
FOSTER, G. L., R. SCHOENHEIMER, and D. RITTENBERG: Studies in protein metabolism. V. The utilization of ammonia for amino acid and creatinine formation in animals. J. biol. Chem. 127, 319—327 (1939).
FOURNIER, P., H. SUSBIELLE et Y. DUPUIS: Propriétés biologiques du lactose et fermentations intestinales. Cas de l'ablation du caecum. C. R. Acad. Sci. (Paris) 250, 1111—1113 (1960).
FURCHNER, J. E., and C. R. RICHMOND: Effect of dietary zinc on the absorption of orally administered Zn^{65}. Hlth. Phys. 8, 35—40 (1962).
GENDEREN, H. VAN: Phosphatbedarf und Grenzen der Phosphatzufuhr. In: Aktuelle Probleme des Mineralstoffwechsels. Z. Ernährungswiss. Suppl. 1, S. 32—43. Darmstadt: Steinkopff 1961.
GERSHOFF, S. N., M. A. LEGG, and D. M. HEGSTEDT: Adaption to different calcium intakes in dogs. J. Nutr. 64, 303—312 (1958).
GRAHAM, L. A., J. J. CAESAR, and A. S. V. BURGEN: Gastrointestinal absorption and excretion of Mg^{28} in man. Metabolism 9, 646—659 (1960).
GRANICK, S.: Structure and physiological functions of ferritin. Physiol. Rev. 31, 489—511 (1951).
GRANT, W. C., and W. S. ROOT: Fundamental stimulus for erythropoiesis. Physiol. Rev. 32, 449—498 (1952).
GREENWALD, E., J. SAMACHSON, and H. SPENCER: Effect of lactose on calcium metabolism in man. J. Nutr. 79, 531—538 (1963).
HADJIMARKOS, D. M.: Selenium content of millet and dental caries in the rat. Nature (Lond.) 193, 178 (1962).
HAHN, F.: Toxikologie der Polyphosphate. In: Aktuelle Probleme des Mineralstoffwechsels. Z. Ernährungswiss. Suppl. 1, S. 55—64. Darmstadt: Steinkopff 1961.

HALLSWORTH, E. G., S. B. WILSON, and E. A. N. GREENWOOD: Copper and cobalt in nitrogen fixation. Nature (Lond.) **187**, 79—80 (1960).
HARP, M. J., and F. I. SCOULAR: Cobalt metabolism of young college women on self-selected diets. J. Nutr. **47**, 67—72 (1952).
HARRIS, R. S.: Phytic acid and its importance in human nutrition. Nutr. Rev. **13**, 257—259 (1955).
HEGSTEDT, D. M., C. A. FINCH, and T. D. KINNEY: The influence of diet on iron absorption. III. Comparative studies with rats, mice, guinea pigs, and chickens. J. exp. Med. **96**, 115—119 (1952a).
— I. MOSCOSO, and C. COLLAZOS: A study of the minimum calcium requirements of adult men. J. Nutr. **46**, 181—201 (1952b).
HEVESY, G., L. HAHN u. O. REBBE: Kgl. Danske Videnskab. Selskab. Biol. Meddel. **24**, Nr. 3 (1939); zit. bei K. LANG (1957).
HIATT, E. P.: Extreme hypochloremia in dogs induced by nitrate administration. Amer. J. Physiol. **129**, 597—609 (1940).
HIGGINS, E. S., D. A. RICHERT, and W. W. WESTERFELD: Molybdenum deficiency and tungstate inhibition studies. J. Nutr. **59**, 539—559 (1956).
HORNYKIEWICZ, O.: Caeruloplasmin. In: Aktuelle Probleme des Mineralstoffwechsels. Z. Ernährungswiss. Suppl. **1**, 124—130 (1961).
HUNT, J. N.: The influence of dietary sulphur on the urinary output of acid in man. Clin. Sci. **15**, 119—134 (1956).
JESSERER, H.: Zur Pathologie des Calciumstoffwechsels. In: Aktuelle Probleme des Mineralstoffwechsels. Z. Ernährungswiss. Suppl. **1**, 81—88 (1961).
JOHNSTON, F. A., and R. A. FOLSOM: Calcium and phosphorus retention on low-calcium diets. J. amer. diet. Ass. **39**, 220—224 (1961).
— T. J. MCMILLAN, and E. R. EVANS: Perspiration as a factor influencing the requirement for calcium and iron. J. Nutr. **42**, 285—296 (1950).
KÄGI, J. H. R., and B. L. VALLEE: Metallothionein: a cadmium- and zinc-containing protein from equine renal cortex. J. biol. Chem. **235**, 3460—3465 (1960).
KEHOE, R. A., J. CHOLAK, and R. V. STORY: A spectrochemical study of the normal ranges of concentration of certain trace metals in biological materials. J. Nutr. **19**, 579—592 (1940).
KEIDERLING, W.: Pathologie des Kupferstoffwechsels. In: Aktuelle Probleme des Mineralstoffwechsels. Z. Ernährungswiss. Suppl. **1**, 131—144 (1961).
— u. F. WÖHLER: Zur Physiologie und Pathologie des Speichereisens. Arch. exp. Pathol. Pharmakol. **221**, 418—434 (1954).
KEILIN, D., and T. MANN: Carbonic anhydrase. Purification and nature of the enzyme. Biochem. J. **34**, 1163—1176 (1940).
KERESZTESI, K.: Mineralhaushalt und Zähne. In: Aktuelle Probleme des Mineralstoffwechsels. Z. Ernährungswiss. Suppl. **1**, 102—107 (1961).
KIMBERG, D., D. SCHACHTER, and H. SCHENKER: Active transport of calcium by intestine: effects of dietary calcium. Amer. J. Physiol. **200**, 1256—1262 (1961).
KIRCHGESSNER, M., u. W. OELSCHLÄGER: Der Einfluß verschiedener Zinksulfat-Zulagen auf die Retention von Mengen- und Spurenelementen bei wachsenden Schweinen. Arch. Tierernährg. **11**, 310—320 (1962).
KRAUT, H., u. H. WECKER: Kalkbilanz und Kalkbedarf. I. Mitt. Biochem. Z. **315**, 329—344 (1943); II. Mitt. Biochem. Z. **318**, 495—506 (1948).
LAMPITT, L. H., and N. GOLDENBERG: Potato as food — composition. Chem. and Industr. **59**, 748—761 (1940).
LANG, K.: Phosphatbedarf und Schäden durch hohe Phosphatzufuhr. Z. Lebensmittel-Untersuch. u. -Forsch. **110**, 450—456 (1959).
— u. A. EBERWEIN: Das Verhalten des Phytins bei der Sauerteigführung von Roggenbrot. Z. Lebensmittel-Untersuch. u. -Forsch. **88**, 153—154 (1948).
LANGENDORF, H.: Zur Physiologie des Säure-Basen-Haushalts. In: Aktuelle Probleme des Mineralstoffwechsels. Z. Ernährungswiss. Suppl. **1**, 1—13 (1961).
— Säure-Basen-Gleichgewicht und chronische acidogene und alkalogene Ernährung. Z. Ernährungswiss. Suppl. **2** (1963).
— u. K. LANG: Vorkommen freier Phosphorsäure in Lebensmitteln. Z. Lebensmittel-Untersuch. u. -Forsch. **115**, 400—402 (1961).
LEICHSENRING, J. M., L. M. NORRIS, and S. A. LAMISON: Magnesium metabolism in college women: observations on the effect of calcium and phosphorus intake levels. J. Nutr. **45**, 477—485 (1951).
LEMANN JR., J., and A. S. RELMAN: The relation of sulfur metabolism to acid-base balance and electrolyte excretion: The effects of DL-Methionine in normal man. J. clin. Invest. **38**, 2215—2223 (1959).

Lengemann, F. W.: The site of action of lactose in the enhancement of calcium utilization. J. Nutr. **69**, 23—27 (1959).

Leverton, R. M., and E. S. Brinkley: The copper metabolism and requirement of young women. J. Nutr. **27**, 43—53 (1944).

— J. M. Leichsenring, H. Linkswiler, and F. Meyer: Magnesium requirement of young women receiving controlled intakes. J. Nutr. **74**, 33—38 (1961).

Macallum, A. B.: The paleochemistry of the body fluids and tissues. Physiol. Rev. **6**, 316—357 (1926).

MacIntyre, I., and D. Davidsson: The production of secondary potassium depletion, hypercalcaemia and nephrocalcinosis by magnesium deficiency. Biochem. J. **69**, 6 P (1958).

Malm, O. J.: Calcium requirement and adaption in adult man. Scand. J. clin. Lab. Invest. **10**, Suppl. 36 (1958).

Matrone, G.: Interrelationships of iron and copper in the nutrition and metabolism of animals. Federat. Proc. **19**, 659—665 (1960).

McCance, R. A., and E. M. Widdowson: The absorption and excretion of iron following oral and intravenous administration. J. Physiol. (Lond.) **94**, 148—154 (1938).

— — Mineral metabolism of healthy adults on white and brown bread dietaries. J. Physiol. (Lond.) **101**, 44—85 (1942).

— — Mineral metabolism on dephytinized bread. J. Physiol. (Lond.) **101**, 304—313 (1942).

— — and H. Lehmann: Effect of protein intake on the absorption of calcium and magnesium. Biochem. J. **36**, 686—691 (1942).

McClure, F. J.: Mineral metabolism. (Fluorine and other trace elements). Ann. Rev. Biochem. **18**, 335—354 (1949).

McConnell, K. P., and R. D. Dallam: Time-distribution examination of the in vivo incorporation of selenium into cytochtrome c of the rat and its turnover. Nature (Lond.) **193**, 746—748 (1962).

— D. M. Roth, and R. D. Dallam: Partition of selenium-75 in the intracellular particulate matter of rat liver. Nature (Lond.) **183**, 183—184 (1959).

Miller, R. F., and R. W. Engel: Interrelations of copper, molybdenum and sulfate sulfur in nutrition. Federat. Proc. **19**, 666—671 (1960).

Mitchell, H. H., and T. S. Hamilton: The dermal excretion under controlled environmental conditions of nitrogen and minerals in human subjects, with particular reference to calcium and iron. J. biol. Chem. **178**, 345—361 (1949).

Moore, C. V.: The importance of nutritional factors in the pathogenesis of iron-deficiency anemia. Scand. J. Clin. Lab. Invest. **9**, 292—304 (1957).

— and R. Dubach: Metabolism and requirements of iron in the human. J. amer. med. Ass. **162**, 197—204 (1956).

— — V. Minnich, and H. K. Roberts: Absorption of ferrous and ferric radioactive iron by human subjects and by dogs. J. clin. Invest. **23**, 755—767 (1944).

Mueller, J. H.: A new sulfur containing amino-acid isolated from the hydrolytic products of protein. II. Sulfur excretion after ingestion. J. biol. Chem. **58**, 373—375 (1923).

Myers, V. C., and J. M. Mull: The influence of the administration of aluminium upon the aluminium content of the tissue, and upon the growth and reproduction of rats. J. biol. Chem. **78**, 605—613 (1928).

Nesheim, M. C., and M. L. Scott: Studies on the nutritive effects of selenium for chicken. J. Nutr. **65**, 601—618 (1958).

Nichols jr., G., and N. Nichols: The role of bone in sodium metabolism. Metabolism **5**, 438—446 (1956).

Nicolaysen, R.: The Calcium Requirement of Man at all Ages. In: Aktuelle Probleme des Mineralstoffwechsels. Z. Ernährungswiss. Suppl. **1**, 71—79 (1961).

— N. Eeg-Larsen, and O. J. Malm: Physiology of calcium metabolism. Physiol. Rev. **33**, 424—444 (1953).

Perry jr., H. M., I. H. Tipton, H. A. Schroeder, and M. J. Cook: Variability in the metal content of human organs. J. Lab. clin. Med., **60** 245—253 (1962).

Prokop, L.: Mineral-, insbesondere Phosphatstoffwechsel und Leistungsfähigkeit. In: Aktuelle Probleme des Mineralstoffwechsels. Z. Ernährungswiss. Suppl. **1**, 44—46 (1961).

Reisenauer, H. M.: Cobalt in nitrogen fixation by a legume. Nature (Lond.) **186**, 375—376 (1960).

Renzo, E. C. de, E. Kaleita, P. Heytler, J. J. Oleson, B. L. Hutchings, and J. H. Williams: The nature of the xanthine oxidase factor. J. amer. chem. Soc. **75**, 753 (1953).

Richert, D. A., and W. W. Westerfeld: Isolation and identification of the xanthine oxidase factor as molybdenum. J. biol. Chem. **203**, 915—923 (1953).

Rickes, E. L., N. G. Brink, F. R. Koniuszy, T. R. Wood, and K. Folkers: Vitamin B_{12}, a cobalt complex. Science (Washington) **108**, 134 (1948).

RIGGS, D. S.: Quantitative aspects of iodine metabolism in man. Pharmacol. Rev. **4**, 284—370 (1952).
RITTENBERG, D., R. SCHOENHEIMER, and A. KESTON: Studies in protein metabolism. IX. The utilization of ammonia by normal rats on a stock diet. J. biol. Chem. **128**, 603—608 (1939).
ROBERTS, A. H., and J. YUDKIN: Dietary phytate as a possible cause of magnesium deficiency. Nature (Lond.) **185**, 823—825 (1960).
ROBINSON, C. S., C. F. HUFFMAN, and M. F. MASON: The results of the ingestion of certain calcium salts and of lactose. J. biol. Chem. **84**, 257—267 (1929).
ROTH, H.: Über Manganmangelkrankheiten bei Pflanze und Tier. Biochem. Z. **333**, 361—369 (1960).
ROZEIK, F.: Für und wider die Trinkwasserfluoridierung. Fortschr. Med. **81**, 571—574 (1963).
RUHLAND, W., u. K. WETZEL: Zur Physiologie der organischen Säuren in grünen Pflanzen. I. Mitt. Wechselbeziehungen im Stickstoff- und Säurestoffwechsel von Begonia semperflorens. Planta (Berlin) **1**, 558—564 (1926).
SCHACHTER, D., E. B. DOWDLE, and H. SCHENKER: Active transport of calcium by the small intestine of the rat. Amer. J. Physiol. **198**, 263—268 (1960a).
— — — Accumulation of Ca^{45} by slices of the small intestine. Amer. J. Physiol. **198**, 275—279 (1960b).
— D. V. KIMBERG, and H. SCHENKER: Active transport of calcium by intestine: action and bio-assay of vitamin D. Amer. J. Physiol. **200**, 1263—1271 (1961).
— and S. M. ROSEN: Active transport of Ca^{45} by the small intestine and its dependence on vitamin D. Amer. J. Physiol. **196**, 357—362 (1959).
SCHEINBERG, H.: Copper Metabolism. In: Federat. Proc. **20**, Suppl. 10, S. 179—185 (1961).
SCHREIER, K., u. E. SCHNEPF: Studien zum Calciumstoffwechsel mit ^{45}Ca. I. Über den Einfluß der Citronensäure und Weinsäure auf den Calciumumsatz. Z. exp. Med. **127**, 508—516 (1956).
SCHROEDER, H. A., W. H. VINTON JR., and J. J. BALASSA: Effect of chromium, cadmium and other trace metals on the growth and survival of mice. J. Nutr. **80**, 39—47 (1963a).
— — — Effects of chromium, cadmium and lead on the growth and survival of rats. J. Nutr. **80**, 48—54 (1963b).
SCHUBERT, G., u. W. RIEZLER: Indicator-Untersuchungen mit Radiokupfer beim Menschen Klin. Wschr. **24/25**, 304—306 (1947).
SCHUBERT, J.: Einige Betrachtungen zur Chemie und Biochemie des Berylliums. Chimia (Aarau) **13**, 321—328 (1959).
SCHWARZ, K.: A hitherto unrecognized factor against dietary necrotic liver degeneration in american yeast (Factor 3). Proc. Soc. exp. Biol. **78**, 852—856 (1951).
— Development and status of experimental work on factor 3-selenium. Federat. Proc. **20**, 666—673 (1961).
— and C. M. FOLTZ: Selenium as an integral part of factor 3 against dietary necrotic liver degeneration. J. amer. chem. Soc. **79**, 3292—3293 (1957).
— and W. MERTZ: Chromium (III) and the glucose tolerance factor. Arch. biochim. biophys. **85**, 292—295 (1959).
— — A physiological Role of Chromium (III) in Glucose Utilization (Glucose Tolerance Factor). In: Federat. Proc. **20**, Suppl. 10, 111—114 (1961).
— J. A. STESNEY, and C. M. FOLTZ: Relation between selenium traces in L-cystine and protection against dietary liver necrosis. Metabolism **8**, 88—90 (1959).
SCHWIETZER, C.: Die Beeinflussung der Eisenresorption durch Polyphosphate. Biochem. Z. **328**, 35—38 (1956).
— Der eisenreiche Spinat . . . ? Med. u. Ernährung **1**, 130—131 (1960).
SEIBOLD, M.: Die Bestimmung von Aluminium im Blutserum mit Ionenaustauschern und Eriochromcyanin-R. Klin. Wschr. **38**, 117—119 (1960).
SHARPE, L. M., W. C. PEACOCK, R. COOKE, and R. S. HARRIS: The effect of phytate and other food factors on iron absorption. J. Nutr. **41**, 433—446 (1950).
SHILS, M. E., and E. V. MCCOLLUM: Further studies on the symptoms of manganese deficiency in the rat and mouse. J. Nutr. **26**, 1—19 (1943).
SMITH, E. L.: Presence of cobalt in the anti-pernicious anaemia factor. Nature (Lond.) **162**, 144—145 (1948).
SMITH, S. E., and G. H. ELLIS: Studies of the manganese requirement of rabbits. J. Nutr. **34**, 33—41 (1947).
SPRAY, C. M., and E. M. WIDDOWSON: The effect of growth and development on the composition of mammals. Brit. J. Nutr. **4**, 332—353 (1950).
SQUIRES, R. D., and E. HUTH: Experimental potassium depletion in normal human subjects. I. Relation of ionic intakes to the renal conservation of potassium. J. clin. Invest. **38**, 1134—1148 (1959).

SUZUKI, M.: Plasma cholesterol levels in rats fed "infarct-producing diets". Proc. Soc. exp. Biol. **102**, 544—547 (1959).
THORANGKUL, D., F. A. JOHNSTON, N. S. KIME, and S. J. CLARK: Adaption to a low-calcium intake. J. amer. diet. Ass. **35**, 23—30 (1959).
TOMPSETT, S. L.: The excretion of copper in urine and faeces and its relation to the copper content of the diet. Biochem. J. **28**, 2088—2091 (1934).
TSUNO, K.: Effects of various amino acids on calcium absorption from isolated surviving small intestine of rats. Tokushima J. exp. Med. 8, 45—48 (1961); zit. nach Ber. Physiol. **239**, 125 (1962).
UNDERWOOD, E. J.: Mineral metabolism. Ann. Rev. Biochem. **28**, 499—526 (1959).
VALLEE, B. L., and J. G. GIBSON: The zinc content of normal human whole blood, plasma, leucocytes and erythrocytes. J. biol. Chem. **176**, 445—457 (1958).
VIRTANEN, A. I.: Ernährungsprobleme der Menschheit. Die Bedeutung der Ernährung für die Gesundheit. Naturwiss. Rdsch. **7**, 311 (1954).
WACKER, W. E. C., and B. L. VALLEE: Chromium ribonucleoprotein from bovine liver. Nature (Lond.) Suppl. 18, **184**, 1399 (1959).
WALSER, M.: Ion association. VI. Interactions between calcium, magnesium, inorganic phosphate, citrate and protein in normal human plasma. J. clin. Invest. **40**, 723—730 (1961).
WARBURTON, S., W. UDLER, E. M. EWERT, and W. S. HAYNES: Outbreak of foodborne illness attributed to tin. Publ. Hlth. Rep. **77**, 798—800 (1962).
WASSERMAN, R. H., C. L. COMAR, and M. M. NOLD: The influence of amino acids and other organic compounds on the gastrointestinal absorption of calcium[45] and strontium[89] in the rat. J. Nutr. **59**, 371—383 (1956).
— and F. W. LENGEMANN: Further observations on lactose stimulation of calcium and strontium in the rat. J. Nutr. **70**, 377—384 (1960).
WEINIG, E., u. B. BÖRNER: Über den normalen Bleigehalt der menschlichen Knochen. Arch. Toxikol. **19**, 34—48 (1961).
WEIS, W.: Spurenelemente in Diätetik und Therapie. In: Aktuelle Probleme des Mineralstoffwechsels. Z. Ernährungswiss. Suppl. **1**, 110—122 (1961).
WEITZEL, G.: Chemie und Physiologie biogener Zink-Verbindungen. Angew. Chem. **68**, 566—573 (1956).
WESTERFELD, W. W., and D. A. RICHERT: Distribution of the xanthine oxidase factor (molybdenum) in foods. J. Nutr. **51**, 85—95 (1953).
WIDDOWSON, E. M., R. A. MCCANCE, and C. M. SPRAY: The chemical composition of the human body. Clin. Sci. **10**, 113—125 (1951).
WILGUS JR., H. S., L. C. NORRIS, and G. F. HEUSER: The role of certain inorganic elements in the cause and prevention of perosis. Science (Washington) **84**, 252—253 (1936).
WÖHLER, F., L. HEILMEYER, D. EMRICH u. S. H. KANG: Zur Funktion des Ferritins bei der Eisenresorption. Arch. exp. Pathol. Pharmakol. **230**, 107—124 (1957).
YAMADA, H., and K. T. YASUNOBU: Monoamine oxidase. II. Copper, one of the prostethic groups of plasma monoamine oxidase. J. biol. Chem. **237**, 3077—3082 (1962).
ZALKIN, H., A. L. TAPPEL, and J. P. JORDAN: Studies of the mechanism of vitamin E action. V. Selenite and tocopherol inhibition of lipid peroxidation in the chick. Arch. biochem. biophys. **91**, 117—122 (1960).

Anmerkung zu Seite 143, Abschnitt 5. Zink, 1. Absatz:

Nach neueren emissionsspektographischen Bestimmungen liegt der Zn-Gehalt im Plasma im Mittel bei 0,12 mg% (K. PFEILSTICKER, pers. Mittl.) und im Blut bei 0,65—0,70 mg% (s. E. J. UNDERWOOD 1962).

Aminosäuren, Peptide, Proteine und andere Stickstoffverbindungen

Von

Priv.-Doz. Dr. **H.-D. Belitz** und Prof. Dr. **J. Schormüller**, Berlin

Mit 21 Abbildungen

A. Aminosäuren

Es wird zunächst ein Überblick über die wichtigsten am Aufbau von Proteinen beteiligten Aminosäuren gegeben, dem dann Angaben über Entdeckung, Vorkommen und sonstige wesentliche Merkmale einzelner Aminosäuren folgen. Die physikalischen Eigenschaften der Verbindungen und die wesentlichen chemischen Reaktionen werden in den beiden folgenden Abschnitten behandelt. In einem besonderen Abschnitt sind die wichtigsten biochemischen Umsetzungen der Aminosäuren zusammengestellt.

Abschließend werden seltenere, meist in freier Form in den verschiedensten biologischen Materialien vorliegende Aminosäuren beschrieben. Angaben über Synthesen von Aminosäuren und ihre Isolierung aus biologischen Quellen würden den hier gegebenen Rahmen sprengen. Es wird hierfür auf eine zusammenfassende Darstellung von F. Turba (1955) verwiesen.

I. Die wichtigsten Proteinbausteine

1. Allgemeine Übersicht

In Totalhydrolysaten von Proteinen finden sich ungefähr zwanzig Aminosäuren, denen, von einigen Ausnahmen abgesehen, die allgemeine Strukturformel $\mathrm{R{-}\underset{\substack{|\\ NH_2}}{CH}{-}COOH}$ zukommt. Im einfachsten Fall ist R = H (Aminoessigsäure, Glycin); bei den übrigen Aminosäuren ist R ein aliphatischer, aromatischer oder heterocyclischer Rest, der noch weitere funktionelle Gruppen tragen kann. In Tab. 1 sind die normalerweise in Proteinen vorkommenden Aminosäuren zusammengestellt, geordnet nach aliphatischen, aromatischen und heterocyclischen Verbindungen.

Tabelle 1. *Die Strukturformeln der wichtigsten Aminosäuren*

Aminosäure	Kurz-bezeichnung	Strukturformel
Glycin (Amino-essigsäure)	Gly	CH_2—COOH | NH_2
L-Alanin (L-α-Amino-propionsäure)	Ala	CH_3—CH—COOH | NH_2
L-Serin (L-α-Amino-β-hydroxy-propionsäure)	Ser	CH_2—CH—COOH | | OH NH_2
L-Cystein (L-α-Amino-β-mercapto-propionsäure)	Cys	CH_2—CH—COOH | | SH NH_2
L-Cystin (Bis-[β-amino-β-carboxyäthyl]-disulfid)	Cys | Cys	CH_2—CH—COOH | | S NH_2 | S NH_2 | | CH_2—CH — COOH
L-Threonin (L-α-Amino-β-hydroxy-buttersäure)	Thr	CH_3—CH—CH—COOH | | OH NH_2
L-Methionin (L-α-Amino-γ-methylmercaptobuttersäure)	Met	CH_2—CH_2—CH—COOH | | S—CH_3 NH_2
L-Arginin (L-α-Amino-δ-guanidyl-valeriansäure)	Arg	CH_2—CH_2—CH_2—CH—COOH | | NH—C=NH NH_2 | NH_2
L-Valin (L-α-Amino-isovaleriansäure)	Val	CH_3—CH—CH—COOH | | CH_3 NH_2
L-Leucin (L-α-Amino-isobutyl-essigsäure)	Leu	CH_3—CH—CH_2—CH—COOH | | CH_3 NH_2
L-Isoleucin (L-α-Amino-β-methyl-äthyl-propionsäure)	Ileu	CH_3—CH_2—CH—CH—COOH | | CH_3 NH_2
L-Lysin (L-α,ε-Diamino-capronsäure)	Lys	CH_2—CH_2—CH_2—CH_2—CH—COOH | | NH_2 NH_2
L-Asparaginsäure (L-Amino-bernsteinsäure)	Asp	HOOC—CH—CH_2—COOH | NH_2
L-Asparagin (L-Amino-bernsteinsäure-monoamid)	Asp-NH_2	H_2N—OC—CH_2—CH—COOH | NH_2
L-Glutaminsäure (L-α-Amino-glutarsäure)	Glu	HOOC—CH_2—CH_2—CH—COOH | NH_2

Tabelle 1 (Fortsetzung)

Aminosäure	Kurzbezeichnung	Strukturformel
L-Glutamin (L-α-Amino-glutarsäure-monoamid)	Glu-NH_2	$H_2N—OC—CH_2—CH_2—CH(NH_2)—COOH$
L-Phenylalanin (L-α-Amino-β-phenyl-propionsäure)	Phe	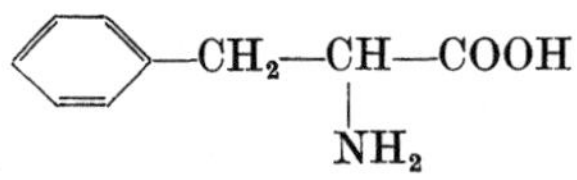
L-Tyrosin (L-α-Amino-β-[4-hydroxy-phenyl]-propionsäure)	Tyr	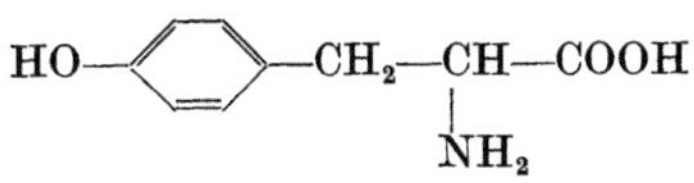
L-Prolin (L-Pyrrolidin-α-carbonsäure)	Pro	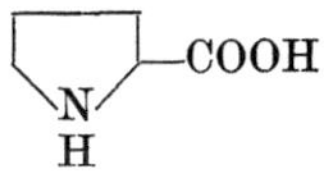
L-Hydroxyprolin (L-4-Hydroxy-pyrrolidin-2-carbonsäure)	Hypro	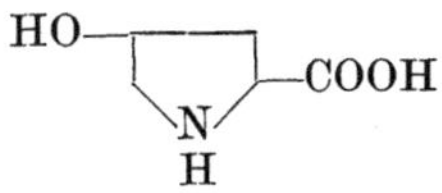
L-Histidin (L-α-Amino-β-imidazolyl-propionsäure)	His	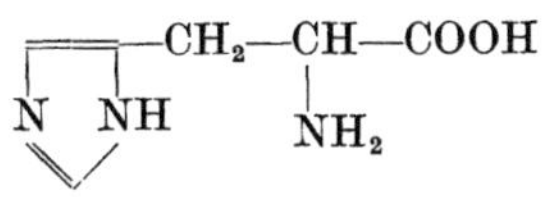
L-Tryptophan (L-α-Amino-β-indolyl-propionsäure)	Try	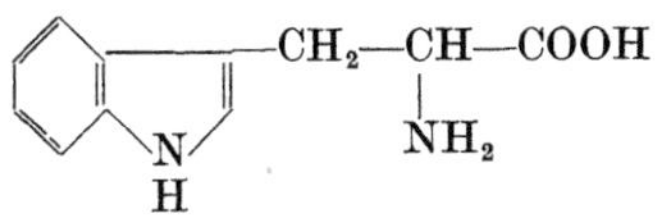

2. Die einzelnen Aminosäuren

a) **Glycin** findet sich in großen Mengen in den Strukturproteinen (Kollagen, Gelatine 25—30%) und wurde von H. BRACONNOT 1820 aus Gelatine isoliert. Es ist nicht essentiell, spielt aber als Baustein vieler anderer Verbindungen in biosynthetischen Mechanismen eine große Rolle.

b) **Alanin** wurde aus Seidenfibroin 1888 von TH. WEYL isoliert. Es findet sich in den meisten Proteinen, besonders reichlich in Seidenfibroin (35%). Gelatine und Zein enthalten etwa 9%, während der Alaningehalt der übrigen Proteine zwischen 2 und 7% liegt. Alanin gehört zu den für den menschlichen Organismus nicht essentiellen Aminosäuren.

c) **Serin** wurde 1865 von E. CRAMER aus Sericin isoliert. Die meisten Proteine enthalten 4—8% der Aminosäure. In Phosphoproteinen (Casein, Phosvitin) ist Serin neben Threonin der Träger der Phosphorsäure in Form von O-Phosphoserin.

d) **Cystein und Cystin.** Cystin wurde 1899 von L. MÖRNER aus Horn isoliert. Es kommt reichlich in Keratinen vor (9%), hat aber auch anderweitig große Bedeutung, da in vielen Proteinen Peptidketten über Disulfidbindungen zweier Cysteinreste miteinander verknüpft sind. Auch innerhalb einer Peptidkette erfolgt die Fixierung einer bestimmten Struktur häufig über Disulfidbindungen (vgl. dazu: Proteine, S. 222). Die meisten Proteine enthalten Mengen von 1—2%. Cystin ist nicht essentiell, kann aber wahrscheinlich doch zum Teil Methionin ersetzen.

e) **Threonin** wurde 1935 von W. C. ROSE entdeckt und gehört zu den essentiellen Aminosäuren. Der Threoningehalt von Fleisch, Milch und Eiern liegt zwischen 4,5 und 5%, der von Cerealien zwischen 2,7 und 4,7%. Bei biologisch minderwertigen Proteinen ist Threonin häufig der limitierende Faktor. Der Bouillongeruch von Proteinhydrolysaten geht zum Teil auf die Bildung von α-Oxobuttersäure aus Threonin zurück (vgl. S. 180).

f) Methionin wurde 1922 von J. H. MÜLLER aus Casein erhalten. In tierischen Proteinen ist es zu 2—4% vertreten, in pflanzlichen zu 1—2%. Es gehört zu den essentiellen Aminosäuren und spielt in vielen biochemischen Prozessen als Methyldonator eine große Rolle. Die Aminosäure ist sehr sauerstoff- und hitzeempfindlich, so daß bei verschiedenen technologischen Prozessen, z. B. beim Trocknen, Darren, Puffen, Rösten, bei der Behandlung mit Oxydationsmitteln, Verluste auftreten können. Bei der Mehlbleichung mit Stickstofftrichlorid entsteht das hochtoxische *Methioninsulfoximin*.

g) Arginin wurde von G. HEDIN 1895 erstmals isoliert. Es findet sich in allen Proteinen zu durchschnittlich 3—6%, besonders reichlich in den Protaminen. Der Arginingehalt des Erdnußproteins ist mit 11% ziemlich hoch. Biochemisch ist Arginin als Zwischenprodukt der Harnstoffsynthese von großer Bedeutung. Es gehört zu den nicht-essentiellen Aminosäuren, doch scheint eine Zufuhr von Arginin mit der Nahrung in bestimmten Entwicklungsstadien notwendig zu sein.

h) Valin wurde 1879 von P. SCHUTZENBERGER isoliert. Es ist eine essentielle Aminosäure und kommt in Fleischproteinen und in Cerealienproteinen zu 5—7%, in Ei- und Milchproteinen zu 7—8% vor. Bemerkenswert ist der hohe Valingehalt des Elastins (15,6%).

i) Leucin wurde von H. BRACONNET 1820 aus Wolle und Muskel isoliert. Es findet sich als essentielle Aminosäure in den meisten Proteinen zu 7—10%. Getreideproteine enthalten unterschiedliche Mengen (Maisprotein: 12,7%, Weizenprotein 6,9%). Über die Bildung von Fuselalkoholen aus Leucin und Isoleucin vgl. den Beitrag SCHORMÜLLER/GROSCH: Organische Säuren und Lactone, Carbonylverbindungen in diesem Band.

j) Isoleucin wurde 1904 von P. EHRLICH aus Fibrin erhalten. Die Aminosäure ist ebenfalls essentiell. Fleischproteine enthalten 4—5%, Ei- und Milchproteine etwa 6—7%, während der Gehalt der Cerealienproteine im allgemeinen auch bei 4—5% liegt.

k) Lysin wurde von E. DRECHSEL 1889 aus Casein isoliert und findet sich zu 7—9% in Fleisch-, Ei- und Milchproteinen. Cerealienproteine, vor allem die Prolamine sind mit 2—4% ärmer an dieser essentiellen Aminosäure. Krebs- und Fischprotein liegen mit 10—11% am höchsten. Lysin ist gleich Threonin und Methionin der limitierende Faktor für die biologische Wertigkeit vieler Proteine, vor allem pflanzlicher Herkunft. Lysinverluste treten bei vielen technologischen Prozessen auf, da die Aminosäure durch ihre ε-Aminogruppe besonders reaktionsfähig ist (z. B. Maillard-Reaktion).

l) Asparaginsäure. Die Aminosäure wurde 1868 von H. RITTHAUSEN erhalten. Sie findet sich in allen tierischen Proteinen, vor allem in Albuminen in Mengen von 6—10%. Reich an Asparaginsäure sind Proteine aus Alfalfa (14,9%) und Mais (12,3%), während Weizen abfällt (3,8%). Das Amid, Asparagin, kommt in Pflanzenkeimlingen und jungen Pflanzen vor (Rübensaft, Spargel), aber auch in vielen Proteinen. Asparaginsäure ist nicht essentiell.

m) Glutaminsäure. H. RITTHAUSEN isolierte die Aminosäure 1866 aus Weizengluten. Sie kommt in den meisten Proteinen in großen Mengen vor, besonders reichlich aber im Milch- (21,7%), Weizen- (31,4%), Mais- (18,4%) und Sojaprotein (18,5%). Auch in der Melasse sind größere Mengen Glutaminsäure enthalten. In Form von Mononatriumglutamat wird sie in großem Umfang zahlreichen Lebensmitteln zur Geschmacksverbesserung zugesetzt. Glutaminsäure und ihr Amid, Glutamin, gehen leicht in Pyrrolidoncarbonsäure über, die zwischen pH 2,2 und 4,0 beständig ist und durch Säure oder Alkali wieder zu Glutaminsäure gespalten wird.

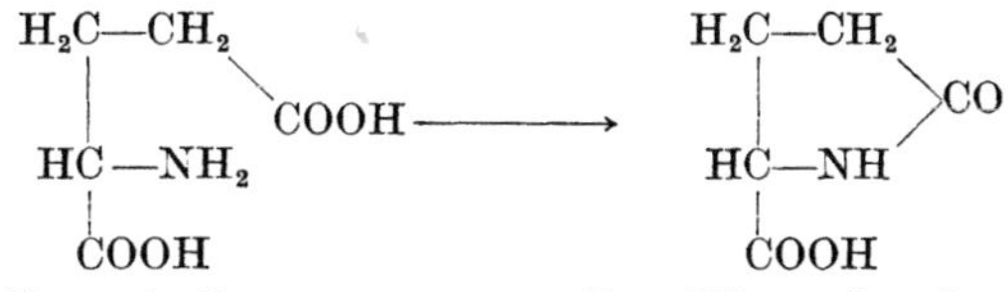

Glutaminsäure *Pyrrolidoncarbonsäure*

n) **Phenylalanin** wurde 1881 von E. SCHULZE aus Lupinen isoliert. Es kommt in fast allen Proteinen zu durchschnittlich 4—5% vor und ist für den Menschen essentiell. Im Organismus kann es in Tyrosin übergehen, so daß dieses in der Nahrung durch Phenylalanin vertreten werden kann.

o) **Tyrosin** wurde aus Casein 1846 von J. LIEBIG erhalten. Es findet sich wie Phenylalanin in fast allen Proteinen zu 2—6%, im Seidenfibroin zu 10%. Durch enzymatische Oxydation wird es über Dihydroxyphenylalanin in die braunschwarzen Melanine überführt (vgl. S. 188).

p) **Prolin** wurde 1901 von E. FISCHER im Casein und Eialbumin entdeckt. Prolin ist in vielen Proteinen zu 4—7% enthalten, reichlich kommt es im Weizenprotein (10,3%), in der Gelatine (12,8%) und im Casein (12,3%) vor. Prolin ist nicht essentiell.

q) **Hydroxyprolin** wurde 1902 ebenfalls von E. FISCHER aus Gelatine erhalten. Da es sehr reichlich im Kollagen (12,4%) auftritt (vgl. dazu S. 259), wird die Hydroxyprolinbestimmung zum Nachweis von Bindegewebsanteilen in Fleischerzeugnissen herangezogen. Hydroxyprolin ist nicht essentiell.

r) **Histidin** wurde von A. KOSSEL und S. G. HEDIN unabhängig voneinander 1896 aus Protaminen isoliert. Es ist in den meisten Proteinen in Mengen von 2—3% anzutreffen; Blutproteine enthalten etwa 6%. Bei der Tierfütterung ist Histidin als essentielle Aminosäure anzusehen. Für den erwachsenen Menschen scheint es nicht essentiell zu sein.

s) **Tryptophan** wurde 1902 von F. G. HOPKINS aus alkalischen Caseinhydrolysaten isoliert. Es kommt in tierischen Proteinen in relativ kleinen Mengen vor (1—2%), noch weniger dagegen in Cerealienproteinen (um 1%). Zu erwähnen ist der außerordentlich hohe Tryptophangehalt des Lysozyms (7,8%). Bei der sauren Hydrolyse von Proteinen wird es vollständig zerstört. Biologisch ist Tryptophan als essentielle Aminosäure von großer Bedeutung, vor allem auch als Vorläufer der Nicotinsäure.

II. Physikalische Eigenschaften

1. Dissoziation

Die Aminosäuren sind amphotere Verbindungen, d. h. sie liegen in Abhängigkeit von der H^+-Konzentration in Lösung entweder als Kationen, als Zwitterionen oder als Anionen vor:

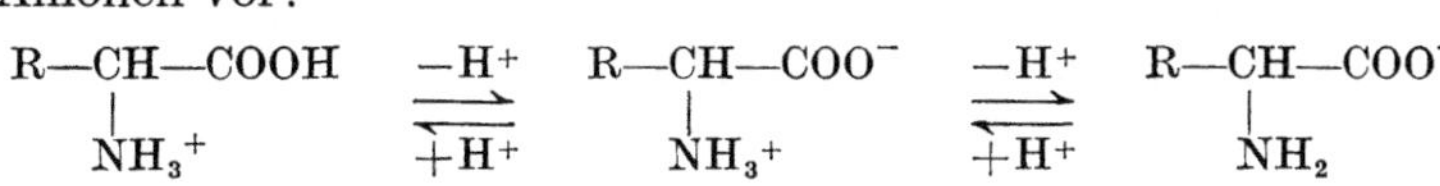

Als isoelektrischer Punkt einer Aminosäure gilt der pH-Wert, bei dem nur die ungeladenen Zwitterionen vorliegen (vgl. dazu S. 213). Auch in fester,

Tabelle 2. *Dissoziationskonstanten (pK-Werte) und isoelektrische Punkte (pI-Werte) der wichtigsten Aminosäuren* (nach J. Stauff 1956)

Aminosäure	Temperatur °C	pK_1	pK_2	pI
L-Alanin	25	2,348	9,866	6,107
L-Arginin	25	2,01	9,04 12,48 (Guanidyl-)	10,76
L-Asparaginsäure	25	2,10 3,86 (β-Carboxyl-)	9,82	2,98
L-Cystein	30	1,69 10,34 (SH-)	8,14	4,44
L-Cystin	25	1,04 2,05	8,00 10,25	5,02
L-Glutaminsäure	25	2,10 4,07 (γ-Carboxyl-)	9,47	3,08
Glycin	25	2,350	9,778	6,064
L-Histidin	25	1,77	9,18 6,10 (Imidazolyl-)	7,64
L-Hydroxyprolin	25	1,92	9,73	5,82
DL-Isoleucin	25	2,318	9,758	6,038
DL-Leucin	25	2,328	9,744	6,036
L-Lysin	25	2,18	8,95 10,53 (ε-Amino-)	9,47
DL-Methionin	25	2,28	9,21	5,74
DL-Phenylalanin	25	2,58	9,24	5,91
L-Prolin	25	2,00	10,60	6,3
DL-Serin	25	2,21	9,15	5,68
L-Tryptophan	25	2,38	9,39	5,88
L-Tyrosin	25	2,20 10,07 (-OH)	9,11	5,63
L-Valin	25	2,286	9,719	6,002

kristallisierter Form sind praktisch nur Zwitterionen vorhanden, so daß die Aminosäureform, R—CH(NH_2)—COOH, gar keine Rolle spielt.

In Tab. 2 sind die negativen Logarithmen der Dissoziationskonstanten (pK-Werte) und die isoelektrischen Punkte der wichtigsten Aminosäuren enthalten. Die Dissoziationskonstanten sind wie folgt definiert ($[^+AS]$ = Konzentration der Aminosäure-Kationen; $[^+AS^-]$ = Konzentration der Zwitterionen; $[AS^-]$ = Konzentration der Aminosäure-Anionen):

$$\frac{[^+AS^-]\cdot[H^+]}{[^+AS]} = K_1 \qquad \frac{[AS^-]\cdot[H^+]}{[^+AS^-]} = K_2\,.$$

K_1 ist die Konstante für die Dissoziation der Carboxylgruppe, K_2 die Konstante für die Dissoziation der NH_3^+-Gruppe. Aminosäuren mit mehreren sauren bzw. basischen Gruppen haben entsprechend mehrere K_1- bzw. K_2-Werte. Für den pH-Wert am isoelektrischen Punkt, für den definitionsgemäß $[^+AS] = [AS^-]$ ist, folgt aus den beiden Gleichungen:

$$[^+AS] = \frac{[^+AS^-]\cdot[H^+]}{K_1} = [AS^-] = \frac{[^+AS^-]\cdot K_2}{[H^+]}$$

$$[H^+] = \sqrt{K_1\cdot K_2} \quad pH = pI = \frac{1}{2}\,pK_1 + \frac{1}{2}\,pK_2\,.$$

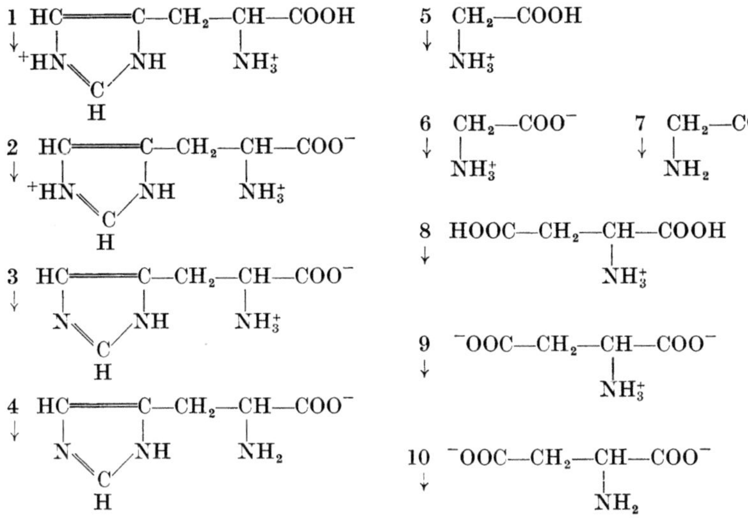

Abb. 1 zeigt die berechneten Titrationskurven von Asparaginsäure, Glycin und Histidin. Es sind jeweils die Nettoladungen gegen den pH-Wert aufgetragen. Bei Glycin treten zwei Wendepunkte auf, entsprechend der Dissoziation der COOH- und der NH_3^+-Gruppe. Bei Asparaginsäure und Histidin werden drei Wendepunkte erhalten, da hier zwei saure bzw. zwei basische Gruppen vorhanden sind.

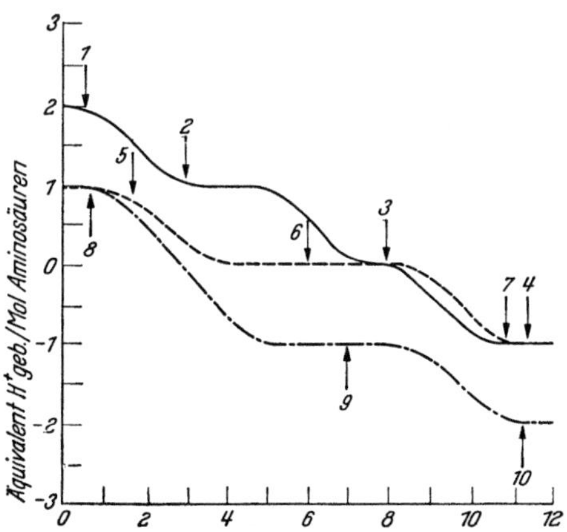

Abb. 1. Berechnete Titrationskurven von - - - Glycin; —— Histidin; -·-·- Asparaginsäure (nach S. W. Fox u. J. F. Foster 1957)

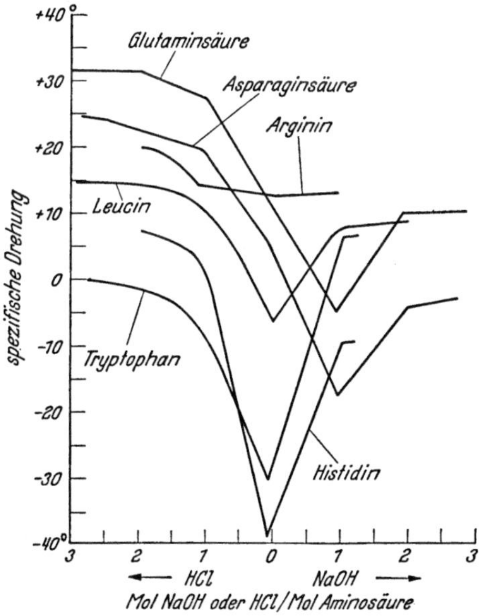

Abb. 2. Einfluß von Säure und Alkali auf die spezifische Drehung verschiedener Aminosäuren (nach S. W. Fox u. J. F. Foster 1957)

Die Zahlen an den Kurven beziehen sich auf die obenstehenden Formeln, die den Ladungszustand der Aminosäuren in den einzelnen pH-Bereichen wiedergeben.

2. Konfiguration und optische Aktivität

Die in Tab. 1 aufgeführten Aminosäuren haben mit Ausnahme des Glycins mindestens ein asymmetrisches Kohlenstoffatom und sind demzufolge optisch aktiv. Alle üblicherweise in Proteinen vorkommenden Aminosäuren haben die gleiche Konfiguration am α-Kohlenstoffatom. Das natürliche Alanin konnte zur L(+)-Milchsäure in Beziehung gebracht werden, woraus folgt, daß den natürlichen Aminosäuren L-Konfiguration zukommt. Die Bezeichnung *„natürliche Aminosäuren“* für die L-Aminosäuren ist jedoch heute nicht mehr völlig zutreffend, da

Tabelle 3. *Spezifische Drehwerte der L-Aminosäuren* (nach V. Klingmüller 1956)

Aminosäure	$[\alpha]_D$ (°)	t (°C)	c (g Subst./100 ml Lsg.)	Lösungsmittel
L-Alanin	+13,70	25	2,06	6 n-HCl
	+ 2,7	22	10,3	Wasser
L-Arginin	+26,9	23,4	1,653	6 n-HCl
	+12,5	20	3,48	Wasser
L-Asparagin	+34,26	20	2,24	3,4 n-HCl
	— 5,30	20	1,41	Wasser
L-Asparaginsäure . .	+24,6	24	2,002	6 n-HCl
	+ 4,7	18	1,3300	Wasser
L-Cystein-HCl	+ 7,6	26	12,1	Wasser
L-Cystin	—214,40	24	0,9974	1,02 n-HCl
	—230···—240	18,5	—	Wasser
L-Glutamin	+ 7,3	23	3	Wasser
L-Glutaminsäure . . .	+31,2	22,4	1,002	6 n-HCl
	+11,5	18	1,471	Wasser
L-Histidin	+13,34	25	1,00···4,05	6,1 n-HCl
	—38,5	25	0,75···3,77	Wasser
L-Hydroxyprolin . .	—47,3	20	1,31	1 n-HCl
	—75,2	22	1,001	Wasser
L-Isoleucin	+40,61	20	5,09	6,1 n-HCl
	+11,20	20	3,10	Wasser
L-Leucin	+15,20	25	2,00	6 n-HCl
	—10,57	25	2,00	Wasser
L-Lysin	+25,9	23	2,00	6 n-HCl
	+14,6	20	6,50	Wasser
L-Methionin	+23,40	20	5,00	3 n-HCl
	— 8,11	25	0,60	Wasser
L-Phenylalanin . . .	—35,14	20	1,936	Wasser
L-Prolin	—52,6	20	0,575	0,5 n-HCl
	—85,0	23,4	1,001	Wasser
L-Serin	+14,95	25	9,344	n-HCl
	— 6,83	20	10,414	Wasser
L-Threonin	—28,3	26	1,09	Wasser
L-Tryptophan	+ 2,4	20	1,02	0,5 n-HCl
	—32,15	25	2,07	Wasser
L-Tyrosin	— 8,64	20	4,40	6,3 n-HCl
L-Valin	+28,8	20	3,4	6,0 n-HCl
	— 6,42	20	3,58	Wasser

in verschiedenen biologischen Materialien auch D-Aminosäuren *(„atypische Aminosäuren“)* angetroffen werden (vgl. dazu Abschnitt V, S. 190). Threonin, Isoleucin und Hydroxyprolin haben zwei asymmetrische Kohlenstoffatome und kommen demzufolge in zwei diastereomeren Paaren vor, die als D,L-Aminosäure und D,L-allo-Aminosäure bezeichnet werden. Die beiden allo-Formen sind die nicht natürlich vorkommenden Verbindungen.

In Tab. 3 sind die spezifischen Drehwerte ($[\alpha]_D$) der L-Aminosäuren aufgeführt. Diese Werte sind abhängig von der Temperatur, vom Lösungsmittel und besonders stark vom pH-Wert. In Abb. 2 sind die spezifischen Drehwerte einiger Aminosäuren in Abhängigkeit von zugesetzter HCl und NaOH dargestellt. Daraus geht hervor, daß die Drehwerte im allgemeinen in Wasser ein Minimum durchlaufen und sowohl auf Zusatz von Säure als auch auf Zusatz von Alkali ansteigen, bei höherer Säure- oder Alkalikonzentration aber dann einen annähernd konstanten Wert erreichen.

3. Löslichkeit

Die Löslichkeit der Aminosäuren in Wasser ist sehr unterschiedlich. Neben dem extrem löslichen Prolin sind auch Hydroxyprolin, Glycin und Alanin gut löslich. Die übrigen Aminosäuren sind – wie Tab. 4 zeigt – erheblich weniger löslich;

Tabelle 4. *Löslichkeit der Aminosäuren in Wasser (g/100 g Wasser)* (nach E. Kofrányi 1956)

Aminosäure	Temperatur (°C)				
	0	25	50	75	100
L-Alanin	12,73	16,51	21,79	28,51	37,30
L-Asparaginsäure	0,209	0,500	1,199	2,875	6,893
L-Cystin	0,005	0,011	0,024	0,052	0,114
L-Glutaminsäure	0,341	0,843	2,186	5,532	14,00
Glycin	14,18	24,99	39,10	54,39	67,17
L-Histidin	—	4,29	—	—	—
L-Hydroxyprolin	28,86	36,11	45,18	51,67	—
L-Isoleucin	3,791	4,117	4,818	6,076	8,255
L-Leucin	2,270	2,19	2,66	3,823	5,638
DL-Methionin	1,818	3,381	6,070	10,52	17,60
L-Phenylalanin	1,983	2,965	4,431	6,624	9,900
L-Prolin	127,4	162,3	206,7	239,0	—
DL-Serin	2,204	5,023	10,34	19,21	32,24
L-Tryptophan	0,823	1,136	1,706	2,795	4,987
L-Tyrosin	0,020	0,045	0,105	0,244	0,565
L-Valin	8,34	8,85	9,62	10,24	—

sehr schwer löslich sind Cystin und Tyrosin. Zusatz von Säure oder Alkali erhöht die Löslichkeit durch Salzbildung. Auch die Anwesenheit anderer Aminosäuren setzt die Löslichkeit im allgemeinen herauf, so daß z. B. in Proteinhydrolysaten ganz andere Löslichkeitsverhältnisse anzutreffen sind, als bei der Betrachtung der einzelnen Komponenten.

Die Löslichkeit in organischen Lösungsmitteln ist wegen des polaren Charakters der Verbindungen nicht sehr gut. In Äther sind alle Aminosäuren unlöslich; in Alkohol sind nur Cystein und Prolin leicht löslich. Methionin, Arginin, Leucin, Glutaminsäure, Phenylalanin, Hydroxyprolin, Histidin und Tryptophan sind in Alkohol wenig löslich, Isoleucin dagegen gut in heißem Alkohol.

III. Chemische Eigenschaften

1. Farbreaktionen

a) Ninhydrinreaktion

Die von S. Ruhemann 1910 entdeckte Reaktion von Aminosäuren mit Ninhydrin hat unter den Nachweisreaktionen die größte Bedeutung. Durch das Reagens werden die Aminosäuren oxydativ decarboxyliert unter Bildung der entsprechenden Aldehyde und Freisetzung von CO_2 und NH_3:

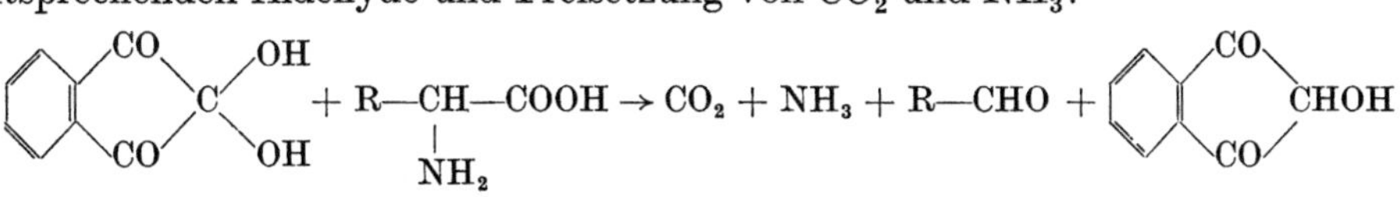

Das gebildete NH_3 reagiert mit Ninhydrin und Hydrindantin zu einem blauvioletten Farbstoff:

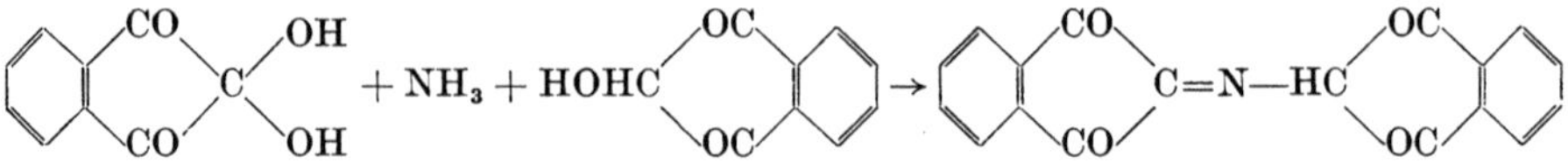

Nach Untersuchungen von R. MOUBASHER u. Mitarb. (1949) ist aber die Farbreaktion nicht auf die Bildung einer einzigen Substanz zurückzuführen, sondern auf die Entstehung verschiedener gefärbter Verbindungen. Diese sind zum Teil von der Natur der reagierenden Aminosäuren abhängig; in allen Fällen wurde die Bildung des violetten Bis-1,3-diketoindenyls beobachtet:

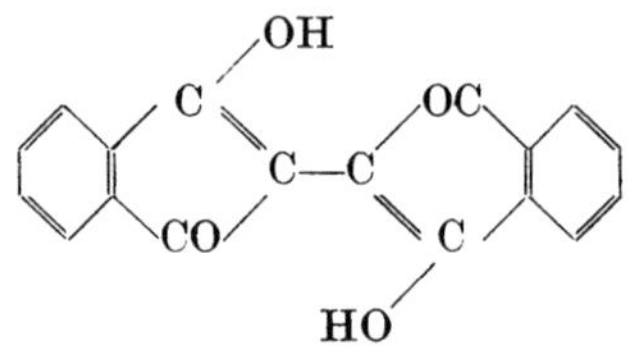

Mit Prolin und Hydroxyprolin reagiert Ninhydrin zu einem gelben Produkt (I), das bei Einwirkung von überschüssigem Ninhydrin bzw. bei höheren Temperaturen ebenfalls in eine rotviolette Verbindung (II) übergeht (A. W. JOHNSON u. Mitarb. 1958 u. 1960).

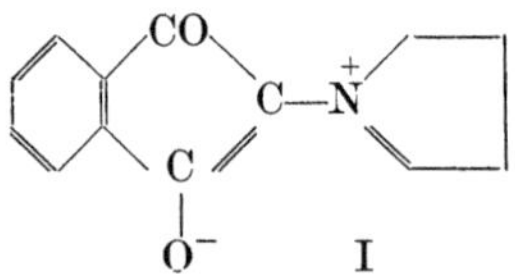

I

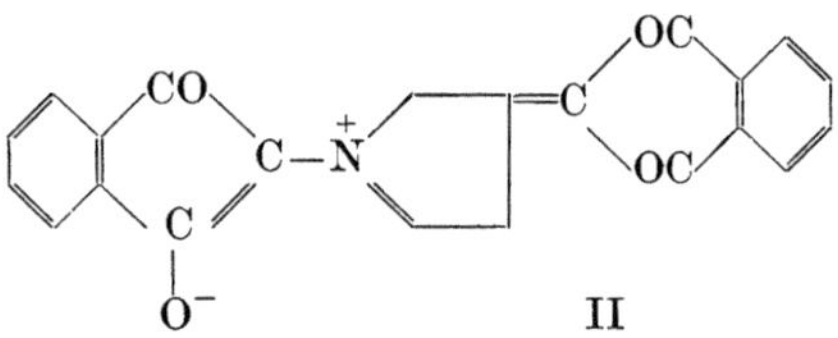

II

Glycinamid gibt ebenfalls ein gelbes Produkt (III), da die Amidgruppe mit der 1-Oxogruppe des Ninhydrins unter Bildung eines Sechsringes in Reaktion treten kann. Diese abweichende Reaktion erklärt auch, daß niedere Peptide mit N-terminalem Glycin durch Ninhydrin gelb angefärbt werden. Die Färbung geht allerdings nach längerem Stehen in das normale Violett über.

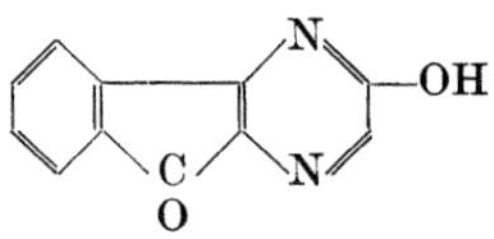

III

Die Ninhydrinreaktion wurde von S. MOORE u. Mitarb. (1954) zu einer quantitativen colorimetrischen Bestimmungsmethode ausgebaut und wird heute bei der quantitativen Trennung der Aminosäuren an Kationenaustauschersäulen verwendet.

b) Reaktion mit Naphthochinonsulfosäure

Aminosäuren reagieren mit Naphthochinonsulfosäure unter Bildung roter Farbstoffe (O. FOLIN 1922).

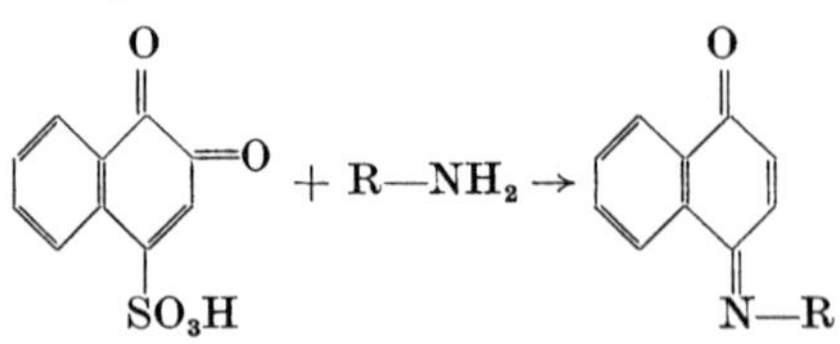

c) Reaktion auf Histidin

Histidin reagiert mit diazotierter Sulfanilsäure unter Rotfärbung (H. PAULY 1905):

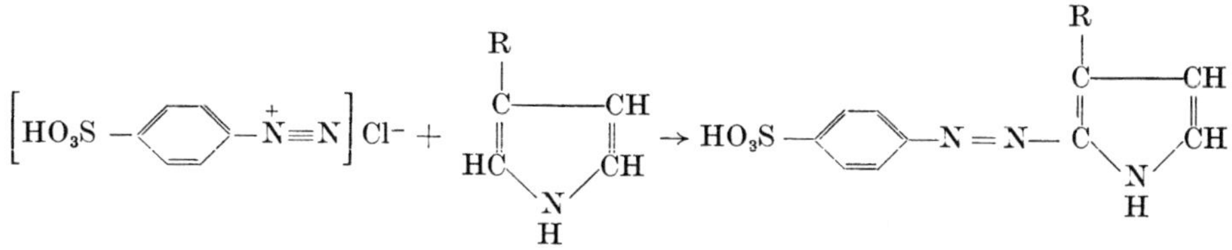

d) Reaktion auf Tryptophan

Pyrrol und seine Derivate geben mit p-Dimethylaminobenzaldehyd rotviolette Produkte (H. FISCHER u. Mitarb. 1911).

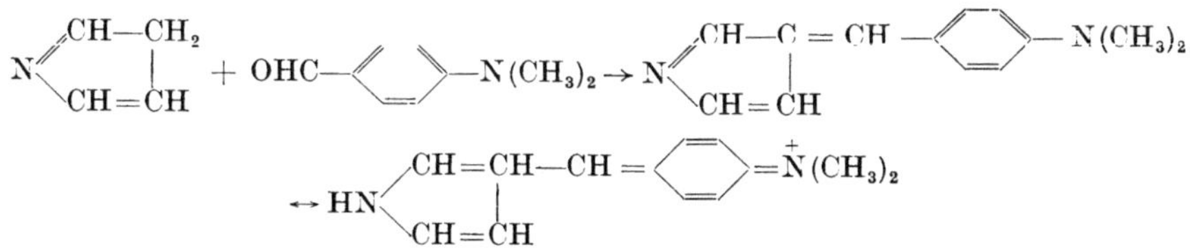

2. Komplexbildung mit Metallionen

Werden wäßrige Aminosäurelösungen bei neutralem pH-Wert mit Kupfercarbonat oder Kupferphosphat geschüttelt, so entstehen tief blau gefärbte Komplexe:

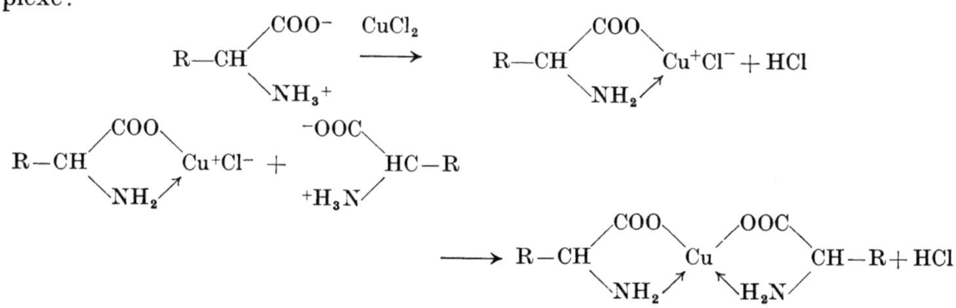

Mit Histidin können z. B. auch innermolekulare Komplexe entstehen:

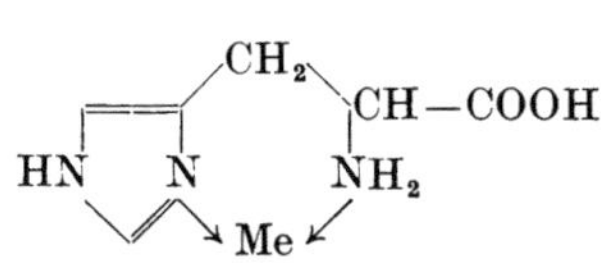

Die Stabilitätskonstanten derartiger Komplexe wurden von A. ALBERT (1950, 1952) untersucht. Mit den verschiedensten Metallsalzen ($CaCl_2$, LiBr) bilden Aminosäuren Doppelsalze, denen die allgemeine Formel

$$MeX \cdot NH_2 \cdot CH(R) \cdot COOH \quad \text{und} \quad MeX \cdot 2[H_2N \cdot CH(R) \cdot COOH]$$

zukommt (PFEIFFER 1927).

3. Reaktionen der Aminogruppe

a) Reaktion mit salpetriger Säure

Umsetzung mit salpetriger Säure führt über die unbeständige Diazoniumverbindung zur Hydroxysäure.

$$\underset{\displaystyle NH_2}{R-\overset{}{CH}-COOH} \xrightarrow{HNO_2} \underset{\displaystyle N_2^+}{R-CH-COOH} \xrightarrow{OH^-} \underset{\displaystyle OH}{R-CH-COOH} + N_2$$

Auf der volumetrischen oder manometrischen Messung des freiwerdenden Stickstoffs beruhen Methoden zur Aminosäurebestimmung.

b) Reaktion mit Aldehyden

Die Reaktion mit Formaldehyd wird bei der Titration der Aminosäuren nach S. P. L. SÖRENSEN ausgenutzt. Große Bedeutung kommt dieser Umsetzung auch bei den als „Maillard-Reaktion" bezeichneten Reaktionen zwischen Kohlenhydraten und Aminosäuren bzw. Proteinen zu, die zur nichtenzymatischen Bräunung bei Lebensmitteln führen. Die Reaktion führt nicht – wie lange Zeit angenommen wurde – zu Azomethinen, sondern wahrscheinlich zur Bildung von N-Monohydroxy- oder N-Dihydroxyalkyl-Derivaten (M. LEVY u. Mitarb. 1937).

c) N-Alkylierung und N-Arylierung

Die Umsetzung mit Alkylhalogeniden und mit Diazoalkanen führt zu N-Monoalkyl-, N-Dialkyl- und N-Trialkyl-Derivaten (E. ABDERHALDEN u. Mitarb. 1930), doch können Nebenreaktionen eintreten. Zu erwähnen ist das N-Trimethylderivat des Glycins, *Betain*, das in der Zuckerrübe zu etwa 0,3% vorkommt. Zu N-2.4-Dinitrophenyl-Derivaten (DNP-Aminosäuren) kam E. ABDERHALDEN (1923) durch Umsetzung von Aminosäuren mit 1-Chlor-2.4-dinitrobenzol. Die gleichen Derivate werden jedoch mit 1-Fluor-2.4-dinitrobenzol im schwach alkalischen Milieu schon bei Zimmertemperatur erhalten (F. SANGER 1945, R. R. PORTER u. F. SANGER 1948). Die DNP-Aminosäuren sind gelb gefärbte, gut kristallisierende Verbindungen, die gegen saure Hydrolyse weitgehend stabil sind. Sie haben für die *Endgruppenbestimmung* in Peptiden und Proteinen große Bedeutung erlangt.

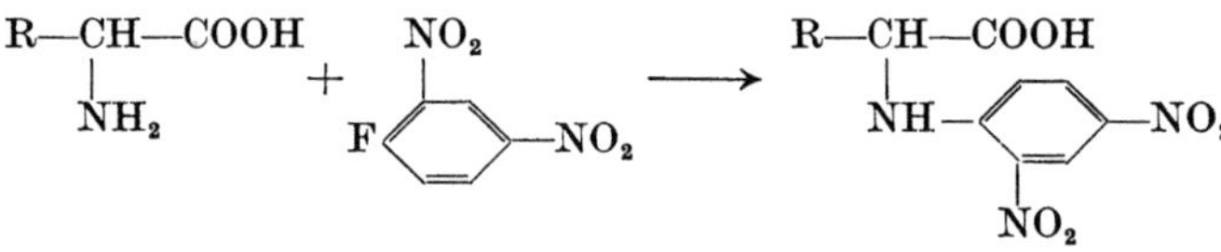

d) N-Acylierung

N-Acylderivate der Aminosäuren spielen zur Blockierung der Aminogruppe bei *Peptidsynthesen* eine große Rolle, wobei vor allem die leichte Abspaltbarkeit der Schutzgruppe ohne Hydrolyse der geknüpften Peptidbindungen wesentlich ist. N-Acetylaminosäuren werden durch Reaktion mit Essigsäureanhydrid erhalten (V. DU VIGNEAUD u. Mitarb. 1932). Schmelzen mit Phthalsäureanhydrid führt zu Phthalylaminosäuren (J. C. SHEEHAN u. Mitarb. 1949), die durch Hydrazinolyse wieder gespalten werden können. Große Bedeutung hat der von M. BERGMANN (1932) eingeführte Carbobenzoxyrest, der durch katalytische Hydrierung entfernt werden kann. Auch die N-Trifluoracetyl-Aminosäuren (F. WEYGAND u. Mitarb. 1952) sind durch Alkali unter sehr milden Bedingungen zu spalten.

e) Reaktion mit Arylisocyanaten und Arylisothiocyanaten

Aminosäuren reagieren mit Phenylisocyanat bzw. Phenylisothiocyanat zu Phenylcarbamyl- bzw. Phenylthiocarbamyl-aminosäuren (P. EDMAN 1950), die bei Einwirkung von Säure in die entsprechenden 3-Phenylhydantoine bzw. 3-Phenylthiohydantoine übergehen. Die Reaktion ist für die *Sequenzanalyse* von großer Bedeutung, da sie den stufenweisen Abbau von Peptiden gestattet.

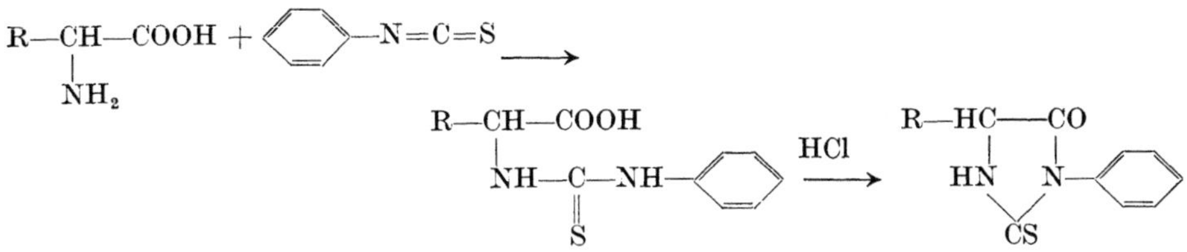

4. Reaktionen der Carboxylgruppe

a) Decarboxylierung

Unter speziellen Bedingungen ist die thermische Decarboxylierung der Aminosäuren zu den entsprechenden Aminen möglich. Größere Bedeutung hat die *enzymatische Decarboxylierung*, die in Abschnitt IV, 2 behandelt wird und die ebenfalls zu Aminen führt. Oxydative Decarboxylierung der Aminosäuren erfolgt z. B. mit Ninhydrin (vgl. unter Farbreaktionen). Die Reaktion wird über die Erfassung des gebildeten CO_2 zur quantitativen Bestimmung der Aminosäuren ausgenutzt (D. D. VAN SLYKE u. Mitarb. 1941). Auch mit N-Bromsuccinimid reagieren Aminosäuren unter Decarboxylierung. Die manometrische Bestimmung des CO_2 gestattet die Erfassung freier α-Carboxylgruppen in Peptiden (E. W. CHAPELLE u. Mitarb. 1957).

b) Veresterung

Aminosäureester werden in absolutem Alkohol durch Einleiten von Chlorwasserstoff als Hydrochloride erhalten. Sie spielten früher eine große Rolle für die Trennung der Aminosäuren durch Destillation (E. FISCHER). Die freien Ester sind stark basische Substanzen. Über die Ester sind eine Reihe anderer Derivate zugänglich: Umsetzung mit Aminen führt zu substituierten Amiden, mit Hydroxylamin zu den Hydroxamsäuren, mit Hydrazin zu den Hydraziden. Aus den Hydraziden wiederum sind die Azide zugänglich.

c) Reduktion

Die freien Aminosäuren (C. FROMAGEOT u. Mitarb. 1950) oder ihre Ester werden durch Lithiumaluminiumhydrid zu den Aminoalkoholen reduziert. Die Methode wird zur Bestimmung der C-terminalen Aminosäure in Peptiden benutzt.

5. Reaktionen unter Beteiligung anderer funktioneller Gruppen

a) Reaktionen der Hydroxyaminosäuren

Die Hydroxylgruppen der Hydroxyaminosäuren können durch Erhitzen mit HJ in Gegenwart von rotem Phosphor reduktiv entfernt werden (E. ABDERHALDEN u. Mitarb. 1934). Erhitzen der Hydroxyaminosäuren mit gesättigter $Ba(OH)_2$-Lösung auf 120—130° C führt unter Wasserabspaltung zu den entsprechenden α-Oxosäuren, die mit unveränderter Aminosäure zu α-Aminosäuren reagieren. Aus Serin entsteht so Alanin, aus Threonin α-Aminobuttersäure. Weiterhin tritt eine Aldolspaltung zwischen C-2 und C-3 ein, so daß Glycin entsteht (TH. WIELAND u. Mitarb. 1949).

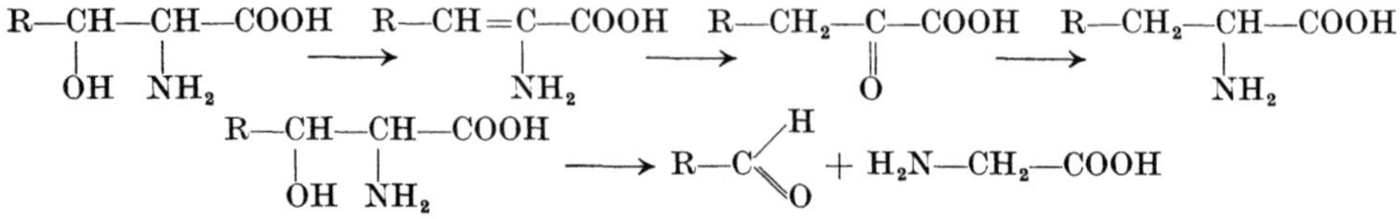

Auch bei mehrstündiger Einwirkung von konz. HCl auf die Hydroxyaminosäuren bildet sich nach dem oben genannten Reaktionsschema aus Threonin α-Aminobuttersäure und aus Serin Alanin (K. HEYNS u. Mitarb. 1953). Die Reaktionen sind für die Verluste an Hydroxyaminosäuren bei der Hydrolyse von Proteinen verantwortlich. Der Bouillongeruch saurer Hydrolysate geht u. a. auf α-Oxobuttersäure zurück (H. BROCKMANN u. Mitarb. 1955, TH. WIELAND u. Mitarb. 1955). Perjodsäure oder Bleitetraacetat spalten die Hydroxyaminosäuren zwischen C-2 und C-3 (R. J. BLOCK u. Mitarb. 1939; L. A. SHINN u. Mitarb. 1941) in Glyoxylsäure und die entsprechenden Aldehyde. Die Methode

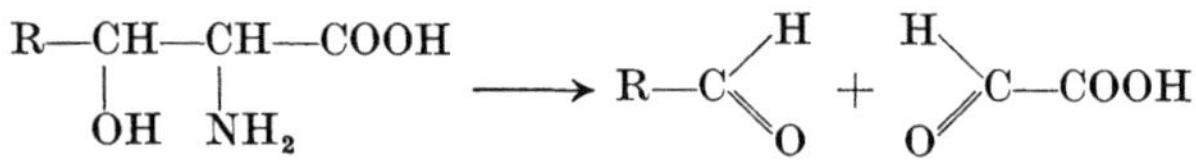

gestattet die Bestimmung von Serin und Threonin.

Eine O-Acylierung der Hydroxyaminosäuren ist im sauren Gebiet möglich. Die wichtigsten Derivate sind die O-Phosphoryl-Aminosäuren, Phosphoserin und Phosphothreonin, als Bausteine der Phosphoproteine. Sie werden z. B. nach T. WAGNER-JAUREGG u. Mitarb. (1951) aus den Aminosäureestern durch Umsetzung mit Diisopropylphosphorsäurechlorid erhalten.

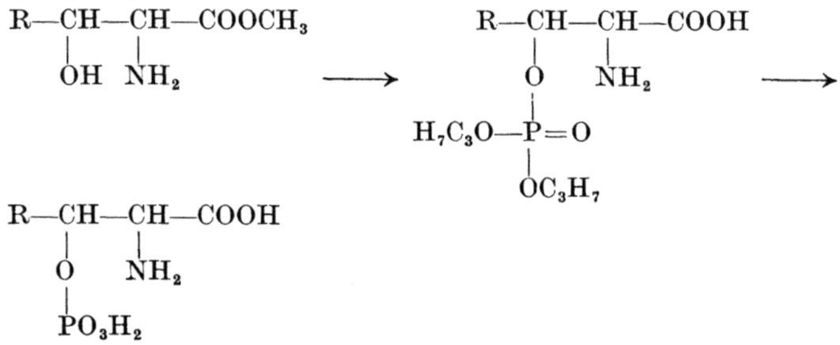

Synthesen von O-phosphorylierten Peptiden wurden von G. FÖLSCH (1958, 1959) durchgeführt.

b) Reaktionen der schwefelhaltigen Aminosäuren

Sulfhydrylgruppen reagieren mit alkylierenden Reagentien, z. B. mit Jodessigsäure oder ihrem Amid zu Thio-äthern (H. FRAENKEL-CONRAT u. Mitarb. 1951). Mit Schwermetallen, auch mit organischen Metallverbindungen (z. B. Chlormercuribenzoat (L. HELLERMANN u. Mitarb. 1943), tritt Bildung schwerlöslicher Mercaptide ein. Beide Reaktionen haben Bedeutung für die Blockierung und auch für die *Bestimmung von SH-Gruppen* in Proteinen.

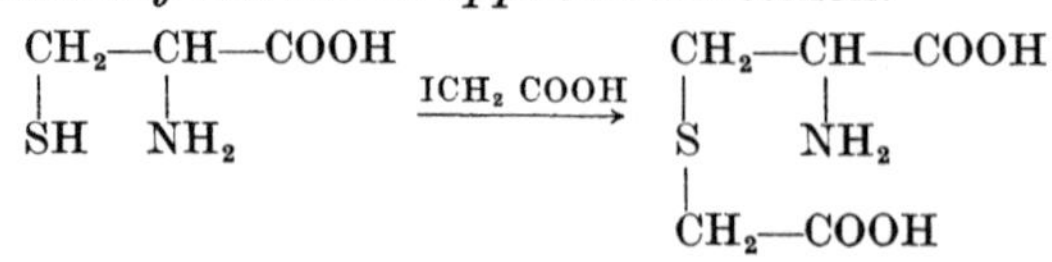

Bereits mit milden Oxydationsmitteln (Jod, Ferricyanid) tritt Oxydation zum Disulfid ein: Aus Cystein entsteht Cystin. Cystein kann aber auch über die Sulfen- und Sulfinsäure zur Sulfonsäure (Cysteinsäure) oxydiert werden. Die letztere wird auch aus dem Disulfid, Cystin durch Oxydation, z. B. mit Perameisensäure, erhalten. Diese oxydative Spaltung von Disulfiden ist in der Proteinchemie wichtig zur *Trennung von Peptidketten*, die über S—S-Brücken verbunden sind (F. SANGER 1949).

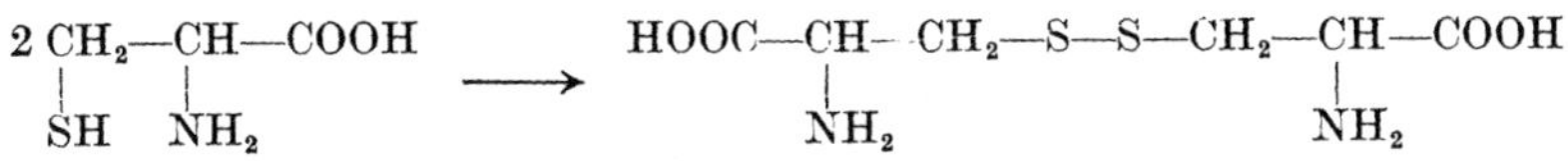

Die reduktive Spaltung von Disulfidbindungen ist in manchen Fällen vorzuziehen, da bei der Oxydation Seitenreaktionen mit Tryptophanresten eintreten können. Die reduktive Spaltung gelingt z. B. mit $NaBH_4$. Die SH-Gruppen können durch Carboxymethylierung gegen Re-Oxydation geschützt werden.

Bedeutung hat auch die Spaltung mit Sulfit und Cu^{++}, die im Falle des Cystins zum Sulfocystein führt, das durch Thiole in Cystein überführt werden kann (S. M. SWAN 1957).

$$R—S—S—R + 2\,SO_3^{2-} + 2\,Cu^{2+} \rightarrow 2\,R—S—SO_3^{-} + 2\,Cu^{+}$$

Thioäthergruppen gehen bei der Behandlung mit HJ in die Sulfhydrylgruppe über. Aus Methionin entsteht Homocystein. Jod oxydiert zum Sulfoxyd (T. F. LAVINE 1943), stärkere Oxydationsmittel, wie z. B. Persäuren (G. TOENNIES u. Mitarb. 1942), führen zum Sulfon. Alkylierung von Methionin führt zu Sulfoniumderivaten, die unter Eliminierung der Schwefelfunktionen leicht in Homoserinlakton übergehen (H. G. GUNDLACH u. Mitarb. 1959).

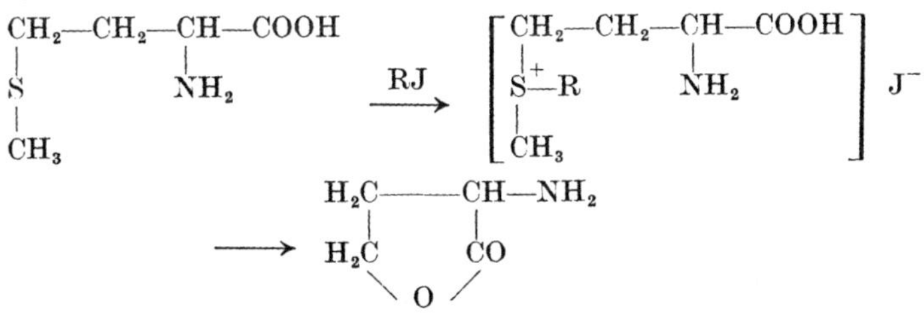

Da die Reaktion bei Methioninpeptiden mit einer Spaltung der Peptidbindung verbunden ist, an der die Carboxylgruppe des Methioninrestes beteiligt ist (W.B. LAWSON u. Mitarb. 1961), steht damit eine Methode zur selektiven Spaltung von Peptidketten zur Verfügung.

Die Entschwefelung von Cystin und Methionin zu Alanin und α-Aminobuttersäure ist mit Raney-Nickel möglich (B. KEIL u. Mitarb. 1960) Auf diese Weise können cystin- und methioninfreie Proteine für ernährungsphysiologische Versuche bequem erhalten werden.

c) Reaktionen der aromatischen und heterocyclischen Aminosäuren

Die Reaktion von Tryptophan mit N-Bromsuccinimid hat besondere Bedeutung erlangt, da sie über mehrere Stufen zu einer selektiven Spaltung von Peptiden an der Tryptophancarboxylgruppe (A. PATCHORNIK u. Mitarb. 1958a u. b) führt:

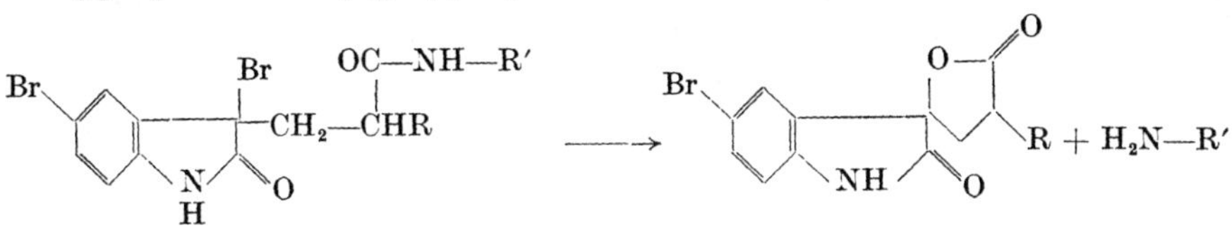

In ähnlicher Weise reagieren auch peptidisch gebundene Tyrosinreste (G. L. Schmir u. Mitarb. 1959):

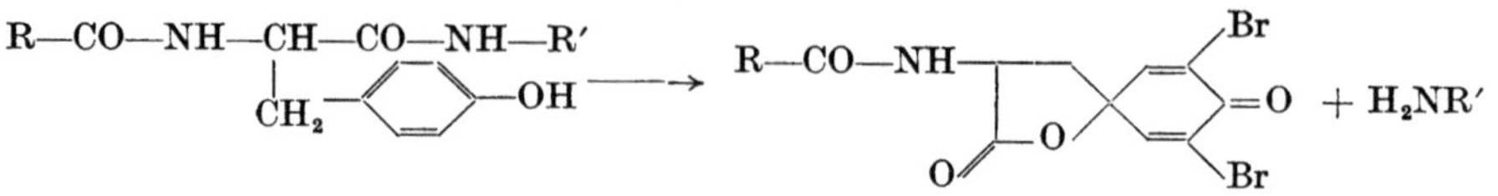

IV. Biochemisches Verhalten

Die Aminosäuren sind einer Vielzahl von biochemischen Reaktionen zugänglich, die zu den verschiedenartigsten Produkten führen können. Derartigen Umwandlungsprodukten begegnen wir auch in Lebensmitteln, da hier bei der Lagerung oder bei Reifungsprozessen vielfach enzymatische Reaktionen ablaufen. In diesem Abschnitt sollen deshalb die wichtigsten biochemischen Umsetzungen der Aminosäuren zusammengestellt werden. Ausführlichere Darstellungen mit zahlreichen Hinweisen auf die Orginalliteratur finden sich bei A. Meister (1957), P. D. Cohen u. H. J. Sallach (1961), D. M. Greenberg (1961a und b).

1. Allgemeine biochemische Reaktionen

a) Desaminierung

Die *oxydative Desaminierung* von Aminosäuren führt – wahrscheinlich über die Iminosäuren – zu den entsprechenden α-Ketosäuren.

$$\underset{\substack{|\\ NH_2}}{R—CH—COOH} \xrightarrow{-2\,H} \left[\underset{\substack{\|\\ NH}}{R—C—COOH}\right] \xrightarrow{+H_2O} \underset{\substack{\|\\ O}}{R—C—COOH} + NH_3$$

Im Säugetierorganismus wurde bisher nur eine L-Aminosäureoxydase aus Rattenniere beschrieben (M. Blanchard u. Mitarb. 1945). Hohe Enzymaktivitäten wurden in verschiedenen Mikroorganismen gefunden, doch ist die Rolle dieser allgemeinen Aminosäureoxydasen im Stoffwechsel noch nicht ganz klar. Die weitverbreitete L-Glutaminsäure-dehydrogenase hat dagegen große Bedeutung. Die von ihr katalysierte Reaktion führt nach dem oben angegebenen Schema zu Ketoglutarsäure. Das Enzym wurde aus Rinderleber kristallisiert erhalten (H. J. Strecker 1953). Neben den L-Aminosäureoxydasen finden sich in vielen höheren und niederen Organismen D-*Aminosäureoxydasen*, über deren Bedeutung noch nichts bekannt ist. Zu erwähnen sind in diesem Zusammenhang noch die *Aminoxydasen*, die Amine zu den entsprechenden Aldehyden oxydieren.

b) Transaminierung

Enzymkatalysierte Transaminierungsreaktionen zwischen Aminosäuren und α-Ketosäuren haben sowohl für die Biosynthese als auch für den Abbau der Aminosäuren zentrale Bedeutung. Es sind sehr zahlreiche Transaminierungsreaktionen beschrieben. Besondere Bedeutung haben die Systeme Ketoglutarsäure-Glutaminsäure und Oxalessigsäure-Asparaginsäure.

$$R—CO—COOH + \underset{\substack{|\\ NH_2}}{R'—CH—COOH} \rightleftharpoons R'—CO—COOH + \underset{\substack{|\\ NH_2}}{R—CH—COOH}$$

c) Decarboxylierung

Aminosäuredecarboxylasen sind in tierischen, pflanzlichen und mikrobiellen Organismen weit verbreitet. Sie überführen Aminosäuren unter Decarboxylierung in die entsprechenden Amine. Die Decarboxylierung stellt im tierischen Organismus keinen Hauptabbauweg dar, doch haben viele der „*biogenen Amine*" große physiologische Bedeutung, z. B. als Bausteine von Coenzymen (Cysteamin) oder als Hormone (Serotonin) bzw. Vorstufen von Hormonen (3.4-Dihydroxyphenylpropylamin). Sie werden in Abschnitt DI ausführlicher besprochen.

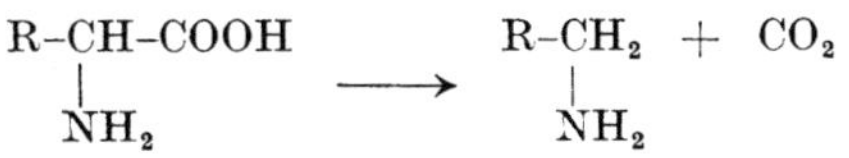

2. Stoffwechsel einzelner Aminosäuren

a) Alanin steht über eine Transaminierungsreaktion mit Brenztraubensäure in Beziehung. Es kann weiterhin durch β-Decarboxylierung aus Asparaginsäure entstehen.

b) Glycin und Serin sind reversibel ineinander umwandelbar. Serin geht unter Beteiligung von Pyridoxalphosphat und Tetrahydrofolsäure in Glycin über, wobei N^{10}-Hydroxymethyltetrahydrofolsäure entsteht (vgl. dazu L. Jaenicke 1961).

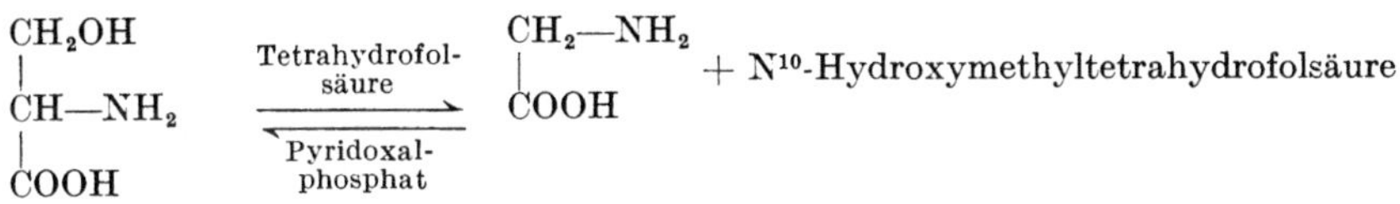

Glycin kann weiterhin entstehen durch Spaltung von Threonin unter gleichzeitiger Bildung von Acetaldehyd und durch Aminierung von Glyoxylsäure, die bei Mikroorganismen über die Spaltung von Isocitronensäure zur Verfügung stehen kann. Glycin ist an der Synthese verschiedener physiologisch wichtiger Stoffe beteiligt. So bildet es z. B. durch eine Transaminierungsreaktion mit Arginin über Guanidylessigsäure Kreatin:

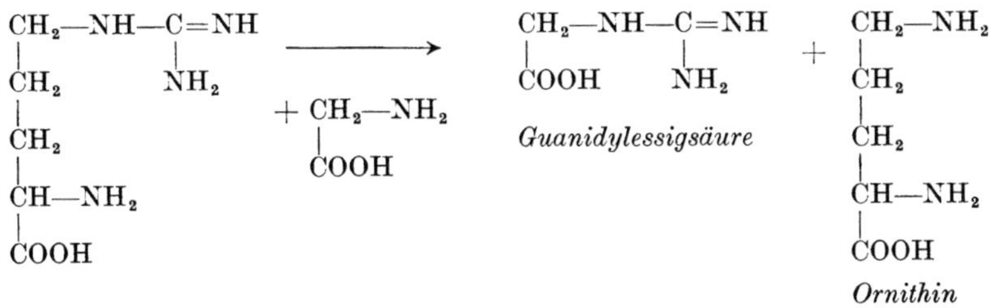

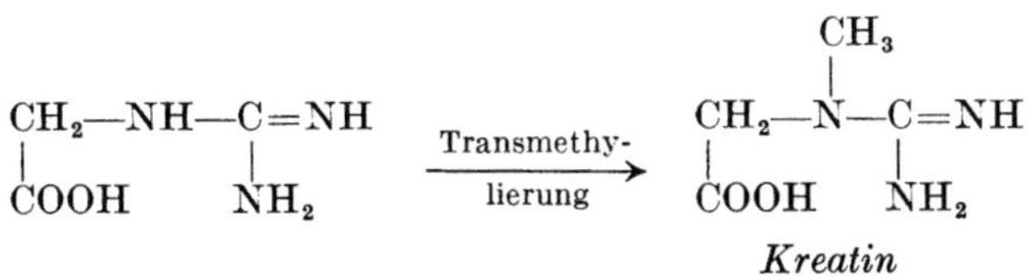

Auch in diePorphyrinsynthese geht Glycin ein. Durch Reaktion mit Succinyl-Coenzym A wird über α-Amino-β-keto-adipinsäure δ-Aminolävulinsäure gebildet, die in Porphobilinogen übergeht, das dann zum Protoporphyrin weiterreagiert:

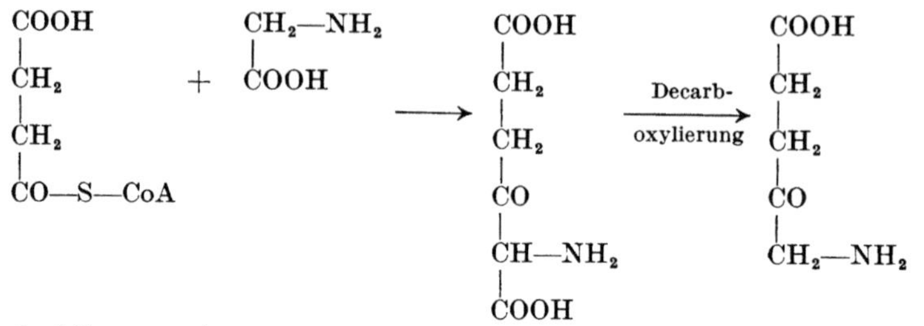

Succinyl-Coenzym A *δ-Amino-Lävulinsäure*

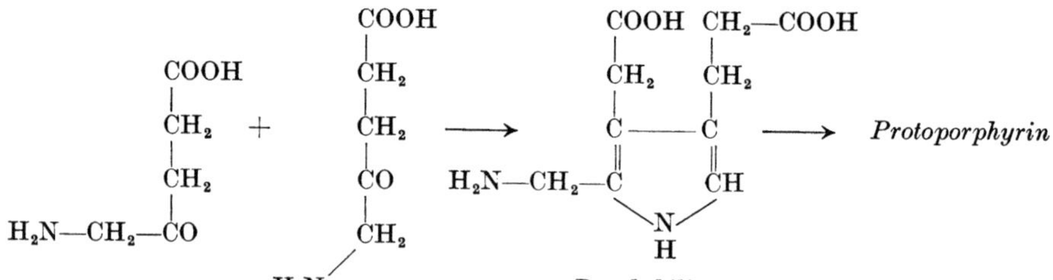

Porphobilinogen

Serin kann – wahrscheinlich über Aminoacrylsäure und Iminopropionsäure – in Brenztraubensäure übergehen. Transaminierung führt über Hydroxybrenztraubensäure zu *Glycerinsäure*. Decarboxylierung von Serin läßt *Colamin* entstehen, das durch Methylierung *Cholin* liefert. Dieses kann durch Oxydation in *Betain* übergehen, das sich z. B. in der Zuckerrübe findet. Demethylierung führt zum *Sarcosin*.

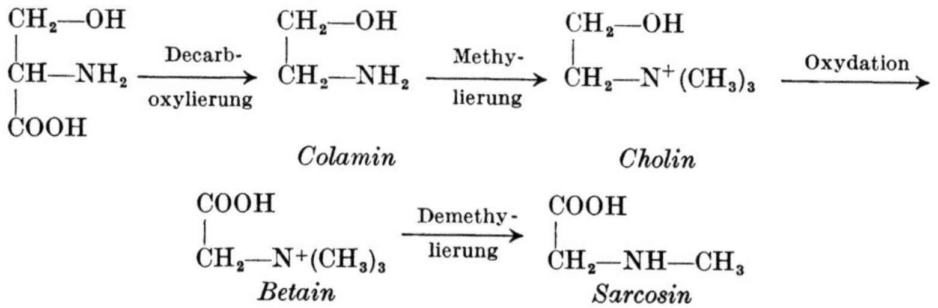

Colamin *Cholin* *Betain* *Sarcosin*

c) Threonin wird in ähnlicher Weise wie Serin zu α-Ketobuttersäure abgebaut, die als „Aromasäure" bereits im Abschnitt über chemische Reaktionen der Hydroxyaminosäuren (S. 180) erwähnt wurde.

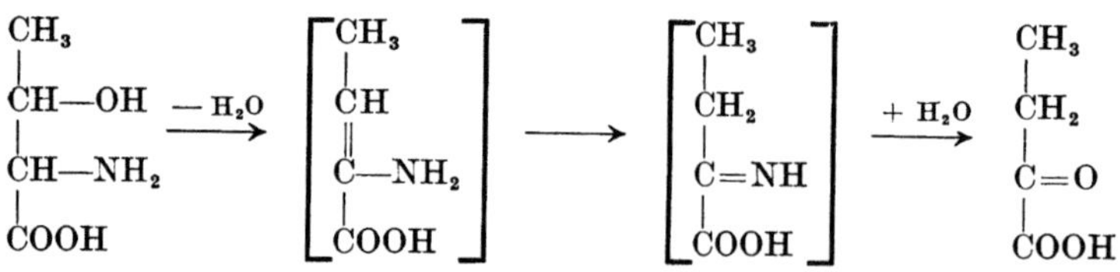

Die Aldolspaltung zu Acetaldehyd und Glycin wurde beim Glycin bereits besprochen. Während Threonin für Säugetiere essentiell ist, sind verschiedene Mikroorganismen zu seiner Synthese befähigt. Dabei wird Asparaginsäure über den β-Semialdehyd in Homoserin umgewandelt. Dieses geht über die O-phosphorylierte Verbindung und Vinylglycin in Threonin über (M. FLAVIN u. Mitarb. 1960).

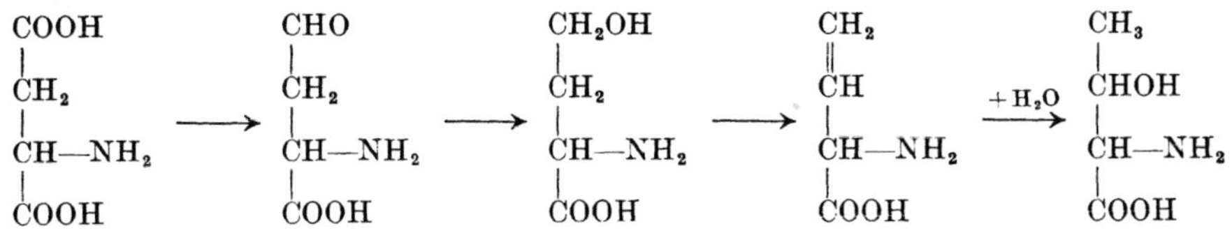

Homoserin *Vinylglycin*

d) Methionin und Cystein. *Methionin* hat als Methylgruppendonator im Stoffwechsel große Bedeutung. In Form der Sulfoniumverbindung, S-Adenosylmethionin („aktives Methionin"), bewirkt es z. B. die Methylierung von Guanidylessigsäure zu Kreatin, von Colamin zu Cholin und von Noradrenalin zu Adrenalin. Es geht dabei in Homocystein über, das mit Serin zu Cystathionin reagieren kann. Dieses wird in Homoserin und Cystein gespalten:

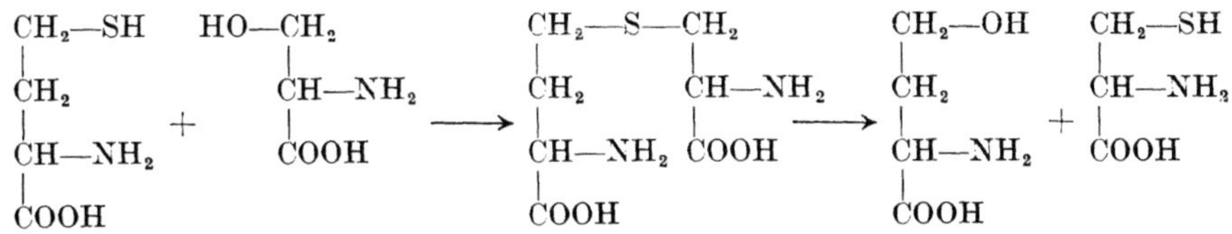

Homocystein *Serin* *Cystathionin* *Homoserin* *Cystein*

Cystein kann über zwei verschiedene Wege abgebaut werden: Einerseits liefert es Brenztraubensäure (über Mercaptobrenztraubensäure), andererseits wird es über verschiedene Zwischenstufen zur Cysteinsäure oxydiert, die durch Decarboxylierung in Taurin übergeht:

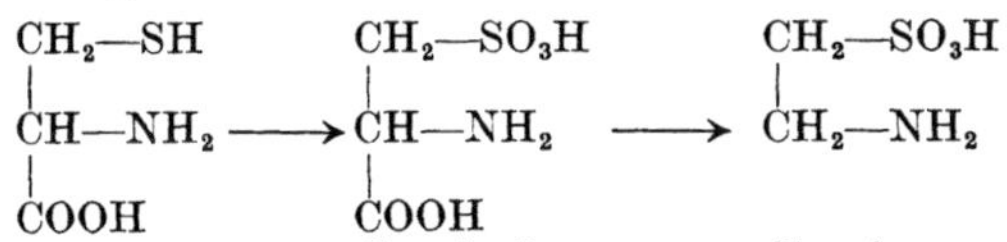

Cysteinsäure *Taurin*

e) Arginin wird aus Citrullin und Asparaginsäure über Succinoarginin synthetisiert:

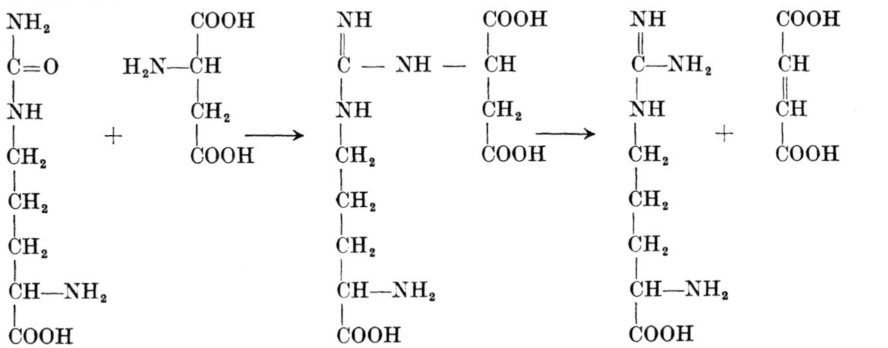

Citrullin *Succinoarginin* *Arginin* *Fumarsäure*

Durch *Arginase* wird es in Harnstoff und Ornithin gespalten. Ornithin geht durch Reaktion mit Carbamylphosphat wieder in Citrullin über (Ornithincyclus).

f) Valin, Isoleucin, Leucin. Der Abbau dieser drei Aminosäuren mit verzweigter Kohlenstoffkette verläuft gleichartig. Zunächst tritt Transaminierung zur entsprechenden Ketosäure ein, die oxydativ zur Coenzym A-Verbindung der um ein C-Atom ärmeren Carbonsäure decarboxyliert wird. Durch Dehydrierung und anschließende Wasseranlagerung entsteht daraus die jeweilige β-Hydroxycarbonsäure. Im Falle des Valins ist das die β-Hydroxy-α-methyl-propionsäure, die dann in Methylmalonsäure-Semialdehyd übergeht. Dieser wird oxydiert und kann entweder unter Decarboxylierung in Propionyl-Coenzym A oder unter Carboxylverschiebung in Bernsteinsäure übergehen (M. Flavin u. Mitarb. 1957):

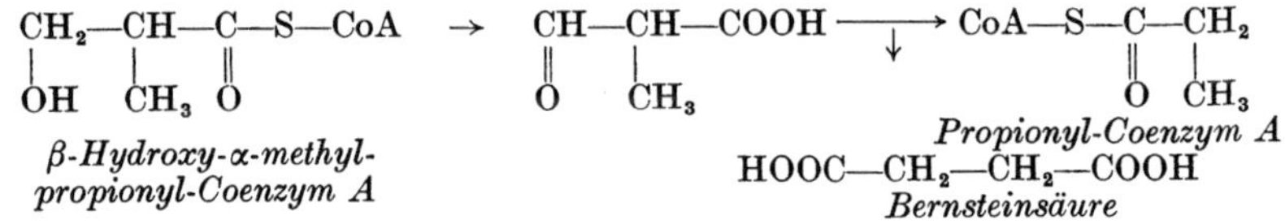

Aus Isoleucin entsteht nach der oben genannten Reaktionsfolge über Hydroxy-α-methyl-buttersäure β-Keto-α-methyl-buttersäure, die thioklastisch in Acetyl- und Propionyl-Coenzym A gespalten wird:

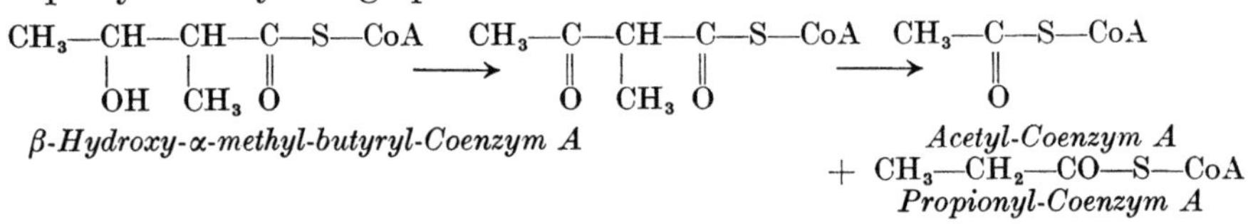

Leucin liefert β-Hydroxy-β-methyl-buttersäure, die zu β-Hydroxy-β-methylglutarsäure carboxyliert wird. Diese wird dann in Acetessigsäure und Acetyl-Coenzym A gespalten:

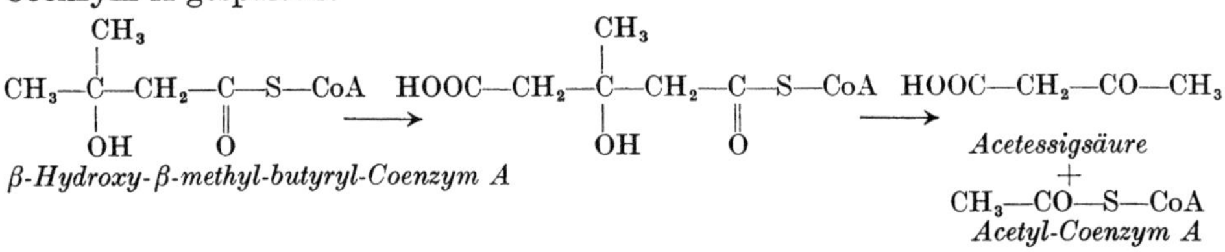

Zur Bildung von Fuselalkoholen vgl. den Beitrag von Schormüller/Grosch: „Organische Säuren und Lactone, Carbonylverbindungen" in diesem Band. Für den tierischen Organismus sind die drei Aminosäuren essentiell, weil die erste oxydative Decarboxylierung in den genannten Reaktionsfolgen nicht umkehrbar ist und deshalb keine Möglichkeit der Synthese aus C_2- oder C_3-Bruchstücken besteht. Verschiedene Mikroorganismen sind aber zur Synthese befähigt. Die Valinsynthese verläuft z. B. bei *Neurospora crassa* von Brenztraubensäure ausgehend über Acetylmilchsäure, α-Keto-β-hydroxy-isovaleriansäure, α.β-Dihydroxy-isovaleriansäure zur α-Keto-isovaleriansäure:

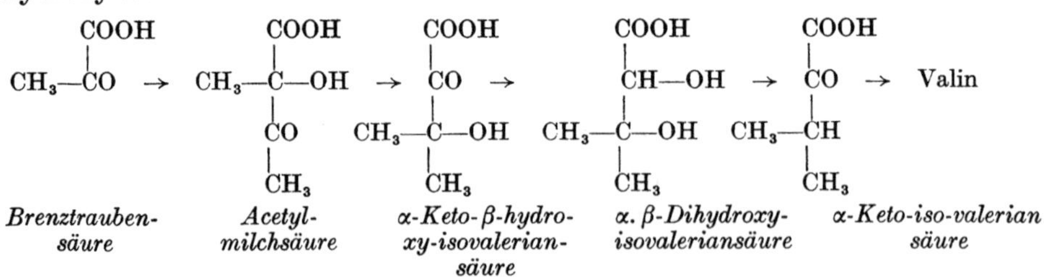

Durch ähnliche Reaktionsfolgen werden Leucin und Isoleucin gebildet.

g) Lysin wird über verschiedene Zwischenstufen zur Ketoglutarsäure abgebaut:

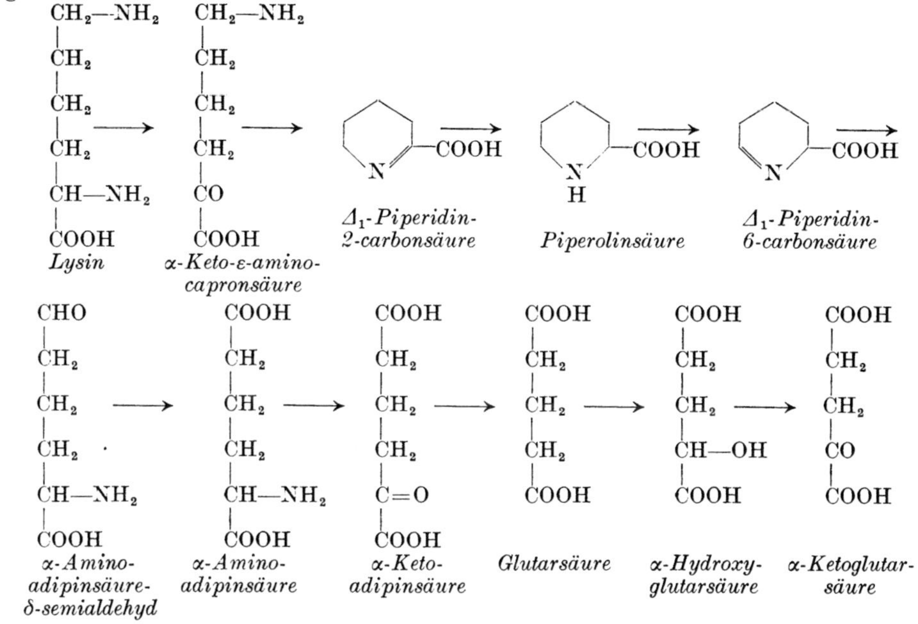

Umgekehrt können verschiedene Mikroorganismen über eine ähnliche Reaktionsfolge Lysin aus α-Ketoadipinsäure synthetisieren.

h) Asparaginsäure ist über Oxalessigsäure reversibel an den *Citronensäurecyclus* angeschlossen. Zu einem weiteren Glied dieses Cyclus, der Fumarsäure, steht sie über die Aspartasereaktion in Beziehung. Die Decarboxylierung führt zu Alanin bzw. β-Alanin.

$$HOOC-CH_2-CH(NH_2)-COOH \xrightarrow{\text{(Aspartase)}} HOOC-CH{=}CH-COOH + NH_3$$

Asparaginsäure *Fumarsäure*

Asparaginsäure ist weiterhin als Aminogruppendonator am *Ornithincyclus* beteiligt (vgl. Arginin, S. 185). Reaktion mit Carbamylphosphat führt über Carbamylasparaginsäure zu der in der Milch vorkommenden *Orotsäure*, die als Vorstufe von Pyrimidinen Bedeutung hat (M. E. Jones u. Mitarb. 1955). Über die Beziehungen zu *Threonin* und *Isoleucin* vgl. S. 184.

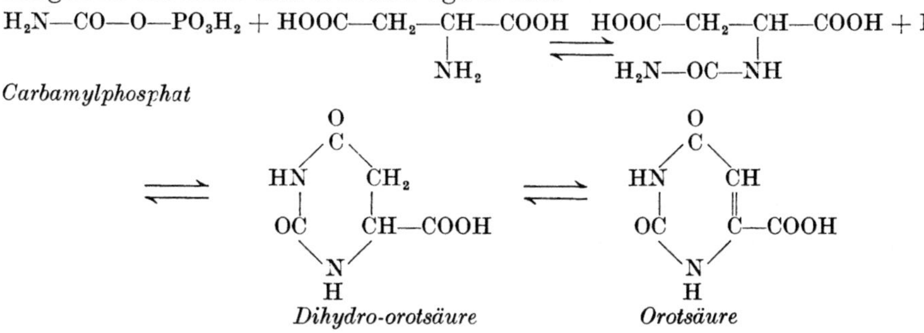

i) Glutaminsäure steht über α-Ketoglutarsäure ebenfalls mit dem Citronensäurecyclus in Verbindung. Die Beziehungen zu Prolin werden dort besprochen. Decarboxylierung führt zu γ-Aminobuttersäure, die in Lebensmitteln (Käse, Getreide) und in größerer Menge im Gehirn vorkommt. Zu erwähnen ist die Beteiligung von Glutaminsäure am Aufbau von *Glutathion* und *Folsäure*.

j) Phenylalanin und Tyrosin werden über *Homogentisinsäure* zu Fumarsäure und Acetessigsäure abgebaut:

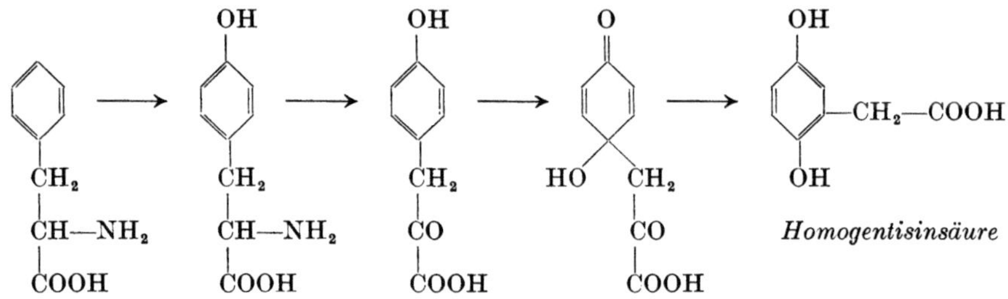

p-Hydroxyphenyl-brenztraubensäure — *Homogentisinsäure*

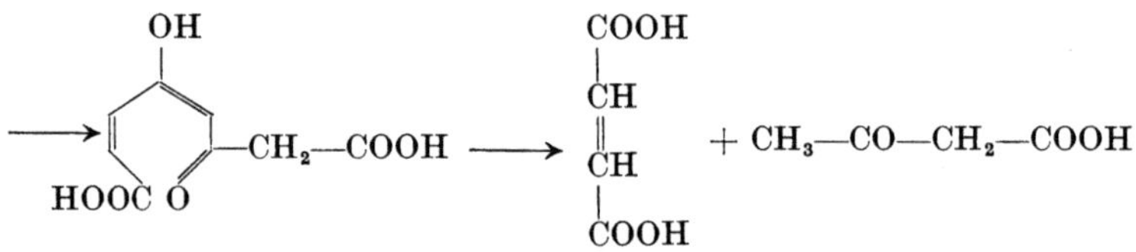

Tyrosin ist auch Vorstufe von *Thyroxin* und *Adrenalin*. Große lebensmittelchemische Bedeutung hat die durch das Enzym Tyrosinase katalysierte *Melaninbildung* (enzymatische Bräunung), die etwa nach folgendem Schema verläuft:

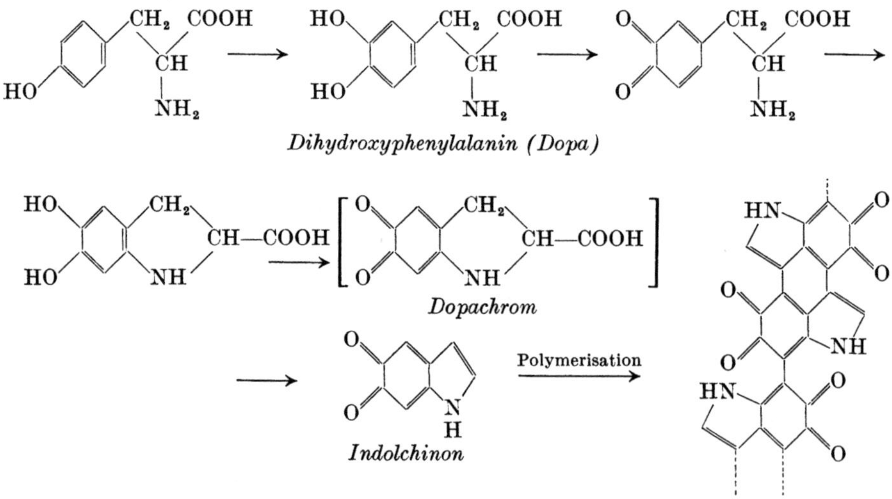

Dihydroxyphenylalanin (Dopa) — *Dopachrom* — *Indolchinon*

k) Prolin steht in reversibler Reaktion über Glutaminsäure-γ-semialdehyd und Pyrrolin-5-carbonsäure mit Glutaminsäure in Verbindung. Der Glutaminsäuresemialdehyd kann andererseits ebenfalls reversibel zum Ornithin weiterreagieren. Durch Oxydation kann Prolin in Hydroxyprolin übergehen.

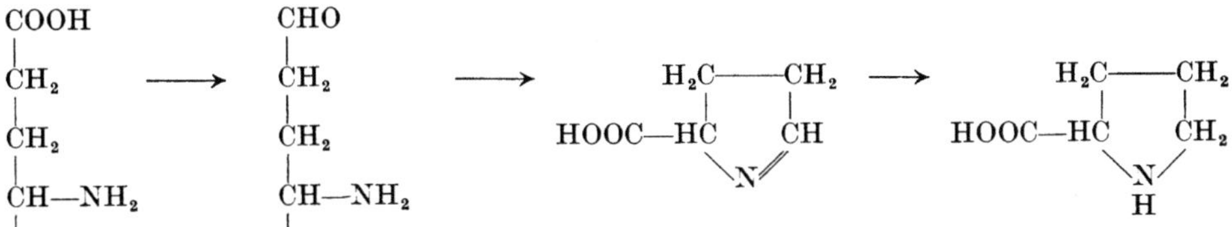

Pyrrolin-5-carbonsäure *Prolin*

l) **Histidin** wird über verschiedene Zwischenstufen zu Glutaminsäure abgebaut (D. R. Rao u. D. M. Greenberg 1961):

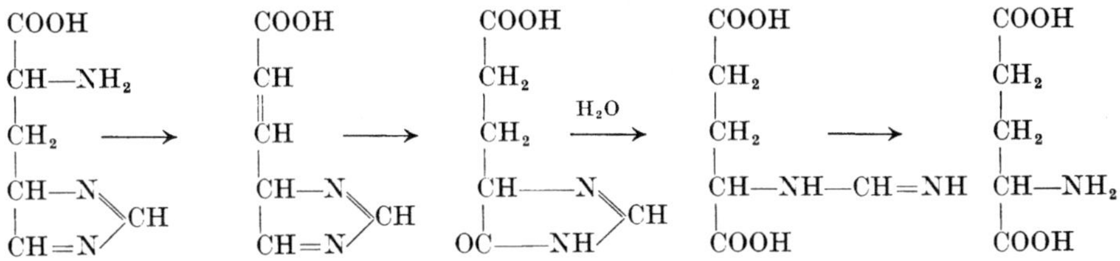

Histidin *Urocaninsäure* *Imidazolon-propionsäure* *Formiminoglutaminsäure* *Glutaminsäure*

Große Bedeutung hat auch die Decarboxylierung zu *Histamin* (vgl. S. 282). Zu erwähnen ist ferner das Vorkommen von Histidin bzw. Methylhistidin in den Dipeptiden *Anserin* und *Carnosin* (vgl. S. 203).

m) **Tryptophan** kann über *Kynurenin* und 3-Hydroxy-anthranilsäure in Nicotinsäure übergehen:

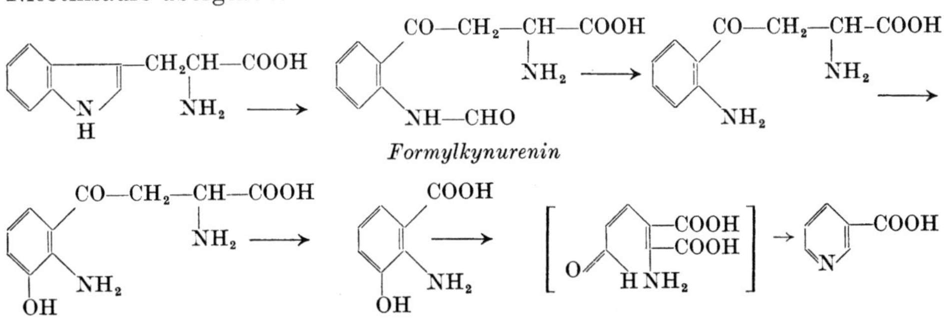

Formylkynurenin

3-Hydroxy-kynurenin *3-Hydroxy-anthranilsäure* *„Aminoaldehyd"* *Nicotinsäure*

Wahrscheinlich wird der intermediär gebildete „Aminoaldehyd" auf einem anderen Weg auch weiter abgebaut. Von Bedeutung ist die Überführung des Tryptophans in 5-Hydroxytryptophan, das durch Decarboxylierung in *Serotonin* (vgl. S. 283) übergeht. Decarboxylierung von Tryptophan und Oxydation des Tryptamins führt zu dem pflanzlichen Wuchsstoff *Indolylessigsäure*. Durch bakterielle Enzyme wird Tryptophan in Indol und Brenztraubensäure gespalten.

V. Seltenere Aminosäuren

Seit der Entwicklung chromatographischer Analysenmethoden wurde eine große Anzahl von neuen Aminosäuren entdeckt, die in den verschiedensten biologischen Materialien vorkommen, vor allem aber in Pflanzen und in Mikroorganismen. Im Gegensatz zu den in den vorhergehenden Abschnitten besprochenen Aminosäuren, die in allen Proteinen in mehr oder weniger großen Mengen weit verbreitet sind, ist das Vorkommen der in neuerer Zeit entdeckten Aminosäuren meist auf bestimmte Pflanzenarten und bestimmte Stoffwechselprodukte von Mikroorganismen beschränkt; zumindest sind aber die vorkommenden Mengen im allgemeinen wesentlich kleiner als bei den üblichen Proteinbausteinen. Diese selteneren Aminosäuren liegen vielfach in freier Form vor, zum Teil gebunden in Peptiden und nur in wenigen Fällen auch in einzelnen Proteinen.

In diesem Abschnitt werden auch die natürlich vorkommenden D-*Aminosäuren* behandelt, sowie einige Aminosäuren, die schon länger bekannt sind, aber auch nicht zu den üblichen Protein-Aminosäuren gehören. Die Verbindungen sind ähnlich wie in Abschnitt I in aliphatische, alicyclische, aromatische und heterocyclische Aminosäuren eingeteilt. Eine vollständige Aufzählung aller in den letzten Jahren isolierten Aminosäuren wurde nicht angestrebt. Vielmehr wurden in erster Linie diejenigen Verbindungen ausgewählt, die aus lebensmittelchemischer Sicht von besonderem Interesse sind.

1. Natürlich vorkommende D-Aminosäuren

Während das Vorkommen von D-Aminosäuren in Proteinen noch umstritten ist, wurden sie mit Sicherheit in den verschiedensten Mikroorganismen nachgewiesen, und zwar sowohl in freier Form als auch in Peptiden gebunden.

D-*Alanin* wurde z. B. in Hydrolysaten von *Lactobacillus arabinosus* nachgewiesen (C. M. STEVENS u. Mitarb. 1951). D-*Glutaminsäure* findet sich in *Lactobacillus casei* (G. H. WILLSHIRE 1953) und in *Streptococcus faecalis* (P. BOULANGER u. Mitarb. 1950). Besonders interessant ist, daß z. B. bei *B. subtilis* am Aufbau der Kapselsubstanz D-Glutaminsäure beteiligt ist, in der Zelle aber L-Glutaminsäure vorliegt.

Verschiedene weitere D-Aminosäuren wurden in zahlreichen Antibiotica nachgewiesen, worauf hier nicht im einzelnen eingegangen werden soll.

2. Andere natürliche Aminosäuren

a) Aliphatische Aminosäuren

Sarkosin (N-Methyl-glycin) $CH_3-NH-CH_2-COOH$ wurde in freier Form in Hummern und Krabben, peptidgebunden im Erdnußprotein angetroffen (R. D. HAWORTH u. Mitarb. 1951). Seine Beziehungen zum Glycin- und Serinstoffwechsel wurden schon erwähnt (vgl. S. 184).

β-Alanin $H_2N-CH_2-CH_2-COOH$ ist schon lange bekannt und kommt im Anserin, Carnosin und in der Pantothensäure vor. Auch als freie Aminosäure wurde es verschiedentlich angetroffen. Gebildet wird β-Alanin u. a. durch α-Decarboxylierung von Asparaginsäure.

Lombricin wurde aus Regenwürmern *(Lumbricus)* isoliert.

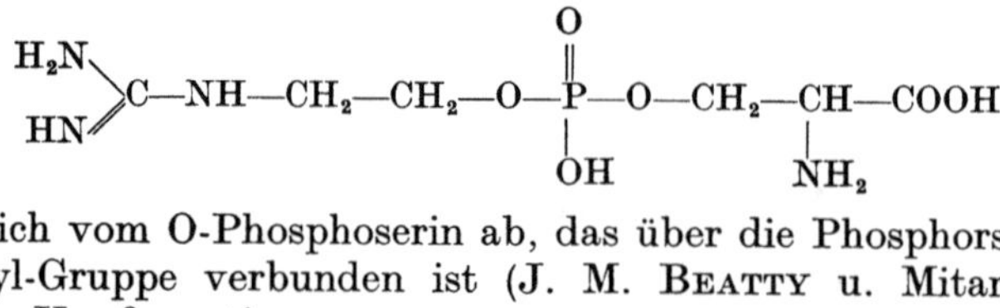

Es leitet sich vom O-Phosphoserin ab, das über die Phosphorsäure mit einer Guanidyl-äthyl-Gruppe verbunden ist (J. M. BEATTY u. Mitarb. 1959). Der Serinrest hat D-Konfiguration.

*S-Methyl-*L*-Cystein* wurde aus Samenbohnen *(Phaseolus vulgaris)* isoliert (J. F. THOMPSON u. Mitarb. 1956) und ist das niedere Homologe des Methionins.

$$CH_3-S-CH_2-CH(NH_2)-COOH$$

*S-Methyl-*L*-cystein-sulfoxyd* scheint mit der vorhergenannten Aminosäure in Stoffwechselbeziehungen zu stehen. Es ist im Weißkohl, Blumenkohl und Rettich verbreitet und hat anscheinend Bedeutung für den charakteristischen Kohlgeruch beim Kochen.

$$CH_3-\underset{\downarrow \atop O}{S}-CH_2-CH(NH_2)-COOH$$

Alliin (S-Allyl-L-cystein-sulfoxyd) ist eine weitere vom Cystein abgeleitete Aminosäure. Es findet sich im Knoblauchöl und wird beim Zerkleinern der Zwiebeln enzymatisch zu *Allicin*, einer charakteristischen Geruchskomponente des Knoblauchöls, abgebaut (A. STOLL u. Mitarb. 1951):

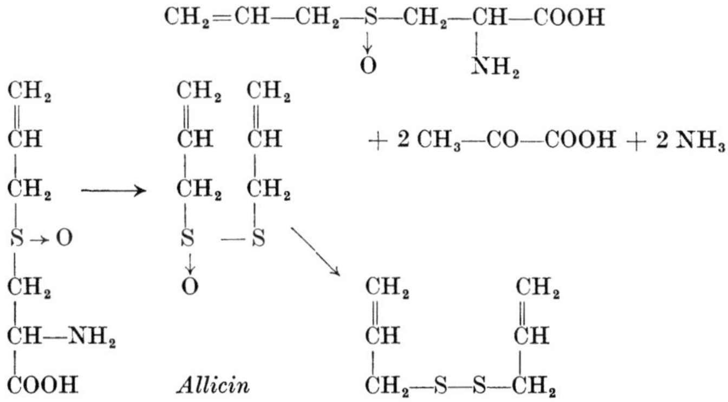

Cyclo-alliin und *Dihydro-alliin* wurden von A. I. VIRTANEN u. Mitarb. (1959) aus verschiedenen Allium-Arten isoliert.

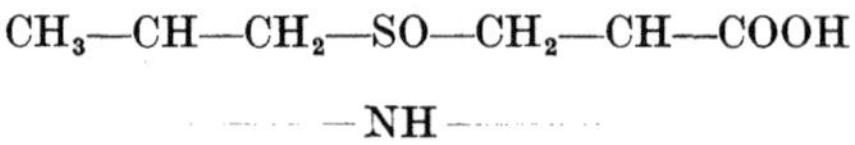

$$CH_3-CH_2-CH_2-SO-CH_2-CH(NH_2)-COOH$$

Lanthionin wurde aus verschiedenen Proteinen (z. B. aus Wolle) nach Alkalibehandlung isoliert. Es entsteht durch Wasser- bzw. Schwefelwasserstoff-Abspaltung aus Serin- bzw. Cysteinresten und anschließender Anlagerung von Cystein an die Aminoacrylsäure. Das natürliche Vorkommen des meso-Lanthionins ist erwiesen, da die Verbindung unter schonenden Bedingungen aus verschiedenen Antibiotica (z. B. *Nisin* aus *Strept. lactis*, N. J. BERRIDGE u. Mitarb. 1952) isoliert werden konnte.

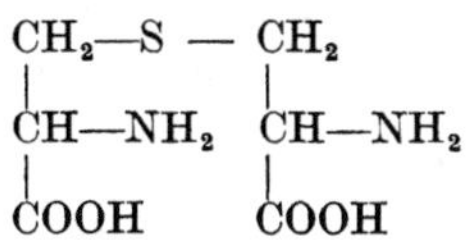

L*-Djenkolsäure* kann als Thioacetal des Formaldehyds mit Cystein aufgefaßt werden. Sie wurde erstmals 1933 nach dem Genuß von *Djenkolbohnen* im Urin gefunden, inzwischen aus den Bohnen selbst isoliert und neuerdings durch G.

ÅGREN u. Mitarb. (1952) auch in Leber, Muskel und Rinderblutplasma nachgewiesen.

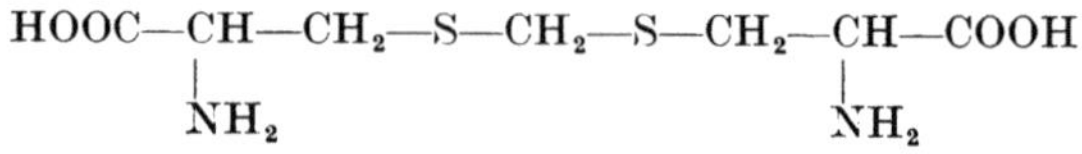

α-Aminobuttersäure ist als Eiweißbaustein noch immer umstritten. *γ-Aminobuttersäure*, $H_2N-CH_2-CH_2-CH_2-COOH$, kommt dagegen in tierischen und pflanzlichen Organismen weit verbreitet vor. Von A. I. VIRTANEN u. Mitarb. (1953) wurde sie aus Erbsen auch in peptidischer Bindung isoliert. Da sie durch Decarboxylierung von Glutaminsäure entsteht, findet sie sich in manchen Lebensmitteln (z. B. in Käse) als deren Abbauprodukt.

Homoserin, $HO-CH_2-CH_2-\underset{\displaystyle NH_2}{\underset{|}{CH}}-COOH$, wurde als Zwischenprodukt der Threoninsynthese bereits erwähnt (vgl. S. 185). Es scheint in Pflanzen weit verbreitet zu sein und wurde z. B. aus Erbsen kristallisiert erhalten. Auch in peptidischer Bindung wurde es vorgefunden (A. I. VIRTANEN u. Mitarb. 1953).

L-*Canavanin* ist das O-Guanidylderivat des Homoserins.

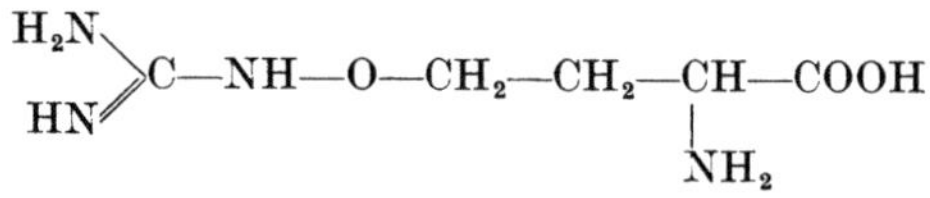

Es ist als Bestandteil der *Sojabohne* und der *Jackbohne* schon lange bekannt, kommt aber auch in einigen anderen Pflanzen vor (W. R. FEARON u. Mitarb. 1955). Durch ein Leberenzym wird es in einer der Argininspaltung durch Arginase analogen Reaktion in Canalin und Harnstoff gespalten:

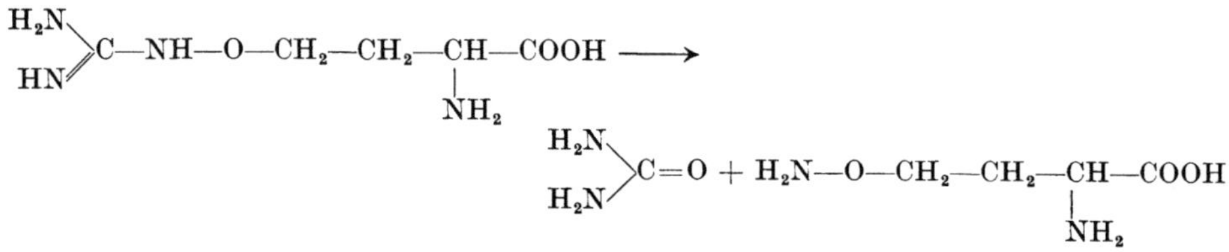

Methyl-sulfonium-methionin kommt im Spargel, im Kohl und in verschiedenen anderen Gemüsen vor (R. A. MCRORIE u. Mitarb. 1954). Wahrscheinlich hat es wie das bereits erwähnte „aktive Methionin" (vgl. S. 185) als Speicher und Überträger von Methylgruppen Bedeutung.

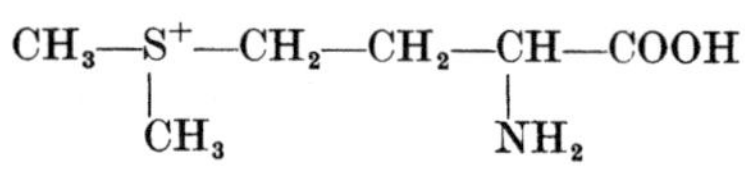

Cystathionin und die entsprechende Selenverbindung wurden von M. J. HORN u. D. B. JONES 1941 aus Getreide isoliert, das sich als giftig erwies, da es auf einem stark selenhaltigen Boden gewachsen war. Auf die Rolle von Cystathionin beim Methioninstoffwechsel wurde auf S. 185 eingegangen.

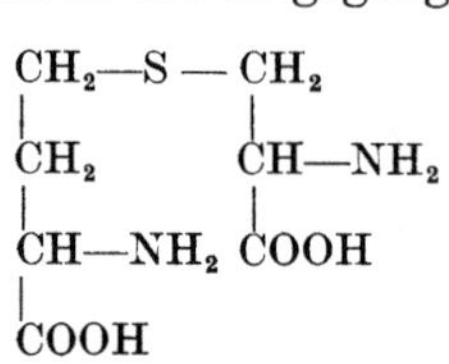

Nach Befunden von S. H. Mudd u. Mitarb. (1957) ist *Selenomethionin* aber bei der biologischen Transmethylierung ebenso wirksam wie Methionin.

L-*Ornithin* ist als Baustein von Proteinen noch nicht gesichert. In freiem Zustand findet es sich in verschiedenen Pflanzen und peptidisch gebunden in einigen Antibiotica. Seine Rolle im Argininstoffwechsel wurde auf S. 185 besprochen.

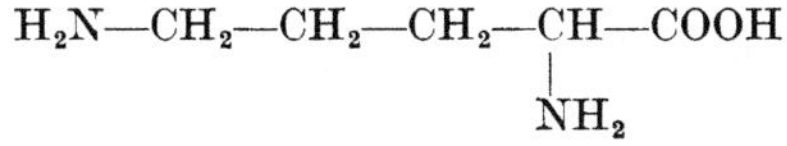

L-*Citrullin* wurde schon 1930 im Saft der *Wassermelone* aufgefunden (M. Wada)

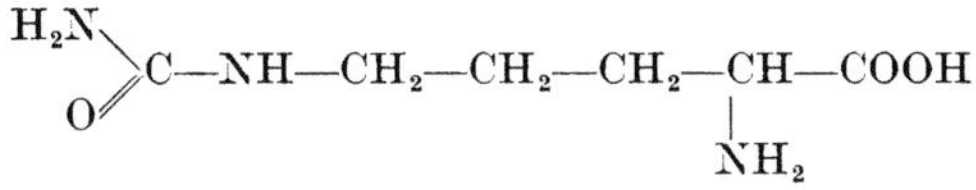

und kommt auch in verschiedenen anderen Pflanzen vor (H. Wolfgang u. Mitarb. 1953). Über seine Bedeutung als Glied des Ornithincyclus vgl. S. 185.

L-*Octopin* (N-α-(1—Carboxyäthyl)arginin) kommt in freier Form im Schließmuskel der *Kamm-Muschel* und im Muskel des Octopus *(Seepolyp)* vor (J. L. Irvine u. Mitarb. 1939a, b u. c).

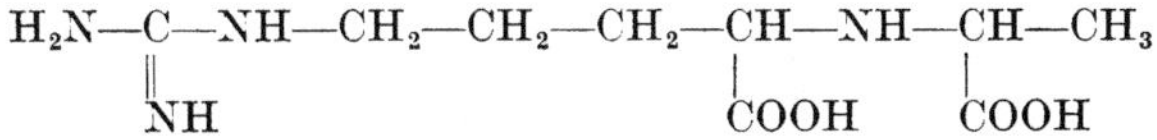

γ-Hydroxy-leucin und *γ. α-Dihydroxy-leucin* kommen im *Phalloin* bzw. *Phalloidin* vor. Es handelt sich bei diesen Giftstoffen des *Knollenblätterpilzes (Amanita phalloides)* um cyclische Heptapeptide (vgl. dazu Th. Wieland 1959).

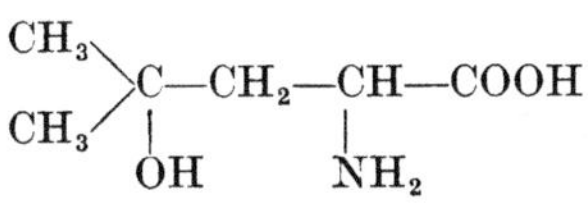

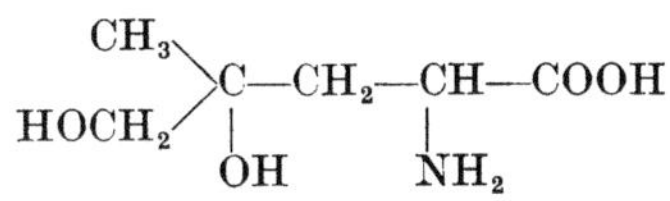

δ-Hydroxy-L-*Lysin* wurde bisher nur im Kollagen gefunden, wo es zu etwa 1% vorkommt (P. B. Hamilton u. Mitarb. 1955).

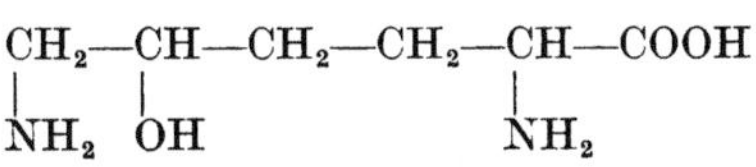

L-*Theanin* (L-Glutaminsäure-N-äthylamid) wurde aus *grünen Teeblättern* isoliert (Y. Sakato 1950).

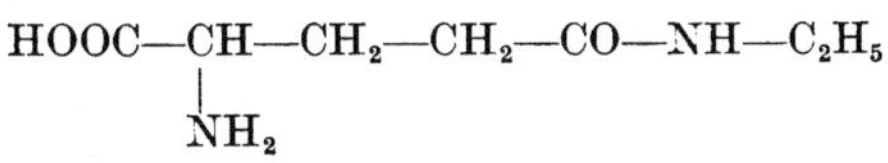

γ-Hydroxy-glutaminsäure wurde frei und als Proteinbestandteil im *Phlox* und im *Leinkraut* entdeckt (A. I. Virtanen u. Mitarb. 1955a).

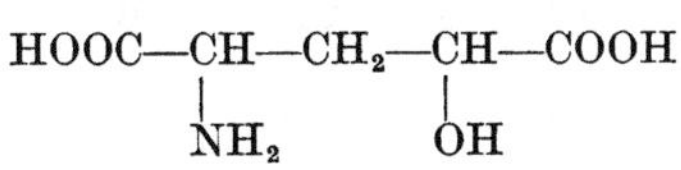

γ-Methylenglutaminsäure, *γ-Methylenglutamin* und *α-Methylen-γ-amino-buttersäure*

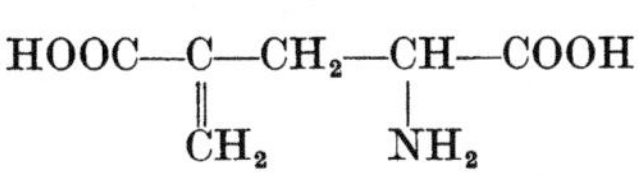

γ-Methylenglutaminsäure

wurden in Tulpen und jungen *Erdnußpflanzen* angetroffen (J. DONE u. Mitarb. 1952). Möglicherweise bestehen Stoffwechselbeziehungen zu der in Farnen nachgewiesenen *γ-Methyl-γ-hydroxy-glutaminsäure*.

L-*α-Amino-adipinsäure* wurde in verschiedenen Pflanzen in freier Form (A. H. BERG u. Mitarb. 1954), im Getreide auch proteingebunden angetroffen (E. WINDSOR 1951).

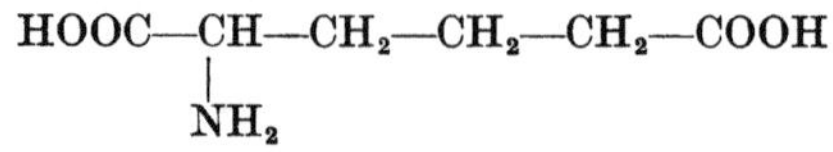

Die Aminosäure ist Zwischenprodukt des Lysin-Abbaus bzw. der *Lysinbiosynthese* bei Mikroorganismen (vgl. S. 187).

α.ε-Diaminopimelinsäure findet sich frei und peptidgebunden in vielen Bakterien.

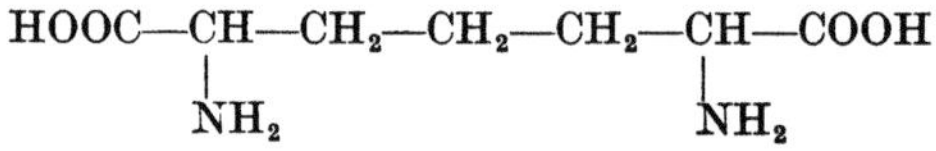

Von E. WORK (1950) wurde sie aus *Corynebacterium diphtheria* isoliert. Durch Decarboxylierung geht die Aminosäure in Lysin über. Sie ist Vorstufe des Lysins bei verschiedenen Mikroorganismen.

Tabtoxinin (α.ε-Diamino-β-hydroxy-pimelinsäure), ein weiterer Abkömmling der Pimelinsäure, wurde aus Hydrolysaten des Toxins von *Pseudomonas tabaci* isoliert, das bei Tabakpflanzen die Wildfeuerkrankheit verursacht (D. W. WOOLLEY u. Mitarb. 1955). Bei dem Toxin scheint es sich um das Lacton des α-N-Lactyl-Derivates der genannten Aminosäure zu handeln, das als Methionin-Antagonist wirken soll.

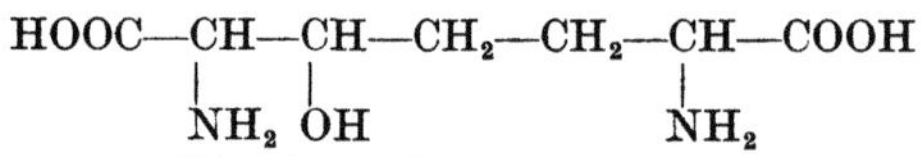

α.ε-Diamino-β-hydroxy-pimelinsäure

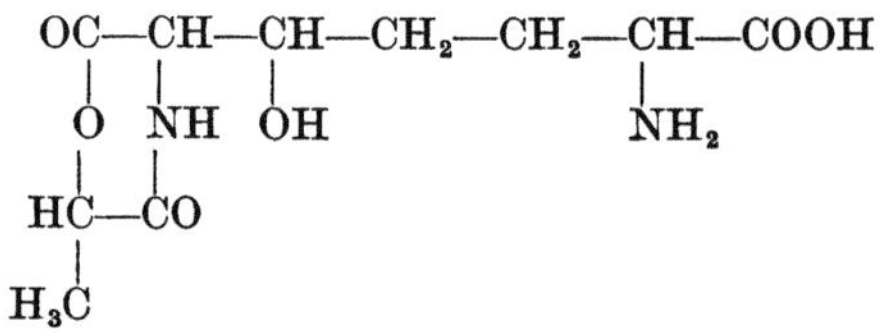

α-N-Lactyl-Derivat

Saccharopin ist eine neue Diamino-tricarbonsäure aus *Bäcker-* und *Brauerei-Hefe*. Formal kann man sich die Aminosäure aus Lysin und Glutaminsäure unter Elimination von NH_3 aufgebaut denken. Die Biosynthese wird von L-Lysin und Ketoglutarsäure oder auch von L-Glutaminsäure und L-2-Amino-5-formylvaleriansäure ausgehen. Die genannte Valeriansäure ist z. B. Zwischenprodukt der Lysin-Biosynthese aus α-Amino-adipinsäure in Neurospora und Hefe (A. KJAER u. Mitarb. 1961).

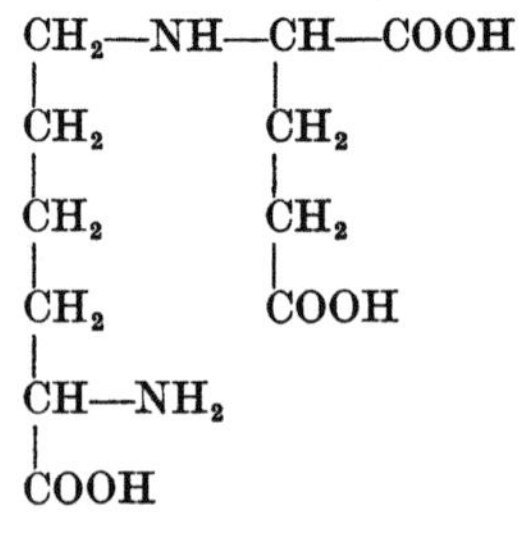

b) Alicyclische Aminosäuren

In den letzten Jahren wurden aus pflanzlichem Material einige Aminosäuren isoliert, die einen Cyclopropanring enthalten.

1-Amino-cyclopropyl-1-carbonsäure wurde von L. F. Burroughs (1957) bei der chromatographischen Untersuchung des *Mostes* verschiedener Birnen- und Apfelsorten erhalten. Die Säure tritt während der letzten 3—4 Wochen der Reifung der Früchte am Baum auf.

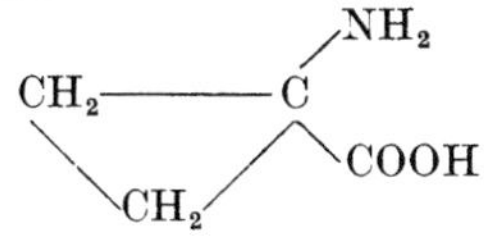

α-(Methylen-cyclopropyl)glycin wurde von D. O. Gray u. Mitarb. (1962) aus den Samen von *Litchi chinensis* isoliert. Die Substanz hat wie ihr Homologes (Hypoglycin A) hypoglykämische Aktivität, wenn sie Mäusen subcutan injiziert wird.

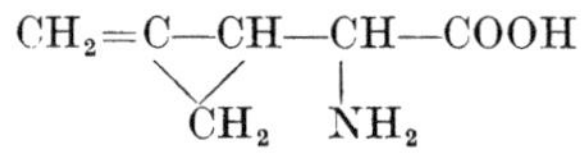

Hypoglycin A (*β*-(Methylen-cyclopropyl)alanin) wurde aus Fruchtfleisch und Kernen der *Sapindacee Blighia sapida* isoliert. Die Verbindung hat eine starke blutzuckersenkende Wirkung, die zu einer tödlichen Hypoglykämie führen kann. In der genannten Pflanze findet sich weiterhin ein Dipeptid aus Hypoglycin A und Glutaminsäure, das als *Hypoglycin B* bezeichnet wird (C. H. Hasall u. Mitarb. 1955, C. V. Holt u. Mitarb. 1958).

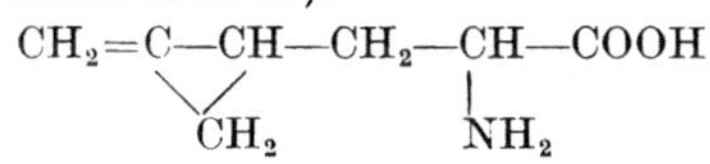

c) Aromatische Aminosäuren

2.4-Dihydroxy-6-methyl-phenylalanin wurde aus Samen der Kornrade *(Agrostemma githago)* isoliert (vgl. L. Fowden 1962).

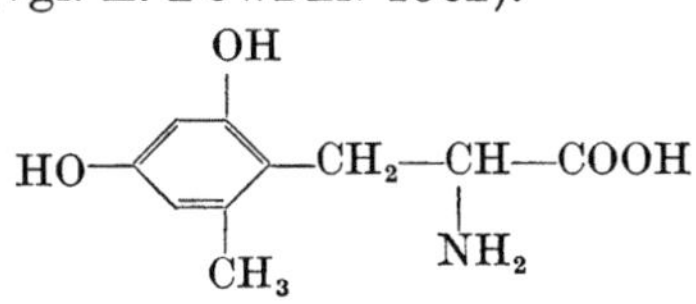

d) Heterocyclische Aminosäuren

Azetidin-carbonsäure-2 wurde aus der Weißwurz *(Polygonatum officinale)* von A. I. Virtanen u. Mitarb. (1955b) und aus Maiglöckchen *(Convallaria majalis)* isoliert.

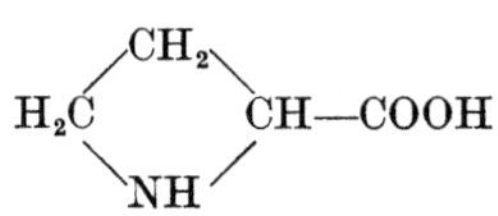

Oxyminalin soll neben Tyrosin die häufigste Aminosäure in der Pektase von Schimmelpilzen *(Aspergillus, Penicillium)* bilden. Beim Hydrieren geht Oxyminalin in Hydroxyprolin über.

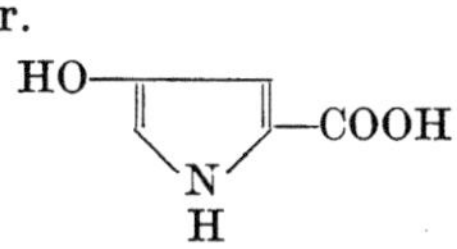

4-Methylprolin und *4-Hydroxy-4-methyl-prolin* wurden aus *Äpfeln* isoliert (A. C. Hulme u. Mitarb. 1954 und A. C. Hulme 1954).

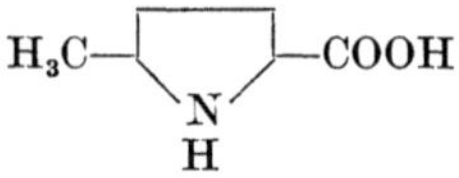

Pyrazolyl-alanin findet sich vor allem in den Samen von Cucurbitaceen, z. B. in der *Wassermelone (Citrullus vulgaris)*. Mit dieser Aminosäure wurde zum ersten Mal eine Verbindung mit einem Pyrazolring in der Natur angetroffen (L. Fowden u. Mitarb. 1959).

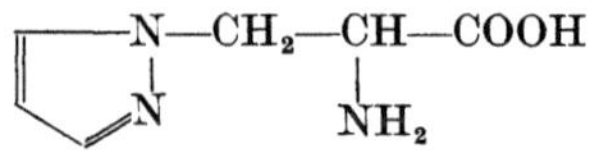

Stizolobinsäure wurde von S. Hattori u. Mitarb. (1959) aus *Stizolobium hanjoo* erhalten.

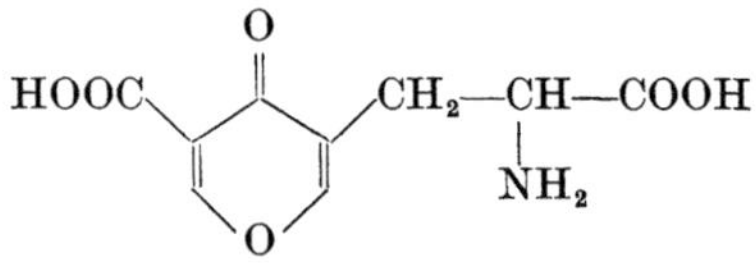

L-*Pipecolinsäure* wurde von R. J. Morrison (1953) im Klee und von R. M. Zacharius u. Mitarb. (1954) in *grünen Bohnen* nachgewiesen. Auf die Rolle dieser Verbindung als Zwischenglied des Lysin-Abbaus bzw. der Lysin-Biosynthesen wurde schon hingewiesen (S. 187).

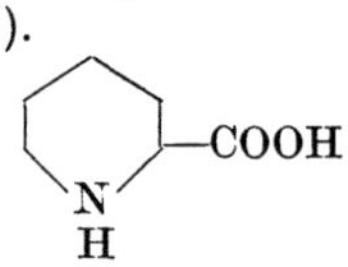

5-Hydroxy-pipecolinsäure findet sich ebenfalls in Leguminosen und in Datteln (vgl. L. Fowden 1962).

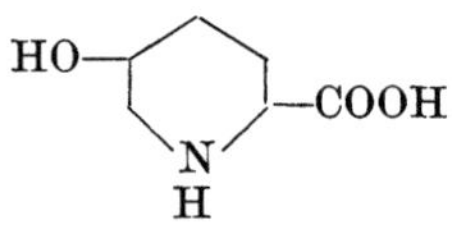

Willardiin (3-(1-Uracyl)-L-alanin) kommt in den Samen verschiedener Mimosaceen vor, z. B. in *Acacia millefolia, Acacia lemmonis* und *Mimosa asperata* (R. Gmelin 1961).

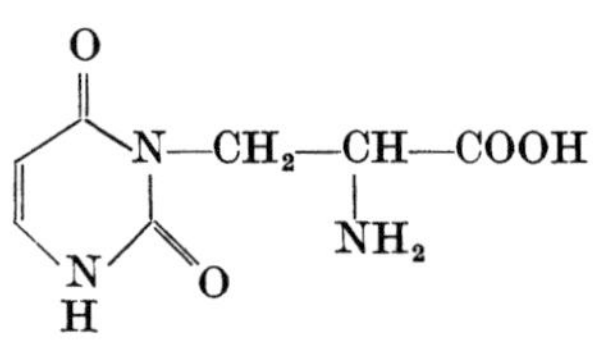

B. Peptide

I. Allgemeines

1. Aufbau und Nomenklatur

Peptide sind aus Aminosäuren aufgebaut, die säureamidartig in der folgenden Weise miteinander verknüpft sind:

$$\underset{\displaystyle R}{H_2N{-}\overset{}{C}H{-}COOH} + \underset{\displaystyle R'}{H_2N{-}CH{-}COOH} \xrightleftharpoons[+H_2O]{-H_2O} \underset{\displaystyle R}{H_2N{-}CH}{-}CO{-}HN{-}\underset{\displaystyle R'}{CH{-}COOH}$$

Bei der Einwirkung von Säuren oder Alkali gehen sie unter Aufnahme von Wasser wieder in die Aminosäuren über. Je nach Anzahl der miteinander verknüpften Aminosäurereste unterscheidet man Di-, Tri-, Tetra-, Pentapeptide und so fort. Im allgemeinen werden Peptide, die bis zu zehn Reste enthalten, als *Oligopeptide*, alle höheren Peptide als *Polypeptide* bezeichnet. Eine eindeutige Abgrenzung der höheren Peptide von den Proteinen ist nicht möglich. Im allgemeinen werden Verbindungen bis zu einem Molekulargewicht von 10000 zu den Peptiden gerechnet. In der systematischen Nomenklatur werden die Peptide als acylierte Aminosäuren aufgefaßt. Das folgende Tetrapeptid aus Alanin, Serin, Glutamin und Valin:

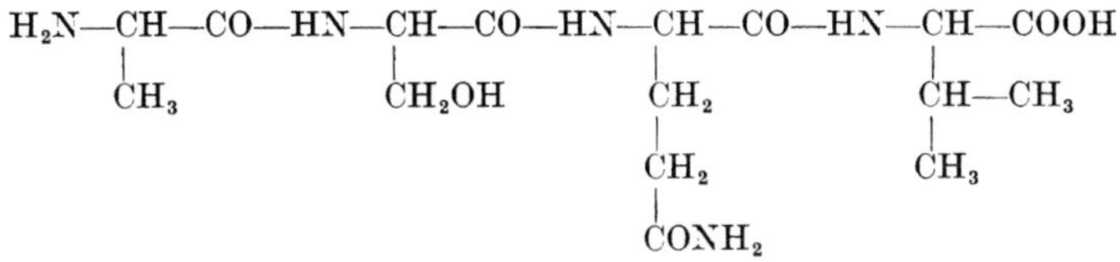

erhält danach die Bezeichnung *Alanyl-seryl-glutaminyl-valin*. Sehr häufig werden in der Literatur zur Kennzeichnung von Peptiden die dreibuchstabigen Kurzbezeichnungen für die Aminosäurereste verwendet, die in der Tab. 1 des Abschnitts über Aminosäuren aufgeführt sind. Dem als Beispiel gewählten Tetrapeptid kommt in dieser Schreibweise die Bezeichnung

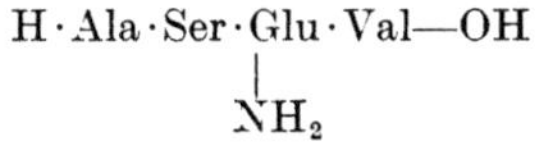

zu. Die Kurzbezeichnung bezieht sich auf den Aminosäurerest, $-HN-\underset{\displaystyle R}{\underset{|}{CH}}-CO-$; ihre Verwendung für die Aminosäure $H_2N-\underset{\displaystyle R}{\underset{|}{CH}}-COOH$ ist nach den geltenden Nomenklaturrichtlinien nur bei tabellarischen Zusammenstellungen zulässig.

Mit den erwähnten Bezeichnungsweisen ist auch die Aminosäuresequenz des Peptids, d. h. die Reihenfolge der Aminosäurereste in der Peptidkette, eindeutig beschrieben. Die beiden endständigen Aminosäurereste eines Peptids, die eine freie NH_2-Gruppe bzw. COOH-Gruppe enthalten, werden als *Endgruppen* oder *N-terminale* bzw. *C-terminale Aminosäuren* bezeichnet. Vereinbarungsgemäß wird beim Schreiben einer Peptidformel immer das Aminoende nach links gesetzt.

2. Isolierung und Trennung

Für die Isolierung von natürlich vorkommenden Peptiden und für die Trennung von Peptidgemischen, wie sie nach partieller Hydrolyse von Proteinen erhalten werden, kommen je nach der Zusammensetzung des Gemisches die verschiedenartigsten Methoden zur Anwendung. In manchen Fällen ist die Abtrennung interessierender Peptide durch Fällungsreaktionen möglich. So wurden Argininpeptide aus Clupeinhydrolysaten mit Flaviansäure gefällt. Die Abtrennung von phosphorhaltigen Peptiden aus Partialhydrolysaten von Phosphoproteinen (z. B. Casein aus Milch, Phosvitin aus Eidotter) ist andererseits z. B. über die Bleisalze möglich. Breite Anwendung finden Gegenstromverteilung, Papierchromatographie, Papierelektrophorese und Säulenchromatographie an Kationen- und Anionenaustauschern entweder allein oder in geeigneter Kombination. Da eine eingehende Besprechung der zahlreichen Arbeiten über die Trennung von Peptidgemischen in diesem Rahmen nicht möglich ist, wird auf zusammenfassende Darstellungen von F. TURBA 1954, W. A. SCHROEDER 1954, E. O. P. THOMPSON u. A. R. THOMPSON 1955, S. MOORE u. W. H. STEIN 1956, P. VON TAVEL u. R. SIGNER 1956, R. L. HILL, J. R. KIMMEL u. E. L. SMITH 1959 verwiesen.

3. Sequenzanalyse

Die Strukturaufklärung eines Peptids oder Proteins erfordert die Ermittlung der Reihenfolge der Aminosäurereste in der Peptidkette. Bei größeren Peptiden steht am Anfang einer derartigen Sequenzanalyse die Zerlegung des Peptids in kleinere Bruchstücke durch partielle Hydrolyse. Die selektive Spaltung eines Peptids kann auf chemischem oder enzymatischem Wege erfolgen. Auf die Möglichkeiten zur selektiven Spaltung der Carboxylbindungen von Methionin, Tryptophan und Tyrosin wurde bereits auf S. 181 hingewiesen. Zusammenfassend berichtet B. WITKOP (1961) über die nichtenzymatischen Methoden zur bevorzugten und selektiven Spaltung von Peptiden. Geeignete Enzyme zur selektiven Spaltung von größeren Peptiden und Proteinen sind Trypsin und Chymotrypsin. Trypsin spaltet vorwiegend an den Carboxylgruppen von Lysin und Arginin, Chymotrypsin an den Carboxylgruppen von Phenylalanin und Tyrosin. Die Seitenkettenspezifität anderer Proteinasen, wie z. B. von Pepsin, Papain und Subtilisin ist wesentlich geringer. Auch diese Enzyme werden aber in vielen Fällen herangezogen.

Das Partialhydrolysat wird nun in die einzelnen Spaltpeptide zerlegt, die auf ihre Aminosäurezusammensetzung analysiert werden. Wurde das ursprüngliche Peptid nach verschiedenen Methoden hydrolysiert, so kann in vielen Fällen aus Sequenzüberlappungen die Reihenfolge der Spaltpeptide rekonstruiert und eine partielle Strukturformel für das Ausgangspeptid aufgestellt werden.

Für die *Sequenzanalyse* der Spaltpeptide stehen eine Reihe von chemischen und enzymatischen Methoden zur Verfügung. Die Umsetzung eines Peptids mit *2.4-Dinitrofluorbenzol* (DNFB) nach F. SANGER führt z. B. zum *2.4-Dinitrophenylpeptid* (DNP-Peptid); nach totaler Hydrolyse liegt nur die N-terminale Aminosäure als DNP-Aminosäure vor, die sich leicht von den übrigen Aminosäuren abtrennen und papierchromatographisch identifizieren läßt.

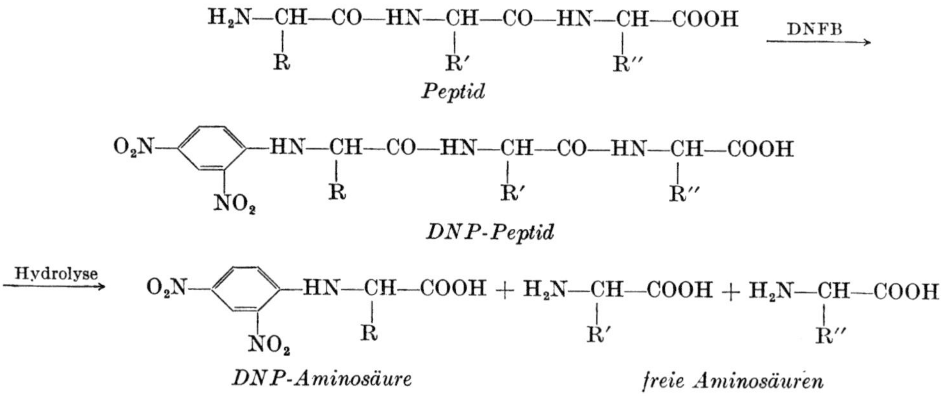

Den stufenweisen Abbau eines Peptids vom Aminoende her gestattet die von P. EDMAN eingeführte Umsetzung mit *Phenylisothiocyanat* (vgl. S. 179). Bei der Einwirkung von Säuren wird das primär entstehende *Phenylthiocarbamylpeptid* (PTC-Peptid) in das Phenylthiohydantoin der N-terminalen Aminosäure und das um die N-terminale Aminosäure ärmere Restpeptid gespalten:

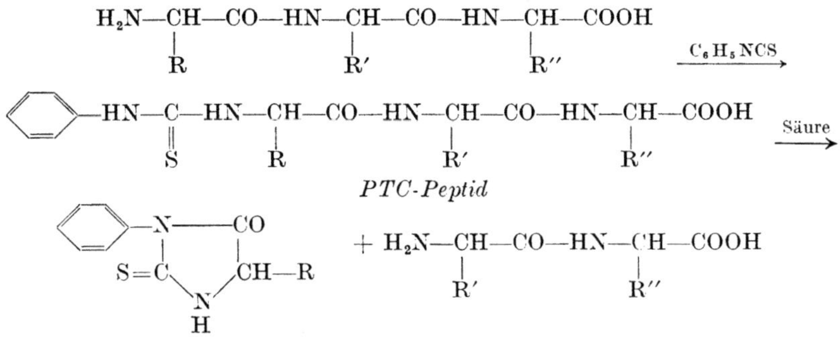

Phenylthiohydantoin *Restpeptid*

Das Phenylthiohydantoin wird abgetrennt und identifiziert; das Restpeptid kann erneut mit Phenylsenföl umgesetzt werden. Auf diese Weise können im allgemeinen vier bis fünf Aminosäurereste – in günstigen Fällen auch mehr – nacheinander abgespalten werden. Die C-terminale Aminosäure eines Peptids kann durch *hydrazinolytische* Spaltung ermittelt werden (Akabori). Dabei werden alle Peptidbindungen unter Bildung der Aminosäurehydrazide gelöst, die mit Benzaldehyd entfernt werden. Die C-terminale Aminosäure verbleibt als freie Aminosäure:

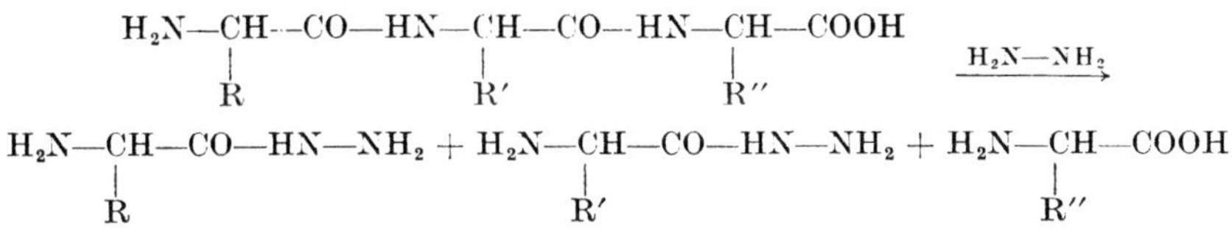

Aminosäurehydrazide *freie Aminosäure*

Enzymatisch ist der stufenweise Abbau von Peptiden mit *Leucinaminopeptidase* (LAP) vom Aminoende und mit *Carboxypeptidase* (Cb) A und B vom Carboxylende her möglich. Das Peptid wird mit dem entsprechenden Enzym bebrütet und analysiert. LAP und Cb spalten Aminosäurereste mit großen Seitenketten (also z. B. Leucin, Phenylalanin, Tyrosin) schneller ab als solche mit kleinen Seitenketten (Glycin). Cb A spaltet Lysin- und Argininreste nicht ab; diese werden selektiv von Cb B hydrolysiert.

Neben den hier angeführten Verfahren, die heute schon als „Standardmethoden" zu bezeichnen sind, gibt es noch zahlreiche weitere Verfahren, die in speziellen Fällen angewendet werden, aber im allgemeinen geringere Bedeutung haben. Zusammenfassende Übersichten über Methoden der Sequenzanalyse finden sich bei W. A. Schroeder 1954, F. Turba 1954, E. O. P. Thompson u. A. R. Thompson 1955, G. Braunitzer 1957, R. L. Hill, J. R. Kimmel u. E. L. Smith 1959, P. Edman 1959; H. Zuber 1960 und J. I. Harris u. V. M. Ingram 1960.

Synthese

Nachdem sich die Peptidnatur zahlreicher Stoffe mit starker biologischer Wirkung herausgestellt hatte und in letzter Zeit die Aminosäuresequenzen vieler biologisch aktiver Peptide aufgeklärt wurden, hat auch die Peptidsynthese starke Impulse erhalten, denn es besteht naturgemäß ein großes Interesse an der Synthese derartiger Produkte und ihrer Analogen.

Zur Knüpfung einer Peptidbindung wird eine N-Acylaminosäure oder ein N-Acylpeptid mit einem Aminosäureester oder einem Peptidester zur Reaktion gebracht:

$$X{-}HN{-}\underset{\displaystyle R}{\underset{|}{CH}}{-}COOH + H_2N{-}\underset{\displaystyle R'}{\underset{|}{CH}}{-}COOX' \xrightarrow{-H_2O} X{-}HN{-}\underset{\displaystyle R}{\underset{|}{CH}}{-}CO{-}HN{-}\underset{\displaystyle R'}{\underset{|}{CH}}{-}COOX'$$

$$\xrightarrow{-X,\,-X'} H_2N{-}\underset{\displaystyle R}{\underset{|}{CH}}{-}CO{-}HN{-}\underset{\displaystyle R'}{\underset{|}{CH}}{-}COOH$$

Es entsteht primär der N-Acylpeptidester, der dann durch Abspaltung der Schutzgruppen X in das freie Peptid überführt wird. Wesentlich ist, daß sich die Schutzgruppen ohne Hydrolyse der Peptidbindungen entfernen lassen. In Tab. 5 sind einige wichtige Schutzgruppen aufgeführt, die diese Voraussetzung erfüllen.

Tabelle 5. *Gebräuchliche Schutzgruppen für Peptidsynthesen*

Schutzgruppe	Formel	Abspaltung durch	Literaturzitat
	Schutzgruppen für NH_2-Gruppen		
Carbobenzoxy-	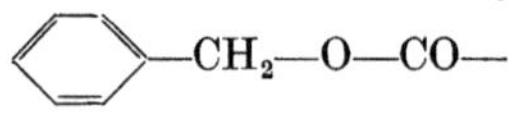	H_2 katalyt., Na in fl. NH_3 HBr in Eisessig	M. BERGMANN u. L. ZERVAS (1932)
p-Nitro-carbo-benzoxy-	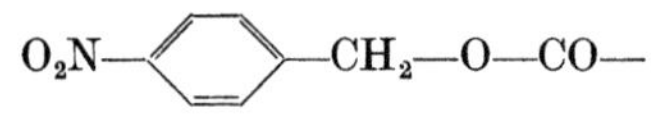	H_2 katalyt., Na in fl. NH_3 HBr in Eisessig	F. H. CARPENTER u. D. T. GISH (1952), D. T. GISH u. F. H. CARPENTER (1953)
p-Phenylazo-carbobenzoxy-		H_2 katalyt., Na in fl. NH_3 HBr in Eisessig	R. SCHWYZER, P. SIEBER u. K. ZATSKO (1958)
Phthaloyl-	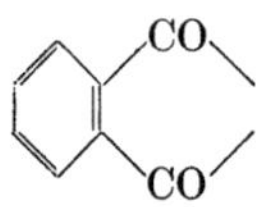	Hydrazin	J. C. SHEEHAN u. V. S. FRANK (1949)
Tosyl-	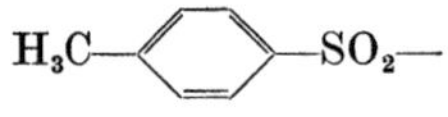	Na in fl. NH_3	J. I. HARRIS u. T. S. WORK (1950)
Trifluoracetyl-	$F_3C{-}CO{-}$	verd. NaOH	F. WEYGAND u. E. CSENDES (1952)
Trityl-	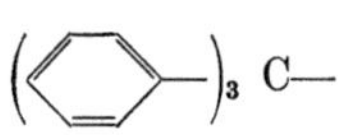	verd. Säure	G. AMIARD, R. HEYNIS u. L. VELLUZ (1956)
	Schutzgruppen für Carboxylgruppen		
Methoxy-	$CH_3O{-}$	Alkali	—
Benzoxy-	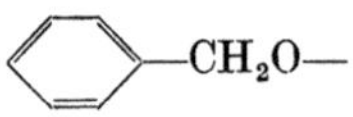	H_2 katalyt., Na in fl. NH_3	—
p-Nitrobenzoxy-	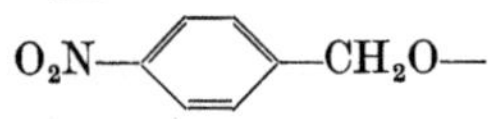	H_2 katalyt., Na in fl. NH_3	—

Zur Kondensation muß die Carboxylgruppe der Acylaminosäure oder die Aminogruppe des Aminosäureesters aktiviert werden. Gebräuchlich ist die Überführung der Acylaminosäure in das Azid. Reaktionsfähig sind auch gemischte

Anhydride, z. B. mit Alkylkohlensäure (R. A. Boisonnas 1951):

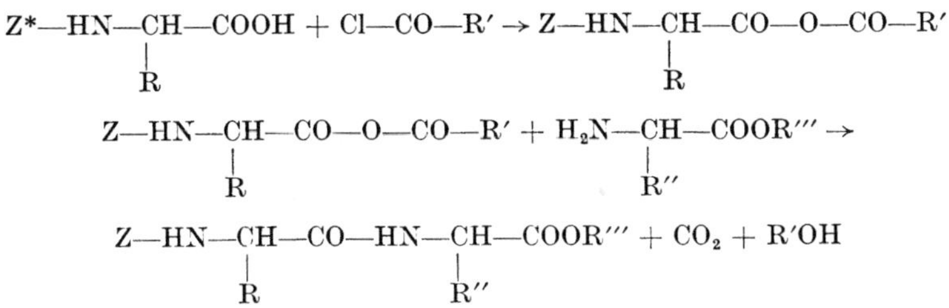

Von R. Schwyzer u. Mitarb. (1955) wurden die Cyanmethylester eingesetzt, die aus den Acylaminosäuren mit Chloracetonitril in Gegenwart von Triäthylamin zugänglich sind:

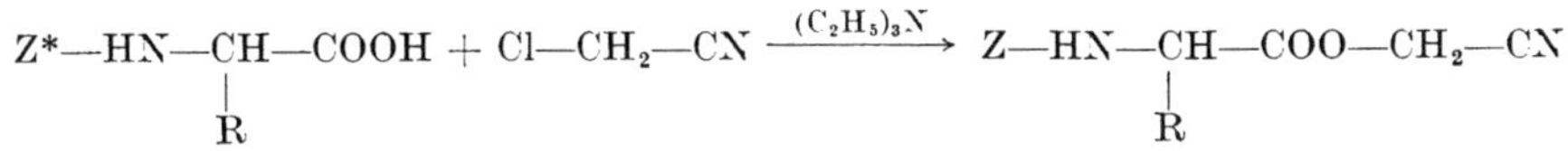

Weitere vielfach verwendete Kondensationsmittel sind *Tetraäthylpyrophosphit*, $(C_2H_5O-)_2P-O-P(-OC_2H_5)_2$ (G. W. Anderson u. Mitarb. 1952), *Dicyclohexylcarbodiimid*,

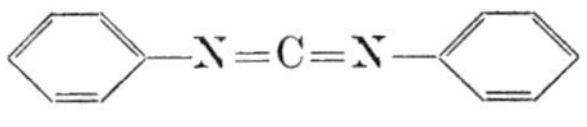

(J. C. Sheehan u. G. P. Hess 1955) und *N.N'-Carbonyl-di-imidazol*,

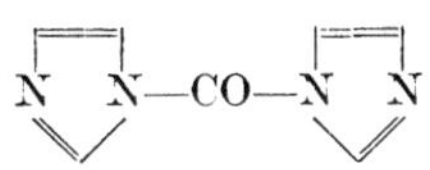

(H. A. Staab 1959, R. Paul u. G. W. Anderson 1960).

Bei der Synthese optisch aktiver Peptide ist es besonders wesentlich, eine partielle *Racemisierung* bei den zahlreichen Syntheseschritten zu vermeiden. Das ist durch die Wahl geeigneter Kondensationsmittel und durch eine bestimmte Reihenfolge der Syntheseschritte möglich. Die Racemisierung ist z. B. besonders groß bei der Umsetzung eines Acyl*peptids* mit der Aminogruppe einer zweiten Komponente; sie wurde dagegen bei der Umsetzung einer Acyl*aminosäure* nicht beobachtet. R. Schwyzer (1960) empfiehlt deshalb den Aufbau der Peptidkette vom C-Ende her durch stufenweise Angliederung der einzelnen Aminosäurereste. Bei der Kondensation über die Azide oder Cyanmethylester bzw. bei der Verwendung von Cyclohexylcarbodiimid oder Carbonyldiimidazol ist dieRacemisierung auch ausgeschlossen oder nur geringfügig.

Die auf S. 199 erwähnten Fermente Leucinaminopeptidase und Carboxypeptidase werden für die Prüfung synthetischer Peptide auf optische Reinheit eingesetzt, da sie nur L-Aminosäurereste abzuspalten vermögen (vgl. dazu z. B. H. Zuber 1960).

Zusammenfassende Berichte über Peptidsynthesen mit vielen Originalzitaten finden sich bei Th. Wieland 1951 und 1954; Th. Wieland u. B. Heinke 1957; M. Goodman u. G. W. Kenner 1957; R. Schwyzer 1958, Th. Wieland 1959, A. H. Cook u. G. Harris 1958, P. Edman 1959 und R. Schwyzer 1960.

* Z = Carbobenzoxy-

II. Natürlich vorkommende Peptide

Peptide sind in der Natur weit verbreitet und haben vielfach starke, spezifische physiologische Wirkungen. An ihrem Aufbau sind oft Aminosäuren, die sich nicht in Proteinen finden (vgl. den Abschnitt „Seltene Aminosäuren, S. 189ff.), und auch andere Heterobestandteile beteiligt. Auch liegen zum Teil andersartige Bindungen vor. Im folgenden sind einige wichtige natürliche Peptide aufgeführt, eingeteilt nach ihrem Vorkommen in: 1. Allgemein weitverbreitete Peptide, 2. Tierische Peptide, 3. Pflanzliche Peptide und 4. Mikrobielle Peptide.

1. Allgemein weitverbreitete Peptide

Glutathion wurde 1921 von F. G. HOPKINS aus Hefe und aus Säugetierleber und -muskel isoliert.

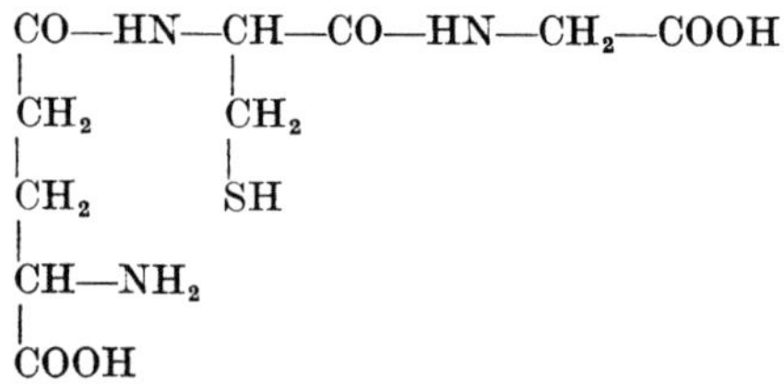

Das Tripeptid ist in tierischen Organismen, höheren und niederen Pflanzen und in Bakterien weit verbreitet. Es wirkt als Zwischenglied von Redoxsystemen der Zelle und als Aktivator von SH-Enzymen, wahrscheinlich speziell von Coenzym A. Glutathion ist außerdem Cofaktor der Glyoxalase, die die Umwandlung von Methylglyoxal zu Milchsäure katalysiert. Bemerkenswert ist, daß der Glutaminsäurerest über die γ-Carboxylgruppe gebunden ist.

Ophthalminsäure und *Norophthalminsäure* (S. G. WALEY 1956) sollen an dieser Stelle aufgeführt werden, da sie in engen strukturellen Beziehungen zum Glutathion stehen. Es handelt sich um *γ-Glutamyl-α-aminobutyryl-glycin* und *γ-Glutamyl-alanyl-glycin*, also um schwefelfreie Analoge des Glutathions. Die Tripeptide finden sich in der Augenlinse. Über ihre biologische Funktion ist noch nichts bekannt.

Folsäurekonjugate. Die Folsäure, Pteroylglutaminsäure, hat als C_1-Überträger im Stoffwechsel große Bedeutung. Außer der eigentlichen Folsäure sind noch verschiedene Konjugate bekannt, die drei (Pteroyltriglutaminsäure) bzw. sieben (Pteroylheptaglutaminsäure) Glutaminsäurereste enthalten, die über die γ-Carboxylgruppen verknüpft sind. Die *Pteroyltriglutaminsäure* ist ein spezifischer Wachstumsfaktor für *Lactobacillus casei*, der nicht durch Folsäure zu ersetzen ist. Vgl. weiteres im Kapitel „Vitamine" dieses Bandes.

Strepogenin. 1941 konnte D. W. WOOLLEY aus verschiedenen Proteinen durch tryptischen Abbau eine Peptidfraktion erhalten, die das Wachstum von *Lactobacillus casei* und *Lactobacillus bulgaricus* stimuliert. Es handelt sich bei *Strepogenin* wahrscheinlich um ein Peptidgemisch. Unter zahlreichen synthetischen Peptiden, die auf ihre Wachstumswirkung untersucht wurden, hatten Ser—Gly—Glu, Ala—Gly—Glu, Gly—Ala—Glu und Gly—Glu eine ähnliche Aktivität (D. W. WOOLLEY 1948). Kürzlich wurde das aus Insulin durch enzymatischen Abbau erhaltene Peptid mit Strepogeninaktivität in seiner Struktur aufgeklärt (G. L. TRITSCH u. D. W. WOOLLEY 1958). Der Struktur nach handelt es sich um ein Bruchstück aus der Phenylalaninkette des Insulins (Positionen 17—22), das als Disulfid vorliegt. Es ist bemerkenswert, daß sich auch in diesem Fragment die Struktur —Gly—Glu— findet.

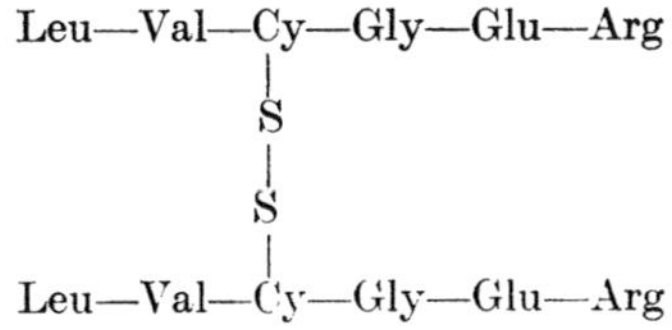

2. Tierische Peptide

Carnosin, β-Alanyl-L-histidin, ist in allen gestreiften Säugetiermuskeln weit verbreitet. Erstmals isoliert wurde es aus Rindermuskel von W. GULLWITSCH und S. AMIRADZIBI (1900). Seine Konzentration in verschiedenen Geweben schwankt sehr stark. Es wurden Werte zwischen 9 mg und 463 mg pro 100 g Frischmuskel gefunden. Das Dipeptid kommt auch in Muskeln niederer Vertebraten (Frosch, Fisch) vor. Durch das Enzym *Carnosinase,* das in der Niere und Leber von Säugetieren vorkommt, wird es in β-Alanin und Histidin gespalten. Über die biologische Funktion von Carnosin besteht noch keine Klarheit.

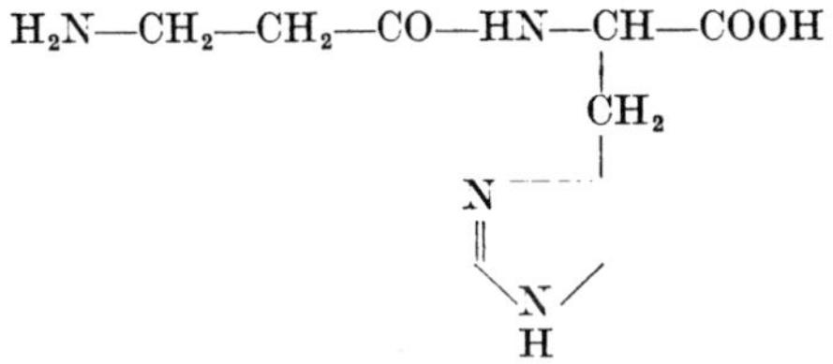

Anserin, β-Alanyl-L-1-methylhistidin wurde 1929 von D. ACKERMANN u. Mitarb. aus Gänsefleisch isoliert. Das Peptid ist in der gestreiften Muskulatur von Säugetieren, Vögeln und niederen Vertebraten verbreitet.

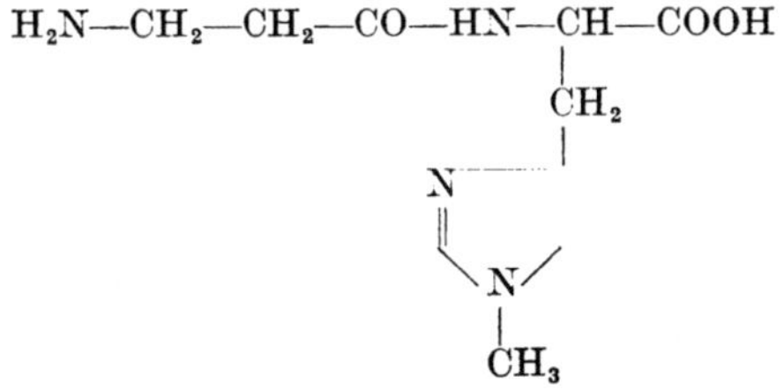

Insulin, das blutzuckersenkende Hormon der Bauchspeicheldrüse, ist ein Polypeptid vom Molekulargewicht 6000. Es besteht aus zwei Peptidketten, die durch Disulfidbrücken miteinander verbunden sind. Die Aufklärung seiner Struktur (F. SANGER u. H. TUPPY 1951a u. b, F. SANGER u. E. O. P. THOMPSON 1953a u. b, A. P. RYLE, F. SANGER, L. F. SMITH und R. KITAI 1955) hat historisch besondere Bedeutung, da es die erste vollständige Sequenzanalyse eines hochmolekularen Peptids war. Die Struktur des Hormons ist in Tab. 6 angegeben. Die entsprechenden Hormone von Schwein, Schaf, Pferd und Wal sind in den Positionen 8—10 der Glycin-Kette abweichend gebaut (H. BROWN, F. SANGER u. R. KITAI 1955, J. I. HARRIS, F. SANGER u. M. A. NAUGHTON 1956).

Glucagon ist ebenfalls ein Hormon der Bauchspeicheldrüse und wirkt als Insulinantagonist blutzuckererhöhend, wahrscheinlich durch Aktivierung der Phosphorylase. A. STAUB, L. G. SINN u. O. K. BEHRENS (1953, 1955) erhielten

Glucagon aus Schweinepankreas in kristallisierter Form. Die Strukturaufklärung (s. Tab. 6) erfolgte durch W. W. BROMER, L. G. SINN und O. K. BEHRENS (1957).

Adrenocorticotropes Hormon (Corticotropin, ACTH). Das für die Steuerung der Nebennierenrinde verantwortliche Hormon des Hypophysenvorderlappens ist aus einer Peptidkette mit 39 Aminosäureresten aufgebaut. In Tab. 6 ist die Struktur des β-Corticotropins aus Schweinehypophyse angegeben (K. S. HOWARD u. Mitarb. 1955). Corticotropin A vom Schwein und α-Corticotropin vom Schaf weisen geringe Unterschiede in der Sequenz auf (Positionen 25—32).

Melanocytenstimulierendes Hormon (Melanotropin, MSH). Das im Hypophysen-Mittellappen gebildete Hormon wirkt auf die Melanophoren der Amphibien und Fische ein. Seine Rolle bei den Säugetieren ist nicht völlig klar. Beobachtet wurde nach Hormongaben eine verstärkte Pigmentierung, auch eine Verkürzung der Adaptationszeit und Erhöhung der Lichtempfindlichkeit. β-MSH aus Schweinehypophyse ist ein Peptid mit 18 Aminosäureresten; die Struktur ist in Tab. 6 angegeben (J. J. GESCHWIND, C. H. LI und L. BARNAFI 1957; J. J. HARRIS und P. ROOS 1956). Das β-MSH vom Rind unterscheidet sich nur dadurch, daß in Position 2 der Kette —Glu— durch —Ser— ersetzt ist. Die beiden Hormone wurden deshalb auch als Glutamyl- und als Seryl-Melanotropin bezeichnet. α-MSH vom Schwein enthält nur 13 Aminosäurereste. Das N-terminale Serin ist acetyliert; das C-terminale Valin liegt als Amid vor. Rinder-β-MSH und Schweine-α-MSH wurden bereits synthetisiert (vgl. dazu R. SCHWYZER 1960).

Oxytocin, das uterus-kontrahierende Hormon des Hypophysenhinterlappens, ist ein Nonapeptid mit einer Disulfidbrücke. Seine Struktur wurde von V. DU VIGNEAUD, C. RESSLER u. S. TRIPPELT (1953) aufgeklärt und ist aus Tab. 6 zu entnehmen.

Vasopressin, das blutdrucksteigernde Hormon des Hinterlappens, ist dem Oxytocin sehr ähnlich (vgl. Tab. 6): Der Isoleucinrest in Position 3 ist durch Phenylalanin und der Leucinrest in Position 8 durch Arginin (Rinder-Vasopressin) bzw. Lysin (Schweine-Vasopressin) ersetzt. Die sonst identischen Vasopressine werden deshalb auch als *Arginin-* und als *Lysin-Vasopressin* bezeichnet. Die Strukturaufklärung erfolgte durch V. DU VIGNEAUD, H. C. LAWLER u. E. A. POPENOE (1953) sowie unabhängig davon durch H. TUPPY (1953) und R. ACHER u. J. CHAUVET (1953). Sowohl Oxytocin als auch Vasopressin wurden synthetisiert.

Kinine. Es handelt sich um Peptide mit starker physiologischer Wirkung, die aus Plasmaproteinen durch enzymatische Hydrolyse freigesetzt werden. Am besten bekannt ist *Bradykinin*, das von D. F. ELLIOTT, G. T. LEWIS und E. W. HORTON (1961) aus Rinderserumalbumin durch tryptischen Abbau erhalten wurde. Das Peptid hat folgende Struktur:

H—Arg · Pro · Pro · Gly · Phe · Ser · Pro · Phe · Arg—OH

Die Synthese gelang R. A. BOISSONNAS u. Mitarb. (1960).

Bradykinin erregt die glatte Muskulatur zur Kontraktion, wirkt stark gefäßerweiternd und permeabilitätserhöhend, schmerzerregend und bronchoconstrictorisch.

Angiotensine (Hypertensine). Das Enzym *Renin* spaltet aus einem Protein der α_2-Globulinfraktion, dem *Angiotensinogen* (Hypertensinogen), das endständige Dekapeptid *Angiotensin I* (Hypertensin I) ab. Dieses wird durch ein spezifisches Enzym („*Converting enzyme*") in das physiologisch aktive Oktapeptid *Angiotensin II* (Hypertensin II) und ein inaktives Dipeptid zerlegt. Die Struktur dieser Peptide ist bekannt; sie wurden auch bereits synthetisiert.

Tabelle 6. *Struktur einiger Peptidhormone*

Insulin (Rind)

```
                                S       S
                          |                    |
H—Gly·Ileu·Val·Glu·Glu·Cy·Cy·Ala·Ser·Val·Cy·Ser·Leu·Tyr·Glu·Leu·Glu·Asp·Tyr·Cy·Asp—OH
                           |                        |           |       |  |
                           S                       NH2         NH2      S  NH2
                           |                                            |
                           S                                            S
                           |                                            |
H—Phe·Val·Asp·Glu·His·Leu·Cy·Gly·Ser·His·Leu·Val·Glu·Ala·Leu·Tyr·Leu·Val·Cy·Gly·Glu·Arg·Gly·Phe·Phe·Tyr·Tyr·Pro·Lys·Ala–OH
          |   |
         NH2 NH2
```

Glucagon (Schwein)

```
H—His·Ser·Glu·Gly·Thr·Phe·Thr·Ser·Asp·Tyr·Ser·Lys·Tyr·Leu·Asp·Ser·Arg·Arg·Ala·Glu·Asp·Phe·Val·Glu·Try·Leu·Met·Asp·Thr—OH
          |                                                                  |               |              |
         NH2                                                                NH2             NH2            NH2
```

β-Corticotropin (Schwein)

```
H—Ser·Tyr·Ser·Met·Glu·His·Phe·Arg·Try·Gly·Lys·Pro·Val·Gly·Lys·Lys·Arg·Arg·Pro·Val·Lys·Val·Tyr·Pro·Asp·Gly·Ala·Glu·Asp·Glu·Leu·
     ·Ala·Glu·Ala·Phe·Pro·Leu·Glu·Phe—OH                                                                                 |
                                                                                                                        NH2
```

β-Melanotropin (Schwein)

H—Asp·Glu·Gly·Pro·Tyr·Lys·Met·Glu·His·Phe·Arg·Try·Gly·Ser·Pro·Pro·Lys·Asp—OH

Oxytocin (Rind)

```
   ------S      S
  |                |
H—Cy·Tyr·Ileu·Glu·Asp·Cy·Pro·Leu·Gly—NH2
              |   |
             NH2 NH2
```

Vasopressin (Rind)

```
         S      S
  |                |
H—Cy·Tyr·Phe·Glu·Asp·Cy·Pro·Arg·Gly—NH2
```

"Converting enzyme" Renin

H—Asp·Arg·Val·Tyr·Ileu·His·Pro·Phe·His·Leu·Leu·Val·Tyr·Ser·R

—Angiotensin II—
—Angiotensin I—
—Angiotensinogen—

Angiotensin II bewirkt schon in kleinen Dosen eine starke Blutdruckerhöhung. Welche Rolle das System bei der Regulierung des Blutdrucks spielt, ist nicht klar; wahrscheinlich hat es Bedeutung für die Nierenfunktion. Eine Übersicht über die Kinine und Angiotensine gibt E. Werle (1961).

Secretin wird von der Darm-Mucosa gebildet und stimuliert die Pankreas-Sekretion. Viele Präparate sind Gemische. L. L. Gershbein und M. Krup (1952) kamen zu einem hochgereinigten Produkt, von dem sie die Aminosäurezusammensetzung angeben.

Der *Trypsin-Inhibitor* aus Pankreas ist ein basisches Polypeptid mit einem Molekulargewicht von 9000. Er wurde von J. H. Northrop, M. Kunitz und R. M. Herriott (1948) kristallisiert erhalten. Die Aminosäurezusammensetzung wird von N. M. Green und E. Work (1951) angegeben. Besonders reichlich vertreten sind Alanin und Arginin.

3. Pflanzliche Peptide

Lycomarasmin liefert bei der Hydrolyse Asparaginsäure, Glycin, Brenztraubensäure und Ammoniak. Seine Struktur wurde von E. Hardegger u. Mitarb. (1963) geklärt.

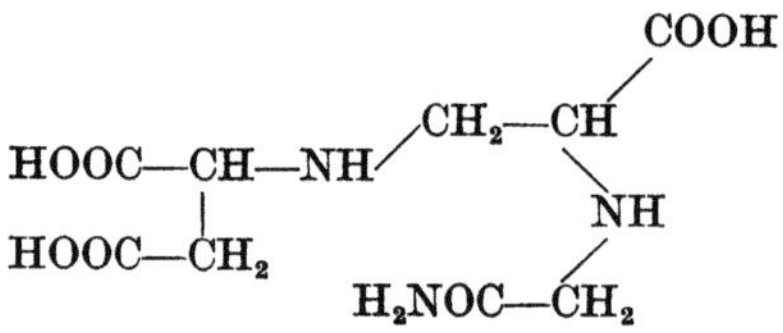

Lycomarasmin wird von dem Pilz *Fusarium lycopersici* gebildet. Es bringt Tomatenblätter zum Welken.

Toxine von Amanita phalloides. Die Giftstoffe des grünen Knollenblätterpilzes (*Amanita phalloides*) haben ebenfalls Peptidstruktur. Man unterscheidet die *Phalloidin*gruppe mit den Toxinen *Phalloidin, Phalloin* und *Phallacidin* von der *Amanitin*gruppe mit den Toxinen α-, β- und γ-*Amanitin.*

Phalloidingruppe:

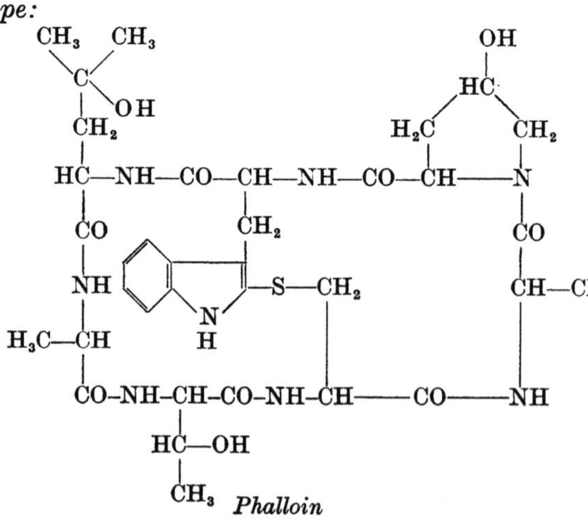

Phalloin

Die Verbindungen dieser Gruppe sind sehr ähnlich gebaut. *Phalloin* ist ein cyclisches Heptapeptid, das zwei Alaninreste, Cystein, allo-Hydroxyprolin, Threonin, Hydroxytryptophan und γ-Hydroxyleucin enthält. Cystein und Hydroxytryptophan sind durch eine Thioätherbindung miteinander verknüpft. *Phalloidin* unterscheidet sich nur durch eine zusätzliche Hydroxylgruppe am δ-C-Atom des Leucinrestes vom Phalloin. Im Phallacidin ist der Threoninrest zur Hydroxyasparaginsäure oxydiert; außerdem ist ein Alaninrest durch Valin ersetzt.

Amanitingruppe. Bei den Verbindungen dieser Gruppe handelt es sich ebenfalls um Cyclopeptide, deren Struktur aber noch nicht bekannt ist. Sie enthalten Asparaginsäure, Cystein, Glycin, Hydroxyprolin, Isoleucin und β-Methyl-γ.δ-dihydroxyleucin. Im *α-Amanitin* liegt die Asparaginsäure im Gegensatz zum *β-Amanitin* als Amid vor. Die Strukturaufklärung dieser Verbindungen geht auf Arbeiten von TH. WIELAND zurück. (Zusammenfassender Bericht: TH. WIELAND 1957; vgl. ferner TH. WIELAND 1961, TH. WIELAND u. A. SCHÖPF 1959, TH. WIELAND u. A. HÖFER 1959).

Mutterkornalkaloide. Die Alkaloide der *Ergotamin*- und der *Ergotoxin*gruppe aus *Claviceps purpurea* enthalten neben Lysergsäure ebenfalls peptidische Bestandteile. Beim Ergotamin besteht der Peptidrest aus L-Prolin, L-Phenylalanin und α-Hydroxyalanin. Die ortho-Carbonsäuregruppe des Prolins ist peptidartig mit dem Phenylalaninrest und laktonartig mit dem Hydroxyalaninrest verknüpft.

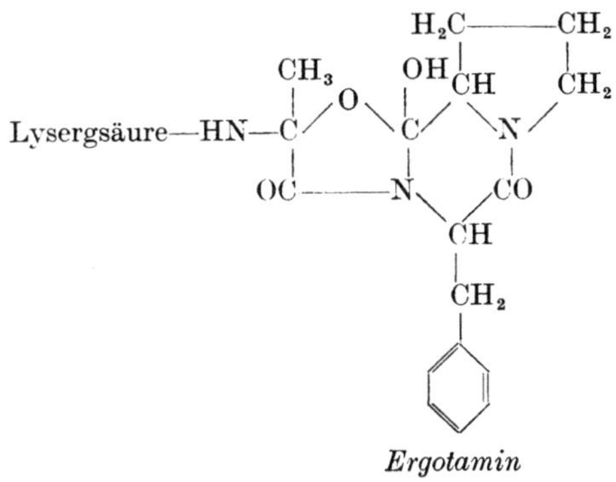

Ergotamin

Bei den Alkaloiden der Ergotoxingruppe tritt α-Hydroxyvalin an die Stelle des α-Hydroxyalanins. Phenylalanin ist in einigen Alkaloiden durch L-Valin oder L-Leucin ersetzt (vgl. A. STOLL u. Mitarb. 1951b).

Evolidin wurde aus den Blättern von *Evodia xanthoxyloides* isoliert. Es handelt sich um ein cyclisches Heptapeptid; alle Reste haben L-Konfiguration.

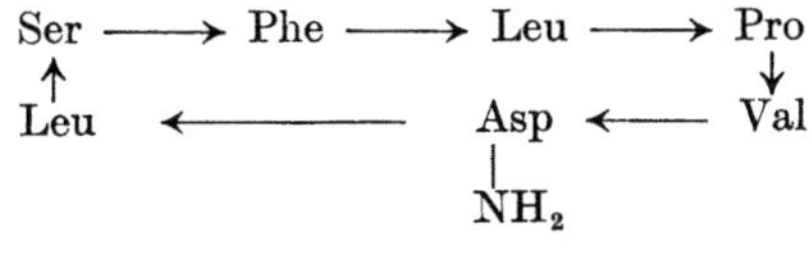

γ-Glutamyl-valyl-glutaminsäure wurde von A. VIRTANEN u. T. ETTALA (1958) aus der Binse *Juncus conglomeratus* isoliert.

γ-L-Glutamyl-S-methyl-L-cystein und das entsprechende Sulfoxyd wurden aus Bohnen *(Phaseolus vulgaris)* erhalten (C. J. MORRIS u. S. F. THOMPSON 1958).

4. Mikrobielle Peptide

Glutamylpolypeptide. Die Kapselsubstanz verschiedener Bakterien ist aus Glutaminsäureresten aufgebaut, die überwiegend durch die γ-Bindung miteinander verknüpft sind. Bei *Bacillus anthracis* ist ausschließlich D-Glutaminsäure beteiligt, bei *Bacillus subtilis* D- und L-Glutaminsäure.

Viele Antibiotica sind ebenfalls Peptide. Aus der großen Zahl der heute bekannten Verbindungen sind im folgenden einige typische Vertreter aufgeführt.

Actinomycine sind Chromopeptide aus *Actinomyces antibioticum.* Die Farbstoff-Komponente, Actinocin, ist eine 1.8-Dimethyl-3-amino-phenoxazon(-2-)-4.5-dicarbonsäure. Mit dieser Carbonsäure sind verschiedene Aminosäuren, darunter *N-Methylvalin, Sarcosin* und D-*allo-Isoleucin* verknüpft. Nebenstehend ist die Struktur von *Actinomycin* C_3 (H. BROCKMANN u. Mitarb. 1956) angegeben.

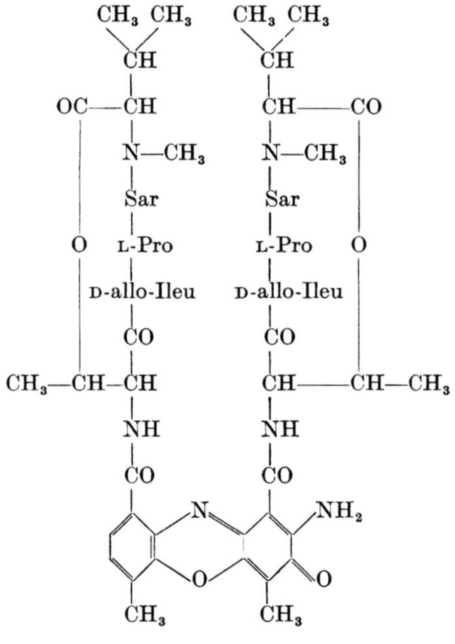

Bacitracine, eine Gruppe von Antibiotica aus *B. subtilis,* sind cyclische Peptide mit einer Peptidseitenkette, die Ornithin enthalten. Für *Bacitracin A* wird folgende Struktur vorgeschlagen:

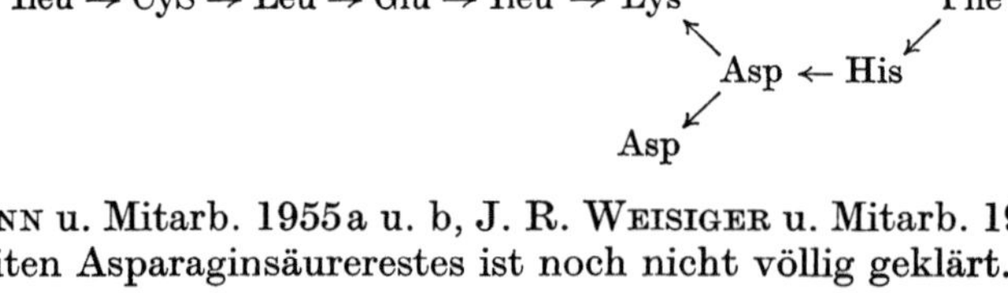

(W. HAUSMANN u. Mitarb. 1955a u. b, J. R. WEISIGER u. Mitarb. 1955). Die Stellung des zweiten Asparaginsäurerestes ist noch nicht völlig geklärt.

Etamycin, von einem Streptomyces-Stamm produziert, ist ein Peptid aus acht Resten, das durch eine Lactonbindung zwischen der Carboxylgruppe von Phenylsarcosin und der Hydroxylgruppe von Threonin zum Ring geschlossen ist. Vier der acht Bausteine wurden erstmals in einem Naturprodukt angetroffen: *3-Hyproxypicolinsäure* (Hypic), L-α-*Phenylsarcosin* (Phesar), D-*alloHydroxyprolin*

(D-allo-Hypro) und L-*β-N-Dimethylleucin* (Dimeleu). Die Struktur wurde von J. C. Sheehan u. Mitarb. (1958) aufgeklärt.

Hypic ⟶ Thr ⟶ Leu ⟶ D-allo-Hypro
Thr | O | Phesar; D-allo-Hypro ↓ Sar ↓ Dimeleu
Phesar ⟵ Ala ⟵ Dimeleu

Gramicidin S aus *B. brevis* ist ein cyclisches Dekapeptid, das Ornithin enthält und bei dem sich die Sequenz von fünf Resten wiederholt.

Phe ⟶ Pro ⟶ Val ⟶ Orn ⟶ Leu
↑ (Leu → Phe); ↓ (Leu → Phe)
Leu ⟵ Orn ⟵ Val ⟵ Pro ⟵ Phe

Strukturaufklärung von A. R. Battersby und L. C. Craig (1951).

Nisin wird von einigen Stämmen des *Streptococcus lactis*, der Langfield N-Gruppe, gebildet. Kristallisiert wurde es von N. S. Berridge u. Mitarb. (1952) erhalten. Es stellt ein Gemisch von mindestens fünf Polypeptiden mit einem Molekulargewicht von etwa 10000 dar. Am Aufbau sind Leucin, Valin, Alanin, Glycin, Prolin, Asparaginsäure, Histidin, Lysin, Serin, Methionin, Lanthionin und β-Methyllanthionin beteiligt (G. C. Cheeseman u. N. J. Berridge, 1959). Auffallend ist der hohe Gehalt an schwefelhaltigen Aminosäuren. Nisin wirkt auf anaerobe Sporenbildner (z. B. *Clostridium butyricum, Cl. botulinum, Cl. thermosaccharolyticum*) hemmend und verhindert das Auskeimen thermoresistenter Sporen. In der Lebensmittelkonservierung wird es erst vereinzelt zur Unterstützung anderer Konservierungsmethoden angewendet (vgl. dazu W. Wodsak 1962).

Tyrocidine. Bei einer Gruppe von Antibiotica aus *B. brevis* handelt es sich um cyclische Dekapeptide, die neben Ornithin D-Phenylalanin enthalten. Nebenstehend die Struktur von Tyrocidin B (T. P. King u. L. C. Craig 1955):

L-Tyr ⟶ L-Val ⟶ L-Orn ⟶ L-Leu
↑ L-Glu-NH_2 ↑ (L-Asp → L-Glu-NH_2 → L-Tyr); ↓ D-Phe ↓ (L-Leu → D-Phe → L-Pro)
L-Asp ⟵ D-Phe ⟵ L-Try ⟵ L-Pro
L-Asp | NH_2

Tyrocidin A enthält einen dritten D-Phenylalaninrest an Stelle von L-Tryptophan.

Valinomycin (H. Brockmann u. H. Geeren 1957) aus *Streptococcus fulvissimus* ist aktiv gegen Tuberkelbacillen. Es ist aufgebaut aus D-Valin, L-Valin, L-Milchsäure (L-Lac) und D-α-Hydroxyisovaleriansäure (D-Hyval). Die α-Aminosäurereste und α-Hydroxysäurereste sind in der Verbindung alternierend angeordnet, so daß Amid- und Esterbindungen miteinander abwechseln. Man bezeichnet derartige Verbindungen als *Depsipeptide.*

D-Val ⟶ L-Lac ⟶ L-Val ⟶ D-Hyval
↑ (D-Hyval → D-Val); ↓ (D-Hyval → D-Val)
D-Hyval ⟵ D-Val ⟵ L-Lac ⟵ D-Val

Enniatine. Auch bei dieser Gruppe von Welkstoffen handelt es sich um Depsipeptide. Enniatin B (P. A. Plattner u. U. Nager 1948) enthält zwei Mole

N-Methyl-L-valin und zwei Mole D-α-Hydroxyisovaleriansäure und ist ganz symmetrisch aufgebaut.

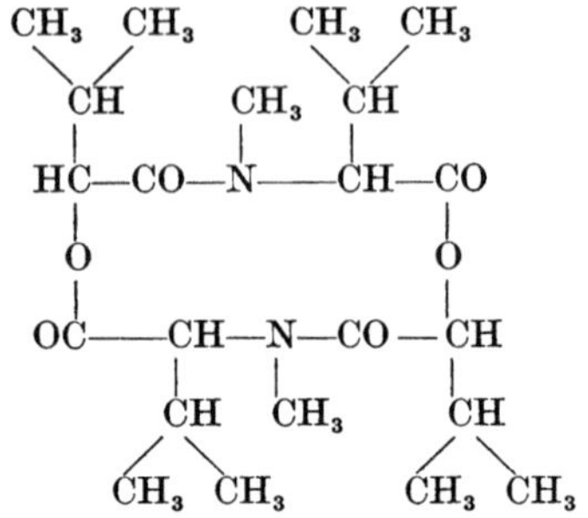

Ein zusammenfassender Bericht über Depsipeptide findet sich bei M. A. SCHEMJAKIN (1960).

C. Proteine

I. Isolierung

In diesem Abschnitt werden die wichtigsten Methoden zur Isolierung und Fraktionierung von Proteinen kurz behandelt. Umfassende Darstellungen finden sich bei J. F. TAYLOR (1953), S. MOORE u. W. H. STEIN (1956), J. MEIENHOFER u. H. ZAHN (1960), S. KELLER u. R. J. BLOCK (1960a und b) und L. C. CRAIG (1960a und b).

1. Vorbereitung des Ausgangsmaterials

Proteine liegen im tierischen oder pflanzlichen Ausgangsmaterial meist als Gemische vor, die mit Kohlenhydraten, Lipiden, Nucleinsäuren und anorganischen Salzen vergesellschaftet sind. Während die Entfernung von Begleitstoffen, die keine Proteine sind, häufig relativ einfach durchzuführen ist, liegt die Hauptschwierigkeit bei der Isolierung eines bestimmten Proteins in der Abtrennung der übrigen Proteine.

Während der Isolierung müssen alle Bedingungen vermieden werden, die zu einer Veränderung des Proteins führen können. Obwohl die Empfindlichkeit der einzelnen Proteine sehr unterschiedlich ist, lassen sich doch einige allgemeine Regeln angeben. Die Temperatur ist stets so niedrig wie möglich zu halten. Extreme pH-Werte sind zu vermeiden. Reagentien werden nur langsam unter Rühren zugesetzt. Große Oberflächen – insbesondere durch Schaumbildung – sind ebenfalls zu vermeiden, da viele Proteine in der Grenzfläche denaturieren.

Falls das Protein oder Proteingemisch nicht bereits im Ausgangsmaterial in Lösung vorliegt, muß es für die weitere Fraktionierung in Lösung gebracht werden. Das Ausgangsmaterial wird homogenisiert. Zellen werden zerstört durch wiederholtes Gefrieren und Auftauen, durch Ultraschall, durch Behandeln mit organischen Lösungsmitteln, durch Vermahlen mit Glas- oder Metallpulver oder auch enzymatisch durch Autolyse (z. B. bei Hefe) bzw. durch Einwirkung bestimmter Fermente, wie Lysozym, Amylase, Pektinase, Lipase. Die Wahl des Extraktionsmittels hängt weitgehend von den Löslichkeitseigenschaften des Proteins ab. In Frage kommen Wasser, verdünnte Neutralsalzlösungen, Pufferlösungen, in manchen Fällen auch wäßrige organische Lösungsmittel (Aceton, Alkohol). Vorteilhaft ist in vielen Fällen der Zusatz von oberflächenaktiven Stoffen zum Extraktionsmittel.

2. Fraktionierung

Die Methoden zur Trennung von Proteingemischen in Lösung basieren auf Unterschieden der Löslichkeit in verschiedenartigen Medien, auf Unterschieden der Adsorbierbarkeit, auf Unterschieden der elektrischen Ladung und auf Unterschieden der Molekülgröße. Die einzelnen Methoden sollen in dieser Reihenfolge besprochen werden, wobei allerdings zu berücksichtigen ist, daß sich bei verschiedenen Methoden die genannten Trennprinzipien überlagern können. Bei der Isolierung eines Proteins werden im allgemeinen die verschiedensten Methoden miteinander in geeigneter Weise kombiniert.

a) Fraktionierung durch Unterschiede in der Löslichkeit

Von großer Bedeutung ist die Fraktionierung durch *Fällen mit Neutralsalzen*, das *Aussalzen*. Von Einfluß ist hierbei die Salzart: Multivalente Anionen (Sulfat, Phosphat, Citrat) sind im allgemeinen wirksamer als monovalente, andererseits sind bivalente Kationen weniger wirksam als monovalente. Vielfach wird Ammonsulfat zum Aussalzen herangezogen, aber auch andere Salze finden Verwendung. Umgekehrt dient auch der „*Einsalzeffekt*" zur Fraktionierung von Proteinen: Dabei wird zunächst das gesamte Protein durch hohe Salzkonzentrationen ausgefällt; die einzelnen Komponenten werden dann durch stufenweise oder kontinuierliche Erniedrigung der Ionenstärke aus dem Niederschlag herausgelöst.

Mit Wasser mischbare organische Lösungsmittel werden ebenfalls häufig zur Fraktionierung von Proteingemischen herangezogen (Methanol, Äthanol, Aceton, Dioxan). Hierbei ist das Einhalten tiefer Temperaturen zur Vermeidung der Denaturierung besonders wichtig. Viele Proteine werden durch Schwermetall-Ionen ausgefällt, z. B. durch Hg^{++}, Zn^{++}, Fe^{++}, Ca^{++}, Ba^{++}, Pb^{++}. Schwermetall-Ionen kommen auch in Kombination mit anderen Fällungsmitteln, z. B. Äthanol oder Aceton, zur Anwendung, da sie häufig eine bessere Fällung bewirken. Ihre Entfernung ist durch Dialyse gegen Komplexbildner oder durch Kationenaustauscher möglich.

Der Temperatureinfluß auf die Löslichkeit von Proteinen ist sehr wechselnd: teils steigt die Löslichkeit mit der Temperatur an, teils fällt sie ab, teils wird ein Minimum durchlaufen. Von Bedeutung für die Fraktionierung kann die partielle Denaturierung einzelner Komponenten eines Proteingemisches durch Erhitzen sein, da sie meist von einer Verminderung der Löslichkeit begleitet ist.

b) Fraktionierung durch Unterschiede in der Adsorbierbarkeit

Die selektive Adsorption aus Lösungen an geeigneten Oberflächen wurde früher zur Trennung von Proteingemischen in großem Umfang herangezogen. Als Adsorptionsmittel kommen in Frage Aluminiumhydroxydgel, Calciumphosphatgel, Magnesiumhydroxyd, Kupferhydroxyd, Zinksulfid, Stärke und Cellulose. Meist wird das Adsorptionsmittel der Proteinlösung unter Rühren zugesetzt; anschließend wird filtriert oder zentrifugiert. Wird die interessierende Komponente adsorbiert, so muß sie mit einem geeigneten Lösungsmittel eluiert werden. Vielfach treten aber starke Verluste durch irreversible Adsorption ein. Es ist auch möglich, das Adsorptionsmittel in Form einer Säule zu verwenden.

c) Fraktionierung durch Unterschiede in der elektrischen Ladung

Auf diesem Prinzip basieren die elektrophoretische Trennung und die Trennung an Ionenaustauschern. Für die präparative Trennung von Proteingemischen hat die kontinuierliche Ablenkungselektrophorese große Bedeutung. Bei diesem Verfahren wird die Proteinlösung kontinuierlich an einem bestimmten Punkt einem

Puffer zugesetzt, der durch einen Filterpapierbogen oder auch – trägerfrei – zwischen zwei Glasplatten strömt. Ein senkrecht zur Strömungsrichtung angelegtes elektrisches Feld bewirkt eine unterschiedliche Ablenkung von Komponenten, die sich in der Ladung unterscheiden. Die Komponenten werden am Ende der Kammer fraktioniert aufgefangen. Durch geeignete Variation des verwendeten Puffers (pH-Wert und Ionenstärke) sind in vielen Fällen elektrophoretische Trennungen von Proteingemischen möglich.

Auf Grund der unterschiedlichen Ladung von Proteinen bei gegebenem pH-Wert sind auch Trennungen an Ionenaustauschersäulen möglich. Verwendet werden die Kationenaustauscher Dowex 50, Amberlite IRC 50 und die Anionenaustauscher Dowex 2, Amberlite IR 4 B. Größere Bedeutung für Proteintrennungen haben aber die Austauscher auf Cellulosebasis (SE-Cellulose, CM-Cellulose, DEAE-Cellulose, ECTEOLA-Cellulose) und neuerdings auch die Austauscher auf Dextranbasis (SE-Sephadex, CM-Sephadex, DEAE-Sephadex), da an diesen Materialien irreversible Adsorptionserscheinungen stark zurücktreten. Die Austauscher auf Dextranbasis sind in verschiedenen Vernetzungsgraden zugänglich, so daß gleichzeitig auch eine Fraktionierung nach der Molekülgröße erfolgen kann.

d) Fraktionierung durch Unterschiede in der Molekülgröße

In manchen Fällen ist eine Fraktionierung von Proteingemischen auf Grund der unterschiedlichen Sedimentationskonstanten der Komponenten in der präparativen Ultrazentrifuge möglich. Größere Bedeutung hat in letzter Zeit das Dextrangel Sephadex erlangt, das in verschiedenen Vernetzungsgraden zur Verfügung steht (vgl. dazu J. PORATH 1959, J. PORATH u. P. FLODIN 1959, J. PORATH 1960), deren Ausschlußgrenzen im Molekulargewichtsbereich von 4000, 9000, 45000, 100000 und 200000 liegen. Einzelheiten zu den unter 2c und 2d genannten Methoden bringen in Band II/1 die Kapitel „Säulenchromatographie", „Elektrophorese" und „Ultrazentrifuge".

3. Reinheitskriterien

Die Entscheidung über die *Einheitlichkeit* eines isolierten Proteins ist in vielen Fällen sehr schwer zu treffen. In neuerer Zeit hat sich immer wieder gezeigt, daß es mit verfeinerten analytischen Methoden möglich ist, Proteine, die als einheitlich galten, in mehrere Komponenten zu zerlegen. Es müssen deshalb möglichst viele Kriterien herangezogen werden; die wichtigsten sind: einheitliches Verhalten in der Ultrazentrifuge und bei der Elektrophorese unter variierenden Bedingungen (pH-Wert und Ionenstärke), einheitliches Verhalten bei chromatographischen Verfahren, Unabhängigkeit der Löslichkeit von der Menge an Bodenkörper. Bei biologisch aktiven Proteinen kommt als weiteres Kriterium noch hinzu, daß sich die spezifische Aktivität nicht ändern darf. Beim Prüfen von verschiedenen Proteinfraktionen auf ihre Identität gestattet die auf S. 242 erwähnte "fingerprint"-Technik kleinste Unterschiede in der Primärsequenz analytisch zu erfassen.

II. Physikalisch-chemische Eigenschaften

1. Elektrochemische Eigenschaften

a) Amphoteres Verhalten

Die Proteine sind wie die Aminosäuren und Peptide amphotere Stoffe. Im Gegensatz zu den Aminosäuren liegen sie aber – je nach dem pH-Wert der Lösung

– als *polyvalente* Kationen, Anionen oder Zwitterionen vor. Weiterhin scheiden die α-Carboxylgruppen und die α-Aminogruppen – mit Ausnahme der endständigen Gruppen – für die Abgabe oder Aufnahme von Protonen aus, da sie an den Peptidbindungen beteiligt sind. Den Hauptanteil an dissoziablen Gruppen stellen deshalb die funktionellen Gruppen der Seitenketten. In Tab. 7 sind die wichtigsten Gruppen zusammengestellt. Die pK-Werte schwanken von Protein zu Protein, da das Dissoziationsverhalten der funktionellen Gruppen je nach der Kettensequenz durch benachbarte Gruppen mehr oder weniger stark beeinflußt wird.

Tabelle 7. *Dissoziierende Gruppen von Proteinen* (nach E. J. Cohn u. J. T. Edsall 1943)

Gruppe	Aminosäure	pK (25° C)
α-Carboxyl- . .		3,0— 3,2
β-Carboxyl- . .	Asparaginsäure	3,0— 4,7
γ-Carboxyl- . .	Glutaminsäure	etwa 4,4
Hydroxyl- . . .	Tyrosin	9,8—10,4
Sulfhydryl- . . .	Cystein	9,1—10,8
Imidazolium- . .	Histidin	5,6— 7,0
α-Ammonium- .		7,6— 8,4
ε-Ammonium . .	Lysin	9,4—10,6
Guanidinium- . .	Arginin	11,6—12,6

Man unterscheidet zwischen der *Gesamtladung* eines Proteins (total charge), die der Summe der positiven und negativen Ladungen entspricht, und der *Überschußladung* (net charge), die je nach dem pH-Wert der Lösung positiv oder negativ sein kann. Am isoelektrischen Punkt erreicht die Gesamtladung ein Maximum, während die Überschußladung Null ist. Bei kleineren oder größeren pH-Werten strebt die Überschußladung einem Maximum zu, während die Gesamtladung kleiner als am isoelektrischen Punkt ist. Da Proteine nicht nur mit Protonen, sondern auch mit anderen Ionen in Wechselwirkung treten, muß man zwischen einem isoionischen und einem isoelektrischen Punkt unterscheiden. Der *isoionische Punkt* ist definiert als der pH-Wert, bei dem die Anzahl der von basischen Gruppen aufgenommenen Protonen gleich der Anzahl der von sauren Gruppen abgegebenen Protonen ist. Praktisch entspricht das dem pH-Wert, der bei erschöpfender Dialyse (oder besser Elektrodialyse) einer Proteinlösung gegen Wasser erreicht wird. Ein aus einer solchen Lösung, die keine anderen nicht-kolloidalen Ionen als H^+ und OH^- enthält, gewonnenes Protein wird als „*isoionisches Material*" bezeichnet. Der *isoelektrische Punkt* ist definiert als der pH-Wert, bei dem die Überschußladung Null ist. Es ist also der pH-Wert eines Puffers, in dem das Protein bei Anlegen eines elektrischen Feldes nicht wandert.

In Abhängigkeit von der Salzkonzentration können beträchtliche Differenzen zwischen den isoionischen und den isoelektrischen pH-Werten eines Proteins auftreten. Der isoionische Punkt von Rinderserumalbumin ist z. B. in 0,15 m-NaCl 5,37, in salzfreier Lösung 4,90. Der isoelektrische Punkt ist in 0,15 m-NaCl 4,40 und in 0,01 m-NaCl 4,8. Durch NaCl-Zusatz wird also der isoionische Punkt erhöht und der isoelektrische Punkt erniedrigt. Daraus folgt, daß durch Rinderserumalbumin Cl^--Ionen stärker gebunden werden als Na^+-Ionen.

Die Wechselwirkung eines Proteinkations mit in der Lösung vorliegenden Anionen (X) kann vereinfacht durch folgendes Gleichgewicht beschrieben werden:

$$\frac{[R\text{—}NH_3^+] \cdot [X^-]}{[R\text{—}NH_3X]} = K$$

K ist abhängig von der Art des Anions. Die Überschußladung eines Proteins bei gegebenem pH-Wert kann also durch die Bindung von Gegenionen herabgesetzt werden. Bei Ampholyten, die nur mit Protonen in Wechselwirkung treten, fallen iosionischer und isoelektrischer Punkt zusammen.

Tabelle 8. *Isoelektrische Punkte einiger Proteine* (nach K. HANNIG 1956)

Protein	IP	Protein	IP
Pepsin	2,75—3,0	Edestin	5,5—6,0
β-Casein	4,5	Humanhämoglobin	6,87
Ovalbumin	4,6	γ-Casein	5,8—6,0
α-Casein	4,7	Papain	8,75
Lactalbumin	4,5 —5,5	Ribonuclease . .	9,45
β-Lactoglobulin . .	5,1	Avidin	10,0
Ricin	5,4	Cytochrom c . .	10,65
Insulin	5,5	Trypsin	10,8
Botulinus A-neurotoxin . . .	5,5		

Der Ladungszustand eines Proteins hat großen Einfluß auf die physikalischen Eigenschaften. In Tab. 8 sind die isoelektrischen Punkte einiger Proteine zusammengestellt. Es ist nochmals darauf hinzuweisen, daß die Werte von den Bedingungen abhängig sind, unter denen sie gemessen wurden (vgl. das obige Beispiel des Rinderserumalbumins). Ein Protein am isoelektrischen Punkt ist ausgezeichnet durch minimale Löslichkeit bzw. maximale Fällbarkeit und Aussalzbarkeit, durch maximales Kristallisationsvermögen. Viscosität (bei löslichen Proteinen) und Quellbarkeit (bei unlöslichen Proteinen) durchlaufen im isoelektrischen Punkt ein Minimum.

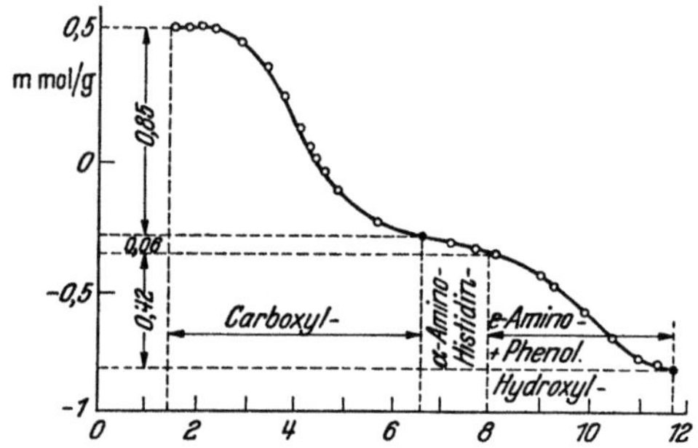

Abb. 3. Titrationskurve von durch Säurebehandlung gewonnener Gelatine bei 40° C. (Nach A. W. KENCHINGTON u. A. G. WARD 1954)

Informationen über Anzahl und Art der ionisierbaren Gruppen eines Proteins können aus Titrationskurven entnommen werden, die das Säure- und Alkalibindungsvermögen in Abhängigkeit vom pH-Wert wiedergeben. Die Gesamtzahl der ionisierbaren Gruppen ergibt sich aus der Bestimmung der Äquivalente Base, die erforderlich sind, um das Protein von einem pH-Wert, bei dem alle Gruppen in der sauren Form vorliegen zu einem pH-Wert zu titrieren, bei dem alle Gruppen in basischer Form vorliegen. Das erste ist der Fall bei pH ~ 2; der zweite Punkt ist infolge des hohen pK-Wertes der Guanidinium-Gruppen nicht so genau zu ermitteln, da bei pH-Werten > 12 Veränderungen am Protein vor sich gehen. Im einzelnen sind aus einer Titrationskurve zu entnehmen:

1. die Gesamtzahl basischer Gruppen (Imidazol-, Amino-, Guanidin-Gruppen). die dem Säureverbrauch vom isoionischen Punkt bis zu pH ~ 2 entspricht,

2. die Gesamtzahl der Carboxylgruppen (Asparaginsäure-, Glutaminsäure-, α-Carboxyl-Gruppen minus Amidgruppen), die dem Säureverbrauch von pH 5,5 bis pH ~ 2 entspricht.

3. die Zahl der Imidazolgruppen, die dem Säureverbrauch von pH 8,5 bis pH 5,5 entspricht.

Die Ermittlung der ε-Amino-, Sulfhydryl- und Tyrosin-Hydroxyl-Gruppen aus der Anzahl der zwischen pH 11—12 und pH 8,5 verbrauchten Äquivalente ist meist nicht so gut möglich.

Durch verbesserte Titrationsmethoden wird heute im allgemeinen eine gute Übereinstimmung zwischen den Werten aus Titrationskurven und den Werten aus Bausteinanalysen erzielt (vgl. dazu A. W. KENCHINGTON 1960). In Abb. 3 ist als Beispiel eine Titrationskurve von Gelatine wiedergegeben.

b) Verhalten im elektrischen Feld

Je nach der vorhandenen Überschußladung wandern gelöste Proteine beim Anlegen eines elektrischen Feldes aus. Die als *Elektrophorese* bezeichnete Erscheinung hat sowohl für die analytische Charakterisierung als auch für die präparative Trennung von Proteinen große Bedeutung (vgl. den Beitrag „Elektrophorese" in Band II/1).

2. Löslichkeit, Hydratation, Quellbarkeit

Das Löslichkeitsverhalten der einzelnen Proteine ist sehr unterschiedlich und hängt ab von der Anzahl unpolarer (hydrophober) und polarer (hydrophiler) Gruppen und von der Anordnung dieser Gruppen im Molekül. Grundsätzlich sind Proteine nur in polaren Lösungsmitteln wie Wasser, Glycerin, Formamid, Dimethylformamid, wasserfreier Ameisensäure löslich. In Äthanol sind sie – abgesehen von einigen Ausnahmen – nicht oder nur wenig löslich. Die polaren Lösungsmittelmoleküle treten mit den polaren Gruppen der Proteine in Wechselwirkung und heben die Wechselwirkung Protein-Protein auf. Genügt die Wechselwirkung mit dem Lösungsmittel nicht zur Trennung der Polypeptidketten, dann tritt keine Lösung, jedoch unter Umständen Quellung ein.

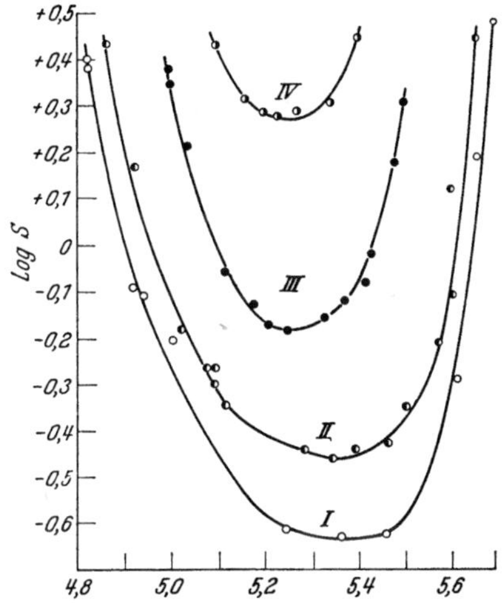

Abb. 4. Löslichkeit von β-Lactoglobulin in Abhängigkeit von pH-Wert und Salzgehalt der Lösung. I Ionenstärke 0,001; II Ionenstärke 0,005; III Ionenstärke 0,01; IV Ionenstärke 0,02. (Nach J. F. TAYLOR 1953)

Das eben Gesagte soll an einigen Beispielen demonstriert werden: *Seidenfibroin*, das überwiegend aus Glycin und Alanin aufgebaut ist, enthält wenig polare Gruppen; es ist unlöslich und auch wenig quellbar. *Keratine* enthalten polare Gruppen; die Peptidketten sind aber durch Disulfidbindungen stark vernetzt. Auch diese Gruppe von Proteinen ist deshalb unlöslich. Beim *Kollagen* sind starke elektrostatische Kräfte zwischen Carboxyl- und Ammonium-Gruppen vorhanden. In Wasser tritt Hydratisierung der Gruppen und dadurch Quellung ein.

Vom Medium her sind für die Löslichkeit bestimmend der pH-Wert, der Salzgehalt und der Gehalt an organischen Lösungsmitteln. Am isoionischen Punkt ist die Löslichkeit eines Proteins im allgemeinen am geringsten. Abb. 4 zeigt eine typische Kurve für die Abhängigkeit der Löslichkeit von pH-Wert und Salzgehalt. Das Löslichkeitsminimum liegt bei pH 5,4. Die Löslichkeit steigt mit der Ionenstärke an; gleichzeitig wird das Löslichkeitsminimum nach kleineren pH-Werten verschoben.

Neutralsalze haben ganz allgemein einen zweifachen Einfluß auf die Löslichkeit von Proteinen. In kleinen Konzentrationen wirken sie löslichkeitserhöhend, und zwar ist der Logarithmus der Löslichkeit der Ionenstärke proportional („*Einsalz-Effekt*"). In höheren Konzentrationen setzen Neutralsalze dagegen die Löslichkeit von Proteinen herab („*Aussalz-Effekt*"). Diese Erscheinung ist auf die Hydratationsneigung anorganischer Ionen zurückzuführen, die durch Wasserentzug das Protein aus der Lösung herausdrängen. Zwischen dem Logarithmus der Löslichkeit ($\log S$) und der Salzkonzentration besteht in konzentrierten Lösungen folgende Beziehung:

$$\log S = \beta - K \frac{\Gamma}{2}$$

K wird als *Aussalzkonstante* bezeichnet, $\frac{\Gamma}{2}$ ist die Ionenstärke der Lösung, und β ist der Logarithmus der Löslichkeit bei der Ionenstärke Null. Die Aussalzkonstante ist spezifisch für ein bestimmtes Protein in einer bestimmten Salzlösung. Bei Salzen mit gleichem Anion lassen sich die Kationen nach der Größe des Aussalzeffektes in eine Reihe ordnen *(Hofmeistersche Reihen):*

$$K > Rb > Na > Cs > Li > NH_4$$

In gleicher Weise lassen sich auch die Anionen bei gegebenem Kation ordnen:

$$SO_4 > \text{Citrat} > \text{Tartrat} > \text{Acetat} > Cl > NO_3 > Br > J > CNS$$

Aus der Reihe geht hervor, daß multivalente Anionen wirksamer sind als monovalente. Umgekehrt sind bivalente Kationen weniger wirksam als monovalente.

Als polare Substanzen neigen die Proteine in Lösung zur Hydratation. Die *Hydratation* wirkt sich auf andere physikalische Eigenschaften aus, z. B. im Sinne einer Erhöhung der Viscosität und des osmotischen Drucks. Aus Messungen der Viscosität und des osmotischen Drucks ist deshalb eine Abschätzung des *Hydratationsgrades* von Proteinen möglich. Für Ovalbumin in Ammonsulfat wurden z. B. 0,22 g Wasser pro g wasserfreies Protein gefunden, für Edestin in Ammonsulfat 0,06 g, für β-Lactoglobulin 0,8 g und für Hämoglobin 0,3 g.

Die *Quellung* ist bei unlöslichen Proteinen der der Hydratation von löslichen Proteinen entsprechende Vorgang. Durch die damit verbundene Einlagerung von Wasser in die Strukturen treten Volumenvergrößerungen, Formänderungen und andere Änderungen von physikalischen Eigenschaften ein. Die Wasseraufnahme durch Quellung kann ein mehrfaches des Protein-Eigengewichtes betragen.

3. Optische Eigenschaften

a) Drehung

Die Proteine drehen die Ebene des polarisierten Lichtes in wäßriger Lösung im allgemeinen nach links. Die spezifische Drehung ist abhängig von der Art der am Aufbau des Proteins beteiligten Aminosäurereste, von der Anordnung dieser Reste (Kettenkonfiguration), vom Ionisierungszustand des Proteins (vgl. dazu die pH-Abhängigkeit der Drehung bei Aminosäuren auf S. 173) und von zwischenmolekularen Wechselwirkungen. Die spezifische Drehung $[\alpha]_D$ von nativen Proteinen liegt meist zwischen $-30°$ und $-60°$. Denaturierung führt zu einem Ansteigen der Drehwerte auf $-80°$ bis $-120°$. Diese Änderung des Drehwertes ist auf die mit der Denaturierung verbundenen strukturellen Änderungen zurückzuführen. Untersuchungen an synthetischen Polypeptiden ergaben z. B. beim Übergang einer Peptidkette aus der α-Helixstruktur in eine geknäuelte Struktur ein Ansteigen der Linksdrehung. Auf diesen Beobachtungen fußend wurden Versuche unternommen, eine halbquantitative Beziehung zwischen dem Drehwert eines Proteins und dem Ordnungszustand seiner Peptidketten abzuleiten. Es wird bei diesen Überlegungen für den 100%igen Knäuelzustand ein mittlerer spezifischer Drehwert von $-90°$ und für die 100%ige α-Helix ein Drehwert von $+10°$ zugrunde gelegt. Da die Peptidketten nativer Proteine wahrscheinlich aus *geordneten* (α-Helix) und *ungeordneten* (Knäuel) Regionen bestehen, ist aus dem gemessenen Drehwert der Anteil dieser Regionen an der Gesamtstruktur zu ermitteln. Derartige Kalkulationen ergaben z. B. für Ribonuclease einen 15%igen Anteil, für Ovalbumin einen 40%igen Anteil der α-Helix an der Gesamtstruktur. Wichtige Informationen über die Proteinstruktur sind auch aus der Änderung der Drehung in Abhängigkeit von der Wellenlänge zu erhalten *(Drehungsdispersion)*. Die hier angeschnittenen Fragen über Zusammenhänge von Drehung und Proteinstruktur werden eingehend von A. TODD (1960) diskutiert (vgl. auch P. URNES u. P. DOTY 1961).

Zu erwähnen ist noch die außerordentlich starke Linksdrehung der Kollagene. Für lösliches Kollagen aus Kalbshaut wurde z. B. $[\alpha]_D = -415°$ bestimmt. Bei der Überführung des Kollagens in Gelatine sinkt dieser Wert auf $-110°$ bis $-140°$. Der hohe Drehwert geht auf die durch den hohen Gehalt an Prolin und Hydroxyprolin bedingte besondere Struktur der Peptidketten des Kollagens zurück (vgl. S. 227).

b) Lichtabsorption

Die Proteine zeigen im UV-Bereich charakteristische Absorptionsbanden. Die starke Bande im Bereich von 180—230 mμ ist durch die CO—NH-Bindung bedingt. Die Absorption im Bereich von 250—300 mμ (Maximum bei 280 mμ) geht auf den Gehalt an aromatischen Aminosäuren (Phenylalanin, Tyrosin, Tryptophan) zurück. Die Absorption dieser Aminosäuren ist im Peptidverband im Vergleich zum freien Zustand etwas nach längeren Wellenlängen verschoben. Das Ausmaß der Verschiebung wechselt von Protein zu Protein. Im stark alkalischen Bereich (pH 11—13) macht sich die Dissoziation der Hydroxygruppe des Tyrosins in einer charakteristischen Verschiebung der Absorptionsbande bemerkbar. Die Messung der UV-Absorption gestattet die *Bestimmung von Tyrosin und Tryptophan* in Proteinen. Eine Übersicht über die UV-Spektren von Proteinen findet sich bei D. B. WETLAUFER (1962).

Die *Infrarot-Spektroskopie* von Peptiden hat in letzter Zeit an Bedeutung gewonnen. Die meisten Untersuchungen wurden bisher an Faserproteinen und an synthetischen Polypeptiden im festen Zustand durchgeführt. Bei der Untersuchung von wäßrigen Proteinlösungen machen sich die intensiven Absorptionsbanden des Wassers störend bemerkbar. Aus den Infrarotspektren sind wichtige Hinweise auf Orientierung und Konfiguration der Peptidketten zu entnehmen.

Zusammenfassend berichten P. DOTY u. E. P. GEIDUSCHEK (1953) und R. D. B. FRAZER (1960) über die optischen Eigenschaften von Proteinen.

4. Molekülgröße und Molekülgestalt

Aussagen über Größe und Gestalt von Proteinmolekülen sind mit verschiedenen Methoden möglich, z. B. mit Hilfe chemischer Methoden (minimale Molekulargewichte), durch Messungen des osmotischen Drucks, der Diffusion, der Sedimentation, der Viscosität. Im folgenden werden die wichtigsten Methoden und die mit ihrer Hilfe erhaltenen Ergebnisse kurz behandelt.

a) Minimale Molekulargewichte aus analytischen Daten

Bei einem einheitlichen Protein muß die Anzahl der einzelnen Aminosäurereste oder anderer Gruppen (prosthetischer Gruppen, ionisierbarer Gruppen) ganzzahlig sein. Anhand der analytischen Daten ist also eine Berechnung des Äquivalentgewichts, d. h. des *minimalen Molekulargewichts* möglich. Das tatsächliche Molekulargewicht kann ein Vielfaches dieses Minimalgewichts sein.

Der Eisengehalt des Hämoglobins von Säugetieren ist z. B. 0,335%. Zusammen mit dem Atomgewicht des Eisens (55,85) ergibt sich das minimale Molekulargewicht des Hämoglobins zu $55{,}85 \times 100/0{,}335 = 16700$. Aus anderen Daten ist bekannt, daß pro Molekül 4 Atome Eisen vorliegen. Das Molekulargewicht des Hämoglobins ist also $16700 \times 4 = 66800$. In ähnlicher Weise ist die Kalkulation eines minimalen Molgewichts aus Aminosäureanalysen und aus Titrationsdaten möglich.

b) Osmotischer Druck; Donnan-Gleichgewichte

Molekulargewichtsbestimmungen aus der Siedepunktserhöhung sind bei Proteinen nicht möglich, da viele Proteine beim Siedepunkt des Wassers oder eines anderen geeigneten Lösungsmittels bereits denaturiert sind. Infolge der hohen Molekulargewichte sind auch die auftretenden Temperaturdifferenzen sehr klein. Die Gefrierpunktserniedrigung einer 1%igen Lösung von Ovalbumin beträgt z. B. $\Delta T = 0{,}0005°$ C. Der osmotische Druck der gleichen Lösung liegt dagegen bei 50 mm Wassersäule.

Die gemessenen Werte sind von der Proteinkonzentration abhängig. Es gilt deshalb:

$$\lim_{c \to 0} \frac{\Pi}{R T c} = \frac{1}{M} .$$

Das Molekulargewicht ergibt sich durch Extrapolation der bei verschiedenen Konzentrationen gemessenen Werte auf die Konzentration $c = 0$. Wenn die Messung nicht in der Nähe des isoelektrischen Punktes erfolgt, dann werden infolge von *Donnan-Membran-Potentialen* zu hohe Werte gefunden. Derartige *Donnan-Gleichgewichte* treten immer dann auf, wenn eine Membran für eine Ionenart durchlässig, für eine andere Ionenart aber undurchlässig ist. Liegt z. B. auf der linken Seite einer Membran ein Protein in der Konzentration c_1 als $Prot^+Cl^-$ vor und auf der rechten Seite der Membran Na^+Cl^- in der Konzentration c, dann wird nach Erreichen des Gleichgewichts die Konzentration an $Prot^+Cl^-$ weiterhin gleich c_1 sein; die Konzentration an Na^+Cl^- soll links c'_1 und rechts c_2 sein. Die Arbeit für den Durchtritt von Na^+ ist:

$$R T \ln \frac{c'_1}{c_2},$$

und die Arbeit für den Durchtritt von Cl^- ist:

$$RT \ln \frac{c_1 + c'_1}{c_2}.$$

Da Gleichgewicht in bezug auf den Durchtritt von Na^+Cl^- herrschen muß, ist die Summe dieser Arbeiten gleich Null:

$$RT \left(\ln \frac{c'_1}{c_2} + \ln \frac{c_1 + c'_1}{c_2}\right) = 0$$

Daraus folgt:

$$\ln \frac{c'_1}{c_2} + \ln \frac{c_1 + c'_1}{c_2} = \ln 1$$

und:

$$c'_1 (c_1 + c'_1) = c_2^2$$

Das Produkt der Konzentrationen der diffusiablen Ionen auf der einen Seite der Membran ist also gleich dem Produkt der Konzentrationen der diffusiablen Ionen auf der anderen Seite der Membran. Daraus folgt, daß bei hohen Konzentrationen von $Prot^+Cl^-$ gegenüber Na^+Cl^- ($c_1 \gg c_2$) der Übergang von NaCl nach der linken Seite der Membran praktisch verhindert wird. Es tritt ein hohes Membranpotential auf. Wenn dagegen die Na^+Cl^--Konzentration rechts der Membran hoch ist gegenüber der Konzentration an $Prot^+Cl^-$, dann ist die Konzentration an Na^+Cl^- im Gleichgewicht praktisch auf beiden Seiten gleich groß. Das auftretende Membranpotential ist sehr klein. (Vgl. zu diesem Abschnitt: G. S. ADAIR 1960).

c) Diffusion

Die in der Zeit dt durch den Querschnitt Q diffundierende Stoffmenge dS ist nach dem 1. Fickschen Gesetz

$$\frac{dS}{dt} = -DQ\frac{dc}{dx} \tag{1}$$

$\frac{dc}{dx}$ ist das Konzentrationsgefälle und D die Diffusionskonstante. Die Diffusionskonstante D ist abhängig von Größe und Form der diffundierenden Moleküle. Für verdünnte Lösungen von Nichtelektrolyten gilt:

$$D = \frac{kT}{f} \tag{2}$$

(k ist die Boltzmann-Konstante und f der molekulare Reibungskoeffizient). Für große kugelförmige Moleküle ist

$$f = 6\pi\eta r \tag{3}$$

worin η die Viscosität des Lösungsmittels und r der Radius des Moleküls ist. Das spezifische Volumen eines kugelförmigen Moleküls ist

$$V = \frac{4}{3}\pi r^3 \frac{N}{M} \tag{4}$$

(N ist die Loschmidtsche Zahl und M das Molekulargewicht).

Ersetzt man f in Gleichung (2) durch die Beziehungen (3) und (4), so ergibt sich die Diffusionskonstante für kugelförmige Moleküle:

$$D = \frac{k \cdot T}{6\pi\eta\sqrt[3]{\frac{3\,VM}{4}}} \tag{5}$$

Bei bekannter Diffusionskonstante ist a Gleichung (5) das *Molekulargewicht* berechenbar. Bedeutungsvoller ist aber bei bekanntem Molekulargewicht eine Aussage über die *Form des Moleküls*. Bei nicht kugelförmigen Molekülen ändert sich nämlich der Reibungskoeffizient und damit die Diffusionskonstante. Ein Maß für die Abweichung eines Moleküls von der Kugelgestalt ist der Reibungsquotient:

$$\frac{D_0}{D} = \frac{f}{f_0}$$

D_0 bzw. f_0 sind die bei bekanntem Molekulargewicht aus Gleichung (5) zu berechnenden Größen für ein Kugelmolekül, D bzw. f die gemessenen Größen. Der Reibungsquotient, der also für Kugelmoleküle 1 ist, ist z. B. für ein langgestrecktes Rotationsellipsoid (Achsenverhältnis $a : b = 100$) $f/f_0 = 4{,}07$, für ein flaches Ellipsoid (Achsenverhältnis $a : b = 0{,}10$) $f/f_0 = 1{,}46$. Aus dem Wert f/f_0 folgt also das Achsenverhältnis des Moleküls. Die Erhöhung des Reibungsquotienten kann auch durch Hydratation bedingt sein. Bei einem Hydratationsgrad von 40% ist f/f_0 z. B. bei einem Kugelmolekül nicht mehr 1, sondern 1,15. Der Hydratationseffekt ist aber von dem Effekt zu trennen, der durch die Abweichung von der sphärischen Form bedingt ist, denn es gilt:

$$f/f_0 = (f/f_e)\,(f_e/f_0)$$

Der Hydratationseffekt, f/f_e, ist durch die Beziehung:

$$f/f_e = \left(1 + \omega\sqrt{\bar{v}\varrho}\right)^{1/3}$$

zugänglich (ω : g Wasser gebunden pro g Protein; ϱ: Dichte des gebundenen Wassers; $\bar{v}$: partielles spezifisches Volumen). Zusammenfassend berichten H. SVENSSON u. T. E. THOMPSON (1960) über Diffusionsmessungen an Proteinen. In

Tabelle 9. *Reibungsquotienten (f/f_0), Diffusionskonstanten (D), Sedimentationskonstanten (S), Molekulargewichte (M) und Viscositätsinkremente (v) einiger Proteine.* (Nach K. HANNIG 1956)

Protein	f/f_0	$D_{20} \times 10^7$	$S_{20} \times 10^{13}$	$M \times 10^{-3}$	v
Ovalbumin	1,16	3,96—4,14	3,34	40,5	5,7
Lactalbumin	1,16	10,60	1,90	17,40	—
Serumalbumin (Rind) . .	1,30	6,15	4,31	65,4	—
Cytochrom c (Pferdeherz)	1,00	13,0	2,1	13,4	—
Fibrinogen (Rind) . . .	2,34	2,02	7,9	330	37
γ-Globulin (Pferd) . . .	1,44	4,05	6,9	167	—
β-Lactoglobulin	1,26	7,30	3,12	41,5	6,0
Myosin-L (Kaninchen-muskel)	6,3	0,45	6,67	1446	—
Zein	2,40	4,00	1,90	50,0	—
Edestin	1,21	3,93	12,8	310	—

Tab. 9 sind die Diffusionskonstanten D und die Reibungsquotienten f/f_0 einiger Proteine zusammengestellt.

d) Sedimentation

Molekulargewichtsbestimmungen mit Hilfe der Ultrazentrifuge sind sowohl durch Messung der *Sedimentationsgeschwindigkeit* als auch durch Messung des *Sedimentationsgleichgewichts* möglich. Die Sedimentationsgeschwindigkeit ist:

$$\frac{dx}{dt} = \frac{\varphi}{F} = \frac{\varphi D}{RT} \tag{1}$$

(φ: Zentrifugalkraft, F: Reibungswiderstand, D: Diffusionskonstante).

Die Zentrifugalkraft ist

$$\varphi = \omega^2 \cdot x \cdot M \cdot (1 - \mathrm{V}) \tag{2}$$

(ω: Winkelgeschwindigkeit; x: Abstand von der Zentrifugenachse; M: Molekulargewicht des gelösten Stoffes; $V = V_m \cdot \varrho$: Gewicht des von 1 Mol gelösten Stoffes verdrängten Lösungsmittels).

Durch Einsetzen von (2) in (1) folgt:

$$\frac{dx}{dt} = \frac{D}{RT} \cdot \omega^2 \cdot x \cdot M \cdot (1 - V) \tag{3}$$

Der Ausdruck $\frac{dx}{dt} / \omega^2 x$ wird als Sedimentationskonstante S bezeichnet. S ist also die Sedimentationsgeschwindigkeit bei der Einheit der Zentrifugalbeschleunigung. Für das Molekulargewicht eines Stoffes folgt aus (3):

$$M = \frac{RTS}{D(1 - V)} \tag{4}$$

Die Sedimentationskonstante S liegt für Proteine im Bereich von $1—200 \times 10^{-13}$ cm/sec. Eine Konstante von 10^{-13} wird als *Svedberg-Einheit* bezeichnet. Aus der Gleichung (4) ist zu ersehen, daß für die Molekulargewichtsbestimmung aus der Sedimentationsgeschwindigkeit die Diffusionskonstante des Proteins im gleichen Lösungsmittel bekannt sein muß. Bei der Berechnung aus Messungen des

Sedimentationsgleichgewichts ist dagegen die Diffusionskonstante nicht erforderlich.

Wenn ein Schwerefeld auf Moleküle in Lösung einwirkt, dann sind Wanderung in Kraftrichtung und Diffusion überlagert. Gleichgewicht besteht, wenn die am Ort der Konzentration c durch den Querschnitt Q infolge der Zentrifugalkraft hindurchtretende Stoffmenge, $\frac{dx}{dt} \cdot c \cdot Q$, der infolge Diffusion hindurchtretenden Menge, $-DQ\frac{dc}{dx}$, entspricht. Es muß also sein:

$$\frac{\varphi D}{RT} c \cdot Q = D \cdot Q \cdot \frac{dc}{dx} \tag{5}$$

Wird der Ausdruck für φ aus Gleichung (2) eingesetzt, dann folgt:

$$\frac{dc}{dx} = \frac{c}{RT} \cdot \omega^2 \cdot x \cdot M \cdot (1 - V)$$

Durch Integration zwischen den Grenzen x_1, x_2 und c_1, c_2 ergibt sich für das Molekulargewicht:

$$M = \frac{2\,RT \ln c_2/c_1}{(1 - V)\,(x_2^2 - x_1^2)}$$

Es müssen also mindestens zwei Konzentrationen (c_1 und c_2) in zwei verschiedenen Abständen (x_1 und x_2) von der Achse der Zentrifuge bestimmt werden. Bei Proteingemischen ändert sich M mit x.

In Tab. 9 auf S. 220 sind die Sedimentationskonstanten und die Molekulargewichte einiger Proteine zusammengestellt. S. Claesson und I. Moring-Claesson (1960) berichten zusammenfassend über Ultrazentrifugation. Vgl. auch Band II/1.

e) Viscosität

Ähnlich wie aus Diffusionsmessungen sind Aussagen über die Form von Makromolekülen auch aus Viscositätsmessungen möglich. Das *Viscositätsinkrement*

$$\nu = \frac{1}{\psi}\left(\frac{\eta}{\eta_0} - 1\right)$$

(ψ: Anteil am Gesamtvolumen, der von gelösten Molekülen beansprucht wird; η_0: Viscosität des Lösungsmittels; η: Viscosität der Lösung) ist für kugelförmige Moleküle (und kleine Werte von ψ) $\nu = 2{,}5$. Die Viscosität nichtkugelförmiger Moleküle ist immer größer. Für langgestreckte Ellipsoide ($a : b = 100$) ist $\nu = 593{,}00$, für flache Ellipsoide ($a : b = 0{,}10$) ist $\nu = 8{,}04$. Aus dem Viscositätsinkrement ergibt sich also ebenfalls das Achsenverhältnis eines Moleküls. In Tab. 9 auf S. 220 sind die ν-Werte einiger Proteine enthalten. Zusammenfassend berichtet A. M. Kragh (1960) über Viscositätsmessungen an Proteinen. Vgl. auch Band II/1 und J. Tsi Yang (1961).

f) Weitere Methoden

Informationen über die Größe und Gestalt von Proteinmolekülen sind weiterhin z. B. aus Messungen der *Lichtstreuung*, der *Strömungsdoppelbrechung*, der *dielektrischen Dispersion* und der *Spreitung zu monomolekularen Filmen* sowie durch *Elektronenmikroskopie* zu erhalten. Zu diesen Methoden vgl. K. A. Stacey (1960), J. T. Edsall (1953), H. Sobotka u. H. J. Trurnit (1960), M. S. C. Birbeck (1960). Auf Ergebnisse der *Röntgenstrukturanalyse* wird unten näher eingegangen (vgl. 5. Struktur).

g) Ergebnisse

In Abb. 5 sind die relativen Abmessungen einiger Proteinmoleküle wiedergegeben.

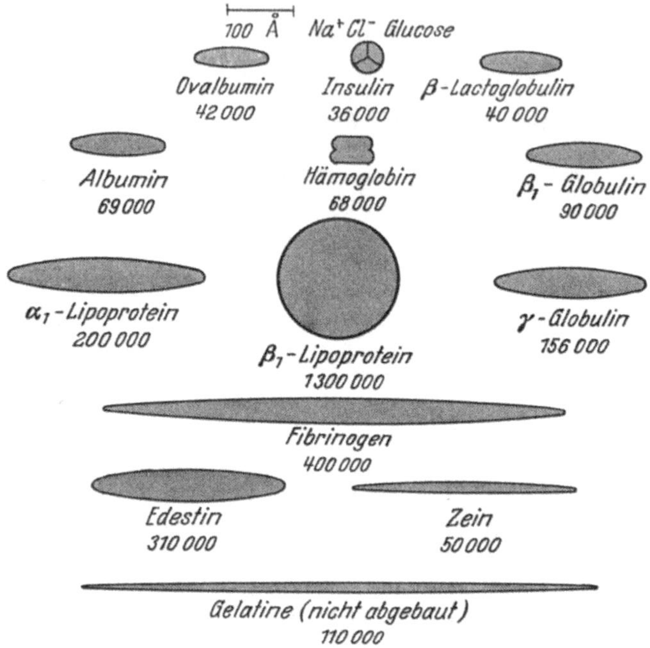

Abb. 5. Relative Abmessungen einiger Proteinmoleküle. (Aus FLASCHENTRÄGER/LEHNARTZ, Physiologische Chemie, Lehr- und Handbuch für Ärzte, Biologen und Chemiker. Springer-Verlag Berlin 1951).

5. Struktur

Die Proteine sind wie die Peptide aus säureamidartig miteinander verknüpften Aminosäuren aufgebaut (vgl. S. 196). Nach einem Vorschlag von K. LINDERSTRÖM-LANG (1952) unterscheidet man bei Proteinen zwischen verschiedenen Strukturelementen. Das erste Strukturelement ist die Reihenfolge der Aminosäuren in den Peptidketten, die *Aminosäuresequenz*, die auch als *Primärstruktur* bezeichnet wird. Methoden zur Sequenzanalyse wurden bereits im Abschnitt über Peptide (vgl. S. 198) behandelt. Ein Proteinmolekül kann aus *einer* Peptidkette (wie z. B. Myoglobin, vgl. S. 243) oder auch aus *mehreren* Peptidketten (vgl. z. B. Insulin, S. 203, oder Hämoglobin, S. 240) aufgebaut sein. Mehrere Peptidketten können sowohl durch kovalente Bindungen (Disulfidbrücken beim Insulin, S. 205) als auch durch zwischenmolekulare Kräfte (Hämoglobin, S. 240, Kollagen, S. 259) zusammengehalten werden. Das zweite Strukturelement, die *Sekundärstruktur*, betrifft die Anordnung der Peptidketten im Raum, d. h. ihre Anordnung als ungeordnete Knäuel, als gestreckte Ketten oder als Schrauben. Schließlich wird die Anordnung mehrerer Ketten oder Kettenbruchstücke im Gesamtmolekül als *Tertiärstruktur* bezeichnet.

Da die genannte Terminologie verschiedentlich uneinheitlich verwendet wird – Disulfidbrücken werden z. B. zum Teil der Primärstruktur zugerechnet, zum Teil aber auch der Tertiärstruktur – wurde von D. B. WETLAUFER (1961) vorgeschlagen, die Begriffe "*chain sequence*" (Kettensequenz) für die Aminosäuresequenzen in den Peptidketten und "*chain conformation*" (Kettenkonformation) für die Anordnung der Peptidketten und Seitenketten der Aminosäurereste im Raum einzuführen. Der zweite Begriff wird unterteilt in "*side chain conformation*" und "*peptide chain conformation*" oder "*back bone conformation*". Hier wird die in der Literatur heute noch allgemein verbreitete Terminologie von LINDERSTRÖM-LANG verwendet.

Während die Ermittlung der Primärstruktur eines Proteins heute noch überwiegend mit chemischen Methoden erfolgt (vgl. aber S. 243), sind Einblicke in die Sekundär- und Tertiärstruktur nur mit physikalischen Methoden möglich. Die wichtigsten Methoden sind *Röntgenstrukturanalyse*, *Infrarotspektroskopie* und *Elektronenmikroskopie*. Im folgenden werden einige Ergebnisse derartiger Strukturuntersuchungen an *Faserproteinen* und *Sphäroproteinen* geschildert.

a) Faserproteine

Auf Grund der Röntgenstrukturanalyse lassen sich zwei Gruppen von Faserproteinen unterscheiden:

α) die Gruppe *Keratin-Myosin-Fibrinogen*,

β) die Gruppe der *Kollagene*.

Ein wesentliches Merkmal der Proteine der ersten Gruppe ist ihre Streckbarkeit. Ihre Röntgendiagramme entsprechen weitgehend denen des ungestreckten Säugetierhaares *(α-Keratin)*. Im gestreckten Zustand geben sie Röntgendiagramme, die denen des gestreckten Haares *(β-Keratin)* entsprechen. Einige Proteine der ersten Gruppe kommen in der gestreckten β-Form vor *(Seidenfibroin, Federkeratine)*. Untersuchungen an synthetischen Polypeptiden mit uniformen Seitenketten (Polyaminosäuren) ergaben ebenfalls – analog dem Keratin – zwei Strukturformen (α- und β-Form). Diese Peptide können je nach der Art des verwendeten Lösungsmittels in der einen oder anderen Form gefällt werden. Aus m-Kresol wird z. B. im allgemeinen die α-Form, aus Ameisensäure meist die β-Form erhalten.

Die Proteine der zweiten Gruppe sind nicht streckbar, obwohl sie in heißem Wasser schrumpfen. Ihre Röntgendiagramme weichen von denen der ersten Gruppe ab.

α) Keratingruppe

β-Keratin gibt von allen Faserproteinen das einfachste Röntgendiagramm. Aus dem Abstand der Interferenzflecke ergeben sich in Richtung der Faserachse Identitätsperioden von 3,32 Å und senkrecht zur Faserachse solche von 4,65 Å und 9,7 Å. Die Abstände von 3,32 Å längs der Achse entsprechen den in einer völlig gestreckten Peptidkette zu erwartenden Strecken zwischen zwei sich entsprechenden Punkten der Kette in zwei aufeinanderfolgenden Aminosäureresten nicht völlig. In Abb. 6 sind die Dimensionen einer derartigen gestreckten Kette angegeben.

Die Diskrepanz zwischen der gemessenen Identitätsperiode von 3,32 Å und der bei der gestreckten Kette auftretenden Periode von 3,64 Å führte zum Modell der *Faltblattstruktur* ("pleated sheet").

Aus Abb. 7 ist zu ersehen, daß die Kette jeweils am α-C-Atom der Aminosäurereste geknickt ist; die Seitenketten ragen nach oben und nach unten aus dem Faltblatt heraus. Die Identitätsperiode der Faltblattstruktur (3,34 Å) stimmt gut mit dem am β-Keratin gemessenen Wert überein.

Mehrere Ketten können im Faltblatt parallel oder antiparallel angeordnet sein (Abb. 8a und b). Bei paralleler Anordnung beträgt die Distanz zwischen entsprechenden Peptidgruppen 3,25 Å, bei anti-paralleler Anordnung 3,5 Å.

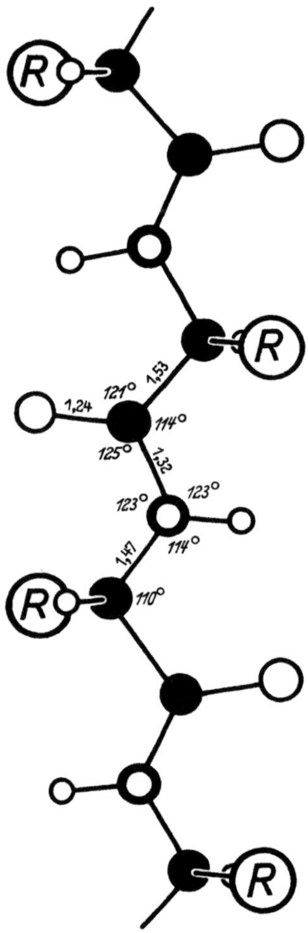

Abb. 6. Struktur einer gestreckten Peptidkette. R = Seitenkette. (Nach R. B. COREY u. L. PAULING aus H. ZAHN u. W. GESIERICH 1956).

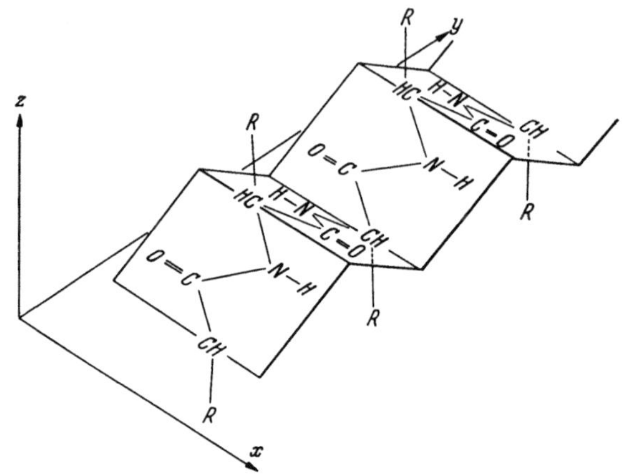

Abb. 7. Faltblattstruktur einer Peptidkette ("pleated sheet") (Nach L. PAULING u. R. B. COREY 1951)

Für *Seidenfibroin* von *Bombyx mori* wird eine antiparallele, für *β-Keratin* eine parallele Faltblattstruktur angenommen. Die Distanz der Peptidketten innerhalb eines Faltblatts variiert mit der Größe der Seitenketten *R* nur unerheblich. Die Distanz zwischen zwei Schichten ist dagegen erheblich von *R* abhängig, da die Reste nach oben und unten aus den einzelnen Schichten herausragen. Sie beträgt z. B. bei *Polyglycin* 3,44 Å, bei *β-Polyalanin* und *Tussah-Seide* 5,35 Å, bei *Bombyx-Seide* 4,3 Å und bei *β-Keratin* 9,8 Å.

Die Röntgenbeugungsdiagramme des kontrahierten Keratintyps, des *α-Keratins*, sind komplizierter als die des *β*-Typs. Es ergeben sich zwei charakteristische Abstände von 1,5 Å und 5,15 Å längs der Achse und zwei Perioden von 4,65 Å und 9,8 Å senkrecht zur Faserrichtung. Der reversible Übergang zwischen *α*-Form und *β*-Form führte zu der Vorstellung, daß die in der *β*-Form fast völlig gestreckten Peptidketten (Faltblattstruktur) beim Übergang in die *α*-Form stärker gefaltet werden.

Den experimentellen Befunden entspricht am besten die von L. PAULING u. D. B. COREY (1951a, b, c) entwickelte *α-Helix*. In Abb. 9 ist eine linksgängige und eine rechtsgängige Helix wiedergegeben. Bei diesem Modell folgt die Peptidkette einer Spirale, die pro Umdrehung 3,6 Aminosäurereste enthält. Der Abstand pro Umdrehung ist 5,4 Å. Je Aminosäurerest ist demzufolge ein Fortgang in der Faserrichtung von 5,4 : 3,6 = 1,5 Å gegeben. Die *α*-C-Atome befinden sich auf dem Mantel eines Zylinders vom Radius 2,3 Å. Die Struktur wird durch Wasser-

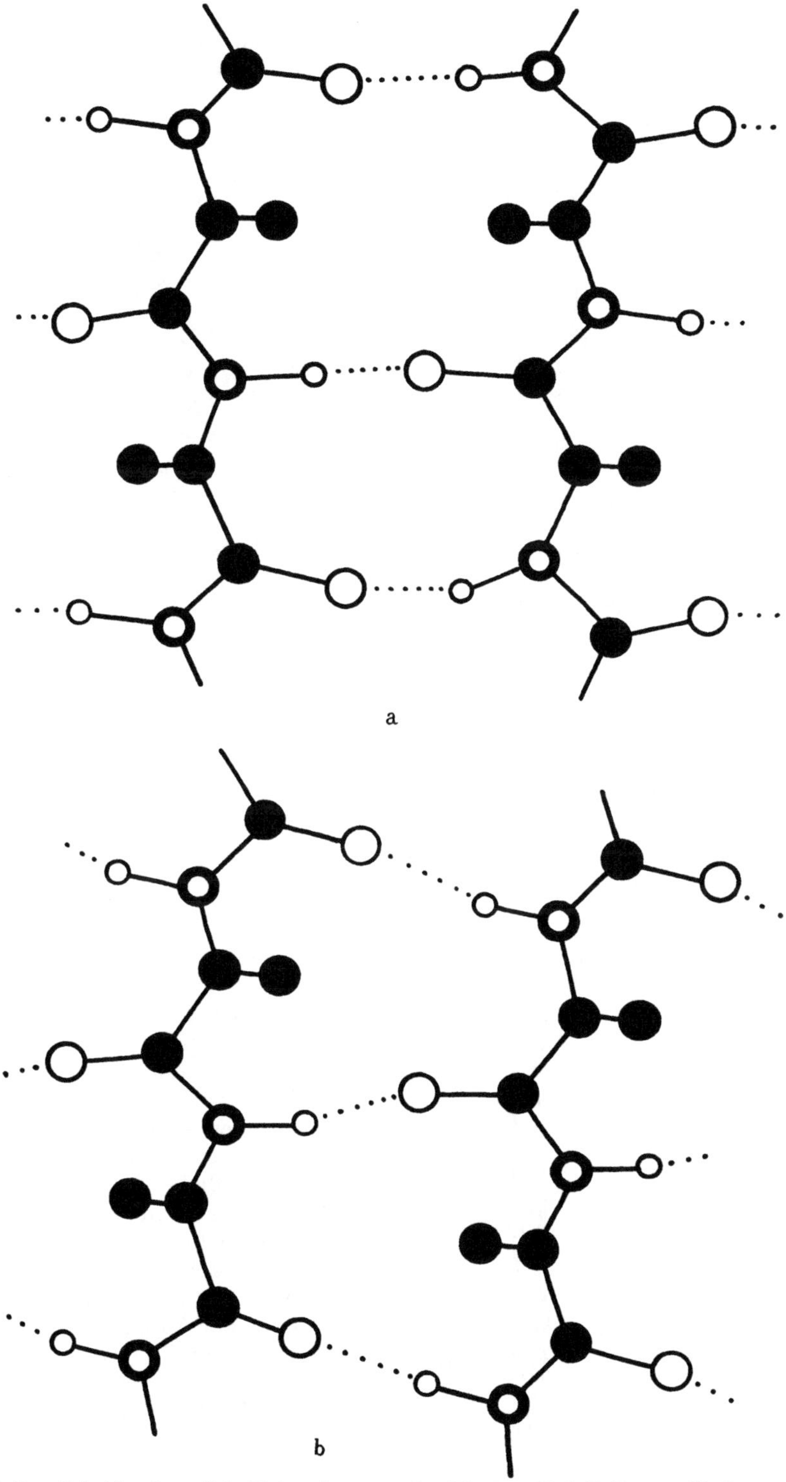

Abb. 8. Antiparallele (a) und parallele (b) Anordnung von Peptidketten. (Nach H. ZAHN u. W. GESIERICH 1956)

stoffbrückenbindungen von den NH-Gruppen jeweils zu der CO-Gruppe des dritten folgenden Aminosäurerestes stabilisiert (vgl. Abb. 9). Die Stabilisierung erfolgt

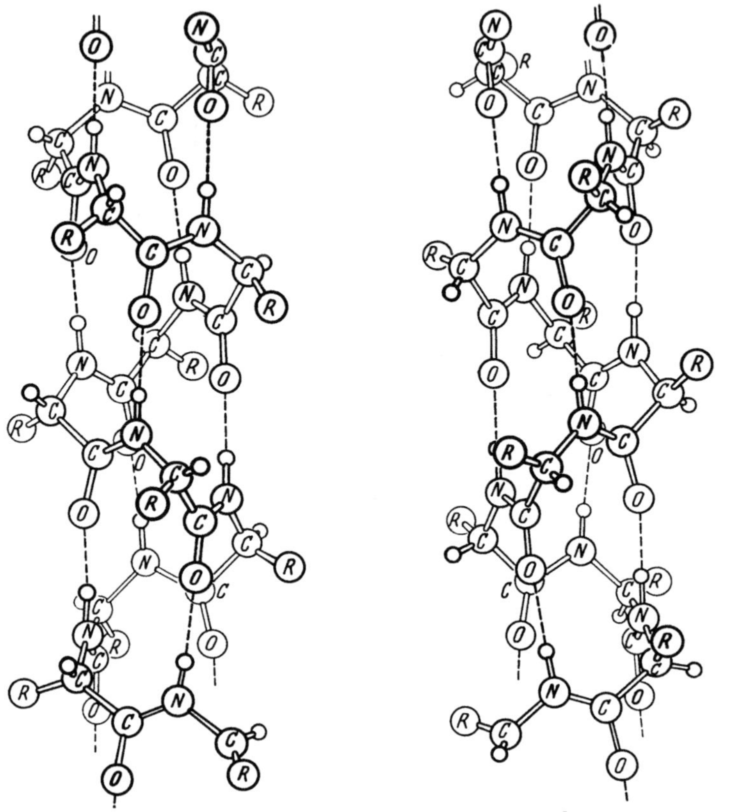

a b

Abb. 9. α-Helix-Struktur einer Peptidkette. (Nach F. H. C. CRICK u. J. C. KENDREW 1957)
a: linksgängige Helix, b: rechtsgängige Helix

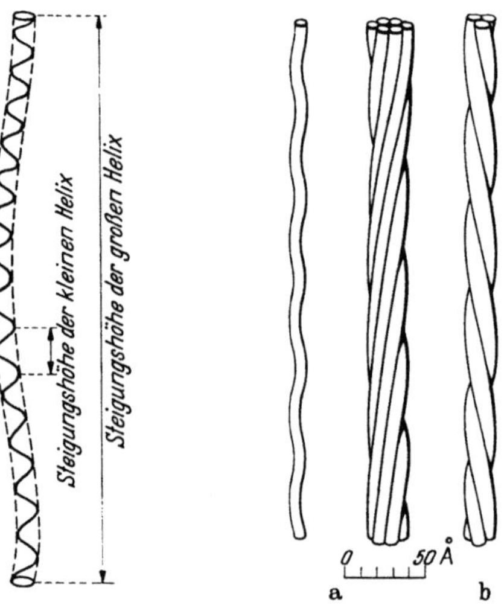

a b

Abb. 10. Große Helix, AB_6-Struktur (a) und 3fach-Struktur (b). (Nach F. H. C. CRICK u. J. C. KENDREW 1957)

also bei der Helix durch Wasserstoffbrükken zwischen Gruppen der *gleichen* Kette, während sich bei den Faltblattstrukturen die Wasserstoffbrücken zwischen *benachbarten* Ketten ausbilden. Für Peptide aus L-Aminosäuren ist die rechtsgängige Helix wahrscheinlicher.

Da die α-Helix nicht genau die experimentell gefundenen Perioden von 5,15 Å längs der Faserachse erklärt (die Fortbewegung in Richtung der Faserachse ist bei dem Modell der Abb. 9 pro Umdrehung 5,4 Å), verfeinerten L. PAULING u. D. B. COREY (1953) ihr Modell, indem sie annahmen, daß die Achse der α-Helix selbst eine Helix mit größerem Gang ist (Identitätsperiode: 200—400 Å und Radius: 6—10 Å). Bei einem Radius von 10 Å ist es möglich, daß sich 6 große Spiralen um eine *gerade* Helix zu einem AB_6-*Kabel* legen; bei einem Radius von 6 Å ist eine Struktur von drei umeinander gedrehten Einzelspiralen *(Dreifach-Struktur)* möglich (Abb. 10).

β) Kollagen-Gruppe

Kollagen ergibt bei der Röntgenstrukturanalyse Abstände von 2,86 Å längs der Faserachse und Abstände von 10 Å und 4,4—4,6 Å senkrecht dazu. Die sehr

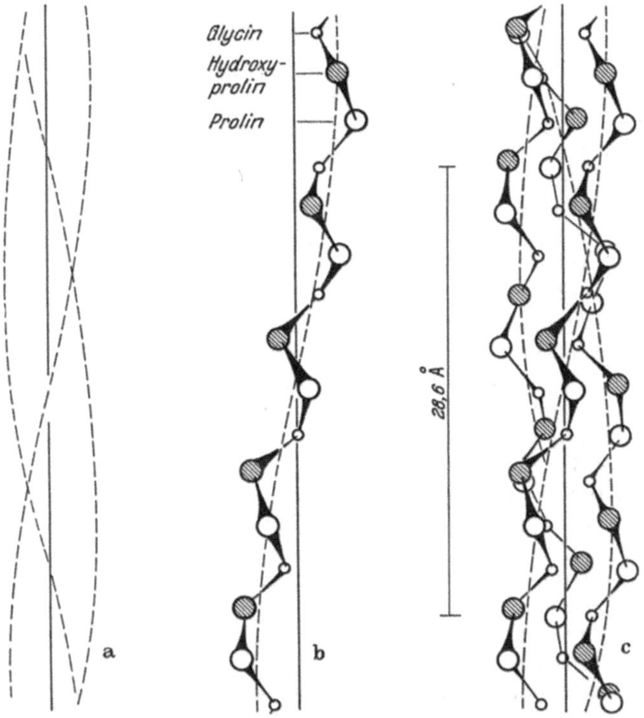

Abb. 11. Struktur des Kollagens (aus Gründen der Übersicht sind nur die α-C-Atome abgebildet). Die verbindenden Peptidgruppen sind als kurze, gerade Linien gezeichnet. In a) zeigen die punktierten Linien die Laufrichtung der drei Polypeptidketten um die gedachte Achse (ausgezogene Linie); in b) ist nur eine der drei Ketten gezeigt, um zu erläutern, wie sie sich rund um die punktierte Linie windet; in c) sind alle 3 Ketten eingezeichnet. Die kleinen Kreise zeigen die Stellung des Glycins, die großen die Stellen, an denen Prolin und Hydroxypyrolin (schraffiert) meist gefunden werden. Man beachte die sich wiederholenden Sequenzen der Stellungen. (Nach F. H. C. Crick u. J. C. Kendrew 1957)

kurzen Perioden in Faserrichtung gehen wahrscheinlich auf den hohen Gehalt an Prolin und Hydroxyprolin zurück. A. Rich u. F. H. C. Crick haben verschiedene Modelle konstruiert, von denen der Struktur II die größte Wahrscheinlichkeit zukommt (vgl. dazu W. F. Harrington u. P. H. von Hippel 1961). In dieser Struktur (Abb. 11) sind drei Peptidketten, aufgebaut aus Tripeptideinheiten vom Typ —Gly—A_1—A_2— [A_1 und A_2 sind beliebige Aminosäuren einschließlich Prolin (A_1) und Hydroxyprolin (A_2)], um eine gemeinsame Achse gewunden. Jede einzelne Peptidkette hat ihrerseits eine helixartige Achse. Zusammengehalten werden die Ketten durch H-Brücken, an denen die NH-Gruppen der Glycinreste beteiligt sind.

b) Globuläre Proteine (Sphäroproteine)

Die Vorstellungen über die Struktur der Peptidketten in den löslichen globulären Proteinen sind – mit einigen Ausnahmen – noch nicht so weit entwickelt, wie die über die Strukturen der Faserproteine. Die wichtigste Methode ist auch hier die Röntgenstrukturanalyse, und zwar von Proteinkristallen. Ein wichtiges Strukturelement ist auch bei Sphäroproteinen die α-Helix. Wahrscheinlich wechseln innerhalb der Peptidketten Helix-Abschnitte mit weniger geordneten Abschnitten (vgl. dazu S. 216). Am besten bekannt sind die Strukturen von *Myoglobin* und *Hämoglobin*. M. F. PERUTZ u. J. C. KENDREW konnten für diese beiden Proteine Modelle entwickeln, die die Anordnung der Peptidketten im Raum wiedergeben (vgl. dazu Abb. 13, S. 243 und Abb. 14, S. 244).

6. Denaturierung

Die Denaturierung von Proteinen ist im allgemeinen nicht von der Lösung kovalenter Bindungen begleitet, sondern von Änderungen, die die Sekundär- und Tertiärstruktur betreffen. Der Übergang der Peptidketten in einen weniger geordneten Zustand äußert sich in Änderungen der physikalischen Eigenschaften und auch in Änderungen der chemischen Reaktionsfähigkeit. Erhitzen von Proteinlösungen in der Nähe des isoelektrischen Punktes führt bei vielen Proteinen zu einer *Coagulation* im Bereich um 60° C. Die hitzecoagulierten Proteine sind dann meist unlöslich in Wasser und in verdünnten Salzlösungen, löslich dagegen vielfach unter extremeren Bedingungen (in Säure und Alkali oder in konz. Harnstofflösung). Eine Denaturierung wird nicht nur durch Erhitzen, sondern auch durch UV-Strahlung, durch ionisierende Strahlen (α-, β- und γ-Strahlung), durch Ultraschall, durch organische Lösungsmittel (Alkohol, Aceton), durch Fällungsmittel (Phosphorwolframsäure, Sulfosalicylsäure) und durch große Oberflächen (Oberflächendenaturierung bei Schäumen) bewirkt. Die Denaturierung ist nicht immer von einer Coagulation begleitet.

Charakteristisch für die Denaturierung sind neben Änderungen der Löslichkeit auch Änderungen anderer physikalischer Eigenschaften. Bei Sphäroproteinen ist vielfach eine Herabsetzung der Diffusionskonstanten und eine Erhöhung der Viscosität zu beobachten, die auf eine Entfaltung der Peptidketten deutet. In gleicher Richtung liegt auch die Erhöhung der spezifischen Drehung (vgl. S. 216). Bei gestreckten Proteinen tritt umgekehrt meist eine Erhöhung der Diffusionskonstanten und eine Senkung der Viscosität ein. Ein Merkmal für eingetretene Denaturierung ist vielfach auch der Verlust der Kristallisierbarkeit.

Die mit der Denaturierung verbundene Entfaltung von Peptidketten äußert sich chemisch vielfach in einer „*Demaskierung*“ reaktiver Gruppen. Es werden z. B. *Sulfhydrylgruppen*, *Disulfidgruppen* und *Imidazolgruppen* analytisch erfaßbar, die sich im nativen Zustand dem Nachweis entzogen. Die Angreifbarkeit durch Enzyme ist im denaturierten Zustand meist größer.

Bei biologisch aktiven Proteinen ist die Denaturierung im allgemeinen mit einem Verlust der Aktivität oder z. B. auch mit einem Verlust der serologischen Spezifität verbunden.

In manchen Fällen kann unter gewissen Bedingungen eine vorsichtige Denaturierung erfolgen, die eine anschließende Reaktivierung ermöglicht.

III. Chemische Umsetzungen

1. Fällungs- und Farbreaktionen

a) Fällungsreaktionen

Aus wäßriger Lösung sind Proteine durch mit Wasser mischbare organische Lösungsmittel (Alkohol, Aceton, Dioxan) fällbar. Auch Schwermetallsalze (Blei-,

Kupfer-, Uran-, Quecksilber-, Eisen-, Zinksalze) bewirken eine Fällung. Wichtige Fällungsmittel sind weiterhin starke Mineralsäuren (Salzsäure, Salpetersäure, Phosphorsäure), Phosphormolybdänsäure, Phosphorwolframsäure, Silicowolframsäure, Hexacyanoferrat-(II)-säure, Trichloressigsäre, Sulfosalicylsäure, Pikrinsäure, Tannin, Metaphosphorsäure. Perchlorsäure. Viele Proteine lassen sich durch Erhitzen aus der Lösung abscheiden.

b) Farbreaktionen

Viele Farbreaktionen beruhen auf der Anwesenheit bestimmter Aminosäuren im Protein.

Biuretreaktion. Bei Zusatz einer stark verdünnten Kupfersulfatlösung zu einer alkalischen Proteinlösung tritt eine Violettfärbung auf.

Ninhydrinreaktion. Die Reaktion wurde auf S. 175 bereits besprochen.

Xanthoproteinreaktion. Proteinlösungen geben auf Zusatz von starker Salpetersäure eine Gelbfärbung, die im Ammoniakalischen in orange übergeht. Die Reaktion beruht auf der Bildung von Nitroderivaten der aromatischen Aminosäuren (Tyrosin, Tryptophan).

Schwefelbleireaktion. Kochen von Proteinen mit starken Laugen führt zur Zerstörung von Cystin, Cystein und Methionin. In Gegenwart von Bleisalzen scheidet sich schwarzbraunes Bleisulfid ab.

Millonsche Reaktion. Beim Kochen von Proteinlösungen mit Millons-Reagens (einer salpetersauren nitrithaltigen Lösung von Quecksilbernitrat) tritt ein roter Niederschlag auf. Die Reaktion beruht auf der Oxydation von Tyrosin. Sie ist auch zur quantitativen Bestimmung von Tyrosin und Tryptophan zu verwenden.

Diazoreaktion von PAULY. Bei Zugabe von diazotierter Sulfanilsäure zu einer Proteinlösung bildet sich eine kirschrote Färbung, und zwar durch Kupplung mit Tyrosin und Histidin (vgl. S. 177).

Reaktion von ADAMKIEWICZ-HOPKINS: Proteine geben beim Lösen in glyoxylsäurehaltigem Eisessig und Unterschichten mit konz. Schwefelsäure eine violette Färbung. Eine ähnliche Farbreaktion tritt auch mit p-Dimethylaminobenzaldehyd ein. Die Färbung beruht auf der Reaktion von Tryptophanresten mit den Aldehyden (vgl. S. 177).

Sakaguchi-Reaktion. Zusatz von α-Naphthol und Natriumhypobromit zu einer Proteinlösung ergibt eine Rotfärbung bei Anwesenheit von Arginin. Die Reaktion wird auch zur quantitativen Argininbestimmung in Hydrolysaten herangezogen.

2. Umsetzungen an funktionellen Gruppen

Die Reaktionen funktioneller Gruppen wurden bereits im Abschnitt über Aminosäuren (S. 178) ausführlich behandelt. Zur Bestimmung der funktionellen Gruppen in Proteinen (α-Amino-, ε-Amino-, Amid-, Sulfhydryl-, Disulfid-, phenolische Hydroxyl-, Imidazol-, Indol-, Guanidyl-, Carboxyl-Gruppen) vgl. L. D. G. HAMILTON (1960).

3. Hydrolyse

Die *totale* Hydrolyse von Proteinen führt zur Zerlegung in die einzelnen Aminosäuren; sie hat deshalb für die Bausteinanalyse der Proteine große Bedeutung. Meist wird mit *6 n-Salzsäure* (die zur Entfernung von Schwermetallspuren mehrfach destilliert werden muß) hydrolysiert, da diese Säure nach der Hydrolyse gut zu entfernen ist. Vielfach werden verschiedene Zusätze empfohlen (z. B. $SnCl_2$), die aber – von speziellen Fällen abgesehen – keinen Vorteil bieten. Sehr wichtig ist das Einhalten großer Verdünnungen, da dadurch Nebenreaktionen zurückgedrängt werden. Das ist besonders bedeutungsvoll, wenn die zu hydrolysierenden Proteine im Gemisch mit anderen Verbindungen (Kohlenhydraten, Lipiden) vorliegen. Tryptophan wird bei der sauren Hydrolyse weitgehend zerstört und muß gesondert bestimmt werden. Die Verluste an Serin und Threonin (vgl. S. 180) sind durch Verdünnung weitgehend auszuschalten. Bei hohen Genauigkeitsanforderungen werden im allgemeinen die nach 24, 48 und 72 Std Hydrolysendauer erhaltenen Aminosäurewerte auf $t = 0$ extrapoliert.

Große Vorzüge hat die totale *enzymatische Hydrolyse*, da es sich um eine äußerst schonende Methode handelt. R. L. Hill u. W. R. Schmidt (1962) gelang z. B. mit Hilfe von Papain und Leucinaminopeptidase/Prolidase die vollständige Zerlegung von Carboxypeptidase, Enolase, Papain, oxydierter Ribonuclease sowie Corticotropin in die Aminosäuren. Asparagin, Glutamin und Tryptophan wurden in nahezu theoretischer Ausbeute erhalten. Die Methode ist allerdings für Routineuntersuchungen zu aufwendig.

Die *alkalische Hydrolyse* hat geringere Bedeutung, da sie zur Racemisierung und zur Zerstörung von Cystin, Arginin und verschiedenen anderen Aminosäuren führt.

Die *partielle* Hydrolyse von Proteinen durch Einwirkung proteolytischer Enzyme oder auch durch spezifische chemische Reaktionen hat große Bedeutung für die Sequenzanalyse (vgl. S. 198).

Zusammenfassend berichtet R. J. Block (1960) über die Hydrolyse von Proteinen.

IV. Verhalten bei der Lebensmittelverarbeitung

Die Proteine sind als hochmolekulare und labile Stoffe Veränderungen durch physikalische und chemische Einflüsse sehr zugänglich. Auf viele derartige Veränderungen wurde in den vorhergehenden Abschnitten bereits eingegangen. Hier sollen sie unter dem Gesichtspunkt der Lebensmittelverarbeitung nochmals zusammengefaßt werden. Zu unterscheiden ist zwischen erwünschten Veränderungen – z. B. einer Erhöhung der Verdaulichkeit durch Denaturierung – und unerwünschten Veränderungen – z. B. Verlust an essentiellen Aminosäuren, Bildung toxischer Produkte durch chemische Reaktionen, unerwünschte Änderungen von Geruch, Geschmack und Aussehen.

Bei der *Trocknung* und *Lagerung* von proteinhaltigen Lebensmitteln können zum Teil beträchtliche Verluste an essentiellen Aminosäuren auftreten. *Erhitzen* führt zu Schädigungen, da viele Reaktionen mit anderen Stoffen bei erhöhter Temperatur begünstigt sind (Reaktionen mit Kohlenhydraten, Lipiden). Über die hier eintretende „Maillard-Reaktion" vgl. bei den „Kohlenhydraten" dieses Bandes. Andererseits ist die eintretende Denaturierung vielfach von einer besseren Verdaulichkeit begleitet. Schäden durch *Gefrieren* sind durch Oberflächenveränderungen, Dehydratisierung, Zerstörung von Zellstrukturen durch Eiskristallbildung bedingt. Der kritische Temperaturbereich liegt zwischen $-15°$ C und $0°$ C; schnelles Einfrieren und schnelles Auftauen ist deshalb günstig. Die Einwirkung von *organischen Lösungsmitteln* und *Salzen* bewirkt in vielen Fällen eine Denaturierung, auch eine Zerstörung von Komplexen, wie sie z. B. in Lipoproteinen vorliegen. Die Einwirkung *ionisierender Strahlen* kann ebenfalls zu weitgehenden Veränderungen führen. Zu nennen sind Verluste an essentiellen Aminosäuren, Bildung höchst unerwünschter Geruchs- und Geschmacksstoffe, Änderungen der Viscosität, Verfärbungen durch Zerstörung oder Umwandlung von Chromoproteinen (braune Verfärbung von Fleisch durch Bildung von Metmyoglobin, bräunliche Verfärbung von grünen Gemüsen durch Bildung von Phäophytin aus Chlorophyll). Auch die Maillard-Reaktion tritt in bestrahlten Gemischen schneller auf als in unbestrahlten. *Metall-Ionen* können ebenfalls zu unerwünschten Erscheinungen führen, z. B. bei der roten Verfärbung des Eiklars durch Eisenbindung an Conalbumin. *Enzyme* haben bei vielen Reifungsvorgängen einen erwünschten Einfluß, indem sie durch partiellen Abbau von Proteinen zur Entwicklung spezifischer Aromastoffe beitragen. Andererseits können sie aber auch – z. B. bei niedrig erhitzten Milchpulvern – Substanzen bereitstellen, die zur Reaktion mit Proteinen befähigt sind und zu unerwünschten geschmacklichen Veränderungen führen.

Näheres hierüber bei dem Kapitel „Enzyme".

V. Die einzelnen Proteine

Eine Einteilung der Proteine ist nach verschiedenen Gesichtspunkten möglich. Verbreitet ist eine auf Hoppe-Seyler zurückgehende Unterteilung in

1. *Einfache Eiweißstoffe* oder *Proteine*, die nur aus Aminosäuren aufgebaut sind,

a) *Faserproteine* oder *Skleroproteine* (Kollagen, Elastin, Fibrin, Myosin, Keratin, Seidenfibroin),

b) *Sphäroproteine* (Albumine, Globuline, Prolamine und Gluteline, Protamine und Histone),

2. *Zusammengesetzte Eiweißstoffe* oder *Proteide*, die neben Aminosäuren noch andere Bausteine enthalten (Glykoproteine, Lipoproteine, Phosphoproteine, Chromoproteine, Nucleoproteine).

In diesem Schema lassen sich aber nicht alle Proteine zwanglos unterbringen, da sich herausgestellt hat, daß auch „einfache Proteine" vielfach andere Bausteine, z. B. Kohlenhydrate (Albumine, Globuline) oder Phosphor (Ovalbumin) enthalten. Viele zusammengesetzte Proteine enthalten verschiedenartige Fremdbausteine; manche Lipoproteine z. B. außer Lipiden auch Kohlenhydrate und Phosphor, so daß sie als „Lipo-glyko-phospho-proteine" zu bezeichnen wären.

Da die einzelnen Gruppen von Proteinen aber doch charakteristische Eigenschaften gemeinsam haben, sollen sie hier einleitend kurz besprochen werden.

1a) *Skleroproteine*

In dieser Gruppe sind verschiedenartige Proteine zusammengefaßt, die alle als Gerüstsubstanzen dienen und denen eine Faserstruktur gemeinsam ist. Sie sind unlöslich in wäßrigen Medien und im nativen Zustand resistent gegenüber proteolytischen Enzymen.

1b) *Sphäroproteine*

In dieser Gruppe sind die löslichen Proteine zusammengefaßt.

Albumine finden sich im Tier- und Pflanzenreich meist zusammen mit Globulinen. Sie sind löslich in neutralem salzfreiem Wasser und schwerer aussalzbar als die Globuline und Protamine. Ihre Molekulargewichte sind meist niedriger als die der Globuline.

Globuline sind die verbreitetste Gruppe der löslichen Proteine. Sie sind in salzfreiem Wasser unlöslich, löslich dagegen in Neutralsalzlösungen, z. B. 10%iger NaCl-Lösung. Auch in verdünnten Säuren oder Laugen sind sie löslich. Nach der Aussalzbarkeit unterscheidet man zwischen *Euglobulinen*, die sehr leicht und *Pseudoglobulinen*, die etwas schwerer fällbar sind. Beide Gruppen fallen aber bei kleineren Salzkonzentrationen als die Albumine. Die Molekulargewichte sind z. T. beträchtlich höher als bei den Albuminen.

Prolamine und *Gluteline* kommen in den verschiedenen Getreidearten vor. Die Prolamine sind in 50–90%igem Äthanol und auch in anderen verdünnten

Alkoholen löslich, unlöslich dagegen in reinem Äthanol und in Wasser. Ihre Salze sind in Wasser gut löslich.

Die Gluteline sind weder in Wasser noch in Neutralsalzlösungen oder Alkohol löslich, wohl aber als Salze.

Histone und *Protamine* sind durch ihren hohen Gehalt an basischen Aminosäuren ausgezeichnet. Sie sind aus wäßriger Lösung mit Ammoniak fällbar und haben sehr kleine Molekulargewichte.

Die Gruppe der Proteide braucht nicht im einzelnen besprochen zu werden, da sich charakteristische Eigenschaften vielfach aus den in der Bezeichnung enthaltenen Fremdbausteinen ergeben.

Im folgenden sind die Proteine nicht nach dem Schema von HOPPE-SEYLER, sondern nach ihrem Vorkommen eingeteilt, in

1. Muskelproteine
2. Plasmaproteine
3. Proteinkomponenten einiger Atmungspigmente
4. Milchproteine
5. Eiproteine
6. Skleroproteine
7. Protamine und Histone
8. Pflanzliche Proteine
9. Toxische Proteine

Diese Einteilung ist natürlich auch nicht ganz konsequent durchführbar. Sie bietet aber im vorliegenden Fall den Vorteil, daß die in verschiedenen Lebensmitteln (z. B. Fleisch, Milch, Ei), gemeinsam vorkommenden Proteine auch gemeinsam behandelt werden können.

1. Muskelproteine

Der gestreifte Muskel (Skeletmuskel) besteht aus Fasern, die von einer dünnen Haut, dem *Sarkolemma*, umschlossen werden. Die Fasern enthalten *Sarkoplasma*, *Fibrillen* und *Sarkosomen*. Die Fibrillen sind aus contractilen Proteinen aufgebaut, haben einen Durchmesser von $\sim 1\ \mu$ und sind in der Faser als Längsstreifung zu beobachten. Sie sind durch Sarkoplasma voneinander getrennt. Die Sarkosomen entsprechen den Mitochondrien anderer Zellen und enthalten die Enzyme der Atmungskette und des Citronensäurecyclus. Von diesen intracellulären Komponenten werden die extracellulären Bestandteile zusammen mit den unlöslichen Anteilen des Sarkolemmas als *Stroma* unterschieden.

Aus dem eben Gesagten ergibt sich die Einteilung der Muskelproteine in Proteine des nicht-contractilen Systems (Proteine des Sarkoplasmas) und Proteine des contractilen Systems (Proteine der Fibrillen). Muskel enthält 17—20% Proteine; die Angaben über Mengenverhältnisse der einzelnen Komponenten schwanken je nach den Darstellungsmethoden ziemlich stark. W. HASSELBACH u. G. SCHNEIDER (1951) geben für weißen Kaninchenmuskel folgende Werte an (% Proteinstickstoff bezogen auf gesamten intracellulären Proteinstickstoff):

Sarkoplasma-Proteine	Fibrilläre Proteine	Myosin	Actin	Tropomyosin
37	63	44	15	3

Viele Untersuchungen wurden am *Musculus psoas* des Kaninchens durchgeführt, der weitgehend frei von Bindegewebe ist.

a) Proteine des Sarkoplasmas

Zerkleinerter Muskel gibt beim Verdünnen mit dem gleichen Volumen Wasser zunächst eine hochviscose Masse. Nach einiger Zeit kontrahieren die Muskelfasern und man kann einen Preßsaft gewinnen, der die Proteine des Sarkoplasmas enthält. Zunächst wurde in dem Saft nur ein Albumin vermutet, das als *Myogen* bezeichnet wurde. H. H. WEBER u. K. MEYER (1933) stellten fest, daß ein Teil des Proteins sich globulinartig verhält und bei der Dialyse ausfällt. Sie bezeichneten es als *Globulin X*.

Durch Ammonsulfatfraktionierung werden verschiedene Fraktionen erhalten, die in sich uneinheitlich sind. Ein großer Teil der Proteine des Sarkoplasmas entfällt auf Enzyme, und zwar hauptsächlich auf die glykolytischen Enzyme.

Viele dieser Enzyme wurden von G. BEISENHERZ u. Mitarb. (1953) aus Kaninchenmuskel isoliert und identifiziert. Nach einer Arbeit von M. J. KRONMAN u. Mitarb. (1960) über die wasserlöslichen Proteine von Rindermuskel liegen dort ähnliche Verhältnisse vor.

b) Proteine der Fibrillen

W. HASSELBACH u. G. SCHNEIDER (1951) isolieren *Myosin* und Sarkoplasmaproteine getrennt vom Actin durch Extraktion mit Salzlösungen hoher Ionenstärke (bei pH 6,0 bis 6,3) denen Pyrophosphat zugesetzt ist, das Dissoziation von Actomyosin bewirkt. Myosin und Sarkoplasmaprotein gehen in Lösung; Myosin wird dann durch Verdünnen ausgefällt. Der Rückstand wird mit 0,6 m-KCl homogenisiert. Es resultiert eine trübe Lösung von *Actin* und *Tropomyosin*

α) Myosin hat Globulincharakter und überwiegt mengenmäßig in der fibrillären Proteinfraktion. In salzfreier Lösung ist es in der Nähe des isoelektrischen Punktes (~ pH 5,4) nicht löslich. Der isoelektrische Punkt wird – auf Grund der großen Affinität des Proteins für Ionen – durch Salze stark verschoben. Das *Molekulargewicht* von Myosin wird mit 420000—540000 angegeben. Mit Fluordinitrobenzol wurden nur kleine Mengen N-terminaler Aminosäuren (Valin, Alanin, Lysin) erfaßt. Myosin enthält 16,15% Stickstoff, 1,14% Schwefel und 0,04—0,07% Phosphor. Die Zahl der freien SH-Gruppen nimmt bei der Denaturierung zu. Denaturierung tritt ein bei Gefriertrocknung, bei der Einwirkung organischer Lösungsmittel (Butanol) und durch Erhitzen. Nach Behandeln mit 8 m-Harnstoff resultierten 3 Komponenten mit unterschiedlichen Sedimentationskonstanten (D. B. WETLAUFER 1960). Dieser Befund stimmt mit Modellvorstellungen überein, die W. W. KILLEY u. W. F. HARRINGTON (1960) auf Grund physikalischer Messungen entwickelt hatten. Danach soll Myosin aus 3 Polypeptidketten bestehen, die in Form eines α-Stranges miteinander verdreht sind.

Myosin besitzt Adenosintriphosphatase-Aktivität, die bis jetzt nicht abgetrennt werden konnte. Andere Enzymaktivitäten (Myokinase, Adenylsäuredesaminase, Kreatinphosphokinase) können dagegen durch Umfällen oder durch Chromatographie an DEAE-Cellulose (J. V. PERRY 1960) entfernt werden.

Nach kurzer Einwirkung von Trypsin auf Myosin treten zwei Komponenten, nämlich *H-Meromyosin* und *L-Meromyosin* auf, die in der Ultrazentrifuge zu differenzieren sind (J. GERGELY 1953, E. MIHALYI u. A. G. SZENT-GYÖRGYI 1953a und b) und Molekulargewichte von 232000 und 96000 haben. L-Meromyosin kristallisiert in Nadeln und verhält sich wie ein Globulin; H-Meromyosin enthält die Adenosintriphosphatase-Aktivität. S. LOWEY u. A. HOLTZER (1959) geben für die H- und L-Komponenten höhere Molekulargewichte an (324000 und 126000). Myosin ist wahrscheinlich aus einem Molekül H- und einem Molekül L-Meromyosin aufgebaut. Die H-Komponente verhält sich in der Ultrazentrifuge und bei der Chromatographie heterogen. Nach längerer Trypsin-Einwirkung auf Myosin wurde von

O. SNELLMAN (1958) ein cysteinhaltiges Peptid isoliert, das vielleicht dem aktiven Zentrum der Adenosintriphosphatase entspricht. Als Modell für das aktive Zentrum wird eine bestimmte räumliche Anordnung von 2 SH-Gruppen und einem Histidinrest vorgeschlagen. Eine dieser SH-Gruppen käme für die Substratbindung in Frage.

β) Actin ist in Wasser klar löslich; die Lösung hat eine geringe Viscosität. Sie zeigt Strömungsdoppelbrechung. Unterhalb pH 6 polymerisiert das Monomere *G-Actin (globuläres Actin)* zu *F-Actin (fibrilläres Actin)*. Die Polymerisation ist abhängig von Magnesium-Ionen (G. GERGELY u. Mitarb. 1960) und von ATP, das bei der Polymerisation in ADP übergeht. A. MARTOUOSI u. Mitarb. (1960a) geben für die Polymerisation folgendes Schema an (G: G-Actin, F: F-Actin, P_i: anorganisches Phosphat):

1. $G + ATP \rightleftharpoons G\text{-}ATP$ 2. $G\text{-}ATP \xrightarrow{\text{Salz}} F\text{-}ADP + P_i$

3. $F\text{-}ADP \xrightarrow[\text{entfernung}]{\text{Salz-}} G\text{-}ADP$ 4. $G\text{-}ADP + ATP \rightleftharpoons G\text{-}ATP + ADP$

Ob ATP unbedingt erforderlich ist, ist noch nicht ganz sicher, denn es wurden auch ATP-freie Actinpräparate erhalten, die reversibel polymerisierbar waren (D. PRAGAY 1957). Allerdings fanden N. GRUBHOFER und H. H. WEBER (1961), daß G-Actin nur dann polymerisiert, wenn es Nucleotidphosphat gebunden enthält. Die Phosphatabspaltung während der Polymerisation scheint dagegen keine notwendige Voraussetzung zu sein, denn G-Actin-ADP polymerisiert z. B. zu F-Actin-ADP.

Die Schwierigkeit bei der Darstellung von Actin liegt darin, seine Fähigkeit zum Übergang in F-Actin zu erhalten. In stark saurem oder alkalischem Milieu (pH 2 und pH 10) wird es inaktiviert. Auch in Abwesenheit von freiem ADP zerfällt G-Actin-ADP, zunächst reversibel in G-Actin I und ADP. G-Actin I geht dann irreversibel in G-Actin II über, das nicht mehr zu polymerisieren vermag. G-Actin-ATP ist stabiler. Eine verbesserte Darstellungsmethode für Actin beschreiben M. BARANY u. Mitarb. (1957).

Der isoelektrische Punkt des F-Actins liegt bei pH 4,7, der des G-Actins bei pH 5,0bis 5,1. Die Werte für das Molekulargewicht des Monomeren liegen zwischen 50000 und 80000. Nach T.-C. TSAO (1953) werden zwei Monomere durch Mg^{++} oder Ca^{++} über Nucleotidgruppen zu einem Dimeren zusammengefügt.

Als C-terminale Aminosäure des Actins wurde Phenylalanin gefunden. Die C-terminale Sequenz soll -His-Ileu-Phe sein (R. H. LOCKER 1954).

Nach den Ergebnissen von A. MARTOUOSI u. Mitarb. (1960b) liegt Actin im Muskel als F-Actin vor. Die reversible Polymerisation G-Actin ⇌ F-Actin hängt nicht mit der Muskelkontraktion zusammen.

γ) Actomyosin entsteht beim Mischen von Myosin- und Actin-Lösungen. Die Vereinigung erfolgt offensichtlich im Verhältnis 3 : 1. Viscosität und Strömungsdoppelbrechung der Lösung nehmen zu. Durch Einspritzen von Actomyosin-Lösungen in Wasser werden Fäden erhalten, die auf Zusatz von ATP schrumpfen. Actomyosin scheint das contractile Protein der Muskelfaser zu sein.

Auf Zusatz von ATP zu Actomyosin-Lösungen fallen Viscosität und Strömungsdoppelbrechung ab, wahrscheinlich infolge einer Dissoziation in die Komponenten (J. GERGELY 1956). In gleicher Weise wie ATP wirken andere Nucleosidtriphosphate.

δ) Tropomyosin wurde 1948 von K. BAILEY aus verschiedenen Skeletmuskeln isoliert. T.-C. TSAO u. K. BAILEY (1953) geben eine verbesserte Methode an, nach der Myosin, Actin und Tropomyosin in einem Arbeitsgang erhalten werden.

Tropomyosin ist in Wasser und verdünnten Salzlösungen löslich. In der Nähe des isoelektrischen Punktes (pH 5,1) fällt das Protein aus. Sein Molekulargewicht wird mit 60000 angegeben; die erhaltenen Werte sind in starkem Maße von der Ionenstärke der Lösungen abhängig. Elektrophoretisch verhält sich Tropomyosin einheitlich bei pH 2,9 und pH 6,45. Bei pH 6,3 wird es durch Erhitzen auf 100° C nicht denaturiert.

Auf Grund unterschiedlicher Löslichkeit in Abhängigkeit von der Ionenstärke werden zwei Typen, *Tropomyosin A* (unlöslich bei niedriger Ionenstärke) und *Tropomyosin B* (löslich bei niedriger Ionenstärke) unterschieden. Eine Bestimmung der C-terminalen Gruppen bei Tropomyosin B ergab Isoleucin und Serin. Das Protein enthält 2 freie SH-Gruppen pro Mol.

ε) Andere Muskelproteine. 5—10% der Myofibrillen bestehen aus anderen Proteinen. Es wurden verschiedene Fraktionen erhalten, die jedoch nicht näher charakterisiert sind und deren Einheitlichkeit umstritten ist.

2. Plasmaproteine

Der Proteingehalt des Plasmas beträgt 6,5—8,8%. Als Hauptkomponenten sind *Albumin, Fibrinogen, α-, β-* und *γ-Globulin* zu nennen. Bei der Gewinnung von Plasma aus Blut durch Abtrennung der geformten Elemente wird die Gerinnung entweder durch Vermeiden der Berührung mit benetzbaren Oberflächen (Kunststoffgefäße) oder durch chemische Zusätze (Oxalat, Citrat, Fluorid, Komplexbildner) verhindert (vgl. bei „Fleisch" in Band III).

a) Fraktionierung

Abb. 12 zeigt die elektrophoretische Trennung der Plasmaproteine in *Albumin*, α_1- und α_2-*Globulin*, *β-Globulin*, *Fibrinogen* und *γ-Globulin*. Das γ_1-Globulin ist dem Fibrinogen überlagert, den α- und β-Globulinen sind Lipoproteine, Mucoproteine und metallbindende Proteine überlagert.

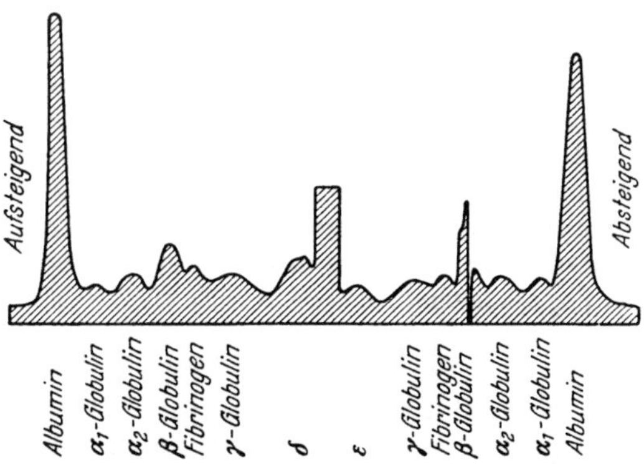

Abb. 12. Elektrophoretische Trennung von menschlichem Plasma in Veronalpuffer, pH 8,6, Ionenstärke 0,1. (Nach R. A. ALBERTY 1953)

Durch erschöpfende Dialyse gegen Wasser (leicht angesäuert mit CO_2 oder Essigsäure) ist eine Abtrennung der Euglobuline (Fibrinogen, Prothrombin, Plasminogen, Komponente C'1 des Komplements, Properdin, Teil der γ-Globuline) möglich.

Durch fraktionierte Aussalzung mit Ammonsulfat werden bei 0,20—0,25-Sättigung das Fibrinogen, bei 0,33-Sättigung die Euglobuline und bei 0,50-Sättigung die Pseudoglobuline abgeschieden. Albumin bleibt in Lösung und kann durch Sättigung mit Ammonsulfat gefällt werden. Auf dieser Basis haben in Kombination mit anderen Methoden H. E. SCHULTZE u. Mitarb. (1955) ein Trennschema für die Plasmaproteine entwickelt.

Unter Verwendung von Äthylalkohol arbeitet die *Methode 6* von E. J. COHN u. Mitarb. (1946). Die weitere Trennung verschiedener dabei erhaltener komplexer Fraktionen ist nach *Methode 9* (J. C. ONCLEY u. Mitarb. 1949) möglich. Die Verwendung von Äthylalkohol und zweiwertigen Metall-Ionen (Zn^{++} und Ba^{++})

gestattet in *Methode 10* der Harvard-Universität (E. J. COHN u. Mitarb. 1950) eine noch schonendere Trennung der Plasmaproteine. Die Proteine werden hierbei erst fraktioniert gefällt und dann aus den komplexen Niederschlägen fraktioniert extrahiert.

b) Albumin

Früher wurde der Anteil der Plasmaproteine, der bei Halbsättigung mit Ammonsulfat in Lösung bleibt, als „Albumin" bezeichnet. Diese Fraktion ist aber nicht einheitlich; sie enthält z. B. verschiedene Glykoproteine.

Albumin macht etwa 50% der Plasmaproteine aus. Es übernimmt wahrscheinlich den Hauptanteil der Transportfunktionen des Blutes. Bei pH 4 ist das Protein elektrophoretisch inhomogen; wahrscheinlich ist dieser Effekt auf die Bindung unterschiedlicher Mengen an Ionen zurückzuführen. Das Molekulargewicht von Albumin beträgt 65000. Unterhalb pH 4 tritt Aggregation ein. Das Bindungsvermögen für Ionen ist sehr groß. Mit Hg^{++}-Ionen bildet sich über SH-Gruppen ein Quecksilber-Dimeres, das zwischen pH 4 und pH 10 stabil ist.

Albumin besteht wahrscheinlich aus *einer* Polypeptidkette. Nach Reduktion der Disulfidbindungen und Alkylierung der SH-Gruppen wurde ein Produkt mit dem gleichen Molekulargewicht wie Albumin erhalten. Auch E. O. P. THOMPSON (1958) kommt zu dem Schluß, daß nur eine Polypeptidkette vorliegt. In N-terminaler Stellung wurde ein Asparaginsäurerest pro Mol Protein gefunden. Die Sequenz am NH_2-Ende der Kette von menschlichem Serumalbumin soll Asp-Ala-, von Rinderserumalbumin Asp-Thr- sein (E. O. P. THOMPSON 1954). In C-terminaler Stellung wurden beim Rinderserumalbumin Alanin und beim menschlichen Serumalbumin Leucin gefunden (C. NIU u. H. FRAENKEL-CONRAT 1955, W. F. WHITE u. Mitarb. 1955). Im Widerspruch zu diesen Arbeiten stehen Ergebnisse von M. E. REICHMANN u. J. R. COLVIN (1955), nach denen bei der Oxydation von Serumalbumin mit Perameisensäure Untereinheiten vom Molekulargewicht 32000 auftreten. Argininpeptide, die aus partiellen Säurehydrolysaten von Serumalbuminen verschiedener Säugetiere stammten, zeigten Unterschiede in der Zusammensetzung: Die Peptide von Rind und Schaf enthielten viel Threonin im Gegensatz zu Peptiden aus Serumalbumin vom Menschen und vom Pferd.

R. R. PORTER (1957) erhielt nach chymotryptischer Spaltung von Rinderserumalbumin ein Peptid vom Molekulargewicht 12000 mit einem N-terminalen Phenylalaninrest. Dieses hitzelabile Peptid kombinierte mit Kaninchen-Antialbumin und führte auch bei entsprechend vorbehandelten Meerschweinchen zum anaphylaktischen Schock.

c) Proteine, die an der Blutgerinnung beteiligt sind

Bei der Blutgerinnung wird unter dem Einfluß von *Thrombin* das im Plasma vorliegende *Fibrinogen* in *Fibrin* überführt. Man unterscheidet eine Vorphase und zwei Hauptphasen. In der *Vorphase* wird Thrombokinase gebildet. Beteiligt sind verschiedene Faktoren aus den Blutplättchen und aus dem Plasma. In der *Hauptphase 1* katalysiert Thrombokinase in Gegenwart von Ca^{++} die Umwandlung von Prothrombin in Thrombin. Beschleunigend wirken die Faktoren V und VII des Plasmas (vgl. unten, S. 238). In der *Hauptphase 2* wird in Gegenwart von Ca^{++} Fibrinogen durch Thrombin in Fibrin umgewandelt. Fibrin kann durch die Protease *Plasmin* wieder aufgelöst werden.

α) Fibrinogen, Fibrin

Blutplasma enthält im Mittel 0,25% Fibrinogen. Der isoelektrische Punkt des Proteins liegt bei pH 5,0—5,5. Fibrinogen vom Menschen und vom Rind entsprechen sich in ihren physikalischen Eigenschaften weitgehend. Das Molekulargewicht von Fibrinogen liegt zwischen 400000 und 500000, nach neueren Messungen bei 330000—340000. In sehr verdünnter Lösung soll menschliches Fibrinogen in Untereinheiten mit einem Molekulargewicht von 130000 zerfallen (E. A. CASPARY u. R. A. KEKWICK 1954). Bei Rinderfibrinogen wurde von J. E. FITZGERALD u. Mitarb. (1957) oberhalb pH 12,8 eine Dissoziation in eine „A-Komponente" vom Molekulargewicht 230000 und 8 „B-Komponenten" vom Molekulargewicht 14000 beobachtet.

Fibrinogen enthält 16,9% Stickstoff, 4,6% reduzierende Zucker, 1,1% Hexosamin und 0,64—0,89% Neuraminsäure. Es wurden Mannose und Galaktose nachgewiesen (R. CONSDEN u. W. M. STANIER 1952).

Rinderfibrinogen enthält (auf 450000 g) N-terminal 2 Tyrosinreste und 2 Glutaminsäurereste. Beim Fibrinogen des Menschen tritt Alanin an die Stelle von Glutaminsäure. C-terminal überwiegt Phenylalanin.

Bei der Umwandlung von Fibrinogen in Fibrin werden 3—4% des Proteinstickstoffs in Form von Fibrinopeptiden in Freiheit gesetzt (M. LASKOWSKI u. Mitarb. 1956). Beim Fibrin treten 4 Glycinreste (zusätzlich zu den 2 Tyrosinresten des Fibrinogens) als neue N-Endgruppen auf, während die Glutaminsäurereste verschwinden (B. BLOMBÄCK u. J. YAMASHIMA 1957). Eine Untersuchung der zwei auftretenden Fibrinopeptide, die stark sauer sind, ergab für Peptid A folgende Sequenz:

Glu. Asp. Gly. Ser. Asp. Pro. Pro. Ser. Gly. Asp. Phe. Leu. Thr. Glu. Gly. Gly. Gly. Val. Arg.

Die Aminosäurezusammensetzung von Peptid B ist:

Ala, Arg_2, Asp_4, Glu_3, Gly_3, Leu, Lys, Phe, Pro_2, Tyr, Thr, Val.

Auch hier ist Arginin C-terminal. Tyrosin soll als O-Schwefelsäureester vorliegen (K. BAILEY u. F. R. BETTELHEIM 1955, B. BLOMBÄCK u. Mitarb. 1959, J. SJÖQUIST 1959, J. SJÖQUIST u. Mitarb. 1961).

Aus den Endgruppenbestimmungen am Fibrin und aus den Untersuchungen der Fibrinopeptide ist zu schließen, daß Thrombin selektiv eine -Arg-Gly-Bindung hydrolysiert (J. A. GLADNER u. Mitarb., 1958, K. LAKI u. Mitarb. 1960).

Die Gerinnung erfolgt am schnellsten bei pH 7. Bei den Grenzwerten pH 5,3 und pH 10 tritt völlige Hemmung ein: Fibrinogen wird zwar durch Thrombin hydrolysiert, polymerisiert aber nicht. Bei Neutralisation tritt dann sofort Gerinnung ein. Nach M. LASKOWSKI jr. u. Mitarb. (1960) werden bei der Gerinnung folgende Stufen durchlaufen (F: Fibrinogen, f: Fibrin Monomeres, P: Peptide und Kohlenhydrate):

1. *Proteolyse:* $F \rightleftharpoons f + P$.
2. *Polymerisation:* $nf \rightleftharpoons f_n$.
3. *Gerinnung:* $mf_n \rightleftharpoons$ Fibrin.

Vgl. dazu H. A. SCHERAGA u. M. LASKOWSKI jr. 1957.

β) Prothrombin, Thrombin

Prothrombin ist im Plasma zu 0,015% vertreten. Die Eigenschaften von Rinder- und Menschen-Prothrombin stimmen weitgehend überein. Der isoelektrische Punkt liegt bei pH 4,2 (Ionenstärke 0,1). Das Molekulargewicht wird mit 62700 angegeben. Zwischen pH 3,9 und pH 5,6 ist Prothrombin unlöslich, oberhalb pH 5,6 dagegen in Wasser leicht löslich. Das Protein enthält 14,7% Stickstoff, 1,54% Schwefel, 6,5% Hexosen, 0,6% Pentosen und 2,07% Acetylhexosamin. Die Umwandlung in Thrombin erfolgt optimal bei pH 7,2. Unterhalb pH 4,8 und oberhalb pH 10 wird Prothrombin inaktiviert. Chromatographisch gereinigtes Prothrombin (K. D. MILLER 1958) erweist sich in der Ultrazentrifuge und bei immunologischer Prüfung als einheitlich. In N-terminaler Stellung enthält es pro Mol einen Alaninrest.

Thrombin wurde von W. H. SEEGERS u. Mitarb. (1958) chromatographisch gereinigt. Es ist – wie verschiedene andere Proteasen – mit Diisopropylfluorphosphat hemmbar. J. A. GLADNER u. K. J. LAKI (1958) konnten aus einem Partialhydrolysat von DIP-Thrombin ein serinhaltiges Peptid isolieren (Gly, Asp, DIP-Ser, Gly), das dem aktiven Zentrum des Enzyms entspricht. Thrombin spaltet N-substituierte Arginin- und Lysinester und in der B-Kette des Insulins eine -Lys-Ala-Bindung. Im Gegensatz zu Trypsin wird es durch den Trypsin-Inhibitor aus Sojabohnen nicht gehemmt (S. EHRENPREIS u. Mitarb. 1957).

γ) Andere Blutgerinnungsfaktoren

Faktor VII scheint auf die Thrombokinasebildung einzuwirken und beschleunigt deshalb die Umwandlung von Prothrombin in Thrombin. Der Faktor ist schwer von Prothrombin abzutrennen und wandert bei der Elektrophorese mit den β-Globulinen. Er enthält Kohlenhydrate.

Accelerator-Globulin (Ac-Globulin) ist für die Thrombinbildung aus Prothrombin erforderlich. In seinen Eigenschaften ist es dem Prothrombin ähnlich. Seine Darstellung ist von A. G. WARE und W. H. SEEGERS (1948) beschrieben. Bei der Elektrophorese in Phosphatpuffer pH 7,4, Ionenstärke 0,2, zeigt es zwei Hauptkomponenten.

Antihämophiles Globulin beschleunigt die Blutgerinnung bei Patienten mit Hämophilie. Es wandert elektrophoretisch einheitlich als β_2-Globulin, ist aber in der Ultrazentrifuge uneinheitlich. Eine Methode zu seiner Darstellung geben L. LÓRÁND u. K. LAKI (1954) an.

Christmas-Faktor wandert ebenfalls als β_2-Globulin und heilt die Hämophilie bei Patienten, die resistent gegen das antihämophile Globulin sind.

δ) Plasminogen, Plasmin

Plasmin ist ein proteolytisches Enzym des Plasmas, das Blutgerinnsel aufzulösen vermag. Es liegt in Form der inaktiven Vorstufe Plasminogen vor.

Plasminogen kann nach D. L. KLINE (1953) aus der Euglobulinfraktion des Blutplasmas kristallisiert erhalten werden. Das Protein ist unterhalb pH 4,5 und oberhalb pH 9 gut löslich. Das Molekulargewicht liegt bei 84000. In der Ultrazentrifuge und bei der Elektrophorese (pH 2,0 und pH 4,95) erweist sich Plasminogen zu 90—95% als homogene Substanz. Das Protein enthält 0,19% Phosphor und 1% Hexosen. Eine chromatographische Reinigung von Plasminogen an CM-Cellulose beschreiben J. J. HAGAN u. Mitarb. (1960).

Die Umwandlung von Plasminogen in Plasmin erfolgt unter Freisetzung von Peptiden, die in Trichloressigsäure löslich sind. Sie kann spontan vor sich gehen; es sind aber auch verschiedene Aktivatoren bekannt, z. B. *Streptokinase* aus hämolytischen Streptokokken, *Staphylokinase* aus Kulturfiltraten von Staphylokokken und *Urokinase*, ein Protein aus dem Urin von Säugetieren. Im Blut und Gewebe von Säugetieren finden sich weitere Aktivatoren für Plasminogen.

Untersuchungen über die Spezifität von Plasmin ergaben, daß neben Fibrinogen und Fibrin auch Gelatine, β-Lactoglobulin, Casein, Glucagon und Corticotropin A hydrolysiert werden. Insulin wird nicht angegriffen. Obwohl die Spezifität des Plasmins, auch gegenüber synthetischen Substraten (N-acylierte Arginin- und Lysin-Ester werden gespalten), der des Trypsins entspricht, bestehen doch verschiedene Unterschiede zwischen beiden Enzymen, z. B. hinsichtlich des Ausmaßes der Hydrolyse: Casein wird nach Einwirkung von Plasmin durch Trypsin weitergespalten, während umgekehrt ein Trypsinhydrolysat des Caseins von Plasmin nicht verändert wird.

d) Proteine mit Transportfunktion

α) Lipoproteine

90—100% der im Nüchternplasma vorhandenen Fette sind an Proteine gebunden. Die Lipoproteine des Plasmas wandern bei der Elektrophorese hauptsächlich mit den α- und β-Globulinen; sie machen etwa 3—5% der Plasmaproteine aus. Die Hauptkomponente der α-Lipoproteine wandert mit den α_1-Globulinen, eine zweite Komponente mit den α_2-Globulinen. Die β-Lipoproteine wandern mit den β_1-Globulinen.

Charakteristische Unterschiede bestehen in der Zusammensetzung zwischen α- und β-Lipoproteinen: das β_1-Lipoprotein enthält 25% Protein, 30% Phospholipoide und 45% freies und verestertes Cholesterin. Die α-Lipoproteine enthalten dagegen nur 35% Lipoide. Auch ist bei ihnen das Verhältnis Cholesterin : Phospholipoid kleiner als bei den β-Lipoproteinen.

Die Löslichkeit der Lipoproteine entspricht der von typischen Proteinen; das β_1-Lipoprotein ist z. B. beim isoelektrischen Punkt in verdünnten Salzlösungen löslich. In der Ultrazentrifuge verhalten sich die Lipoprotein-Fraktionen nicht einheitlich.

β) Metallbindende Proteine

Eisen(III)-transferrin *(Eisensiderophilin)* kommt im Serum von Mensch, Schwein und Pferd vor und macht beim Menschen 3,3% der gesamten Plasmaproteine aus. Das Protein enthält Kohlenhydrate, und zwar nach Angaben von H. E. SCHULTZE u. Mitarb. (1955) 1,8% Hexosen, 1,3% Hexosamin und 0,9% Neuraminsäure. Das Molekulargewicht ist 90000. Bei pH 7 werden 0,125 bis 0,135% Eisen gebunden, das entspricht 2 Atomen pro Mol Protein. Größere Eisenmengen können darüber hinaus unspezifisch gebunden werden, sind aber durch Ionenaustauscher wieder entfernbar. Cu^{++} wird nur in Abwesenheit von Eisen gebunden und wird durch Eisen-Ionen verdrängt. Das Absorptionsmaximum von Eisentransferrin liegt bei 465 mμ. Unterhalb pH 6 ist der Eisen-Protein-Komplex nicht mehr beständig.

Coeruloplasmin ist ein Kupfer bindendes Protein des Plasmas, das bei der Elektrophorese zwischen den α_1- und α_2-Globulinen wandert (H. E. SCHULTZE u. Mitarb. 1955). Es enthält sehr viel Kohlenhydrate. In einem Produkt, das nach elektrophoretischer Prüfung eine Reinheit von 74% aufwies, wurden 4,0% Hexosen 2,7% Hexosamin und 2,8% Neuraminsäure gefunden. Coeruloplasmin enthält 0,34% Cu; das entspricht bei einem Molekulargewicht von 150000 8 Atomen Cu pro Mol Protein. Das Absorptionsspektrum zeigt bei 605 mμ ein Maximum und ändert sich zwischen pH 5,5 und pH 8 nicht. Unterhalb von pH 3 wird das Kupfer abgespalten.

Als N-terminale Aminosäuren wurden bei Coeruloplasmin Asparaginsäure, Glutaminsäure, Serin und Valin gefunden. Das Protein hat eine schwache Wirkung als Polyphenoloxydase (Laccase).

e) Proteine mit schützender Funktion

α) γ-Globuline, Antikörper

Die γ-Globuline des Blutplasmas enthalten Antikörper; es ist nicht völlig geklärt, ob in dem sehr heterogenen Proteingemisch auch inerte Proteine vorliegen.

In der Ultrazentrifuge werden drei Fraktionen mit unterschiedlichen Sedimentationskonstanten erhalten. Die γ-Globulinfraktion ist reich an Kohlenhydraten: In γ-Globulin vom Menschen werden 2,3% Hexose und 1,2% Hexosamin gefunden, und zwar Galaktose, Mannose, Fucose und Glucosamin. J. W. ROSEVEAR u. E. L. SMITH (1958) erhielten nach der Hydrolyse von menschlichem γ-Globulin mit Papain verschiedene Glykopeptide, die sie durch Chromatographie und Elektrophorese fraktionierten. Das größte Peptid war aus 8 Molen Hexose, 6 Molen Glucosamin, 2 Molen Fucose, 1 Mol Sialinsäure, 2 Molen Asparaginsäure, 3 Molen Glutaminsäure und 1 Mol Tyrosin aufgebaut. Es wird folgende Sequenz angenommen: Glu·Glu·Asp(NH_2)·Tyr·Glu·Asp·KH (KH: Kohlenhydrate). Der Zuckeranteil ist wahrscheinlich ester- oder amidartig mit der β-Carboxylgruppe des einen Asparaginsäurerestes verbunden. Aus einem Papainhydrolysat von Kaninchen-γ-Globulin wurden 5 Glykopeptide isoliert (C. NOLAN u. E. L. SMITH 1962). Es wird vermutet, daß nur eine Kohlenhydratkette vorliegt.

F. W. PUTNAM (1955) fand in menschlichem γ-Globulin 1 Mol Asparaginsäure und 2 Mole Glutaminsäure in N-terminaler Stellung.

Nach Hydrolyse der γ-Globuline mit Pepsin bei pH 3,5 war die Aktivität der Antikörper unverändert erhalten.

β) Komplement

Dieses sehr heterogene Proteingemisch, das mit Antigen-Antikörper-Komplexen reagiert, besteht aus mindestens vier Komponenten, die mit C′ 1 bis C′ 4 bezeichnet werden. C′ 2 und C′ 4 machen beim Menschen 0,17% der Serumproteine aus.

γ) Properdin

Properdin wurde von L. PILLEMER u. Mitarb. (1954) im Blutplasma des Menschen entdeckt: bezogen auf die gesamten Serumproteine ist es zu 0,03% vertreten. Properdin ist ein Euglobulin mit minimaler Löslichkeit zwischen pH 4,8 und pH 6,5. Es hat ein Molekulargewicht von etwa 1000000.

f) Sonstige Proteine

Blutplasma enthält verschiedene Glykoproteine (Mucoproteine, Mucoide), die bei der Elektrophorese zum großen Teil mit den α- und β-Globulinen wandern. Einzelne Komponenten sind z. B. *Orosomucoid*, *Fetuin* und *Haptoglobin*. Sie enthalten Hexosen (Galaktose, Mannose, Fucose), Hexosamin (Glucosamin, Galaktosamin) sowie Neuraminsäure und Sialinsäure.

3. Proteinkomponenten einiger Atmungspigmente (Atmungsproteine)

Unter Atmungsproteinen werden hier nach F. HAUROWITZ u. R. L. HARDIN (1954) solche Proteine verstanden, die molekularen Sauerstoff aufzunehmen vermögen und ihn bei niedrigem Sauerstoffdruck wieder abgeben. Über die Farbstoffkomponenten dieser Proteine vgl. das Kapitel „*Myo- und Hämoglobin*" in diesem Band.

a) Hämoglobin

Hämoglobin ist weit verbreitet. Es findet sich nicht nur bei den Wirbeltieren, sondern auch bei verschiedenen niederen Tieren. Zu seiner Darstellung wird defibriniertes Blut oder Oxalat-Blut zentrifugiert. Die roten Zellen werden mehrmals mit isotonischer Salzlösung gewaschen. Bei anschließender Hämolyse durch Verdünnen mit Wasser geht das Hämoglobin in Lösung und wird nach dem Zentrifugieren der Lösung durch Zusatz von Alkohol oder durch Dialyse gegen gesättigte

Ammonsulfatlösung gefällt. Die Abtrennung der prosthetischen Gruppe, des Häms von der Proteinkomponente, dem Globin, gelingt durch Behandeln von Hämoglobin mit einem großen Überschuß an Alkohol oder Aceton, angesäuert mit HCl oder H_2SO_4: Es tritt ein weißer Niederschlag von denaturiertem Globin auf. Natives Globin wird durch Spaltung des Hämoglobins mit Säuren bei tiefen Temperaturen und Entfernen des Farbstoffs mit Äther erhalten. A. Rossi-Fanelli u. Mitarb. (1958) geben ein verbessertes Verfahren zur Gewinnung von reinem nativen Globin aus Humanhämoglobin an. Das native Globin rekombiniert bei pH8—9 mit dem Farbstoff zu Methämoglobin, das durch Reduktionsmittel wieder in Hämoglobin überführt werden kann.

Der isoelektrische Punkt von Säugetierhämoglobin liegt bei pH 7; das Molekulargewicht ist 68000. In Harnstofflösung und in stärkeren Salzlösungen wird der halbe Wert gefunden. Pro Molekül sind vier Hämgruppen vorhanden.

Das normale Hämoglobin des erwachsenen Menschen besteht zu 90% aus einer Hauptkomponente, die als *Hämoglobin A* (Hb-A) bezeichnet wird. Daneben sind verschiedene andere Komponenten, z. B. *Hämoglobin* A_2, vertreten, die durch Chromatographie an Ionenaustauschern (D. W. Allen u. Mitarb. 1958) oder durch Elektrophorese (H. G. Kunkel u. A. G. Bearn 1957) abgetrennt werden können.

Das *fetale Hämoglobin* (Hb-F) unterscheidet sich von dem des Erwachsenen. Weiterhin sind verschiedene *anomale Hämoglobine* bekannt (Hb-C, Hb-D, Hb-E, Hb-S; vgl. dazu H. A. Itano 1957), die sich in ihrem elektrophoretischen und chromatographischen Verhalten unterscheiden. Einige dieser anomalen Hämoglobine sind mit bestimmten Krankheitsbildern gekoppelt, so z. B. das *Hämoglobin S* mit der Sichelzellenanämie, die in Afrika erblich auftritt und ihren Namen von der sichelförmigen Gestalt der Erythrocyten im venösen Blut hat. M. Morrison u. J. L. Cook (1957) konnten die Hämoglobine F, A, E, S und C in der genannten Reihenfolge von Amberlite IRC 50 bei 4° C mit Phosphat-Citrat-Puffer pH 6,3 bei steigender Na^+-Konzentration eluieren.

Endgruppenbestimmungen an Humanhämoglobin ergaben 4 Valinreste pro Mol, von denen je zwei mit unterschiedlicher Geschwindigkeit aus dem DNP-Protein freigesetzt wurden. Vergleichende Untersuchungen von G. Braunitzer (1958) an verschiedenen Hämoglobinen ergaben für Pferde-Hämoglobin pro Mol je zwei homologe N-terminale Sequenzen, und zwar Val-Leu- und Val-Glu-Leu. Für Hämoglobin A wurden entsprechend Val-Leu und Val-His-Leu und für die identischen Schaf- und Rinder-Hämoglobine Val-Leu und Met-Leu erhalten. Das Hämoglobinmolekül besteht nach diesen Untersuchungen aus 4 Polypeptidketten, die je eine Hämgruppe tragen und von denen jeweils zwei identisch sind. Diese Ketten werden beim Humanhämoglobin A mit α und β bezeichnet. Dissoziation in diese Untereinheiten tritt bei hohen und niedrigen pH-Werten und in Gegenwart von Harnstoff ein. S. Wilson und D. M. Smith (1959) entwickelten ein Trennverfahren an Amberlite CG 50 durch Elution mit Harnstofflösungen steigender Konzentration bei pH 1,9 für die Peptidketten von Pferdeglobin. In ähnlicher Weise gelang V. M. Ingram (1959b) die Zerlegung von Humanglobin.

Über die Aufklärung der Sequenz der α- und β-Ketten des Humanglobins A berichten G. Braunitzer u. Mitarb. in einer Reihe von Arbeiten (B. Liebold u. G. Braunitzer 1959, B. Liebold u. Mitarb. 1959, K. Hilse u. G. Braunitzer 1959a und b; N. Hilschmann u. G. Braunitzer 1959, G. Braunitzer u. Mitarb. 1960a, b; 1961a, b, c). Die bei der tryptischen Spaltung der Polypeptidketten auftretenden Peptide wurden mit Hilfe verschiedener Methoden getrennt, der ursprünglichen Peptidkette zugeordnet, analysiert und in ihrer Sequenz aufgeklärt. Auf diese Weise gelang es, die Sequenz der 141 Aminosäurereste der

α-Kette und der 146 Aminosäurereste der β-Kette festzulegen. Unabhängig davon geben auch W. Konigsberg u. Mitarb. (1961 und 1962a und b) sowie R. J. Hill u. W. Konigsberg (1962) die Sequenz der α- und β-Kette an.

J. A. Hunt und V. M. Ingram (1958) und V. M. Ingram (1958 und 1959a) beschäftigten sich mit den Unterschieden zwischen normalem Humanhämoglobin A und Sichelzellen-Hämoglobin S. Bei der Hydrolyse der beiden hitzedenaturierten Hämoglobine mit Trypsin wird eine lösliche und eine unlösliche Peptidfraktion erhalten. Die unlösliche Fraktion, die auch die Hämgruppen enthielt ("core"), wurde durch Einwirkung von Chymotrypsin in Lösung gebracht. Die vergleichende Untersuchung der aus den beiden Hämoglobinen erhaltenen Peptide mit Hilfe der "fingerprint"-Technik (Trennung durch Papierelektrophorese in einer Dimension und durch Papierchromatographie in der zweiten Dimension) ergab, daß sich Hb-A und Hb-S nur in *einem* Spaltpeptid unterscheiden, das in der löslichen Fraktion auftritt. Die Analyse dieses Peptids ergab bei Hb-A die Sequenz Val · His · Leu · Thr · Pro · Glu · Glu · Lys und bei Hb-S die Sequenz Val · His · Leu · Thr · Pro · Val · Glu · Lys. Das Peptid entstammt dem Aminoende der β-Kette. Der Unterschied zwischen Hb-A und Hb-S geht also auf den Ersatz eines Glutaminsäurerestes durch einen Valinrest in Position 6 der β-Kette des Hb-S zurück. Daraus erklärt sich auch die unterschiedliche elektrophoretische Beweglichkeit des Hb-S.

Die α-Ketten von Hb-A und Hb-F (fetales Hämoglobin) sind identisch (J. A. Hunt 1959). Die zweite Kette von Hb-F, die als γ-Kette bezeichnet wird, ist abweichend gebaut und enthält wie die β-Kette des Hb-A 150 Aminosäurereste. Die Sequenzen der Positionen 1—40, 56—85 und 137—150 wurden von W. A. Schroeder u. Mitarb. (1961) ermittelt.

Die Nomenklatur der verschiedenen menschlichen Hämoglobine ist einheitlich geregelt (P. S. Gerald und V. M. Ingram 1961): Die einzelnen Peptidketten werden mit kleinen griechischen Buchstaben bezeichnet. Das normale Hämoglobin A des Erwachsenen wird mit $\alpha_2^A\ \beta_2^A$, das fetale Hämoglobin F mit $\alpha_2^A\gamma_2^F$ und die in kleineren Mengen anwesende Komponente A_2 wird mit $\alpha_2^A\ \delta_2^{A_2}$ bezeichnet. Entsprechend ist die Nomenklatur der abnormen Hämoglobine. Das Sichelzellen-Hämoglobin S wird z. B. $\alpha_2^A\ \beta_2^S$ geschrieben.

Die bereits erwähnte Dissoziation des Hämoglobinmoleküls in zwei Untereinheiten mit dem halben Molekulargewicht erfolgt wahrscheinlich asymmetrisch in α_2 und β_2. H. A. Itano u. E. Robinson (1959) beobachteten nämlich bei der Dissoziation und der anschließenden Rekombination eines Gemischs von Hb-S und Hb—I das Auftreten von Hb-A und geben folgendes Schema an:

$$\underset{\text{Hb-S}}{\alpha_2^A\ \beta_2^S} + \underset{\text{Hb-I}}{\alpha_2^I\ \beta_2^A} \rightleftharpoons \alpha_2^A + \beta_2^S + \alpha_2^I + \beta_2^A \rightleftharpoons \underset{\text{Hb-S}}{\alpha_2^A\ \beta_2^S} + \underset{\text{Hb-I}}{\alpha_2^I\ \beta_2^A} + \underset{\text{Hb-A}}{\alpha_2^A\ \beta_2^A} + \alpha_2^I\ \beta_2^S$$

Die Ergebnisse der Hybridisation könnten auch mit einer symmetrischen Dissoziation in zwei $\alpha\beta$ erklärt werden, wenn man eine weitere Dissoziation der Untereinheiten annimmt:

$$\alpha_2\beta_2 \rightleftharpoons 2\ \alpha\beta \rightleftharpoons 2\ \alpha + 2\ \beta$$

Allerdings muß dann eine Rekombination zwischen ungleichartigen Ketten ausgeschlossen werden.

An Hand von Daten aus Röntgenstrukturanalysen haben M. F. Perutz u. Mitarb. (1960) ein Modell entwickelt, das die Anordnung der vier Polypeptidketten im Molekül von Pferdehämoglobin wiedergibt (Abb. 13). Aus Gründen der Übersicht sind in diesem Modell die zwei Arten von Polypeptidketten weiß und schwarz gekennzeichnet. Die schwarzen Untereinheiten entsprechen den Val-Glu-Leu-Ketten (D. B. Smith u. M. F. Perutz 1960). In seinen Gesamtabmessungen entspricht das Molekül einem Sphäroid von 64 Å Länge, 55 Å Breite und 50 Å Höhe. Die Hämgruppen (auf Abb. 13 sind zwei der insgesamt vier Gruppen als flache Scheiben zu sehen; die Bezeichnung „O_2“ markiert die Stelle, an der die Wechselwirkung mit Sauerstoff erfolgt) liegen in „Taschen“, die durch entsprechende Anordnung der Peptidketten gebildet werden. Deutlich ist aus der

Abb. 13. Räumliche Anordnung der Polypeptidketten im Hämoglobinmolekül. (Nach M. F. PERUTZ 1962)

Abb. 13 der Aufbau des Hämoglobins aus vier Polypeptidketten zu erkennen, die jeweils paarweise identisch sind.

b) Myoglobin

Die Farbe roter Muskeln bleibt auch nach dem Auswaschen des Hämoglobins bestehen. Sie geht zurück auf den Gehalt der Muskeln an Myoglobin und an Cytochromen.

Die prosthetische Gruppe des Myoglobins ist wie beim Hämoglobin das Ferro-Protoporphyrin; die Proteinkomponente ist abweichend gebaut. Myoglobin hat ein Molekulargewicht von 16800 und enthält ein Eisenatom pro Molekül. Seine Affinität zum Sauerstoff ist größer als die des Hämoglobins: Das menschliche Hämoglobin ist bei einem O_2-Druck von 12 mm halbgesättigt, das menschliche Myoglobin dagegen schon bei einem O_2-Druck von 2 mm.

Pottwal-Myoglobin enthält 151 Aminosäurereste in einer Polypeptidkette. Strukturuntersuchungen mit Hilfe der Röntgenbeugung durch J. C. KENDREW u. Mitarb. (1958) führten zur Aufstellung eines Molekülmodells (Abb. 14) (G. BODO u. Mitarb. 1959). Die Hämgruppe ist – wie beim Hämoglobin – in einer von der Peptidkette gebildeten Tasche gelagert und wird u. a. durch eine kovalente Bindung zwischen dem Fe-Atom und einem Histidinrest gehalten. Die Sequenz wurde mit Hilfe von Röntgenbeugungsdaten (J. C. KENDREW u. Mitarb. 1961) und durch chemische Methoden (A. B. EDMUNDSON u. C. H. W. HIRS 1961) aufgeklärt. Aminosäureanalysen von *Rinder-Myoglobin* wurden von R. TIMMER

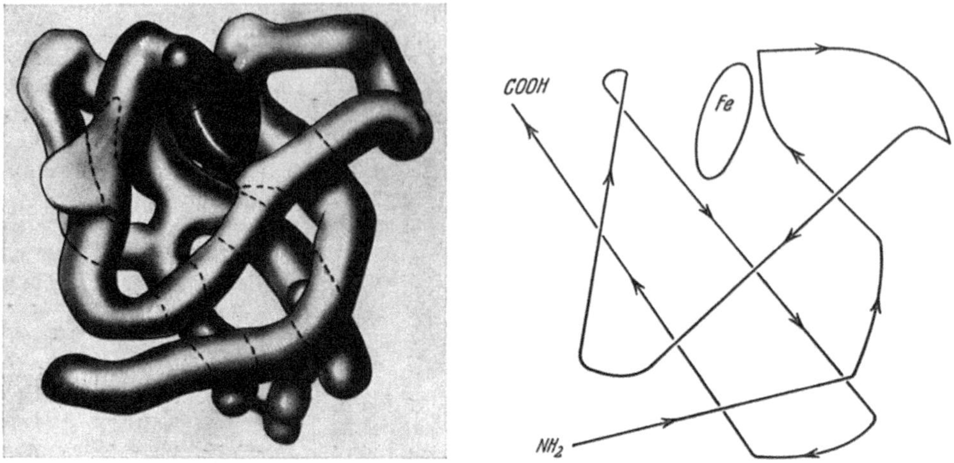

a b

Abb. 14. Räumliche Anordnung der Peptidkette des Myoglobins. (In b ist der Verlauf der Peptidkette schematisch wiedergegeben)

u. Mitarb. (1957) durchgeführt. *Menschliches Metmyoglobin* wurde von C. T. PERKOFF u. Mitarb. (1962) an DEAE-Cellulose in 4 Hämproteinkomponenten zerlegt.

c) Andere Atmungspigmente

Chlorocruorine sind grüne Atmungspigmente, die sich in der Hämolymphe verschiedener Chaetopoden finden. Am besten untersucht ist das Chlorocruorin des marinen Wurms *Spirographis spallanzanii*. Es enthält 1,2% Eisen, gebunden in einem Häm, dem die 1.3.5.8-Tetramethyl-2-formyl-4-vinylporphin-6.7-dipropionsäure zugrunde liegt. Die Affinität zum Sauerstoff ist ähnlich wie die des Hämoglobins, die Affinität zum CO ist wesentlich kleiner. Die Molekulargewichte der Chlorocruorine sind hoch; sie enthalten entsprechend viele Hämgruppen pro Molekül. Für das Molekulargewicht des Chlorocruorins von *Sabella penicillus* wurde z. B. ein Wert von $2{,}75 \times 10^6$ gefunden.

Hämerythrine sind braun-rote Atmungsproteine, die sich in Anneliden finden. Das Hämerythrin von *Sipunculus nudus* enthält 0,83% Eisen und hat ein Molekulargewicht von 66000; das entspricht etwa 10 Atomen Eisen pro Molekül; über die prosthetische Gruppe ist nichts bekannt.

Hämocyanine sind kupferhaltige Atmungspigmente von Mollusken und Arthropoden. Nach dem Kupfergehalt (0,16—0,26%) unterscheidet man zwei Gruppen. Zwei Mole Kupfer binden ein Mol Sauerstoff. Die Affinität zum Sauerstoff ist im Vergleich zum Hämoglobin geringer. Die Molekulargewichte sind sehr hoch und liegen zwischen $3{,}6 \times 10^5$ und $5{,}1 \times 10^6$. Die Hämocyanine dissoziieren leicht in Untereinheiten mit kleineren Molgewichten. Das Kupfer ist relativ leicht zu entfernen, z. B. durch Dialyse gegen angesäuertes Wasser. Über die prosthetische Gruppe ist nichts bekannt.

Bei verschiedenen Meerestieren *(Ascidia)* finden sich vanadinhaltige Pigmente *(Hämovanadine)*. Im Hämovanadin liegt ein anionischer Disulfato-Komplex des 3wertigen Vanadiums mit Liganden, die tertiären Stickstoff enthalten, vor, der mit Protein salzartig zu einem Chromoprotein vom Molekulargewicht 24000 zusammentritt (H. J. BIELIG u. E. BAYER 1954).

4. Milchproteine

Die Milch verschiedener Säugetiere variiert in der Zusammensetzung ziemlich stark. Aus Tab. 10 ist zu entnehmen, daß der Proteingehalt zwischen 2% und 10% schwankt.

Tabelle 10.
Zusammensetzung der Milch verschiedener Säugetiere (nach T. L. McMEEKIN 1954)

Art	Casein %	Molkenproteine %	Zucker %	Fett %	Asche %
Mensch	0,9	1,2	6,3	3,7	0,21
Pferd	1,3	0,7	6,0	1,3	0,51
Kuh	3,0	0,6	4,7	3,7	0,72
Katze	3,8	3,2	4,8	4,8	0,58
Hund	4,8	2,6	3,2	11,6	—
Rentier	8,4	1,5	2,8	17,1	1,20
Meerschweinchen .	4,7	0,6	2,3	7,0	—

Hinsichtlich der Proteinkomponenten am besten untersucht ist Kuhmilch, und alle folgenden Arbeiten beziehen sich darauf.

Die Milchproteine zerfallen in zwei Gruppen: 76—86% macht die *Casein*fraktion aus, die restlichen 14—24% kommen auf die *Molken*proteine. In Tab. 11

Tabelle 11. *Milchproteine**

Bezeichnung	% des Gesamt-proteins	Molgewicht	IP	Elektrophoretische Beweglichkeit bei pH 8,6 $(cm^2 \cdot V^{-1} sec^{-1}) \cdot 10^{-5}$	Phosphor %	Bemerkungen
Caseinfraktion . .	76—86					Gemisch verschiedener
α-Casein	45—63	27000	4,1	—6,7	0,98	Proteine
β-Casein	19—28	24100	4,5	—3,1	0,55	—
γ-Casein	3— 7	30600	5,8—6,0	—2,0	0,11	—
Molkenproteine . .	14—24					
β-Lactoglobulin A	7—12	35000		—5,3		
β-Lactoglobulin B		35000		—5,2		
α-Lactalbumin .	2— 5	16500	5,1	—4,2		
Blutserumalbumin	0,7—1.3	69000	4,7	—6,7		
Lactoglobulin . .						Fraktionen
Euglobulin	0,8—1,7	180000—250000	6,0	—1,8		enthalten
Pseudoglobulin .	0,6—1,4	180000—290000	5,6	—2,0		Antikörper

* Nach J. R. BRUNNER u. Mitarb. (1960).

sind die wichtigsten Proteine mit einigen physikalischen und chemischen Daten zusammengestellt.

a) Casein

α) Caseinfraktionen und ihre Eigenschaften

Die Hauptkomponente des Milchproteins ist ein Phosphoprotein, das beim Ansäuern von Milch auf pH ~ 4,5 ausflockt. Es kann auf diese Weise sehr einfach dargestellt werden. Nach O. HAMMARSTEN wird Magermilch mit 4 Vol. Wasser verdünnt und mit wenig Essigsäure versetzt. Der flockige Niederschlag wird in wenig Alkali gelöst, erneut gefällt und mit Wasser gewaschen. N. J. HIPP u. Mitarb. (1950) fällen in gleicher Weise durch Einstellen von Magermilch auf pH 4,5 mit n-HCl. Das erhaltene Casein wird noch zweimal isoelektrisch bei pH 4,7 gefällt.

Die Inhomogenität des säuregefällten Caseins wurde von O. MELLANDER (1939) bewiesen, der bei der Elektrophorese drei Komponenten, α-, β- und γ-Casein erhielt. Die Zusammensetzung von säuregefälltem Casein ist ziemlich konstant: es besteht aus 75% *α-Casein*, 22% *β-Casein* und 3% *γ-Casein*. In Abb. 15 ist ein Elektropherogramm von Gesamtcasein wiedergegeben.

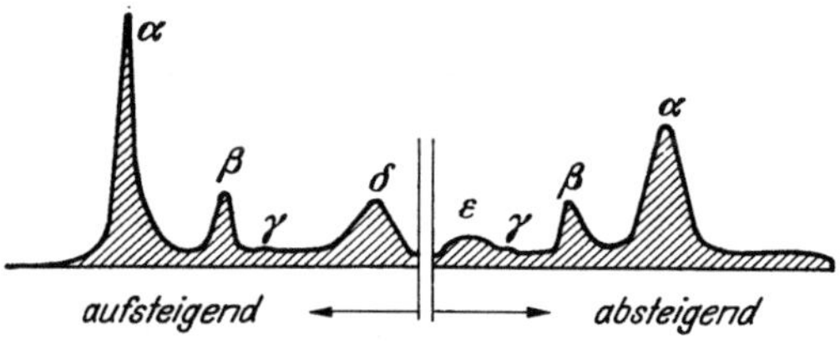

Abb. 15. Elektrophoretische Trennung von Gesamtcasein in Veronalpuffer pH 8,4. Ionenstärke 0,1 [4,33—4,86 V/cm]; 3 Std). Nach N. J. HIPP u. Mitarb. 1952)

N. J. HIPP u. Mitarb. (1952) geben zwei Methoden zur präparativen Trennung der elektrophoretischen Komponenten an:

Bei der *Alkohol-Methode* wird säuregefälltes Casein in Alkali gelöst. Die Lösung wird auf eine Alkoholkonzentration von 50% und eine Ammonsulfatkonzentration von 0,2 m gebracht. Beim Einstellen auf pH 6,5 fällt eine Fraktion (A), die zu 92% aus α-Casein und zu 8% aus β-Casein besteht. Auf weiteren Zusatz von Eisessig (pH 5,7) wird ein Niederschlag (B) erhalten (80% α-Casein und 20% β-Casein). Das Filtrat wird auf 2° C abgekühlt: es fällt Fraktion C, die aus 45% α-Casein, 45% β-Casein und 10% γ-Casein besteht. α-Casein wird in 33%iger Ausbeute aus den Fraktionen A und B erhalten, β-Casein in 15%iger Ausbeute aus Fraktion C. γ-Casein kann aus den Filtraten der β-Casein-Gewinnung oder direkt aus unfraktioniertem Casein durch Extraktion mit Alkohol in 20%iger Ausbeute gewonnen werden.

Besonders geeignet zur Caseinfraktionierung ist die *Harnstoff-Methode*. Hierbei wird säuregefälltes Casein in 6,6 m-Harnstoff gelöst. Durch kontinuierlichen Zusatz von Wasser wird bei einer Harnstoffkonzentration von 4,6 m zunächst α-Casein, bei einer Harnstoffkonzentration von 1,7 m β-Casein ausgefällt. γ-Casein verbleibt im Filtrat und wird durch Versetzen mit Ammonsulfat (bis 1,6 m) abgeschieden. Durch Umfällen werden die Fraktionen elektrophoretisch rein erhalten.

Die Caseine liegen in der Milch als Calciumsalze in Form von kolloidal suspendierten Mizellen vor. P. H. VON HIPPEL u. D. F. WAUGH (1955) trennten die Casein-Mizellen aus Magermilch nach Zusatz von 60 ml 2,0 m-$CaCl_2$-Lösung durch Zentrifugieren ab (90 min bei 5° C und 45000 g). Aus dem Niederschlag wurde das Calcium durch Zusatz von Kaliumoxalat und Oxalsäure bei pH 6,6—7,0 entfernt. Es resultierte eine klare Lösung von α- und β-Casein. Bei pH 12,0 liegt dieses „lösliche Casein" in Form von Monomeren vor, mit Molekulargewichten von 13000—15000 für α-Casein und 15000—25000 für β-Casein. Wird die Lösung bei 0° C langsam angesäuert, so erscheint bei pH 10,8 in der Ultrazentrifuge ein Gipfel, der polymerem α-Casein entspricht. Die Sedimentationskonstante dieser Polymeren steigt mit sinkendem pH-Wert an. β-Casein liegt auch bei pH 7,0 noch als Monomeres vor. Wird die Temperatur aber auf 30° C erhöht, so erscheint je ein Polymeres von α- und β-Casein.

Die erneute Behandlung des „löslichen Caseins" mit $CaCl_2$ (D. F. WAUGH u. P. H. VON HIPPEL 1956, D. F. WAUGH u. Mitarb. 1960) führt zu einer unlöslichen Fraktion aus α- und β-Casein und zu einer löslichen Komponente. Das aus säuregefälltem Casein nach einem der beschriebenen Verfahren erhaltene α-Casein ist nach diesen Untersuchungen nicht einheitlich, sondern besteht aus einer „Calciumempfindlichen" und einer „Calcium-unempfindlichen" Komponente, die als α_s-Casein und als $\varkappa$-Casein bezeichnet wurden. Die nähere Untersuchung von α_s-Casein ergab 0,5% Schwefel, 1,1% Phosphor, keine Disulfidbindungen und keine Kohlenhydrate.

R. G. Wake (1959a) beschreibt die Isolierung und Reinigung der neuen Komponente $\varkappa$-Casein. Es handelt sich um ein Glykoprotein, das neben Neuraminsäure wahrscheinlich noch andere Zucker enthält. Das Molekulargewicht wurde bei pH 12 zu 26000 bestimmt; bei neutralem pH-Wert ist $\varkappa$-Casein hochaggregiert. H. E. Swaisgood u. J. R. Brunner (1962) erhielten $\varkappa$-Casein aus isoelektrisch gefälltem Casein und aus α-Casein durch Fraktionierung mit 12%iger Trichloressigsäure in 6,6 m-Harnstoff. Das Präparat enthielt 0,35% Phosphor und 13,5% Stickstoff. Wurde $\varkappa$-Casein im Verhältnis 1 : 10 mit α_s-Casein gemischt, so lagen 90% des α_s-Caseins in einem löslichen, gegen Calcium stabilen Komplex vor.

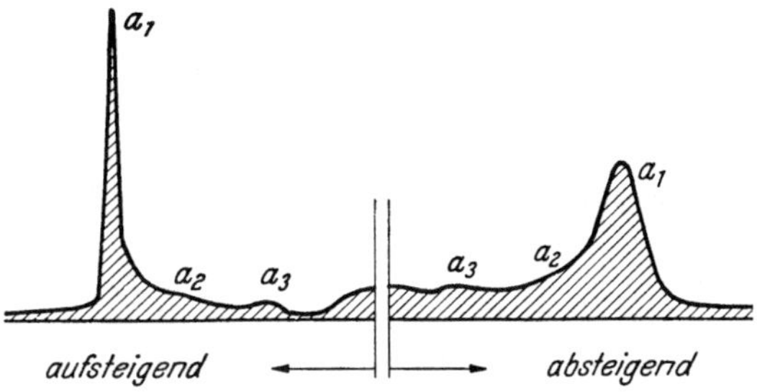

Abb. 16. Elektrophoretische Trennung von α-Casein in NaCl-HCl-Puffer, pH 2,35. (Ionenstärke 0,1 [4,70—4,92 V/cm]; 3 Std). (Nach T. L. McMeekin u. Mitarb. 1959)

Auch T. L. McMeekin u. Mitarb. (1959) konnten α-Casein in verschiedene Fraktionen zerlegen. α-Casein läuft bei der Elektrophorese in Veronalpuffer pH 8,5 einheitlich (Abb. 15), spaltet aber in NaCl-HCl-Puffer bei pH 2,35 in drei Komponenten auf, wie aus Abb. 16 zu entnehmen ist. Die elektrophoretischen Komponenten wurden als α_1-, α_2- und α_3-*Casein* bezeichnet.

Die Hauptkomponente, α_1-Casein, wurde aus einer α-Casein-Lösung bei pH 7,0 und einer Konzentration an $CaCl_2$ von 0,20 m gefällt. α_1-Casein enthält 0,85% Phosphor, 1,10% Schwefel und hat große Ähnlichkeit mit dem bereits erwähnten α_s-Casein von D. F. Waugh, denn es ist wie dieses mit Ca-Ionen fällbar. Das Filtrat der α_1-Casein-Fällung (die „Ca-lösliche Fraktion") enthält die zwei anderen Komponenten, α_2- und α_3-Casein, die ebenfalls präparativ gewonnen wurden (T. L. McMeekin u. Mitarb. 1957, N. J. Hipp u. Mitarb. 1961a). α_2-Casein ähnelt im Phosphorgehalt (0,10—0,15%) dem γ-Casein, hat aber eine andere elektrophoretische Beweglichkeit und ist mit Ca-Ionen und durch Labeinwirkung nicht fällbar. α_3-*Casein* enthält 0,35% Phosphor, 1,2% Sialinsäure und 0,75% Hexose. Es ist also wie das $\varkappa$-Casein von D. F. Waugh ein Glykoprotein und stabilisiert auch Casein wie dieses gegenüber Calcium. α_3-Casein und $\varkappa$-Casein sind aber offensichtlich nicht identisch, denn letzteres enthält 2,8% Sialinsäure und hat anscheinend auch eine größere stabilisierende Wirkung. Aminosäureanalysen von α_1-, α_2- und α_3-Casein (N. J. Hipp u. Mitarb. 1961b) ergaben, daß die Hauptkomponente α_1-Casein in ihrer Aminosäurezusammensetzung im wesentlichen dem α-Casein entspricht. α_2- und α_3-Casein weichen aber in ihrer Zusammensetzung beträchtlich ab. Zwischen α_1- und α_3-Casein bestehen große Differenzen im Gehalt an Cystin, Methionin, Glycin, Histidin, Alanin und Tyrosin. α_2-Casein enthält mehr Asparaginsäure, Threonin, Valin und Methionin, aber weniger Serin, Tyrosin, Phenylalanin, Lysin, Arginin und Tryptophan als α_1- und α_3-Casein.

J. Long u. Mitarb. (1958) erhielten aus rohem $\varkappa$-Casein eine in der Ultrazentrifuge langsamer sedimentierende, in kleineren Mengen vorliegende, als λ-*Casein* bezeichnete Fraktion, die 1,18% Phosphor enthält. Die Komponente wird durch Calcium-Ionen nicht gefällt, wirkt aber auch nicht stabilisierend auf α_s-Casein.

Ausgehend von Untersuchungen von R. G. WAKE u. R. L. BALDWIN (1961), die durch Stärkegel-Elektrophorese mit harnstoffhaltigen Puffern zeigen konnten, daß viele der bisher aus Casein isolierten Komponenten heterogen sind, haben M. L. GROVES u. Mitarb. (1962) ein neues Verfahren zur Darstellung von β- und γ-Casein durch Chromatographie an DEAE-Cellulose entwickelt. Das erhaltene β-Casein wies einen niedrigeren, das erhaltene γ-Casein einen höheren Phosphorgehalt auf als ältere Präparate. Eine nähere Klärung dieser Befunde steht noch aus.

L. M. REYNOLDS u. Mitarb. (1959) untersuchten Gesamt-Casein und verschiedene Caseinfraktionen auf ihren Kohlenhydratgehalt. Sie fanden im Gesamtcasein (Werte in mg/g Casein) Galaktose (1,84), Glucose (1,11) und Mannose (0,53), im α-Casein Galaktose (0,75) und Mannose (0,48) und im β-Casein und γ-Casein nur Galaktose (0,52 bzw. 0,48).

Die experimentellen Ergebnisse der letzten Jahre zeigen, daß Casein ein kompliziertes Gemisch einer ganzen Reihe von verschiedenartigen Proteinen ist, die zum großen Teil noch nicht in völlig reiner und definierter Form erhalten werden konnten. Besonders komplex ist α-Casein, während β- und γ-Casein relativ einheitlich sind. α-Casein zerfällt in eine durch Calcium-Ionen fällbare Fraktion (α_s- bzw. α_1-Casein), die den Hauptanteil ausmacht und in eine durch Calcium-Ionen nicht fällbare Fraktion ($\varkappa$- bzw. α_3-Casein und wahrscheinlich einige andere Komponenten, wie α_2- und λ-Casein). $\varkappa$- bzw. α_3-Casein sind reich an Kohlenhydraten und stabilisieren das in der Milch vorliegende Calciumcaseinat-Gemisch gegenüber Calcium-Ionen, d. h. sie verhindern offensichtlich als Schutzkolloide die Ausflockung der Casein-Calciumsalze.

β) Labgerinnung

Die Fällung von Casein durch Labferment ist Gegenstand zahlreicher Untersuchungen. H. MATTENHEIMER und H. NITSCHMANN (1955) zeigten, daß zwei Reaktionen bei der Labgerinnung überlagert sind: 1. eine Primärreaktion, die zur Freisetzung von 1—2,5% Nicht-Proteinstickstoff führt und 2. eine allgemeine Proteolyse. Die Primärreaktion greift spezifisch am α-Casein an, β-Casein zeigt sie nicht. Sie verläuft außerordentlich rasch und ist praktisch zu Ende, bevor die allgemeine Proteolyse ein meßbares Ausmaß erreicht hat. Für die Primärreaktion ist die Anwesenheit von Calcium nicht erforderlich, wohl aber für die durch die Primärreaktion ermöglichte Gerinnung des Caseins. Untersuchungen anderer Proteasen ergaben, daß die Primärreaktion auch mit Pepsin und Chymotrypsin abläuft, während Trypsin, Papain und eine Pilzprotease nur zu einer allgemeinen Proteolyse führen, d. h. Casein erlangt nicht die für die Labreaktion charakteristische Gerinnungsfähigkeit.

Eine Isolierung der bei der Labung auftretenden Peptide durch H. NITSCHMANN u. R. HENZI (1959) führte zu einem „Glykomakropeptid" mit einem Phosphorgehalt von 0,3—0,6%. Das Peptid enthielt je nach der Darstellung 6—15% Galaktose, 2—4% Glucosamin und 4—11% Neuraminsäure. Sein Molekulargewicht liegt bei 8000. Die Freisetzung dieses extrem hydrophilen Peptids durch Lab aus dem Casein-Komplex bewirkt wahrscheinlich dessen Gerinnung durch das anwesende Calcium. 1960 gelang es H. NITSCHMANN u. R. BEEBY, aus $\varkappa$-Casein ein kohlenhydrathaltiges Peptid zu isolieren (11,2% Stickstoff, 0,50% Phosphor, enthält Hexose, Hexosamin, Neuraminsäure), das identisch mit den früher aus Gesamt-Casein und aus α-Casein erhaltenen Produkten ist. Damit war gezeigt, daß Lab am $\varkappa$-Casein angreift. Die spezifische Wirkung von Labferment ist nach den heutigen Kenntnissen also in der Freisetzung eines Glykomakropeptids aus $\varkappa$-Casein unter Bildung von unlöslichem para-$\varkappa$-Casein zu sehen (R. G. WAKE 1959b). Da ϰ-Casein für die Stabilisierung der Calciumcaseinat-Micellen verantwortlich ist, führt seine Umwandlung in Gegenwart von Calcium zur Ausflockung der Casein-Calciumsalze [(vgl. dazu Abschnitt α) auf S. 246]. Die Freisetzung des Glykomakropeptids erfolgt wahrscheinlich nicht proteolytisch, denn es wurden zwischen ϰ-Casein und para-ϰ-Casein keine Veränderungen der N-terminalen Aminosäuren festgestellt. P. JOLLÈS u. Mitarb. (1963) reduzierten ϰ-Casein mit $LiBH_4$. Sie erhielten ein unlösliches Produkt, das dem para-ϰ-Casein sehr ähnlich war und ein lösliches Produkt, das dem Glykopeptid entsprach. Das unlösliche Produkt enthielt C-terminal Phenylalaninol. Dieser Befund macht es sehr wahrscheinlich, daß Labferment eine Esterbindung in ϰ-Casein angreift. Eine Beobachtung von H. WISSMANN u. H. NITSCHMANN (1957), wonach die Labung von α-Casein zum zusätzlichen Auftreten von Phenylalanin (neben Lysin und Arginin) als N-terminaler Aminosäure führt, ist wahrscheinlich auf sekundäre proteolytische Vorgänge zurückzuführen (vgl. auch die Übersicht von B. LINDQVIST 1963a u. b).

γ) Proteolyse von Casein

Alle Reifungsvorgänge von Milchprodukten (z. B. die Käsereifung) sind mit einer mehr oder weniger starken Proteolyse der Milchproteine verbunden. Das größte Interesse beanspruchen dabei die Veränderungen am Casein, da es mengenmäßig in der Milch bei weitem überwiegt. B. LINDQVIST u. T. STORGÅRDS (1957) haben versucht, aus den Veränderungen des Elektrophoresebildes des Caseins während der Reifung verschiedener Käse Rückschlüsse auf den Reifungsverlauf zu ziehen. Abb. 17 zeigt, daß die einzelnen Caseinkomponenten in durchaus unterschiedlicher Weise abgebaut werden. Bei Svecia und Finnischem Emmentaler war z. B. ein bevorzugter Abbau des α-Caseins zu beobachten, während bei Port

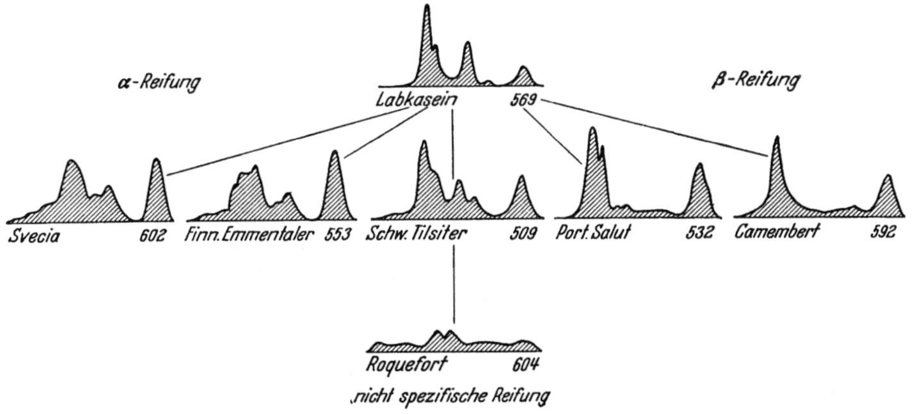

Abb. 17. Elektrophoresebilder verschiedener Reifungstypen bei Käse. (Nach B. LINDQVIST u. T. STORGÅRDS 1957)

Salut und Camembert der β-Casein-Gipfel verschwindet. Bei schweizerischem Emmentaler und besonders bei Roquefort werden α- und β-Casein angegriffen. Die Autoren sprechen von „*α-Reifung*“, „*β-Reifung*“ und „*nichtspezifischer Reifung*“.

Eine weitere Verfolgung des hier eingeschlagenen Weges kann u. U. zu Methoden führen, die eine frühzeitige Ermittlung von Fehlreifungen gestatten; das wäre vor allem bei Hartkäsen von großer Bedeutung. Auch die quantitative Untersuchung der Veränderungen in der Peptid- und Aminosäurefraktion ermöglicht Einblicke in den Reifungsverlauf (J. SCHORMÜLLER u. H.-D. BELITZ 1958).

Eingehend untersucht wurden die beim enzymatischen und säurehydrolytischen Abbau von Casein entstehenden phosphorhaltigen Peptide. 1932 erhielten F. LIPMANN u. P. A. LEVENE aus Casein nach Säurehydrolyse *Phosphoserin*. Damit war eine Bindung der Phosphorsäure an Serin wahrscheinlich gemacht. M. DAMODARAN u. B. V. RAMACHANDRAN (1941) und C. RIMINGTON (1941) isolierten nach Einwirkung von Pepsin und Trypsin auf Casein „*Phosphopeptone*" über die Blei- bzw. Kupfersalze. Die Aminosäurezusammensetzung dieser Produkte war $Ser_4Glu_3Ileu_2(PO_3H_2)_3$ und $Ser_4Glu_5Ileu(PO_3H_2)_3$. In neuerer Zeit wurden aus Caseinfraktionen durch Abbau mit definierten Enzympräparaten zahlreiche höhermolekulare Phosphopeptide dargestellt. Eine Übersicht findet sich bei J. SCHORMÜLLER u. Mitarb. (1961). Als typische Beispiele seien Präparate von H. BENNICH u. Mitarb. (1959) und R. ÖSTERBERG (1960) angeführt, für die die Zusammensetzung

$$Ser_5ThrGlu_9Asp_3ProGlyAla_2Val_2Met_2Ileu_3Lys_{1-2}(PO_3H_2)_6$$

$$\text{und } Ser_6ThrGlu_{10}Asp_4ProGlyAla_2Val_2Met_2Ileu_4Lys_2(NH_3)_3(PO_3H_2)_7$$

ermittelt wurde und die nach tryptischer Hydrolyse von α-Casein erhalten wurden. R. ÖSTERBERG (1961) konnte durch Titration des letztgenannten Peptids zeigen, daß die sieben Phosphorsäuregruppen als Monoester vorliegen, und zwar sechs gebunden an Serin und eine gebunden an Threonin. Ein Vergleich der erhaltenen pK-Werte mit denen von Modellpeptiden deutet auf eine *Kumulation* von Phosphorsäuregruppen im Peptid. Durch Einwirkung von Pepsin erhielt R. ÖSTERBERG (1963) aus dem angeführten Phosphopeptid vier Spaltpeptide, die er an einem Anionenaustauscher trennen konnte. Die Spaltpeptide haben folgende Aminosäurezusammensetzung:

1. Asp (Asp, Thr P, Ser P_2, Glu_3, Gly, Ileu).
2. Glu (Asp, Ser P_4, Glu_3, Pro, Ala, Val_2, $Ileu_2$, Lys).
3. Glu (Ala, Met).
4. Asp (Glu_2, Ileu, Met, Lys).

Eine Kumulation von Phosphoserinresten im Casein hatten auch J. WILLIAMS und F. SANGER (1959) bereits beobachtet. Nach 12stündiger Einwirkung von konz. HCl auf Casein bei 37° C traten bei der Hochspannungselektrophorese in Ameisensäure drei Banden der Zusammensetzung $(P\text{-}Ser)_n$ mit $n = 1-3$ auf. Für den Aufbau der Peptidketten der Caseinfraktionen ergibt sich aus der Untersuchung dieser Spaltprodukte, daß die Phosphorsäuregruppen nicht gleichmäßig über das Molekül verteilt, sondern in bestimmten „sauren" Bezirken konzentriert sind. Die Bezirke sind auch reich an Glutaminsäure.

T. POSTERNAK u. H. POLLASZEK (1941a u. b) zeigten, daß Phosphopeptide (7—11 Aminosäurereste und 2—3 Phosphorsäuregruppen) von Aminopeptidase aus Darm erst nach Dephosphorylierung angegriffen werden. D. THEODOROPOULOS u. Mitarb. (1959) wiesen nach, daß auch Trypsin durch Phosphoseringruppen in Nachbarschaft von potentiellen Spaltstellen gehemmt wird: das Modellpeptid α-Carbäthoxy-L-lysyl-L-seryl-glycin wurde an der Lysincarboxylgruppe glatt gespalten, nicht aber das O-phosphorylierte Analoge.

δ) Dephosphorylierung von Casein

K. T. A. SUNDARARAJAN u. P. S. SARMA (1957) dephosphorylierten Casein mit einer Phosphoproteinphosphatase aus Ochsenmilz bei pH 6. Es trat ein Niederschlag von Protein auf, der 15,55% Stickstoff und 0,04% Phosphor enthielt. Die Aminosäurezusammensetzung dieses phosphorarmen Proteins entsprach der des Caseins. G. E. PERLMAN hatte 1954 (a u. b) aus Ergebnissen bei der Einwirkung verschiedener Phosphatasen auf Caseinfraktionen geschlossen, daß verschiedene Bindungstypen vorliegen. Danach sollte α-Casein 40% Monoesterbindungen ($R-O-PO_3H_2$), 40% gemischte Amid-Ester-Bindungen ($R-O-PO_2H-NH-R'$) und 20% disubstituierte Pyrophosphatbindungen ($R-O-PO_2H-O-PO_2H-O-R'$), β-Casein dagegen 100% Diesterbindungen ($R-O-PO_2H-O-R'$) enthalten. T. HOFMAN (1958) konnte diese Befunde jedoch nicht bestätigen; er nimmt vielmehr an, daß ausschließlich Monoesterbindungen vorliegen. In der gleichen Richtung liegen auch die Befunde von R. ÖSTERBERG an Phosphopeptiden aus α-Casein (vgl. S. 250).

Die Labilität des Caseinphosphors gegenüber Alkali ist schon lange bekannt. Eine vollständige Dephosphorylierung ist z. B. bei 24stündiger Einwirkung von 0,25 n-NaOH bei Zimmertemperatur möglich. L. ANDERSON u. J. J. KELLEY (1959) hydrolysierten Casein mit Alkali in $H_2{}^{18}O$. In dem freigesetzten Phosphat konnte kein ^{18}O gefunden werden, woraus folgt, daß keine Hydrolyse, sondern β-Elimination eintritt:

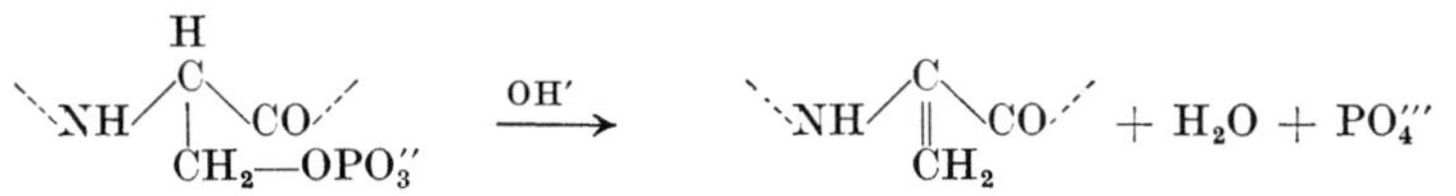

Hitzecoaguliertes Casein ähnelt dem durch Einwirkung von Alkali erhaltenen dephosphorylierten Casein. Das Protein ist unter den üblichen Bedingungen zwar nicht hitzecoagulierbar. Beim Erhitzen von Milch oder Caseinlösungen unter Druck auf Temperaturen über 100° C coaguliert es aber unter Zersetzung. Von Bedeutung sind Erhitzungszeit, Temperatur, Salzkonzentration und pH-Wert. Es tritt ein Phosphorverlust und wahrscheinlich auch eine partielle Spaltung von Peptidketten ein.

b) Molkenproteine

Durch Lab- oder Säurefällung des Caseins wird aus Milch die Molke erhalten. Ihr Proteingehalt beträgt bei der Kuhmilch 0,6%. Die Molkenproteine werden auf Grund ihrer Löslichkeit in gesättigter Magnesiumsulfatlösung oder halbgesättigter Ammonsulfatlösung in eine *Globulin*fraktion und eine *Albumin*fraktion eingeteilt.

α) Globulinfraktion

Die Globuline werden durch Sättigen von Molke mit Magnesiumsulfat ausgefällt. Durch Dialyse ist eine Trennung in *Euglobulin* und *Pseudoglobulin* möglich. E. L. SMITH (1948) zeigte, daß die auf diesem Wege erhaltene Globulinfraktion komplex ist. Die Fraktionierung mit Ammonsulfat ergab zwei Fraktionen mit elektrophoretischen Beweglichkeiten von −1,7 bis −2,5 und von −3,6 bei pH 8,4. Die erste Fraktion wird als *Immunglobulin* bezeichnet, da sie Antikörper enthält. Sie macht 13% der Molkenproteine aus. 18% der Molkenproteine entfallen auf die zweite Komponente, die nicht rein erhalten wurde.

β) „Albuminfraktion"

Die Proteine dieser Fraktion sind in gesättigter Magnesiumsulfatlösung löslich. K. O. PEDERSEN (1936) wies drei Komponenten nach, die er mit α, β und γ bezeichnete.

α-Lactalbumin ist mit der α-Komponente von PEDERSEN identisch und wird nach W. G. GORDON u. W. F. SEMMET (1953) dargestellt: Nach Entfernung der in 2,3 m-Ammonsulfat unlöslichen Fraktion wurden die verbleibenden Proteine durch Zugabe von Ammonsulfat bis zu einer Konzentration von 3,3 m bei pH 6,0 ausgefällt. Der Niederschlag wird in Wasser gelöst und bei pH 5,2 durch Dialyse von Salzen befreit. Das auskristallisierende β-Lactoglobulin wird entfernt und das lösliche Protein erneut mit Ammonsulfat gefällt. Aus dem Niederschlag wird nach verschiedenen Reinigungsoperationen reines α-Lactalbumin erhalten.

Das bei pH 6,6 kristallisierte Protein ist in Wasser leicht löslich. Beim Ansäuern auf pH 4,6 fällt es in amorpher Form aus. α-Lactalbumin coaguliert beim Erhitzen in Lösung auf 74—84° C. Elektrophoretisch verhält es sich einheitlich; seine Beweglichkeit in Veronalpuffer pH 8,6 ist $-4{,}2$. Das Molekulargewicht ist 16500. Bemerkenswert ist der hohe Tryptophangehalt (7,2%); auch Asparaginsäure ist reichlich vertreten (18,7%).

β-Lactoglobulin macht über 50% der Molkenproteine aus. Es wurde zuerst von A. H. PALMER (1934) bei Versuchen zur Darstellung von Lactalbumin in kristallisierter Form erhalten. Die Gewinnung aus Milch wurde beim Lactalbumin bereits beschrieben. Da das Protein identisch mit der β-Komponente von PEDERSEN war und sich ähnlich wie ein Euglobulin verhält, wurde es als β-Lactoglobulin bezeichnet. C. H. LI (1946) erhielt bei der Elektrophorese in Acetatpuffer im pH-Bereich von 5,3—5,6 *einen* Gipfel, bei pH 4,8 und pH 6,5 aber *drei* Komponenten. R. ASCHAFFENBURG u. J. DREWRY (1957) konnten nachweisen, daß die Sekretion verschiedener Lactoglobuline von genetischen Faktoren abhängt und schlugen deshalb die Bezeichnungen *β-Lactoglobulin A* und *β-Lactoglobulin B* vor. S. N. TIMASHEFF und R. TOWNEND (1958) konnten die zwei genetischen Formen durch Papierelektrophorese in Veronalpuffer von pH 8,6 unterscheiden. β-Lactoglobulin A assoziiert im pH-Bereich von 3,7—5,2, während β-Lactoglobulin B hauptsächlich als Monomeres vorliegt. Im alkalischen pH-Bereich sind beide Proteine monomer.

β-Lactoglobulin ist hitzecoagulierbar. Sein Molekulargewicht wird mit 35000 angegeben. Endgruppenbestimmungen ergaben die N-terminale Sequenz Leu-Leu-Val- (H. FRAENKEL-CONRAT 1954) bzw. Leu-Leu-Leu- (R. R. PORTER 1948) und zwei Reste Isoleucin pro Mol Protein in C-terminaler Stellung (CHING-I NIU u. H. FRAENKEL-CONRAT 1955).

Serumalbumin wurde von B. D. POLIS u. Mitarb. (1950) aus Milch kristallisiert erhalten. Seine Identität mit Blutserumalbumin wurde immunologisch festgestellt.

c) Proteine des Colostrums

Die unmittelbar nach dem Kalben ausgeschiedene Milch, das Colostrum, ist bedeutend eiweißreicher als die normale Milch. Der Proteingehalt fällt von 17% sehr schnell ab und erreicht nach 10 Tagen den Normalwert. Bezogen auf Gesamtprotein enthält Colostrum 17% *Casein*, 60% *Immunglobulin* und 5% *β-Lactoglobulin*. E. L. SMITH (1946) gibt eine Methode zur Trennung der Colostrumproteine an.

Das Immunglobulin kann durch erschöpfende Dialyse in ein wasserunlösliches Euglobulin und ein wasserlösliches Pseudoglobulin getrennt werden. Es hat ein Molekulargewicht von 160000 bis 190000 und ähnelt dem γ_1-Globulin des Blutplasmas. M. LASKOWSKI jr. u. M. LASKOWSKI (1951) fanden große Mengen eines Trypsin-Inhibitors im Colostrum.

5. Eiproteine

Bei allen im folgenden beschriebenen Proteinen handelt es sich um Komponenten des Hühnereies. Eiklar und Eidotter enthalten annähernd die gleiche Menge an Proteinen (Durchschnittsgewicht pro Ei: Eiklar 32,9 g, Eidotter 18,7 g; Proteingehalt: Eiklar 10,6%, Eidotter 16,6%). Im Eiklar liegen diese Proteine in einer etwa 10% igen wäßrigen Lösung vor; im Dotter dagegen sind sie mit der doppelten Gewichtsmenge an Lipoiden vergesellschaftet, die zum Teil frei, zum Teil in gebundener Form vorkommen. Die Schwierigkeiten bei der Trennung und Charakterisierung der Dotterproteine sind deshalb wesentlich größer als bei der Trennung der Eiklarproteine, so daß bis heute noch keine völlige Klarheit über die im Dotter anwesenden Komponenten, ihr Mengenverhältnis und ihre Eigenschaften besteht.

a) Proteine des Eiklars

Eiklar besteht aus drei konzentrischen Schichten: einer dünnflüssigen Außenschicht, einer gelatinösen Zwischenschicht und einer dünnflüssigen Innenschicht. Die Mittelschicht enthält mehr Ovomucin (F. LANNI u. Mitarb. 1949); ansonsten bestehen keine wesentlichen Unterschiede in der Zusammensetzung. Abb. 18 zeigt eine elektrophoretische Trennung von Eiklar in Phosphatpuffer pH 7,8, bei der alle Hauptkomponenten gut abgesetzt sind.

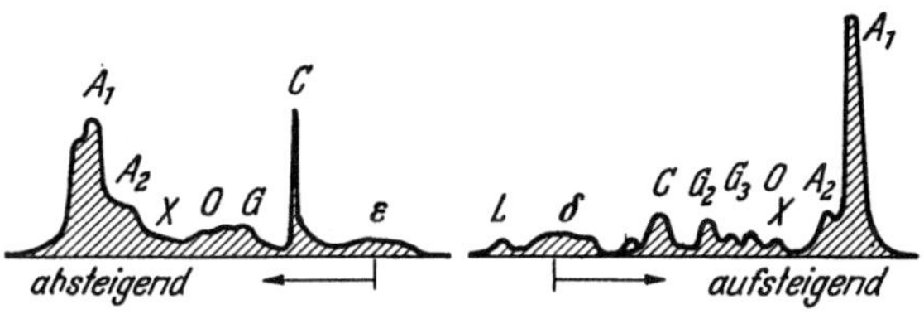

Abb. 18. Elektrophoretische Trennung von Eiklar in Phosphatpuffer pH 7,8. Ionenstärke 0,2 (A_1, A_2: Ovalbumin, C: Conalbumin, G_2, G_3: Globuline, L: Lysozym, O: Ovomucoid). (Nach R. H. FORSYTHE u. J. F. FOSTER 1950)

Zur *präparativen Trennung* der Proteine wird Eiklar zunächst mit dem gleichen Volumen an gesättigter Ammonsulfatlösung versetzt. Es fällt die *Globulin*fraktion mit *Lysozym*, *Ovomucin* und anderen *Globulinen;* in Lösung verbleibt die *Albumin*fraktion mit *Ovalbumin*, *Conalbumin* und *Ovomucoid*. Die beiden Fraktionen werden dann durch geeignete Operationen weiter zerlegt. In Tab. 12 sind die einzelnen Proteine aufgeführt. Die Angaben über die Mengen sind abgerundete Mittelwerte aus verschiedenen Arbeiten. Bei den Molekulargewichten wurden jeweils die wahrscheinlichsten Werte angegeben.

Tabelle 12. *Proteine des Eiklars*

Protein	% des Gesamtproteins	Molekulargewicht	pI
Ovalbumin	65	45000	4,58
Conalbumin	13	76600	6,8
Ovomucoid	12	28000	3,9
Lysozym	3	14800	11,3
Globulin G_2	4	—	—
Globulin G_3	4	—	—
Ovomucin	2	—	—
Avidin	0,1	40000—70000	10

α) Ovalbumin. Das Hauptprotein des Eiklars wurde bereits 1890 durch F. HOFMEISTER kristallisiert erhalten. Es wird meist nach S. P. L. SØRENSEN und M. HØYRUP (1918) dargestellt. In der Ultrazentrifuge verhält es sich einheitlich, bei der Elektrophorese werden dagegen drei Komponenten, A_1 (etwa 80%), A_2 (etwa 15%) und A_3 (etwa 5%) erhalten. Die Komponenten unterscheiden sich offensichtlich im Phosphorgehalt, denn G. E. PERLMANN (1952) konnte zeigen, daß nach der Einwirkung von Prostataphosphatase auf Ovalbumin die Komponente A_1 im Elektrophoresebild verschwindet, während A_2 entsprechend ansteigt. 46% der im Gesamtprotein vorhandenen Phosphormenge (0,12%) waren entfernt worden. Durch Intestinalphosphatase wird der gesamte Phosphor abgespalten und bei der Elektrophorese tritt nur noch A_3 auf. Daraus ist zu schließen, daß A_1 zwei Mole, A_2 ein Mol und A_3 keinen Esterphosphor enthält. Gebunden ist die Phosphorsäure wahrscheinlich an *Serin*, denn aus einem Partialhydrolysat von Ovalbumin wurde ein serinhaltiges Phosphopeptid isoliert.

Ovalbumin enthält Kohlenhydrate. Aus einem enzymatischen Hydrolysat des Proteins erhielten P. Johansen u. Mitarb. (1958) ein Glykopeptid, aufgebaut aus 5 Molen Mannose, 3 Molen Glucosamin, 1 Mol Leucin, 1 Mol Asparaginsäure und je 0,5 Molen Serin und Threonin. Der Kohlenhydratanteil war an der Carboxylgruppe von Asparaginsäure gebunden.

Ovalbumin denaturiert ziemlich leicht, z. B. schon beim Schütteln einer Lösung bei Zimmertemperatur. Das denaturierte Protein hat ein 2—20fach größeres Molekulargewicht als die native Substanz; seine Löslichkeit am isoelektrischen Punkt ist so gering, daß eine Abtrennung vom nativen Protein möglich ist.

Durch Subtilisin, eine Protease aus *Bacillus subtilis*, wird Ovalbumin in *Plakalbumin* überführt. Dieses kristallisiert im Gegensatz zum Ovalbumin nicht in Nadeln, sondern in Blättchen und hat auch eine größere Löslichkeit in Ammonsulfat und eine andere elektrophoretische Beweglichkeit. Die Verfolgung der Spaltung durch M. Ottesen (1957) ergab, daß zunächst eine und dann noch zwei weitere Peptidbindungen hydrolysiert wurden. Die zwei auftretenden Spaltpeptide wurden als Ala-Ala und als Glu-Ala-Gly-Val-Asp identifiziert. Aus diesen Ergebnissen wurde folgendes Schema für die Bildung von Plakalbumin abgeleitet:

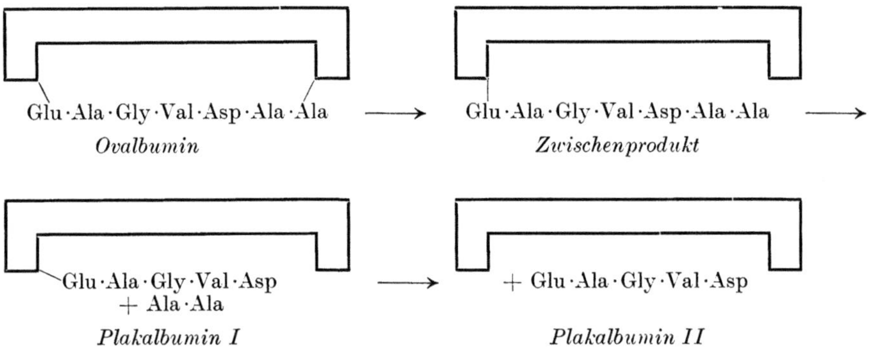

Umsetzung von Ovalbumin mit Dinitrofluorbenzol führte zu keiner Reaktion mit einer α-Aminogruppe. Evtl. ist die N-terminale Aminosäure an Kohlenhydrat gebunden (R. R. Porter 1950). Durch Einwirkung von Carboxypeptidase wurde Alanin als C-terminale Aminosäure ermittelt (D. Steinberg 1952).

β) Conalbumin coaguliert bei niedrigerer Temperatur als Ovalbumin. Es erleidet beim Schütteln keine Oberflächendenaturierung. Aus Lösungen scheidet sich bei pH < 4 und in Gegenwart von Salzen eine schwer lösliche Modifikation aus, die bei der Elektrophorese zwei Banden zeigt. Conalbumin bildet mit Eisen-III-Ionen einen braunroten Komplex mit einem Absorptionsmaximum bei 470 mμ, der bis herab zu pH 5,5 stabil ist. Pro Mol Protein werden 2 Mole Fe^{+++} aufgenommen. Der Komplex enthält außerdem äquimolare Mengen an HCO_3''-Ionen. Mit Kupfer-II-Ionen wird ein gelber Komplex (Absorptionsmaximum 440 mμ) und mit Zink-II-Ionen ein farbloser Komplex gebildet. Die Stabilität der Metallkomplexe nimmt in der Reihenfolge Fe $>$ Cu $>$ Zn ab. N-terminale Aminosäure ist beim Conalbumin Alanin (H. Fraenkel-Conrat u. R. R. Porter 1952).

γ) Lysozym. Die Lysis verschiedener Bakterien durch Eiklar wurde von A. Fleming entdeckt, der auch den Namen Lysozym für die wirksame Verbindung einführte. Die Darstellung aus Eiklar erfolgt nach G. Alderton u. Mitarb. (1945) durch Adsorption an Bentonit und anschließende Elution mit Phosphatpuffer bei pH 7,5 unter Zusatz von Pyridin. Lysozym kann bei pH 9,5 auch direkt aus

Eiklar kristallisiert werden (G. ALDERTON u. H. L. FEVOLD 1946). Lysozym ist ein basisches Protein; der isoelektrische Punkt liegt bei pH 11. Bei der Elektrophorese verhält es sich einheitlich; H. H. TALLAN u. W. H. STEIN (1953) konnten dagegen bei der Elution mit Phosphatpuffer pH 7,18 an einem Kationenaustauscher 2—3 Komponenten erhalten.

Das Protein ist aus *einer* Peptidkette aufgebaut, die 131 Aminosäurereste enthält und durch Disulfidbindungen der 10 Cysteinreste gefaltet ist.

Die Primärstruktur wurde von J. JOLLÈS u. P. JOLLÈS (1961) aufgeklärt. Lysozym ist eine Mucopolysaccharidase, die die Zellwände verschiedener grampositiver Bakterien (*Micrococcus lysodeikticus, Bacillus megatherium, Sarcina flava*), in Gegenwart von Äthylendiamintetraessigsäure, aber auch die Zellwände gramnegativer Bakterien (*Escherichia coli, Pseudomonas aeruginosa, Azotobacter vinelandii*, Salmonellen) angreift. Von M. R. J. SALTON u. J. M. GHUYSEN (1959) wurde nach der Einwirkung von Lysozym auf *Micrococcus lysodeikticus* das Disaccharid β (1 → 6)-N-Acetyl-glucosamin-N-acetyl-muraminsäure und ein entsprechendes dimeres Tetrasaccharid isoliert.

Die enzymatische Aktivität des Lysozyms geht bei der Umsetzung mit Acetanhydrid (Blockierung der NH_2-Gruppen) und bei der Veresterung der Carboxylgruppen mit Methanol verloren.

Zusammenfassend berichtet P. JOLLÈS (1964) über Lysozyme.

δ) Ovomucoid ist ein Glykoprotein. Es ist nicht coagulierbar und kann deshalb aus hitzecoagulierten Lösungen von Eiklar durch Zusatz von Äthanol erhalten werden. Eine modifizierte Darstellungsmethode beschreiben E. FREDERICQ u. H. F. DEUTSCH (1949). Bei der Elektrophorese erweist sich Ovomucoid als inhomogen. N-terminal ist Alanin, C-terminal Phenylalanin. Der Kohlenhydratgehalt ist hoch und liegt bei 22—26%. Gefunden wurden N-Acetylglucosamin und Mannose, evtl. ist auch Galactose anwesend.

Seine Wirkung als Trypsin-Inhibitor wurde von H. LINEWEAVER u. C. W. MURRAY (1947) entdeckt.

ε) Globuline. L. HEKTOEN u. A. G. COLE (1928) zeigten zuerst die Anwesenheit von Globulinen im Eiklar. In Abb. 18 (S. 253) sind zwei, mit G_2 und G_3 bezeichnete Globuline zu erkennen. Über ihre Eigenschaften ist wenig bekannt; es handelt sich wahrscheinlich um Glykoproteine.

ζ) Ovomucin fällt beim Verdünnen von Eiklar mit Wasser oder mit verdünnter Salzlösung aus. Auf diese Weise ist aber keine klare Trennung von anderen Globulinen möglich. Ovomucin ist nicht einheitlich. Es inhibiert die Agglutination von Erythrocyten durch Influenza-Virus (F. LANNI u. Mitarb. 1949). Von drei durch Elektrophorese erhaltenen Komponenten der Ovomucinfraktion waren nur zwei aktiv (D. G. SHARP u. Mitarb. 1951). Das Protein enthält Neuraminsäure.

η) Avidin vermag *Biotin* komplex zu binden und dadurch unwirksam zu machen. Wahrscheinlich bindet ein Mol Avidin zwei Mole Biotin. Das Protein enthält 4,7% Mannose und 4,0% Hexosamin. Es kommt frei, als Komplex mit Nucleinsäuren und als Komplex mit einem sauren Glykoprotein vor (H. FRAENKEL-CONRAT u. Mitarb. 1952).

b) Proteine des Eidotters

Auf die durch den hohen Lipoidgehalt des Eidotters bedingten Schwierigkeiten bei der Trennung der Dotterproteine wurde bereits eingangs hingewiesen. Je nach der angewendeten Trennungsmethode werden im allgemeinen Produkte von sehr wechselnder Zusammensetzung erhalten. Die Lipoide des Eidotters liegen zum Teil „frei“, zum Teil „gebunden“ an Proteine als Lipoproteine vor. Eine klare Trennung der freien von den gebundenen Lipoiden ist nicht möglich. In älteren

Arbeiten wurde meist der mit Äther in der Kälte extrahierbare Lipoidanteil als „frei" bezeichnet. Diese Unterscheidung ist etwas willkürlich, denn mit Alkohol oder Aceton sind die „gebundenen" Lipoide praktisch vollständig zu extrahieren, so daß bei den Lipoproteinen auch keine kovalenten Bindungen zwischen Protein und Lipoid anzunehmen sind. Das sogenannte „freie" Lipoid wird andererseits im nativen Dotter ebenfalls in irgendeiner Form mit Proteinen oder Lipoproteinen assoziiert sein. In neueren Arbeiten wird deshalb die Anwendung von Äther bei der Isolierung von Dotterproteinen im allgemeinen vermieden, um die Bildung von Artefakten möglichst auszuschließen. Die wichtigsten bisher aus Eidotter erhaltenen Proteinfraktionen können in drei Gruppen eingeteilt werden, und zwar in

α) eine *Lipoprotein*fraktion,
β) eine *Phosvitin*fraktion,
γ) eine *Livetin*fraktion.

α) Lipoproteinfraktion

T. B. OSBORNE u. G. F. CAMPBELL (1900) geben ein später von E. CHARGAFF (1942) modifiziertes Verfahren zur Isolierung eines Lipoproteins aus Eidotter an. Das Produkt wurde als *Lipovitellin* bezeichnet und enthielt 23% Lipoide, die mit Alkohol extrahiert werden konnten. Es resultierte das lipoidfreie Protein *Vitellin* mit einem Phosphorgehalt von 1%. G. ALDERTON u. H. L. FEVOLD (1945) und H. L. FEVOLD u. A. LAUSTEN (1946) kamen nach einem anderen Verfahren zu zwei Lipoproteinen. Das eine wurde ebenfalls als *Lipovitellin* bezeichnet, obwohl es weniger Lipoide (17%) enthielt als das Produkt von CHARGAFF. Das zweite Lipoprotein, *Lipovitellenin*, war wesentlich lipoidreicher (38% Lipoide) als Lipovitellin und deshalb zum Unterschied von diesem auch nur in äthergesättigter

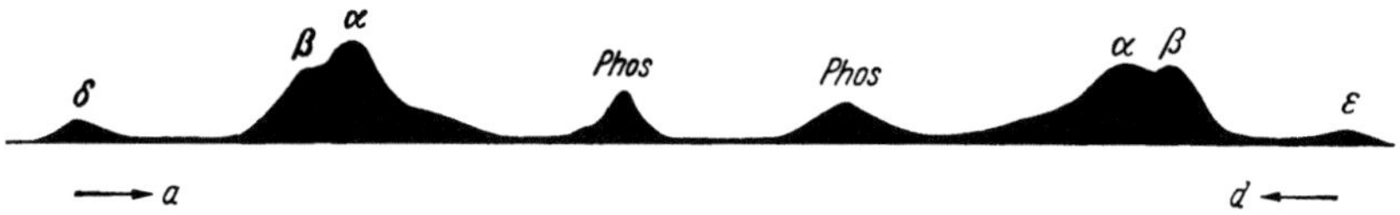

Abb. 19. Elektrophorese von Lipovitellin (Fevold) in Carbonat-Bicarbonat-Puffer pH 9,8; Ionenstärke 0,15; 180 min, 3,6 V/cm (Tiselius-Apparatur). (Nach H. SUGANO 1957)

Natriumchloridlösung löslich. Die durch Alkoholextraktion erhaltenen lipoidfreien Proteine *Vitellin* und *Vitellenin* hatten 1,1% bzw. 0,28% Phosphor.

Bei der Elektrophorese erwiesen sich beide Lipoproteine als uneinheitlich, wie aus Abb. 19 und Abb. 20 hervorgeht.

Vor allem das Lipovitellin ist sehr komplex: Es enthält zwei Hauptkomponenten, von H. SUGANO (1957) als *α-Lipovitellin* und *β-Lipovitellin* bezeichnet, 16—18% *Phosvitin* und etwa 20% andere Komponenten, die nicht näher charakterisiert wurden. Lipovitellenin ist einheitlicher: Es besteht zu 85—90% aus β-Lipovitellin und zu 10—13% aus α-Lipovitellin. Die beiden Lipoproteine α-Lipovitellin und β-Lipovitellin wurden von H. SUGANO (1958) aus Eidotter auch präparativ gewonnen: Sie enthalten 0,6% und 0,3% Proteinphosphor.

Eine eingehende elektrophoretische Untersuchung von α-Lipovitellin und β-Lipovitellin durch H. SUGANO (1959) ergab, daß die Lipoproteine im pH-Bereich von 4,9 bis 10,5 einheitlich laufen. Bei pH 4,2 trat allerdings beim β-Lipovitellin außer einem Hauptgipfel noch eine Zone mit zwei kleineren Gipfeln auf, während α-Lipovitellin in zwei annähernd gleich große Fraktionen getrennt wurde. In der Ultrazentrifuge erweisen sich beide Proteine bei pH 9,9 ebenfalls als nicht einheitlich.

Während bei allen bisher erwähnten Verfahren zur Isolierung von Dotterproteinen „freie" Lipoide mit Äther extrahiert wurden, haben G. BERNARDI u. W. H. COOK (1960a) diesen Schritt aus den bereits erwähnten Gründen vermieden.

Abb. 20. Elektrophorese von Lipovitellenin (Fevold) in Carbonat-Bicarbonat-Puffer pH 9,8; Ionenstärke 0,15; 210 min, 3,1 V/cm. (Nach H. SUGANO 1957)

Sie konnten Dotter, das mit zwei Volumina 0,45 m-Magnesiumsulfatlösung verdünnt worden war, durch Zentrifugieren in ein hochviscoses, gelbes Sediment, eine farblose klare Lösung und eine viscose, gelbe Oberschicht trennen. Sediment und klare Lösung wurden als "*high density fraction*" (HDF), die Oberschicht als "*low density fraction*" (LDF) bezeichnet. Bei der elektrophoretischen Auftrennung der HDF (Abb. 21) wurden neben Phosvitin und Livetinen zwei Lipoproteine erhalten, die ebenfalls als *α-Lipovitellin* und *β-Lipovitellin* bezeichnet wurden, obwohl sie nicht mit den gleichnamigen Fraktionen von SUGANO identisch sind.

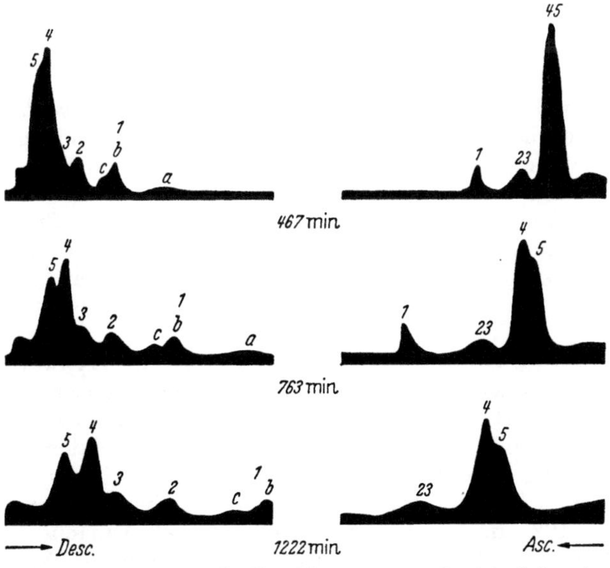

Abb. 21. Elektrophorese der HDF in Veronalpuffer pH 9,0; Ionenstärke 0,3. (Spinco-Apparatur, Modell H). *1a, 1b, 1c:* Phosvitin, *2:* α-Livetin, *3:* β-Livetin, *4:* α-Lipovitellin, *5:* β-Lipovitellin und γ-Livetin. (Nach G. BERNARDI u. W. H. COOK 1960a)

Die präparative Trennung der HDF gelang an Hydroxylapatitsäulen durch Elution mit Phosphatpuffern von steigender Konzentration bei pH 6,8 (G. BERNARDI u. W. H. COOK 1960b). Zunächst wurden die Livetine eluiert, anschließend die beiden Lipoproteine. Phosvitin verblieb an der Säule. Da sich späterhin zeigte, daß die Abtrennung von Phosvitin noch nicht vollständig gewesen war, wurde eine Passage über Dowex 1-X 2 eingeschaltet (R. W. Burley u. W. H. Cook 1961).

Die beiden Lipoproteine enthalten 22% Lipoide und 0,50% (α-Lipovitellin) bzw. 0,27% (β-Lipovitellin) Proteinphosphor (bezogen auf lipoidfreies Protein). Ihr Molekulargewicht ergab sich zu $3{,}8 \cdot 10^5$. Bei pH-Werten > 9 und in Harnstofflösung wurde eine reversible Dissoziation in Verbindungen mit der halben Molekülgröße beobachtet (G. Bernardi u. W. H. Cook 1960c).

Wurde die LDF (vgl. S. 257), die einen Lipoidgehalt von 90% hatte, mit Äther extrahiert, so ließen sich verschiedene Lipoproteine mit unterschiedlichem Lipoidgehalt abtrennen, denen aber die gleiche Proteinkomponente zugrunde lag. Diese Proteinkomponente hat ein Molekulargewicht von $3{,}0-9{,}0 \cdot 10^4$ und wurde in Anlehnung an Fevold als *Vitellenin* bezeichnet (W. G. Martin u. Mitarb., 1959, K. J. Turner u. W. H. Cook 1958).

Endgruppenbestimmungen an α-Lipovitellin, β-Lipovitellin und Vitellenin (J. M. Neelin u. W. H. Cook 1961) ergaben, daß Arginin bei allen drei Proteinen als N-terminale Aminosäure bei weitem überwiegt. Daneben waren Lysin, Serin und (bei den Vitellinen) Tyrosin nachweisbar. Aus der Anzahl der Endgruppen wird geschlossen, daß die Proteine aus mehreren Polypeptidketten aufgebaut sind.

S. Abraham u. Mitarb. (1960) wiesen in Lipoproteinfraktionen aus Eidotter Kohlenhydrate, und zwar Galaktose, Mannose, Glucosamin und Sialinsäure nach. Da sowohl in den Lipoproteinen des Eidotters als auch in Lipoproteinen des Hühnerserums das Verhältnis Hexose : Hexosamin : Sialinsäure = 1,0 : 0,5 : 0,3 war, ist es sehr wahrscheinlich, daß die Serumlipoproteine die Quelle für die Lipoproteine des Eidotters sind. Auch P. Tunmann u. H. Silberzahn (1962) fanden in einem Vitellinpräparat Mannose, Galaktose und Glucosamin.

Nach den geschilderten Ergebnissen scheinen im Eidotter drei Lipoproteine vorzuliegen:

1. und 2. α- und *β-Lipovitellin* (Cook), die dem *α-Lipovitellin* von Sugano entsprechen. Sie enthalten etwa 20% Lipoid, unterscheiden sich in der Aminosäurezusammensetzung nicht (vgl. dazu H.-D. Belitz 1963a), wohl aber im Gehalt an Proteinphosphor (0,50% bzw. 0,27%).

3. eine sehr lipoidreiche Fraktion, der eine einheitliche Proteinkomponente *Vitellenin* (Cook) zugrunde liegt. Diese Fraktion entspricht etwa dem *β-Lipovitellin* von Sugano und enthält ebenfalls proteingebundenen Phosphor.

β) Phosvitinfraktion

P. A. Levene u. C. L. Alsberg (1900) hatten bei der Extraktion von Vitellin mit Ammoniak ein stark phosphorhaltiges Produkt erhalten, das sie *Vitellinsäure* nannten. Wesentlich später isolierten D. K. Mecham u. H. S. Olcott (1949) eine entsprechende Verbindung, *Phosvitin*, unter milden Bedingungen aus Eidotter. Die Analyse ergab 9,7% Phosphor und 11,9% Stickstoff; 60—70% des Proteinphosphors im Eidotter konnten als Phosvitin isoliert werden, das mengenmäßig nur etwa 10% des gesamten Dotterproteins ausmacht. Das Molekulargewicht von Phosvitin wird mit 3×10^4 (F. J. Joubert u. W. H. Cook, 1958) angegeben.

Bei der Elektrophorese von Phosvitin beobachteten T. A. Sundararajan u. Mitarb. (1960), wie auch schon D. K. Mecham u. H. S. Olcott (1949), H. Sugano (1957) und G. Bernardi u. W. H. Cook (1960a), daß das Protein eine phosphorhaltige Hauptbande und zwei langsamer laufende Nebenbanden zeigte. C. Connelly u. G. Taborsky (1961) gelang eine präparative Trennung von Phosvitin in zwei Fraktionen an DEAE-Cellulose durch Elution mit Natriumchlorid bei pH 8,0. Das atomare Stickstoff-Phosphor-Verhältnis (N/P-Wert) der beiden

Fraktionen ist nicht sehr unterschiedlich (2,86 und 2,66; das eingesetzte Phosvitin hatte dagegen N/P = 2,66); die Aminosäureanalyse der Fraktionen ergab ebenfalls nur kleine Differenzen. H.-D. BELITZ (1963b) zerlegte Phosvitin an DEAE-Sephadex-A 50 bei pH 6,5 in verschiedene Fraktionen, die sich in ihren N/P-Werten beträchtlich unterschieden: Neben 15—20% phosphorfreien Beimengungen wurden zwei phosphorhaltige Hauptfraktionen mit N/P-Werten von 2,5 und 2,4 erhalten. Es scheint also ein Gemisch verschiedener extrem phosphorreicher Proteine vorzuliegen.

Die Phosphorsäure ist an *Serin* gebunden. J. WILLIAMS und F. SANGER (1959) trennten ein durch Einwirkung von Salzsäure erhaltenes Phosvitinpartialhydrolysat durch Papierelektrophorese. Sie erhielten sechs Hauptbanden, die die Zusammensetzung $(P\text{-}Ser)_n$, mit $n = 1—6$, hatten. Damit war gezeigt, daß die Phosphoserinreste im Phosvitin stark kumuliert sind. H.-D. BELITZ (1963c) hydrolysierte Phosvitin mit Trypsin und isolierte aus dem Partialhydrolysat eine Reihe von größeren Spaltpeptiden. Die Analyse dieser Peptide macht das Vorliegen folgender Sequenzen im Phosvitin wahrscheinlich (X = Lysin, Histidin oder Arginin):

$$\text{-PSer}_6\text{-X-X-PSer}_6\text{-X-X-PSer}_6\text{-X-}$$

Danach sind $PSer_6$-Sequenzen jeweils durch basische Aminosäurereste unterbrochen.

γ) Livetinfraktion

Neben Lipoproteinen hatte schon R. H. A. PLIMMER (1908) aus Eidotter ein wasserlösliches, hitzecoagulierbares Protein isoliert und als *Livetin* bezeichnet. W. G. MARTIN u. Mitarb. (1957) und W. G. MARTIN u. W. H. COOK (1958) erhielten aus Eidotter drei Livetinkomponenten, *α-Livetin*, *β-Livetin* und *γ-Livetin*, deren Molekulargewichte $7{,}7 \cdot 10^4$, $4{,}8 \cdot 10^4$ und $1{,}5—2{,}2 \cdot 10^5$ sind. S. MANDELES (1960) konnte durch Chromatographie der Livetinfraktion an DEAE-Cellulose eine noch größere Zahl von Komponenten wahrscheinlich machen, doch steht eine nähere Charakterisierung aus.

Die Livetine machen etwa 25% des Dottergesamtproteins aus. Sie enthalten 0,05% Phosphor und auch Kohlenhydrate.

6. Skleroproteine

Unter dem Begriff Skleroproteine werden eine Reihe von typischen Faserproteinen zusammengefaßt, die dem tierischen Organismus als Stütz- und Gerüstsubstanzen dienen. Charakteristisch für diese Proteine ist ihre Unlöslichkeit und ihre weitgehende Resistenz gegenüber proteolytischen Enzymen im nativen Zustand. Die wichtigsten Vertreter sind das *Kollagen* des Bindegewebes und die daraus gewonnene *Gelatine*, das *Elastin* als Hauptbestandteil der elastischen Fasern von Sehnen, die *Keratine* der Hornsubstanz und das *Seidenfibroin*, das Faserprotein der Seide.

a) Kollagen und Gelatine

Kollagen ist der Hauptbestandteil von Sehnen und Bindegewebe. Es ist ausgezeichnet durch einen hohen Gehalt an *Glycin*, *Prolin* und *4-Hydroxyprolin*. Daneben findet sich in kleineren Mengen auch *3-Hydroxyprolin* (B. WITKOP 1962) und *Hydroxylysin*. Die aromatischen und schwefelhaltigen Aminosäuren sind nur zu einem geringen Prozentsatz vertreten. Die Kollagene verschiedener Säugetiere sind sehr ähnlich zusammengesetzt: rund ein Drittel der Reste sind Glycin, auf je 10 Reste kommt ein Hydroxyprolinrest und auf je 12 Reste ein Prolinrest.

Verschiedene Fisch-Kollagene weisen größere Unterschiede in der Zusammensetzung auf: ihr Gehalt an Iminosäuren ist im allgemeinen kleiner, dafür enthalten sie mehr Serin und Threonin, zum Teil mehr Hydroxylysin. Methionin ist ebenfalls stärker vertreten. Kollagene von Invertebraten enthalten ebenfalls viel Glycin. Der Prolin- und Hydroxyprolingehalt schwankt von Fall zu Fall stark.

Kollagen enthält 0,5—0,7% Kohlenhydrate. In der Literatur finden sich zum Teil auch höhere Werte, die aber wahrscheinlich auf eine unvollständige Abtrennung beigemengter Zucker zurückgehen. Es ist noch nicht ganz sicher, ob der Kohlenhydratanteil chemisch gebunden ist.

Die Kollagenfasern (Durchmesser 20—200 μ) sind aus kleineren Fasern mit einem Durchmesser von 2—10 μ aufgebaut und diese Fasern wiederum aus Fibrillen. Im Elektronenmikroskop sind längs der Faserachse helle und dunkle Querbänder mit einer Periode von etwa 640 Å zu erkennen. Bei Wirbellosen findet sich neben diesem quergestreiften Kollagen auch nicht-quergestreiftes. Ähnliche Perioden wurden aus Röntgendiagrammen ermittelt. Eine Fibrille soll aus 670—700 Aminosäureresten aufgebaut sein. Aus Röntgendiagrammen wurden verschiedene Strukturmodelle für Kollagen abgeleitet. Wahrscheinlich liegen Einheiten von je drei Polypeptidketten vor. Jede Kette ist in Form einer Helix angeordnet. Alle drei Ketten sind helixartig um eine gemeinsame Achse gewunden (vgl. dazu S. 227). und werden durch H-Brückenbindungen zusammengehalten. Beim Erhitzen von Kollagen in saurer Lösung oder in Lösungen von hoher Salzkonzentration tritt Dissoziation in die drei Ketten ein. Kollagen ist in kaltem Wasser unlöslich. In schwach saurer, stark alkalischer oder neutralsalzhaltiger Lösung quillt es und geht beim Erwärmen in Gelatine über. Natives Kollagen aus der Haut von Säugetieren wird durch Trypsin und Papain nicht angegriffen, wohl aber durch Kollagenase. Fischkollagen wird durch die genannten Enzyme hydrolysiert, ebenso wie auch das durch Quellen oder mechanische Zerkleinerung vorbehandelte Säugetierkollagen. Bei der Extraktion mit Säuren (0,01 n-Essigsäure, Ameisensäure) oder mit Citratpuffer pH 3—4 geht ein beträchtlicher Teil des Kollagens in Lösung, der bei anschließender Dialyse wieder gelartig ausfällt. Ein weiterer Kollagenanteil kann aus dem Extraktionsrückstand durch Behandeln mit schwach alkalischen Puffern oder Neutralsalzlösungen in Lösung gebracht werden. Der Hauptanteil ist aber sowohl in schwachen Säuren wie auch in schwachen Alkalien unlöslich.

Unlösliches Kollagen schrumpft in Wasser bei bestimmten Temperaturen auf ein Drittel oder ein Viertel der ursprünglichen Länge. Die Schrumpftemperatur (T_S) hängt von der Art der Lösung und von der Herkunft des Kollagens ab. Für Säugetierkollagen in Wasser ist T_S 60—65° C; für Ichthyokoll (Kollagen von Kaltwasserfischen) dagegen 45° C. Es besteht ein Zusammenhang zwischen der Größe der zwischenmolekularen Kräfte, die die Peptidketten zusammenhalten und der Schrumpftemperatur: In 6—8 m-Harnstofflösung ist T_S bedeutend kleiner.

Zahlreiche Arbeiten beschäftigen sich mit Aminosäuresequenzen des Kollagens. So wurden nach saurer Hydrolyse von Kollagen aus Rinderhaut viele kleinere Peptide isoliert (K. HEYNS u. Mitarb. 1951, W. A. SCHROEDER u. Mitarb. 1953, W. A. SCHROEDER u. Mitarb. 1954, T. D. KRONER u. Mitarb. 1953 und 1955). Aus der Analyse der Spaltpeptide folgt, daß Sequenzen der Art -Gly-Pro-Hypro-Gly- größere Bedeutung haben. W. GRASSMANN u. Mitarb. (1956 und 1960) haben mehrfach umgefälltes, säurelösliches Kollagen mit Trypsin abgebaut. Sie konnten durch Säulenchromatographie, präparative Elektrophorese und Papierchromatographie 51 Peptide mit 3 bis 131 Aminosäureresten aus dem Partialhydrolysat isolieren. Bei allen erhaltenen Peptiden ist Glycin N-terminal und Lysin oder Arginin C-terminal. Fast alle Peptide enthalten 30—38% Glycin; es ist also anzunehmen, daß jede dritte Position in den Peptidketten mit Glycin besetzt ist. Die Peptide mit hohem Gehalt an Iminosäuren sind arm an Diamino- und Dicarbonsäuren (apolare Bereiche), während die prolin- und hydroxyprolinarmen Peptide viele polare Reste enthalten (polare Bereiche). Unter Umständen sind alternierende polare und apolare Bereiche in den Peptidketten für die charakteristische Bandenstruktur der Kollagenfibrillen unter dem Elektronenmikroskop verantwortlich. Die Bestimmung des minimalen Molekulargewichts aus Endgruppenbestimmungen und aus Aminosäureanalysen ergab bei verschiedenen Peptiden nach der zuletzt genannten Methode den dreifachen Wert. Daraus folgt, daß drei Peptidketten vorliegen, die durch relativ große Kräfte von noch ungeklärter Natur zusammengehalten werden. In gleicher Richtung deutet der Abbau verschiedener Peptide mit Leucinaminopeptidase.

Kollagen wird durch *Kollagenase* in spezifischer Weise abgebaut. Das Enzym ist auf Sequenzen der Art -Pro-X-Gly-Pro- eingestellt, die – wie an synthetischen Substraten ermittelt wurde – zwischen X und Gly gespalten werden. Es sind allerdings auch einige Ausnahmen von dieser Spezifität bekannt. Bei der Einwirkung von Kollagenase auf Kollagen wurden Peptide erhalten, die durchweg Glycin in N-terminaler und verschiedene Aminosäuren in C-terminaler Stellung enthalten. Die Mehrzahl der Spaltprodukte hat Molekulargewichte zwischen 500 und 600, allerdings traten auch einige höhermolekulare, nicht-dialysierbare Peptide auf. R. E. SCHROHENLOHER u. Mitarb. (1959) konnten zwei Tripeptide, Gly-Pro-Hypro und Gly-Pro-Ala, isolieren, die in großen Mengen anfielen. 23% des Alanins, 14% des Glycins, 23% des Hydroxyprolins und 40% des Prolins im Kollagen wurden in Form dieser beiden Peptide erhalten.

Gelatine wird technisch in großem Umfang durch Behandlung von Kollagen mit Säure oder Alkali und anschließendes Waschen gewonnen. Sie zeichnet sich aus durch ihr starkes Quellungsvermögen und durch die Eigenschaft, daß ihre wäßrigen Lösungen beim Erkalten zu einer gallertartigen Masse erstarren.

Die physikalischen Eigenschaften von Gelatine hängen von der Art der Vorbehandlung ab. Die durch Alkalibehandlung von Kollagen gewonnene Gelatine hat z. B. einen niedrigeren isoelektrischen Punkt, da die Amidbindungen zum Teil hydrolysiert sind. Das Molekulargewicht schwankt ebenfalls; ein mittlerer Wert liegt bei 110000. N-terminal ist hauptsächlich Glycin neben verschiedenen anderen Aminosäuren. Vgl. auch K. H. GUSTAVSON (1956) und W. F. HARRINGTON u. P. H. VON HIPPEL (1961).

b) Elastin

Elastin kommt in den elastischen Fasern vor. Es weist nicht die für Kollagen typische Querstreifung auf. Seine Trennung von Kollagen ist durch Behandeln des Ausgangsmaterials mit heißem Wasser im Autoklaven möglich: Kollagen wird gelatinös, während Elastin nicht quillt. G. M. RAMACHANDRAN u. M. S. SANTASSAM (1957) nehmen an, daß Elastin eine denaturierte Form von Kollagen ist. Bei der Behandlung von Kollagen mit verschiedenen anorganischen Salzlösungen wird das Material denaturiert und gibt ein Röntgendiagramm, das dem mit Elastin erhaltenen sehr ähnlich ist. Die Aminosäurezusammensetzung von Elastin weicht allerdings von der des Kollagens ab: Es enthält weniger Hydroxyprolin und basische Aminosäuren, Lysin fehlt ganz, dafür sind Valin und Leucin im Elastin reichlich vertreten.

Elastin wird durch *Elastase*, ein Enzym aus Pankreas, hydrolysiert (I. BANGA und J. BALÓ 1953). Das Enzym wurde von U. J. LEWIS u. Mitarb. (1956) kristallisiert erhalten. Das Präparat ist aber nicht einheitlich. D. A. HALL (1957) vermutete, daß bei der Elastase zwei unterschiedliche Enzymwirkungen vorliegen:

die eine greift an der Mucopolysaccharidhülle an, die die zentrale Proteinfibrille umhüllt, die andere hydrolysiert diese Proteinfibrille. Es gelang ihm, diese zwei Aktivitäten zu trennen (vgl. über Elastin auch S. M. Partridge 1962).

c) Keratin

Die Hornsubstanz des Epithelgewebes besteht aus Keratin, das sehr reich an Cystin ist. Man unterscheidet zwischen *Eukeratinen* (harte Keratine: z. B. Horn, Nägel, Klauen, Hufe, Haar, Wolle, Federn) und *Pseudokeratinen* (weiche Keratine: z. B. Hautkeratin von Säugern, Schildpatt, Fischbein), die auch in der chemischen Zusammensetzung Unterschiede aufweisen. Eukeratine enthalten mehr Schwefel und mehr Arginin als die Pseudokeratine. Feder-, Woll- und Hautkeratin unterscheiden sich in der Aminosäurezusammensetzung. Alle Keratine sind beständig gegenüber heißem Wasser und gegenüber Proteasen. Mechanische Zerkleinerung führt allerdings zur Angreifbarkeit.

Haarkeratin zeigt im ungestreckten (natürlichen) und im gestreckten Zustand unterschiedliche Röntgenbeugung. Im ungestreckten Zustand wird es als *α-Keratin* bezeichnet; den Peptidketten kommt eine α-Helixstruktur zu. In Abhängigkeit von Temperatur und Feuchtigkeit ist α-Keratin bis zu 100% dehnbar: Es geht dabei in *β-Keratin* über. Die Peptidketten haben in diesem Zustand eine Faltblattstruktur ("pleated sheet"). Einzelheiten über diese Strukturen finden sich auf S. 223. Beim allmählichen Nachlassen der Spannung tritt Kontraktion zur α-Form ein; bei plötzlichem Nachlassen der Spannung tritt dagegen eine Verkürzung der Faser auf zwei Drittel der Länge der α-Form ein *(„Superkontraktion“)*.

Die Unlöslichkeit der Keratine ist auf die zahlreichen *Disulfidbindungen* zurückzuführen. Deshalb müssen diese Bindungen bei Versuchen zur Fraktionierung, die lösliches Material voraussetzen, gesprengt werden. Die Lösung der S—S-Brücken kann entweder reduktiv (mit Na_2S, NaCN, $NaHSO_3$, Thioglykolsäure) oder oxydativ (mit Perameisensäure, Peressigsäure) erfolgen. Die reduktive Spaltung führt entweder zu 2 SH-Gruppen oder zu einer SH-Gruppe und einer S—SO_3H- bzw. SCN-Gruppe. Oxydation führt zu 2 SO_3H-Gruppen (Cysteinsäure; vgl. S. 180). C. Earland u. G. S. Knight (1955) geben ein Verfahren zur Darstellung von „löslichem Keratin“ durch Oxydation mit Peressigsäure an. Nach Spaltung von etwa 90% der Cystinbindungen wird Wolle in 0,1 n-NH_3 zum Teil löslich. 60—70% dieser löslichen Fraktion waren mit HCl fällbar und werden als *α-Keratose*, die restlichen in Lösung verbleibenden 30% als *γ-Keratose* bezeichnet. Der unlösliche Anteil ist *β-Keratose*. α- und β-Keratose unterscheiden sich in der Elementarzusammensetzung, beide enthalten *Lanthionin*. Bildung von Lanthionin tritt ganz allgemein beim Kochen von Keratinen in alkalischer Lösung (z. B. Sodalösung) ein.

Aus Endgruppenbestimmungen folgt, daß Wollkeratin aus etwa 7 verschiedenen Peptidketten mit Molekulargewichten von 58000—65000 aufgebaut ist.

d) Seidenfibroin

Das Faserprotein der Fäden der Seidenraupe ist von einer leimartigen Hülle, dem Seidenleim oder *Sericin*, umgeben. Sericin ist ein in heißem Wasser lösliches Protein mit einem extrem hohen *Seringehalt* (29,2 g/16 g N). Nur Phosvitin aus Eidotter enthält ähnlich große Mengen an Serin. Am besten untersucht ist das Seidenfibroin von *Bombyx mori*. Zu seiner Darstellung aus roher Seide oder aus Kokons wird das Sericin mit Wasser, mit verd. Alkali bzw. verd. Seifenlösung extrahiert oder auch mit proteolytischen Enzymen (Papain) hydrolysiert. Schonender ist die Coagulierung beider Proteine durch Behandlung der Spinndrüsen mit verd. Alkohol und die anschließende mechanische Entfernung der Sericinhülle. Seidenfibroin ist in Wasser und in anderen inerten Lösungsmitteln unlöslich, aber in verschiedenen konzentrierten Salzlösungen (LiBr, LiJ, LiCNS) bis zu einer Konzentration von 20% löslich. Auch in Kupferäthylendiaminlösung ist das Protein löslich. Durch Dialyse wird das Seidenfibroin wieder ausgefällt. Nach 10—20 Tagen scheidet sich aus einer Lösung in LiCNS bei Zimmertemperatur ein Gel ab.

Seidenfibroin enthält viel Glycin (43,7%; Werte als Aminosäure-N in Prozenten Protein-N), Alanin (28,8%) und Serin (11,9%). Schwefelhaltige Aminosäuren sind kaum oder nicht vertreten. Seidenfibroin enthält keine Amidgruppen.

Eine *Fraktionierung* von Seidenfibroin wurde von R. SIGNER u. R. GLANZMAN (1951) durch stufenweise Fällung des Proteins aus einer Lösung in LiCNS bei Zugabe von Wasser erzielt.

K. NARITA fraktionierte in Kupferäthylendiaminlösung gelöstes *Seidenfibroin* mit Rivanol (2-Äthoxy-6,9-diaminoacridin-lactat). Er bezeichnete das gelbe Präcipitat — 10—15% des Seidenfibroins — als „*Seiden-Plastin*", die in Lösung bleibenden 70—80% als „*Seidenfibrin*" (vgl. dazu F. LUCAS u. Mitarb. 1958). Beide Fraktionen sind elektrophoretisch einheitlich. N- und C-terminal wurden Glycin, Alanin und Serin gefunden. Es bestehen auch Unterschiede in der Aminosäurezusammensetzung: Fibrin enthält mehr Glycin und Alanin, jedoch weniger Leucin, Asparaginsäure, Glutaminsäure und Arginin als Plastin. Ähnliche Werte haben auch R. SIGNER u. R. GLANZMAN (1950) für die am besten und am wenigsten in LiCNS lösliche Fraktion gefunden.

Aus partiellen Säurehydrolysaten wurden zahlreiche kleinere Peptide isoliert, die Sequenzen der Art

—X·Ala·Gly·Ala·Gly·X·Gly—

wahrscheinlich machen. L. M. KAY u. W. A. SCHROEDER (1954) trennten ein Partialhydrolysat zuerst an Dowex 50, überführten dann in die DNP-Peptide und fraktionierten diese an Celite weiter. Sie erhielten hohe Ausbeuten an Ala·Gly, Gly·Ala und Ser·Gly. Das Verhältnis Ala·Gly : Gly·Ala war annähernd 2 : 1. H. ZAHN u. Mitarb. (1956) isolierten verschiedene Tyrosin-Peptide, z. B. Gly·Tyr·Gly und Gly·Tyr·Ala.

In Lösung (mit Kupferäthylendiamin) wird Seidenfibroin von Pankreatin angegriffen. Es bildet sich ein weißer Niederschlag, der fast ausschließlich Glycin, Alanin und Serin enthält (B. DRUCKER u. S. G. SMITH 1950, B. DRUCKER u. Mitarb. 1953). Chymotrypsin führt ebenfalls zu einem Niederschlag ähnlicher Zusammensetzung, der aber mehr Tyrosin enthält. E. WALDSCHMIDT-LEITZ u. O. ZEISS (1955) sowie F. LUCAS u. Mitarb. (1956 u. 1957) untersuchten diesen Niederschlag, der 60% des Fibroins ausmacht und als „*Protofibroin*" bzw. "CTP" (Chymotryptic precipitate) bezeichnet wird, näher. Das Verhältnis Glycin : Alanin : Serin ist nahezu 3 : 2 : 1. Als Bruttoformeln werden für Protofibroin $Gly_{21}Ala_{14}Ser_7Tyr$ und für CTP $Gly_{29}Ala_{20}Ser_9Tyr$ angegeben. Als wahrscheinliche Sequenz gilt nach den genannten Arbeiten für Protofibroin

$$(Gly \cdot Ala \cdot Ser \cdot Gly \cdot Ala \cdot Gly)_7 Tyr$$

und für CTP

$$Gly \cdot Ala \cdot Gly \cdot Ala \cdot Gly\ [Ser \cdot Gly \cdot (Ala \cdot Gly)_n]_8 \cdot Ser \cdot Gly \cdot Ala \cdot Ala \cdot Gly \cdot Tyr$$

Aufgebaut ist das Seidenfibroin aus feinen Fibrillen, die durch weniger organisiertes Material zusammengehalten werden, und in denen wahrscheinlich amorphe und kristalline Regionen abwechseln. Das nach Einwirkung von Chymotrypsin isolierte Protofibroin bzw. CTP entspricht den kristallinen Abschnitten, während die löslichen Anteile des Partialhydrolysates ("CTL", chymotryptic liquor) den amorphen Abschnitten entsprechen, die im Vergleich zur CTP-Fraktion mehr Aminosäuren mit größeren Seitenketten enthalten. Einem Molekulargewicht von etwa 84000 entsprechen etwa 1100 Aminosäurereste, davon etwa 700 in den kristallinen Regionen. Daraus folgt, daß pro Molekül etwa 12 derartige kristalline Abschnitte vorliegen.

K. ZIEGLER und N. H. LA FRANCE (1960) isolierten verschiedene Peptide aus der "CTL"-Fraktion von Seidenfibroin. Die Sequenzen von zehn Di- bis Hexapeptiden wurden ermittelt.

Aus Röntgenbeugungsdiagrammen ergibt sich, daß die Peptidketten des Seidenfibroins wie die des β-Keratins Faltblattstruktur haben (vgl. dazu S. 223 und F. LUCAS, J. T. B. SHAW u. S. G. SMITH 1958).

e) Andere Skleroproteine

Bei einigen Invertebraten finden sich jodhaltige Gerüstproteine. Das *Spongin* der Badeschwämme und das *Gorgonin* der Korallen enthalten 3.5-Dijodtyrosin.

7. Protamine und Histone

Diese Gruppe von stark basischen Proteinen kommt in Zellkernen an Desoxyribonucleinsäuren gebunden vor. Während sich die Protamine nur in reifem Sperma finden, sind die Histone weiter verbreitet.

a) Protamine

Die Protamine kommen in den reifen Spermatozoenköpfen verschiedener Fischarten vor und werden niemals in somatischen Zellen angetroffen. Das erste Protamin wurde von F. MIESCHER 1874 aus dem Sperma des Rheinsalms isoliert. Eingehend untersucht wurden die Verbindungen von A. KOSSEL (1929), der auch ihre Proteinnatur feststellte. Am besten untersucht sind *Clupein* (Hering), *Salmin* (Rheinlachs), *Scombrin* (Makrele), *Sturin* (Stör) und *Iridin* (Forelle). In neuerer Zeit wurde das Vorkommen von Protaminen auch im Sperma höherer Tiere wahrscheinlich gemacht. So wurde aus Hahnensperma ein Protamin *Gallin* isoliert (M. M. DALY u. Mitarb. 1951). Die Darstellung von Protaminen ist bei A. KOSSEL (1929) beschrieben.

Die Protamine sind niedermolekular (Molekulargewichte von 4000—8000) und durch ihren hohen Gehalt an basischen Aminosäuren ausgezeichnet. Das molare Verhältnis basischer Aminosäuren zu anderen Aminosäuren ist etwa 2 : 1. Vorherrschend ist Arginin, wodurch sich der hohe Stickstoffgehalt von 20—30% ergibt. Alanin und Serin sind ebenfalls in allen untersuchten Protaminen vertreten. Desgleichen sind Prolin, Valin und auch Glycin und Isoleucin verbreitet. Histidin, Lysin, Threonin, Asparaginsäure und Glutaminsäure finden sich nur vereinzelt, während die schwefelhaltigen Aminosäuren, die aromatischen Aminosäuren und Tryptophan durchweg fehlen. M. C. CORFIELD u. A. ROBSON (1953) geben z. B. für Salmin folgende Zahlen an (Werte in g Aminosäure pro 100 g Protein): Alanin 0,89, Glycin 3,01, Valin 3,67, Isoleucin 1,28, Prolin 6,90, Serin 6,28, Arginin 86,4.

Die nach den üblichen Verfahren dargestellten Protamine sind nicht einheitlich, wie sich bei Untersuchung mittels Elektrophorese und in der Ultrazentrifuge zeigt. Clupein, Salmin und Iridin konnten z. B. durch Gegenstromverteilung in verschiedene Fraktionen zerlegt werden.

Endgruppenbestimmungen ergaben bei Clupein und Salmin Prolin als N-terminale Aminosäure; C-terminal ist vielfach Arginin vertreten. R. MONIER u. M. JUSTISZ (1954a und b) isolierten aus einem Salmin-Partialhydrolysat das Tripeptid Pro·Arg·Arg, das wahrscheinlich am NH_2-Ende der Peptidkette steht. Partielle Hydrolyse von Clupein mit Trypsin und mit Säure führte u. a. zu einem Arginintetrapeptid, das 30% des Clupein-Stickstoffs ausmachte (K. FELIX u. Mitarb. 1952). T. ANDO u. Mitarb. (1959) zerlegten ein tryptisches Clupeinhydrolysat zunächst an Amberlite IRC 50, überführten die Fraktionen in die DNP-Peptide und trennten diese weiter durch Papierchromatographie und Elektrophorese. Neben freiem Arginin waren stark vertreten Arg·Arg, Ala·Arg, Val·Ser·Arg, Arg·Pro·Arg. Unter anderem wurden zwei Hexapeptide mit den Sequenzen Ser·Ser·Arg·Pro·Ileu·Arg und Ala·Ser·Arg·Pro·Val·Arg erhalten.

b) Histone

Histone sind basische Proteine der Zellkerne, die an Desoxyribonucleinsäuren gebunden als Nucleohistone vorliegen. Das erste Histon wurde von A. KOSSEL (1929) aus den Erythrocyten von Gänseblut isoliert. Die Darstellung erfolgt allgemein aus Gewebe oder aus isolierten Zellkernen durch Extraktion mit Säuren und Fällung mit Ammoniak nach Dialyse. Ein Verfahren zur Darstellung von Nucleohiston und Histon aus Kalbsniere, Kalbsleber und Meerschweinchentestes beschreiben C. F. CRAMPTON u. Mitarb. (1957). Die Histone enthalten im Gegensatz zu den Protaminen alle Aminosäuren mit Ausnahme von Tryptophan. Sie sind durch Ammoniak fällbar und bilden mit anderen Proteinen schwerlösliche Komplexe. Der Stickstoffgehalt liegt bei etwa 18%.

Die Histone sind uneinheitlich. H. J. CRUFT u. Mitarb. (1954) erhielten bei der Elektrophorese drei Komponenten, die als α-, β- und γ-Histon bezeichnet wurden. C. F. CRAMPTON u. Mitarb. (1957) trennten verschiedene Histone an Amberlite IRC 50 in drei Fraktionen, von denen zwei homogen waren. Die entsprechenden Histonfraktionen aus verschiedenen Organen verschiedener Tiere hatten eine weitgehend gleiche Aminosäurezusammensetzung. J. M. NEELIN und G. E. CONNELL (1959) konnten ein Histon aus Hühnererythrocyten durch Elektrophorese in Stärkegel in 16 Komponenten zerlegen.

Bei *Histon aus Kalbsthymus* wurden Prolin, Alanin, Serin und Lysin neben verschiedenen anderen Aminosäuren als N-terminal nachgewiesen.

Die Histone aggregieren leicht. Für β-Histon wurde ein Molekulargewicht von 57000 im nicht aggregierten Zustand bestimmt. Das Molekulargewicht im aggregierten Zustand hat den 9—10fachen Wert. Ihre Funktion in der Zelle ist nicht klar.

8. Pflanzliche Proteine

Die Mehrzahl der vorliegenden Arbeiten beschäftigt sich mit Samenproteinen von Kulturpflanzen, hauptsächlich von Cerealien und Ölsaaten. Die Extraktion von Proteinen aus pflanzlichem Material ist oft mit Schwierigkeiten verbunden. Als Extraktionsmittel werden Wasser (Albumine), Salzlösungen (Globuline), 70%iger Alkohol (Prolamine) verdünnte Säuren und verdünnte Alkalien (Gluteline) verwendet. C. R. SMITH u. Mitarb. (1959) haben die Extrahierbarkeit von Proteinen aus zahlreichen Samen mit verschiedenen Lösungsmitteln eingehend untersucht.

Die nach klassischen Methoden gewonnenen Proteine haben sich in der Folgezeit durchweg als heterogen erwiesen.

a) Getreideproteine

In Tab. 13 (nach S. Brohult u. E. Sandegren 1954) sind die Proteingehalte verschiedener Getreidearten und der Anteil der nach klassischen Methoden dargestellten Fraktionen aufgeführt.

Tabelle 13. *Proteingehalt einiger Getreidearten*

Getreide	Protein im Trockenkorn (%)	Fraktionen bezogen auf Gesamtprotein (in %)			
		Albumin	Globulin	Prolamin	Glutelin
Weizen *(Triticum vulgare)*	10—15	3— 5	6—10	40—50	30—40
Roggen *(Secale cereale)*	9—14	5—10	5—10	30—50	30—50
Gerste *(Hordeum vulgare)*	10—16	3— 4	10—20	35—45	35—45
Hafer *(Avena sativa)*	8—14	1	80	10—15	5
Reis *(Oryza sativa)*	8—10	—	2— 8	1— 5	85—90
Mais *(Zea mays)*	7—13	—	5— 6	50—55	30—45

α) Weizenproteine. Die grundlegenden Arbeiten über Weizenproteine stammen von T. B. Osborne (1907), der auf Grund der unterschiedlichen Löslichkeit eine Albumin- *(Leucosin)*, eine Globulin- *(Edestin)*, eine Prolamin- *(Gliadin)* und eine Glutelin-Fraktion *(Glutenin)* unterschied. Die Isolierung von Leucosin und Edestin erfolgte durch Extraktion mit 10%iger Salzlösung; anschließend wurde das Globulin durch Dialyse und das Albumin durch Coagulation bei 60—65° ausgefällt. Gliadin wurde durch Extraktion mit 70%igem Alkohol, Glutenin durch Extraktion mit schwachem Alkali oder verdünnten Säuren erhalten. Gliadin und Glutenin bilden zusammen das Klebereiweiß *Gluten*. Das gummiartige *Rohgluten* wird aus Mehl durch Kneten eines Teigs in Wasser erhalten, wobei andere Komponenten ausgewaschen werden. Weiteres über „Kleber" siehe in Band V bei „Mehl".

Alle genannten Proteinfraktionen sind nicht einheitlich. J. W. Pence und A. H. Elder (1953) konnten durch Elektrophorese sechs *Albumine* und drei *Globuline* in Weizenmehl nachweisen. Die Albumine enthalten durchweg mehr Tryptophan und weniger Amid-N als andere Weizenproteine; ihr Molekulargewicht liegt bei 28000, in Gegenwart von Harnstoff bei 17000. Die Globuline enthalten viel Arginin. Auf Grund ihrer isoelektrischen Punkte lassen sich die Albumine des Weizenmehls in drei Gruppen einteilen (J. W. Pence 1953): eine α-Gruppe (IP 4,5—4,8), eine β-Gruppe (IP 4,9—5,9) und eine γ-Gruppe (IP 6,7 bis 8,7). Die Untersuchung verschiedener Weizensorten ergab Unterschiede im Gehalt an diesen Albumingruppen. Wäßrige Extrakte von Durum-Weizen enthielten viel α-Albumine und wenig β- und γ-Albumine. Im gewöhnlichen Weizen war dagegen besonders die β-Gruppe stark vertreten. Offensichtlich lag keine Abhängigkeit von Boden und Erntejahr vor (J. W. Pence u. Mitarb. 1954).

Auch das Klebereiweiß besteht aus einer ganzen Reihe von Komponenten. C. E. Stauffer u. Mitarb. (1959) fällten aus einer Glutendispersion in Milchsäure drei Fraktionen bei pH 5,0, pH 5,5 und pH $> 5{,}5$. Zwischen Rohgluten, gereinigtem Gluten und den Fraktionen bestanden signifikante Unterschiede im Gehalt an Glutaminsäure, Leucin, Prolin, Alanin und Lysin. H. Zentner (1960) zerlegte eine Weizenkleberdispersion in 0,01 m-Milchsäure durch kontinuierliche Ablenkungselektrophorese in sieben Fraktionen, die 5,7 bis 54% des Gesamtproteins ausmachten. Die Hauptfraktion erwies sich als Lipoprotein, das auch ein nicht identifiziertes Kohlenhydrat enthielt. P. Meredith u. Mitarb. (1960a und b) fraktionierten Gluten mit Hilfe von organischen Lösungsmitteln und von verdünnter Ameisensäure. Das aus entfettetem Weizenmehl durch Extraktion mit Ameisensäure-Ammoniumformiat gewonnene Gluten wurde mit einem Methanol/Chloroform-Gemisch (1:2) unter Rückfluß gekocht. Neben dem unlöslichen Rückstand wurden zwei lösliche Fraktionen erhalten, die charakteristische Unterschiede in der Aminosäurezusammensetzung aufwiesen. Die erhaltenen Fraktionen waren elektrophoretisch nicht homogen. D. H. Simmonds u. D. J. Winzor (1961) konnten die in Essigsäure löslichen Proteine des Weizenmehls durch Chromatographie an CM-Cellulose in elf Fraktionen zerlegen. Bei der Chromatographie treten besondere Schwierigkeiten auf, da die Kleberproteine bei pH 5—6 und bei Ionenstärken $> 0{,}03$ unlöslich sind. Ein Zusatz von Dimethylformamid verhindert aber die Ausflockung bei höheren Ionenstärken. Auch J. H. Woychick u. Mitarb. (1960) erhielten aus Weizengluten an CM-Cellulose verschiedene Fraktionen. Die Aminosäureanalyse von fünf dieser Fraktionen (α_1, α_2, β, γ und ω) ergab große Differenzen (J. H. Woychick u. Mitarb. 1961). Der Gehalt an Glutaminsäure und an Prolin stieg beträchtlich an (Werte in g Aminosäure pro 16 g Gesamtstickstoff; Glutaminsäure: 37,6 $\alpha_1 \rightarrow$ 44,2 ω, Prolin: 13,5 $\alpha_1 \rightarrow$ 23,1 ω), die übrigen Aminosäurewerte schwankten.

K. Hess (1954 und 1955) trennte aus Weizenmehl durch Sedimentation in nichtwäßrigen Lösungsmitteln zwei Proteine: ein *Zwickelprotein*, das zwischen den Stärkekörnern im Endosperm vorkommt und ein *Haftprotein*, das als Netzwerk von Fibrillen an der Oberfläche der Stärkekörner erscheint und von einer Lipidschicht bedeckt ist. Das Zwickelprotein ist saurer (IP $\sim$ 6) als das Haftprotein (IP $\sim$ 7).

R. W. Jones u. Mitarb. (1961) bestimmten Molekulargewichte verschiedener Glutenfraktionen. Ein von ihnen dargestelltes γ-Gliadin war elektrophoretisch homogen und hatte ein Molekulargewicht von 47000; die β-Gliadinfraktion mit vier elektrophoretisch trennbaren Komponenten wies ein Molekulargewicht von 42000 auf. Wesentlich höhermolekularer ist die Gluteninfraktion (durchschnittliche Molekülgröße $2—3 \times 10^6$). Diese Fraktion ist sehr heterogen und enthält neben sehr hochmolekularen Komponenten auch Proteine mit Molekulargewichten um 50000.

Die Unlöslichkeit des Glutenins ist wahrscheinlich auf Disulfidbindungen zurückzuführen, denn in Bisulfitlösung ist das Protein löslich. R. W. Kong u. Mitarb. (1957) bestimmten SH-Gruppen in Weizenmehl. Die Kleberproteine wurden durch tryptische Verdauung in Lösung gebracht. Der SH-Gehalt war gegenüber dem unverdauten Protein unverändert. Im unlöslichen Anteil des Kleberproteins sind offensichtlich keine freien SH-Gruppen vorhanden. Die Albumine und Globuline aus Weizenkeimen und aus Weizenmehl enthalten dagegen beträchtliche Mengen an SH-Gruppen.

J. Holme u. D. R. Briggs (1959) weisen auf die starke Assoziationsneigung des Gliadins im neutralen Gebiet hin. Seiner Unlöslichkeit in Wasser steht die Löslichkeit in 2—3 m-Harnstoff gegenüber.

K. Tagawa und M. Shin (1959) isolierten zwei Hämproteine mit Peroxydasewirkung aus Weizenkeimen, die sich im Absorptionsspektrum unterscheiden (λ_{max} 556 und 566 mμ).

***β*) Roggenproteine.** Der Proteingehalt des Roggenkorns und auch die Anteile der einzelnen Proteinfraktionen sind ähnlich wie beim Weizen. 30% des Eiweißes aus Roggenmehl lassen sich mit 0,01 n-Essigsäure extrahieren, der Rest mit Neutralsalzlösungen. Eine andere Methode besteht im Aufschlämmen von Roggenmehl in Benzol/Chloroform und anschließendem Zentrifugieren. Die auf diese Weise gewonnenen Proteine bestehen zu etwa 70% aus Klebereiweiß (N. P. Kosmina u. Mitarb. 1957). Durch Fällen von Roggeneiweiß aus schwacher Ameisensäure läßt sich Roggenkleber als schwaches unelastisches Gel gewinnen. Durch Waschen mit Wasser wird das Gel elastischer und damit dem Weizenkleber ähnlicher. Es lassen sich zwei Fraktionen erhalten, in denen das Verhältnis von alkohollöslichen zu alkoholunlöslichen Komponenten nahezu reziprok ist (N. P. KOSMIN 1958).

γ) Gerstenproteine. Gerste enthält wie Weizen und Roggen Albumine, Globuline, Prolamine *(Hordein)* und Gluteline. Die einzelnen Proteinfraktionen sind auch hier komplex. A. A. POOL u. M. E. SHOOTER (1955a und b) zerlegten einen NaCl-Extrakt aus Gerstenschrot durch fraktionierte Fällung mit Alkohol in vier Fraktionen. Elektrophoretische Trennung dieser Fraktionen ergab insgesamt 14 Komponenten. E. WALDSCHMIDT-LEITZ und K. HOCHSTRASSER (1961) konnten Gerstenalbumin elektrophoretisch in sieben Fraktionen auftrennen. Gerstenalbumine enthalten ebenso wie die Weizenalbumine Kohlenhydrate als integrierenden Bestandteil. Während der Polysaccharidanteil des Weizenalbumins konstant ist, schwankt er beim Gerstenalbumin zwischen 4 und 30%. Der Polysaccharidanteil ist hauptsächlich aus Glucose, Xylose und Arabinose aufgebaut. K. HOCHSTRASSER (1961) konnte nach dem Abbau von Gerstenalbumin mit Ameisensäure und mit Trypsin 4-L-Alanyl-D-xylopyranose isolieren.

Auch das *Hordein* ist komplex. H. KLAUSHOFER u. Mitarb. (1959) konnten Hordeinsuspensionen in n-Essigsäure durch Papierelektrophorese in drei bis vier Gruppen trennen.

δ) Haferproteine. Unter den Haferproteinen stehen die Globuline *(Avenalin)* bei weitem im Vordergrund (vgl. Tab. 13), während Prolamine *(Gliadin)* und Gluteline *(Avenin)* stark zurücktreten.

ε) Reisproteine. Die größte Bedeutung hat das Glutelin *Oryzenin.* R. T. MCINTYRE (1956) fand bei der Elektrophorese von wäßrigen Reisextrakten, daß die wasserlösliche Stickstofffraktion sehr komplex ist.

ζ) Maisproteine. Im Mais überwiegt das Prolamin *Zein*, das in 92%igem Alkohol löslich ist. Ferner kommen vor eine Glutelinfraktion und eine Globulinfraktion. Letztere wird in das coagulierbare *Maysin* und das nicht coagulierbare *Edestin* unterteilt. In der Eiweißverteilung bestehen Unterschiede zum Weizen. J. J. C. HINTON (1953) zeigte, daß die Aleuronzellen des Maises im Vergleich zum Weizen weniger Protein enthalten (2,2% gegenüber 7,0% bei Weizen, bezogen auf Gesamtprotein), das Scutellum dagegen mehr (10,6% gegenüber 1,5% bei Weizen). E. T. MERTZ und R. BRESSANI (1957) entwickelten eine neue Methode zur Extraktion von Proteinen aus Maismehl mit alkalischer Kupfersalzlösung. Ein auf diese Weise gewonnenes Glutelin konnte durch Zentrifugation in drei Fraktionen, eine *α-Fraktion* (Mol-Gew. 1×10^6), eine *β-Fraktion* (Mol-Gew. $1-2 \times 10^5$) und eine *γ-Fraktion* (Mol-Gew. $1-2 \times 10^4$) zerlegt werden (E. T. MERTZ u. Mitarb. 1958). Die Fraktionen wurden elektrophoretisch untersucht und auf ihre Aminosäurezusammensetzung analysiert. Die wasserlöslichen Proteine wurden von E. M. CRAINE u. K. E. FAHRENBHOLTZ (1958) durch Elektrophorese in acht Fraktionen getrennt. Eine Fraktionierung der Globuline ist an CM-Cellulose möglich. Vor der Fraktionierung muß Phytin entfernt werden, da die Löslichkeit der Maisglobuline im sauren Milieu durch die Bindung an Phytin bestimmt wird (T. A. MCGUIRE u. Mitarb. 1960).

b) Proteine von Ölsaaten und Nüssen

α) Baumwollsaatproteine. Baumwollsaat enthält etwa 28%, das als Rückstand der Ölgewinnung anfallende Mehl 41—45% Protein. Isoliert wurden zwei Globuline, ein pentosehaltiges Protein und ein Protein mit Glutelin-Eigenschaften (D. B. JONES u. F. A. CSONKA 1925). Der Gehalt von Baumwollsaatmehl an Lysin und Methionin ist niedrig.

***β*) Cocosnußproteine.** Die Milch der Cocosnuß enthält weniger als 0,5% Protein. Der Proteingehalt von geraspelter Cocosnuß liegt bei 3,5%. Aus dem Endosperm wurde das Globulin *Phytovitellin* in kristallisierter Form erhalten.

***γ*) Erdnußproteine.** Der Proteingehalt der Erdnuß liegt bei 26%. Isoliert wurden zwei Globuline, *Arachin* und *Conarachin*, die etwa im Verhältnis 3:1 vorkommen. Im Gegensatz zu Arachin coaguliert Conarachin bei 80°. J. C. ARTHUR (1953) berichtet zusammenfassend über Isolierung, Eigenschaften und Zusammensetzung der Erdnußproteine.

***δ*) Walnußproteine.** Der Proteingehalt der Walnuß liegt bei 18%. Isoliert wurde ein Globulin *Juglansin*.

***ε*) Haselnußproteine.** Haselnüsse enthalten etwa 16% Proteine. Ein aus dem Proteingemisch isoliertes Globulin wurde als *Corylin* bezeichnet.

***ζ*) Mandelproteine.** Aus Mandeln mit einem Proteingehalt von 18—19% wurde das Globulin *Amandin* isoliert.

c) Proteine von Hülsenfrüchten

***α*) Linsen- und Erbsenproteine.** Bezogen auf trockene Samen enthalten Linsen und Erbsen 23—25% Protein. Hauptkomponente ist das Globulin *Legumin*; ferner wurden isoliert *Vicilin*, das ebenfalls in Wasser unlöslich, in Salzlösungen löslich ist und bei 100° C coaguliert und das wasserlösliche und coagulierbare Albumin *Legumelin*.

***β*) Proteine der gewöhnlichen Bohnen** (Phaseolus-Arten). Reife Bohnen haben einen Proteingehalt von 20—25%. Das Hauptprotein ist das Globulin *Phaseolin*. Ferner wurden in kleineren Mengen ein weiteres Globulin und ein Albumin *Phaselin* gefunden.

***γ*) Proteine von Mungobohnen und Limabohnen.** Beide Bohnen enthalten etwa 20% Protein. Isoliert wurden zwei Globuline und ein Albumin.

***δ*) Proteine der Sojabohne.** Der Proteingehalt der Sojabohne liegt bei 40%. Über 80% des Gesamtproteins wurden in Form des Globulins *Glycinin* durch Salzextraktion, Ammonsulfatfällung und Dialyse isoliert. In zahlreichen Arbeiten wurde die Heterogenität dieses Proteins nachgewiesen. Zusammenfassend berichten W. J. WOLF u. A. K. SMITH (1961) darüber. Sie konnten die Globuline in der Ultrazentrifuge in vier Fraktionen mit Sedimentationskonstanten von 2, 7, 11 und 15 S auftrennen. Glycinin und das mit Säure fällbare Protein ergaben in der Ultrazentrifuge annähernd das gleiche Bild. Die bei pH 4,5 lösliche Fraktion — auch als „Molkenprotein" bezeichnet — stellt ein Gemisch verschiedener niedermolekularer Proteine dar. In dieser Fraktion finden sich neben dem Trypsininhibitor und dem Hämagglutinin verschiedene Enzyme (Phosphatase, Lipoxydase, Phytase). J. J. RACKIS u. Mitarb. (1959) konnten das Gemisch an DEAE-Cellulose in dreizehn Fraktionen zerlegen, die sich auch elektrophoretisch unterscheiden. J. J. RACKIS u. Mitarb. (1962) konnten weiterhin durch Chromatographie an DEAE-Cellulose zwei Trypsin-Inhibitoren isolieren, die sich in ihren physikalischen Eigenschaften und in ihrer Aktivität gegenüber Trypsin unterscheiden.

d) Proteine von Gemüsen

***α*) Kartoffelproteine.** Der Proteingehalt der Kartoffel liegt bei 2%. Isoliert wurde ein Globulin *Tuberin*, das in 10%iger Salzlösung bei 80° C coaguliert. B. JIRGENSONS (1946) erhielt beim Ansäuern von Kartoffelsaft ein unlösliches

Protein, während eine Fraktion mit Albumincharakter in Lösung blieb. Auch E. H. GROOT u. Mitarb. (1947) zeigten, daß mindestens zwei Proteine vorhanden sind.

β) Sonstige Gemüseproteine. Der Proteingehalt von Gemüsen ist niedrig; er liegt zwischen 1% und 2,5%. Über die einzelnen Proteine ist wenig bekannt. Aus Spinat wurde ein in Wasser und Salzlösungen unlösliches aber in schwachen Säuren und in schwachem Alkali lösliches Protein, *Spinacin*, isoliert (A. C. CHIBNALL 1924).

9. Toxische Proteine

Aus der Vielzahl der toxischen Proteine tierischen, pflanzlichen und bakteriellen Ursprungs, die zum großen Teil nur in mehr oder weniger unreiner Form vorliegen, sollen hier nur einige Vertreter kurz besprochen werden. Umfassend dargestellt wurde das Gebiet von W. E. VAN HEYNINGEN (1954). Ein großer Teil der hierher gehörenden Proteine hat Enzymcharakter.

a) Diphtherie-Toxin

Das Toxin aus *Corynebacterium diphtherieae* ist das erste bekannte Toxin, das sehr eingehend untersucht wurde. Es hat ein Molekulargewicht von 72000; sein isoelektrischer Punkt liegt bei pH 4,1.

b) Phytotoxine

Unter dieser Bezeichnung werden pflanzliche Toxine zusammengefaßt, die Proteine sind. Bekannt sind *Ricin* (aus *Ricinus communis*), *Abrin* (aus *Abrus precatorius*), *Crotin* (aus *Croton tiglium*), *Robin* (aus *Robinia pseudoaccacia*) und *Curcin* (aus *Jatropha curcas*).

Ricin hat ein Molekulargewicht von 77000 und scheint aus mehreren Proteinen von Globulincharakter zu bestehen. M. MOURGUE u. Mitarb. (1958) erhielten durch Fällung mit Ammonsulfat verschiedene Fraktionen. Die Globulinfraktionen a und b hatten die größte Toxicität. Eine Verminderung der Toxicität von Ricin tritt bei Acetylierung, Benzoylierung und in noch stärkerem Ausmaß bei Überführung der ε-NH_2-Gruppen der Lysinreste in Guanidin-Gruppen ein.

M. MOURGUE u. Mitarb. (1961a) konnten die löslichen Proteine von *Jatropha curcas* durch Fällung in zehn Fraktionen zerlegen; elektrophoretische Trennung lieferte fünf Fraktionen. Offensichtlich liegen zwei toxische Proteine vor (M. MOURGUE u. Mitarb. 1961b), die Albumincharakter haben. *Curcin* ist für Mäuse weniger toxisch als *Ricin*. Das Toxin aus *Jatropha mahafalensis* ist mit Curcin nicht identisch.

c) Hämolytische Proteine

In diese Gruppe gehören die lipoid-spaltenden Enzyme. *Phosphatidase A* wurde aus dem Gift der Klapperschlange Crotalus terrificus terrificus *(Crototoxin)* kristallisiert erhalten. Das Enzym greift Fettsäureesterbindungen in Lecithin, Kephalin und Sphingomyelinen an.

Phosphatidase C spaltet dagegen die Phosphorsäureesterbindungen in Phospholipoiden. Sie kommt in verschiedenen Clostridien vor und ist das Haupt-Toxin (α-Toxin) von *Clostridium welchii*.

Aus Staphylokokken sind vier verschiedene Hämolysine bekannt, die als α-, β-, γ- und ε-*Hämolysin* bezeichnet wurden.

Verschiedene hämolytische Proteine werden durch schwache Oxydationsmittel reversibel und durch Cholesterin irreversibel gehemmt. Hierher gehören das *θ-Toxin* aus *Clostridium welchii*, das *Tetanolysin* aus *Clostridium tetani*, das *Streptolysin O* hämolytischer Streptokokken und das *Hämolysin aus Cobragift*.

d) Neurotoxische Proteine

Bacterielle Neurotoxine wirken sehr langsam (3—4 Tage), die weniger giftigen Schlangen-Neurotoxine dagegen innerhalb von Stunden. Die fünf bekannten Typen von *Clostridium botulinum* produzieren sechs verschiedene Neurotoxine. Besondere Bedeutung hat das *Typ-A-Toxin*, da es die Ursache von Lebensmittelvergiftungen („Wurstvergiftung", Botulismus) ist. Das Molekulargewicht des Proteins ist sehr hoch und liegt zwischen 900000 und 1130000. Die Aminosäurezusammensetzung eines bei Elektrophorese und in der Ultrazentrifuge einheitlichen Präparates wird von H. J. BUEHLER u. Mitarb. (1947) angegeben. Die Toxicität ist außerordentlich groß: die letale Dosis wird für Meerschweinchen mit $0{,}83 \times 10^{-9}$ g/kg angegeben. J. WAGMAN (1954) konnte zeigen, daß sich das Toxin im pH-Bereich von 6,5—8,0 in der Ultrazentrifuge uneinheitlich verhält. Es treten niedermolekulare Teilchen (Molekulargewicht 40000—100000) auf, deren Toxicität im Vergleich zur Ausgangssubstanz das 2—3fache beträgt. Die Dissoziation der großen Moleküle steigt mit der Ionenstärke des Puffers an. Es wird angenommen, daß das hochmolekulare Toxin aus aktiven und inerten Untereinheiten aufgebaut ist. Für das Toxin des B-Typs wird ein wesentlich kleineres Molekulargewicht (60000) angegeben. Die Toxine wirken spezifisch auf das Nervengewebe, indem sie die Ausschüttung von Acetylcholin herabsetzen.

Das *Tetanus Neurotoxin* wurde in reiner kristallisierter Form erhalten. Aminosäureanalysen wurden von M. S. DUNN u. Mitarb. (1949) durchgeführt. Es wirkt hauptsächlich auf das Zentralnervensystem. Die neurotoxische Wirkung des Giftes von *Crotalus terrificus terrificus* ist identisch mit der hämolytischen Wirkung.

e) Proteine mit coagulierender Wirkung

Alle pathogenen Staphylokokken produzieren Substanzen, die eine Coagulation des Blutes bewirken. Proteine mit der gleichen Wirkung finden sich auch in verschiedenen Schlangengiften.

f) Proteine mit anticoagulierender Wirkung

Verschiedene Streptokokken und Staphylokokken enthalten Proteasen, die Blutgerinnsel aufzulösen vermögen, indem sie Plasminogen in Plasmin umwandeln (vgl. S. 238). Auch in Schlangengiften finden sich Substanzen mit proteolytischer Aktivität.

g) Cytolysine

Die bekanntesten bakteriellen Cytolysine sind die *Kollagenasen* aus *Clostridium welchii* und *Clostridium histolyticum*. Sie greifen spezifisch Kollagen an, während die Muskelfibrillen intakt bleiben (vgl. S. 261).

VI. Aminosäurezusammensetzung wichtiger Proteine

In diesem Abschnitt sind in tabellarischer Form die Ergebnisse von Bausteinanalysen wichtiger Proteine zusammengestellt (Tab. 14—24). Umfassendere Tabellen finden sich bei R. J. BLOCK u. K. W. WEISS (1956), auch bei S. W. SOUCI, W. FACHMANN u. H. KRAUT (1962).

1. Muskelproteine

Tabelle 14

(Alle Werte in g/16 g N)

Aminosäuren	Gesamtmuskel (Rind)	Gesamtmuskel (Geflügel)[1]	Myosin	Actin
Asparaginsäure	9,7— 9,9	9,7—11,0	10,9	10,4
Threonin	4,8	3,5— 4,5	4,7	6,7
Serin	4,1— 4,5	—	4,1	5,6
Glutaminsäure	15,8—16,2	16—18	21,9	14,2
Prolin	3,0— 4,1	—	2,4	4,9
Glycin	4,6— 6,1	4,6— 6,7	2,8	4,8
Alanin	6,1— 6,3	—	6,7	6,1
Cystin	1,3— 1,5	—	1,0	1,3
Valin	4,8— 5,5	4,7— 4,9	4,7	4,7
Methionin	4,1— 4,5	—	3,1	4,3
Isoleucin	5,2	4,6— 5,2	5,3	7,2
Leucin	8,1— 8,7	7,3— 7,8	9,9	7,9
Tyrosin	3,8— 4,0	—	3,1	5,6
Phenylalanin	3,8— 4,5	3,7— 3,9	4,5	4,6
Lysin	9,2— 9,4	8,3— 8,8	11,9	7,3
Histidin	3,7— 3,9	2,2— 2,3	2,2	2,8
Arginin	5,3— 5,5	5,7— 6,1	6,8	6,3
Tryptophan	—	—	0,8	2,0

[1] Huhn, Ente, Truthahn; Durchschnittswerte.

2. Plasmaproteine

Tabelle 15

(Alle Werte in g/16 g N)

Aminosäuren	Gesamtblut (Schwein, getrocknet)	Serum-albumin (Rind)	Fibrin (Rind)
Asparaginsäure	16,1	10,1	14,8
Threonin	2,3	5,6	7,3
Serin	8,4	3,9	10,7
Glutaminsäure	10,7	15,9	13,6
Prolin	4,9	4,8	5,3
Glycin	5,5	2,1	5,3
Alanin	1,0	6,1	4,0
Cystin	1,4	5,6	2,0
Valin	10,7	5,2	4,1
Methionin	1,2	0,8	2,6
Isoleucin	1,2	2,7	5,8
Leucin	13,7	10,7	10,7
Tyrosin	2,5	4,4	5,6
Phenylalanin	7,3	6,6	4,5
Lysin	9,2	17,6	8,7
Histidin	9,2	4,7	2,5
Arginin	5,2	5,9	7,2
Tryptophan	1,5	0,6	3,5

3. Milchproteine

Tabelle 16

(Alle Werte in g/16 g N)

Aminosäuren	Gesamtmilch (getrocknet)	Casein	α-Casein	β-Casein	γ-Casein	α-Lactalbumin	β-Lactoglobulin
Asparaginsäure	8,3	7,3	8,7	5,1	4,2	18,8	14,0
Threonin . . .	5,1	5,0	5,0	5,3	4,6	5,2	5,8
Serin	5,5	6,4	6,5	7,1	5,7	4,4	4,7
Glutaminsäure	21,4	22,9	23,2	24,2	23,8	12,2	17,8
Prolin	9,4	11,6	8,4	16,7	17,7	1,7	5,0
Glycin	1,8	2,8	2,9	2,5	1,6	3,3	1,5
Alanin	3,5	3,1	3,8	1,8	2,4	1,9	7,0
Cystin	0,8	0,35	0,44	0,0—0,1	0,0	6,1	3,5
Valin	6,1	7,4	6,5	10,5	10,9	4,4	5,8
Methionin . .	2,7	2,9	2,6	3,5	4,3	0,9	3,6
Isoleucin . . .	5,6	6,2	6,5	5,7	4,6	6,8	8,4
Leucin	9,8	9,4	8,1	12,1	12,5	9,8	15,4
Tyrosin . . .	5,8	6,4	8,4	3,3	3,8	4,8	3,9
Phenylalanin .	5,0	5,1	4,7	6,0	6,0	5,1	4,3
Lysin	7,9	8,4	9,2	6,8	6,4	10,2	12,1
Histidin. . . .	3,2	3,2	3,0	3,2	3,8	3,2	2,1
Arginin	3,7	4,2	4,4	3,5	2,0	1,5	3,1
Tryptophan . .	—	1,2	1,6	0,68	1,2	7,1	2,5
Amid-N . . .	—	1,6	1,6	1,7	—	—	—
Amino-N . . .	—	0,95	1,02	0,75	—	—	—
Phosphor . . .	—	0,88	1,02	0,64	—	—	—

4. Eiproteine

a) *Gesamt-Ei und Proteine des Eiklars*

Tabelle 17

(Alle Werte in g/16 g N)

Aminosäuren	Gesamt-Ei (Huhn)	Eiklar (Huhn)	Ovalbumin (Huhn)	Conalbumin (Huhn)	Ovomucoid (Huhn)
Asparaginsäure	10,5	5,8— 6,0	9,3	12,8	15,9
Threonin	4,1	4,5— 5,2	4,0	5,7	6,7
Serin	8,4	6,3— 7,1	8,6	6,1	5,1
Glutaminsäure	12,6	11,7—13,9	15,9	11,5	7,9
Prolin	—	—	3,8	4,7	3,3
Glycin	3,0	3,8— 4,0	3,2	5,5	4,6
Alanin	—	—	5,8	4,2	2,8
Cystin	2,3	2,3— 2,6	—	3,7	8,2
Valin	6,9	8,2— 9,0	10,4	7,9	7,3
Methionin	3,0	4,0— 4,1	5,5	2,0	1,2
Isoleucin	6,8	6,8— 7,3	7,2	4,8	1,7
Leucin	9,2	8,2— 8,6	10,0	6,6	6,1
Tyrosin	3,2	4,2— 4,7	2,7	4,4	3,9
Phenylalanin	5,1	6,0— 6,2	7,6	5,5	3,6
Lysin	7,4	6,5— 6,7	6,5	5,5	7,3
Histidin.	2,3	2,6— 2,8	2,4	2,5	2,6
Arginin	5,7	5,8— 6,3	6,0	7,3	5,4
Tryptophan	1,0	1,7— 2,0	—	2,9	Spuren

b) *Proteine des Eidotters*

Tabelle 18

(Alle Werte in g/16 g N)

Aminosäuren	Eidotter (Huhn)	α-Vitellin[1] (Huhn)	β-Vitellin[1] (Huhn)	Phosvitin (Huhn)
Asparaginsäure	5,4— 5,7	10,4	12,7	6,1
Threonin	5,0— 6,2	5,7	6,4	1,9
Serin	8,1— 8,9	7,5	8,3	44,4
Glutaminsäure	11,8—12,2	12,4	13,2	5,6
Prolin	—	6,0	3,7	1,3
Glycin	3,3— 3,7	2,5	3,8	2,0
Alanin	—	5,6	6,6	2,4
Cystin	1,6— 1,9	—	—	0
Valin	7,1— 7,5	5,0	5,5	1,3
Methionin	2,0— 2,6	—	—	0,5
Isoleucin	6,7— 7,0	5,1	5,7	0,7
Leucin	8,2— 8,6	8,9	10,7	1,3
Tyrosin	4,4— 4,6	4,0	4,4	0,2
Phenylalanin	4,5— 4,7	3,7	3,8	0,6
Lysin	7,1— 7,3	8,9	12,2	8,9
Histidin	2,8— 2,9	2,4	1,0	6,4
Arginin	7,1— 7,4	10,2	7,4	7,0
Tryptophan	1,8— 1,9	—	—	0,9
Phosphor	—	0,76	0,29	13,0

[1] Dargestellt nach H. SUGANO (vgl. S. 256).

5. Skleroproteine

Tabelle 19

(Alle Werte in g/16 g N)

Aminosäuren	Collagen (Kalbshaut)	Elastin	Keratin (Wolle, austral. Merinoschaf)	Seidenfibroin (*Bombyx mori*)	Sericin[1]
Asparaginsäure	5,4	1,0	6,7	2,1	16,3
Threonin	2,1	1,1	7,0	1,3	5,0
Serin	2,9	0,9	10,4	14,0	29,2
Glutaminsäure	9,7	2,4	14,3	1,5	10,3
Prolin	13,0	11,6	6,6	0,5	—
Hydroxyprolin	10,5	1,5	—	—	—
Glycin	22,5	25,5	5,4	37,3	8,3
Alanin	8,2	21,1	4,2	30,2	3,9
Cystin	0	0,30	10,0	0,13	—
Valin	2,9	16,5	5,6	2,7	1,8
Methionin	0,7	Spuren	0,5	—	—
Isoleucin	} 4,8	3,7	3,7	0,8	0,8
Leucin		8,6	8,8	0,7	0,9
Tyrosin	1,2	1,3	5,4	9,9	3,7
Phenylalanin	2,2	5,9	4,0	1,2	0,6
Lysin	3,9	0,5	3,3	0,5	5,7
Hydroxylysin	1,1	—	—	—	—
Histidin	0,7	0,1	1,1	0,30	1,3
Arginin	7,6	1,2	9,5	0,9	4,0
Tryptophan	0	—	1,0	0,40	—

[1] Dieses Protein wurde wegen seines gemeinsamen Vorkommens mit Seidenfibroin in diese Tabelle aufgenommen, obwohl es nicht zu den Strukturproteinen gehört.

6. Protamine und Histone, toxische Proteine

Tabelle 20

Aminosäuren	Clupein[1] (Hering)	Iridin[1] (Forelle)	Salmin[1] (Lachs)	Sturin[1] (Stör)	Histon[2] (Blut)	Histon[2] (Kalbs-thymus)	Ricin[2] (Castor Bean)
Asparaginsäure	—	—	—	—	5,0	4,7	—
Threonin . . .	2	—	0	1,0	4,4	5,0	2,7
Serin	6	3	5	3	3,2	4,5	—
Glutaminsäure	—	—	0	1	9,1	8,9	—
Prolin	5	5	5	0	2,8	4,2	—
Glycin	—	2	3	2	4,0	4,7	—
Alanin	4	2	2	5	6,2	8,9	—
Cystin	—	—	—	—	0,6	0	1,0
Valin	4	4	4	0	3,1	5,2	2,0
Methionin . .	—	—	—	—	1,0	1,1	—
Isoleucin . . .	1	1	0	2	2,8	4,2	15,0
Leucin	—	—	—	—	6,6	7,5	—
Tyrosin	—	—	—	—	3,0	3,4	2,7
Phenylalanin .	—	—	—	—	2,4	2,6	—
Lysin	—	—	0	9	10,6	16,1	6,3
Histidin. . . .	—	0	0	7	1,9	2,3	0,0
Arginin	53	50	55	35	12,6	10,7	11,7
Tryptophan . .	—	—	—	—	—	—	0,4

[1] Angegeben sind die Molverhältnisse.
[2] Werte in g/16 g N.

7. Pflanzliche Proteine

a) *Getreideproteine*

Tabelle 21

(Alle Werte in g/16 g N)

Aminosäuren	Weizen (gesamt)	Roggen (Mehl)	Gerste (Mehl)	Hafer (Mehl)	Reis (Mehl, Ceylon)	Mais (Mehl, Mexiko)
Asparaginsäure	3,8	—	5,9	3,7	—	—
Threonin . . .	2,5	7,8	3,7	3,4	3,5	3,6
Serin	4,7	—	3,6	4,5	—	—
Glutaminsäure	29,3	8,7	20,8	20,0	—	—
Prolin	10,3	—	9,3	5,7	—	—
Glycin	3,4	—	4,3	4,1	—	—
Alanin	3,0	—	4,4	6,2	—	—
Cystin	4,0	—	2,5	1,8	—	—
Valin	2,9	5,0	4,8	6,6	6,7	4,3
Methionin . .	0,7	1,1	1,6	1,5	1,7	1,3
Isoleucin . . .	} 9,3	6,2	3,3	5,1	4,5	4,3
Leucin		8,8	6,8	5,7	8,1	10,8
Tyrosin . . .	3,5	—	3,1	4,5	—	4,3
Phenylalanin .	4,9	4,5	4,9	4,8	5,3	4,0
Lysin	2,5	5,6	3,4	3,4	3,5	3,4
Histidin . . .	1,3	—	2,0	1,5	—	2,4
Arginin . . .	3,6	—	4,8	6,7	—	4,2
Tryptophan . .	1,2	1,0	1,0	1,3	1,2	0,7

b) *Ölsaaten und Nüsse*

Tabelle 22

(Alle Werte in g/16 g N)

Aminosäuren	Baumwollsaat (Mehl)	Cocosnuß (Mehl)	Haselnuß (ölfreies Mehl)	Erdnuß (Mehl)
Asparaginsäure	9,9	—	7,0	15,1
Threonin . . .	3,4	—	2,7	2,6
Serin	4,4	—	9,2	6,6
Glutaminsäure	20,0	22,0	21,0	21,7
Prolin	3,6	—	5,7	5,2
Glycin	4,4	4,8	9,2	5,7
Alanin	4,4	—	—	2,9
Cystin	1,9	—	0,4	0,9
Valin	5,0	5,3	6,2	5,7
Methionin . .	0,7	1,6	0,7	0,8
Isoleucin . . .	3,2	5,3	5,6	4,6
Leucin	5,8	7,3	6,2	6,6
Tyrosin . . .	3,1	—	3,7	3,2
Phenylalanin .	5,8	4,0	3,6	4,6
Lysin	4,3	3,7	2,8	3,2
Histidin. . . .	2,6	2,1	1,8	2,9
Arginin	12,3	10,5	15,6	10,0
Tryptophan . .	1,2	—	1,1	1,4

c) *Hülsenfrüchte*

Tabelle 23

(Alle Werte in g/16 g N)

Aminosäuren	Erbsen (*Pisum sativum;* Mehl)	Linsen (Indien, Mehl)	Bohnen (*Phaseolus vulgaris*, Mehl)	Sojabohnen (Mehl)	Glycinin (Sojabohne)
Asparaginsäure	—	—	—	8,8	—
Threonin . . .	4,2	3,5	5,2	4,0	2,8
Serin	—	—	—	—	—
Glutaminsäure	—	—	—	20,5	—
Prolin	—	—	—	4,8	—
Glycin	—	—	—	4,2	—
Alanin	—	—	—	—	—
Cystin	—	—	—	1,2	—
Valin	4,6	5,0	6,4	6,7	4,2
Methionin . .	0,7	0,7	1,2	1,2	1,1
Isoleucin . . .	4,2	4,5	5,6	6,3	5,3
Leucin	7,2	6,9	8,2	7,9	7,5
Tyrosin . . .	—	—	—	4,1	—
Phenylalanin .	4,2	4,5	5,6	5,3	5,4
Lysin	7,0	6,5	7,6	6,6	6,4
Histidin. . . .	1,8	—	3,0	2,5	1,8
Arginin	10,1	—	6,4	7,0	7,3
Tryptophan . .	0,8	0,8	—	1,1	1,0

d) *Gemüse*

Tabelle 24
(Alle Werte in g/16 g N)

Aminosäuren	Kartoffel (Mehl)	Kohl (Mehl)	Spinat (Mehl)	Möhren (Mehl)
Asparaginsäure	11,5	—	—	—
Threonin . . .	2,5	2,6	3,9	4,0
Serin	2,6	—	—	—
Glutaminsäure	7,4	—	—	—
Prolin	3,0	—	—	—
Glycin	1,9	—	—	—
Alanin	6,1	—	—	—
Cystin	0,6	1,6	—	—
Valin	4,3	2,8	5,0	5,7
Methionin . .	2,5	0,5	2,3	1,0
Isoleucin . . .	5,9	2,6	3,6	4,4
Leucin	4,6	4,5	6,8	5,6
Tyrosin . . .	2,5	2,1	—	—
Phenylalanin .	3,6	3,2	4,7	4,1
Lysin	3,7	3,3	4,7	3,1
Histidin. . . .	1,2	1,6	1,3	1,5
Arginin	7,1	7,8	4,4	3,6
Tryptophan . .	1,0	0,8	1,1	0,6

D. Andere Stickstoffverbindungen

I. Biogene Amine

Unter dem Begriff „biogene Amine“ werden niedermolekulare organische Basen zusammengefaßt, die im Tier- und Pflanzenreich und in Mikroorganismen weit verbreitet sind. Sie entstehen vielfach durch Decarboxylierung von Aminosäuren (vgl. S. 183), unter Umständen auch durch Aminierung von Aldehyden und Ketonen. Betaine werden durch Methylierung der entsprechenden Aminosäuren oder Amine, Guanidinderivate durch Amidinierung von Aminosäuren und Aminen gebildet. Der Abbau der Amine erfolgt durch *Monoaminoxydasen* und *Diaminoxydasen*, die in Leber, Niere und Darm von Säugetieren verbreitet sind und sich auch bei Wirbellosen und im Pflanzenreich finden. Die allgemeine Abbaureaktion ist:

$$R—CH_2—NH_2 \rightarrow R—CH{=}NH \rightarrow R—CHO + NH_3$$

Viele biogene Amine haben große physiologische Bedeutung, z. B. Acetylcholin, Histamin, Kreatin.

Die physikalischen Daten der biogenen Amine finden sich bei E. Werle u. D. Palm (1956), ausführliche Angaben über Vorkommen, physiologische und pharmakologische Bedeutung bei M. Guggenheim (1951).

1. Alkylamine und quartäre Alkylammoniumbasen

a) Methylamin (CH_3NH_2), Dimethylamin [$(CH_3)_2NH$], Trimethylamin [$(CH_3)_3N$]

Die Verbindungen treten in Pflanzen und Tieren bei der Zersetzung von Cholin auf; auch Betaine sind Vorstufen der Amine. Methylamin findet sich in der Heringslake, in fauler Wurst, im Seetang und in grünen Algen. Trimethylamin kommt in Süßwasserfischen vor. In frischen Meerfischen findet sich das N-Oxyd, das bei der Lagerung durch bakterielle Einwirkungen in das Amin übergeht.

b) Höhere Alkylamine

Isobutylamin $(CH_3)_2{-}CH{-}CH_2{-}NH_2$ und *Isoamylamin* $(CH_3)_2{-}CH{-}$ $-CH_2{-}CH_2{-}NH_2$ entstehen durch bakterielle Decarboxylierung von Valin und Leucin. Sie finden sich in verdorbener Hefe und verdorbenem Lebertran, auch in den Blüten verschiedener Phanerogamen und in grünen Tabakblättern.

c) Alkylammoniumbasen

Trimethylamin-N-oxyd $(CH_3)_3NO$ kommt in zahlreichen Meerfischen vor (Hering, Seeaal, Roche, Kabeljau) und auch in Krabben. Es kann in Trimethylamin übergehen (vgl. dort).

Tetramethylammoniumhydroxyd $(CH_3)_4\,N^+OH^-$ kommt in der Seeanemone vor. *Neurin* (Vinyl-trimethyl-ammoniumhydroxyd), $(CH_3)_3(CH_2{=}CH)\,N^+OH^-$ entsteht durch Wasserabspaltung aus Cholin. Es wurde in kleinen Mengen aus Nebennierenextrakten erhalten.

2. Alkanolamine und quartäre Alkanolammoniumbasen

Aminoäthanol (Colamin), $HO{-}CH_2{-}CH_2{-}NH_2$ kommt als Baustein von Phosphatiden vor. Seine N-Methylderivate (N-Methyl- und N,N-Dimethyläthanolamin) sind Zwischenprodukte der Cholin-Biosynthese. Frei kommen die Verbindungen wahrscheinlich nur in kleinen Mengen vor.

Cholin $HO{-}CH_2{-}CH_2{-}N^+(CH_3)_3OH^-$ findet sich in fast allen tierischen und pflanzlichen Geweben in freier Form; gebunden ist es ein wichtiger Bestandteil von Phosphatiden. *Acetylcholin* ist als Aktionssubstanz bei der Nervenleitung von Bedeutung. Es wird durch die Acetylcholinesterase in Cholin und Acetat gespalten.

2-Aminopropanol-1 (L-α-Alaninol), $CH_3{-}CHNH_2{-}CH_2OH$ kommt in zwei Mutterkornalkaloiden vor, in Ergometrin und Ergometrinin.

Neosin $HO{-}CH_2{-}CH_2{-}CH_2{-}N^+(CH_3)_3OH^-$, ein Homologes des Cholins, findet sich in Fleischextrakt, auch in Krabben, Miesmuscheln und Tunikaten.

Sphingosin $CH_3{-}(CH_2)_{12}{-}CH{=}CH{-}CHOH{-}CHNH_2{-}CH_2OH$ ist Bestandteil der Sphingolipoide (Sphingomyeline).

3. Betaine

a) Betaine der α-Aminosäuren

Glycinbetain (N-Trimethylglycin), $(CH_3)_3N^+{-}CH_2COO^-$ kommt in der Zuckerrübe, reichlich in der Melasse und in vielen anderen Pflanzen (Gerste, Weizen, Erbsen, Linsen) vor. Es findet sich auch in Muscheln, im Kabeljau und in Leber und Niere von Säugetieren.

Myokinin (Betain des Dihydroxyornithins oder des Ornithins)

$$HO^-N^+(CH_3)_3\text{-}CH_2\text{-}CHOH\text{-}CHOH\text{-}\underset{\displaystyle N^+(CH_3)_3}{\underset{|}{CH}}\text{-}COO^- \quad \text{oder} \quad HO^-N^+(CH_3)_3\text{-}(CH_2)_3\text{-}\underset{\displaystyle N^+(CH_3)_3}{\underset{|}{CH}}\text{-}COO^-$$

kommt im Muskelfleisch von Säugetieren vor.

Herzynin (Betain des Histidins)

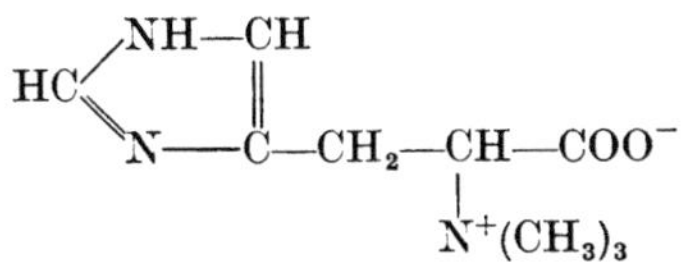

wurde zuerst im Champignon entdeckt.

Ergothionein (Betain des 2-Mercaptohistidins)

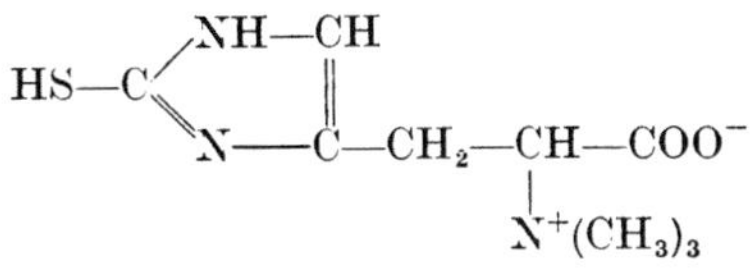

findet sich in Mutterkornextrakten und im Blut.

Stachydrin (Betain des Prolins)

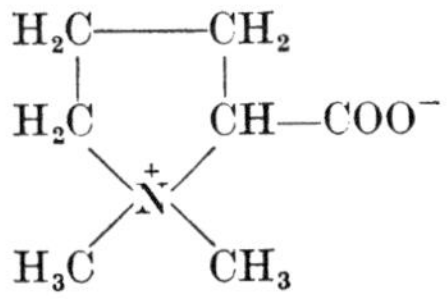

kommt in Orangenblättern, in verschiedenen anderen Citrusarten und in Alfalfaheu vor.

Betonicin und *Turicin* (Diastereomere Betaine des Hydroxyprolins)

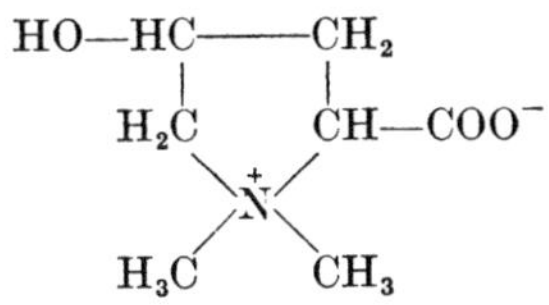

finden sich im Kraut von *Betonica officinalis* und neben Trigonellin in der Jackbohne.

b) Betaine von ω-Aminosäuren

β-Propiobetain (Homobetain) $(CH_3)_3N^+-CH_2-CH_2-COO^-$ kommt zusammen mit Carnetin im Fleischextrakt vor.

γ-Butyrobetain $(CH_3)_3N^+-CH_2-CH_2-CH_2-COO^-$ findet sich im Fleisch verschiedener Kaltblütler (Flußaal, Seeanemone, Archenmuschel), in Warmblütlern offensichtlich nur unter pathologischen Bedingungen.

Crotonbetain $(CH_3)_3N^+-CH_2-CH{=}CH-COO^-$ kommt in geringen Mengen im Säugetiermuskel vor.

Carnitin (β-Hydroxy-γ-butyrobetain) $(CH_3)_3N^+-CH_2-CHOH-CH_2-COO^-$ ist Bestandteil des Säugetiermuskels (in Ochsenfleisch durchschnittlich 0,029%). Das Betain findet sich auch in der Archenmuschel.

Taurin (β-Aminoäthansulfosäure) $H_2N-CH_2-CH_2-SO_3H$ kommt als Bestandteil der Taurocholsäure in der Galle, frei im Muskel von Mollusken und auch im Fleisch des Octopus vor.

c) Betaine der Pyridincarbonsäuren und quartäre Pyridiniumbasen

Trigonellin (Betain der Nicotinsäure)

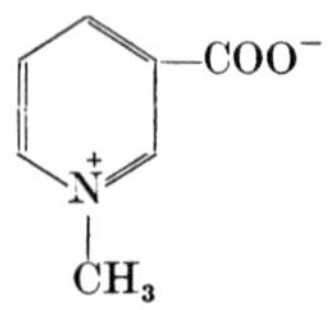

kommt in Strophantussamen, im Kaffee, in Erbsenkeimlingen, Kartoffelknollen, Dahlienknollen und Schwarzwurzeln vor.

Homarin (Betain der Picolinsäure)

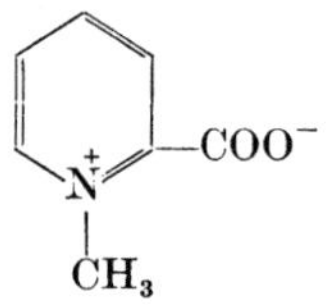

findet sich im Hummerfleisch und in der Archenmuschel.

N-Methylpyridiniumhydroxyd

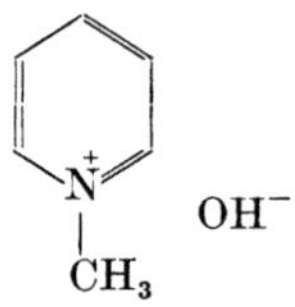

kommt in verschiedenen Wirbellosen (Krabben, Miesmuschel) vor. Im menschlichen Organismus wird es wahrscheinlich aus mit Genußmitteln (Tabak, Kaffee) aufgenommenen Pyridinverbindungen gebildet.

4. Polymethylendiamine

Putrescin (1.4-Diaminobutan)

$$H_2N—CH_2—CH_2—CH_2—CH_2—NH_2$$

wird aus Arginin über Ornithin gebildet. Es findet sich immer als Produkt bakterieller Eiweißzersetzungen (Käse, Sauerkraut) und wurde auch im Orangensaft beobachtet.

Cadaverin (1.5-Diaminopentan)

$$H_2N—CH_2—CH_2—CH_2—CH_2—CH_2—NH_2$$

ist das Decarboxylierungsprodukt des Lysins. Es tritt wie das Putrescin bei bakterieller Eiweißzersetzung auf.

Spermin

$$H_2N—CH_2—CH_2—CH_2—HN—CH_2—CH_2—CH_2—CH_2—NH—CH_2—CH_2—CH_2—NH_2$$

und *Spermidin*

$$H_2N—CH_2—CH_2—CH_2—NH—CH_2—CH_2—CH_2—CH_2—NH_2$$

kommen im Sperma des Menschen (260 mg Spermin/100 g Sperma), nicht aber im Sperma des Stiers vor. In geringeren Mengen finden sich die Verbindungen auch in anderen Organen von Säugetieren. Der Spermidingehalt liegt durchweg unter dem Spermingehalt.

5. Guanidinbasen

Glycocyamin (Guanidinessigsäure)

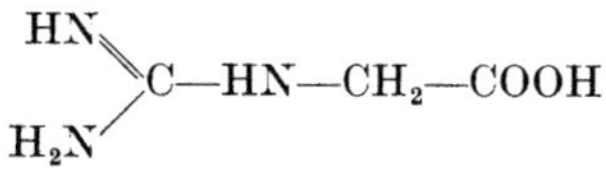

kommt in geringen Mengen im Blut und im Harn einiger Säugetiere vor.

Kreatin (N-Methyl-guanidinessigsäure) und *Kreatinin*

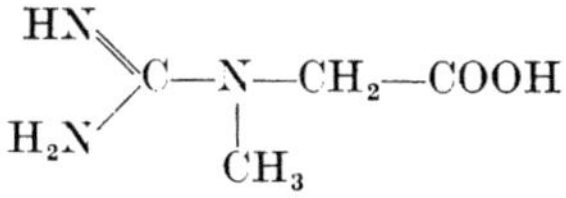

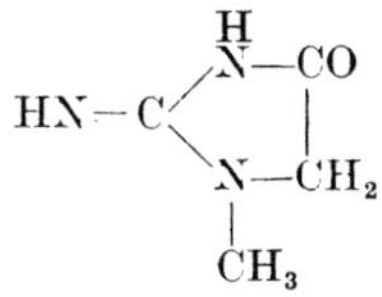

Kreatin findet sich in der Muskulatur der Wirbeltiere (400—550 mg/100 g gestreifter Muskulatur, in Fischen z. T. um 700 mg) und liegt im lebenden Muskel größtenteils als Kreatinphosphorsäure vor. Diese „energiereiche" Phosphorverbindung hat für die Muskelarbeit Bedeutung. Der Kreatiningehalt des Muskels ist geringer als der Kreatingehalt. Kreatinin findet sich auch im Blut, im Harn und in der Milch von Säugetieren.

Guanidin

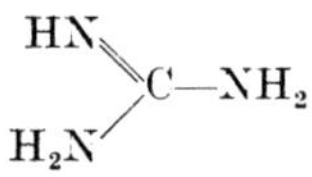

kommt in der Rübenmelasse, in Bohnenkeimlingen und im Käse vor.

Methylguanidin

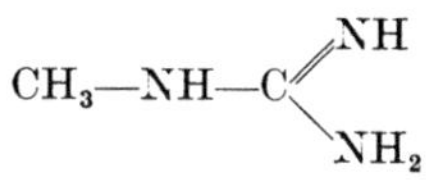

wurde aus Fleisch, Milch und Leber von Säugetieren, auch aus Fischen (Kabeljau) und aus Wirbellosen isoliert.

Agmatin (δ-Aminobutyl-guanidin)

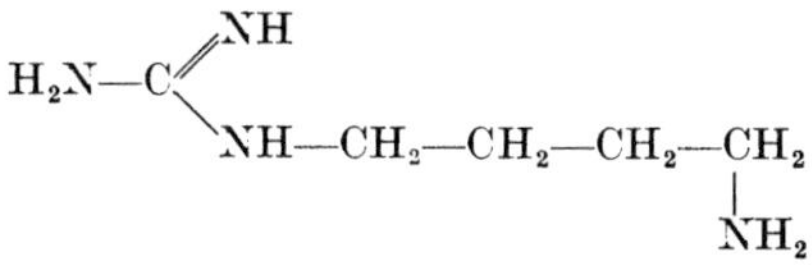

ist das Decarboxylierungsprodukt des Arginins. Es tritt beim bakteriellen Eiweißabbau (z. B. im Käse) auf und wurde auch aus Heringstestikeln und aus dem Fleisch des Octopus isoliert.

Arcain (α,δ-Diguanidobutan)

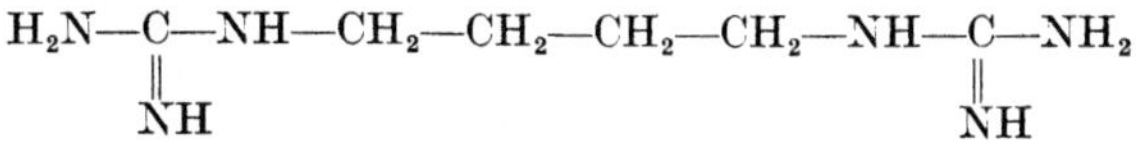

wurde aus der Archenmuschel isoliert.

Galegin (Isoamylen-guanidin)

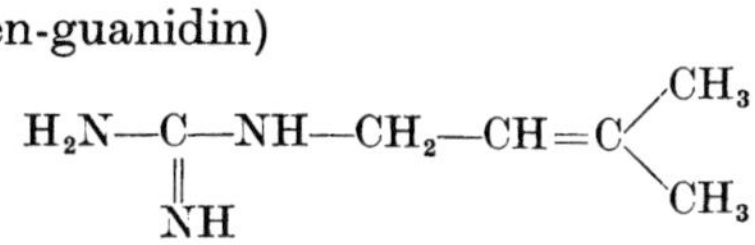

findet sich in den Samen des Geißklees.

6. Imidazolbasen

Histamin

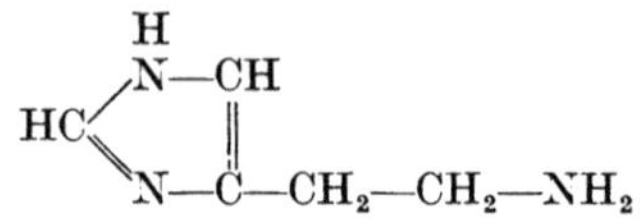

entsteht durch Decarboxylierung von Histidin.

Es tritt bei bakterieller Eiweißzersetzung auf und wurde auch aus Mutterkornextrakt und aus Brennesseln isoliert. Es läßt sich in den Geweben der Säugetiere nachweisen und hat dort regulierende Wirkungen auf die lokale Durchblutung. Es ist auch an allergischen Reaktionen beteiligt. Histamin wird durch Histaminase, eine Diaminoxydase, abgebaut.

7. Phenylalkylamine

β-Phenyläthylamin

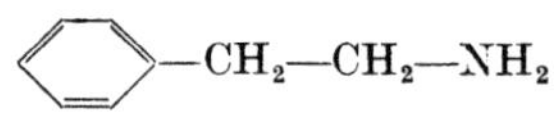

entsteht durch Decarboxylierung von Phenylalanin. Es tritt beim bakteriellen Eiweißabbau auf und findet sich auch in Misteldestillaten und in verschiedenen anderen Pflanzen.

L-Ephedrin (β-Phenyl-β-hydroxy-isopropyl-N-methylamin)

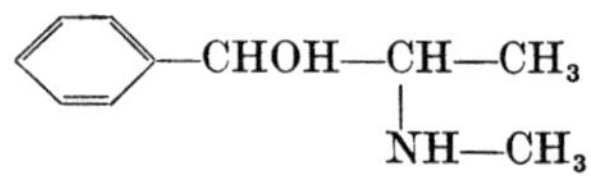

kommt neben verschiedenen ähnlich gebauten Verbindungen in der chinesischen Droge Ma-Huang (Ephedra equisetina u. E. sinica) und in verschiedenen anderen Ephedraarten vor. Es hat starke zentral erregende Wirkungen, ähnlich wie Adrenalin.

Chloromycetin (Chloramphenicol, D-Threo-β-p-nitrophenyl-β.β'-dihydroxy-isopropyl-N-dichloracetylamin)

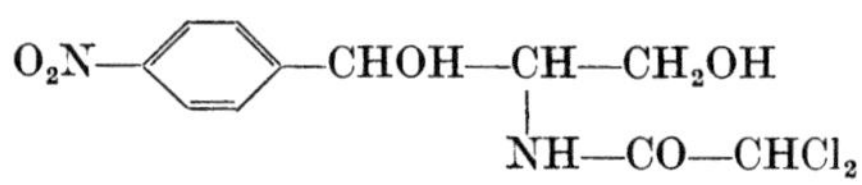

ist ein Antibioticum, das von verschiedenen Streptomyces-Stämmen synthetisiert wird.

Tyramin (β-(p-Hydroxyphenyl)-äthylamin)

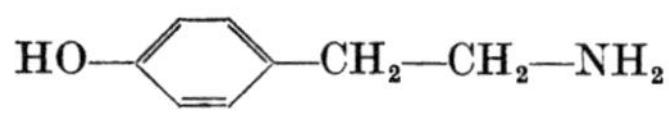

ist das Decarboxylierungsprodukt des Tyrosins. Es tritt beim bakteriellen Abbau von Eiweiß auf und wurde z. B. aus Käse und aus faulem Fleisch isoliert. Im Fleisch des Octopus kommt ebenfalls Tyramin vor.

Hordenin (β-(p-Hydroxyphenyl)-äthyl-N-dimethylamin)

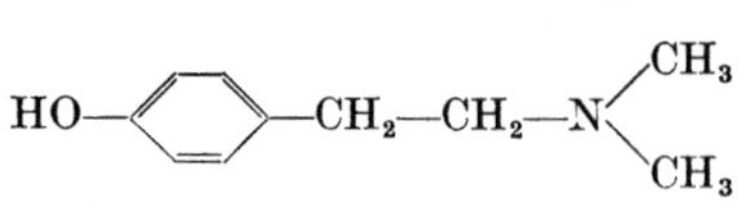

wurde aus Gerstenkeimlingen isoliert. Es entsteht wahrscheinlich durch Methylierung von Tyramin.

Hydroxytyramin (β-(3.4-Dihydroxyphenyl)-äthylamin)

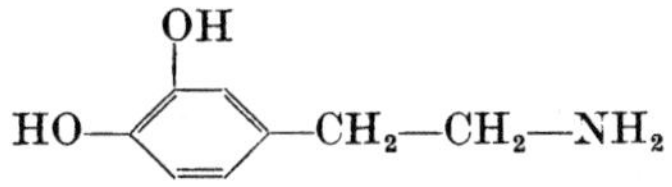

entsteht durch Decarboxylierung von Dihydroxyphenylalanin (Dopa). Das Amin wirkt blutdrucksteigernd.

Mezcalin (β-(3.4.5-Trimethoxyphenyl)-äthylamin)

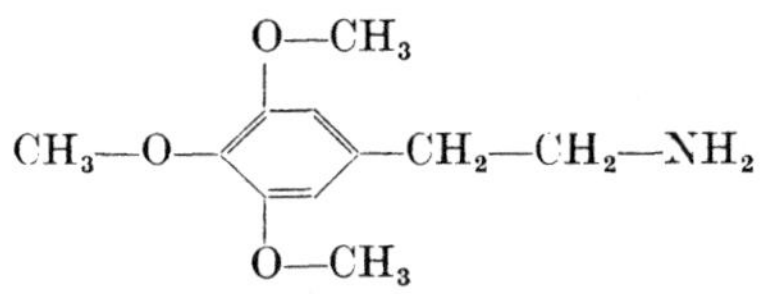

kommt in verschiedenen südamerikanischen Kakteen vor *(Anholonium, Trichocereus Terschecki)*. Es bewirkt psychische Störungen, die im Erscheinungsbild an Symptome der Schizophrenie erinnern.

Adrenalin und *Noradrenalin*

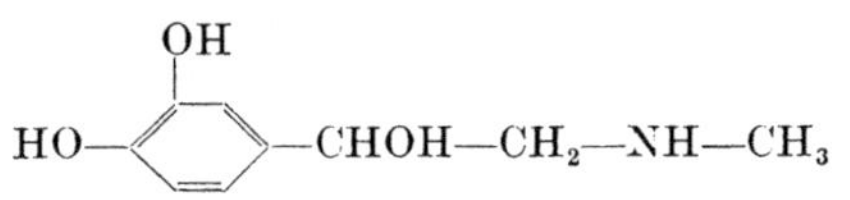

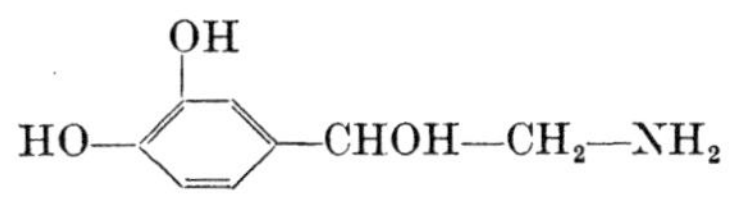

kommen im Nebennierenmark vor. Die Verbindungen haben vasokonstriktorische Wirkungen und führen durch Förderung der Glykogenolyse zu Hyperglykämie.

8. Indolalkylamine

Gramin (3-Dimethylaminomethylindol)

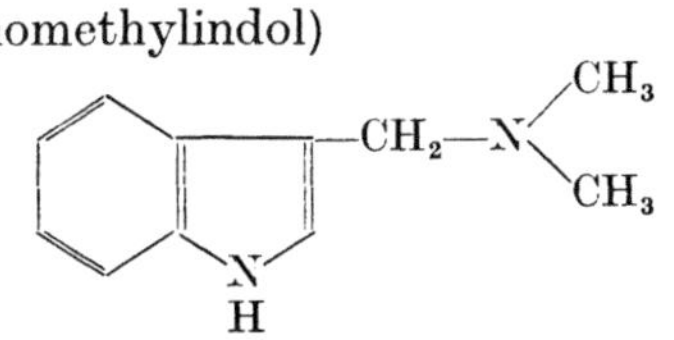

wurde aus Gerstenblättern isoliert.

Tryptamin (3-β-Aminoäthylindol)

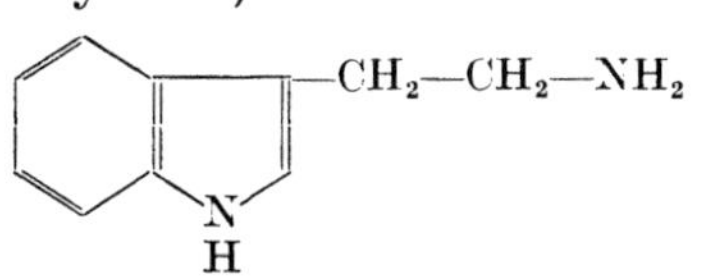

entsteht bei der Decarboxylierung von Tryptophan und findet sich deshalb in allen Stoffgemischen, in denen ein bakterieller Eiweißabbau erfolgt. Auch in verschiedenen Acacia-Arten wurde Tryptamin gefunden.

5-Hydroxytryptamin (Serotonin)

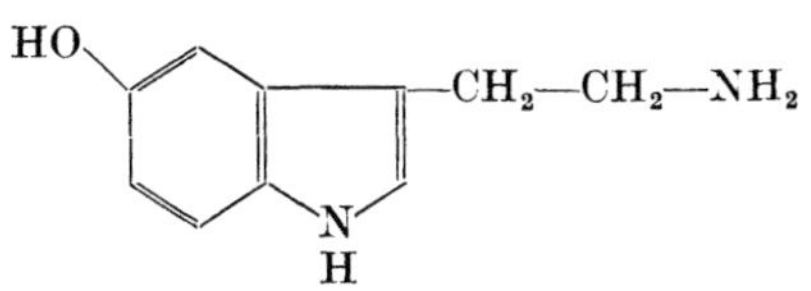

ist im Tier- und Pflanzenreich verbreitet. Es findet sich u. a. im Serum und in relativ großen Mengen in der Banane. Die Verbindung entsteht aus Tryptophan durch Hydroxylierung und anschließende Decarboxylierung. Serotonin hat gefäßverengende Wirkung und scheint auch verschiedene Funktionen des Zentralnervensystems zu beeinflussen.

Bufotenin (3-(β-Dimethylaminoäthyl)-5-hydroxyindol)

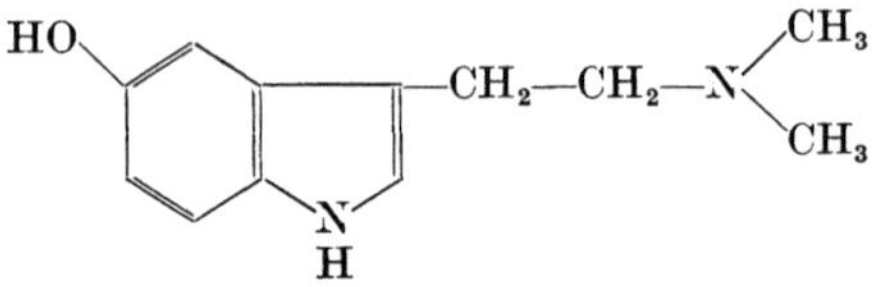

kommt mit einer Reihe ähnlich gebauter Stoffe im Hautsekret verschiedener Kröten vor. Bufotenin wirkt blutdrucksteigernd.

II. Pyrimidine und Purine

Verschiedene Derivate des Pyrimidins und des Purins sind in der Natur weit verbreitet. Die wichtigsten Vertreter dieser Stoffklasse werden im Folgenden kurz besprochen. Ausführliche Angaben über Vorkommen, Darstellung, Eigenschaften und biochemisches Verhalten finden sich bei L. Jaenicke (1955a und b).

Die Hydroxypyrimidine und Hydroxypurine können sowohl in der Hydroxyform als auch in der tautomeren Oxoform formuliert werden, z. B. *Uracil:*

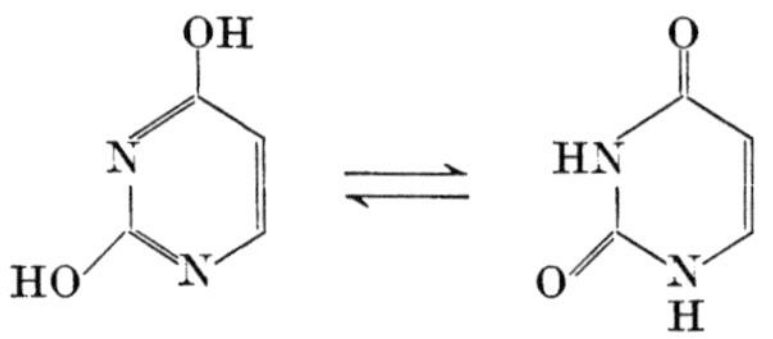

1. Pyrimidine

Uracil (2.6-Dihydroxy-pyrimidin)

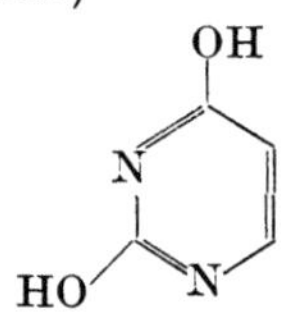

ist als Baustein von Ribonucleinsäuren im Tier- und Pflanzenreich weit verbreitet. In freiem Zustand wurde es bisher nur aus Mutterkornextrakten erhalten.

Thymin (2.6-Dihydroxy-5-methyl-pyrimidin)

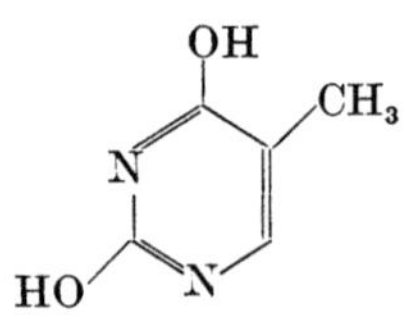

ist ein Baustein von Desoxyribonucleinsäuren.

Cytosin (2-Hydroxy-6-amino-pyrimidin)

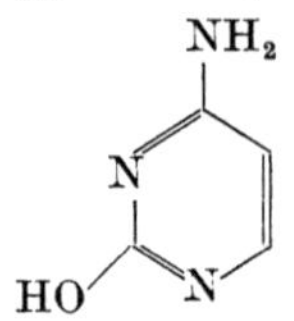

wird ebenfalls aus Nucleinsäuren erhalten. Es konnte in geringen Mengen im Boden in freier Form nachgewiesen werden.

5-Methylcytosin (2-Hydroxy-5-methyl-6-amino-pyrimidin)

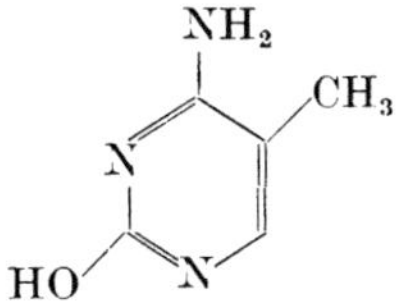

kommt in manchen Desoxyribonucleinsäuren in geringen Mengen vor, z. B. in der DNS aus Weizenkeimlingen.

Alloxan (Mesoxalylharnstoff, Tetraoxo-hexahydropyrimidin)

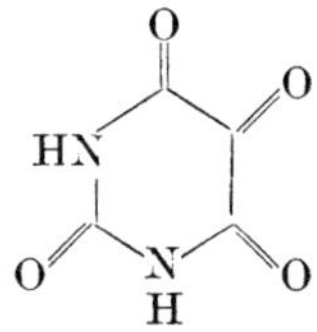

findet sich vereinzelt in verschiedenen tierischen Organen. Der Alloxangehalt des Blutes steigt bei Diabetes an.

2. Purine

Harnsäure (2.6.8-Trihydroxy-purin)

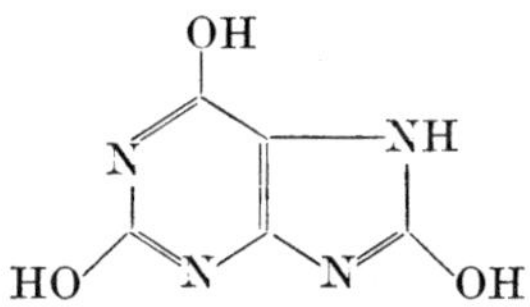

findet sich im Säugetierorganismus nur in kleinen Mengen: Spuren sind im Blut vorhanden, geringe Mengen werden im Harn ausgeschieden. Unter pathologischen Bedingungen sind größere Ablagerungen möglich (Gicht, Nieren- und Blasensteine). Bei den Vögeln und Reptilien ist Harnsäure das wichtigste Endprodukt des N-Stoffwechsels. Harnsäure wird durch das Enzym Uricase zu *Allantoin* abgebaut, das bei Säugetieren Endprodukt des Purinstoffwechsels ist.

Xanthin (2.6-Dihydroxy-purin)

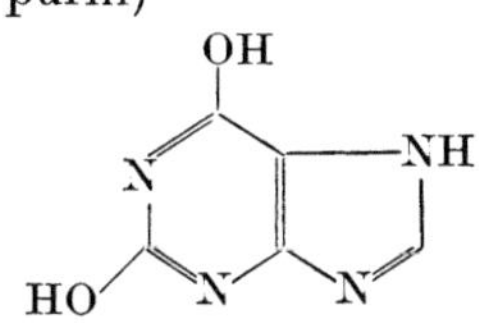

ist in kleinen Mengen in Pflanzen weit verbreitet, z. B. in Leguminosenkeimlingen. Im Tee tritt es als Begleiter des Coffeins auf. Im tierischen Organismus kommt es im Blut, in der Leber und im Harn vor.

Theophyllin (1.3-Dimethyl-xanthin)

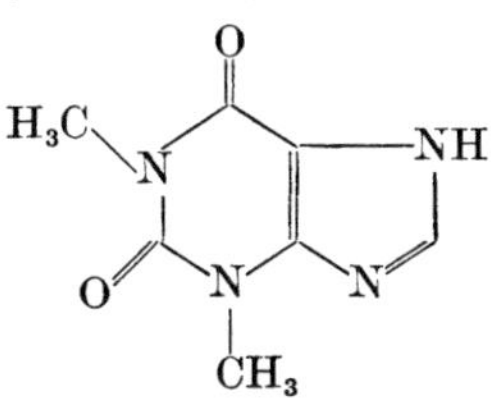

kommt in Teeblättern in kleinen Mengen vor. Es hat diuretische Wirkung.

Theobromin (3.7-Dimethyl-xanthin)

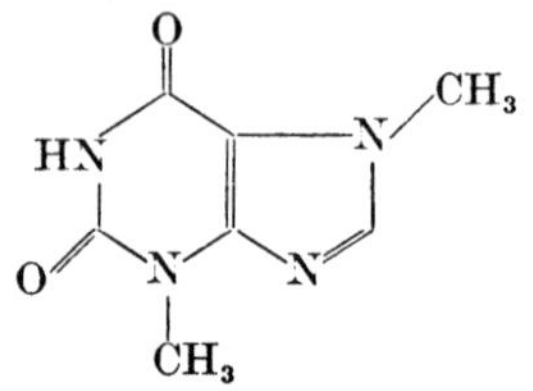

ist das Hauptalkaloid der Kakaobohnen, in denen Mengen bis zu 1,8% vorkommen. Theobromin wirkt diuretisch.

Coffein (1.3.7-Trimethyl-xanthin)

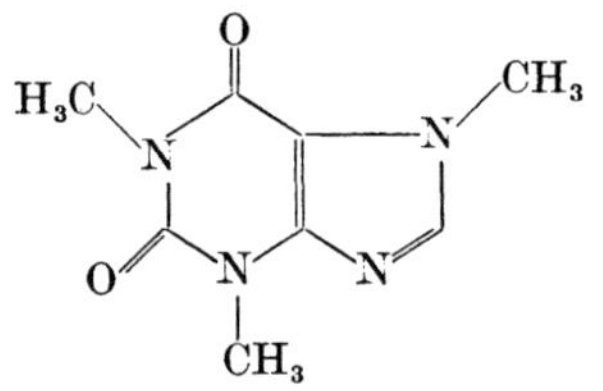

kommt in Kaffeebohnen (bis zu 1,5%), in Teeblättern (getrocknet bis zu 5%), in der Kolanuß, im Kakao und im Maté vor. Bei diesem Alkaloid steht die anregende Wirkung im Vordergrund, doch hat es auch diuretische Wirkung.

Hypoxanthin (6-Hydroxy-purin)

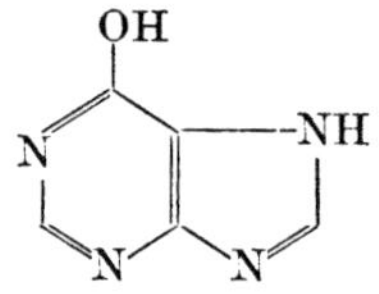

st als Nucleinsäurebaustein in Pflanzen und Tieren weitverbreitet. Frei kommt es im Fleischextrakt, im Muskelfleisch, im Blut, im Harn, in der Milch und in kleinen Mengen auch in der Kartoffelknolle vor.

Adenin (6-Amino-purin)

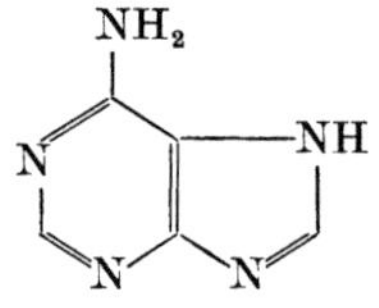

ist in gebundener Form ein Baustein von Nucleinsäuren und Coenzymen. Frei findet es sich in zahlreichen Pflanzen (Tee, Zuckerrübe, Hopfen), in Pilzen, Hefe, in Bakterien, in tierischen Organen und im Harn.

Guanin (2-Amino-6-hydroxy-purin)

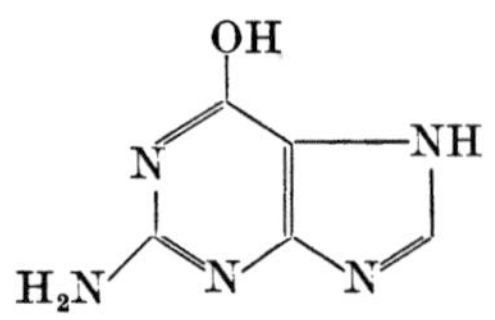

kommt als Begleiter des Adenins in vielen pflanzlichen und tierischen Materialien vor. Guaninkristalle sind in Schuppen und Haut vieler Fische und Reptilien eingelagert. Gebunden ist es ein Bestandteil von Nucleinsäuren.

III. Nucleoside, Nucleotide und Nucleinsäuren

Einige der im Abschnitt II besprochenen Pyrimidin- und Purinderivate sind als Bausteine von Nucleinsäuren weit verbreitet. Das Nucleinsäure-Gebiet hat heute einen derartigen Umfang angenommen, daß eine auch nur annähernd befriedigende Darstellung im Rahmen dieses Kapitels nicht möglich ist. Im Folgenden werden deshalb nur einige grundsätzliche Tatsachen gebracht. Im übrigen wird auf die Zusammenfassungen von E. CHARGAFF u. J. N. DAVIDSON (1955) und F. G. FISCHER u. H. DÖRFEL (1960) verwiesen. Vgl. ferner R. SIGNER u. R. BÜTLER (1956), S. C. HARTMAN u. J. M. BUCHANAN (1959), J. L. SIMKIN (1959), C. A. DEKKER (1960), G. N. COHEN u. F. GROS (1960), L. F. CAVALIERI u. B. H. ROSENBERG (1962), E. S. CANELLAKIS (1962), M. GRUNBERG-MANAGO (1962), M. V. SIMPSON (1962), A. M. MICHELSON (1961), R. ABRAMS (1961) u. C. LEVINTHAL u. P. F. DAVIDSON (1961).

1. Nucleoside

Die Verbindungen von Pyrimidinen und Purinen mit Ribose oder 2-Desoxyribose (Riboside bzw. Desoxyriboside) werden als Nucleoside bezeichnet. Die glykosidische Verknüpfung erfolgt zwischen N-Atom 3 (bei Pyrimidinen) oder N-Atom 9 (bei Purinen) mit dem C-1-Atom der Pentose, z. B.:

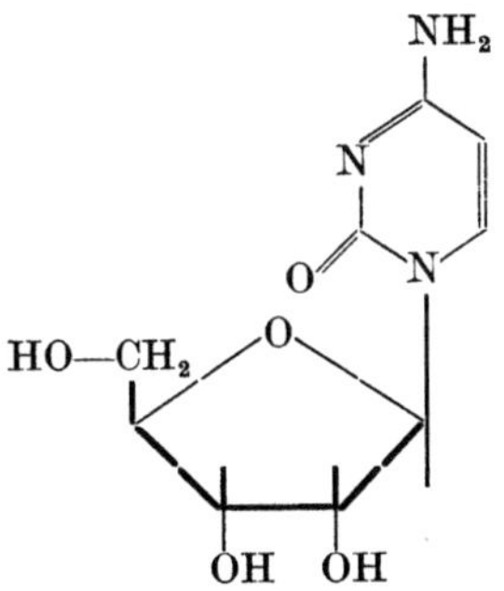

Cytosin

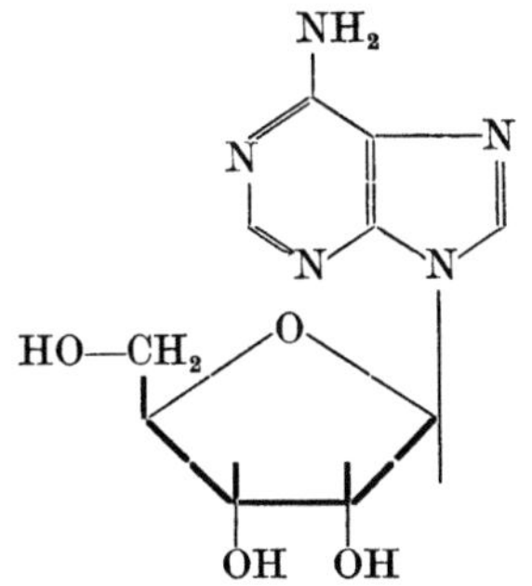

Adenosin

Die Bezeichnungen der Nucleoside sind von den Basen abgeleitet

Base	Nucleosid	Base	Nucleosid
Cytosin	Cytidin	Adenin	Adenosin
Uracil	Uridin	Guanin	Guanosin
Thymin	Thymidin	Hypoxanthin	Inosin

Die Desoxyriboside haben die Vorsilbe Desoxy-, z. B. *Desoxycytidin.*

2. Nucleotide

Die Nucleotide enthalten gegenüber den Nucleosiden zusätzlich Phosphorsäure, die esterartig in 2.3- oder 5-Stellung an Ribose bzw. in 3- oder 5-Stellung an Desoxyribose gebunden ist. Sie sind Bausteine der Nucleinsäuren und sind am Aufbau von Coenzymen beteiligt (z. B. NAD, vgl. bei „Fermente“ und „Vitamine“). Die 5-Phosphate haben auch in freier Form große Bedeutung, und zwar vor allem die Diphosphate und Triphosphate. Die Bezeichnung Di- und Triphosphat ist nicht ganz korrekt, denn die Phosphorsäurereste sind in diesen Verbindungen anhydridartig miteinander verknüpft. Beispiele sind *Adenosinmonophosphat* (AMP, z. T. auch noch als Adenylsäure bezeichnet), *Adenosindiphosphat* (ADP) und *Adenosintriphosphat* (ATP):

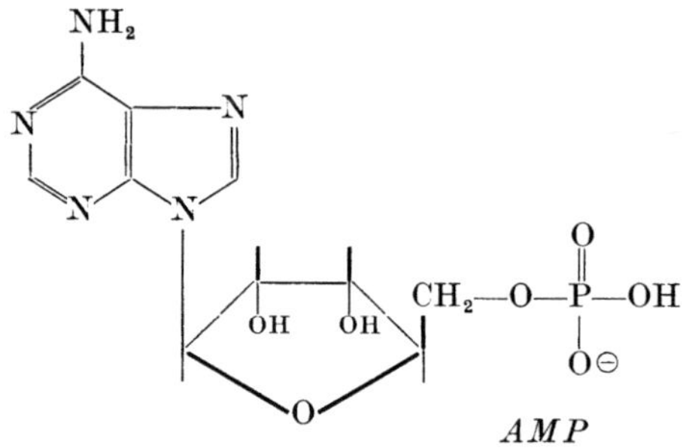

AMP

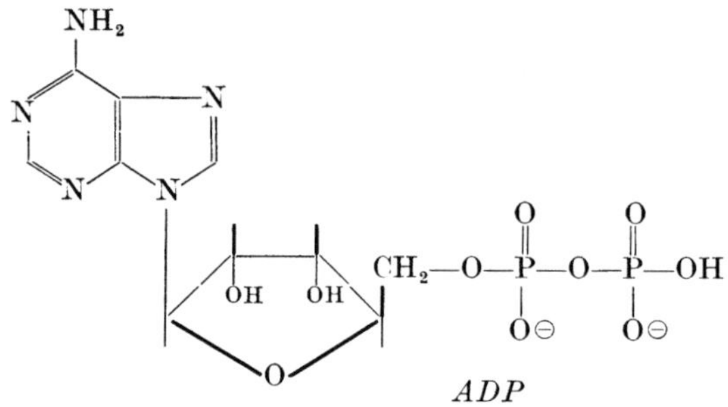

ADP

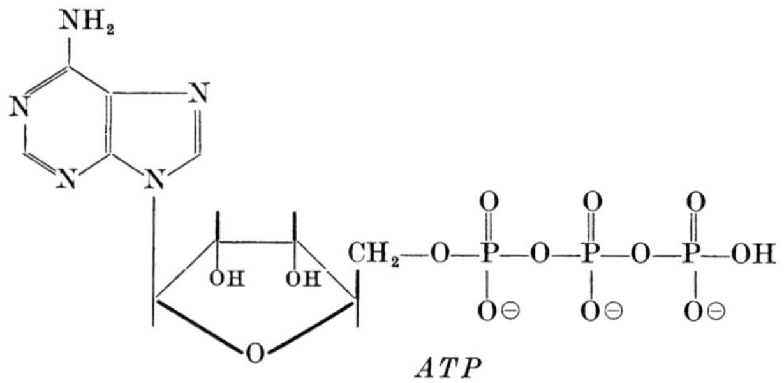

ATP

Adenosintriphosphat ist als energiereiche Phosphorsäureverbindung an vielen synthetischen Stoffwechselreaktionen beteiligt (vgl. das Enzymkapitel).

3. Nucleinsäuren

Die Nucleinsäuren sind hochmolekulare Verbindungen, die aus Nucleotiden aufgebaut sind (Polynucleotide). Verknüpft sind die Nucleotide über Phosphorsäure, die das C-3-Atom des einen Riboserestes mit dem C-5-Atom des nächsten

Riboserestes verbindet:

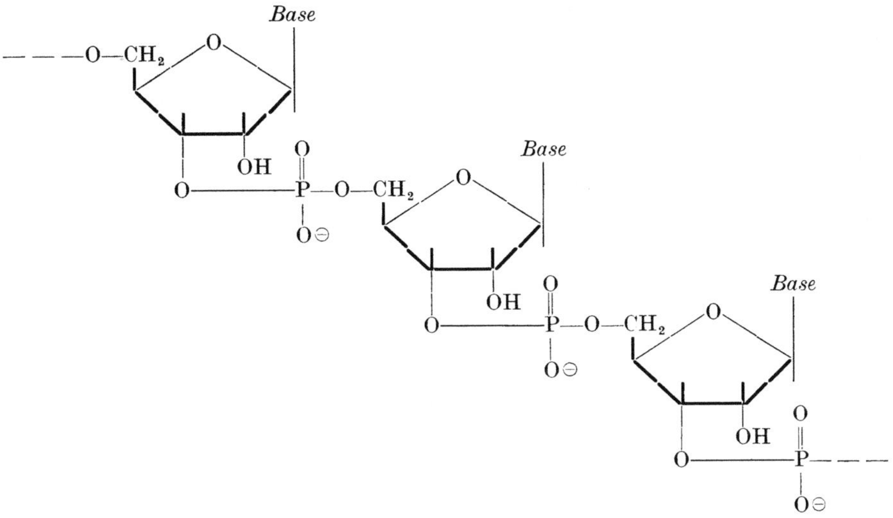

Man unterscheidet zwischen *Ribonucleinsäuren* (RNS, englisch RNA) und *Desoxyribonucleinsäuren* (DNS, englisch DNA). In beiden Typen sind als Purine Adenin und Guanin, als Pyrimidin Cytosin vertreten. Die RNS enthalten als zweites Pyrimidinderivat Uracil, die DNS dagegen Thymin. In einigen DNS kommt in geringeren Mengen 5-Methylcytosin vor. Zwischen den beiden Typen bestehen auch Unterschiede in der Lokalisation: Die DNS finden sich ausschließlich im Chromatin der Zellkerne, die RNS hauptsächlich im Cytoplasma, daneben aber auch in den Kernen. Die Molekulargewichte der DNS liegen im nativen Zustand bei $6-10 \times 10^6$. Die RNS werden in *lösliche Ribonucleinsäuren* (LRNS, englisch SRNA) mit Molekulargewichten im Bereich von $2-4 \times 10^4$ und in *partikelgebundene Ribonucleinsäuren* unterteilt, die sich an Proteine gebunden in den Ribosomen finden und Molekulargewichte zwischen 5×10^5 und 2×10^6 haben.

Ähnlich wie bei den Proteinen unterscheidet man bei den Nucleinsäuren zwischen der *Primärstruktur*, der Sequenz der Basen in der Polynucleotidkette und der *Sekundärstruktur*, der räumlichen Anordnung der Polynucleotidketten. Die Stabilisierung bestimmter Strukturen erfolgt auch hier durch Wechselwirkung zwischen den Pyrimidinbasen und den Purinbasen über Wasserstoffbrücken. Wegen verschiedener Strukturmodelle wird auf die zitierten Arbeiten verwiesen. Entsprechend ihrer unterschiedlichen Lokalisation haben die DNS und die RNS unterschiedliche biologische Funktionen. Die Aufgabe der DNS liegt in der Übermittlung genetischer Informationen, während die RNS an der Biosynthese der Proteine beteiligt sind.

IV. Sonstige Stickstoffverbindungen

1. Harnstoff ($H_2N-CO-NH_2$) ist das wichtigste Endprodukt des N-Stoffwechsels bei den Säugetieren. Seine Bildung erfolgt über den *Ornithincyclus*: Ornithin wird durch Anlagerung von Ammoniak und Kohlendioxyd in Citrullin überführt, das unter Ammoniakaufnahme in Arginin übergeht. Arginin wird durch das Enzym Arginase in Harnstoff und Ornithin gespalten (vgl. S. 185). Außer im

Harn der Säugetiere kommt Harnstoff in vielen anderen tierischen Flüssigkeiten und Organen vor (Blut, Leber, Niere, Muskel) und in kleinen Mengen auch in verschiedenen Pflanzen. Zu erwähnen ist der hohe Harnstoffgehalt des Fischfleisches. Er soll beim Katzenhai 1,95% des Muskelfleisches betragen.

2. Ammoniak (NH_3) kommt im Blut und im Harn als Ammonium-Ion (NH_4^+) vor und ist auch im Pflanzenreich weit verbreitet. Es findet sich weiterhin überall da, wo Eiweiß bakteriell abgebaut wird (z. B. je nach Reifungszustand in wechselnden Mengen im Käse). In Wasser gelten Ammoniumverbindungen als „Verschmutzungsindicator", da reines Wasser (Grund-, Quell-, Regen-, Oberflächenwasser) im allgemeinen keine nachweisbaren Mengen davon enthält.

3. Salpetersäure (HNO_3) kommt in verschiedenen Pflanzen vor, z. B. in den grünen Pflanzen von Leguminosen und Gramineen, reichlich auch in verschiedenen Rüben (Futterrübe, Zuckerrübe), in tierischen Lebensmitteln dagegen nur als Zusatz. In geringen Mengen finden sich Nitrate in jedem Wasser.

Bibliographie

Adair, G. S.: Osmotic pressure. In: A laboratory manual of analytical methods of protein chemistry (including polypeptides). Hrsg. von P. Alexander and R. J. Block, Bd. III, S. 23—56. London: Pergamon Press 1960.

Alberty, R. A.: The electrochemical properties of the proteins and amino-acids. In: The proteins. Hrsg. von H. Neurath and K. Bailey. Bd. I A, S. 461—548. New York: Acad. Press Inc. 1953.

Birbeck, M. S. C.: Techniques for the electron microscopy of proteins. In: A laboratory manual of analytical methods of protein chemistry (including polypeptides). Hrsg. von P. Alexander and R. J. Block, Bd. III, S. 1—22. London: Pergamon Press 1960.

Block, R. J.: Amino acid analysis of protein hydrolysates. In: A laboratory manual of analytical methods of protein chemistry. Hrsg. von P. Alexander and R. J. Block. Bd. II, S. 3—58. London: Pergamon Press 1960.

— and K. W. Weiss: Amino acid handbook. Springfield/Ill.: C. C. Thomas 1956.

Brohult, S., and E. Sandegren: Seed proteins. In: The proteins. Hrsg. von H. Neurath and K. Bailey. Bd. II A, S. 487—512. New York: Acad. Press Inc. 1954.

Chargaff, E., and J. N. Davidson: The nucleic acids, chemistry and biology, Bd. II, New York: Acad. Press Inc. 1955.

Claesson, S., and I. Moring-Claesson: Ultracentrifugation. In: A laboratory manual of analytical methods of protein chemistry (including polypeptides). Hrsg. von P. Alexander and R. J. Block, Bd. III, S. 173—209. London: Pergamon Press 1960.

Cohen, P. D., and H. J. Sallach: Nitrogen metabolism of amino acids. In: Metabolic pathways, Hrsg. von D. M. Greenberg, Bd. II, S. 1—78. New York: Acad. Press 1961.

Cohn, E. J., and J. T. Edsall: Proteins, amino acids and peptides as ions and dipolar ions. S. 445. New York: Reinhold Publ. Corp. 1943.

Craig, L. C.: Fractionation and characterization by dialysis. In: A laboratory manual of analytical methods of protein chemistry (including polypeptides). Hrsg. von P. Alexander and R. J. Block, Bd. I, S. 103—119. London: Pergamon Press 1960a.

— Partition. In: A laboratory manual of analytical methods of protein chemistry (including polypeptides). Hrsg. von P. Alexander and R. J. Block, Bd. I. S. 121—160. London: Pergamon Press 1960b.

Doty, P., and E. P. Geiduschek: Optical properties of proteins. In: The proteins. Hrsg. von H. Neurath and K. Bailey. Bd. I A, S. 393—460. New York: Acad. Press Inc. 1953.

Edsall, J. T.: The size, shape and hydration of protein molecules. In: The proteins. Hrsg. von H. Neurath and K. Bailey. Bd. I B, S. 549—726. New York: Acad. Press Inc. 1953

Fischer, F. G., u. H. Dörfel: Nucleoside, Nucleotide, Nucleinsäuren und Nucleoproteide. In: Hoppe-Seyler/Thierfelders Handbuch der physiologisch- und pathologisch-chemischen Analyse. Hrsg. von K. Lang u. E. Lehnhartz. 10. Aufl., Bd. IV/2. Bandteil, S. 1065—1355. Berlin: Springer-Verlag 1960.

Fox, S. W., and J. F. Foster: Introduction to protein-chemistry. New York: J. Wiley & Sons, Inc. 1957.

Frazer, R. D. B.: Infra-red spectra. In: A laboratory manual of analytical methods of protein chemistry (including polypeptides). Hrsg. von P. Alexander and R. J. Block. Bd. II, S. 285—351. London: Pergamon Press 1960.

GREENBERG, D. M.: Carbon catabolism of amino acids. In: Metabolic pathways. Hrsg. von D. M. GREENBERG, Bd. II, S. 79—172. New York: Acad. Press 1961a.
— Biosynthesis of amino acids and related compounds. In: Metabolic pathways. Hrsg. von D. M. GREENBERG, Bd. II, S. 173—236. New York: Acad. Press Inc. 1961b.
GUGGENHEIM, M.: Die biogenen Amine. Basel, New York: S. Karger 1951.
GUSTAVSON, K. H.: The chemistry and reactivity of collagen. New York: Acad. Press Inc. 1956.
HAMILTON, L. D. G.: The estimation of side-chain groups in the intact protein. In: A laboratory manual of analytical methods of protein chemistry (including polypeptides). Hrsg. von P. ALEXANDER and R. J. BLOCK. Bd. II, S. 59—100. London: Pergamon Press 1960.
HANNIG, K.: Proteine, Physikalisch-chemische Daten. In: Biochem. Taschenbuch. Hrsg. von H. M. RAUEN, S. 234—242. Berlin: Springer-Verlag 1956.
HARRIS, J. I., and V. M. INGRAM: Methods of sequence analysis in proteins. In: A laboratory manual of analytical methods of protein chemistry (including polypeptides). Hrsg. von P. ALEXANDER and R. J. BLOCK. Bd. II, S. 421—499. London: Pergamon Press 1960.
HAUROWITZ, F.: Eiweißdenaturierung. In: HOPPE-SEYLER/THIERFELDERs Handbuch der physiologisch- und pathologisch-chemischen Analyse. Hrsg. von K. LANG u. E. LEHNHARTZ. 10. Aufl., Bd. IV/1. Bandteil, S. 116—125. Berlin: Springer-Verlag 1960.
— and R. L. HARDIN: Respiratory proteins. In: The proteins. Hrsg. von H. NEURATH and K. BAILEY. Bd. II A, S. 279—344. New York: Acad. Press Inc. 1954.
HEYNINGEN, W. E. VAN: Toxic proteins. In: The proteins. Hrsg. von H. NEURATH u. K. BAILEY. Bd. II A, S. 345—387. New York: Acad. Press Inc. 1954.
JAENICKE, L.: Pyrimidine. In: HOPPE-SEYLER/THIERFELDERs Handbuch der physiologisch- und pathologisch-chemischen Analyse. Hrsg. von K. LANG u. E. LEHNHARTZ. 10. Aufl., Bd. III/2. Bandteil, S. 1217—1244. Berlin: Springer-Verlag 1955a.
— Purine. In: HOPPE-SEYLER/THIERFELDERs Handbuch der physiologisch- und pathologisch-chemischen Analyse. Hrsg. von K. LANG u. E. LEHNHARTZ. 10. Aufl., Bd. III/2. Bandteil, S. 1245—1338. Berlin: Springer-Verlag 1955b.
KELLER, S., and R. J. BLOCK: Separation of proteins. In: A laboratory manual of analytical methods of protein chemistry (including polypeptides). Hrsg. von P. ALEXANDER and R. J. BLOCK, Bd. I, S. 1—30. London: Pergamon Press 1960a.
— — Fractionation of proteins by adsorption and ion exchange. In: A laboratory manual of analytical methods of protein chemistry (including polypeptides). Hrsg. von P. ALEXANDER and R. J. BLOCK: Bd. I, S. 65—87. London: Pergamon Press 1960b.
KENCHINGTON, A. W.: Analytical information from titration curves. In: A laboratory manual of analytical methods of protein chemistry (including polypeptides). Hrsg. von P. ALEXANDER and R. J. BLOCK. Bd. II, S. 353—388. London: Pergamon Press 1960.
KLINGMÜLLER, V.: Spezifische Drehung organischer Verbindungen. In: Biochemisches Taschenbuch. Hrsg. von H. M. RAUEN. S. 482—489. Berlin: Springer-Verlag 1956.
KOFRÁNYI, E.: Aminosäuren. In: Biochemisches Taschenbuch. Hrsg. von H. M. RAUEN. S. 181—190. Berlin: Springer-Verlag 1956.
KOSSEL, A.: Protamine und Histone. Wien: S. Deuticke 1929.
KRAGH, A. M.: Viscosity. In: A laboratory manual of analytical methods of protein chemistry (including polypeptides). Hrsg. von P. ALEXANDER and R. J. BLOCK. Bd. III, S. 173—209. London: Pergamon Press 1960.
LINDERSTRÖM-LANG, K.: Proteins and enzymes. Stanford: Stanford University Press 1952.
MCMEEKIN, T. L.: Milk proteins. In: The proteins. Hrsg. von H. NEURATH and K. BAILEY. Bd. II A, S. 389—434. New York: Acad. Press 1954.
MEIENHOFER, J., u. H. ZAHN: Gewinnung und Reindarstellung von Proteinen. In: HOPPE-SEYLER/THIERFELDERs Handbuch der physiologisch- und pathologisch-chemischen Analyse. Hrsg. von K. LANG u. E. LEHNHARTZ. 10. Aufl., Bd. IV/1. Bandteil, S. 1—115. Berlin: Springer-Verlag 1960.
MEISTER, A.: Biochemistry of the amino acids. New York: Acad. Press 1957.
MÜLLER, E.: Kohlensäurederivate (Harnstoff, Guanidinderivate) und tierische Basen. In: HOPPE-SEYLER/THIERFELDERs Handbuch der physiologisch- und pathologisch-chemischen Analyse. Hrsg. von K. LANG u. E. LEHNHARTZ. 10. Aufl., Bd. III/2. Bandteil, S. 1072—1187. Berlin: Springer-Verlag 1955.
NORTHROP, J. H., M. KUNITZ and R. M. HERRIOTT: Crystalline Enzymes. S. 88. New York: Columbia Press 1948.
OSBORNE, T. B.: The protein of the wheat kernel. Washington: Carnegie Inst. publ. No. 84, 1907.
PERUTZ, M. F.: Proteins and nucleic acids. Structure and function. Amsterdam, London, New York: Elsevier Publ. Comp. 1962.
PFEIFFER, P.: Organische Molekülverbindungen. 2. Aufl., S. 141, 250. Stuttgart: F. Enke 1927.
SCHWYZER, R.: Synthesen von hormonaktiven Peptiden. XVII. Int. Kongr. f. Reine u. Angew, Chem., München. Hauptvorträge, Bd. II, S. 130—142. London: Butterworth, und Weinheim: Verlag Chemie 1960.

Signer, R., u. R. Bütler: Nucleinsäuren. In: Biochem. Taschenbuch. Hrsg. von H. M. Rauen. S. 433—441. Berlin: Springer-Verlag 1956.
Sobotka, H., and H. S. Trurnit: Unimolecular layers in protein analysis. In: A laboratory manual of analytical methods of protein chemistry (including polypeptides). Hrsg. von P. Alexander and R. J. Block. Bd. III, S. 211—244. London: Pergamon Press 1960.
Souci, S. W., W. Fachmann u. H. Kraut: Die Zusammensetzung der Lebensmittel (Nährwert-Tabellen). Stuttgart: Wissenschaftliche Verlagsgesellschaft M. B. H. 1962.
Stacey, K. A.: The use of light-scattering for the measurement of the molecular weight and size of proteins. In: A laboratory manual of analytical methods of protein chemistry (including polypeptides). Hrsg. von P. Alexander and R. J. Block. Bd. III, S. 245—275. London: Pergamon Press 1960.
Stauff, J.: Physikalische Chemie der Lösungen. In: Biochemisches Taschenbuch. Hrsg. von H. M. Rauen. S. 617—667. Berlin: Springer-Verlag 1956.
Svensson, H., and T. E. Thompson: Translational diffusion methods in protein chemistry. In: A laboratory manual of analytical methods of protein chemistry (including polypeptides). Hrsg. von P. Alexander and R. J. Block. Bd. III, S. 57—118. London: Pergamon Press 1960.
Taylor, J. F.: The isolation of proteins. In: The proteins. Hrsg. von H. Neurath and K. Bailey. Bd. IA, S. 1—85. New York: Academic Press Inc. 1953.
Todd, A.: Optical rotation. In: A laboratory manual of analytical methods of protein chemistry. Hrsg. von P. Alexander and R. J. Block. Bd. II, S. 245—283. London: Pergamon Press 1960.
Turba, F.: Chromatographische Methoden in der Proteinchemie. Berlin: Springer-Verlag 1954.
— Aminosäuren. In: Hoppe-Seyler/Thierfelders Handbuch der physiologisch- und pathologisch-chemischen Analyse. Hrsg. von K. Lang u. E. Lehnhartz. 10. Aufl., Bd. III/2. Bandteil, S. 1648—1998. Berlin: Springer-Verlag 1955.
Werle, E., u. D. Palm: Amine. In: Biochemisches Taschenbuch. Hrsg. von H. M. Rauen. S. 244—256. Berlin: Springer-Verlag 1956.
Zahn, H., u. W. Gesierich: Raum-Modelle von Naturstoffen. In: Biochemisches Taschenbuch. Hrsg. von H. M. Rauen. S. 599—616. Berlin: Springer-Verlag 1956.

Zeitschriftenliteratur

Abderhalden, E., u. H. Brockmann: Beitrag zur Konstitutionsermittlung von Proteinen bzw. Polypeptiden. Biochem. Z. **225**, 386—408 (1930).
— u. K. Heyns: Die Synthese von α-Amino-β-oxy-n-buttersäure, α-Amino-β-oxyisovaleriansäure (β-Oxyvalin) und α-Amino-β-oxy-n-valeriansäure (β-Oxynorvalin), zugleich ein Beitrag zur Frage des Vorkommens dieser Oxyaminosäuren als Bausteine von Eiweißstoffen. Ber. dtsch. chem. Ges. **67**, 530—547 (1934).
— u. W. Stix: Weiterer Beitrag zur Frage der Konstitution der Proteine. Untersuchungen über den Aufbau des Seidenfibroins. Hoppe-Seylers Z. physiol. Chem. **129**, 143—156 (1923).
Abraham, S., L. A. Hillyard and I. L. Chaikoff: Components of serum and egg yolk lipoproteins: galactose, mannose, glucosamine and sialic acid. Arch. Biochem. Biophys. **89**, 74—78 (1960).
Abrams, R.: Nucleic acid metabolism and biosynthesis. Ann. Rev. Biochem. **30**, 165—188 (1961).
Acher, R., and J. Chauvet: Structure of ox vasopressin. Biochim. biophys. Acta **12**, 487—488 (1953).
Ackermann, D., O. Timpe u. K. Poller: Über das Anserin, einen neuen Bestandteil der Vogelmuskulatur. Hoppe-Seylers Z. physiol. Chem. **183**, 1—10 (1929).
Ågren, G., and S. Eklund: The presence of djencolic acid in hydrolysates of mammalian tissues. Acta chem. scand. **6**, 1129—1130 (1952).
Albert, A.: Quantitative studies of the avidity of naturally occurring substances for trace metals. I. Amino acids having only two ionizing groups. Biochem. J. **47**, 531—538 (1950).
— Quantitative studies of the avidity of naturally occurring substances for trace metals. II. Amino acids having three ionizing groups. Biochem. J. **50**, 690—697 (1952).
Alderton, G., and H. L. Fevold: Preparation of the egg-yolk lipoprotein, lipovitellin. Arch. Biochem. **8**, 415—419 (1945).
— — Direct crystallization of lysozyme from egg white and some crystalline salts of lysozyme. J. biol. Chem. **164**, 1—5 (1946).
— W. H. Ward and H. L. Fevold: Isolation of lysozyme from egg white. J. biol. Chem. **157**, 43—58 (1945).
Allen, D. W., W. A. Schroeder and J. Balog: Observations on the chromatographic heterogeneity of normal adult and fetal human hemoglobin: A study of the effects of crystallization and chromatography on the heterogeneity and isoleucin content. J. amer. chem. Soc. **80**, 1628—1634 (1958).

Amiard, G., R. Heymès et L. Velluz: Nouvelle synthèse du glutathion. Bull. Soc. chim. France **1956**, 698—700.
Anderson, G. W., J. Blodinger and A. D. Welcher: Tetraethyl pyrophosphite as a reagent for peptide syntheses. J. amer. chem. Soc. **74**, 5309—5312 (1952).
Anderson, L., and J. J. Kelley: The dephosphorylation of casein by alkalies. J. amer. chem. Soc. **81**, 2275—2276 (1959).
Ando, T., S.-I. Ishii and M. Yamasaki: Peptides obtained by tryptic digestion of clupeine. Biochim. biophys. Acta **34**, 600—601 (1959).
Arthur, J. C.: Peanut protein. Isolation, composition and properties. Advanc. Protein Chem. **8**, 393—414 (1953).
Aschaffenburg, R., and J. Drewry: Genetics of the β-Lactoglobulins of cow's milk. Nature (Lond.) **180**, 376—378 (1957).
Bailey, K.: Tropomyosin: a new asymmetric protein component of the muscle fibril. Biochem. J. **43**, 271—279 (1948).
— and F. R. Bettelheim: Clothing of fibrinogen. I. Liberation of peptide material. Biochim. biophys. Acta **18**, 495—503 (1955).
Banga, I., and J. Baló: Elastin and elastase. Nature (Lond.) **171**, 44 (1953).
Bárány, M., K. Bárány and F. Guba: Preparation of actin without extraction of myosin. Nature (Lond.) **179**, 818—819 (1957).
Battersby, A. R., and L. C. Craig: The molecular weight determination of polypeptides. J. amer. chem. Soc. **73**, 1887—1888 (1951).
Beatty, I. M., D. I. Magrath and A. H. Ennor: Occurrence of D-serine in lombricine. Nature (Lond.) **183**, 591 (1959).
Beisenherz, G., H. J. Boltze, T. Bücher, R. Czok, K. H. Garbade, E. Meyer-Arendt u. G. Pfleiderer: Diphosphofructose-aldolase, Phosphoglyceraldehyd-Dehydrogenase, Milchsäure-Dehydrogenase, Glycerophosphat-Dehydrogenase und Pyruvat-Kinase aus Kaninchenmuskulatur in einem Arbeitsgang. Z. Naturforsch. **8** b, 555—577 (1953).
Belitz, H.-D.: Proteine des Eidotters. Z. Lebensmittel- Untersuch. u. -Forsch. **119**, 201 bis 210 (1963a).
— Eidotterproteine und ihre Spaltprodukte. I. Mitt. Fraktionierung von Phosvitin. Z. Lebensmittel-Untersuch. u. -Forsch. **119**, 346—350 (1963b).
— Eidotterproteine und ihre Spaltprodukte. II. Mitt. Phosphopeptide aus Phosvitin. Z. Lebensmittel-Untersuch. u. -Forsch. **119**, 381—389 (1963c).
Bennich, H., B. Johansson and R. Österberg: A phosphopeptide isolated from bovine α-casein after tryptic hydrolysis. Acta chem. scand. **13**, 1171—1175 (1959).
Berg, A. M., S. Kari, M. Alfthan and A. I. Virtanen: Homoserine and α-amino-adipic acid in green plants. Acta chem. scand. **8**, 358 (1954).
Bergmann, M., u. L. Zervas: Über ein allgemeines Verfahren der Peptidsynthese. Ber. dtsch. chem. Ges. **65**, 1192—1201 (1932).
Bernardi, G., and W. H. Cook: An electrophoretic and ultracentrifugal study on the proteins of the high density fraction of egg yolk. Biochim. biophys. Acta **44**, 86—96 (1960a).
— — Separation and characterization of the two high density lipoproteins of egg yolk, α- and β-lipovitellin. Biochim. biophys. Acta **44**, 96—105 (1960b).
— — Molecular weight and behaviour of lipovitellin in urea solutions. Biochim. biophys. Acta **44**, 105—109 (1960c).
Berridge, N. J., G. G. F. Newton and E. P. Abraham: Purification and nature of the antibiotic nisin. Biochem. J. **52**, 529—535 (1952).
Bielig, H.-J., u. E. Bayer: Über die Molekulargröße des Hämovanadins. Experientia (Basel) **10**, 300—302 (1954).
Blanchard, M., D. E. Green, V. Nocito and S. Ratner: Isolation of L-amino acid oxidase. J. biol. Chem. **161**, 583—597 (1945).
Block, R. J., and D. Bolling: The microestimation of threonine. J. biol. Chem. **130**, 365—374 (1939).
Blomback, B., P. Wallén and J. Sjöquist: On the amino acid sequence of bovine fibrinopeptides. Acta chem. scand. **13**, 819—822 (1959).
— and J. Yamashina: The determination of N-terminal amino acids during the conversion of fibrinogen to fibrin. Acta chem. scand. **11**, 194—195 (1957).
Bodo, G., H. M. Dintzis, J. C. Kendrew and H. W. Wyckoff: Crystal structure of myoglobin. V. Low resolution three-dimensional Fourier synthesis of sperm-whale myoglobin crystals. Proc. roy. Soc., Ser. A (Lond.) **253**, 70—102 (1959).
Boissonnas, R. A.: Une nouvelle méthode de synthèse peptidique. Helv. chim. Acta **34** 874—879 (1951).
— St. Guttmann et P.-A. Jaquenoud: Synthèse de la L-arginyl-L-prolyl-L-prolyl-glycyl-L-phenyl-alanyl-L-séryl-L-prolyl-L-phénylalanyl-L-arginine, un nonapeptide présentant les propriétés de la bradykinine. Helv. chim. Acta **43**, 1349—1358 (1960).

Boulanger, P., et R. Osteux: Dosage des formes D et L de l'acide glutamique dans les protéines des tissus normaux et néoplasiques et dans les corps microbiens. Biochim. biophys. Acta **5**, 416—425 (1950).

Braunitzer, G.: Konstitutionsermittlung bei Peptiden und Proteinen. Angew. Chem. **69**, 189—197 (1957).

— Vergleichende Untersuchungen zur Primärstruktur der Proteinkomponenten einiger Hämoglobine. Hoppe-Seylers Z. physiol. Chem. **312**, 72—84 (1958).

— R. Gehring-Müller, J. Hilschmann, K. Hilse, G. Hobom, V. Rudloff u. B. Wittmann-Liebold: Die Struktur des normalen Human-Hämoglobins. Hoppe-Seylers Z. physiol. Chem. **325**, 283—286 (1961 c).

— N. Hilschmann, K. Hilse, B. Liebold u. R. Müller: Die Konstitution der β-Kette der Hauptkomponente des normalen adulten Human-Hämoglobins. Hoppe-Seylers Z. physiol. Chem. **322**, 96—100 (1960 b)

— — V. Rudloff, K. Hilse, B. Liebold and R. Müller: The hemoglobin particles. Chemical and genetic aspects of their structure. Nature (Lond.) **190**, 480—482 (1961 a).

— — B. Wittmann-Liebold: Unterbrochene, homologe und identische Sequenzen in den Peptidketten der Hauptkomponenten der normalen Human-Hämoglobine. Hoppe-Seylers Z. physiol. Chem. **325**, 94—96 (1961 b).

— V. Rudloff, K. Hilse, B. Liebold u. R. Müller: Eine Partialformel der α-Kette der Hauptkomponente des adulten menschlichen Hämoglobins. Hoppe-Seylers Z. physiol. Chem. **320**, 283—288 (1960 a).

Brockmann, H., G. Bohnsack, B. Franck, H. Gröne, H. Muxfeldt u. C. Süling: Zur Konstitution der Actinomycine. Angew. Chem. **68**, 70—71 (1956).

— u. B. Franck: Bouillon-Geruch der Proteinhydrolysate. Angew. Chem. **67**, 303 (1955).

— u. H. Geeren: Die Konstitution des Valinomycins. Liebigs Ann. Chem. **603**, 216—232 (1957).

Bromer, W. W., L. G. Sinn and O. K. Behrens: The amino acid sequence of glucagon. V. Location of amide groups, acid degradation studies and summary of sequential evidence. J. amer. chem. Soc. **79**, 2807—2810 (1957).

Brown, H., F. Sanger and R. Kitai: Structure of pig and sheep insulins. Biochem. J. **60**, 556—565 (1955).

Brunner, J. R., C. A. Ernstrom, R. A. Hollis, B. L. Larson, R. McL. Whitney and C. A. Zittle: Nomenclature of the proteins of bovine milk. First revision. J. Dairy Sci. **43**, 901—911 (1960).

Buehler, H. J., E. J. Schantz and C. Lamanna: The elemental and amino acid composition of crystalline clostridium botulinium type A toxin. J. biol. Chem. **169**, 295—302 (1947).

Burley, R. W., and W. H. Cook: Isolation and composition of avian egg yolk granules and their constituent α-and β-lipovitellins. Canad. J. Biochem. Physiol. **39**, 1295—1307 (1961).

Burroughs, L. F.: 1-Aminocyclopropane-1-carboxylic acid: a new amino acid in perry pears and cider apples. Nature (Lond.) **179**, 360—361 (1957).

Canellakis, E. S.: Metabolism of nucleic acids. Ann. Rev. Biochem. **31**, 271—300 (1962).

Carpenter, F. H., and D. T. Gish: The application of p-nitrobenzyl-chloroformate to peptide synthesis. J. amer. chem. Soc. **74**, 3818—3821 (1952).

Caspary, E. A., and R. A. Kekwick: Observations on the molecular weight of human fibrinogen. Biochem. J. **56**, 35—36 (1954).

Cavalieri, L. F., and B. H. Rosenberg: Nucleic acids: molecular biology of DNA. Ann. Rev. Biochem. **31**, 247—270 (1962).

Chapelle, E. W., and J. M. Luck: The decarboxylation of amino acids, proteins and peptides by N-bromosuccinimide. J. biol. Chem. **229**, 171—179 (1957).

Chargaff, E.: Lipoproteins. J. biol. Chem. **142**, 491—504 (1942).

Cheeseman, G. C., and N. J. Berridge: Observations on the molecular weight and chemical composition of nisin A. Biochem. J. **71**, 185—194 (1959).

Chibnall, A. C.: Spinacin, ein neuer Eiweißstoff aus Spinatblättern. J. biol. Chem. **61**, 303—308 (1924).

Cohen, G. N., and F. Gros: Protein biosynthesis. Ann. Rev. Biochem. **29**, 525—546 (1960).

Cohn, E. J., F. R. N. Gurd, D. M. Surgenor, B. A. Barnes, R. K. Brown, G. Derouaux, J. M. Gillespie, F. W. Kahnt, W. F. Lever, C. H. Liu, D. Mittelman, R. F. Mouton, K. Schmid and E. Uroma: A system for the separation of the components of human blood: quantitative procedures for the separation of the protein components of human plasma. J. amer. chem. Soc. **72**, 465—474 (1950).

— L. E. Strong, W. L. Hughes jr., D. J. Mulford, J. N. Ashworth, M. Melin and H. L. Taylor: Preparation and properties of serum and plasmaproteins. IV. A system for the separation into fractions of the protein and lipoprotein components of biological tissues and fluids. J. amer. chem. Soc. **68**, 459—475 (1946).

Connelly, C., and G. Taborsky: Chromatographic fractionation of phosvitin. J. biol. Chem. **236**, 1364—1368 (1961).
Consden, R., and W. M. Stanier: Ionophoresis of sugars on paper and some applications to the analysis of protein polysaccharide complexes. Nature (Lond.) **169**, 783—785 (1952).
Cook, A. H., and G. Harris: Degradation and synthesis of peptides and proteins. Progr. in Org. Chem. **4**, 140—180 (1958).
Corfield, M. C., and A. Robson: Amino acid composition of salmine. Biochem. J. **55**, 517—522 (1953).
Craine, E. M., and K. E. Fahrenbholtz: The proteins in water extracts of corn. Cereal Chem. **35**, 245—259 (1958).
Crampton, C. F., W. H. Stein and S. Moore: Comparativs studies on chromatographically purified histones. J. biol. Chem. **225**, 363—368 (1957).
Crick, F. H. C., and J. C. Kendrew: x-Ray analysis and protein structure. Advanc. Protein Chem. **12**, 134—215 (1957).
Cruft, H. J., C. M. Maurizen and E. Stedman: Abnormal properties of histones from malignant cells. Nature (Lond.) **174**, 580—585 (1954).
Daly, M. M., A. E. Mirsky and H. Ris: Amino acid composition and some properties of histones. J. gen. Physiol. **34**, 439—450 (1951).
Damodaran, M., and B. V. Ramachandran: Enzymic proteolysis. 4. Amino acids of casein phosphopeptone. Biochem. J. **35**, 122—134 (1941).
Dekker, C. A.: Nucleic acids. Selected topics related to their enzymology and chemistry. Ann. Rev. Biochem. **29**, 453—474 (1960).
Done, J., and L. Fowden: New amino acid amide in the ground-nut plant (Arachis hypogaea): evidence of the occurrence of γ-methylene-glutamine and γ-methylene-glutamic acid. Biochem. J. **51**, 451—458 (1952).
Drucker, B., R. Hainsworth and S. G. Smith: Chemistry of silk fibroin. I. The action of some proteolytic enzymes of fibroin in aqueous solution and its bearing on the molecular structure of silk. J. Textile Inst. **44**, T 420—435 (1953).
— and S. G. Smith: Structure of silk fibroin. Nature (Lond.) **165**, 196—197 (1950).
Dunn, M. S., M. N. Camien and L. Pillemer: The amino acid composition of tetanal toxin. Arch. Biochem. Biophys. **22**, 374—376 (1949).
Earland, C., and C. S. Knight: Structure of keratin. I. Analysis of fractions isolated from wool oxidized with peracetic acid. Biochim. biophys. Acta **17**, 457—461 (1955).
Edman, P.: Method for determination of the amino acid sequence in peptides. Acta chem. scand. **4**, 283—293 (1950).
— Chemistry of amino acids and peptides. Ann. Rev. Biochem. **28**, 69—96 (1959).
Edmundsson, A. B., and C. H. W. Hirs: The amino-acid sequence of sperm whale myoglobin. Chemical studies. Nature (Lond.) **190**, 663—665 (1961).
Ehrenpreis, S., S. J. Leach and H. A. Scheraga: Action of thrombin on lysine substrates. J. amer. chem. Soc. **79**, 6086—6087 (1957).
Elliott, D. F., E. W. Horton and G. P. Lewis: The isolation of bradykinin, a plasma kinin from ox blood. Biochem. J. **78**, 60—65 (1961).
Fearon, W. R., and E. A. Bell: Canavanine: detection and occurrence in colutea arborescens. Biochem. J. **59**, 221—224 (1955).
Felix, K., H. M. Rauen u. G. H. Zimmer: Über Clupein. XI. Mitt. Hoppe-Seylers Z. physiol. Chem. **291**, 228—234 (1952).
Fevold, H. L., and A. Lausten: Isolation of a new lipoprotein, lipovitellenin, from egg yolk. Arch. Biochem. **11**, 1—7 (1946).
Fischer, H., u. F. Meyer-Betz: Zur Kenntnis der Gallenfarbstoffe. II. Mitt.: Über das Urobilinogen des Urins und das Wesen der Ehrlichschen Aldehydreaktion. Hoppe-Seylers Z. physiol. Chem. **75**, 232—261 (1911).
Fitzgerald, J. E., N. S. Schneider and D. F. Waugh: Molecular stability and substructure of bovine fibrinogen. J. amer. chem. Soc. **79**, 601—608 (1957).
Flavin, M., and S. Ochoa: Metabolism of propionic acid in animal tissues. I. Enzymatic conversion of propionate to succinate. J. biol. Chem. **229**, 965—979 (1957).
— and C. Slaughter: Threonine synthetase mechanism: Studies with isotopic hydrogen. J. biol. Chem. **235**, 1112—1118 (1960).
Fölsch, G.: Synthesis of phosphopeptides. I. Peptides of D,L-serine and glycine. Acta chem. scand. **12**, 561—567 (1958).
— Synthesis of phosphopeptides. II. O-phosphorylated dipeptides of L-serine. Acta chem. scand. **13**, 1407—1421 (1959).
Folin, O.: A colorimetric determination of the amino acid nitrogen in normal urine. J. biol. Chem. **51**, 393—394 (1922).
— A system of blood analysis. Supplement II. A new colorimetric method for the determination of the amino acid nitrogen in blood. J. biol. Chem. **51**, 377—391 (1922).

Forsythe, R. H., and J. F. Foster: Egg white proteins. I. Electrophoretic studies on whole white. J. biol. Chem. **184**, 377—383 (1950).
— — Egg white proteins. II. An ethanol fractionation scheme. J. biol. Chem. **184**, 385—392 (1950).
Fowden, L.: Die nichtproteinogenen Aminosäuren. Endeavour **21**, 35—42 (1962).
— F. F. Noe, J. H. Ridd and R. F. M. White: Nuclear magnetic resonance spectrum of a new plant amino acid: evidence for a pyrazole ring. Proc. Chem. Soc. **1959**, 131—132.
Fraenkel-Conrat, H.: A technique for stepwise degradation of proteins from the amino end. J. amer. chem. Soc. **76**, 3606—3607 (1954).
— A. Mohammad, E. D. Ducay and D. K. Mecham: The molecular weight of lysozyme after reduction and alkylation of the disulfide bonds. J. amer. chem. Soc. **73**, 625—627 (1951).
— and R. R. Porter: The terminal amino groups of conalbumin, ovomucoid and avidin. Biochim. biophys. Acta **9**, 557—562 (1952).
Fredericq, E., and H. F. Deutsch: Studies on ovomucoid. J. biol. Chem. **181**, 499—510 (1949).
Fromageot, C., M. Justisz, D. Meyer et L. Penasse: Méthode pour la charactérisation des groupes carboxyliques terminaux dans les protéines. Application à l'insuline. Biochim. biophys. Acta **6**, 283—289 (1950).
Gerald, P. S., and V. M. Ingram: Recommendations for the nomenclature of hemoglobins. J. biol. Chem. **236**, 2155—2156 (1961).
Gergely, J.: Studies on myosin-adenosintriphosphatase. J. biol. Chem. **200**, 543—505 (1953).
— The interaction between actomyosin and adenosine triphosphate. Light scattering studies. J. biol. Chem. **220**, 917—926 (1956).
— M. A. Gouvea and A. Martouosi: Studies on actin. II. Partially polymerized actin solutions. J. biol. Chem. **235**, 1704—1706 (1960).
Gershbein, L. L., and M. Krup: Secretion studies. I. The preparation of potent secretion concentrates. J. amer. chem. Soc. **74**, 679—685 (1952).
Geschwind, I. I., C. H. Li and L. Barnafi: The structure of the β-melanocyte-stimulating hormone. J. amer. chem. Soc. **79**, 620—625 (1957).
Gish, D. T., and F. H. Carpenter: p-Nitrobenzyloxycarbonyl derivatives of amino acids. J. amer. chem. Soc. **75**, 950—952 (1953).
Gladner, J. A., J. E. Folk and K. Laki: Purification and structure studies of peptides released from fibrinogen by thrombin. Federat. Proc. **17**, 229 (1958).
— and K. Laki: The active site of thrombin. J. amer. chem. Soc. **80**, 1263—1264 (1958).
Gmelin, R.: Mimosaceen-Aminosäuren. Teil VII. Isolierung von Willardiin (3-(1-Uracyl)-L-alanin) aus den Samen von Acacia millefolia, Acacia lemmonis u. Mimosa asperata. Acta chem. scand. **15**, 1188—1189 (1961).
Goodman, M., and G. W. Kenner: The synthesis of peptides. Advanc. Protein Chem. **12**, 465—638 (1957).
Gordon, W. G., and W. F. Semmet: Isolation of crystallin α-lactalbumin from milk. J. amer. chem. Soc. **75**, 328—330 (1953).
Grassmann, W., K. Hannig, H. Endres u. A. Riedel: Die Sequenz der Aminosäuren im Kollagen. I. Die Stellung von Prolin und Hydroxyprolin. Hoppe-Seylers Z. physiol. Chem. **306**, 123—131 (1956).
— — u. M. Schleyer: Zur Aminosäuresequenz des Kollagens. II. Hoppe-Seylers Z. physiol. Chem. **322**, 71—95 (1960).
Gray, D. O., and L. Fowden: α-(Methylencyclopropyl)-glycin from Litchi seeds. Biochem. J. **82**, 385 (1962).
Green, N. M., and E. Work: Pancreatic trypsin inhibitor. Biochem. J. **49**, 37 (1951).
Groot, E. H., L. W. Jansen, A. Kenntie, H. K. Oosterhuis and H. L. J. Trap: A new protein in potatoes. Biochim. biophys. Acta **1**, 410—414 (1947).
Groves, M. L., T. L. McMeekin, N. J. Hipp and W. G. Gordon: Preparation of β- and γ-casein by column chromatography. Biochim. biophys. Acta **57**, 197—203 (1962).
Grubhofer, N., u. H. H. Weber: Über Actin-Nucleotide und die Funktion und Bindung der Nucleotidphosphate in G- und F-Actin. Z. Naturforsch. **16** b, 435—444 (1961).
Grunberg-Manago, M.: Enzymatic synthesis of nucleic acids. Ann. Rev. Biochem. **31**, 301—332 (1962).
Gullwitsch, W., u. S. Amiradzibi: Zur Kenntnis der Extraktivstoffe der Muskeln. Hoppe-Seylers Z. physiol. Chem. **30**, 565—573 (1900).
Gundlach, H. G., S. Moore and W. H. Stein: The reaction of jodoacetate with methionine. J. biol. Chem. **234**, 1761—1764 (1959).
— W. H. Stein and S. Moore: The nature of the amino acid residues involved in the inactivation of ribonuclease by jodoacetate. J. biol. Chem. **234**, 1754—1760 (1959).
Hagan, J. J., F. B. Ablondi and E. C. de Renzo: Purification and biochemical properties of human plasminogen. J. biol. Chem. **235**, 1005—1010 (1960).

Hall, D. A.: The complex nature of the enzyme elastase. Arch. Biochem. Biophys. **67**, 366—377 (1957).
Hamilton, P. B., and R. A. Anderson: Hydroxylysine in proteins. J. amer. chem. Soc. **77**, 2892—2893 (1955).
Hardegger, E., P. Liechti, L. M. Jackman, A. Boller u. Pl. A. Plattner: Welkstoffe und Antibiotica. 24. Mitt. Die Konstitution der Lycomarasmins. Helv. chim. Acta **46**, 60—74 (1963).
Harrington, W. F., and P. H. v. Hippel: The structure of collagen and gelatin. Advanc. Protein Chem. **16**, 1—138 (1961).
Harris, J. I., and P. Roos: Amino-acid sequence of a melanophore-stimulating peptide. Nature (Lond.) **178**, 90 (1956).
— F. Sanger and M. A. Naughton: Species differences in insulin. Arch. biochem. Biophys. **65**, 427—438 (1956).
— and T. S. Work: The synthesis of peptides related to gramicidin S and the significance of optical configuration in antibiotic peptides. 2. Pentapeptides. Biochem. J. **46**, 582—589 (1950).
Hartman, S. C., and J. M. Buchanan: Nucleic acids, purines, pyrimidines (nucleotide synthesis). Ann. Rev. Biochem. **28**, 365—410 (1959).
Hassall, C. H., and K. Reyle: Hypoglycin A and B, two biologically active polypeptides from Blighia sapida. Biochem. J. **60**, 334—338 (1955).
Hasselbach, W., u. G. Schneider: L-Myosin- und Actin-Gehalt von Kaninchenmuskel. Biochem. Z. **321**, 462—475 (1951).
Hattori, S., and A. Komamina: Stizolobic acid: a new amino-acid in stizolobium hassjo. Nature (Lond.) **183**, 1116—1117 (1959).
Hausmann, W., J. R. Weisiger and L. C. Craig: Bacitracin A. Further studies on the composition. J. amer. chem. Soc. **77**, 721—722 (1955a).
— — — Partial hydrolysis studies with Bacitracin A. J. amer. chem. Soc. **77**, 723—731 (1955b).
Haworth, R. D., R. McGillivray and D. H. Peacock: Isolation of sarcosine from an acid hydrolysate of groundnut protein. Nature (Lond.) **167**, 1068 (1951).
Hektoen, L., and A. G. Cole: The proteins in egg white and their relationship to the blood proteins of the domestic fowl as determined by the precipitin reaction. J. infect. Diseases **42**, 1—24 (1928).
Hellerman, L., F. P. Chinard and V. R. Deitz: Protein sulfhydryl groups and the reversible inactivation of the enzyme urease. The reducing groups of egg albumin and of urease. J. biol. Chem. **147**, 443—462 (1943).
Hess, K.: Protein, Kleber und Lipoid in Weizenkorn und Mehl. Kolloid-Z. **136**, 84—99 (1954).
— Die Bedeutung von Zwickelprotein und Haftprotein im Weizenmehl für Teig, Brot und Gebäck. Kolloid-Z. **141**, 61—76 (1955).
Heyns, K., G. Anders u. E. Becker: Proteine und ihre Abbauprodukte. VII. Trennung partiell hydrolysierter Gelatine-Fraktionen durch Fällungsmethoden. Hoppe-Seylers Z. physiol. Chem. **287**, 120—133 (1951).
— u. W. Walter: Über Proteine und deren Abbauprodukte. X. Zur Frage des Vorkommens von α-Amino-buttersäure in Proteinen. Transaminierungen in den Schmelzen der Hydrochloride von Aminosäuren. Hoppe-Seylers Z. physiol. Chem. **294**, 111—122 (1953).
Hill, R. L., J. R. Kimmel and E. L. Smith: The structure of proteins. Ann. Rev. Biochem. **28**, 97—144 (1959).
Hill, R. J., and W. Konigsberg: The structure of human hemoglobin. IV. The chymotryptic digestion of the α-chain of human hemoglobin. J. biol. Chem. **237**, 3151—3156 (1962).
Hill, R. L., and W. R. Schmidt: Complete enzymic hydrolysis of proteins. J. biol. Chem. **237**, 389—396 (1962).
Hilschmann, N., u. G. Braunitzer: Über die N-terminale Sequenz der β-Kette des menschlichen Hämoglobins. Hoppe-Seylers Z. physiol. Chem. **317**, 285—287 (1959).
Hilse, K., u. G. Braunitzer: Über Hämoglobine. VII. Untersuchungen zur Konstitution der Peptidketten aus Humanhämoglobin A. Z. Naturforsch. **14** b, 603—604 (1959a).
— — Über Hämoglobine. VIII. Zur chemischen Charakterisierung des Proteins aus Humanhämoglobin A. Z. Naturforsch. **14** b, 604—606 (1959b).
Hinton, J. S. C.: The distribution of protein in the maize kernel in comparison with that in wheat. Cereal Chem. **30**, 441—445 (1953).
Hipp, N. J., J. J. Basch and W. G. Gordon: Amino acid composition of α_1-, α_2- and α_3-caseins. Arch. Biochem. Biophys. **94**, 35—37 (1961b).
— M. L. Groves, J. H. Custer and T. L. McMeekin: Separation of γ-Casein. J. amer. chem. Soc. **72**, 4928—4931 (1950).
— — — — Separation of α-, β- and γ-casein. J. Dairy Sci. **35**, 272—281 (1952).

HIPP, N. J., J. J. BASCH and T. L. MCMEEKIN: Separation of the components of α-casein. II. The preparation of α_3-casein. Arch. Biochem. Biophys. **93**, 245—250 (1961 a).
HIPPEL, P. H. v., and D. F. WAUGH: Casein: Monomers and polymers. J. amer. chem. Soc. **77**, 4311—4319 (1955).
HOCHSTRASSER, K.: Über die Bindungsart von Kohlenhydrat an Protein im Gerstenalbumin. Isolierung von 4-L-Alanyl-D-xylopyranose als Brückenglied. VIII. Mitt. über Samenproteine. Hoppe-Seylers Z. physiol. Chem. **324**, 250—253 (1961).
HOFMAN, T.: Studies on casein. 2. The action of phosphatases on casein and low-molecular-weight phosphates. Biochem. J. **69**, 139—145 (1958).
HOLME, J., and D. R. BRIGGS: Studies on the physical nature of gliadin. Cereal Chem. **36**, 321—340 (1959).
HOLT, C. v., u. W. LEPPLA: Die Konstitution von Hypoglycin A. Angew. Chem. **70**, 25 (1958).
HOPKINS, F. G.: Über einen selbstoxydierbaren Bestandteil der Zelle. Biochem. J. **15**, 286—305 (1921).
HORN, M. J., and D. B. JONES: Isolation from Astragalus pectinatus of a crystallin amino acid complex containing selenium and sulfur. J. biol. Chem. **139**, 649—660 (1941).
HOWARD, K. S., R. G. SHEPHERD, E. A. EIGNER, D. S. DAVIES and P. H. BELL: Structure of β-corticotropin: Final sequence studies. J. amer. chem. Soc. **77**, 3419—3420 (1955).
HULME, A. C.: A new amino acid in the peel of apple fruits. Nature (Lond.) **174**, 1055—1056 (1954).
— and W. ARTHINGTON: Methyl-proline in young apple fruits. Nature (Lond.) **173**, 588 bis 589 (1954).
HUNT, J. A.: Identity of the α-chains of adult and foetal human haemoglobin. Nature (Lond.) **183**, 1373—1375 (1959).
— and V. M. INGRAM: Abnormal human haemoglobin. II. The chymotrypsin digestion of the trypsin-resistent "core" of haemoglobins A and S. Biochim. biophys. Acta **28**, 546—549 (1958).
INGRAM, V. M.: Abnormal human haemoglobins. I. The comparison of normal human and sickle-cell haemoglobins by "finger-printing". Biochim. biophys. Acta **28**, 539—545 (1958).
— Abnormal human haemoglobins. III. The chemical difference between normal and sickle-cell haemoglobin. Biochim. biophys. Acta **36**, 402—411 (1959 a).
— Constituents of human haemoglobin. Separation of the peptide chains of human globin. Nature (Lond.) **183**, 1795—1798 (1959 b).
IRVINE, J. L., and D. W. WILSON: Octopine I: The synthesis and titration curve of octopine. J. biol. Chem. **127**, 555—563 (1939 a). — II. The nitrogenous extractives of squid and octopus muscle. J. biol. Chem. **127**, 565—574 (1939 b). — III. The precursor of octopine in autolyzing scallop muscle. J. biol. Chem. **127**, 575—579 (1939 c).
ITANO, H. A.: The human hemoglobins: their properties and genetic control. Advanc. Protein Chem. **12**, 216—268 (1957).
— and E. ROBINSON: Formation of normal and doubly abnormal Haemoglobins by recombination of haemoglobin I with S and C. Nature (Lond.) **183**, 1799—1800 (1959).
JAENICKE, L.: Die Folsäure im Stoffwechsel der Einkohlenstoff-Einheiten. Angew. Chem. **73**, 449—460 (1961).
JIRGENSONS, B.: Investigations of potato proteins. J. Polymer Sci. **1**, 484—494 (1946).
JOHANSEN, P., R. D. MARSHALL and A. NEUBERGER: Carbohydrate peptide complex from egg albumin. Nature (Lond.) **181**, 1345—1346 (1958).
JOHNSON, A. W., and D. J. MCCALDIN: The reaction of ninhydrin with cyclic α-Imino-acids. J. chem. Soc. **1958**, 817—822.
— — The formation of yellow condensation products from amino compounds and ninhydrin. J. chem. Soc. **1960**, 3412—3413.
JOLLÈS, J., et P. JOLLÈS: The chemical structuie of lysozyme obtained from chicken egg white — the structural formula. Compt. rend. **253**, 2773—2775 (1961).
JOLLÈS, P.: Neuere Untersuchungen an Lysozymen. Angew. Chem. **76**, 20—28 (1964).
— C. ALAIS et J. JOLLÈS: Study of cow's κ-casein. Characterization of the renninsensitive linkage. Biochim. biophysica Acta **69**, 511—517 (1963).
JONES, D. B., and F. A. CSONKA: Proteins of the cottonseed. J. biol. Chem. **64**, 673—683 (1925).
JONES, M. E., L. SPECTOR and F. LIPMANN: Carbamyl phosphate, the carbamyl donor in enzymatic citrulline synthesis. J. amer. chem. Soc. **77**, 819—820 (1955).
JONES, R. W., G. E. BABCOCK, N. W. TAYLOR and F. R. SENTI: Molecular weights of wheat gluten fractions. Arch. Biochem. Biophys. **94**, 483—488 (1961).
JOUBERT, F. J., and W. H. COOK: Preparation and characterization of phosvitin from hen egg yolk. Canad. J. Biochem. Physiol. **36**, 399—408 (1958).
KAY, L. M., and W. A. SCHROEDER: The chromatographic separation and identification of some peptides in partial hydrolysates of silk fibroin. J. amer. chem. Soc. **76**, 3564—3568 (1954).

KEIL, B., and F. ŠORM: The stabilization of unstable amino acids in polypeptides by desulphurization and hydrogenation using tritium. Biochim. biophys. Acta **38**, 146—147 (1960).
KENCHINGTON, A. W., and A. G. WARD: The titration curve of gelatin. Biochem. J. **58**, 202—207 (1954).
KENDREW, J. C., G. BODO, H. M. DINTZIS, R. G. PARRISH, H. WYCKOFF and D. C. PHILLIPS: A three-dimensional model of the myoglobin molecule obtained by x-ray analysis. Nature (Lond.) **181**, 662—666 (1958).
— H. C. WATSON, B. E. STRANDBERG and R. E. DICKERSON: The amino acid sequence of sperm whale myoglobin. A partial determination by x-ray methods and its correlation with chemical data. Nature (Lond.) **190**, 666—670 (1961).
KILLEY, W. W., and W. F. HARRINGTON: A model for the myosin molecule. Biochim. biophys. Acta **41**, 401—421 (1960).
KING, T. P., and L. C. CRAIG: The chemistry of tyrocidine. V. The amino acid sequence of tyrocidine B. J. amer. chem. Soc. **77**, 6627—6631 (1955).
KJAER, A., and D. OLESEN LARSEN: Saccharopin, a new amino acid in baker's and brewer's yeast. II. Structure and synthesis. Acta chem. scand. **15**, 750—759 (1961).
KLAUSHOFER, H., F. MITTELBACH u. A. SZILVINYI: Versuche zur papierelektrophoretischen Trennung von Gerstenhordein. Mitt. Versuchsstat. Gärungsgewerbe **13**, 80—85 (1959).
KLINE, D. L.: The purification and crystallization of plasminogen (profibrinolysin). J. biol. Chem. **204**, 949—955 (1953).
KONG, R. W., D. K. MECHAM and J. W. PENCE: Determination of sulfhydryl groups in wheat flour. Cereal Chem. **34**, 201—210 (1957).
KONIGSBERG, W., G. GUIDOTTI and R. J. HILL: The amino acid sequence of the α-chain of human hemoglobin. J. biol. Chem. **236**, PC 55 — PC 56 (1961).
— and R. J. HILL: The structure of human hemoglobin. III. The sequence of amino acids in the tryptic peptides of the α-chain. J. biol. Chem. **237**, 2547—2561 (1962a).
— — The structure of human hemoglobin. V. The digestion of the α-chain of human hemoglobin with pepsin. J. biol. Chem. **237**, 3157—3162 (1962b).
KOSMIN, N. P.: Die Eiweißstoffe des Roggens und der Roggenkleber. Getreidemühle **2**, 122—123 (1958).
— W. N. ILJINA and C. A. BUTMAN: Kleberproteine des Roggenkornes. Dokt. Akad. Nauk SSSR **110**, 610—612 (1956), [russisch]; zit. nach Chem. Abstr. **51**, 6898 (1957).
KRONER, T. D., W. TABROFF and J. I. McGARR: Peptides isolated from a partial hydrolysate of steer hide collagen. J. amer. chem. Soc. **75**, 4084—4086 (1953).
— — — Peptides isolated from a partial hydrolysate of steer hide collagen. II. Evidence for the prolyl-hydroxyprolyl linkage in collagen. J. amer. chem. Soc. **77**, 3356—3359 (1955).
KRONMAN, M. J., L. E. WEINBERGER and R. J. WINTERBOTTOM: The water-soluble proteins of bovine skeletal muscle. Arch. Biochim. Biophys. **86**, 238—250 (1960).
KUNKEL, H. G., and A. G. BEARN: Minor hemoglobin components of normal human blood. Federat. Proc. **16**, 760—762 (1957).
LAKI, K., J. A. GLADNER and J. E. FOLK: Some aspects of the fibrinogen-fibrin transition. Nature (Lond.) **187**, 758—761 (1960).
LANNI, F., D. G. SHARP, E. A. ECKERT, E. S. DILLON, D. BEARD and J. W. BEARD: The egg white inhibitor of influenza virus hemagglutination. I. Preparation and properties of semipurified inhibitor. J. biol. Chem. **179**, 1275—1287 (1949).
LASKOWSKI, M., T. H. DONNELLY, B. A. VAN TIJN and H. A. SCHERAGA: The proteolytic action of thrombin on fibrinogen. J. biol. Chem. **222**, 815—821 (1956).
LASKOWSKI JR., M., S. EHRENPREIS, T. H. DONNELLY and H. A. SCHERAGA: Equilibria in the fibrinogen-fibrin conversion. V. Reversibility and thermodynamics of the proteolytic action of thrombin on fibrinogen. J. amer. chem. Soc. **82**, 1340—1348 (1960).
— and M. LASKOWSKI: Crystalline trypsin inhibitor from colostrum. J. biol. Chem. **190**, 563—573 (1951).
LAVINE, T. F.: Iodometric determination of methionin. J. biol. Chem. **151**, 281—297 (1943).
LAWSON, W. B., E. GROSS, C. M. FOLTZ and B. WITKOP: Specific cleavage of methionyl peptides. J. amer. chem. Soc. **83**, 1509—1510 (1961).
LEVENE, P. A., u. C. L. ALSBERG: Zur Chemie der Paranucleinsäure. Hoppe-Seylers Z. physiol. Chem. **31**, 543—555 (1900).
LEVINTHAL, C., and P. F. DAVIDSON: Biochemistry of genetic factors. Ann. Rev. Biochem. **30**, 641—668 (1961).
LEVY, M., and D. E. SILBERMAN: The reactions of amino and imino acids with formaldehyde. J. biol. Chem. **118**, 723—734 (1937).
LEWIS, U. J., D. E. WILLIAMS and N. G. BRINK: Pancreatic elastase: purification, properties and function. J. biol. Chem. **222**, 705—720 (1956).
LI, C. H.: Electrophoretic inhomogenity of crystalline beta-lactoglobulin. J. amer. chem. Soc. **68**, 2746—2747 (1946).

Liebold, B., u. G. Braunitzer: Über Hämoglobine. II. Die tryptische Spaltung des Humanglobins A. Hoppe-Seylers Z. physiol. Chem. **315**, 270—277 (1959).
— K. Hilse u. G. Braunitzer: Über Hämoglobine. III. Die Isolierung einiger Peptide nach Einwirkung von Trypsin auf das Protein des kristallisierten Humanhämoglobins A. Hoppe-Seylers Z. physiol. Chem. **315**, 278—284 (1959).
Lindquist, B.: Casein and the action of rennin. Part I. Dairy Sci. Abstr. **25**, 257—264 (1963).
— Casein and the action of rennin. Part II. Dairy Sci. Abstr. **25**, 299—308 (1963).
— u. T. Storgards: Untersuchungen über die Käsereifung. IV. Veränderungen im Elektrophoresebild des Kaseins während der Reifung bei verschiedenen Käsesorten. Milchwiss. **12**, 462—472 (1957).
Lineweaver, H., and C. W. Murray: Identification of the trypsin inhibitor of egg white with ovomucoid. J. biol. Chem. **171**, 565—581 (1947).
Lipmann, F. A., and P. A. Levene: Serinephosphoric acid obtained an hydrolysis of vitellinic acid. J. biol. Chem. **98**, 109—114 (1932).
Locker, R. H.: C-terminal groups in myosin, tropomyosin and actin. Biochim. biophys. Acta **14**, 533—542 (1954).
Long, J., Q. van Winkle and I. R. Gould: Isolation and identification of λ-casein. J. Dairy Sci. **41**, 317—318 (1958).
Lóránd, L., and K. Laki: Simple method for purifying an activator of prothrombin (antihemophilic factor ?). Biochim. biophys. Acta **13**, 448—449 (1954).
Lowey, S., and A. Holtzer: Homogeneity and molecular weights of the meromyosins and their relative proportions in myosin. Biochim. biophys. Acta **34**, 470—484 (1959).
Lucas, F., J. T. B. Shaw and S. G. Smith: Amino-acid sequence in a fraction of Bombyx silk fibroin. Nature (Lond.) **178**, 861 (1956).
— — — Amino-acid sequence in a fraction of the fibroin of Bombyx mori. Biochem. J. **66**, 468—479 (1957).
— — — The silk fibroins. Advanc. Protein Chem. **13**, 108—243 (1958).
Mandeles, S.: Use of DEAE-Cellulose in the separation of proteins from egg white and other biological materials. J. Chromatog. **3**, 256—264 (1960).
Martin, W. G., and W. H. Cook: Preparation and molecular weight of γ-livetin from egg yolk. Canad. J. Biochem. Physiol. **36**, 153—160 (1958).
— K. J. Turner and W. H. Cook: Macromolecular properties of vitellenin from egg yolk and its parent complex with lipids. Canad. J. Biochem. Physiol. **37**, 1197—1207 (1959).
— J. E. Vandegaer and W. H. Cook: Fractionation of livetin and the molecular weights of the α- and β-components. Canad. J. Biochem. Physiol. **35**, 241—250 (1957).
Martouosi, A., M. A. Gouvea and J. Gergely: Studies on actin. I. The interaction of C^{14} labeled adenine nucleotides with actin. J. biol. Chem. **235**, 1700—1703 (1960a).
— — — Studies on actin. III. G—F transformation of actin and muscular contraction (experiments in vivo). J. biol. Chem. **235**, 1707—1710 (1960b).
Mattenheimer, H., u. H. Nitschmann: Das Lab und seine Wirkung auf das Casein der Milch. VIII. Die Abspaltung von Nicht-Proteinstickstoff (NPN) aus Casein durch verschiedene proteolytische Enzyme, verglichen mit der Abspaltung durch Lab. Helv. chim. Acta **38**, 687—698 (1955).
McGuire, T. A., E. M. Craine and R. J. Dimler: Chromatographic method for fractionating globulins of corn. Cereal Chem. **37**, 324—333 (1960).
McIntyre, R. T.: Investigations of the water-soluble nitrogenous fraction of rice. Cereal Chem. **33**, 299—302 (1956).
McMeekin, T. L., M. L. Groves and N. J. Hipp: The separation of a new component of α-casein. Abstr. Papers amer. chem. Soc. **1957**, 65c.
— N. J. Hipp and M. L. Groves: The separation of the components of α-casein. I. The preparation of α_1-casein. Arch. Biochem. Biophys. **83**, 35—43 (1959).
McRorie, R. A., G. L. Sutherland, M. S. Lewis, A. D. Barton, M. R. Glazener and W. Shive: Isolation and identification of a naturally occurring analog of methionin. J. amer. chem. Soc. **76**, 115—118 (1954).
Mecham, D. K., and H. S. Olcott: Phosvitin, the principal phosphoprotein of egg yolk. J. amer. chem. Soc. **71**, 3670—3679 (1949).
Mellander, O.: Elektrophoretische Untersuchung von Casein. Biochem. Z. **300**, 240-245 (1939).
Meredith, P., H. G. Samenous and A. C. Frazer: Examination of wheat gluten by partial solubility. I. Partition by organic solvent. J. Sci. Food Agric. **11**, 320—328 (1960a).
— — — Examination of wheat gluten by partial solubility. II. Partition by dilute formic acid. J. Sci. Food. Agric. **11**, 329—337 (1960b).
Mertz, E. T., and R. Bressani: Studies on corn proteins. I. A new method of extraction. Cereal Chem. **34**, 63—69 (1957).
— N. E. Lloyd and R. Bressani: Studies on corn proteins. III. The glutelins of corn. Cereal Chem. **35**, 156—168 (1958).

Michelson, A. M.: Chemistry of the nucleotides. Ann. Rev. Biochem. **30**, 133—164 (1961).
Mihályi, E., and A. G. Szent-Györgyi: Trypsin digestion of muscle proteins. I. Ultracentrifugal analysis of the process. J. biol. Chem. **201**, 189—196 (1953a).
— — Trypsin digestion of muscle proteins. III. Adenosine triphosphatase activity and actin-binding capacity of the digested myosin. J. biol. Chem. **201**, 211—219 (1953b).
Miller, K. D.: Chromatographic isolation of plasma prothrombin and trans-α-glucosylase. J. biol. Chem. **231**, 987—995 (1958).
Monier, R., and M. Justisz: Structure of salmine from Oncorhynchus. I. Amino acid linkage at the N-terminal residue and study of several peptides resulting from partial acid hydrolysis. Biochim. biophys. Acta **14**, 551—558 (1954a).
— — Structure of salmine from Oncorhynchus. II. Peptides produced by tryptic hydrolysis. Biochim. biophys. Acta **15**, 62—68 (1954b).
Moore, S., and W. H. Stein: A modified ninhydrin reagent for the photometric determination of amino acids and related compounds. J. biol. Chem. **211**, 907—913 (1954).
— — Column chromatography of peptides and proteins. Advanc. Protein Chem. **11**, 191—236 (1956).
Morris, C. J., and J. F. Thompson: The detection, isolation, and identification of γ-glutamyl-S-methylcysteine from beans. Arch. Biochem. Biophys. **73**, 281—283 (1958).
Morrison, M., and J. C. Cook: Column chromatography of human hemoglobins (Symposium on molecular heterogeneity of hemoglobin). Federat. Proc. **16**, 763—766 (1957).
Morrison, R. I.: Isolation of L-pipecolic acid from trifolium repens. Biochem. J. **53**, 474—478 (1953).
Moubasher, R., and M. Ibrahim: Studies on indene derivatives. Part. V. J. chem. Soc. **1949**, 702—703.
Mourgue, M., K. Baret, R. Kassab et S. Reynaud: Etude des protéines de la graine de Jatropha curcas Linn. Bull. Soc. Chim. biol. (Paris) **43**, 505—516 (1961a).
— J. Delphaut, R. Baret et J. Bellini: Localisation de la Ricine et étude des toxicités comparées de la ricine et de ses dérivés guanidyles, acétylés ou benzoylés. Bull. Soc. Chim. biol. (Paris) **40**, 1465—1478 (1958).
— — — et R. Kassab: Etude de la toxicité et localisation de la toxalbumin (curcine) des graines de Jatropha curcas Linn. Bull. Soc. Chim. biol. (Paris) **43**, 517—531 (1961b).
Mudd, S. H., and G. L. Cantoni: Selenomethionine in enzymatic transmethylations. Nature (Lond.) **180**, 1052 (1957).
Neelin, J. M., and G. E. Connell: Zone electrophoresis of chicken erythrocyte histone in starch gel. Biochim. biophysica Acta **31**, 539—541 (1959).
— and W. H. Cook: Terminal amino acids of egg yolk lipoproteins. Canad. J. Biochem. Physiol. **39**, 1075—1084 (1961).
Nitschmann, H., u. R. Beeby: Das Lab und seine Wirkung auf das Casein der Milch. XIV. Aminosäurezusammensetzung des aus κ-Casein durch Lab in Freiheit gesetzten Glyko-Makropeptids. Chimia (Zürich) **14**, 318—319 (1960).
— u. R. Henzi: Das Lab und seine Wirkung auf das Casein der Milch. XIII. Untersuchung der bei der Labung freigesetzten Peptide. Helv. chim. Acta **42**, 1985—1995 (1959).
Niu, Ching-I., and H. Fraenkel-Conrat: Determination of C-terminal amino acids and peptides by hydrazinolysis. J. amer. chem. Soc. **77**, 5882—5885 (1955).
Nolan, C., and E. L. Smith: Glycopeptides. II. Isolation and properties of glycopeptides from rabbit γ-globuline. J. biol. Chem. **237**, 446—452 (1962).
Österberg, R.: Isolation of a phosphopeptide as magnesium-complex from a tryptic hydrolysate of α-casein by anion exchange chromatography. Biochim. biophys. Acta **42**, 312—315 (1960).
— Phosphorus linkages in α-casein. Biochim. biophys. Acta **54**, 424—431 (1961).
— On the arrangement of phosphoamino acids in a part of α-casein. Acta chem. scand. **17**, 871 (1963).
Oncley, J. L., M. Melin, D. A. Richert, J. W. Cameron and P. M. Gross jr.: The separation of the antibodies, isoagglutinins, prothrombin, plasminogen and β_1-lipoprotein into subfractions of human plasma. J. amer. chem. Soc. **71**, 541—550 (1949).
Osborne, T. B., and G. F. Campbell: The proteids of the egg yolk. J. amer. chem. Soc. **22**, 413—422 (1900).
Ottesen, M.: Transformation of ovalbumin into plakalbumin. A case of limited proteolysis. C. R. Trav. Lab. Carlsberg, Sér. chim. **30**, 211—270 (1957).
Palmer, A. H.: The preparation of a crystalline globulin from the albumin fraction of cow milk. J. biol. Chem. **104**, 359—372 (1934).
Partridge, S. M.: Elastin. Advanc. Protein Chem. **17**, 227—302 (1962).
Patchornik, A., W. B. Lawson and B. Witkop: Selective cleavage of peptide bonds. II. The tryptophyl peptide bond and the cleavage of glucagon. J. amer. chem. Soc. **80**, 4747—4748 (1958a).

Patschornik, A., W. B. Lawson and B. Witkop: The use of neighboring group effects for the selective cleavage of peptide bonds. I. On the mechanism of oxidation of β-substituted indoles with N-bromosuccinimide. J. amer. chem. Soc. **80**, 4748—4749 (1958b).
Paul, R., and G. W. Anderson: N,N'-carbonyldiimidazole, a new peptide forming reagent. J. amer. chem. Soc. **82**, 4596—4600 (1960).
Pauling, L., and R. B. Corey: Structure of synthetic polypeptides. Proc. nat. Acad. Sci. USA **37**, 241—250 (1951a).
— — Polypeptide-chain configuration in hemoglobin and other globular proteins. Proc. nat. Acad. Sci. USA **37**, 282—285 (1951b).
— — Configurations of polypeptide chains with favored orientations around single bonds: two new pleated sheets. Proc. nat. Acad. Sci. USA **37**, 729—740 (1951c).
— — Compound helical configurations of polypeptide chains: Structure of proteins of the α-keratin-type. Nature (Lond.) **171**, 59—61 (1953).
Pauly, H.: Über die Einwirkung von Diazoniumverbindungen auf Imidazole. Hoppe-Seylers Z. physiol. Chem. **44**, 159—160 (1905).
Pedersen, K. O.: Ultrazentrifugen- und Elektrophoreseuntersuchungen an Milchproteinen. I. Einführung und orientierende Ergebnisse mit Fraktionen der Magermilch. Biochem. J. **30**, 948—960 (1936).
Pence, J. W.: Approximate isoelectric pH's of albumin from wheat flour. Cereal Chem. **30**, 328—333 (1953).
— and A. H. Elder: The albumin and globulin proteins of wheat. Cereal Chem. **30**, 275—287 (1953).
— N. E. Weinstein and D. K. Mecham: Differences in the distribution of components in albumin preparations from durum and common wheat flours. Cereal Chem. **31**, 396—406 (1954).
Perkoff, G. T., R. L. Hill, D. M. Brown, F. H. Tyler: The characterization of adult human myoglobin. J. biol. Chem. **237**, 2820—2827 (1962).
Perlman, G. E.: Enzymic dephosphorylation of ovalbumin and plakalbumin. J. gen. Physiol. **35**, 711—726 (1952).
— Phosphodiester linkages in proteins. Biochim. biophys. Acta **13**, 452—453 (1954a).
— Phosphorus linkages in α-casein. Nature (Lond.) **174**, 273—274 (1954b).
Perry, S. V.: Chromatography of L-myosin on diethylaminoethylcellulose. Biochem. J. **74**, 94—101 (1960).
Perutz, M. F., M. G. Rossmann, A. F. Cullis, H. Muirhead, G. Will and A. C. T. North: Structure of haemoglobin. A three-dimensional fourier synthesis at 5.5-Å resolution, obtained by x-ray analysis. Nature (Lond.) **185**, 416—422 (1960).
Pillemer, L., L. Blum, I. H. Lepow, O. A. Ross, E. W. Todd and A. C. Wardlaw: The properdin system and immunity. I. Demonstration and isolation of a new serum protein, properdin, and its role in immune phenomena. Science (Washington) **120**, 279—285 (1954).
Plattner, P. A., u. U. Nager: Welkstoffe und Antibiotica. 8. Mitt. Über die Konstitution von Enniatin B. Helv. chim. Acta **31**, 665—671 (1948).
Plimmer, R. H. A.: The proteins of egg-yolk. J. chem. Soc. **93**, 1500—1506 (1908).
Polis, B. D., H. W. Schmukler and J. H. Custer: Isolation of a crystalline albumin from milk. J. biol. Chem. **187**, 349—354 (1950).
Pool, A. A., and E. M. Shooter: The salt-soluble proteins of barley. I. A review. J. Sci. Food Agric. **6**, 514—524 (1955a).
— — The salt-soluble proteins of barley. III. The detailed composition of saline extracts of barley-fractionation by precipitation with ethanol. J. Sci. Food Agric. **6**, 534—543 (1955b).
Porath, J.: Fractionation of polypeptides and proteins on dextran gels. Clin. chim. Acta (Amsterdam) **4**, 776—778 (1959).
— Gel filtration of proteines, peptides and amino acids. Biochim. biophys. Acta **39**, 193—207 (1960).
— and P. Flodin: Gel filtration: a method for desalting and group separation. Nature (Lond.) **183**, 1657—1659 (1959).
Porter, R. R.: The unreactive amino groups of proteins. Biochim. biophys. Acta **2**, 105—112 (1948).
— A chemical study of rabbit antiovalbumin. Biochem. J. **46**, 473—478 (1950).
— Isolation and properties of a fragment of bovine serum albumin which retains the ability to combine with rabbit antiserum. Biochem. J. **66**, 677—686 (1957).
— and F. Sanger: The free amino groups of hemoglobins. Biochem. J. **42**, 287—294 (1948).
Posternak, T., and H. Pollaczek: Protection against enzymic hydrolysis afforded by phosphorylated groups. The enzymic degradation of a phosphorylated peptide and phosphorylated polysaccharides. Helv. chim. Acta **24**, 921—930 (1941a).
— — Casein phosphopeptones (lactotyrines). Helv. chim. Acta **24**, 1190—1210 (1941b).
Prágay, D.: Aktin-Fraktionen. Aktinpolymerisation. Naturwiss. **44**, 397—398 (1957).

Putnam, F. W.: Abnormal human serum globulins. Science (Washington) **122**, 275—277 (1955).
Rackis, J. J., H. A. Sasame, R. L. Anderson and A. K. Smith: Chromatography of soybean proteins. I. Fractionation of whey proteins on diethylaminoethyl-cellulose. J. amer. chem. Soc. **81**, 6265—6270 (1959).
— — R. K. Mann, R. L. Anderson and A. K. Smith: Soybean trypsin inhibitors: Isolation, purification and physical properties. Arch. Biochem. Biophys. **98**, 471—478 (1962).
Ramachandran, G. N., and M. S. Santhanam: Structure of elastin. Proc. Indian Acad. Sci., Sect. A **45**, 124—132 (1957).
Rao, D. R., and D. M. Greenberg: Studies on the enzymic decomposition of urocanic acid. IV. Purification and properties of 4(5)-imidazolone-5(4)-propionic acid hydrolase. J. biol. Chem. **236**, 1758—1763 (1961).
Reichmann, M. E., and J. R. Colvin: Subunits in the molecule of bovine plasma albumin. Canad. J. Chem. **33**, 163—164 (1955).
Reynolds, L. M., G. O. Henneberry and B. E. Baker: Studies on Casein. II. The carbohydrate moiety of casein. J. Dairy Sci. **42**, 1463—1471 (1959).
Rimington, C.: Note on the amino acids present in phosphopeptone. Biochem. J. **35**, 321—327 (1941).
Rosevear, J. W., and E. L. Smith: Structure of glycopeptides from a human γ-globulin. J. amer. chem. Soc. **80**, 250—251 (1958).
Rossi-Fanelli, A., E. Antonini and A. Caputo: Pure native globin from human hemoglobin: preparation and some physicochemical properties. Biochim. biophys. Acta **28**, 221 (1958).
Ruhemann, S.: Triketohydrindene hydrate. J. chem. Soc. **97**, 2025—2031 (1910).
Ryle, A. P., F. Sanger, L. F. Smith and R. Kitai: Disulfide bonds of insulin. Biochem. J. **60**, 541—556 (1955).
Sakato, Y.: The chemical constituents of tea. III. A new amide, theanine. J. agric. chem. Soc. Japan **23**, 262—267 (1950).
Salton, M. R. J., and J. M. Ghuysen: Structure of di- and tetrasaccharides released from cell walls by lysozyme and streptomyces F_1 enzyme and the $\beta(1 \rightarrow 4)$-N-acetylhexosaminidase activity of these enzymes. Biochim. biophys. Acta **36**, 552—554 (1959).
Sanger, F.: Free amino groups of insulin. Biochem. J. **39**, 507—515 (1945).
— Fractionation of oxidized insulin. Biochem. J. **44**, 126—128 (1949).
— and E. O. P. Thompson: Amino acid sequence in the glycyl chain of insulin. I. Identification of lower peptides from partial hydrolyzates. Biochem. J. **53**, 353—366 (1953a).
— — Amino acid sequence in the glycyl-chain of insulin. II. Peptides from enzymic hydrolyzates. Biochem. J. **53**, 366—374 (1953b).
— and H. Tuppy: Amino acid sequence in the phenylalanyl chain of insulin. I. Identification of lower peptides from partial hydrolyzates. Biochem. J. **49**, 463—481 (1951a).
— — Amino acid sequence in the phenylalanyl chain of insulin. II. Investigation of peptides from enzymic hydrolyzates. Biochem. J. **49**, 481—490 (1951b).
Schemjakin, M. M.: Die Chemie der Depsipeptide. Angew. Chem. **72**, 342—345 (1960).
Scheraga, H. A., and M. Laskowski jr.: The fibrinogen-fibrin conversion. Advanc. Protein Chem. **12**, 2—133 (1957).
Schmir, G. L., L. A. Cohen and B. Witkop: The oxidative cleavage of tyrosyl-peptide bonds. I. Cleavage of dipeptides and some properties of the resulting spirodienane lactones. J. amer. chem. Soc. **81**, 2228—2233 (1959).
Schönberg, A., u. R. Moubacher: The strecker degradation of α-amino acids. Chem. Rev. **50**, 272—277 (1952).
Schormüller, J., u. H.-D. Belitz: Beiträge zur Biochemie der Käsereifung. XXIII. Quantitative Untersuchungen über die Veränderungen der Peptid- und Aminosäurefraktion beim Reifen von Sauermilchkäse. Z. Lebensmittel-Untersuch. u. -Forsch. **108**, 414—421 (1958).
— — u. E. Bachmann: Phosphate und organische Phosphorverbindungen in Lebensmitteln. X. Phosphopeptide aus enzymatischen Hydrolysaten von α- und β-Casein. Z. Lebensmittel-Untersuch. u. -Forsch. **115**, 402—409 (1961).
Schroeder, W. A.: Column chromatography in the study of the structure of peptides and proteins. Fortschr. Chem. org. Naturstoffe (Wien) **11**, 241—298 (1954).
— L. Honnen and F. C. Green: Chromatographic separation and identification of some peptides in partial hydrolyzates of gelatin. Proc. nat. Acad. Sci. USA **39**, 23—30 (1953).
— L. M. Kay, J. LeGette, L. Honnen u. F. C. Green: The constitution of gelatin. Separation and estimation of peptides in partial hydrolyzates. J. amer. chem. Soc. **76**, 3556 to 3564 (1954).
— R. T. Jones, J. R. Shelton, J. B. Shelton, J. Cormick and K. McCalla: A partial sequence of the amino acid residues in the γ-chain of human hemoglobin F. Proc. nat. Acad. Sci. USA **47**, 811—818 (1961).

Schrohenloher, R. E., J. D. Ogle and M. A. Logan: Two tripeptides from an enzymatic digest of collagen. J. biol. Chem. **234**, 58—61 (1959).
Schultze, H. E., I. Göllner, K. Heide, M. Schönenberger u. G. Schwick: Zur Kenntnis der α-Globuline des menschlichen Normalserums. Z. Naturforsch. **10** b, 463—473 (1955).
Schwyzer, R.: Synthese von Polypeptid-Wirkstoffen. Chimia (Zürich) **12**, 53—68 (1958).
— Chemistry of amino acids and peptides. Ann. Rev. Biochem. **29**, 183—206 (1960).
— M. Feurer, B. Iselin u. H. Kägi: Über aktivierte Ester. II. Synthese aktivierter Ester von Aminosäure-Derivaten. Helv. chim. Acta **38**, 80—83 (1955).
— P. Sieber u. K. Zatskó: Farbige Schutzgruppen für die Synthese von Polypeptiden. Helv. chim. Acta **41**, 491—498 (1958).
Seegers, W. H., W. G. Levine and R. S. Shepard: Purification of thrombin. Canad. J. Biochem. Physiol. **36**, 603—611 (1958).
Sharp, D. G., F. Lanni, Y. T. Lanni, T. Z. Csáky and J. W. Beard: The egg white inhibitor of influenza virus hemagglutination. V. Arch. Biochem. **30**, 251—260 (1951).
Sheehan, J. C., and V. S. Frank: A new synthetic route to peptides. J. amer. chem. Soc. **71**, 1856—1861 (1949).
— and G. P. Hess: A new method forming peptid bonds. J. amer. chem. Soc. **77**, 1067—1068 (1955).
— H. G. Zachau and W. B. Lawson: The structure of etamycin. J. amer. chem. Soc. **80**, 3349—3355 (1958).
Shinn, L. A., and B. H. Nicolet: The determination of threonine by use of periodate. J. biol. Chem. **138**, 91—96 (1941).
Signer, R., u. R. Glanzmann: Über die Polydispersität von Seidenfibroin. Makromol. Chem. **5**, 257—261 (1950).
Simkin, J. L.: Protein biosynthesis. Ann. Rev. Biochem. **28**, 145—170 (1959).
Simmonds, D. H., and D. S. Winzor: Chromatographic fractionation of the acetic acid soluble proteins of wheat flour on carboxymethylcellulose. Austral. J. biol. Sci. **14**, 690 bis 699 (1961).
Simpson, M. V.: Protein biosynthesis. Ann. Rev. Biochem. **31**, 333—368 (1962).
Sjöquist, J.: Amino acid composition of the fibrinopeptides A and B. Acta chem. scand. **13**, 1727—1728 (1959).
Sjöquist, J., B. Blomback and P. Wallén: Amino acid sequence of bovine fibrinopeptides. Ark. Kemi **16**, 425—436 (1961).
Slyke, D. D. van, R. T. Dillon, D. A. McFadyen and P. Hamilton: Gasometric determination of carboxyl groups in free amino acids. J. biol. Chem. **141**, 627—669 (1941).
Smith jr., C. R., F. R. Earle and I. A. Wolff: Comparison of solubility characteristics of selected seed proteins. J. agric. Food Chem. **7**, 133—136 (1959).
Smith, D. B., and M. F. Perutz: Identification of the black sub-unit of the crystallographic model of horse haemoglobin with the valyl-glutaminyl polypeptid chain. Nature (Lond.) **188**, 406—407 (1960).
Smith, E. L.: The immune proteins of bovine colostrum and plasma. J. biol. Chem. **164**, 345—358 (1946).
— The isolation and properties of the immune proteins of bovine milk and colostrum and their role in immunity. A review. J. Dairy Sci. **31**, 127—138 (1948).
Snellman, O.: A peptide material from myosin containing sulfhydryl groups. Acta chem. scand. **12**, 503—510 (1958).
Sörensen, S. P. L., u. M. Hoyrup: I. Mitt. Über die Darstellung von Eieralbuminlösungen mit wohldefinierter Zusammensetzung nebst den angewandten analytischen Methoden. Hoppe-Seylers Z. physiol. Chem. **103**, 15—79 (1918).
Staab, H. A.: Neuer Weg zur Darstellung von Carbonsäureestern. Angew. Chem. **71**, 194—195 (1959).
Staub, A., L. Sinn and O. K. Behrens: Purification and crystallization of hyper glycemic glycogenolytic factor (HGF). Science (Washington) **117**, 628—629 (1953).
— — — Purification and crystallization of glucagon. J. biol. Chem. **214**, 619—632 (1955).
Stauffer, C. E., O. J. Banasik and R. H. Harris: Amino acid distribution in gluten fractions. Food Res. **24**, 401—409 (1959).
Steinberg, D.: The action of carboxypeptidase on ovalbumin. J. amer. chem. Soc. **74**, 4217—4218 (1952).
Stevens, C. M., P. E. Halpern and R. P. Gigger: Occurrence of D-amino acids in some natural materials. J. biol. Chem. **190**, 705—710 (1951).
Stoll, A., A. Hofmann u. Th. Petrzilka: Die Konstitution der Mutterkornalkaloide. Struktur des Peptidteils. III. Helv. chim. Acta **34**, 1544—1576 (1951b).
— u. E. Seebeck: Die Synthese des natürlichen Alliins und seiner drei optisch aktiven Isomeren. Helv. chim. Acta **34**, 481—487 (1951a).
Strecker, H. J.: Glutamic dehydrogenase. Arch. Biochem. Biophys. **46**, 128—140 (1953).

SUGANO, H.: Studies on egg yolk proteins. II. Electrophoretic studies on phosvitin, lipovitellin and lipovitellenin. J. Biochem. (Tokyo) **44**, 205—215 (1957).
— Studies on egg yolk proteins. III. Preparation and properties of two major lipoproteins of the egg yolk, α- and β-lipovitellin. J. Biochem. (Tokyo) **45**, 393—401 (1958).
— Studies on egg yolk proteins. V. Electrophoretic and ultra-centrifugal investigations on the homogeneities and some properties of α- and β-lipovitellin. J. Biochem. (Tokyo) **46**, 417—424 (1959).
SUNDARARAJAN, T. A., and P. S. SARMA: Preparation and amino acid composition of enzymically dephosphorylated casein. Biochem. J. **65**, 261—266 (1957).
— K. S. V. SAMPATH KUMAR and P. S. SARMA: Preparation of phosvitin and vitellin. Biochim. biophys. Acta **38**, 360—362 (1960).
SWAISGOOD, H. E., and J. R. BRUNNER: Characterization of κ-casein obtained by fractionation with trichloracetic acid in a concentrated urea solution. J. Dairy Sci. **45**, 1—11 (1962).
SWAN, J. M.: Thiols, disulphides and thiosulphates: some new reactions and possibilities in peptide and protein chemistry. Nature (Lond.) **180**, 643—645 (1957).
TAGAWA, K., and M. SHIN: Hemoproteins of wheat germ. I. Crystallization and properties of peroxidase from wheat germ. J. Biochem. (Tokyo) **46**, 865—873 (1959).
TALLAN, H. H., and W. H. STEIN: Chromatographic studies on lysozyme. J. biol. Chem. **200**, 507—514 (1953).
TAVEL, P. v., and R. SIGNER: Countercurrent distribution in protein chemistry. Advanc. Protein Chem. **11**, 238—310 (1956).
THEODOROPOULOS, D., H. BENNICH and G. FÖLSCH: Action of trypsin on α-carbethoxy-L-lysyl-L-seryl-glycine and its 0-phosphorylated analogue. Nature (Lond.) **184**, 187—188 (1959).
THOMPSON, E. O. P.: The N-terminal sequence of serum albumins; observations on the thiohydantoin method. J. biol. Chem. **208**, 565—572 (1954).
— N-terminal amino acids of bovine serum albumin. Biochim. biophys. Acta **29**, 643—644 (1958).
— and A. R. THOMPSON: Paperchromatography in the study of the structure of peptides and proteins. Fortschr. Chem. org. Naturstoffe (Wien) **12**, 270—348 (1955).
THOMPSON, J. F., C. J. MORRIS and R. M. ZACHARIUS: Isolation of (—) S-Methyl-L-cysteine from beans (Phaseolus vulgaris) Nature (Lond.) **178**, 593 (1956).
TIMASHEFF, S. N., and R. TOWNEND: The association behavior of β-lactoglobulins A and B. J. amer. chem. Soc. **80**, 4433—4434 (1958).
TIMMER, R., H. J. VAN DER HELM u. T. H. J. HUISMAN: Amino-acid composition of adult and foetal myoglobine of the cow. Nature (Lond.) **180**, 239—240 (1957).
TOENNIES, G., and R. P. HOMILLER: Oxidation of amino acids by hydrogen peroxide in formic acid. J. amer. chem. Soc. **64**, 3054—3056 (1942).
TRITSCH, G. L., and D. W. WOOLLEY: The isolation and determination of structure of peptides with strepogenin activity. II. The disulfide of leucylvalylcysteinylglycylglutamylarginine from insulin. J. amer. chem. Soc. **80**, 1490—1493 (1958).
TSAO, T.-C.: The molecular dimensions and the monomer-dimer transformation of actin. Biochim. biophys. Acta **11**, 227—235 (1953).
— and K. BAILEY: Extraction, purification and some chemical properties of actin. Biochim. biophys. Acta **11**, 102—113 (1953).
TUNMANN, P., u. H. SILBERZAHN: Über die Kohlenhydrate im Hühnerei. II. Mitt. Gebundene Kohlenhydrate. Z. Lebensmittel-Untersuch. u. -Forsch. **116**, 340—343 (1962).
TUPPY, H.: Amino acid sequence in oxytocin. Biochim. biophys. Acta **11**, 449—450 (1953).
TURNER, K. J., and W. H. COOK: Molecular weight and physical properties from the floating fraction of egg yolk. Canad. J. Biochem. Physiol. **36**, 937—949 (1958).
URNES, P., and P. DOTY: Optical rotation and the conformation of polypeptides and proteins. Advanc. Protein Chem. **16**, 402—544 (1961).
VIGNEAUD, V. DU, H. C. LAWLER and E. A. POPENOE: Enzymatic cleavage of glycinamide from vasopressin and a proposed structure for this pressor-antidiuretic hormone of the posterior pituitary. J. amer. chem. Soc. **75**, 4880—4881 (1953).
— and C. E. MEYER: Die Racemisierung von Aminosäuren in wäßriger Lösung mittels Essigsäureanhydrid. J. biol. Chem. **98**, 295—308 (1932).
— C. RESSLER and S. TRIPPETT: The sequence of amino acids in oxytocin, with a proposal for the structure of oxytocin. J. biol. Chem. **205**, 949—957 (1953).
VIRTANEN, A. I., and T. ETTALA: A new γ-glutamyltripeptide in Juncus species. Acta chem. scand. **12**, 787—789 (1958).
— and P. K. HIETALA: γ-hydroxyglutamic acid in green plants. Acta chem. scand. **9**, 175—176 (1955a).
— — Enzymatic decarboxylation of γ-hydroxyglutamic acid to α-hydroxy-γ-amino-n-butyric acid. Acta chem. scand. **9**, 549—550 (1955b).

Virtanen, A. I., and E. J. Matikkala: The structure and synthesis of cycloalliin isolated from allium cepa. Acta chem. scand. **13**, 623—626 (1959).

— and J. K. Miettinen: Composition of the soluble nitrogen fraction in the pea plant and alder. Biochim. biophys. Acta **12**, 181—187 (1953).

Wada, M.: Über Citrullin, eine neue Aminosäure im Preßsaft der Wassermelone, Citrullus vulgaris schrad. Biochem. Z. **224**, 420—429 (1930).

Wagman, J.: Isolation and sedimentation study of low molecular weight forms of type A botulinus toxin. Arch. Biochim. biophys. **50**, 104—112 (1954).

Wagner-Jauregg, T., J. J. O'Neill and W. H. Summerson: The reaction of phosphorus-containing enzyme inhibitors with amines and amino acid derivatives. J. amer. chem. Soc. **73**, 5202—5206 (1951).

Wake, R. G.: Studies on casein. IV. The isolation of $\varkappa$-casein. Austral. J. biol. Sci. **12**, 538—540 (1959a).

— Studies on casein. V. The action of rennin on casein. Austral. J. biol. Sci. **12**, 479—489 (1959b).

— and R. L. Baldwin: Analysis of casein fractions by zone electrophoresis in concentrated urea. Biochim. biophys. Acta **47**, 225—239 (1961).

Waldschmidt-Leitz, E., u. K. Hochstrasser: Über die Albumine von Gerste und Weizen (VII. Mitt. Über Samenproteine). Hoppe-Seylers Z. physiol. Chem. **324**, 243—249 (1961).

— u. O. Zeiss: Protofibroin, die kristalline Hauptkomponente der Seidenfaser. Hoppe-Seylers Z. physiol. Chem. **300**, 49—67 (1955).

Waley, S. G.: Acidic peptides of the lens. Biochem. J. **64**, 715—726 (1956).

Ware, A. G., and W. H. Seegers: Plasma accelerator globulin: Partial purification, quantitative determination and properties. J. biol. Chem. **172**, 699—705 (1948).

Warner, R. C., and E. Polis: On the presence of a proteolytic enzyme in casein. J. amer. chem. Soc. **67**, 529—532 (1945).

Waugh, D. F., and P. H. von Hippel: $\varkappa$-casein and the stabilisation of casein micelles. J. amer. chem. Soc. **78**, 4576—4582 (1956).

— M. Ludwig, J. M. Gillespie, J. Garnier, E. S. Kleiner and R. W. Noble jr.: Certain properties of α_S-casein. Federat. Proc. **19**, 337 (1960).

Weber, H. H., u. K. Meyer: Das kolloidale Verhalten der Muskeleiweißkörper. V. Mitt.: Das Mengenverhältnis der Muskeleiweißkörper in seiner Bedeutung für die Struktur des quergestreiften Kaninchenmuskels. Biochem. Z. **266**, 137—152 (1933).

Weisiger, J. R., W. Hausmann and L. C. Craig: On the partial hydrolysis of DNP-Bacitracin A. J. amer. chem. Soc. **77**, 731—736 (1955).

Werle, E.: Kinine und Angiotensine. Pharmakologie, Chemie, physiologische und pathologische Bedeutung. Angew. Chem. **73**, 689—695 (1961).

Wetlaufer, D. B.: The degradation and reactivity of myosin in urea solutions. Federat. Proc. **19**, 256 (1960).

— Terminology of protein structure. Nature (Lond.) **190**, 1113 (1961).

— R. J. Dimler and F. R. Senti: Chromatographic fractionation of wheat gluten on carboxymethylcellulose columns. Arch. Biochem. Biophys. **91**, 235—239 (1960).

Weygand, F., u. E. Csendes: N-Trifluoracetyl-aminosäuren. Angew. Chem. **64**, 136 (1952).

White, W. F., J. Shields and K. C. Robbins: C-terminal sequence of crystalline bovine acid human serum albumin: relationship of C-terminus to antigenic determinants of bovine serum albumin. J. amer. chem. Soc. **77**, 1267—1269 (1955).

Wieland, Th.: Peptidsynthesen I. Angew. Chem. **63**, 7—14 (1951).

— Peptidsynthesen II. 9. Mitt. Angew. Chem. **66**, 507—512 (1954).

— Die Giftstoffe des grünen Knollenblätterpilzes (Amanita phalloides). Angew. Chem. **69**, 44—50 (1957).

— Aus der Chemie der Polypeptide. Peptidsynthesen IV. Angew. Chem. **71**, 417—425 (1959).

— Giftstoffe des grünen Knollenblätterpilzes. Angew. Chem. **73**, 343 (1961).

— u. B. Heinke: Peptidsynthesen III. 17. Mitt. Angew. Chem. **69**, 362—371 (1957).

— u. A. Höfer: Die Giftstoffe des grünen Knollenblätterpilzes. XVI. Die Bausteine des α-Amanitins. Liebigs Ann. Chem. **619**, 35—42 (1959).

— u. A. Schöpf: Über die Giftstoffe des grünen Knollenblätterpilzes. XVIII. Ergänzungen zur Phalloidin-Formel: Ketophalloidin. Liebigs Ann. Chem. **626**, 174—184 (1959).

— u. H. Wiegandt: Bouillon-Geruch bei der Threonin-Spaltung. Angew. Chem. **67**, 399 bis 400 (1955).

— u. L. Wirth: Papierchromatographische Analyse der durch Erhitzen mit Alkali gebildeten Zersetzungsprodukte von Serin, Threonin und Cystein. Chem. Ber. **82**, 468—473 (1949).

Williams, J., and F. Sanger: The grouping of serine phosphate residues in phosvitin and casein. Biochim. biophys. Acta **33**, 294—296 (1959).

Wilson, S., and D. B. Smith: Separation of the valyl-leucyl- and valyl-glutamyl-poly- peptid chains of horse globin by fractional precipitation and column chromatography. Canad. J. Biochem. Physiol. **37**, 405—416 (1959).

Wiltshire, G. H.: The estimation of D- and L-glutamic acid in proteins. Biochem. J. **55**, 46—49 (1953).

Windsor, E.: α-Aminoadipic acid as a constituent of a corn protein. J. biol. Chem. **192**, 595—606 (1951).

Wissmann, H., u. H. Nitschmann: Das Lab und seine Wirkung auf das Casein der Milch. XI. Die aminoseitigen Endgruppen des α-Caseins vor und nach der Labung. Helv. chim. Acta **40**, 356—363 (1957).

Witkop, B.: Non enzymatic methods for the preferential and selective cleavage and modification of proteins. Advanc. Protein Chem. **16**, 221—322 (1961).

— Neuere Beiträge zur Chemie und Biochemie der Aminosäuren. Angew. Chem. **74**, 722 (1962).

Wodsak, W.: Nisin und seine Verwendungsmöglichkeiten. Dtsch. Lebensmittel-Rdsch. **58**, 135—137 (1962).

Wolf, W. J., and A. K. Smith: Food uses and properties of soybean-protein. II. Physical and chemical properties of soybean-protein. Food Technol. **15**, 12—33 (1961).

Wolfgang, H., u. K. Mothes: Papierchromatographische Untersuchungen an pflanzlichen Blutungssäften. Naturwiss. **40**, 606 (1953).

Woolley, D. W.: New growth factor required by certain hemolytic streptococci. J. exp. Medicine **73**, 487—492 (1941).

— Strepogenin activity of derivatives of glutamic acid. J. biol. Chem. **172**, 71—81 (1948).

— G. Schaffner and A. C. Braun: Studies on the structure of the phytopathogenic toxin of Pseudomonas tabaci. J. biol. Chem. **215**, 485—493 (1955).

Work, E.: A new naturally occurring amino-acid. Nature (Lond.) **165**, 74—75 (1950).

Woychick, J. H., J. A. Boundy and R. J. Dimler: Amino acid composition of proteins in wheat gluten. J. Agric. Food. Chem. **9**, 307—310 (1961).

— Ultraviolet spectra of proteins and amino acids. Advanc. Protein Chem. **17**, 304—390 (1962).

Yang, J. Tsi: The viscosity of macromolecules in relation to molecular conformation. Advanc. Protein Chem. **16**, 323—401 (1961).

Zacharius, R. M., J. F. Thompson and F. C. Steward: The detection, isolation and identification of L-(—)pipecolic acid in the non-protein fraction of beans (Phaseolus vulgaris). J. amer. chem. Soc. **76**, 2908—2912 (1954).

Zahn, H., H. Zuher, W. Ditscher, D. Wegerle u. J. Meienhofer: Reaktion von p,p′-Difluor-m,m′-dinitro-diphenylsulfon mit Seidenfibroin. Chem. Ber. **89**, 407—414 (1956).

Zentner, H.: The continuous electrophoresis of wheat gluten. Chem. and Ind. **1960**, 317—318.

Ziegler, K., u. N. H. La France: Beitrag zur Kenntnis der Chemie des Seidenfibroins II. Hoppe-Seylers Z. physiol. Chem. **322**, 21—27 (1960).

Zuber, H.: Die Verwendung enzymatischer Reaktionen für die Reinheitsprüfung und Strukturaufklärung von Peptiden und Proteinen. Chimia (Zürich) **14**, 405—418 (1960).

Fette und Lipoide (Lipide), Wachse, Harze

Von

Prof. Dr. W. Wachs, Berlin

Mit 6 Abbildungen

Unter Fetten versteht man die aus Pflanzen oder Tieren gewonnenen Gemische von Estern (Triglyceride) des dreiwertigen Alkohols Glycerin mit mittleren oder höheren Fettsäuren. Soweit die Fette bei der mittleren Temperatur einer Gegend flüssig sind, bezeichnet man sie auch als Öle.

In der Lebensmittelanalytik versteht man unter Fett den durch Auszug mit Lipoidlösungsmitteln, wie Äther, Petroläther, Trichloräthylen u. a. erhaltenen Extrakt. Hierbei werden außer den Triglyceriden und freien Fettsäuren auch Fettbegleitstoffe wie Sterine und deren Ester, Phosphatide und verwandte Verbindungen, Kohlenwasserstoffe, Wachse, Lipochrome und Lipovitamine sowie evtl. noch Harze, ätherische Öle und organische Säuren erfaßt. Man bezeichnet deshalb z. B. den Ätherauszug als „Rohfett“, „Ätherextrakt“ usw.

Die den Fetten in vielen Eigenschaften ähnlichen Wachse bestehen vorwiegend aus Estern der höheren Fettsäuren mit ein- oder zweiwertigen Alkoholen der aliphatischen und z. T. auch der alicyclischen Reihe (Sterinester). Im gewöhnlichen Sprachgebrauch werden die Bezeichnungen Fette und Wachse zuweilen falsch verwendet; so ist z. B. „Japanwachs“ ein Fett (Triglyceridgemisch), während „Wollfett“ zu den Wachsen gehört und das „Walratöl“ ein Gemisch von Triglyceriden und Wachs (Walrat) darstellt.

A. Kurzer historischer Überblick über die Fettforschung

Chevreul, der 1811 die Fette als Verbindungen des Glycerins und der Fettsäuren erkannte, gilt als Begründer der wissenschaftlichen Fettchemie. Bei seinen späteren Versuchen, die natürlichen Fettsäuregemische zu zerlegen, entdeckte er die Stearin- und die Ölsäure. Einige Jahre später fand Frémy die Buttersäure und die Palmitinsäure auf. Im Laboratorium Liebigs wurde dann die homologe Reihe der hochmolekularen Fettsäuren isoliert, deren Konstitution besonders Heintz erkannte. Seine Nachfolge trat Krafft an, der zahlreiche Arbeiten auf dem Fettgebiet, speziell auf dem der Fettalkohole, veröffentlicht hat.

Die Aufstellung und Ausarbeitung der für die Charakterisierung von Fetten sehr wichtigen „Kennzahlen“ ist in erster Linie mit den Namen Hehner (1877), v. Hübl (1884), Reichert-Meissl (1902/04), Wijs (1898) und Hanuš (1901) verknüpft. In diesen Zeitabschnitt fällt auch die Entdeckung von Bömer, daß sich Pflanzenfette durch ihren Gehalt an Phytosterinen, Tierfette durch ihren Gehalt an Cholesterin erkennen lassen. Bömer gehörte weiterhin zu den ersten, die sich mit der chemischen Konstitution gemischter Glyceride eingehender beschäftigten, sie synthetisierten und aus Naturfetten durch fraktionierte Kristallisation oder durch Hochvakuumdestillation in reiner Form gewannen. Um 1910 begannen die auf ähnlichen Gebieten liegenden Untersuchungen zur Aufklärung der chemischen Konstitution der Fette von GRÜN, die von HILDITCH und seiner Schule (1926ff.) später systematisch ausgebaut wurden.

BAUCH zeigte 1894, daß die Doppelbindung im Ölsäuremolekül zwischen C_9 und C_{10} liegt. Erst um 1920 ist Ölsäure als eine cis-Säure erkannt worden und ihre Konstitution wurde schließlich 1934 durch Synthese bestätigt. Für die Konstitutionsaufklärung ungesättigter Fettsäuren erlangte die von HARRIS 1916 gefundene und erstmals auf Ölsäure angewandte Ozonspaltung ungesättigter Verbindungen große Bedeutung. HOLDE, DAVIDSON, WOLFF u. a. beschäftigten sich mit der Analyse der Fettsäuren. GRÜN bestimmte im Zuge der Fetthydrierung die Isoölsäuren zum Nachweis gehärteter Fette und arbeitete zusammen mit WITTKA über die oxydative Spaltung ungesättigter Fettsäuren. GROSSFELD verbesserte die Fettanalyse vor allem auf lebensmittelchemischem Gebiet.

In den Jahren 1923—1933 begannen MARGOSCHES, TÄUFEL und SCHMALFUSS ihre Untersuchungen über das Fettverderben. KAUFMANN war zu diesem Zeitpunkt mit der Ausarbeitung der „systematischen Fettanalyse“ beschäftigt, wobei er die „Rhodanzahl“, die „Dienzahl“ und weitere Kennzahlen in die Fettchemie einführte.

In den dreißiger Jahren wurde auch mit der Anwendung der Röntgenographie auf dem Fettgebiet, speziell für das Studium der Triglyceride, begonnen.

Nach dem 2. Weltkrieg nahm die Fettforschung einen neuen Aufschwung. Die Anwendung der Papierchromatographie (KAUFMANN), der Säulenchromatographie (HOWARD und MARTIN) und der Gaschromatographie (JAMES) setzte sich in der Fettanalytik allgemein durch.

In den 50iger Jahren hat die UV- und IR-Spektroskopie auf dem Gebiet der Fette und Fettbegleitstoffe ständig an Bedeutung zugenommen. Diese Untersuchungen sind vor allem mit dem Namen O'CONNOR verbunden. Außerdem finden elektromagnetische und dielektrische Eigenschaften sowie Absorptions- und Grenzflächen-Verhalten von Fetten und Fettderivaten gegenwärtig große Beachtung.

Auf technologischem Gebiet wurde 1833 von DE MILLY und MOTARD eine noch unvollkommene technische Spaltung der Fette mit Wasser unter Druck beschrieben. Die Herstellung der Margarine, eine Erfindung des französischen Chemikers MÈGE MOURIÉS, war durch einen Mangel an fetthaltigen Lebensmitteln in Europa bedingt, der sich Mitte des 19. Jahrhunderts, besonders in Frankreich, bemerkbar machte. Die ersten Patentanmeldungen gehen auf das Jahr 1869 zurück. Die Entdeckung der drucklosen Fettspaltung durch TWITCHELL 1898, die Einführung der technischen Fetthydrierung durch NORMANN 1902 und die industrielle Herstellung der Fettalkohole in Deutschland im Jahre 1928 sind weitere Marksteine der späteren technischen Entwicklung. Durch die modernen kontinuierlichen Aufbereitungsverfahren für Rohöle, die Umesterungsverfahren für Fette und Öle sowie das Rohrkühlerverfahren zur Herstellung von Margarine und Spezialfetten befinden sich heute Nahrungsfette auf dem Markt, die den physiologischen Forderungen unsereres gegenwärtigen Wissensstandes weitgehend entsprechen.

B. Definition und Klassifizierung

Der Begriff „Fette und Öle“ umfaßt nicht nur ein Gemisch von Triglyceriden, die den größten Anteil der Fette und Öle ausmachen, sondern auch eine Vielzahl von Begleitstoffen, die sowohl im physiologischen Geschehen als auch bei der technologischen Verarbeitung das Verhalten der Fette und Öle beeinflussen.

Abgesehen davon, daß die neuere Forschung gezeigt hat, daß sowohl die Triglyceride als auch die Fettsäuren durch vielfache Umwandlungsmöglichkeiten, insbesondere bei technologischen Prozessen eine Veränderung physikalischer und chemischer Eigenschaften erfahren und damit sich auch physiologisch anders verhalten können, muß die Rolle der Sterine, Phosphatide und anderer Begleitstoffe im Stoffwechsel als noch nicht völlig geklärt betrachtet werden.

Die *Einteilung* der Fette und ihrer Begleitstoffe bereitet einige Schwierigkeiten, da die in der internationalen Literatur verwendeten Klassifikationssysteme unterschiedlich sind und auch Chemiker und Physiologen gelegentlich von verschiedenen Standpunkten ausgehen. In Deutschland ist es üblich unter dem Sammelbegriff Lipoide folgende Unterteilung zu treffen (H. P. KAUFMANN 1958):

1. *Einfache Lipoide:* Glyceride, Wachse, Farbwachse, Sterinester, Triterpenolester,
2. *Phosphor und Stickstoff enthaltende Ester:* Glycerinphosphatide, Acetalphosphatide (Plasmalogene), Sphingomyeline,
3. *Zusammengesetzte Lipoide:* Saccharolipoide, Lipoproteide,
4. *Begleitstoffe der Lipoide:* Sterine, Lipovitamine, Lipochrome, Kohlenwasserstoffe, Pro- und Antioxydantien, Geschmacksstoffe.

In der angelsächsischen Literatur ist als Sammelbegriff die Bezeichnung Lipide (Lipids) üblich, die in folgender Weise unterteilt werden (H. J. DEUEL 1954, V. C. MEHLENBACHER 1960):

1. *Einfache Lipide:*
   a) Neutralfette
   b) Wachse (eigentliche Wachse, Cholesterinester, Vitamin A-Ester, Vitamin D-Ester)
2. *Zusammengesetzte Lipide:*
   a) Phospholipide oder Phosphatide (Glycerinphosphatide, Sphingomyeline, Phosphatidsäuren)
   b) Cerebroside (Saccharolipide)
   c) Sulfolipide
3. *Lipidderivate*
   a) Fettsäuren
   b) Alkohol (gradkettige Alkohole, Sterine, Vitamin A)
   c) Kohlenwasserstoffe (aliphatische Kohlenwasserstoffe, Carotinoide, Squalen)
   d) Vitamin D, E und K

Weitere Klassifikationssysteme werden von C. PAQUOT (1962) und von E. KLENK (1962) angegeben.

In dem vorliegenden Kapitel wurde in erster Linie die Klassifizierung nach KAUFMANN angewandt.

C. Komponenten der Fette

Der größte Anteil der Fette und Öle besteht aus Triglyceriden, aber je nach ihrer Art und Provenienz, liegen sie mit einer großen Zahl von Begleitstoffen vergesellschaftet vor. Anteilmäßig stehen meist die Phosphatide an erster Stelle, gefolgt von Sterinen, Tokopherolen, Lipochromen, Kohlenwasserstoffen sowie Geruchs- und Geschmacksstoffen. Tab. 1 gibt einen Überblick über die Komponenten natürlicher Öle und Fette.

Tabelle 1. *Komponenten natürlicher Öle und Fette*

Triglyceride	Ester des Glycerins mit Fettsäuren (meist begleitet von Spuren an Mono- und Diglyceriden)
Freie Fettsäuren	hauptsächlich geradkettige gesättigte und ungesättigte Fettsäuren
Phosphoglyceride	Glycerophosphate (z. B. Lecithin und Kephalin), Phosphoinoside, Phosphoserin
Sphingoside	Sphingosinphosphatide (z. B. Sphingomyelin), Cerebroside, Gangleoside usw.
Höhere Alkohole und ihre Ester und Äther	Langkettige Alkohole (z. B. Cetylalkohol) und deren Ester (Wachse), Glycerยläther (z. B. Batylalkohol)
Sterine [1]	Cholesterin und Phytosterine
Kohlenwasserstoffe [1]	Squalen, Pristan, Gadusen u. a.
Lipochrome [1]	Carotine, Lycopine u. a., Chlorophyll
Lipovitamine [1]	Vitamin A, Vitamin D_2 und D_3, Vitamin E (Tokopherole)
Antioxydantien [1]	Gossypol, Sesamol, Sesamolin sowie Tokopherole
Geschmacks- und Geruchsstoffe[2]	z. B. ungesättigte Kohlenwasserstoffe, Laktone, ungesättigte Aldehyde, Methylketone

[1] Diese Begleitstoffe finden sich alle im Unverseifbaren.
[2] Sie finden sich ebenfalls zum größten Teil im Unverseifbaren.

D. Einfache Lipoide (Fette und Fettsäuren)

I. Vorkommen und Gewinnung von Fetten

Pflanzliche Fette und Öle kommen vornehmlich in den Saaten und Früchten (gelegentlich auch im Fruchtfleisch) der Pflanzen vor, man findet sie jedoch auch in Wurzeln, Zweigen, Stengeln und Blättern. Bei einigen Saaten, z. B. den meisten Getreidearten, liegt das Fett ausschließlich im Keim vor. Auch von Bakterien, Schimmelpilzen und Hefen werden Fette synthetisiert. Der Vorgang der Bildung von Fett in der Pflanze ist noch weitgehend ungeklärt. Wahrscheinlich werden die Kohlenhydrate in Fett übergeführt, da während der Fruchtreife der Fettgehalt in dem Maße zunimmt, wie die Kohlenhydrate abnehmen. Neuere Untersuchungsergebnisse weisen darauf hin, daß gesättigte und ungesättigte Fettsäuren unabhängig voneinander gebildet werden.

Die Fettsäurezusammensetzung eines Naturfettes ist artbedingt. Durch äußere Einflüsse (Klima, Ernährung) kann sie nur innerhalb gewisser Grenzen verändert werden, verliert jedoch niemals den artspezifischen Charakter. Dies drückt sich durch die relativ geringe Schwankungsbreite der Kennzahlen der einzelnen Fettsorten aus. S. Ivanov (1936) beobachtete, daß aus der gleichen Ernte von Leinsaat bei einem Anbau bei 55° nördl. Breite (Moskau) ein Öl mit der Jodzahl 179 und bei 41° nördl. Breite (Taschkent) ein Öl mit der Jodzahl 154 gewonnen wurde. Der Anteil an ungesättigten Fettsäuren in den Glyceriden des Leinöls war in dem rauheren Klima höher. Diese Erscheinung ist nicht nur bei Leinsaat, sondern auch bei anderen Ölsaaten festgestellt worden. Auch bei der Untersuchung von Tierfetten hat die Klimatheorie mannigfache Anregungen gegeben. Interessant ist, daß das Körperfett von Seetieren der kalten Ozeane sich durch einen besonders hohen Gehalt an ungesättigten Fettsäuren auszeichnet, die dem Fett einen niedrigen Schmelzpunkt verleihen.

Die wichtigsten *Tierfett*-Depots sind subcutane Gewebe, Bauchhöhle, Leber und intermuskuläres Bindegewebe. Auch die Knochen (Knochenöl) und besonders die Klauen und Schienenbeine von Rindern und anderen Haustieren enthalten beträchtliche Mengen an Fett, das jedoch nur für technische Zwecke von Bedeutung ist. Das im Tier vorliegende Fett kann aus zugeführtem Fett, aus Kohlenhydraten oder aus Proteinen stammen, jedoch ist der Mechanismus der Überführung von Kohlenhydraten und Protein im tierischen Körper ebenfalls noch weitgehend ungeklärt. Fütterungsversuche an Ratten und Tauben zeigten, daß Linol-, Linolen- und Arachidonsäure vom tierischen Organismus nicht synthetisiert werden können, sondern durch Pflanzenfette zugeführt werden müssen.

Der Einfluß der Fütterung auf die Fettsäurezusammensetzung eines Tierfettes wird bei Haustieren am stärksten beobachtet. So zeigen Schweineschmalz bzw. Butterfett sehr große Unterschiede in ihrer Fettsäurezusammensetzung, in Abhängigkeit von der Art des Futters, (z. B. Fischmehlfütterung, Weidefütterung, Rüben- oder Silagefütterung usw.).

Die Gewinnung von Pflanzenfetten für Genußzwecke muß dem jeweils zur Verarbeitung vorliegenden Rohstoff angepaßt werden. Sie beruht im Prinzip darauf, den im Pflanzenmaterial vorliegenden Fettanteil abzutrennen und anschließend einer Raffination zu unterziehen.

Das *Reinigen* der Saat erfolgt in Sieben oder Windsichtern, das *Schälen* auf Walzen oder Schlagwerken, das *Zerkleinern* durch Stachel-, Riffel- oder Quetschwalzen auf Mehrwalzenstühlen. Zur Vorbereitung für die Fettextraktion werden Blättchenwalzwerke benutzt.

Das *Pressen* erfolgt entweder in Chargenpressen diskontinuierlicher Arbeitsweise wie Kasten-, Trog- oder Ringpressen, oder in modernen Betrieben fast ausschließlich kontinuierlich in variabel einstellbaren Schneckenpressen. Im allgemeinen wird nur eine Pressung durchgeführt und anschließend das noch ölreiche Gut der Extraktion zugeführt.

Die Extraktion, die meist mit Benzin (Sdp 65—98° C) durchgeführt wird, erfolgt heutzutage zunehmend im kontinuierlichen Verfahren, wobei man das ölhaltige Gut dem Lösungsmittel entgegenführt.

Die Raffination der Fette und Öle umfaßt folgende Prozesse: Entschleimen, Entsäuern, Entfärben und Desodorisieren. Diese einzelnen Verfahrensstufen werden noch vielfach, vor allem in Europa, diskontinuierlich durchgeführt, da Qualität und Provenienz der Öle oft eine sehr individuelle Behandlungsweise erforderlich machen.

Die Fettgewinnung aus tierischen Rohstoffen erfolgt nach völlig anderen Prinzipien. Da tierisches Fettgewebe rasch verdirbt, sind die beim Schlachten anfallenden Körperteile gut zu kühlen oder bei − 12° C einzufrieren. Vor der Weiterverarbeitung ist das Fettgewebe von Blut, Fleischresten usw. zu befreien. Zur Steigerung der Fettausbeute ist eine Zerkleinerung des Fettgewebes in Schneidemaschinen mit rotierenden Messern notwendig. Für Genußzwecke wird das Fett ausschließlich durch Ausschmelzen gewonnen.

Die Gewinnung nach dem *Trockenverfahren* erfolgt entweder über direktem Feuer oder schonender in heißwasser- bzw. dampfbeheizten Mantelgefäßen (Schmelzkesseln) verschiedener Bauart. Diese ältere Form des Ausschmelzens liefert oft in Farbe und Geschmack ungünstig veränderte Fette, die sich auch in ihrer Struktur von den Fetten des Naßverfahrens unterscheiden.

Beim *Naßverfahren* wird das zerkleinerte Gut unmittelbar mit heißem Wasser oder Dampf in offenen oder mit etwa 6 atü arbeitenden geschlossenen Dampfkesseln behandelt. Kontinuierliche Naßschmelzverfahren werden nur bei der Gewinnung von Walöl und Fischölen benutzt. Leberöle werden meist unmittelbar auf den Schiffen durch Auskochen mit direktem Dampf gewonnen. Zur Abtrennung des Öles oder Fettes dienen Schneckenpressen und Zentrifugen. Bei der Wasserschmelze wird das Fett nur wenige Grade über dem Schmelzpunkt gehalten und so besonders schonend, wenn auch mit geringeren Ausbeuten gewonnen. Je niedriger die Arbeitstemperatur gehalten wird, um so besser ist die Qualität des gewonnenen Fettes.

Das Pressen sowie das Extrahieren mit Lösungsmitteln beschränkt sich bei tierischen Fettrohstoffen auf die Herstellung spezieller Produkte wie Fischöle oder Knochenfett.

II. Chemische Zusammensetzung der Fette

1. Fettsäuren

Die natürlich vorkommenden Fettsäuren können auf Grund der Abwesenheit oder des Vorliegens von Doppel- und Dreifachbindungen in ihrer Kohlenwasserstoffkette in gesättigte und ungesättigte Fettsäuren eingeteilt werden. Die gesättigten Fettsäuren erhalten, sofern sie keine Seitenketten besitzen, als normale Alkansäuren das Vorzeichen n-.

Die ungesättigten Fettsäuren können eine oder mehr Doppelbindungen oder auch Dreifachbindungen aufweisen. Besitzt eine Fettsäure nur Doppelbindungen, so bezeichnet man sie als Alken-, Äthylen- oder olefinische Säure und gibt die Lage der Doppelbindungen unter Vorsatz des Buchstabens Δ an. Wenn sie nur Dreifachbindungen enthält, so wird sie Alkin- oder Acetylensäure genannt.

Je nachdem, ob bei Polyalkensäuren sich die Doppelbindungen in Isolen- oder Konjuenstellung befinden, spricht man von Isolen- oder Konjuensäuren. Werden innerhalb der Kohlenwasserstoffkette Wasserstoffatome durch andere Atome oder Radikale substituiert, wie Halogen, Hydroxy- oder Ketogruppen, so wird die Fettsäure unter Voranstellung des Radikalnamens bezeichnet, z. B. 2-Chlorbuttersäure, 9.10-Dihydroxystearinsäure, 10-Methylstearinsäure oder 4-Ketopalmitinsäure.

Alicyclische Fettsäuren werden häufiger unter ihrem Trivialnamen, der sich meist nach ihrem Vorkommen richtet, als unter ihrem systematischen Namen angeführt.

Die Zahl der in der Natur vorkommenden Fettsäuren ist recht groß, darüber hinaus können durch chemische Eingriffe (Hydrierung u. a.) größere Mengen an veränderten Fettsäuren entstehen, die sich besonders in ihren physikalischen Eigenschaften von den natürlich vorkommenden Fettsäuren unterscheiden.

Die Löslichkeit einer Fettsäure steht in enger Beziehung zu ihrem Schmelzpunkt und ist außerdem von der Natur des Lösungsmittels abhängig. Im allgemeinen nimmt die Löslichkeit mit steigendem Molekulargewicht ab. Bei ungesättigten Fettsäuren steigt die Löslichkeit mit der Zahl der Doppelbindungen. Trans-Säuren zeigen allgemein eine geringere Löslichkeit als cis-Säuren. Als geeignete Lösungsmittel zur Tieftemperaturkristallisation haben sich Aceton und Methanol erwiesen.

Da sowohl die Carboxylgruppe als auch die Paraffinkette der Fettsäuren relativ reaktionsfähig sind, können sie zahlreiche Verbindungen eingehen. Die Derivate der Fettsäuren werden bei analytischen Verfahren oft zu ihrem Nachweis und ihrer Charakterisierung herangezogen. Die Endprodukte solcher Umsetzungen sind in vielen Fällen auch von technischer Bedeutung. Prinzipiell muß unterschieden werden zwischen Reaktionen unter Beteiligung der COOH-Gruppe und Reaktionen unter Beteiligung der Paraffinkette.

Reaktionen unter Beteiligung der COOH-Gruppe

Veresterung

Der Veresterung zu analytischen Zwecken liegt die Darstellung von Fettsäureestern zugrunde, die sich durch Destillation oder Kristallisation zur Reinigung oder Abtrennung eignen. Hierfür wird in erster Linie die Veresterung mit Methyl- oder Äthylalkohol durchgeführt, woran sich meist eine fraktionierte Destillation im Vakuum anschließt. Die Siedepunkte der Methylester liegen um etwa 12—15° C niedriger als die der Äthylester. Die Ester von Fettsäuren können direkt durch Veresterung oder durch Umesterung dargestellt werden. Im ersteren Falle werden die Fettsäuren mit mono- oder polyvalenten Alkoholen in Gegenwart geeigneter Katalysatoren erhitzt. Über die Umesterung vgl. S. 357.

Fettaldehyde

Durch die Anwesenheit ungesättigter aliphatischer Aldehyde wird der charakteristische Geruch vieler pflanzlicher Öle und Fette hervorgerufen. Die niederen Fettaldehyde sind die Träger des Geruchs und Geschmacks ranziger Fette. Über ihre Entstehung bei der Autoxydation vgl. S. 355. Im Vergleich zu den niedermolekularen Aldehyden sind die Aldehyde der höher- und hochmolekularen Fettsäuren, die eigentlichen „Fettaldehyde", wenig untersucht worden. Daß Fettaldehyde im intermediären Stoffwechsel von Bedeutung sind, zeigt ihr Vorkommen in den Acetalphosphatiden, den Plasmalogenen.

Im Verhältnis zu den korrespondierenden Säuren liegen die Schmelz- und Siedepunkte der Aldehyde wesentlich niedriger. Sie setzen sich mit Phenylhydrazin, Semicarbazid und Hydroxylamin zu scharf schmelzenden Kondensationsprodukten um, die zu ihrer Charakterisierung herangezogen werden. Auch Natriumhydrosulfit, Blausäure sowie Ammoniak werden wie bei den niederen Aldehyden addiert. Die Acetal- und Halbacetal-Bildung mit Alkohol verläuft auch bei den höheren Aldehyden sehr leicht.

Zur Herstellung der Fettaldehyde eignen sich besonders die Reduktion von Fettsäurenitrilen mit Lithium-Aluminiumhydrid oder die Reduktion von Fettsäurechloriden mit Lithium-tributoxy-Aluminiumhydrid.

Fettsäureanhydride

Die Anhydride der meisten Fettsäuren sind gut bekannt, wobei die der höheren Fettsäuren den Glyceriden sehr ähneln, so daß sie für Genußzwecke in Betracht gezogen wurden. Ihre Darstellung kann durch Wasserabspaltung aus den Fettsäuren mit den üblichen Dehydratisierungsmitteln wie Phosphorpentoxyd oder Essigsäureanhydrid erfolgen. Eine andere Methode, die auch zur Darstellung von unsymmetrischen Anhydriden geeignet ist, bedient sich der Umsetzung zwischen dem fettsauren Natriumsalz und einem Fettsäurechlorid. Die Schmelzpunkte der Fettsäureanhydride von C_8 bis C_{14} liegen wenig unter, von Palmitinsäureanhydrid aufwärts wenig über denjenigen der Fettsäuren. Die Anhydride der höheren ungesättigten Säuren schmelzen höher als die entsprechenden Säuren. In Wasser und in polaren Lösungsmitteln sind die Anhydride unlöslich, in vielen organischen Lösungsmitteln, besonders in Äther, Petroläther und chlorierten Kohlenwasserstoffen gut löslich. Nur die niederen Anhydride sind unzersetzt destillierbar, die höheren werden besser, zur Abtrennung von den freien Fettsäuren durch Ausschütteln mit 5%iger Sodalösung behandelt.

Fettsäureamide

Die Fettsäureamide zeigen in ihrem physikalischen Verhalten einige Besonderheiten. Sie besitzen verhältnismäßig hohe Schmelzpunkte und geringe Schmelzpunkt-Differenzen. So schmilzt z. B. Stearoylamid nur 3,8° C höher als Caproylamid.

Auch in der Löslichkeit zeigen die Fettsäureamide ein eigenartiges Verhalten. Während die übrigen aliphatischen Verbindungen in ihren Eigenschaften eine gewisse Abhängigkeit von der Kettenlänge erkennen lassen, ist bei den Amiden keine derartige Ordnung vorhanden. Den Grund für diese abnorme Erscheinung vermutet man in einer Assoziation der Moleküle und in den tautomeren Zuständen der Amidgruppen.

Fettsäurenitrile

Die Nitrile haben außer ihrer großen Reaktionsfähigkeit, durch die sie geeignete Ausgangsstoffe für viele Reaktionen sind, noch einige besonders günstige Eigenschaften, die ihre Verwendung als Weichmacher und Detergentien gestatten. Am wichtigsten sind die Nitrile als Ausgangsstoffe für die Herstellung der Fettamine.

Für ihre Darstellung verwendet man Ammonsalze der entsprechenden Fettsäuren bzw. deren Amide, die man mit Wasser entziehenden Mitteln erhitzt.

Fettamine

Die hochmolekularen, aliphatischen Fettamine haben wegen ihrer capillaraktiven und bactericiden Wirkung große technische Bedeutung erlangt. Durch Reaktion langkettiger Amine mit Alkylhalogeniden werden die wichtigen quarternären Ammoniumverbindungen hergestellt. Sie finden zur Desinfektion in lebensmittelverarbeitenden Betrieben wie Fleischwarenfabriken, Fischkonservenbetrieben und Molkereien Verwendung. Die Fettamine geben zahlreiche bekannte Amin-Reaktionen. Mit anorganischen Säuren bilden sie Salze; sie lassen sich acetylieren, mit Aldehyden und Ketonen umsetzen sowie in Aminonitrile, Hydroxylamine, Guanidine u. a. überführen.

Fettsäurehalogenide

Von den Fettsäurehalogeniden finden in erster Linie nur die Fettsäurechloride Verwendung, da sie die größte Reaktionsfähigkeit besitzen. Zu ihrer Darstellung eignen sich sowohl Phosphortrichlorid als auch Thionylchlorid, das auf Grund seiner gasförmigen Hydrolyseprodukte als Chlorierungsmittel besonders geschätzt wird. Aber auch Phosgen oder besser noch Oxalylchlorid (besonders für ungesättigte Fettsäuren) ergeben mit den Fettsäuren oder ihren Natriumsalzen die entsprechenden Chloride.

Die Säurechloride sind tief schmelzende Substanzen, die Chloride von Fettsäuren mit weniger als 18 C-Atomen bei Zimmertemperatur flüssig. In vielen organischen Lösungsmitteln sind sie gut löslich, von Wasser werden sie leicht hydrolysiert.

Im Laboratorium verwendet man beispielsweise die Fettsäurechloride zur Herstellung von Monoglyceriden, indem man sie mit Glycerinaceton umsetzt. Diese Darstellungsweise ist sehr schonend und liefert nahezu quantitative Ausbeuten.

Reaktionen unter Beteiligung der Paraffinkette

Hydrierung

Die Hydrierung ist industriell und technisch die wichtigste chemische Reaktion bei Fettsäuren, Estern, natürlichen Fetten und Ölen sowie ihren Derivaten.

Speziell im Falle der natürlichen Triglyceride wird die Hydrierung zum Zwecke der partiellen oder der vollständigen Absättigung der Doppel- und Dreifachbindung der Kohlenwasserstoffkette durchgeführt. Auch zur Reduzierung der Carbonylgruppen von Säuren oder Estern zu Alkoholen können Hydrierungsreaktionen herangezogen werden.

Spezielle Formen der Hydrierung eignen sich zur Überführung von Ketosäuren in Hydroxy- oder normale Fettsäuren. Auch gewisse Stickstoffderivate der Fettsäuren wie z. B. Amide können zu Fettsäureaminen reduziert werden.

Zur Durchführung dieser Reaktionen verwendet man verschiedene Reduktionsmittel und Reduktionsmethoden. Die Reaktion von molekularem Wasserstoff in Gegenwart eines geeigneten Katalysators steht hierbei an erster Stelle. Andere Arbeitsweisen verwenden Natrium oder Zink bzw. Hydrazin, Jodwasserstoff u. a.

Während einige Hydrierungsmethoden bei Verwendung von molekularem Wasserstoff hohen Druck oder hohe Temperaturen erfordern, verlaufen sie in Gegenwart von atomarem Wasserstoff schon bei Atmosphärendruck schnell und glatt. Daher wird im Laboratorium meist nascierender Wasserstoff in Abwesenheit eines Katalysators verwendet, während bei industriellen Verfahren mit molekularem Wasserstoff in Gegenwart eines Katalysators gearbeitet werden muß.

Halogenierung

Unter Halogenierung von Fettsäuren bzw. ihrer Derivate versteht man Additions- und Substitutionsreaktionen in der Fettsäurekette. Die Methoden zur Bestimmung des Grades der Ungesättigtheit von Fettsäuren und Glyceriden schließt die Addition von Jod, Chlor oder Brom an die Doppelbindungen dieser Verbindungen ein; theoretisch betrachtet, entspricht der Verbrauch von einem Mol Halogen einer Doppelbindung. Die ungesättigten Fettsäuren und ihre Derivate unterliegen jedoch nicht nur der Halogen-*Addition*. Parallel damit können *Substitutions*reaktionen erfolgen, die den Wasserstoff z. T. durch Halogen ersetzen. Diese Reaktion wird durch Temperatur, Lichteinwirkung sowie Halogenkonzentration stark beeinflußt. Die Reaktionsfähigkeit der Halogene nimmt vom Jod zum Chlor zu, daher werden für die Bestimmung der Ungesättigtheit von Fettsäuren und Glyceriden Jod bzw. Brom bevorzugt, weil mit steigender Reaktionsfähigkeit auch die Neigung zur Substitution stärker wird.

Die Halogen-Addition ist von großer analytischer Bedeutung. Durch Bestimmung der Jodzahl wird der Grad der Ungesättigtheit von Fetten ermittelt. Die Geschwindigkeit der Halogen-Addition ist wesentlich von der Konstitution der ungesättigten Fettsäuren abhängig. Je weiter die Doppelbindung von der Carboxylgruppe entfernt steht, um so schneller und um so vollständiger nähert sich beispielsweise bei den Octadecensäuren die Halogenanlagerung ihrem theoretischen Wert.

Fettsäuren mit konjugierten Doppelbindungen zeigen gegenüber Jodchlorid ein anderes Verhalten als solche mit isolierten Doppelbindungen. Bei ihnen geht die Anlagerung zunächst nach dem Prinzip der 1.4-Addition vor sich, so daß aus zwei konjugierten Doppelbindungen eine Doppelbindung entsteht. Diese Doppelbindung läßt sich dann nur schwer und langsam mit Halogenen in Reaktion bringen. Die unterschiedliche Reaktionsfähigkeit der Doppelbindungen in Konjuensäuren wies H. P. Kaufmann (1935) durch Abänderungen der Versuchsbedingungen bei der Halogen-Anlagerung nach, wobei Brom je nach den Bedingungen an zwei oder drei Doppelbindungen, Bromjod an eine Doppelbindung addiert werden kann.

Alkinsäuren, wie Stearol- und Behenolsäure, lagern nur 1 Molekül Halogen an. Auch beim Cholesterin und anderen Sterinen zeigen sich Unregelmäßigkeiten in der Halogen-Addition, die von den Versuchsbedingungen und der Einwirkungsdauer abhängig sind.

Rhodananlagerung

Für die Bestimmung von Polyensäuren wurde die Rhodanzahl entwickelt. Das freie Rhodan zeigt in seinen chemischen Eigenschaften große Ähnlichkeit mit den Halogenen, wird jedoch von den Polyenfettsäuren selektiv angelagert, so daß sich aus der Differenz von Jodzahl und Rhodanzahl beispielsweise der Gehalt an Linol- sowie Linolensäure feststellen läßt. Die Anlagerung erfolgt allerdings nur annähernd stöchiometrisch und ist abhängig von Zeit, Konzentration und anderen Reaktionsbedingungen.

Oxydation

Soll bei der Oxydation von Fettsäuren die Paraffinkette erhalten bleiben, so darf nur ein nicht zu stark wirkendes Oxydationsmittel gewählt werden. Für die Herstellung von Hydroxy-, Epoxy- oder Ketosäuren eignen sich daher am besten Kaliumpermanganat im alkalischen Medium oder auch Peressigsäure. Während gesättigte Fettsäuren erst bei höherer Temperatur und längerer Reaktionsdauer angegriffen werden, entstehen aus ungesättigten Fettsäuren sehr leicht die angeführten Oxydationsprodukte neben oxydativen Spaltprodukten, wie kurzkettigen Aldehyden, Mono- und Dicarbonsäuren. So ergibt Ölsäure mit Peressigsäure in guter Ausbeute erythro-9.10-Dihydroxystearinsäure von Smp 95° C, Elaidinsäure eine threo-Säure vom Smp 132° C. Bei dieser Reaktion wird das Auftreten von isomeren Formen besonders stark beobachtet.

Über die Eigenschaften von Hydroxy-, Epoxy- sowie Ketosäuren vgl. S. 324 ff., 326.

Harnstoffeinschlußverbindungen

Harnstoff kann mit langkettigen, aliphatischen Substanzen Additionsverbindungen bilden, wobei das molare Verhältnis von Harnstoff zu addierter Substanz weitgehend von deren Kettenlänge abhängig ist. Die Beständigkeit der Additionsverbindung nimmt mit der Kettenlänge der Fettsäure zu (vgl. Tab. 2).

Tabelle 2. *Die Zusammensetzung von Harnstoffeinschlußverbindungen gesättigter Fettsäuren*[1]

Fettsäure	Mol Harnstoff pro Mol Säure	Fettsäure	Mol Harnstoff pro Mol Säure
Buttersäure	4,0	Caprinsäure	8,2
Valeriansäure	4,6	Undecansäure	8,9
Capronsäure	5,5	Laurinsäure	10,0
Oenanthsäure	6,0	Myristinsäure	11,6
Caprylsäure	6,7	Palmitinsäure	12,8
Pelargonsäure	7,6	Stearinsäure	14,2

[1] Die Carboxylgruppe oder andere charakteristische Gruppen im Molekül besitzen wenig Einfluß auf das Molverhältnis.

Wie röntgenographische Untersuchungen dieser Harnstoff-Addukte zeigten, ist die aliphatische, geradkettige Substanz längs ihrer Achse von Harnstoffmolekülen umgeben. Diese Struktur macht es verständlich, weshalb bevorzugt geradkettige, dagegen nicht oder nur sehr schwer verzweigtkettige oder ringförmige Substanzen mit Harnstoff Einschlußverbindungen eingehen.

Da die Kette der gesättigten Fettsäuren vollkommen gerade ist, die ungesättigten Fettsäuren dagegen, jedenfalls ihre natürlich vorkommenden cis-Formen, eine gewinkelte Kette besitzen, besteht die Möglichkeit, ungesättigte und gesättigte Fettsäuren präparativ wenigstens teilweise voneinander zu trennen.

Die Neigung zur Bildung von Additionsverbindungen nimmt dabei entsprechend mit zunehmender Zahl der Doppelbindungen im Fettsäuremolekül ab. Günstig ist es, die Trennung nicht mit den freien Säuren sondern mit deren Methyl- oder Äthylestern in Methanol durchzuführen.

Bedeutung hat diese Methode in neuerer Zeit auch zur Beurteilung der physiologischen Verträglichkeit thermisch oxydierter Öle und Fette erlangt. E. Perkins u. Mitarb. (1957) stellten fest, daß die am stärksten toxische Fraktion polymerisierter Öle sich im Filtrat der Harnstoff-Addukte findet.

Über die Trennung von Mono-, Di- und Triglyceriden über Harnstoff-Einschlußverbindungen haben I. M. Martinez Moreno u. Mitarb. (1955) berichtet.

Einzelne Fettsäuren

a) Gesättigte Fettsäuren

Die wichtigsten gesättigten Fettsäuren und ihr Vorkommen sind in Tab. 3 zusammengefaßt.

$$CH_3(CH_2)_n\ COOH$$

Allgemeine Formel gesättigter Fettsäuren

Die natürlich vorkommenden Fettsäuren sind fast ausschließlich gradkettig und gradzahlig. Nur ganz geringe Mengen verzweigtkettiger und ungradzahliger Fettsäuren liegen auch in natürlichen Fetten und Ölen vor, vor allem in tierischen Fetten (Wiederkäuer), aber ihre Menge überschreitet selten 1%.

Schmelz- und Siedepunkte der homologen gradzahligen Fettsäuren zeigen mit zunehmender Kohlenstoffzahl eine steigende Tendenz, abgesehen davon, daß der Schmelzpunkt bei C_4 durch ein Minimum geht. Der Unterschied zwischen den

Tabelle 3. *Gesättigte Fettsäuren*

Trivialname	Bruttoformel	Mol.-Gew.	Smp °C	Sdp °C/mm	Sdp Ester M = Methyl Ä = Äthyl °C/mm	Säurezahl	Vorkommen
Buttersäure	$C_4H_8O_2$	88,10	—8	163,5/760	M 102/760	636,8	2,5—4,5% in Kuhbutter
Capronsäure	$C_6H_{12}O_2$	116,16	—3,4	205,8/760	M 150/760	483,0	1—2% in Kuhbutter, Spuren in Palmkernfett
Caprylsäure	$C_8H_{16}O_2$	144,21	16,3	239,7/760	M 194/760	389,0	1—2% in Kuhbutter, 6—8% in Cocosfett
Caprinsäure	$C_{10}H_{20}O_2$	172,26	31,3	270,0/760	M 224/760	325,7	in Milchfett von Säugetieren, in Samenfetten von Palmen
Laurinsäure	$C_{12}H_{24}O_2$	200,31	43,5	130,5/1	M 87/1	280,1	in Samenfetten von Lorbeergewächsen, Palmen, in Kuhbutter
Myristinsäure	$C_{14}H_{28}O_2$	228,36	54,4	149,2/1	M 111/1	245,7	in vielen tierischen und pflanzlichen Fetten, in Milchfetten, Samenfetten von Palmen
Palmitinsäure	$C_{16}H_{32}O_2$	256,42	62,9	167,4/1	M 130/1	218,8	in fast allen Naturfetten
Stearinsäure	$C_{18}H_{36}O_2$	284,47	69,6	183,6/1	M 154/1	197,2	in Körperfetten von Landtieren, in Milchfetten, tropischen Samenfetten
Arachinsäure	$C_{20}H_{40}O_2$	312,52	75,4	205/1	M 180/1	179,5	in Spuren weit verbreitet, in Erdnußöl etwa 3%
Behensäure	$C_{22}H_{44}O_2$	340,57	79,9	306/60	Ä 185/0,2	164,7	in Erdnuß- und Rapsöl in Mengen unter 1%
Lignocerinsäure	$C_{24}H_{48}O_2$	368,62	84,2	—	Ä 199/0,3	152,2	in Erdnuß- und Rapsöl in Mengen unter 3%
Cerotinsäure	$C_{26}H_{52}O_2$	396,68	87,7	—	—	141,4	Spuren in Pflanzenfetten

Schmelzpunkten der einzelnen Glieder wird mit zunehmender Kettenlänge geringer. Mit zunehmend ungesättigtem Charakter nehmen die Schmelzpunkte der korrespondierenden Säuren ab. Auch die entsprechenden Glyceride verhalten sich ähnlich wie ihre Fettsäuren.

Wegen ihres gesättigten Charakters neigen diese Fettsäuren wenig zu chemischen Veränderungen, wenn auch auf Grund neuerer Untersuchungen ihre Oxydationsbeständigkeit bei höheren Temperaturen nicht so groß ist, wie bisher angenommen wurde. Die Löslichkeit der gesättigten Fettsäuren steigt mit der Zunahme des hydrophoben Charakters des Lösungsmittels und der Temperatur. In hydrophoben Lösungsmitteln steigt die Löslichkeit außerdem mit zunehmender Kettenlänge der Fettsäuren, während sie in anderen Lösungsmitteln abnimmt. Die Löslichkeit von gradzahligen Fettsäuren ist geringer als die der nächsthöheren ungeradzahligen.

n-Buttersäure ist das unterste Glied der in natürlichen Fetten vorliegenden Fettsäuren. In kleinen Mengen (2—4%) kommt sie in den Milchfetten verschiedener Tiere vor. Der unangenehme Geruch ranziger Butter beruht auf dem Vorliegen freier Buttersäure, die durch Hydrolyse der Triglyceride gebildet worden ist. Sie ist auch ein Produkt bakterieller Fermentation von Zuckern und Stärke. In Form ihrer Ester findet sie sich in einigen Fruchtessenzen, z. B. als Hexylester in der Frucht von *Heracleum giganteum* und als Octylester in *Pastinaca satina*.

n-Capronsäure kommt in Milchfetten bis zu etwa 2% vor, in geringen Mengen im Cocosfett ($<$ 1%) sowie in verschiedenen Palmölen. Bei der durch Mikroorganismen hervorgerufenen oxydativen Ranzigkeit von Butterfetten wird Capronsäure in n-Propylketon übergeführt, das einen unangenehmen Geruch besitzt. Capronsäure hat einen charakteristischen Geruch nach Ziegen, daher ihr Name, der aus dem lateinischen *capra* = Ziege abgeleitet ist.

n-Caprylsäure kommt in Mengen von 1—4% in Milchfetten und von 7—8% in Cocosfett und einigen anderen Palmkernölen vor. Sie wurde jedoch auch in einigen Saatölen, z. B. von Grapefruit, Apfelsinen u. a., aufgefunden.

n-Caprinsäure kommt in denselben Fetten vor, die auch Caprylsäure enthalten hauptsächlich in Milchfetten, Cocosfett (7—10%) und anderen Palmkernölen. In kleinen Mengen wurde sie auch im Kopföl des Spermwals, sowie im Wollfett als Sterinester und frei im Haarfett des Menschen gefunden.

Laurinsäure gehört zu den drei weitverbreitetsten gesättigten Fettsäuren, die in der Natur aufgefunden wurden. Praktisch alle Saatfette der Lauraceen enthalten Laurinsäure, von denen es seinen Namen hat. Einige dieser Fette besitzen bis zu 88% Laurinsäure bezogen auf die Gesamtfettsäuren. In großen Mengen (45—50%) kommt sie auch in Palmkernölen, zum Teil in Form von Trilaurin vor. In Kuhbutter liegt sie in Mengen von 4—8% vor, wird aber auch in den Milchfetten anderer Tiere gefunden.

Myristinsäure ist ein Bestandteil fast aller pflanzlicher und tierischer Fette, wenn auch meist nur in Mengen von 1—5%. Milchfette enthalten 8—12%, Palmkernfette bis zu 20% der Gesamtfettsäuren. Dominant ist sie praktisch in allen Fetten der Myristiceen (Muskatnuß), wo sie 60—75% der Fettsäuren ausmacht.

Palmitinsäure ist die charakteristischste gesättigte Fettsäure natürlicher Fette. Trotz ihrer weiten Verbreitung kommt sie nicht in sehr großen Mengen vor. In den üblichen Handelsölen liegt sie meist zu 10% vor, in Olivenöl zu 15%. Schweineschmalz, verschiedene Tiertalge sowie Kakaobutter enthalten 25—35%, Palmöl 35—40%, Stillingiatalg 60—70% dieser Säure.

Stearinsäure ist die höchstmolekulare Säure, die in größeren Mengen in natürlichen Fetten und Ölen vorkommt. So enthalten Milchfette 5—15%, Schweineschmalz 10—12%, Rindertalg 14—30%, Cocosfett und Sheabutter 30—35%. Sie ist eine charakteristische Komponente hydrierter Handelsfette. Vollkommen hydrierte Maiskeim- und Sojaöle können bis zu 90% Stearinsäure enthalten.

Arachinsäure ist in der Natur zwar sehr weit verbreitet, im allgemeinen aber nur in ganz kleinen Mengen. Erdnußöl *(Arachis hypogea)* enthält 5—7% der C_{20} bis C_{24}-gesättigten Fettsäuren, von denen etwa ein Drittel Arachinsäure ist. Aber auch im Depotfett einiger Tiere sowie in Milchfetten und auch im Milchfett des Menschen wurde sie aufgefunden.

Behensäure kommt abgesehen von den Saatölen der Cruciferen in Handelsölen nicht vor. So enthält Senföl 2,0—2,3%, Rettichsamenöl 3,4%, und Rapsöl 0,6 bis 2,1%.

Behensäure ist auch ein Bestandteil des Wollfetts; im Carnaubawachs bestehen 3,5% der Gesamtfettsäuren aus Behensäure. Große Mengen wurden in *hydrierten* Fisch- und Pflanzenölen gefunden, so 7% im Heringsöl, 13% im Kabeljauleberöl, 18% im Sardinenöl, 46% im hydrierten Senföl und 57% im hydrierten Rapsöl.

b) Ungesättigte Fettsäuren

Im Gegensatz zu den gesättigten Fettsäuren enthalten die ungesättigten Fettsäuren ein bis sechs Doppelbindungen im Molekül. In Tab. 4 werden die wichtigsten

Tabelle 4. *Ungesättigte Fettsäuren mit einer Doppelbindung*

Trivialname	Systematischer Name	Brutto-formel	Mol.-Gew.	Säure-zahl	Jod-zahl	Vorkommen
Caproleinsäure	Δ-9.10-Decensäure	$C_{10}H_{18}O_2$	170,2	330	149	Milchfett
Myristoleinsäure	Δ-9.10-Tetradecensäure	$C_{14}H_{26}O_2$	226,4	248	112	Fisch- und Spermwalkopföle
Palmitoleinsäure	Δ-9.10-Hexadecensäure	$C_{16}H_{30}O_2$	254,4	221	100	Fisch- und Walöle, Milchfett
Petroselinsäure	Δ-6.7-Octadecensäure	$C_{18}H_{34}O_2$	282,5	199	90	Samenfett von Umbelliferen und Arialiaceen
Ölsäure	Δ-9.10-Octadecensäure	$C_{18}H_{34}O_2$	282,5	199	90	Am weitesten verbreitete Fettsäure, Hauptfettsäure zahlreicher Pflanzen und Tierfette
Vaccensäure	Δ-11.12-Octadecensäure	$C_{18}H_{34}O_2$	282,5	199	90	Milchfett, Tierkörperfett
—	Δ-11.12-Eicosensäure	$C_{20}H_{38}O_2$	310,5	181	82	Euphorbiaceen
Erucasäure	Δ-13.14-Docosensäure	$C_{22}H_{42}O_2$	338,6	166	75	Samenfette der Cruciferenarten (Raps)
Selacholeinsäure	Δ-15.16-Tetracosensäure	$C_{24}H_{46}O_2$	366,6	153	69	Fischöle
Ximensäure	Δ-17.18-Hexacosensäure	$C_{26}H_{50}O_2$	394,7	142	64	Samenfette von Ximeniaarten

ungesättigten Fettsäuren, die vom Ernährungsstandpunkt von großer Bedeutung sind, und ihr Vorkommen angeführt.

$$CH_3\,(CH_2)_n\,CH = CH(CH_2)_m\,COOH$$

Allgemeine Formel einer einfach ungesättigten Fettsäure

Diese Säuren liegen in den natürlichen Fetten, von einigen Ausnahmen abgesehen, nur in all-cis-Form vor. Besonderes Interesse verdient die all-cis-Linolsäure (cis,cis-Δ 9.10-12.13-Linolsäure), die als essentielle Fettsäure die höchste biologische Aktivität zeigt.

Allgemein unterscheiden sich die essentiellen Fettsäuren von den anderen ungesättigten Fettsäuren nur durch die Anzahl (2—4) und die Stellung ihrer Doppelbindungen. Für ihre essentiellen Eigenschaften ist das Vorhandensein von Doppelbindungen in der Δ 6.7- und Δ 9.10-Stellung, gerechnet von der endständigen Methylgruppe, von entscheidender Bedeutung.

Die in den natürlichen Nahrungsölen und -fetten vorkommenden ungesättigten Fettsäuren liegen allgemein als Isolenfettsäuren vor. In Spuren finden sich jedoch auch Konjuensäuren, die sich in geringen Mengen auch bei der Hydrierung bilden können. Alle ungesättigten Fettsäuren zeigen eine starke Tendenz zur Oxydation, Polymerisation und Addition und sind daher, besonders auch bei technischen Prozessen, häufig Veränderungen unterworfen.

α) Fettsäuren mit einer Doppelbindung

Δ 9.10-Decensäure (Caproleinsäure) wurde zuerst im Butterfett aufgefunden, später auch aus Ziegenmilchfett, Milchfett der Stute sowie aus indischem Büffelfett isoliert.

Δ 9.10-Tetradecensäure (Myristoleinsäure) findet sich im Walöl zu etwa 1,4%, aber auch in anderen Fischölen wie im Leberöl des Haifisches, im Fett des Aales sowie der Schildkröte wurde sie festgestellt.

Δ 9.10-Hexadecensäure (Palmitoleinsäure) leitet ihren Trivialnamen von ihrer strukturellen Beziehung zur Palmitin- und Ölsäure ab. Sie ist ebenso weit verbreitet in der Natur wie Ölsäure, nur im allgemeinen in geringeren Mengen. Seetieröle enthalten gewöhnlich 15—20%, Fischöle und die Depotfette von Amphibien und Reptilien 8—15%, Depotfette von Nagetieren und Vögeln 6—8%. Die größeren Säugetiere wie Rind, Schaf und Schwein weisen im Leberfett 6—8% Palmitoleinsäure auf. Die Depotfette dieser Tiere enthalten 2—3% Palmitoleinsäure, Milchfette und Butterfett 2—6%.

Die Octadecensäuren können theoretisch 17 Positionsisomere bilden und 16 dieser Säuren können in je 2 stereoisomeren (cis- und trans-) Formen auftreten. Nur die wichtigsten in der Natur vorkommenden Octadecensäuren seien hier angeführt.

Tabelle 5. *Mittlerer Gehalt der wichtigsten Nahrungsöle und -fette an cis,cis-Linolsäure* (% bezogen auf Gesamtfettsäuren)

Name des Fettes	% Linolsäure	Name des Fettes	% Linolsäure
Safloröl	70	Schweineschmalz	1—16
Sojabohnenöl	60	Hammeltalg	5
Sonnenblumenöl	50—70	Walöl	0—6
Baumwollsaatöl	45	Heringsöl	2—5
Maisöl	40	Cocosfett	1—3
Erdnußöl	20	Rindertalg	2
Palmöl	5—10	Butter	0,5—3
Olivenöl	10	Palmkernöl	0,5—2,5

cis-Δ 6.7-Octadecensäure (Petroselinsäure) wurde zuerst aus Petersiliensamen isoliert, von dem ihr Trivialname abgeleitet ist. Sie ist ein dominanter Bestandteil (etwa 75%) der Samenöle von Umbelliferen. Ihre trans-Isomere (Petroselaidinsäure) wird durch Reaktion der cis-Säure mit Stickoxyden, Selen oder anderen Isomerisierungs-Agentien gebildet, wobei im Gleichgewichtsgemisch 70—80% trans-Säure vorliegen.

cis-Δ 9.10-Octadecensäure (Ölsäure) ist die in der Natur meist verbreitete Fettsäure. Es sind viele Öle bekannt, die 50% und mehr Ölsäure bezogen auf ihre Gesamtfettsäuren besitzen, nur einige enthalten 10% und weniger.

Ihre trans-Isomere, die *Elaidinsäure*, wurde zusammen mit Vaccensäure erst 1952 durch Infrarotanalyse in Mengen von 5—10% in frisch ausgeschmolzenem Rindertalg, im Oleostearin sowie im Olein festgestellt.

trans-Δ11.12-Octadecensäure (Vaccensäure) wurde im Butterfett zu 1,0—4,7%, im Hammelfett zu 1—2%, im Rindertalg zu 1,6% und im Schweineschmalz zu etwa 0,2% aufgefunden.

Weitere Untersuchungen über das Vorliegen von trans-Octadecensäuren in Fetten führten zu der Erkenntnis, daß diese Säuren hauptsächlich in den Depotfetten von Wiederkäuern zu finden sind. Man führt ihr Auftreten auf die Tätigkeit der Pansenbakterien zurück.

Von den *Docosensäuren* ($C_{22}H_{42}O_2$) verdient die *Erucasäure* (cis-Δ13.14-Docosensäure) die größte Beachtung, weil sie in bedeutenden Mengen (40—50% und mehr) in den fetten Samenölen der Cruciferen vorkommt. So enthält Rapsöl 40 bis 50%, Senföl etwa 41,5% und Jambasaatöl etwa 46,3%. Durch einen besonders hohen Gehalt von etwa 82% zeichnet sich Brunnenkressenöl aus, das als Ausgangsmaterial für die Reindarstellung der Erucasäure besonders geeignet ist. Mit Hilfe von Isomerisierungsmitteln kann Erucasäure in die transisomere *Brassidinsäure* umgelagert werden.

β) Fettsäuren mit zwei und mehr Doppelbindungen

Linolsäure (cis-Δ9.10-12.13-Octadecadiensäure) ist weit verbreitet im Pflanzenteich. Auf Grund ihres häufigen Vorkommens und großen Anteils ist sie die wichrigste Polyalkylensäure, die in pflanzlichen Ölen gefunden wird. Linolsäure findet

Tabelle 6. *Ungesättigte Fettsäuren mit zwei und mehr Doppelbindungen*

Trivialname	Systematischer Name	Bruttoformel	Mol.-Gew.	Säurezahl	Jodzahl	Vorkommen
Linolsäure	Δ-9.10-12.13-Octadecadiensäure	$C_{18}H_{32}O_2$	280,4	200	181	Weitverbreitet in Pflanzenfetten
Linolensäure	Δ-9.10-12.13-15.16-Octadecatriensäure	$C_{18}H_{30}O_2$	278,4	202	274	Leinöl, Sojaöl u. a.
Eläostearinsäure	Δ-9.10-11.12-13.14-Octadecatriensäure	$C_{18}H_{30}O_2$	278,4	202	274	Chinesisches Holzöl
Parinarsäure	Δ-9.10-11.12-13.14-15.16-Octadecatetraensäure	$C_{18}H_{28}O_2$	276,4	203	367	Samenfett von *Parinarium laurinum*
Arachidonsäure	Δ-5.6-8.9-11.12-14.15-Eicosatetraensäure	$C_{20}H_{32}O_2$	304,5	184	334	Tierkörperfett, Phosphatide
Clupanodonsäure	Δ-4.5-8.9-12.13-15.16-19.20-Docosapentaensäure	$C_{22}H_{34}O_2$	330,5	170	384	Seetieröle
Nisinsäure	Δ-4.5-8.9-12.13-15.16-18.19-21.22-Tetracosahexaensäure	$C_{24}H_{36}O_2$	356,5	157	427	Japanisches Sardinenöl

sich selten in beträchtlichen Mengen in den Fetten von Landtieren. Ihr Gehalt liegt etwa bei 2—14%, nur bei Vögeln können 20% überschritten werden. Obgleich Seetieröle größere Mengen an C_{18}-Säuren besitzen können, sind letztere im allgemeinen ungesättigter als Linolsäure. Japanisches Sardinenöl macht mit einem Gehalt von 24% Octadecadiensäure eine Ausnahme.

Linolsäure ist die wirksamste essentielle Fettsäure, da fast alle Tiere nicht die Fähigkeit besitzen, sie aus Kohlenhydraten zu synthetisieren. Bei der Autoxydation von Linolsäure mit Luftsauerstoff bilden sich unter Wanderung der Doppelbindungen konjugierte Hydroperoxyde.

Linolensäure (cis-Δ9.10-12.13-15.16-Octadecatriensäure) kommt sehr häufig in Saatölen vor, wenn auch nur in geringen Mengen. Öle mit einem höheren Gehalt an Linolensäure (über 25%) wie Lein-, Perilla- und Hanföl zeigen starke Trocknungseigenschaften und sind daher als Speiseöle wenig geeignet. Sie finden dagegen umfangreiche Verwendung in der Lackindustrie.

Eläostearinsäure (cis-Δ 9.10-trans-Δ 11.12-13.14-Octadecatriensäure) wurde erstmalig aus japanischem Holzöl isoliert und in der Literatur als α-Eläostearinsäure angeführt. Die all-trans-Form wird dagegen als β-Eläostearinsäure bezeichnet. Beide isomere Formen reagieren mit Maleinsäureanhydrid unter Bildung von Diels-Alder-Verbindungen. In Speisefetten wurden sie nicht nachgewiesen.

Parinarsäure (Δ9.10-11.12-13.14-15.16-Octadecatetraensäure) eine vierfach ungesättigte konjugierte Octadecansäure wurde in den Samenfetten von Parinarium- und Impatiensarten in Mengen von 13—51% der Gesamtfettsäuren gefunden. Ihre sterische Konfiguration ist noch nicht endgültig aufgeklärt.

Arachidonsäure (Δ5.6-8.9-11.12-14.15-Eicosatetraensäure) findet sich nur in den Fetten von Landtieren, vor allem in Leber, Ei, Gehirnlecithin und Gehirnkephalin. Aber auch aus den Depotfetten von Schwein, Rind, Ente, Gans, Huhn und dem Fett des Menschen wurde sie isoliert. 2,1% der Gesamtfettsäuren von Schweineschmalz bestehen aus Arachidonsäure.

Clupanodonsäure (Docosapentaensäure) ist die am weitverbreitetste C_{22}-Pentaensäure. Ihre genaue Struktur ist noch nicht bekannt. Die wahrscheinlichste Lage ihrer Doppelbindungen ist Δ4.5-8.9-12.13-15.16-19.20. Sie findet sich als vorherrschende Polyenfettsäure im japanischen Sardinenöl, im Lebertran und anderen Ölen maritimen Ursprungs in Mengen von 10—22% der Gesamtfettsäuren.

Nisinsäure (Δ4.5-8.9-12.13-15.16-18.19-21.22-tetracosahexaensäure) wurde 1934 aus japanischem Sardinenöl isoliert.

Weitere hochmolekulare Polyenfettsäuren der C_{26}- und C_{28}-Reihe sind aus Fischölen isoliert worden. Über ihre Konstitution und ihre Eigenschaften liegen keine genauen Ergebnisse vor.

γ) Fettsäuren mit dreifacher Bindung

Von den Fettsäuren mit dreifacher Bindung, den Alkinsäuren, sind bisher mehrere Vertreter in natürlichen Fetten aufgefunden worden. Dazu gehören *Taririnsäure, Isansäure, Ximeninsäure, Ximeninolsäure* sowie einige Polyincarbonsäuren (vgl. Tab. 7). Die Alkinsäuren zeigen eine geringere Neigung zur Oxydation als die entsprechenden Alkensäuren und im Gegensatz zu letzteren werden sie nicht von Luft oxydiert. Durch UV- und IR-Spektroskopie lassen sie sich analytisch gut erfassen.

Tabelle 7. *Alkinsäuren aus natürlichen Fetten*

Trivialname	Systematischer Name	Brutto-formel	Mol.-Gew.	Smp °C	SZ	Vorkommen
Taririnsäure	6-Octadecinsäure	$C_{18}H_{32}O_2$	280,44	50,5 bis 51,5	200,1	Samenfett von *Picramnia sp.*
Ximeninsäure	trans-11-Octadecen-9-insäure	$C_{18}H_{30}O_2$	278,42	40—41	201,5	Samenöl von *Ximenia caffra*
Ximeninolsäure	8-Hydroxy-trans-octadecen-9-insäure	$C_{18}H_{26}O_3$	290,39	—	193,2	Samenöl von *Ximenia caffra*
Isansäure	17-Octadecen-9.11-diinsäure	$C_{18}H_{26}O_2$	274,39	39—40	204,4	Samenöl von *Ongokea klaineana*
Isanolsäure	8-Hydroxy-17-octadecen-9.11-diinsäure	$C_{18}H_{26}O_3$	290,39	—	193,2	Samenöl von *Ongokea klaineana*

c) Natürliche substituierte Fettsäuren

In zunehmendem Maße werden in Fetten, die jedoch meist nicht für Nahrungszwecke in Betracht kommen, auch Fettsäuren aufgefunden, deren Kette Substituenten wie Methylgruppen, Hydroxy- oder Ketogruppen oder einen Cyclopentenylring enthalten. So besitzen z. B. Bakterienfette und Wollfette größere Mengen an ein- und mehrfach methylierten Fettsäuren, während Oiticicaöl eine ketosubstituierte, Chaulmoograöl cyclopentenylsubstituierte Fettsäuren enthalten. Bei den verzweigten Fettsäuren ist Art und Stellung der Verzweigung bestimmend für ihre toxische Wirkung. Die besonderen Eigenschaften dieser Öle sind durch die Anwesenheit derartiger Fettsäuren bedingt. Von den Ölen mit substituierten Fettsäuren wird nur Ricinusöl technisch in größerem Umfange verarbeitet.

Ricinolsäure [(+)-12-Hydroxy-cis-*Δ9*.10-octadecensäure] ist die bekannteste Hydroxyalkensäure. 80—88% der Gesamtfettsäuren des Ricinusöls bestehen aus dieser Säure. Ricinusöl besitzt auf Grund seiner pharmakologischen Wirkung keine Bedeutung als Speiseöl, dagegen als Ausgangsprodukt für technische Synthesen.

Tabelle 8. *Substitutierte Fettsäuren*

Trivialname	Systematischer Name	Bruttoformel	Mol.-Gew.	Säurezahl	Jodzahl	Charakteristische Kennzahlen	Vorkommen
Ricinolsäure	12-Hydroxy-Δ 9.10-octadecensäure	$C_{18}H_{34}O_3$	298,45	187,9	85,1	OHZ 188,1	Ricinusöl (etwa 80—85%)
Licansäure	4-Keto-Δ 9.10-11.12-13.14-octadecatriensäure	$C_{18}H_{28}O_3$	292,40	191,8	260,4	COZ 95,2	Oiticicaöl (70—78%)
Chaulmoograsäure	13-Cyclopentenyl-Δ 2.3-tridecansäure	$C_{18}H_{32}O_2$	280,44	200,0	90,5	$[\alpha]_D^{25}$ +60,3°	Samenöl von Hydnocarpusarten (etwa 80—90%)
Sterculsäure	Δ 9.10-Cyclopropylennonadecensäure	$C_{19}H_{34}O_2$	294	190,5	86,4	—	Samenfett von *Sterculia foetida* (etwa 70%), Baumwollsaatöl

Licansäure (4-Keto-Δ9.10-11.12-13.14-octadecatriensäure) ist die einzige ungesättigte Ketosäure, die aus einem natürlichen Fett isoliert wurde. Außer der Ketogruppe enthält sie drei konjugierte Doppelbindungen. Oiticicaöl, das aus dem Samenfett von *Licania rigida* gewonnen wird, besteht zu etwa 70—78% seiner Fettsäuren aus Licansäure. Die Ähnlichkeit von Holzöl und Oiticicaöl in ihren lacktechnischen Eigenschaften ließ schon frühzeitig den Rückschluß auf eine Analogie der Zusammensetzung dieser beiden Öle zu.

Chaulmoograsäure (13-Cyclopentenyl-Δ2.3-tridecansäure) gehört zu den natürlich vorkommenden Säuren der Chaulmoogra-Gruppe, die 6—18 Kohlenstoffatome besitzen, von denen 5 in dem Cyclopentenylring enthalten sind. Sie zeigen daher die allgemeine Strukturformel

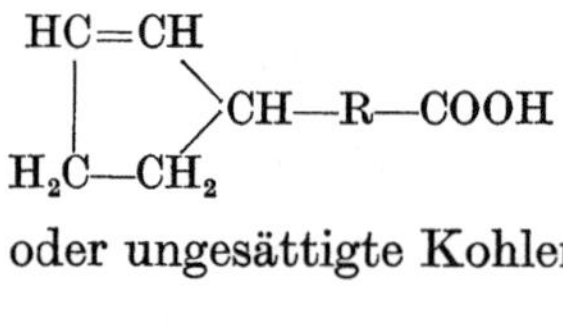

in der R eine normale gesättigte oder ungesättigte Kohlenstoffkette von 1—13 C-Atomen darstellt.

Chaulmoograsäure und Hydnocarpussäure ($C_{16}H_{28}O_2$) sind seit langem als typische Vertreter dieser Reihe bekannt. Alle natürlichen alicyclischen Fettsäuren sind optisch aktiv.

Chaulmoograöl und verwandte Öle wurden jahrhundertelang zur Behandlung von Lepra und anderen Hautkrankheiten verwendet.

Sterculsäure [ω-(2n-octylcycloprop-1-enyl-octansäure)] zeigt folgende Struktur

$$CH_3\,(CH_2)_7\,C = C\,(CH_2)_7\,COOH$$
$$\diagdown\;\diagup$$
$$CH_2$$

und ist u. a. in geringen Mengen im Baumwollsaatöl enthalten. Sterculsäure besitzt eine Anzahl ungewöhnlicher Eigenschaften. Schon bei Zimmertemperatur polymerisiert sie außerordentlich schnell, bei 250° C sogar exotherm unter Gelbildung. Die Säure und das sie in großen Mengen enthaltende Java-Olivenöl (aus *Sterculia foetida*) geben den Halphentest, der zuerst bei Baumwollsaat- und Kapoköl beobachtet wurde.

d) Bei der Hydrierung entstehende Fettsäuren

Zu diesen Fettsäuren gehören in erster Linie die stereoisomeren und positionsisomeren Octadecensäuren, die sich hauptsächlich bei der katalytischen Hydrierung von Ölen bilden und daher in größeren Mengen in Speisefetten vorliegen können. Daneben sind sie auch in geringen Mengen in natürlichen Fetten, besonders von Wiederkäuern, zu finden. Es hat sich gezeigt, daß sich mit fortschreitender Hydrierung die Lage der Doppelbindung nach den beiden Enden der Paraffinkette hin verschiebt. Gleichzeitig findet auch eine cis,trans-Umlagerung statt. Die Menge an Stereoisomeren, die unter üblichen Hydrierungsbedingungen gebildet wird, ist dabei der Menge an Positionsisomeren ungefähr proportional. Durch höhere Temperaturen wird die Umlagerung der cis-Säuren in ihre trans-Form begünstigt. Durch diese Umlagerungen tritt eine Änderung im physikalischen Verhalten der Fettsäuren ein. Eine cis, trans-Isomerisierung ist immer mit einer Erhöhung des Schmelzpunktes der betreffenden Fettsäure verbunden, jedoch liegen die Schmelzpunkte der trans-Säuren immer noch beträchtlich niedriger als die der entsprechenden gesättigten Fettsäuren, wie Tab. 9 zeigt.

Tabelle 9. *Schmelzpunkte einiger cis- und trans-isomerer Fettsäuren*

Säure	°C
Ölsäure (cis)	13
Elaidinsäure (trans)	44
Stearinsäure	70
Linolsäure (cis-cis)	—5
Linolelaidinsäure (trans-trans)	28

Tabelle 10. *Schmelzpunkte isomerer Octadecensäuren*

Verbindung	cis-Säure °C	trans-Säure °C
Δ 6.7-Octadecensäure	29,8	53,0
Δ 7.8-Octadecensäure	—	43,5—44,5
Δ 8.9-Octadecensäure	22,7—23,8	51,5—52,3
Δ 9.10-Octadecensäure	13,0 —	44,5—45,5 41,5—42,5
Δ 10.11-Octadecensäure	—	52,0—52,6
Δ 11.12-Octadecensäure	13,0—14,0 —	43,5—44,5 39,0
Δ 12.13-Octadecensäure	26,8—27,6	52,0—53,0

Tab. 10 zeigt das alternierende Verhalten der Schmelzpunkte von isomeren Octadecensäuren.

e) Polymerisierte Fettsäuren

Werden Fette und Öle längere Zeit auf Temperaturen erhitzt, wie sie beim Braten oder Backen auftreten, so entstehen durch oxydative oder thermische Polymerisation je nach Menge des zutretenden Luftsauerstoffes aus den mehrfach ungesättigten Fettsäuren polymere Säuren.

Die *thermische Polymerisation* spielt sich nach allgemeiner Ansicht hauptsächlich zwischen mehrfach ungesättigten Fettsäureresten der Glyceride ab und verläuft als Dienreaktion im Sinne einer Diels-Alder-Synthese. Dabei muß wenigstens ein Teil der Reaktionspartner konjugiert ungesättigt sein:

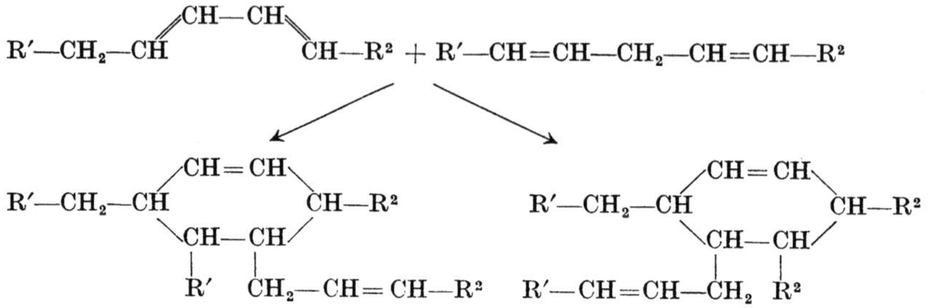

Gewisse Beobachtungen weisen aber daraufhin, daß die thermische Polymerisation nicht immer ausschließlich nach Diels-Alder verläuft. Es wurde daher ein Radikal-Mechanismus formuliert, der zu Dimeren ohne hydroaromatischen Sechsring führt, wie am Beispiel des Linolsäureesters gezeigt werden soll:

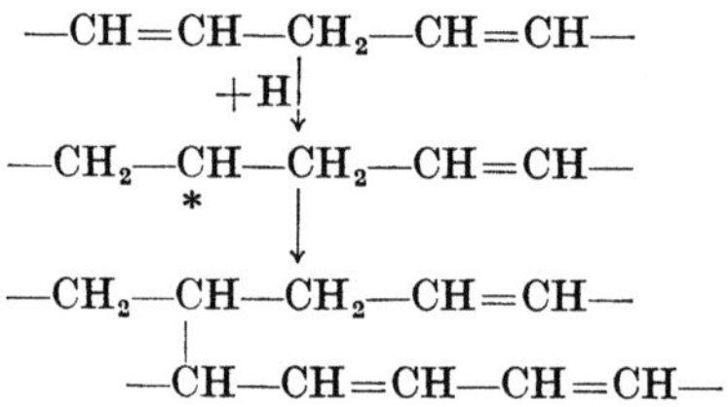

Auf Grund ihrer IR-Spektren besitzen diese Dimeren keine Sechsringstruktur, sondern ihr Spektrum ist fast identisch mit dem der Linolsäure.

Bei der *thermischen Oxydation* entstehen polymere Verbindungen, die mehr oder weniger sauerstoffhaltig sind und neben Äthersauerstoff auch Hydroxylgruppen besitzen:

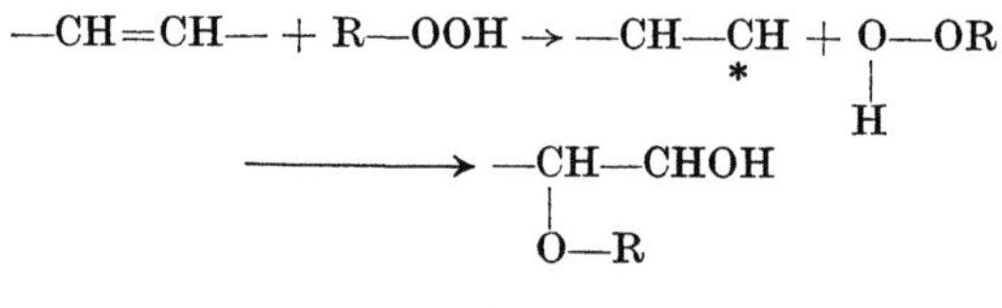

Peroxyde und Epoxyde, die sich primär bilden, werden bei Temperaturen oberhalb 180°.C zerstört. Daneben entstehen aber auch dimere Verbindungen, die auf Grund ihres IR-Spektrums Kohlenstoff-Kohlenstoff-Bindung besitzen müssen und außerdem Hydroxyl- und Carboxylgruppen enthalten.

f) Selten vorkommende Fettsäuren

α) Epoxyfettsäuren

In oxydativ-thermisch beanspruchten Fetten und Ölen finden sich neben einer Vielzahl von Reaktionsprodukten auch Epoxyfettsäuren. Unter Anlagerung von

Sauerstoff an eine Doppelbindung bildet sich eine Fettsäure, die einen Oxiranring enthält:

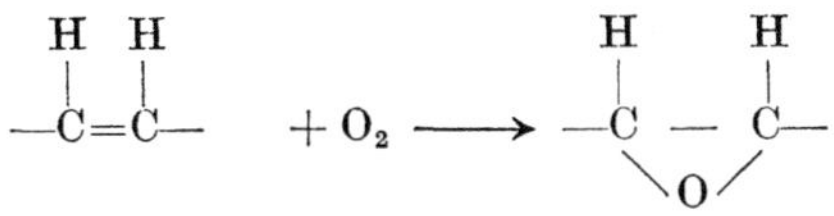

In genuinen Fetten und Ölen kommen Epoxyfettsäuren äußerst selten vor, nur eine natürliche Fettsäure dieses Typs, die *Vernolsäure*, eine 12.13-Epoxy-Δ9.10-Octadecensäure, wurde 1939 von N. L. Vidyarthi (1939) aus dem Fett von *Vernonia anthelmintica* isoliert, wo sie mehr als 70% der Gesamtfettsäuren ausmacht. Sie ist bei Zimmertemperatur flüssig und zeigt eine optische Aktivität von $[\alpha]_D = -8°$.

Allgemein besitzen Epoxysäuren beträchtlich höhere Schmelzpunkte als die korrespondierenden ungesättigten Fettsäuren. Zu ihrer Bestimmung wird ihre Reaktionsfähigkeit mit Halogenwasserstoff (Epoxydzahl) verwendet.

Eine Anzahl Epoxysäuren ist (besonders für die Herstellung von Epoxydharzen) auf rein chemischem Wege dargestellt worden, vornehmlich durch Oxydation ungesättigter Säuren.

β) Verzweigtkettige Fettsäuren

Obgleich praktisch alle Fettsäuren, die in der Natur vorkommen, geradkettige Verbindungen sind, treten in einigen Fällen auch verzweigtkettige Fettsäuren auf. Sie wurden erstmalig im Kapselfett der Tuberkelbacillen und im Wollfett entdeckt, aber auch in den synthetischen Fettsäuregemischen aus Fischer-Tropsch-Gatschparaffinen kommen sie in größeren Mengen vor.

Über die zahlreichen in Bakterienlipoiden vorliegenden methylverzweigten Fettsäuren berichtet J. Assilineau (1962).

Tabelle 11. *Verzweigtkettige Fettsäuren aus biologischem Material*

Trivialname	Systematischer Name	Bruttoformel	Smp °C	Vorkommen
Tuberkulostearinsäure	10-Methyloctadecansäure	$C_{19}H_{38}O_2$	10,3—11,7	Tuberkellipoide
Phtionsäure	3.13.19-Trimethyltricosansäure	$C_{26}H_{52}O_2$	—	Tuberkellipoide
Mycocerisinsäure	Trimethyloctacosansäure	$C_{31}H_{62}O_2$	33—34	Tuberkellipoide
Phytomonsäure	Methylnonadecansäure	$C_{20}H_{40}O_2$	24	Bakterienfett von *Phytomonas tumefaciens*

g) Dicarbonsäuren

Dicarbonsäuren kommen nicht in größeren Mengen als Komponenten der Lipoide vor. Sie entstehen bei der ω-Oxydation und einige von ihnen sind wichtige Zwischenprodukte des Stoffwechsels. Da sie zwei Carboxylgruppen besitzen, können sie zwei Serien von Estern, Salzen oder anderen Derivaten bilden. Die Schmelzpunkte der Dicarbonsäuren liegen viel höher als die der Monocarbonsäuren von entsprechendem Molekulargewicht (über den Endabbau der Fettsäuren vgl. C. Martius 1950, 1953).

Tabelle 12. *Gesättigte Dicarbonsäuren, die biologische Bedeutung besitzen*

Trivialname	Systematischer Name	Formel	Smp °C	Quelle
Oxalsäure	—	$(COOH)_2$	189,5	Rhabarber, Sauerampfer, Sauerklee
Malonsäure	Methan-dicarbonsäure	$CH_2(COOH)_2$	133	Wasserdampfdestillat von Zuckerrüben
Bernsteinsäure	Äthan-dicarbonsäure	$(CH_2)_2(COOH)_2$	183	Destillation von Bernstein
Glutarsäure	Propan-dicarbonsäure	$(CH_2)_3(COOH)_2$	97,5	Waschwässer von roher Schafwolle
Adipinsäure	Butan-dicarbonsäure	$(CH_2)_4(COOH)_2$	153	Salpetersäureoxydation von Ricinusöl
Pimelinsäure	Pentan-dicarbonsäure	$(CH_2)_5(COOH)_2$	105,5	Oxydationsprodukt von Ricinolsäure
Korksäure	Hexan-dicarbonsäure	$(CH_2)_6(COOH)_2$	140	Salpetersäureoxydation von Ricinusöl
Azelainsäure	Heptan-dicarbonsäure	$(CH_2)_7(COOH)_2$	108	Oxydation von Ölsäure mit $KMnO_4$
Sebacinsäure	Octan-dicarbonsäure	$(CH_2)_8(COOH)_2$	134,5	Trockendestillation von Ricinusöl
Brassylsäure	Undecan-dicarbonsäure	$(CH_2)_{11}(COOH)_2$	112	Salpetersäureoxydation von Eruca- oder Brassidinsäure

h) Herstellung von Fettsäuren

Fettsäuren lassen sich am einfachsten durch hydrolytische Spaltung von Glyceriden erhalten, entweder unter Druck mit Wasser bei hohen Temperaturen oder durch Verseifung unter milderen Bedingungen. Da die Eigenschaften verwandter Fettsäuren sehr ähnlich sind, ist es nicht leicht, reine Fettsäuren zu gewinnen. Durch Heranziehung kombinierter Arbeitsweisen wie fraktionierte Kristallisation, Hochvakuum-Fraktionierung, Chromatographie und besonders die Verwendung von Harnstoff-Einschlußverbindungen kann jedoch eine Trennung zufriedenstellend durchgeführt werden.

Während des letzten Krieges wurden in Deutschland Fettsäuren durch Oxydation von Kohlenwasserstoffen mit Luftsauerstoff gewonnen (Paraffinoxydation). Da jedoch in dem erhaltenen Fettsäurengemisch größere Mengen an ungeradzahligen und verzweigtkettigen Säuren vorlagen, war es für Genußzwecke nicht geeignet.

Schließlich lassen sich Fettsäuren auch synthetisieren. Jedoch gelang es erst in neuerer Zeit mit Hilfe der Acetylenverbindungen, mehrfach ungesättigte Fettsäuren mit bestimmter Stellung der Doppelbindungen herzustellen. Als Beispiel seien die Synthesen von Öl- und Linolsäure angeführt.

Synthese von Öl- und Elaidinsäure, P. BAUDART (1946).

$$CH_3(CH_2)_7CO_2C_2H_5 + C_2H_5OCO(CH_2)_7OC_2H_5 \xrightarrow{Na}$$
$$CH_3(CH_2)_7COCH(OH)(CH_2)_7OC_2H_5 \xrightarrow{Ni/H}$$
$$CH_3(CH_2)_7CH(OH)CH(OH)(CH_2)_7OC_2H_5 \xrightarrow{HBr/CH_3CO_2H-H_2SO_4}$$

(2 geometrische Isomere, die getrennt werden müssen)

$$CH_3(CH_2)_7{-}CH{=}CH{-}(CH_2)_7\,Br \xrightarrow{KCN/Verseifung}$$
$$CH_3(CH_2)_7{-}CH{=}CH{-}(CH_2)_7CO_2H$$

(Ölsäure aus einer Form, Elaidinsäure aus der anderen Isomeren).

Der Erfolg der Öl- bzw. Elaidinsäuresynthese hängt von der Trennung der zwei isomeren Glykole nach der 2. Stufe und ihre individuelle Überführung in Dibromide mit anschließender Debromierung ab. Das threo-Glykol gibt die trans-ungesättigte Säure (Elaidinsäure), das erythro-Glykol die cis-ungesättigte Säure (Ölsäure).

Synthese von Linolsäure, R. A. RAPHAEL u. F. SONDHEIMER (1950).

$$C_5H_{11}C{\equiv}CH \xrightarrow{C_2H_5MgBr/CH_2O} C_5H_{11}C{\equiv}C{-}CH_2OH \xrightarrow{CH_3SO_2Cl} C_5H_{11}C{\equiv}C{-}CH_2OSO_2CH_3$$

$$Cl(CH_2)_6Cl \xrightarrow{NaJ/HC{\equiv}CNa} HC{\equiv}C(CH_2)_6Cl$$

$$\xrightarrow{C_2H_5MgBr} C_5H_{11}C{\equiv}C{-}CH_2{-}C{\equiv}C(CH_2)_6Cl$$
$$\xrightarrow{NaJ/CH_2(CO_2C_2H_5)_2/H_2/Pd} C_5H_{11}{-}CH{=}CH{-}CH_2{-}CH{=}CH(CH_2)_7CO_2H$$

Die Ausbeute an Linolsäure hängt völlig von dem erfolgreichen Umsatz der reaktionsfähigen Acetylenverbindungen mit metallorganischen Reagentien ab. In der Endstufe wird die Hydrierung unter derartigen Bedingungen durchgeführt, daß olefinische Verbindungen mit cis-Konfiguration entstehen.

2. Glyceride

Der dreiwertige Alkohol Glycerin [$C_3H_5(OH)_3$] kann mit ein, zwei und drei Molekülen Fettsäuren Glycerinester (Glyceride) bilden. Je nachdem, ob 1, 2 oder 3 Wasserstoffatome seiner Hydroxylgruppen durch Fettsäureradikale (R) ersetzt sind, unterscheidet man Mono-, Di- und Triglyceride und je nach der Anzahl der verschiedenen Fettsäuren ein-, zwei- und dreisäurige Glyceride.

Da das Glycerin zwei primäre und eine sekundäre OH-Gruppe enthält, bildet es verschiedene stellungsisomere Glyceride. Wie an anderer Stelle erwähnt, bestehen die Naturfette zum größten Teil aus Triglyceriden. Daneben jedoch enthalten sie auch geringe Mengen an Diglyceriden (0,1%) sowie an Monoglyceriden (etwa 0,2—1,2%), die meist durch lipatische Hydrolyse bei der Lagerung der Ölsaaten entstanden sind.

Zur *Nomenklatur* der Glyceride macht H. P. KAUFMANN (1950) folgende Vorschläge:

Als übergeordnetes Prinzip soll die Kettenlänge dienen und zwar stehen die niedrigeren vor den höheren Säuren, z. B. Palmito-distearin (nicht Distearopalmitin).

Haben gesättigte und ungesättigte Fettsäuren die gleiche Kettenlänge, so wird die gesättigte Säure vorangestellt, z. B. Palmitostearo-olein.

Liegen ungesättigte Säuren gleicher Kettenlänge aber verschiedenen Sättigungsgrades vor, so wird die gesättigtere Säure vorangestellt, z. B. Oleo-linololinolenin.

Bei verzweigten Fettsäuren wird die längste gerade Kette zugrunde gelegt.

Bei cis-trans-Isomeren wird die cis-Form vorangestellt.

Bei optisch-aktiven Säuren steht die L-Form voran.

Substituierte Säuren werden nachgestellt.

Desgleichen cyclische Säuren.

a) Triglyceride

$$\begin{array}{l} CH_2O—COR \\ | \\ CHO—COR_1 \\ | \\ CH_2O—COR_2 \end{array}$$

Allgemeine Formel der Triglyceride

Die Triglyceride sind, quantitativ betrachtet, die wichtigsten Bestandteile der natürlichen Öle und Fette. Triglyceride, die drei gesättigte Fettsäureradikale enthalten, sind normalerweise ziemlich hochschmelzende Substanzen; mit zwei gesättigten und einem ungesättigten Radikal sind sie fest mit einem mittleren Schmelzpunkt von etwa 30—40° C; mit einem gesättigten und zwei ungesättigten Radikalen sind sie niedrig schmelzende Substanzen mit einem mittleren Schmelzpunkt von 15—25° C und mit drei ungesättigten Fettsäureradikalen sind sie flüssig. Diese Reihenfolge wird jedoch durchbrochen, wenn ungesättigte Fettsäureradikale in trans-Konfiguration vorliegen.

Die Zahl der theoretischen Austauschmöglichkeiten der Fettsäureradikale ist sehr groß. So kann ein Fett, das nur zwei verschiedene Fettsäuren enthält, sechs Triglyceride, ein Fett, das drei Fettsäuren enthält, bereits achtzehn Triglyceride bilden. Da die meisten Öle und Fette eine größere Zahl von Fettsäuren besitzen, kann man annehmen, daß die Anzahl an verschiedenen Triglyceriden in einem natürlichen Fett ziemlich groß ist. So wurden beispielsweise bei Sonnenblumenöl mit Hilfe der Gaschromatographie 84 Triglyceride festgestellt, von denen jedoch ein großer Teil in Mengen unter 1% vorliegt. Die Art der Verteilung der Fettsäuren in natürlichen Glyceridmischungen ist noch nicht völlig aufgeklärt. Es ist jedoch bekannt, daß die Verteilung bei den meisten Ölen und Fetten nicht wahllos ist und wahrscheinlich durch die anwesenden Enzymsysteme bestimmt wird[1]. Ein Einfluß der Fütterung auf die Zusammensetzung des Fettsäuregemisches der Triglyceride sowie auf die Qualität der Produkte tritt bei Milchfetten und bei Schweineschmalz deutlich in Erscheinung. Bei pflanzlichen Fetten ist ein gewisser Einfluß des Klimas auf den Gehalt an ungesättigten Fettsäuren festgestellt worden (vgl. S. 311).

Zur Aufklärung ihrer Zusammensetzung können die Triglyceride durch fraktionierte Kristallisation aus einem polaren Lösungsmittel in 4 Gruppen, in trigesättigte, digesättigte-monoungesättigte, monogesättigte-diungesättigte und triungesättigte Glyceride aufgetrennt werden. Wenn auch der erreichte Trennungsgrad noch wenig befriedigend ist, so geben die Analysen der einzelnen Fraktionen

---

[1] In der angelsächsischen Literatur wird unterschieden zwischen random, even und restricted random distribution.

doch schon ein Bild von der Zusammensetzung der vorliegenden Glyceride. Man kann auch die Struktur der Glyceride so ermitteln, daß zunächst mit Pankreaslipase die $\alpha.\alpha'$-ständigen Fettsäuren abgespalten und anschließend von den erhaltenen β-Monoglyceriden abgetrennt werden. Sowohl die freien Fettsäuren als auch die β-ständigen Fettsäuren lassen sich dann gaschromatographisch bestimmen.

Welchen Einfluß die *Verteilung der Fettsäuren* im Glyceridmolekül auf die physikalischen Eigenschaften der Fette hat, läßt sich am besten am Beispiel der Kakaobutter und des Hammeltalgs zeigen. Diese Fette besitzen nahezu die gleiche Fettsäurenzusammensetzung. Während jedoch Kakaobutter hart und spröde ist und einen relativ niedrigen und scharfen Schmelzpunkt zeigt, ist Hammeltalg plastisch-schmierig und schmilzt beträchtlich höher und über einen weiten Temperaturbereich, wobei der eigentliche Schmelzpunkt bei 45—50° C liegt. Dieses Verhalten kann nur der Tatsache zugeschrieben werden, daß die Glyceride der Kakaobutter im wesentlichen digesättigt-monoungesättigt sind, während Hammeltalg u. a. auch trigesättigte Glyceride enthält. Bezeichnet man die gesättigten Fettsäuren mit „G" und die ungesättigten mit „U", so enthält die Kakaobutter hauptsächlich Glyceride der Zusammensetzung G—U—G. Im Hammeltalg dagegen sind diese Glyceride relativ selten, während die Formen G—G—G, U—U—G und wahrscheinlich U—G—G vorherrschen. Weiterhin konnte gezeigt werden, daß auch die Verdaulichkeit eines Fettes von der Stellung der Fettsäuren im Triglyceridmolekül abhängig sein kann (vgl. dazu auch E. SCHLENKER 1951).

Öle und Fette verschiedenen Ursprungs unterscheiden sich beträchtlich durch die relative Stellung der gesättigten und ungesättigten Fettsäureradikale in ihren Triglyceriden. So zeigen bei pflanzlichen Ölen und Fetten die gesättigten Radikale eine Tendenz, die 1-(α)-Stellung gegenüber der 2-(β)-Stellung zu bevorzugen, daher haben ihre Triglyceride vorherrschend eine G—U—G- und G—U—U-Konfiguration. Bei Schweineschmalz liegen die Verhältnisse umgekehrt. Hier herrschen die G—G—U- und U—G—U-Konfigurationen vor. Talg scheint eine Zwischenstellung einzunehmen, hier kommen alle Formen in einer mehr oder weniger wahllosen Verteilung vor.

Wie schon weiter oben angeführt, ist die Konfiguration der Glyceride von großem Einfluß auf ihr Schmelzverhalten. Tabelle 13 zeigt die Schmelzpunkte einer typischen Auswahl an Triglyceriden einschließlich ihrer Isomeren.

Tabelle 13. *Schmelzpunkte (°C) einiger charakteristischer Triglyceride*

	S—S—S (72)		P—P—P (65)		S—P—P (62)	
P—O—P (37)	O—P—P (34)		S—O—P (35)		S—P—O (39)	P—S—O (36)
		O—O—P (19)		O—O—S (23)		
	O—O—O (5)		E—E—E (42)		L—L—L (—10)	

S = Stearin, P = Palmitin, O = Olein, E = Elaidin, L = Linolein.

Da die Glyceride in zahlreichen *polymorphen Formen* existieren können, werden in Tab. 13 nur die Schmelzpunkte der am höchsten schmelzenden Form, der β-Form, verglichen. Während man die β-Formen durch Kristallisation aus Lösungsmitteln bequem gewinnen kann, erhält man die weniger stabilen α- und

β'-Formen durch geeignetes Abkühlenlassen einer Schmelze. Die verschiedenen polymorphen Formen können charakterisiert werden durch Röntgenographie sowie kristallographische und spektroskopische Daten, aus denen man die unterschiedliche Packung der Moleküle im Gitter ableitet. Die bei technischen Prozessen auftretende Polymorphie ist von außerordentlicher Wichtigkeit. Sie kann dem Produkt bei der Verarbeitung und Strukturierung Geschmeidigkeit verleihen, andererseits aber zu Entmischung und Auskristallisieren führen. (Zur Polymorphie der Glyceride vgl. auch T. MALKIN 1954.)

Im Gegensatz zu den Fettbegleitstoffen sind die Triglyceride mit Ausnahme von Ricinus- und Traubenkernöl in Alkohol bei Zimmertemperatur schwer oder gar nicht löslich. Schwefelkohlenstoff ist für alle Fette das beste Lösungsmittel. Bei Fetten mit einem höheren Gehalt an niedermolekularen Triglyceriden erhöht sich die Löslichkeit.

b) Mono- und Diglyceride

Wird Glycerin mit einer Fettsäure verestert, so können neben einem Triglycerid noch 4 weitere Verbindungen erhalten werden, wie Abb. 1 am Beispiel der Stearinsäureglyceride zeigt.

$CH_2OCOC_{17}H_{35}$
|
CHOH
|
CH_2OH
(1(α)-Monostearin, Smp. 82° C)

CH_2OH
|
$CHOCOC_{17}H_{35}$
|
CH_2OH
(2(β)-Monostearin, Smp 74° C)

$CH_2OCOC_{17}H_{35}$
|
CHOH
|
$CH_2OCOC_{17}H_{35}$
(1.3-Distearin, Smp 80° C)

$CH_2OCOC_{17}H_{35}$
|
$CHOCOC_{17}H_{35}$
|
CH_2OH
(1.2-Distearin, Smp 69° C)

$CH_2OCOC_{17}H_{35}$
|
$CHOCOC_{17}H_{35}$
|
$CH_2OCOC_{17}H_{35}$
(Tristearin, Smp 72° C)

Abb. 1. Mono-, Di- und Triglyceride der Stearinsäure

Es werden also zwei Monoglyceride, zwei Diglyceride und ein Triglycerid gebildet. Die ersten vier Verbindungen, die unvollständig veresterte Glyceridmoleküle darstellen, sind als *Partialglyceride* bekannt.

Die *Monoglyceride* sind oberflächenaktive Verbindungen, da sie sowohl eine polare (wasserlösliche) als auch eine unpolare (fettlösliche) Gruppe besitzen. Aus diesem Grund sind die Monoglyceride der höheren Fettsäuren als Emulgatoren für die Lebensmittelindustrie von großer Bedeutung. Sie eignen sich besonders für die Herstellung von Wasser-in-Öl-Emulsionen, außerdem sind sie Kristallisationsbeschleuniger. So zeigt ein Fett auf Zusatz geringer Mengen an Monoglycerid schnell ein mikrokristallines Gefüge. Diese Eigenschaft macht die Monoglyceride besonders wertvoll zur Verhinderung des Ölausflusses aus fetthaltigem Material.

Die *Diglyceride* sind weniger polare Verbindungen und in ihren allgemeinen Eigenschaften nicht sehr verschieden von den Triglyceriden.

Mono- und besonders Diglyceride kommen in geringen Mengen (normalerweise 0,1—0,4%) in natürlichen Ölen und Fetten vor, wo sie durch partielle Hydrolyse des Öls infolge der Einwirkung von Enzymen in der Frucht oder Saat gebildet werden. Bereits diese geringen Mengen an Monoglyceriden können bei der Raffination zu einer unerwünschten Emulsionsbildung und damit zu Verlusten an Neutralöl führen.

Industriell gewinnt man die Monoglyceride allgemein durch normale Glycerinolyse (bis etwa 45%ige Produkte) oder im Dünnschichtverfahren (bis etwa 80%ige Produkte). Zur Herstellung hochprozentiger Monoglyceride (etwa 95%ig), die Emulsionen von hoher Stabilität in bezug auf Erschütterungen, Temperaturschwankungen und Lagerungszeiten ergeben, wird die Molekulardestillation verwendet. Die gewonnenen Monoglyceridpräparate bilden im allgemeinen Gleichgewichtsmischungen von 90% α-Monoglycerid und 10% β-Monoglycerid, was analytisch zu berücksichtigen ist.

Die Mono- und Diglyceride zeigen gegenüber den Triglyceriden eine etwas geringere Löslichkeit in Fettlösungsmitteln, wobei die der Monoglyceride niedriger liegt als die der Diglyceride. So ist beispielsweise Glycerinmonostearat in kaltem Äther und Petroläther schwer löslich. In den anderen bekannten Fettlösungsmitteln dagegen ist Glycerinmonostearat löslich, wenn auch in geringerer Konzentration als die Triglyceride. Glycerinmonolaurat ist in Äther, Chloroform, Aceton sowie auch in Benzol löslich. Die Verdaulichkeit der Mono- und Diglyceride entspricht der der Triglyceride.

Von den einsäurigen Triglyceriden abgesehen, die durch direkte Veresterung von Glycerin mit Fettsäuren gewonnen werden können, sind zur Darstellung zwei- und dreisäuriger Triglyceride Mono- oder Diglyceride erforderlich, die durch Acylierung in die gewünschten Triglyceride umgesetzt werden können.

Im Laboratorium werden zur Gewinnung von Monoglyceriden 3 Methoden gewählt:

1. Umsetzung von Glycerinchlorhydrin mit dem Natriumsalz einer Fettsäure;
2. Umsetzung von Glycerinaceton mit einem Fettsäurechlorid;
3. Direkte Veresterung von Glycerin mit einer Fettsäure oder Umesterung der Methylester einer Fettsäure mit Glycerin.

Da die zweite Methode sehr schonend verläuft und nahezu quantitative Ausbeuten liefert, wird sie meist bevorzugt.

E. Zusammengesetzte Lipoide

Die Fette und Öle liegen je nach ihrer Art und Provenienz mit einer großen Zahl von Begleitstoffen vergesellschaftet vor (vgl. Tab. 1 S. 311), die teils zu den zusammengesetzten Lipoiden und teils zu den Lipoidbegleitstoffen gehören.

I. Phosphatide (Glycerophosphatide)

Im Vergleich zu den Glyceriden sind diese Verbindungen in quantitativer Hinsicht unbedeutend, obwohl sie in Fetten weitverbreitet vorliegen. Dank ihrer ausgezeichneten chemischen und physikalischen Eigenschaften besitzen sie beträchtliche biochemische Bedeutung. Die Formeln der bekannteren Phosphoglyceride sind in Abb. 2 zusammengestellt.

Die R—CO-Gruppen der Phosphoglyceride in Abb. 2 bedeuten Acylradikale, wobei eine oder beide Gruppen gewöhnlich ungesättigt (z. B. Ölsäureradikale) sind. Phosphoglyceride aus vielen Pflanzensamenölen, wie Soja- oder Erdnußöl, enthalten 2 Oleoylgruppen. Andererseits enthalten viele Leberphosphoglyceride

CH_2OCOR
|
$CHOCOR$
|
$CH_2OP^-O_2—OCH_2CH_2N^+(CH_3)_3$
Lecithine

CH_2OCOR
|
$CHOCOR$
|
$CH_2O—PO(OH)—OCH_2CH_2NH_2$
Kephaline

CH_2OCOR
|
$CHOCOR$
|
$CH_2O—PO(OH)—OCH_2CH(CO_2H)NH_2$
Phosphatidylserine

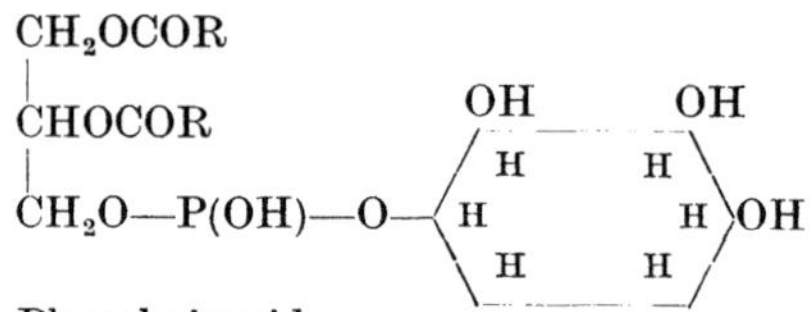

Phosphoinoside

Abb. 2. Formeln der bekanntesten Phosphoglyceride

ein ungesättigtes Acylradikal in 1-Stellung und ein gesättigtes Acylradikal in 2-Stellung. Charakteristisch für die meisten Phosphoglyceride ist ihr Stickstoffgehalt, der sie zu amphoteren, oberflächenaktiven Verbindungen macht. Lecithin ist bekanntlich in der Lebensmittelindustrie als Emulgator sehr geschätzt.

Wegen ihrer sauren und basischen Funktionen und ihrer stark emulgierenden Eigenschaften nimmt man an, daß die Phosphoglyceride eine lebenswichtige Rolle bei biochemischen Prozessen spielen, wie beispielsweise beim Transport von Fettsäuren und Proteinen sowie beim Ionenaustausch. Für die Transportfunktion der Phosphatide sprechen ihre Bildung in der Darmschleimhaut bei der Resorption der Fette und die Beobachtung, daß während der Bildung des Milchfettes in der Milchdrüse der Phosphatidgehalt des Blutes deutlich absinkt.

Auf Grund der gleichen Eigenschaften können sie auch beispielsweise bei der Ölraffination oft recht lästig sein und ihre Entfernung macht besondere Behandlungsmaßnahmen bei der Entschleimung erforderlich.

Sie sind im allgemeinen gut löslich in Ölen und Fetten, da sie jedoch eine sehr geringe Löslichkeit in Aceton besitzen, kann man sie als hochschmelzende Verbindungen aus Acetonlösungen der Fette und Öle ausfällen. Im Gegensatz zu den Fetten sind die Phosphoglyceride mehr oder weniger alkohollöslich.

In Abb. 2 ist eine allgemeine Formel für Phosphoinoside aufgestellt. Die Struktur dieser Verbindungen ist jedoch noch wenig aufgeklärt, sie sind aber besonders in Pflanzenölen weit verbreitet. Das Inositmolekül kommt in Ölsaaten auch in Form eines Triphosphorsäureesters (Phytin) vor.

Die *Plasmalogene*, die chemisch Acetalphosphatide darstellen, treten stets als Begleitstoffe der einfachen Phosphatide auf. In ihrem Molekül sind Fettaldehyde acetalartig an Colamin-Glycerophosphate gebunden und man unterscheidet zwischen $\alpha.\beta$- und $\alpha.\alpha'$-Acetalen. Die Plasmalogene besitzen keine definierten Schmelzpunkte, sondern zeigen meist einen Erweichungspunkt bei 50° C. Oberhalb von 150° C zersetzen sie sich. Sie bilden meist amorphe, wachsartige Massen, die in den bekannten Fettlösungsmitteln nur wenig, in heißem Methyl- oder Äthylalkohol dagegen gut löslich sind. Ihre Gegenwart kann durch das Auftreten einer purpurroten Farbe bei Umsatz mit Fuchsinschwefligersäure festgestellt werden.

II. Sphingolipoide

Diese Gruppe der zusammengesetzten Lipoide ist durch das Vorliegen einer Anzahl langkettiger hydroxylhaltiger Stickstoff-Basen charakterisiert, die vorwiegend eine Kohlenstoffkette mit 18-C-Atomen besitzen. Die wichtigsten Sphingolipoide sind in Abb. 3 zusammengefaßt.

Sphingosin	$CH_3—(CH_2)_{12}—CH{=}CH—CH(OH)—CH(NH_2)—CH_2(OH)$
Dihydrosphingosin	$CH_3—(CH_2)_{14}—CH(OH)—CH(NH_2)—CH_2(OH)$
Phytosphingosin	$CH_3—(CH_2)_{13}—CH(OH)—CH(OH)—CH(NH_2)—CH_2(OH)$
Dehydrophytosphingosin	$CH_3—CH_2—CH{=}CH(CH_2)_{10}—CH(OH)—CH(OH)—CH(NH_2)—CH_2(OH)$

Abb. 3. Die wichtigsten Sphingolipoide

Sphingosin und *Dihydrosphingosin* kommen ausschließlich in tierischen Fetten vor, besonders in Gehirn-, Pankreas- und Rückenmarklipoiden. Sie liegen nicht in freier Form vor, sondern in Verbindung mit Fettsäuren als Amide, mit Phosphosäurederivaten als Ester oder als Zuckerderivate (Saccharolipoide). So sind die *Sphigomyeline* Phosphoylcholinester des Sphingosins, in denen die Aminogruppen acetyliert vorliegen.

Der Aufbau der *Phytobasen* in den Pflanzenölen ist bisher kaum bekannt. Es wurden bis jetzt nur unvollständig charakterisierte Derivate von Phytosphingosin aus Sojaöl gewonnen.

III. Saccharolipoide

Die *Cerebroside* sind in ihrem Aufbau nahe mit den Sphingomyelinen verwandt. Sie unterscheiden sich dadurch, daß sie statt des Phosphoylcholins ein Molekül Zucker, meist Galaktose enthalten und zwar in glykosidischer Bindung. Sie konnten aus dem Gehirn vieler Tiere, aber auch aus anderen Organen sowie Hefen gewonnen werden.

Cerebroside, die Schwefelsäure esterartig am C_6-Atom der Galaktose gebunden enthalten, sind in der Literatur als *Sulfolipoide* bekannt.

Die *Ganglioside*, deren Name auf ihr Vorkommen in Ganglienzellen hinweist, besitzen als wichtigste Bausteine Sphingosin, Fettsäuren und Kohlenhydrate, wie Hexosen, Aminohexosen und Neuraminsäure. Durch ihren hohen Kohlenhydratgehalt sind sie wasserlöslich. Ihre Struktur ist noch weitgehend ungeklärt.

Da angenommen wird, daß die Sphingolipoide und die Saccharolipoide auf Grund ihrer grenzflächenaktiven Eigenschaften eine bemerkenswerte biologische Bedeutung besitzen, beschäftigt die Aufklärung ihrer Struktur und die Erkennung ihrer Funktionen die verschiedensten Arbeitskreise. Man neigt heutzutage immer mehr zu der Ansicht, daß auch sie am Transport der Fette im Organismus beteiligt sind. Dies gilt im besonderen Maße für die ungesättigten Fettsäuren.

IV. Lipoproteide

Der Begriff „Lipoproteide" wird für Verbindungen zwischen Proteinen und Lipoiden verwendet, jedoch nur in den seltensten Fällen liegen bei diesen Stoffen chemische Bindungen beider Teile vor. Ausnahmen bilden die *Phosphatidoserine*,

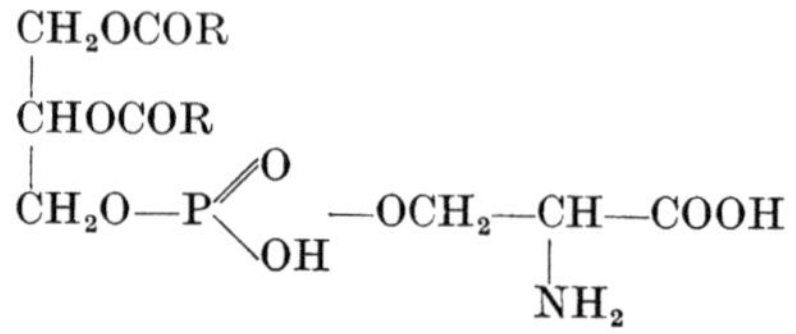

bei denen eine Hydroxyaminosäure wie Serin oder Threonin die Brücke zum Eiweißmolekül bildet, oder die *Phosphatidopeptide*,

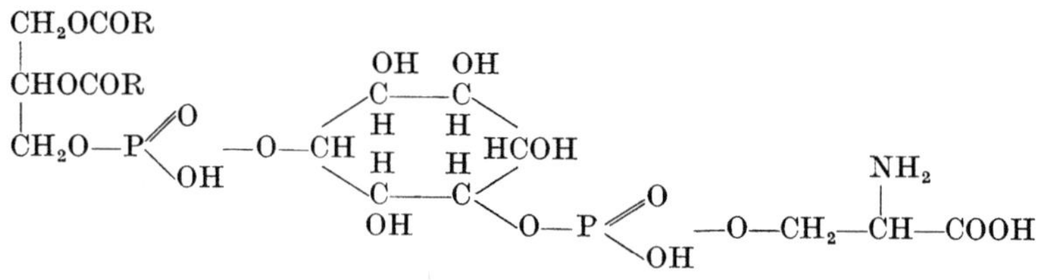

die als Brückensubstanz z. B. Inosit aufweisen. Beide kommen in geringen Mengen im Gehirn vor.

Die meisten anderen natürlichen Lipoproteide (in tierischen Organen, Körperflüssigkeiten, Milch, Eiern u. a.) sind als Zwischenmolekularkomplexe anzusehen, die durch van der Waalsche Kräfte zusammengehalten werden. Bei dem gegenwärtigen Wissensstand ist es meist nicht möglich, eine exakte Formulierung des Bindungstyps zwischen einem Lipoid als prosthetischer Gruppe und einem Protein zu geben. Bei Betrachtung der polaren Eigenschaften der meisten Lipoide muß man mit dem Auftreten elektrostatischer- und zwischenmolekularer Verbindungen rechnen.

Da die Lipoproteide für die Lösung und den Transport der verschiedensten Arten lipophiler Verbindungen verantwortlich zu machen sind, besitzen sie eine große physiologische Bedeutung. Bei ihrer Isolierung verhalten sie sich häufig wie einheitliche chemische Verbindungen, meist aber ändert sich mit einer Verschiebung des pH-Wertes und der Ionenstärke des Mediums das Molverhältnis Lipoid/Protein.

Wie ein Lipoproteid zusammengesetzt sein kann, zeigt die genaue Untersuchung eines β-Lipoproteids aus menschlichem Normalserum:

Proteinanteil	23%
freies Cholesterin . .	8%
Cholesterinester . . .	39%
Phospholipoide . . .	29%

F. Lipoidbegleitstoffe (Fettbegleitstoffe)

I. Sterine

Unter Sterinen versteht man eine interessante Gruppe von Fettbegleitsubstanzen, die ihrer chemischen Struktur nach polycyclische Alkohole sind und einen

Cyclopentanophenanthrenring (Steran) enthalten. In der Natur kommen sie sowohl frei als auch mit Fettsäuren verestert vor. Sie stehen in naher Verwandtschaft zu den Gallensäuren, den Sexualhormonen, den Hormonen der Nebennierenrinde, den Provitaminen D und den Saponinen, die sämtlich unter dem Sammelbegriff Steroide zusammengefaßt werden.

Auf Grund ihres Vorkommens in der Natur erfolgt die Klassifizierung der Sterine in:

1. *Zoosterine* oder tierische Sterine. Zu dieser Gruppe gehören Cholesterin, Koprosterin, Allosterin und Dihydrocholesterin;

2. *Phytosterine* oder pflanzliche Sterine, die charakteristisch für höhere Pflanzen und Phanerogame sind. Zu ihnen gehören Sitosterin, Stigmasterin und Brassicasterin;

3. *Mycosterine*, die Sterine niederer Pflanzen, vor allem von Kryptogamen und Pilzen. Am besten erforscht ist das Ergosterin. Andere Vertreter dieser Gruppe sind Zymosterin, Dihydroergosterin und Fucosterin.

Die einzelnen Ringe des Ringsystems ihrer Strukturformeln werden mit den Buchstaben A, B, C und D bezeichnet.

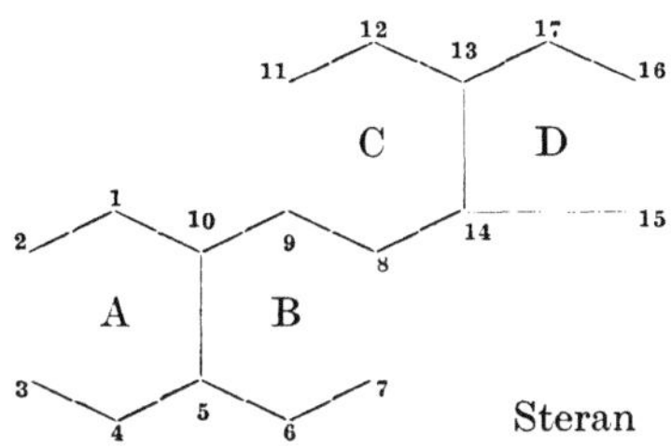

Steran

Die Sterine zeichnen sich durch 2 anguläre Methylgruppen an C_{10} und C_{13}, eine OH-Gruppe an C_3 und eine Seitenkette an C_{17} aus. Die meisten von ihnen besitzen außerdem eine Doppelbindung zwischen C_5 und C_6. Charakteristisch ist die an C_{17} stehende längere Kette, die aus 8—10 C-Atomen besteht, mehr oder weniger verzweigt ist und auch Doppelbindungen enthalten kann.

Die Sterine weisen untereinander in ihren physikalischen und chemischen Eigenschaften weitgehende Ähnlichkeiten auf. Sie sind gut kristallisierende, in Wasser unlösliche, in Fett- und Fettlösungsmitteln gut lösliche Substanzen. Wegen ihrer großen Ähnlichkeit im Molekülbau besitzen sie die Neigung, leicht Mischkristalle zu bilden.

Die Sterine sind sekundäre Alkohole und daher befähigt, mit Säuren Ester zu bilden, die zu ihrer Charakterisierung herangezogen werden. Besonders die Acetate eignen sich zu ihrer Unterscheidung, nach vorhergehender Abtrennung der Sterine mit Digitonin als schwerlösliche Molekülverbindungen.

Während die physiologische Bedeutung der Phytosterine noch unbekannt ist — sie werden vom menschlichen Organismus nicht resorbiert — ist die des Cholesterins weitgehend geklärt. Das hauptsächlich in Leber und Nebennierenrinde gebildete Cholesterin geht mit dem Gallensekret in den Zwölffingerdarm, wo es mit den freien Fettsäuren verestert wird. Diese Fettsäure-Cholesterinester können die Darmwand passieren und werden danach wieder gespalten. Weiterhin scheint das Cholesterin die Ausgangssubstanz für die Biosynthese der übrigen Sterine zu sein.

Tabelle 14. *In Nahrungsfetten*

Sterin	Strukturformel
Cholesterin	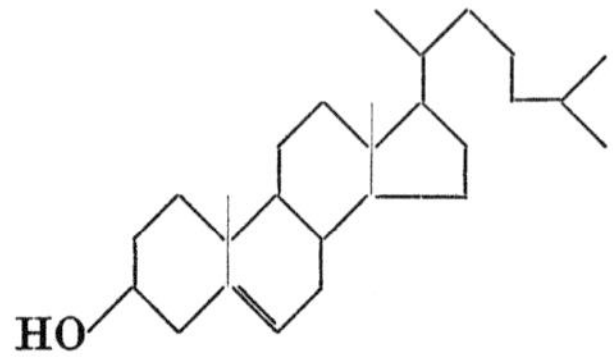
7-Dehydrocholesterin	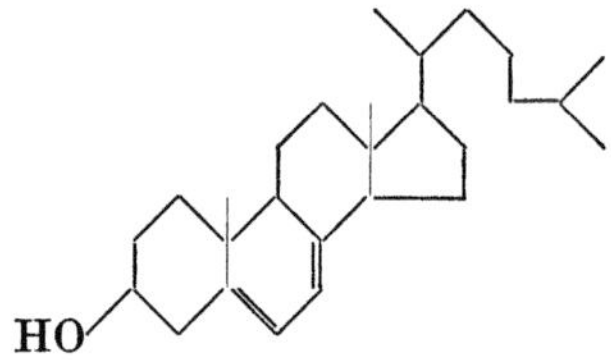
Dihydrocholesterin	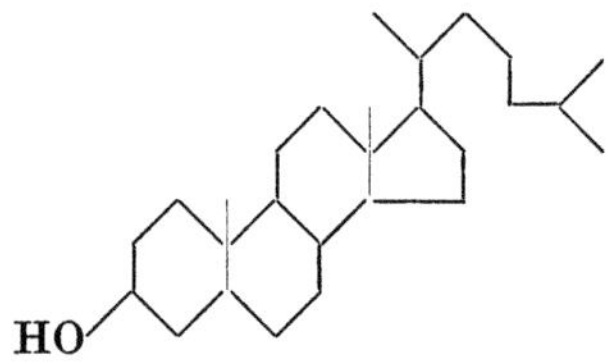
α_1-Sitosterin	—
β-Sitosterin	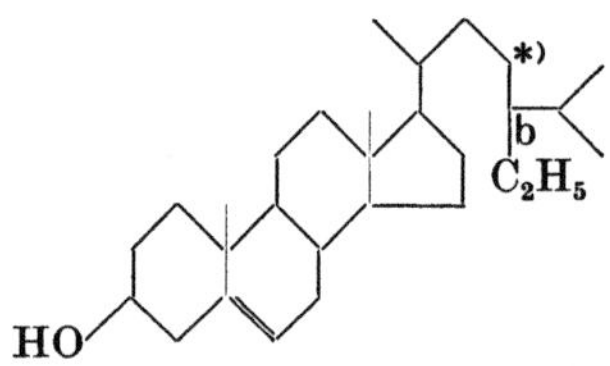
γ-Sitosterin	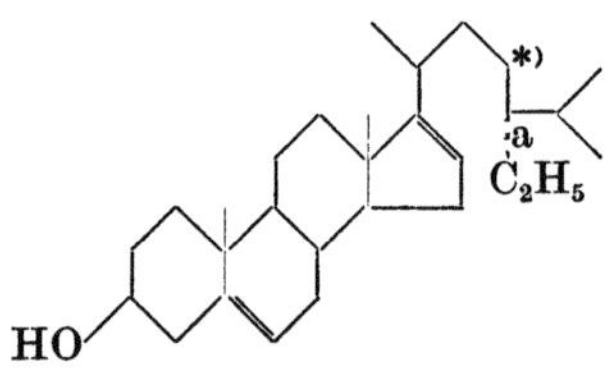
Stigmasterin	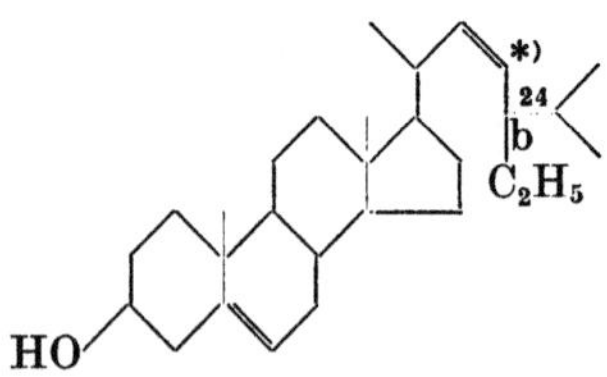
Brassicasterin	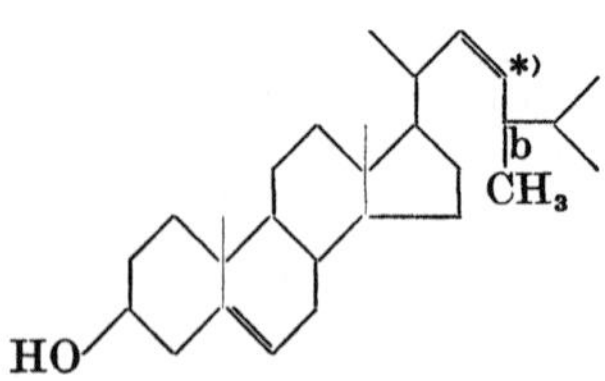

vorkommende Sterine

Smp °C	$[\alpha]_D$	Smp des Acetats °C	Vorkommen
148,5	—31,59° in Äther	115	In allen tierischen Fetten
149,5	—82° in Essigester	—	Schweineschwarte
142	+28,8° in Äther	111	Meist zusammen mit Cholesterin
164/66	—1,8° in Äther	137	Häufig in Mais-, Weizenkeim-, Reiskeim- und Sojaöl
136/37	—34,2° in Äther	125—126	Häufig in Mais-, Weizenkeim-, Reiskeim- und Sojaöl
146	—42,0° in Äther	143—143,5	Häufig in Mais-, Weizenkeim-, Reiskeim- und Sojaöl
168/170	—	144—144,6	Häufig in Mais-, Cocosnuß-, Raps-, Reiskeim- u. Sojaöl, auch in Kakaofett
148	—64,5° in Chloroform	157—158	Rübsensamen

Tabelle 14

Sterin	Strukturformel
Campesterin	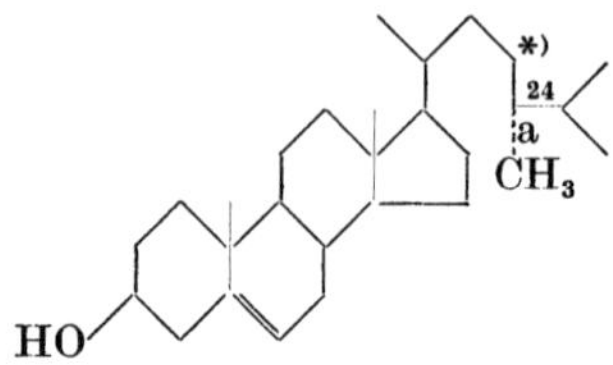
Ergosterin	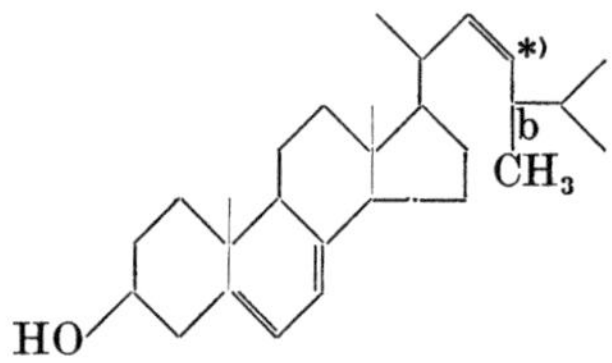
5,6-Dihydroergosterin	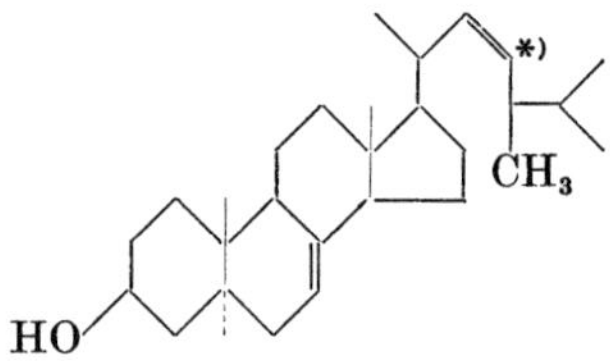

*) Unterschiedliche Stellung am asymmetrischen C_{24}.

1. Zoosterine

Cholesterin ist das zuerst entdeckte Sterin. Es ist im Tierreich weit verbreitet und findet sich frei und mit Fettsäuren verestert in allen tierischen Fetten. Besonders reich an Cholesterin ist die Nervensubstanz. Gehirn und Rückenmark enthalten bis zu 17% in der Trockensubstanz. Zusammen mit den Phosphatiden ist es am Aufbau der Zellmembran beteiligt, wo es durch seine hydrophoben Eigenschaften antagonistisch zu den Phosphatiden membranverdichtend wirkt.

Tabelle 15. *Cholesteringehalt verschiedener tierischer Produkte*

	%		%
Milchpulver	0,09	Eigelb	1,3
Butter	0,18	Lebertran	0,5
Schweineschmalz	0,1	Muskelgewebe (i. T.)	0,23
Menschenblut (i. T.)	0,65		

Wie die anderen Lipoide, so ist auch Cholesterin in organischen Lösungsmitteln löslich, wie Äther, Chloroform, Benzol, Petroläther und Alkohol sowie in Fetten und Ölen. Es löst sich gut in kaltem Äthylacetat, wodurch es leicht von anderen Lipoiden getrennt werden kann. In kaltem Alkohol ist es schwer, in heißem Alkohol leicht löslich. Cholesterin schmilzt scharf bei 148,5° C. Wegen des Vorliegens verschiedener asymmetrischer Kohlenstoffatome zeigt Cholesterin optische Aktivität. Zur Charakterisierung der verschiedenen Cholesterinfettsäureester dienen Schmelz- und Trübungspunkt.

(Fortsetzung)

Smp °C	$[\alpha]_D$	Smp des Acetats °C	Vorkommen
158	—33° in Äther	137—138	Raps-, Soja- und Weizenkeimöl
163	—132° in Chloroform	180	Butter, Lebertran, Hefe, Milch, Eigelb, viele niedere Pflanzen
174	—20,1° in Chloroform	—	Hefe, Mutterkorn

Dihydrocholesterin findet sich meist zusammen mit Cholesterin, so daß Cholesterin häufig 1—2% dieser Verbindung enthält. Ein Isomeres des Dihydrocholesterins ist das *Koprosterin*, das in den Exkrementen der meisten Tiere enthalten ist.

7-Dehydrocholesterin wurde in den Sterinen der Schweineschwarte bis zu 6% gefunden.

2. Phytosterine

Die wichtigsten Phytosterine sind Sitosterin, Stigmasterin und Brassicasterin.

Sitosterin ist von allen Phytosterinen am weitesten verbreitet. In besonders hohen Konzentrationen kommt es im Maisöl, Weizenkeimöl und Sojaöl vor. Es besteht aus einem Gemisch von mindestens 3 Isomeren, die als α-, β- und γ-Sitosterin bezeichnet werden. Die α-Form wurde in weitere 3 isomere Formen, das α_1-, α_2- und α_3-Sitosterin aufgetrennt.

Stigmasterin findet man häufig zusammen mit Sitosterinen. Bisher konnte nur ein Stigmasterin mit je einer Doppelbindung in 5.6- und 22.23-Stellung und einer Äthylgruppe an C_{24} aufgefunden werden.

Brassicasterin ist ein 2fach ungesättigtes Sterin, das erstmalig aus Rüböl isoliert wurde. Mit Digitonin ist es leicht fällbar.

Campesterin, ein einfach ungesättigtes Sterin, wurde aus Raps-, Soja- und Weizenkeimöl isoliert.

3. Mycosterine

Die Sterine der Kryptogamen unterscheiden sich weitgehend von denen der höheren Pflanzen oder Tiere.

Ergosterin hat wegen seiner weiten Verbreitung und als Vorläufer von Vitamin D_2 die größte Bedeutung in dieser Gruppe. Es ist um eine Doppelbindung reicher als Cholesterin, da es in der Seitenkette eine dritte Doppelbindung enthält.

Dihydroergosterin besitzt als Vorläufer von Vitamin D_4 gleichfalls beträchtliche Bedeutung.

II. Lipochrome

Unter diesem Begriff sind alle fettlöslichen, natürlich vorkommenden Farbstoffe zusammengefaßt, die frei oder auch als Ester in Fetten vorliegen können. Nach L. ZECHMEISTER (1930) bestehen für die Bildung der Lipochromester 2 Möglichkeiten:

1. Farbige Säuren liegen verestert mit einem farblosen Alkohol, z. B. Phytol, vor. Zu dieser Gruppe gehört Chlorophyll.

2. Farblose Säuren liegen verestert mit einem farbigen Alkohol, z. B. Xanthophyll, vor. Dazu gehören die Farbwachse.

In engerem Sinne bezieht sich der Begriff Lipochrome jedoch auf die Carotinoide.

1. Carotinoide

Die Carotinoide sind fettlösliche Kohlenwasserstoffe oder Alkohole mit Terpencharakter, die zahlreiche konjugierte Doppelbindungen enthalten (Polyene), welche ihre Färbung verursachen. Bei vielen Carotinoiden befinden sich an einem oder an beiden Enden der Kohlenwasserstoffkette alicyclische Ringe (Iononreste). Die Carotinoide im engeren Sinne enthalten wie das Carotin selbst 40 C-Atome. Es gibt darüber hinaus Carotinoide mit weniger C-Atomen wie Bixin, Crocetin, Azafrin u. a., die aber in der Natur viel weniger häufig auftreten und wahrscheinlich Abbauprodukte der C_{40}-Carotinoide sind.

Zur Numerierung der Carotinoid-C-Atome gibt es verschiedene Systeme. Am gebräuchlichsten ist die von P. KARRER u. E. JUCKER (1948) vorgeschlagene Methode, wonach das Molekül in 2 Hälften geteilt und jeder Teil für sich gezählt wird.

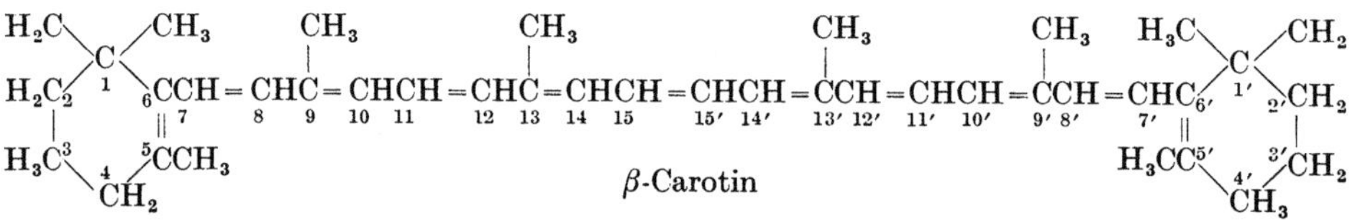

β-Carotin

Die Carotinoide neigen dazu, zahlreiche Stereoisomere zu bilden, die sich in ihrer physiologischen Aktivität stark unterscheiden können.

Die natürlichen Öle und Fette enthalten je nach Herkunft wechselnde Mengen an verschiedenen Lipochromen, wie α-, β- und γ-Carotin, Lycopin, die Xanthophylle (z. B. Lutein im Eieröl und Hühnerfett) und Zeaxanthin im Mais.

Zu den *Carotinoid-Kohlenwasserstoffen* gehören die drei Carotine, α-, β- und *γ-Carotin* ($C_{40}H_{56}$). Sie kommen in Fetten und Ölen weit verbreitet vor, insbesondere das β-Carotin. Nur die Palmöle sind reich an α-Carotin (bis zu 30% des Gesamt-Carotins). Dagegen liegt γ-Carotin meist nur in geringen Mengen vor. Die Anwesenheit der Carotine macht sich durch das Auftreten einer gelben Farbe bemerkbar, und β-Carotin sowie Palmölkonzentrate werden vielfach zur Färbung und Vitaminisierung der Margarine zugesetzt. Im Gegensatz zum β-Carotin enthält das α-Carotin neben einem β-Iononring einen α-Iononring. γ-Carotin besitzt dieselbe Summenformel wie die anderen Carotine, enthält jedoch 12 Doppelbindungen und nur einen Ring.

Alle 3 Carotine sind wirksam als Provitamin A, wobei die Wirksamkeit des α- und γ-Carotins etwa der Hälfte der des β-Carotins entspricht. Durch Anlagerung von 2 Mol Wasser an die mittelständige Doppelbindung unter Spaltung des Moleküls in 2 Teile entstehen aus den Carotinen Alkohole. Das β-Carotin ergibt dabei 2 Moleküle Vitamin A, während α- und γ-Carotin nur ein Molekül liefern, da sie nur einen β-Iononring enthalten.

An der Luft unterliegen die Carotinoide der Autoxydation, wobei sie über ihre Epoxyde und furanoiden Oxyde abgebaut werden. Sie sind sehr lichtempfindlich und können zu farblosen Verbindungen gebleicht bzw. durch Hydrierung in farblose Verbindungen übergeführt werden.

Lycopin ($C_{40}H_{56}$), der rote Farbstoff der Tomate, Hagebutte und vieler anderer Früchte, enthält 13 Doppelbindungen. Da es keinen Iononring besitzt, hat es keine Provitamin A-Funktion.

Zu den Carotinoiden, die auch Sauerstoff enthalten, gehören die *Carotinoid-Alkohole*, die sowohl in freier Form als auch mit Fettsäuren verestert (Farbwachse) vorliegen können.

Xanthophyll ($C_{40}H_{56}O_2$), häufig in der Literatur als Lutein bezeichnet, ist das Dihydroxyderivat des optisch aktiven α-Carotins, wobei die Hydroxylgruppen sich an den Ringen befinden. Da es im gesamten Pflanzenreich verbreitet ist, gelangt es über die Fütterung in das Fettgewebe der Tiere, so daß Eier, Milch, Butter, Hühnerfett u. a. größere Mengen an Lutein aufweisen können.

Zeaxanthin, ein Isomeres des Xanthophylls, ist der gelbe Farbstoff des Maiskorns. Es ist sowohl in freier als auch in veresterter Form im Pflanzenreich weit verbreitet.

Ihrer chemischen Natur entsprechend, sind gewisse *Polyendicarbonsäuren*, die in der Natur als Zucker- oder Monomethylester vorkommen, zu den Carotinoiden zu rechnen. Dazu gehören Bixin, Crocetin und Azafrin, die alle weniger als 40 C-Atome besitzen.

Bixin ($C_{25}H_{29}O_4$) ist der Farbstoff des tropischen Anattobaumes, aus dem heute noch erhebliche Mengen an Farbstoff zur Färbung von Margarine gewonnen werden.

Crocetin ($C_{20}H_{24}O_4$), Safrangelb, liegt mit Gentiobiose verestert als wasserlösliches Crocin im Safran *(Crocus sativus)* vor. Es findet Verwendung zum Färben von Speisen, Ölen, Likören und Gebäck. 1 mg Safran färben 3 l Öl kräftig gelb.

Azafrin ($C_{27}H_{28}O_4$) wird aus Wurzeln und Stengeln südamerikanischer Pflanzen gewonnen und dient ebenfalls zur Färbung von Fetten.

2. Chlorophylle

Gewisse Öle wie Olivenöl, Rapsöl, Pflanzentalge oder Sojaöl aus unreifen oder frostgeschädigten Bohnen besitzen eine grünliche Farbe, die auf dem Vorliegen von Chlorophyll oder verwandten Verbindungen beruht. Mit Ausnahme von Olivenöl ist eine grüne Farbe bei Ölen im allgemeinen unerwünscht und bereitet bei der Raffination Schwierigkeiten. Vor allem bei Sojaöl stellt der Chlorophyllgehalt (bis zu 1500 μg/l Öl) ein ernstes Problem dar, weil die Farbe des Chlorophylls sich im Gegensatz zur Farbe der Carotinoide nur schwer beseitigen läßt.

Das Pigment besteht aus Chlorophyll a und Chlorophyll b, wobei Chlorophyll a ein Atom Sauerstoff mehr und zwei Atome Wasserstoff weniger enthält als Chlorophyll b.

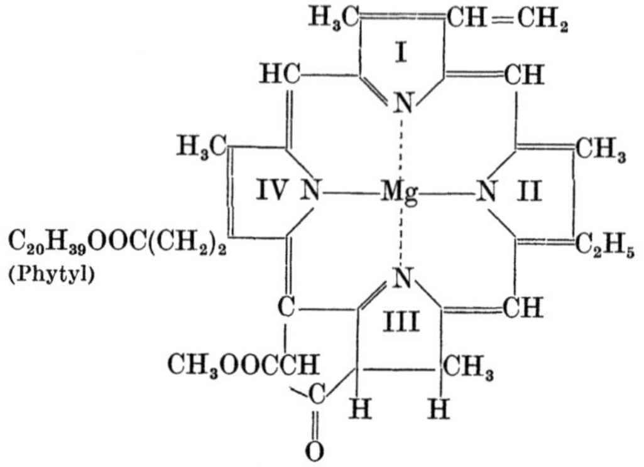

Chlorophyll a

III. Lipovitamine

Zu dieser Gruppe von Vitaminen, die in den Nahrungsfetten enthalten sind, gehören:

1. Vitamin A und Provitamin A, Vitamin A_2, Neovitamin A;
2. die Vitamine D_2 und D_4;
3. die Tokopherole (Vitamin E).

Vitamin K ist zwar fettlöslich, kommt aber praktisch in Nahrungsfetten nicht vor. Die essentiellen Fettsäuren, die vor allem in der älteren Literatur als „Vitamin F" bezeichnet wurden, gehören *nicht* zu den Vitaminen, da sie als essentielle Bestandteile der Nahrungsfette nur in größeren Mengen wirksam sind. Sie werden daher an dieser Stelle nicht besprochen.

Die Lipovitamine sind vor allem gegen Luftsauerstoff und Lichteinwirkung sehr empfindlich, können jedoch auch beim Erhitzen zerstört werden (vgl. Tab. 16).

Tabelle 16. *Verhalten von Lipovitaminen bei der Zubereitung der Nahrung*

Vitamine	Hitze	Licht	Luftsauerstoff
A	×	× ×	× ×
D	×	×	× ×
E	—	×	× ×

× = empfindlich × × = sehr empfindlich
— = widerstandsfähig.

1. Vitamin A

Das Vitamin A findet sich in größeren Mengen in Fischleberölen, während es im Pflanzenreich wahrscheinlich nur in Form seiner Provitamine vorkommt, die zur Gruppe der Carotinoide gehören. Der Gehalt der Öle und Fette an Carotinoiden ist meist, mit Ausnahme der Palmöle, sehr gering, so daß er für die Deckung des Vitamin A-Bedarfs keine Rolle spielt.

Als wichtigste Vitamin A-Quelle in der menschlichen Ernährung kommen die in Tab. 17 aufgeführten Nahrungsmittel in Frage.

Bis zur Auffindung der Vitamin A-Synthese waren die Fischleberöle die wichtigsten Quellen für die Vitamin A-Gewinnung. Heutzutage haben diese Öle als Vitamin A-Träger nur noch therapeutische Bedeutung.

Vitamin A ($C_{20}H_{30}O$) besitzt folgende Strukturformel:

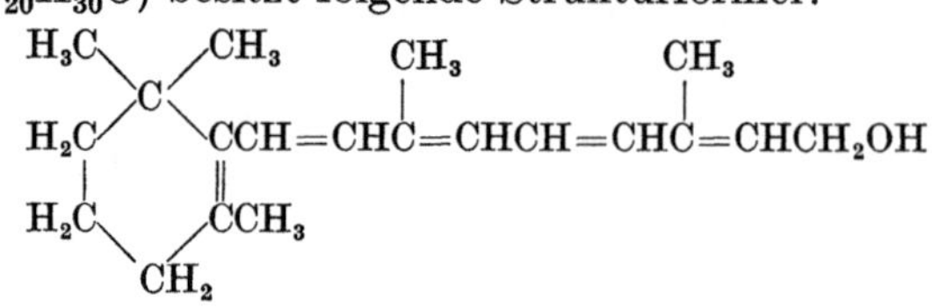

all-trans-3.7-dimethyl-9-(2'.6.6'-trimethyl-1'-cyclohexenyl)-2.4.6.8-nonatetraen-1-ol.

Reines *Vitamin A* bildet gelbliche Kristalle vom Schmelzpunkt 62—64° C. Gegen Einwirkung von Luftsauerstoff und von Sauerstoffüberträgern ist es sehr empfindlich, so daß es durch Zusatz kleiner Mengen von Antioxydantien vor der Oxydation geschützt werden muß. Als Antioxydantien kommen hauptsächlich die Tokopherole, vor allem α-Tokopherol, in Betracht.

Tabelle 17. *Vitamin A-Gehalt verschiedener Nahrungsmittel*

	(iE/100g)
Butter	1000—4500
Milch	185—320
Eigelb	2300—3800
Rinderleber . . .	etwa 27800
Kalbsleber . . .	52000—160000
Schweineleber . .	12000—36000

Tabelle 18. *Vitamin A-Gehalt von Fischlebertranen*

	(iE/100 g)
Dorsch	20000—1000000
Seelachs	100000—300000
Heilbutt	2000000—30000000
Thunfisch. . . .	3400000—8000000
Walfisch	3000000—5000000

Vitamin A_2, das im Säugetierorganismus Vitamin A in manchen Funktionen ersetzen kann, wurde in den Leberölen von Süßwasserfischen nachgewiesen. Es enthält im Gegensatz zu Vitamin A nicht 5 sondern 6 konjugierte Doppelbindungen. Seine biologische Aktivität beträgt etwa 30% bezogen auf Vitamin A.

Neovitamin A ist ein Stereoisomeres des Vitamin A, die 2-Mono-cis-Form. Seine biologische Aktivität beträgt etwa 75% bezogen auf Vitamin A.

2. D-Vitamine

Die D-Vitamine, die zu den Sterinverbindungen gehören, entstehen aus den im Tier- und Pflanzenreich verbreiteten oder synthetisch dargestellten Provitaminen durch Bestrahlung mit ultraviolettem Licht (vgl. Tab. 19). Bei dieser photochemischen Reaktion tritt eine Ringspaltung ein und es entsteht eine neue Doppelbindung. Die Seitenkette bleibt unverändert.

Tabelle 19. *Die D-Vitamine und ihre Provitamine*

D-Vitamin	Provitamin	Bemerkungen zu den Provitaminen
D_1	—	Molekülverbindung von D_2 und Lumisterin. Kommt in der Natur nicht vor
D_2	Ergosterin	Vorwiegend im Pflanzenreich verbreitet
D_3	7-Dehydrocholesterin	Wichtigstes Provitamin D des Menschen und der höheren Säugetiere
D_4	22.23-Dehydroergosterin	Nur synthetisch dargestellt
D_5	7-Dehydrositosterin	Nur synthetisch dargestellt. Provitaminnatur nicht endgültig bewiesen
D_6	7-Dehydrostigmasterin	Nur synthetisch dargestellt. Provitaminnatur nicht endgültig bewiesen
D_7	7-Dehydrocampesterin	Aus einigen Pflanzen isoliert. Isomer mit Provitamin D_4

Die Provitamine D_2 (Ergosterin) und D_3 (7-Dehydrocholesterin) sind im Tier- und Pflanzenreich verbreitet. Ergosterin liegt hauptsächlich im Fettanteil des

Mutterkorns, höherer Pilze, Hefen und Hühnereiern vor, 7-Dehydrocholesterin wird in der Haut des Menschen und der höheren Säugetiere gespeichert und ist dort der Sonnenbestrahlung zugänglich.

Tabelle 20. *Vitamin D-Gehalt verschiedener Nahrungsmittel*

	(iE/100 g)
Heilbuttleberöl	200000—400000
Dorschleberöl	6000—30000
Lachs	200—800
verschiedene Speisepilze	80—125
Rinderleber	50
Eidotter	150—500
Sahne	50
Butter	20—40
Käse	30
Milch	2

Vitamin D_2 (Calciferol) besitzt folgende Strukturformel:

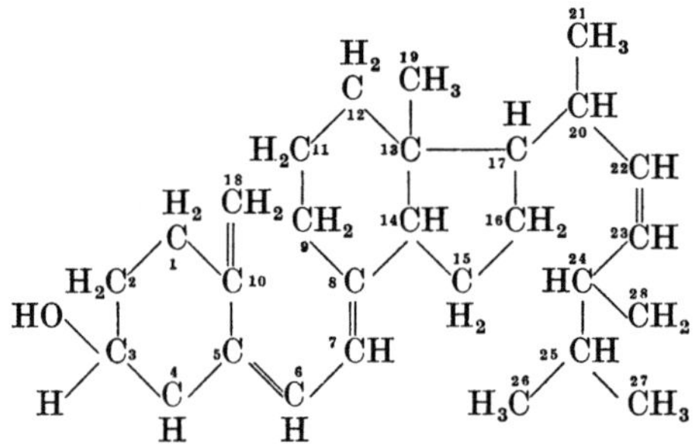

Es bildet farblose, nadelförmige Kristalle oder ein kristallines Pulver vom Schmelzpunkt 115—119° C, $[\alpha]_D^{20°} = +102{,}5$ bis $+107{,}5°$ (4%ige Lösung in absolutem Alkohol). Seine UV-Absorption $E_{1\,cm}^{1\%}$ in absolutem Alkohol liegt bei 460 bis 485 für $\lambda = 265$ mμ. Beim Erhitzen im Hochvakuum beginnt es sich ab 120° C zu verändern. Bei längerem Erhitzen auf 180° C lagert es sich vollständig in isomere aber physiologisch vollkommen unwirksame Verbindungen um.

Vitamin D_3 (Cholecalciferol) besitzt folgende Strukturformel:

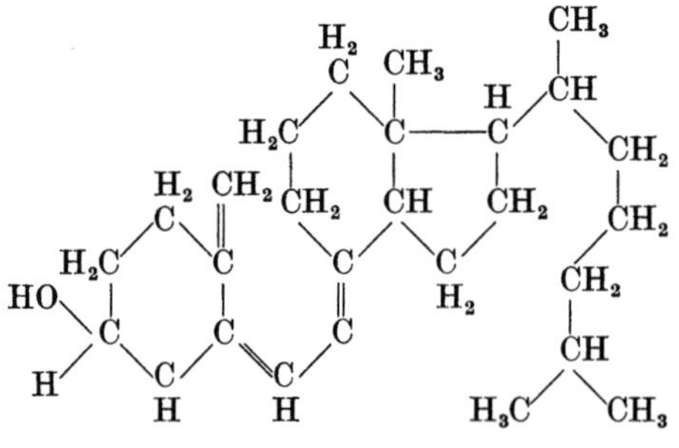

Es ist ein weißes, kristallines Pulver vom Schmelzpunkt 84—88° C, $[\alpha]_D^{20°} = +105$ bis $+112°$ (2%ige Lösung in absolutem Alkohol). Seine UV-Absorption $E_{1\,cm}^{1\%}$ in absolutem Alkohol liegt bei 450—490 für $\lambda = 265$ mμ.

Vitamin D_3 findet sich in größeren, technisch auswertbaren Mengen nur in den Leberölen der Fische, neben wechselnden Mengen an Vitamin D_2.

3. Vitamin E (Tokopherole)

Die Tokopherole besitzen neben ihrer Vitamin E-Wirksamkeit besonderes Interesse als Antioxydantien. Sie zeigen alle das gleiche Chromangerüst mit einem Phytolrest als Seitenkette und unterscheiden sich nur durch die Zahl und Stellung der Methylgruppen im Chromanring. Für das entmethylierte Tokopherol, das 2-Methyl-2-(4'.8'.12'-trimethyltridecyl)-6-hydroxychroman ist von P. Karrer (1938) die Bezeichnung Tokol eingeführt worden:

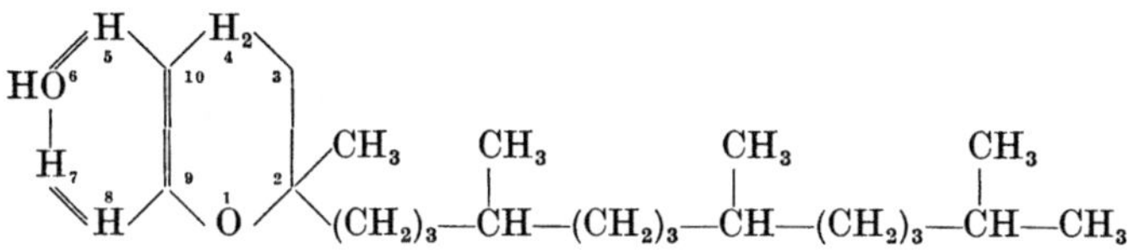

Tokol

Die nach dieser Formel möglichen 7 Isomeren – je 3 Mono- und Dimethyltokole und ein Trimethyltokol – sind alle aus natürlichem Material isoliert worden. Sie zeigen folgende Konstitution:

α-Tokopherol = 5.7.8-Trimethyltokol
β-Tokopherol = 5.8-Dimethyltokol
γ-Tokopherol = 7.8-Dimethyltokol
δ-Tokopherol = 8-Methyltokol
ε-Tokopherol = 5-Methyltokol
ζ-Tokopherol = 5.7-Dimethyltokol
η-Tokopherol = 7-Methyltokol

α-Tokopherol ist in pflanzlichen und tierischen Substanzen weit verbreitet, allerdings meist nur in geringen Mengen. In reichlichen Mengen findet es sich in den Keimen der Getreidekörner und in einigen Samenölen. Im Weizenkeimöl kommt außer der α-Form auch β-Tokopherol vor. γ-Tokopherol konnte im Maiskeim- und Baumwollsamenöl, δ-Tokopherol im Sojaöl nachgewiesen werden. Während die biologische Aktivität der Tokopherole von α- zu γ-Tokopherol abnimmt, erhöht sich die antioxydative Wirksamkeit.

Tabelle 21. *Tokopherolgehalt einiger Pflanzenöle*

Öl	Tokopherolgehalt mg/kg			
	Gesamttokopherol	α	γ	δ
Erdnußöl, roh	220—590 (340)	130	140	70
Erdnußöl, raffiniert	480	—	—	—
Sojaöl, roh	920—2800 (1680)	200	980	500
Sojaöl, raffiniert	900	—	—	—
Baumwollsaatöl, roh	830—1100 (860)	410	360	90
Baumwollsaatöl, raffiniert	900	—	—	—
Rapsöl, roh	550	—	—	—
Weizenkeimöl	3000—4000	—	—	—

α-*Tokopherol* ($C_{29}H_{50}O_2$), früher als Antisterilitätsvitamin bezeichnet, ist ein gelbes, fast geruchloses, viscoses Öl, das durch Licht oder bei Luftzutritt dunkel gefärbt wird. Es zeigt bei $\lambda = 292$ mμ in Äthanol eine Absorption $E_{1cm}^{1\%}$ von 71–76.

Es ist thermostabil, verhältnismäßig alkaliresistent und relativ beständig gegen die Einwirkung von Säuren. Dagegen wird es durch Oxydationsmittel augenblicklich zerstört. Peroxyde in ranzigem Fett vernichten seine Wirksamkeit. Infolge seiner antioxydativen Eigenschaften findet α-Tokopherol als Fettstabilisator in der Lebensmittelindustrie Verwendung. Für diese Zwecke kommen daher als Lösungsmittel für α-Tokopherol nur solche Fette in Betracht, die wie Sesam- und Erdnußöl weniger zur Peroxydbildung neigen. Öle mit einer Lea-Zahl über 3 sollen nicht verwendet werden.

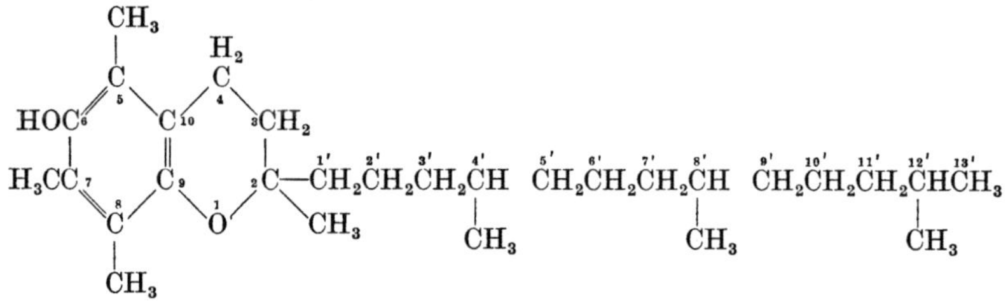

α-Tokopherol

IV. Fettalkohole und ihre Derivate

Zu den Begleitstoffen der Öle und Fette gehören auch noch Lipoide, die als charakteristische Komponente Fettalkohole enthalten. In Tab. 22 sind die wichtigsten Fettalkohole und ihre Derivate angeführt, die im unverseifbaren Anteil natürlicher Öle und Fette vorkommen. Weitere Alkohole mit höherem Molekulargewicht, die Bestandteile der natürlichen Wachse sind, gehören nicht mehr zu den eigentlichen Fettalkoholen und werden bei den Wachsen beschrieben (vgl. S. 351). Die ersten drei Fettalkohole in Tab. 22 kommen in gewissen Fischölen und -fetten, besonders im Kopf- und Specköl des Spermwales vor. In diesen Ölen ist der größte Teil der Fettalkohole mit langkettigen Fettsäuren verestert. In pflanzlichen Fetten finden sich die Fettalkohole nur selten. Jedoch enthalten die natürlichen Blatt- und Samenwachse Alkohole mit höherem Molekulargewicht, insbesondere Myricylalkohol, die mit hochmolekularen Fettsäuren verestert vorliegen und mikrokristalline Wachse von ziemlich hohem Schmelzpunkt darstellen. Bei Sonnenblumenöl beispielsweise gehen derartige Wachse (Cerylcerotat) bei der Extraktion von ungeschälter Saat in das Öl über, wo sie in der Wärme gelöst sind, unterhalb von 30° C jedoch eine Trübung verursachen.

Tabelle 22. *Fettalkohole und ihre Derivate*

Trivialname	Formel	Smp (°C)
Fettalkohole:		
Cetylalkohol	$C_{16}H_{33}OH$	50
Stearylalkohol . . .	$C_{18}H_{37}OH$	58
Oleylalkohol	$C_{18}H_{35}OH$	2
Myricylalkohol . . .	$C_{30}H_{61}OH$	86
Monoglycerinäther von Fettalkoholen:		
Chinoylalkohol . . .	$C_{16}H_{33}OCH_2CH(OH)CH_2OH$	60
Batylalkohol	$C_{18}H_{37}OCH_2CH(OH)CH_2OH$	70
Selachylalkohol. . .	$C_{18}H_{35}OCH_2CH(OH)CH_2OH$	6

Die Fettalkohole können auch mit Glycerin Monoäther bilden, die weitverbreitet in Ölen und Fetten vorkommen. Sie finden sich nicht nur in Fischölen, sondern auch in den Lipoiden höherer Tiere. Selbst im arteriosklerotischen Gewebe des Menschen sind sie aufgefunden worden. Die in Tab. 22 angegebenen Verbindungen sind 1-Monoglycerinäther des Cetyl-, Stearyl- und Oleylalkohols.

Das Lösungsverhalten der höheren Alkohole C_{10} bis C_{18} in organischen Lösungsmitteln ist ähnlich dem der Fettsäuren. Sie sind in Äther gut löslich, aber auch in anderen nicht oder wenig polaren Lösungsmitteln, wie Chloroform, Essigester und Butylacetat. Fette mit einem hohen Wachsgehalt erfordern zur Verseifung propylalkoholische Kalilauge bzw. eine Druckverseifung.

V. Kohlenwasserstoffe

Im Gegensatz zu den Fettsäuren und höheren Alkoholen enthalten viele Kohlenwasserstoffe eine ungerade Zahl an Kohlenstoffatomen, außerdem ist ihre Kette meist verzweigt. Obwohl die biologische Bedeutung der Kohlenwasserstoffe bei höheren Tieren umstritten ist, gibt es eine Anzahl von Hinweisen, daß sie eine wichtige Rolle bei den Pflanzen und vielen Seetieren spielen. Sie finden sich ausnahmslos im unverseifbaren Anteil der Fette.

Squalen ist ein hochungesättigter Kohlenwasserstoff mit der Bruttoformel $C_{30}H_{50}$. Er besteht aus 6 Isopren-Molekülen, die derart zusammengebaut sind, daß in der Mitte der Kohlenstoffkette eine anomale Verknüpfung der Isoprenreste vorliegt. Squalen ist eine farblose Flüssigkeit und kann als Hexahydrochlorid (Smp 110—125° C) bestimmt werden. Die Doppelbindungen des natürlichen Squalens weisen alle trans-Konfiguration auf. Es findet sich in hohen Prozentsätzen im Leberöl verschiedener Fische, aber auch, allerdings in geringen Mengen, in verschiedenen Pflanzenölen. Zur Reinheitsbestimmung von Olivenöl wird häufig dessen Squalengehalt herangezogen.

Pristan, ein verzweigter, gesättigter Kohlenwasserstoff der Formel $C_{18}H_{38}$, ist aus dem Leberöl einer Haifischart in Mengen von 6—10% isoliert worden. Er ist eine farblose Flüssigkeit, die bei 295° C siedet.

An weiteren Kohlenwasserstoffen finden sich in Fetten und Ölen noch geringe Mengen von:

Gadusen $C_{18}H_{32}$ (Weizen-, Reiskeim-, Soja- und Fischöle), *Hypogen* $C_{15}H_{30}$ und *Arachiden* $C_{19}H_{38}$ (Erdnußöl).

Aus Olivenöl wurden folgende Kohlenwasserstoffe isoliert und identifiziert:

Oleatridecadien $C_{13}H_{24}$, *Oleahexadecadien* $C_{16}H_{30}$, *Oleanonadecadien* $C_{19}H_{36}$, *Oleatricosatrien* $C_{23}H_{42}$, *Oleatetracosan* $C_{24}H_{50}$, *Oleahexacosan* $C_{26}H_{54}$ und *Oleaoctacosatrien* $C_{28}H_{50}$. Diese Kohlenwasserstoffe besitzen einen widerlichen Geruch, da sie aber in sehr geringen Mengen vorliegen, wird das Aroma des normalen Olivenöls nicht ungünstig beeinflußt.

Aus Illipébutter wurde ein Kohlenwasserstoff „*Illipsen*“ $C_{32}H_{56}$ (Smp 64,5° C) isoliert, der identisch mit „*Cariten*“ zu sein scheint, das aus Sheafett gewonnen wurde.

VI. Geruchs- und Geschmacksstoffe

Verhältnismäßig wenige der Verbindungen, die den Geruch und Geschmack von Fetten hervorrufen, sind bisher identifiziert worden. Vielfach sind die Kohlenwasserstoffe, die im Unverseifbaren der Fette zu finden sind, wie Squalen, Arachiden, die Oleadecene u. a. für ihren Geruch und Geschmack verantwortlich zu machen. Da alle Geruchs- und Geschmacksstoffe nur in Spuren vorliegen, ist ihre Identifizierung äußerst schwierig, zumal sie bei der Wasserdampfdestillation Veränderungen unterliegen können.

Zu den arteigenen Geruchs- und Geschmacksstoffen, wie sie in reinen und unverdorbenen Fetten enthalten sind, gehören vor allem mehrfach ungesättigte Kohlenwasserstoffe. So konnten aus dem Wasserdampfdestillat des Oliven- und

Erdnußöls folgende Kohlenwasserstoffe isoliert werden: *Tridecadien* ($C_{13}H_{24}$), *Pentadecen* ($C_{15}H_{30}$), *Hexadecadien* ($C_{16}H_{30}$), *Nonadecen* ($C_{19}H_{36}$), *Tricosahexen* ($C_{23}H_{42}$), *Octacosatrien* ($C_{28}H_{50}$) und *Hexatriacosen* ($C_{36}H_{38}$). Bei der fraktionierten Destillation von Destillaten der Desodorisierung wurden aus öl- und linolsäurehaltigen Ölen *Terpenkohlenwasserstoffe* in folgenden Mengen gewonnen: Palmöl 0,025%; Erdnußöl 0,019%; Baumwollsaatöl 0,025%; Sonnenblumenöl 0,015%. Diese Terpenfraktionen besitzen einen strengen und ekelerregenden Geruch.

Die typische Geruchs- und Geschmacksnote von rohen Palmkern- und Cocosfetten beruht auf dem Vorliegen von Methylnonyl- und anderen Ketonen. Der Geruch von Raps und Senföl rührt von Allylsenföl her, während im Palmöl Abbauprodukte des Carotins die Ursache des Geruchs sein sollen.

Der fischige Geschmack von Seetierölen ist eher durch die unverseifbare Fraktion bedingt als durch das Vorliegen von Antoxydationsprodukten hochungesättigter Fettsäuren, wie Clupanodonsäure, Arachidonsäure u. a.

Neben die natürlichen Geruchs- und Geschmacksstoffe der Öle und Fette können noch andere Geschmackskomponenten treten wie *Reversionsgeschmack*, *Hydriergeschmack*, sowie ein *allgemeiner Fehlgeschmack*, beispielsweise bei Butterfett. Besonders durch gaschromatographische Untersuchungen konnten zahlreiche dieser Geschmacks- und Geruchsträger identifiziert werden.

Das Auftreten eines *Reversionsgeschmacks* bei raffinierten und hydrierten Speisefetten und Ölen beruht auf der Anwesenheit von Isolinolsäuren, die durch Lichteinwirkung, Metallspuren usw. bei Lagerung zu geruchstragenden Carbonylverbindungen, vor allem *2.4-Heptadienal* und *1.4-Octadienal* oxydiert werden können. Von diesen wurden bisher bei Sojaöl identifiziert: *Äthylformiat*, *Äthylacetat*, *Äthylalkohol*, *n-Butylaldehyd*, *2-Heptanen* und *2-Heptenal*.

Der *Hydriergeschmack* von Fetten beruht auf der Bildung von Halbacetalen und deren Umwandlung in Aldehyde und Alkohole.

Der bei längerer oder ungünstiger Lagerung von Ölen und Fetten auftretende *ranzige Fehlgeschmack* beruht auf autoxydativen Vorgängen. Die Ursachen weiterer Geschmacksabweichungen sind noch unbekannt.

Bei tierischen Fetten kann auch durch Einfluß der Fütterung ein Fehlgeschmack entstehen. Besonders bekannt ist der *fischige* Geschmack des Specks von Schweinen, die mit Fischmehl gefüttert wurden. Auch Butterfett neigt dazu, einen Fehlgeschmack zu zeigen. Durch gaschromatographische Untersuchungen konnten die Träger eines *fischigen*, *öligen*, *firnisartigen*, *talgigen* und *pilzartigen Geschmacks* als ungesättigte Aldehyde der Kettenlänge C_5 bis C_9 identifiziert werden. Als Träger eines cocosähnlichen Geschmacks erwiesen sich *δ-Decalacton* und *δ-Dodecalacton*.

VII. Natürliche fettlösliche Antioxydantien

Alle natürlichen Fette und Öle enthalten kleine Mengen an Substanzen, die die Autoxydation hemmen. Diese Antioxydantien sind dabei oxydabel, so daß sie während der Induktionszeit zerstört werden. Für die antioxygene Wirkung ist in erster Linie eine Polyhydroxyphenolstruktur verantwortlich. Tokopherol, Gossypol und Sesamol sind typische Beispiele dafür.

1. Tokopherole

Die in der Natur am weitesten verbreiteten und in der Lebensmittelindustrie verwendeten Antioxydantien dieser Klasse sind die Tokopherole, die bereits an anderer Stelle besprochen wurden (vgl. Vitamin E, S. 347ff.).

2. Gossypol

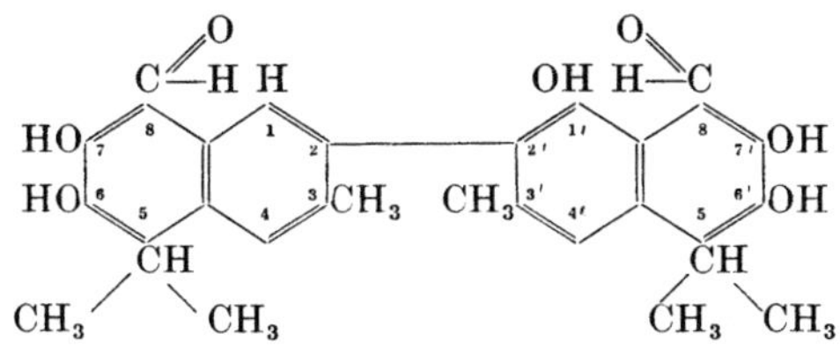

Gossypol ist ein öllösliches Pigment, daß in Baumwollsaatöl (möglicherweise auch in Kapoköl) vorkommt, jedoch bei der Raffination vollkommen entfernt wird. Als lebensmittelchemisches Antioxydans besitzt es keine Bedeutung, da es infolge seiner stark färbenden und in höheren Konzentrationen toxischen Eigenschaften als Zusatz zu Speisefetten keine Verwendung finden kann. Mit Anilin reagiert es unter Bildung von Dianilinogossypol, das in den bekannten organischen Lösungsmitteln unlöslich ist. Die Reaktion bildet die Grundlage für verschiedene Bestimmungsmethoden.

3. Sesamol und Sesamolin

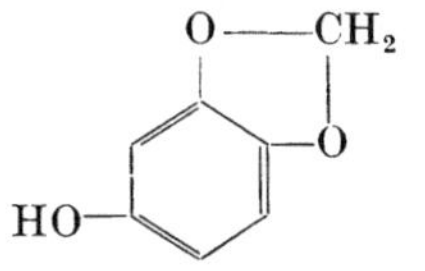

Sesamol

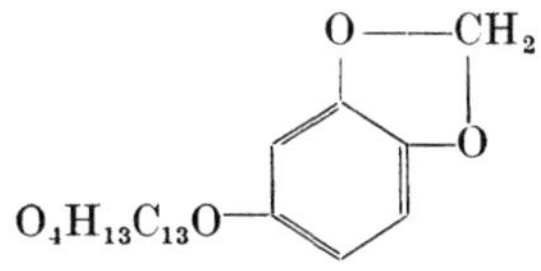

Sesamolin

Diese Verbindungen, die bisher nur im Sesamöl aufgefunden wurden, besitzen eine bemerkenswerte antioxygene Aktivität, wenn sie bestimmten Fetten und Ölen zugesetzt werden. Bei der Raffination von Sesamöl gehen sie zum Teil verloren. Beide geben eine rosa Farbe mit dem Reagens nach VILLAVECCHIA.

G. Lipoidwachse

Lipoidwachse sind in der Natur weit verbreitet, sowohl im Pflanzenreich (besonders als Schutzschicht bei Samen und Blättern) als auch im Tierreich (z. B. Bienenwachs) und sind meist Ester aliphatischer Alkohole und höherer Fettsäuren. Im allgemeinen werden sie von kleinen Mengen an freien Fettsäuren und Kohlenwasserstoffen begleitet. Einige Lipoidwachse enthalten auch polycyclische Alkohole wie Sterine und Triterpenole, gebunden oder auch im freien Zustand.

1. Alkohole

Die aliphatischen Alkohole sind gewöhnlich geradkettige, gesättigte Verbindungen mit gerader C-Atomzahl von C_{10} bis C_{44}, wobei jedoch selten Alkohole mit mehr als 32 Kohlenstoffatomen gefunden werden. Eines der wenigen bekannten flüssigen Wachse, *Jojoba*-Wachs aus *Simmondsia chinensis*, besteht aus Estern der ungesättigten Alkohole C_{20} bis C_{26} und der ungesättigten Fettsäuren C_{16} bis C_{22}.

Cetylalkohol ($C_{16}H_{34}O$) kommt verestert mit Palmitinsäure oder in geringeren Mengen, mit Myristin- und Laurinsäure im Spermöl vor.

Von den höhermolekularen Wachsalkoholen wurde Dotriacontanol ($C_{32}H_{66}O$) 1951 aus Carnaubawachs isoliert. Nach Verseifung und Acetylierung des Unverseifbaren konnte es mittels chromatographischer Reinigung und erneuter Verseifung aus Petroläther rein erhalten werden.

Viele der aus natürlichen Wachsen isolierten Alkohole zeigen einen niedrigeren Schmelzpunkt als synthetische normale Alkohole mit entsprechendem Molekulargewicht, was für ihre verzweigtkettige Struktur spricht. Aber erst in den 50er Jahren gelang es, vor allem durch die Arbeiten von K. E. MURRAY und R. SCHOENFELD (1951), sie zu identifizieren. So wurden z. B. aus Wollwachs 6 rechtsdrehende ungeradzahlige ante-iso-Alkohole C_{17} bis C_{27} und 4 optisch inaktive Alkohole mit geradzahligen C-Atomen C_{20} bis C_{26} isoliert. Die Strukturformeln der iso- und ante-iso-Alkohole sind folgende:

Tabelle 23. *Schmelzpunkte einiger natürlich vorkommender gesättigter Alkohole*

Zahl der C-Atome	Trivialname	Systematischer Name	Smp °C
14	Myristylalkohol	n-Tetradecanol	37,6
16	Cetylalkohol	n-Hexadecanol	49,1
18	Stearylalkohol	n-Octadecanol	57,9
20	Arachylalkohol	n-Eicosanol	65,3
22	Behenylalkohol	n-Docosanol	70,6
24	Lignocerylalkohol	n-Tetracosanol	75,3
26	Cerylalkohol	n-Hexacosanol	79,2
30	Myricylalkohol	n-Triacontanol	86,8
32	Laccerylalkohol	n-Dotriacontanol	89,2

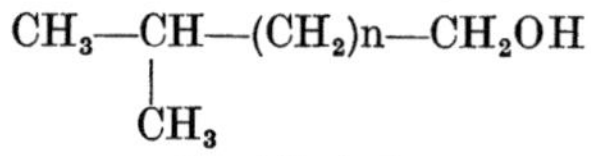

iso-Alkohole

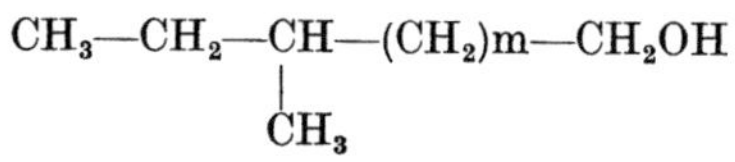

ante-iso-Alkohole

Tabelle 24. *Schmelzpunkte verzweigtkettiger Alkohole*

iso-Alkohole	Smp °C	ante-iso-Alkohole	Smp °C
18-Methyl-nonadecanol	50,3	12-Methyl-hexanol	18,4
20-Methyl-heneicosanol	57,1	16-Methyl-octanol	27,5—31
22-Methyl-tricosanol	62,4	18-Methyl-eicosanol	40,1
24-Methyl-pentacosanol	67,2	20-Methyl-docosanol	48,5
		22-Methyl-tetracosanol	54,6
		24-Methyl-hexacosanol	61,0

Nur wenige Lipoidwachse enthalten acyclische zweiwertige Alkohole. D. H. S. HORN und F. W. HOUGEN (1951) isolierten fünf Alkyl-1.2-diole aus Wollwachs. Es handelt sich um geradzahlige Verbindungen der Kettenlänge C_{18} bis C_{24}. Aus Carnauba-Wachs wurden geringe Mengen folgender hochschmelzender *Diole* isoliert: $C_{21}H_{42}(OH)_2$ Smp 105,5—105,8° C; $C_{23}H_{46}(OH)_2$ Smp 108,4—108,6° C; $C_{25}H_{50}(OH)_2$ Smp 109,6—110,2° C.

Nur wenige Pflanzenwachse enthalten gemischte Ester von Sterinen und Triterpenalkoholen neben acyclischen Alkoholen mit Fettsäuren. Baumwollwachs besitzt beispielsweise sowohl Sitosterinester als auch Ester von α- und *β-Amyrin* ($C_{30}H_{50}O$). Woll-Wachs enthält Ester des Cholesterins und der Triterpenalkohole *Lanosterol* und *Agnosterol*. Während die Amyrine ein C-Skelet aus 5 kondensierten Sechsringen besitzen, zeigen die Sterine die bekannte Cyclopentanophenanthren-Struktur.

2. Säuren

Während ein großer Teil der Säuren von Lipoid-Wachsen normale aliphatische Verbindungen darstellt, wurden vor allem von A. W. WEITKAMP (1945) geradzahlige iso-Säuren der Kettenlänge C_{14} bis C_{26} sowie α-Hydroxysäuren C_{14} bis C_{20} gefunden. Im Woll-Wachs konnten von WEITKAMP weiterhin ante-iso-Säuren der Kettenlänge C_9 bis C_{31} nachgewiesen werden. Daneben wurden aus verschiedenen Wachsen gesättigte isomere Mono- und Dihydroxysäuren isoliert.

3. Kohlenwasserstoffe

Sowohl in den pflanzlichen als auch in den tierischen Lipoidwachsen liegen die Kohlenwasserstoffe fast ausschließlich als *Alkane* der Reihe C_{19} bis C_{35} vor. Ihre Menge schwankt zwischen 1—67%, in Abhängigkeit von der Art des Wachses.

Tabelle 25. *Menge und Art der Kohlenwasserstoffe in Lipoidwachsen*

Wachsart	Kohlenwasserstoffe %	gesättigt	ungesättigt
Bienenwachs	10—12	C_{25}—C_{31}	C_{30} (2,5%)
Chin. Insektenwachs	2—3	C_{27}	—
Wollwachs	1—2	—	—
Carnaubawachs	1,5—3	C_{27}—C_{31}	—
Candelillawachs	43—59	C_{29}—C_{33}	—
Ouricurywachs	7	C_{25}—C_{31}	—
Zuckerrohrwachs	3—5	C_{31}—C_{35}	—
Espartowachs	>1	C_{31}	—

H. Natürliche Harze

Unter natürlichen Harzen versteht man eine Gruppe pflanzlicher, meist glasartig-amorpher Exkrete, die sich im Gegensatz zu den „Gums“ und „Schleimstoffen“ nicht in Wasser, dagegen in gewissen organischen Lösungsmitteln lösen. Da in der Pflanze der Auf- und Abbau sehr verschiedener Stoffklassen vor sich geht, ist es verständlich, daß Harze einer Pflanzenart Bestandteile chemisch verschiedener Stoffgruppen enthalten. So ist es auch zu erklären, daß aromatische Harzbestandteile in irgendeiner Weise mit dem Aufbau des Lignins, Terpene und Terpenoide mit dem des Carotins oder des Phytols im Chlorophyll im Zusammenhang stehen.

Nach unseren heutigen Kenntnissen können wir die natürlichen Harzbestandteile am besten folgenden Stoffklassen zuordnen (W. SANDERMANN 1960):

Einteilung der Harzbestandteile

1. Aliphatische Verbindungen

a) 9.10.16-Trihydroxypalmitinsäure (Stockharz, Schellack);

b) Ölsäure, Linolsäure, Stearinsäure, Lignocerinsäure u. a. Fettsäuren (Tallöl aus Kiefernarten).

2. Terpene, Terpenoide und Derivate $(C_5H_8)_X$

a) Terpene $C_{10}H_{16}$ und Derivate (Terpentinöl und ätherische Öle vieler Harze);
b) Sesquiterpene $C_{15}H_{24}$ (Terpentinöl und ätherische Öle vieler Harze);
c) Diterpene $C_{20}H_{30}$ und Derivate (Colophonium, Kopale, Bernstein, Sandarak)
d) Triterpene $C_{30}H_{48}$ und Derivate (Manila-Elemi, Dammar, Euphorbiumharz, Birkenharz, Gurjunbalsam, Benzoeharz, Weihrauchharz);
e) Sterine (Kiefern-Arten u. a.).

3. Aromatische Verbindungen

a) Lignane mit dem Biconiferyl-Grundskelet (Guajakharz, Nadelholzharze, Crubebenharz, Olivenharz);
b) Stilbene (Kiefernarten, rotes Sandelholz, weiße Nießwurz);
c) aromatische Verbindungen verschiedenen Aufbaues (meist in Drogenharzen).

J. Veränderungen der Fette

I. Natürliche Veränderungen der Fette

1. Hydrolyse

Die angreifbarsten Stellen im Triglyceridmolekül sind die Esterbindungen. Nicht nur bei der Verdauung und Absorption der Fette findet eine mehr oder weniger vollständige Abspaltung von Fettsäuren statt, sondern auch bei der Lagerung bei normalen, ja selbst bei tieferen Temperaturen kann eine Hydrolyse erfolgen. Dieses Verhalten der Fette besitzt daher für das Problem des Verderben. und des Vorratsschutzes von Fetten und fetthaltigen Lebensmitteln außerordentliche Bedeutung.

Die Ursachen der Hydrolyse sind verschiedener Natur. Es kann sich hierbei um chemische, enzymatische und mikrobielle Vorgänge handeln.

Obgleich alle Fette gegen *chemische* Hydrolyse empfindlich sind, wenn Spuren Wasser vorliegen, wird diese Art des Verderbens besonders bei solchen Fetten beobachtet, die Acylgruppen unter 14 C-Atomen besitzen, da die Ester mittlerer und niederer Fettsäuren leichter gespalten werden. Die rein chemische Hydrolyse, die durch Licht und Schwermetallspuren katalysiert wird, tritt daher neben der mikrobiellen Hydrolyse speziell bei Butter sowie Margarinesorten, die Cocos-Palmkern- oder Babassufett enthalten, auf.

Die *enzymatische* Spaltung der Fette wird durch Lipasen oder andere lipolytisch wirkende Enzyme verursacht. Lipasen pflanzlichen Ursprungs spalten gewöhnlich bei saurer, die tierischen Ursprungs bei alkalischer Reaktion schon bei gewöhnlicher Temperatur. Die optimalen Spaltungsbedingungen liegen in der Nähe von pH 7 bei 37° C. Fast alle tierischen Gewebe, besonders aber Pankreas und Leber, enthalten Lipasen. Reich an Lipasen sind im pflanzlichen Organismus vor allem fettreiche Samen. Wie bei Untersuchungen mit Ricinuslipase gezeigt werden konnte, ist die Hydrolysegeschwindigkeit verschiedener Fette recht unterschiedlich. Sie nimmt bei gleicher Molekülgröße der Fettsäuren mit dem Sättigungsgrad ab. Je ungesättigter die Fettsäuren des Triglycerids sind, um so schneller werden diese Triglyceride gespalten.

Da Lipasen sich auch in höheren Pilzen, wie Schimmelpilzen sowie in zahlreichen Bakterien finden, kann weiterhin eine *mikrobielle* Hydrolyse der Fette, vor allem in fetthaltigen Lebensmitteln, erfolgen, zumal Stickstoffverbindungen und Kohlenhydrate einen günstigen Nährboden ergeben. Besonders reich an Lipase ist *Aspergillus niger*.

2. Oxydative Veränderungen

Die am häufigsten auftretende Veränderung, der die Öle und Fette unterliegen, ist die *Autoxydation*. Besonders raffinierte Öle und Fette mit mehrfach ungesättigten Fettsäuren neigen zur Oxydation, selbst wenn sie nur mit geringen Mengen von Sauerstoff in Berührung kommen. Die primär entstehenden labilen Hydroperoxyde werden schon durch Spuren von Schwermetallen, vor allem von Kupfer(II)-Ionen, aber auch durch Eisen(III)-Ionen zu Sekundärprodukten, vorwiegend zu Carbonylverbindungen wie gesättigte und ungesättigte Aldehyde zersetzt. Dieser Oxydationsprozeß geht über eine Radikal-Kettenreaktion und setzt an einem Kohlenstoffatom ein, das in α-Stellung zu einer Doppelbindung liegt. Die Reaktion wird durch Bildung freier Radikale eingeleitet, aus denen durch Sauerstoffanlagerung Peroxyradikale entstehen. Letztere setzen sich mit dem aus der α-Stellung zur Doppelbindung abgespaltenen Wasserstoff einer weiteren Fettsäure zu Hydroperoxyden um, die sich leicht unter Bildung von Carbonylverbindungen, Säuren und Alkoholen zersetzen. Daher lassen sich in den späteren Stadien der Fettranzigkeit keine Hydroperoxyde mehr nachweisen.

Abbildung 4 zeigt die Autoxydation von Methyloleat.

$$CH_3(CH_2)_6-CH_2-\underset{10}{CH}=\underset{9}{CH}-CH_2-(CH_2)_6CO_2CH_3$$

Erste Stufe: Bildung von 4 Radikalen.

$$-\underset{11}{\overset{*}{C}H}-\underset{10}{CH}=\underset{9}{CH}-\underset{8}{CH_2}- \qquad -\underset{11}{CH_2}-\underset{10}{CH}=\underset{9}{CH}-\underset{8}{\overset{*}{C}H}-$$

$$\rightleftharpoons \qquad\qquad\qquad \rightleftharpoons$$

$$-\underset{11}{CH}=\underset{10}{CH}-\underset{9}{\overset{*}{C}H}-\underset{8}{CH_2}- \qquad -\underset{11}{CH_2}-\underset{10}{\overset{*}{C}H}-\underset{9}{CH}=\underset{8}{CH}-$$

Zweite Stufe: Bildung von Peroxydradikalen und Hydroperoxyden unter Entstehung neuer Radikale.

(1) $$-\overset{*}{C}H-CH=CH-CH_2- + O_2 \rightarrow -\underset{O-\overset{*}{O}}{\underset{|}{CH}}-CH=CH-CH_2-$$

(2) $$-\underset{\underset{11}{O-\overset{*}{O}}}{\underset{|}{CH}}-CH=CH-CH_2- + -CH_2-CH=CH-$$

$$\downarrow$$

(3) $$-\underset{\underset{11}{O-OH}}{\underset{|}{CH}}-CH=CH-CH_2- + -\overset{*}{C}H-CH=CH-$$

Hierbei können je nach Lage des Radikals 8-, 9-, 10- und 11-ständige Hydroperoxyde gebildet werden.

Dritte Stufe: Die Hydroperoxyde zersetzen sich zu Carbonylverbindungen, Säuren und Alkoholen.

(1) $$CH_3(CH_2)_6-\underset{O-OH}{\underset{|}{CH}}-\overset{10}{C}H=\overset{9}{C}H-(CH_2)_7CO_2CH_3$$

$$\downarrow$$

$$CH_3(CH_2)_6CHO \quad + OCH(CH_2)_8CO_2CH_3$$

(2) $$CH_3(CH_2)_7CH=\overset{10}{C}H-\underset{O-OH}{\underset{|}{\overset{9}{C}H}}-(CH_2)_6CO_2CH_3$$

$$\downarrow$$

$$CH_3(CH_2)_7CH=CH-CHO + OH(CH_2)_6CO_2CH_3$$

Abb. 4. Autoxydation von Methyloleat

Die primär gebildeten freien Radikale entstehen durch die katalytische Wirkung von Prooxydantien, meist Metallen, die immer in Spuren in Ölen und Fetten vorliegen. Die durch Anlagerung von Wasserstoff aus diesen Radikalen gebildeten Hydroperoxyde sind ziemlich instabile Verbindungen, die selbst meist keinen Eigengeschmack besitzen, jedoch als Vorläufer zahlreicher Abbauprodukte für den Fehlgeschmack oxydierter Fette verantwortlich zu machen sind. Einige Einzelheiten dieses Abbaues sind noch nicht bekannt, man weiß jedoch, daß das Vorliegen von Hydroperoxyden eine längere Lagerung derartiger Speisefette unmöglich macht.

Durch Abfangen der freien Radikale mit natürlichen und synthetischen Antioxydantien wird die Entwicklung einer Ranzigkeit stark verzögert. Daneben kann durch Vereinigung von 2 freien Hydroperoxydradikalen in den ersten Stufen der Reaktion ein Kettenabbruch unter Bildung eines Peroxyds erfolgen.

Die Oxydationsempfindlichkeit der Öle hängt nicht nur von ihrem Gehalt an ungesättigten Fettsäuren ab, sondern auch von deren Stellung im Glyceridmolekül sowie von den vorliegenden Begleitstoffen. So kann ein Gehalt der Öle an Carotinoiden und Chlorophyll bei Lichteinwirkung die Autoxydation beschleunigen, da diese Lipochrome durch Abgabe der aufgenommenen Lichtenergie dieRadikalbildung fördern. Unter Lichtausschluß wirken sie dagegen antioxygen.

Für den *enzymatischen oxydativen Fettsäureabbau* in höheren Pflanzen, Ölsamen und Getreide, kommen hauptsächlich 2 Fermente in Frage, *Lipoxydase* und *Fettsäure-Dehydrase*[1]. Beide stehen offenbar in einem nahen stoffwechselphysiologischen Zusammenhang. Bei der Oxydation von Polyensäuren mit Lipoxydase entstehen konjugierte cis-trans-Hydroperoxyde. An welcher Stelle des Moleküls speziell der Angriff der Lipoxydase erfolgt, konnte bisher nicht festgestellt werden. 10.12-Octadecadiensäure und all-trans-9.12.15-Octadecatriensäure inhibieren Lipoxydase kompetitiv.

Besonders die Fettsäuren mittlerer Kettenlänge werden neben den ungesättigten Fettsäuren von zahlreichen Schimmelpilzen leicht zu Methylketonen abgebaut, wodurch die „Parfümranzigkeit", vor allem bei eiweiß- und wasserhaltigen Fettzubereitungen wie Butter, Margarine und Schweineschmalz auftritt. Das Fett wird zunächst durch fettspaltende Schimmelpilze in Gegenwart von Wasser in Fettsäuren und niedere Glyceride oder Glycerin hydrolysiert. Nach Überführung in ihre Ammonsalze – der Ammoniak entstammt dem Eiweiß – erfolgt durch Fettsäure-Dehydrasen eine Dehydrierung der gesättigten Fettsäuren zu $\alpha.\beta$-ungesättigten Säuren, anschließend durch Decarboxylase eine Decarboxylierung der gebildeten β-Ketosäuren.

Aber auch in Abwesenheit von Mikroorganismen können Fette oder Fettbausteine durch Licht oder Wärme ketonig werden.

Zur Untersuchung der oxydativen Veränderungen von Ölen und Fetten eignen sich in erster Linie die Thiobarbitursäure-Zahl sowie die Carbonyl-Zahl und die Aldehyd-Zahl, die alle die sekundären Oxydationsprodukte erfassen. Im Gegensatz dazu sind die Peroxyd-Zahl und die Epoxyd-Zahl nur in den Anfangsstadien der Oxydation anwendbar. (Über den oxydativen Abbau der Fette vgl. auch H. W. SCHULTZ 1962; über den enzymatischen und mikrobiellen Abbau W. FRANKE u. H. FREESE 1956, 1959.)

II. Technologische Veränderungen der Fette

1. Hydrierung

Durch die Einführung des Hydrierprozesses in die Fettechnologie können flüssige Öle in mehr oder weniger harte Fette übergeführt werden, die große Bedeutung für die Speisefett- und Margarineindustrie erlangt haben. Die graduelle

[1] Die Sojalipoxydase konnte in kristallisierter Form erhalten werden.

Eliminierung von Doppelbindungen in den ungesättigten Glyceriden ermöglicht es, aus vielen Pflanzenölen eine weite Reihe von festen Fetten, die in ihrer Konsistenz von weich und schmierig bis hart und spröde variieren, herzustellen. Selbst aus den hochungesättigten Seetierölen können auf diese Weise eßbare Fette gewonnen werden.

Die Hydrierung der Öle besteht in einer Anlagerung von Wasserstoff an die Doppelbindungen ihrer ungesättigten Fettsäuren in Gegenwart eines geeigneten Katalysators, in der Praxis fast immer fein verteiltes Nickel. Lenkt man die Reaktion so, daß bei Vorliegen mehrerer Doppelbindungen bestimmte Bindungen bevorzugt angegriffen, d. h. ausgewählt werden, so spricht man von *selektiver* Hydrierung. Diese Selektivität beruht auf einer bevorzugten Adsorption von Linol- bzw. Linolensäure an der Katalysatoroberfläche. Hierbei ist die Wahrscheinlichkeit des Zusammentreffens von atomarem Wasserstoff mit einer polyungesättigten Säure größer, so daß in erster Linie diese Säuren zu Isoölsäuren hydriert werden, die Ölsäure dagegen größtenteils unverändert bleibt.

Die Hydrierungen werden normalerweise bei höheren Temperaturen, etwa 160 bis 180° C durchgeführt. Bei diesen Temperaturen erfolgen in Gegenwart des aktiven Nickels außer einer Wasserstoffanlagerung jedoch bereits Nebenreaktionen, hauptsächlich Umlagerungen an den ungesättigten Fettsäuren, so daß hydrierte Fette auch isomere, nicht natürlich vorkommende Fettsäuren enthalten. Hierbei treten die *positionsisomeren* Fettsäuren, deren Doppelbindungen durch Wanderung nach beiden Seiten der Fettsäurekette verschoben sind, besonders stark in Erscheinung, während die *stereoisomeren* Fettsäuren, die durch cis-trans-Umlagerung entstehen, in geringerem Umfange auftreten.

Nach R. R. Allen und A. A. Kiess (1956) kann man diesen Mechanismus etwa folgendermaßen formulieren:

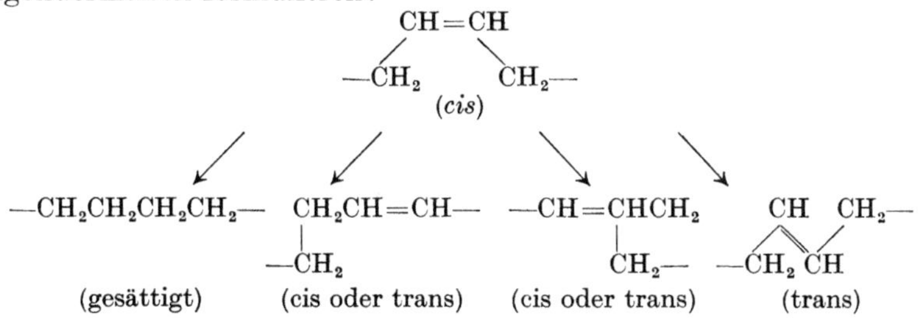

Die Menge an Stereoisomeren, die während der Hydrierung gebildet werden, ist der Menge an Positionsisomeren proportional. Die Umlagerung der cis-Säuren in ihre trans-Form wird durch höhere Temperaturen begünstigt. Über ihre physikalischen Eigenschaften vgl. S. 325ff.

Es ist möglich, den Verlauf der Hydrierung in bedeutendem Ausmaße durch Kontrolle der Temperatur und durch Verwendung von frischen und „vergifteten" Katalysatoren zu lenken. Die Selektivität einer Hydrierung wird begünstigt durch höhere Temperaturen (etwa 170—180° C) im Gegensatz zu niederen Temperaturen von 100—130° C, wie sie gelegentlich angewandt werden. Wenn der Katalysator verbraucht und somit partiell inaktiviert ist, zeigt er größere Selektivität und begünstigt somit die Bildung von trans-Säuren. In einem solchen Falle beruht die feste Konsistenz des niedrig schmelzenden Fettes mehr auf der Bildung von trans-Säuren und positionsisomeren Säuren als auf einer Entstehung gesättigter Fettsäuren. (Zur Hydrierung der Fette vgl. auch H. J. Waterman 1951.)

2. Umesterung

Ein weiteres Verfahren zur Überführung von Ölen in Fette bzw. von niederschmelzenden Fetten in höherschmelzende, bei dem sich keine isomeren

Fettsäuren bilden, beruht auf der leichten Austauschbarkeit der im Glyceridmolekül enthaltenen Fettsäurereste. Diese, im Gegensatz zur Alkoholyse und Acidolyse als eigentliche Umesterung zu bezeichnende Reaktion ist dadurch charakterisiert, daß die Estergruppen unter Acylaustausch miteinander reagieren.

Die Umesterung kann sowohl *inter*- als auch *intra*molekular erfolgen:

Intermolekulare Umesterung

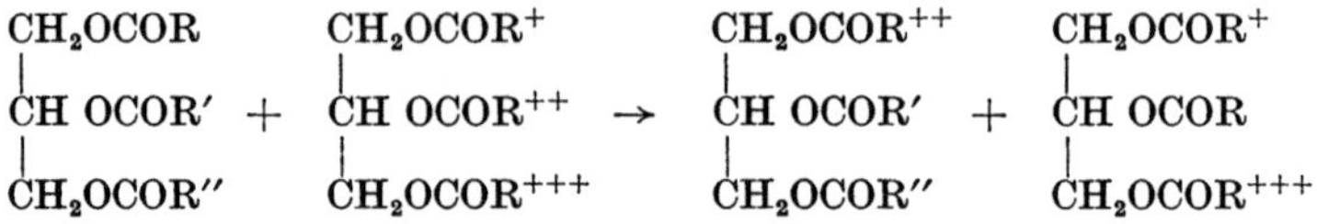

Intramolekulare Umesterung

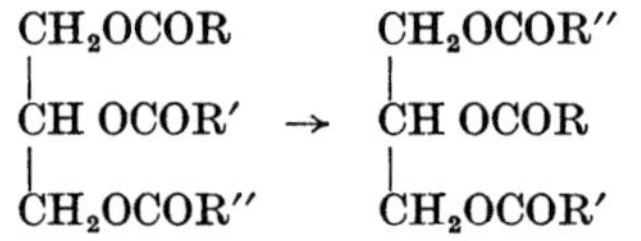

Sie kann einerseits zu homogenen Fetten führen, andererseits kann man aber auch inhomogene Fette herstellen, aus denen dann die feste Fettsäuren enthaltenden Glyceride leicht abzutrennen sind. Beide Arten der Umesterung beginnen große technische Bedeutung zu gewinnen. Man kann mit ihnen die Eigenschaften natürlicher Fette weitgehend verändern, ohne auf die klassischen Methoden der Fettspaltung und Wiederveresterung zurückzugreifen.

Zu unterscheiden ist zwischen der *Einphasenumesterung* (random interesterification) und der *gerichteten* oder *gelenkten Umesterung* (directed interesterification). Bei ersterer wird in homogener flüssiger Phase bei höheren Temperaturen (etwa 200° C) und in Gegenwart von Alkalialkoholaten als Katalysator gearbeitet (Dauer etwa 2 Std). Dabei verteilen sich die Fettsäuren über die Glyceride nach statistischen Gesetzen. In Abb. 5 ist der Einfachheit halber ein hypothetischer Fall einer Einphasenumesterung mit gleichen Mengen Tristearin und Triolein behandelt. Er zeigt die 6 möglichen Triglyceride, die erhalten werden und die Mengen an jeder Verbindung, die mathematisch vorausgesagt werden können.

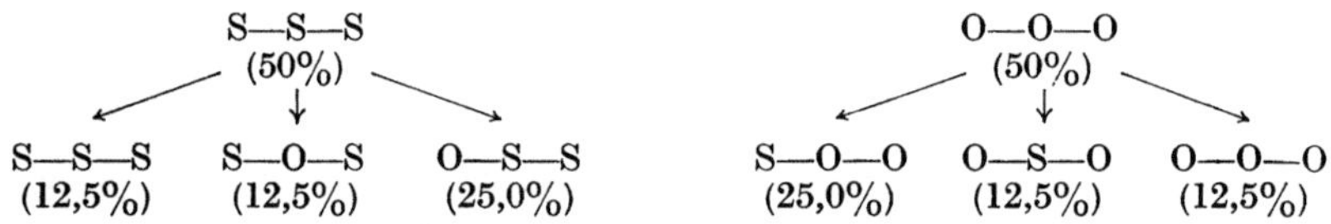

S = Stearinsäure; O = Ölsäure.

Abb. 5. Hypothetischer Fall einer Einphasen-Umesterung (random interesterification)

Im allgemeinen ist das Resultat dieser Umesterung eine Erhöhung der Zahl der Glyceridarten und eine breitere Verteilung der Fettsäuren, so daß durch zunehmende Bildung eutektischer Gemische, verbunden mit einer Senkung des Schmelzpunktes gewöhnlich ein weicheres Produkt erhalten wird. Der Wert dieses Prozesses liegt darin, daß solche Änderungen des Schmelzbereiches von Fetten durch ein relativ einfaches Verfahren die Flexibilität bei der Verwendung von Rohmaterialien vergrößern. So kann z. B. Baumwollsaatöl ohne Hydrierung in ein Schmalz übergeführt werden, während man höher schmelzende Weichfette beispielsweise durch Umesterung mit Talg erhält. Letztere Fette, die eine hohe Plastizität besitzen, eignen sich besonders gut zur Herstellung von Backfetten.

Im Gegensatz zur Einphasenumesterung bezweckt die *gelenkte Umesterung* (vgl. Abb. 6), die in natürlichen Fetten und Ölen vorhandenen gemischtsäurigen Glyceride in solche umzuformen, die vorzugsweise feste bzw. flüssige Fettsäuren enthalten und sich dann leicht aus dem Gemisch abtrennen lassen.

O—S—O

↓ ↓

S—S—S (33,3%) O—O—O (66,7%)

O = Ölsäure, S = Stearinsäure.

Abb. 6. Hypothetischer Fall einer gelenkten Umesterung (directed interesterification)

Die zur gelenkten Umesterung erforderlichen Temperaturen dürfen den Schmelzpunkt der zu erwartenden hochschmelzenden Glyceride nicht wesentlich überschreiten. Durch die kontinuierliche Entfernung *einer* Komponente aus der Reaktionsphase, z. B. durch Abtrennung fester Anteile mittels Kristallisation bei kontrolliertem Abkühlen der Mischung, gelingt die Überführung eines mäßig hochschmelzenden Fettes in ein gemischtes Fett mit sehr harten und sehr weichen Komponenten. Die Reaktion wird hierbei durch gelindes Erhitzen (etwa 20—40° C) kurzzeitig (Dauer evtl. nur 9 min) unter Verwendung von flüssigen Alkalilegierungen als Katalysator durchgeführt. Wenn die 2 Komponenten am Ende der Reaktion nicht getrennt werden, so erhält man ein Fett, das vollkommen andere rheologische Eigenschaften besitzt als das Ausgangsmaterial.

Die gelenkte Umesterung wird besonders in den USA, in erster Linie zur Veredlung von Schweineschmalz, angewendet. Unter Umständen spielt dabei auch die Überführung einer instabilen Kristallform in eine stabile Form eine Rolle. Mit Hilfe der gelenkten Umesterung gelingt es, sowohl Weichfette für die Margarine- und Backfettherstellung als auch beispielsweise Kakaobutterersatzfette zu erhalten. (Über die Kinetik und die Technologie der Umesterung vgl. J. Baltes 1960, 1961.)

Außerdem wurde die Umesterung als Begleiterscheinung bisher bei folgenden technischen Prozessen nachgewiesen: der Neutralisation saurer Fette durch Abdestillieren freier Fettsäuren, der Hydrierung der Fette, der Molekulardestillation, der Elaidinierung der Fette und der Weckerdestillation.

Bibliographie

Andersen, A. J. C.: Margarine. London: Pergamon Press Ltd. 1954.
— Refining of Oils and Fats for edible Purposes. London: Pergamon Press Ltd. 1962.
Asselineau, J.: Les Lipides bacteriens. Paris: Herrmann-Verlag 1962.
Bailey, A. E.: Cottonseed and Cottonseed Products. New York: Interscience Publishers Inc. 1948.
— Melting and Solidification of Fats. New York: Interscience Publishers Inc. 1950.
— Industrial Oil and Fat Products. 2. Aufl., New York: Interscience Publishers Inc. 1951.
Bloch, K.: Lipid Metabolim. New York u. London: Wiley & Sons 1960.
Bloor, W. R.: Biochemistry of the Fatty Acids and their Components, the Lipids. New York: Reinhold Press 1943.
Crump, G. B.: The Technology of Margarine Manufacture, Progress in the Chemistry of Fats and other Lipids. Vol. V, S. 285—321, London u. New York: Pergamon Press 1958.
Dam, H.: The Biochemistry of Fat-soluble Vitamins, Progress in the Chemistry of Fats and other Lipids. Vol. III, S. 153—212. London u. New York: Pergamon Press 1955.
Deuel, H. J.: The Lipids. Vol. I. New York: Interscience Publishers Inc. 1954.
Devine, J.: The Chemistry and Technology of Edible Oils and Fats. London: Pergamon Press 1961.
Eckey, E. W.: Vegetable Fats and Oils. New York: Reinhold Publishing Corp. 1954.
Fonrobert, E.: Das Holzöl. Stuttgart: Berliner Union 1951.
Glidden Comp.: Literatur Review on Phosphatides. Chicago/Illinois: 1954.
Grau, R.: Grundlagen und Fortschritte der Lebensmitteluntersuchung, Bd. 7 Fleisch und Fleischwaren. Berlin: A. W. Hayn's Erben 1960.

GROSSFELD, J.: Handbuch der Lebensmittelchemie, Bd. 4. Fette und Öle. Berlin: Springer 1939.
GULINSKY, E.: Pflanzliche und tierische Fette und Öle. Hannover: Curt R. Vincentz-Verlag 1963.
HANAHAN, D. J.: Lipid Chemistry. New York u. London: John Wiley & Sons Inc. 1960.
HEINZ, H. J.: Fette und Fettsäuren, in: ULLMANNs Encyklopädie der technischen Chemie. 3. Aufl. Bd. 7. München-Berlin: Urban u. Schwarzenberg 1956.
HILDITCH, T. P.: The chemical Constitution of the Naturals Fats. 2. Aufl. London: Chapman & Hall 1949.
IWANOW, S.: In: H. SCHÖNFELD, Chemie und Gewinnung der Fette. Bd. 1, S. 375—383. Wien: Springer 1936.
KARRER, P., u. E. JUCKER: Carotinoide. Basel 1948.
KAUFMANN, H. P.: Studien auf dem Fettgebiet. Berlin: Verlag Chemie 1935.
— Neuzeitliche Technologie der Fette und Fettprodukte. 1. Lieferung, Münster/Westf.: Aschendorffsche Verlagsbuchhandlung 1956.
— Analyse der Fette und Fettprodukte. Berlin-Göttingen-Heidelberg: Springer 1958.
— Neuzeitliche Technologie der Fette und Fettprodukte. 3. Lieferung. Münster/Westf.: Aschendorffsche Verlagsbuchhandlung 1961.
— u. F. WEGHORST: Beiträge zur Chemie und Technologie der Fetthärtung. Köln u. Opladen: Westdeutscher Verlag 1958.
KIRSCHENBAUER, H. G.: Fats and Oils. An Outline of their Chemistry and Technology. New York: Reinhold Publishing Corp. 1960.
LANG, K.: Die ernährungsphysiologischen Eigenschaften der Fette. Darmstadt: Steinkopff 1958.
LUDORFF, W.: Grundlagen und Fortschritte der Lebensmitteluntersuchung, Bd. 6. Fische und Fischerzeugnisse. Berlin: A. W. Hayn's Erben 1960.
LÜDE, R.: Technische Fortschrittsberichte: Die Raffination von Fetten und fetten Ölen. Dresden-Leipzig: Theodor Steinkopff 1948.
— Die Gewinnung von Fetten und fetten Ölen. Dresden-Leipzig: Theodor Steinkopff 1954.
— Die Raffination von Fetten und fetten Ölen. Dresden und Leipzig: Theodor Steinkopff 1957.
MALKIN, T.: The Molekular Structure and Polymorphism of Fatty Acids and their Derivatives, Progress in the Chemistry of Fats and other Lipids. Vol. I, S. 1—17. London u. New York: Pergamon Press 1952.
— The Polymorphism of Glycerides, Progress in the Chemistry of Fats and other Lipids. Vol. II, S. 1—50. London u. New York: Pergamon Press 1954.
MARKLEY, K. S.: Fatty Acids, their Chemistry and Physical Properties. London: Interscience Publishers Inc. 1961.
MEHLENBACHER, V. C.: The Analysis of Fats and Oils. Champaign Ill.: The Garrard Press Publishers 1960.
PAQUOT, C.: Les Methodes analytiques des Lipides simples. Paris: Centre National de la Recherche scientifique 1962.
RALSTON, A. W.: Fatty Acids and their Derivates. New York: John Wiley & Sons Inc. 1948.
RUDISCHER, S.: Fachbuch der Margarineindustrie. Leipzig: Fachbuchverlag 1959.
SANDERMANN, W.: Naturharze, Terpentinöl, Tallöl. Berlin-Göttingen-Heidelberg: Springer 1960.
SCHLOSSBERGER, H.: Chaulmoograöl. Berlin: Springer 1938.
SCHULTZ, H. W.: Symposium on Foods: Lipids and their Oxidation. Westport Conn.: The Avi Publishing Company Inc. 1962.
SCHWITZER, M. K.: Continous Processing of Fats. London: Leonhard Hill Ltd. 1951.
— Margarine and other Food Fats. London: Leonhard Hill Ltd. 1956.
SHORELAND, F. B.: Formation of Animal Fats, Progress in the Chemistry of Fats and other Lipids. Vol. III, S. 275—325. London: Pergamon Press 1955.
SINCLAIR, H. M.: Essential Fatty Acids. London: Butterworth 1958.
TAPPEL, A. L.: Lipoxydase. In: Methods in Enzymology. Vol. V, S. 539—542. New York u. London: Academic Press 1962.
VANDER WAL, R. J.: The Triglyceride Composition of Natural Fats, Progress in the Chemistry of Fats and other Lipids. Vol. III, S. 328—350. London u. New York: Pergamon Press 1955.
WATERMAN, H. J.: Hydrogenation of Fatty Oils. Amsterdam: Elsvier 1951.
WHEELER, D. H.: Infrared Absorption Spectroscopy in Fats and Oils, Progress in the Chemistry of Fats and other Lipids. Vol. II, S. 268—291. London u. New York: Pergamon Press 1954.
WITTCOFF, H.: The Phosphatides. New York: Reinhold Publishing Corp. 1951.
WITTKA, F.: Die modernen Methoden zur Umformung der Fette. Leipzig: Johann Ambrosius Barth-Verlag 1958.
ZECHMEISTER, L.: Cis,trans-Isomeric Carotenoids, Vitamin A and Acrylpolyene. Berlin: Springer 1962.

Zeitschriftenliteratur

ALLEN, R. R., and A. A. KIESS: Isomerisation During Hydrogenation, III. Linoleic Acid. J. amer. Oil. Chem. Soc. **33**, 355—359 (1956).
BALTES, J.: Reaktionsmechanismus und Kinetik der Umesterung von Fettsäuren. Die Nahrung **4**, 1—16 (1960).
— Technologie und Analytik von Fetten. Die Nahrung **5**, 521—534 (1961).
BAUDART, P.: Nouvelle Synthèse totale de monoacides éthyléniques de la série grasse. Bull. Soc. Chim. France **13**, 87—90 (1946).
DEPMER, W.: Überblick über die kontinuierlichen Extraktionsanlagen. Fette u. Seifen **53**, 699—703 (1951).
DREESEN, H.: Technische Betrachtungen zur Fischölgewinnung in der deutschen Fischmehl-Industrie. Fette u. Seifen **56**, 224—230 (1954).
FRANKE, W., W. HEINEN u. A. PLATZECK: Zum enzymatischen Fettsäure-Abbau durch Schimmelpilze. Fette u. Seifen **61**, 264—271 (1959).
FRESSE, H., u. W. FRANKE: Fettoxydation durch pflanzliche Lipoxydase und Fettsäure-Dehydrasen I. Fette u. Seifen **58**, 403—408 (1956).
— — Fettoxydation durch pflanzliche Lipoxydase und Fettsäure-Dehydrasen II. Fette u. Seifen **58**, 593—598 (1956).
HORN, D. H. S., and F. W. HOUGEN: The isolation of some homologous higher-molecularweight glycols from the unsaponifiable fractions of wool wax. Chem. and Industr. **31**, 670—674 (1951).
KARRER, P., u. H. FRITSCHE: Konstitution und Bestimmung des α-Tocopherols. Helv. Chim. Acta **21**, 1234—1240 (1938).
KAUFMANN, H. P.: Vorschläge zur Nomenklatur der Glyceride. Fette u. Seifen **52**, 208—209 (1950).
— Der Chemismus der Fetthärtung. Fette u. Seifen **53**, 525—531 (1951).
— Zur Biologie der Fette. Fette u. Seifen **55**, 673—681 (1953).
KLENK, E.: Vorschlag zur Vereinheitlichung der Nomenklatur der Neutralfette und der Lipoide. Dtsch. med. Wschr. **87**, 362 (1962).
LANG, K.: Der intermediäre Stoffwechsel. Fette u. Seifen **52**, 158—161 (1950).
LOVERN, I. A.: Der Ursprung der Eigenart der Fette bei Fischen. Fette u. Seifen **55**, 425—430 (1953).
LUDORFF, W.: Heringsöl, seine Gewinnung, Zusammensetzung und Verwertung. Fette u. Seifen **55**, 454—457 (1953).
LYNEN, F.: Participation of Acyl-CoA in Carbon Chain Biosynthesis. J. Cellular Comp. Physiol. **54**, Suppl. 1, 33—49 (1959).
MARTINEZ MORENO, J. M., F. MAZUELOS u. C. JANER: Anwendung der kristallinen Harnstoff-Addukte auf dem Gebiet der Fettchemie. VII. Über den anormalen Charakter der Diglycerid-Addukte. Fette u. Seifen **57**, 652—656 (1955).
MARTIUS, C.: Über den Endabbau der Fettsäuren. Fette u. Seifen **52**, 206—208 (1950); **55**, 1—2 (1953).
MURRAY, K. E., and R. SCHOENFELD: Studies of Waxes. III. The Alcohols of Carnauba Wax. J. amer. Oil Chem. Soc. **28**, 461—466 (1951).
PERKINS, E., O. C. JOHNSON, M. SUGAI and F. A. KUMMEROW: Studies on the Nutritional and physiological Effects of thermally Oxidized Oils. J. amer. Oil Chem. Soc. **34**, 594—597 (1957).
RAPHAEL, R. A., and F. SONDHEIMER: Synthesis of Linoleic Acid. Nature (Lond.) **165**, 235—236 (1950).
SCHLENKER, E.: Beziehungen zwischen Glyceridstruktur und physikalischen Eigenschaften. Fette u. Seifen **53**, 191—193 (1951).
TÄUFEL, K.: Über die Biogenese der Fettsäuren der natürlichen Fette. Fette u. Seifen **52**, 398—401 (1950).
VIDYARTHI, N. L., and M. V. MALLAYA: Occurence of an isomer of ricinoleic acid in the fatty oil from the seeds of Veronia anthelmintica. J. Indian Chem. Soc. **16**, 479—480 (1939).
WEITKAMP, A. W.: The Acidic Constituents of Degras. A. New Method of Structure Elucidation. J. amer. Chem. Soc. **67**, 447—454 (1945).
ZECHMEISTER, L., u. L. v. CHOLNOKY: Über das Vorkommen von chemisch gebundenen Carotinoiden in der Natur. Liebigs Ann. Chem. **481**, 42—49 (1930).

Ätherische Öle

Von

Dr. K. Herrmann, Hannover

A. Allgemeines

Ätherische Öle sind leichtflüchtige Bestandteile von Früchten, Blüten, Blättern und anderen Pflanzenteilen. Sie stellen im allgemeinen komplizierte Gemische verschiedener, oft nahe verwandter Stoffe dar. Häufig bestehen sie aus 50 und mehr Einzelkomponenten größter Vielfältigkeit, die einigen wenigen chemischen Klassen zugeordnet werden können.

Die Gesamtheit der Inhaltsstoffe, seltener eine bestimmte Substanz, verleiht dem einzelnen ätherischen Öl den charakteristischen Geruch und Geschmack. Beide sind meist sehr intensiv. So kann z. B. Pfefferminzöl noch in einer Verdünnung von 1:1500000 durch den Geruch und in einer Verdünnung von 1:4000000 durch den Geschmack wahrgenommen werden.

Ihren wenig glücklich gewählten Namen verdanken die ätherischen Öle ihrer öligen Konsistenz. Der durch sie, z. B. auf Filtrierpapier, erzeugte „Fettfleck" verschwindet beim Verdunsten restlos, während der durch echte fette Öle hervorgerufene erhalten bleibt. Nicht zuletzt unterscheiden sich die ätherischen von den fetten Ölen dadurch, daß erstere mit Wasserdämpfen vollkommen flüchtig sind und sich auch schon bei gewöhnlicher Temperatur mehr oder weniger verflüchtigen.

Fast alle ätherischen Öle sind bei gewöhnlicher Temperatur flüssig, z. T. dickflüssig. Nur wenige zeigen kristalline, meist aus Kohlenwasserstoffen bestehende Ausscheidungen, z. B. das Rosenöl. Viele ätherische Öle sind in Wasser nur gering löslich. Häufig löst sich nur ein Tropfen ätherisches Öl in etwa 200 ml Wasser. In wasserhaltigem Alkohol nimmt die Löslichkeit mit steigendem Wassergehalt sehr schnell ab. In organischen Lösungsmitteln, z. B. absolutem Äthanol, Äther, Chloroform, Benzol, sind sie dagegen gut löslich und können so der Pflanze entzogen werden. Auf den Löslichkeitsverhältnissen beruht ihre beträchtliche Lipoid-Löslichkeit. Hierdurch werden die ätherischen Öle sehr leicht von Schleimhäuten, z. B. des Mundes und der Nase sowie des Magen-Darm-Traktes, und durch die Lunge resorbiert, was für die Verwendung in Lebensmitteln, als Parfüm und in Arzneimitteln nicht ohne Bedeutung ist.

In völlig reinem Zustand sind die meisten ätherischen Öle farblos bis schwach gelblich. Manche sind von Natur aus gefärbt, z. B. gelb wie das Zitronenöl. Durch Azulen können ätherische Öle eine blaue Farbe annehmen.

Unter der Einwirkung von Licht und Luft zeigen die ätherischen Öle mancherlei Veränderungen, wobei sie vielfach „verharzen" (vgl. z. B. R. A. Bernhard und A. G. Marr 1960; G. Widmark und S. Blohm 1957). Um dies zu vermeiden, werden sie meist in gut verschlossenen, braun oder blau gefärbten Flaschen aufbewahrt. Vielfältig sind die möglichen Umwandlungen. So erleidet z. B. Zitronenöl beim Lagern Geschmacksverschlechterungen, wobei das zu etwa 10% enthaltene γ-Terpinen in p-Cymol übergeht (R. M. IKEDA u. Mitarb. 1961).

Sind ätherische Öle in der Pflanze mit nichtflüchtigen Bestandteilen gemischt, so spricht man von „Balsamen", die häufig in sog. „Harzgängen" enthalten sind. Balsame kommen vor allem bei Coniferen, Anacardiaceen und mehreren Leguminosen vor.

I. Bildung und Vorkommen der ätherischen Öle in der Pflanze

Die weitaus meisten ätherischen Öle werden in anatomisch wohldifferenzierten abgeschlossenen *Exkret-Behältern* ausgeschieden und aufgespeichert, die für diese Zwecke spezialisiert sind. Man unterscheidet *Hautdrüsen* (Drüsenhaare, Drüsenzotten, Drüsenschuppen) und *innere Drüsen* (Ölzellen, Ölbehälter, Ölgänge).

Über die *Biosynthese* der ätherischen Öle in der Pflanze gibt es weder einheitliche noch endgültig gesicherte Vorstellungen. Als Bildungsort ist in einigen Fällen das Plasma erkannt worden. Die Bildung der Terpene aus Isopren-Molekülen wird zum Teil abgelehnt, zum Teil, z. B. von W. TREIBS (E. GILDEMEISTER und F. HOFFMANN 1956—1962, Band I), befürwortet.

Das *Vorkommen* ätherischer Öle ist im Pflanzenreich verhältnismäßig verbreitet. So produzieren von 295 Pflanzenfamilien der höher entwickelten Formen (Cormophythen) 87 (etwa = 30%) ätherische Öle. 38 dieser Familien sind zumeist auf die Tropen beschränkt und nur 17 auf die gemäßigte Zone. Wärme und Trockenheit begünstigen auch bei gleicher Art die Anhäufung von ätherischen Ölen. Dies hindert aber die Pinus-Arten nicht, sogar den Polarkreis zu überschreiten. Für das gehäufte und beträchtliche Vorkommen ätherischer Öle sind u. a. folgende Pflanzenfamilien bekannt: Pinaceen, Labiaten, Umbelliferen, Rutaceen, Lauraceen, Myrtaceen und Cruciferen.

Die ätherischen Öle können in allen Organen der Pflanze vorkommen, sind aber nicht selten in bestimmten angereichert. Im allgemeinen liefern alle Teile der gleichen Pflanzenart dasselbe Öl. Bisweilen weicht es aber auch in verschiedenen Organen derselben Pflanze nicht nur in der Gesamtmenge, sondern auch in der qualitativen und quantitativen Zusammensetzung voneinander ab. So enthält z. B. der Zimtstrauch *(Cinnamomum ceylanicum)* in Blatt, Rinde und Wurzel verschiedene Öle. Ätherische Öle bestimmter Zusammensetzung und deren Behälter sind mitunter für ganze Familien charakteristisch. In anderen Fällen ist ihr Auftreten auf einzelne Gattungen oder selbst nur Arten beschränkt. Häufig erzeugen aber auch nahe miteinander verwandte Pflanzen verschiedene ätherische Öle. Die Gymnospermenöle sind meist einfach zusammengesetzt und bestehen aus Terpen- und Sesquiterpen-Kohlenwasserstoffen. Dagegen zeichnen sich die Angiospermenöle durch außerordentliche Vielfalt der Inhaltsstoffe aus, was besonders für die Blütenöle zutrifft.

Zuweilen ist schon der Keimling, z. B. beim Salbei, über und über mit Drüsenhaaren bedeckt. Während der Phase der Zellstreckung nimmt dann der Gehalt beträchtlich ab. Öfters wird gefunden, daß die Menge an ätherischen Ölen bis zur Blütezeit der Pflanzen ansteigt, um dann teilweise wieder zurückzugehen. Beim Fenchel nimmt z. B. der Gehalt in den Blättern bis zur vollen Blüte von 0,622 bis 1,377% und zur Samenreife bis 1,542% zu. Der Ölgehalt der Dolden beträgt bei voller Blüte 4,48%, bei der Samenreife 7,29%, bezogen auf Trockensubstanz.

Die ölreichsten Pflanzenteile dürften die Cubebenbeeren (bis 23%), die Nelkenknospen (15—17%) und die Muskatnüsse (bis 16%) sein. Fenchel-, Kümmel- und Cardamomenfrüchte enthalten in der Regel über 5%.

Die meisten ätherischen Öle kommen in Blättern, Blüten, Früchten, Stamm, Wurzel und Rinde fertig gebildet vor. Manche entstehen aber erst durch Enzymwirkung aus anderen Stoffen, z. B. das Bittermandelöl und das Senföl.

In den Öldrüsen können die ätherischen Öle – nicht zuletzt durch das wiederholt festgestellte Enzymvorkommen – mannigfaltige Umwandlungen erleiden. So enthalten die Ölzellen des Kampferblattes zunächst sehr flüchtiges Öl, das erst durch Sauerstoffaufnahme in Kampfer umgewandelt wird, der in älteren Blättern zum Teil auskristallisieren kann.

Nach K. PAECH (1950) überwiegen im Anfang des Bildungsstadiums die Alkohole, die bald verestert werden und als solche sich der weiteren Umwandlung vielleicht entziehen. Die Entstehung der Terpen-Kohlenwasserstoffe schließt sich an, und später nehmen gegenüber den Alkoholen die oxydierten Verbindungen, Aldehyde und Ketone, zu. Die aromatischen Verbindungen können sekundäre Umwandlungsprodukte der zunächst abgeschiedenen hydroaromatischen sein.

Wegen näherer Einzelheiten über Bildung, Biosynthese und Vorkommen der ätherischen Öle sei auf K. PAECH (1950) und E. GILDEMEISTER und F. HOFFMANN 1956–1962), Band I, verwiesen.

II. Bedeutung der ätherischen Öle

Die Frage nach der Bedeutung der ätherischen Öle für die Pflanzen ist nur schwer zu beantworten. Die ätherischen Öle zählen zu den sekundären Pflanzeninhaltsstoffen, für welche die Bezeichnung „Abfall"-Produkte des pflanzlichen Stoffwechsels nicht von der Hand zu weisen ist. Sie sind keine Reservestoffe der Pflanzen. Nicht einmal Pilze und Bakterien können – von wenigen Ausnahmen abgesehen – die natürlichen Terpenverbindungen als Kohlenstoffquelle verwenden. Manche Pflanzen mögen die ätherischen Öle vor Pflanzenfressern oder Schädlingen schützen. In zahlreichen Blüten mögen sie die Insekten zur Bestäubung anlocken. Doch ist es falsch, Einzelerscheinungen zu verallgemeinern und nach einer allgemeinen ökologischen Bedeutung der ätherischen Öle zu suchen. Auch bei anderen sekundären Inhaltsstoffen ist es müßig, nach einer einheitlichen Bedeutung für die Pflanze zu forschen. So sind die *Ursachen* der Bildung der ätherischen Öle und der *Wert* der Bildung im physiologischen Geschehen für die erzeugende Pflanze noch völlig unbekannt (K. PAECH 1950).

Ganz anders steht es mit der Bedeutung der ätherischen Öle für die Pflanze als Lebensmittel- bzw. Arzneimittelproduzent oder als Lieferant von Riechstoffen für kosmetische bzw. technische Zwecke.

Eine Reihe von Pflanzen, vor allem Holzgewächse, der Tropen und Subtropen wurden wegen ihres Gehaltes an ätherischen Ölen zu Kulturpflanzen, z. B. Gewürznelkenbaum, Pfeffer, Lorbeerbaum, Zimtstrauch, Muskatnußbaum, Kardamomen. Manche Kulturpflanzen liefern zusätzlich ätherische Öle, z. B. Eucalyptus- und Citrus-Species. Auch in Europa wird eine Reihe von Pflanzen aus dem gleichen Grund in beträchtlichen Mengen angebaut, z. B. Rosen auf dem Balkan, Pfefferminze, Lavendel, Paprika, Bohnenkraut.

Zahlreiche dieser Kulturpflanzen zählen zu den *Gewürzpflanzen*, in denen die ätherischen Öle die wichtigsten Inhaltsstoffe sind. Andere gehören – zum Teil seit Jahrhunderten – zu den *Heilpflanzen*, deren ätherischen Ölen meist im Zusammenwirken mit anderen Inhaltsstoffen die heilende Wirkung zugeschrieben wird, z. B. Pfefferminze, Thymian, Baldrian, Melisse, Salbei.

Nicht wenige der bei uns (z. B. in Sachsen-Anhalt) gebauten Pflanzen sind seit alters her zugleich Gewürz- und Arzneipflanzen, z. B. Kümmel, Dill, Wermut, Fenchel, Anis, Koriander, Majoran, Rosmarin, Liebstöckel, Petersilie. Wegen der Hauptbestandteile dieser Kulturpflanzen möchten wir auf die Angaben über das Vorkommen im Abschnitt: „B. Chemische Zusammensetzung der ätherischen Öle" in diesem Beitrag sowie allgemein auf den Beitrag „Gewürze" im Band VI dieses Handbuches verweisen.

III. Gewinnung der ätherischen Öle aus der Pflanze

Obwohl ätherische Öle fast in jeder Pflanze vorkommen, sind sie nur in einer kleineren Anzahl von Pflanzen in solchen Mengen vorhanden, daß sich ihre Gewinnung lohnt. Die gebräuchlichste Gewinnungsmethode der ätherischen Öle ist seit alter Zeit die *Destillation mit Wasserdampf*. Das Verfahren wird heute mit modernen Apparaturen durchgeführt, wobei häufig mit überhitztem Wasserdampf bei Unterdruck gearbeitet wird. Die Wasserdampfdestillation liefert nicht nur die besten Ausbeuten und verhältnismäßig reine Produkte, sondern es ist auch der billigste Weg zur Herstellung der Riechstoffe. Nicht zuletzt ist es die Methode der Wahl für den großtechnischen Betrieb. Sie liefert gute Ergebnisse bei ölreichen Pflanzenteilen und -ausscheidungen, deren ätherische Öle sich in Wasser nur wenig lösen.

Die Rohstoffe werden in Apparaturen gebracht, die den jeweiligen Bedingungen angepaßt sind und mit Wasserdampf beheizt werden. Blätter, die meisten Blüten und Knospen, ferner Gräser und dünnstenglige Kräuter werden ohne jede Bearbeitung und Zerkleinerung in die Destillationsblase gebracht. Auch Beeren und Samen werden nicht zerkleinert, wenn die Temperatur des Wasserdampfes genügt, die umschließende Pflanzenhülle zu sprengen und das Öl freizulegen. Härtere Samen werden zwischen Walzen gequetscht, verholzte Pflanzenteile in der Regel gemahlen.

Die übergegangenen ätherischen Öle sind teils im Destillatwasser gelöst, teils scheiden sie sich als Öltröpfchen im Destillat ab, die meist leichter, in wenigen Fällen schwerer als Wasser sind. Durch Natriumchloridzusatz zur Blasenfüllung und zum Destillat kann die Abscheidung der ätherischen Öle befördert werden. Die so gewonnenen Rohprodukte werden durch Gegenstrom-Destillation mit Wasserdampf unter Atmosphären- oder Minderdruck oder durch Trockendestillation rektifiziert.

Bei ätherischen Ölen, die erst durch enzymatische Prozesse aus den Rohstoffen bzw. deren Glykosiden gebildet werden, z. B. Senf und Bittermandelöl, wird zuerst diese Aufspaltung durchgeführt, worauf dann die Reindarstellung durch Destillation mit Wasser oder Wasserdampf erfolgt.

Einige wenige ätherische Öle können direkt durch *Auspressen* gewonnen werden. Hier sind vor allem die Schalenöle der Citrusfrüchte, z. B. Orangen, Zitronen, Mandarinen usw., zu nennen. Die guten Öle werden aus durch Raspelmaschinen zerkleinertem Flavedo kalt gepreßt. Die Ausbeuten liegen bei etwa 0,2—0,3%.

Schon bei den Citrusfrüchten entstehen durch Wasserdampfdestillation Öle von weniger guter Qualität. Die Destillation mit Wasserdampf führt besonders in den Fällen nicht zum gewünschten Erfolg, bei denen die hohe Temperatur des Wasserdampfes empfindliche Riechstoffe zerstört oder wenn die Menge des im Produkt enthaltenen Öles relativ gering und dieses noch zusätzlich in Wasser leicht löslich ist. Besonders Blüten eignen sich häufig nicht für die Wasserdampfdestillation, da sie oft nur 0,01—0,05%, zum Teil noch weniger an ätherischem Öl enthalten. Daher wendet man hier andere Verfahren an, indem man die ätherischen Öle entweder mit flüchtigen Lösungsmitteln oder mit Fett auszieht bzw. sie von Fett absorbieren läßt.

Die Extraktion mit flüchtigen Lösungsmitteln wird durch mehrmaliges Ausziehen des getrockneten Blütenmaterials (3—4mal) mit Petroläther Sdp 60—80° C bei gewöhnlicher Temperatur durchgeführt. Seltener wird Äther (wegen seines hohen Preises), dagegen Benzin, Benzol, Methanol, Äthanol oder Aceton in neuerer Zeit häufiger verwendet. Das Lösungsmittel wird anfangs bei Atmosphärendruck, später im Vakuum abgedampft. Aus dem Extrakt wird das ätherische Öl durch Ausziehen mit Alkohol von dem mitgelösten Pflanzenwachs getrennt.

Bei der *Extraktion mit einem nichtflüchtigen Lösungsmittel* unterscheidet man die Absorption oder enfleurage à froid, die ohne Anwendung von Wärme vorgenommen wird, und die Infusion = Maceration oder enfleurage à chaud, bei der Wärme angewendet wird. Diese Verfahren werden ebenfalls vorwiegend zur Gewinnung empfindlicher Blütenöle benutzt.

Beim „*Enfleurage*"-Verfahren bringt man die lebenden Blüten zwischen Rahmen, deren Unterseite mit einer dünnen Fettschicht versehen ist. Die Duftstoffe wandern hierbei allmählich aus der Pflanze in das Fett. Da die Blüten nicht abgetötet werden, produzieren sie noch längere Zeit ätherische Öle, wodurch die Ausbeute beträchtlich, in manchen Fällen auf das Zehnfache erhöht wird.

IV. Verwendung der ätherischen Öle

Die ätherischen Öle dienen einmal zum Würzen von Speisen. Die zerkleinerten Gewürze werden als solche verwendet, um den Speisen einen zusagenden Geschmack und Geruch zu geben (vgl. „Gewürze", Band VI dieses Handbuchs). In letzter Zeit haben sich auch Gewürzextrakte eingeführt, die von einer Reihe von Firmen in unterschiedlicher Qualität hergestellt werden (vgl. K. Herrmann: „Ersatz- und Kunstgewürze. Gewürzauszüge", Band VI dieses Handbuchs). Sie dienen u. a. zur Würzung von Würsten, Fisch, Backwaren, Gurken. Die von der Industrie gewonnenen natürlichen ätherischen Öle finden eine ausgedehnte Verwendung in der Getränke- und in der Zuckerwarenindustrie. In geringerer Menge werden sie auch in der Konditorei und der Schokoladenindustrie sowie zur Herstellung von Speiseeis benutzt.

Ein großer Teil der ätherischen Öle wird zur Herstellung von Parfüm verbraucht. Einige zu den ätherischen Ölen gehörige Produkte, wie das Terpentinöl, dienen zu technischen Zwecken. Nicht zuletzt werden ätherische Öle, z. B. Pfefferminzöl, Anisöl, Nelkenöl, Eucalyptusöl, zu medizinischen Zwecken verwendet. So ist u. a. eine entzündungshemmende und lokalanästhetische Wirkung ebenso bekannt wie eine Beeinflussung der Funktion des Zentralnervensystems (Baldrian) und eine Herz- und Kreislaufwirkung (Kampfer). Viele ätherische Öle wirken bakteriostatisch, in größeren Mengen desinfizierend. Heute noch wird bei Husten Thymian und bei Schnupfen Menthol häufig verwendet. Einige ätherische Öle besitzen eine gute Wirkung auf Magen und Darm (Labiatenöle); eine beträchtliche Zahl ist harntreibend (diuretisch). Nähere Angaben vergleiche z. B. O. Gessner (1953), A. Müller (1951) und E. Gildemeister und F. Hoffmann (1956—1962), Band I. Über die Giftigkeit und Verträglichkeit von ätherischen Ölen berichtete E. von Skramlik (1959).

Die Produktion ätherischer Öle hat zum Teil ein beträchtliches Ausmaß angenommen. So beträgt die Weltproduktion für Pfefferminzöl 2600 t, Citrusöle 1800 t und Eucalyptusöl 1000 t im Jahr.

In immer stärkerem Maße werden ätherische Öle bzw. deren wirksame Bestandteile oder wie diese ähnlich riechende Stoffe synthetisch aus billigeren Rohstoffen hergestellt. Viele der früher kostbaren ätherischen Öle sind heute auf synthetischem Wege zugänglich und dadurch oft ganz erheblich billiger zu gewinnen. Diese Erzeugnisse dienen teils dazu, Lebensmitteln ein gewünschtes Aroma zu verleihen, wie z. B. das Vanillin, oder zu Parfümeriezwecken. Besonders zur Desodorierung technischer Produkte, wie Seife, Bohnerwachs usw., werden diese synthetischen Erzeugnisse eingesetzt.

B. Chemische Zusammensetzung der ätherischen Öle

Die ätherischen Öle sind in der Regel Gemische einer mehr oder weniger großen Zahl (bis über 50) von Inhaltsstoffen. Ihre Zusammensetzung wechselt teilweise nicht nur in den einzelnen Organen derselben Pflanzenart, sondern auch die ätherischen Öle aus gleichen Organen können je nach den Boden- und Klimaverhältnissen sowie nach Alter und Reifezustand der Pflanzen in ihrer Zusammensetzung schwanken. Schließlich können auch Unterschiede in der Art der Gewinnung (Destillation) verschieden zusammengesetzte ätherische Öle bedingen.

Die in den ätherischen Ölen aufgefundenen chemischen Stoffe sind Kohlenwasserstoffe, Alkohole, Aldehyde, Ketone, Phenole und Phenoläther, Säuren sowie Ester. Hinzu treten noch einige weitere Bestandteile, z. B. schwefelhaltige. Bei den Kohlenwasserstoffen, Alkoholen und Ketonen überwiegen die Terpene ($C_{10}H_{16}$) und die entsprechenden Terpen-Alkohole und -Ketone. Bei den Kohlenwasserstoffen kommen weiterhin Sesquiterpene ($C_{15}H_{24}$) vor. Auch enthalten einige ätherische Öle Sesquiterpen-Alkohole. In geringerer Menge kommen aliphatische und aromatische Kohlenwasserstoffe, Alkohole und Ketone vor.

Die verbreitetsten Aldehyde sind aromatischer Natur. Bei den Estern dienen neben Methanol und Äthanol vor allem die Terpenalkohole als Komponenten dieser Stoffe.

Die Löslichkeit der ätherischen Öle in Wasser und in Alkohol ist infolge ihrer sehr schwankenden chemischen Zusammensetzung sehr verschieden; einige sind in Wasser und Alkohol leicht löslich, die meisten schwer löslich. Die Dichte schwankt zwischen 0,80 und 1,07; sie ist um so niedriger, je größer die Menge an Terpen-Verbindungen, und um so höher, je größer der Gehalt an solchen der aromatischen Reihe ist. Der Siedepunkt schwankt zwischen 50 und 320° C. Der Brechungsindex liegt zwischen den Grenzen 1,45—1,60. Die ätherischen Öle sind teils optisch aktiv (links- oder rechtsdrehend), teils optisch inaktiv. Dichte und optische Drehung besitzen für die ätherischen Öle nur einen bedingten Wert, da beide Größen auch bei reinen, einwandfreien Ölen starken Schwankungen unterliegen. Daher haben diese Werte bei der Beurteilung nur einen ausschließenden Charakter.

Wegen der physikalischen Prüf- und präparativen Trennungs-Verfahren, der chemischen Analyse-Methoden, der Analytik charakteristischer Inhaltsstoffe und der Isolierung und Identifizierung von Einzelkomponenten in ätherischen Ölen sei auf E. Gildemeister und F. Hoffmann (1956—1962), Band II, verwiesen. Bezüglich der chemischen Zusammensetzung der einzelnen ätherischen Öle und ihrer Konstanten können wir die vorzügliche und erschöpfende Zusammenstellung in E. Gildemeister und F. Hoffmann (1956—1962), Band IV bis VII, empfehlen.

Die *wichtigsten chemischen Bestandteile* der ätherischen Öle sind folgende, wobei die Kohlenwasserstoffe und Alkohole im wesentlichen nach E. Gildemeister und F. Hoffmann, 4. Aufl. (1956—1962), Band III, die nachfolgenden Stoffe nach

E. GILDEMEISTER und F. HOFFMANN, 3. Aufl. (1928—1931), und W. KARRER (1958) bearbeitet wurden:

I. Kohlenwasserstoffe

1. Aliphatische Kohlenwasserstoffe

Im Terpentinöl kommen u. a. *n-Heptan* (C_7H_{16}), *n-Nonan* (C_9H_{20}) und *n-Undecan* ($C_{11}H_{24}$) vor. Im bulgarischen Rosenöl wurden unverzweigte, gesättigte Kohlenwasserstoffe (C_nH_{2n+2}) mit 15—17 sowie 19—21 Kohlenstoffatomen aufgefunden. In anderen ätherischen Ölen wurden solche mit 22—27, 29—31 und 35 Kohlenstoffatomen isoliert.

Ebenso treten auch einige Olefine, z. B. *Octylen* (C_8H_{16}), wie im Bergamott- und Zitronenöl, und Acetylenkohlenwasserstoffe in manchen ätherischen Ölen auf.

2. Monoterpen-Kohlenwasserstoffe

Bezeichnung	Dichte	Siedepunkt °C (Druck, mm)	Refraktion (Temperatur °C) n_D	Polarisation $[\alpha]_D^{20°}$	Vorkommen
	a) acyclische Monoterpen-Kohlenwasserstoffe ($C_{10}H_{16}$)				
Myrcen	d_4^{25} 0,785	166—168° 65—66° (20)	1,468 (25°)	0	weit verbreitet. Bayöl, Hopfen, Coriander
Ocimen	d_4^{20} 0,800	176—178° 73—74° (21)	1,486 (20°)	0	verbreitet. Fenchel, Lavendel
	b) monocyclische Monoterpen-Kohlenwasserstoffe ($C_{10}H_{16}$)				
Limonen	d_4^{25} 0,841	175—176° 71° (20)	1,470 (25°)	D: +123 bis 126° L: —122 bis 126°	nach α-Pinen am weitesten verbreitet (Hauptbestandteil der Citrusschalenöle)
Dipenten (nicht Isolimonen)	d_4^{25} 0,842	175—176°	1,472 (20°)	0	ebenfalls verbreitet
α-Terpinen	d_4^{20} 0,838	173—175°	1,476 (25°)	—	Hauptbestandteil des Terpinens; Majoran, Coriander, Fenchel, Orangenöl, Kümmel
β-Terpinen	d^{22} 0,838	173—174°	1,475 (22°)	—	erst vor kurzem aufgefunden
γ-Terpinen	d_4^{20} 0,849	183° 72,5° (18)	1,476 (14,5°)	—	Thymian, Kümmel, Coriander, Citronenöl

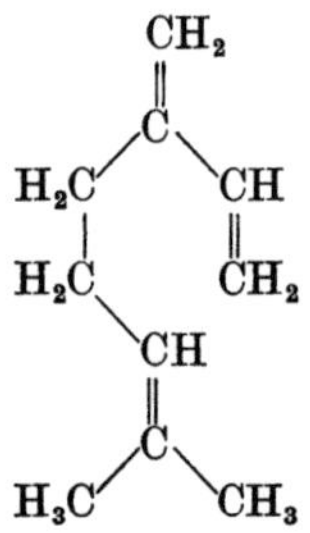
Myrcen

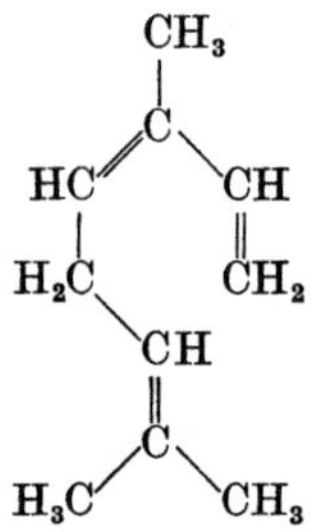
Ocimen

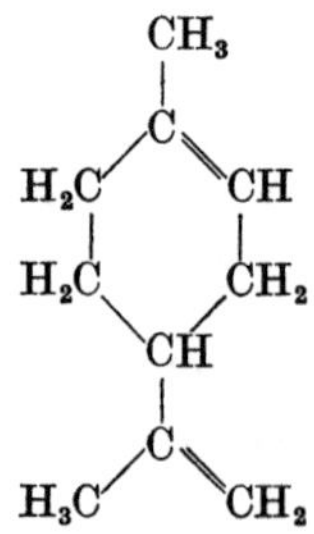
Limonen (DL-Form: Dipenten)

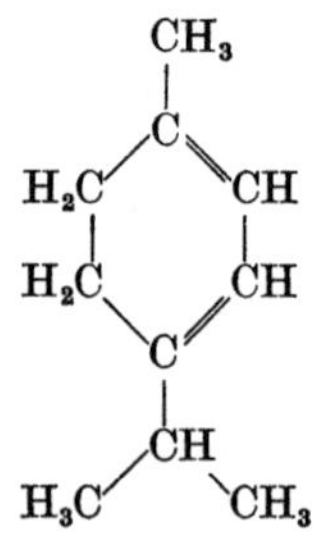
α-Terpinen

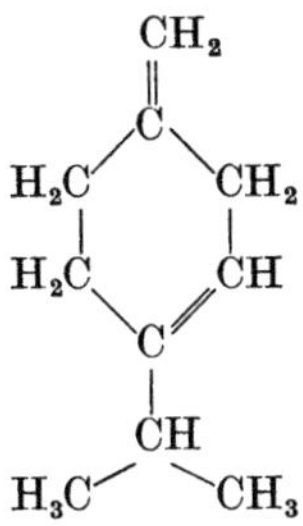

β-Terpinen

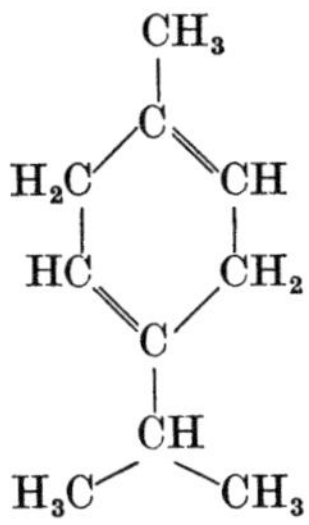

γ-Terpinen

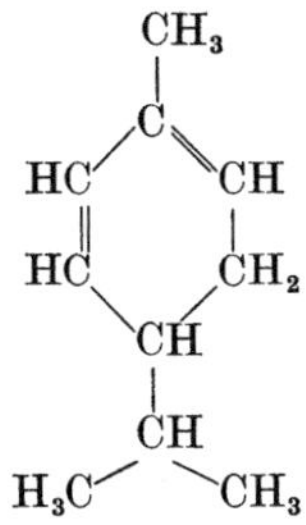

α-Phellandren

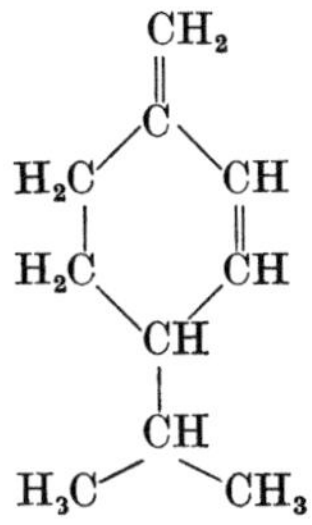

β-Phellandren

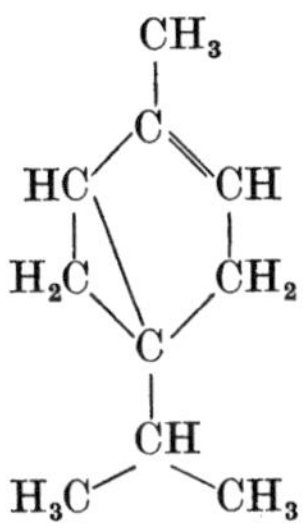

α-Thujen

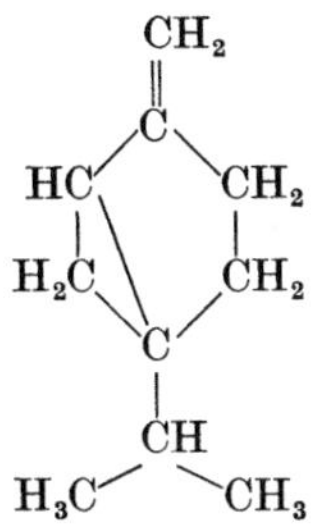

Sabinen

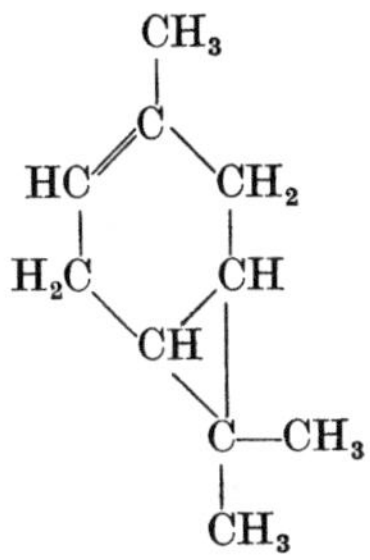

Δ³-Caren

Bezeichnung	Dichte	Siedepunkt °C (Druck, mm)	Refraktion (Temperatur °C) n_D	Polarisation $[\alpha]_D^{20°}$	Vorkommen
D-α-Phellandren	d_4^{19} 0,844	175—176° 61° (11)	1,473 (19°)	+40,7°	Dill, Fenchel, Wermut, Sternanis
L-α-Phellandren	d_4^{20} 0,843	173—175° 67—68° (22)	1,473 (25°)	—84° bis —140°	Eucalyptus-Species, Sternanis, Pfeffer, Zimt, Piment, Ingwer
D-β-Phellandren	d_4^{20} 0,852	171—172° 57° (11)	1,479 (20°)	+15 bis 18,5° (bis 65°)	Sternanis, Ingwer
L-β-Phellandren	d_{15}^{15} 0,843	172—174°	1,483 (20°)	—74,4°	Sternanis, Zimt
	c) bicyclische Monoterpen-Kohlenwasserstoffe ($C_{10}H_{16}$)				
α-Thujen	d_4^{20} 0,830	151—152°	1,452 (20°)	—37,2°	Thymian
Sabinen	d_4^{18} 0,841	163—165° 58—59° (18)	1,468 (17°)	D: +67 bis 92° L: bis —46°	D: Cubeben, Cardamomen, Majoran, Wermut, L: Möhrensamenöl
Δ³-Caren	d_4^{25} 0,864	164—165°	1,470 (25°)	+17,6°	Terpentinöl
α-Pinen	d_4^{25} 0,857	155—156° 52° (20)	1,463 (25°)	D: +51,5° L: —58,0°	außerordentlich weit verbreitet
β-Pinen	d_4^{25} 0,867	164—166°	1,477 (25°)	D: +28,6° L: —23,4°	weit verbreitet
Camphen	d_4^{54} 0,842	Smp 50—52° Sdp 158,5 bis 159,5°	1,455 (54°)	D: +104° L: —113,5° (Äther)	weit verbreitet

Wegen der *Fenchene*, deren natürliches Vorkommen noch nicht sicher ist, und von denen es α-, β-, γ-, δ-, ε-, ζ-Fenchen gibt, vgl. E. GILDEMEISTER u. F. HOFFMANN (1956—1962), Band III.

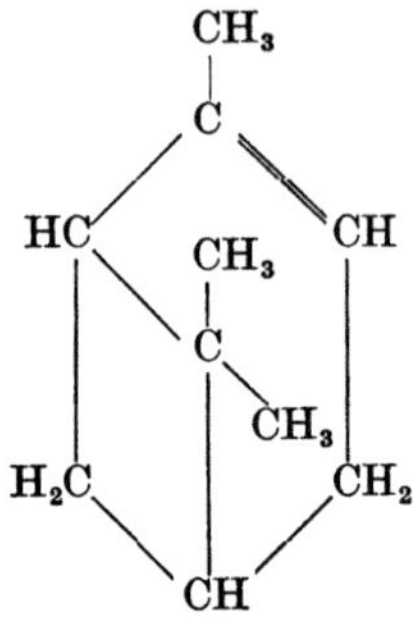

α-Pinen

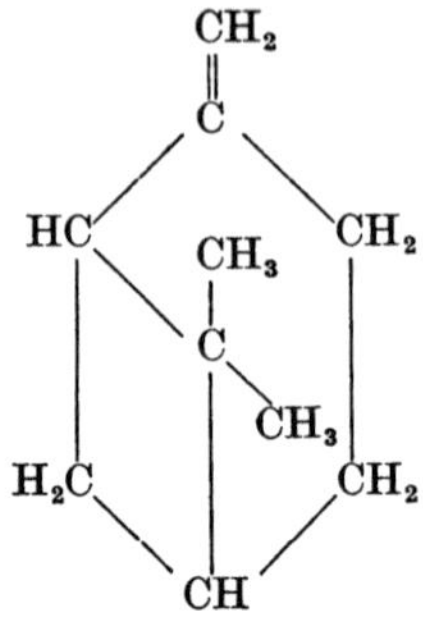

β-Pinen

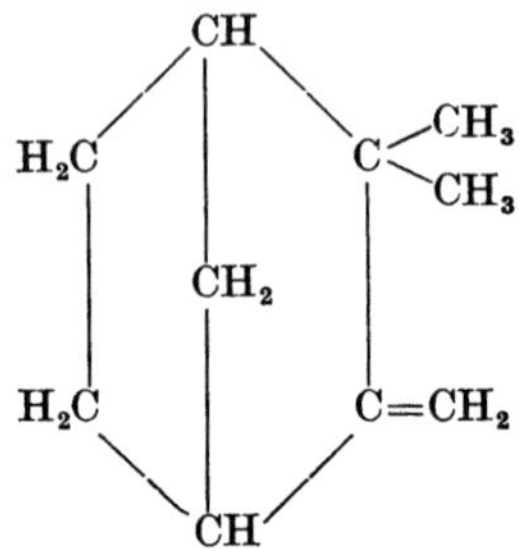

Camphen

3. Sesquiterpen-Kohlenwasserstoffe ($C_{15}H_{24}$)

Am weitesten sind *Cadinen*, *Caryophyllen* und *Bisalbon* verbreitet. Daneben gibt es eine große Zahl weiterer Sesquiterpen-Kohlenwasserstoffe. Einige ätherische Öle bestehen fast ausschließlich aus diesen Verbindungen bzw. ist der Hauptbestandteil ein Sesquiterpen. In anderen kommen sie nur in geringer Menge vor.

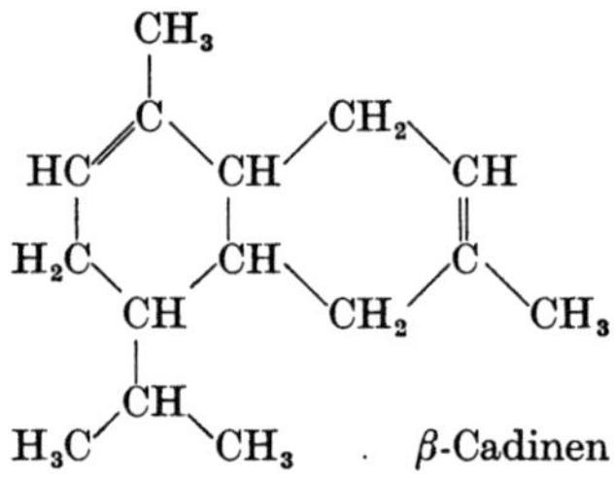

β-Cadinen

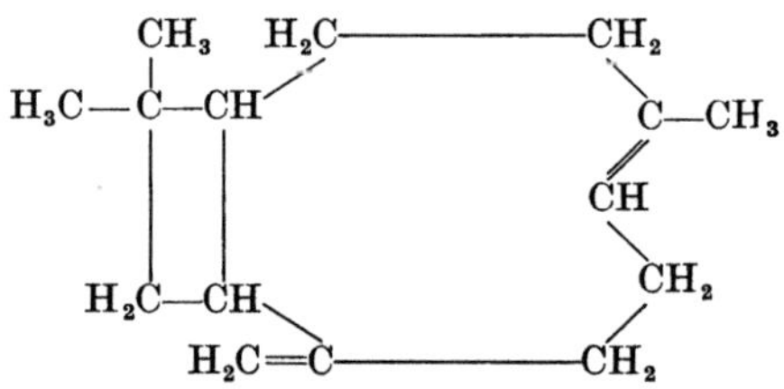

(β)-Caryophyllen

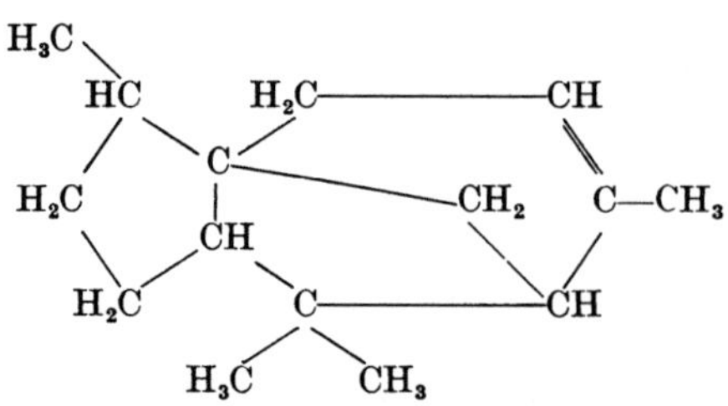

Cedren

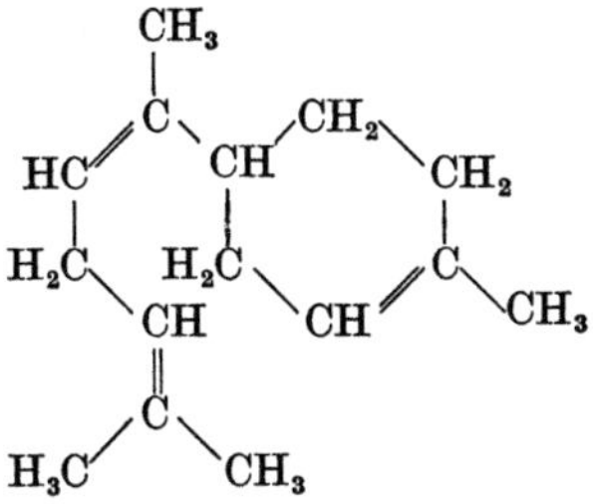

α-Bisalbon

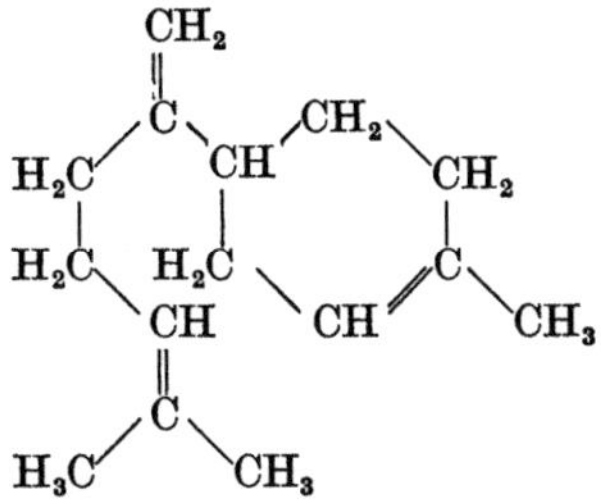

β-Bisalbon

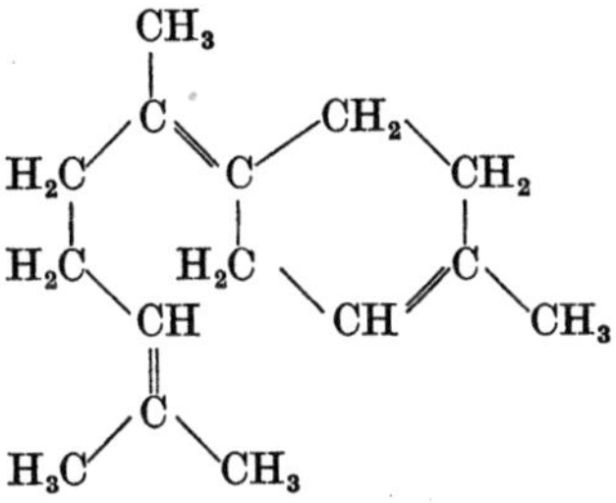

γ-Bisalbon

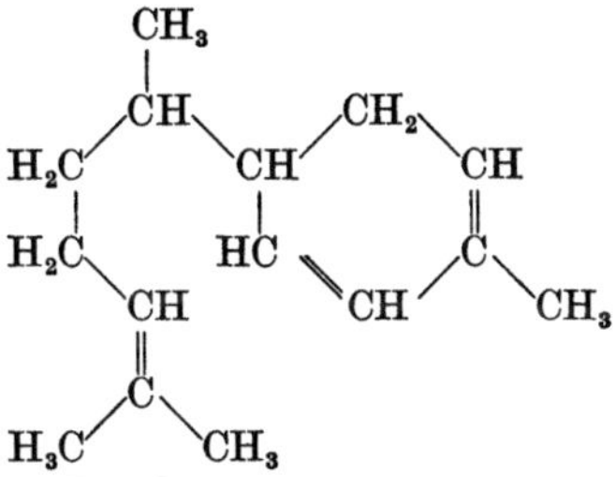

Zingiberen

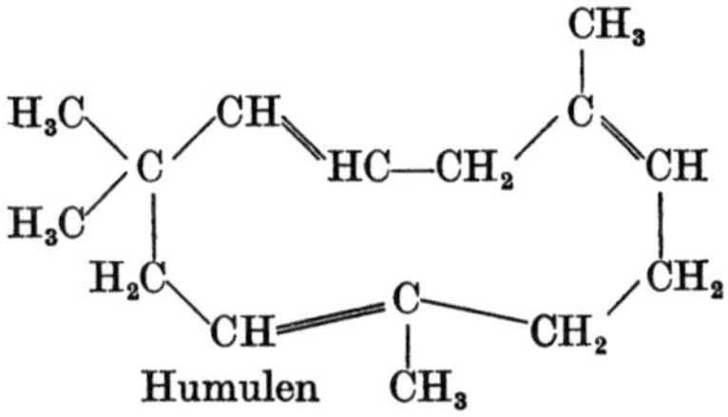

Humulen

Bezeichnung	Dichte	Siedepunkt °C (Druck, mm)	Refraktion (Temperatur, °C) n_D	Polarisation $[\alpha]_D^{20°}$	Vorkommen
Bisalbon (γ-Bisalbon)	d_4^{21} 0,872	261—262° 133—134° (12)	1,492 (21°)	0 (γ-B.)	Möhre, Citrusöle, Wermut, Ingwer, Sternanis
Zingiberen	d_4^{20} 0,871	etwa 270° 134—135° (15)	1,494 (20°)	—60 bis —120°	Hauptbestandteil des Ingwer, weiterhin in Curcuma
Humulen (identisch mit α-Caryophyllen)	d_4^{25} 0,887	263—266° 123° (10)	1,502 (25°)	—	Hopfenöl (20—40%), Wacholder, Calmus
β-Cadinen (daneben noch α-, γ-, δ-, ε-Cadinen)	d_4^{20} 0,924	274—275° 144—149° (20)	1,506 (20°)	—251°	Nadelholzöle, Cubeben, Grapefruit, Kümmel, Lavendel, Pfefferminze, Wermut
(β)-Caryophyllen	d_4^{20} 0,900	254—257° 118—121° (10)	1,501 (20°)	—8 bis —22°	Hauptbestandteil der Nelken. Weiterhin in Calmus, Pfeffer, Zimt, Lavendel, Thymian, Pfefferminze, Rosmarin, Majoran, Wermut
Aromadendren	d_4^{20} 0,912	121° (10)	1,498 (20°)	+5 bis —6°	charakteristisches Sesquiterpen der Eucalyptusöle
Cedren	d_4^{20} 0,934	262—263° 124—126° (12)	1,500 (20°)	bis etwa —60°	Juniperusöle (Cedernöl), Lavendel, Salbei

Außer den Sesquiterpen-Kohlenwasserstoffen sind noch Diterpen-Kohlenwasserstoffe ($C_{20}H_{32}$) in ätherischen Ölen bekannt. Sie kommen aber nur selten vor, z. B. im Wermutöl.

4. Aromatische Kohlenwasserstoffe

Bezeichnung	Dichte	Siedepunkt °C (Druck, mm)	Refraktion (Temperatur, °C) n_D	Vorkommen
p-Cymol $C_{10}H_{14}$	d_4^{20} 0,857	177,4°	1,490 (20°)	weit verbreitet, z. B. Wacholder, Sternanis, Muskatnuß, Zimt, Eucalyptusöle, Coriander, Möhre, Bohnenkraut, Thymian, Kümmel

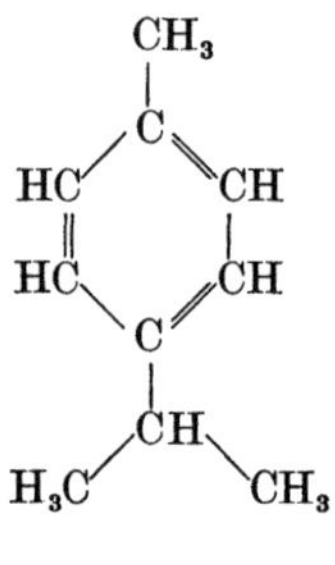

p-Cymol

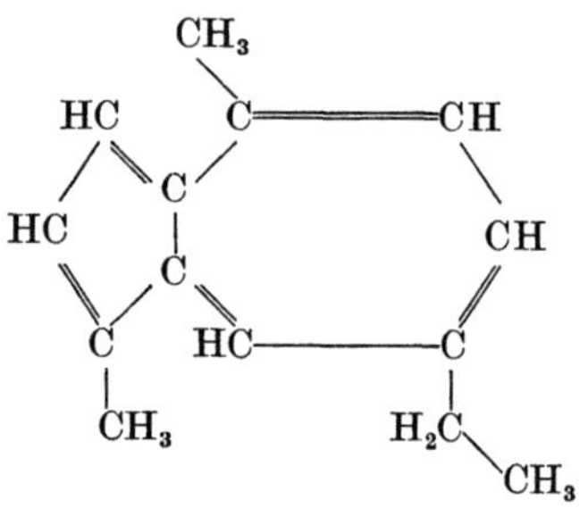

Chamazulen

5. Azulene

Chamazulen $C_{14}H_{16}$	d_4^{15} 0,991	160° (11)	—	besonders in Kamille, weiterhin Wermut

II. Alkohole

1. Aliphatische Alkohole

Die niederen Glieder *Methanol* (CH_3OH) und *Äthanol* (C_2H_5OH) kommen in ätherischen Ölen nur seltener vor. Meist sind sie durch Gärung des Ausgangsproduktes vor oder durch Zersetzung bei der Destillation entstanden.

Ferner sind in ätherischen Ölen, zum Teil als Ester, aufgefunden worden: *n-Propanol; Propanol-(2) (Isopropylalkohol); n-Butanol-(1); 2-Methyl-n-propanol-(1) (Isobutylalkohol)*, die beiden letzteren im Teeöl; *n-Pentanol-(1) (Amylalkohol)* im Pfefferminz- und Thymianöl; *2-Methyl-n-butanol-(1) (opt. akt. Amylalkohol), 3-Methyl-n-butanol-(1) (Isoamylalkohol).*

Häufiger kommen vor:

Bezeichnung	Dichte	Siedepunkt °C (Druck, mm)	Refraktion (Temperatur °C) nD	Vorkommen
n-Hexanol-(1) $C_6H_{13}OH$	d_4^{20} 0,818	157°	1,418 (20°)	Teeöl, Orange, Kernobst, Himbeere, Wein
n-Octanol-(1) $C_8H_{17}OH$	d_4^{20} 0,826	194—195°	1,429 (20°)	Teeöl, Grapefruit, Orange
n-Nonanol-(1) $C_9H_{19}OH$	d_4^{20} 0,827	213—215° Smp —5°	1,434 (20°)	Orange, Grapefruit
n-Decanol-(1) $C_{10}H_{21}OH$	d_4^{20} 0,829	231° Smp 6—7°	1,437 (20°)	Orange
n-Hexen-(3)-ol-(1) (Blätteralkohol) $CH_3 \cdot CH_2 \cdot CH{=}CH \cdot CH_2CH_2OH$	d_4^{20} 0,850	154—157° 58—59° (12)	1,438 (20°)	Orange, Grapefruit, Teeöl, Thymian

2. Monoterpen-Alkohole

a) acyclische Monoterpen-Alkohole

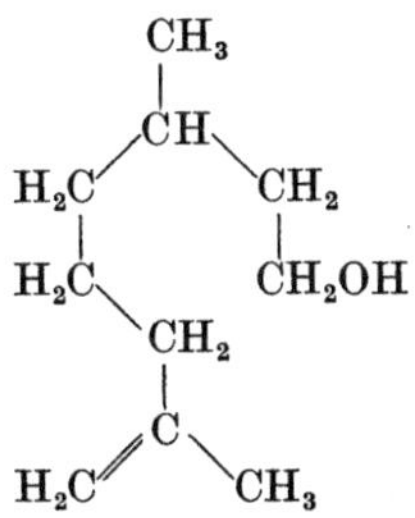

α-Citronellol

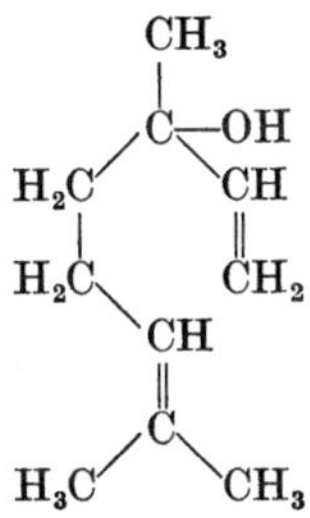

Linalool

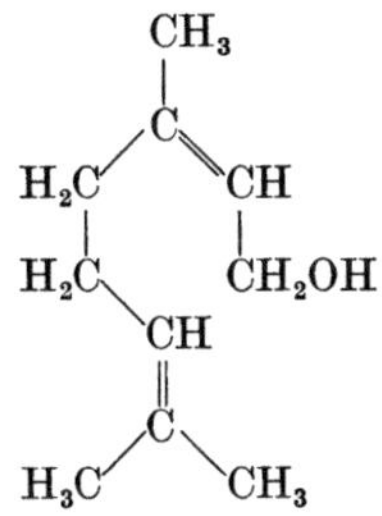

cis: Geraniol
trans: Nerol

Bezeichnung	Dichte	Siedepunkt °C (Druck, mm)	Refraktion (Temperatur, °C) nD	Polarisation $[\alpha]_D^{20°}$	Vorkommen
Citronellol $C_{10}H_{20}O$	d_4^{20} 0,855	225—226° 103—104° (10)	1,456 (20°)	D: +2 bis 5° L: —1,7 bis —4,3°	D: Geranium-, Citronellöl, L: Rosen-, Geraniumöl
Linalool $C_{10}H_{18}O$	d_4^{20} 0,861	198—200° 86—89° (13)	1,462 (20°)	D: +19° L: —21°	weit verbreitet, z. B. Ingwer, Hopfen, Muskatnuß, Zimt, Pfirsich, Citrusöle, Tee, Melisse, Thymian, Coriander
Geraniol $C_{10}H_{18}O$	d_4^{20} 0,878	230° 110—111° (10)	1,476 (20°)	0	weit verbreitet, z. B. Citronellöl, Hopfen, Muskatnuß, Lorbeer, Citrusöle, Eucalyptusöle, Coriander, Melisse, Himbeere
Nerol $C_{10}H_{18}O$	d_{15}^{15} 0,878	225—226° 112—114° (12)	1,462 (20°)	0	Lavendel, Wermut

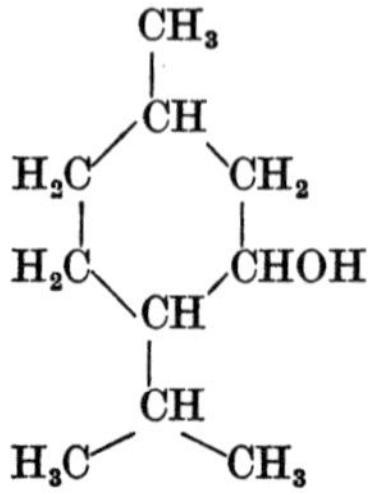
L-Menthol

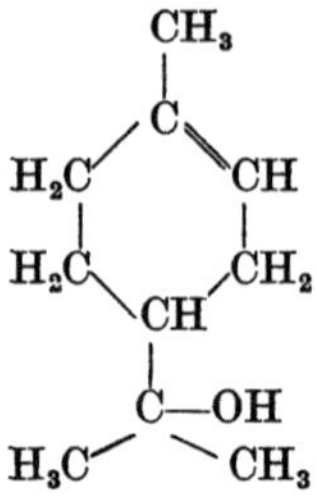
α-Terpineol

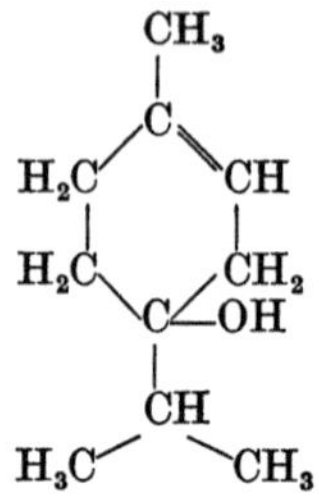
D-Terpinenol-(4)

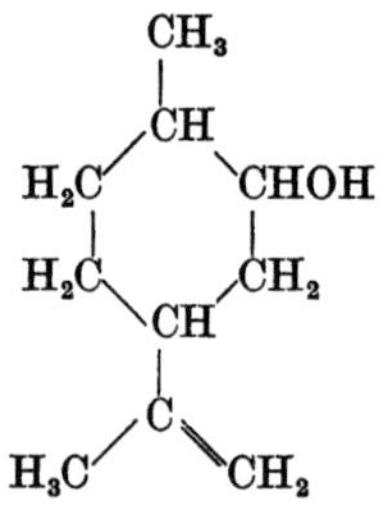
Dihydrocarveol

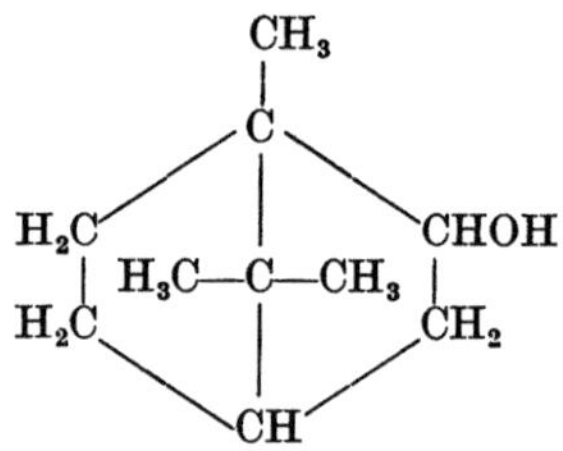
Borneol

Bezeichnung	Dichte	Schmelzpunkt bzw. Siedepunkt °C	Refraktion (Temperatur, °C) n_D	Polarisation $[\alpha]_D^{20°}$	Vorkommen
b) monocyclische Monoterpen-Alkohole					
L-Menthol $C_{10}H_{20}O$	d_{15}^{15} 0,904	Smp 42—43° Sdp 216°	1,461 (20°)	—48,5°	Pfefferminzöle
α-Terpineol $C_{10}H_{18}O$	d^{15} 0,938	Smp 35—40° Sdp 218—221°	1,482 (20°)	D: 31 bis 111° L: —27° bis —106°	weit verbreitet. D: Cardamomen, Sternanis, Liebstöckel, Majoran, Baldrian, L: Lorbeer, beide: Citrus- und Eucalyptus-Species
D-Terpinenol-(4) $C_{10}H_{18}O$	d_4^{25} 0,928	Smp 4° Sdp 208—212°	1,477 (25°)	+21,4 bis 25°	Cubeben, Cardamomen, Muskatnuß, Majoran, Lavendel, Thymian
Dihydrocarveol $C_{10}H_{18}O$	d_4^{15} 0,924	Sdp 98—102 (9)	1,478 (20°)	D: etwa +34° L: etwa —33°	Kümmel (Gemisch aus D-, L-neo- und L-neoiso-Dihydrocarveol)
c) bicyclische Monoterpen-Alkohole					
Borneol $C_{10}H_{18}O$	d 1,01 bis 1,02	Smp 205—210° Sdp 210—214°	—	D: +37,8°	D: Muskatnuß, Lavendel, Rosmarin, Salbei

3. Sesquiterpen-Alkohole

(acyclische, monocyclische, bicyclische)

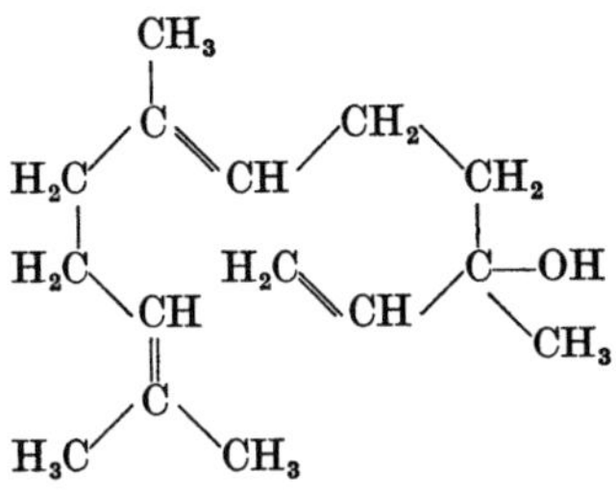

Nerolidol

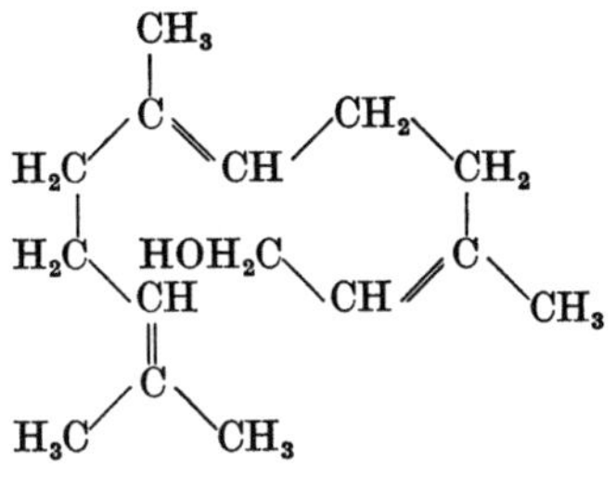

Farnesol

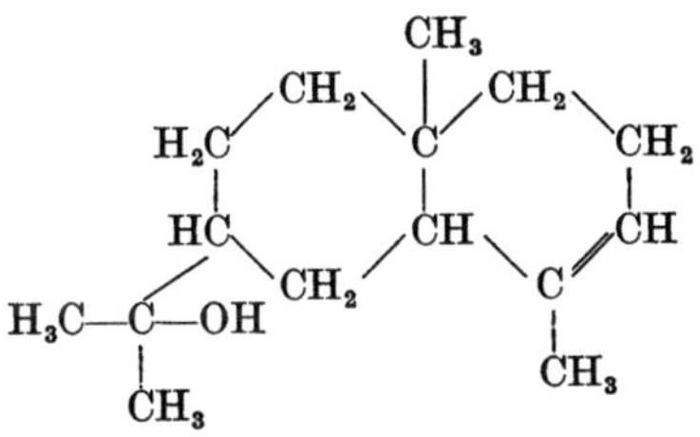

α-Eudesmol

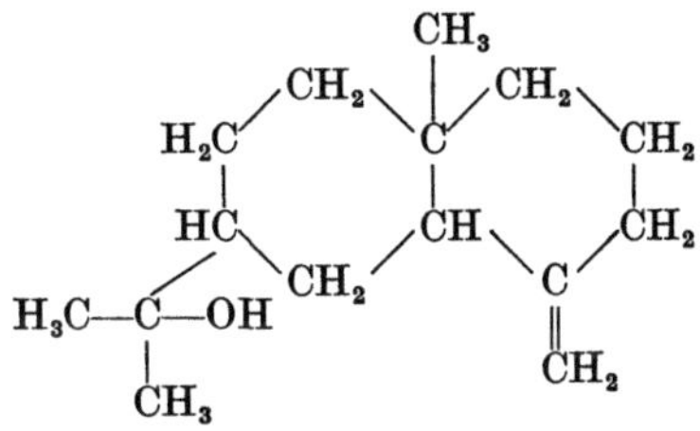

β-Eudesmol

Bezeichnung	Dichte	Siedepunkt °C (Druck, mm)	Refraktion (Temperatur °C) nD	Polarisation $[\alpha]_D^{20°}$	Vorkommen
Nerolidol $C_{15}H_{26}O$	d_4^{20} 0,878	113—114°	1,479 (20°)	+ 14 bis 15°	Orange, Perubalsam
Farnesol $C_{15}H_{26}O$	d_4^{20} 0,888	131—132°	1,489 (20°)	—	Orange, Perubalsam
Eudesmol $C_{15}H_{26}O$		α: Smp 81—82° β: Smp 75—76°		+ 30,5° + 65,1°	= der wichtigste Sesquiterpen-Alkohol der Eucalyptusöle (Gemisch aus α- und β-Eudesmol)

4. Aromatische Alkohole

Benzylalkohol $C_6H_5 \cdot CH_2OH$	d_{15}^{15} 1,050	206°	1,540 (20°)	0	Nelken, Kirschlorbeer, Tee, Tabak
β-Phenyläthylalkohol $C_6H_5 \cdot C_2H_5OH$	d_{15}^{15} 1,024	220—222° 104° (12)	1,532 (20°)	0	Rosenöl, Himbeere, Tee, Tabak

III. Aldehyde

1. Aliphatische Aldehyde

An niederen Gliedern kommen in ätherischen Ölen u. a. folgende vor:

	Sdp °C	$n_D^{20°}$
Äthanal (Acetaldehyd)	21°	
n-Butanal (Butyraldehyd)	75—76°	1,381
2-Methyl-propanal (Isobutyraldehyd)	63—65°	1,373
		im Tabakblätteröl
n-Pentanal (Valeraldehyd)	102—104°	1,394
2-Methyl-n-butanal-(4) (Isovaleraldehyd)	92,5°	1,389
n-Hexanal (Capronaldehyd)	128—131°	1,404
n-Heptanal (Önanthol, Önanthaldehyd)	152—153°	1,411
n-Octanal (Caprylaldehyd)	170—173°	1,420
n-Nonanal (Pelargonaldehyd)	185—190°	1,425
n-Decanal (Caprinaldehyd)	207—209°	1,430
n-Undecanal	118—120° (bei 20 mm)	1,432
n-Dodecanal (Laurinaldehyd)	Smp 11—12°	1,435
Hexen-(2)-al-(1) (Blätteraldehyd)	146—150°	1,447 (bei 17°)

Die C_7- bis C_{12}-Aldehyde wurden in Citrusölen, z. B. der Orange und der Grapefruit, einige der Aldehyde in den flüchtigen Stoffen der Obstarten nachgewiesen. In Eucalyptusölen wurden n-Butanal, n-Pentanal, 2-Methyl-n-butanal-(4) und n-Hexanal aufgefunden. Verbreitet scheinen Äthanal, n-Octanal, n-Decanal und Hexen-(2)-al-(1) zu sein. Im Brot sind *2-Methyl-propanal* und *2-Methyl-n-butanal-(4)* am Brotgeschmack mitbeteiligt (M. ROTHE u. B. THOMAS 1963).

2. Monoterpen-Aldehyde

Ihre Variationsbreite ist bisher noch verhältnismäßig gering. Größere Bedeutung erlangten *Citral* und D-*Citronellal*, die ziemlich verbreitet sind.

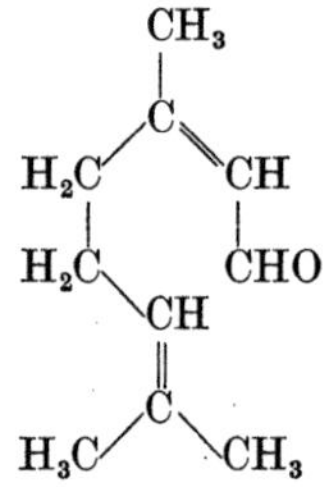

Citral

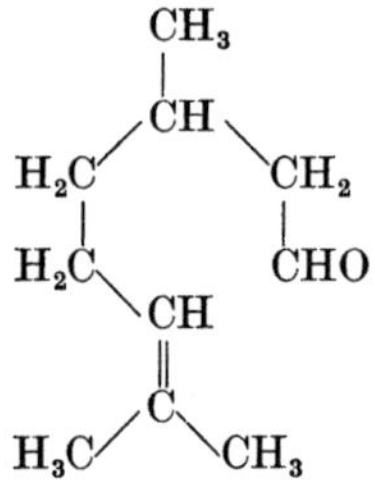

D-Citronellal

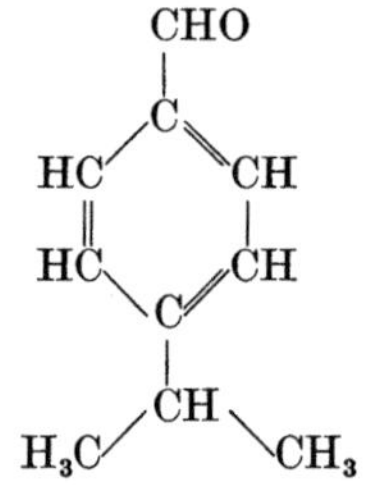

Cuminaldehyd

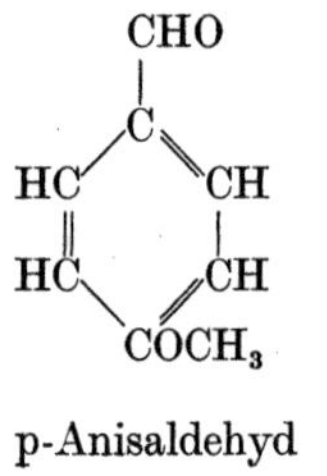

p-Anisaldehyd

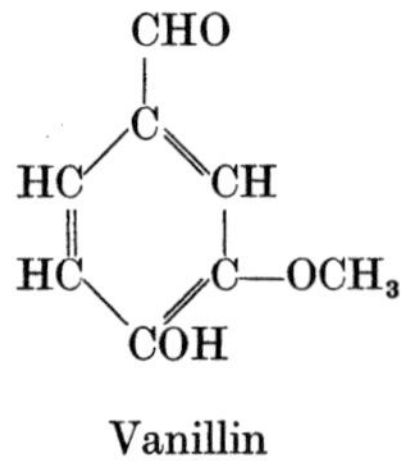

Vanillin

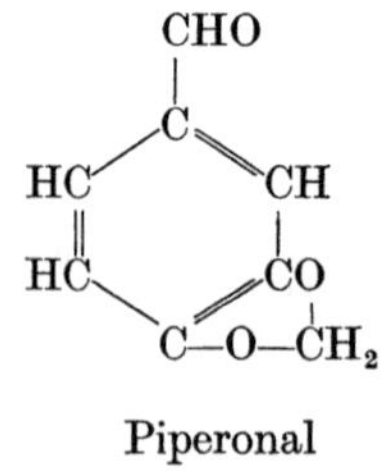

Piperonal

Bezeichnung	Dichte	Siedepunkt °C (Druck, mm)	Refraktion (Temperatur, °C) n_D	Polarisation $[\alpha]^{20°}_D$	Vorkommen
Citral $C_9H_{15} \cdot CHO$	d_4^{15} 0,892	228—229° 110—112° (12)	1,489 (20°)	0	Citronen-, Eucalyptus-, Citronellöle. Ingwer, Zimt, Piment, Pfeffer, Melisse
D-Citronellal [(+)-(R)-Citronellal] $C_9H_{17} \cdot CHO$	d_4^{15} 0,855	205—208° 103—105° (25)	1,447 (20°)	+11° bis +35°	Citronellöl (10 bis 45%), Citronenöl, Eucalyptusöle, Melisse

3. Aromatische Aldehyde

Benzaldehyd $C_6H_5 \cdot CHO$	d_{15} 1,050	177—179°	1,545 (20°)	0	verbreitet frei und als Bestandteil von Glykosiden. Bittermandelöl
Cuminaldehyd $C_9H_{11} \cdot CHO$	d_{15}^{15} 0,982	236—237°	1,530	0	Eucalyptusöle, Zimt
Zimtaldehyd $C_6H_5 \cdot CH{=}CH{-}CHO$	d_{15} 1,056	250—252° 118—120° (10)	1,619 (20°)	0	Zimt
p-Anisaldehyd $C_7H_7O \cdot CHO$	d_{15} 1,128	246—248° 106—107° (5)	1,573 (20°)	0	verbreitet. Anis, Sternanis, Fenchel
Vanillin $C_7H_7O_2 \cdot CHO$	—	Smp 81—82°	—	0	in geringer Menge verbreitet. Vanille
Äthylvanillin (Bourbonal) $C_9H_{11}O_2 \cdot CHO$	—	Smp 64—65°	—	0	synthetisch
Piperonal (Heliotropin) $C_7H_5O_2 \cdot CHO$	—	Smp 36—37°	—	0	vermutlich in der Natur häufiger

IV. Ketone

1. Aliphatische Ketone

Aliphatische Ketone sind in den ätherischen Ölen bisher in geringerer Zahl aufgefunden worden, z. B. in den flüchtigen Stoffen der Obstarten. Meist sind es Methylketone, wobei diejenigen mit ungerader Kohlenstoffatomzahl überwiegen. Es kommen aber auch Äthylketone vor. Die niederen Glieder sind wasserlöslich.

	Sdp °C	$n_D^{20°}$	Vorkommen
Aceton	56°		verbreitet (Spaltprodukt?)
Butanon	79—80°	1,377	
Pentanon-(2)	102°	1,390	
Heptanon-(2)	150—152°	1,409	Zimt, Nelke
Nonanon-(2)	194—196°	1,417	Nelke, Cocosnuß
Undecanon-(2)	228—232° Smp 13—15°	1,429	Cocosnuß, Soja
2-Methyl-hepten-(2)-on-(6) . . . . $(CH_3)_2C{=}CH{-}CH_2{-}CH_2{-}CO{-}CH_3$	173—174°	1,440	verbreitet, z. B. Ingwer, Kakao, Zitrone.

	Sdp °C	$n_D^{20°}$	Vorkommen
Butandion (Diacetyl) . . . . $CH_3—CO—CO—CH_3$	88—89°	1,391 (26°)	verbreitet (Spaltprodukt ?)
Jasmon . . . . $C_{11}H_{16}O$ 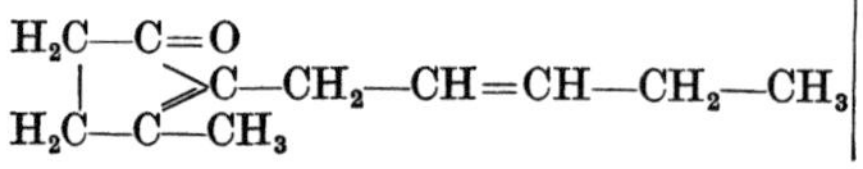	257—258° 109—110° (5 mm)	1,498	Jasmin, Pfefferminze, Orangenblüten

2. Monoterpen-Ketone

Bezeichnung	Dichte	Siedepunkt °C (Druck, mm)	Refraktion (Temperatur, °C) n_D	Polarisation $[\alpha]_D^{20°}$	Vorkommen
Carvon $C_{10}H_{14}O$	d_4^{15} 0,965	230—231°	1,499 (20°)	bis (±) 62°	D: Kümmel, Dill L: Krauseminze
D-Pulegon $C_{10}H_{16}O$	d_4^{15} 0,940	222—224° 100—101° (15)	1,488 (20°)	+ 23 bis 28°	in Labiaten zusammen mit Menthol und Menthon verbreitet
Piperiton (Δ^1-Menthenon-(3) $C_{10}H_{16}O$	d_4^{20} 0,933	232—235° 113° (18)	1,485 (20°)	D: bis + 62,5° L: bis —67,8°	D: Mentha-Arten L: Eucalyptus-Arten (verbreitet)
L-Menthon $C_{10}H_{18}O$	d_4^{20} 0,894	207—210°	1,450 (20°)	bis —29°	Pfefferminze
Campher (Kampfer) $C_{10}H_{16}O$	—	Smp 178—179°	—	(±) 40 bis 44,2°	besonders D-Campher verbreitet (spez. Lauraceen, Labiaten, Compositen)
Fenchon $C_{10}H_{16}O$	d_4^{18} 0,948	192—193° Smp 5—6°	1,464 (18°)	D: bis + 72° L: bis —67°	D: Fenchel L: Thujaöl
Thujon (Absinthon) $C_{10}H_{16}O$	d_4^{20} 0,916	200—202°	1,450 (22°)	α: etwa —10° β: etwa + 76°	β: verbreitet, z. B. Wermut, Salbei α: Thujaöl

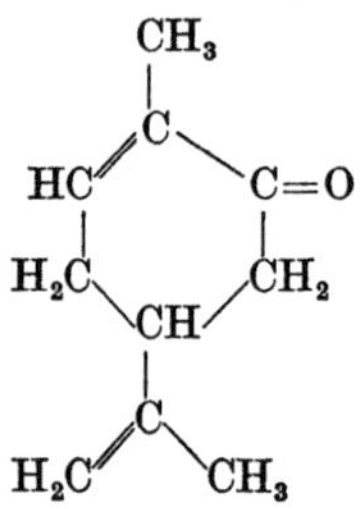
Carvon

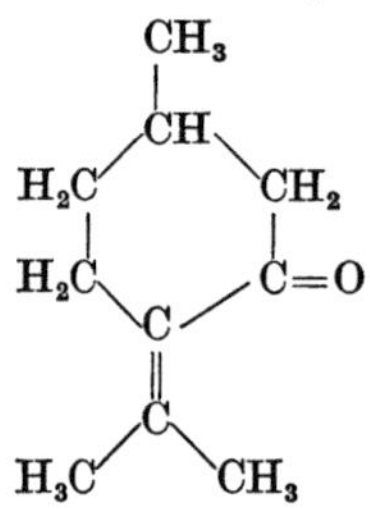
D-Pulegon

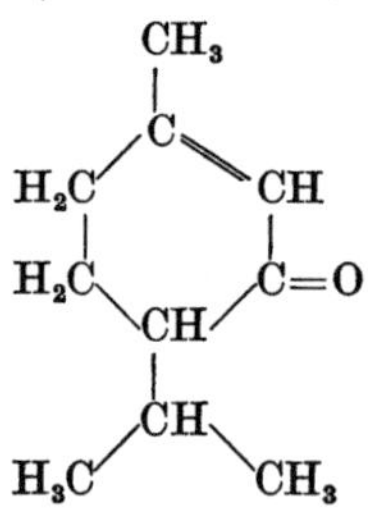
Piperiton

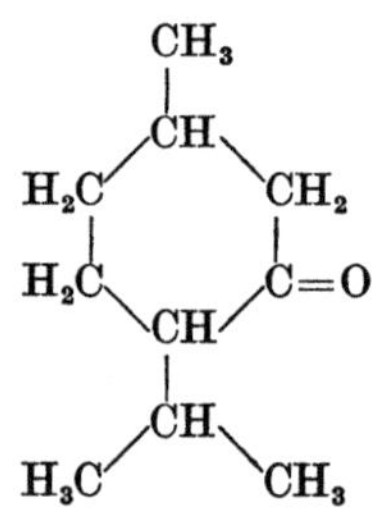
Menthon

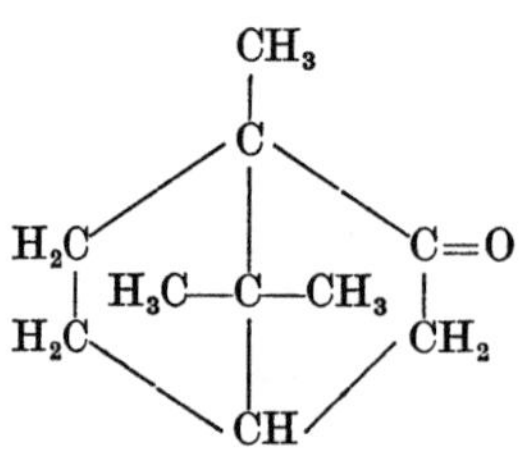
Campher

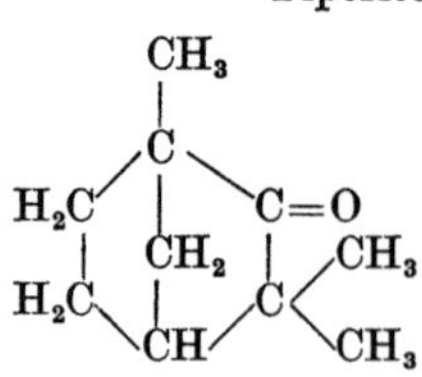
Fenchon

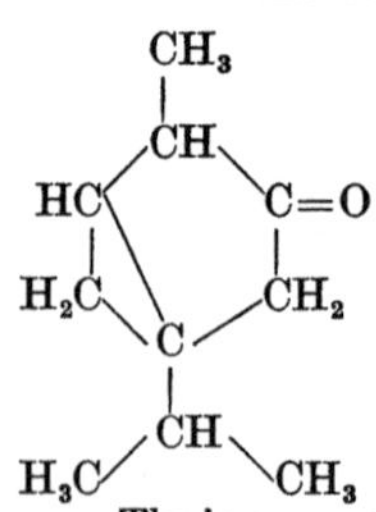
Thujon

V. Phenole und Phenoläther

Phenole und Phenoläther werden in ätherischen Ölen häufig angetroffen. Eine Reihe von ihnen wird heute großtechnisch hergestellt.

Die einfacheren Vertreter dieser Stoffklasse kommen in ätherischen Ölen seltener vor, z. B.

Phenol, $C_6H_5\cdot OH$; Smp 41—42°; Teeöl, Tabakblätteröl.

p-Kresol, $CH_3\cdot C_6H_4\cdot OH$; Smp 35—36,5°; Teeöl, Anisöl.

Guajakol, $C_6H_4\begin{smallmatrix}\diagup OH\,(1)\\ \diagdown OCH_3(2)\end{smallmatrix}$; Smp 28—32°; Tabakblätteröl, Selleriesamenöl.

Verbreitet sind folgende:

Bezeichnung	Dichte	Siedepunkt °C (Druck, mm)	Refraktion (Temperatur, °C) n_D	Vorkommen
Thymol $C_{10}H_{14}O$	—	Smp 50—51,5°	1,522 (20°)	verbreitet, besonders in Labiaten, z. B. Thymianöl (bis 45%)
Carvacrol $C_{10}H_{14}O$	d_4^{20} 0,976	237—238°	1,521 (21°)	verbreitet, besonders in Labiaten, z. B. Thymianöl (bis 70%), ferner Bohnenkraut
Estragol (Methylchavicol) $C_{10}H_{12}O$	d_4^{15} 0,972	215—216° 97—98° (12)	1,524 (16°)	verbreitet, z. B. Estragonöl (60 bis 75%), Sternanis, Anis, Fenchel
Anethol $C_{10}H_{12}O$	d_4^{25} 0,986	233—234° Smp 22—23°	1,560 (25°)	verbreitet, z. B. Anisöl (bis 85%), Fenchelöl (bis 70%)
Eugenol $C_{10}H_{12}O_2$	d_4^{15} 1,072	248—252° 123° (12)	1,541 (20°)	Nelken, Piment, Sternanis, Muskatnuß, Zimt, Lorbeerblätter
Eugenol-methyläther $C_{11}H_{14}O_2$	d_4^{15} 1,055	248—255° 125—127° (12)	1,538 (17°)	verbreitet, besonders in Lauraceen, Myrtaceen, z. B. Piment, Lorbeerblätter
Isoeugenol $C_{10}H_{12}O_2$	d_4^{15} 1,091	cis: 130—133° trans: Smp 33°	1,576 (20°)	in Natur kommt flüssiges Gemisch vor, z. B. in Muskatnuß
Safrol $C_{10}H_{10}O_2$	d_4^{15} 1,106	233—235° Smp 8—11°	1,540 (20°)	verbreitet, besonders in Lauraceen, z. B. Sternanis, Muskatnuß
Myristicin $C_{11}H_{12}O_3$	d_{20}^{20} 1,144	149,5° (15)	1,540 (20°)	Muskatnuß, Dill, Petersiliensamen
Apiol $C_{12}H_{14}O_4$	d_4^{15} 1,179	Smp 30°	1,538 (20°)	Petersiliensamen
Dillapiol $C_{12}H_{14}O_4$	d_4^{13} 1,164	285—295° 162° (11)	1,528 (25°)	Dill

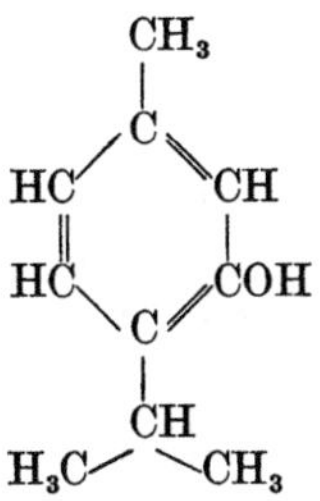

Thymol

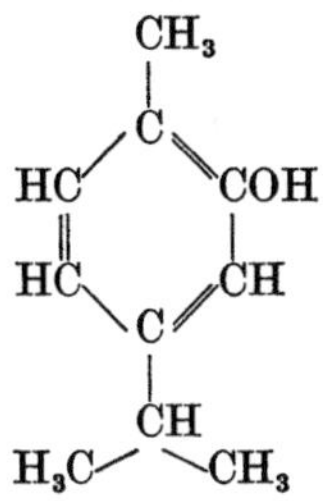

Carvacrol

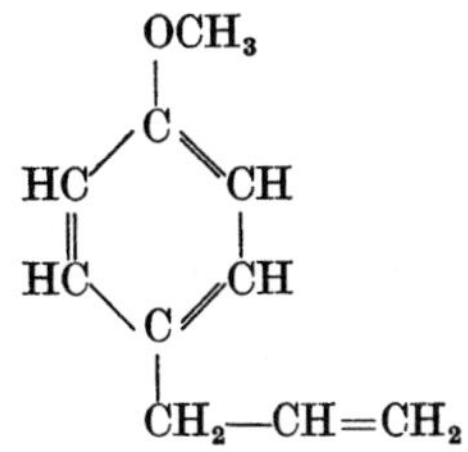

Estragol

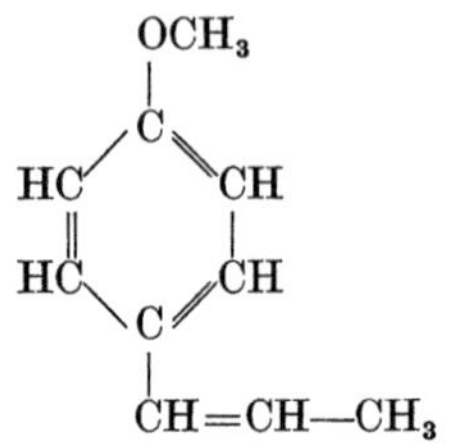

Anethol

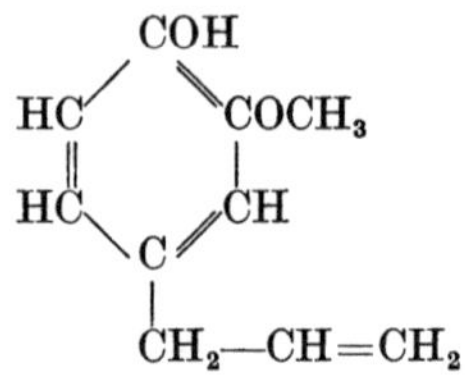

Eugenol

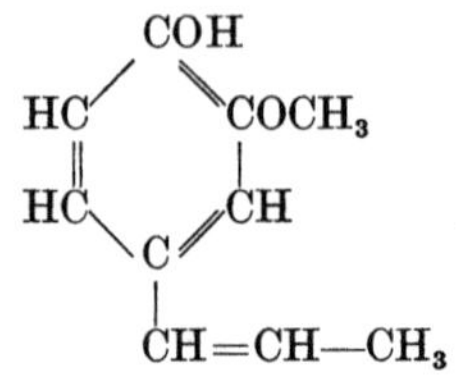

Isoeugenol

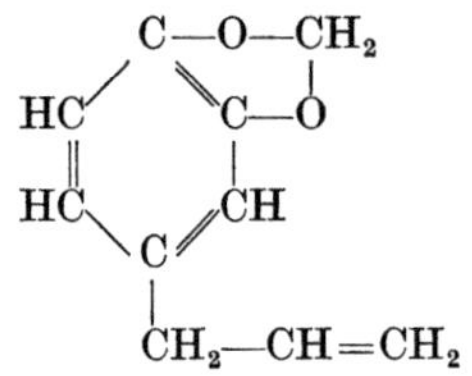

Safrol

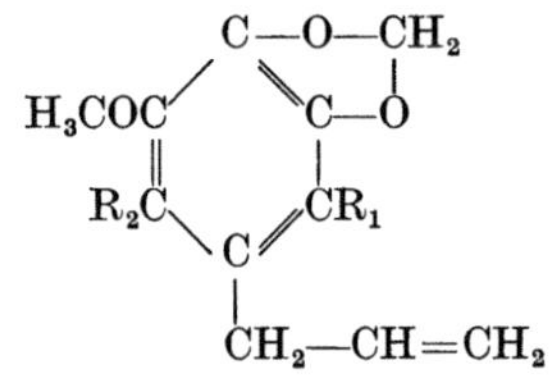

$R_1 = R_2 = H$: Myristicin
$R_1 = OCH_3$; $R_2 = H$: Apiol
$R_2 = OCH_3$; $R_1 = H$: Dillapiol

VI. Säuren

Die bei der Gewinnung der ätherischen Öle durch Wasserdampfdestillation entstandenen wäßrigen Destillate enthalten bisweilen freie Säuren, wie *Essig-* und *Isovaleriansäure*, die ebenso wie Methanol und Äthanol wohl Zersetzungsprodukte von Estern sind. Im allgemeinen liegen die Säuren in ätherischen Ölen als Ester vor, während sie in freier Form nur in geringer Menge vorkommen oder meist ganz fehlen.

In freier oder veresterter Form sind bisher in ätherischen Ölen folgende Säuren aufgefunden worden, wobei *Essig-*, *Isovalerian-*, *Capron-*, *Capryl-* und *Caprinsäure* hinsichtlich der Häufigkeit die anderen bei weitem überragen:

Ameisensäure (HCOOH)	Sdp 101° (Zersetzungsprodukt ?)
Essigsäure ($CH_3 \cdot COOH$)	Sdp 118—119°
Propionsäure ($C_2H_5 \cdot COOH$)	Sdp 140—141°
n-Buttersäure ($C_3H_7 \cdot COOH$)	Sdp 163,5°
Isobuttersäure $[(CH_3)_2 \cdot CH \cdot COOH]$	Sdp 154,5°
Methyl-äthyl-essigsäure $[C_2H_5 \cdot CH(CH_3) \cdot COOH]$	Sdp 174—177°
Isovaleriansäure $[(CH_3)_2 \cdot CH \cdot CH_2 \cdot COOH]$	Sdp 175—176°
Capronsäure (n-Hexylsäure) ($C_5H_{11} \cdot COOH$)	Sdp 205—206°
Isocapronsäure $[(CH_3)_2 \cdot CH \cdot CH_2 \cdot CH_2 \cdot COOH]$	Sdp 203—204°
Oenanthsäure (n-Heptylsäure) ($C_6H_{13} \cdot COOH$)	Sdp 223°
Caprylsäure (n-Octylsäure) ($C_7H_{15} \cdot COOH$)	Smp 16—16,5°
Pelargonsäure (n-Nonylsäure) ($C_8H_{17} \cdot COOH$)	Sdp 253—255° Smp 12,5°
Caprinsäure (n-Decylsäure) ($C_9H_{19} \cdot COOH$)	Smp 31°
Undecylsäure ($C_{10}H_{21} \cdot COOH$)	Smp 29—30°
Laurinsäure (n-Dodecylsäure) ($C_{11}H_{23} \cdot COOH$)	Smp 42—43°
Myristinsäure (n-Tetradecylsäure) ($C_{13}H_{27} \cdot COOH$)	Smp 54°
Palmitinsäure (n-Hexadecylsäure) ($C_{15}H_{31} \cdot COOH$)	Smp 63°

Ungesättigte Säuren sind bisher nur seltener aufgefunden worden, z. B. *Angelicasäure*, Smp 45—45,5°; *Tiglinsäure*, Smp 64—64,5°; *Citronellsäure*, $C_9H_{17} \cdot COOH$, Sdp 257° und *Geraniumsäure*, $C_9H_{15} \cdot COOH$, Sdp_{14} 150—152°. Wegen der Formeln für die beiden letzteren siehe Citronellol und Geraniol, wobei an Stelle von CH_2OH die COOH-Gruppe tritt.

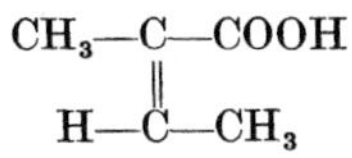
Angelicasäure

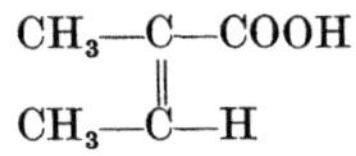
Tiglinsäure

An aromatischen Säuren sind in ätherischen Ölen u. a. bekannt:

Benzoesäure	$C_6H_5 \cdot COOH$	Smp 122°
Salicylsäure	$C_6H_4<^{OH\ (1)}_{COOH\ (2)}$	Smp 157°
Anissäure	$C_6H_4<^{OCH_3\ (1)}_{COOH\ (4)}$	Smp 184—185°
Zimtsäure	$C_6H_5—CH{=}CH—COOH$	Smp 135°

VII. Ester

Ester sind in fast allen ätherischen Ölen zum Teil in beträchtlicher Menge enthalten. Häufig tragen sie zum charakteristischen Geruch der ätherischen Öle bei. Als besonders esterreich sind u. a. Bergamott-, Lavendel-, Geranium- und römisches Kamillenöl bekannt. Das sog. Wintergrünöl von Gaultheria procumbens besteht zu etwa 99% aus Salicylsäure-methylester.

Der Nachweis der Ester ist mit Ausnahme derer, die bei gewöhnlicher Temperatur kristallisieren, häufig mit Schwierigkeiten verbunden. Synthetisch sind sie dagegen meist leicht zugänglich und werden daher heute in beträchtlicher Menge für die verschiedenen Zwecke hergestellt.

Als Säurekomponente kommen die obengenannten Säuren in Frage, während als alkoholische Komponente entweder niedere Alkohole (meist bis 6 Kohlenstoffatome), besonders Methanol und Äthanol, sowie die verbreiteterenTerpenalkohole und Benzylalkohol auftreten.

In Obstfrüchten und ätherischen Ölen sind u. a. folgende Ester verbreitet:

	Sdp °C	$n_D^{20°}$	Vorkommen
Essigsäure-äthylester	76—77°	1,370	in Obstfrüchten
Capronsäure-äthylester	167—168°	1,410 (15°)	in Obstfrüchten
Salicylsäure-methylester	222—223°	1,536	außerordentlich verbreitet
N-Methyl-anthranilsäure-methylester . (2-Methylamino-benzoesäure-methylester)	Smp 18—19°	1,584 (12°)	Citrusöle
Linalyl-acetat	etwa 220°	1,454	verbreitet, charakteristischer Bestandteil des Bergamott- und Lavendelöls
Geranyl-acetat	242—245°	1,163	Citrusöle, Eucalyptusöle, Coriander, Lavendel
Bornyl-acetat	Smp 29°	1,464	häufiger Bestandteil der meisten Coniferenöle

In Pfefferminzölen ist *Menthyl-acetat*, Sdp 227—228°, $n_D^{20°} = 1,447$ enthalten.

VIII. Sonstige Bestandteile

In ätherischen Ölen kommen weiterhin vor:

Oxyde, wie das *1.8-Cineol (Eucalyptol),* $C_{10}H_{18}O$, Sdp 176—177°, $n_D^{20°}$ 1,458, das sehr verbreitet ist und u. a. in Eucalyptusölen, Lorbeerblatt, Safran, Ingwer, Cardamomen, Sternanis, Pfefferminze, Rosmarin, Salbei, Majoran und Beifuß vorkommt, und das in der Grapefruit und im Lavendelöl enthaltene *Linaloolmonoxyd,* $C_{10}H_{18}O_2$, Sdp 193—194°, $n_D^{20°}$ 1,452, $[\alpha]_D$ −5,9°.

Lactone, wie das *Cumarin* und – vor allem in Citrusfrüchten – verschiedene *Hydroxy- und Methoxy-cumarine* (vgl. unten).

N-haltige Verbindungen, wie *Indol,* C_8H_7N, Smp 52°, das häufig in Blüten aufgefunden wurde und in starker Verdünnung jasminartig, konzentriert dagegen fäkalartig riecht, und *N-Methyl-anthranilsäure-methylester* (vgl. unter 7. Ester) sowie *Blausäure.*

S-haltige Verbindungen (vgl. im folgenden Abschnitt).

Cumarin und Blausäure dürften – ebenso wie die schwefelhaltigen Verbindungen – in der Pflanze nicht frei, sondern in Form von Glykosiden vorliegen. Durch Fermente werden sie aus dem pflanzlichen Material in Freiheit gesetzt und tragen dann zu dem charakteristischen Geruch der Pflanzen und Pflanzenteile bei.

So wird z. B. das Glykosid *Amygdalin* der bitteren Mandeln (D(−)-Mandelnitril-β-gentiobiosid) Smp 214—215°; $[\alpha]_D^{18°} = -41°$ durch das Ferment Emulsin in Gegenwart von Wasser in Blausäure, Benzaldehyd und Glucose gespalten:

$$\underset{\text{Amygdalin}}{C_{20}H_{27}NO_{11}} + 2\,H_2O = \underset{\text{Blausäure}}{HCN} + \underset{\text{Benzaldehyd}}{C_6H_5\cdot CHO} + \underset{\text{Glucose}}{2\,C_6H_{12}O_6}$$

Eine sehr große Zahl von Pflanzen kann Blausäure bilden, zum beträchtlichen Teil wohl aus den *Mandelnitrilglucosiden,* z. B. *Sambunigrin* (L(+)-Mandelnitril-D-glucosid), Smp 151—152°; $[\alpha]_D$ −76,3° (Essigester); *Prunasin* (D(−)-Mandelnitril-D-glucosid), Smp 147—148°; $[\alpha]_D$ −27 bis −29,6° (H_2O); *Prulaurasin* (DL-Mandelnitril-D-glucosid), Smp 122—123°, $[\alpha]_D$ −52,5 bis −54° (H_2O).

Im Öl der Kapuziner- und Gartenkresse liegt *Benzylcyanid* (Phenylessigsäurenitril), $C_6H_5—CH_2—CN$, Sdp 231—234°, und im Brunnenkressenöl *Phenylpropionsäurenitril,* $C_6H_5—CH_2—CH_2—CN$, Sdp 261°, vor. Wegen weiterer Nitrilglykoside vgl. W. KARRER (1958).

Cumarin, $C_9H_6O_2$, Smp 68,5°, ist der Riechstoff des Waldmeisters. Es kommt ferner in der Tonkabohne, in Datteln und im Lavendelöl vor. Als Glykosid dürfte es in einer größeren Zahl von Pflanzen auftreten, die nach dem Verwelken nach Cumarin riechen (Heugeruch).

Im Citronenöl, das durch Pressen gewonnen wird, wurden *5.7-Dimethoxy-cumarin* (Limettin, Citropten), Smp 146—148°; *5-Geranoxy-7-methoxy-cumarin,* Smp 86—87° und *5-Geranoxy-psoralen* (Bergamottin), Smp 59—61°, die auch in Limetten vorkommen, sowie *Byakangelicin* [5-Methoxy-8-(2.3-dihydroxyisopentanyloxy)-psoralen], Smp 117—118° isoliert und *8-Geranoxy-psoralen* wahrscheinlich gemacht (W. L. STANLEY und S. H. VANNIER 1957). In Limetten (Citrus aurantifolia) kommen weiterhin *5-Hydroxy-psoralen* (Bergaptol), Smp 276 bis 282°; *5.8-Dimethoxy-psoralen* (Isopimpinellin), Smp 148—151° und *8-Geranoxy-psoralen* vor. Die Bergamotte enthält *5-Methoxypsoralen* (Bergapten), Smp 188–191° neben Limettin, Bergamottin und Bergaptol (E. SPÄTH und P. KAINRATH 1937). In Grapefruit kommen *7-Hydroxy-cumarin* (Umbelliferon), Smp 225—228°; *7-Geranoxy-cumarin,* Smp 61—63° sowie in Pomeranzen *Aurapten* (7-Methoxy-8-epoxyisopentanyl-cumarin), Smp 98° vor. Die Ergebnisse an Citrus wurden von J. F.

KEFFORD (1959) zusammengefaßt. Der Gehalt an diesen Cumarinen ist gering und beträgt in Citrusölen insgesamt nur einige Promille. Bergapten und Isopimpenellin sind in anderen Pflanzenfamilien verbreitet.

Durch Pressen gewonnene Citrusöle enthalten an nichtflüchtigen Bestandteilen weiterhin *hochmethoxylierte Flavone* (H. BÖHME und P. E. VÖLCKER 1959) und *Chalkone* (V. L. STANLEY 1961) sowie Steroide (J. F. KEFFORD 1959). Wegen der phenolischen Citrusinhaltsstoffe vgl. auch K. HERRMANN: „Pflanzenphenole in Lebensmitteln", Band I dieses Handbuches.

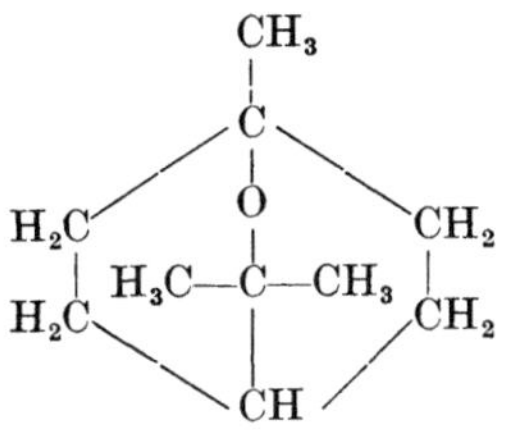

1.8-Cineol

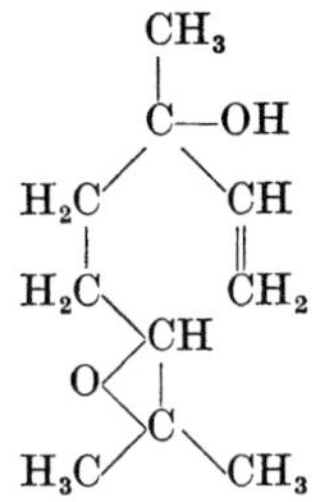

Linaloolmonoxyd

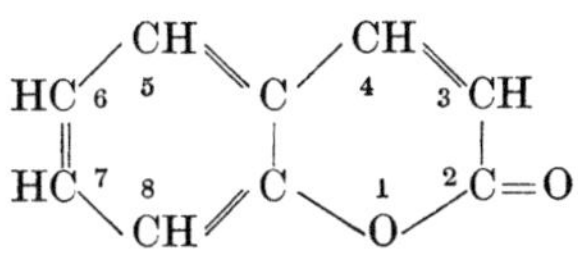

Cumarin

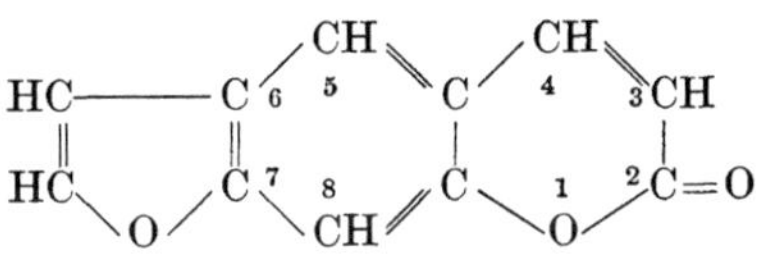

Psoralen

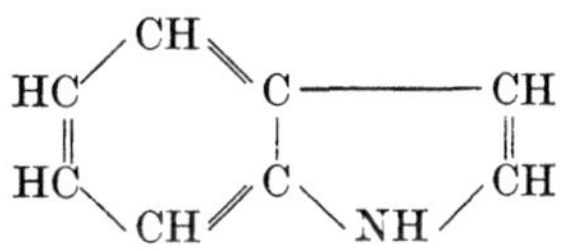

Indol

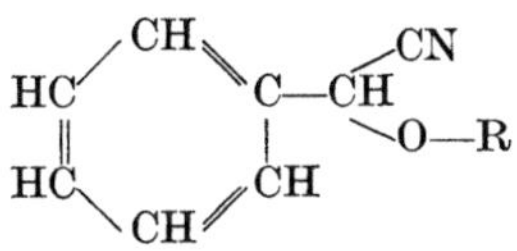

R = $C_6H_{11}O_5$ (Glucose) = Mandelnitrilglucoside
R = $C_{12}H_{21}O_{10}$ (Gentiobiose) = Amygdalin

IX. Schwefelhaltige Verbindungen

Schwefelhaltige Verbindungen kommen in beträchtlicher Mannigfaltigkeit, – besonders als *Alkylsulfide*, *Sulfoxyde* und *Isothiocyanate* oder *Senföle* – vor allem in Samen und Wurzeln der Cruciferen, weit verbreitet vor, wo sie bereits in etwa 30 Gattungen aufgefunden worden sind. Sie treten weiterhin in Liliaceen, besonders den Zwiebeln der Allium-Arten, auf und wurden auch in Leguminosen aufgefunden. In anderen Familien wurden sie bisher nur vereinzelt mitgeteilt. Wegen Chemie und Vorkommen der S-haltigen Verbindungen vgl. W. KARRER (1958) und die entsprechenden Kapitel bei E. GILDEMEISTER und F. HOFFMANN (1956–1962), Band IV bis VII.

So enthalten die Küchenzwiebeln *Methyl-disulfid, Methyl-n-propyl-disulfid, n-Propyl-disulfid, Methyl-trisulfid, Methyl-n-propyl-trisulfid, n-Propyl-trisulfid* und *n-Propylmercaptan*. Monosulfide und Allyl-disulfide kommen in nennenswerten Mengen nicht vor (J. F. CARSON und F. F. WONG 1961).

Ein Sulfoxyd liegt im *Allicin* (Allyl-disulfidoxyd) $CH_2{=}CH{-}CH_2{-}\overset{\overset{O}{\uparrow}}{S}{-}S{-}$ $-CH_2{-}CH{=}CH_2$, einem farblosen Öl vor. Es entsteht im Knoblauch aus Alliin (A. Stoll und E. Seebeck 1948). In den Zwiebel-Extrakten anderer Allium-Arten wurden „*Allicine*" nachgewiesen, die an Stelle der Allylgruppen Methyl-, Propyl- oder Propenylgruppen enthielten (M. Fujiwara u. Mitarb. 1956). Ebenfalls wurden in Cruciferen *Sulfoxyde* identifiziert.

Den größten Anteil haben die *Senföle*, die ebenfalls in der Pflanze in der Regel als Glykoside vorkommen, die häufig noch einen Hydrogensulfatrest enthalten.

Hier ist u. a. das *Allylsenföl* (Allylisothiocyanat), $CH_2{=}CH{-}CH_2{-}N{=}C{=}S$ Sdp 151—153°, $n_D^{20°} = 1{,}529$, zu nennen, das im ätherischen Öl der Samen des schwarzen Senfs in Form des Glucosids *Sinigrin* (myronsaures Kalium) als Hauptbestandteil vorkommt. Durch die Einwirkung des Fermentes Myrosin wird es bei Gegenwart von Wasser in Allylsenföl, Glucose und Kaliumhydrogensulfat gespalten:

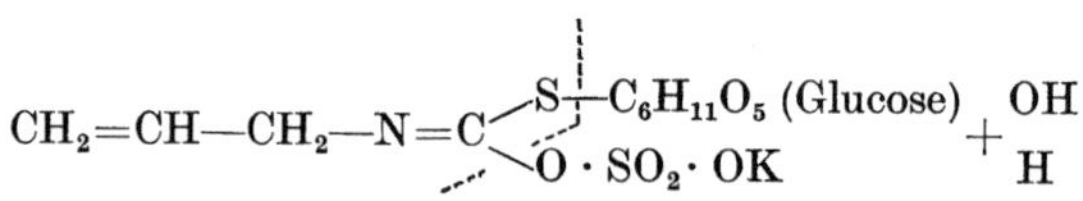

Allylsenföl ist ein farbloses, optisch inaktives, auf der Haut blasenziehendes Öl von stechendem Geruch. Sinigrin ist bisher in einer großen Zahl von Cruciferen aufgefunden worden.

Sinalbinsenföl (p-Hydroxy-benzylsenföl)

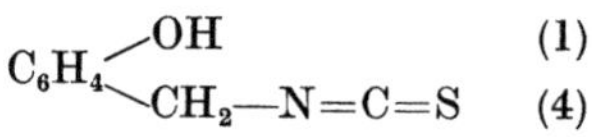

kommt als Glucosid *Sinalbin* $C_{30}H_{42}O_{15}N_2S_2$, Smp (wasserfrei) 138—140° im Samen des weißen Senfs vor und wird daraus ebenfalls durch Myrosin neben Sinapinhydrogensulfat (vgl. K. Herrmann: „Pflanzenphenole in Lebensmitteln", Band I dieses Handbuchs) und Glucose abgespalten. Das Sinalbinsenföl ist mit Wasserdämpfen nur in Spuren flüchtig. Daher ist mit Wasser angeriebener weißer Senf zwar von scharfem Geschmack, aber fast geruchlos.

Außerdem sind u. a. folgende Senföle mehrfach in Cruciferen aufgefunden worden, wobei die Glykoside als Ausgangsstoffe zum Teil bekannt sind (vgl. W. Karrer 1958):

Crotonylsenföl (Buten-(3)-yl-isothiocyanat), $CH_2{=}CH{-}CH_2{-}CH_2{-}N{=}C{=}S$	Sdp 174—176°
Isopropylsenföl $\begin{matrix}CH_3\\CH_3\end{matrix}{>}CH{-}N{=}C{=}S$	Sdp 137—138°
d-sek. Butylsenföl $CH_3{-}CH_2{-}CH(CH_3){-}N{=}C{=}S$	Sdp 159—160°
Benzylsenföl $C_6H_5{-}CH_2{-}N{=}C{=}S$	Sdp 242—243°
Phenyläthylsenföl $C_6H_5{-}CH_2{-}CH_2{-}N{=}C{=}S$	Sdp_{11} 141—144°
4-Methylsulfid-n-butylsenföl $CH_3{-}S{-}(CH_2)_4{-}N{=}C{=}S$	Sdp_9 130—140°
L-*Sulforaphen* (Raphanin) $CH_3{-}\overset{\overset{O}{\uparrow}}{S}{-}CH{=}CH{-}CH_2{-}CH_3{-}N{=}C{=}S$	
Alyssin $CH_3{-}\overset{\overset{O}{\uparrow}}{S}{-}(CH_2)_5{-}N{=}C{=}S$	

Nicht zuletzt ist in zahlreichen Cruciferen und einigen Umbelliferen über ein Vorkommen von Rhodanwasserstoffsäure berichtet worden.

C. Die flüchtigen Aromastoffe der wichtigsten Lebensmittel, besonders des Obstes

Nicht zuletzt tragen die hier besprochenen Verbindungen mit zum Aroma der Lebensmittel bei, die nicht über ein nennenswertes Vorkommen an ätherischen Ölen wie die Gewürze und die Citrusschalen verfügen. Diese flüchtigen Aromastoffe liegen meist in äußerst geringer Konzentration vor. Selbst in den Citrussäften ist ihr Gehalt gering, z. B. beträgt dieser in Grapefruitsaft 0,008—0,014% und in Orangensaft 0,016—0,075% (Handelsprodukte). Obendrein stellen sie ein Gemisch aus einer mehr oder weniger großen Zahl von Einzelkomponenten dar. Daher haben sie sich bis vor nicht allzulanger Zeit einer einwandfreien analytischen Erfassung entziehen können.

Erst durch den Einsatz hochempfindlicher und spezifischer Methoden gelang es der Aromaforschung nach 1945, entscheidende Fortschritte zu erzielen. Hier sollen nur die Tieftemperaturfraktionierung, die Papier-, Säulen- und Dünnschicht-Chromatographie, die Elektrophorese, die UV- und IR-Spektrophotometrie und die Massenspektrometrie genannt werden. Besonders die Einführung der Gaschromatographie (vgl. F. Drawert: „Gaschromatographie" in Band II/1 dieses Handbuchs) und ihre seitherige rasche Entwicklung führten zu beachtlichen Erfolgen, da diese Methode schnell arbeitet und im Gegensatz zu früheren Verfahren nur wenig Material zur Auftrennung der Aromagemische erfordert. Daher wurde die Gaschromatographie bereits in die Qualitätskontrolle eingeführt (J. Schormüller u. W. Grosch 1962).

Bei wissenschaftlichen Untersuchungen wird die Abtrennung der Aromastoffe auf recht unterschiedliche Weise vorgenommen, wobei (Vakuum-) Destillation und Extraktion mit Lösungsmitteln eine Rolle spielen. Die gewonnenen Aroma-Konzentrate sind mit gruppenspezifischen Reagentien in einzelne Fraktionen aufzutrennen, deren Einzelkomponenten identifiziert bzw. quantitativ erfaßt werden können. Die Trennleistung der heute verwendeten Methoden und Apparate führt häufig zu einer großen Zahl von Einzelkomponenten, deren einwandfreie Charakterisierung bisher nur zum Teil möglich ist.

An Untersuchungen über die Aromastoffe der Lebensmittel (außer Obst und Gewürze) wurden in letzter Zeit u. a. durchgeführt bzw. in Übersichtsarbeiten behandelt:

Rohe und geröstete Kakaobohnen: S. D. Bailey u. Mitarb. (1962); Brot: J. C. Baker u. Mitarb. (1953), M. Rothe u. B. Thomas (1963); Bier: R. Stevans (1960); Hopfen: G. A. Howard u. C. A. Slater (1957); Milch: S. Patton u. P. G. Keeney (1957); Zwiebeln: J. F. Carson u. F. F. Wong (1961); Gurke: D. A. Forss u. Mitarb. (1962).

Nicht zuletzt sei auf E. Gildemeister u. F. Hoffmann (1956—1962), Band IV bis VII, verwiesen, in denen alle bis zum Erscheinen der Bände bekannten Arbeiten über die ätherischen Öle und flüchtigen Aromastoffe der einzelnen Lebensmittel bei den entsprechenden Pflanzenfamilien weitgehende Berücksichtigung fanden.

Ein bevorzugtes Objekt der Aromaforschung sind ohne Zweifel die Obstfrüchte. Übersichten in Buchform verdanken wir u. a. H. Lüthi (1962) und J. Merory (1960). Die ältere Literatur bis 1948 wurde von J. G. Kirchner (1949) referiert. J. F. Kefford (1959) faßte das bisher bekannte über die Citrusöle und -säfte, A. D. Webb (1962) über das Trauben- und Wein-Aroma zusammen. Zusammenfassende Angaben über das Apfelaroma finden sich bei A. C. Hulme (1958).

Einige mit modernen Methoden gewonnene Ergebnisse sind in der folgenden Tabelle aufgeführt, wobei auf quantitative Angaben über die flüchtigen Aromastoffe verzichtet wurde, zumal sie häufig noch fehlen.

Flüchtige Aromastoffe der Obstarten und der Tomate

	Apfel	Birne	Erdbeere	Himbeere	Wein	Tomate	Banane	Ananas
Methanol	+		+		+			
Äthanol	+	+	+	+	+		+	+
n-Propanol	+	+						
Propanol-(2)	+							
n-Butanol-(1)	+	+			+		+	
2-Methyl-n-propanol-(1)	+						+	
2-Methyl-n-butanol-(1)	+						+	
3-Methyl-n-butanol-(1)			+	+	+		+	
n-Hexanol-(1)	+	+		+	+			
Äthanal (Acetaldehyd)	+				+	+		+
2-Methyl-n-butanal-(4)	+				+			
n-Hexanal-(1)	+				+	+		
Hexen-(2)-al-(1)	+		+		+	+	+	
Aceton	+		+			+		
Butanon-(2)	+				+			
Pentanon-(2)	+				+		+	+
Essigsäure-äthylester			+	+			+	+
Buttersäure-äthylester	+		+					
n-Capronsäure-äthylester	+				+			+

Literaturstellen: Apfel: A. C. Hulme (1958); Birne: W. G. Jennings (1961), W. G. Jennings u. R. K. Creveling (1963); Erdbeere: K. P. Dimick u. B. Makower (1956); Himbeere: H. Schinz u. C. F. Seidel (1957); Wein: A. D. Webb u. R. E. Kepner (1957); Tomate: J. Schormüller u. W. Grosch (1962); Banane: P. Issenberg u. E. L. Wick (1963); Ananas: A. J. Haagen-Smit u. Mitarb. (1945).

Außer den in obiger Tabelle genannten flüchtigen Stoffen wurden folgende aufgefunden:

Birne: Ester der Essig-, Propion-, Butter-, Capron-, Capryl-, Caprin-, Pelargon- und der Decadien-(2.4)-säure.

Erdbeere: Essigsäure-n-hexylester, n-Capronsäure-isoamylester und Ester der Essig- und n-Buttersäure sowie freie Essig-, n-Butter-, Isobutter-, n-Valerian- und n-Capronsäure.

Himbeere: Phenyläthylalkohol in freier und veresterter Form, Salicylsäure und eine große Zahl nicht identifizierter Substanzen, später auch Geraniol sowie p-Hydroxyphenyl-butanon-(3).

Wein: Hexanol-(3) sowie Ester der unverzweigten Fettsäuren mit 1—10 Kohlenstoffatomen (E. Bayer 1957).

Banane: Essigsäure-isobutylester, Buttersäure-isoamylester und Essigsäureester des n-Butanol, Isoamylalkohol und n-Amylalkohol.

Ananas: Methylester der Isocapron-, Isovalerian-, n-Valerian- und Caprylsäure sowie Äthylester der Isovalerian- und Acrylsäure.

Die *Citrus-Schalenöle* haben folgende Hauptbestandteile:

Citrusöl	Gehalt an Monoterpen-Kohlenwasserstoffen %	Relative Konzentration der einzelnen Komponenten in Prozent						
		α-Pinen	β-Pinen	Sabinen	Myrcen	D-Limonen	γ-Terpinen	p-Cymol
Zitrone. . . . . (Kalifornien)	80—95	1,8	13,0	1,9	1,1	72,2	10,0	Spuren
Orange. . . . . (Kalifornien)	90	0,3	—	0,2	1,4	98,0	0,1	—
Grapefruit . . . (Texas)	88,4	0,2	—	—	1,6	97,3	0,9	—
			(R. M. IKEDA u. Mitarb. 1962)					
Zitrone. . . . . (Kalifornien)		2,5	14,8	1,7	1,1	69,7	10,3	Spuren
			(W. L. STANLEY u. Mitarb. 1961a)					

An Carbonyl-Verbindungen, die in Citrusölen etwa 1—2,5% des Gesamtgehaltes an ätherischem Öl ausmachen, überwiegen bei Orange und Grapefruit n-Octanal und n-Decanal und bei Zitrone Citral. Der Gehalt an Alkoholen und Estern beträgt im Orangenöl bis 1,5%, wobei n-Nonanol und D-Linalool bemerkenswert sind, und in den anderen Citrusölen 1—4%, wobei in der Pomeranze Linalylacetat der wichtigste Bestandteil ist. Eine genaue Aufzählung aller Inhaltsstoffe bringt J. F. KEFFORD (1959). Neuere Arbeiten über die Bestandteile von Citrusölen stammen u. a. von R. A. BERNHARD (1961); J. R. CLARK u. R. A. BERNHARD (1960); C. A. SLATER (1961) sowie W. L. STANLEY u. Mitarb. (1961b).

Das charakteristische Aroma der Citrusfrüchte soll hauptsächlich auf Aldehyden und Estern, z. B. dem Citral der Zitrone und dem n-Decanal der Orange beruhen. Wegen der Aromastoffe der Citrussäfte vgl. u. a. J. G. KIRCHNER u. J. M. MILLER (1953, 1957); J. G. KIRCHNER u. Mitarb. (1953).

Bibliographie

GESSNER, O.: Die Gift- und Arzneipflanzen von Mitteleuropa (Pharmakologie, Toxikologie, Therapie). 2. Aufl., S. 343—486. Heidelberg: Carl Winter 1953.
GILDEMEISTER, E., u. F. HOFFMANN: Die ätherischen Öle. 3. Aufl. Miltitz/Leipzig: Schimmel & Co. 1928—1931.
— — Die ätherischen Öle. 4. Aufl. Hrsg. von W. TREIBS. Band I bis VII. Berlin: Akademie-Verlag 1956—1962.
KARRER, W.: Konstitution und Vorkommen der organischen Pflanzenstoffe (exklusive Alkaloide). Basel-Stuttgart: Birkhäuser 1958.
LÜHTI, H.: Symposium Fruchtaromen (Berichte der Wissenschaftlich-Technischen Kommission der IFU IV). Zürich: Juris-Verlag 1962.
MERORY, J.: Food flavorings - composition, manufacture and use. Westport, Conn. (USA): AVI Publ. Co. 1960.
MÜLLER, A.: Die physiologischen und pharmakologischen Wirkungen der ätherischen Öle, Riechstoffe und verwandten Produkte. 2. Aufl. Heidelberg: Alfred Hüthig 1951.
PAECH, K.: Biochemie und Physiologie der sekundären Pflanzenstoffe. S. 88—148. Berlin-Göttingen-Heidelberg: Springer 1950.

Zeitschriftenliteratur

BAILEY, S. D., D. G. MITCHELL, M. L. BAZINET and C. WEURMAN: Studies on the volatile components of different varieties of cocoa beans. J. Food. Sci. **27**, 165—170 (1962).
BAKER, J. C., H. K. PARKER and K. L. FORTMANN: Flavor of bread. Cereal Chem. **30**, 22—30 (1953).
BAYER, E.: Aromastoffe des Weines. Die Carbonsäureester des Weines und der Trauben. Vitis **1**, 34—41 (1957).

Bernhard, R. A.: Citrus flavor. Volatile constituents of the essential oil of the orange (Citrus sinensis). J. Food Sci. **26**, 401—411 (1961).
— and A. G. Marr: The oxidation of terpenes. I. Mechanism and reaction products of D-limonene autoxidation. Food Res. **25**, 517—530 (1960).
Böhme, H., u. P. E. Völcker: Zur Kenntnis der nichtflüchtigen Anteile des Pomeranzenschalenöls. Arch. Pharmaz. (Weinheim) **292/64**, 529—536 (1959).
Carson, J. F., and F. F. Wong: The volatile flavor components of onions. J. agric. Food Chem. **9**, 140—143 (1961).
Clark, J. R., and R. A. Bernhard: Examination of lemon oil by gasliquid chromatography. II. The hydrocarbon fraction. III. The oxigenated fraction. Food Res. **25**, 389—394, 731—738 (1960).
Dimick, K. P., and B. Makower: Volatile flavor of strawberry essence. I. Identification of the carbonyls and certain low boiling substances. Food Technol. **10**, 73—75 (1956).
Forss, D. A., E. A. Dunstone, E. H. Ramshaw and W. Stark: The flavor of cucumbers. J. Food Sci. **27**, 90—93 (1962).
Fujiwara, M., M. Yoshimura and S. Tsuno: Allithiamine, a newly found derivative of vitamin B_1. III. Allicin homologs in Allium plants. J. Biochem (Tokyo) **42**, 591—601 (1955), zit. nach Chem. Abstr. **50**, 1132 (1956).
Haagen-Smit, A. J., J. G. Kirchner, A. N. Prater and C. L. Deasy: Chemical studies of pineapple (Ananas sativus Lindl.). I. The volatile flavor and odor constituents of pineapple. J. amer. chem. Soc. **67**, 1646—1650 (1945).
Howard, G. A., and C. A. Slater: Evaluation of hops. VII. Composition of the essential oil of hops. J. Inst. Brewing **63**, 491—506 (1957).
Hulme, A. C.: Some aspects of the biochemistry of apple and pear fruits. Advanc. Food Res. 8, 297—413 (1958).
Ikeda, R. M., W. L. Stanley, S. H. Vannier and L. A. Rolle: Deterioration of lemon oil. Formation of p-cymen from γ-terpinene. Food Technol. **15**, 379—380 (1961).
— — L. A. Rolle and S. H. Vannier: Monoterpene hydrocarbon composition of citrus oils. J. Food Sci. **27**, 593—596 (1962).
Issenberg, P., and E. L. Wick: Volatile components of bananas. J agric. Food Chem. **11**, 2—8 (1963).
Jennings, W. G.: Volatile esters of Bartlett pears. I. J. Food Sci. **26**, 564—568 (1961).
— and R. K. Creveling: Volatile esters of Bartlett pears. II. J. Food Sci. **28**, 91—94 (1963).
Kefford, J. F.: The chemical constituents of citrus fruits. Advanc. Food Res. **9**, 285—372 (1959).
Kirchner, J. G.: The chemistry of fruit and vegetable flavors. Advanc. Food Res. **2**, 259—296 (1949).
— and J. M. Miller: Volatile oil constituents of grapefruit juice. J. agric. Food Chem. **1**, 512—518 (1953).
— — R. G. Rice, G. J. Keller and M. M. Fox: Volatile water-soluble constituents of grapefruit juice. J. agric. Food Chem. **1**, 510—512 (1953).
— — Volatile water-soluble and oil constituents of Valencia orange juice. J. agric. Food Chem. **5**, 283—291 (1957).
Patton, S., and P. G. Keeney: Recent contributions to the chemistry of flavor in milk and its products. Food Res. **22**, 524—528 (1957).
Rothe, M., u. B. Thomas: Aromastoffe des Brotes. Versuch einer Auswertung chemischer Geschmacksanalysen mit Hilfe des Schwellenwertes. Z. Lebensmittel-Untersuch. u. -Forsch. **119**, 302—310 (1963).
Schinz, H., u. C. F. Seidel: Untersuchungen über Aromastoffe. 1. Mitt. Über das Himbeeraroma. Helv. chim. Acta **40**, 1839—1859 (1957); **44**, 278 (1961) (Nachtrag).
Schormüller, J., u. W. Grosch: Untersuchungen über Aromastoffe von Lebensmitteln. I. Ein Beitrag zur Analytik neutraler, in Tomaten vorkommender Carbonylverbindungen. Z. Lebensmittel-Untersuch. u. -Forsch. **118**, 385—393 (1962).
Skramlik, E. von: Über die Giftigkeit und Verträglichkeit von ätherischen Ölen. Pharmazie **14**, 435—445 (1959).
Slater, C. A.: Citrus essential oils. II. Composition of destilled oil of limes. J. Sci. Food Agric. **12**, 732—734 (1961).
Späth, E., u. P. Kainrath: Über Bergamottin und über die Auffindung von Limettin in Bergamottöl. Ber. dtsch. chem. Ges. **70**, 2272—2276 (1937).
Stanley, W. L.: A test for chalcones in lemon oil. J. Ass. off. agric. Chem. **44**, 546—548 (1961).
— R. M. Ikeda and S. Cook: Hydrocarbon composition of lemon oils and its relationship to optical rotation. Food Technol. **15**, 381—385 (1961a).
— — S. H. Vannier and L. A. Rolle: Determination of the relative concentrations of the major aldehydes in lemon, orange, and grapefruit oils by gas chromatography. J. Food Sci. **26**, 43—48 (1961b).

STANLEY, W. L., and S. H. VANNIER: Chemical composition of lemon oil. I. Isolation of a series of substituted coumarins. J. amer. chem. Soc. **79**, 3488—3491 (1957).
STEVANS, R.: Beer flavour. I. Volatile products of fermentation: a review. J. Inst. Brewing **66**, 453—471 (1960).
STOLL, A., u. E. SEEBECK: Über Alliin, die genuine Muttersubstanz des Knoblauchöls. Helv. chim. Acta **31**, 189—210 (1948).
WEBB, A. D.: Present knowledge of grape and wine flavors. Food Technol. **16**, Nr. 11, 56—59 (1962).
— and R. E. KEPNER: Some volatile aroma constituents of Vitis vinifera var. Muscat of Alexandria. Food Res. **22**, 384—395 (1957).
WIDMARK, G., and S. BLOHM: A comparative study of the autoxidation of Δ^3-carene, α-pinene, β-pinene and (+)-limonene. Acta chem. scand. **11**, 392—394 (1957).

Kohlenhydrate, Glykoside

Von

Prof. Dr. **Almuth Klemer**, Münster/Westf.

Einleitung

Von allen auf der Erde sich befindenden organischen Stoffen kommen die Kohlenhydrate nicht nur am weitesten verbreitet, sondern auch in der größten Menge vor. In jeder lebenden Pflanzenzelle nehmen Kohlenhydrate eine Schlüsselstellung ein; sie sind die ersten faßbaren Verbindungen beim Assimilationsprozeß. Pflanzen bestehen zu 50–80% aus Kohlenhydraten, und zwar im wesentlichen in Form von Cellulose und Stärke. Auch heute noch ist die Stärke unser Hauptnahrungsmittel, insbesondere aber bei den unterentwickelten Völkern. Die Cellulose andererseits hat große industrielle Bedeutung nicht nur für die Holz- und Papierindustrie, sondern z. B. auch für die Herstellung von Kunstseide und Kunststoffen.

Im Tierreich dominieren die Eiweißstoffe. Hier kommen die Kohlenhydrate vielfach gebunden an Eiweiß vor. Diese Stoffgruppe ist von großer physiologischer Bedeutung. Sehr viele Enzymsysteme, die Blutgruppensubstanzen, das Heparin und viele andere gehören dazu.

Das Wort „Kohlenhydrat" als Sammelbegriff für die Zucker und Polysaccharide wurde geprägt, als die Kenntnisse der Chemie dieser Stoffklasse noch in den Anfängen steckten. Man glaubte damals, daß alle Vertreter der allgemeinen Formulierung $C_x(H_2O)_x$ entsprechen würden, d. h. ihrer Zusammensetzung nach Hydrate des Kohlenstoffs seien.

Zum Beispiel hat die Glucose die Bruttozusammensetzung

$$C_6H_{12}O_6 = 6\,C,\ 6\,H_2O$$

und die Stärke

$$(C_6H_{12}O_6)_n = n\,6\,C,\ n\,5\,H_2O\ .$$

Heute kennt man jedoch viele Vertreter, die dieser Zusammensetzung nicht entsprechen, die ihrem Charakter nach aber eindeutig zu den Kohlenhydraten gehören. Das trifft z. B. für die Desoxyzucker zu.

Die L-Rhamnose, die man aus dem Hesperidin u. a. gewinnen kann, hat die Formel $C_6H_{12}O_5$, die Digitoxose aus Herzgiftglykosiden $C_6H_{10}O_4$ und die Streptose aus dem Streptomycin $C_6H_{10}O_5$.

Wir können also die Bruttozusammensetzung eines Stoffes nicht als ein Kriterium für die Zugehörigkeit zu den Kohlenhydraten ansehen. Hingegen gibt es eine Reihe von chemischen und physikalischen Eigenschaften, die den Kohlenhydraten eigentümlich sind und die eine recht scharfe Begrenzung gegenüber den anderen organischen Verbindungen erlauben. Man teilt die Kohlenhydrate ein in:

I. Monosaccharide
II. Di- und Oligosaccharide
III. Polysaccharide.

Die Monosaccharide sind von chemischen Standpunkt aus gesehen Polyhydroxy-Aldehyde oder -Ketone, die, abgesehen von einigen Ausnahmen, eine gerade Kette von Kohlenstoffatomen besitzen. Die bekanntesten sind die Glucose (Traubenzucker), die Fructose (Fruchtzucker) und die Galaktose.

Di- und Oligosaccharide sind Kohlenhydrate, die durch Wasserabspaltung zwischen 2 bis 7 Monosacchariden entstanden sind.

$$2\,C_6H_{12}O_6 - H_2O = C_{12}H_{22}O_{11} \quad \text{(Disaccharid)}$$
$$3\,C_6H_{12}O_6 - 2\,H_2O = C_{18}H_{32}O_{16} \quad \text{(Trisaccharid)}$$
$$n\,C_6H_{12}O_6 - (n-1)\,H_2O = C_{6n}H_{10n}O_{5n}; \quad n\ 2\text{—}7\,.$$

Sie ähneln den Monosacchariden in Löslichkeit, Geschmack und ihren chemischen Eigenschaften weitgehend. Als Beispiele seien Rohrzucker, Milchzucker und Raffinose genannt.

Bei den **Polysacchariden** ist n eine sehr große Zahl. Diese Verbindungen weichen in sehr vielen ihrer Eigenschaften von denen der Mono- und Oligosaccharide ab. Sie können schwer bis unlöslich in Wasser sein, besitzen keinen süßen Geschmack und sind viel reaktionsträger. Bekannte Beispiele sind die Stärke, die Cellulose und das Inulin.

A. Monosaccharide

(vgl. Monographien; F. Micheel 1956; W. Pigman 1957; J. Staněk 1963)

I. Struktur und allgemeine Stereochemie der Monosaccharide

1. Einteilung, Nomenklatur

Nach dem Charakter ihrer funktionellen Gruppe werden die Monosaccharide in Aldosen (Polyhydroxy-Aldehyde) und Ketosen (Polyhydroxy-Ketone) eingeteilt. Innerhalb der beiden Reihen unterscheidet man die einzelnen Glieder nach der Anzahl der C-Atome der Zuckerkette (Triosen, Tetrosen, Pentosen usw.). Will man besonders zum Ausdruck bringen, daß es sich bei einem Zucker um eine Aldose handelt, so fügt man die Silbe „Aldo“ hinzu. Zum Beispiel Aldo-tetrose, Aldo-pentose usw. Die Glucose ist eine Aldo-hexose.

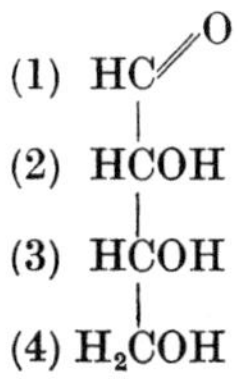

Aldo-tetrose

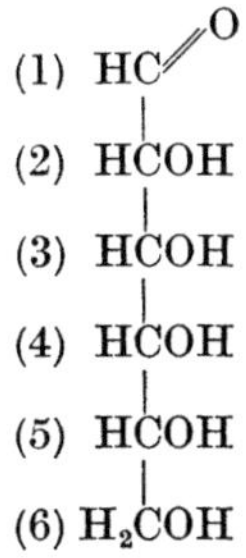

Hexose
Aldo-hexose

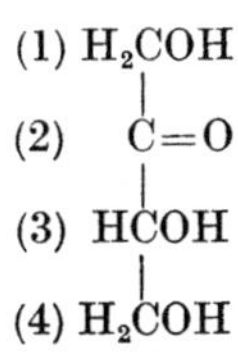

2-Keto-tetrose
Tetrulose

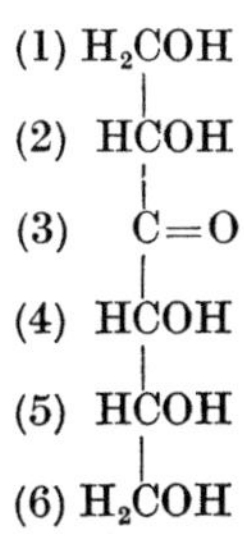

3-Keto-hexose

In der Reihe der Ketosen spricht man je nach Sitz der Keto-Gruppe in der Kette z. B. von einer 2-Keto-tetrose oder 3-Keto-hexose. Da jedoch alle natürlich vorkommenden Ketosen am C_2 ihre Oxo-gruppe tragen, hat man für diese Ketosen die Endung „ulose“ zur Unterscheidung von den Aldosen vorgeschlagen. Die Fructose, die wichtigste Ketose, ist also eine Hexulose.

Ist eine der Hydroxylgruppen des Zuckers reduziert, so haben wir einen Desoxy-Zucker vor uns. Dies wird durch den Zusatz „Desoxy“ zum Ausdruck gebracht.

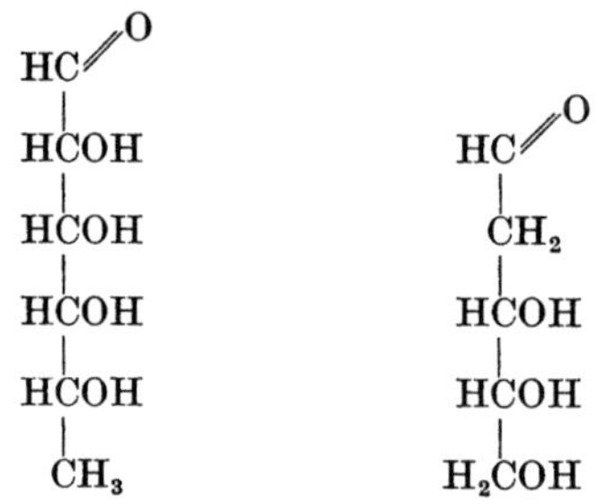

6-Desoxy-hexose (Methyl-pentose) 2-Desoxy-pentose

Die endständig reduzierten Zucker können auch als Methyl-Derivate der um ein C-Atom ärmeren Zucker aufgefaßt werden. So ist z. B. für eine 6-Desoxy-hexose auch die Bezeichnung Methyl-pentose gebräuchlich. Diese weniger exakte Bezeichnung findet man vorwiegend in der älteren Literatur (weiteres vgl. S. 425, Desoxyzucker).

2. Konstitution

Die [–CH(OH)–]-Gruppe der Zucker enthält ein asymmetrisches C-Atom. Nach van't Hoff ist die Zahl der möglichen Isomeren bei nicht gleichwertigen asymmetrischen C-Atomen gleich 2^n, wobei n die Anzahl der asymmetrischen C-Atome der Verbindung wiedergibt. 2 Isomere sind davon jeweils optische Antipoden. Wie aus den Formeln auf S. 395 zu ersehen ist, enthalten die Ketosen ein asymmetrisches C-Atom weniger als die betreffenden Aldosen. Die einfachste Aldose, der Glycerinaldehyd, hat ein asymmetrisches C-Atom. Es gibt daher zwei Glycerinaldehyde. Sie verhalten sich wie Bild und Spiegelbild.

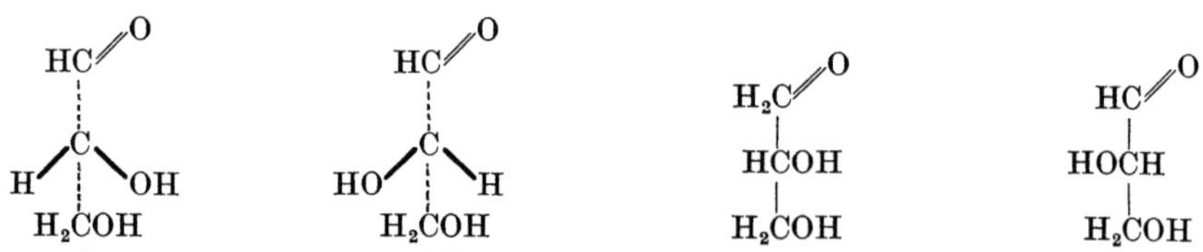

I II III IV

D- Glycerin-aldehyd L-Glycerin-aldheyd

Die Formeln I und II zeigen den räumlichen Bau der beiden Glycerinaldehyde. Die Formeln III und IV stellen die beiden Verbindungen in der Fischerschen Projektionsschreibweise dar. Entsprechend einem Vorschlage von M. A. Rosanoff (1906) und A. Wohl und K. Freudenberg (1923) hat man dem rechtsdrehenden Glycerinaldehyd die oben angegebene Formel I bzw. III zugeordnet und ihm das Vorzeichen D- gegeben. Durch röntgenographische Untersuchungen konnte später gezeigt werden, daß diese willkürlich getroffene Zuordnung der tatsächlichen räumlichen Anordnung der Atome entspricht (J. M. Bigvozt u. Mitarb. 1951).

Da vom Glycerinaldehyd ausgehend alle anderen Zucker durch stufenweise durchgeführte Cyanhydrin-Synthese aufgebaut werden können, hat man nach einem britisch-amerikanischen Vorschlag [Biochem. J. 42, 1 (1948)] den Glycerinaldehyd als Bezugssystem für die Zuordnung der Zucker zur D- und L-Reihe gewählt. Steht in einem Zucker die Hydroxylgruppe des am weitesten von der Carbonylgruppe entfernten asymmetrischen C-Atoms rechts, so gehört der Zucker der D-Reihe (Anordnung wie im D-Glycerinaldehyd), im anderen Fall der L-Reihe an (Anordnung wie im L-Glycerinaldehyd).

Tafel 1. D-*Reihe der Mono-saccharide vom Glycerinaldehyd bis zu den Hexosen*

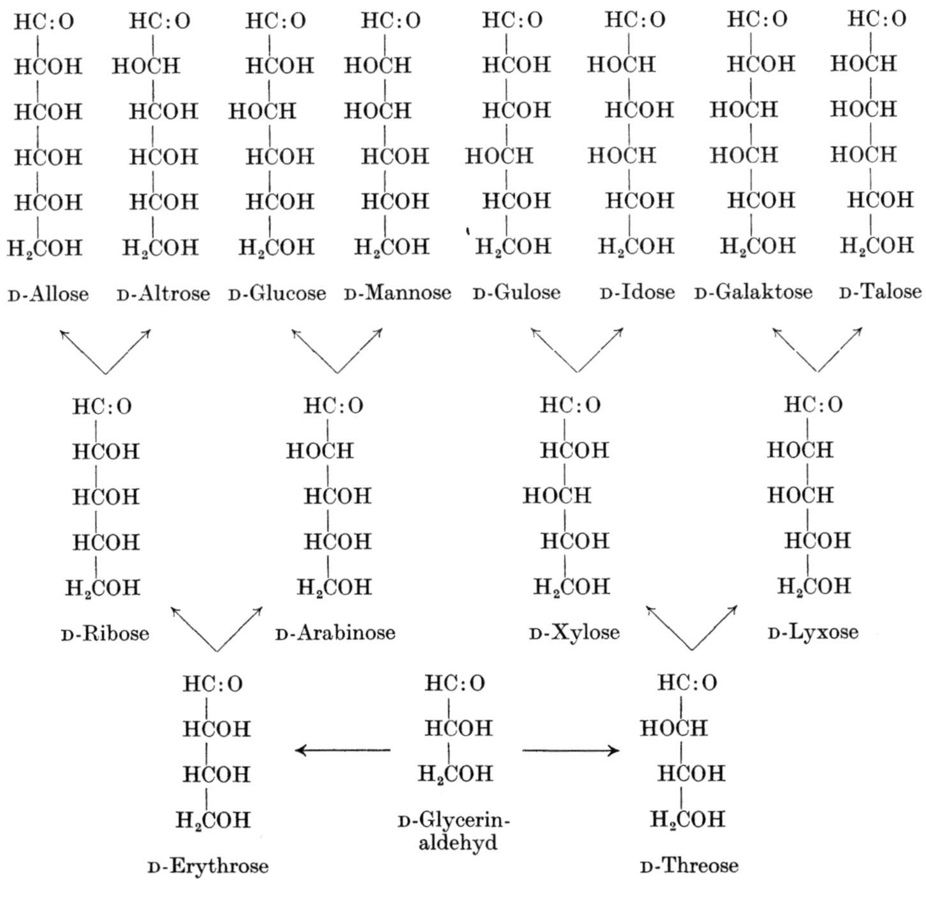

Tafel 2. L-*Reihe der Mono-saccharide vom Glycerinaldehyd bis zu den Hexosen*

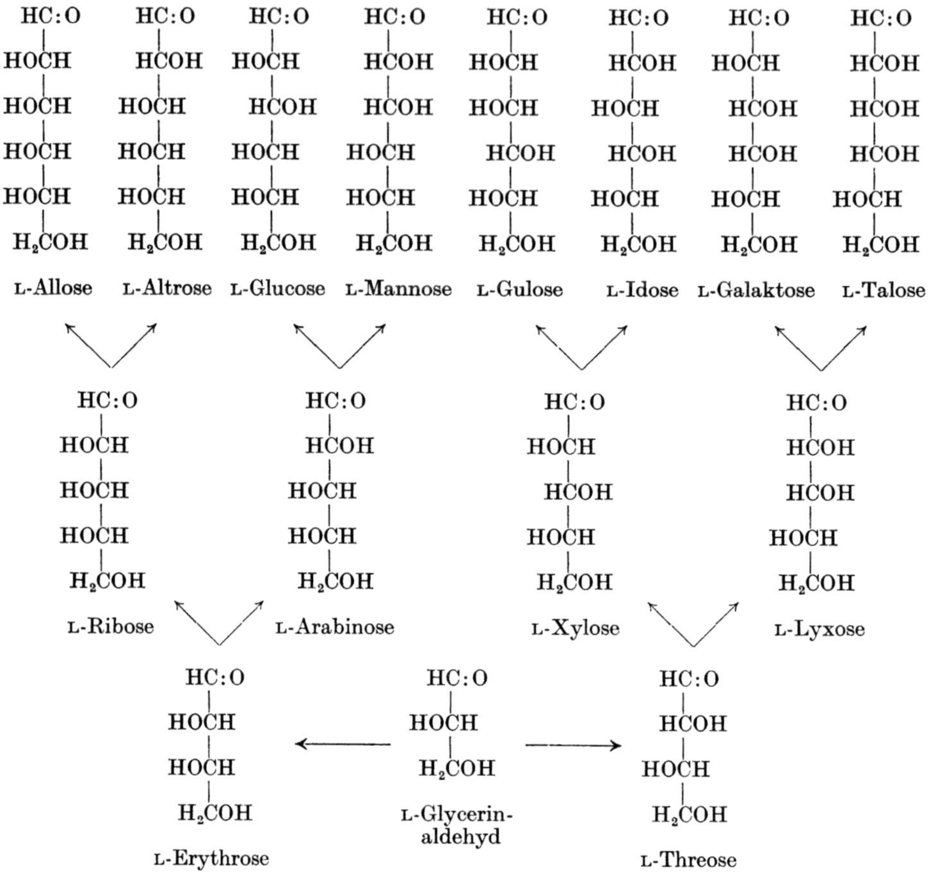

Tafel 3. *6-Desoxy-hexosen (*D*-Reihe)*

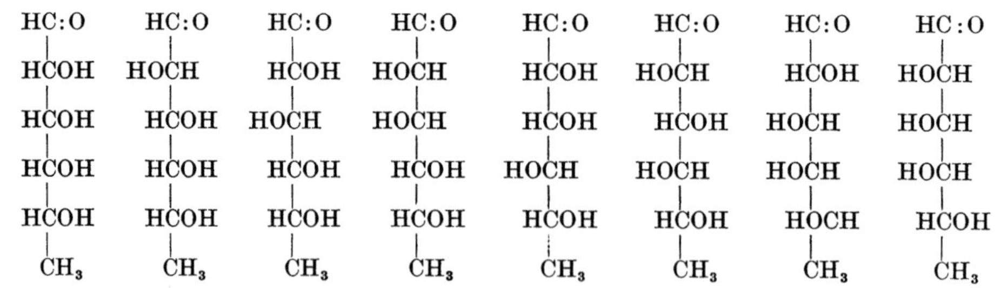

D-Allo-methylose 6-Desoxy-D-allose	D-Altro-methylose 6-Desoxy-D-altrose	D-Gluco-methylose (D-Iso-rhamnose) 6-Desoxy-D-glucose	D-Manno-methylose (D-Rham-nose) 6-Desoxy-D-mannose	D-Gulo-methylose 6-Desoxy-D-gulose	D-Ido-methylose 6-Desoxy-D-idose	D-Galakto-methylose (D-Fucose) 6-Desoxy-D-galaktose	D-Talo-methylose 6-Desoxy-D-talose

Einige natürliche Zucker mit ungewöhnlicher Struktur

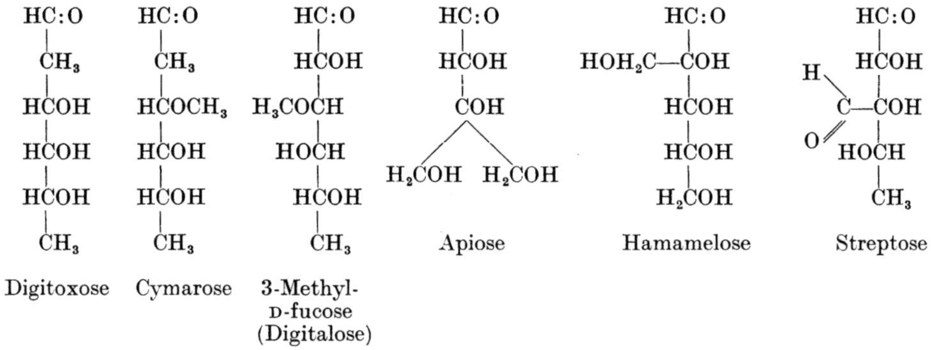

Tafel 4. *Ketosen (*D*- und* L*-Reihe) (mit Keto-gruppe am C_2)*

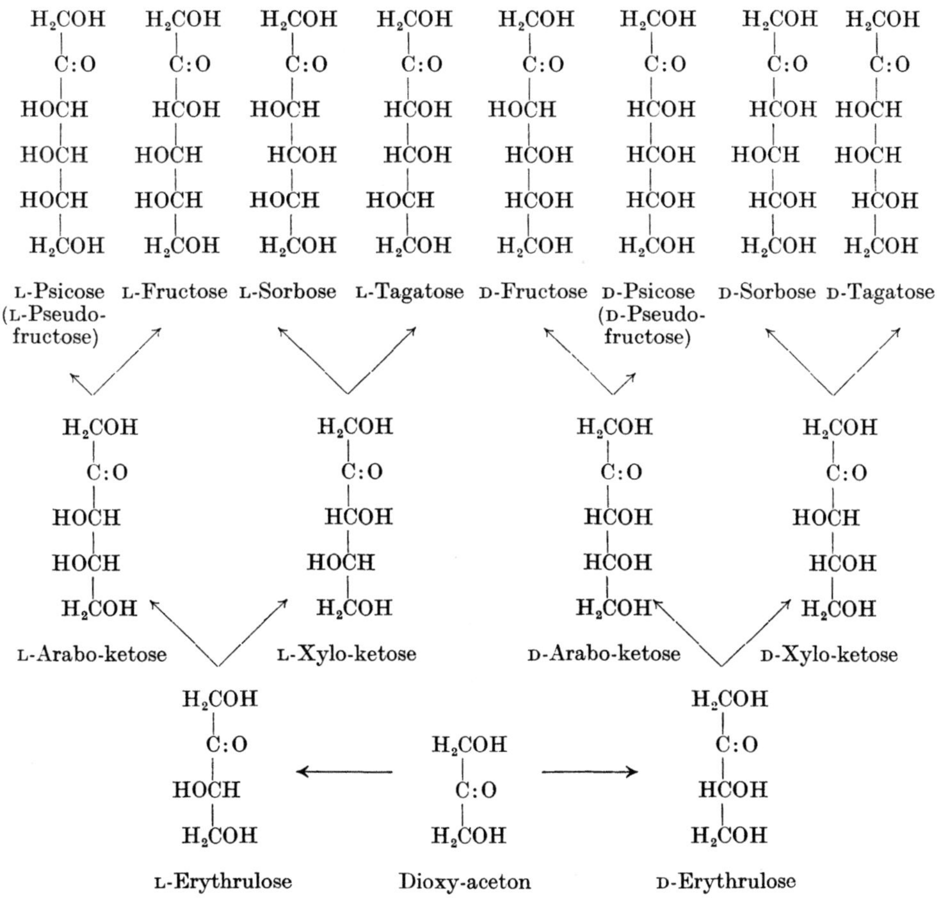

3. Die Lactolformel der Zucker

Die freien Zucker wie auch die meisten Derivate liegen nicht in der bisher angeführten Aldehyd- oder Ketoform vor, sondern in der Lactol- oder Halbacetalform. Diese kommt durch die innermolekulare Reaktion einer räumlich günstig liegenden Hydroxylgruppe der Zuckerkette mit der Aldehyd- oder Ketogruppe zustande.

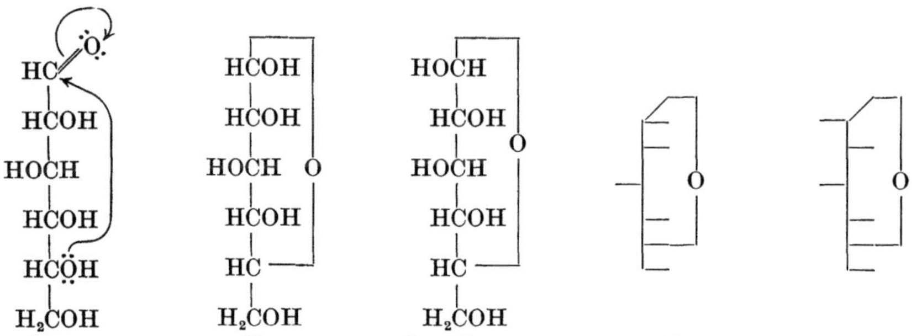

D-Glucose α-D-Glucose β-D-Glucose α-D-Glucose β-D-Glucose
(verkürzte Schreibweise)

Man erhält ein ringförmiges Halbacetal des Zuckers. Diese Struktur wird in Anlehnung an die analog aufgebauten Lactone auch als die Lactolform des Zuckers bezeichnet. Die offene und die cyclische Form stehen im Tautomerieverhältnis zueinander, das Gleichgewicht liegt jedoch weitgehend auf der Seite der Halbacetalform.

Fast immer tritt bei der Cyclisierung die Ausbildung eines sechsgliedrigen Ringsystems bevorzugt ein, jedoch ist auch die spontane Cyclisierung zum Fünfring unter bestimmten Verhältnissen möglich. Entsprechend dem zugrunde liegenden Heterocyclus bezeichnet man die Zucker mit sechsgliedrigem Ring als Pyranosen und die mit fünfgliedrigem Ring als Furanosen. Andere sterisch mögliche Ringsysteme sind auf Umwegen oder in Form von Derivaten dargestellt worden.

Wie aus den beiden Formeln ersichtlich, wird durch die Lactolisierung das C_1-Atom des Zuckers asymmetrisch. Auf diese Weise treten zusätzlich jeweils zwei Isomere auf. Je nachdem, ob die neugebildete Lactol-Hydroxylgruppe auf der einen oder anderen Seite der Kohlenhydratkette steht, bezeichnet man die beiden Formen als α- oder β-Isomere. Sie werden auch Anomere genannt.

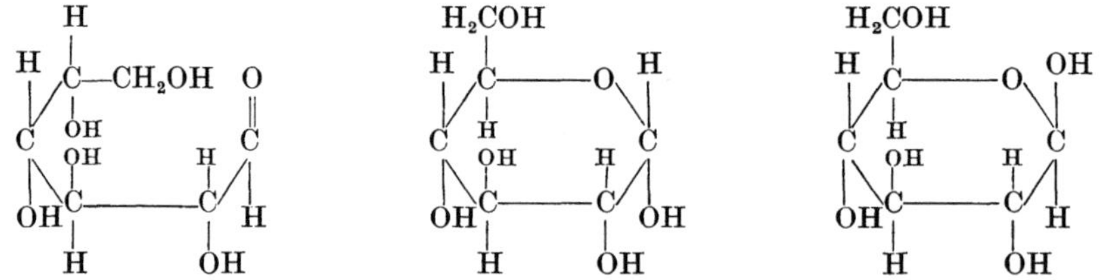

α-D-Gluco-pyranose β-D-Gluco-pyranose

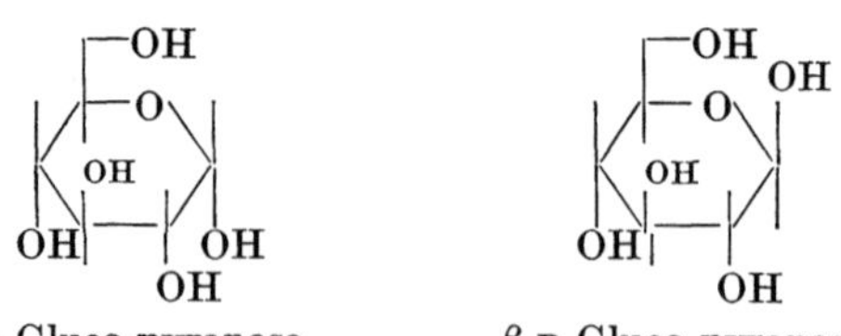

α-D-Gluco-pyranose β-D-Gluco-pyranose
(verkürzte Schreibweise)

Man hat wie folgt festgelegt: In der D-Reihe der Zucker wird das am stärksten in der positiven Richtung drehende Isomere als α-Form und das weniger stark drehende Isomere als β-Form bezeichnet. In der L-Reihe wird entsprechend das am stärksten nach links drehende Isomere als α-Form und das weniger links drehende als β-Form gekennzeichnet.

Statt in der Fischerschen Schreibweise werden die cyclischen Zucker gern in den J. Boesekenschen und W. N. Haworthschen (1913, 1929) Schreibweisen wiedergegeben (Formeln S. 396 unten). Sie haben dadurch den Vorzug, daß sie die Lage der Atomgruppen besser wiedergeben und dadurch die Beziehungen der Hydroxylgruppen zueinander anschaulicher vermitteln. Andererseits zeichnen sich die Projektionsformeln durch größere Übersichtlichkeit aus.

Ein noch genaueres Bild über die räumliche Anordnung der Substituenten an den einzelnen asymmetrischen C-Atomen vermitteln die folgenden Wiedergaben. Bei diesen ist die Form des zugrunde liegenden Sechsringes (Wannen- oder Sesselform) berücksichtigt.

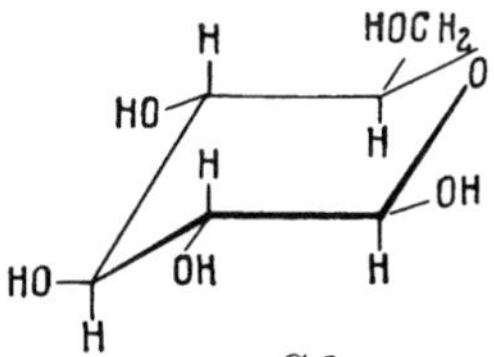

C 1
β-D-Gluco-pyranose

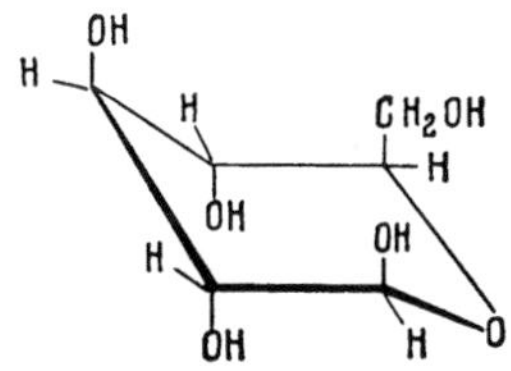

1 C
β-D-Gluco-pyranose

Energetisch begünstigt ist die Ausbildung der C 1-Anordnung mit der äquatorialen Anordnung der Hydroxylgruppen (näheres vgl. Sammelref.: E. R. Reeves 1951 u. J. A. Mills 1955).

4. Mutarotation

Viele Anomerenpaare der Zucker sind in kristalliner Form isoliert worden. Sie unterscheiden sich beträchtlich in ihrer Drehung. So hat die α-D-Glucose einen spez. Drehwert von +113° (Wasser), die β-D-Glucose dreht bei +19° (Wasser). Beide sind in fester Form stabile Substanzen, gehen jedoch in Lösung mit außerordentlicher Leichtigkeit ineinander über. Geht man von der reinen α-Form eines Zuckers aus, so macht sich das durch ein Absinken des Drehwertes, im Falle der β-Form durch einen Drehwertsanstieg bemerkbar. Der Endzustand ist ein Gleichgewicht (α ⇌ β), das von beiden Seiten erreicht wird. Man nennt diesen Vorgang Mutarotation. Diese Isomerisierung verläuft über die hydratisierte al-Form der D-Glucose, mit der die Anomeren in Lösung im Gleichgewicht stehen. Die Übergänge können durch Zugabe von Säuren oder Basen katalytisch beschleunigt werden.

Beispiel:

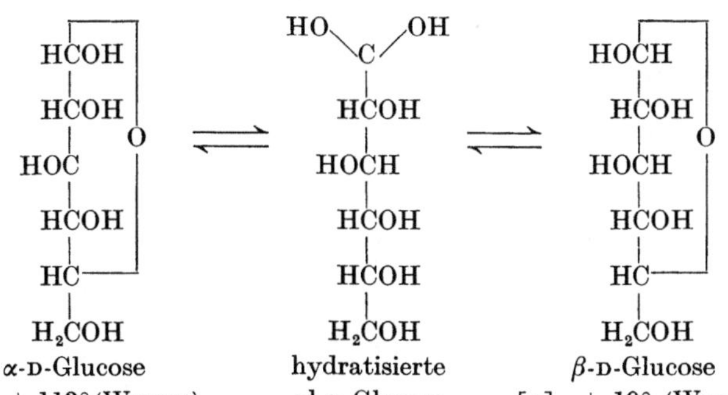

α-D-Glucose $[\alpha]_D + 113°$ (Wasser) — hydratisierte al-D-Glucose — β-D-Glucose $[\alpha]_D + 19°$ (Wasser)

II. Physikalische Eigenschaften und das allgemeine chemische Verhalten der Monosaccharide

1. Physikalische Eigenschaften

Die Monosaccharide sind farb- und geruchlose Verbindungen. Sie lösen sich gut in Wasser, in Alkoholen sind sie um so schwerer löslich, je höher die Anzahl der C-Atome des Alkohols ist. Ziemlich gut löslich sind die Zucker auch in Pyridin, Dioxan, Tetrahydrofuran, Dimethylformamid und anderen organischen Lösungsmitteln mit hoher Dielektrizitätskonstanten. In Äther, Chloroform oder Benzol sind sie praktisch unlöslich. Die Zucker besitzen im allgemeinen einen süßen Geschmack, jedoch bestehen in dieser Hinsicht alle Abstufungen bis zur Geschmacklosigkeit und bis zum bitteren Geschmack.

Viele Zucker zeichnen sich durch eine geringe Kristallisationstendenz aus. Sie schmelzen häufig unter Zersetzung. Daher liefert die Schmelzpunktsbestimmung oft ungenaue Werte. Eine charakteristische Größe für die Zucker ist der Drehwert. Seine Bestimmung ist zur Identifizierung eines Zuckers unerläßlich. Eine weitere Möglichkeit zur Identifizierung der Zucker besteht durch die Überführung in ein geeignetes Derivat.

In Tab. 1 sind die Vorkommen, Schmelzpunkte, Drehwerte sowie einige zur Identifizierung geeignete Derivate der für den Lebensmittelchemiker wichtigen Monosaccharide zusammengestellt.

2. Chemische Eigenschaften

Reduktion, Zuckeralkohole

Die acetalisierte Carbonylgruppe bzw. die damit im Gleichgewicht vorliegende echte Carbonylgruppe ist bei nahezu allen Umsetzungen der Zucker die reaktionsfähigste Stelle des Moleküls.

Die Reduktion führt unter Aufnahme von zwei Wasserstoffatomen zu den betreffenden Zuckeralkoholen. Diese werden durch die Endung „it" oder „itol" gekennzeichnet.

Während aus einer Aldose nur ein Zuckeralkohol erhalten wird, liefert die Reduktion einer Ketose ein Gemisch zweier isomerer Alkohole, weil bei dieser Reaktion das C-Atom der Ketogruppe asymmetrisch wird

$$\left[\overset{|}{\underset{|}{C}}{=}O \rightarrow \overset{|}{\underset{|}{C}}H(OH)\right].$$

Das Reduktionsprodukt der D-Glucose ist der Sorbit (Sorbitol).

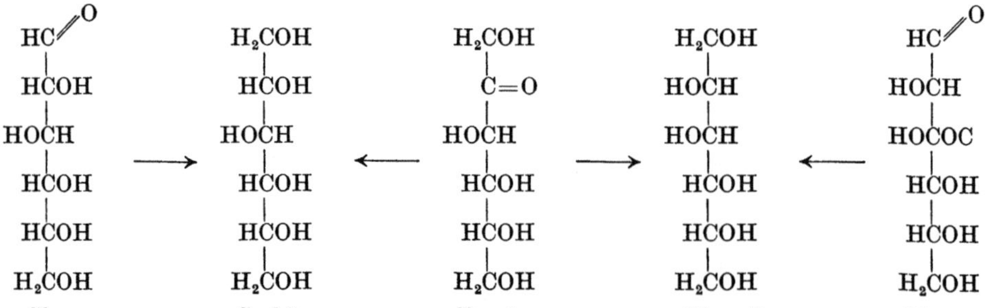

D-Glucose Sorbit D-Fructose D-Mannit D-Mannose

Derselbe Alkohol wird auch bei der Reduktion der D-Fructose gebildet, aber zusätzlich entsteht der D-Mannit, der aus der D-Mannose als einziges Reduktionsprodukt erhalten wird.

Die Reduktion läßt sich ausgezeichnet mit Natrium-Borhydrid (M. L. Wolfrom u. H. B. Wood 1951) durchführen, aber auch die Amalgame des Natriums und Aluminiums (E. Fischer 1890) oder mit metallischem Calcium entwickelter Wasserstoff (K. Neuberg u. F. Marx 1907) finden häufig Verwendung. Ferner lassen sich die Zucker auch durch katalytische Hydrierung oder auf elektrolytischem Wege reduzieren.

Auf diese Weise wird im technischem Maßstab D-Glucose zum Sorbit reduziert (R. M. Goepp u. Mitarb. 1947). Er findet als Diabetikerzucker Verwendung, da er einerseits durch süßen Geschmack gekennzeichnet ist, vom Organismus aber lediglich verbrannt wird.

Der Sorbit und einige andere Zuckeralkohole kommen in der Natur vor. Sie sind auf S. 505 in der Tab. 5 zusammengefaßt.

Eigenschaften. Die Zuckeralkohole sind farblose, süß schmeckende, kristallisierende Verbindungen, die in ihren Löslichkeitseigenschaften den Monosacchariden entsprechen. Sie drehen die Ebene des polarisierten Lichtes nur wenig. Recht gut können sie durch die wasserunlöslichen, sehr gut kristallisierenden Benzal-Derivate nachgewiesen werden (vgl. S. 425). Diese Reaktion wird z. B. dazu benutzt, um verfälschten Wein zu erkennen. Wein aus Trauben enthält keinen Sorbit, wohl aber der aus anderen Obstsorten.

3. Oxydation in saurer Lösung

Aldosen und Ketosen unterscheiden sich bei der Oxydation in gleicher Weise wie Aldehyde und Ketone. Aldosen werden sehr leicht zur Säure gleicher Kohlenstoffzahl oxydiert, während die Ketosen erst unter energischeren Bedingungen und unter gleichzeitiger Aufsprengung der Kohlenstoffkette oxydiert werden.

a) Aldonsäuren

Läßt man auf Aldosen milde Oxydationsmittel wie z. B. Chlor- oder Bromwasser einwirken, so werden die betreffenden Aldonsäuren gebildet (vgl. Sammelref.: J. W. Green 1948).

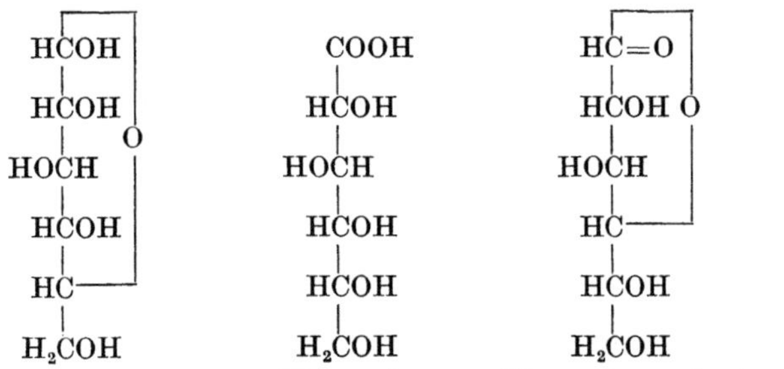

D-Gluconsäure D-Gluconsäure-γ-lacton

Wird der dabei auftretende Halogenwasserstoff durch $CaCO_3$, $BaCO_3$ oder Ba-Benzoat gebunden, so scheiden sich die Aldonsäuren in Form ihrer schwerlöslichen Erdalkalisalze ab. Arbeitet man die sauren Lösungen auf, so tritt innermolekulare Wasserabspaltung zu dem ebenfalls gut kristallisierenden Lacton der betreffenden Aldonsäure ein. Bei den Säuren ist im Gegensatz zu den freien Zuckern die Ausbildung eines 1.4-Ringes begünstigt.

Die wichtigste Aldonsäure ist die D-Gluconsäure, die in Form ihres Ca-Salzes therapeutischen Zwecken dient. Sie wird in technischem Maßstab durch elektrolytische Oxydation von D-Glucose gewonnen (S. H. ISBELL u. Mitarb. 1932).

b) Dicarbonsäuren der Zucker (Zuckersäuren)

Verwendet man zur Oxydation einer Aldose stärkere Oxydationsmittel, wie z. B. starke Salpetersäure, so findet auch Oxydation am Kettenende statt. Man erhält eine Dicarbonsäure, allgemein Zuckersäure genannt.

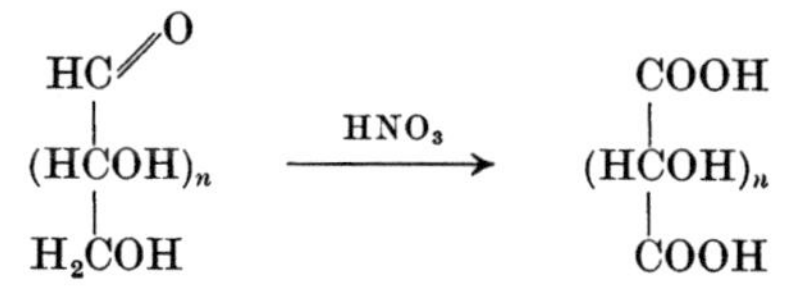

Aldose Zuckersäure

Besonders gut kristallisiert das Oxydationsprodukt der Galaktose, die Schleimsäure. Sie läßt sich auf Grund ihrer Schwerlöslichkeit in Wasser leicht isolieren und ist daher zum Nachweis der Galaktose in Naturstoffen geeignet. Wie die Formel zeigt, ist durch die Gleichwertigkeit von Kopf und Fuß das Molekül symmetrisch und daher inaktiv geworden. D- und L-Galaktose liefern somit dieselbe Dicarbonsäure.

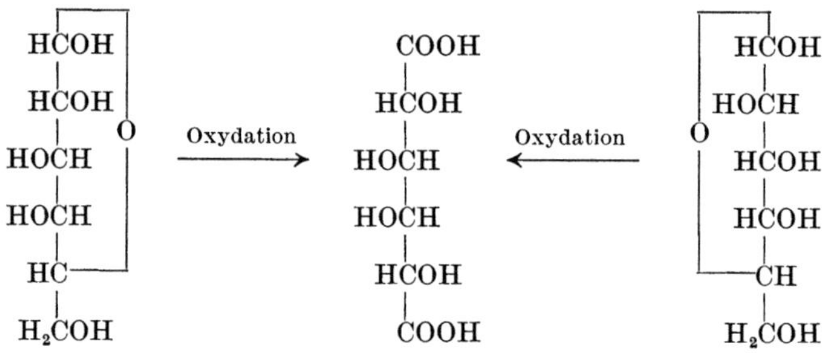

D-Galaktose Schleimsäure L-Galaktose

Auch Ketosen werden durch starke Salpetersäure oxydiert. Dabei wird die Zuckerkette an der Stelle der Ketogruppe oxydativ aufgesprengt. Zum Beispiel erhält man aus der D-Fructose unter CO_2-Entwicklung hauptsächlich D-Arabo-zuckersäure.

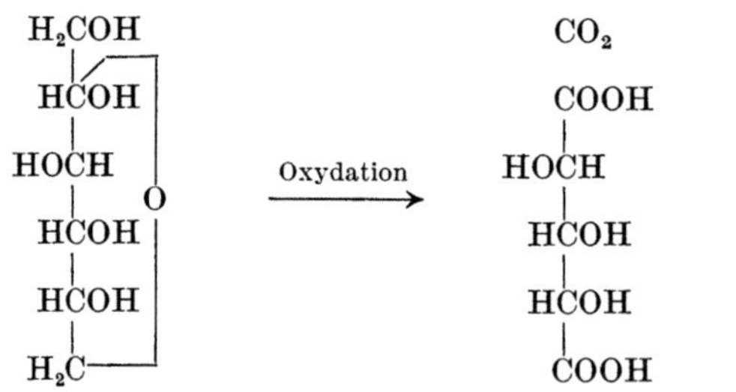

D-Fructose D-Arabo-zuckersäure

c) Carbonylsäuren

In den Carbonylsäuren ist lediglich das Kettenende der Zucker oxydiert. Sie geben daher noch die typischen Zucker-Reaktionen, da die Carbonylgruppe in diesen Säuren frei vorliegt. Die Carbonylsäuren, die sich von den Aldosen herleiten, werden Uronsäuren genannt, weil der erste Vertreter, die Glucuronsäure, im Harn entdeckt wurde. Die Oxydationsprodukte der Ketosen sind die Ketosäuren. Je nach Sitz der Ketogruppe in der Zuckerkette spricht man z. B. von 2-, 3- oder 5-Ketosäuren.

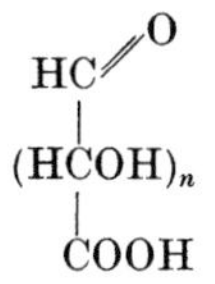
Uronsäure

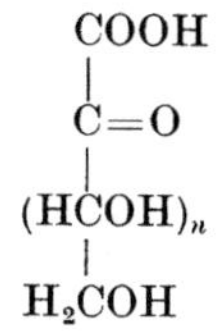
2-Ketosäure

α) Uronsäuren

Die Uronsäuren sind von größerer Bedeutung, da sie im Pflanzen- und Tierreich weit verbreitet vorkommen.

Die wichtigsten sind die D-Glucuronsäure, die D-Galakturonsäure und die D-Mannuronsäure.

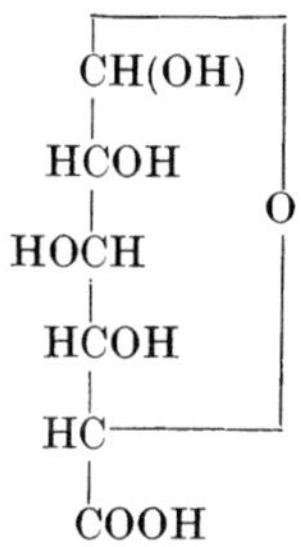
D-Glucuronsäure

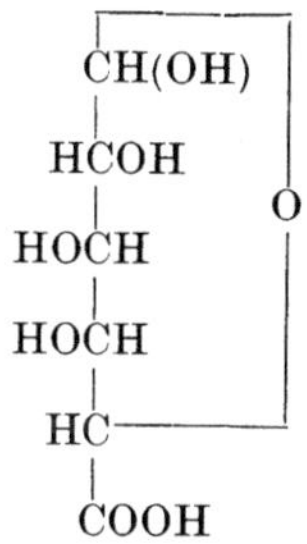
D-Galakturonsäure

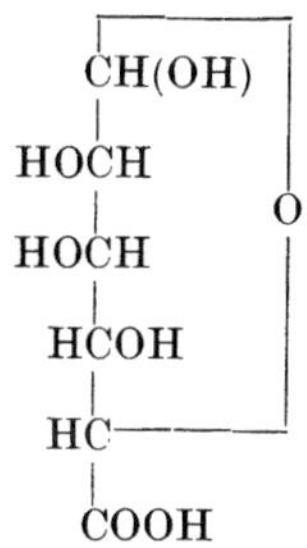
D-Mannuronsäure

Im tierischen Organismus ist die Glucuronsäure zur Abscheidung bestimmter Gifte, die mit der Nahrung aufgenommen oder im Körper gebildet werden, von biologischer Bedeutung. Die D-Glucuronsäure bindet diese Gifte, wie z. B. Phenole, Menthol oder Borneol über ihr freies Lactolhydroxyl zur ungiftigen „gepaarten" Uronsäure. Diese wird mit dem Harn ausgeschieden.

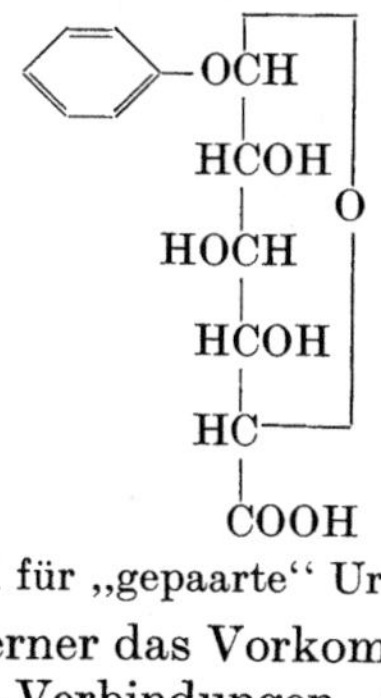
Beispiel für „gepaarte" Uronsäure

Von großer Wichtigkeit ist ferner das Vorkommen der Glucuronsäure als Baustein der Kohlenhydrat-Eiweiß-Verbindungen. Glucuronsäure findet sich z. B. (neben L-Iduronsäure) in der Chondroitin-schwefelsäure, die zusammen mit Proteinen den Hauptbestandteil der Knorpelsubstanzen bildet, ferner in der Hyaluronsäure, die in der Haut, im Glaskörper in der Synovialflüssigkeit u. a. vorkommt, oder im Heparin, das als anticoagulierende Substanz eine wichtige Funktion bei der Blutgerinnung ausübt.

Aber auch im Pflanzenreich kommen Uronsäuren weitverbreitet vor. Hier überwiegen die D-Galakturonsäure und die D-Mannuronsäure, die ebenfalls meistens als Baustein der hochmolekularen Polysaccharide vorkommen. Die Galakturonsäure ist der Grundbaustein der Pektine und des Tragacanthgummi. Die Alginsäure ist aus D-Mannuronsäure und L-Guluronsäure-Resten aufgebaut. Viele Pflanzenschleime enthalten ebenfalls Glucuronsäure oder Galakturonsäure (näheres vgl. Kap. Polysaccharide). Diese beiden Uronsäuren finden sich ferner in den spezifischen Polysacchariden einiger Bakterienstämme.

Bemerkenswert ist, daß durch die Einwirkung von Bakterien aus D-Glucuronsäure unter Abspaltung von CO_2 D-Xylose und aus D-Galakturonsäure L-Arabinose entsteht. Da sich diese Paare in der Natur vielfach vergesellschaftet finden, ist an einen genetischen Zusammenhang dieser Kohlenhydrate zu denken.

Darstellung und chemische Eigenschaften. Zur Gewinnung der Uronsäuren kann man gegebenenfalls auf die sie enthaltenden Polysaccharide zurückgreifen. Die Hydrolyse mit Säuren führt zu den einzelnen Bausteinen, jedoch ist dabei eine teilweise eintretende Decaroxylierung der gebildeten freien Uronsäure nicht zu vermeiden. Bessere Ergebnisse liefert die enzymatische Hydrolyse.

Zur Darstellung auf chemischem Wege bedient man sich im wesentlichen zweier Verfahren, die allgemein anwendbar sind:

1. Man geht von einem geeigneten Monolacton einer Zuckersäure aus. Unter bestimmten Bedingungen läßt sich das Lacton zum Aldehyd reduzieren, die Carboxylgruppe bleibt dabei unangegriffen. Geeignete Reduktionsmittel sind Natrium-Borhydrid oder Natrium-Amalgam in saurer Lösung.

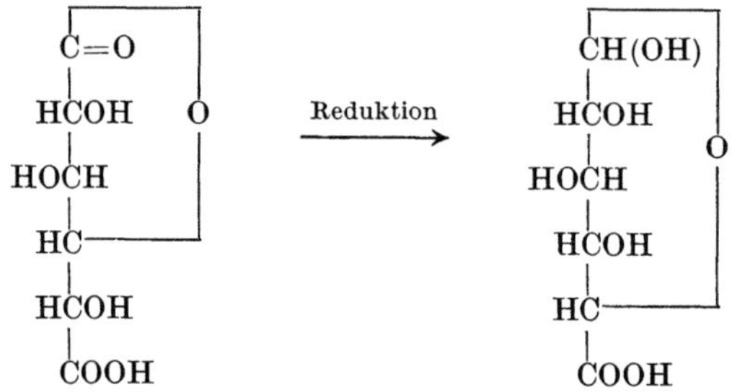

D-Gluco-zuckersäure-1.4-mono-lacton D-Glucuronsäure

2. Man oxydiert eine Aldose lediglich am Kettenende. Da aber im allgemeinen die Aldehydgruppe bevorzugt oxydiert wird, muß diese Gruppe zuvor geschützt werden. Dies kann durch die Überführung der Aldose in ein Glykosid (S. 414), besser aber durch die Einführung eines Acetonrestes (S. 424) geschehen. Letzterer läßt sich ohne Gefahr einer Decaroxylierung der Uronsäure wieder abspalten. Auf diese Weise läßt sich z. B. die D-Glucuronsäure bequem darstellen (C. L. MEHLTRETTER u. Mitarb. 1951).

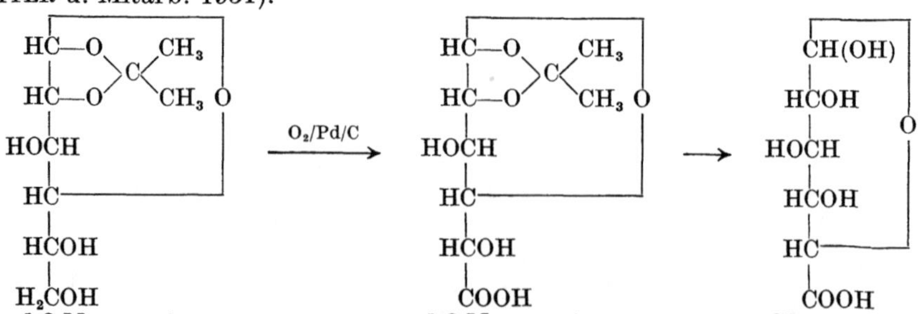

1.2-Mono-aceton-D-gluco-furanose 1.2-Mono-aceton-D-glucuronsäure D-Glucuronsäure

Wie die anderen Säuren der Zucker können auch die Uronsäuren in ihre Lactone überführt werden. Das Lacton der D-Glucuronsäure ist das Glucuron.

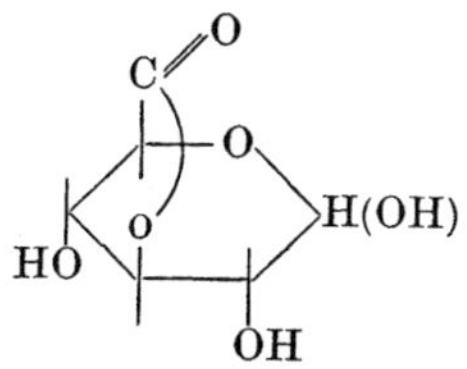

D-Glucuron
(D-Glucuronsäure-3.6-lacton)

[Die D-Glucuron-glykoside leiten sich von der furanoiden D-Glucose ab (F. SMITH 1944)]. Die Uronsäuren besitzen ein gemeinsames charakteristisches Kennzeichen. Mit Naphthoresorcin und Salzsäure bilden sie einen Farbstoff, der sich in Benzol, Äther oder Chloroform mit blauvioletter Farbe löst. Auf diese Weise lassen sich Uronsäuren neben anderen Bausteinen in ihren hochmolekularen Stammsubstanzen bequem nachweisen.

β) Ketosäuren, L-Ascorbinsäuren

(Sammelref.: F. MICHEEL 1934; E. L. HIRST 1939)

Von den verschiedenen Ketosäuretypen haben die 2- bzw. 3-Keto-hexonsäuren ein besonderes Interesse gefunden, weil die L-Ascorbinsäure (Vitamin C) diesem Typ angehört. Sie ist das γ-Lacton der enolisierten 2- bzw. 3-Keto-L-threo-hexonsäure.

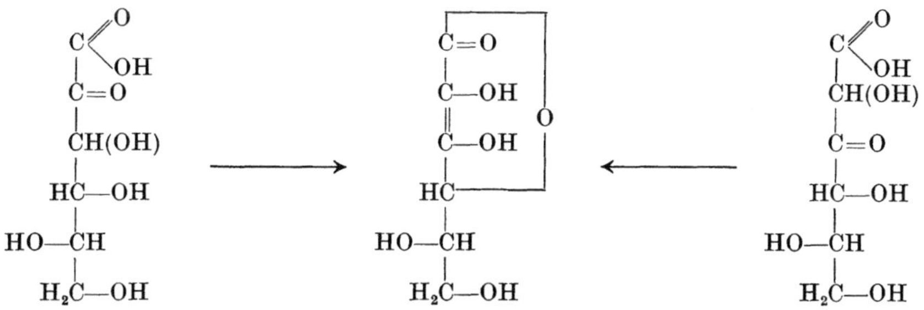

L-Ascorbinsäure

Die Struktur ist sehr ungewöhnlich, denn die Endiolgruppierung befindet sich in einem Lactolring und steht in Konjugation zu dessen Carbonyl-Gruppe. – Die besonderen Eigenschaften der L-Ascorbinsäure sind darauf zurückzuführen.

So zeichnet sich der Lactolring durch eine relativ große Stabilität gegenüber Alkali aus, und die enolischen Hydroxylgruppen haben aciden Charakter. Besonders hervorzuheben ist das starke Reduktionsvermögen. Selbst in saurer Lösung werden Jod oder Silbernitrat sofort reduziert unter Übergang der L-Ascorbinsäure in die Dehydro-L-ascorbinsäure. Dieses Verhalten macht man sich beim Nachweis der L-Ascorbinsäure in Naturstoffen zunutze.

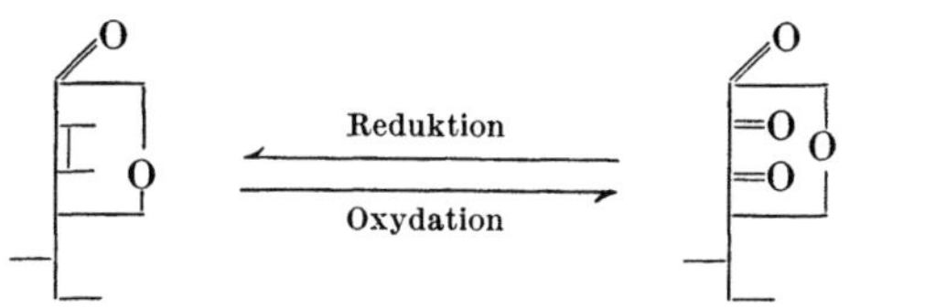

L-Ascorbinsäure Dehydro-L-ascorbinsäure

Synthesen. Es gibt eine Reihe von L-Ascorbinsäure-Synthesen, die teilweise auch technisch angewendet werden. Sie haben ein gemeinsames Prinzip: Alle laufen auf eine möglichst rationelle Darstellung einer entsprechend konfigurierten 2- oder 3-Keto-hexonsäure hinaus. Die Enolisierung und Lactonisierung bereitet grundsätzlich keine Schwierigkeiten. Sie tritt unter geeigneten Bedingungen sogar spontan ein. Die wichtigsten Synthesen verlaufen über die 2-Keto-L-gulonsäure. Diese kann aus Sorbit auf elegante Weise gewonnen werden. Nur das C_5-Hydroxyl des Sorbits wird nämlich durch biochemische Oxydation mit Bact. xylinum zur Carbonylgruppe oxydiert (G. BERTRAND 1898a, 1898b, 1904). Wir erhalten die L-Sorbose, die an den C-Atomen 4 und 5 die Konfiguration der L-Ascorbinsäure besitzt. Die weitere Oxydation am C_1 wird auf dem Wege über das Oson (F. MICHEEL u. Mitarb. 1934) (vgl. S. 413) oder über die Diacetonverbindung der L-Sorbose (T. REICHSTEIN u. A. GRÜSSNER 1934) (vgl. S. 424) durchgeführt. Die Enolisierung und Lactonisierung kann durch Einwirkung von Alkali oder Säure erfolgen.

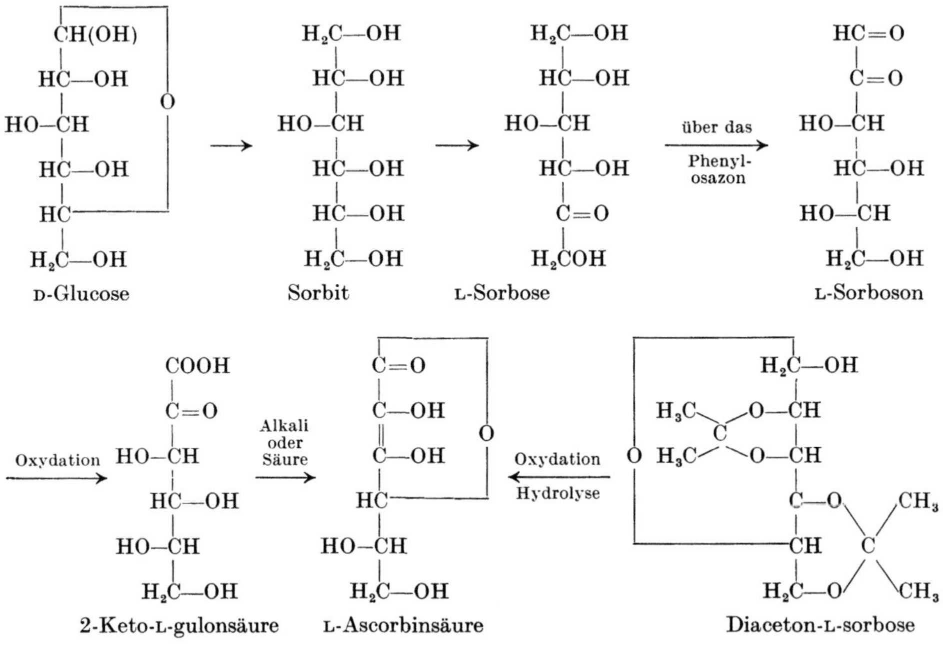

4. Das Verhalten der Zucker in alkalischer Lösung in Abwesenheit von Oxydationsmitteln

Die Oxydation der Zucker in alkalischer Lösung verläuft viel unübersichtlicher. Das beruht darauf, daß die Zucker im alkalischen Gebiet, auch in Abwesenheit von Oxydationsmitteln, instabil sind. Sehr leicht tritt eine Isomerisierung ein oder gar ein Abbau.

a) Die Lobry de Bruynsche Umwandlung der Zucker

(Sammelref.: J. C. SPECK 1958)

Läßt man auf Aldosen oder Ketosen verdünntes Alkali einwirken (auch ein tertiäres Amin ist geeignet), so tritt zunächst eine Isomerisierung an den C-Atomen

1 und 2 ein. So kann man z. B. eine Umwandlung der Glucose z. T. in Mannose und Fructose beobachten. Dieselben Zuckergemische erhält man auch, wenn Mannose oder Fructose als Ausgangsstoffe dienen. Diese Erscheinung wurde zuerst von LOBRY DE BRUYN und VAN EKENSTEIN (1895, 1896) beobachtet und untersucht. Es handelt sich dabei um eine Gleichgewichtsreaktion, die über die Endiolform des Zuckers verläuft.

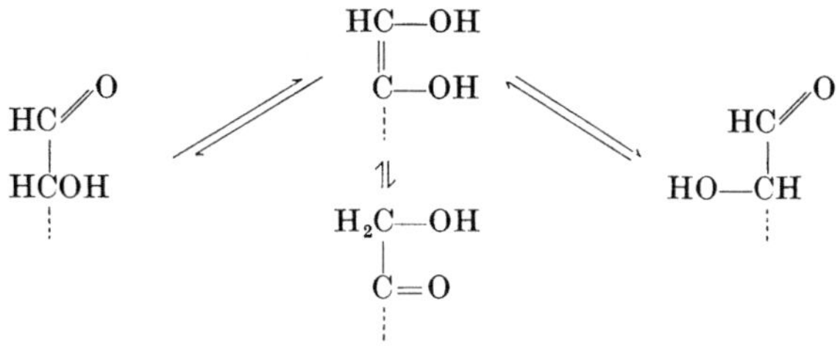

Wie die Formeln zeigen, ist die Endiolform zwei Aldosen und einer Ketose gemeinsam. Diese drei Zucker entstehen also, unabhängig davon, welcher der drei als Ausgangsprodukt gewählt wurde. Die beiden Aldosen unterscheiden sich lediglich durch die Stellung der Hydroxylgruppe am C_2. Man nennt sie Epimere und den Umwandlungsprozeß demgemäß eine Epimerisierung.

b) Die Saccharinsäure-Bildung

(Sammelref.: J. C. SOWDEN 1957; J. D. CRUM 1958)

Weitere Isomerisierungsprodukte der Zucker sind die Saccharinsäuren, deren Lactone Saccharine[1] genannt werden. Sie haben die gleiche Bruttozusammensetzung wie die Ausgangszucker, aus denen sie im alkalischen Medium unter bestimmten Bedingungen erhalten werden können. Die folgenden Formeln zeigen den Aufbau einiger Saccharinsäuren.

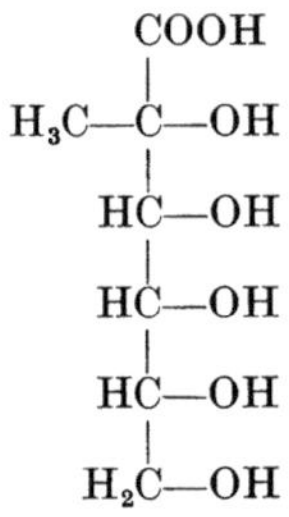

Saccharinsäure (aus D-Glucose und D-Fructose)

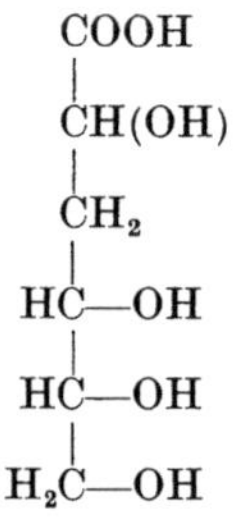

meta-Saccharinsäure (aus C_3-substituierten Hexosen)

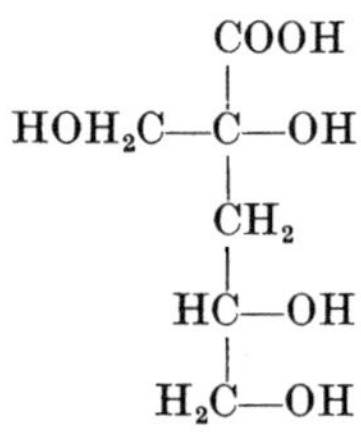

Iso-Saccharinsäure (aus Maltose, Cellobiose oder Lactose)

c) Der Abbau der Zucker

Läßt man konzentriertes Alkali auf eine Aldose oder Ketose einwirken, so tritt ein Zerfall der Kohlenstoffkette ein. Aus den gelbbraunen Lösungen läßt sich neben einer Reihe erst z. T. bekannter Stoffe in Ausbeuten bis zu 50% D,L-Milchsäure isolieren. Dies zeigt, daß die Spaltung der Zuckerkette in 3-Kohlenstoff-Bruchstücke offenbar bevorzugt verläuft.

[1] Nicht zu verwechseln mit dem Süßstoff Saccharin.

5. Die Oxydation der Zucker in alkalischer Lösung

Nach diesen Darlegungen ist es verständlich, daß die Oxydation im alkalischen Gebiet sehr unübersichtlich verläuft, da die Umlagerungsprodukte ihrerseits weiter oxydiert werden.

Nur unter besonders milden Bedingungen läßt sich die Oxydation in stöchiometrischen Verhältnissen und unter Bildung bestimmter Oxydationsprodukte durchführen.

Dazu gehört die Titration der Aldosen nach R. Willstätter und G. Schudel (1918), F. Auerbach u. E. Bodländer (1923) und M. McLeod u. R. Robison (1929) mit alkalischer Jodlösung, bei der sich die folgende Reaktion abspielt:

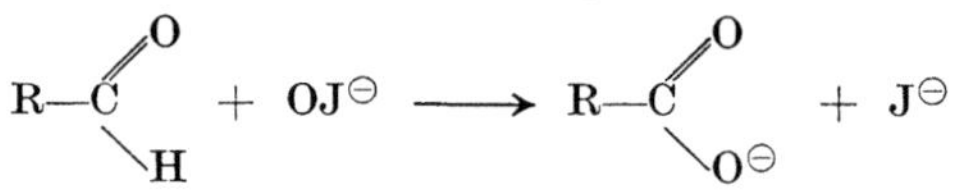

Aldose Aldonsäure

Da die Ketosen unter diesen milden Bedingungen nicht reagieren, ist dies Verfahren geeignet, um Aldosen neben Ketosen quantitativ zu erfassen (vgl. Bd. II/2. Teil: Nachweis und Bestimmung der Mono- und Oligosaccharide). Auch die katalytische Luftoxydation der Aldosen führt im schwach alkalischen Gebiet quantitativ zu den betreffenden Aldonsäuren (Sammelref.: K. Heyns u. H. Paulsen 1963).

Verhältnismäßig übersichtlich verläuft auch die Oxydation der Aldosen und Ketosen in alkalischer Lösung mit elementarem Sauerstoff. Hierbei werden in Ausbeuten bis zu 75% die um ein C-Atom ärmeren Aldonsäuren erhalten (O. Spengler u. A. Pfannenstiel 1935).

Diese Reaktion verläuft über die betreffenden 2-Ketosäuren, die unter diesen Bedingungen sehr leicht decarboxyliert werden.

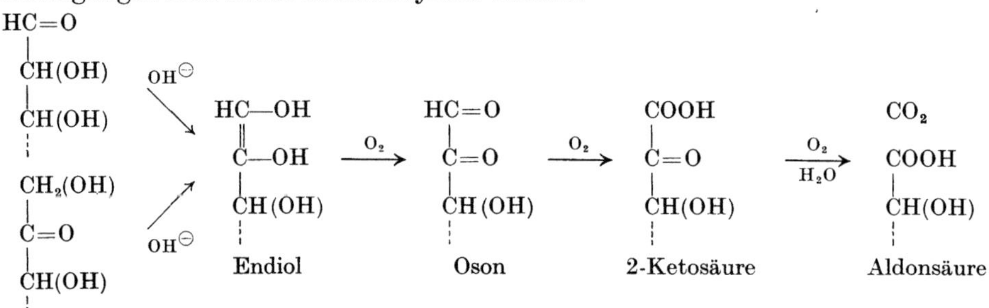

Endiol Oson 2-Ketosäure Aldonsäure

Von großer Wichtigkeit ist die Oxydation der Zucker mit Schwermetalloxyden, besonders die mit $Cu(OH)_2$.

Obwohl dabei in unübersichtlicher Reaktion zahlreiche Oxydationsprodukte auftreten (aus Hexosen bilden sich Hexonsäuren, Tetronsäuren, Glykolsäuren, Ameisensäure u. a.), ist dies Verfahren nicht nur für den qualitativen sondern auch für den quantitativen Nachweis der reduzierenden Zucker geeignet.

Die Fehlingsche Lösung wird am häufigsten angewendet. Sie besteht aus zwei verschiedenen Lösungen, die erst unmittelbar vor Gebrauch gemischt werden. 1. $CuSO_4$-Lösung, 2. Natronlauge + Seignettesalz (K-Na-Tartrat). Letzteres dient dazu, das in Wasser unlösliche $Cu(OH)_2$ als Komplex in Lösung zu halten.

Die freien Zucker werden durch Fehlingsche Lösung besonders rasch in der Hitze oxydiert, wobei sich rotes Cu_2O aus der Lösung abscheidet. Für die quantitative Bestimmung müssen, da keine stöchiometrischen Verhältnisse zwischen der Zuckermenge und der verbrauchten Fehlingschen Lösung bestehen, unter exakter Einhaltung der Versuchsbedingungen zunächst empirische Werte für jeden Zucker ermittelt werden. Wesentlich kleiner wird das Reduktionsvermögen der Zucker, wenn einige oder alle alkoholische Hydroxylgruppen der Zuckerkette alkalifest blockiert sind, da diese natürlich eine viel geringere Anzahl von Zerfallsprodukten liefern.

Einige Beispiele sind in der folgenden Tabelle angeführt.

Reduktionsvermögen nach BERTRAND

	Aquiv. Sauerstoff verbraucht	% der Glucose
Glucose	5,41	100
3-Methyl-glucose	3,66	67,7
2.3-Dimethyl-glucose	1,94	35,9
3.5.6-Trimethyl-glucose	2,07	38,3
2.3.4.6-Tetramethyl-glucose	1,22	22,6

Zum qualitativen Nachweis der Zucker ist auch die Reduktion alkalischer Wismut- oder ammoniakalischer Silberoxid-Lösung geeignet, wobei sich Wismut bzw. Silber als Metalle abscheiden. Dieser Vorgang ist bei der Verwendung sehr kleiner Zuckermengen noch gut zu beobachten.

6. Das Verhalten der Zucker in saurer Lösung

Gegenüber verdünnten Säuren sind die Zucker im allgemeinen stabil. Nur die Idose, Altrose und Gulose, sowie die Heptulosen dieser Konfiguration bilden eine Ausnahme. Sie spalten sehr leicht intramolekular Wasser ab zu Zuckeranhydriden mit septanoidem Ring. Anhydrid und freier Zucker stehen miteinander im Gleichgewicht (C. S. HUDSON u. Mitarb. 1939, 1952, 1953).

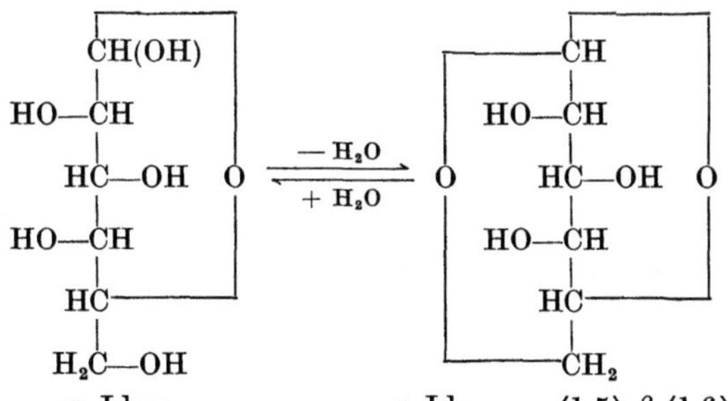

D-Idose D-Idosan α ⟨1,5⟩ β ⟨1,6⟩

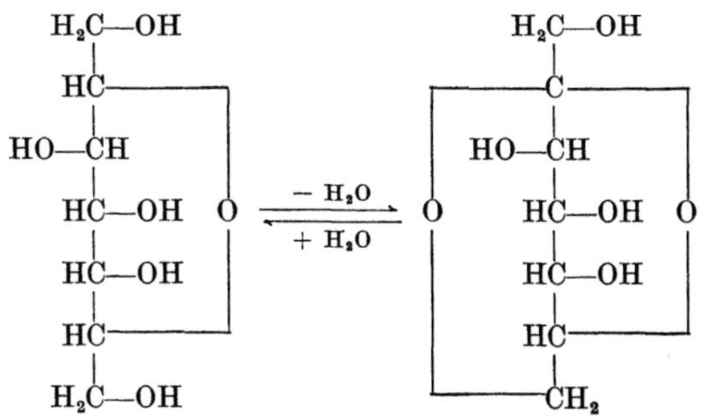

D-Sedoheptulose D-Sedoheptulosan α ⟨2,5⟩ β ⟨2,7⟩

Auf Grund ihrer besonderen Eigenschaften können die Zuckeranhydride leicht erkannt werden. Als innere Vollacetale reduzieren sie keine Fehlingsche Lösung. Durch die Ausbildung des neuen Ringes weichen sie in ihren Drehwerten stark von dem betreffenden Ausgangszucker ab. Sie kristallisieren im allgemeinen gut und sind natürlich auch bei der sauren Hydrolyse der Glykoside dieser Zucker und anderer Derivate zu erwarten (Über die Reversion der Zucker vgl. S. 437.)

Bei der Einwirkung konzentrierterer Säuren und bei höheren Temperaturen treten an allen Zuckern Veränderungen ein. Neben einer Isomerisierung (vgl. S. 404) wird die Bildung von Furfurol-Derivaten beobachtet (vgl. Sammelref.: F. H. Newth 1951). Die meisten Farbreaktionen der Zucker, die in saurer Lösung durchgeführt werden, gehen auf diese Furfurol-Derivate zurück, z. B. die Naphthoresorcin-Probe, die Reaktion nach Molisch oder der Nachweis der Zucker mit Phloroglucin.

Furfurol, bzw. seine Derivate, entstehen aus den Zuckern durch innermolekulare Wasserabspaltung. Aus den Pentosen bildet sich Furfurol, aus 6-Desoxy-hexosen Methyl-furfurol und aus den Hexosen entsprechend Hydroxy-methyl-furfurol.

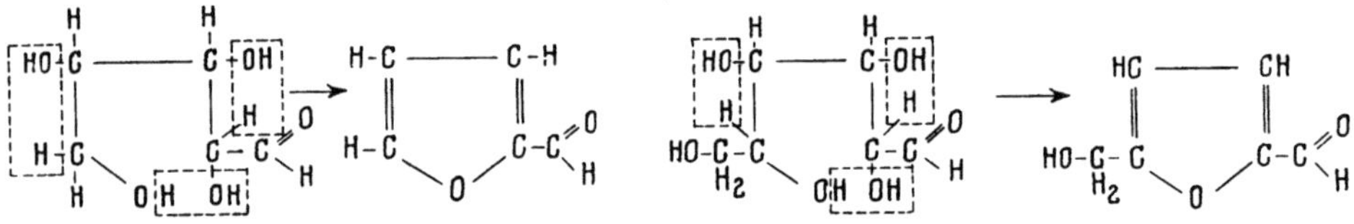

Pentose Furfurol Hexose Hydroxy-methyl-furfurol

Letzteres ist jedoch instabil. Sehr leicht tritt Aufspaltung unter Bildung von Ameisensäure und Lävulinsäure ein.

$$H_3C{-}\underset{\underset{\displaystyle O}{\|}}{C}{-}CH_2{-}CH_2{-}COOH + HCOOH\,.$$

Eine Sonderstellung nehmen die 2-Desoxy-zucker ein (vgl. S. 426). Während z. B. die Ribose glatt in Furfurol übergeführt wird, findet bei der 2-Desoxy-ribose lediglich eine Wasserabspaltung zwischen den C-Atomen 3 und 4 statt. Es bildet sich δ-Hydroxy-lävulinaldehyd. Diese Unterschiede macht man sich beim Nachweis von 2-Desoxy-D-ribose neben D-Ribose in Naturstoffen zunutze (R. Feulgen u. H. Rossenbeck 1924), z. B. bei der Unterscheidung der 2-Desoxy-ribonucleinsäuren von Ribonucleinsäuren.

III. Zucker-Derivate

Entsprechend ihrem verschiedenen Aufbau lassen sich die Zucker-Derivate einteilen in Verbindungen, die sich auf Grund der Reaktion der Carbonylform, der lactolisierten Hydroxylgruppe oder den alkoholischen Hydroxylgruppen des Zuckers ergeben.

1. Die Umsetzung der Zucker mit stickstoffhaltigen Basen

Groß ist die Anzahl der Verbindungen der Zucker, die durch Kondensation mit Ammoniak, primären, sekundären oder tertiären Aminen der aliphatischen oder aromatischen Reihe sowie Arylhydrazinen hergestellt werden können. Nur sehr wenige Vertreter dieser Reihe leiten sich von der Carbonylform des Zuckers her. Nahezu alle liegen in der Halbacetalform vor, wobei die β-Anordnung begünstigt ist. Diese Verbindungen werden in Analogie zu den O-Glykosiden (vgl. S. 414) N-Glykoside oder auch Glykosylamine genannt. Die offenkettigen entsprechen dem Typ einer Schiffschen Base.

In Lösung stellt sich jedoch in manchen Fällen ein Gleichgewicht zwischen diesen Typen ein, wie sich aus der Beobachtung der Mutarotation und dem reaktiven Verhalten der Verbindungen schließen läßt.

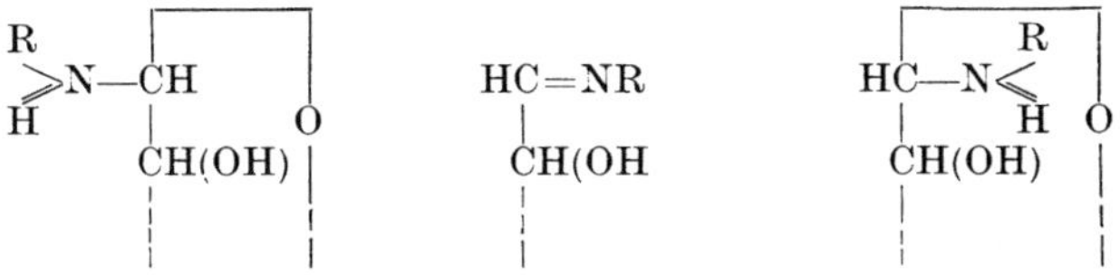

β-N-D-Glykosid (β-Glykosyl-amin) — al-Form (Schiffsche Base) — α-N-D-Glykosid (α-Glykosyl-amin)

a) N-Glykoside (Glykosyl-amine)

Bedeutende Vertreter dieser Stoffklasse kommen in der Natur vor. So gehören die Nucleinsäuren, die sich in jeder lebenden Zelle finden, diesem Verbindungstyp an. In ihnen ist D-Ribose oder 2-Desoxy-D-ribose-phosphorsäure-ester N-glykosidisch mit einer Purin- oder Pyrimidinkomponente verknüpft. Ein gleichartiger Aufbau kommt in vielen Fermentsystemen vor. Auch N-Glykoside tertiärer Amine sind am Aufbau von Fermenten beteiligt. In der Co-Dehydrase ist z. B. der Ring-Stickstoff des Nicotinsäureamids mit Ribosephosphorsäure verbunden.

Ausschnitt aus der Ribo-nucleinsäure-Kette:

Verknüpfungsprinzip der Co-Dehydrase

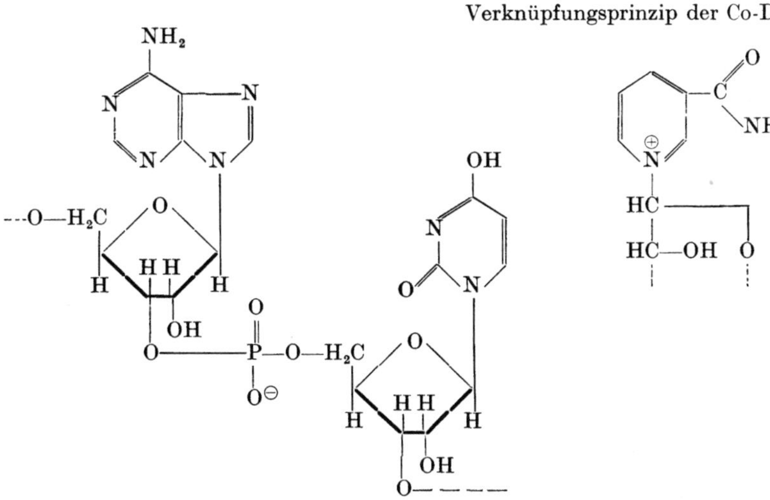

Im weiteren Sinne gehören auch die Kohlenhydrat-Eiweiß-Verbindungen (vgl. S. 463) zu den N-Glykosiden, denn die Verknüpfung der Komponenten erfolgt u. a. über die freien Aminogruppen des Eiweiß-Anteils.

Die Leichtigkeit, mit der sich die Zucker mit Aminosäuren oder Proteinen umsetzen, ist für die biologischer Prozesse von großer Bedeutung. Schon beim Eindampfen der Lösung des betreffenden Gemisches findet diese Reaktion statt. Auf diese Weise lassen sich die verschiedensten Glykosylaminosäuren oder -Protein-N-glykoside bequem darstellen (F. Micheel u. A. Klemer 1952, 1956).

Die N-Glykoside der primären und sekundären Amine der aliphatischen und aromatischen Reihe werden im allgemeinen durch kurzzeitiges Erwärmen mit der Zuckerkomponente in Alkohol oder Dioxan gewonnen (vgl. Sammelref.: G. P. ELLIS u. J. HONEYMAN 1955).

Auch über die Acetohalogen-Verbindungen der Zucker ist diese Stoffklasse generell zugänglich (vgl. S. 422).

α) Eigenschaften

Recht unterschiedlich ist die Beständigkeit der verschiedenen N-Glykoside. Manche werden schon durch Wasser hydrolysiert, während andere sogar in verdünnt saurer Lösung stabil bleiben. Wie neuere Umsetzungen (F. MICHEEL u. A. HEESING 1961) zeigen, ist die Stabilität der N-Glykoside abhängig von der Natur des N-Aglykons. – Die Hydrolyse wird bekanntlich durch die Anlagerung eines Protons an das freie Elektronenpaar des Stickstoffs eingeleitet. Dieses ist besonders in N-Glykosiden der einfachen aliphatischen Amine und Aminosäuren zur Protonen-Aufnahme bereit. Demgemäß werden Verbindungen dieses Typs besonders rasch hydrolysiert.

In den schon erwähnten Nucleinsäuren ist hingegen das Elektronenpaar des Stickstoffs in das Resonanzsystem des Ringsystems der Purine bzw. Pyrimidine miteinbezogen. Sie sind daher wesentlich stabiler. Die N-Glykoside tertiärer Amine sind schließlich vollkommen säurestabil, da sie kein freies Elektronenpaar mehr am Stickstoff besitzen.

β) Die Amadori-Umlagerung

(Sammelref.: J. E. HODGE 1955)

Die Aldose-N-glykoside der aromatischen und aliphatischen Reihe zeigen eine ihnen eigentümliche, wichtige Reaktion. Sie unterliegen sehr leicht einer Umlagerung, die nach ihrem Entdecker *Amadori*-Umlagerung benannt wird. Darunter versteht man den Übergang eines Aldose-N-Glykosides in die zugehörende 1-N-substituierte Ketose (F. WEYGAND). So wird z. B. aus dem N-D-Glucosyl-sarkosin oder aus N-Mannosyl-sarkosin die 1-Desoxy-1-N-sarkosino-D-fructose erhalten (A. KLEMER u. F. MICHEEL 1956). Bei dieser Umlagerung wird also die Glykosidgruppierung reduziert und die benachbarte Alkoholfunktion oxydiert.

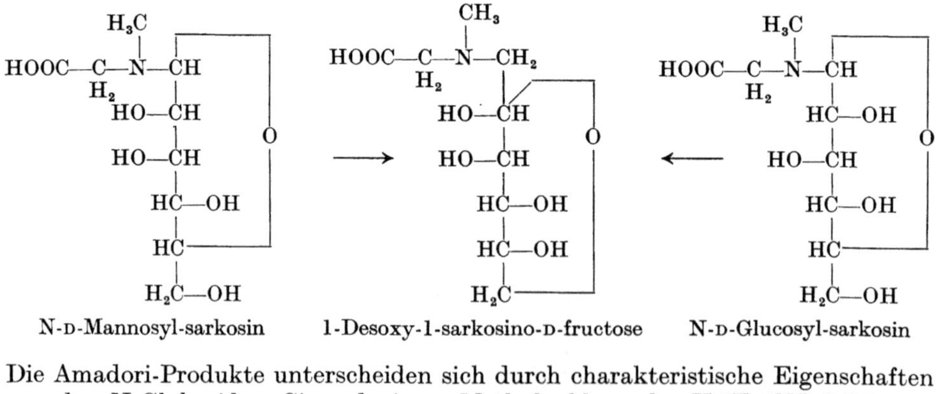

N-D-Mannosyl-sarkosin   1-Desoxy-1-sarkosino-D-fructose   N-D-Glucosyl-sarkosin

Die Amadori-Produkte unterscheiden sich durch charakteristische Eigenschaften von den N-Glykosiden. Sie reduzieren Methylenblau oder $K_4[Fe(CN)_6]$-Lösung. Durch Säuren lassen sie sich nicht in Zucker und Amin zerlegen.

Die Amadori-Umlagerung ist an vielen Beispielen der N-Glykoside der aromatischen und aliphatischen Reihe, u. a. auch an Uronsäure-N-glykosiden untersucht worden (J. E. Hodge 1955, F. Micheel u. B. Schleppinghoff 1956, F. Micheel u. G. Hagemann 1959, K. Heyns u. W. Schulz 1962). Der Mechanismus der Umlagerung (F. Micheel u. J. Dijong 1962) konnte erst kürzlich aufgeklärt werden.

Die Reaktion wird durch H^+-Ionen katalysiert. Sie erfolgt in Lösung, aber auch beim trockenen Erhitzen eines N-Glykosides. Amadori-Verbindungen der Aminosäure-N-Glykoside bilden sich spontan, sie können daher überall dort auftreten, wo Aminosäuren oder Eiweiß mit Zuckern in Berührung kommen. Zum Beispiel können sich solche Verbindungen über die entsprechenden Aminosäure-N-Glykoside in Lebensmitteln bilden.

Beim Backprozeß oder beim Anbraten von Fleisch führt diese Reaktion schließlich zu dunkelbraunen, hochmolekularen, unlöslichen Produkten, den Huminsäuren. Da diese Umwandlung zuerst von Maillard beschrieben wurde, wird sie als Maillard-Reaktion[1] oder auch als nicht-enzymatische Bräunungsreaktion bezeichnet.

Auch im Organismus treten Amadoriprodukte auf. Aus Schweineleber konnten verschiedene 1-Desoxy-D-fructose-aminosäuren isoliert werden (H. Borsook u. Mitarb. 1955). Gleiche Gruppierungen finden sich auch in Mucopolysacchariden. Andere Amadori-Produkte spielen als Zwischenprodukte bei der Biosynthese mancher Naturstoffe eine Rolle.

γ) Die Heyns-Carsonsche Umlagerung

Eine der Amadori-Umlagerung entsprechende Reaktion ist auch ausgehend von den N-Ketosiden möglich. Man erhält dabei – wiederum unter Vertauschung der Oxydationsstufen am C_1 und C_2 – 2-Desoxy-2-amino-zucker bzw. deren Derivate (K. Heyns u. Mitarb. 1955, J. F. Carson 1955, 1956).

Die Umlagerung ist ausgehend von D-Fructose und anderen Ketosen mit Aminosäuren (K. Heyns u. Mitarb. 1956, H. Noak 1962), aliphatischen Aminen, aber auch im Gegensatz zur Amadori-Umlagerung mit Ammoniak möglich. So wird z. B. aus D-Fructosyl-alanin 2-Desoxy-2-alanino-D-glucose erhalten.

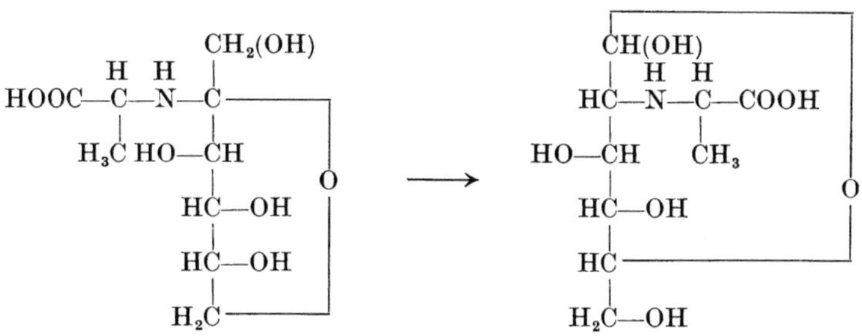

2. Umsetzung mit aromatischen Hydrazinen

In ähnlicher Weise wie mit Aminen reagieren auch die Zucker mit Hydrazinen, Hydroxylaminen und Harnstoff bzw. Thioharnstoff und seinen Derivaten. Viele dieser Produkte mutarotieren. Für sie gilt insbesondere das auf S. 409 beschriebene Verhalten mancher N-Glykoside.

Besonders wichtig sind die Kondensationsprodukte der Zucker mit Phenylhydrazin oder seinen Derivaten. Man unterscheidet die Phenylhydrazone (E. Fischer 1887), die Phenyl-Osazone (E. Fischer 1884; vgl. Sammelref.: E. G. V.

[1] G. P. Ellis, Die Maillard-Reaktion (Sammelref.), Adv. Carbohydrate Chem. **59**, 63 (1959).

PERCIVAL 1948), sowie deren Folgeprodukte, die Osotriazole (R. M. HANN u. C. S. HUDSON 1944).

Diese Verbindungen sind auf Grund ihrer ausgezeichneten Kristallisations-Tendenz zur Charakterisierung und zur Abtrennung der Zucker von anderen Stoffen von großem Wert. In breitem Umfange werden auch substituierte Phenylhydrazine für diese Umsetzungen herangezogen.

In der Tab. 1 sind bei den einzelnen Monosacchariden die Daten einiger dieser zum Nachweis geeigneten Verbindungen angeführt.

a) Phenylhydrazone

Die Phenylhydrazone der Aldosen und Ketosen werden bei der Anwendung molarer Mengen von Zucker und Phenylhydrazin erhalten. Zum Nachweis und zur Abtrennung der einzelnen Zucker sind in vielen Fällen die substituierten Phenylhydrazone auf Grund ihrer günstigeren Löslichkeitseigenschaften besser geeignet, wie z. B. die p-Brom-, 2.4-Di-nitro-, α-Benzoyl-, α-Methyl-phenylhydrazone und andere (vgl. Tab. 1).

Bei der Darstellung der Phenylhydrazone der Zucker ist zu beachten, daß in manchen Fällen, je nach den Bedingungen der Umsetzung, isomere Phenylhydrazone erhalten werden können. Soweit die bisherigen Befunde zeigen, dürfte es sich in den meisten Fällen um α.β-isomere N-Glykoside handeln, jedoch ist auch die Bildung offenkettiger Phenylhydrazone nicht ganz ausgeschlossen. Die Isomeren sind dadurch ausgezeichnet, daß sie sehr leicht ineinander übergehen. So sind z. B. von der D-Glucose 2 reine Phenylhydrazone bekannt, die sich in ihren Drehwerten beträchtlich unterscheiden ($[\alpha]_D$ $-87°$ bzw. $-2°$ in Wasser) und in wäßriger Lösung leicht ineinander übergehen. Dafür spricht der Enddrehwert (Gleichgewichtsdrehwert) von $-50°$, der ausgehend von beiden Verbindungen erreicht wird (R. BEHREND 1907, F. LOHR 1908, G. H. STEMPEL 1934). Die Verbindung mit dem Drehwert $-87°$ hat sehr wahrscheinlich eine β-N-Glykosid-Struktur, während die andere möglicherweise die sonst selten zu erhaltende offenkettige Form ist.

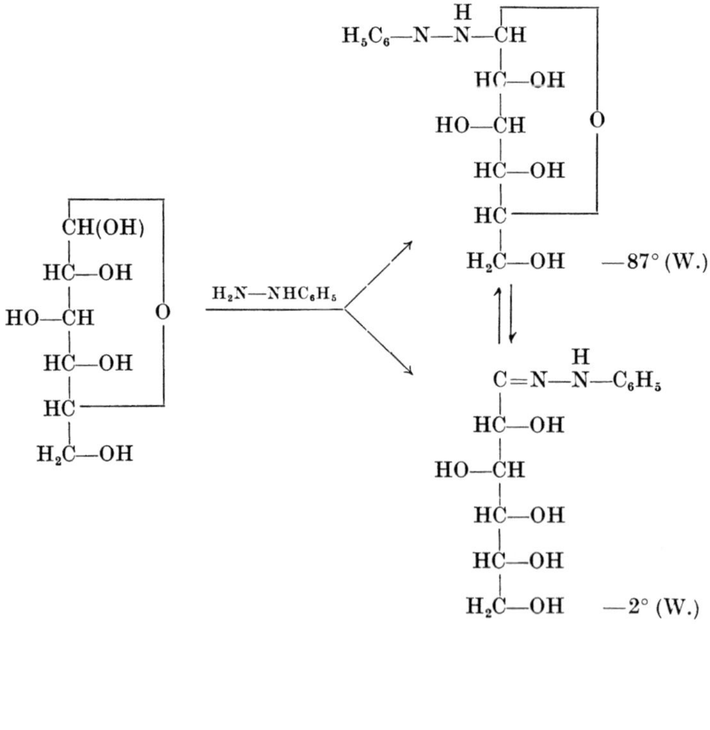

b) Phenyl-Osazone

Wird die Umsetzung einer Aldose oder Ketose mit mindestens 3 mol Phenylhydrazin (bzw. seinen Derivaten) unter energischeren Bedingungen durchgeführt, so erhält man die Phenylosazone. Es sind gelbgefärbte Stoffe, die ein ausgezeichnetes Kristallisationsvermögen besitzen.

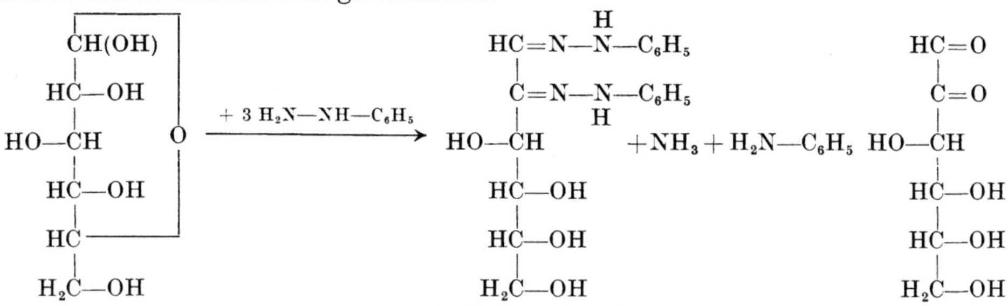

D-*arabo*-Hexose-phenylosazon D-*arabo*-Hexoson

Bei dieser Reaktion wird die der Carbonylgruppe benachbarte Alkoholgruppierung oxydiert. Die Osazone leiten sich daher von den 1.2-Di-carbonyl-Verbindungen der Zucker, den Osonen (Sammelref. S. BAYNE u. J. A. FEWSTER 1956) ab. (Letztere können aus den Osazonen durch vorsichtige Abspaltung der Phenylhydrazin-Reste erhalten werden. Es sind sehr reaktionsfähige Substanzen, die als Zwischenprodukte bei vielen Oxydationsreaktionen der Zucker eine Rolle spielen.) Die Phenyl-osazone werden meistens als offenkettige Verbindungen formuliert. Jedoch liegen auch wahrscheinlich cyclische Strukturen mit einem ⟨1.5⟩- bzw. ⟨1.4⟩- oder ⟨2.6⟩-Ring vor. Dafür spricht das unterschiedliche Verhalten der beiden Hydrazongruppierungen bei bestimmten Reaktionen.

Der Mechanismus der Osazonbildung ist von mehreren Arbeitskreisen untersucht worden. Bisher gilt jedoch keine Formulierung als gesichert.

Wie die Formeln zeigen, wird bei der Osazonreaktion die Asymmetrie am C_2 aufgehoben, daher geben die epimeren Zucker und die zugehörige Ketose (z. B. D-Glucose, D-Mannose und D-Fructose) ein und dasselbe Osazon.

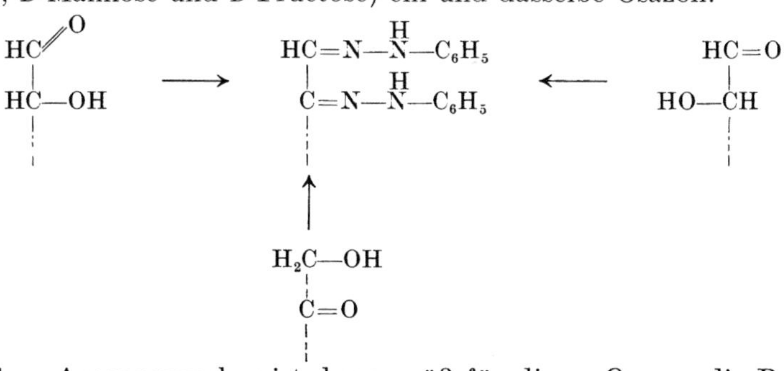

Je nach dem Ausgangszucker ist demgemäß für dieses Osazon die Bezeichnung Glucosazon, Mannosazon oder Fructosazon gebräuchlich. Entsprechend den neuen Nomenklatur-Vorschlägen, die sich jedoch erst allmählich durchsetzen, ist diese Verbindung korrekter als D-*arabo*-Hexose-phenylosazon zu formulieren. Diese Bezeichnung gibt den Aufbau exakt wieder.

Der Kettenlänge und dem Typ nach ist diese Verbindung ein Hexosephenylosazon. Die Konfiguration der 3 asymmetrischen Kohlenstoffatome entspricht in der Anordnung der D-Arabinose. Dies bringt man durch die kursiv geschriebene Zusatzsilbe „D-arabo-" zum Ausdruck.

c) Osotriazole

Der Identifizierungswert vieler Osazone wird dadurch vermindert, daß ihre Schmelzpunkte Zersetzungspunkte sind. Nur beim Einhalten bestimmter Aufheizgeschwindigkeiten sind die Werte exakt reproduzierbar. Die Osotriazole hingegen sind stabile Verbindungen mit scharfem Schmelzpunkt und konstantem Drehwert (es existieren keine tautomeren Formen). Da sie zudem recht gut kristallisieren, besitzen sie ein erhebliches analytisches Interesse.

Sie können durch die Einwirkung von Kupfer(II)-sulfat-Lösung auf die betreffenden Osazone leicht dargestellt werden. Unter Abspaltung von Anilin oder seinem Derivat wird der stabile Osotriazol-Ring geschlossen.

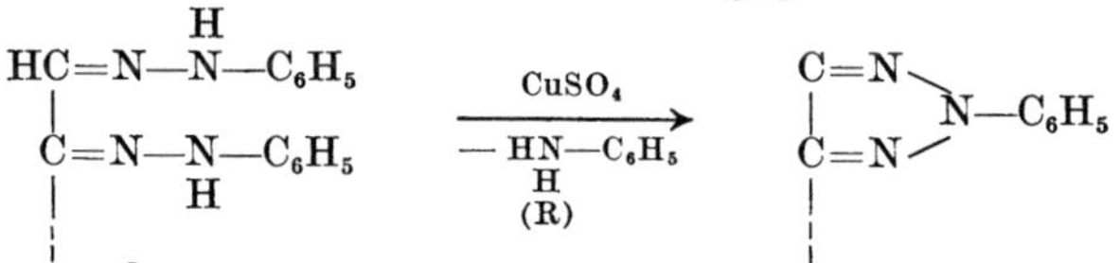

Osazon Osotriazol

Sind in einem Osazon allerdings beide α-N-Wasserstoffe durch organische Reste ersetzt, so unterbleibt die Osotriazol-Bildung.

3. Glykoside (O-Glykoside)

(vgl. Kap. Glykoside, S. 514)

Die Glykoside leiten sich von der acetalischen Hydroxylgruppe der Zucker ab. Sie wird, wie bei den einfachen Acetalen, leicht veräthert. Schon durch die Einwirkung von einem Alkohol, dem etwas Säure als Katalysator zugesetzt wird, tritt in der Kälte diese Reaktion ein. – Sie sind demnach vom chemischen Standpunkte aus gemischte monocyclische Polyhydroxy-Acetale. Mono- und Disaccharide kommen in dieser Form in großer Vielzahl und weit verbreitet vor. Man bezeichnet sie mit dem Sammelnamen „Glykoside" (oder O-Glykoside zur Unterscheidung von den N- und S-Glykosiden) und den zugehörigen Alkohol als Aglykon. – Die einzelnen Vertreter werden durch die Anhängung der Silbe „osid" an den Namen des Zuckers gekennzeichnet, während der Name des Alkoholrestes vorangesetzt wird. Die Glykoside können der α- oder β-Reihe der Zucker mit pyranoidem oder furanoidem Ring angehören. Von Glykosiden mit einem 1.6 Ring ist bisher erst ein Vertreter bekannt. Das α-Methyl-D-galakto-septanosid ist nur über einen besonderen Syntheseweg zu gewinnen (F. MICHEEL u. F. SUCKFÜLL 1933).

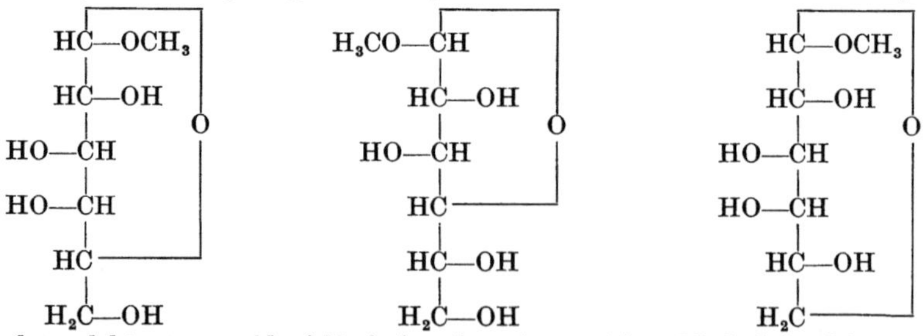

α-Methyl-D-galakto-pyranosid α-Methyl-D-galaktosid⟨1.5⟩; β-Methyl-D-gluco-furanosid β-Methyl-D-glucosid⟨1.5⟩ α-Methyl-D-galakto-septanosid

Die Glykoside haben als Acetale die zu erwartenden chemischen Eigenschaften. Durch wäßrige Säuren werden sie unter Bildung der Komponenten hydrolysiert, wobei die Hydrolysengeschwindigkeit von der Art des Zuckers und des Aglykons, von der Konfiguration der glykosidischen Bindung, besonders aber von der Ringweite des betreffenden Glykosides abhängt. Furanoside werden im allgemeinen beträchtlich schneller als Pyranoside hydrolysiert. Eine Ausnahme bilden die

Glykoside der D-Fructose. Fructo-furanoside und -pyranoside werden etwa mit gleich großer Geschwindigkeit gespalten. Auch auf enzymatischem Wege können Glykoside hydrolysiert werden.

Im alkalischen Gebiet sind die Glykoside bis auf einige Ausnahmen, die von der Besonderheit des Restes R abhängen, stabil. Sie reduzieren demgemäß keine Fehlingsche Lösung.

Eine Sonderstellung unter den alkalilabilen Glykosiden nehmen die β-Glykoside des Phenols und dessen Abkömmlingen ein (vgl. C. E. BALLOU 1954, Sammelref.). Sie gehen bei der Einwirkung von heißem Alkali unter Abspaltung des Aglykons in Zuckeranhydride über, wie von TANRET 1894 am Beispiel des Salicins zuerst beobachtet wurde.

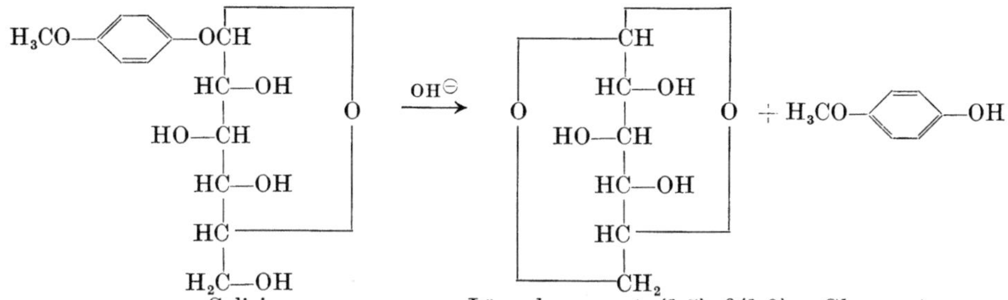

Salicin Lävoglucosan ($\alpha\langle 1.5\rangle$ $\beta\langle 1.6\rangle$-D-Glucosan)

Für die Darstellung der Glykoside eignen sich im wesentlichen zwei Verfahren: Das erste, schon erwähnte, beruht auf der Umsetzung des Alkohols mit dem betreffenden Zucker, wobei etwas konzentrierte Schwefelsäure oder Chlorwasserstoff als Katalysatoren hinzugefügt werden. Arbeitet man in der Wärme, so erhält man dabei überwiegend α-Pyranoside, führt man die Reaktion in der Kälte durch, so bekommt man ein Anomeren-Gemisch, in dem die Glykoside mit furanoidem Ring überwiegen. (Das beruht darauf, daß die in geringerem Umfange im Gleichgewicht vorliegende Gluco-furanose schneller reagiert als die pyranoide Form.)

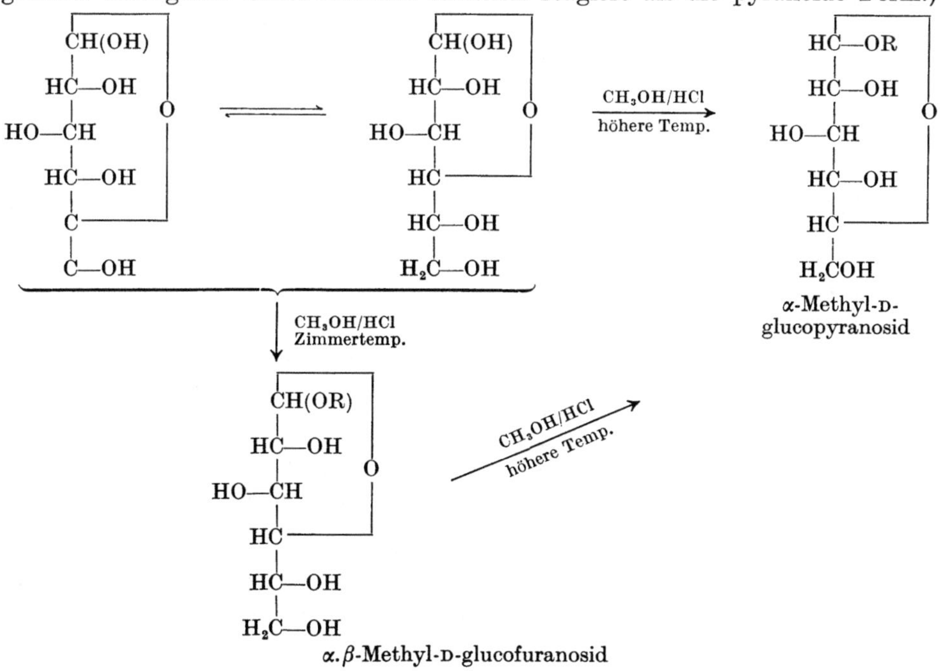

α-Methyl-D-glucopyranosid

$\alpha.\beta$-Methyl-D-glucofuranosid

Das zweite wichtige und allgemein anwendbare Verfahren macht von der Umsetzung einer acetylierten α-Halogenverbindung des betreffenden Zuckers, z. B. der α-Aceto-brom-D-glucose (Näheres vgl. S. 421) mit der Komponente R—OH Gebrauch.

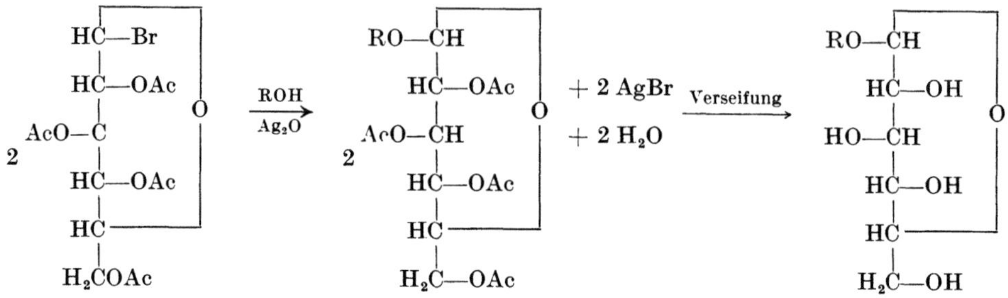

Durch Zugabe von Silberoxyd oder Silbercarbonat oder auch Zinkoxyd wird der bei der Reaktion freiwerdende Bromwasserstoff gebunden. Das bei der Reaktion entstehende Wasser kann durch Zusatz wasserbindender Mittel entfernt werden. Geeignet ist u. a. wasserfreies Calciumsulfat. Nach diesem Verfahren lassen sich bevorzugt β-Glykoside gewinnen. Da die Glykoside bis auf wenige Ausnahmen alkalistabil sind, können die Acetylgruppen durch Zugabe einer Base abgespalten werden.

4. Zucker-Ester

Die Ester der Monosaccharide mit organischen und anorganischen Säuren gehören mit zu den wichtigsten Zuckerderivaten. Einige kommen in der Natur vor oder besitzen ein technisches Interesse. Andere sind von großer Wichtigkeit für die präparative Zuckerchemie. Für eine Reihe von Synthesen sind die Zuckerester, insbesondere die Zuckeracetate, die geeigneten Ausgangsstoffe. Auf Grund ihrer guten Kristallisationseigenschaften und ihrer einfachen Darstellung werden sie auch gerne zur Isolierung und Identifizierung der Zucker herangezogen.

a) Die Ester organischer Säuren

Bei der Veresterung der Zucker mit organischen Säuren besteht kein grundsätzlicher Unterschied zwischen dem Reaktionsvermögen des glykosidischen Hydroxyls oder den alkoholischen Hydroxylgruppen der Zuckerkette. Demgemäß erhält man normalerweise in einer Reaktion die vollacylierten Zucker.

Auf Grund ihrer Bedeutung in der Zuckerchemie sind die Acetylzucker (Zuckeracetate) am besten untersucht. Daneben finden in diesem Bereich auch die Benzoesäure-ester der Zucker (Zucker-benzoate) häufig Verwendung, da sie durch eine größere Stabilität ihrer Esterbindung ausgezeichnet sind.

Einige Zuckerester organischer Säuren kommen in der Natur vor. 6-Benzoyl-D-glucose (Vaccinin) findet sich z. B. in Blaubeeren und in Form des Salicylglucosids (Populin) (T. LIESER u. R. SCHWEIZER 1935, N. K. RICHTMYER u. E. H. YEAKEL 1934) in verschiedenen Weidenarten. Ein nicht reduzierendes Dibenzoyl-disaccharid, aufgebaut aus D-Glucose und D-Xylose ist ferner in Daviesia latifolia (F. B. POWER u. A. H. SALWAY 1914) entdeckt worden. Eine wichtige Gruppe natürlich vorkommender Zuckerester sind ferner die Gerbstoffe der Tannin-gruppe (vgl. Kap. Gerbstoffe S. 549). In diesen ist die D-Glucose mit Gallussäure,

Di-gallussäure oder auch mit Ellagsäure verestert. – Eine Sonderstellung unter den Gerbstoffen nimmt das Hamameli-Tannin ein, weil ihm eine Hexose mit verzweigter Kohlenstoffkette zugrunde liegt. Diese besitzt zwei Gallussäure-Reste. Die folgenden Formeln zeigen den Aufbau des Corilagins und der Hamamelose (vgl. O. TH. SCHMIDT 1956).

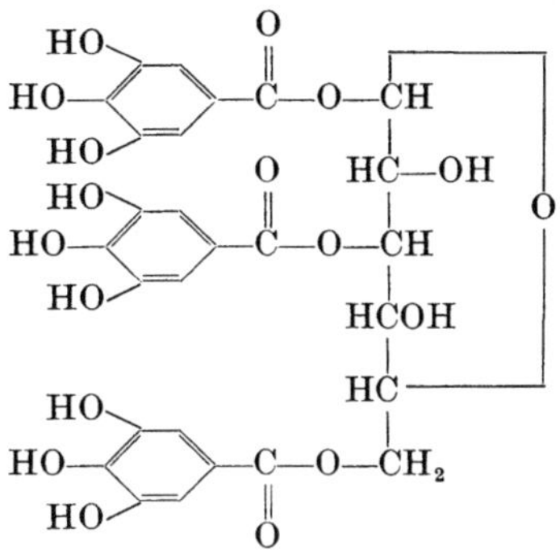

Corilagin

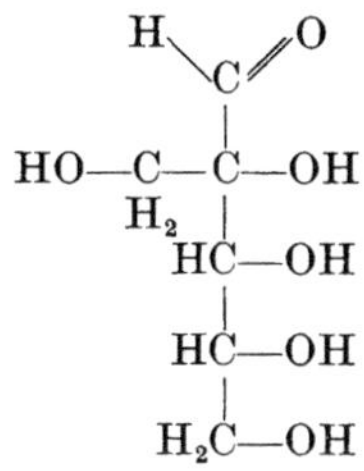

Hamamelose
(2-C-Hydroxymethyl-D-ribose)

Auch Zuckerester langkettiger Fettsäuren sind in Naturstoffen entdeckt worden. In fermentiertem Reis wurde Arabit mit Palmitin- und Stearinsäure verestert aufgefunden (T. YABUTA u. Mitarb. 1941) und in dem benzolischen Extrakt von Diphtherie-Bacillen konnten Fettsäureester der Mannose und der Trehalose nachgewiesen werden (E. K. ALIMOVA 1955).

Solche partiellen, langkettigen Fettsäureester der Zucker haben in neuerer Zeit auf Grund ihrer oberflächenaktiven Eigenschaft technisches Interesse gefunden (G. R. AMES 1960). Mono- und Di-fettsäureester der Mono- und Disaccharide sowie auch der Zuckeralkohole werden in größerem Umfang synthetisch hergestellt. Sie dienen u. a. als Detergentien zur Herstellung von Dispersionen und Emulsionen.

Unter anderem werden 3-Stearyl-D-glucose oder der Stearyl-ester des Rohrzuckers auf Grund ihrer Ungiftigkeit auch in der Nahrungsmittelindustrie und zur Herstellung bestimmter pharmazeutischer Präparate verwendet. Von speziellem Wert sind auch die ebenfalls ungiftigen Polyoxyäthylen-Derivate von Zuckeralkohol-estern.

Wie die Glykoside, so treten auch die Zuckerester in ihren anomeren Formen auf, wobei die pyranoiden Ringstrukturen überwiegen.

α) Darstellung

Die Zuckerester können generell durch die Einwirkung der betreffenden Säurehalogenide in Gegenwart eines geeigneten säurebindenden Mittels (Pyridin oder Chinolin) gewonnen werden. Die *Zuckeracetate* lassen sich vorteilhafter durch Veresterung mit Acetanhydrid darstellen, weil man dabei, je nach Wahl eines bestimmten Katalysators und der Reaktionstemperatur, überwiegend α- oder β-Acetate erhalten kann. Diese Reaktionen sind auf Grund der Bedeutung der Zuckeracetate eingehend untersucht worden.

Das folgende Schema erklärt die Zusammenhänge am Beispiel der Acetylierung der D-Glucose mit Acetanhydrid und sauren Katalysatoren wie z. B. $ZnCl_2$, H_2SO_4

oder $HClO_4$ und den basischen Katalysatoren Na-acetat und Pyridin:

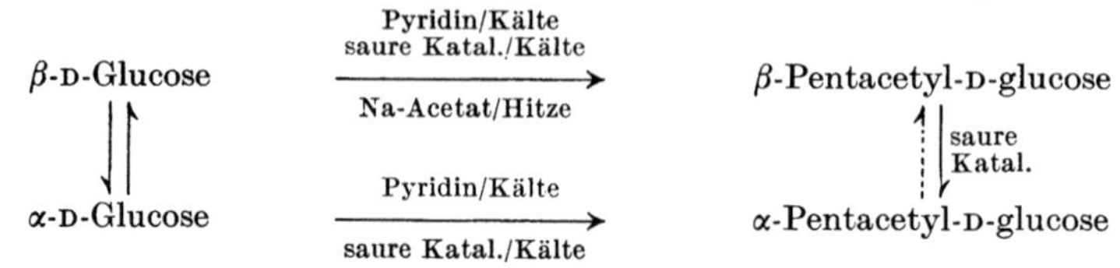

I. Ac_2O/Pyr. oder Ac_2O/saure Katalysatoren/Kälte. Bei tiefen Temperaturen ist die Anomerisierungsgeschwindigkeit der Ausgangszucker kleiner als die der Acetylierung. Folglich erhält man das Acetat, das der angewandten Form des Ausgangszuckers entspricht, aus der α-D-Glucose α-Pentacetyl-D-glucose und aus β-D-Glucose β-Pentacetyl-D-glucose.

II. Ac_2O/saure Katalysatoren/Hitze. Bei höherer Temperatur und in Gegenwart saurer Katalysatoren erfolgt eine Isomerisierung der gebildeten Acetate, wobei sich das Gleichgewicht weitgehend zu Gunsten des α-Acetats einstellt. Man erhält somit unabhängig von der Form des Ausgangszuckers überwiegend (meistens etwa 90%) das α-Pentacetat. In Übereinstimmung damit läßt sich ein auf anderem Wege dargestelltes β-Pentacetat durch Erhitzen mit sauren Katalysatoren in die α-Form überführen.

III. Ac_2O/Na-Acetat. Unter diesen Bedingungen ist die Anomerisierungsgeschwindigkeit der Ausgangszucker sehr groß. Eine Isomerisierung der gebildeten Acetate tritt jedoch nicht ein. Trotzdem erhält man überwiegend β-Pentacetyl-D-glucose, weil die β-D-Glucose wesentlich schneller als die α-Form acetyliert wird und erstere durch den rasch verlaufenden Anomerisierungsprozeß laufend neu gebildet wird.

β) Verseifung der Ester

Die alkalische Verseifung der Zuckeracetate stößt auf keine Schwierigkeiten, wenn die reduzierende Gruppe durch einen alkalischen Rest besetzt ist. Die Acetate der Glykoside oder Acetal-Verbindungen können also unbedenklich mit alkoholischem Alkali, Barium-hydroxyd oder auch flüssigem oder alkoholischem Ammoniak umgesetzt werden. Ist hingegen die reduzierende Gruppe verestert, so erfordert die Verseifung der Zuckeracetate wegen der Alkaliempfindlichkeit der freien Zucker besondere Vorsicht. Am besten lassen sich die Acetylgruppen durch Umesterung mit absolutem Methanol in Gegenwart von basischen Katalysatoren wie Natrium- oder Barium-methylat entfernen.

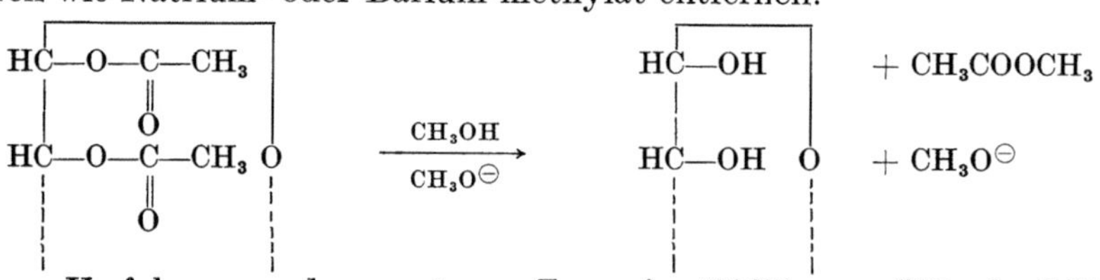

Dieses Verfahren wurde zuerst von ZEMPLÈN (1923) – u. Mitarb. (1936) entwickelt und wird unter der Bezeichnung Zemplén-Verseifung sehr häufig angewendet. Es ist von besonderem Wert, weil man häufig die gut kristallisierenden und zum Teil auch im Hochvakuum destillierbaren Acetate zur Reinigung und zur Abtrennung der Zucker aus Gemischen verwenden kann.

b) Ester anorganischer Säuren

Zahlreiche Zuckerester anorganischer Säuren sind bekannt (z. B. Ester der Salpetersäure, Phosphorsäure, Schwefelsäure und Borsäure). Davon sollen hier nur solche behandelt werden, die für den Lebensmittelchemiker wichtig sind.

α) Schwefelsäureester

Einige Kohlenhydrat-Schwefelsäureester sind am Aufbau natürlich vorkommender Polysaccharide beteiligt. Sie sind mitverantwortlich für die besonderen Eigenschaften dieser Stoffe (Schleim- und Gelbildung).

Im Tierreich kommen hauptsächlich die Schwefelsäureester einiger Aminozucker vor. Sie sind von besonderem Interesse, weil sie in den biologisch wichtigen Mucopolysacchariden (J. K. GRAN 1961) enthalten sind. So ist z. B. am Aufbau des Heparins (vgl. A. B. FOSTER u. A. J. HUGGARD 1955) ein Glucosamin-Schwefelsäureester beteiligt, dessen Aminogruppe und C_4-Hydroxyl mit Schwefelsäure verestert sind. In der Chondroitinschwefelsäure A und B und in der Mucoitinschwefelsäure findet sich N-Acetyl-galaktosamin-4-schwefelsäureester.

Im Pflanzenreich kommen Galaktose-schwefelsäureester in den Polysacchariden einiger Algenarten vor. Hierzu gehört z. B. der Agar und die Carragheene (vgl. Kap. Polysaccharide).

Für die synthetische Kohlenhydratchemie haben die Schwefelsäureester, die sich von der Toluolsulfonsäure und Methansulfonsäure ableiten (Tosyl- und Mesylester genannt) eine große Bedeutung. Sie sind für die Synthesen von Anhydrozuckern, Desoxyzuckern, Aminozuckern u. a. die geeigneten Ausgangsprodukte.

β) Tosyl- und Mesylester

Die Tosyl- und Mesylester (vgl. R. ST. TIPSON 1953) werden analog der allgemeinen Darstellungsmethode durch die Umsetzung dieser Sulfonsäurechloride mit dem Zucker oder dessen Derivat in Pyridin erhalten.

Bezüglich der Veresterungsgeschwindigkeit der primären und sekundären Hydroxylgruppen bestehen bei der Verwendung von Tosylchlorid in Pyridin so große Unterschiede, daß es gelingt, ausschließlich die primären Hydroxylgruppen zu verestern.

Reaktionen. Die primären Tosylester sind zur Darstellung endständig reduzierter Zucker (z. B. 6-Desoxy-hexosen) besonders wertvoll, weil sich die endständige Tosylester-gruppierung durch Lithium-Aluminium-Hydrid reduktiv spalten läßt (H. SCHMID u. P. KARRER 1949, H. R. BOLLIGER u. P. ULRICH 1952).

$$H_2C{-}O{-}Tsl \xrightarrow{LiAlH_4} CH_3$$

Bei weiteren wichtigen Umsetzungen macht man von der Umesterung oder Verseifung der Tosylester Gebrauch. Diese Reaktionen erfolgen im Gegensatz zum Verhalten der Carbonsäureester unmittelbar am Kohlenstoff-Atom des Zuckers.

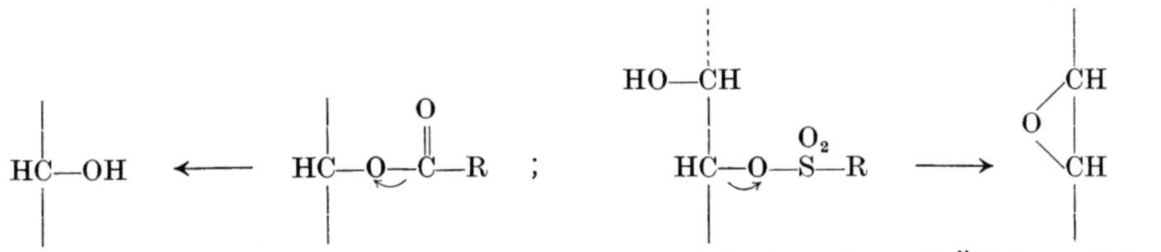

Anhydrozucker mit Äthylenoxidring

Besonders leicht erfolgt die Abspaltung eines Tosylrestes unter Beteiligung einer in geeigneter Position stehenden Hydroxylgruppe der Zuckerkette. Es bilden sich Anhydrozucker. So wird z. B. aus dem 6-Schwefelsäure-, 6-Tosyl- oder 6-Mesylester des α-Methyl-D-galaktosides α-Methyl 3.6-anhydro-D-galaktosid erhalten. Auf Grund der Stabilität des ungespannten 5-gliedrigen Anhydroringes läßt sich daraus durch saure Hydrolyse glatt der freie Anhydrozucker gewinnen.

Solche Reaktionen scheinen sich auch in der Natur abzuspielen, denn aus Polysaccharid-schwefelsäureestern (Agar oder Carragheen) ist 3.6-Anhydro-L- bzw. -D-galaktose isoliert worden (vgl. S. 462).

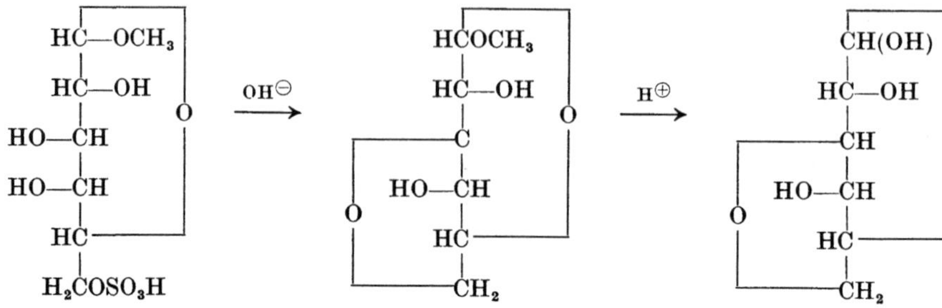

Sehr reaktionsfähig sind die Anhydrozucker mit Äthylenoxidringen. Sie lassen sich zu Aminozuckern, Desoxyzuckern u. a. umsetzen (vgl. S. 427 u. S. 428).

γ) Phosphorsäureester

(Sammelref.: L. F. Leloir 1951)

Vorkommen und Bedeutung. Die Phosphorsäureester vieler Zucker sind von großer Wichtigkeit, weil sie sowohl im Tier- als auch im Pflanzenreich eine Schlüsselstellung im Stoffwechselgeschehen einnehmen.

Phosphorsäureester von Triosen, Tetrosen, Pentosen, Hexosen und Heptosen sind entscheidend am Assimilationsprozeß beteiligt. Durch eine Fülle von Untersuchungen konnten die Funktionen der einzelnen Ester aufgeklärt werden (vgl. J. A. Bassham u. M. Calvin 1957).

Auch am Aufbau der Nucleinsäuren sind Kohlenhydrat-phosphorsäureester beteiligt. Sie enthalten Ribose-5-phosphorsäure (Ribo-Nucleinsäuren) bzw. 2-Desoxy-ribose-5-phosphorsäure (Desoxy-ribo-nucleinsäuren). Diese Zuckerester sind N-glykosidisch mit den Purin- bzw. Pyrimidin-Komponenten verknüpft.

Ein gleichartiger Aufbau findet sich in einigen Enzymsystemen, z. B. in der Co-Dehydrase I und II und im Co-Enzym A (vgl. die Formeln S. 409).

Die Kohlenhydrat-phosphorsäureester sind durch ein gemeinsames Aufbauprinzip ausgezeichnet. Das Lactolhydroxyl oder eine alkoholische Hydroxylgruppe oder beide sind je mit nur *einer* Hydroxylgruppe der Phosphorsäure verestert. Die anderen beiden dienen zur Salzbildung oder zur Bindung eines weiteren Phosphorsäure-Restes zum Pyrophosphorsäureester. Die folgenden Formeln zeigen den Aufbau einiger biochemisch wichtiger Phosphorsäureester:

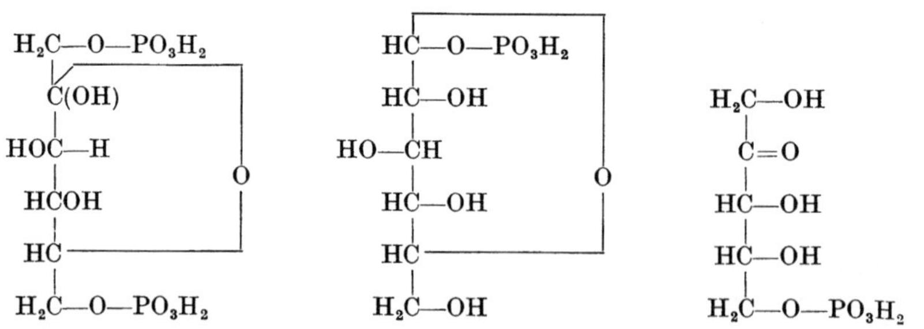

D-Fructo-furanose-1.6-diphosphorsäure-ester (Harden-Young-Ester) | α-1-D-Glucose-phosphorsäure-ester (Cori-Ester) | Ribulose-5-phosphorsäure-ester

Für die Veresterung am glykosidischen C-Atom geht man von der Acetohalogenverbindung des betreffenden Zuckers aus, die mit Silberphosphat oder seinen Derivaten umgesetzt werden kann (vgl. S. 423). Für die Veresterung der primären oder sekundären Hydroxylgruppen sind substituierte Phosphorsäurechloride geeignet.

5. Acylhalogenzucker

(Sammelref.: L. J. HAYNES u. F. H. NEWTH 1955 u. F. MICHEEL u. A. KLEMER 1961)

Zu den gemischten organisch-anorganischen Estern gehören die Acylhalogen-Verbindungen der Zucker. Bei ihnen ist das glykosidische Hydroxyl durch Halogen ersetzt (Fluor, Chlor, Brom, Jod), während die alkoholischen Hydroxylgruppen im allgemeinen mit Essigsäure, seltener mit Benzoesäure verestert sind.

Die große Reaktionsfähigkeit der Acylhalogenzucker beruht darauf, daß sich das Halogen sehr leicht substituieren läßt. Besonders günstig verhalten sich die Acetobromverbindungen.

Die Darstellung beruht auf der aufeinanderfolgenden oder gleichzeitigen Einwirkung acylierender und halogenierender Agentien.

Von einer Reihe von Verfahren seien nur die beiden wichtigsten genannt. Das erste ist allgemein anwendbar, während das zweite nur zur Gewinnung der Acetobromzucker geeignet ist.

1. Einwirkung von Halogenwasserstoff (meistens in Eisessig) auf die vollacylierten Zucker. Auf diese Weise können Fluor-, Chlor-, *Brom-* und weniger gut auch die Jod-Verbindungen hergestellt werden.

2. Einwirkung von Acetanhydrid/Perchlorsäure auf die freien Zucker (Acetylierung). Durch Zugabe von Phosphor, Brom und Wasser wird in der Acetylierungslösung Bromwasserstoff entwickelt (Bromierung). Man erhält bei diesen Verfahren, unabhängig von der Konfiguration der Acylzucker am glykosidischen C-Atom stets nur eine, nämlich die stabilste Acetohalogenverbindung. Dies sind nahezu ausschließlich die α-Formen.

Auf Umwegen gelingt es jedoch in manchen Fällen, die instabilen β-Halogen-Verbindungen zu bekommen (vgl. z. B. F. WEYGAND, H. ZIEMANN u. H. J. BESTMANN 1958).

Bei der Umsetzung der Acetohalogenverbindung (Substitution des Halogens) tritt Platzwechsel am glykosidischen C-Atom ein. Aus einer α-Acetohalogenverbindung wird ein β-Derivat erhalten und umgekehrt.

In Ausnahmefällen verlaufen die Substitutionen unter der Bildung von Zwischenprodukten. Dann kann das Endprodukt unter Umständen gleiche Konfiguration wie der verwendete Halogenzucker besitzen (vgl. R. U. LEMIEUX 1954, Sammelref.).

Die Acetohalogenverbindungen lassen sich vielseitig zur Synthese einer Fülle von C_1-Derivaten der Zucker verwenden. Die wichtigsten sind in den vorangegangenen Kapiteln schon erwähnt worden.

a) Synthese von Glykosiden

(vgl. S. 414 u. 514)

Die Umsetzungen der Acetohalogenzucker mit Hydroxylverbindungen werden im allgemeinen in Gegenwart von Silberoxyd, Silbercarbonat, ZnO oder Chinolin zur Neutralisation des freiwerdenden Halogenwasserstoffs durchgeführt.

Wie die Gleichung zeigt,

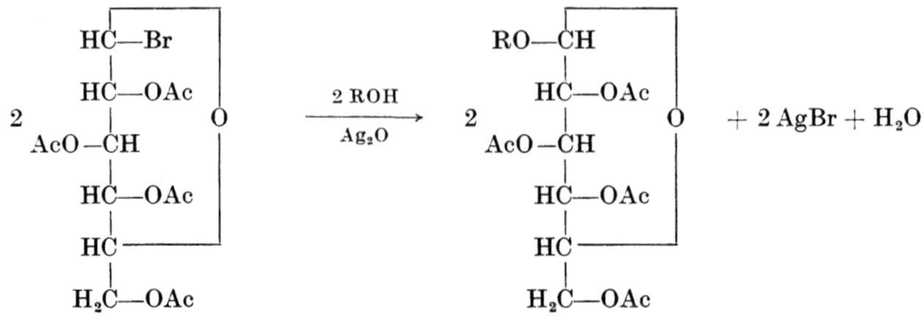

wird bei der Reaktion Wasser gebildet. Dieses stört, da es ebenfalls mit Acetobromglucose unter Bildung von 2.3.4.6-Tetracetyl-D-glucose reagiert. Diese unerwünschte Nebenreaktion läßt sich durch Zugabe wasserbindender Mittel unterdrücken. [Sehr gut ist wasserfreies Calciumsulfat (Drierite) geeignet].

b) Synthese von N-Glykosiden (Glykosylaminen)

(vgl. S. 409)

Primäre, sekundäre oder auch tertiäre Amine lassen sich mit Acetohalogenverbindungen zu den betreffenden N-Glykosiden umsetzen. Zur Bindung des freiwerdenden Halogenwasserstoffs wird meistens das betreffende Amin im Überschuß angewendet. Tertiäre Amine bilden das quartäre Ammoniumsalz.

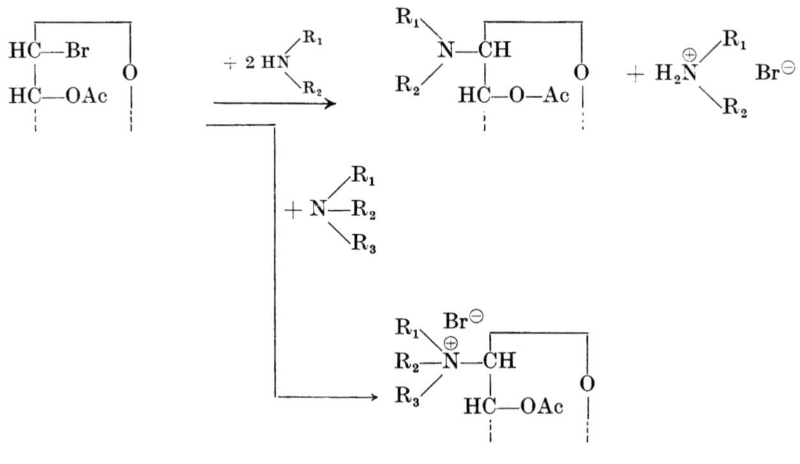

c) Synthese von Thioglykosiden

Bei der Einwirkung von Alkalimercaptiden auf Acylhalogenzucker werden die betreffenden β-Thioglykoside erhalten.

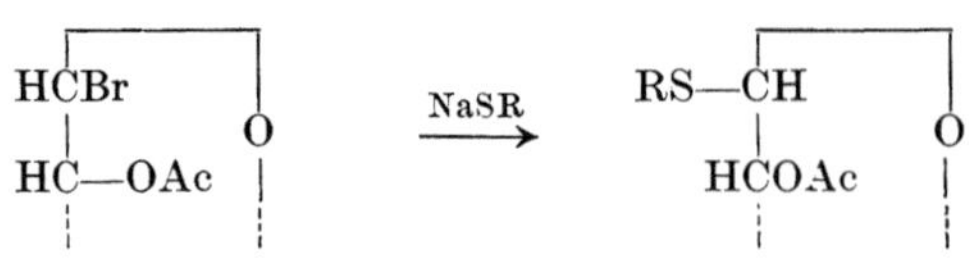

d) Synthese von C_1-Estern anorganischer und organischer Säuren

(vgl. S. 416)

Auch durch einen Säure-Rest läßt sich das Halogen unter Platzwechsel ersetzen. Auf diese Weise sind spezielle Kohlenhydratester leicht zugänglich. Für diese Umsetzungen haben sich die Silbersalze der Säuren am besten bewährt. Die folgenden Formeln zeigen als Beispiel die Synthese eines 1-Phosphorsäure-esters:

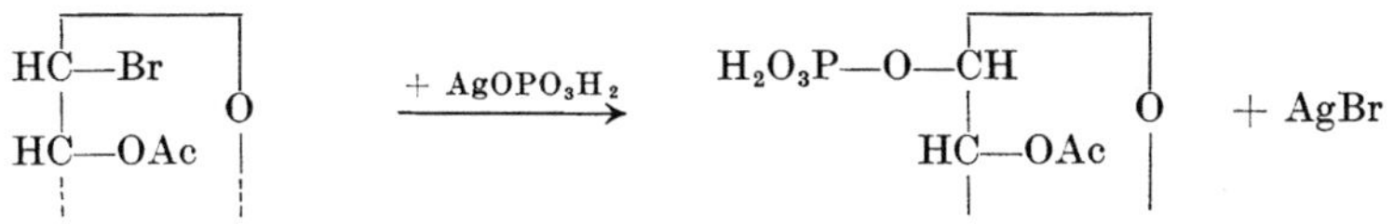

6. Zuckeräther

Während sich das lactolische Hydroxyl der Zucker schon bei der Einwirkung eines Alkohols, dem etwas Säure zugesetzt ist, veräthern läßt, müssen für die Alkylierung der alkoholischen Hydroxylgruppen solche Reagentien angewendet werden, wie sie allgemein für die Verätherung aliphatischer Hydroxylgruppen gebräuchlich sind.

a) Methylzucker

Die größte Bedeutung haben die Methyläther der Zucker, weil sie für die Konstitutionsermittlung der Di- und Polysaccharide und Erforschung der Ringstruktur der Zucker geeignet sind.

Einige partiell methylierte Zucker sind auf Grund ihres Vorkommens in der Natur von Wichtigkeit. Sehr häufig sind sie in den Herzgiftglykosiden zu finden. Auch am Aufbau von Hanfglykosiden sind sie beteiligt. In seltenen Fällen kommen sie ferner als Bausteine von Polysacchariden vor.

Zur Verätherung eines Zuckers werden verschiedene Methoden angewendet. Die klassische Methylierungstechnik mit CH_3J/Ag_2O hat den Nachteil, daß die reduzierende Gruppe des Zuckers zuvor geschützt werden muß. Dies ist zwar bei der Verwendung von Dimethylsulfat und Alkali durch vorsichtiges Anmethylieren zu vermeiden, jedoch sind hierbei mehrere Methylierungen zur vollständigen Umsetzung des Zuckers erforderlich.

Als sehr günstig hat sich in neuerer Zeit die Methylierung mit Methyljodid in Dimethylformamid in Gegenwart von Silberoxyd (R. Kuhn u. Mitarb. 1955 u. H. G. Walker 1962) oder von $BaO/Ba(OH)_2$ (R. Kuhn u. Mitarb. 1960) oder auch mit Dimethylsulfat und $BaO/Ba(OH)_2$ in einem Dimethylformamid/Dimethylsulfoxid-Gemisch (R. Kuhn u. H. Trischmann 1963) erwiesen. Meistens läßt sich in einem Arbeitsgang eine vollständige Umsetzung erreichen, und freie reduzierende Gruppen geben dabei keine unerwünschten Nebenreaktionen.

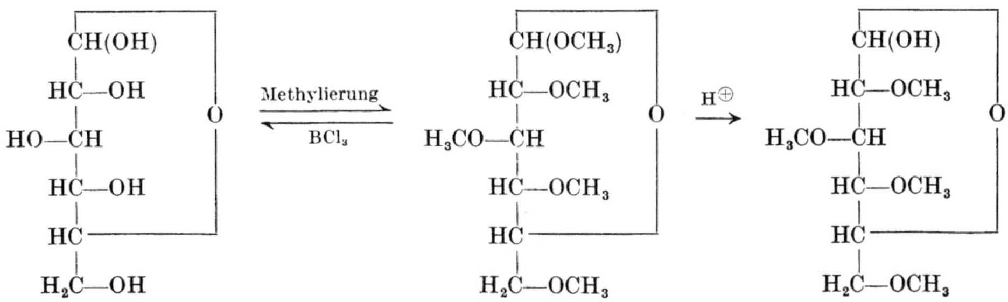

Tetramethyl-α.β-methyl-D-glucosid

Die vollmethylierten Zucker sind durch eine große chemische Resistenz ausgezeichnet. Mit verdünnter Säure wird lediglich die Glykosid-Gruppierung hydrolysiert. Erst durch die Einwirkung von Bortrichlorid (G. T. BONNER u. Mitarb. 1960) oder ähnlichen ätherspaltenden Reagentien ist es möglich, zum Ausgangszucker zurückzugelangen. Bei diesem Prozeß läßt sich jedoch eine Isomerisierung oder ein Abbau des Zuckers nicht ganz vermeiden.

α) Ermittlung der Ringstruktur

Wegen der Haftfestigkeit der Methylgruppe gelingt es, die Lage der Sauerstoffbrücke in den Zuckern durch oxydativen Abbau ihrer Methylderivate zu bestimmen.

Das Prinzip der Erforschung ist folgendes:

Der Zucker wird vollständig methyliert und sein glykosidisches Hydroxyl durch saure Hydrolyse freigelegt. Anschließend wird energisch oxydiert. Es bildet sich zunächst unter Öffnung des Ringes die betreffende Aldonsäure. An der dadurch freigelegten Hydroxylgruppe erfolgt die weitere Oxydation, wobei die Kette gesprengt wird. Man erhält eine methylierte Dicarbonsäure, deren Kettenlänge der Anzahl der Kohlenstoffatome des Zuckerringes entspricht.

Als Beispiel sei die Ermittlung der Spannweite der Ringe in α-Methyl-D-glucopyranosid und -furanosid erläutert.

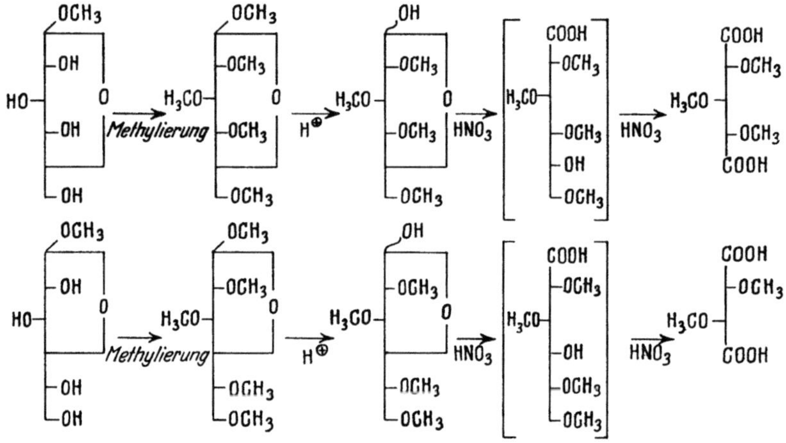

β) Partiell methylierte Zucker

Sofern nur bestimmte Hydroxyle eines Zuckers methyliert werden sollen, müssen die übrigen durch solche Reste geschützt werden, die 1. unter den Bedingungen der Methylierung fest haften bleiben und 2. nach erfolgter Verätherung wieder abgespalten werden können.

Hierfür sind die alkalistabilen Acetalverbindungen (s. unten) gut geeignet. Sofern mit Methyljodid und Silberoxid methyliert werden kann, können auch Acetyl- oder Benzoyl-Reste als Schutzgruppen verwendet werden. Auf diese Weise kann z. B. über die Diaceton-D-glucose 3-Methyl-D-glucose und über die 4.6-Benzal-D-glucose 2.3-Dimethyl-D-glucose gewonnen werden (vgl. die Formeln auf S. 425).

7. Acetale, Ketale

Die Zucker lassen sich mit Aldehyden oder Ketonen kondensieren. Dabei reagieren zwei Alkoholfunktionen des Zuckers mit der Carbonylgruppe unter Wasseraustritt zu einem cyclischen Acetal oder Ketal. Voraussetzung ist, daß die

Hydroxylgruppen des Zuckers räumlich günstig stehen. Meist sind es benachbarte oder β-ständige Hydroxylgruppen. Sofern sie sich an den C-Atomen des Zuckerringes befinden, müssen sie cis-ständig angeordnet sein.

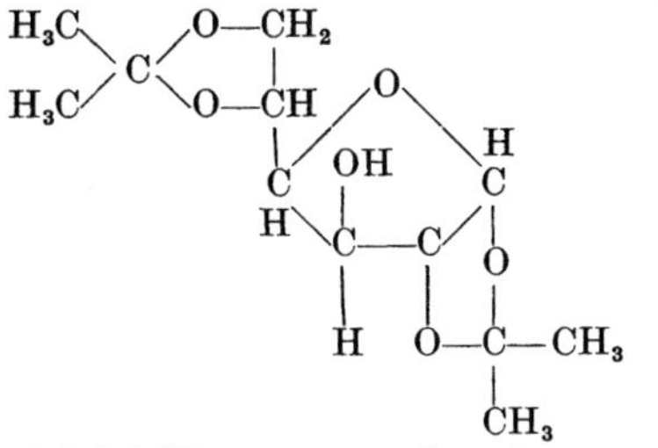

1.2-5.6-Diaceton-α-D-gluco-furanose

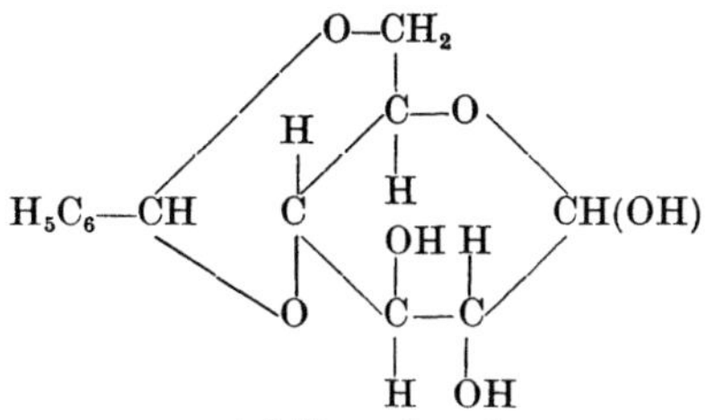

4.6-Benzal-D-glucose

Am besten untersucht sind die Kondensationsprodukte, die sich vom Aceton oder Benzaldehyd ableiten, z. B. die Diaceton-α-D-gluco-furanose oder die 4.6-Benzal-D-glucose.

Entsprechend ihrer Acetal-Struktur sind diese Verbindungen im basischen Milieu stabil, während sie schon durch verdünnte Säuren leicht unter Bildung der Komponenten hydrolysiert werden. Benzalverbindungen lassen sich auch unter besonders milden Bedingungen durch Hydrierung spalten.

Auf Grund dieser Eigenschaften werden diese Zuckerderivate vielfach zur vorübergehenden Blockierung bestimmter Hydroxylgruppen auf dem Synthesegebiet verwendet. (Vgl. die Ascorbinsäure-Synthese, S. 404 und die Darstellung von 3-Methyl- und 2.3-Dimethyl-D-glucose, S. 424).

Die Benzalverbindungen werden ferner gerne zur Charakterisierung der Zuckeralkohole oder auch der Zucker herangezogen, da sie ein gutes Kristallisationsvermögen besitzen und in Wasser schwer löslich sind (vgl. Nachweis von Sorbit als Dibenzal-sorbit, S. 399).

8. Desoxyzucker

Vorkommen, Nomenklatur

Wird in einem Zucker eine alkoholische Hydroxylgruppe durch Wasserstoff ersetzt, so bezeichnet man diese Stoffe als Desoxyzucker. Am wichtigsten sind die endständig reduzierten Aldohexosen, die 2-Desoxyzucker und die 2.6-Bis-desoxyzucker.

Viele dieser Zucker kommen in Form ihrer Glykoside in der Natur vor (vgl. Kap. Glykoside). Besonders häufig findet man sie in den Steroidglykosiden, zu denen u. a. auch die herzaktiven Glykoside gehören. Die folgenden Formeln zeigen als Beispiel den Aufbau der Digitoxose aus den Digitalisglykosiden und den der Oleandrose aus dem Oleandrin.

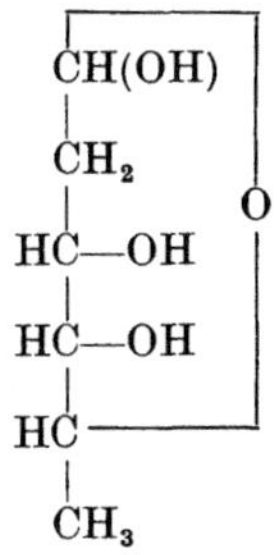

Digitoxose
2.6-Bis-desoxy-D-*ribo*-hexose

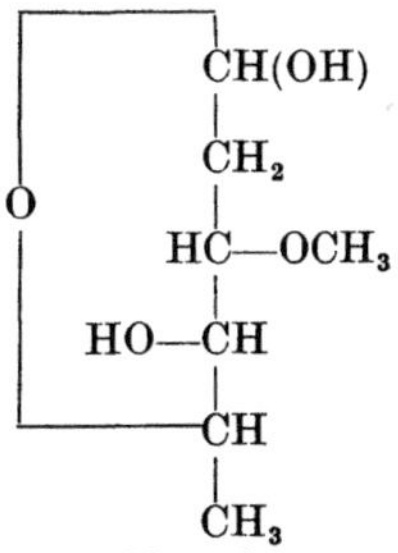

Oleandrose
2.6-Bis-desoxy-3-methyl-L-*arabo*-hexose

Von großer Bedeutung ist die 2-Desoxy-D-ribose, weil sie die Zuckerkomponente der Desoxy-ribo-nucleinsäuren darstellt. Desoxyzucker sind ferner am Aufbau einiger Polysaccharide beteiligt, wie z. B. die L-Fucose, deren 3-Methyl-äther oder die L-Rhamnose.

Die endständig reduzierten Zucker können auch als Methyl-derivate der um ein C-Atom ärmeren Zucker aufgefaßt werden. Diese Bezeichnungen findet man überwiegend in der älteren Literatur, sofern nicht Trivialnamen auf Grund der Herkunft des Zuckers angewendet werden. Heute hält man sich im wesentlichen an die neuen Nomenklatur-Vorschläge. Das Prinzip wurde bei der Formulierung der Zucker-Osazone besprochen (vgl. S. 413).

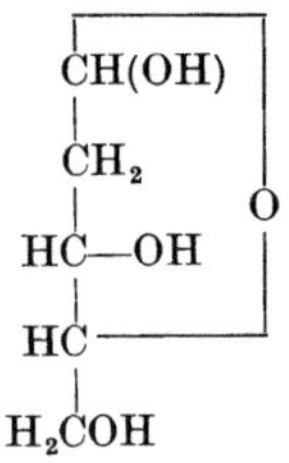

2-Desoxy-D-ribose
2-Desoxy-D-arabinose
2-Desoxy-D-*erythro*-pentose

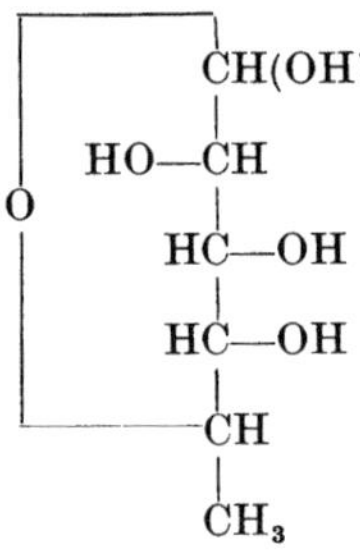

L-Fucose
6-Desoxy-L-galaktose

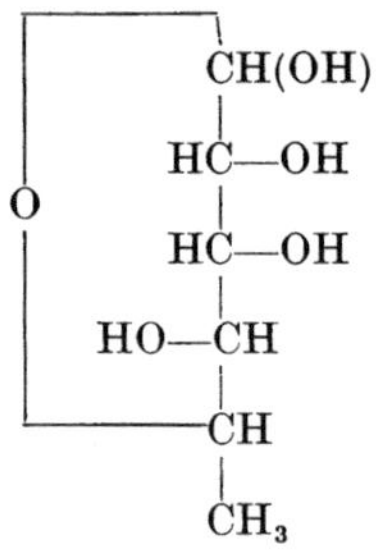

L-Rhamnose
6-Desoxy-L-mannose

Synthesen und Eigenschaften

a) 6-Desoxy-Zucker

Die wichtigsten, allgemein anwendbaren Synthesen beruhen darauf, daß sich bestimmte endständig angebrachte Substituenten leicht durch Wasserstoff ersetzen lassen. Geeignete Ausgangsprodukte sind z. B. 6-Halogen- oder 6-Tosylzucker (vgl. S. 419). Letztere lassen sich besonders glatt mit Li-Aluminiumhydrid reduktiv spalten.

Die endständig reduzierten Zucker können auf Grund einiger charakteristischer Reaktionen von andern Desoxyzuckern unterschieden werden.

1. Auf Grund ihrer $C—CH_3$-Gruppierung wird bei der Oxydation mit Chromsäure nach Kuhn und Roth Essigsäure erhalten.

2. Da diesen Zuckern die primäre Hydroxylgruppe fehlt, lassen sie sich *nicht* zur Zuckerdicarbonsäure mit gleicher Kohlenstoffzahl oxydieren.

b) 2-Desoxy-Zucker

Für die Synthese dieser Zucker gibt es verschiedene Möglichkeiten. Nur 2 wichtige, allgemein anwendbare Verfahren seien hier angeführt. Während das erste ausschließlich zur Darstellung von 2-Desoxyzuckern geeignet ist, können nach dem zweiten Verfahren auch andere sekundäre Hydroxylgruppen reduziert werden.

Das erste beruht auf der Anlagerung von Wasser an die Doppelbindung der Glykale.

Die folgenden Formeln zeigen das Prinzip am Beispiel der Synthese der 2-Desoxy-D-*arabo*-hexose (2-Desoxy-D-glucose, 2-Desoxy-D-mannose).

Durch die Einwirkung von Zn in Eisessig auf α-Acetobrom-D-glucose wird die Doppelbindung zwischen den C-Atomen 1 und 2 erzeugt. Nach Verseifung der Acetyl-Gruppen wird Wasser an die Doppelbindung angelagert.

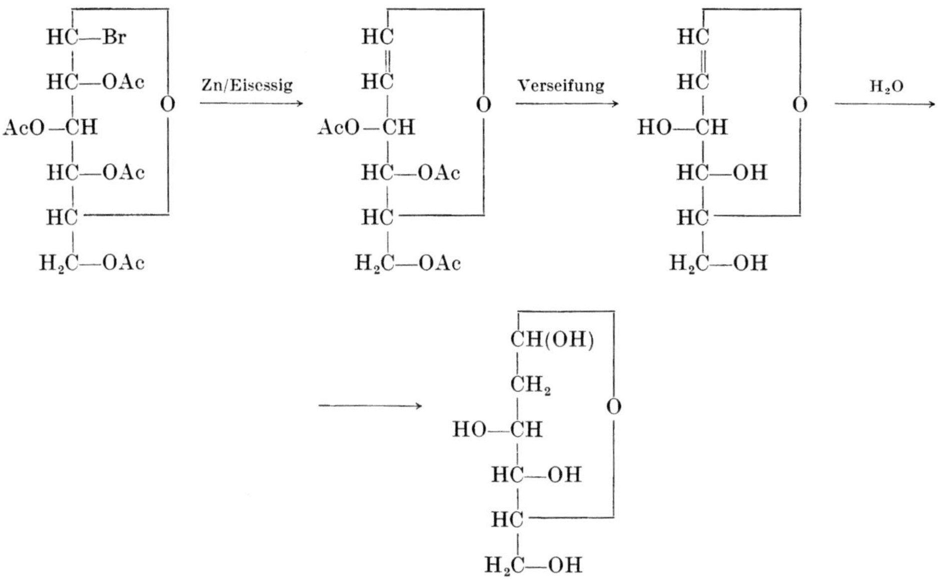

Beim zweiten Verfahren wird eine Alkyl-mercaptogruppe reduktiv entfernt Diese wird über die reaktionsfähigen Anhydrozucker mit Epoxydring (vgl. S. 419) eingeführt (T. REICHSTEIN u. Mitarb. 1946). Nachteilig ist, daß man dabei ein Gemisch 2 verschiedener Desoxy-Zucker erhält.

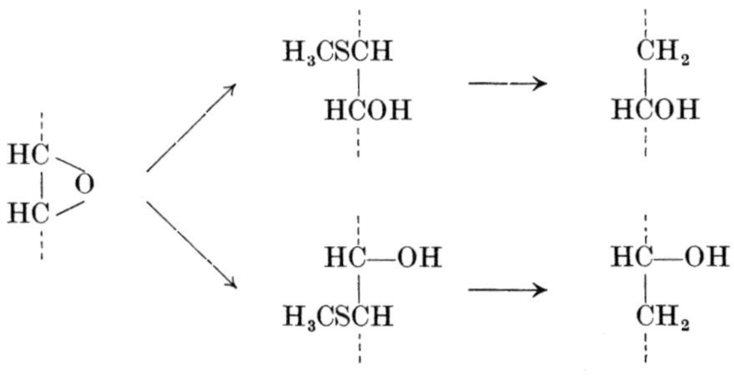

2-Desoxyzucker geben charakteristische Farbreaktionen. Außerdem können sie von andern Desoxyzuckern dadurch unterschieden werden, daß sie nicht in Osazone überführt werden können.

Allgemein zeichnen sich 2-Desoxyzucker durch eine besondere Reaktionsfähigkeit aus. Diese beruht darauf, daß in diesen Zuckern der stabilisierende Einfluß der zur Lactolgruppe benachbarten Hydroxyl- oder Estergruppe fehlt.

Sie werden z. B. im Gegensatz zu den 6-Desoxyzuckern in der Hitze rasch durch verdünnte Säure zersetzt. Ihre Glykoside werden viel schneller hydrolysiert als die der gewöhnlichen Zucker. Diese Eigenschaften haben das Auffinden von 2-Desoxyzuckern in Naturstoffen sehr erleichtert.

9. Aminozucker

(Vgl. die Sammelref. neueren Datums: G. BASCHANG 1962, A. B. FOSTER u. D. HORTON 1959, H. H. BAER 1958, A. KLEMER 1957)

Bei den Aminozuckern ist eine alkoholische Hydroxylgruppe eines Monosaccharids durch die Aminogruppe ersetzt. Die wichtigsten sind das D-Glucosamin (2-Desoxy-2-amino-D-glucose) und das D-Galaktosamin (2-Desoxy-2-amino-D-galaktose)

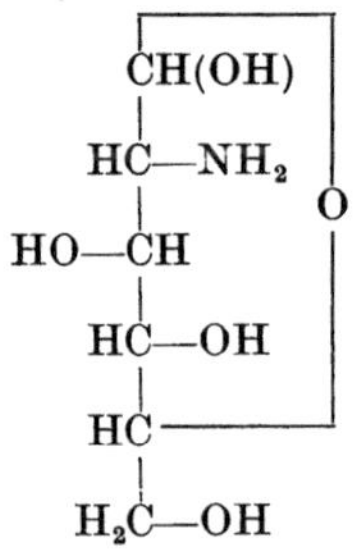

D-Glucosamin
(2-Desoxy-2-amino-D-glucose)
(Chitosamin)

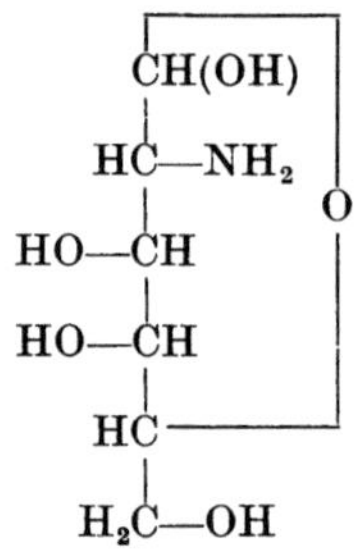

D-Galaktosamin
(2-Desoxy-2-amino-D-galaktose)
(Chondrosamin)

Sie sind im wesentlichen in Form ihrer N-Acetyl-Derivate am Aufbau einer großen Anzahl verschiedenartiger Polysaccharide beteiligt, seltener findet man sie in niedermolekularen Substanzen. Eines dieser Polysaccharide, das Chitin (aus Krebspanzern oder den Gerüstsubstanzen der Insekten und Pilze) ist nur aus N-Acetyl-D-glucosamin aufgebaut (vgl. S. 463). Da hieraus das D-Glucosamin zuerst isoliert worden ist, führt es auch die Bezeichnung Chitosamin. – Bedeutender ist das Vorkommen der 2-Aminozucker in den mannigfaltigen Polysaccharid-Komponenten der Kohlenhydrat-Eiweiß-Verbindungen, an deren Aufbau sie gemeinsam mit anderen Bausteinen beteiligt sind. Vielfach haben diese Verbindungen wichtige physiologische Funktionen zu erfüllen. So gehören zu dieser Gruppe die Blutgruppensubstanzen, die für die Menschen und Tiere charakteristisch sind. Aber auch die vielen Schleim- und Knorpelsubstanzen des Tierreichs enthalten diese beiden Aminozucker. Am Aufbau der Chondroitinschwefelsäure ist N-Acetyl-galaktosamin beteiligt. Daher ist für das Galaktosamin auch die Bezeichnung Chondrosamin gebräuchlich. Die Hyaluronsäure enthält N-Acetyl-glucosamin und als Besonderheit findet sich im Heparin, das die Gerinnungsfähigkeit unseres Blutes hemmt, Glucosamin in Form seines N-O-Di-schwefelsäure-esters.

Auch aminozuckerhaltige Oligosaccharide kommen in der Natur vor. Sie wurden aus Frauenmilch isoliert (vgl. die Formeln auf S. 437). Wie neuere Untersuchungen zeigen, spielen sie bei der Ernährung des Säuglings eine wichtige Rolle.

Aminozucker mit z. T. ungewöhnlichen, sonst in der Natur nicht vorkommenden Strukturen sind am Aufbau der Stoffwechselprodukte einiger Bakterienstämme und niederer Pilzarten beteiligt. Teilweise haben diese Stoffe als Antibiotica große Bedeutung erlangt.

Neben 2-Aminozuckern, die sich von anderen Hexosen ableiten, z. B. von der D-Gulcose oder L-Glucose, wurden auch 3-Amino- und Bis-aminozucker in Antibiotica aufgefunden. Die folgenden Formeln zeigen den Aufbau dieser Typen an Beispielen.

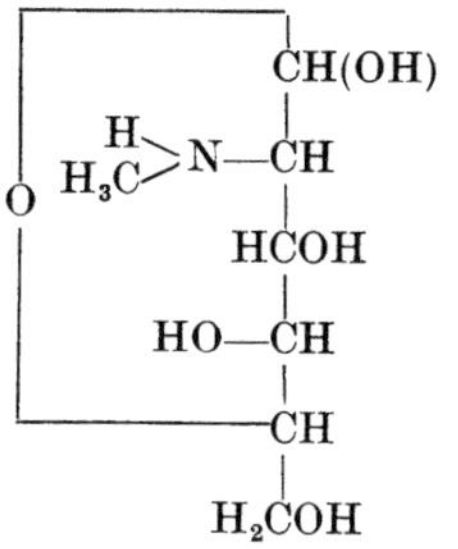

2-Desoxy-2-N-methyl-amino-L-glucose Streptamin (aus Streptomycin; R. U. Lemieux u. M. L. Wolfrom 1948)

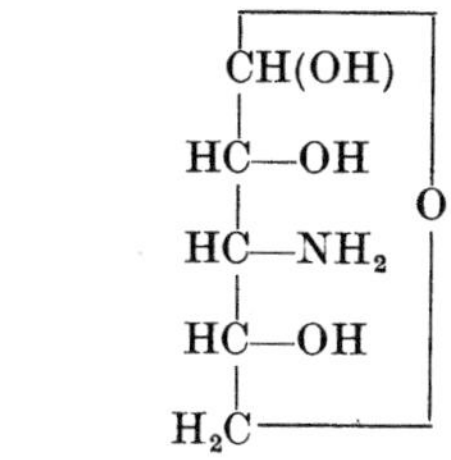

3-Desoxy-3-amino-D-ribose (aus Puromycin; B. R. Baker u. E. R. Schaub 1953; und C. W. Waller u. Mitarb. 1953)

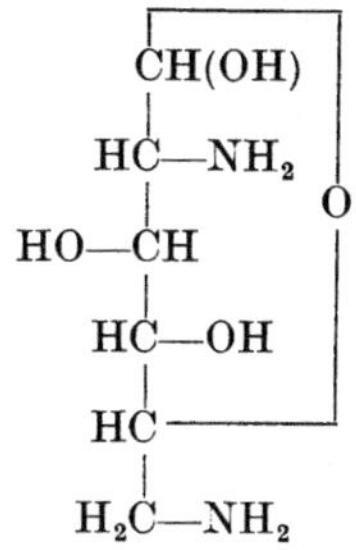

2.6-Bis-desoxy-2.6-bis-amino-D-glucose (aus Neomycin; H. Weidmann u. H. K. Zimmermann 1961)

Zwei biologisch wichtige Abkömmlinge der Aminozucker haben in letzter Zeit besonderes Interesse gefunden.

Die **Nonulosaminsäuren** (Neuraminsäure und verwandte Substanzen — Sialinsäuren —) (vgl. F. Zilliken u. M. W. Whitehouse 1958) leiten sich vom D-Mannosamin ab. Dieses ist nach Art einer Aldolkondensation mit Brenztraubensäure verbunden unter Ausbildung des pyranoiden Halbacetalringes zwischen der Ketogruppe der Brenztraubensäure und dem C_3-Hydroxyl des Aminozuckers. Je nach Art des Restes R unterscheidet man verschiedene Vertreter. Im allgemeinen trägt die Aminogruppe einen Acetylrest, aber auch eine N-Glykolyl-Gruppierung ist nachgewiesen worden. Zusätzlich können die Hydroxylgruppen am C_4 und C_7 mit Essigsäure verestert sein. Häufig führen diese Verbindungen je nach Herkunft verschiedene Bezeichnungen.

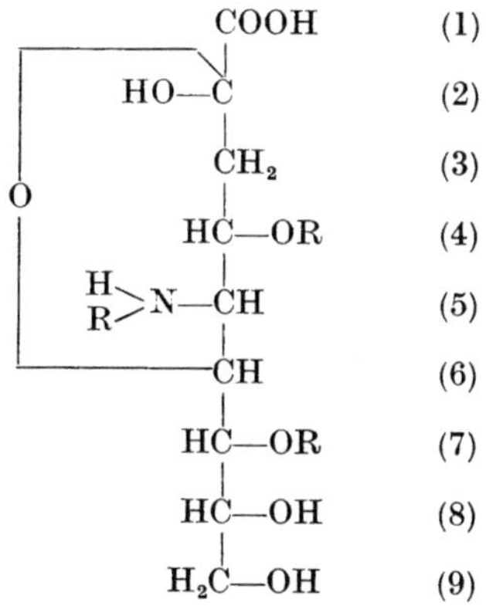

R: z. B. $—CO \cdot CH_3$

Die ersten Vertreter dieser Stoffklasse wurden aus den Submaxillarisdrüsen verschiedener Tiere gewonnen (G. Blix 1936, u. Mitarb. 1955), später fand man sie auch in Gangliosiden (E. Klenk 1936, 1941). Heute weiß man, daß die Nonulosaminsäuren am Aufbau sehr vieler Muco- und Lipopolysaccharide beteiligt sind. Die N-Acetyl-Verbindung (N-Acetyl-neuraminsäure) kommt am häufigsten vor. Sehr bequem läßt sie sich aus Kuhkolostrum gewinnen (W. R. Clark 1962).

Alle Nonulosaminsäuren können auf Grund ihrer direkt positiven Farbreaktionen nach Ehrlich nachgewiesen und dadurch von den sie begleitenden 2-Aminozuckern unterschieden werden (G. Blix u. S. Gardell 1960) (vgl. S. 430)

(R. E. STRANGE 1956, R. E. STRANGE u. J. F. POWELL 1954). Ein weiterer ungewöhnlicher Aminozucker-Abkömmling ist die Muraminsäure. Wie die Formel zeigt, ist das C_3-Hydroxyl des N-Acetyl-D-glucosamins ätherartig mit der D-Milchsäure verknüpft.

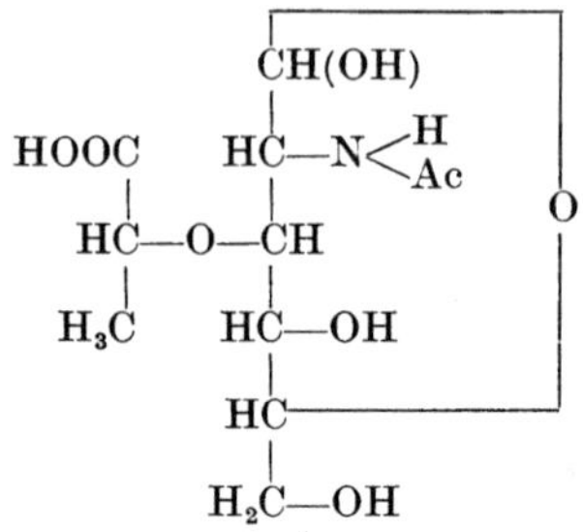

Die Muraminsäure findet sich in den Zellwänden vieler Gram-positiver Bakterien und Sporen (z. B. in B. megatherium, B. subtilis und B. cereus).

a) 2-Desoxy-2-aminozucker

Nachweis und Bestimmung. Sowohl die freien als auch die N-Acetyl-2-aminozucker lassen sich qualitativ und auch quantitativ am besten durch die Farbreaktion mit p-Dimethyl-amino-benzaldehyd (Ehrlichs Reagens) bestimmen. Dabei werden aus N-Acetyl-2-aminozuckern durch Erhitzen in schwach alkalischer Lösung Chromogene gebildet, die sich mit Ehrlichs Reagens zu einem rot-violetten Farbstoff umsetzen (Morgan-Elson-Test). Die freien Aminozucker müssen zunächst mit Acetyl-aceton in alkalischer Lösung kondensiert werden und geben dann mit Ehrlichs Reagens die gewünschte Färbung (Elson-Morgan-Test). Die sich dabei abspielenden Reaktionen sind weitgehend geklärt.

Die Struktur des D-Glucosamin ergibt sich aus folgenden Befunden:

1. Durch Oxydation entsteht eine Säure mit gleicher Anzahl von C-Atomen, die D-Glucosaminsäure.

2. Mit Phenylhydrazin erfolgt unter Abspaltung der Aminogruppe die Bildung von D-*arabo*-Hexosazon (D-Glucosazon). Die NH_2-Gruppe muß also am C_2 gesessen haben. Damit ist die Struktur bis auf die Stellung der Aminogruppe am C_2 bewiesen.

3. Schwierigkeiten bereitete jedoch die Ermittlung der konfigurativen Anordnung der Aminogruppe, weil alle Reaktionen des Glucosamins sich sowohl mit der Struktur einer 2-Amino-D-glucose als auch mit der einer 2-Amino-D-mannose vereinbaren ließen. Erst 1949 wurde durch den Abbau des N-Acetyl-D-glucosamin-diäthyl-mercaptals zum L-Alanin die Struktur des D-Glucosamins als 2-Desoxy-2-amino-D-glucose exakt bewiesen (M. L. WOLFROM u. Mitarb. 1949).

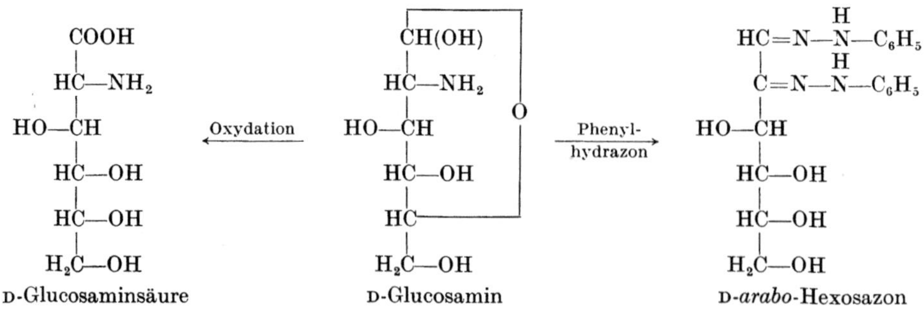

D-Glucosaminsäure D-Glucosamin D-*arabo*-Hexosazon

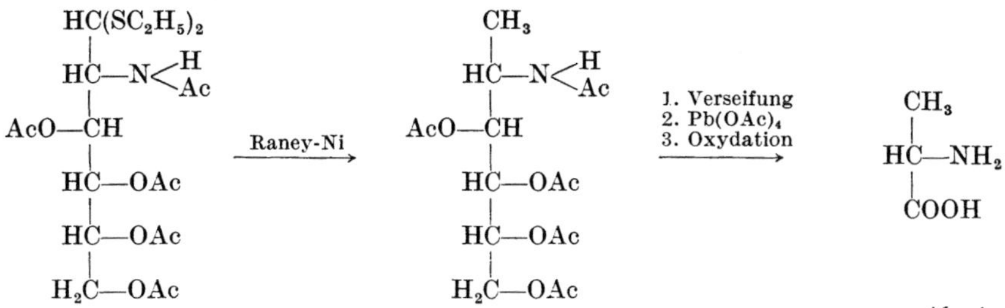

L-Alanin

b) Synthesen von Aminozuckern

Nur einige wichtige und allgemein anwendbare Methoden können im Rahmen dieses Buches erläutert werden. Eine ausführliche Übersicht findet sich in den Sammelreferaten.

2-Desoxy-2-amino-zucker. Die erste Synthese eines Aminozuckers, des Glucosamins wurde schon vor mehr als 60 Jahren von E. Fischer (1903) entwickelt. Dabei wurde von der Kettenverlängerung der Zucker durch die Cyanhydrinsynthese Gebrauch gemacht.

D-Arabinose wurde mit Ammoniak zum D-Arabinosyl-amin umgesetzt und Blausäure angelagert. Es resultieren die epimeren Amino-hexonsäure-nitrile, die mit Säure zum D-Glucosaminsäure-lacton neben D-Mannosaminsäure-lacton verseift wurden. Ersteres lieferte bei der Reduktion mit Na-Amalgam in sehr geringer Ausbeute D-Glucosamin.

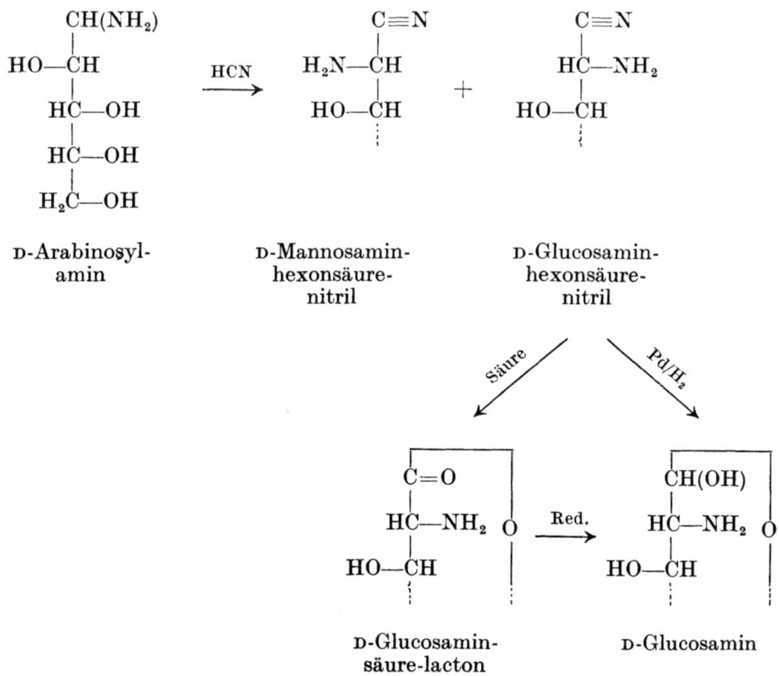

In den letzten Jahren wurde dieses Verfahren wesentlich verbessert und zur allgemein anwendbaren Synthese auch substituierter 2-Aminozucker ausgearbeitet (vgl. insbesondere die in der Literatur zitierten Arbeiten von R. KUHN u. Mitarb.).

Die bei der Cyanhydrinsynthese anfallenden Aminonitrile lassen sich direkt mit Palladium/Wasserstoff in Ausbeuten bis zu 75% zu den betreffenden Aminozuckern hydrieren. Setzt man den Ausgangszucker mit einem Amin um, so werden die entsprechenden substituierten Aminozucker erhalten.

Ein weiteres, ebenfalls allgemein anwendbares Verfahren ist zur Einführung von Aminogruppen auch an anderen C-Atomen der Zuckerkette geeignet. Bei diesen Synthesen wird von der Aufspaltung der Äthylenoxid-Derivate der Zucker Gebrauch gemacht. Nach den sicher fundierten Kenntnissen über den Mechanismus der Aufspaltung werden dabei unter trans-Öffnung jeweils zwei, in ihrer Konfiguration eindeutig festgelegte Aminozucker erhalten, wobei jedoch das Verhältnis der Ausbeuten von der Konfiguration des Epoxides abhängt (G. HUBER u. O. SCHIER 1960). α-Methyl-2.3-anhydro-D-mannosid wird z. B. durch Ammoniak überwiegend zu α-Methyl-3-desoxy-3-amino-D-altrosid aufgespalten (W. H. MYERS u. G. J. ROBERTSON 1943).

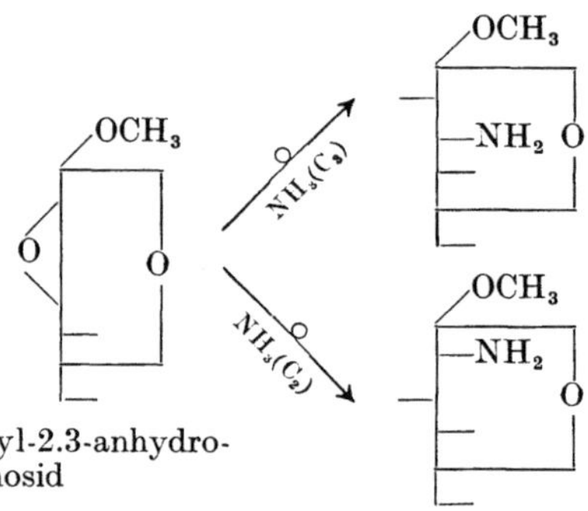

α-Methyl-2.3-anhydro-D-mannosid

α-Methyl-3-desoxy-3-amino-D-altrosid

α-Methyl-2-desoxy-2-amino-D-glucosid

Über Anwendungen der im Prinzip dargelegten Synthesen sowie weiterer Verfahren wird in den auf S. 414 zitierten Sammelreferaten berichtet.

B. Oligosaccharide

(vgl. die Zitate auf S. 391)

Eine der wichtigsten Eigenschaften der Monosaccharide ist ihre Befähigung zur Glykosidbildung. Findet diese zwischen dem Lactolhydroxyl eines Monosaccharides und einer beliebigen Hydroxylgruppe eines zweiten Zuckermoleküls statt, so erhalten wir Disaccharide. Durch Fortführung dieser Reaktion resultieren aus 3 Monosaccharid-Bausteinen Trisaccharide, aus 4 Resten Tetrasaccharide und so fort.

$$2\ C_6H_{12}O_6 - H_2O = C_{12}H_{12}O_{11} \quad \text{Disaccharid}$$
$$3\ C_6H_{12}O_6 - 2\ H_2O = C_{18}H_{32}O_{16} \quad \text{Trisaccharid}$$
$$n\ C_6H_{12}O_6 - (n - 1)\ H_2O = C_{6n}H_{10n+2}O_{5n+1}$$

Kohlenhydrate, die aus $n = 2-7$ Monosaccharid-Einheiten aufgebaut sind, werden als Oligosaccharide oder zuckerähnliche Polysaccharide, zusammengefaßt.

Die Oligosaccharide entsprechen in ihren Eigenschaften noch weitgehend den Monosacchariden sowohl in chemischer als auch in physikalischer Hinsicht. Ist n eine größere Zahl, so spricht man von Polysacchariden (vgl. S. 443). Diese Stoffe sind bedeutend reaktionsträger, in Wasser sind sie meistens schwer bis unlöslich.

Für die Glykosidbildung zwischen 2 Monosacchariden bestehen 2 Möglichkeiten. Entweder reagiert die Lactolhydroxyl der einen Zuckerkomponente mit einer alkoholischen Hydroxylgruppe des zweiten Zuckerbausteins (Typ 1) oder aber mit dem lactolischen Hydroxyl des Reaktionspartners (Typ II).

Einfache Oligosaccharide, die dem Typ 1 angehören, sind z. B. die Maltose, die Cellobiose und die Lactose (Milchzucker).

Der wichtigste Vertreter der II. Gruppe ist der Rohrzucker.

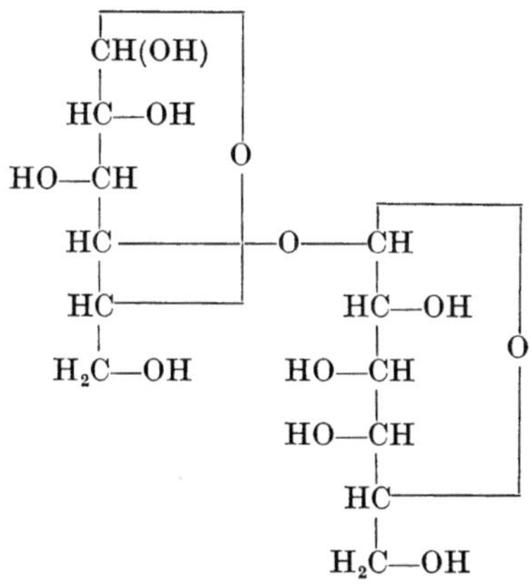

Lactose (Typ I)

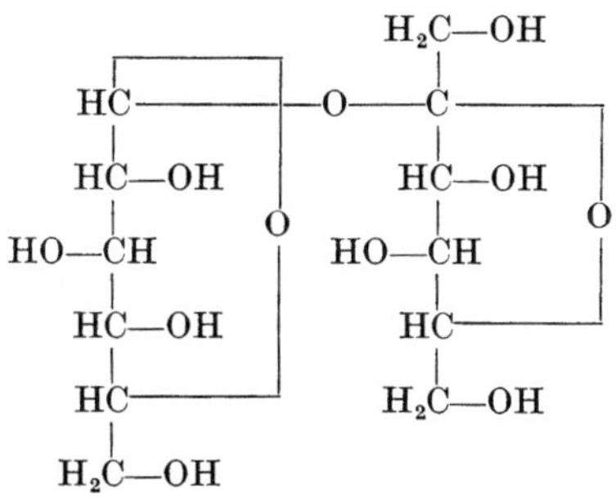

Rohrzucker (Typ II)

Die beiden Typen sind auf Grund ihres verschiedenen chemischen Verhaltens leicht zu unterscheiden.

Nur Vertreter des Typs I besitzen noch ein freies glykosidisches C-Atom. Sie geben daher die üblichen Reaktionen der freien Zucker. Zum Beispiel reduzieren sie Fehlingsche Lösung, lassen sich zur betreffenden Aldonsäure oxydieren oder zum Alkohol reduzieren. Mit Phenylhydrazin bilden sie Hydrazone, Osazone allerdings nur dann, wenn der zweite Zuckerrest nicht am C_2 angreift.

Theoretisch gibt es eine astronomische Anzahl verschiedener Oligosaccharide, denn von jeder Monosaccharid-Kombination läßt sich unter Berücksichtigung der möglichen verschiedenen Verknüpfungen schon eine Serie von Disacchariden ableiten.

Im allgemeinen sind jedoch nur einige wenige Hexosen – hauptsächlich D-Glucose, D-Galaktose und D-Fructose – und sehr selten Pentosen, Aminozucker und Desoxyzucker am Aufbau natürlich vorkommender Oligosaccharide beteiligt. Die Verknüpfungen erfolgen zudem überwiegend über das C_4- oder C_6-Hydroxyl der Bausteine. Zusätzlich sind aber verschiedene Isomeriemöglichkeiten zu berücksichtigen.

1. Die glykosidische Bindung kann α- oder β-Anordnung besitzen. Diese Isomerie findet sich im einfachsten Fall bei der Maltose und Cellobiose. In beiden Disacchariden greift am C_4 eines D-Glucopyranose-Bausteins ein weiterer D-Glucopyranose-Rest an, bei der Cellobiose in β-glucosidischer, bei der Maltose jedoch in α-glucosidischer Bindung.

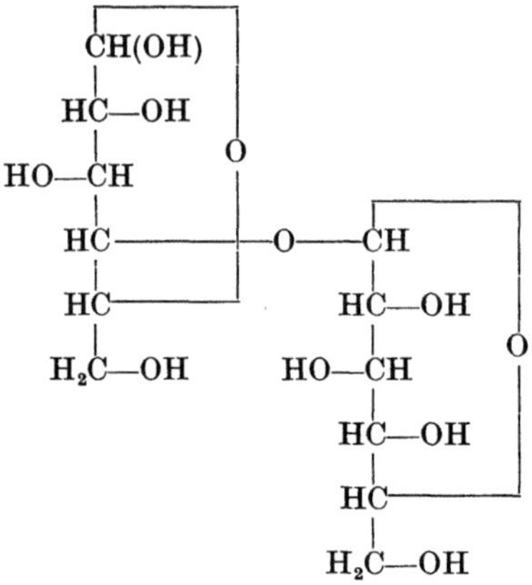

Cellobiose

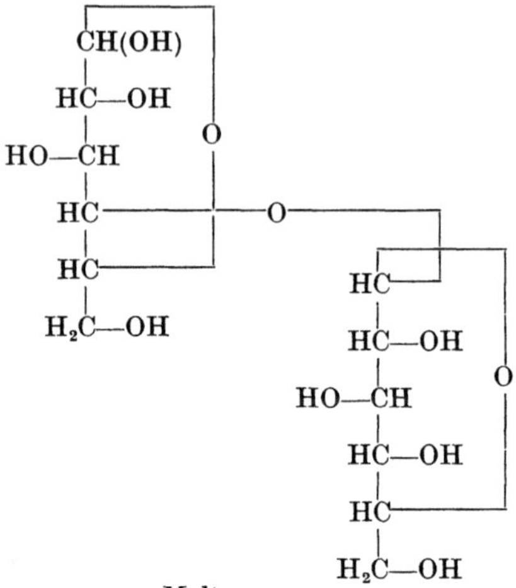

Maltose

2. Höhere Oligosaccharide, im einfachsten Fall Trisaccharide, können geradkettige oder verzweigte Strukturen besitzen.

Der geradkettige Aufbau ist dadurch gekennzeichnet, daß die einzelnen Monosaccharid-Reste stets alternierend über das glykosidische C-Atom eines Gliedes und eine Hydroxylgruppe des folgenden Bausteins untereinander verknüpft sind.

Bei den **verzweigten** Oligosacchariden sind zwei oder mehr Monosaccharid-Reste mit den alkoholischen Hydroxylgruppen *eines* Zuckerbausteines verbunden (vgl. die Formeln auf S. 435).

3. Alle Oligosaccharide der Gruppe I können, da sie eine freie glykosidische Hydroxylgruppe besitzen, in ihren anomeren Formen auftreten.

4. Ferner ist noch die Möglichkeit verschiedener Ringweiten gegeben. Die Fructose-Komponente liegt im Rohrzucker z. B. in der furanoiden Form vor.

I. Nomenklatur

[vgl. Chem. Engng. News **31**, 1776 (1953); J. chem. Soc. **1952**, 5108]

Auf Grund ihrer Herkunft besitzen nahezu alle Oligosaccharide Trivialnamen. Diese sind allgemein, insbesondere aber bei den höheren Gliedern der Oligosaccharide gebräuchlich, zumal eine rationelle Nomenklatur für diese nur umständlich durchzuführen ist.

Am übersichtlichsten sind die Verhältnisse bei den Disacchariden. Man kann das Disaccharid als funktionelles Derivat eines Monosaccharids auffassen. Die reduzierenden Disaccharide werden demgemäß als Glykosyl-Glykosen oder Glykosido-Glykosen und die nicht reduzierenden Disaccharide als Glykosyl-Glykoside bzw. Glykosido-Glykoside bezeichnet. Diese Formulierungen geben den Aufbau der Disaccharide eindeutig wieder, wie die folgenden Beispiele zeigen.

Cellobiose	=	4-β-D-Glucopyranosyl-D-glucopyranose
(Formeln s. oben)		(4-β-D-Glucosyl⟨1.5⟩-D-glucose⟨1.5⟩)
oder	=	4-β-D-Glucopyranosido-D-glucopyranose)
		(4-β-D-Glucosido⟨1.5⟩-D-glucose⟨1.5⟩)
Rohrzucker	=	α-D-Glucopyranosyl-β-D-fructofuranosid
(Formeln S. 433)		α-D-Glucopyranosido-β-D-fructofuranosid
oder	=	β-D-Fructofuranosyl-α-D-glucopyranosid
		β-D-Fructofuranosido-α-D-glucopyranosid

Für die höheren Oligosaccharide hat sich als Zusatz zum Trivialnamen die Angabe der Struktur in abgekürzter Schreibweise eingebürgert.

Ausgehend vom nicht reduzierenden Ende eines reduzierenden Oligosaccharids werden symbolisch die Namen der miteinander verbundenen Glykosylreste mit Konfigurationsangabe angeführt, wobei man die Verknüpfungsstellen als Ziffern zwischen die Reste setzt und diese durch einen Strich, besser aber durch einen Pfeil, in Richtung auf das reduzierende Ende des Oligosaccharids verbindet. Das Prinzip zeigen die folgenden Beispiele:

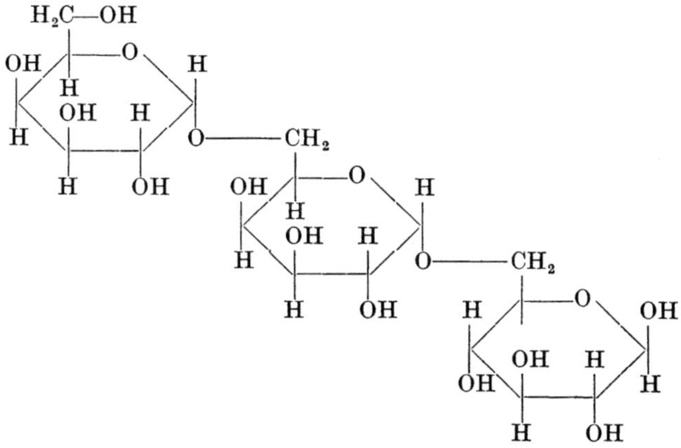

α-D-Gal p (1 → 6) α-D-Gal p (1 → 6) β-D-Gluc p

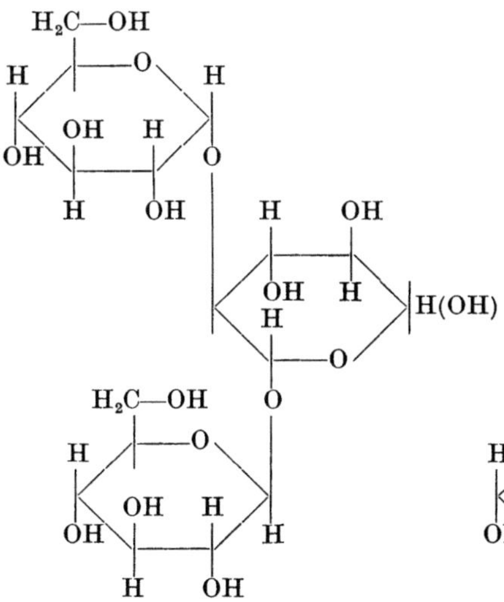

verzweigt

α-D-Gluc p (1 → 4) D-Gluc p (α, β)
6
↑
1
β
Gluc p

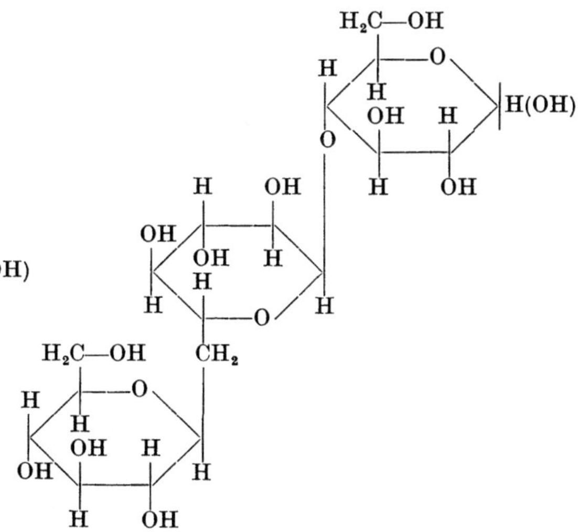

geradkettig

β-D-Gluc p (1 → 6)
α-D-Gluc p (1 → 4)
(α,β)-D-Gluc p

II. Vorkommen

Nahezu alle in der Natur vorkommenden *freien* Oligosaccharide finden sich im Pflanzenreich und gehören dem Glykosido-Glykosid-Typ (Typ II) an. Der wichtigste Vertreter ist der schon erwähnte Rohrzucker (Formel S. 433), der außerordentlich weit verbreitet in den Pflanzen vorkommt. Die $\alpha.\alpha$-Trehalose ist in verschiedenen Pilzen, Algen und Hefen nachgewiesen worden.

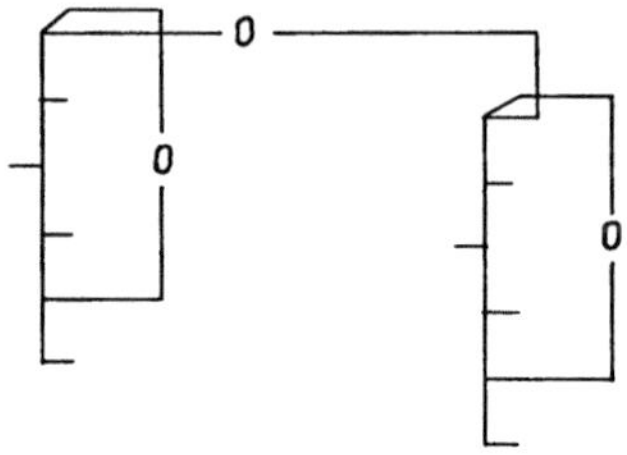

α,α-Trehalose .

Neben diesen spielen einige Oligosaccharide eine Rolle, die als substituierte Rohrzucker angesehen werden können.

Am bekanntesten von diesen ist die Raffinose, die als unerwünschtes Nebenprodukt bei der Rohrzuckergewinnung anfällt. Die Raffinose enthält zusätzlich einen Galaktose-Rest, der α-glykosidisch am C_6 des Glucoseteils des Rohrzuckers angreift.

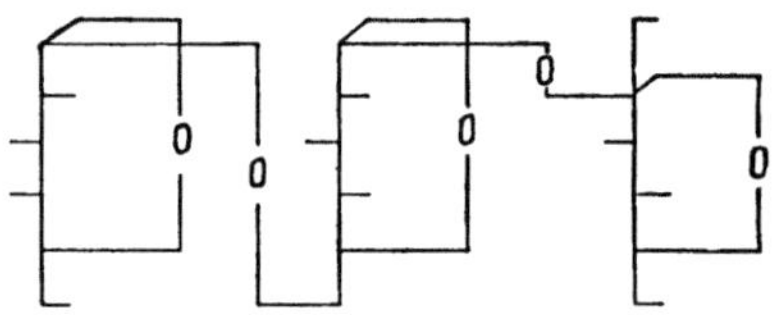

α-D-Gal p ($1 \rightarrow 6$) α-D-Gluc p ($1 \rightarrow 2$) β-D-Fruct f .

Eine ähnliche Struktur besitzt die Gentianose, die aus Enzianarten isoliert werden kann. An Stelle des α-Galaktosido-Restes ist ein β-Glucosido-Rest angebaut.

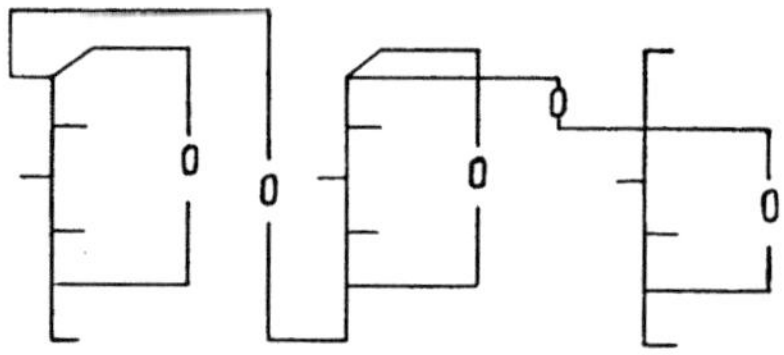

β-D-Gluc p ($1 \rightarrow 6$) α-D-Gluc p ($1 \rightarrow 5$) β-D-Fruct f .

Auch das weitverbreitete Tetrasaccharid Stachyose ist ein Rohrzucker-Abkömmling, wie die Formel zeigt.

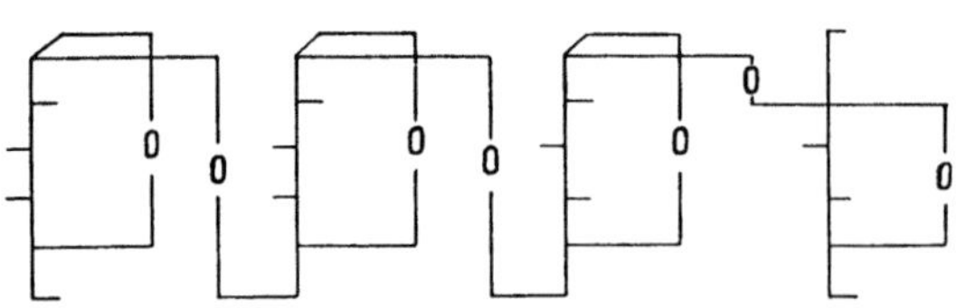

α-D-Gal p ($1 \rightarrow 6$) α-D-Gal p ($1 \rightarrow 6$) α-D-Gluc p ($1 \rightarrow 2$) β-D-Fruct f.

Weitere Vertreter dieser Gruppe sind in der Tab. 2 angeführt.

Freie reduzierende Oligosaccharide (Typ I) kommen außerordentlich selten vor. Lediglich die Milch bildet eine Ausnahme. Sie enthält die Lactose (vgl. R. L. WHISTLER u. Mitarb. 1961), auch Milchzucker genannt (Formel S. 433). Aus Frauenmilch lassen sich zusätzlich mehrere teilweise kompliziert aufgebaute Oligosaccharide isolieren (vgl. G. BASCHANG 1962), die neben D-Glucose und D-Galaktose auch N-Acetyl-D-glucosamin und L-Fucose enthalten können. Diese Oligosaccharide sind als Wuchsstoffe für den Lactobac. bifidus von Bedeutung.

Die folgenden Formeln zeigen den Aufbau zwei dieser Oligosaccharide. Weitere leiten sich von diesen durch Fehlen eines oder mehrerer Zucker-Reste ab.

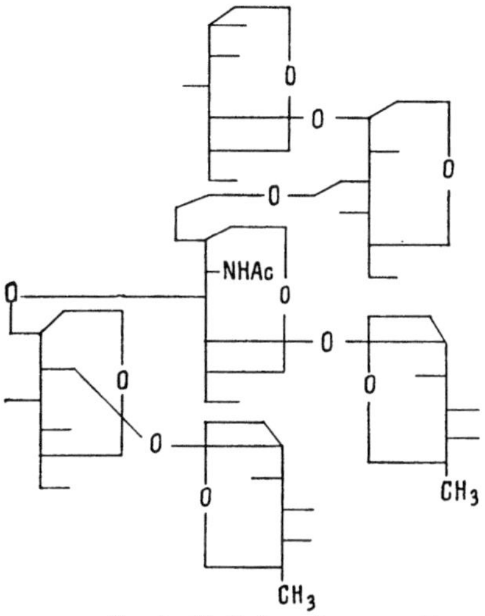

Lacto-N-di-fuco-hexaose I

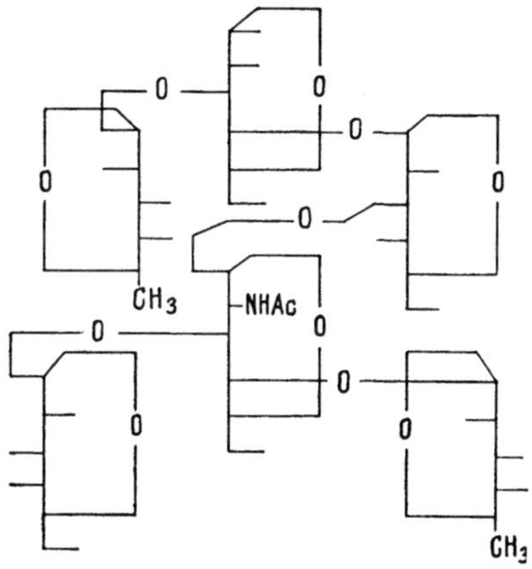

Lacto-N-di-fuco-hexaose II

I: D-Gluc p (4 ← 1) β-D-Gal p (3 ← 1) N-Ac-Gluc p (4 ← 1) α-L-Fuc
3
↑
1
β-D-Gal p (2 ← 1) α-L-Fuc p

II: D-Gluc p (4 ← 1) β-D-Gal p (3 ← 1) β-D-N-Ac-Gluc p (4 ← 1) α-L-Fuc p
3 ↑ 1 L-Fuc p (at β-D-Gal p); 3 ↑ 1 β-D-Gal p (at β-D-N-Ac-Gluc p)

III. Eigenschaften

Hydrolyse und Reversion

Alle Oligosaccharide sind durch eine gemeinsame Eigenschaft ausgezeichnet. Durch wäßrige Säuren oder auch durch bestimmte Enzyme lassen sie sich mehr oder weniger leicht in ihre Komponenten zerlegen. Auf diese Weise können die Bausteine leicht ermittelt werden. Die Geschwindigkeit der Hydrolyse hängt ab von der Art der Monosaccharid-Reste und ihren Ringweiten, von der Art der Verknüpfung und schließlich von der Konfiguration der glykosidischen Bindung. Auf Grund dieser Differenzierung ist es häufig möglich, durch vorsichtig durchgeführte Hydrolyse höhere Oligosaccharide unter bevorzugter Aufsprengung bestimmter Bindungen in niedere, leichter zu identifizierende Spaltprodukte zu überführen.

Hierbei darf jedoch nicht übersehen werden, daß es sich bei dem Hydrolysenvorgang grundsätzlich um eine Gleichgewichtsreaktion handelt. Das Gleichgewicht liegt zwar weitgehend auf der Seite der Hydrolysenprodukte, jedoch tritt in Abhängigkeit von den Hydrolysenbedingungen in kleinerem Umfange eine Rekombination der gebildeten Monosaccharide zu (anderen) Oligosacchariden ein. Hierbei ist die Ausbildung α-glykosidischer Bindungen zum C_6 der Reaktionspartner begünstigt. Auf diese Weise können unter Umständen falsche Schlüsse auf die Struktur des zu untersuchenden Oligosaccharids gezogen werden. Dieser Prozeß wird als Reversion bezeichnet.

In ihren allgemeinen Eigenschaften entsprechen die Oligosaccharide weitgehend den Monosacchariden. Sie lassen sich verestern, veräthern und in C_1-Derivate überführen, sofern sie dem Typ I angehören.

IV. Gewinnung

1. Aus Naturstoffen

Die in der Natur frei vorkommenden Oligosaccharide sind durch die Isolierung aus Naturprodukten am besten zugänglich. Andere können durch die enzymatische Hydrolyse der natürlich vorkommenden Glykoside in Freiheit gesetzt werden. Eine große Anzahl verschiedenster Oligosaccharide ist besonders in den letzten Jahren durch die partielle saure oder enzymatische Hydrolyse der Polysaccharide bekannt geworden (vgl. Kap. Polysaccharide). Durch die Chromatographie an Kohle oder anderen Adsorptionsmitteln wurde die Isolierung und Reindarstellung sehr erleichtert.

Zum Beispiel wird Maltose durch enzymatische Hydrolyse der Stärke in großem Umfange hergestellt. Bei der partiellen sauren Hydrolyse dieses Polysaccharids lassen sich außerdem homologe höhere Malto-Oligosaccharide gewinnen. Ganz entsprechendes gibt es für die Hydrolyse anderer Polysaccharide (vgl. z. B. S. 463).

2. Durch Synthese

Auch durch die Synthese, die auf chemischem oder enzymatischem Wege durchgeführt werden kann, sind viele natürlich vorkommende Oligosaccharide und auch viele Kunstprodukte hergestellt worden.

a) Synthesen auf chemischem Wege

(vgl. W. L. EVANS u. Mitarb. 1951)

Das Prinzip des wichtigsten und allgemein anwendbaren Verfahrens ist folgendes:

Es beruht in Analogie zu Glykosid-Synthesen nach KOENIGS und KNORR (vgl. S. 421) auf der Umsetzung eines Acetohalogen-Zuckers mit der Hydroxylgruppe einer zweiten Zuckerkomponente. Unter Abspaltung von Bromwasserstoff mittels säurebindender Stoffe wird dabei die Oligosaccharidbindung geschlossen. Auf diese Weise lassen sich überwiegend β-glykosidische Verknüpfungen schließen. Der Ort der Verknüpfung richtet sich je nach dem Sitz der Hydroxylgruppe in der zweiten Zuckerkomponente. Diese Synthesen verlaufen in so übersichtlicher Weise, daß sie als sicherer Beweis für die Struktur des synthetisierten Disaccharids angesehen werden können. Auch Tri- und Tetrasaccharide lassen sich auf diesem Wege darstellen.

Die folgenden Formeln geben als Beispiel die Synthese der Gentiobiose (B. HELFERICH u. W. KLEIN 1926) wieder:

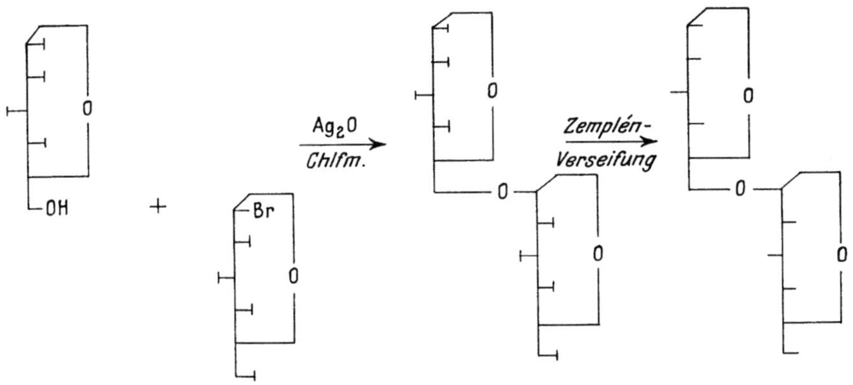

1.2.3.4-Tetraacetyl-α-D-glucose | α-Acetobrom-D-glucose | α-Octacetyl-gentiobiose | Gentiobiose

Andere Synthesen gehen an Stelle eines Acetohalogenzuckers von dem α-⟨1.2⟩-3.4.6-Triacetyl-D-glucose-anhydrid (Brigl-Anhydrid) aus. Unter Aufspaltung des reaktionsfähigen Äthylenoxidringes setzt sich diese Verbindung in der Schmelze mit der Hydroxylgruppen-tragenden Komponente zum α-verknüpften Disaccharid um.

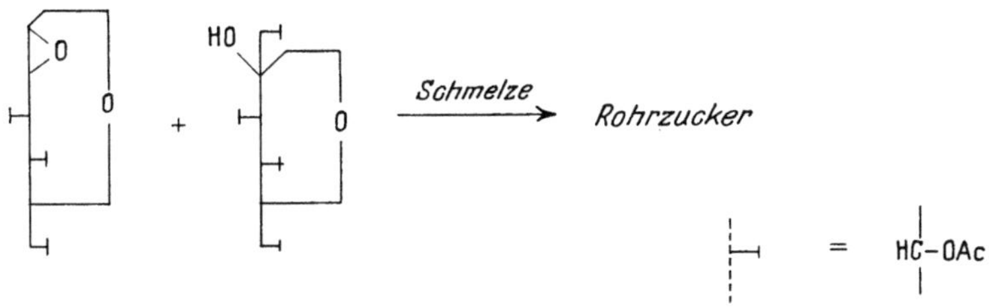

Dieses Verfahren ist trotz der dabei erzielten geringen Ausbeuten bedeutungsvoll, da auf diese Weise die Synthese des Rohrzuckers (R. U. LEMIEUX u. G. HUBER 1953), der Maltose (R. U. LEMIEUX 1953) und anderer α-verknüpfter Disaccharide gelang.

Weitere Verfahren machen von der Isomerisierung leicht zugänglicher Disaccharide Gebrauch. So kann z. B. die β-glykosidische Bindung der Gentiobiose durch Einwirkung von $TiCl_4$ anomerisiert werden. Es resultiert die seltene, sonst schwer zugängliche Isomaltose (B. LINDBERG 1949) (vgl. Formeln S. 439 u. S. 440, links). Auch durch Epimerisierung bekannter Disaccharide sind auf bequeme Weise neue Vertreter gewonnen worden. Über Einzelheiten und weitere Synthesemöglichkeiten berichten die Sammelreferate.

b) Enzymatische Synthesen

Während man in früheren Jahrzehnten im wesentlichen den enzymatischen Abbau hochmolekularer Zucker untersuchte, schenkt man heute den rückläufigen Reaktionen, also den enzymatischen Synthesen, ein besonderes Interesse.

Die Wirkungsweise der dafür geeigneten Enzyme (Trans-Glykosidasen) läßt sich im Zusammenhang mit dem Ablauf der Prozesse am besten durch folgende Vorstellungen wiedergeben.

Bekanntlich sind die Enzyme als substratspezifische Katalysatoren anzusehen. Die Prozesse selbst unterliegen dem Massenwirkungsgesetz und sind deshalb prinzipiell umkehrbar.

$$\text{Glyk-O R} + \text{Enzym} \rightleftharpoons \text{Glyk-Enzym} + \text{HOR}$$
$$1.\ \text{Glyk-Enzym} + \text{HOR}' \rightleftharpoons \text{Glyk O R}' + \text{Enzym}$$
$$2.\ \text{Glyk-Enzym} + \text{HOH} \rightleftharpoons \text{Glyk OH} + \text{Enzym}$$

Glyk O R sei eine Glykosyl-Verbindung, in der R eine Estergruppe (z. B. ein Phosphorsäure-Rest), ein Monosaccharid- oder ein Oligosaccharid-Rest beliebiger Kettenlänge darstellen kann. Wird diese Substanz mit einem auf diese Bindung eingestellten Enzym versetzt, so bildet sich im Gleichgewicht ein sehr reaktionsfähiger Glykosyl-Enzym-Komplex, daneben tritt der Rest R als ROH auf. 1. Ist nun in der Lösung ein geeigneter Acceptor vorhanden, so wird der Glykosyl-Rest in einer ganz bestimmten Konfiguration und Konstititionsanordnung an diesen zur neuen Verbindung Glyk O R′ transferiert. Das Enzym wird in Freiheit gesetzt und kann wieder als Katalysator fungieren. 2. Ist nun in der Lösung kein geeigneter Acceptor vorhanden, so resultiert die einfache Hydrolyse. (Es gibt auch Enzym-Komplexe, die nur auf Wasser spezifisch eingestellt sind (Hydrolasen). Sie katalysieren demgemäß nur den Abbau.)

Der Ablauf entsprechend Gleichung 1. stellt den Idealfall für eine enzymatische Synthese dar. Durch die gleichzeitige Anwesenheit von relativ viel Wasser verläuft jedoch bei allen enzymatischen Synthesen als Konkurrenzreaktion stets die Hydrolyse nach Gleichung 2.

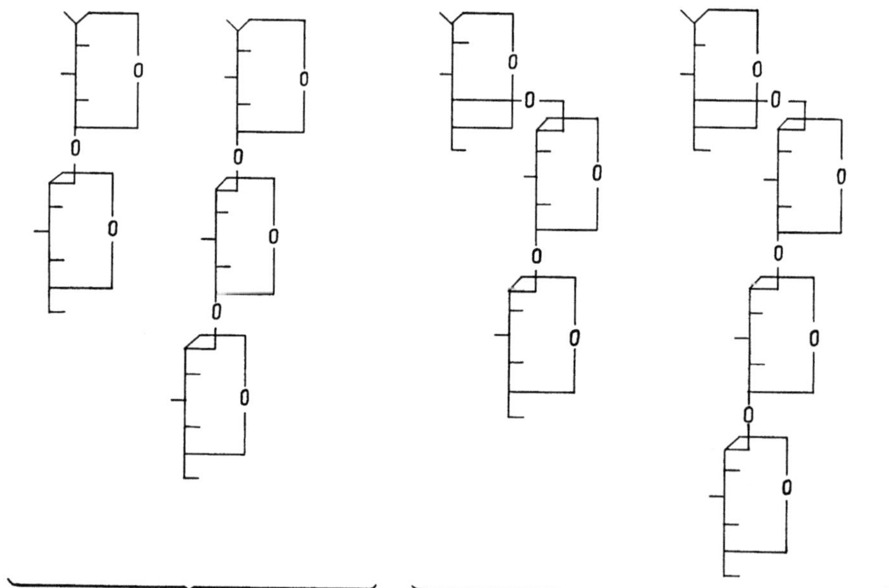

1. Gruppe   2. Gruppe

In den letzten Jahren ist eine große Anzahl von Trans-Glykosidasen aufgefunden worden, durch deren spezifische Übertragung eines Zuckerrestes auf ein Monosaccharid, Di- oder Oligosaccharid eine Reihe zum Teil unbekannter Oligosaccharide zugänglich wurde.

Die Trans-Glucosidase aus Aspergillus orycae ist z. B. imstande, aus Maltose, und zwar nur aus Maltose, 4 verschiedene Malto-Oligosaccharide aufzubauen, die nach Art ihrer Bindungen in zwei Gruppen eingeteilt werden können. Die erste enthält nur Oligosaccharide mit α-1.6-Bindungen: die Isomaltose und die Isomaltotriose. Die zweite Gruppe enthält solche mit α-1.4- und α-1.6-Bindungen: die 4-Isomaltosido-D-glucose und die 4-Isomaltotriosido-D-glucose (Formeln S. 440).

V. Die Konstitutions- und Konfigurationsermittlung der Oligosaccharide

Bei der Konstitutionsermittlung sind folgende Fragen zu klären:
1. Aus welchen Monosacchariden ist das Oligosaccharid aufgebaut?
2. Welchem Ringtyp gehören die Monosaccharide an?
3. Welche Hydroxylgruppen sind an der glykosidischen Bindung beteiligt?
4. Wie ist die Konfiguration der Bindung, α- oder β beim Maltose-Typ oder α,α; β,β; β,α oder α,β beim Trehalose- bzw. Rohrzucker-Typ?

Die Frage 1. wird durch die Hydrolyse und Identifizierung der gebildeten Monosaccharide beantwortet.

Die Fragen 2. und 3. lassen sich durch die Methylierung und Hydrolyse des Oligosaccharids oder seiner Derivate und durch den Perjodsäure-Abbau klären.

Die Frage 4. kann in manchen Fällen auf Grund spezifisch chemischer Reaktionen, mit Hilfe spektrographischer und optischer Methoden, sowie durch das enzymatische Verhalten des Oligosaccharids beantwortet werden.

1. Rohrzucker

Zu 1.: Durch wäßrige Säuren wird der Rohrzucker sehr rasch unter Bildung von D-Glucose und D-Fructose hydrolysiert. Dieser Vorgang läßt sich auf Grund der damit verknüpften Drehwertsänderung leicht polarimetrisch verfolgen. Im Gegensatz zu dem positiven Drehwert des Rohrzuckers dreht das Hydrolysengemisch negativ. Man spricht daher von der Inversion des Rohrzuckers.

$$\underset{\substack{\text{Rohrzucker} \\ +66{,}5^\circ}}{C_{12}H_{22}O_{11}} + H_2O = \underset{\substack{\text{D-Glucose} \\ +52{,}7^\circ}}{C_6H_{12}O_6} + \underset{\substack{\text{D-Fructose} \\ -92{,}4^\circ}}{C_6H_{12}O_6}$$

Die glykosidische Verknüpfung der Komponenten sowie deren Ringweiten können durch die Methylierung, anschließende Hydrolyse und Identifizierung der Spaltprodukte bewiesen werden.

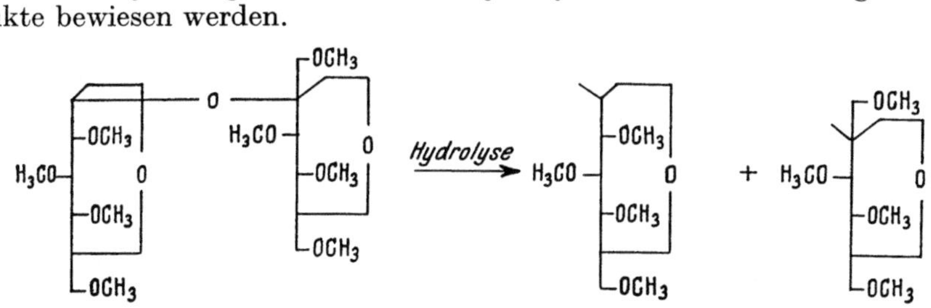

Dazu wird der Rohrzucker nach einer der auf S. 423 beschriebenen Methoden vollständig methyliert. Die anschließende Hydrolyse führt unter Aufsprengung der Disaccharid-Bindung zur Bildung von 2.3.4.6-Tetramethyl-D-glucopyranose und 1.3.4.6-Tetramethyl-D-fructo-furanose. Da in diesen beiden Methyläthern nur das glykosidische Hydroxyl frei vorliegt, muß an diesen Stellen die Disaccharid-Bindung angegriffen haben.

Zu 4.: Die Konfiguration der glykosidischen Bindung kann aus dem Verhalten des Rohrzuckers bei verschiedenen enzymatisch durchgeführten Hydrolysen abgeleitet werden. Unabhängig davon wurden auf Grund spezieller chemischer Reaktionen der β-1-Fluor-fructo-furanose (F. MICHEEL u. L. TORK 1960) und des Rohrzuckers die β-fructo-furanoide Rohrzuckerbindung (R. U. LEMIEUX u. J. P. BARETTE 1958) bewiesen.

2. Maltose

Bei den reduzierenden Disacchariden ist die Klärung der 2. und 3. Frage etwas schwieriger.

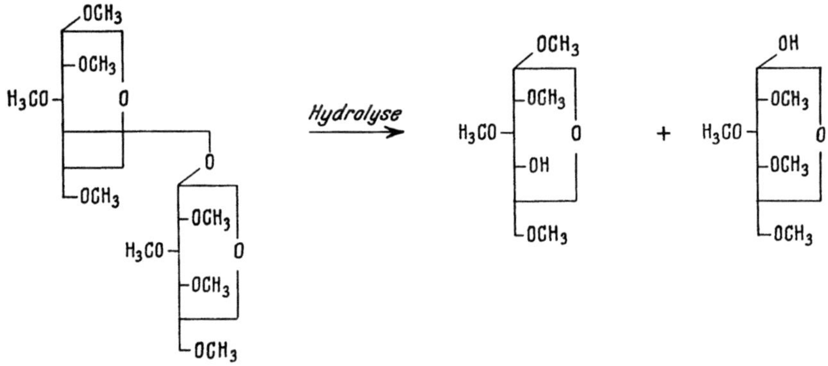

Nach der Methylierung wird ein Heptamethyl-$\alpha.\beta$-methyl-maltosid erhalten. Dieses liefert bei der Hydrolyse der Disaccharid- und der Methyl-glykosid-Bindung neben der schon bekannten 2.3.4.6-Tetramethyl-D-gluco-pyranose 2.3.6-Trimethyl-D-glucose. Die Tetramethyl-D-glucose ist offensichtlich aus dem glykosidisch gebundenen Gluco-pyranose-Teil entstanden, während die Trimethyl-D-glucose dem reduzierenden Glucose-Teil der Maltose entspricht.

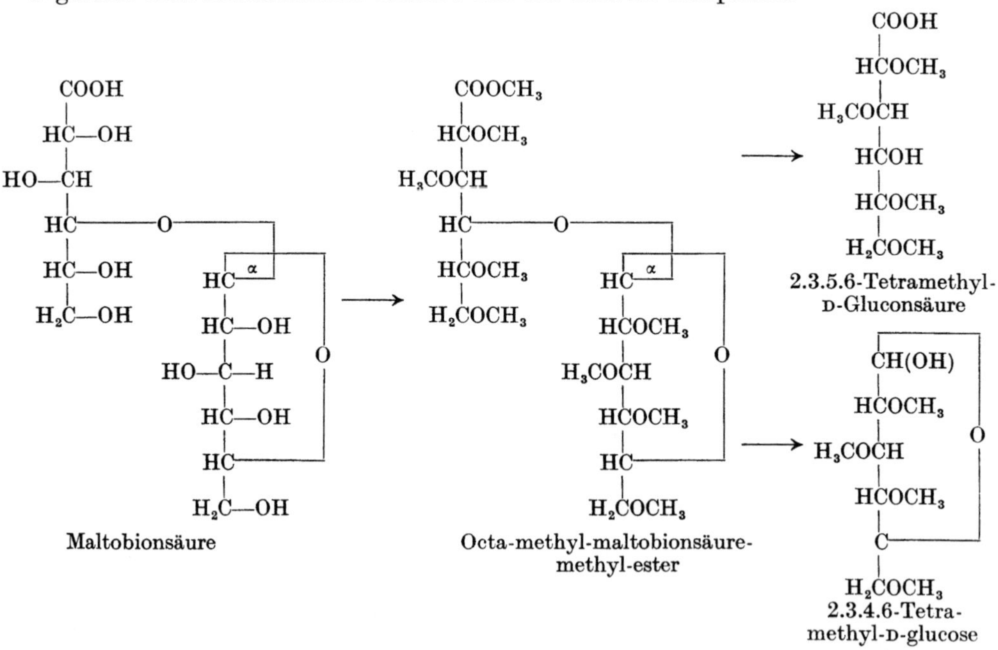

Maltobionsäure

Octa-methyl-maltobionsäure-methyl-ester

2.3.5.6-Tetramethyl-D-Gluconsäure

2.3.4.6-Tetra-methyl-D-glucose

Letztere ist aber grundsätzlich mit der Struktur zwei verschiedener Disaccharide vereinbar.

1. 4-Gluco-pyranosido-D-glucopyranose ↘ 2.3.6-Trimethyl-D-glucose
2. 5-Gluco-pyranosido-D-glucofuranose ↗

Eine Entscheidung zwischen diesen beiden Möglichkeiten ist ausgehend von der Maltobionsäure – sie hat im Aldonsäureteil keinen inneren Ring – durch Methylierung und Hydrolyse möglich. Es resultiert die 2.3.5.6-Tetramethyl-D-gluconsäure. Damit ist die Struktur der Maltose zugunsten der Formulierung 1) bewiesen.

Zu 4.: Die glucosidische Verknüpfung ergibt sich aus dem hohen Drehwert der Maltose und dem enzymatischen Verhalten.

G. Polysaccharide

(vgl. R. L. WHISTLER u. CH. L. SMART 1953; R. L. WHISTLER 1959; F. MICHEEL Handbuch der Pflanzenanalyse VI. Berlin-Göttingen-Heidelberg: Springer 1958)

I. Allgemeiner Teil

Das Aufbauprinzip der Polysaccharide ist grundsätzlich das gleiche wie das der Oligosaccharide. Die einzelnen Zuckerbausteine sind durch glykosidische Bindungen miteinander verknüpft. Durch wäßrige Säuren oder auf enzymatischem Wege können diese Bindungen mehr oder weniger vollständig wieder hydrolysiert werden. Auf diese Weise können die Bausteine des Polysaccharids ermittelt werden.

Die wichtigsten sind: D-Glucose, D-Fructose, D-Mannose, D-Galaktose, D-Glucosamin, D-Galaktosamin, L-Arabinose (selten die D-Form), D-Xylose und an Uronsäuren D-Glucuronsäure, Galakturonsäure und D-Mannuronsäure.

Weitaus am verbreitetsten sind jedoch solche Polysaccharide, die aus Bausteinen nur eines Monosaccharids bestehen. Cellulose, Stärke und Lichenin enthalten nur D-Glucose-Reste, und das Inulin ist nahezu vollständig aus D-Fructofuranose aufgebaut, und das Chitin besteht nur aus N-Acetyl-D-glucosamin-Einheiten.

Die Eigenschaften, das Verhalten und die Molekülgestalt eines Polysaccharids hängen im wesentlichen von drei Faktoren ab:

1. Von den Bausteinen, aus denen es aufgebaut ist,

2. Von dem Ort und der Art der Verknüpfung der Zuckerreste untereinander. Hieraus ergibt sich die Gestalt des Makromoleküls: lange Ketten oder verzweigte Gebilde.

3. Von der Anzahl der durch chemische Bindungen verknüpften Bausteine. Dieser Punkt ist entscheidend für den Polymerisationsgrad und das Molekulargewicht.

Für die Identifizierung und Strukturermittlung eines Polysaccharids ist zunächst die Gewinnung des Stoffes in möglichst reiner Form Voraussetzung. Teilweise hartnäckig anhaftende Begleitstoffe lassen sich je nach Art der Verunreinigungen und den Eigenschaften des Polysaccharids auf physikalischem oder chemischen Wege entfernen. Die wichtigsten hierfür geeigneten Verfahren sind: fraktionierte Fällung, das Aussalzen und Abtrennen in der Ultrazentrifuge, die fraktionierte Adsorption an Ionenaustauschern, die Elektrophorese und Extraktionsverfahren. Für die Reindarstellung auf chemischem Wege kommt die Überführung des Polysaccharids in ein geeignetes Derivat in Frage, welches auf Grund seiner anderen Eigenschaften sich gegebenenfalls von den Verunreinigungen besser abtrennen läßt, Voraussetzung bei der Anwendung dieses Verfahrens ist, daß das Polysaccharid ohne Schädigung seiner Struktur in sein Derivat übergeführt werden kann und sich nach der Trennung regenerieren läßt. Geeignete Derivate sind Ester, Acetale, Xanthate und Komplexverbindungen.

Die vollständige Hydrolyse des Polysaccharids durch Säuren oder mit Hilfe geeigneter Enzyme führt zu dem Bausteingemisch. Außer der Identifizierung der Komponenten ist häufig im Rahmen der Strukturaufklärung eine möglichst quantitative Erfassung der einzelnen Bestandteile erforderlich. Durch die Papierchromatographie (vgl. F. Cramer 1958, u. G. N. Kowkabany 1955) und die präparative Chromatographie (vgl. W. W. Binkley 1955) an geeigneten Absorptionsstoffen ist diese Arbeit in neuerer Zeit sehr erleichtert worden.

Zur Ermittlung des Ortes und der Art der Verknüpfung (α oder β) bedient man sich im wesentlichen dreier Verfahren.

Beispiel:

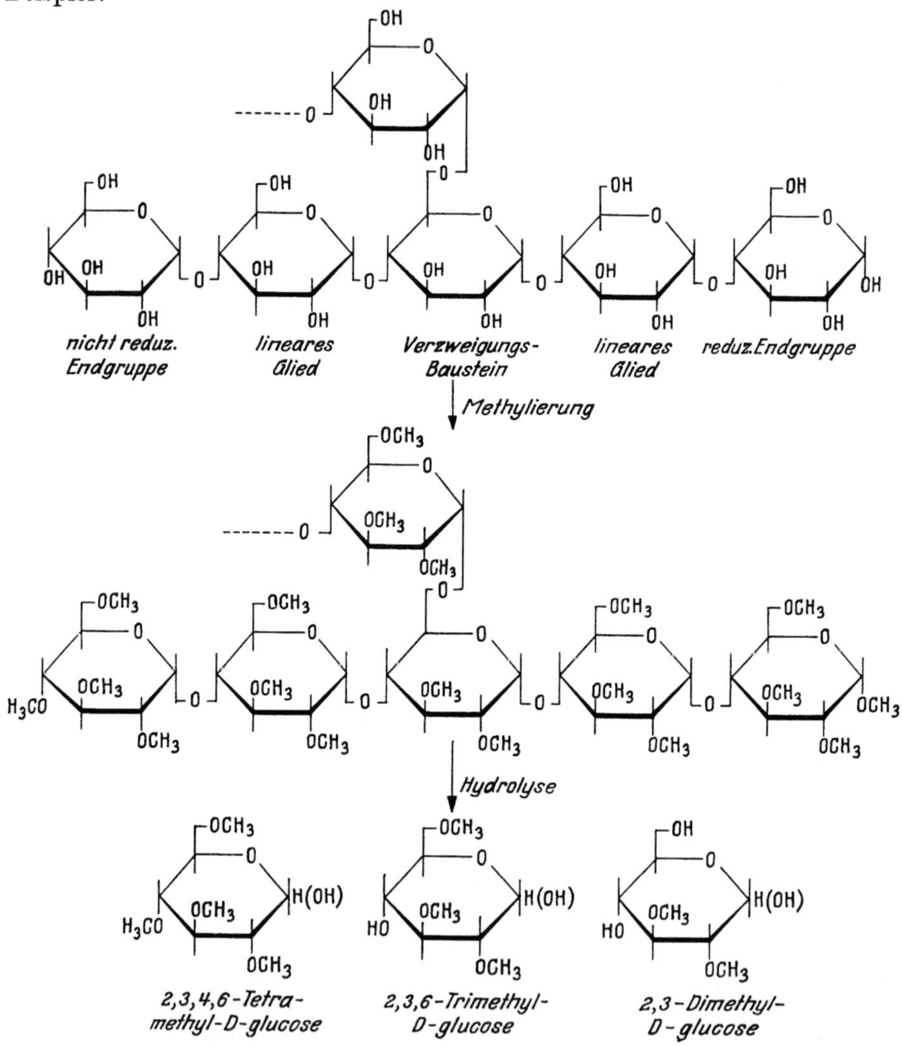

a) Das wichtigste ist die Methylierung des Polysaccharids mit anschließender Hydrolyse und Identifizierung der Spaltprodukte. Dazu müssen die Hydroxylgruppen des Polysaccharids vollständig methyliert werden. Dies erreicht man durch mehrfache Methylierung mit Dimethylsulfat/Alkali und mit Methyljodid/Silberoxid in Dimethylformamid oder Methyljodid in flüssigem Ammoniak. Die anschließende saure Hydrolyse liefert verschiedene methylierte Monosaccharide, die nur an jenen Stellen freie Hydroxylgruppen besitzen, an denen im intakten Polysaccharid die glykosidischen Bindungen angriffen. Aus den identifizierten partiell methylierten Spaltprodukten und ihrer Menge kann auf die Struktur des Polysaccharids geschlossen werden.

Die gebildete Tetramethyl-D-glucose entspricht der nicht reduzierenden Endgruppe der Kette, die 2.3-Dimethyl-D-glucose dem Verzweigungspunkt, wobei eine glykosidische Bindung am C_4 und eine am C_6 angegriffen haben mußte. Die Isolierung der dazu im bestimmten Verhältnis anfallenden 2.3.6-Trimethyl-D-glucose besagt, daß die Hauptmenge der Bausteine in 1.4-Bindungen zu Ketten angeordnet sind.

b) Wertvolle Hinweise auf die Struktur eines Polysaccharides liefert seine partielle Hydrolyse. Diese kann mit wäßrigen Säuren, bestimmten Enzymen oder acetolytisch abbauenden Reagentien durchgeführt werden. Dabei werden je nach

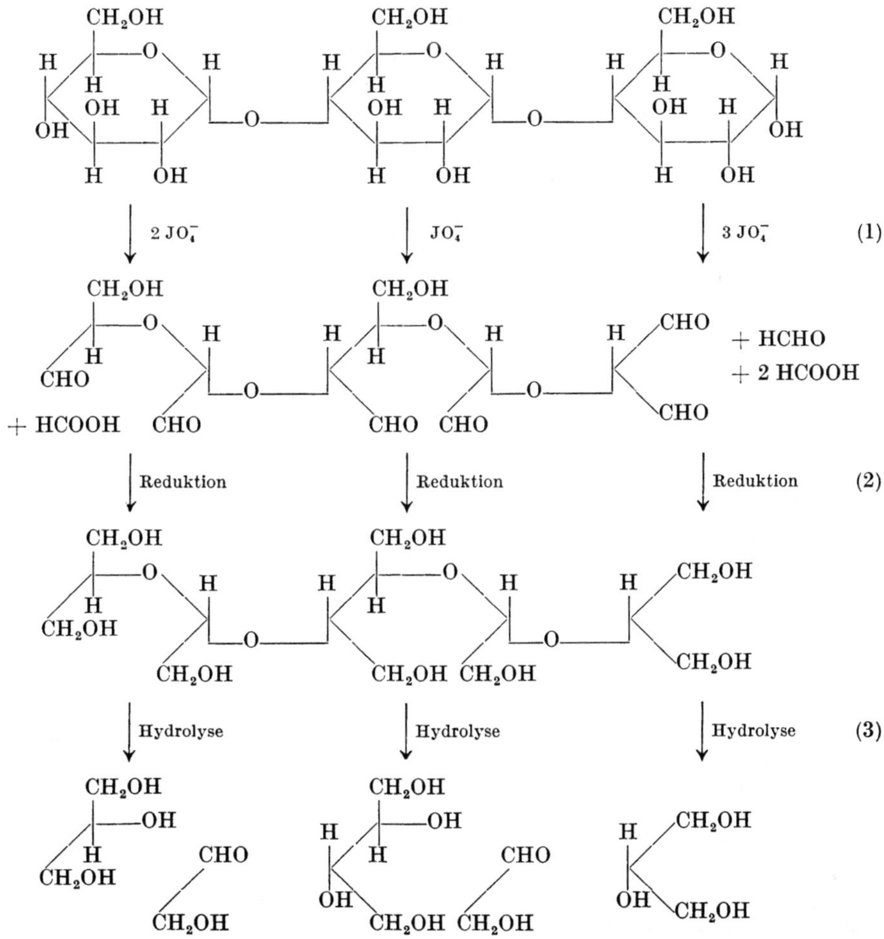

den Bedingungen Bruchstücke erhalten, die aus zwei oder mehr Monosacchariden bestehen (Di- oder Oligosaccharide). Besonders einfach ist die Identifizierung der Disaccharide, da diese im allgemeinen schon bekannt sind. Höhere Glieder lassen sich relativ einfach untersuchen. Die Art der Verknüpfung (α oder β) in diesen

Bruchstücken entspricht der Verknüpfung der Monosaccharid-Reste im Polysaccharid. So werden z. B. beim partiellen Abbau der Cellulose unter verschiedenen Bedingungen nur Bruchstücke mit 1.4-Verknüpfung erhalten. Es werden also in der Cellulose lineare Ketten mit β-1-4-Bindungen vorliegen. Stärke liefert beim Abbau bevorzugt Maltose, folglich enthält das Polysaccharid α-1.4-Bindungen (vgl. die Formeln der Disaccharide).

c) Aufschlußreich für die Kenntnis der Struktur eines Polysaccharids ist der Perjodsäure-Abbau. Er ermöglicht es bei der Verwendung von Na-meta-perjodat ($NaJO_4$) in bequemer Weise und unter Verwendung kleiner Substanzmengen, Endgruppenbestimmungen durchzuführen.

Nur das Kettenende und der Kettenanfang liefern bei der Oxydation Ameisensäure und zwar insgesamt 3 Mole. Die Menge ist der Länge der Kette äquivalent. Bausteine mit benachbarten OH-Gruppen werden zu Dialdehyden aufgesprengt. Man erhält einen Polyaldehyd, der sich recht gut mit Natriumborhydrid (F. SMITH u. Mitarb. 1952) oder auch Raney-Nickel reduzieren läßt. Die anschließende Hydrolyse liefert verschiedene Aldehyde und Alkohole. Aus deren Struktur und Menge kann auf den Aufbau des Polysaccharides geschlossen werden. Über Anwendung und Einzelheiten dieser im Prinzip dargelegten Methoden und weiterer Verfahren zur Strukturermittlung der Polysaccharide (vgl. die Zitate auf S. 443).

Im folgenden werden die für den Lebensmittelchemiker wichtigsten Vertreter der Polysaccharide abgehandelt.

II. Stärke

(vgl. die Bücher u. Sammelref.: J. A. RADLEY 1953, ST. PEAT 1954, W. J. WHELAN 1958)

Die Stärke ist das im Pflanzenreich vorkommende, wichtigste Kohlenhydrat für unsere Ernährung.

In den Chloroplasten findet man sie als erstes sichtbares Assimilationsprodukt. Als eigentliches Reservekohlenhydrat wird sie zu Zeiten starker Assimilation in Form von Körnern in den Wurzeln und Samen der Pflanzen gespeichert, um z. B. im Frühjahr zum Aufbau von Cellulose und Lignin u. a. mobilisiert zu werden. Die Stärkekörner besitzen je nach Herkunft verschiedene Gestalt (linsenförmig, kugelig, oval und langgestreckt). Das mikroskopische Bild ist für die verschiedenen Pflanzenarten so typisch, daß man das Bild für diagnostische Zwecke verwenden kann.

Darstellung (vgl. K. HEYNS u. F. SCHNEIDER 1960). Zur Gewinnung der Stärke aus Knollen und Samen der verschiedenen Pflanzen wird nach der Reinigung die Stärke unter Zusatz von 0,2% SO_2 in Wasser bei 40° vorgequollen. Dann wird über feinmaschige Siebe von den groben Anteilen getrennt. Schließlich ist die Stärke nur noch durch Proteine, Zellbestandteile und in Wasser lösliche Stoffe verunreinigt. Diese Beimengungen werden durch Abschwemmen beseitigt. Verunreinigungen von einigen Zehntel Prozenten an Proteinen, Fett und anorganischen Bestandteilen (besonders Phosphaten) lassen sich außerordentlich schwer entfernen.

Eigenschaften. Stärke ist in kaltem Wasser unlöslich. Ab etwa 55° tritt langsam ein Quellen der Körner ein, bis schließlich unter Zerplatzen der Körner die Stärke kolloidal in Lösung geht und sich Stärkekleister bildet. Die Verkleisterungstemp. ist abhängig von der Stärkeart. Auch mit kalter, verdünnter Natronlauge, mit Ammoniak oder heißem Glycerin tritt Quellung ein.

Charakteristisch für die Stärke ist die intensive Blaufärbung, die auf Zusatz von Jodlösung eintritt. Diese Färbung ist so intensiv, daß man sie zum Nachweis von Stärke oder sehr kleiner Mengen von freiem Jod auch in sehr großer Verdünnung benutzen kann (Indicator in der Jodometrie). Die Jod-Stärke-Reaktion ist eingehend untersucht worden. Sie hat sehr zur Kenntnis über den Aufbau der Stärke beigetragen.

Schon zu Beginn des 20. Jahrhunderts wurde beobachtet, daß die Stärke nicht einheitlich ist. Man kann durch geeignete Verfahren zwei Fraktionen erhalten, die sich in ihren Eigenschaften und in ihrer Struktur unterscheiden. Sie werden als Amylose und Amylopektin bezeichnet.

1. Amylose und Amylopektin

Die Amylose gibt mit heißem Wasser eine klare dünnflüssige Lösung. Eine Kleisterbildung tritt nicht ein. Beim längeren Stehenlassen scheidet sich etwas unlösliche Amylose ab (Retrogradation). Dieser Prozeß beruht auf einer Assoziation der langen Kettenmoleküle. – Die Farbe der Amylose mit Jod ist rein blau.

Das Amylopektin, welches sich in den äußeren Schichten des Stärkekorns befindet, besitzt die Eigenschaft der Gelbildung. Charakteristisch für das Amylopektin ist ferner sein Gehalt an Phosphorsäure (0,175% P_2O_5), die durch Elektrodialyse nicht mehr entfernt werden kann. Die Farbe mit Jodlösung ist violett.

Für die Aufstellung der Konstitutionsformeln der Amylose und des Amylopektins waren folgende Befunde maßgebend.

Beide sind ausschließlich aus D-Glucose aufgebaut; dies ergab sich eindeutig aus den Befunden der totalen sauren Hydrolyse.

Amylose-Struktur:

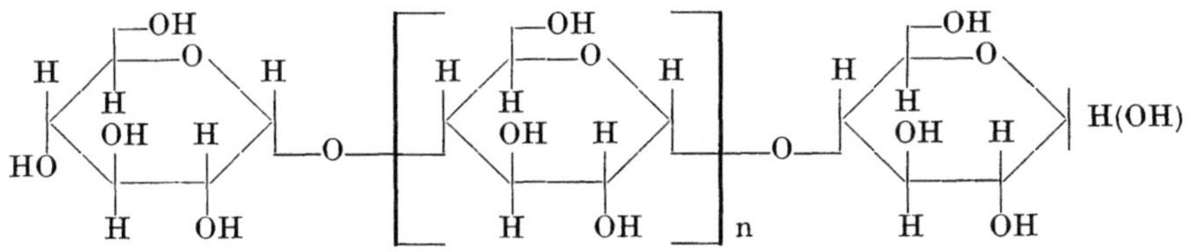

In der Amylose sind die Glucose-Reste in langen Ketten über α-1.4-Bindungen miteinander verbunden.

Die 1.4-Verknüpfung ergibt sich aus den Resultaten der vollständigen Methylierung und Hydrolyse. Neben 0,3–0,4% 2.3.4.6-Tetramethyl-D-glucose wird nur 2.3.6-Trimethyl-D-glucose erhalten (vgl. S. 444). Die α-glykosidische Verknüpfung sowie die 1.4-Verknüpfung läßt sich ferner aus der Struktur der Spaltprodukte, die bei dem partiellen Abbau erhalten werden, beweisen. Neben D-Glucose und hochmolekularen Bruchstücken werden dabei viel Maltose und analog aufgebaute höhere Malto-Oligosaccharide isoliert (Tri-, Hexa-saccharid). Beim enzymatischen Abbau mit α-Amylase wird sogar zu 87% Maltose erhalten.

Wie die röntgenographische Untersuchung der Jod-Verbindung der Amylose zeigt, sind die Ketten der Amylose schraubenförmig angeordnet, und zwar hat in jeder dieser Windungen 1 Jod-Atom Platz.

Die Amylose ist jedoch je nach Herkunft nicht polymereinheitlich. Die Ketten können aus 200 bis zu etwa 1000 Glucose-Einheiten bestehen. Diese Werte ergeben sich aus der Endgruppenbestimmung durch den Perjodat-Abbau (vgl. S. 445). Möglicherweise kommen auch in *sehr geringem Umfange* Verzweigungen in den Amylosen mancher Pflanzen vor. Dafür sprechen die Differenzen zwischen dem ermittelten Molgewicht aus der Endgruppen-Analyse und der Molgewichtsbestimmung nach physikalischen Methoden.

	Molgewicht	
	ber. aus Endgruppenbestimmung	nach physikalischen Methoden
Sago	420	740
Mais	490	800
Weizen	540	860
Kartoffel	980	930

Amylopektin-Struktur. Im Gegensatz zur Amylose besitzt das Amylopektin eine stark verzweigte Struktur. An relativ kurzen, α-1.4-verknüpften D-Glucose-Ketten greifen über α-1.6-Bindungen Seitenzweige an. In dem Amylopektin der Weizenstärke treten zusätzlich, jedoch in sehr geringem Umfange, auch α-1.3-Bindungen auf.

Dieser Aufbau ergibt sich wiederum aus den Befunden der Methylierung und Hydrolyse, der partiellen Hydrolyse und des HJO_4-Abbaus.

Bei der Bestimmung der Struktur durch die Methylierungstechnik treten des öfteren Unstimmigkeiten auf. Diese ergeben sich aus zwei Gründen: Einerseits ist eine vollständige Methylierung der Hydroxylgruppen des stark verzweigten Moleküls nur schwer zu erreichen, zum anderen ist unter den Bedingungen der Hydrolyse des methylierten Amylopektins eine teilweise hydrolytische Aufspaltung von Methyläther-Gruppierungen nicht ganz zu vermeiden. Als eindeutige Hydrolysenprodukte des methylierten Amylopektins werden neben 2.3.6-Trimethyl-D-glucose (Hauptprodukt) 4—6% Tetramethyl-D-glucose und eine den Verzweigungspunkten äquivalente Menge 2.3-Dimethyl-D-glucose gefunden.

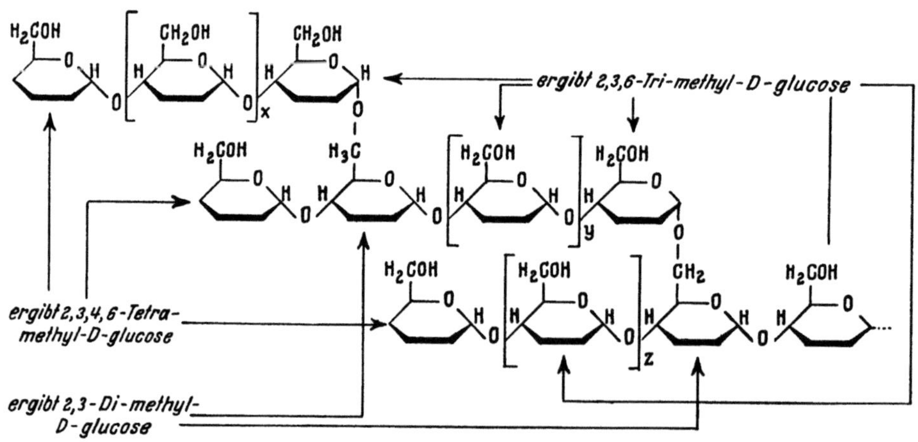

Für die Aufstellung der Strukturformel sind deshalb die Ergebnisse der partiellen Hydrolyse des Amylopektins von besonderem Wert. Neben Maltose und höheren gradkettigen 1.4-verknüpften Malto-Oligosacchariden werden auch solche Spaltprodukte erhalten, die α-1.6-Bindungen besitzen. So konnte aus Mais-Amylopektin Isomaltose (6- [α-D-Glucosido ⟨1.5⟩] -D-glucose ⟨1.5⟩) (a) (E. M.

MONTGOMERY 1949) eine kleine Menge Panose (4-[α-Isomaltosido⟨1.5⟩]-D-glucose) (b) isoliert werden (M. L. WOLFROM u. Mitarb. 1951).

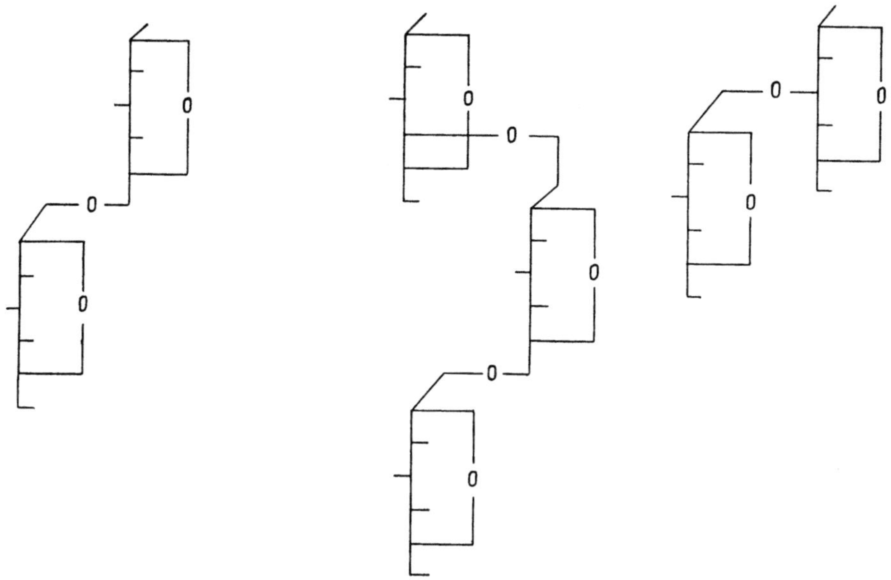

a Iso-maltose — b Panose — c Nigerose

Aus dem gleichen Amylopektin haben WOLFROM und THOMPSON (1956) Nigerose (3-[α-D-Glucosido⟨1.5⟩-D-glucose⟨1.5⟩) (c) erhalten.

Die Endgruppenbestimmungen, berechnet aus der Methylierungsanalyse und dem Perjodsäure-Abbau stehen in guter Übereinstimmung. Nach K. H. MEYER u. P. BERNFELD (1940) ist das Amylopektin ein stark verästeltes Sphäropolysaccharid. Mit diesen Vorstellungen sind auch die viscosimetrischen und osmometrischen Messungen am Amylopektin am besten vereinbar.

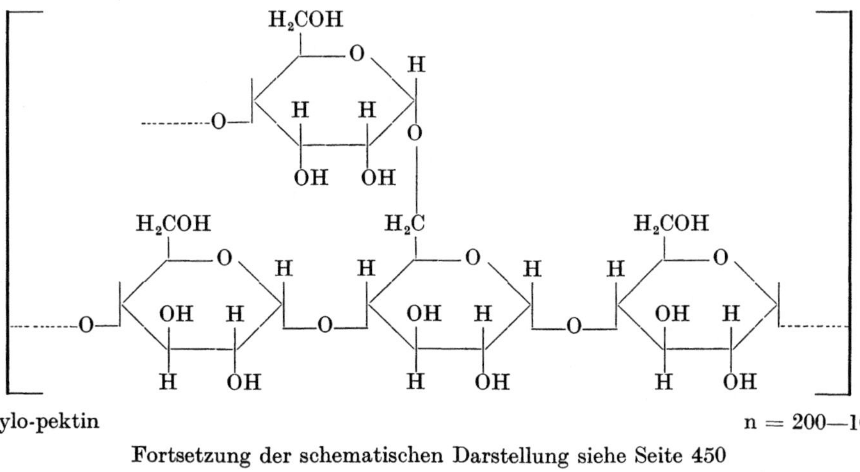

Amylo-pektin n = 200—1000

Fortsetzung der schematischen Darstellung siehe Seite 450

Fortsetzung der schematischen Darstellung von Seite 449

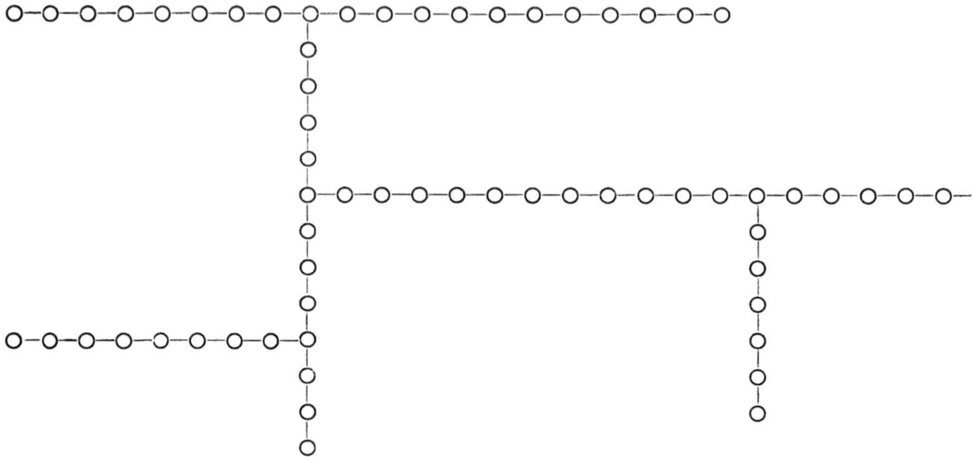

Schematische Darstellung der Amylopektin
Formel nach K. H. Meyer

III. Glykogen

Das Glykogen ist das Reservekohlenhydrat in der Tierwelt. Es wird in der Leber gespeichert, findet sich aber auch in den Muskeln und anderen Geweben. Es ist von entscheidender Bedeutung für den Energiehaushalt bei der Muskelarbeit. Glykogen ist aber auch in Pilzen und einigen Hefen und Mikroorganismen nachgewiesen worden.

Zur Gewinnung von Glykogen arbeitet man am besten Lebern guternährter Tiere auf.

Eigenschaften. In seinen Eigenschaften gleicht das Glykogen der Stärke, speziell dem Amylopektin. Deshalb wird das Glykogen auch als tierische Stärke bezeichnet. Charakteristisch ist die rote bis rotbraune Farbe mit Jod, die ebenso wie bei der Stärke nur in der Kälte auftritt. Auch enthält sie chemisch gebundene Phosphorsäure, es tritt jedoch keine Gelbildung (Verkleisterung) ein. Auch ist die Löslichkeit in Wasser größer.

Struktur. In seinem Aufbau entspricht das Glykogen nahezu völlig dem Amylopektin. Es ist lediglich stärker verzweigt und zeichnet sich durch ein größeres Molgewicht aus. Demgemäß findet man beim partiellen Säureabbau die gleichen Spaltprodukte wie beim Amylopektin und die entsprechenden Methylglucosen bei der Hydrolyse des methylierten Glykogens (W. N. Haworth u. Mitarb. 1937, 1939). Aus dem Verhalten des Glykogens beim HJO_4-Abbau (F. Smith u. Mitarb. 1951, 1952) ergibt sich ergänzend, daß etwa 99% aller Verzweigungen über 1.6-Bindungen erfolgen, der Rest aber über 1.3- oder 1.2-Bindungen.

Aus der Menge der Tetramethyl-D-glucose und der Endgruppenbestimmung durch den HJO_4-Abbau, sowie aus dem Verhalten des Glykogens beim enzymatischen Abbau ergibt sich die stärkere Verzweigung. Kettenlängen von 10–14 Glucose-Resten sind wahrscheinlich.

Beobachtungen bei Viscositätsmessungen sprechen mit großer Wahrscheinlichkeit für eine ellipsoide Molekülform, deren Durchmesser auf Grund elektronenmikroskopischer Messungen zwischen 5–15 mμ liegen dürften.

IV. Polyfructosane

Die Polyfructosane sind, wie der Name besagt, vollständig oder nahezu ganz aus D-Fructose aufgebaut. Diese liegt, wie im Rohrzucker oder den sich davon ableitenden Oligosacchariden, in der furanoiden Form vor. Hauptsächlich 2 verschiedene Bindungstypen sind in diesen Polysacchariden vertreten: 1. In der *Inulin*-Gruppe sind die D-Fructose-Reste über 1.2-Bindungen verknüpft. 2. In der *Phlein*-Gruppe liegen 2.6-Bindungen vor. Zu dieser letzteren Gruppe zählen auch die Laevane. Dies sind Fructosane, die beim Wachsen bestimmter Bakterienarten auf Rohrzucker produziert werden (vgl. A. B. FOSTER u. M. STACEY 1958).

Die Vertreter der Inulin- und Phlein-Gruppe finden sich weit verbreitet im Pflanzenreich, besonders in Compositen Gramineen und Liliaceen. Sie dienen den Pflanzen nahezu ausschließlich als Reservekohlenhydrat. Die folgende Tabelle vermittelt eine Übersicht über die wichtigsten Vertreter.

Polyfructosane	Herkunft
A. Mit 1.2-Bindung:	
Inulin	Cichorien, Dahlien u. Topinambur
Sinistrin[1]	Meerzwiebel
Irisin[2]	Iris
Asparogesin[3]	Spargel
Graminin[4]	Roggen
Triticin[5]	Quecke (Agropyron repens)
B. Mit 2.6-Bindung:	
Phlein[6]	Thimotee-Gras (Phleum pratense)
Secalin[7]	Roggen
Pyrosin[8]	Weizen

* Enthält 1.2- und 2.6-Bindungen.

[1] SCHLUBACH, H. H., u. W. FLÖRSHEIM, 1929. — [2] WALLACH, O., 1886. — SCHLUBACH, H. H. u. Mitarb., 1933. — HIRST, E. L. u. Mitarb., 1947. — [3] TANRET, G., 1909. — SCHLUBACH, H. H., u. H. BOE, 1937. — [4] SCHLUBACH, H. H., u. K. KÖNIG, 1934. — [5] SCHLUBACH, H. H., u. H. PEITZNER, 1937. — ARNI, P. C., u. E. G. V. PERCIVAL, 1951. — [6] SCHLUBACH, H. H., u. O. K. SINH, 1940. — [7] SCHLUBACH, H. H., u. C. BRANDMANN, 1939. — [8] SCHLUBACH, H. H., u. J. HUCHTIG, 1949.

1. Inulin

Das Inulin ist der wichtigste Vertreter dieser Polysaccharid-Klasse. Die Knollen der Dahlien, Artischocken und des Topinambur bestehen praktisch aus reinem Inulin. Sie sind deshalb die geeigneten Ausgangsmaterialien für die Gewinnung des Polysaccharids, die auch in technischem Umfang erfolgt. Inuline sind nämlich ausgezeichnete Quellen für die Darstellung sehr reiner D-Fructose. Diese wird als Diabetikerzucker verwendet, da sie sich von der D-Glucose in einigen Punkten in ihrem Stoffwechsel unterscheidet. Außerdem dient sie u. a. auch zur Herstellung von Injektionslösungen.

Zur Gewinnung der D-Fructose aus Inulinen werden die Knollen mit schwach kalkhaltigem Wasser extrahiert und bei p_H 11 eingedampft. Mit Säuren unter Druck erfolgt dann die Hydrolyse zur D-Fructose. Die Reinigung der D-Fructose kann über ihre gut kristallisierende Ca-Additionsverbindung erfolgen.

Eigenschaften. Das Inulin ist in warmem Wasser leicht und in kaltem Wasser schwerer löslich. Der Drehwert liegt je nach Herkunft des Polysaccharids zwischen

−31° und −40° (Wasser). Wie die meisten Polysaccharide erwies sich auch das Inulin als kristallin. Frisch gefälltes Inulin ist amorph, geht aber beim längeren Stehen wieder in den kristallinen Zustand über.

Struktur. Die vollständige Hydrolyse, die entsprechend dem Aufbau aus furanoid gebundener D-Fructose extrem leicht erfolgt, liefert D-Fructose, sowie 5–6% D-Glucose. Letztere kann durch geeignete Methoden quantitativ erfaßt werden (E. L. Hirst u. Mitarb. 1950, F. Micheel u. F. P. von de Kamp 1952). Wie die Methylierungsergebnisse zeigen, besteht das Inulin aus linearen Ketten 1.2-verbundener D-Fructose-Reste. Etwa 35 Bausteine bilden eine Kette, die über eine Rohrzuckerbindung durch einen D-Glucose-Rest abgeschlossen wird. Ein weiterer Glucose-Baustein ist in der Kette eingebaut (E. L. Hirst u. Mitarb. 1950).

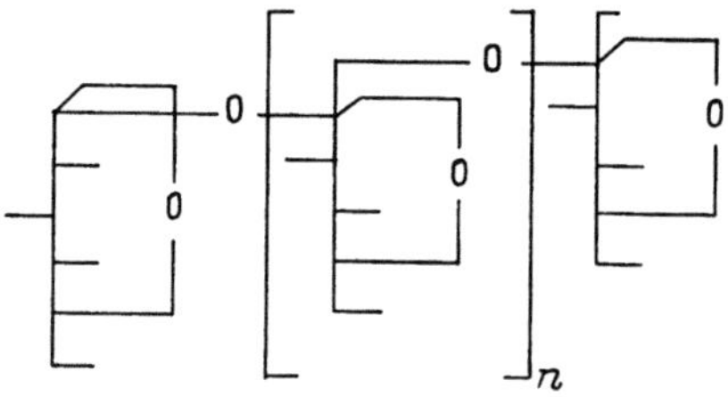

Inulin

Die D-Fructose-Einheiten sind höchstwahrscheinlich über β-glykosidische Bindungen verknüpft. Dafür spricht der negative Drehwert des Inulins, besonders aber die Struktur des Disaccharids Inulobiose, welche bei der partiellen Hydrolyse des Polysaccharids erhalten werden kann (J. H. Pazur u. A. L. Gordon 1953). Das Disaccharid hat die Struktur einer 1-β-D-Fructosido⟨2.5⟩-D-fructose⟨2.5⟩.

Inulobiose

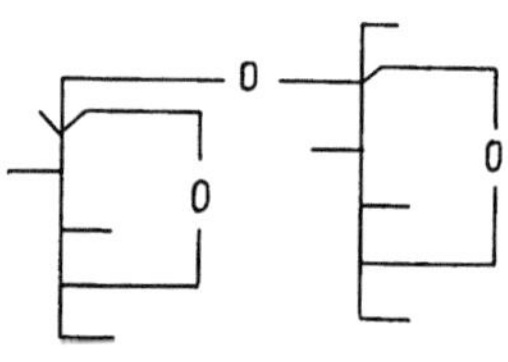

2. Fructosane der Gramineen

Die Fructosane der Gramineen haben ein besonderes Interesse gefunden, weil sie auch in unseren Getreidepflanzen vorkommen (H. H. Schlubach 1958, 1961; Sammelref.). Hier finden sich verschiedene Fructosane — meist niederen Molgewichtes —, die der Inulin- oder Phleinreihe angehören. Andere enthalten beide Bindungstypen. Diese Vertreter sind in charakteristischer Weise verzweigt:

An einer Hauptkette, die dem Inulin- oder Phleintyp angehören kann, greifen viele einzelne D-Fructo-furanose-Reste als Seitenzweige an, und zwar beim Inulintyp über das C-6 und beim Phleintyp über das C-2 der Hauptkette. Die folgenden Skizzen erläutern das Prinzip:

Gluc p α 1—[2 β Fruc f 1 — 2 β Fruc f 1]—2 β Fruc f 1 — 2 β Fruc f
6 6————1
|
2
β Fruc f]9

Graminin (Roggen)
(H. H. Schlubach u. E. Haberland 1958)

Gluc p α 1 — 2 β Fruc f 6 — 2 β Fruc f 6 — 2 β Fruc f 6 — 2 β Fruc f 6 — 2 β Fruc f
1 | 2 β Fruc f (at the second unit); 1 | 2 β Fruc f (at the fourth unit)

Fructosan (Weizenmehl)
(R. MONTGOMERY u. F. SMITH 1957)

V. Cellulose

(vgl. Monographien u. Sammelref.: R. L. WHISTLER u. CH. L. SMART 1953, F. MICHEEL 1956, B. G. RÅNBY 1958)

Die Cellulose ist nicht nur das am weitesten verbreitete Polysaccharid, sondern sie stellt auch den auf der Erdoberfläche in der absolut größten Menge vorkommenden organischen Stoff dar. Sie bildet als Gerüstpolysaccharid den größten Teil der Pflanzengewebe, findet sich aber ebenfalls im Tierreich in den Mänteln niederer Meerestiere, z. B. der Tumicaten und Acidien. Auch Mikroorganismen, wie Acetobacter-Arten enthalten kleine Mengen Cellulose.

Weitgehend reine Cellulose findet sich in den Samenhaaren der Baumwollpflanze, meistens kommt sie jedoch in der Natur vergesellschaftet mit anderen Polysacchariden (Hemicellulosen), Harzen und Lignin vor. Die Abtrennung dieser Stoffe gestaltet sich je nach der Herkunft der Cellulose verschieden.

Eigenschaften. Wie die Röntgenstrukturanalyse zeigt, ist die Cellulose mikrokristallin, und zwar besitzt die Cellulose Faserstruktur. Lange und regelmäßig aufgebaute Cellulose-Ketten kristallieren in Form von Bündeln oder paralleler Ketten. Die physikalische und chemische Resistenz, die Zugfestigkeit und das geringe Quellungsvermögen hängen mit diesem Aufbau zusammen.

Die Cellulose reduziert sehr schwach Fehlingsche Lösung oder alkalische Hypojoditlösung. Sie ist unlöslich in Wasser, verdünnten Säuren oder Laugen, sowie in den üblichen organischen Lösungsmitteln. Erst bei der Einwirkung von konzentrierten Säuren oder konzentrierten Salzlösungen löst sich die Cellulose auf, jedoch tritt hierbei schon ein teilweiser Abbau des Polysaccharids ein. Ein sehr gutes Lösungsmittel für Cellulose ist Kupferoxid-Ammoniak-Lösung (Schweizers Reagens). Dieses löst das Polysaccharid unter Komplexbildung auf. Auf Zusatz von Säure oder Alkohol fällt die Cellulose als Hydratcellulose wieder aus. Diese Form ist chemisch identisch mit der natürlichen Cellulose, nur ist der kristalline Anteil viel geringer.

Auch auf chemischem Wege über ein leicht darzustellendes Derivat ist Cellulose in Lösung zu bringen. Bei der Einwirkung von Schwefelkohlenstoff auf Alkali-Cellulose, die aus Cellulose mit Natronlauge hergestellt wird, bildet sich der lösliche Xanthogensäure-Ester (Viscose). Durch Zugabe von Säure wird die Cellulose wieder in Freiheit gesetzt.

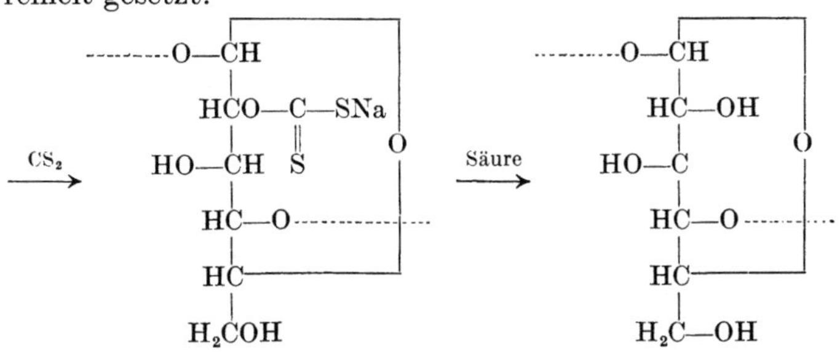

Diese beiden Prozesse werden in ausgedehntem Umfange zur Darstellung der Kupferseide und Viscose-Kunstseide angewendet.

Struktur. Die totale Hydrolyse der Cellulose zeigt, daß sie nur aus D-Glucose aufgebaut ist. Weitere Kenntnisse gewinnt man durch den acetolytischen Abbau der Cellulose mit Acetanhydrid/Schwefelsäure. Unter bestimmten Bedingungen bekommt man dabei in etwa 40%. Ausbeute α-Octacetyl-cellobiose. Bei der partiellen sauren Hydrolyse oder partiellen Acetolyse werden auch höhere Oligosaccharide dieses Typs erhalten (H. Zechmeister u. Mitarb. 1933, M. L. Wolfrom u. J. C. Dacons 1952). Das höchste Glied ist bisher eine Celloheptaose. Alle diese Oligosaccharide besitzen eine β-1.4-Verknüpfung, wie sich dies aus dem optischen Verhalten und der Strukturermittlung ergab. Unabhängig davon wurde die 1.4-Verknüpfung in der Cellulose durch die Hydrolyse der methylierten Cellulose (Thylose) zu 2.3.6-Trimethyl-D-Glucose bewiesen. Andere Bindungstypen konnten niemals nachgewiesen werden.

Nicht gesichert sind die Angaben über die Kettenlängen, da bei allen Methoden eine Depolymerisation nicht ganz zu vermeiden ist.

So kann aus der Menge der gebildeten Tetramethyl-D-glucose nicht mit Sicherheit auf die Kettenlänge der nativen Cellulose geschlossen werden, weil bei der Darstellung der Thylose (s. o.) über das Cellulose-acetat sehr wahrscheinlich schon teilweise ein Abbau eintritt. Analoge Probleme treten bei der Molgewichtsbestimmung auf physikalischem Wege auf. Die Cellulose kann nur mit drastischen Methoden in Lösung gebracht werden. Dabei ist eine Depolymerisation ebenfalls schwer zu vermeiden. Hinzu kommt, daß die Cellulose nicht polymereinheitlich ist. Deshalb können nur Durchschnittsmolgewichte oder Durchschnittspolymerisationsgrade ermittelt werden.

Aus neueren DP-Messungen resultieren für Holz- und Baumwollcellulose Werte von 6000—8000. Diesem entspricht also ein Molgewicht von 972000—1296000 (6000—8000 × 162).

Über Einzelheiten, Darstellung und Bedeutung weiterer Cellulose-Derivate informiert die Spezialliteratur.

VI. Lichenin

Lichenin ist ein Reservekohlenhydrat. Es kommt hauptsächlich im isländischen Moos vor und kann durch Extraktion mit Wasser leicht gewonnen werden. Aber auch im Hafer findet sich Lichenin (G. O. Aspinall u. R. G. J. Telfer 1954; vgl. J. A. Preece u. A. M. McLeod 1953). Die Schleimbildung und die gute Verträglichkeit des Hafers wird auf den Gehalt an diesem Polysaccharid zurückgeführt (D. L. Morris 1942; E. Letzig 1951).

Eigenschaften. Lichenin ist wasserlöslich und dreht die Ebene des polarisierten Lichtes nur sehr wenig. Fehlingsche Lösung wird nicht reduziert.

Struktur. Bei der vollständigen Hydrolyse mit Säuren oder Enzymen wird ausschließlich D-Glucose als Baustein ermittelt. In seinem Aufbau zeigt das Lichenin sehr große Ähnlichkeit mit der Cellulose. So tritt bei der Acetolyse ebenfalls in über 40% Ausbeute Octacetyl-cellobiose auf (P. Karrer u. Mitarb. 1923). Hierdurch ist die β-1.4-Verknüpfung der Glucose-Reste bewiesen. Im Gegensatz zum Aufbau der Cellulose sind aber in kleinem Umfange zusätzlich auch Glucose-Reste über 1.3-Brücken verbunden. Dieser Befund ergibt sich aus der Strukturermittlung durch die Methylierungsmethode. Neben 2.3.6-Trimethyl-glucose (entsprechend der 1.4-Verknüpfung), werden 10—20% 2.4.6-Trimethyl-D-glucose sowie 0,9% Tetramethyl-D-Glucose gefunden. Eine Dimethyl-D-glucose tritt nicht auf. Diese Befunde zeigen, daß das Lichenin ein gradkettiges Polysaccharid mit folgendem Aufbau ist: zu 80—90% sind die Glucose-Reste über β-1.4-Bindungen und zu etwa 20% über 1.3-Bindungen verknüpft. Das Röntgenspektrum ist, entsprechend diesen Unterschieden, von dem der Cellulose abweichend. Die gute

Löslichkeit in Wasser dürfte auf den unregelmäßigen Aufbau des Lichenins sowie auf das kleinere Molgewicht zurückzuführen sein. Von menschlichen Organismen wird das Lichenin ebenso wie die Cellulose nicht enzymatisch abgebaut.

VII. Xylane

Xylane finden sich als ständige Begleiter der Cellulose in nahezu allen Pflanzen. Harthölzer können bis zu 30% Xylan enthalten. Reich an Xylanen sind auch die verschiedenen Stroharten unserer Getreidepflanzen. Dies sind die geeigneten Ausgangsprodukte für die Gewinnung des Polysaccharids. Es kann auf Grund seiner Löslichkeit in verdünnter Natronlauge leicht von Cellulose getrennt werden. Wie die nähere Untersuchung zeigte, zeichnen sich die Xylane aus den verschiedenen Naturstoffen durch einen recht unterschiedlichen Aufbau aus. Außer D-Xylose wurde in einigen Arten auch L-Arabinose nachgewiesen. Andere enthalten zusätzlich Glucuronsäure, die auch als 4-Methyl-Derivat vorliegen kann. Auch Glucose kann enthalten sein.

Die Xylose-Reste der verschiedenen Xylane sind in der Pyranoseform hauptsächlich über β-1.4-Bindungen zu geraden oder verzweigten Ketten verbunden. Das Aufbauprinzip der Hauptkette wurde durch die Methylierung verschiedener Xylane sowie die Isolierung einer Serie homologer β-1.4-verknüpfter Xylo-Oligosaccharide aus Maiskolben-Xylan sichergestellt (R. L. Whistler u. C. C. Tu 1952). Im Xylan der pear-cellwand werden die Xylanketten durch einen Glucuronsäure-Rest abgeschlossen. Meistens jedoch kommen die Fremdbausteine in den kurzen Seitenketten vor. So greift im Xylan des Espartograses an etwa jedem 4. Xylose-Rest der Hauptkette ein L-Arabinofuranose-Baustein über eine 1.3-Bindung an (E. L. Hirst u. Mitarb. 1953) und im Birkenholz-Xylan über eine 4.2-Verzweigung 4-Methyl-D-glucuronsäure (E. L. Hirst u. Mitarb. 1954).

$$\left[\begin{array}{c}\text{—4-Xyl p 1} \rightarrow \text{4 Xyl p 1} \rightarrow [\text{4-Xyl p 1}]_2\text{—}\\ \text{3}\\ \uparrow\\ \text{1}\\ \text{L-Arab}\end{array}\right]_n \qquad \left[\begin{array}{c}\text{4-Xyl p 1} \rightarrow \text{4-Xyl p 1} \rightarrow [\text{4-Xyl p 1}]_8\\ \text{2}\\ \uparrow\\ \text{1}\\ \text{4-Me-Glucu}\end{array}\right]_n$$

Xylan aus Esparto-Gras — Xylan aus Birkenholz

Im Weizenmehl kommt ein besonders arabinose-reiches Xylan vor (A. S. Perlin 1951), welches durch seine Löslichkeit in Wasser ausgezeichnet ist. Unter milden Bedingungen kann auf Grund des furanoiden Charakters die Arabinose abgespalten werden. Das zurückbleibende Xylan ähnelt dem des Strohs.

VIII. Mannane

Mannane finden sich in der Natur weit verbreitet. Viele dienen den Pflanzen als Reservekohlenhydrate wie z. B. das Konjak-Mannan aus Conophallus konjaka oder das Salep-Mannan aus Orchideenknollen. Andere finden sich als ausgesprochene Gerüstpolysaccharide in Nadelhölzern und Samenschalen z. B. der Steinnuß und Dattelpalme. Auch bestimmte Mikroorganismen sind in der Lage, Mannane zu erzeugen (vgl. Zitat S. 451, Zeile 8 von oben).

1. Steinnuß-Mannan

Steinnuß-Mannan ist der Hauptbestandteil der Samenschalen der Steinnüsse, dem bekannten Rohstoff für die Knopfherstellung. Es läßt sich durch Behandeln mit verdünnter Natronlauge in zwei Fraktionen zerlegen. Das Mannan A ist darin löslich, das Mannan B nicht.

In ihrem Aufbau haben die beiden Mannane größte Ähnlichkeit. Beide liefern bei der totalen Hydrolyse neben D-Mannose sehr wenig D-Galaktose und Spuren D-Glucose (E. L. Hirst u. Mitarb. 1953).

Wie sich aus der Methylierungstechnik ergibt, ist der Hauptbestandteil der Mannose-Reste über 1.4-Bindungen zu Ketten verknüpft, die an ihrem nicht reduzierenden Ende durch einen D-Galaktose-Rest abgeschlossen sein können. Zusätzlich findet man in den beiden Mannanen Spaltprodukte, die einer 1.6-Verzweigung entsprechen. Lediglich in den Kettenlängen der beiden Mannane bestehen erhebliche Unterschiede. Im Mannan A wird die Kette im Durchschnitt nach 10—13 Mannose-Resten unterbrochen, während im Mannan B Kettenlängen, bestehend aus 38—40 Mannose-Resten vorliegen dürften.

Mannan B hat sehr wahrscheinlich den folgenden Aufbau:

D-Gal p 1-[4 D-Man p 1]$_x$-4 D-Man p 1-[4 D-Man p 1]$_z$-4 D-Man p
6
|
1
[D-Man p]$_y$
4
|
1
D-Man p

$x + y + z = \sim 75—80$

2. Konjak-Mannan

Es findet sich in hohen Konzentrationen in den Knollen von Conophallus konjaku als Reservekohlenhydrat. Es besitzt in Japan eine große Bedeutung, weil es in großem Umfange der Bevölkerung als Kohlenhydratnahrung dient. Es kommt als Konjakmehl in den Handel und zeigt in seinem Verhalten eine gewisse Ähnlichkeit mit Stärke oder Inulin. Es ist in heißem Wasser gut löslich, mit Jod tritt aber keine Färbung ein.

Die Struktur wurde von Japanern weitgehend aufgeklärt (K. Nishida u. H. Hashima 1930). Die totale Hydrolyse liefert D-Mannose und D-Glucose etwa im Verhältnis 2:1. Pro Hexose-Einheit sind im Durchschnitt 3 OH-Gruppen frei, denn das Mannan bildet ein Triacetat und einen Trimethyläther. Bei der Hydrolyse des letzteren werden 2.3.6- und 2.3.4-Trimethyl-D-mannose und 2.3.4-Trimethyl-D-glucose erhalten. Daraus ergibt sich ein geradkettiger Aufbau mit 1.4- und 1.6-Bindungen. Einzelheiten brachte die Acetolyse. Dabei wurde das Acetat des Trisaccharids D-Gluco-D-manno-triose erhalten. Es hat die folgende Struktur:

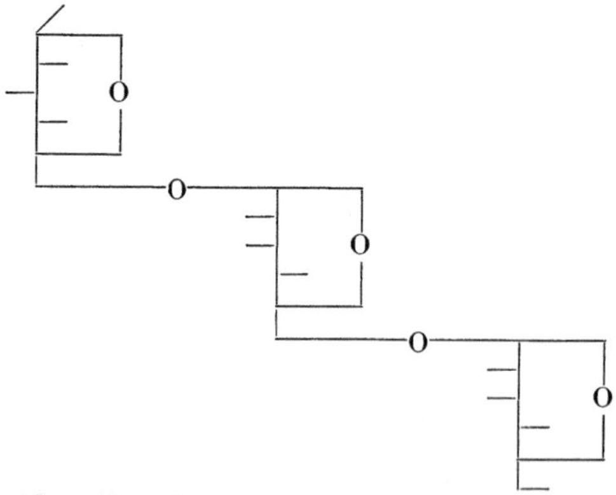

Dieses Trisaccharid stellt sehr wahrscheinlich die sich wiederholende Einheit des Moleküls dar, wobei über das C_4 des letzten Mannose-Restes die Verknüpfung zum C_1 des Glucose-Bausteins der folgenden Trisaccharideinheit hergestellt wird.

3. Salep-Mannan

Salep-Mannan kommt zu 30—35% in den Knollen der Orchis-Arten vor. Es ist ebenfalls ein reines Reservekohlenhydrat und kann durch Extraktion mit Wasser leicht gewonnen werden. Es hat mucinartige Eigenschaften und wird deshalb auch Salep-Schleim genannt.

In seiner Struktur ist es, soweit bekannt, dem Steinnuß-Mannan recht ähnlich. Die Mannose-Einheiten sind zu langen Ketten über β-1.4-Bindungen zusammengefügt. Die große Wasserlöslichkeit hängt mit seinem Gehalt an Acetyl-Gruppen zusammen, wobei im Durchschnitt offenbar auf jeden 12. Mannose-Rest eine Acetylgruppe kommt (E. HUSEMANN 1940).

IX. Pektinstoffe

Die Pektinstoffe finden sich weitverbreitet im Pflanzenreich. Sie kommen in den Wurzeln und Stielen junger Pflanzen, hauptsächlich aber in den Früchten vor. Das Gelierungsvermögen der Früchte ist auf den Gehalt an Pektinen zurückzuführen. Je nach Wachstum können aus ein und derselben Pflanze verschiedene Pektine isoliert werden. Sie unterscheiden sich zum Teil beträchtlich in ihren physikalischen Eigenschaften. Einige sind löslich in kaltem Wasser, während andere darin völlig unlöslich sind.

Der Stammkörper der Pektinstoffe ist die Pektinsäure. Wie die Strukturermittlung ergab, ist sie aus linearen Ketten α-1.4-verknüpfter D-Galakturonsäure-Reste aufgebaut. D-Galakturonsäure wird durch die Hydrolyse des Polysaccharids nachgewiesen. Die 1.4-Verknüpfung ergibt sich aus der Hydrolyse des methylierten Pektins zu 2.3-Dimethyl-D-galakturonsäure (G. H. BEAVENS u. J. K. N. JONES 1947) und aus der HJO_4-Oxydation des Pektins zur D-Weinsäure (P. A. LEVENE u. L. C. KREIDLER 1937). Die Galakturonsäure-Kette wird dabei zwischen C_2 und C_3 oxydativ aufgesprengt.

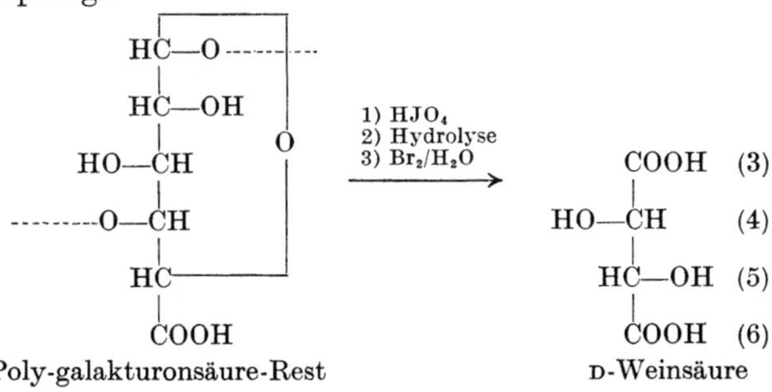

Poly-galakturonsäure-Rest D-Weinsäure

Auf die α-Verknüpfung wird aus dem Drehwert der Pektine und der Hydrolysengeschwindigkeit der glykosidischen Bildungen geschlossen.

Die **Pektinsäure** kommt in den Pflanzen entweder als schwerlösliches Ca- oder Mg-Salz oder aber mehr oder weniger vollständig mit Methanol verestert vor. Diese letzteren Pektinsäure-Ester werden *Pektine* genannt. Je nach dem Veresterungsgrad und dem Polymerisationsgrad unterscheiden sich die Pektine in ihren Eigenschaften, daher findet man in den Pflanzen verschiedene Pektine. Eine weitere Differenzierung tritt dadurch auf, daß die partiell veresterten Pektinsäuren in Form ihrer Salze (Pektinate) vorliegen können. Die Pektine und iher Salze sind wasserlöslich.

Die Pektine werden stets von anderen Polysacchariden — einem Araban und Galaktan — begleitet. Eine vollständige Trennung läßt sich nur schwer erreichen. Diese Gemische nennt man *Pektinstoffe*. Möglich ist, daß diese hartnäckigen Begleitstoffe über Esterbindungen mit den noch freien Carboxylgruppen der Pektine verknüpft sind. In dem Araban der Pektinstoffe ist die L-Arabo-furanose über α-1.3- und α-1.4-Bindungen zu einem stark verzweigten Polysaccharid zusammengefügt (E. L. HIRST u. J. K. N. JONES 1948). Das Galaktan ist ein geradkettiges Polysaccharid. Die einzelnen Ketten bestehen aus etwa 100–120 D-Galaktose-Einheiten in 1.4-Bindung (E. L. HIRST u. Mitarb. 1947).

Die wichtigste Eigenschaft der Pektine bzw. der Pektinstoffe ist ihr Gelbildungsvermögen. Sie finden deshalb ein weites Anwendungsgebiet. Im *Nahrungsmittelbereich* werden sie zum Eindicken von Säften u. a. vielseitig verwendet. In der *Pharmazie* dienen sie u. a. als Salbengrundlage, als Zusatz zu Desinfektionslösungen, und schließlich haben sie sich auch bei der Bekämpfung infektiöser Darmkrankheiten bewährt (Santuron, Dantacon u. a.).

Zur Darstellung der Pektine werden Citrusfrüchte, Äpfel oder auch Zuckerrüben ausgepreßt und aufgearbeitet. Je nach dem Veresterungsgrad und der Salzbildung erhält man mehr oder weniger stabile Gele. Durch partielle Verseifung der Estergruppen auf chemischem oder enzymatischem Wege können die für den bestimmten Bedarf passenden Pektine gewonnen werden.

In der Technik werden sie nur selten verwendet. Meistens wird auf billigere Gelierungsmittel zur Herstellung viscoser Flüssigkeiten zurückgegriffen.

X. Alginsäure

Alginsäure kommt in Mengen bis zu 40 % im wesentlichen in Braunalgen vor. Sie bildet den Hauptbestandteil der Zellwände und kommt darin entweder als freie Säure oder als Ca-, Mg- oder Alkalisalz vor. Sie wird durch Extraktion der Tange (in Europa besonders vor Irland, Schottland und Norwegen reichlich vorkommend) mit verdünnter Natronlauge oder Sodalösung in technischem Maßstab gewonnen.

Die Alginsäure zeigt in ihrem Verhalten und Aufbau große Ähnlichkeit mit der Pektinsäure.

An ihrem Aufbau sind jedoch D-Mannuronsäure und die C_5-epimere L-Guluronsäure (F. G. FISCHER u. H. DÖRFEL 1955a, 1955b) beteiligt. Beide sind gemischt über β-1.4-Bindungen zu geraden Ketten vereinigt. Dies wurde erst kürzlich durch den Perjodsäure-Abbau (E. L. HIRST u. Mitarb. 1962) und durch die partielle Hydrolyse (D. J. VINCENT 1960) der Alginsäure festgestellt.

Beim Perjodsäure-Abbau werden neben Glyoxylsäure D-Erythro-zuckersäure und L-Threo-zuckersäure erhalten. Diese Abbauprodukte beweisen die ausschließliche 1.4-Verknüpfung der Bausteine, denn nur bei dieser Anordnung werden die Uronsäure-Einheiten zwischen den C-Atomen 2 und 3 oxydativ aufgesprengt. L-Threo-zuckersäure ist das Folgeprodukt der L-Guluronsäure- und die D-Erythrozuckersäure das der D-Mannuronsäure-Reste.

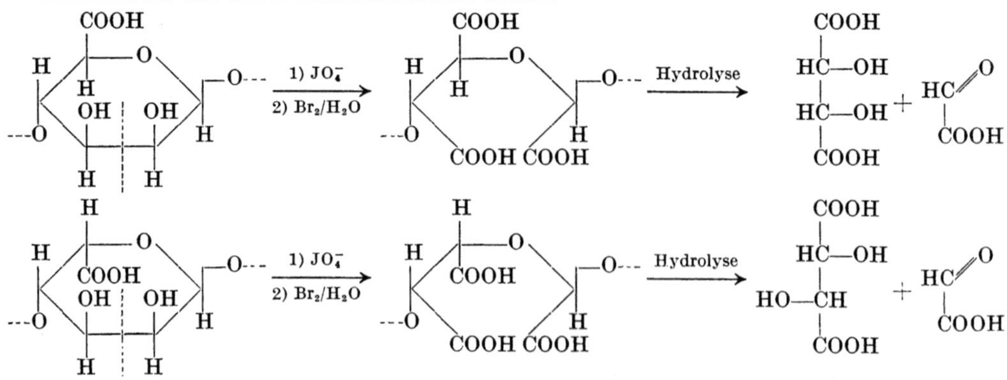

Die partielle Hydrolyse der Alginsäure führt zu β-1.4-verknüpften Oligosacchariden, die neben D-Mannuronsäure auch L-Guluronsäure enthalten.

Das folgende Bild gibt entsprechend diesen Ergebnissen einen Ausschnitt aus der Alginsäure-Kette wieder. Das Molekulargewicht liegt zwischen 10000 und 250000.

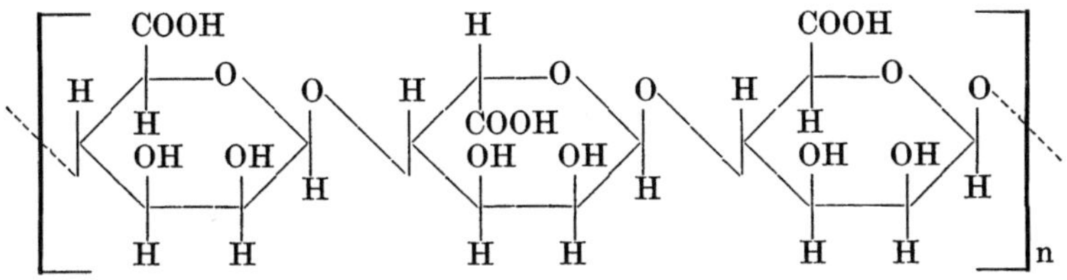

Die Alginsäure kommt als Alginat in den Handel (meistens als Na-Salz). Dieses bildet zwar kein Gel wie die Pektine, dafür aber hochviscose Lösungen. In der Nahrungsmittelindustrie wird das Alginat als Eindickungsmittel für Speisen, als Emulgator bei der Eisbereitung und Cremeherstellung häufig verwendet. Da es praktisch unverdaulich ist, wird es auch gern Schlankheitsdiät-Präparaten zugesetzt. In der Technik kann das Alginat zur Herstellung von Textilhilfsmitteln, Verpackungsmaterial u. a. verwendet werden.

XI. Pflanzengummi-Arten und Schleimstoffe

Pflanzengummi werden von den Pflanzen meist nach dem Verletzen ihrer Rinde oder Früchte ausgeschieden. Die zunächst viscosen Flüssigkeiten erhärten rasch an der Luft und können so leicht abgesammelt werden. Auf Grund ihrer Eigenschaften wurden einige von ihnen schon im Altertum zum Andicken von Nahrungsmitteln und Farben verwendet, wie z. B. das Gummi arabicum aus Akazienarten oder das Tragacanthgummi aus den Sträuchern der Gattung Astragulus.

Entsprechend ihren Eigenschaften unterscheidet man saure und neutrale Pflanzengummi-Arten. Die Vertreter der ersten Gruppe sind durch ihren Gehalt an Uronsäuren oder Galaktose-Schwefelsäureestern ausgezeichnet, während die Pflanzengummi der 2. Gruppe ausschließlich aus Hexosen aufgebaut sind. Die meisten Pflanzengummi-Arten wie das Gummi arabicum, das Tragacanthgummi, die Gummi unserer Steinobstgewächse und viele andere Arten enthalten Uronsäuren. Daneben treten Hexosen, Pentosen und 6-Desoxyhexosen auf, wie die folgende Tabelle zeigt:

Gummiart	D-Galaktose	D-Galakturonsäure	D-Glucuronsäure	D-Mannose	D-Rhamnose	L-Fucose	L-Arabinose	D-Xylose
Arabischer . . .	+	—	+	—	+	—	+	—
Kirschen	+	—	+	+	—	—	+	+
Damson-Pflaumen	+	—	+	+	—	—	+	+
Eier-Pflaumen. .	+	—	+	—	—	—	+	+
Mesquite	+	—	+	—	—	—	+	—
Tragacanth . . .	+	+	—	—	—	+	+	+

1. Saure Pflanzengummiarten mit Uronsäuren

a) Gummi arabicum

Gummi arabicum, Arabinsäure (auch afrikanischer Gummi, Galamgummi, Cordofangummi, Senegalgummi oder Sudangummi – je nach Herkunft genannt) wird in großen Mengen aus verschiedenen Akazienarten gewonnen. Auf Grund seiner Fähigkeiten, hochviscose Lösungen zu bilden, wird er zum Andicken von Lösungen in verschiedenen Industriezweigen verwendet.

Struktur. Auf Grund der Eigenacidität, bedingt durch den Uronsäuregehalt, werden beim Erhitzen in Wasser durch „Autolyse“ L-Arabinose, L-Rhamnose sowie das Disaccharid 3-[β-D-Galaktosido⟨1.5⟩]-L-arabinose (I) in Freiheit gesetzt. Zurück bleibt das noch hochmolekulare Kernstück des Gummi, welches bei der Hydrolyse mit Säuren D-Galaktose, D-Glucuronsäure, 6-[β-D-Glucuronosido⟨1.5⟩]-D-galaktose⟨1.5⟩ (II) und 3-[β-D-Galaktosido⟨1.5⟩]-D-galaktose⟨1.5⟩ (III) liefert.

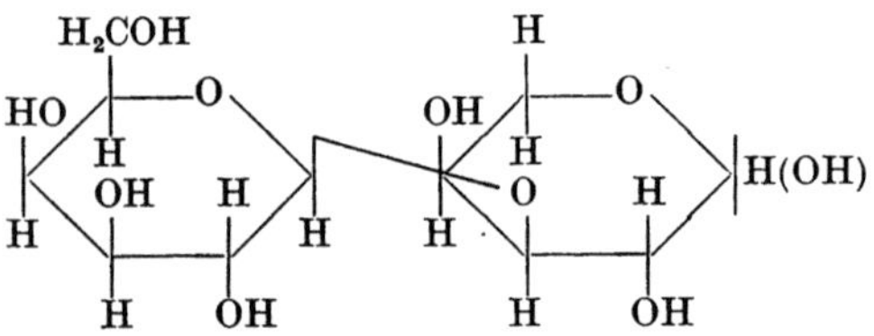

(I)

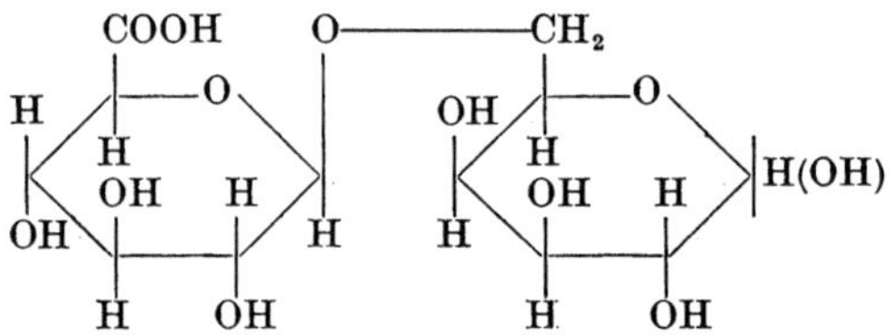

(II)

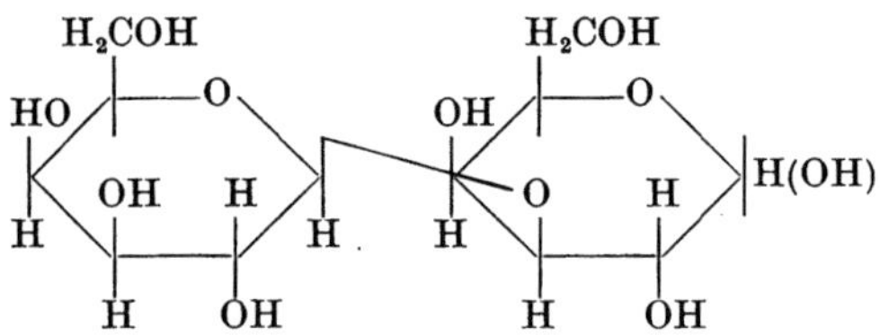

(III)

Nach der Methylierung und Hydrolyse wurden insgesamt 7 verschiedene Methylzucker gebildet.

2.5-Di-methyl-L-arabo-furanose
2.3.5-Tri-methyl-L-arabo-furanose
2.3.4-Tri-methyl-L-rhamno-pyranose
2.3.4.6-Tetra-methyl-D-galakto-pyranose
2.4-Di-methyl-D-galaktose
2.3-Di-methyl-D-glucuronsäure
2.3.4-Tri-methyl-D-glucuronsäure

Autolysierte, methylierte Arabinsäure gibt nach der Hydrolyse:

2.3.4.6-Tetra-methyl-D-galaktose
2.3.4-Tri-methyl-D-galaktose
2.4-Di-methyl-D-galaktose
2.3.4-Tri-methyl-D-glucuronsäure

Aus diesen Befunden und den Ergebnissen der partiellen Hydrolyse und des Perjodsäure-Abbaus ergibt sich für das Gummi arabicum sehr wahrscheinlich der folgende komplizierte Aufbau:

```
         Rha p 1.4-Gluc A p β-1.6-Gal p β-3.1-Ara f
                                  1
                                  |
                                  6
                ... 3-Gal p β-1.3-Gal p β-1.3 ...
                      6
                      |
                      1
Ara f 1.3-Gal p β-1.3-Gal p β
          6           6
          |           |
          1           1
        Ara f         Gal p β-3.1-Ara f 3.1-Ara
                      6                     3
                      |                     |
                      1                     1
                      Gluc A p β            Gal p β
                      4
                      |
                      1
                      Rha p
```

b) Tragacanth-Gummi

wird noch heute als Dickungsmittel für Nahrungsmittel, Drogen und kosmetische Präparate gerne angewendet. Es ist ein hochviscoser, wasserlöslicher Pflanzenextrakt und stellt ein Gemisch mehrerer Polysaccharide dar. Es kann in drei Komponenten aufgeteilt werden. Man erhält ein neutrales Galakto-Araban und ein saures Polysaccharid, welches wie die Pektine aus teilweise veresterter D-Galakturonsäure aufgebaut ist. Außerdem enthält dieses Polysaccharid D-Xylose und L-Fucose (6-Desoxy-L-galaktose) (S. P. James u. F. Smith 1945). Beide Polasaccharide sind stark verzweigt, ihre Feinstrukturen sind noch nicht aufgeklärt. Die dritte Komponente stellt ein Steroid-Glykosid dar.

c) Indischer Gummi oder Gum Ghatti

genannt, ist der Pflanzengummi von Anogeissus latifolia, eines Baumes, der hauptsächlich in Indien zu finden ist. Es hat ähnliche Eigenschaften wie Gummi arabicum und wird auch entsprechend verwendet. In Indien und einigen Ländern des Brit. Commonwealth hat es das Gummi arabicum bereits zur Hälfte verdrängt.

Die genaue Struktur des Polysaccharides ist noch nicht bekannt. Sehr wahrscheinlich hat es einen ähnlich komplizierten Aufbau wie das Gummi arabicum, denn bei der Hydrolyse wurden neben D-Glucuronsäure, L-Arabinose, D-Xylose, D-Galaktose und D-Mannose nachgewiesen (D. Hanna u. Mitarb. 1939; D. Hanna u. E. H. Shaw jr. 1941).

2. Pflanzengummi-Arten mit Schwefelsäure-Resten

Vertreter dieses Pflanzengummityps kommen ausschließlich in Algenarten vor, wie z. B. der Agar-Agar oder die Caragheene. Durch Auskochen der Algen mit Wasser können sie leicht gewonnen werden.

a) Agar oder Agar-Agar

verdankt seine Bedeutung dem Geliervermögen. Seine Verwendung zur Bereitung eines gelförmigen Kulturträgers in der Bakteriologie ist allgemein bekannt. Weitaus größere Mengen aber werden in der Nahrungsmittelindustrie und anderen Industriezweigen zu ähnlichen Zwecken wie die Pektine und Alginate verbraucht.

Konstitution. Agar ist aus D-Galaktose und 3.6-Anhydro-L-galaktose aufgebaut. Jeder 10. Baustein trägt eine Schwefelsäureester-Gruppe. Die komplette Struktur ist noch nicht bekannt, insbesondere weiß man noch nicht, welche Hydroxyle der Zucker verestert sind, da unter den Bedingungen der Strukturaufklärungsmethoden Verseifung des Esters, Wanderung des Schwefelsäure-Restes oder Abspaltung des letzteren unter Ausbildung eines Anhydroringes möglich ist (vgl. S. 420).

Über die Anordnung der Bausteine und Bindungsverhältnisse informiert am besten das Disaccharid „Aragobiose", welches beim enzymatischen oder sauren Abbau des Agar erhalten wird (C. Araki 1944, C. Araki u. S. Hirase 1953, 1954). In ihm sind D-Galaktose und 3.6-Anhydro-L-galaktose über eine β-1.4-Bindung miteinander verbunden:

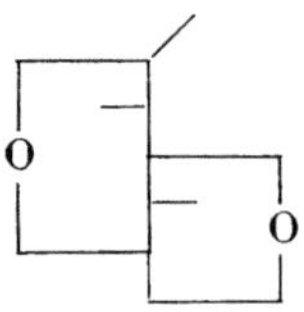

3.6-Anhydro-L-galaktose

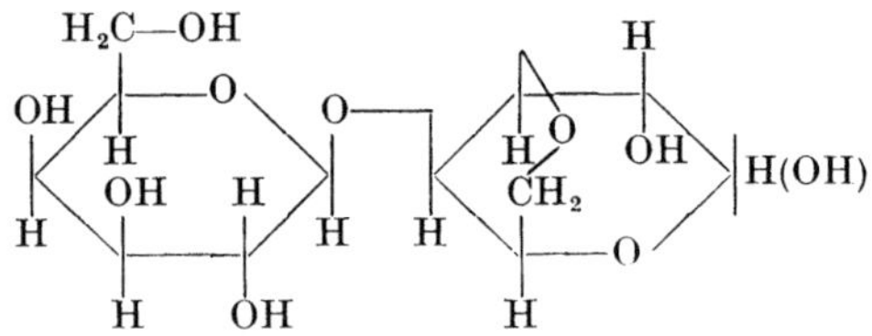

Aragobiose

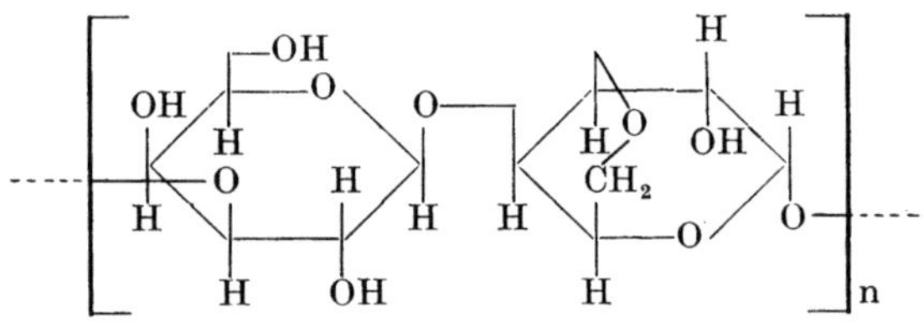

Agar

Dieses Bruchstück stellt die sich wiederholende Einheit (ohne Schwefelsäure-Rest) des Polysaccharids dar. Da bei der Methylierung des Polysaccharids 2.4.6-Trimethyl-D-galaktose erhalten wird, schließt sich die nächste Disaccharid-Einheit über eine 1.3-Bindung an.

b) Carragheene (Carrageenine)

In den roten Meeresalgen (Chondrus crispus) und Gigartina stellate) kommen Polysaccharide mit ganz ähnlichen Eigenschaften wie Agar vor. Sie werden vor allen Dingen in der Nahrungsmittelindustrie unter der generellen Bezeichnung Carragheene verwendet.

Carragheene stellen eine komplexe Mischung ähnlich aufgebauter Polysaccharidfraktionen dar, in denen durch die saure Hydrolyse D-Galaktose, L-Galaktose, 3.6-Anhydro-D-galaktose (nicht die L-Form wie im Agar), D-Xylose und Schwefelsäure nachgewiesen wurden. 1955 konnten zwei davon, das $\varkappa$- und λ-Carrageenin ziemlich rein erhalten werden (D. A. J. Goring u. E. G. Young 1955, A. S. Perlin u. Mitarb. 1955). Während die $\varkappa$-Fraktion D-Galaktose und 3.6-Anhydro-D-galaktose enthält, besteht die λ-Fraktion hauptsächlich aus D-Galaktose-Schwefelsäure-Resten.

3. Neutrale Pflanzengummiarten

Auch neutrale Pflanzengummi-Arten werden neuerdings viel in der Nahrungsmittelindustrie verwendet, wie z. B. das *Guaran* oder der *Carob-Gummi*. Die industriell wichtigsten sind näher untersucht worden. Guaran und Carob-Gummi sind ihrem Aufbau nach Galakto-Mannane.

Vorkommen, Struktur und Verwendung sind in der folgenden Tabelle zusammengestellt:

Verbindung	Vorkommen	Struktur	Verwendung
Guaran Guar gum	Guar-Pflanze, Cyamopsis tetragonolubus (Indien, Pakistan)	--[4-Man p β(1→4)Man p β-1]-- 6 | 1 α-Gal p]n	seit etwa 1953 als Dickungsmittel für Eiscreme, Käseprodukte u. a.
Carob-Gummi Locust bean gum gum Gatto	Leguminosen-Arten Ceratonia-Samen (Johannisbrot)	--[4-Man p β(1—[→4)Man p β-1] etwa 4]-- 6 | 1 α-Gal p]n	zum Homogenisieren von Bäckereiprodukten, Eiscremes u. Wurstwaren sowie zu vielen anderen Zwekken. Wird besonders als Hydroxyäthyl- oder Carboxy-methyläther verwendet

XII. Chitin

Das Chitin ist ein ausgesprochenes Gerüstpolysaccharid, das im Pflanzen- und Tierreich weit verbreitet vorkommt. Es ist der wesentliche Bestandteil des Skeletmaterials der Insekten und Schalentiere. Auch in Pilzen und Algenarten findet sich Chitin.

Struktur. Das Chitin ist ausschließlich aus N-Acetyl-D-glucosamin aufgebaut. Die Einheiten sind über β-1.4-Bindungen zu langen Ketten verknüpft. Der Abbau mit heißer, konzentrierter Salzsäure führt zum D-Glucosamin-chlorhydrat, während man unter milderen Bedingungen oder auf enzymatischem Wege das Disaccharid Chitibiose (β 2-Amino-gluc p (1 → 4) 2-Amino-gluc p) neben entsprechend aufgebauten polymerhomologen Oligosacchariden erhält.

Hieraus und aus ergänzenden Befunden ergibt sich für das Chitin die folgende Struktur.

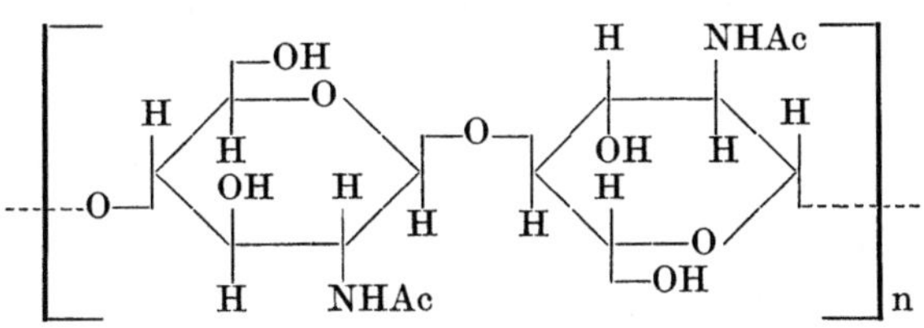

XIII. Kohlenhydrat-Eiweiß-Verbindungen

Kohlenhydrat-Eiweiß-Verbindungen sind in der Natur außerordentlich weit verbreitet, denn nahezu alle Proteine enthalten eine geringe Menge Kohlenhydrat. Sie sind von großer biologischer Bedeutung. Häufig kommen diesen Verbindungen wichtige physiologische Funktionen zu, insbesondere zeichnen sich viele durch eine immunspezifische Wirksamkeit aus. So gehören zu dieser Gruppe die Kapselsubstanzen der pathogenen Bakterien, die bei der Antigen-Antikörper-Reaktion im Rahmen der Infektionskrankheiten eine Rolle spielen. Aber auch die Blutgruppensubstanzen, die für die Menschen und Tiere charakteristisch sind, das Heparin, welches die Gerinnungsfähigkeit unseres Blutes hemmt, einige Fermente und Hormone sowie die Mucine und Knorpelsubstanzen der Menschen und Tiere und viele andere Vertreter gehören zu dieser Stoffklasse.

Hinsichtlich der *Struktur* der Kohlenhydrat-Eiweiß-Verbindungen bestehen folgende Kombinationen:

a) Polysaccharid mit Protein,

b) Polysaccharid mit einzelnen Aminosäuren oder kurzen Peptidketten,

c) Protein mit Monosaccharid- oder Oligosaccharid-resten.

Die Komponenten können salzartig, kovalent oder durch übermolekulare Kräfte miteinander verbunden sein.

Nur einige Vertreter sind bisher in ihrer Struktur genauer bekannt, von den meisten kennt man nur die sie aufbauenden Monosaccharide und Aminosäuren.

Im folgenden werden einige wichtige Vertreter besprochen.

1. Mucopolysaccharide

Recht gut untersucht sind die Mucopolysaccharide, zu denen die Chondroitinschwefelsäuren, die Hyaluronsäure und das Heparin gehören. Sie bestehen aus einer Protein- und einer Polysaccharidkomponente. Letztere ist in charakteristischer Weise zusammengesetzt:

Ein 2-Aminozucker und eine Uronsäure bilden, alternierend aneinandergereiht, eine lange Kette. Der Aminozucker kann zusätzlich einen Schwefelsäure-Rest tragen.

a) Chondroitinschwefelsäuren

Die Chondroitinschwefelsäuren bilden zusammen mit Protein den Hauptbestandteil aller Arten von Knorpelsubstanzen. Am besten kann man sie aus den Nasenscheidewänden der Pferde isolieren.

Die Hydrolyse mit starker Säure ermittelt die Zusammensetzung: Die Chondroitinschwefelsäuren A und C sind aus äquimolekularen Mengen D-Galaktosamin, D-Glucuronsäure, Schwefelsäure und Essigsäure aufgebaut. Unter milderen Bedingungen oder durch enzymatischen Abbau mit Testeshyaluronidase wird das Chondrosin, ein Disaccharid mit der Struktur eines 3-[β-D-Glucuronosido⟨1.5⟩]-D-galaktosamins erhalten. Aus diesen Befunden, den Ergebnissen des Perjodsäureabbaus und der Methylierung resultiert die folgende Struktur. Die Chondroitinschwefelsäuren A und C unterscheiden sich lediglich durch den Sitz der Schwefelsäuregruppe. In A ist das C_4- und in C das C_6-Hydroxyl des N-Acetyl-D-galaktosamins verestert.

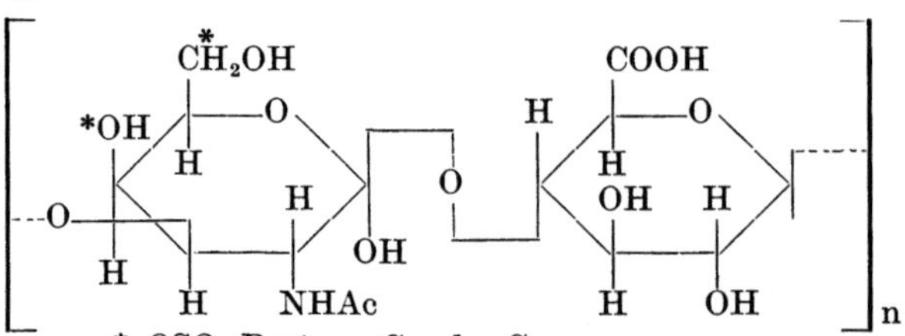

* OSO_3-Rest am C_6 oder C_4

Eine abweichende Struktur besitzt die Chondroitinschwefelsäure B, die zuerst aus der Haut gewonnen wurde. An Stelle der D-Glucuronsäure ist die C_5-epimere L-Iduronsäure am Aufbau der Polysaccharidkomponente beteiligt (I. A. CIFONELLI u. Mitarb. 1957), die diesem Mucopolysaccharid die schon früher beobachtete

Resistenz gegenüber Testeshyaluronidase verleiht. Auf Grund sorgfältiger Methylierungsstudien besitzt die Chondroitinschwefelsäure B die folgende Struktur (R. W. JEANLOZ und P. J. STOFFYN 1958):

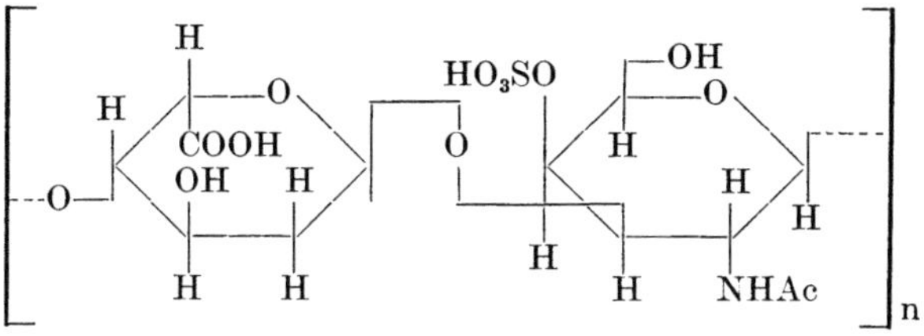

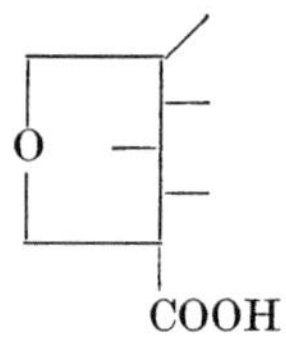

L-Iduronsäure

b) Heparin

Während die Chondroitinschwefelsäure hauptsächlich in den elastischen und verbindenden Geweben vorkommt, wird aus den Geweben der inneren Organe (Herz, Leber und Lunge) das Heparin (FOSTER und HUGGARD 1955) isoliert. Dieser Substanz kommt auf Grund ihrer anticoagulierenden Wirkung bei der Blutgerinnung eine wichtige Funktion zu. Das Heparin ist aufgebaut aus D-Glucosamin, dessen Aminogruppe und C_4-Hydroxyl an Schwefelsäure gebunden ist, und D-Glucuronsäure (die z. T. ebenfalls mit Schwefelsäure verestert ist) im Verhältnis 1:1. Die Einheiten sind abwechselnd aneinander gebunden. Das Heparin hat gegenüber der Chondroitinschwefelsäure einen höheren Schwefelgehalt. Auf Grund der dadurch bedingten größeren Acidität ist es sehr fest an Eiweiß gebunden. Mit dem hohen Schwefelsäuregehalt scheint auch z. T. seine gerinnungshemmende Wirkung zusammenzuhängen, da es sich in der Therapie durch Polyglucose-schwefelsäureester oder ähnliche Verbindungen ersetzen läßt (MEYER, PIRONE und ODIER 1952). Das Formelbild zeigt die Struktur (M. L. WOLFROM u. Mitarb. 1950).

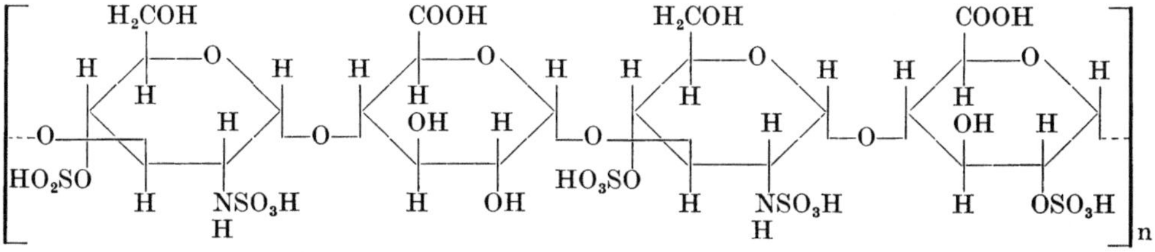

c) Hyaluronsäure

Die Hyaluronsäure läßt sich am besten aus der Nabelschnur und dem Glaskörper des Auges isolieren, außerdem findet sie sich in den Synovialflüssigkeiten (Gelenkschmieren), in den Hautgeweben und in der Hülle des Säugetiereis. Zusammen mit Chondroitinschwefelsäure scheint sie als Kittsubstanz, bedingt durch ihren kolloidalen Charakter, die Haut vor dem Eindringen von Infektionskeimen zu schützen. Sie spielt ferner zusammen mit dem Ferment Hyaluronidase eine bedeutende Rolle beim Befruchtungsvorgang. Die Hyaluronsäure ist aus gleichen Teilen N-Acetyl-D-glucosamin und D-Glucuronsäure (K. MEYER 1944) aufgebaut. Durch fermentativen Abbau (Hyaluronidase) oder durch Einwirkung verdünnter Säuren wird das Disaccharid Hyalobiuronsäure (WEISSMANN und MEYER 1954) (3-[β-D-Glucuronosido⟨1.5⟩]-N-acetyl-D-glucosamin) erhalten. Dieses stellt die Grundeinheit des Polysaccharids dar. In Übereinstimmung damit und auf Grund der üblichen Methoden zur Strukturermittlung von Polysacchariden besitzt die Hyaluronsäure folgende Struktur (K. Meyer u. Mitarb. 1951, R. W. Jeanloz 1951):

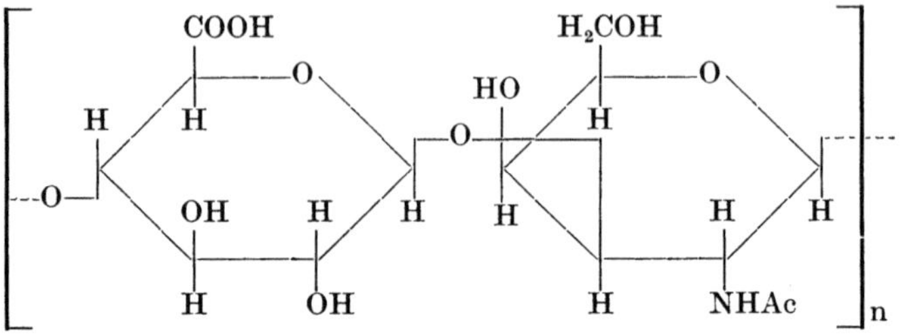

2. Glykoproteide

a) Ovomucoid

Als Beispiel für eine Kohlenhydrat-Eiweiß-Verbindung mit kovalenter Verknüpfung der Komponenten sei das Ovomucoid erwähnt. Es ist eines der Proteine, das aus Eiern isoliert wird und zeichnet sich durch seinen besonders hohen Kohlenhydratgehalt aus. Es besitzt wahrscheinlich eine sehr ungewöhnliche, sonst in der Natur nicht vorkommende, stark verzweigte Struktur. An einer Kette, aufgebaut aus 3 D-Mannose-Resten und einem D-Galaktose-Rest, sind sämtliche Hydroxyle zweier D-Mannose-Einheiten mit N-Acetyl-D-glucosamin-Resten besetzt (M. Stacey und Wolley 1942):

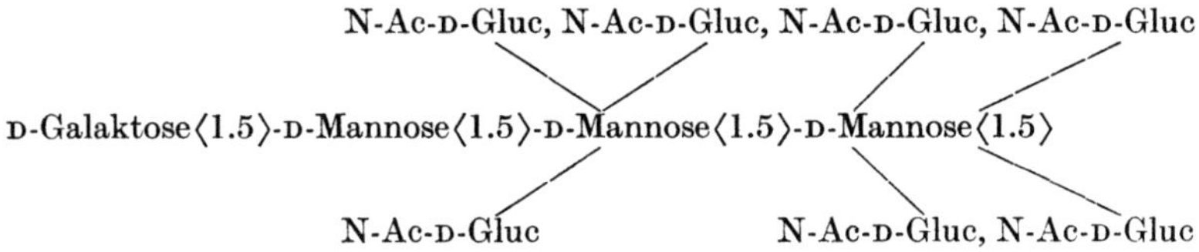

N-Ac-D-Gluc = N-Acetyl-D-glucosamin⟨1.5⟩

b) Blutgruppensubstanz A

Von weiteren Vertretern dieser Gruppe wurde die Blutgruppensubstanz A eingehend untersucht. Sie konnte sowohl in chemischer als auch in serologischer Hinsicht rein dargestellt werden (W. T. Morgan u. Mitarb. 1950). Zu 81% aus Kohlenhydrat aufgebaut, besteht sie aus einem Polysaccharid, das mit Aminosäuren oder kürzeren Peptidketten verknüpft ist. Da 34% Oxaminosäuren gefunden wurden, sind neben Peptidbindungen auch O-glykosidische Bindungen in Betracht zu ziehen. Am Aufbau des Polysaccharids sind L-Fucose, D-Galaktose und N-Acetyl-D-glucosamin in äquimolekularen Mengen beteiligt. Drei von vier L-Fucose-Resten lassen sich durch verdünnte Säure leicht abspalten. Das hochmolekulare Restprodukt besitzt nicht mehr die Eigenschaften der Blutgruppensubstanz A, hat jedoch eine ähnliche immunspezifische Wirkung wie die Polysaccharide aus dem Pneumokokkenstamm XIV. Diese gehören, am Eiweiß gebunden, zu den Molekülverbindungen, die auch als „Coazervate" bezeichnet werden. Sie sind physiologisch besonders interessant, da hierzu die zahlreichen *Kohlenhydrat-Eiweiß-Verbindungen aus den Bakterien* gehören, die deren immunspezifische Wirksamkeit, z. T. aber auch deren Toxicität bestimmen. Die Spezifität ist eng mit der Struktur der Polysaccharid-Komponente verknüpft, die mit dem Protein zusammen das Vollantigen darstellt. Auf diesem Gebiet liegt eine Fülle von Untersuchungen, sowohl von medizinischer als auch von biochemischer bzw. chemischer Seite, vor. Da sich die Polysaccharide im allgemeinen nur schwer in definierter Form isolieren lassen und sich zudem noch durch einen komplizierten Aufbau auszeichnen, kennt man häufig nur die Zusammensetzung der Polysaccharide. Nahezu alle untersuchten Bakterienarten enthalten Hexosen, Pentosen, 6-Desoxy-hexosen und Aminozucker. Einige seien hier aufgeführt:

Pneumokokkenstamm I: D-Galakturonsäure, N-Acetyl-D-glucosamin, D-Galaktosamin (P. W. KENT und F. WHITEHOUSE 1955).

M-tuberculosii (human strains): D-Arabo-furanose, D-Mannose, D-Galaktose, N-Acetyl-D-glucosamin (W. N. HAWORTH, P. W. KENT und M. STACEY 1948).

Bact. dysenteriae (Shiga): D-Galaktose, L-Rhamnose, N-Acetyl-D-glucosamin (W. T. MORGAN und S. M. PADRIDGE 1941, D. A. L. DAVIES, W. T. MORGAN und B. RECORD 1955, S. M. PADRIDGE 1948).

Bibliographie

BAER, H. H.: Chemie der Aminozucker. In: Fortschritte der chemischen Forschung. Hrsg. von F. G. FISCHER, H. W. KOHLSCHÜTTER u. K. SCHÄFER, Bd. III, S. 822—898. Berlin-Göttingen-Heidelberg: Springer 1954/58.

BALLON, L. E.: Alkali-sensitive Glykosides. In: Adv. Carbohydr. Chem. Hrsg. von M. L. WOLFROM u. R. S. TIPSON, Bd. 9, S. 59—91. New-York: Academic Press 1954.

BASCHANG, G.: Aminozucker, Synthesen und Vorkommen in Naturstoffen. In: Fortschritte der Chemie organischer Naturstoffe. Hrsg. von L. ZECHMEISTER. 1. Aufl., Bd. XX, S. 200 bis 270. Wien: Springer 1962.

BASSHAM, J. A., and M. CALVIN: The path of carbon in photosynthesis. New-York: Prentice-Hall, Inc. Englewood Cliffs 1957.

BAYNES, S., and J. A. FEWSTER: The Osones. In: Adv. Carbohydr. Chem. Hrsg. von M. L. WOLFROM und R. S. TIPSON, Bd. 11, S. 44—91. New-York: Academic Press 1956.

BINKLEY, W. W.: Column Chromatography of Sugars and their Derivatives. In: Adv. Carbohydr. Chem. Hrsg. von M. L. WOLFROM und R. S. TIPSON, Bd. 10, S. 55—97. New York: Academic Press 1955.

BLIX, G., u. S. GARDELL: Mucopolysaccharides and Glykoproteides. In: Handbuch der physiologisch- und pathologisch-chemischen Analyse. Hrsg. von K. LANG und E. LEHNARTZ, 10. Aufl., Bd. IV, S. 662—712. Berlin-Göttingen-Heidelberg: Springer 1960.

CLAMP, R., L. HOUGH, J. L. HICKSON, and R. L. WHISTLER: Lactose. In: Adv. Carbohydr. Chem. Hrsg. von M. L. WOLFROM und R. S. TIPSON. Bd. 16, S. 159—201. New York-London: Academic Press 1953.

CRAMER, F.: Papierchromatographie. 4. Aufl., Weinheim: Verlag Chemie 1958.

EVANS, W. L., D. D. REYNOLDS, and E. A. TALLEY: The Synthesis of Oligosaccharides. In: Adv. Carbohydr. Chem. Hrsg. von C. S. HUDSON und S. M. CANTOR, Bd. 6, S. 27—70. New York: Academic Press 1951.

ELLIS, G. P.: The Maillard Reaction. In: Adv. Carbohydr. Chem., Hrsg. von M. L. WOLFROM u. R. S. TIPSON, Bd. 14, S. 63—131. New York: Academic Press 1959.

— and J. HONEYMAN: Glykosylamines. In: Adv. Carbohydr. Chem. Hrsg. von M. L. WOLFROM u. R. S. TIPSON, Bd. 10, S. 95—125. New-York: Academic Press 1955.

FORSTER, A. B., and D. HORTON: Aspects of the Chemistry of the Aminosugars. In: Adv. Carbohydr. Chem. Hrsg. von M. L. WOLFROM u. R. S. TIPSON, Bd. 14, S. 213—277. New-York: Academic Press 1959.

— and A. J. HUGGARD: The Chemistry of Heparin. In: Adv. Carbohydr. Chem. Hrsg. von M. L. WOLFROM u. R. S. TIPSON, Bd. 10, S. 336—367. New-York: Academic Press 1955.

— and M. STACEY: The Polysaccharides from Lower Plants such as Bacteria, Algae, Fungi and Lichems etc., and the related Enzymes. In: RUHLANDs Handbuch der Pflanzenphysiologie, Bd. VI, Berlin-Göttingen-Heidelberg: Springer 1958.

GIBEAN, H.: Mucopolysaccharide und Mucopolysaccharidasen. In: O. HOFFMANN-OSTENHOF, Einzeldarstellungen aus dem Gesamtgebiet der Biochemie. Bd. IV, Wien: F. Deuticke 1959.

GOEPP, R. M., M. T. SANDERS, and S. SOLTZBERG: Encyclopedia of Chemical Technology. Bd. 1, S. 321. New-York: Interscience 1947.

GRANT, J. K.: The Biochemistry of Mucopolysaccharides of Connective Tissue. In: Biochemical Society Symposium No. 20. Hrsg. von F. CLARK u. J. K. GRANT. Cambridge: University Press 1961.

GRENN, J. W.: The Halogenoxidation of Simple Periodic Acids. In: Adv. Carbohydr. Chem. Hrsg. von W. W. PIGMAN u. M. L. WOLFROM, Bd. 3, S. 129—183. New York: Academic Press 1948.

HAWORTH, W. N.: Constitution of Sugars. 1. Aufl. London: Edward Arnold 1929.

HAYNES, L. J., and F. H. NEWTH: The Glykosyl Halides and their Derivatives. In: Adv. Carbohydr. Chem. Hrsg. von M. L. WOLFROM u. R. S. TIPSON, Bd. 10, S. 207—246. New York: Academic Press 1955.

HEYNS, K., u. F. SCHNEIDER: Die Technologie der Kohlenhydrate. In: Chemische Technologie, Organische Technologie II. Hrsg. von K. WINNACKER u. L. KÜCHLER. 2. Aufl. Bd. IV, S. 901—955. München: Carl Hanser 1960.

HIRST, E. L.: The Structure and Synthesis of Vitamin C (ascorbic acid) and its Analogues. In: Fortschritte der Chemie organischer Naturstoffe. Hrsg. von L. ZECHMEISTER. Bd. II, S. 132—156. Wien: Springer 1939.

HODGE, J. E.: The Amadori Rearrangement. In: Adv. Carbohydr. Chem. Hrsg. von M. L. WOLFROM u. R. S. TIPSON. Bd. 10, S. 169—202. New York: Academic Press 1955.

KOWKABANY, G. N.: Paper Chromatography of Carbohydrates and Related Compounds. In: Adv. Carbohydr. Chem. Hrsg. von M. L. WOLFROM u. R. S. TIPSON. Bd. 9, S. 303—353. New York: Academic Press 1954.

LELOIR, L. F.: Sugar Phosphates. In: Fortschritte der Chemie organischer Naturstoffe. Hrsg. von L. ZECHMEISTER. 1. Aufl. Bd. VIII, S. 48—86. Wien: Springer 1951.

LEMIEUX, R. U., and M. L. WOLFROM: The Chemistry of Streptomycin. In: Adv. Carbohydr. Chem. Hrsg. von W. W. PIGMAN u. M. L. WOLFROM. Bd. 3, S. 337—384. New York: Academic Press 1948.

MICHEEL, F.: Chemie der Zucker und Polysaccharide. 2. Aufl. Leipzig: Akademische Verlagsanstalt 1956.

— Die biogenen Kohlenhydrate. In: Handbuch der Pflanzenphysiologie. Hrsg. von W. RUHLAND. 1. Aufl., Bd. VI, S. 137—527. Berlin-Göttingen-Heidelberg: Springer 1958.

— and A. KLEMER: Glykosyl Fluorides and Azides. In: Adv. Carbohydr. Chem. Hrsg. von M. L. WOLFROM u. R. S. TIPSON. Bd. 16, S. 85—103. New York-London: Academic Press 1961.

MILLS, J. A.: The Stereochemistry of Cyclic Derivatives of Carbohydrates. In: Adv. Carbohydr. Chem. Hrsg. von M. L. WOLFROM und R. S. TIPSON. Bd. 10, S. 1—53. New York: Academic Press 1955.

NEWTH, ST.: The Formation of Furan Compounds from Hexoses. In: Adv. Carbohydr. Chem. Hrsg. von C. S. HUDSON und S. M. CANTOR. Bd. 6, S. 83—106. New York: Academic Press 1951.

PEAT, ST.: Starch: Its Constitution, Enzymic Synthesis and Degradation. In: Fortschritte der Chemie organischer Naturstoffe. Hrsg. von L. ZECHMEISTER, Bd. XI, S. 1—34. Wien: Springer 1954.

PERCIVAL, E. G. V.: The Structure and Reactivity of the Hydrazone and Osazone Derivates of the Sugars. In: Adv. Carbohydr. Chem. Hrsg. von W. W. PIGMAN und M. L. WOLFROM, Bd. 3, S. 23—41. New York: Academic Press 1948.

PIGMAN, W. W.: The Carbohydrates. New York: Academic Press Inc. 1957.

RADLEY, J. A.: Starch and its Derivatives, Vol. I und II. London: Chapman and Hall Ltd. 1953.

RÅNBY, G. BENGT: Cellulosen und ähnliche Wandsubstanzen von Kohlenhydratnatur, z. B. Hemicellulosen (Struktur, Eigenschaften und Verbreitung). In: Handbuch der Pflanzenphysiologie. Hrsg. von W. RUHLAND, L. Aufl., Bd. VI, S. 268—304. Berlin-Göttingen-Heidelberg: Springer 1958.

REEVES, R. E.: Cuprammonium-Glykoside Complexes. In: Adv. Carbohydr. Chem. Hrsg. von C. S. HUDSON und S. M. CANTOR. Bd. 6, S. 107—134. New York: Academic Press 1951.

SCHLUBACH, H. H.: Der Kohlenhydratstoffwechsel der Gräser. In: Fortschritte der Chemie organischer Naturstoffe. Hrsg. von L. ZECHMEISTER, Bd. X, S. 1—27. Wien: Springer 1958.

— Der Kohlenhydratstoffwechsel im Roggen und Weizen. In: Fortschritte der Chemie organischer Naturstoffe. Hrsg. von L. ZECHMEISTER, Bd. XIX, S. 291—312. Wien: Springer 1961.

SCHMIDT, O. TH.: Gallotannine und Ellegengerbstoffe. In: Fortschritte der Chemie organischer Naturstoffe. Hrsg. von L. ZECHMEISTER, Bd. XIII, S. 70—136. Wien: Springer 1956.

SOWDEN, J. C.: The Saccharinic Acids. In: Adv. Carbohydr. Chem. Hrsg. von M. L. WOLFROM u. R. S. TIPSON. Bd. 12, S. 36—76. New York: Academic Press 1957.

SPECK JR., J. C.: The Lobry de Bruyn-Alberda van Ekenstein-Transformation. In: Adv. Carbohydr. Chem. Hrsg. von M. L. WOLFROM u. R. S. TIPSON. Bd. 13, S. 63—103. New York: Academic Press 1958.

STANĚK, J., M. ČERNÝ, J. KOCONREK, and J. PACÁK: The Monosaccharides. New York and London: Academic Press 1963.

TIPSON, R. S.: Sulfonic Esters of Carbohydrates. In: Adv. Carbohydr. Chem. Hrsg. von C. S. HUDSON u. M. L. WOLFROM, Bd. 8, S. 108—212. New York: Academic Press 1953.

WHELAN, W. J.: Starch and Similar Polysaccharides. In: Handbuch der Pflanzenphysiologie. Hrsg. von W. RUHLAND. 1. Aufl., Bd. VI, Teil 3, S. 154—240. Berlin-Göttingen-Heidelberg: Springer 1958.

WHISTLER, R. L.: Industrial Gums. New York: Academic Press 1961.
— and C. L. SMART: Polysaccharid Chemistry. New York: Academic Press 1953.
ZILLIKEN, F., and M. W. WHITEHOUSE: The Nonulosaminic Acids, Neuraminic Acids and Related Compounds (sialic acids). In: Adv. Carbohydr. Chem. Hrsg. von M. L. WOLFROM und R. S. TIPSON, Bd. 13, S. 237—263. New York: Academic Press 1958.

Zeitschriftenliteratur

ABDEL AHKER, M., J. K. HAMILTON, R. MONTGOMERY, and F. SMITH: A new Procedure for the Determination of the Fine Structure of Polysaccharides. J. Amer. chem. Soc. **74**, 4970—4971 (1952).
— and F. SMITH: The Repeating Unit of Glycogen. J. Amer. chem. Soc. **73**, 994—996 (1951).
ALIMOVA, E. K.: The Chromatographic Study of the Carbohydrates of Microsides (Esters of Carbohydrates and Fatty Acids). Biokhimiya **20**, 516—521 (1955); Chem. Abstr. **50**, 6561—6562 (1956).
AMES, G. R.: Long Chain Derivatives of Monosaccharides and Oligosaccharides. Chem. Rev. **60**, 541—553 (1960).
AMINOFF, D., and W. T. MORGAN: Studies in Immunochemistry: The Oxidation of the Human Blood-Group A Substance with the Periodate Ion. Biochem. J. **48**, 74—88 (1951).
— — and W. M. WATKINS: Studies in Immunochemistry: The Isolation and Properties of the Human Blood-Group A Substance. Biochem. J. **46**, 426—439 (1925).
ARAKI, C., and S. HIRASE: Chemical Constitution of agar-agar. XV. Exhaustive Mercaptolysis of agar-agar. Bull. Chem. Soc. Japan **26**, 463—467 (1953).
— — Isolation of Crystalline Agarobiosediethylmercaptal by Mercaptolysis of agar-agar. Bull. Chem. Soc. Japan **27**, 105—109 (1954).
ARNI, P. C., and E. G. V. PERCIVAL: Studies on Fructosan. Part II. Triticin from Rhizomes of Couch Gran (Triticum repens). J. chem. Soc. **1951**, 1822—1830.
ASPINALL, G. O., E. L. HIRST, and R. S. MAHOMED: Hemicellulose A of Beechwood (Fagus sylcatica). J. chem. Soc. **1953**, 1631—1634.
— — R. W. MOODY, and E. G. V. PERCIVAL: The Hemicelluloses of Esparto Grass (Stipa tenacissima L.) The Arabinoserich Fraction. J. chem. Soc. **1953**, 1631—1634
— — E. G. V. PERCIVAL, and J. R. WILLIAMSON: The Mannans of Ivory Nut (Phytelephas macrocapa). Part I: The Methylation of Mannan A and Mannan B. J. chem. Soc. **1953**, 3184—3188.
— and R. G. J. TELFER: Cereal Gums. J. chem. Soc. **1954**, 3519—3522.
AUERBACH, F., u. E. BODLÄNDER: Zur Bestimmung von Glucose durch Oxydation mit Jod. Angew. Chem. **36**, 602—607 (1923).
BAKER, B. R., and E. R. SCHAUB: Achromycin. Synthetic Studies. III. Synthesis of 3-Amino-D-ribose, Anhydrolytic Product. J. Amer. chem. Soc. **75**, 3864—3865 (1953).
BEAVEN, G. H., and J. K. N. JONES: Pectic Substances. Part V. The Molecular Structure of Strawberry and Apple Pectic Acids. J. chem. Soc. **1947**, 1218—1228.
BEHREND, R.: Über Glucose sowie deren Phenylhydrazone und Oxime. Liebigs Ann. Chem. **353**, 106—122 (1907).
— u. F. LOHR: Über die Phenylhydrazone der Glucose. Liebigs Ann. Chem. **362**, 78—114 (1908).
BERTRAND, G.: Biochemische Bildung der Sorbose. Ann. Inst. Pasteur **12**, 385—399 (1898a).
— Einwirkung des Sorbosebakteriums auf die Aldehydzucker. C. R. Acad. Sci. (Paris) **127**, 728—731 (1898b).
— Über einen Zucker der Vogelbeere. C. R. Acad. Sci. (Paris) **139**, 802—805 (1904).
BIJVOET, J. M., A. F. PEERDMANN, and J. A. VAN BOMMEL: Determination of the Absolute Configuration of Optically Active Compounds by Means of X-Rays. Nature (Lond.) **168**, 271—272 (1951).
BLIX, G.: Über die Kohlenhydratgruppen des Submaxillaris mucins. Hoppe Seylers Z. physiol. Chem. **240**, 43—54 (1936).
— E. LINDBERG, L. ODIN, and J. WERNER: Sialic Acids. Nature (Lond.) **175**, 340—341 (1955).
BOESEKEN, J.: Über die Lagerung der Hydroxyl-Gruppen von Polyoxy-Verbindungen im Raum. Die Konfiguration der gesättigten Glykole und α- und β-Glykose. Ber. dtsch. chem. Ges. **46**, 2612—2628 (1913).
BOLLIGER, H. R., u. P. ULRICH: Neue Synthesen für Digitoxose und Cymarose. Helv. chim. Acta **35**, 93—98 (1952).
BONNER, G. T., E. J. BOURNE, and S. MCNALLY: Dealkylation and Deacylation of Carbohydrate Derivatives with Boron Trichloride and Boron Tribromide. J. chem. Soc. **1960**, 2929—2934.
BORSOOK, H., A. ABRAMS, and P. H. LOWY: Fructose-aminoacids in Liver: Stimuli of Aminoacid Incorporation in vitro. J. biol. Chemistry **215**, 111—124 (1955).

BRUYN, L. C. A. DE, u. W. ALBERDA VAN EKENSTEIN: Einwirkung von Alkalien auf Kohlenhydrate, wechselseitige Umwandlung von Glucose, Fructose und Mannose ineinander. Ber. dtsch. chem. Ges. **28**, 3078—3082 (1895).
— — Einwirkung von Alkalien auf die Zuckerarten. Recueil. Trav. chim. Pays-Bas **15**, 92—96 (1896); ref. in Chem. Zentralblatt **67**, 23 (1896).
CARSON, J. F.: The Reaction of Fructose with Isopropylamine and Cyclohexylamine. J. Amer. chem. Soc. **77**, 1881—1884 (1955).
— Reaction of Fructose with Benzylamine. J. Amer. chem. Soc. **78**, 3728—3731 (1956).
CLARK, W. R., R. H. JACKSON, and M. J. PALLANSCH: The Isolation of Sialic Acid on High Yield from Colostrum. Biochim. biophysica. Acta **58**, 129—130 (1962).
CÔTÉ, R. H., and W. T. J. MORGAN: Some Nitrogen-containing Disaccharides from Human Blood-Group A Substance. Nature (Lond.) **178**, 1171—1172 (1956).
DAVIDSON, E. A., and H. MEYER: Structural Studies on Chondroitin Sulfuric Acid. II: The Glucuronic Linkage. J. Amer. chem. Soc. **77**, 4796—4798 (1955).
DAVIES, D. A. L., W. T. MORGAN, and B. RECORD: Studies in Immunochemistry: The Specific Polysaccharide of the Dominant "O" Somatic Antigen of Shigella Dysenteriae. Biochem. J. **60**, 290—303 (1955).
FEULGEN, R., u. H. ROSSENBECK: Mikroskopisch-chemischer Nachweis einer Nucleinsäure vom Typus der Thymonucleinsäure und die darauf beruhende selektive Färbung von Zellkernen in mikroskopischen Präparaten. Hoppe Seylers Z. physiol. Chem. **135**, 203—248 (1924).
FISCHER, E.: Verbindungen des Phenylhydrazins mit den Zuckerarten. Ber. dtsch. chem. Ges. **17**, 579—584 (1884); **20**, 821—834 (1887).
— Synthesen in der Zuckergruppe. Ber. dtsch. chem. Ges. **23**, 2114—2141 (1890).
— Reduktion des Fruchtzuckers. Ber. dtsch. chem. Ges. **23**, 3684—3687 (1890).
— u. H. LEUCHS: Synthese des α-Glucosamins. Ber. dtsch. chem. Ges. **36**, 24—29 (1903).
FISCHER, F. G., u. H. DÖRFEL: Die papierchromatographische Trennung und Bestimmung von Hexuronsäuren. Hoppe Seylers Z. physiol. Chem. **301**, 224—234 (1955a).
— — Die Polyuronsäuren von braunen Algen. Hoppe Seylers Z. physiol. Chem. **302**, 186—203 (1955b).
FLOOD, A. E., E. L. HIRST, and J. K. N. JONES: Quantitative Estimation of Mixtures of Sugar by the Paper Chromatogramm Method. Nature (Lond.) **160**, 86—87 (1947).
GORING, D. A. J., and E. G. YOUNG: Studies on Carrageenin: Comparisons of Fractions obtained with Potassium Chloride and by succesive Extraction at Elevated Temperatures. Canad. J. Chem. **33**, 480—495 (1955).
HANN, R. M., and C. S. HUDSON: The Action of Copper Sulfate on Phenylosazones of the Sugars. Phenyl-D-glucosotriazoles. J. Amer. chem. Soc. **66**, 735—738 (1944).
HANNA, D., L. MCREYNOLDS, and E. H. SHAW JR.: Preliminary Report on the Chemistry of Gum Ghatti. Proc. S. Dakota Acad. Sci. **19**, 130—132 (1939); Chem. Abstr. **34**, 3123—3124 (1940).
— and E. H. SHAW JR.: Chemical Constitution of Gum Ghatti. Proc. S. Dakota Acad. Sci. **21**, 78 (1941); Chem. Abstr. **36**, 3386 (1942).
HAWORTH, W. N., E. L. HIRST, and F. A. ISHERWOOD: Polysaccharides. XXIII: Determination of the Chain Length of Glycogen. J. chem. Soc. **1937**, 577—581.
— —, and F. SMITH: Polysaccharides. XXXVIII: The Constitition of Glycogen from Fish-Liver and Fish-Muscle. J. chem. Soc. **1939**, 1914—1922.
— P. W. KENT, and M. STACEY: The Constitution of a Lipoid-bound Polysaccharide from M. tuberculosis (Human Strain). J. chem. Soc. **1948**, 1220—1224.
HEBTING, J.: Abbau der Chondroitinschwefelsäure über kristallinische Produkte. I: Chondridin und salzsaurer Chondrisinäthylester. Biochem. Z. **63**, 353—358 (1914).
HELFERICH, B., u. W. KLEIN: Zur Synthese von Disacchariden. IV: Zwei Tetra-acetyl-D-glucosen. Liebigs Ann. Chem. **450**, 219—229 (1926).
HEYNS, K., R. EICHSTEDT u. K. H. MEINECKE: Die Umsetzung von Fructose und Sorbose mit Ammoniak und Aminen. Ber. dtsch. chem. Ges. **88**, 1551—1555 (1955).
— u. H. NOAK: Die Umsetzung von D-Fructose mit L-Lysin und L-Arginin und deren Beziehungen zu nicht-enzymatischen Bräunungsreaktionen. Chem. Ber. **95**, 720—727 (1962).
— H. PAULSEN u. H. BREUER: Umsetzung von Fructose mit Aminosäuren zu Glucosaminosäuren. Angew. Chem. **68**, 334—355 (1956).
— u. W. SCHULZ: Die Umsetzung von D-Glucuronsäuren zu 1-N-Aminosäure-1-desoxy-fructuronsäuren und 1-N-Aminosäure-1-desoxytagaturonsäuren („Fructuron- und Tagaturon-Aminosäuren"). Chem. Ber. **95**, 709—719 (1962).
HIRST, E. L., and J. K. N. JONES: (1) Pectic Substances. Part VIII: The Araban Component of Sugar Beet Pectin. J. chem. Soc. **1948**, 2311—2313 und ältere Arbeiten.
— —, and W. O. WALDER: (1) Pectic Substances. VII: The Constitution of the Galactan from Lupinus Albus. J. chem. Soc. **1947**, 1225—1229.

Hirst, E. L., and D. I. McGilvray, and E. G. V. Percival: Studies on Fructosans. Inulin from Dahlia Tubers. J. chem. Soc. **1950**, 1297—1302.
Huber, G., u. O. Schier: Zum Verständnis der Epoxyd-Öffnung an Pyranose-Ringen. Helv. chim. Acta **43**, 129—135 (1960).
Husemann, E.: Über die Konstitution von Salepmannan. 246. Mitteilung über makromolekulare Verbindungen. J. prakt. Chem. **155**, 241—260 (1940).
Isbell, S. H., H. L. Frush, and F. J. Bates: Manufacture of Calcium Gluconat by Electrolytic Oxidation of Dextrose. Ind. Engng. Chem. **24**, 375—378 (1932).
James, S. P., and F. Smith: The Chemistry of Gum Tragacanth. I: Tragacanthic Acid. J. chem. Soc. **1945**, 739—746.
— — The Chemistry of Gum Tragacanth. II: Derivatives of D- and L-Fucose. J. chem. Soc. **1945**, 746—748.
— — The Chemistry of Gum Tragacanth. III. J. chem. Soc. **1945**, 749—751.
Jeanloz, R.: Studies on Hyaluronic Acid and related Substances: Oxidation of Glucosamine and Derivatives. J. biol. Chemistry. **188**, 361—369 (1951).
— D. A. Prins u. T. Reichstein: Derivate der 2-Desoxy-D-allose. Helv. chim. Acta **29**, 371—378 (1946).
Karrer, P., B. Joos u. M. Staub: Polysaccharide. XXI: Zur Kenntnis des Lichenins. II. Helv. chim. Acta **6**, 800—816 (1923).
— u. H. Schmid: Über die Umsetzungsprodukte von Toluolsulfonsäureestern mit Lithiumaluminiumhydrid. Helv. chim. Acta **32**, 1371—1378 (1949).
Klemer, A.: Aminozucker. Chem. Techn. **9**, 584—594 (1957).
— u. F. Micheel: Kohlenhydrat-Aminosäure-Verbindungen. Ber. dtsch. chem. Ges. **89**, 1242—1246 (1956).
Klenk, E.: Chemie und Biochemie der Neuraminsäure. Angew. Chem. **68**, 349—352 (1936).
Kuhn, R., H. Egge, R. Brossmer, A. Gauhe, P. Klesse, W. Lochinger, E. Röhm, H. Trischmann u. D. Tschampel: Über die Ganglioside des Gehirns. Angew. Chem. **72**, 805 bis 811 (1960).
— Neuraminsäure, das Spaltprodukt eines neuen Gehirnlipoids. Hoppe Seylers Z. physiol. Chem. **268**, 50—58 (1941).
— u. H. Trischmann: Permethylierung von Inosit und anderen Kohlenhydraten mit Dimethylsulfat. Chem. Ber. **96**, 284—287 (1963).
— — u. J. Löw: Zur Permethylierung von Zuckern und Glykosiden. Angew. Chem. **67**, 32 (1955).
Lemieux, R. U.: A Chemical Synthesis of Octa-O-acetyl-β-D-maltose. Canad. J. Chem. **31**, 949—951 (1953).
— and J. P. Barrette: 3.6-Anhydro-α-D-galacto-pyranose⟨1.4⟩ und 3.6-Di-anhydro-β-D-fructoside. A Chemical Proof of the Configuration at the Anomeric Center of the Fructose Moiety of Sucrose. J. Amer. chem. Soc. **80**, 2243—2246 (1958).
— and G. Huber: A Chemical Synthesis of Sucrose. J. Amer. chem. Soc. **75**, 4118 (1953).
Letzig, E.: Dietetic Action of Oat Products. Z. Lebensmittel-Untersuch. u. Forsch. **92**, 170—178 (1951); ref. in Chem. Abstr. **45**, 4806 (1951).
Levene, P. A., and L. C. Kreidler: Oxidation and Hydrolysis of Polygalacturonide Methylester. J. biol. Chemistry. **120**, 591—601 (1937).
Lieser, R. T., u. R. Schweizer: Zur Kenntnis der Kohlenhydrate. Liebigs Ann. Chem. **519**, 271—278 (1935).
Lindberg, B.: Action of Strong Acids on Acetylated Glykosides. IV: Investigations of Disaccharide Models. V: Synthesis of β-Isomaltose-octaacetate. Acta chem. scand. **3**, 1351—1357 (1949).
McLeod, M., and R. Robinson: Application of the Iodometric Method to the Estimation of Small Amounts of Aldoses. Biochem. J. **23**, 517—523 (1929).
Mehltretter, C. L., B. H. Alexander, R. L. Mellies and C. E. Rist: A Practical Synthesis of D-Glucuronic Acid through the Catalytic Oxidation of 1.2-Isopropyliden-G-glucose. J. Amer. chem. Soc. **73**, 2424—2427 (1951).
Meyer, K. H., J. Felling et E. H. Fischer: La Constitution de l'acide hyaluronique. Sur les polysaccharides aminés. III. Helv. chim. Acta **34**, 939—951 (1951).
— R. P. Pirone et M. Odier: Les dérivés sulfatés de l'acide chondroitine-sulfurique e leur action anticoagulante. Sur les polysaccharides aminés. IV. Helv. chim. Acta **35**, 574—588 (1952).
— et P Bernfeld: (i) Recherchen sur l'amidon. V. L'amylopectine, (ii) VII Sur la structure fine dugrain d'amidon et sur les phenomenes du gon flemend. Helv. chim. Acta **23**, (i) 875—885, (ii) 890—897 (1940).
Micheel, F., u. J. Dijong: Der Mechanismus der Amadori-Umlagerung. Liebigs Ann. Chem. **658**, 120—127 (1962).
— u. G. Hagemann: Darstellung aliphatischer Amadori-Produkte. Chem. Ber. **92**, 2836—2840 (1959).

MICHEEL, F., und A. HEESING: Über die Stabilität der N-Glykoside, insbesondere der Guanidin-glykoside und der Nucleoside. Ber. dtsch. chem. Ges. **94**, 1814—1824 (1961).
— u. F. P. VAN DER KAMP: Die Trennung von Zuckergemischen durch kontinuierliche Elektrophorese und Papierchromatographie. Angew. Chem. **64**, 607—608 (1952).
— u. A. KLEMER: Zur Frage der Umsetzung von 1-Fluor-β-glucose mit Aminosäuren in wäßriger Lösung. Chem. Ber. **85**, 1083—1086 (1952).
— — D-Glucose-derivate von Proteinen. Chem. Ber. **89**, 1238—1242 (1956).
— K. KRAFT u. W. LOHMANN: Eine Synthese des Vitamin C. Hoppe Seylers Z. physiol. Chem. **225**, 13—27 (1934).
— u. B. SCHLEPPINGHOFF: Zur Kenntnis der Amadori-Umlagerung. Chem. Ber. **89**, 1702 bis 1708 (1956).
— u. F. SUCKFÜLL: Die Hydrolyse des α-Methyl-galacto-septanosids. Ber. dtsch. chem. Ges. **66**, 1957—1958 (1933).
— u. L. TORK: Die Konfiguration der D-Fructose-Komponente im Rohrzucker (Saccharose). Chem. Ber. **93**, 1013—1020 (1960).
MONTGOMERY, E. M., F. B. WEAKLEY, and G. E. HILBERT: Isolation of 6-[α-D-Glucopyranosyl]-D-glucose (Isomaltose) from Enzymatic Hydrolysates of Starch. J. Amer. chem. Soc. **71**, 1682—1687 (1949).
MONTGOMERY, R., and F. SMITH: The Carbohydrates of Gramineae. IX: The Constitution of a Glucofructan of the Endosperm of Wheat (Triticum vulgare). J. Amer. chem. Soc. **79**, 446—450 (1957).
MORGAN, W. T., and S. M. PADRIDGE: Studies in Immunochemistry: The Use of Phenol and of Alkali in the Degradation of Antigenic Material isolated from Bact. dysenteriae (Shiga). Biochem. J. **35**, 1140—1163 (1941).
MORRIS, D. L.: Lichenin and Araban in Oat (Avena sativa). J. biol. Chemistry. **142**, 881—891 (1942).
MYERS, W. H., and G. J. ROBERTSON: The Synthesis of Aminosugars. J. Amer. chem. Soc. **65**, 8—11 (1943).
NEUBERG, K., u. F. MARX: Reduktion in der Zuckerreihe mittels metallischen Calciums. Biochem. Z. **3**, 539—545 (1907).
NISHIDA, K., u. H. HASHIMA: Chemische Untersuchungen über das Glucomannan aus „Konjak". J. Dep. Agric. Kyushu Imp. Univ. **2**, 277—360 (1930); ref. in Chem. Abstr. **25**, 498—499 (1931).
PADRIDGE, S. M.: Filter-Paper Partition Chromatography of Sugars: An Examination of the Blood-Group A Substance from Hog Gastric Mucin and the Specific Polysaccharide of Bacterium dysenteriae (Shiga). Biochem. J. **42**, 251—253 (1948).
PAZUR, J. H., and A. L. GORDON: Studies on Inulin. The Preparation and Properties of Inulobiose. J. Amer. chem. Soc. **75**, 3458—3460 (1953).
PEAT, ST.: Dibenzoylglucoxylose, ein natürliches Benzoylderivat eines neuen Disaccharids. J. chem. Soc. **105**, 1062—1069 (1914b).
PERLIN, A. S.: Structure of the Soluble Pentosans of Wheatflour. Cereal Chem. **28**, 382—393 (1951).
POWER, F. B., u. A. H. SALWAY: Die Bestandteile der Blätter und Zweige von Daviesia latifolia. J. chem. Soc. **105**, 767—778 (1914a).
PRATT, W. J., N. K. RICHTMEYER, and C. S. HUDSON: D-Ido-heptulose and 2.7-Anhydro-β-D-ido-heptulo-pyranose. J. Amer. chem. Soc. **74**, 2210—2214 (1952); — 1.6-Anhydro-D-glycero-β-D-ido-hepto-pyranose. J. Amer. chem. Soc. **75**, 4503—4507 (1953).
PREECE, J. A., and A. M. McLEOD: The Minor Carbohydrate Constituents of Barley. Wallerstein Lab. Commun. **16**, 148—158 (1953).
REICHSTEIN, T., u. A. GRÜSSNER: Eine ergiebige Synthese der L-Ascorbinsäure (Vitamin C) Helv. chim. Acta **17**, 311—328 (1934).
RICHTMEYER, N. K., and C. S. HUDSON: Crystalline D-Altrosan. J. Amer. chem. Soc. **61**, 214—215 (1939).
—, and E. Y. YEAKEL: The Structure of Populin. J. Amer. chem. Soc. **56**, 2495—2497 (1934).
ROSANOFF, M. A.: On Fischer's Classification of Stereoisomers. J. Amer. chem. Soc. **28**, 114 — 121 (1906).
SCHLUBACH, H. H., u. H. BOE: Untersuchungen über Fructoseanhydride. XIX: Die Konstitution des Asparagosius. Liebigs Ann. Chem. **532**, 191—200 (1937).
— u. C. BRANDMANN: Untersuchungen über Fructoseanhydride. XXII: Über das Secalin. Liebigs Ann. Chem. **540**, 285—297 (1939).
— u. W. FLÖRSHEIM: Die Konstitution des Sinistrins. Ber. dtsch. chem. Ges. **62**, 1491—1493 (1929).
— u. E. HABERLAND: Untersuchungen über Polyfructosane. LIII: Über das Kritesin und Hordeacin der Gerste. Liebigs Ann. Chem. **614**, 123—125 (1958).

SCHLUBACH, H. H., u. J. HUCHTIG: Untersuchungen über Fructoseanhydride. XXV: Über das Pyrosin. Liebigs Ann. Chem. **561**, 173—180 (1949).
— H. KNOOP u. MAO YIN LIU: Untersuchungen über Fructoseanhydride. XII: Die Konstitution des Irisins. Liebigs Ann. Chem. **504**, 30—37 (1933).
— u. K. KÖNIG: Untersuchungen über Fructoseanhydride. XV: Die Konstitution des Graminins. Liebigs Ann. Chem. **514**, 182—196 (1934).
— u. OLLAY KETU SINH: Untersuchungen über Fructoseanhydride. XXIII: Über das Phlein. Die Ringstruktur der Polyfructosane. Liebigs Ann. Chem. **544**, 101—111 (1940).
— u. H. PEITZNER: Untersuchungen über Fructoseanhydride. XVIII: Die Konstitution des Triticins. Liebigs Ann. Chem. **530**, 120—130 (1937).
SMITH, D. B., A. N. O'NEILL, and A. S. PERLIN: The Heterogenity of Carrageenin. Canad. J. Chem. **33**, 1352—1360 (1955).
SMITH, I.: Glucurone. J. chem. Soc. (London), **1944**, 584—587.
SPENGLER, O., u. A. PFANNENSTIEL: Über die Oxydation reduzierender Zucker durch Sauerstoff. Z. Wirtschaftsger. Zuckerind. **85**, 546—552 (1935).
STACEY, M., and G. M. WOOLLEY: The Nature of Carbohydrate Residue in Ovomucoid. Part II. J. chem. Soc. **1942**, 550—555.
STEMPEL JR., G. H.: Studies Concerning the Relationships of the Isomeric D-Glucoses and Glucose Phenylhydrazones. J. Amer. chem. Soc. **56**, 1351—1335 (1934).
STEWART, C. L., C. S. HUDSON, and N. K. RICHTMEYER: L-Guloheptulose and 2.7-Anhydro-β-L-gulo-heptulo-pyranose. J. Amer. chem. Soc. **74**, 2206—2210 (1952).
STRANGE, R. E.: The Structure of an Amin Sougar present in Certain Spores and Bacterial Cell, Walls. Proceedings of The Biochem. Soc., 352nd meeting, **64**, 23 (1956).
— and JOAN F. POWELL: Hexosamine-containing Peptides in Spores of Bacillus subtilis, B. megatherium and B. cereus. Biochem. J. **58**, 80—85 (1954).
TANRET, G.: Das Lävoglucosan. C. R. Acad. Sci. (Paris) **119**, 158—161 (1894).
— Über die Zucker des Spargels. Bull. Soc. chim. France (4) **5**, 889—895 (1909).
VINCENT, D. J.: Oligosaccharides from Alginic Acids. Chem. and Ind. **1960**, 1109—1110.
WALKER JR., H. G., M. GEE, and R. M. MCCREADY: Complete Methylation of Reducing Carbohydrates. J. org. Chemistry **27**, 2100—2102 (1962).
WALLACH, O.: Zur Kenntnis der Kohlenhydrate. Liebigs Ann. Chem. **234**, 364—375 (1886).
WALLER, C. W., P. W. FRYTH, B. L. HUTCHINS and J. H. WILLIAMS: Achromycin. The Structure of the Antibiotic Puromycin. I. J. Amer. chem. Soc. **75**, 2025 (1953).
WEIDMANN, H., N. HOWARD u. K. ZIMMERMANN jr.: Die Konfiguration der 2.6-Di-desoxy-2.6-diamino-hexo-pyranose aus Neomycin C. Liebigs Ann. Chem. **644**, 127—129 (1961).
WEISSMANN, B., and K. MEYER: The Structur of Hyalobiuronic Acid and of Hyaluronic Acid from Umbilical Card. J. Amer. chem. Soc. **76**, 1753—1757 (1954).
WHISTLER, R. L., and C. C. TU: Isolation and Properties of a Series of Crystalline Oligosaccharides from Xylan. J. Amer. chem. Soc. **74**, 3609—3612 (1952).
WILLSTÄTTER, R., u. G. SCHUDEL: Bestimmung von Traubenzucker mit Hypojodit. Ber. dtsch. chem. Ges. **51**, 780—781 (1918).
WOHL, A., u. K. FREUDENBERG: Die Bezeichnung sterischer Reihen. Ber. dtsch. chem. Ges. **56**, 309—313 (1923).
WOLFROM, M. L., and J. C. DACONS: (2) The Polymer-homologues Series of Oligosaccharides from Cellulose. J. Amer. chem. Soc. **74**, 5331—5333 (1952).
— R. U. LEMIEUX, and M. S. OLIN: Configurational Correlation of L-(levo-)Glyceraldehyd with Natural (dextro-) Alanine by a Direct Chemical Method. J. Amer. chem. Soc. **71**, 2870—2873 (1949).
— R. MONTGOMERY, J. V. KARBANIOS, and P. PATHGEB: The Structure of Heparin. J. Amer. chem. Soc. **72**, 5796—5797 (1950).
— and A. THOMPSON: Occurence of the $(1 \rightarrow 3)$-Linkage in Starches. J. Amer. chem. Soc. **78**, 4116—4117 (1956).
— J. T. TYREE, T. T. GALKOWSKI, and A. N. O'NEILL: Acid Degradation of Amylopectin to Isomaltose and Maltotriose. J. Amer. chem. Soc. **73**, 4927—4929 (1951).
— and H. B. WOOD: Sodium Borohydride as a Reducing Agent for Sugar Lactones. J. Amer. chem. Soc. **73**, 2933—2934 (1951) und neuere Arbeiten.
YABUTA, T., Y. SUMIKI, and K. TAMARI: Chemical Constituents of Inekoji. VIII. Arabitylmargarate. J. Agr. Chem. Soc. Japan **17**, 307—310 (1941); ref. in Chem. Abstr. **41**, 4774 (1947).
ZECHMEISTER, L., H. MARK u. G. TOTH: Cellotriose und ihre Bedeutung für das Strukturbild der Cellulose. Ber. dtsch. chem. Ges. **66**, 269—275 (1933) und frühere Arbeiten.
ZEMPLÉN, G., A. GERECS u. J. HADÁCSY: Über die Verseifung acetylierter Kohlenhydrate. Ber. dtsch. chem. Ges. **69**, 1827—1829 (1936).
— u. A. KUNZ: Über die Natriumverbindung der Glucose und die Verseifung der acetylierten Zucker. Ber. dtsch. chem. Ges. **56**, 1705—1710 (1923).

Tabelle 1. *Natürlich vorkommende*

Verbindung		Vorkommen		Smp °C	
D-Erythrulose	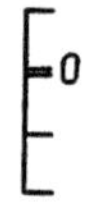	als Phosphorsäure-Ester bei manchen biochemischen Umwandlungen (z. B. Photosynthese)[1]			
D-Ribose[2]	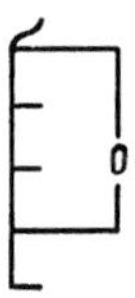	als Kohlenhydrat-Komponente der Ribonucleinsäuren[2] und einer Reihe von Co-Enzymen. Sie liegt in diesen Verbindungen als N-Glykosid mit furanoidem Ring vor	D-Ribofuranose	86—87	
D-Arabinose[5, 6, 7, 8, 9]	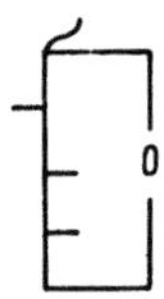	als Baustein des Glykosids Aloin[7], in furanoider Form als Baustein eines Polysaccharids des Tuberkel-Bacillus	D-Arabopyranose	159—160	
L-Arabinose[10, 11, 12, 13, 14]	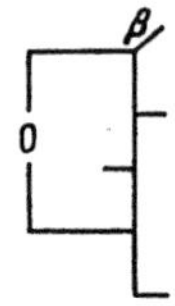	als Baustein vieler Polysaccharide, im Kernholz mancher Coniferen, weit verbreitet in Pflanzengummiarten, Hemicellulosen, Pektinen u. Bakterien-polysacchariden	β-L-Arabofuranose	160[15]	
D-Xylose[27, 28] (Holzzucker) (veraltet: L-Lyxose)	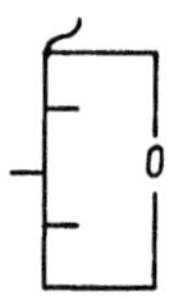	als Polysaccharid (Xylane) weit verbreitet (Holzgummi[29b], Stroh[31], Maiskolben[32], Bambus[33], Baumwollsamenhülsen[34]), in freier Form in einigen Früchten	D-Xylopyranose	145	
L-Xylulose[24, 36] (L-Xylo-ketose) (L-Lyxo-ketose) (L-Threo-pentulose)	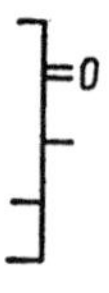	im Urin in manchen Fällen von Pentosuria	L-Xylulofuranose	amorph	
D-Xylulose[37] (D-Xylo-ketose) (D-Lyxo-ketose) (D-Threo-pentulose)	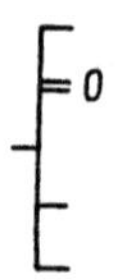	wahrscheinlich in Sorghumwurzeln[38]	D-Xylulofuranose	130—131	

Monosaccharide (Aldosen und Ketosen)

Drehwert	Gleichgewichts-Drehwert	Nachweis		
		Derivat	Smp °C	Drehwert
—23,1° (W.)	—23,7° (W.)	Phenyl-osazon[3]	171—172[3b]	—60,7°→—30,4° (48 Std) (Pyr.-Alk.)
		p-Brom-phenyl-hydrazon	95	—20,3° (CH_3OH)
—175° (W.)	—105° (W.)	Phenyl-osazon[3a]	171—172[3b]	—60,7°→—30,4° (48 Std) (Pyr.-Alk.)
		Oxim[3a]	138—139	—12,23° (W.)
+190,6° (W.)	+105,5° (W.)	Phenyl-hydrazon[17]	152—153	+2,5° (Alk.)
		p-Brom-phenyl-hydrazon[24, 25]	164—165	+21,9° (Pyr.)
		α-Methyl-phenyl-hydrazon[18]	164	
		α-Benzyl-phenyl-hydrazon[19, 20]	174	—14,8°→—11,5° (CH_3OH)[20]
		β-Naphthyl-hydrazon[21]	166—167	
		Di-phenyl-hydrazon[22]	204—205	+14,5° (Pyr.)
		p-Nitro-phenyl-hydrazon[23]	186 (aus W.) 182 (aus Alk.)	+48,3° (Pyr.-Alk.)
		m-Nitro-phenyl-hydrazon[23]	184 179—180	
		o-Nitro-phenyl-hydrazon[23]	183	—21,4° (Pyr.-CH_3OH)
		Phenyl-osazon[3b, 26]	171—172[3b]	+60,5°→+31,0° (Pyr.-Alk.)[3b]
		Phenyl-osotriazol[3e]	69—70	—22,8° (W.)
+93,6° (W.)	+18,8° (W.)	m-Nitro-phenyl-hydrazon[23]	163	
		Phenyl-osazon[29]	153—155[30] 164[26b]	—40,9° (Alk.) —0,43° (Pyr.-Alk.)
		Benzyl-phenyl-hydrazon[19a, 20]	95	—20,3° (CH_3OH)
+33,1° (W.)	+31,5° (Pyr.) (5 Tage)	p-Brom-phenyl-hydrazon[35, 36, 37]	157—158	—14,3° (Pyr.)
+34,8° (W.)				

Tabelle 1

Verbindung	Vorkommen		Smp °C
D-Ribulose[42] (D-Erythro-pentulose) 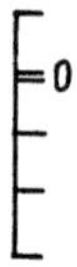	Zwischenprodukt des biologischen Abbaus von 6-Phospho-gluconat, als 1.5-Diphosphat isoliert aus Scenedesmus obliquus[42]	D-Ribulofuranose	Sirup
D-Glucose (Traubenzucker) (Dextrose) 	in der Natur weit verbreitet als freier Zucker in süßen Früchten, Pflanzensäften, Honig, Blut, Lymphe, Gehirnflüssigkeit, Harn, Mikroorganismen und Pilzen sowie in geringer Konzentration in der Milch. In gebundener Form liegt er vor in Glucosiden, in Di- und Oligosacchariden (Rohrzukker, Maltose, Lactose, Raffinose u. a.) sowie in Polysacchariden (Stärke, Cellulose u. a.)	α-D-Glucopyranose	146 [44]
		α-D-Glucopyranose-hydrat[44, 55]	83
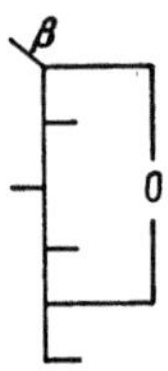		β-D-Glucopyranose	148—150
L-Glucose[57] 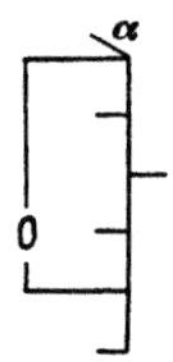	in Blättern und Blüten nachgewiesen[57]	α-L-Glucopyranose	141—143
D-Mannose[45, 59, 60] 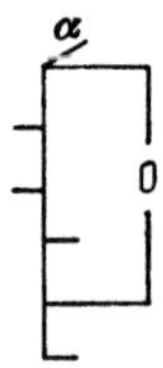	in der Natur als Glykosid und als Bestandteil von Polysacchariden weit verbreitet (polymer in den Mannanen A und B in Steinnußsamen). Sie ist bisher nicht in freier Form in natürlichen Produkten aufgefunden worden	α-D-Mannopyranose	133
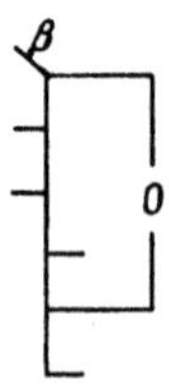		β-D-Mannopyranose	132

(Fortsetzung)

Drehwert	Gleichgewichts-Drehwert	Nachweis		
		Derivat	Smp °C	Drehwert
		o-Nitro-phenyl-hydrazon	165—166	
+112,2° (W.)[45] +110,1° (W.)[46]	+52,7° (W.)[45]	Phenyl-osazon[47, 48, 49]	208	—1,5° (Pyr.-Alk.) —0°62′→—0°35′ (Pyr.-Alk.)
		Di-phenyl-hydrazon[50, 51]	161—162	
		p-Nitro-phenyl-hydrazon[52, 53]	189 (aus Alk.) 195 (aus CH_3COOH)	—21,5° (Pyr.-Alk.)
		Benzyl-phenyl-hydrazon[54]	163—164	—48° (Pyr.)
		p-Brom-phenyl-hydrazon[54]	164—166	+18° (Pyr.)
—95,5° (W.)	—51,4° (W.)	Phenyl-osazon[58]	208	
		Di-phenyl-hydrazon[58]	162	
+29,3° (W.)	+14,2° (W.)	Phenyl-osazon[47, 48, 49]	208	—1,5° (Pyr.-Alk.) —0°62′→—0°35′ (Pyr.-Alk.)
		p-Brom-phenyl-hydrazon[61]	208 (aus neutraler Lösung) 203 (aus saurer Lösung)	
		β-Naphthyl-hydrazon[62]	186—187	
—17,0° (W.)	+14,2° (W.)	p-Nitro-phenyl-hydrazon[52, 53, 63, 64]	202—203 (aus CH_3COOH) 194—195 (nach Umkrist. aus W.-Alk.)	—56° (Pyr.-Alk.)
		m-Nitro-phenyl-hydrazon[52, 53, 63]	162—163	+26,5°→—8,3° (144 Std) (Pyr.-Alk.)
		o-Nitro-phenyl-hydrazon[52, 53]	172—173	+52° (Pyr.-Alk.)
		p-Tolyl-hydrazon[65]	190—191	schwach rechtsdrehend

Tabelle 1

Verbindung	Vorkommen		Smp °C
D-Galaktose[67] 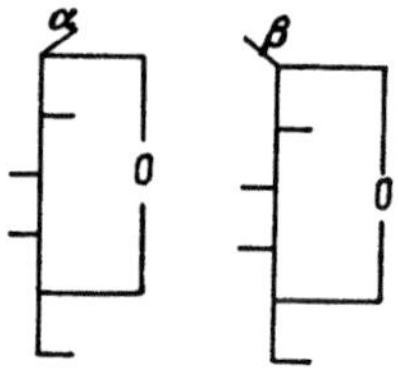	in freier Form in Efeubeeren und in der Milch in sehr kleinen Mengen[68]. In einigen pflanzlichen Glykosiden z.B. als myo-Inosit-galaktosid in Zuckerrüben. Häufiger Bestandteil von Oligosacchariden (Lactose, Melibiose, Raffinose). Viele Polysaccharide pflanzlicher und tierischer Herkunft enthalten G-Galaktose u. a. Agar-Agar Gummi arabicum, Galaktane (Lärchenholz) und die Kohlenhydrat-Komponente der Blutgruppensubstanzen	α-D-Galaktopyranose β-D-Galaktopyranose	167 [55]
L-Galaktose[74, 75, 76] 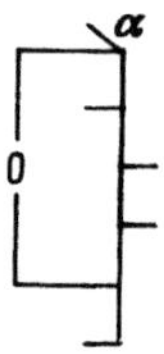	in einzelnen Polysacchariden z. B. in Carragheenen	α-L-Galaktopyranose	163—165 [77]
D,L-Galaktose[74, 75]			
D-Fructose (Laevulose) (Fruchtzucker) 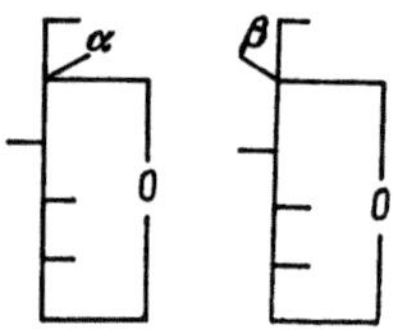	in freier Form vergesellschaftet mit Saccharose (Rohrzucker), in zahlreichen Fruchtsäften und in Honig, in gebundener Form mit furanoidem Ring als Bestandteil zahlreicher Oligosaccharide und Polysaccharide (Fructosane). Diese finden sich als Inuline hauptsächlich in der Familie Compositae (Dahlien, Chicorien u. a.). Auch Gräser sind reich an Fructosanen.	α-D-Fructopyranose Hemihydrat β-D-Fructopyranose [80, 85]	 102—104 102—104 [86]
L-Sorbose[89] 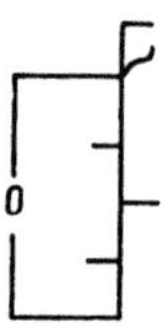	als Sorbit (Vogelbeeren), daraus entsteht L-Sorbose durch Oxydation mit Acetobacter xylinum. Als Ketose im Enzym-Hydrolysat der Schale von Passiflora edulis. Ausgangsstoff für die Synthese des Vitamin C	L-Sorbopyranose	159—161 [90]

(Fortsetzung)

Drehwert	Gleichgewichts-Drehwert	Nachweis		
		Derivat	Smp °C	Drehwert
+150,7° (W.)	+81,1° (W.)	Phenyl-osazon[47, 48]	179—186[5b]	—0°48′ (Pyr.-Alk.)
+146,0° (W.)	+80,2° (W.)		201	+0,73° → +0,34° (Pyr.-Alk.)
		Phenyl-hydrazon[69, 70]	161—162	—21,6°
		β-Naphthyl-hydrazon[51]	190	
		p-Nitro-phenyl-hydrazon[52, 53]	194 (aus Alk.)	+45,6° (Pyr.-Alk.)[52b]
+52,4° (W.)	+80,5° (W.)	o-Tolyl-hydrazon[71]	176	
		Benzyl-phenyl-hydrazon[54]	157—158	—14,3° (Pyr.)
—120° (W.)	—78° (W.)[74, 77]	Phenyl-osazon[74]	192—195	
inaktiv		Phenyl-osazon[74]	206 (Zers.)	inaktiv
—63,6° (W.)	—92,3° (W.)[78, 79, 80]	Phenyl-osazon[81, 82, 83] identisch mit dem der Glucose und Mannose	208	—1,5° (Pyr.-Alk.) —0°62′ → +0°35′ (Pyr.-Alk.)
—132,2° (W.)	—92,4° (W.)	p-Nitro-phenyl-hydrazon[84]	176 180—181	+16° (Pyr.-Alk.)[84b]
—135,5° (W.)	—92,3° (W.)[78, 79, 80]	o-Nitro-phenyl-hydrazon[84b]	156	+31° (Pyr.-Alk.)
		2.4.6-Trichlor-phenyl-hydrazon[87]	155	
—43,7° (W.)[91]	—43,2° (W.)[90] —43,4° (W.)[91]	Phenyl-osazon[82a, 92, 93]	168	—0°15′ (Pyr.-Alk.) —6° (CH_3OH)
		p-Tolyl-osazon	166	
		o-Nitro-phenyl-osazon	211—212	
		Osotriazol	110	—34° (Alk.)
		p-Brom-phenyl-hydrazon[94]	181	

Tabelle 1

Verbindung		Vorkommen		Smp °C
D-Tagatose[95, 96]	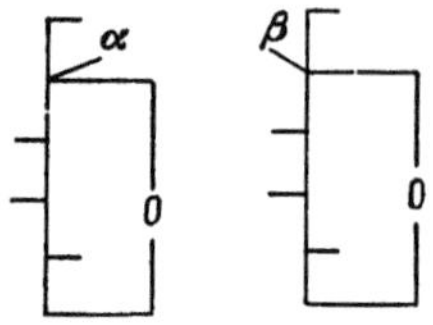	als Hydrolysenprodukt des Gummisaftes des tropischen Baumes Sterculia setigera	α-D-Tagato-pyranose	162
			β-D-Tagato-pyranose	134—135
D-Manno-heptulose [97, 98, 99] (D-Manno-keto-heptose) (D-Manno-D-tagato-heptose)	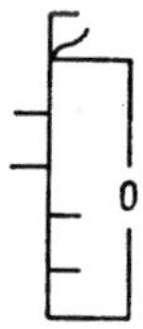	in der Avocado- oder Alligator-Birne		151—152 182 182 162
Sedo-heptulose[103, 104, 105, 106, 107, 108] (D-Altro-heptulose) (D-Altro-D-fructo-heptose) (Volemulose)	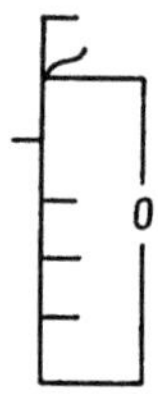	in Sedum-Arten[112] (zuerst aus Sedum spectabile). Als Phosphat in der Hefe[113]. In allen grünen Pflanzen als Zwischenprodukt bei der Photosynthese		amorph
Sedo-heptulosan α ⟨2.6⟩ β ⟨2.7⟩[111]	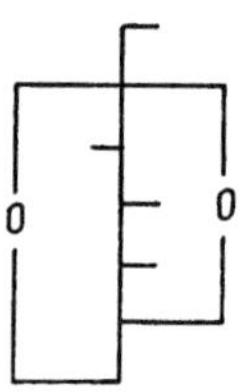	ähnlich wie die D-Altrose geht die Sedo-heptulose leicht in saurer Lösung in ein Anhydrid, das Sedo-heptulosan über[111]		154—155°
			Hydrat	100—101°

Literaturzitate (Tabelle 1)

[1] Gorin, P. A. J., J. F. C. Haskins, and C. C. Spencer: Canad. J. Biochem. Physiol. **38**, 953 (1960). — [2] Levene, P. A., u. W. A. Jacobs: Ber. dtsch. chem. Ges. **42**, 1198, 2102, 2473, 2706, 3247 (1909); **43**, 3147 (1910). — Phelps, F. P., W. W. Pigman, and H. S. Isbell: J. amer. chem. Soc. **56**, 747 (1934). — [3a] Ruff, O.: Ber. dtsch. chem. Ges. **31**, 1573 (1898). — [3b] Haskins, W. T., R. M. Hann, and C. S. Hudson: J. amer. chem. Soc. **68**, 1766 (1946). — [4a] Levene, P. A., u. W. A. Jacobs: Ber. dtsch. chem. Ges. **42**, 2104, 2472, 2476, 3247 (1909). — [5a] Wohl, A.: Ber. dtsch. chem. Ges. **26**, 730 (1893). — [5b] Ruff, O.: Ber. dtsch. chem. Ges. **31**, 1576 (1898); **32**, 554 (1899). — [6] Hudson, C. S., and J. Yankowski: J. amer. chem. Soc. **39**, 1013 (1917). — [7] Leger, E.: Bull. Soc. chim. France (4) **7**, 479, 800 (1910). — [8] Ruff, O.: Ber. dtsch. chem. Ges. **35**, 2360 (1902). — [9] McOwan, G.: J. chem. Soc. **1926**, 1737. — [10] Baker, St., and W. N. Haworth: J. organ. Chem. **127**, 365 (1925). — [11] Vogel, H.: Helv. chim. Acta **11**, 1210 (1928). — [12] Kilian, H., u. F. Köhler: Ber. dtsch. chem. Ges. **37**, 1210 (1904). — [13] Groth, P.: Ber. dtsch. chem. Ges. **6**, 615 (1873). — [14] Montgomery, E. M., and C. S. Hudson: J. amer. chem. Soc. **56**, 2074 (1934). — [15] Dafert, O: Ber. pharm. Ges. **264**, 409 (1926). — [16a] Isbell, H. S., and W. W. Pigman: J. organ. Chem. **1**, 505 (1937). — [16b] Riiber, C. N., u. N. A. Sörensen: Kgl. Norske Vidensk. No. 7 (1933). — [17] Chevanne, G: C. R. Soc. Biol. (Paris) **134**, 661 (1902). — [18] Müther, A., u. B. Tollens: Ber. dtsch. chem. Ges. **37**, 306, 311 (1932). — Müther, A.: Diss. Göttingen 1903. — [19a] Ruff, O., u. G. Ollendorf: Ber. dtsch. chem. Ges. **32**, 3234 (1899). — [19b] van Ekenstein, W., et C. A. Lobry de Bruyn: Recueil Trav. chim. Pays-Bos **15**, 225 (1896). — [20] Votocek, E., F. Valentin u. O. Leminger: Coll. czech. chem. Commun. **3**, 250 (1931); C. **1932 I**, 659. — [21] Hilger, A., u. S. Rothenfusser: Ber. dtsch. chem. Ges. **35**, 1841 (1902). — [22] Neuberg, C.: Ber. dtsch. chem. Ges. **33**, 2243 (1900). — Tollens, B., u. R. Maurenbrecher: Ber. dtsch. chem. Ges. **38**, 500 (1905). — [23] Reclaire, A.: Ber. dtsch. chem. Ges. **41**, 3665 (1908). — van Ekenstein, W., et J. J. Blanksam: Recueil Trav. chim. Pays-Bas **22**, 434 (1903). — [24] Levene, P. A., and R. S. Tipson: J. biol. Chem. **115**, 731 (1936). — [25] Austin,

Drehwert	Gleichgewichts-Drehwert	Nachweis		
		Derivat	Smp °C	Drehwert
$[\alpha]_{578}$ +0,8° (W.)	$[\alpha]_{578}$ —3,9° (W.)	Phenyl-osazon[81, 82]	179—186[82b]	—0°48′ (Pyr.-Alk.) +0,73°→+0,34° (Pyr.-Alk.)
	+1° (W.)			
+29,0° (W.)		p-Brom-phenyl-hydrazon	178	
		Phenyl-osazon[100, 101]	198	+17,5° (Cellosolve)
		Phenyl-osotriazol[102]	184—185	—27,5° (Pyr.)
+2° (W.)	+3° (W.)	Phenyl-osazon[107, 109, 110]	189	—4,5° (Cellosolve)
		Phenyl-osotriazol[102]	181—182	—71,5° (Pyr.)
		Tetra-benzoat	165	—194° (Chlfm.)
—145° (W.)[111]				
—136° (W.)				

M. J., and F. L. Humoller: J. amer. chem. Soc. **54**, 4749 (1932). — [26] Kiliani, H.: Ber. dtsch. chem. Ges. **20**, 339 (1887). — Levene, P. A., and F. B. Laforge: J. biol. Chem. **20**, 429 (1915). — Neuberg, C.: Ber. dtsch. chem. Ges. **32**, 3384 (1899). — [27] Isbell, H. S., and W. W. Pigman: J. Res. Natl. Bur. Stand. **18**, 141 (1937). — [28] Riiber, C. N., u. O. Bjerkli: Kgl. Norske Vidensk No. **5** (1936). — [29] Tollens, B.: V. Zuckerind. **41**, 905; — Wheeler, H. J., u. B. Tollens: Ber. dtsch. chem. Ges. **22**, 1046 (1889). — [30] Ehrenstein, M.: Helv. chim. Acta **9**, 332 (1926). — [31] Schulze, E., u. B. Tollens: Liebigs Ann. Chem. **271**, 40 (1892). — [32] Hudson, C. S., and A. T. Harding: J. amer. chem. Soc. **40**, 1061 (1918). — Ling, A. R., and D. R. Nanji: J. organ. Chem. **123**, 620 (1923). — [33] Komatsu, S., and R. Sasaoka: Bull. Chem. Soc. Japan **2**, 57 (1917). — [34] Hudson, C. S., and A. T. Harding: J. amer. chem. Soc. **39**, 1031 (1917). — [35] Varga, L. v.: Ber. dtsch. chem. Ges. **68**, 18 (1935). — Hay, G., and J. B. Pridham: Nature **172**, 207 (1953). — [36] Levene, P. A., and F. B. La Forge: J. biol. Chem. **18**, 319 (1914). — [37] Greenwald, I.: J. biol. Chem. **88**, 1 (1930). — [38] Brown, R., E. Robinson, and A. Johnson: Proc. roy. Soc. Ser. B (Lond.) **136**, 577 (1950). — [39] Horecker, B. L., P. Z. Smyrniotis, and J. E. Seegmiller: J. biol. Chem. **193**, 383 (1951). — [40] Cohen, S: J. biol. Chem. **201**, 71 (1953). — [41] Glatthaar, C., u. T. Reichstein: Helv. chim. Acta **18**, 80 (1935). — [42] Benson, A. A., u. Mitarb.: J. amer. chem. Soc. **76**, 1760 (1954). — [44] Hesse, O. C. S.: Liebigs Ann. Chem. **227**, 302 (1893). — [45] Isbell, H. S., and W. W. Pigman: J. Res. Natl. Bur. Stand. **18**, 141 (1937). — [46] Riiber, C. N., u. J. Minsaas: Ber. dtsch. chem. Ges. **60**, 2402 (1927). — [47a] Levene. P. A., u. W. A. Jacobs: Ber. dtsch. chem. Ges. **43**, 4341 (1910). — [47b] Levene, P. A., and F. B. La Forge: J. biol. Chem. **20**, 429 (1915). — [47c] Steiger, M., u. T. Reichstein: Helv. chim. Acta **19**, 184 (1936). — [47d] Zerban, F. W., and L. Sattler: J. amer. chem. Soc. **64**, 1740 (1942); Industr. Engin. Chem. **34**, 1180 (1942). — [48a] Fischer, E.: Ber. dtsch. chem. Ges. **20**, 821 (1887). — [48b] Tollens, B.: Ber. dtsch. chem. Ges. **20**, 1004 (1887). — [48c] Fischer, E., u. J. Tafel: Ber. dtsch. chem. Ges. **20**, 3390 (1887). — [48d] Neuberg, C.: Ber. dtsch. chem. Ges. **32**, 3384 (1899). — [49a] Fischer, E.: Ber. dtsch. chem. Ges. **20**, 827 (1887). — [49b] Fischer, E., u. J. Hirschberger: Ber. dtsch. chem. Ges. **21**, 1805 (1888). — [49c] Tuttin, F.: Proc. roy.

Soc. (Lond.) **23**, 250 (1907). — [50] Stahel, R.: Liebigs Ann. Chem. **258**, 242 (1890). — [51] Hilger, A., u. S. Rothenfusser: Ber. dtsch. chem. Ges. **35**, 1841 (1902). — [52] Reclaire, A.: Bull. Soc. chim. France **41**, 3665 (1908). — van Ekenstein, W., et J. J. Blanksma: Recueil Trav. chim. Pays-Bas **22**, 434 (1903). — [53] van Ekenstein, W., et J. J. Blanksma: Recueil Trav. chim. Pays-Bas **24**, 33 (1905). — [54] Hoffmann, A.: Liebigs Ann. Chem. **366**, 277 (1908). — [56] Whistler, R. L., and B. F. Buchanan: J. biol. Chem. **125**, 557 (1938). — [57] Fischer, E.: Ber. dtsch. chem. Ges. **23**, 2618 (1890); **24**, 2683 (1891). — [58] Fischer, E.: Ber. dtsch. chem. Ges. **23**, 2619 (1890). — [59] Gorup-Besanez, E. v.: Liebigs Ann. Chem. **118**, 257 (1891). — Dafert, F. W.: Ber. dtsch. chem. Ges. **17**, 227 (1884). — [60] Levene. P. A.: J. biol. Chem. **57**, 329 (1923); **58**, 129 (1924). — [61] Kolle, F.: Hoppe Seylers Z. physiol. Chem. **29**, 429 (1900). — [62] Hilger, A.: Ber. dtsch. chem. Ges. **36**, 3179 (1903). — [63] White, L. M., and C. C. Secor: J. amer. chem. Soc. **75**, 6343 (1953). — [64] Butler, C. L., and L. H. Cretcher: J. amer. chem. Soc. **53**, 4358 (1931). — [65] van der Haar, A. W.: Recueil Trav. chim. Pays-Bas **36**, 346 (1916). — [66] Isbell, H. S.: J. Res. Natl. Bur. Stand. **5**, 741 (1930). — [67] Pasteur, L.: C. R. Acad. Sci. (Paris) **42**, 347 (1856). — Fudakowski, H.: Ber. dtsch. chem. Ges. **8**, 599 (1875). — Tanret, C.: Bull. Soc. chim. France (**3**) **21**, 1066 (1899). — [68] Malyoth, G., H. W. Stein, E. Hörmann u. R. Schuler: Experientia (Basel) **9**, 70 (1953). — [69] Hofmann, A.: Liebigs Ann. Chem. **366**, 277 (1909). — [70] Fischer, E., u. J. Tafel: Ber. dtsch. chem. Ges. **20**, 821, 2566 (1887). — [71] van der Haar, A. W.: Recueil Trav. chim. Pays-Bas **37**, 108, 251 (1917). — Sath, P. P. T., and Chiazentsen: Chem. Abstr. **30**, 7105 (1936). — [72] Blanksma, J. J., u. W. van Ekenstein: Chem. Weekbl. **5**, 777 (1908). — Levene, P. A., and R. S. Tipson: J. biol. Chem. **93**, 631 (1931). — [73] Tanret, C.: Bull. Soc. chim. France (3) **15**, 195 (1896). — [74] Fischer, E., u. J. Hertz: Ber. dtsch. chem. Ges. **25**, 1247 (1892). — [75] Neuberg, C., u. J. Wohlgemuth: Hoppe Seylers Z. physiol. Chem. **36**, 219 (1902). — [76] De Bruyn, C. A., et W. van Ekenstein: Recueil Trav. chim. Pays-Bas **19**, 1 (1900). — [77] von Lippmann, E. O.: Ber. dtsch. chem. Ges. **55**, 3038 (1922). — [78] Hudson, C. S., and J. Yankowski: J. amer. chem. Soc. **39**, 1013 (1917). — [79] Riiber, C. N., u. V. Esp: Ber. dtsch. chem. Ges. **58**, 737 (1925). — [80] Parcus, E., u. B. Tollens: Liebigs Ann. Chem. **257**, 160 (1890). — [81a] Levene, P. A., u. R. S. Tipson: Ber. dtsch. chem. Ges. **43**, 3141 (1910). — [81b] Levene, P. A., and F. B. la Forge: J. biol. Chem. **20**, 429 (1915). — [81c] Steiger, M., u. T. Reichstein: Helv. chim. Acta **19**, 184 (1936). — [81d] Zerban, F. W., and L. Sattler: J. amer. chem. Soc. **64**, 1740 (1942); — Industr. Engin. Chem. **34**, 1180 (1942). — [82a] Fischer, E.: Ber. dtsch. chem. Ges. **20**, 821 (1887). — [82b] Tollens, B.: Ber. dtsch. chem. Ges. **20**, 1004 (1887). — [82c] Fischer, E., u. J. Tafel: Ber. dtsch. chem. Ges. **20**, 3390 (1887). — [82d] Neuberg, C.: Ber. dtsch. chem. Ges. **32**, 3384 (1899). — [83a] Fischer, E.: Ber. dtsch. chem. Ges. **20**, 827 (1887); **21**, 987 (1888); **41**, 73 (1908). — [83b] Fischer, E., J. Hirschberger: Ber. dtsch. chem. Ges. **21**, 1805 (1888). — Tuttin, I.: Proc. roy. Soc. (Lond.) **23**, 250 (1907). — [84a] Reclaire, A.: Ber. dtsch. chem. Ges. **41**, 3665 (1908). — [84b] van Ekenstein, W., et J. J. Blanksma: Recueil Trav. chim. Pays-Bas **22**, 434 (1903). — [85] Isbell, H. S., and W. W. Pigman: J. Res. Natl. Bur. Stand. **18**, 121 (1937). — [86] Hudson, C. S., and D. H. Brauns: J. amer. chem. Soc. **38**, 1216 (1916). — [87] Votocek, E.: Coll. czech. chem. Commun. **1**, 346 (1929). — [88] Bray, H. G., H. Henry, and M. Stavey: Biochem. J. **40**, 124 (1946). — [89] Pelouze: Ann. chim. (3) **35**, 222 (1852); **34**, 377 (1852). — [90] Schlubach, H. H., u. J. Vorwerk: Ber. dtsch. chem. Ges. **66**, 1251 (1933). — [91] Pigman, W. W., and H. S. Isbell: J. Res. Natl. Bur. Stand. **19**, 443 (1934). — Smith, R. A., u. B. Tollens: Ber. dtsch. chem. Ges. **33**, 1285 (1900). — [92] Fischer, E.: Ber. dtsch. chem. Ges. **21**, 2631 (1888); **22**, 87 (1889); **23**, 385 (1890). — [93] van Ekenstein, W., et J. J. Blanksma: Recueil Trav. chim. Pays-Bas **27**, 1 (1908). — [94] Neuberg, C., u. F. Heymann: C. **1902 I**, 1241. — [95] Lobry de Bruyn, C. A., et W. van Ekenstein: Recueil Trav. chim. Pays-Bas **29**, 1 (1900). — [96] Lobry de Bruyn, C. A., et W. van Ekenstein: Recueil Trav. chim. Pays-Bas **16**, 262 (1897). — [97a] la Forge, F. B.: J. biol. Chem. **28**, 517 (1916). — [97b] Montgomery, E. M., and C. S. Hudson: J. amer. chem. Soc. **61**, 1654 (1939). — [98] Roe, J. H., and C. S. Hudson: J. biol. Chem. **121**, 37 (1937). — [99] Sowden, J. C.: J. amer. chem. Soc. **72**, 3825 (1950). — [100a] Fischer, E.: Ber. dtsch. chem. Ges. **23**, 936 (1890); Liebigs Ann. Chem. **288**, 139 (1895). — [100b] la Forge, F. B.: J. biol. Chem. **28**, 511 (1917). — [101] Fischer, E., u. F. Passmore: Ber. dtsch. chem. Ges. **23**, 2226 (1890). — [102] Haskins, W. T., R. M. Hann, and C. S. Hudson: J. amer. chem. Soc. **69**, 1050 (1947). — [103] Bertrand, G.: Bull. Soc. chim. France (3), **19**, 348 (1898). — [104] Stewart, L. C., N. R. Richtmeyer, and C. S. Hudson: J. amer. chem. Soc. **71**, 3532 (1949). — [105] Ettel, L., J. Liebster, M. Tadra a M. Kulhanek: Coll. czech. chem. Commun. **16**, 697 (1951). — [106a] Haskins, W. T., and C. S. Hudson: J. amer. chem. Soc. **69**, 1370 (1947). — [106b] Ettel, L., J. Liebster a M. Tadra: Chem. Listy **46**, 445 (1952). — [107] la Forge, F. B., and C. S. Hudson: J. biol. Chem. **30**, 61 (1917). — [108a] Richtmeyer, N. R., R. M. Hann, and C. S. Hudson: J. amer. chem. Soc. **61**, 343 (1939). — [108b] Pratt, J. W., N. R. Richtmeyer, and C. S. Hudson: J. amer. chem. Soc. **73**, 1876 (1951); **74**, 2200 (1952). — [109] Bertrand, G.: C. R. Acad. Sci. (Paris) **126**, 764 (1899). — [110] Fischer, E.: Liebigs Ann. Chem. **288**, 151 (1895). — [111] Wolfrom, M. L., J. M. Berkebile, and A. Thompson: J. amer. chem. Soc. **74**, 2197 (1952). — [112] Proner, M.: Bull. sci. pharmacol. **43**, 7 (1936). — [113] Robison, R., M. G. McFarlane, and A. Tazelaar: Nature **142**, 114 (1938).

Tabelle 2. *Natürlich vorkommende Oligosaccharide*

Verbindung	Vorkommen	Smp °C	Drehwert	Nachweis		
				Derivat	Smp °C	Drehwert
	Reduzierende Oligosaccharide:					
Maltose (Malzzucker)	in keimenden Samen (Gerstenmalz), Zwischenprodukt beim biochemischen Abbau der Stärke			Phenylosazon[1]	206	+ 1,53° + 133° (Pyr.-Alk.)
α-D-Gluc p (1 → 4) D-Gluc p						
β-Form + H_2O		102—103	+ 111,7° → + 130,4° (W.)	α-Octacetat[2]	125	+ 122,8° (Chlfm.)
β-Form, wasserfrei[10, 11]		102—103	+ 118° → + 136° (W.)[12, 13]	β-Octacetat[3]	159—160	+ 62,6° (Chlfm.)
α-Form + H_2O		108	173° (W.)	β-Heptacetat[4]	179—180	+ 67,8° → + 110° (Chlfm.)
α-Form, wasserfrei		108	173° (W.)	Phenylhydrazon[5]	130 (Zers.)	
				β-Naphthyl-hydrazon[6]	176	+ 10,6° (CH_3OH)
				p-Nitrophenyl-osazon[7]	261 (Zers.)	
				p-Brom-phenyl-osazon[8]	198	
				p-Jod-phenyl-osazon[9]	208 (Zers.)	+ 82,9° → + 66,1° (Pyr.)
Lactose (Milchzucker)	in der Milch aller Säugetiere (bis zu 5%), in den Pollen von Forsythien-Blüten			Phenyl-osazon[16]	210—214	—25,4° → —7,9°[17] + 43,2° (Pyr.)[18]
β-D-Gal p (1 → 4) -D-Gluc p				Phenyl-osotriazol[19]	180—181 (aus Alk.)	—43,6° (W.)
α-Hydrat[14, 15]		202	+ 83,5° (10 min) → + 69,4° (W.)	α-Octacetat[20]	152	+ 53,6° (Chlfm.)
α-Form, wasserfrei		223		β-Naphthyl-hydrazon[21]	203	+ 7,0° (Eisessig)
β-Form, wasserfrei		252	+ 34,2° → + 53,6° (W.)	α-Amyl-phenyl-hydrazon[21]	123	—8,6° (CH_3OH)
				α-Allyl-phenyl-hydrazon[21]	132	—14,6° (CH_3OH)
				α-Benzyl-phenyl-hydrazon[21]	128 156—170	—35,4°[22]

Tabelle 2 (Fortsetzung)

Verbindung	Vorkommen	Smp °C	Drehwert	Nachweis		
				Derivat	Smp °C	Drehwert
Reduzierende Oligosaccharide:						
				p-Nitrophenyl-osazon[21]	258 (Zers.)	
				Semicarbazon[24]	185 (Zers.)	+10,6° → +11,3° (W.)
				Anilid[25]		—14,2° (W.)
				β-Octacetat[20]	86 90 95—100 106	
Panose[29, 30, 31] (4-[α-Iso-maltosido ⟨1.5⟩]-D-glucose ⟨1.5⟩)	Bildung aus Maltose in submersen Kulturen von Aspergillus niger,	213[29]	+154°[29]			
Planteose[32], Dihydrat α-D-Gal p (1 → 6) β-D-Fruct f (2 → 1) α-D-Gluc p	in den Samen von Plantago majoe, P. ovata und in Tabaksamen,	123—124	+129° (W.) +130,4° (W.) +125,2° (W.)	Hendeca-acetat	135	+97° (Chlfm.)
Scorodose[33]	in Knoblauchzwiebeln (Allium)[33],					
2′-Fucosido-lactose[34] α-L-Fuc p (1 → 2) β-D-Gal p (1 → 4) D-Gluc p	in der Frauenmilch		—57° (W.)	Phenyl-osazon	217—218	—13,9° (5 min) → —18° (150 min) → —27° (30 Std) → —29° (40 Std.) (Pyr.)
Mannino-triose[35, 36, 37], Trihydrat α-D-Gal p (1 → 6) α-D-Gal p (1 → 6) D-Gluc p	im Eschen-Manna aus Fraxinus ornus und F. rotundifolia, aus Stachyose durch partielle Hydrolyse	140—150	+167° (W.)[35] +174,6° (W.)	Phenyl-hydrazon[38] Phenyl-osazon[38]	amorph 122	+21,0° (W.)
α-D-Cellotriose[39, 40]	als Baustein der Cellulose	206—209 (Zers.)[40b]	+35° → +21,6° (W.)[40b]	α-Hendaca-acetat[39, 40b]		
3.2′-Difucosido-lactose[41] α-L-Fuc p (1 → 3) D-Gluc p (4 → 1) β-D-Gal p (2 → 1) α-L-Fuc p	in der Frauenmilch		—106° (W.)			

Lacto-N-tetraose[42] β-D-Gal p (1→3) β-2-N-AcGluc p (1→3) β-D-Gal p (1→4) α-D-Gluc p	in der Frauenmilch					
Lacto-N-neotetraose[43] β-D-Gal p (1→4) α-2-N-AcGluc p (1→3) α-D-Gal p (1→4) D-Gluc p	in der Frauenmilch		+33° (6 min)→ +27° (17 Std) (W.)			
Lacto-N-fuco-pentaose I[44] α-L-Fuc p (1→2) β-D-Gal p (1→3) β-2-N-AcGluc p (1→3) β-D-Gal p (1→4) α-D-Gluc p	in der Frauenmilch		—11° (Anfang) →—16,3° (4 Std) (W.)			
Lacto-N-fuco-pentaose II[45] β-D-Gal p (1→3)-[α-D-Fuc p (1→4)] β-2-N-AcGluc p (1→3) β-D-Gal p (1→4) D-Gluc p	in der Frauenmilch		—30,4° (W.)			
Lacto-N-di-fuco-hexaose I[46]	in der Frauenmilch		—60,8° (W.)			
α-L-Fuc (1→2) β-D-Gal p (1→3) / α-L-Fuc p (1→4) > β-2-N-AcGluc p (1→3) β-D-Gal p (1→4) D-Gluc p						
Lacto-N-di-fuco-hexaose II[47]	in der Frauenmilch		—68,8° (W.)			
β-D-Gal p (1→3) β-2-N-AcGluc p (1→3) β-D-Gal p (1→4) D-Gluc p (an 4 der AcGluc: 1 α-L-Fuc p; an 3 der Gluc: 1 α-L-Fuc p)						
Vicianose[48] β-L-Arab p (1→6) D-Gluc p β-Form	im Samen von Vicia angustifolia als Glykosid (Gein, Vicianin, Violutin)	210	+15,8°→ +39,7° (W.)	Hepta-acetat[49]	158—159	+9,4° (Chlfm.)
α-Form		210	+56,6°→ +40,5° (W.)			

Tabelle 2 (Fortsetzung)

Verbindung	Vorkommen	Smp °C	Drehwert	Nachweis		
				Derivat	Smp °C	Drehwert
	Reduzierende Oligosaccharide:					
α-Primverose[49, 50] β-D-Xyl-p (1 → 6) α-D-Gluc p	als Glykosid (Primverin aus Primula officinalis[51], Gentiraulin[52], Rhamnosid[52] und in Krappwurzeln)[53]	208	+24,1° → —3,3° (W.)	Phenyl-osazon[50b] Hepta-acetat[49, 50b]	220 216—217	—109,7° (Pyr.) —26,2° (Chlfm.)
Gentiobiose[54, 55, 56, 57, 58, 59, 60] (Amygdalose) β-D-Gluc p (1 → 6) D-Gluc p α-Form	als Zuckerkomponente einiger Glykoside z. B. Amygdalin, Crocin, Thevetin und Thaninosid, im Trisaccharid Gentianose aus Gentiana-Arten (Enzian)	190—195	+31° → +9,6° (W.)	Phenyl-osazon[61]	179—180 (aus Alk.)	—72,3° → —44,4° (Pyr.-Alk.)
β-Form		190—195	—11° → +9,6° (W.)	Phenyl-osotriazol[62] α-Octa-acetat[63] β-Octa-acetat[61, 63]	91—93 (aus Alk.) 188—189 196	—34,3° (W.) +52,4° (Chlfm.) —5,4° (Chlfm.)
Lycobiose[64] D-Gluc + D-Gal	im Glykosid Tomatin	246—274 (Zers.)	+70° (0 min) → +41,5° (Ende) (W.)	Octa-acetat Phenyl-osazon	165—166 205—210 (Zers.)	+26,8° (Alk.)
Solabiose[65] β-D-Gluc p (1 → 3) D-Gal p	im Glykosid α-Solanin	etwa 200 (Zers.)	+40,7° (W.)	Octa-acetat Phenyl-osazon	75 225	+27,0° (Alk.)
Sophorose[66, 67, 68, 69] β-D-Gluc p (1 → 2) α-D-Gluc p Hydrat	in einem Glykosid aus Sophoro japonica (Steviosid)[68]	180[67]	+34,5° → +19,9° (W.)[67]	β-Octa-acetat α-Aceto-brom-sophorose	192 195—197 (Zers.)	—8° +95,6° (Chlfm.)
Condurangobiose[70] D-Gluc + D-Thev	als Glykosid (Condurangin, Vincetoxin)	202—204 (Zers.) 195—207 (Zers.)	+20° (W.)	Hexa-acetat	188	—16,5° (Chlfm.)
Digilanidobiose[71] D-Digitox + D-Gluc	In den Glykosiden Lanatosid A, B und C und in den Purpureaglykosiden A und B	227 (Zers.)	+30,1° (v.)			

Periplobiose[72] D-Cymar + D-Gluc	im Glykosid Periplocin	160—170 (Zers.)	+32,0° (W.)	Penta-acetat	184	+19,5° (Chlfm.)
α-L-Rhamn p (1 → 2) D-Gal p[73]	im Glykosid α-Solanin			Hepta-acetat	75—80	—3,5° (CH_3OH)
Robinobiose[74] L-Rhamn + D-Gal	im Glykosid Robinin					
α-Rutinose[75, 76] β-L-Rhamn p (1 → 6) α-D-Gluc p	in Glykosiden (Rutin, Datisein), daraus durch enzymatische Hydrolyse	189—192 (Zers.)	+3,2° → —0,8° (W.)	Hepta-acetat	168—169	—29,66° (Chlfm.)
Scillabiose[77, 78] D-Gluc p (1 → 4) L-Rhamn p	als Glykosid in Scilla maritima L. (Glucoscillaphaeosid, Scillaren A)	Sirup		Hexa-acetat Phenyl-osazon	96—97 165	—50,4° (Chlfm.)
Strophantobiose[79] D-Cymar + D-Gluc	als Glykosid k-Strophantosid	208 (Zers.)	+31,1° (W.)	Penta-acetat	162	+13,3° (Chlfm.)
Robinose[80, 81]	als Glykosid Robinin in Robinia pseudoacacia		+5,17° → +1,94° (W.) —16,66° (Alk.)			
Kestose[82, 83, 84, 85, 86]	in Artischockenknollen	145	+28,3° (W.) +27,3° (W.)			
Rhamninose[87, 88]	in Glykosiden (Sophorin, Xanthorhamnin)	135—140	—41,0° (W.) —26,37° (W.)			
Lycotriose[89] D-Gluc + D-Gluc + D-Gal	im Glykosid Tomatin	260—261 (Zers.)	+21° (Anfang) → +13,1° (Ende) (W.)	Hendeca-acetat Phenyl-osazon	etwa 120 224—225 (Zers.)	+17,8° (Alk.) —16° (Pyr.)
Chacotriose[90] β-D-Gluc p (2 → 1) α-L-Rhamn p 3 ↑ 1 α-L-Rhamn p	im Glykosid α-Chaconin	noch nicht in Substanz erhalten				
Odorotriose[91] β-D-Gluc p (1 → 6) β-D-Gluc p (1 → 4) D-Digin p	im Glykosid Odorosid K	Sirup	—1,4° (W.)			
Scillatriose[92] D-Gluc + D-Gluc + L-Rhamn	im Glykosid Glucoscillaren A	216	—19,2° (W.)			

Tabelle 2 (Fortsetzung)

Verbindung	Vorkommen	Smp °C	Drehwert	Nachweis: Derivat	Nachweis: Smp °C	Nachweis: Drehwert
			Reduzierende Oligosaccharide:			
Solatriose[93] β-D-Gluc p (1 → 3) D-Gal p (2 → 1) α-L-Rhamn	im Glykosid α-Solanin	200 (Zers.)	—4,5° (W.)			
Strophantotriose[94] D-Cymar + D-Gluc + D-Gluc	in den Glykosiden Echujin, k-Strophantosid, k-Strophantosid-γ	222 (Zers.)	+7,75° (W.)	Octa-acetat	192	—6,16° (Chlfm.)
				Methyl-glykosid	214 (Zers.)	+1,06° (W.)
3-[α-D-Galaktosido ⟨1.5⟩]-L-arabinose ⟨1.5⟩[95] α-D-Gal p (1 → 3) L-Arab p	im Gummisaft von Acacia cyanophylla	amorph	+152° (W.)	Phenyl-osazon	240	
Cellobiose[97, 98, 99] (Cellose) β-D-Gluc p (1 → 4) β-D-Gluc p	Grundeinheit der Cellulose (kommt nicht frei vor)	225	+24,4° → +35,2° (W.)	Phenyl-osazon[100]	198—200 208—210	—6,5° (Pyr.-Alk.)[101]
				Phenyl-osotriazol[102]	164—165 (aus Alk.)	—50,8° (W.)
				α-Octa-acetat[98, 103, 104]	229,5	+42,0° (Chlfm.)
				β-Octa-acetat[105]	192/202[103]	—14,6° (Chlfm.)[107]
				Phenyl-hydrazon	90 (Zers.)[106]	
				Semicarbazon[108]	183—185	—7,8° → +5,9° (W.)
				p-Nitro-phenyl-hydrazon[109]	175	
3-[β-D-Galaktosido ⟨1.5⟩]-D-galaktose ⟨1.5⟩[110]	im Gummisaft von Acacia pycuantha	159—160	+62° (W.)			
4-[α-D-Galaktosido ⟨1.5⟩]-D-galaktose ⟨1.5⟩[111]	im Okra -Pflanzenschleim	210—211	+177° (W.)			
6-[D-Galaktosido ⟨1.5⟩]-D-galaktose ⟨1.5⟩[112]	im Gummisaft der Lärche Larix occidentalis			Octa-methyl-äther	101	+42,9° (CH_3OH)

Iso-maltose[113] (Brachiose) (Dextrinose) α-D-Gluc p (1 → 6) D-Gluc p	als Baustein in den Polysacchariden Amylopektin, Glykogen und speziell in bakteriellen Dextranen (Leuconostoc dextranicum, L. mesenteroides)	amorph	+ 103,2° (W.) (amorph) + 120° (W.) (kristallin)	Octa-acetat[113i, 113k]	143—144	+ 96,9° (Chlfm.)
				Phenyl-osazon	158[114] 160[113g]	+ 23,0° (Alk.) + 23,0° (CH_3OH)
				p-Nitro-phenyl-osazon[115]	240	
Laminaribiose[96] β-D-Gluc p (1 → 3) D-Gluc p	im Seetang (partielle Hydrolyse des Polysaccharids Laminarin)	204—206	+ 24,9° → + 18,6° (W.)			
Melibiose[116] α-D-Gal p (1 → 6) D-Gluc p	in freier Form in Malvenarten, als Baustein des Trisaccharids Raffinose	85	Hydrat: + 110,5° → + 126,5° (W.) wasserfrei: + 143° (W.)	Phenyl-osazon[116f, 117]	176—178	+ 43,2° (Pyr.) [116e]
				Phenyl-osotriazol[118]	153—154 (aus Alk.)	+ 61,2° (W.)
				α-Octa-acetat[119]	amorph	+ 147,3° (Acetanhydrid)
				β-Octa-acetat[117, 119]	177	+ 102,5° (Chlfm.)
				Phenyl-hydrazon[117]	145 160 (Zers.)	
				α-Allyl-phenyl-	197	+ 21,2° (CH_3OH) + 8° (Eisessig)
				β-Naphthyl-hydrazon[120]	135	+ 15,9° (CH_3OH)
				p-Brom-phenyl-hydrazon[121]	181—182	
Nigerose[122] α-D-Gluc p (1 → 3) D-Gluc p	im Amylopektin (Abbau zur Nigerose)[123]	162	+ 84,8° (W.)	β-Octa-acetat[123]	151—153	+ 80° (Chlfm.)
Turanose[123] α-D-Gluc p (1 → 3) D-Fruct p	im Trisaccharid Melizitose als Baustein neben D-Glucose	157	+ 22,0° → + 75,3° (25 min) (W.)	Phenyl-osazon[124]	215—220	
				Phenyl-osotriazol[125]	193—194 (aus Alk.)	+ 74,5° (W.)
				Hepta-acetat[126]	140—141 (aus Äther)	+ 37° → + 40,4° (2 Tg.) (Chlfm.)

Tabelle 2 (Fortsetzung)

Verbindung	Vorkommen	Smp °C	Drehwert	Nachweis		
				Derivat	Smp °C	Drehwert
Reduzierende Oligosaccharide:						
				Octa-acetat[127]	147 (aus Petroäther) 216—217 194—195 158	+38,7° → +41,7° (2 Tg.) (Chlfm.) +20,5° (Chlfm.)
β-D-Xylotriose[128] β-D-Xyl p (1 → 4) β-D-Xyl p (1 → 4) D-Xyl p	als Baustein in Xylanen aus Holocellulose	206	—39,4° → —47,0° (W.)	β-Octa-acetat[128]	109—110	—84,26° (Chlfm.)
Iso-malto-triose[129, 130, 131] α-D-Gluc p (1 → 6) α-D-Gluc p (1 → 6) D-Gluc p	im Enzym-Hydrolysat von Dextran[130, 131]	amorph	+145° (W.)			
nicht reduzierende Oligosaccharide:						
α-α-Trehalose[132, 133] Dihydrat (Mykose) α-D-Gluc p (1 → 1) α-D-Gluc p	erstmals isoliert aus Roggen-Mutterkorn, in jungen Pilzen, Schimmelpilzen, Trehala-Manna, Selaginella lepidophylla und Seetang	97[134]	+178,3° (W.)[134]	Octa-methyl-äther[135] Octa-acetat[135, 136, 137]	 70—75 (aus Alk.) 100—102	+199,8° (Bzl.) +162,3° (Chlfm.)
wasserfrei		203[138]	+197,1° (W.)[134]	Hexa-acetat[136]	93—96 118—121 (isomere Form	+159,3° (Chlfm.)
α-β-Trehalose[139, 140] (Neo-trehalose) α-D-Gluc p (1 → 1) β-D-Gluc p	im Koji-Extrakt[141], Bildung bei der D-Glucose-Reversion	85—88[138a] 145[138b] 80[138c]	+67,1° → +70° (W.)[138a] +95° (W.)[138b] +64° (W.)[138c]	Octa-acetat	68—70[139a] 118[139b] 140—141[139c] 140[142]	+68,1° (Chlfm.) +64° (Chlfm.) +82° (Chlfm.) +80° (Chlfm.)

Saccharose[143] (Rohrzucker) (Sucrose) α-D-Gluc p (1 → 2) β-D-Fruct f	fast im gesamten Pflanzenreich in den Fruchtsäften, Blättern, Blüten, Früchten und Wurzeln der Pflanzen, im Honig; die Hauptquellen sind Zuckerrohr, Zuckerrüben und der Saft des Ahornbaums			Octa-acetat, trimorph[26, 144, 145]	69—70[146] 72—73[146] 87[147]	+59,6° (Chlfm.)
Saccharose A		184—185	+66,4° (W.)			
Saccharose B		169—170				
Isosaccharose[148]		194 (Zers.)	+34,2° (W.)	Octa-acetat[143e, 148]	131—132	+19,2° (Chlfm.)
Saccharose C[143b]		104	—24,6° (W.)	Octa-acetat[149]	125	+20,3° (Chlfm.)
Saccharose D[149]		127	+19,0° (W.)	Octa-acetat	113—114	—60,8° (Chlfm.)
Gentianose[150, 151, 152, 153] β-D-Gluc p (1 → 6) α-D-Gluc p (1 → 2) β-D-Fruct f	in den Wurzeln vieler Enzian-Arten	209[154] 209—211	+33,4° (W.) +31,5° (W.)			
Raffinose[155, 156, 157, 158, 159, 160, 161] α-D-Gal p (1 → 6) α-D-Gluc p (1 → 2) β-D-Fruct f (Meli-triose) (Gossypose)	ähnlich Rohrzucker weit verbreitet, z. B. zu 0,05% in Zuckerrüben, häuft sich bei der Gewinnung des Rohrzuckers in der Melasse an					
Penta-hydrat		80	+105,2° (W.)[155a]	Hendeca-acetat	99—101	+92,2° (Alk.)[161]
wasserfrei		118 bis 120[157]	+123,1° (W.)[155a]			+100,2° (Alk.)[162]
Melizitose[163, 164, 165, 166, 167, 168, 169] α-D-Gluc p (1 → 3) β-D-Fruct f (2 → 1) α-D-Gluc p Dihydrat	Bestandteil der Absonderungen vieler Pflanzen („Honigtau") z. B. von Pappeln, Douglas-Fichten, Virginia-Kiefern und Lärchen	153—154	+88,5° (W.)	Hendeca-acetat[171]	117	+110,4° (Bzl.) +103,6° (Chlfm.)
Labiose[172] D-Fruct + D-Fruct + D-Gal	in den Knollen von Eremostachys labiosa	126—128	+136,7° (W.)	Hendeca-acetat	88	+122,5° (Chlfm.)
Verbascose[173, 174, 175] α-D-Gal p (1 → 6) α-D-Gal p (1 → 6) α-D-Gal p (1 → 6) α-D-Gluc p (1 → 2) β-D-Fruct	in den Wurzeln von Verbascum thapsus	253	+170° (W.)			

Tabelle 2 (Fortsetzung)

Verbindung	Vorkommen	Smp °C	Drehwert	Nachweis		
				Derivat	Smp °C	Drehwert
nicht reduzierende Oligosaccharide:						
Stachyose[176, 177, 178, 179, 180, 181, 182] α-D-Gal p (1 → 6) α-D-Gal p (1 → 6) α-D-Gluc p (1 → 2) β-D-Fruct f	aus etwa 40 verschiedenen Pflanzen isoliert u. a. in Wurzeln von Stachys-Arten, Zweigen von weißem Jasmin, Samen der gelben Lupine (Lupina lutens), Soja-Bohnen (Soja hispida), Linsen (Ervum lens) und Eschen-Manna (Fraxinus ornus)	170	+146,3° (W.) +148,1° (W.)			

Literaturzitate (Tabelle 2)

[1a] FISCHER, E.: Ber. dtsch. chem. Ges. **20**, 831 (1887). — [1b] NEUBERG, C.: Ber. dtsch. chem. Ges. **32**, 3384 (1899). — [1c] BRIGL, P., u. P. MISTELLE: Hoppe Seylers Z. physiol. Chem. **126**, 128 (1923). — [2] HUDSON, C. S., and J. M. JOHNSON: J. amer. chem. Soc. **37**, 1276 (1915). — [3a] FREUDENBERG, K., H. v. HOCHSTETTER u. H. ENGELS: Ber. dtsch. chem. Ges. **58**, 667 (1925). — [3b] HERZFELD, A., u. W. HERZFELD: Liebigs Ann. Chem. **220**, 215 (1883); Ber. dtsch. chem. Ges. **28**, 440 (1895). — [4a] FISCHER, E., u. H. FISCHER: Ber. dtsch. chem. Ges. **43**, 2521 (1910). — [4b] HUDSON, C. S., and R. SAYRE: J. amer. chem. Soc. **38**, 1867 (1916). — [4c] FISCHER, H., u. F. KÖGL: Liebigs Ann. Chem. **436**, 219 (1924). — [5] LANDRIEU, P.: C. R. Acad. Sci. (Paris) **142**, 580 (1906). — [6] LOBRY DE BRUYN, C. A., et W. VAN EKENSTEIN: Recueil Trav. chim. Pays-Bas **15**, 226 (1869). — [7] HYDE, E.: Ber. dtsch. chem. Ges. **32**, 1815 (1899). — [8a] FISCHER, E., u. E. F. ARMSTRONG: Ber. dtsch. chem. Ges. **35**, 3141 (1902). — [8b] FISCHER, E.: Ber. dtsch. chem. Ges. **44**, 1898 (1911). — [9] FISCHER, E., u. K. FREUDENBERG: Ber. dtsch. chem. Ges. **46**, 1116 (1913). — [10] BOURQUELOT, E., H. HERISSEY et J. COIRRE: C. R. Acad. Sci. (Paris) **157**, 732 (1913). — [11] HUDSON, C. S., and J. JOHNSON: J. amer. chem. Soc. **39**, 1272 (1917). — [12] HUDSON, C. S., and J. YANKOWSKI: J. amer. chem. Soc. **39**, 1013 (1917). — [13] PRCUS, E., u. B. TOLLENS: Liebigs Ann. Chem. **257**, 160 (1890). — [14] WHITTIER, E. O.: Chem. Rev. **2**, 85 (1926). — [15a] GILLIS, J.: Recueil Trav. chim. Pays-Bas **39**, 88, 677 (1920). — [15b] TREY, H.: Z. physiol. Chem. **46**, 620 (1903). — [15c] NABENHAUER, F. P.: Industr. Engin. Chem. **22**, 51 (1930). — [15f] HUDSON, C. S.: J. amer. chem. Soc. **30**, 1767 (1908). — [15e] BELL, R. W.: Industr. Engin. Chem. **22**, 51 (1930). — [15f] FISCHER, E., u. J. MEYER: Ber. dtsch. chem. Ges. **22**, 361 (1889). — [15g] HAWORTH, W. N., and C. W. LONG: J. chem. Soc. **1927**, 544. — [15h] PICTET, A., u. H. VOGEL: Helv. chim. Acta **11**, 209 (1928). — [15i] FISCHER, E., u. E. F. ARMSTRONG: Ber. dtsch. chem. Ges. **35**, 3144 (1902). — [15k] SCHLUBACH, H. H., u. W. RAUSCHENBERGER: Ber. dtsch. chem. Ges. **59**, 2102 (1926). — [15l] PETERSEN, W. E., and J. H. SHAW: Science (Washington) **86**, 398 (1937). — [15m] MICHLIN, D., u. M. LEWITOW: Biochem. Z. **271**, 448 (1934). — [15n] KITTINGER, G. W., and F. J. REITHEL: J. biol. Chem. **205**, 527 (1953). — [15o] REITHEL, F. J., M. G. HOROWITZ, H. M. DAVIDSON, and G. W. KITTINGER: J. biol. Chem. **194**, 839 (1952). — [15p] CAPUTTO, R., and R. E. TRUCCO: Nature (Lond.) **168**, 1061 (1952). — [15q] PETERSEN, W.-E., J. E. GANDER, and P. D. BOYER: Arch. Biochem. **60**, 260 (1956). — [15r] BLAIR, M. G., and W. W. PIGMAN: Arch. Biochem. **48**, 17 (1954). — [16] FISCHER, E.: Ber. dtsch. chem. Ges. **17**, 579 (1884); **20**, 828 (1887); **41**, 76 (1908). — [17] VOTOCEK, E., a F. VALENTIN: Coll. czech. chim. Commun. **3**, 432 (1931); Chem. Zbl. **1932 I**, 2457. — [18] HELFERICH, B., u. H. RAUCH: Ber. dtsch. chem. Ges. **59**, 2655 (1926). — [19] HASKINS, W. F., R. M. HANN, and C. S. HUDSON: J. amer. chem. Soc. **67**, 939 (1945). —

[20] Hudson, C. S., and J. Johnson: J. amer. chem. Soc. **37**, 1270 (1915). — [21] Lobry de Bruyn: C. A. et W. van Ekenstein: Recueil Trav. chim. Pays-Bas **15**, 227 (1896). — [22] Hofmann, A.: Liebigs Ann. Chem. **366**, 277 (1909). — [23] Hyde, E.: Ber. dtsch. chem. Ges. **32**, 1815 (1899). — [24] Maquenne, L., et W. Goodwin: Bull. Soc. chim. France (3) **31**, 1075 (1904). — [25] Sorokin, B. J. prakt. Chem. (2) **37**, 306 (1888). — [26] Herzfeld, A.: Ber. dtsch. chem. Ges. **13**, 265 (1880). — [27] Schmoeger, M.: Ber. dtsch. chem. Ges. **25**, 1452 (1892). — [28] Fischer, E., u. E. F. Armstrong: Ber. dtsch. chem. Ges. **35**, 841 (1902). — [29b] Pan, S. C., L. W. Nicholson, and P. Kolachow: J. amer. chem. Soc. **73**, 2547 (1951); Arch. Biochem. **42**, 406 (1953). — [29b] Pan, S. C., A. A. Andreasen, and P. Kolachow: Science (Washington) **112**, 115 (1950). — [30] French, D.: Science (Washington) **113**, 352 (1951). — [31a] Wolfrom, M. L., A. Thompson, and T. T. Galkowski: J. amer. chem. Soc. **73**, 4093 (1951). — [32b] Thompson, A., and M. L. Wolfrom: J. amer. chem. Soc. **73**, 5849 (1951). — [32a] Wattiez, N., et M. Hans: Bull. acad. roy. med. Belg. **8**, 836 (1943); C. **1944 I**, 1291; Chem. Abstr. **39**, 4849 (1945). — [32b] French, D., G. M. Wild, B. Young, and W. J. James: J. amer. chem. Soc. **75**, 709 (1953). — [33] Kihara, Y.: Chem. Abstr. **31**, 8605 (1937); **34**, 385 (1940); **31**, 3013 (1937). — [34] Kuhn, R. H., H. H. Baer u. A. Gauhe: Ber. dtsch. chem. Ges. **89**, 2513 (1956). — [35] Tanret, G.: Bull. Soc. chim. France (3) **27**, 947 (1902). — [36] Neuberg, C., u. S. Lachmann: Biochem. Z. **24**, 174 (1910). — [37] Dierry, H.: Biochem. Z. **44**, 446 (1912). — [38] Tanret, G.: C. R. Acad. Sci. (Paris) **134**, 1586 (1902). — [35a] Willstätter, R., u. L. Zechmeister: Ber. dtsch. chem. Ges. **62**, 722 (1929). — [35b] Zechmeister, L., u. G. Tóth: Ber. dtsch. chem. Ges. **64**, 854 (1931). — [40a] Hess, K., u. K. Dziengel: Ber. dtsch. chem. Ges. **68**, 1594 (1935). — [40b] Wolfrom, M. L., and J. C. Dacons: J. amer. chem. Soc. **74**, 5331 (1952). — [41] Kuhn, R., u. A. Gauhe: Liebigs Ann. Chem. **611**, 249 (1958). — [42] Kuhn, R., u. H. H. Baer: Ber. dtsch. chem Ges. **89**, 504 (1956). — [43] Kuhn, R., u. A. G. Gauhe: Ber. dtsch. chem. Ges. **95**, 518 (1962). — [44] Kuhn, R., H. H. Baer u. A. Gauhe: Ber. dtsch. chem. Ges. **89**, 2514 (1956). — [45] Kuhn, R., H. H. Baer u. A. Gauhe: Ber. dtsch. chem. Ges. **91**, 364 (1958). — [46] Kuhn, R., H. H. Baer u. A. Gauhe: Liebigs Ann. Chem. **611**, 242 (1958). — [47] Kuhn, R., u. A. Gauhe: Ber. dtsch. chem. Ges. **93**, 647 (1960). — [48] Bertrand, G., u. G. Weisweiler: C. R. Acad. Sci. (Paris) **150**, 182 (1910). — [49] Mccloskey, C. M., and G. H. Coleman: J. amer. chem. Soc. **65**, 1778 (1943). — [50a] Bridel, M.: C. R. Acad. Sci. (Paris) **179**, 780 (1924). — [50b] Helferich, B., u. H. Rauch: Liebigs Ann. Chem. **455**, 168 (1927). — [51a] Goris, A., and C. Vischniac: Bull. Sci. pharmacol. **19**, 577, 648 (1912). — [51b] Goris, A., et C. Vischniac: C. R. Acad. Sci. (Paris) **169**, 175 (1919). — [52] Bridel, M., et C. Charaux: Bull. Soc. Chim. biol. (Paris) **7**, 822 (1925). — Bridel, M.: C. R. Acad. Sci. (Paris) **179**, 991 (1924). — [53] Richter, D.: J. chem. Soc. **1936**, 1701. — [54] Bourchelot, E., H. Herissey et J. Coirre: C. R. Acad. Sci. (Paris) **157**, 732 (1913). — [55] Hudson, C. S., and J. Johnson: J. amer. chem. Soc. **39**, 1272 (1917). — [56] Bergmann, M., u. K. Freudenberg: Ber. dtsch. chem. Ges. **62**, 2783 (1929). — [57] Helferich, B., u. J. F. Lake: Org. Synth. **22**, 53 (1942). — [58] Reynolds, D. D., and W. L. Evans: J. amer. chem. Soc. **60**, 2559 (1938). — [59] Helferich, B., u. W. Klein: Liebigs Ann. Chem. **450**, 219 (1926). — [60a] Charlton, W., W. N. Haworth, and W. J. Hickinbotton: J. chem. Soc. **1927**, 1527. — [60b] Haworth, W. N., u. C. B. Wylam: Hoppe Seylers Z. physiol. Chem. **123**, 3120 (1923). — [61] Helferich, B., K. Bäuerlein u. F. Wiegand: Liebigs Ann. Chem. **447**, 27 (1926). — [62] Haskins, W. T., R. M. Hann, and C. S. Hudson: J. amer. chem. Soc. **70**, 2288 (1948). — [63a] Hudson, C. S., and J. Johnson: J. amer. chem. Soc. **39**, 1272 (1916). — [63b] Helferich, B., H. Masamura: Ber. dtsch. chem. Ges. **64**, 1260 (1931). — [64]. Kuhn, R., u. J. Löw: Ber. dtsch. chem. Ges. **86**, 1027 (1953). — [65] Kuhn, R., J. Löw u. H. Trischmann: Ber. dtsch. chem. Ges. 88, 1492 (1955). — [66] Gakhokidse, A. M.: J. Gen. Chem. **11**, 117 (1947). — [67] Freudenberg, K., u. K. Soff: Ber. dtsch. chem. Ges. **69**, 1245 (1936). — [68] Rabaté, J.: Bull. Soc. chim. France (5) **7**, 565 (1940); Naturwiss. **34**, 344 (1947). — [69a] Gillis, J.: Chem. Zbl. **1931 I**, 256. — [69b] Blair, M. G., and W. W. Pigman: Arch. Biochem. **48**, 17 (1954). — Harding, T. S.: Sugar **25**, 350 (1923). — [69d] Haworth, W. N., J. V. Loach, and C. W. Long: J. chem. Soc. **1927**, 3146. — [69e] Haworth, W. N., and S. Peat: J. chem. Soc. **1926**, 3094. — [69f] Haworth, W. N., C. W. Long, and J. H. Plant: J. chem. Soc. **1927**, 2809. — [70a] Kern, W., u. W. Haselbeck: Arch. Pharmaz. (Weinheim) **283**, 105 (1950). — [70b] Korte, F.: Ber. dtsch. chem. Ges. **88**, 1527 (1955). — [71] Stoll, A., u. W. Kreis: Helv. chim. Acta **16**, 1049 (1933). — [72] Stoll, A., u. J. Renz: Helv. chim. Acta **22**, 1193 (1939). — [73] Kuhn, R., J. Löw u. H. Trischmann: Ber. dtsch. chem. Ges. 88, 1692 (1955). — [74] Zemplen, G., u. A. Gerecs: Ber. dtsch. chem. Ges. **68**, 2054 (1935). — [75] Zemplen, G., u. A. Grecs: Ber. dtsch. chem. Ges. **67**, 2049 (1934); **70**, 1098 (1937); **68**, 1319 (1938). — [76] Charaux, C.: C. R. Acad. Sci. (Paris) **178**, 1312 (1924). **180**, 1419 (1925); Bull. Soc. chim. biol. (Paris) **6**, 631 (1924). — [77] Zemplen, G.: Chem. Abstr. **33**, 4202 (1939). — [78] Stoll, A., W. Kreis u. A. von Wartburg: Helv. chim. Acta **35**, 2495 (1952); — Stoll, A., E. Suter, W. Kreis, B. B. Bussemaker u. A. Hofmann: Helv. chim. Acta **16**, 703 (1933). — [79] Stoll, A., A. J. Renz u. W. Kreis: Helv. chim. Acta **20**, 1484 (1937). — [80] Zemplen, G., u. A. Gerecs: Ber. dtsch. chem. Ges. **68**, 2054 (1935). — [81] Charaux, C.: Bull. Soc. chim. France **8**, 915 (1926). — [82] Albon, N., D. J. Bell, P. H. Blanchard, D. Gross, and J. T. Rundell: J. chem. Soc. **1953**, 24. — [83] Bacon,

J. S. D., and E. C. EDELMANN: Biochem. J. **48**, 114 (1951); **57**, 320 (1954). — [84] DEDOUDER, R.: Bull. Soc. chim. biol. (Paris) **34**, 114 (1952); C. R. Acad. Sci. (Paris) **232**, 1134 (1951). — [85] PAZUR: J. H.: J. biol. Chem. **199**, 217 (1952). — [86] BACON, J. S. D., and D. J. BELL: J. chem. Soc. **1953**, 2528. — [87] TER MEULEN, H.: Recueil Trav. chim. Pays-Bas **42**, 380 (1923). — [88] TANRET, C.: C. R. Acad. Sci. (Paris) **129**, 725 (1899). — [89] KUHN, R., u. J. LÖW: Ber. dtsch. chem. Ges. **86**, 1027 (1953). — [90] KUHN, R., J. LÖW u. H. TRISCHMANN: Ber. dtsch. chem. Ges. **88**, 1690 (1955). — [91] RITTEL, W., u. T. REICHSTEIN: Helv. chim. Acta **37**, 1361 (1954). — [92] STOLL, A., W. KREIS u. A. VON WARTBURG: Helv. chim. Acta **16**, 1048 (1933). — [93] KUHN, R., J. LÖW u. H. TRISCHMANN: Ber. dtsch. chem. Ges. **88**, 1690 (1955). — [94] STOLL, A., J. RENZ u. W. KREIS: Helv. chim. Acta **20**, 1484 (1937). — [95a] SMITH, F.: J. chem. Soc. **1939**, 744. — [95b] JONES, J. K. N.: J. chem. Soc. **1953**, 1672. — [95c] CARLSON, W. W., J. R. NUNN, and A. M. STEPHEN: J. chem. Soc. **1955**, 269. — [96] BARRY, A. J.: Sci. Proc. Roy. Dublin Soc. **22**, 423 (1941); — BACHLI, P., and E. G. PERCIVAL: J. chem. Soc. **1952**, 1243. — [97a] SKRAUP, Z. H.: Ber. dtsch. chem. Ges. **32**, 2413 (1899). — [97b] FRANCHIMONT, A. P. N.: Ber. dtsch. chem. Ges. **12**, 1941 (1879). — [98] PETERSON, F. C., and C. C. SPENCER: J. amer. chem. Soc. **49**, 2822 (1927). — [98b] LEVENE, P. A., and M. L. WOLFROM: J. biol. Chem. **77**, 671 (1928). — [99a] HASKINS, W. T., R. M. HANN, and C. S. HUDSON: J. amer. chem. Soc. **64**, 1289 (1942). — [99b] GILBERT, V. E., F. SMITH, and M. STACEY: J. chem. Soc. **1946**, 622. — [99c] BRAUN, D. H.: Org. Synth. **17**, 34, 36 (1937). — [99d] WHISTLER, R. L., and C. L. SMART: J. amer. chem. Soc. **75**, 1916 (1953). — [99e] FREUDENBERG, K., u. W. NAGAI: Ber. dtsch. chem. Ges. **66**, 27 (1933). — [99f] VANIMAN, C. E., and H. BEUEL: J. biol. Chem. **152**, 565 (1944). — [99g] DICKEY, E. E., and M. L. WOLFROM: J. amer. chem. Soc. **71**, 825 (1949). — [100] SKRAUP, Z. H., u. J. KÖNIG: Mh. Chem. **22**, 1032 (1901). — [101] ZEMPLEN, G., Z. CSÜRÖS u. Z. BRUCKNER: Ber. dtsch. chem. Ges. **61**, 932 (1928). — [102] HASKINS, W. T., R. M. HANN, and C. S. HUDSON: J. amer. chem. Soc. **67**, 939 (1945). — [103] SKRAUP, Z. H., u. J. KÖNIG: Ber. dtsch. chem. Ges. **34**, 1115 (1901). — [104] FREUDENBERG, K., u. W. NAGAI: Naturwiss. **20**, 573 (1932); Ber. dtsch. chem. Ges. **66**, 27 (1933). — [105] MAQUENNE, L., et H. J. GOODWIN: Bull. Soc. chim. France (3), **31**, 854 (1904); — SCHLIEMANN, W.: Diss. Hannover 1910; Liebigs Ann. Chem. **378**, 366 (1911). — [106] OST, H., u. G. KNOTH: Chem. Zbl. **1922 III**, 127. — [107] HUDSON, C. S., and J. JOHNSON: J. amer. chem. Soc. **37**, 1276 (1915). — [108] MAQUENNE, L., et H. J. GOODWIN: Bull. Soc. chim. France (3) **31**, 1075 (1904). — [109] DANILOV, S. N., and P. T. PASTUKOV: J. Gen. Chem. **16**, 923 (1946). — [110] HIRST, E. L., and A. S. PERLIN: J. chem. Soc. **1954**, 2622; — PERLIN, A. S.: Analytic. Chem. **27**, 396 (1955). — [111] WHISTLER, R. L., and H. E. CONRAD: J. amer. chem. Soc. **76**, 1673 (1954). — [112] WHITE, L. W.: J. amer. chem. Soc. **64**, 302 (1942). — [113a] HELFERICH, B., u. H. BREDERECK: Liebigs Ann. Chem. **465**, 166 (1928). — [113b] WOLFROM, M. L., L. W. GEORGES, and I. L. MILLER: J. amer. chem. Soc. **69**, 473 (1947); **71**, 125 (1949). — [113c] MONTGOMERY, E. M., F. B. WEAKLY, and C. E. HILBERT: J. amer. chem. Soc. **69**, 2249 (1947); **71**, 1682 (1949). — [113d] WOLFROM, M. L., E. N. LASETTRE, and A. N. O'NEILL: J. amer. chem. Soc. **73**, 595 (1951). — [113e] WOLFROM, M. L., A. THOMPSON, A. N. O'NEILL, and T. T. GALKOWSKI: J. amer. chem. Soc. **74**, 1062 (1952). — [113f] JEANES, A., C. A. WILHAM, R. W. JONES, H. M. TSUCHIYA, and C. E. RIST: J. amer. chem. Soc. **75**, 5910 (1953). — [113g] GEORG, A., u. A. PICTET: Helv. chim. Acta **9**, 612 (1926). — [113h] GEORG, A.: C. R. Acad. Sci. (Paris) **47**, 94 (1930). — [113i] WOLFROM, M. L., L. W. GEORGES, and I. L. MILLER: J. amer. chem. Soc. **71**, 125 (1949). — [113k] LINDBERG, B.: Acta chem. scand. **3**, 1355 (1949). — [113l] FISCHER, E.: Ber. dtsch. chem. Ges. **23**, 3687 (1890); **28**, 3024 (1895). — [113m] THOMPSON, A., K. ANNO, M. L. WOLFROM, and M. INATOME: J. amer. chem. Soc. **76**, 1309 (1956). — [113n] JONES, R. W., A. JEANES, C. S. STRINGER, and A. M. TSUCHIYA: J. amer. chem. Soc. **78**, 2499 (1956). — [114] FISCHER, E.: Ber. dtsch. chem. Ges. **28**, 3024 (1895). — [115] GATTERBAUER, J.: Chem. Zbl. **1911 II**, 1520. — [116a] BERTHELOT, M., et T. S. HARDING: Bull. Soc. chim. France (3) **2**, 655 (1899). — [116] HUDSON, C. S., and T. S. HARDING: J. amer. chem. Soc. **37**, 2734 (1915). — [116b] FLETCHER, H. G., and H. DIEHL: J. amer. chem. Soc. **74**, 5774 (1952). — [116d] HAWORTH, W. N., J. V. LOACH, and C. W. LONG: J. chem. Soc. **1927**, 3146. — [116e] HELFERICH, B., u. H. RAUCH: Ber. dtsch. chem. Ges. **59**, 2655 (1926). — [116f] HELFERICH, B., u. H. BREDERECK: Liebigs Ann. Chem. **465**, 166 (1928). — [117] SCHEIBLER, C., u. H. MITTELMEIER: Ber. dtsch. chem. Ges. **23**, 1438 (1890). — [118] HASKINS, W. T., R. M. HANN, and C. S. HUDSON: J. amer. chem. Soc. **69**, 1461 (1947). — [119] HUDSON, C. S., and J. M. JOHNSON: J. amer. chem. Soc. **37**, 2748 (1915). — [120] LOBRY DE BRUYN, C. A., et W. VAN EKENSTEIN: Recueil Trav. chim. Pays-Bas **15**, 227 (1896). — [121] FISCHER, E.: Ber. dtsch. chem. Ges. **44**, 1898 (1911). — [122] GAKHOKIDSE, A. M.: J. Gen. Chem. **16**, 1923 (1946). — [123] WOLFROM, M. L., and A. THOMPSON: J. amer. chem. Soc. **77**, 6403 (1955). — [124] HUDSON, C. S., and E. PASCU: J. amer. chem. Soc. **52**, 2519 (1930). — HUDSON, C. S.: Adv. Carbohyd. Chem. **2**, 1 (1946); — BRIDEL, M. et T. AAGAARD: C. R. Acad. Sci. **184**, 1667 (1927); — AAGAARD, T.: Chem. Abstr. **24**, 1089 (1930); — ISBELL, H. S., and W. W. PIGMAN: J. Research Natl. Bur. Stand. **20**, 773 (1938); — PASCU, E., E. J. WILSON, and L. GRAF: J. amer. chem. Soc. **61**, 2675 (1939); — ISBELL, H. S.: J. Research Natl. Bur. Stand. **26**, 35 (1941); — PASCU, E.: J. amer. chem. Soc. **53**, 3099 (1931); — HUDSON, C. S.: J. org. Chem. **9**, 470 (1944); — FISCHER, E.: Ber. dtsch. chem. Ges. **27**, 2488 (1894). — [125] HUD-

SON, C. S.: J. org. Chem. **9**, 493 (1944). — [126] PASCU, E.: J. amer. chem. Soc. **55**, 2451 (1933). — [127] PASCU, E.: J. amer. chem. Soc. **54**, 3649 (1932); vgl. **59**, 711, 1059 (1937). — [128] WHISTLER, R. L., and C. C. TU: J. amer. chem. Soc. **74**, 3609 (1952). — [129] JEANES, A., C. A. WILHAM, R. W. JONES, H. M. TSUCHIYA, and C. E. RIST: J. amer. chem. Soc. **75**, 5911 (1953). — [130] BRAUNS, D. H.: J. amer. chem. Soc. **45**, 833 (1923). — [131] BRAUNS, D. H., and H. L. FRUSH: J. Research Natl. Bur. Stand. **6**, 449 (1931). — [132] WIGGERS, H. A. L.: Liebigs Ann. Chem. **1**, 174 Anm. (1832). — MITSCHERLICH, A.: J. prakt. Chem. (1) **73**, 65 (1858). — [133] HARDING, T. S.: Sugar **25**, 476 (1923). — STEWART, L. C., N. K. RICHTMEYER, and C. S. HUDSON: J. amer. chem. Soc. **72**, 2059 (1950); — ZEMPLEN, G.: Chem. Abstr. **31**, 6204 (1937); — LEMIEUX, R. U., and H. BAUER: Canad. J. Chem. **32**, 340 (1954). — HAWORTH, W. N., and H. J. HICKINBOTTOM: J. chem. Soc. **1931**, 2847; — HUDSON, C. S.: J. amer. chem. Soc. **38**, 1571 (1961); — BERTHELOT, M.: Ann. chim. phys. (3) **55**, 272, 291 (1859); — SCHEIBLER, C.: Ber. dtsch. chem. Ges. **13**, 2320 (1880); — STOHMANN, F., u. H. LANGBEIN: J. prakt. Chem. (2) **45**, 305 (1892). — [134] SCHUKOW, J.: Chem. Zbl. **1900 II**, 948. — [135] SCHLUBACH, H. H., u. H. MAURER: Ber. dtsch. chem. Ges. **58**, 1178 (1925). — [136] HUDSON, C. S., and J. JOHNSON: J. amer. chem. Soc. **37**, 2748 (1915); — BREDERECK, H.: Ber. dtsch. chem. Ges. **63**, 959 (1930). — [137] MAQUENNE, L.: C. R. Acad. Sci. (Paris) **112**, 947 (1891); — VON LIPPMANN, E. O.: Ber. dtsch. chem. Ges. **45**, 3431 (1912). — [139a] VOGEL, H., u. H. DEBOWSKA-KURNICKA: Helv. chim. Acta **11**, 910 (1928). — [139b] HAWORTH, W. N., and W. J. HICKINBOTTOM: J. chem. Soc. **1931**, 2847. — [139c] SHARP, P. F., and M. STACEY: J. chem. Soc. **1951**, 285. — [140] HUDSON, C. S.: J. amer. chem. Soc. **38**, 1571 (1916); — SCHLUBACH, H. H., u. K. MAURER: Ber. dtsch. chem. Ges. **58**, 1178 (1925). — [141a] MATSUDA, K.: Tohuku J. Agr. Research **6**, 271 (1956); Chem. Abstr. **50**, 13366b (1956). — [142] MICHEEL, F., u. K. NAGEL: Ber. dtsch. chem. Ges. **85**, 1087 (1952). — [143] HELDERMANN, W. D.: Z. phys. Chem. **130**, 396 (1927). — PICTET, A., u. H. VOGEL: Helv. chim. Acta **11**, 436, 901 (1928); — VON LIPPMANN, E. O.: Chemiker-Ztg. **51**, 873 (1927); — RAYBIN, H. W.: J. amer. chem. Soc. **59**, 1402 (1937); — FRENCH, D. C., G. WILD, B. YOUNG, and W. J. JAMES: J. amer. chem. Soc. **75**, 709 (1953); — SUGG, J. J., u. E. J. HEHRE: J. Immunol. **43**, 119 (1942); — AVERY, O. T., W. N. HAWORTH, and E. L. HIRST: J. chem. Soc. **1927**, 2308; — HAWORTH, W. N., E. L. HIRST, and A. LEARNER: J. chem. Soc. **1927**, 2432; — FLEURY, P., et J. CURTOIS: Bull. Soc. chim. France (5) **10**, 245 (1943); C. R. Acad. Sci. (Paris) **216**, 65 (1943); — SCHLUBACH, H. H., u. G. RANCHALLES: Ber. dtsch. chem Ges. **58**, 1842 (1925); — PURVES, C. B., u. C. S. HUDSON: Ber. dtsch. chem. Ges. **59**, 49 (1937); — KLAGES, F., u. C. NIEMANN..Liebigs Ann. Chem. **529**, 185 (1937); — WOLFROM, M. L., and F. SHAFIZADEH: J. org. Chem. **21**, 88 (1956); — LEMIEUX, R. U.: Canad. J. Chem. **31**, 949 (1953). — [144] HUDSON, C. S., and J. JOHNSON: J. amer. chem. Soc. **37**, 2748 (1915). — [145] KOENIGS, W., u. E. KNORR: Ber. dtsch. chem. Ges. **34**, 4347 (1901). — [146] BRIGL, P., u. W. SCHEYER: Hoppe Seylers Z. physiol. Chem. **160**, 214 (1926). — [147] FREREJAQUES, M.: C. R. Acad. Sci. (Paris) **203**, 731 (1936). — [148] IRVINE, J. C., J. W. OLDHAM, and A. F. SKINNER: J. amer. chem. Soc. **51**, 1279 (1929). — [149] PICTET, A., u. H. VOGEL: Helv. chim. Acta **11**, 905 (1928). — [150] HAWORTH, W. N., and C. D. WYLAM: J. chem. Soc. **1923**, 3120. — [151] BOURQUELOT, E., et L. NARDIN: C. R. Acad. Sci. (Paris) **126**, 280 (1898). — [152] BRIDEL, M., et M. DESMARET: J. pharm. chim. **9**, 465 (1929). — [153] BOURQUELOT, E., et H. HERISSEY: C. R. Acad. Sci. (Paris) **135**, 3999 (1902); **126**, 280 (1898); **132**, 571 (1901). — [154] BINAGHI, R., u. P. FALQUI: Chem. Zbl. **1926 II**, 44. — [155] LOISEAU, D.: C. R. Acad. Sci. (Paris) **82**, 1058 (1876). — [156] TOLLENS, B.: Ber. dtsch. chem. Ges. **18**, 26 (1885). — [157] SCHEIBLER, C.: Ber. dtsch. chem. Ges. **18**, 1409 (1885); **19**, 2868 (1896). — [158] CHARLTON, W., and W. N. HAWORTH: J. chem. Soc. **1927**, 1527; — HAWORTH, W. N., J. V. LOACH, and C. W. LONG: J. chem. Soc. **1927**, 3146. — [159] DECKER, R. T.: J. amer. chem. Soc. **47**, 2724 (1925). — [160] CURTOIS, J., et A. WICKSTROM: Bull. Soc. chim. biol. (Paris) **32**, 759 (1950); **33**, 643 (1951). — [161] SCHEIBLER, C., u. H. MITTELMEIER: Ber. dtsch. chem. Ges. **23**, 1438 (1890). — [162] TANRET, G.: Bull. Soc. chim. France (3) **13**, 261 (1885). — [163] BERTHELOT, M.: Ann. chim. (3) **46**, 86 (1856). — [164] VON LIPPMANN, E. O.: Ber. dtsch. chem. Ges. **60**, 161 (1927). — [165] HUDSON, S. C.: Advanc. Carbohyd. Chem. **2**, 1 (1946). — [166] TANRET, G.: Bull. Soc. chim. France (3) **35**, 817 (1906). — [167] HUDSON, C. S., and E. PASCU: J. amer. chem. Soc. **52**, 2522 (1930). — [168] HEHRE, E. J., and A. S. CARLSON: Arch. Biochem. **36**, 158 (1952). — [169] HEHRE, E. J.: Advanc. Carbohyd. Chem. 8, 277 (1953). — [170] HUDSON, C. S., and S. F. SHERWOOD: J. amer. chem. Soc. **42**, 116 (1920). — [171] HUDSON, C. S., and S. F. SHERWOOD: J. amer. chem. Soc. **40**, 1456 (1918). — [172] STRYSKOW, S. M.: Chem. Abstr. **34**, 2798 (1940); — J. Gen. Chem. **9**, 1489 (1939). — [173] FRENCH, D.: Advanc. Carbohyd. Chem. **9**, 149 (1954). — [174] BOURQUELOT, E., et M. BRIDEL: C. R. Acad. Sci. (Paris) **151**, 760 (1910). — [175] MURAKAMI: Acta Phytochim. (Japan) **11**, 213 (1940); **13**, 161 (1943). — [176] BERRY, A.J.: Biochem. Z. **44**, 446 (1912). — [177] OMUKI, M.: C. **1932 II**, 1007; **1933 II**, 367. — [178] VON PLANTA, A., u. E. SCHULZE: Ber. dtsch. chem. Ges. **23**, 1692 (1890). — [179] FRENCH, B.: Advanc. Carbohyd. Chem. **9**, 149 (1954). — [180] TANRET, C.: C. R. Acad. Sci. (Paris) **134**, 1856 (1902). — [181] HERISSEY, H., A. WICKSTROM et J. CURTOIS: Bull. Soc. Chim. biol. (Paris) **33**, 642 (1951); **34**, 856, 1121 (1952). — [182] FRENCH, D., G. M. WILD, and W. J. JAMES: J. amer. chem. Soc. **75**, 3664 (1953).

Tabelle 3. *Natürlich*

Verbindung		Vorkommen	Smp °C
6-Desoxy-D-allose[1, 2, 3] (α-L-Galakto-methylose)	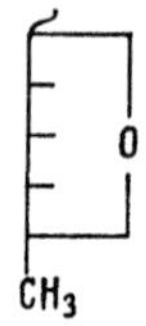	im Glykosid Gofrusid	139—143[2] 146[1]
6-Desoxy-D-galaktose[4, 5] (D-Galakto-methylose) (D-Fucose)	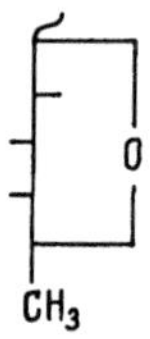	sehr seltener Zucker, als Glykosid im Convulvin, im Japolin und in einigen Steroidglykosiden	140 bis 145[5a]
6-Desoxy-α-L-galaktose[8] (α-L-Galakto-methylose) (α-L-Fucose)	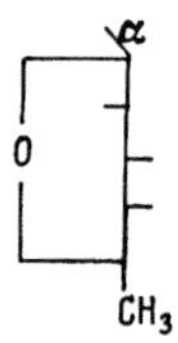	als Polymeres (Fucosane) im Seetang und in einigen Gummiarten (Thragacanth-gummi)	145[9]
6-Desoxy-D-glucose[1, 11, 12, 13, 14, 15] (D-Gluco-methylose) (D-Chinovose) (D-Isorhamnose) (Isorhodeose)		in natürlichen Glykosiden (Chinovosid[13, 17], Convulvin[16]), in der Purginsäure[14]	139—146
6-Desoxy-L-glucose[13, 14a, 18] (L-Gluco-methylose) (L-Chinovose) (L-Isorhamnose)	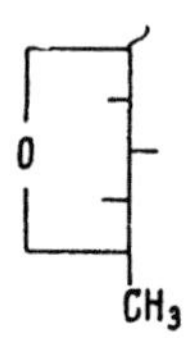		
6-Desoxy-D-glucose[19] (Antiarose)	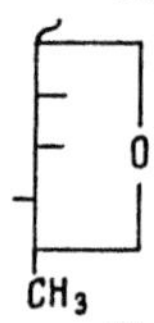	in den Glykosiden α-Antiarin, Cheirotoxin	130—131
6-Desoxy-L-mannose[20, 21, 22] α-Form (L-Manno-methylose) (L-Rhamnose) (Isodulcit)	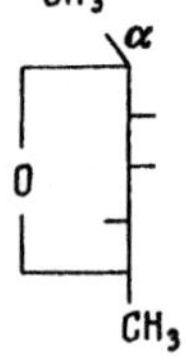	in Gelbbeeren (Rhamnusart)[20], Quercus tinctoria[22]; als Glykosid (Naringin[23], Solanin, Strophantin, Rutin, Hesperidin u. a.); als Baustein von Oligo- und Polysacchariden[24]	Monohydrat: 93—94 Anhydrid: 122—126

vorkommende Desoxyzucker

Drehwert	Nachweis		
	Derivat	Smp °C	Drehwert
—12° → +1,0° (85 min) (W.)	Phenyl-osazon	182—183	—72,3° (Pyr.-Alk.)
+127,0° → +76,3° (W.)	Phenyl-osazon	177—178 (Zers.) 172	+70° (Pyr.-Alk.)[5a]
	Methyl-phenyl-hydrazon[5]	181	
	Oxim[7]	188—189	+13,2° (W.)
	Benzyl-phenyl-hydrazon[6c]	178—179	—14,9° (CH_3OH)
	Di-phenyl-hydrazon[4]	199	
—124,1° → 76,4° (W.)	Phenyl-osazon[9]	177—178 (Zers.) 172	+70° (Pyr.-Alk.)
	Phenyl-osotriazol[10]	83—84 (aus W.)	+20,0°
	Oxim[7]	188—189	—12,7° (W.)
	Phenyl-hydrazon[8b]	170	
	p-Brom-phenyl-hydrazon[4]	181—184[8c] 178	
	Methyl-phenyl-hydrazon[4]	177 180	
	p-Nitro-phenyl-hydrazon	210—211	
	m-Nitro-phenyl-hydrazon	204	
	o-Nitro-phenyl-hydrazon	181	
+29,1° (W.) (Endwert)	Phenyl-osazon	185[14b]	—95,2° (Pyr.)
+31,5° (W.)		187—189	—77° (Pyr.-Alk.)
—30° (W.)[18b]	Phenyl-osazon	182[18b]	+1°24′ (Pyr.-Alk.)[17b]
—24,4° (W.)[18a]			+94° (Pyr.)
—42,3° → —38° (W.)	p-Brom-phenyl-hydrazon		
	6-Desoxy-D-gulonsäure-lacton[19]		
+8,9° (W.)[22]	Phenyl-osazon	182[28]	+1°24′ (Pyr.-Alk.)[17b]
+9,1° (W.)[25]		222[17, 4] 189 (Zers.)	+94° (Pyr.)[17c]
	Oxim[26, 27]	127—128	+13,7° (W.)
	Phenyl-hydrazon[30]	160	+27° (Alk.)
	Phenyl-osotriazol[31]	136—137 (aus W. oder Chlfm.)	+49,4° (W.) +101,5° (W.)
	β-Naphthyl-hydrazon	192	
	p-Nitro-phenyl-hydrazon	190—191	—50,3° → —8,5° (Pyr.-Alk.)

Tabelle 3

Verbindung		Vorkommen	Smp °C
6-Desoxy-L-talose[31] (L-Talo-methylose)	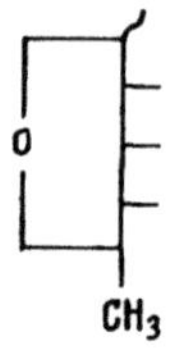	im Sarmentosid A	116—118
2-Desoxy-β-D-ribose[32, 33, 34, 35, 36, 37]	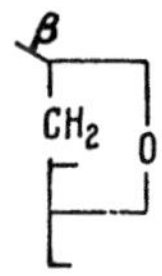	als Kohlenhydrat-Komponente der Nucleinsäuren des Zellkerns (Chromosomen) z. B. als Thymo-nucleinsäure[34]	96—98[33] 80—83[35] 87—90[36] 78[36]
2.6-Di-desoxy-D-xylo-hexose[40] (2.6-Di-desoxy-D-idose) (D-Boivinose)	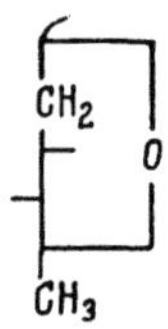	als Glykosid (Strobosid) in den Samen von Strophantus Boivinii Baill. (Synonym: Roupelina Boivinii Pichon)	96—98 100—103[7]
2.6-Di-desoxy-D-ribo-hexose[1, 41] (2.6-Di-desoxy-D-allose) (Digitoxose)	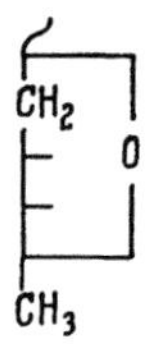	in Digitalis-glykosiden	108—110 110—112
6-Desoxy-3-methyl-D-galaktose (D-Digitalose)[43, 44, 45, 46, 47]	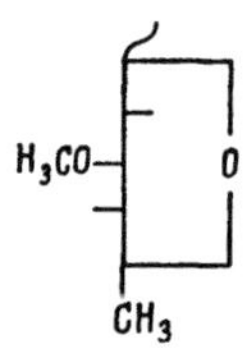	in den Glykosiden Digitalin[43], Emicymarin u. a. Digitalin kommt als Hauptglykosid im Samen des roten Fingerhutes vor (Digitalis purpurea)	106—109
6-Desoxy-3-methyl-L-galaktose[49] (L-Fucose-3-methyl-äther)	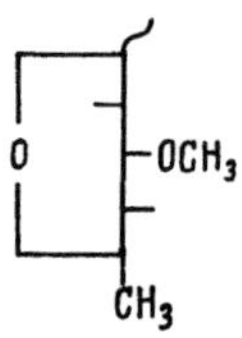	im Polysaccharid Fucoidin	Sirup
6-Desoxy-3-methyl-D-glucose[50] (D-Thevetose)	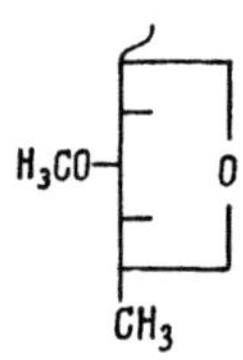	in herzaktiven Glykosiden (Thevetin, Honghetin)	110—120
6-Desoxy-3-methyl-L-mannose[53, 51] (L-Acofriose)	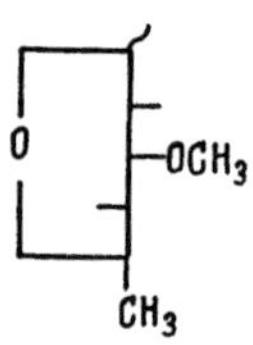	in Glykosiden (Acofriosid)	113—115

(Fortsetzung)

Drehwert	Nachweis		
	Derivat	Smp °C	Drehwert
—22,1°→20,9°	p-Brom-phenyl-hydrazon[31]		
—91°→—58° (61 min) (W.)[33] —106°→—41° (43 Std)[35] (Pyr.) —56° (W.)[35]	Benzyl-phenyl-hydrazon[32, 37, 38] Anilid[37, 39]	128 174	—17,5° (Pyr.) +46° (Pyr.)
—3,9° ± 2°→ +3,9° ± 2° (30 min) (W.)			
+43,6°→+50,2° (7 min, 1 Std) (W.)[42]	Oxim Phenyl-hydrazon	102 204—209	 +21,5° (Pyr.-Alk.)
+106° (17 Std) (W.)[44] +115,4° ± 2° (W.)[45] +61,2° ± 2° (W.)[46]	D-Digilonsäure-lacton[43, 48]	137	—75° (W.)
—94° (W.)			
+23,2° (7 Std) → +35,4° ± 1° (W.)			
+39,1° (W.)	Osazon[53]		

Tabelle 3

Verbindung	Vorkommen	Smp °C
6-Desoxy-3-methyl-L-talose[52] (Acovenose) 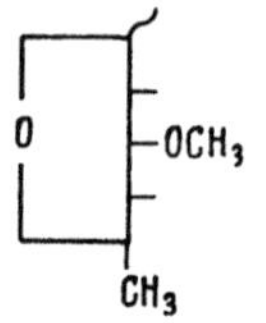	im Acovenosid A	amorph
2.6-Di-desoxy-3-methyl-D-arabo-hexose[54] (2.6-Di-desoxy-3-methyl-D-glucose) (2-Desoxy-D-chinovose-3-methyläther) (D-Oleandrose) 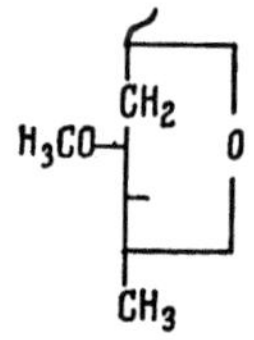		62—63
2.6-Di-desoxy-3-methyl-L-arabo-hexose[55] (2.6-Di-desoxy-3-methyl-L-glucose) (2-Desoxy-thevetose) (L-Oleandrose) 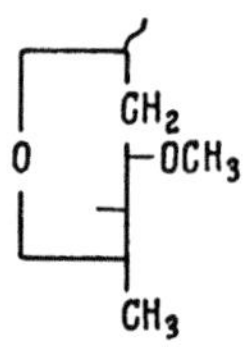	im Oleandrin und anderen Glykosiden	62—63[55]
2.6-Di-desoxy-3-methyl-D-lyxo-hexose[57] (2.6-Di-desoxy-3-methyl-D-galaktose) (2-Desoxy-D-fucose-3-methyläther) (D-Diginose) 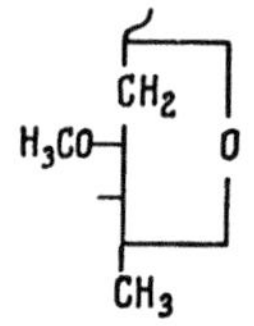	im Glykosid Diginin, Odorosid und anderen Herzgiftglykosiden	90—92
2.6-Di-desoxy-3-methyl-D-ribo-hexose[60, 61] (2.6-Di-desoxy-3-methyl-D-allose) (D Cymarose) 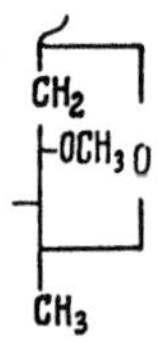	in Strophantus-Glykosiden (Cymarin)	92—94[61] 93[54]
2.6-Di-desoxy-3-methyl-D-xylo-hexose[60, 62] (2.6-Di-desoxy-3-methyl-D-idose) (D-Sarmentose) 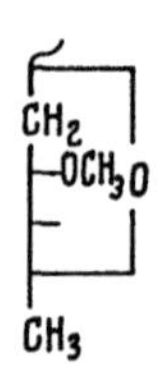	in Herzgift-Glykosiden	77—79[62] 78—79[60]

Literaturzitate (Tabelle 3)

[1] Micheel, F.: Ber. dtsch. chem. Ges. **63**, 347 (1930). — [2] Keller, M., u. T. Reichstein: Helv. chim. Acta **32**, 1607 (1949). — [3] Windaus, A., u. G. Schwarte: Diss. Göttingen 1926, Math.-phys. Kl. I; Chem. Zbl. **1927** I, 882. — [4] Votocek, E.: Z. Zuckerind. Böhmen **24**, 248 (1900); C. **1900** I, 803; — Z. Zuckerind. Böhmen **15**, Chem. Zbl. (1902); — Müther, A., u. B. Tollens: Ber. dtsch. chem. Ges. **37**, 306 (1904). — [5a] Freudenberg, K., u. K. Raschig: Ber. dtsch. chem. Ges. **60**, 1633 (1927). — [5b] Votocek, E.: Ber. dtsch. chem. Ges. **37**, 3861 (1904). — [5c] Votocek, E., u. R. Vondracek: Ber. dtsch. chem. Ges. **37**, 4615 (1904). — [5d] Votocek, E., u. R. Kastner: Chem. Zbl. **1907** I, 978. — [6a] Votocek, E., u. C. Kranz: Ber. dtsch. chem. Ges. **44**, 362

(Fortsetzung)

Drehwert	Nachweis		
	Derivat	Smp °C	Drehwert
	Osazon[53]		
—12,5° ± 0,5° (W.)	S-Benzyl-thiuronium-salz der Säure Phenyl-hydrazid der Säure	130 136	+ 5,8° (CH_3OH) + 20,3° (CH_3OH)
+ 12 ± 2° (W.)	Phenyl-hydrazid der Säure[55c] S-Benzyl-thiuronium-salz der Säure[56]	136 130	+ 20° (CH_3OH) + 6° (CH_3OH)
+ 59,8° ± 1° (Endwert) + 56,2° ± 4° (W.)	Phenyl-hydrazid der Säure[56] S-Benzyl-thiuronium-salz der Säure[56]	amorph[59] 137	 —9,2° ± 2° (CH_3OH)
+ 54,9° ± 3° (W.) + 52° (W.)	Phenyl-hydrazid der Säure	155	+ 1,4° ± 3° (CH_3OH)
+ 4,5° ± 1° → + 14,1° (3 Std) (W.)[62] + 15,8° (24 Std) (W.)[60b]	S-Benzyl-thiuronium-salz der Säure	148—149	+ 7,3° ± 1° (CH_3OH)

(1911). — [6b] VOTOCEK, E., u. J. CERVENY: Ber. dtsch. chem. Ges. **48**, 658 (1915). — [6c] VOTOCEK, E., a F. VALENTIN: Coll. czech. chem. Commun. **2**, 36 (1930); Chem. Zbl. **1930 I**, 2543. — [7a] VOTOCEK, E.: Chem. Zbl. **1919 III**, 812. — [7b] MUTHER, A.: Diss. Göttingen 1903; — MUTHER, A., u. B. TOLLENS: Ber. dtsch. chem. Ges. **37**, 306, 311 (1904). — [8a] BIELER, K., u. B. TOLLENS: Liebigs Ann. Chem. **258**, 110 (1890). — [8b] GUNTHER, E., u. B. TOLLENS: Liebigs Ann. Chem. **271**, 86 (1892). — [8c] WIDTSOE, J. A., u. B. TOLLENS: Ber. dtsch. chem. Ges. **33**, 132 (1900); **37**, 301 (1904). — [9] VOTOCEK, E.: Ber. dtsch. chem. Ges. **37**, 3859 (1904). — [10] HOCKETT, R. C., and L. B. CHANDLER: J. amer. chem. Soc. **66**, 627 (1944); — RICHTMEYER, N. K., and C. S. HUDSON: J. amer. chem. Soc. **62**, 963 (1940). — [11] KARRER, P., u. A. BOETTCHER: Helv. chim. Acta **36**, 570 (1953). —

[12] FISCHER, E., u. C. LIEBERMANN: Ber. dtsch. chem. Ges. **26**, 2415 (1893). — [13] FISCHER, E., u. K. ZACH: Ber. dtsch. chem. Ges. **45**, 3701 (1912); — VOTOCEK, E.: Coll. czech. chem. Commun. **1**, 234 (1929); — VOTOCEK, u. F. RAC: Coll. czech. chem. Commun. **1**, 239 (1929). — [14]t VOTOCEK, E., u. C. KRANZ: Ber. dtsch. chem. Ges. **44**, 819, 3287 (1911). — [14b] VOTOCEK, E.: Chem. Zbl. **1904 I**, 581. — [15] VOTOCEK, E.: C. **1902 II**, 1361. — [16] VOTOCEK, E.: Ber. dtsch. chem. Ges. **43**, 476 (1910). — [17a] FREUDENBERG, K., u. K. RASCHIG: Ber. dtsch. chem. Ges. **62**, 373 (1929). — [17b] NEUBERG, Chem. Zbl.: Ber. dtsch. chem. Ges. **32**, 3384 (1887). [17c] VON LIPPMANN, E. O.: Ber. dtsch. chem. Ges. **60**, 161 (1927). — [18a] VOTOCEK, E., et J. MIKSIC: Bull. Soc. chim. France (4) **43**, 220 (1928). — [18b] FISCHER, E., u. H. HERBORN: Ber. dtsch. chem. Ges. **29**, 1961 (1896). — [19] MOORE, J. A., CH. TAMM u. T. REICHSTEIN: Helv. chim. Acta **37**, 755 (1954). — [20] FISCHER, E.: Ber. dtsch. chem. Ges. **29**, 324 (1896). — [21] ISBELL, H. S., and W. W. PIGMAN: J. Research Natl. Bur. Stand. **18**, 141 (1936). — [22] BEHREND, R.: Ber. dtsch. chem. Ges. **11**, 1354 (1878). — [23] PULLEY, G. N., and H. W. LOESECKE: J. amer. chem. Soc. **61**, 175 (1939). — [24a] FEIST, F.: Ber. dtsch. chem. Ges. **31**, 537 (1898); **33**, 2901, (1900). — [24b] TANRET, C.: Bull. Soc. chim. France (3) **21**, 1065 (1899). — [25] POURDIE, TH., and CH. R. YOUNG: J. chem. Soc. **89**, 1194 (1906). — [26a] JACOBI, W.: Ber. dtsch. chem. Ges. **24**, 696 (1891). — [26b] IRVINE, J. C., and R. GILMOUR: J. chem. Soc. **93**, 1432 (1908). — [26c] IRVINE, J. C., and A. HYND: J. chem. Soc. **99**, 168 (1911). — [27] FISCHER, E.: Ber. dtsch. chem. Ges. **29**, 3080 (1896). — [28] FISCHER, E., u. K. ZACH: Ber. dtsch. chem. Ges. **45**, 3770 (1912). — [29] RIGAUD, L.: Liebigs Ann. Chem. **90**, 283 (1854); — FISCHER, E.: Ber. dtsch. chem. Ges. **20**, 1091, 2566 (1887); **21**, 2173 (1888); — JACKSON, E. L., and C. S. HUDSON: J. amer. chem. Soc. **59**, 1076 (1937). — [30] WOHL, A.: Ber. dtsch. chem. Ges. **32**, 3666 (1899). — [31] SCHMUTZ, J.: Helv. chim. Acta **31**, 1719 (1948). — [32] DERIAZ, R. E., W. G. OVEREND, M. STACEY, E. G. TEECE, and L. F. WIGGINS: J. chem. Soc. **1949**, 1879. — [33] MEISENHEIMER, J., u. H. JUNG: Ber. dtsch. chem. Ges. **60**, 1462 (1927). — [34] LEVENE, P. A., and E. S. LONDON: J. biol. Chem. **81**, 711 (1929); **83**, 793 (1929). — [35] SOWDEN, J. C.: J. amer. chem. Soc. **71**, 1897 (1949). — [36] OVEREND, W. G., M. STACEY, and L. F. WIGGINS: J. chem. Soc. **1949**, 1358. — [37] LEVENE. P. A., L. A. MIKESKA, and T. MORI: J. biol. Chem. **85**, 785 (1930). — [38] LEVENE, P. A., and T. MORI: J. biol. Chem. **83**, 803 (1929). — [39] KENT, P. W., M. STACEY, and L. F. WIGGINS: J. chem. Soc. **1949**, 1232; — GORIN, P. A. J., and J. K. N. JONES: Nature (Lond.) **172**, 1051 (1953). — [40] SCHINDLER, O., T. REICHSTEIN: Helv. chim. Acta **35**, 730 (1952); — BOLLIGER, H. R., T. REICHSTEIN: Helv. chim. Acta **36**, 302 (1953). — [41] ISELIN, B., u. T. REICHSTEIN: Helv. chim. Acta **27**, 1203 (1944). — [42] BOLLIGER, H. R., u. P. ULRICH: Helv. chim. Acta **35**, 93 (1952). — [43] KILIANI, H.: Arch. pharm. **230**, 250 (1892). — [44] LAMB, I. D., and S. SMITH: J. chem. Soc. **1936**, 442. — [45] REBER, F., u. T. REICHSTEIN: Helv. chim. Acta **29**, 343 (1946). — [46] TAMM, C.: Helv. chim. Acta **32**, 163 (1949). — [47] SCHMIDT, O. TH., u. F. WERNICKE: Liebigs Ann. Chem. **558**, 70 (1947). — [48] KILIANI, H.: Ber. dtsch. chem. Ges. **25**, 2117 (1892). — [49] COUCHIE, J., and E. G. V. PERCIVAL: J. chem. Soc. **1950**, 827. — [50] VISCHER, E., u. T. REICHSTEIN: Helv. chim. Acta **27**, 1332 (1944). — [51] MUHR, H., A. HUNGER u. T. REICHSTEIN: Helv. chim. Acta **37**, 403 (1954). — [52] EUW, J., u. T. REICHSTEIN: Helv. chim. Acta **33**, 485 (1950). — [53] MUHR, H., u. T. REICHSTEIN: Helv. chim. Acta **38**, 499 (1955). — [54] VISCHER, E., u. T. REICHSTEIN: Helv. chim. Acta **27**, 1332 (1944). — [55a] NEUMANN, W.: Ber. dtsch. chem. Ges. **70**, 1547 (1937). — [55b] HESSE, G.: Ber. dtsch. chem. Ges. **70**, 2264 (1937). — [55c] TSCHEDE, R., K. BOHLE u. W. NEUMANN: Ber. dtsch. chem. Ges. **71**, 1927 (1938). — [57] SHOPPEE, C. W., u. T. REICHSTEIN: Helv. chim. Acta **23**, 975 (1940). — [56] SHOPPEE, C. W., u. T. REICHSTEIN: Helv. chim. Acta **25**, 1611 (1942). — [58] TAMM, C., u. T. REICHSTEIN: Helv. chim. Acta **31**, 1630 (1948). — [59] SHOPPEE, C. W., u. T. REICHSTEIN: Helv. chim. Acta **23**, 975 (1940). — [60a] JACOBY, W. A., and M. HEIDELBERGER: J. biol. Chem. **31**, 765 (1929). — [60b] JACOBY, W. A., and N. M. BIGELOW: J. biol. Chem. **96**, 353 (1932). — [61] PRINS, D. A.: Helv. chim. Acta **29**, 378 (1946). — [62] HAUENSTEIN, H., u. T. REICHSTEIN: Helv. chim. Acta **33**, 446 (1950).

Tabelle 4. *Natürlich vorkommende verzweigtkettige Zucker*

Verbindung		Vorkommen	Smp °C	Drehwert	Nachweis		
					Derivat	Smp °C	Drehwert
Cordicepose[1, 2] (3-Desoxy-apiose)	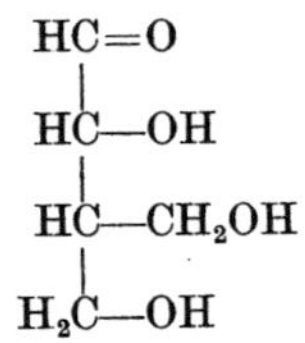	als Stoffwechselprodukt von Cordiceps militaris Linn.	Sirup	—26,0° (Alk.)	2.4-Di-nitro-phenyl-osazon p-Nitro-phenyl-osazon p-Brom-phenyl-osazon	254—256 (Zers.) 260 (Zers.) 163—164	 0° ± 1° (Alk.)
Apiose[3, 4, 5]	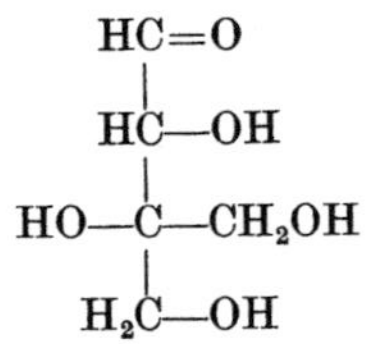	in den Petersilienglykosiden Apiin und Petroselinin	Sirup	+ 5,6° (W.)	Phenyl-osazon[4, 5] p-Brom-phenyl-osazon[4, 5] 2-Benzyl-phenyl-hydrazon	156 209—212 137—138	0° (W.) —9,4° (Bzl.)
Streptose[6, 7, 8] (C_3-Formyl-L-lyxo-methylose)	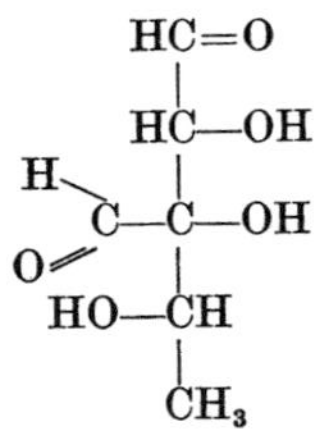	im Streptomycin von Streptomyces griseus			L-Streptonsäure-mono-lacton[9] L-Streptonsäure-diamid[9]	146—148 135—136	—37° (W.) + 14° (W.)
Hamamelose[10, 11]	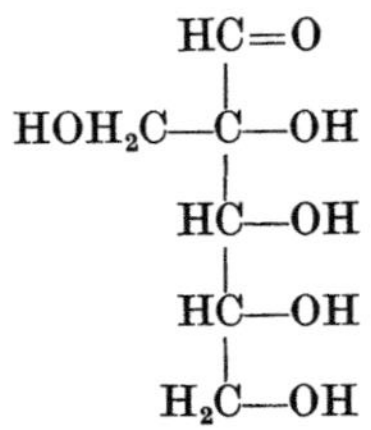	im Hamamelis-Tannin aus Hamamelis virginica			Methyl-hamamelosid[11] Triacetat Phenyl-hydrazid der Säure	Sirup 72,5 204	—75° (CH_3OH) —34,8° (Alk.) + 34° (W.)

Tabelle 4 (Fortsetzung)

Verbindung		Vorkommen	Smp °C	Drehwert	Nachweis		
					Derivat	Smp °C	Drehwert
Cladinose[12, 13]	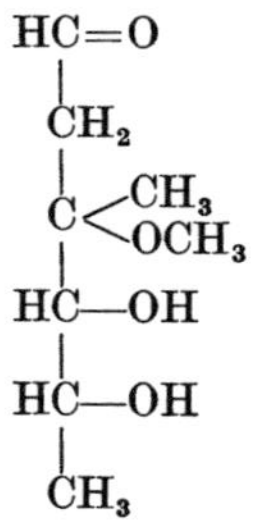	im Erythromycin	Sirup	—23,1° (W.)	Lacton der Säure[12] Methyl-cladinosid[13] 3.5-Di-nitro-benzoat des Methyl-cladinosids[13]	Sirup Sirup 195—196	 —6,9° (W.)
Mycarose[14]	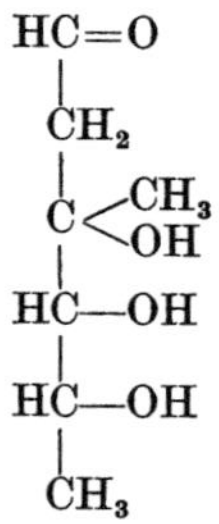	im Magnamycin	128—129	—31,1° (W.)	Lacton der Säure	108—109	—35,0° (W.)

Literaturzitate (Tabelle 4)

[1] CUNNINGHAM, K. G., S. A. HUTCHINSON, W. MANSON, and F. S. SPRING: J. chem. Soc. **1951**, 2299. — [2] BENTLEY, H. R., K. G. CUNNINGHAM, and F. S. SPRING: J. chem. Soc. **1951**, 2301. — [3] HUDSON, C. S.: Advanc. Carbohyd. Chem. **4**, 57 (1949). — [4] VONGERICHTEN, E.: Liebigs Ann. Chem. **318**, 121 (1901). — [5] VONGERICHTEN, E., u. F. MÜLLER: Ber. dtsch. chem. Ges. **39**, 235 (1906). — [6] KUEHL, F. A., M. N. BISHOP, E. H. FLYNN, and K. FOLKERS: J. amer. chem. Soc. **70**, 2613 (1948). — [7] WOLFROM, M. L., and C. W. DEWATT: J. amer. chem. Soc. **70**, 3148 (1948). — [8] LEMIEUX, R. U., and M. L. WOLFROM: Advanc. Carbohyd. Chem. **3**, 337 (1948). — [9] KUEHL, F. A., E. H. FLYNN, N. G. BRINH, and K. FOLKERS: J. amer. chem. Soc. **68**, 2679 (1946). — [10] SCHMIDT, O. T., u. K. HEINTZ: Liebigs Ann. Chem. **515**, 77 (1934). — [11] SCHMIDT, O. T.: Liebigs Ann. Chem. **476**, 250 (1929). — [12] WILEY, P. F., and O. WEAVERS: J. amer. chem. Soc. **77**, 3422 (1955). — [13] FLYNN, E. H., M. V. SIGAL, P. F. WILEY and K. GARZON: J. amer. chem. Soc. **76**, 3121 (1954). — [14] REGNA, P. P., F. A. HOCHSTEIN, R. L. WAGNER JR., and R. B. WOODWARD: J. amer. chem. Soc. **75**, 4625 (1953).

Tabelle 5. *Natürlich vorkommende Zuckeralkohole*

Verbindung	Vorkommen	Smp °C	Drehwert	Nachweis		
				Derivat	Smp °C	Drehwert
Erythrit[1] (meso-Erythrit) 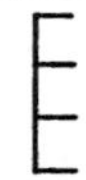	in Algen, Pilzen (Aspergillus niger)[2] und Gräsern und Flechten	120[3]		Tetra-acetat[4] Di-benzyliden-verbindung[5]	85 201	
D-Arabit[6] (D-Lyxit) 	in Pilzen (Fistulina hepatica[7] u. a.), Umbilicin (D-Arabityl-galaktosid) u. Flechten	102	+7,82° (Borax)	Penta-acetat	76	
Ribit[9] (Adonit) 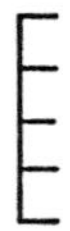	in Ranunculaceen (Adonis vernalis)[9] und im Doldengewächs Bupleurum falactum — Würgel — sowie in der chinesischen Droge „Saike"	102		Di-benzyliden-verbindung[9]	164	
Galactit[10] (Dulcit) (Melampyrit) 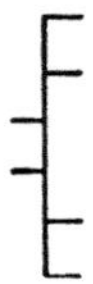	weit verbreitet in Rotalgen und Mannaarten (Madagascar-manna u. a.)[10] und in Torula utilis (Pentose-vergärende Hefe)					
D-Glucit[11] (Sorbit) 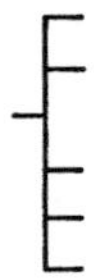	weit verbreitet in Algenarten und höheren Pflanzen, besonders in Früchten der Sorbus-arten (Apfel, Kirschen, Pflaumen u. a.)	96,7 bis 97,2[12]	—1,5° (W.) +6,63° (Borax)	2.4-3.5-Di-benzal-verbindung[12] 1.3-2.4-5.6-Tri-benzal-verbindung[13] 1.3-2.4-Di-benzal-verbindung[13, 14, 15] 2.4-Mono-benzal-verbindung[16]	208 203 219—221 176—177	—14,8° (Aceton) +26,9° (Chlfm.) +21,6° (Pyr.) —1,1° (W.)[16b]
L-Idit[17, 18, 19] (Sorbierit) 	in Sorbus aucuparia[20, 21, 22, 23]	73 bis 74[18, 19]	—3,53° (W.)[18]	Di-benzal-verbindung[24] Tri-benzal-verbindung[24]	224—228	

Tabelle 5 (Fortsetzung)

Verbindung	Vorkommen	Smp °C	Drehwert	Nachweis		
				Derivat	Smp °C	Drehwert
D-Mannit[25] 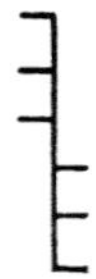	in sehr vielen Pflanzenschleimen (hauptsächlich in den Ausscheidungen der Pflanzen), ähnlich weit verbreitet wie Sorbit[25, 27]	166	—0,21° (W.)[12] +28,61° (Borax)	Tri-benzal-verbindung[15]	218—219	—15,5° (Chlfm.)[26]
D-Perseit[28, 29, 30] (D-Glycero-D-gala-heptit) (D-Manno-D-gala-heptit) 	in Persea gratissima, Avocado-Birne	187 bis 188[28]	—1,2° (W.)[28] +4,53° (Borax)[29]	Di-benzal-verbindung[31]	219	—60° (Aceton)
D-Volemit[32] (D-Glycero-D-talo-heptit) (D-Manno-D-talo-heptit) 	in Lactarius volemus (Pilz), Primulaceen, in Algen frei und glykosidisch gebunden[33]	153	+2,15° (W.)[32, 33] +20,83° (Borax)	Tri-benzal-verbindung[34]	210	—1,3° (Chlfm.)
Polygalit (1.5-Anhydro-sorbit) 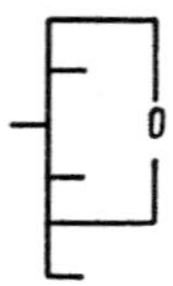	in Polygalaceen (Kreuzblumengewächse)					
Styracit[35] (1.5-Anhydro-mannit) 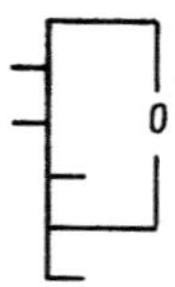	in Styrax obassia	155	—71,72° (W.)	1. Di-benzal-verbindung 2. Di-benzal-verbindung	163—165 192—193	—148,7° (Chlfm.) —80,5° (Chlfm.)

Literaturzitate (Tabelle 5)

[1] Wehner, C., W. Thiess u. M. Hadders: In G. Klein, Handbuch der Pflanzenanalyse **2**, I, 771 (1932). — [2] Zellner, J.: Mh. Chem. **31**, 617 (1910); — Strecher, A.: Liebigs Ann. Chem. **68**, 108 (1848); — Stenhouse, J.: Liebigs Ann. Chem. **68**, 78 (1848). — [3] Ruff, O.: Ber. dtsch. chem. Ges. **32**, 3677 (1899). — [4] Perkin, W., and J. L. Simonson: J. chem. Soc. **87**, 859 (1905). — [5] Lobry de Bruyn, C. A., et W. van Ekenstein: Recueil Trav. chim. Pays-Bas **18**, 150 (1899); — Fischer, E.: Ber. dtsch. chem. Ges. **27**, 1535 (1894). — [6] Kiliani, H.: Ber. dtsch. chem. Ges. **20**, 1233 (1887); — Fischer, E., u. R. Stahl: Ber. dtsch. chem. Ges. **24**, 538 (1891). — [7] Frerejacques, M.: C. R. Acad. Sci. (Paris) **208**, 1123 (1939). — [8] Ruff, O.: Ber. dtsch. chem. Ges. **32**, 555 (1899). — [9] Fischer, E.: Ber. dtsch. chem. Ges. **26**, 633 (1893). — [10] Gilmer, L.: Liebigs Ann. Chem. **123**, 372 (1862); — Bouchardat, G.: Ann. chim. phys. (4) **27**, 81 (1873); Bull. Soc. chim. France (2) **15**, 21 (1874); — Boussingault, J.: Ann. chim. phys. (4) **26**, 376 (1872). — [11] Vincent, C., et Delachanel: Bull. Soc. chim. France (2) **34**, 218 (1880); C. R. Acad. Sci. (Paris) **108**, 147 (1889); **114**, 486 (1892); — Hitzemann, C., u. B. Tollens: Ber. dtsch. chem. Ges. **22**, 1048 (1889); — Jermstad, A.: Arch. Pharm. **269**, 68 (1931); — Asahina, Y., and H. Shimida: J. pharm. Japan **50**, 1 (1930). — [12] Lohma, R. L., and R. M. Goepp: Advanc. Carbohyd. Chem. **4**, 219 (1949); — Haworth, W. N., H. Gregory, and C. F. Wiggins: J. chem. Soc. **1946**, 488. — [13] Angyal, S. J., and J. K. Lawler: J. amer. chem. Soc. **66**, 837 (1944). — [14] Wolfe, J. K., R. M. Hann, and C. S. Hudson: J. amer. chem. Soc. **64**, 1493 (1942). — [15] Meunier, J.: Ann. chim. phys. (6) **22**, 412 (1891), s. auch E. Fischer: Ber. dtsch. chem. Ges. **28**, 1979 (1895). — [16a] von Vargha, A.: Ber. dtsch. chem. Ges. **68**, 18, 1377 (1935); — Micheel, F., u. K. Hasse: Ber. dtsch. chem. Ges. **68**, 1582 (1935). — [16b] Angyal, S. J., and S. V. Lawler: J. amer. chem. Soc. **66**, 837 (1944). — [17] Bertrand, G.: Ann. chim. phys. (8) **3**, 181 (1904). — [18] Bertrand, G.: Bull. Soc. chim. France (3) **33**, 166 (1905). — [19] Bertrand, G., et A. Lanzenberg: Bull. Soc. chim. France (3) **35**, 1073 (1906). — [20] Strain: H. H.: J. amer. chem. Soc. **59**, 2264 (1937). — [21] Eaton, J. K.: Brit. Abstr. B III **1950**, 436. — [23] Werder, J.: Chem. Abstr. **23**, 928 (1929). — [22] Bradfield, A. E., and A. E. Flood: Nature (Lond.) **166**, 264 (1950). — [24] Lobry de Bruyn, C. A., et W. van Ekenstein: Recueil Trav. chim. Pays-Bas **18**, 151 (1899). — [25] Czapek, F.: Biochemie d. Pflanzen, 2. Aufl. Bd. I, 297; — Fischer, E., u. J. Hirschberger: Ber. dtsch. chem. Ges. **21**, 1808 (1888); — Fischer, E.: Ber. dtsch. chem. Ges. **23**, 3684 (1890). — [26] Patterson, T. S., and A. R. Todd: J. chem. Soc. **1929**, 2876. — [27] Sreenivasaya, M.: Nature (Lond.) **126**, 438 (1930). — [28] Kuehl, F. A., E. A. Flynn, E. W. Holly, R. Mozingo and K. Folkers: J. amer. chem. Soc. **69**, 3032 (1947). — [29] Muntz, A., et V. Marcano: Ann. chim. phys. (6) **3**, 279 (1884); — Maquenne, L.: Bull. Soc. chim. France (2) **50**, 132, 548 (1888); C. R. Acad. Sci. (Paris) **107**, 583 (1888); Ann. chim. phys. (6) **19**, 5 (1890). — [30] Fischer, E., u. E. Passmore: Ber. dtsch. chem. Ges. **23**, 936, 2231 (1890). — [31] la Forge, F. B.: J. biol. Chem. **28**, 551 (1917). — [32] Bougoult, J., et G. Allard: C. R. Acad. Sci. (Paris) **135**, 796 (1902); Bull. Soc. chim. France (3) **27**, 1186 (1902). — [33] la Forge, F. B., and C. S. Hudson: J. biol. Chem. **30**, 68 (1917); — Lindberg, D., and J. Paju: Acta chem. scand. **8**, 817 (1954). — [34] Ettel, V.: Coll. czech. chem. Commun. **4**, 504 (1932). — [35] Asahina, Y.: Ber. dtsch. chem. Ges. **45**, 2363 (1912). — Asahina, Y., u. H. Takimoto: Ber. dtsch. chem. Ges. **64**, 1803 (1931); — Freudenberg, W., and E. F. Rogers: J. amer. chem. Soc. **59**, 1602 (1937).

Tabelle 6. *Natürlich vorkommende Aminozucker*

Verbindung		Vorkommen	Smp °C	Drehwert	Nachweis: Derivat	Nachweis: Smp °C	Nachweis: Drehwert
3-Amino-3-desoxy-D-ribose ⟨1.5⟩[1, 2]	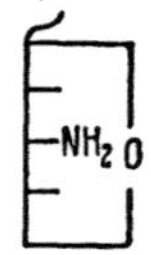	im Puromycin (Achromycin)[1, 2, 3]			Hydrochlorid	159	—112° (W.)
1-Amino-1-desoxy-D-fructose[4, 5, 6, 7, 8] (D-Fructosamin) (Iso-glucosamin)	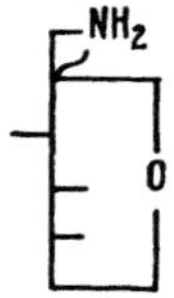	als Harnstoff-mucoproteid[8]	127—128	links-drehend			
2-Amino-2-desoxy-D-galaktose ⟨1.5⟩ (D-Chondrosamin)							
α-Form [9, 10, 11]	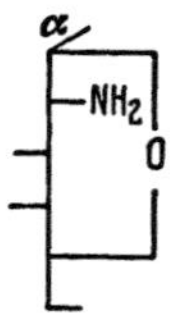				Hydrochlorid	185[13]	+125° → +98° (HCl)[9]
						182	+121° → +80° (W.-HCl)
					D-Chondrosaminsäure[10c, 14]	190 (Zers.)	—17,9° → —31,9° (HCl)
					α-1.3.4.6-Tetracetyl-N-acetat[15]	178	+102° (Chlfm.)
β-Form [10, 12]	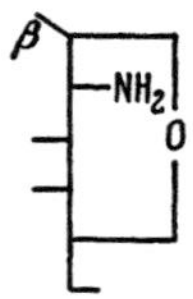	in Form des N-Acetates in der Chondroitinschwefelsäure und in Bakterienpolysacchariden			Hydrochlorid	187	+44,5° → +80° (W.-HCl)
					D-Chondrosaminsäure[10c, 14]	190 (Zers.)	—17,9° → —31,9° (HCl)
2-Amino-2-desoxy-D-glucose ⟨1.5⟩							
α-Form [16, 17, 18, 19, 20, 21, 22]	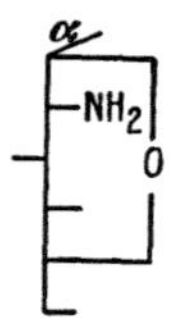		88	+100° → +47,5° (W.)	Hydrochlorid[23]		+100° → +72,5° (W.)
					Oxim[24, 25]	127	
					Oxim des Hydrochlorids[24]	166	
					Semicarbazon[25]	165 (Zers.)	

		in Form des N-Acetates als Baustein des Chitins, der Mucopolysaccharide und vieler Kohlenhydrat-Eiweiß-Verbindungen. Als N-Sulfat im Heparin. Baustein des Antibiotikums Paramomycin			Semicarbazon des Hydrochlorids[25] Di-phenyl-hydrazon[25] Phenyl-isocyanat α-N-Acetyl-verbindung[26] α-1.3.4.6-Tetracetyl-N-acetat[15] D-Glucosamin-säure[27]	160—170 162 (Zers.) 210 202—204 139 250 (Zers.)	 +82° → +40,4° (W.) +92° (Chlfm.) —16,8° → —14,7° (HCl)
β-Form 16, 21, 23	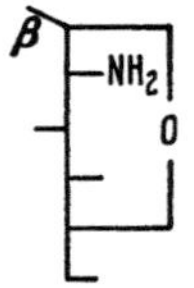		110—111	+28° → +47,5° (W.)	Brucinsalz der Säure Hydrochlorid	228—230	 +25° → +72,5° (W.)
2-Amino-2-desoxy-N-methyl-L-glucose ⟨1.5⟩[28]	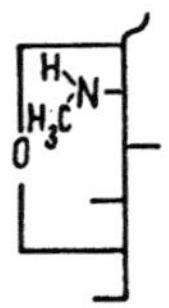	als Abbauprodukt des Streptomycins			Penta-acetat[28] Hydrochlorid	160—161 160—162	
3-Amino-3-desoxy-D-glucose ⟨1.5⟩[29, 30]	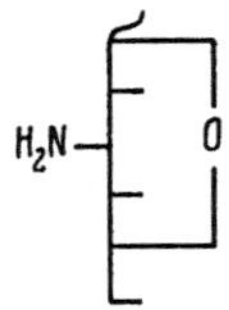	im Antibioticum Kanamycin aus Streptomyces kanamyceticus[30]			Phenyl-osazon N-Benzoyl-Derivat	207 128—130	
6-Amino-6-desoxy-D-glucose ⟨1.5⟩[31, 32]		im Antibioticum Kanamycin aus Streptomyces kanamyceticus			Carbonat Hydrochlorid p-tosylsaures Salz des Phenyl-hydrazons	96—98 210 182—183	+12,5° (W.)
3-Dimethyl-amino-3.6-bis-desoxy-D-glucose[33] (Mycaminose)	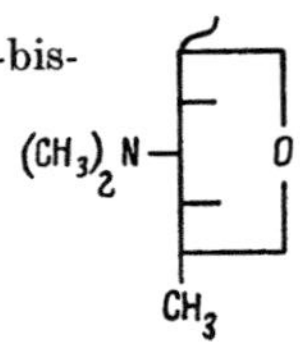	im Magnamycin[34], in Spiramycinen[35] und Foromacidinen[36]			Hydrochlorid[34]	115—116	+31° (W.)

Tabelle 6 (Fortsetzung)

Verbindung	Vorkommen	Smp °C	Drehwert	Nachweis		
				Derivat	Smp °C	Drehwert
2.6-Bis-amino-2.6-bis-desoxy-D-glucose[37] 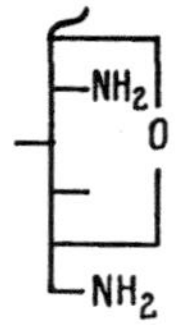	im Neomycin C[37]			N-Di-acetat[37] Hydrochlorid, krist.	206 (Zers.)	+32,5° (W.) (Endwert) +67,1° (W.)
2-Amino-2-desoxy-D-gulose[38, 39, 40] (D-Gulosamin) α-Form 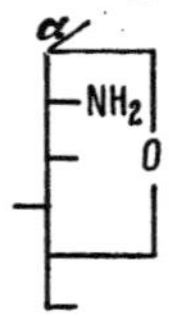	im Streptothricin[39], Streptolin B[39] und Roseothricin A[41]			Hydrochlorid		+34° (W.) (5 min) → +32,0° (W.) (4 Std) → —19° (W.) (Endwert)
2-Amino-2-desoxy-D-talose 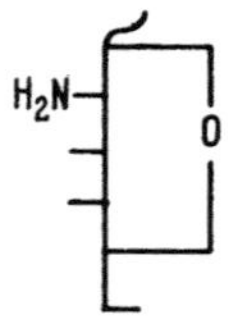				Hydrochlorid N-Acetat	151—153 (Zers.) Sirup	+3,4° → 5,7° (W.) —4° (W.)
2-Amino-2-desoxy-D-mannose ⟨1.5⟩[42, 43, 44, 45, 46] (D-Epi-glucosamin) (D-Epi-chitosamin) 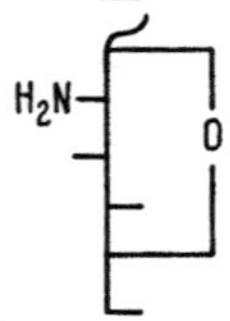	in Escherichia coli[47], in Form des N-Acetates als Baustein der N-Acetyl-neuraminsäure			Hydrochlorid	240 187	—96° (W.) —4,7° (W.)
3-Dimethyl-amino-3.4.6-tri-desoxy-aldo-hexose[48] (Desosamin)	Baustein der Antibiotica Erythromycin[49], Methymycin[50], Narbomycin und Picromycin[51]			Diacetyl-desosamin-hydrochlorid Hydrochlorid	180—185 183—184	
3-Dimethyl-amino-2.3.6-tri-desoxy-aldo-hexose (Rhodosamin)	im Antibioticum Rhodomycin A und B[52]			Hydrochlorid	152—153	—48,2° (W.)

3-Dimethyl-amino-3.4-bis-desoxy-aldo-hexose (Amosamin)		im Amycetin[53]	Hydrochlorid	192—193	+45,5° (W.)
4-Dimethyl-amino-2.3.4.6-tetra-desoxy-aldo-hexose		in Spyramycinen[35] und Foromacidinen[36]			
2-Amino-2.6-bis-desoxy-D-galaktose ⟨1.5⟩[54] (D-Fucosamin)	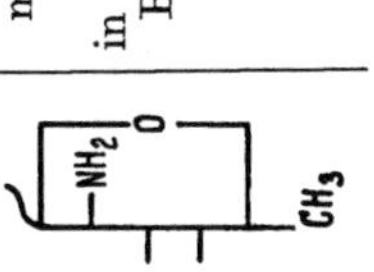	in einem Polysaccharid aus Bacillus subtilis		177—178 (Zers.)	

Literaturzitate (Tabelle 6)

[1] Baker, B. R., R. E. Saub, and J. H. Williams: J. amer. chem. Soc. **77**, 7 (1955). — [2] Baker, B. R., and R. E. Schaub: J. organ. Chem. **19**, 646 (1954). — [3] Waller, C. W., P. W. Fryth, B. L. Hutchings, and J. H. Williams: J. amer. chem. Soc. **75**, 2025 (1953). — [4] Fischer, E.: Ber. dtsch. chem. Ges. **19**, 1920 (1886). — [5] Fischer, E., u. B. Tafel: Ber. dtsch. chem. Ges. **20**, 2566 (1887). — [6] Maquenne, L.: Bull. Soc. chim. France (3) **29**, 1216 (1903). — [7] Ling, A. R., and D. R. Nanji: J. chem. Soc. **121**, 1682 (1922). — [8] Gottschalk, A.: Nature (Lond.) **167**, 845 (1951). — [9] James, S. P., F. Smith, M. Stacey, and L. F. Wiggins: J. chem. Soc. **1946**, 625. — [10a] Levene, P. A.: J. biol. Chem. **15**, 69, 155 (1913); [10b] **18**, 123 (1914); [10c] **20**, 433 (1915); [10d] **26**, 147 (1916); [10e] **31**, 609 (1917). — [11] Stacey, M.: J. chem. Soc. (Lond.) **1944**, 272. — [12] Levene, P. A.: J. biol. Chem. **57**, 337 (1923). — [13] Levene, P. A.: J. biol. Chem. **36**, 73 (1918). — [14] Levene, P. A.: J. biol. Chem. **59**, 123 (1924); **63**, 95 (1925). — [15] Hudson, C. S., and J. K. Dale: J. amer. chem. Soc. **38**, 1434 (1916). — [16] Westphal, O., u. H. Holzmann: Ber. dtsch. chem. Ges. **75**, 1274 (1942). — [17] Lobry de Bruyn, C. A., et W. van Ekenstein: Recueil Trav. chim. Pays-Bas **18**, 77 (1899). — [18] Levene, P. A.: J. biol. Chem. **57**, 323 (1923). — [19a] Ledderhose, G.: Z. physiol. Chem. **4**, 147 (1899). — [19b] Neuberg, C.: Biochem. Z. **43**, 501 (1912). — [20] Fischer, E., u. H. Leuchs: Ber. dtsch. chem. Ges. **36**, 27 (1903). — [21] Breuer, R.: Ber. dtsch. chem. Ges. **31**, 2195 (1898). — [22] Heyns, K., u. K.-H. Meinecke: Ber. dtsch. chem. Ges. **86**, 1453 (1953). — [23] Irvine, J. C., and J. C. Earl: J. chem. Soc. **121**, 2370, 2376 (1922). — [24] Winterstein, E.: Ber. dtsch. chem. Ges. **29**, 1393 (1896). — [25] Breuer, R.: Ber. dtsch. chem. Ges. **31**, 2198 (1898). — [26] Kuhn, R., u. F. Haber: Ber. dtsch. chem. Ges. **86**, 722 (1953). — [27a] Pringsheim, H., u. G. Ruschmann: Ber. dtsch. chem. Ges. **48**, 680 (1915). — [27b] Fischer, E., u. F. Tiemann: Ber. dtsch. chem. Ges. **27**, 138 (1894). — [27c] Neuberg, C., H. Wolff u. W. Neimann: Ber. dtsch. chem. Ges. **35**, 4009 (1902). — [28] *BASF, Ludwigshafen:* C. **1958**, 12247. — [29] Freudenberg, K., O. Burkhart u. E. Braun: Ber. dtsch. chem. Ges. **59**, 714 (1926). — [30] Ojawa, H., T. Ito, S. Kondo, and S. Inoue: Bull. Agr. Chem. Soc. (Japan) **23**, 289 (1959); Chem. Abstr. **22**, 230e (1959). — [31] Fischer, E., u. K. Zach: Ber. dtsch. chem. Ges. **44**, 132 (1911). — [32] Ohle, H., u. A. von Vargha: Ber. dtsch. chem. Ges. **61**, 1203 (1928); **62**, 2425 (1929). — [33] Foster, A. F., T. D. Inch, J. Lehmann, M. Stacey, and M. Webber: J. chem. Soc. **1962**, 2116. — [34] Hochstein, F. A., and P. P. Regna: J. amer. chem. Soc. **77**, 3353 (1955). — [35] Paul, R., u. S. Tchelitcheff: Bull. Soc. chim. France **1957**, 734. — [36] Prelog, V., u. Mitarb.: Helv. chim. Acta **39**, 304 (1956). — [37] Weidemann, H., u. H. K. Zimmermann: Liebigs Ann. Chem. **644**, 127 (1961). — [38] Kuhn, R., u. W. Kirschenlohr: Angew. Chem. **67**, 786 (1955). — [39] von Tamelen, E. E., u. Mitarb.: J. amer. chem. Soc. **78**, 4817 (1956). — [40] Kuhn, R., W. Bister u. W. Kirschenlohr: Angew. Chem. **69**, 60 (1957). — [41] Goto, T., Y. Hirata, S. Hosoja, and N. Komatsu: Bull. chem. Soc. (Japan) **30**, 729 (1957). — [42] Lobry de Bruyn, C. A., et W. van Ekenstein: Recueil Trav. chim. Pays-Bas **18**, 77 (1899). — [43] Levene, P. A.: J. biol. Chem. **63**, 95 (1925). — [44] Micheel, F. u. H.: Ber. dtsch. chem. Ges. **65**, 253 (1932). — [45] Irvine, J. C., and M. Hynd: J. chem. Soc. **101**, 1128 (1912). — [46] Levene, P. A.: J. biol. Chem. **36**, 73 (1918); **39**, 69 (1919); **57**, 323 (1923); **59**, 123 (1924). — [47] Spirak, C. T., and S. Rosemann: J. amer. chem. Soc. 81, 2403 (1959). — [48] Flynn, E. H., M. V. Sigal, P. F. Wiley, and K. Garzon: J. amer. chem. Soc. **76**, 3121 (1954). — [49] Sigal, M. V., P. F. Wiley, K. Garzon, E. H. Flynn, U. C. Quarck, and O. Weaver: J. amer. chem. Soc. **78**, 388 (1956). —

(Fortsetzung Seite 513)

Tabelle 7. *Natürlich vorkommende Uronsäuren*

Verbindung		Vorkommen	Smp °C	Drehwert	Nachweis		
					Derivat	Smp °C	Drehwert
D-Galakturonsäure[1]	α-Form[1]	in Pektinsäuren, in Pneumokokken-spezifischen Polysacchariden, im Limacoitinsulfat und in Pflanzenschleimen	156—159	+97,9° → +50,9° (H_2O-haltig)	Brucin-salz[1, 2]	180 (Zers.)[4] 189 (Zers.)[2]	—7,70° (W.)
	β-Form[1]		160	+27,0° → +55,3°	Cinchonin-Salz[3]	178 (Zers.)	+139° (W.)
					Morphin-salz[1]	160	—56,6° (W.)
D,L-Galakturonsäure-hydrat[5]			gegen 156 sintern ab 110		Phenyl-hydrazid des Phenyl-osazons	140 (Zers.)	
					2.4-Di-nitro-phenyl-hydrazon		
D-Glucuronsäure[6, 9]	β-Form	als „aktive Glucuronsäure" bei der Glucuronidbildung, in der Hyaluron- und Chondroitinschwefelsäure, in der Kapselsubstanz von Pneumokokken, in Glykosiden, Saponinen, Gummi arabicum und als Monomethyläther in verschiedenen Hölzern	154—156	+11,73° → +36,26° (2 Std)	Phenyl-osazon[7]	200—202	linksdrehend
					Phenyl-hydrazid des Phenyl-osazons[7]	212 (Zers.)	
					p-Brom-phenyl-hydrazon[8]	236	—369° (Pyr.-Alk.)
D-Glucuronsäure-lacton[6, 9] (D-Glucuron)			175—178	+19,21°	Semi-carbazon[9]	188 (Zers.)	
					Phenyl-hydrazon[10]	160	+14,40°
					Oxim[10]	149—151 (Zers.)	
L-Guluronsäure[11]		in Alginsäure	141—142				
L-Guluronsäure-lacton[11] (L-Guluron)			141—142	+80,9° (W.)			
L-Iduronsäure[4, 15]		im Chondroitinsulfat B[4, 15]	131 bis 132[16]	+37° (35 min) → +33° (28 min, 4 Std) (W.)[16]			

L-Iduronsäure-lacton (L-Iduron)				1.2-Isopropyliden-Verbindung	137—138	+ 91° (Aceton)
D-Mannuronsäure[17] α-Form, Hydrat[17]	in Alginsäure	120—130	+ 16,0° → —6,1°	Cinchonin-salz[3]	152	
β-Form, Hemihydrat[17]		165—167	—47,9° → —23,9° (12 Std)	Mannuronsäure-amid	187—189	—22,5° ± 2° (W.)
D-Mannuronsäure-lacton (D-Mannuron)		142—143 139 191—192 (Zers.)		Brucin-salz Cinchonin-salz p-Brom-phenyl-hydrazon		

50 Djerassi, C., and J. A. Zderic: J. amer. chem. Soc. **78**, 6390 (1956). — 51 Bockmann, H. B. König u. R. Oster: Ber. dtsch. chem. Ges. **87**, 856 (1954). — 52 Brockmann, H., u. E. Spohler: Naturwiss. **42**, 154 (1955). — 53 Stephens, C. L., R. J. Stasser, F. H. Mukherje, and T. H. Haskell: J. amer. chem. Soc. **78**, 6213 (1956). — 54 Sharon, N., I. Shif, and U. Zehavi: 142. Meeting amer. chem. Soc. (1962); Angew. Chem. **75**, 177 (1963). — 55 R. Kuhn, u. H. Fischer, Liebigs Ann. Chem. **612**, 65 (1957). — 56 S. Friji, H. Kushida, Biochem. Biophys. Acta **69**, 572 (1963).

Literaturzitate (Tabelle 7)

1 Ehrlich, F., u. F. Schubert: Ber. dtsch. chem. Ges. **62**, 1974 (1929); — Ehrlich, F., u. A. Kosmahly: Biochem. Z. **212**, 162 (1929). — 2 Ohle, H., u. G. Berend: Ber. dtsch. chem. Ges. **58**, 2585 (1925). — 3 Nelson, W. L., and L. H. Cretcher: J. amer. chem. Soc. **51**, 1914 (1929). — 4 Hoffmann, A. Linker, and K. Meyer: Science (Washing ton) **124**, 1252 (1956). — 5 Niemann, C., and K. P. Link: J. biol. Chem. **95**, 203 (1932). — 6 Schmiedeberg, O., u. H. Meyer: Hoppe-Seylers Z. physiol. Chem. **6**, 422 (1879); — Weinemann, F.: Ber. dtsch. chem. Ges. **62**, 1637 (1929); — Ehrlich, F., u. K. Rehorst: Ber. dtsch. chem. Ges. **58**, 1989 (1925). — 7 Neuberg, C., u. W. Neimann: Z. physiol. Chem. **44**, 111 (1905). — 8 Neuberg, C.: J. amer. chem. Soc. **77**, 2568 (1955). — 9 Fischer, E., u. O. Piloty: Ber. dtsch. chem. Ges. **24**, 525 (1891). — 10a Giemsa, G.: Ber. dtsch. chem. Ges. **33**, 2996 (1900). — 10b Neuberg, C.: Ber. dtsch. chem. Ges. **33**, 3317 (1900). — 11 Fischer, F. G., u. H. Dorfel: Hoppe-Seylers Z. physiol. Chem. **302**, 186 (1955). — 12 Drummond, D. W., E. L. Hirst, and E. G. V. Percival: Chem. and Industr. **1958**, 1088. — 13 Whistler, R. L., u. K. Kirby: Z. physiol. Chem. **314**, 46 (1959). — 14 Whistler, R. L., and R. Schweiger: J. amer. chem. Soc. **80**, 5701 (1958). — 15 Roden, L., and A. Dorfmann: J. biol. Chem. **233**, 1030 (1958). — 16 Shafizadeh, F., and M. L. Wolfrom: J. amer. chem. Soc. **77**, 2568 (1955). — 17 Schoeffel, E., and K. P. Link: J. biol. Chem. **100**, 397, 403 (1933). — 18 Nelson, W. L., and L. H. Cretcher: J. amer. chem. Soc. **51**, 1914 (1929); **52**, 2130 (1930); — Schoeffel, E., and K. P. Link: J. biol. Chem. **95**, 213 (1932).

Natürlich vorkommende Glykoside*

(O-, N- und S-Glykoside)

Von

Prof. Dr. ALMUTH KLEMER, Münster/Westf.

In der Natur kommen Glykoside in so großer Zahl und Mannigfaltigkeit vor, daß aus Gründen der Übersichtlichkeit in diesem Sonderkapitel eine kurze Zusammenfassung der wichtigsten natürlich vorkommenden Glykoside gegeben wird[1]. Die Mannigfaltigkeit ergibt sich daraus, daß einerseits die Aglykone den verschiedenartigsten Verbindungsklassen angehören und andererseits die Kohlenhydratkomponente recht variant sein kann.

Die grundlegende Einteilung wird auch bei den natürlichen Glykosiden nach der Art der chemischen Bindung zwischen Aglykon und Zucker vorgenommen. Man unterscheidet

1. O-Glykoside, 2. N-Glykoside und 3. S-Glykoside.

Glykoside finden sich fast ausschließlich im Pflanzenreich. Lediglich die Nucleoside sind in gleicher Weise im Tierreich verbreitet. Weitere tierische Glykoside sind die Cerebroside der Gehirnsubstanz sowie Glucuronsäure-glykoside, die im Organismus zur Entfernung phenolischer Komponenten gebildet und mit dem Harn ausgeschieden werden.

Ferner gehören einige Stoffwechselprodukte bestimmter Pilz- und Bakterienarten zu den Glykosiden. Einige haben als Antibiotica eine große Bedeutung erlangt. Sie bleiben auf Grund ihrer Sonderstellung in diesem Kapitel unberücksichtigt. Zusammenfassungen vgl. Anm. 1.

Bis auf wenige Ausnahmen gehören die natürlichen Glykoside, sofern die Zucker der D-Reihe angehören, der β-Reihe und bei L-Zuckern der α-Reihe an. Die Ringweite ist pyranoid, lediglich bei den Nucleosiden liegen die D-Ribose bzw. die 2-Desoxy-D-ribose in der furanoiden Form vor.

Nicht zu den Glykosiden gehören eine Reihe von Naturstoffen, bei denen eine Zuckerkette durch eine andersartige Bindung mit der Fremdkomponente ver-

---

* *Anm.* 1. In dem Sammelreferat A. STOLL und E. JUCKER (1958) findet sich eine Zusammenstellung aller natürlich vorkommenden O-, N- und S-Glykoside einschließlich der zu den Glykosiden gehörenden Antibiotica mit den wichtigsten physikalischen Daten und Vorkommen. — Außerdem können die pflanzlichen Glykoside in der Monographie von W. KARRER (1958) aufgesucht werden.

2. Als Ergänzung zu diesem Kapitel wird auf die Beiträge K. HERMANN „Pflanzenphenole in Lebensmitteln" und E. BAYER „Natürliche Farbstoffe" verwiesen, in denen viele Aglykone natürlich vorkommender Glykoside behandelt werden.

[1] Die Grundlagen über den Aufbau, die Synthese und das Verhalten der O-, N- (und S-)Glykoside sind im allgemeinen Teil auf den S. 414, 409 (422) gebracht worden.

bunden ist, z. B.

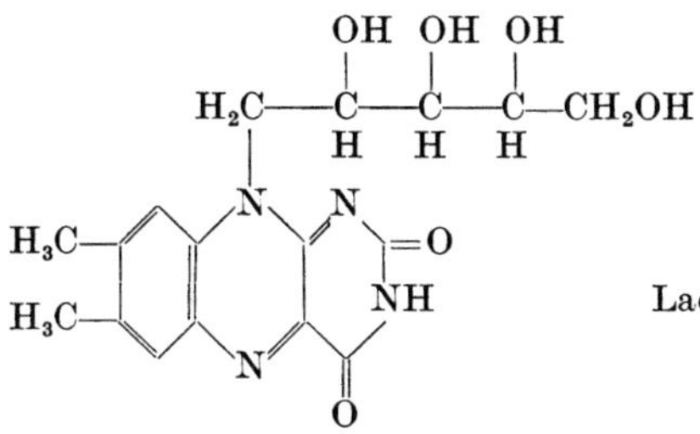

Lactoflavin

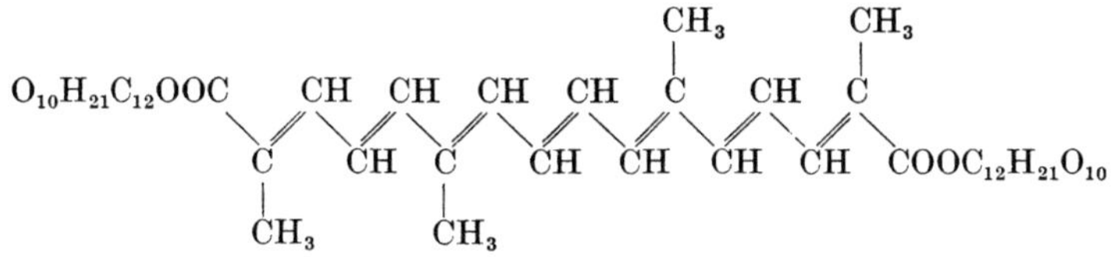

Crocin

I. Die Kohlenhydratkomponenten der natürlichen Glykoside

Die weitaus größte Zahl der Glykoside leitet sich von der D-Glucose ab, während die anderen, sonst häufig vorkommenden Hexosen wie die D-Galaktose, die D-Mannose oder die D-Fructose viel seltener vertreten sind. Galaktoside und Mannoside findet man überwiegend in Algenarten. Fructoside tauchen in der Gruppe der Saponine auf. Auch Pentosen sind am Aufbau der Glykoside beteiligt. D-Ribose bzw. 2-Desoxy-D-ribose findet man in den Nucleosiden und in einigen selteneren Glykosiden D-Arabinose.

Im Gegensatz dazu kommen Desoxyzucker sehr oft in Glykosiden vor. Neben der schon erwähnten 2-Desoxy-D-ribose in den Nucleosiden sind 6-Desoxy-L-mannose (L-Rhamnose) und 6-Desoxy-L-galaktose (L-Fucose) häufiger vertreten. Einige ungewöhnliche Desoxyzucker, die sonst in der Natur gar nicht oder sehr selten angetroffen werden, finden sich in den Herzgiftglykosiden. Dies sind einige Mono- und Bis-desoxyzucker der D- und L-Reihe. Oft ist deren C_3-Hydroxyl zusätzlich mit Methanol veräthert. – Von Interesse sind ferner einige verzweigtkettige Zucker, die ebenfalls ausschließlich in Form von Glykosiden vorkommen. Die Apiose ist z. B. die Kohlenhydratkomponente des in der Petersilie vorkommenden Apiins. Auch einige Antibiotica sind durch ihre sonst in der Natur nicht vorkommenden Zucker ausgezeichnet. Diese Zucker kommen nicht nur in Form von Monosacchariden sondern auch als Di- oder Oligosaccharide in den Glykosiden vor.

Die Strukturen, das Vorkommen und die wichtigsten Daten der am Aufbau der natürlichen Glykoside beteiligten Kohlenhydrate finden sich in den Tabellen.

II. O-Glykoside

Weitaus die meisten natürlich vorkommenden Glykoside sind O-Glykoside. Sie leiten sich in üblicher Weise von Aglykonen mit alkoholischem oder phenolischem Hydroxyl her, welches mit dem Lactol-hydroxyl des betreffenden Zuckers verknüpft ist.

Da die alkoholischen bzw. die phenolischen Aglykone den verschiedensten Stoffklassen angehören, teilt man die O-Glykoside am besten entsprechend der chemischen Natur ihrer Aglykone in verschiedene Gruppen ein.

1. Einfache Alkoholglykoside
2. Phenolglykoside
3. Cumaringlykoside
4. γ-Benzopyranglykoside (Flavonoide Glykoside)
5. Anthocyane
6. Lignanglykoside
7. Anthra- und Dianthronglykoside
8. Saponine, a) Steroid-Saponine, b) Triterpen-Saponine
9. Steroidglykoside und verwandte Verbindungen
10. Cyanogene Glykoside (Nitril-Glykoside)
11. Sonstige O-Glykoside verschiedener Aglykone.

1. Einfache Alkoholglykoside

In der Natur kommen einfache Alkoholglykoside sehr selten vor. α-Äthyl-D-galaktosid ist aus Lupinen (E. Fischer 1914) isoliert worden und das β-Äthylglykosid der Primverose (β-D-Xyl 1 → 6 D-Gluc) (J. u. S. Rabate 1931) kommt in Gaultheria procumbens vor.

Auch Glycerin oder Zuckeralkohole können als Aglykone natürlich vorkommender Glykoside fungieren. Diese Typen finden sich bevorzugt in einigen Algenarten, wie in neuerer Zeit entdeckt wurde. Häufiger ist D-Mannit vertreten, von dem zwei Glykoside in ihrer Struktur bekannt sind, das 1.6-β-Diglucosid und das 1-β-Glucosid (H. Bouveng u. B. Lindberg 1955). Die Hydrolyse des Clavicepsins aus Mutterkorn liefert ebenfalls Mannit und zwei Mol D-Glucose.

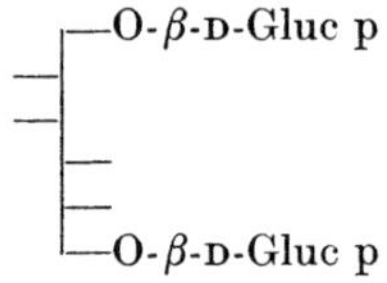

1.6-D-Mannit-di-β-D-glucosid aus Algenarten

Volemit (Sedoheptit) findet sich als Glucosid in pelvetia caniculata (B. Lindberg u. J. Paju 1954). Auch höhere Alkohole wie der Cetylalkohol oder Geraniol kommen gebunden an D-Glucose in der Natur vor. Das *Cetyl-β-D-glucosid* ($CH_3-(CH_2)_{14}-CH_2O$-β-D-Gluc) wurde aus der Sarsaparilla-Wurzel isoliert (McIlroy 1950). Das *Geraniol-β-D-glucosid* ($(CH_3)_2=CH-CH_2-CH_2-C(CH_3)=$ $=CH-CH_2-O$-β-D-Gluc) kommt in Pelargonium-Arten vor (McIlroy 1950).

2. Phenolglykoside

In dieser Gruppe werden die Glykoside einfacherer und komplizierter substituierter Phenole, z. B. des Hydrochinons, der Salicylsäure, des 3-Methoxy-4-hydroxy-acetophenons, des 2-Methyl-4-allyl-phenols, des Vanillins u. a. zusammengefaßt.

Die weitaus größte Anzahl dieser Glykoside leitet sich von der D-Glucose ab, aber auch Disaccharide wie die Primverose (β-D-Xyl 1 → 6 D-Gluc) und in seltenen Fällen die Rutinose (β-L-Rham 1→6 D-Gluc) und Vicianose (β-L-Arab 1→6 D-Gluc) können am Aufbau beteiligt sein.

Im Pflanzenreich kommen sehr viele Vertreter dieser Stoffklasse vor. Nur einige Beispiele seien hier erläutert, zumal die Aglykone dieser Gruppe in dem Kapitel „Pflanzenphenole in Lebensmitteln“ extra behandelt werden.

Beispiele

Arbutin und Methyl-arbutin sind die β-D-Glucoside des Hydrochinons bzw. des p-Methoxy-hydrochinons. Diese beiden Glykoside kommen meistens vergesellschaftet in vielen Pflanzen, besonders in den Ericaceen, vor. Das Arbutin läßt sich recht gut aus Bärentraubenblättern (Arctostyphylos Uva ursi) (A. KAWALIER 1852) gewinnen. Auf seinem Gehalt an Hydrochinon ist die diuretische Wirkung des Bärentraubenblätter-Tees zurückzuführen.

Salicin. Ein weiterer einfacher Vertreter ist das Salicin, welches sich weit verbreitet in Salix- und Populus-Arten findet. Es ist das β-D-Glucosid des Salicylalkohols und besitzt folgende Konstitution.

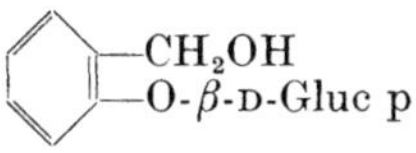

Salicin

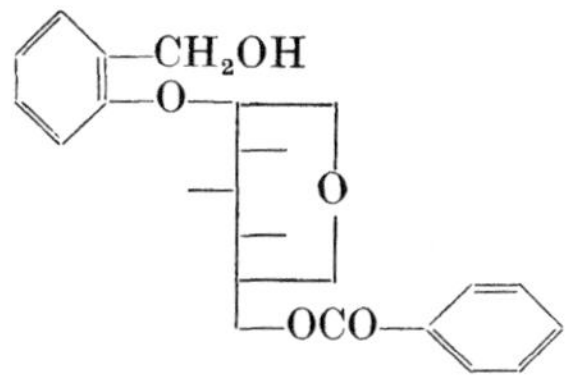

Populin

Populin kommt hauptsächlich in der Rinde der Pappeln vor. Es ist das 6-Benzoyl-Derivat des Salicins (P. PIRIA 1845, N. K. RICHTMEYER u. E. YEAKEL 1934) und kann auch aus Salicin durch Benzoylierung synthetisch dargestellt werden.

Interessant ist das verschiedenartige enzymatische Verhalten dieser beiden Glykoside. Während das Salicin durch Emulsin (β-Glucosidase) glatt gespalten wird, bleibt das Populin unangegriffen (W. W. PIGMAN u. N. K. RICHTMEYER 1942). Dies zeigt die starke Beeinflussung der C_6-Veresterung auf die Wirkungsweise des Enzyms.

Gluco-Vanillin und Coniferin. Das Gluco-Vanillin enthält als Aglykon das Vanillin[1], den Geschmacksträger der Vanilleschoten. Es zeichnet sich durch besonders leichte enzymatische Spaltbarkeit durch Almond-Emulsin aus. Gluco-Vanillin kann auch durch vorsichtige Oxydation des sehr ähnlich aufgebauten

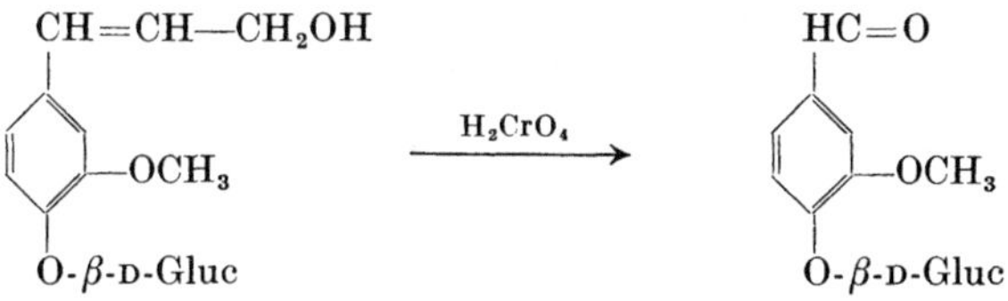

Coniferin — Gluco-Vanillin

Coniferins gewonnen werden. Dieses Glykosid kommt im Kambialsaft der Coniferen vor, besonders z. Z. der Holzbildung. Es findet sich aber auch z. B. in den verholzten Teilen der Zuckerrübe, im Spargel, in der Schwarzwurzel und in anderen Pflanzen.

3. Cumaringlykoside

Cumaringlykoside kommen in allen Pflanzenteilen, besonders häufig und in größeren Mengen z. Z. des Laubaustriebes in den Knospen und Rinden der Pflanzen vor.

Die Aglykone, die häufig neben den Glykosiden auch frei vorkommen, sind Mono-, Di- oder Trihydroxy-cumarine, die teilweise veräthert sein können. In

[1] Reines Vanillin riecht nicht.

7-Stellung greift bevorzugt der Zuckerrest an. Überwiegend ist es die D-Glucose, in seltenen Fällen ein Disaccharid.

Beispiele

Skimmin (J. F. Eijkman 1884) **und Neohydrangin** (H. Nakahara 1955) sind Glykoside des Umbelliferons (7-Hydroxy-cumarin), welches in freier Form aus sehr vielen Pflanzen isoliert wurde. Die Glykoside finden sich in Skimmia japonica und Hydrangea paniculata.

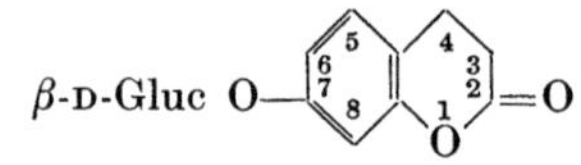

Skimmin

Äsculin, Cichoriin. Vom Äsculetin (6.7-Bis-hydroxy-cumarin) ist das 6- und das 7-β-D-glucosid bekannt. Das erstere, das Äsculin, kommt in der Rinde der Roßkastanie (F. Rochleder 1863) und des Weißdorns (H. Dieterle u. O. Dorner 1937) vor und dient pharmazeutischen Zwecken. Das 7-β-D-Glucosid, das Cichoriin, findet sich in Cichorienarten (K. W. Merz 1932).

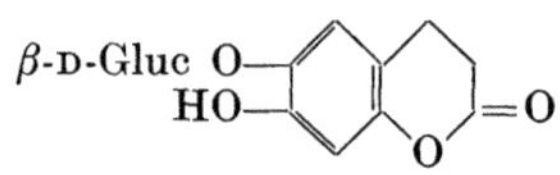

Äsculin

Scopolin, Fabiatrin. Erwähnenswert sind ferner die Glykoside des Scopoletins (7-Hydroxy-6-methoxy-cumarin), welches in freier Form in Belladonna-Arten vorkommt. Das Glykosid Scopolin (J. F. Eijkman 1884) leitet sich von der D-Glucose, das Fabiatrin (G. R. Edwards u. H. Rogerson 1927) von der Primverose (β-D-Xyl 1 → 6 D-Gluc) ab.

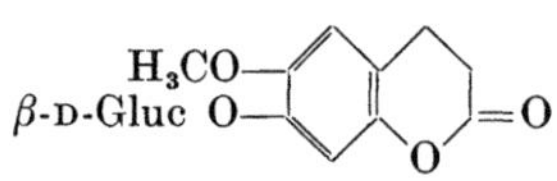

Scopolin

4. γ-Benzopyranglykoside (Flavonoide Glykoside)

Wie die Übersicht der Grundtypen der Aglykone zeigt, ist diese Gruppe sehr mannigfaltig.

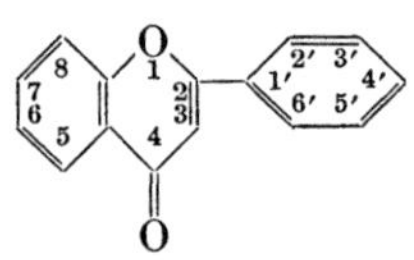

Flavon

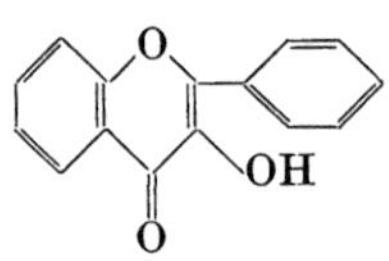

Flavonol

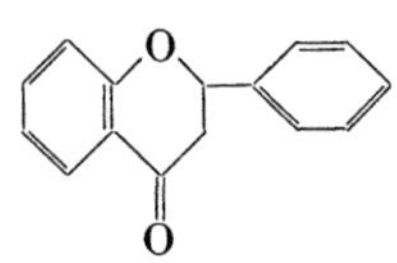

Flavanon

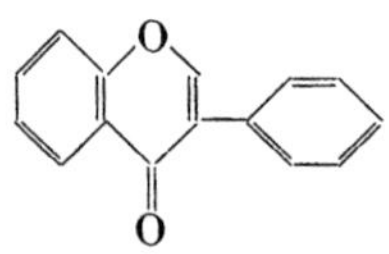

Iso-Flavon

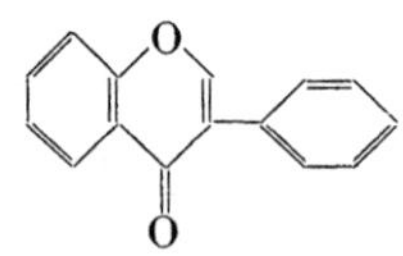

Isoflavanon

Die favonoiden Glykoside sind bis auf wenige Ausnahmen gelb gefärbt. Viele besitzen große Bedeutung, weil sie den wesentlichen Bestandteil seit altersher verwendeter gelber Pflanzenfarbstoffe bilden (Gelbholz, Wau, Gelbbeeren). Sie kommen weit verbreitet im Pflanzenreich vor, besonders im Holz, in der Rinde, in Wurzeln und Blüten, z. T. in Konzentrationen bis zu 30%.

Schon in der 1. Hälfte dieses Jahrhunderts wurden die Aglykone dieser Glykoside aus Pflanzen isoliert und in ihrer Struktur aufgeklärt. Es sind – häufig teilweise methylierte – Hydroxylverbindungen der oben aufgeführten Grundtypen.

Die Zuckerreste greifen bevorzugt am C_7-Hydroxyl der Aglykone an, beim Flavonol-Typ auch recht häufig am C_3- und beim Isoflavon am C'_4-Hydroxyl.

Die Kohlenhydratkomponente. Viele verschiedene Zucker sind am Aufbau der flavonoiden Glykoside beteiligt. Neben L-Rhamnose und Glucose kommen D-Galaktose, L-Arabinose, D-Xylose oder Disaccharide (besonders Rutinose: (β-L-Rham 1 → 6 D-Gluc) vor.

Beispiele

a) Flavon-Glykoside

Einige interessante Glykoside besitzen als Aglykon das Apigenin (5.7.4′-Trihydroxy-flavon).

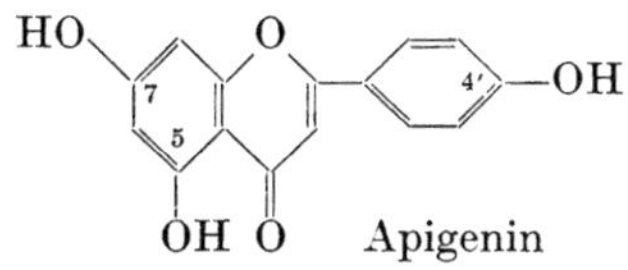

Apigenin

Das Apigenin 5-β-D-Glucosid kommt in vielen Pflanzen vor, z. B. in den gelben Blüten der Dahlie und Kamille, in der Apfelsine und Petersilie (S. HATTORI u. Mitarb. 1953 und frühere Arbeiten).

Im Apiin ist das Apigenin in 7-Stellung mit einem Disaccharid verknüpft, welches aus Apiose und Glucose aufgebaut ist. Das Apiin kommt ebenfalls in der Petersilie, aber auch im Selleriekraut und Kerbel (Petroselium-Arten) vor (E. VONGERICHTEN 1900).

Rhoifolin. Auch Rutinose (6-L-Rhamnosido-D-Glucose) kann in 7-Stellung angreifen. Das Glykosid findet sich in den Schalen der reifen, bitteren japanischen Orangen (S. HATTORI u. H. MATSUDA 1952).

Apigenin-7-D-glucoronid konnte aus den Blüten von Reigeron und Anthirrhinum majus isoliert werden (M. K. SEIKEL 1955).

Ähnlich vielseitig sind die Aglykon-Zucker-Kombinationen in den Glykosiden des Luteolin, (4.6.3.4′-Tetrahydroxy-flavon) die in vielen verschiedenen Pflanzenfamilien vorkommen.

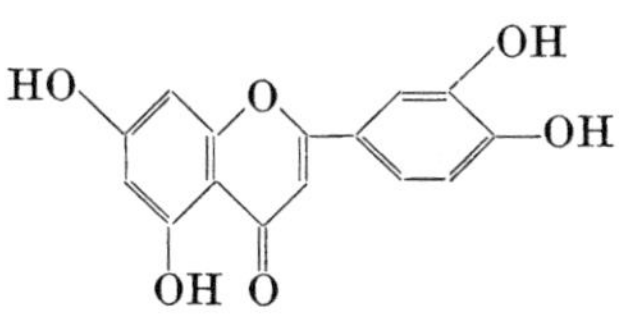

Luteolin

Luteolin-7-glucosid (H. NAKAMURA u. Mitarb. 1936) wurde z. B. aus Digitalis purpurea und anderen Pflanzen isoliert und

Luteolin-7-apiosyl-glucosid neben Apiin aus Petroselium crispum (G. NORDSTROEM u. Mitarb. 1953).

b) Flavonol-Glykoside

Die meisten Glykoside leiten sich von dem zitronengelben Quercetin (3.5.7.3'.4'-Pentahydroxy-flavon) und vom Kämpferol (3.5.7.4'-Tetrahydroxy-flavon) ab. Als Zuckerbausteine werden außer D-Glucose, D-Galaktose und Glucuronsäure besonders L-Rhamnose und einige Pentosen wie Arabinose und D-Xylose angetroffen.

Quercitrin ist das Quercetin-3-L-rhamnosid. Es wurde zuerst aus der Rinde der Färbereiche „Quercus tinctoria" (P. A. BOLLEY 1841) isoliert und später auch in größeren Mengen aus der Rinde anderer Eichenarten.

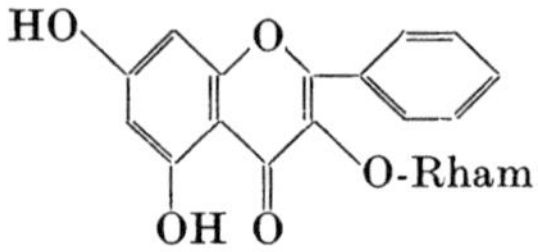

Quercitrin

Rutin. Ein anderes weitverbreitetes Glykosid des Quercetins ist das Rutin (3.5.7.3'.4'-Pentahydroxy-3-rutinosid). Rutinose: 6-β-L-Rham 1→ 6 D-Gluc. Früher wurde es häufig als Gelbbeeren-Farbstoff verwendet (W. STEIN 1853).

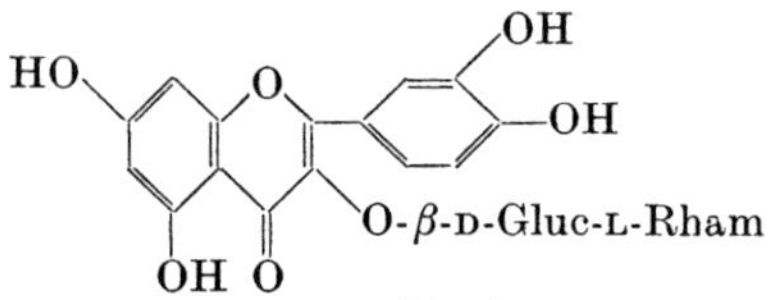

Rutin

Es wurde bisher aus mindestens 65 Pflanzenarten isoliert und bekam seinen Namen nach seiner Entdeckung in der Goldraute. Außerdem konnte Rutin auch aus den Gameten einer Mutante von Chlamydromonas engametos zu 7–8% des Zellentrockengewichtes isoliert werden (R. KUHN u. J. LÖW 1948). Seine Funktion als Wirkstoff bei den Befruchtungsvorgängen der Grünalge ist umstritten.

Eine weitere Reihe von Glykosiden enthält Quercetin-Derivate als Aglykone.

Xanthorhamnin. In getrockneten Gelbbeeren von Rhamnus infectoria kommt dieses Glykosid zu etwa 12% vor (C. L. LIEBERMANN u. O. HÖRMANN 1879). Seine Hydrolyse führt zu Rhamnetin (3.5.3.4'-Tetrahydroxy-7-methoxy-flavon) und zwei Molen Rhamnose. Diese greifen in Form des Disaccharids „Rhamninose" in 3-Stellung an.

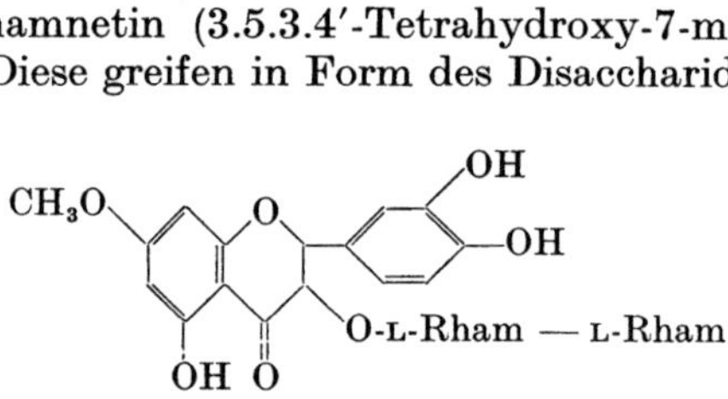

Das Isorhamnetin kommt in Kombination mit einem Disaccharids, welches aus zwei Mol Glucose aufgebaut ist, in Krokuspollen (R. KUHN u. J. LÖW 1944) vor und als Trisaccharid-glykosid (D-Glucose-L-Rhamnose-D-Glucose) in den Pollen von Lilium candidum (G. TAPPI u. E. MENZIANI 1955).

Astragalin. Von den sich vom Kämpferol (3.5.7.4'-Tetrahydroxyflavon) ableitenden Glykosiden ist das Astragalin, das Kämpferol-3-β-D-glucosid (T. NAKABAYASHI 1954), welches in Teeblättern, in den Blüten der Roßkastanie u. a. zu finden ist.

Nicotoflorin. In 3-Stellung verknüpft mit L-Rhamnose und D-Glucose kommt Kämpferol im Tabak (E. WADA 1954) und ebenfalls im Tee (Y. OSHINA u. T. NAKABAYASHI 1954) vor.

c) Einige Flavanon-Glykoside

Hesperidin. Eins der wichtigsten Flavanon-glykoside ist das Hesperidin (früher Vitamin P), welches besonders in der Schale von Citrusfrüchten vorkommt. Das Hesperidin besitzt eine besondere physiologische Bedeutung, weil es die Capillarpermeabilität herabsetzt. Heute wird allerdings der Vitamincharakter des Hesperidins stark angezweifelt.

Das Glykosid besitzt als Aglykon das Hesperitin (5.7.3'-Trihydroxy-4'-methoxy-flavanon). In 7-Stellung greift β-glykosidisch die Rutinose an (G. ZEMPLÉN u. Mitarb. 1938).

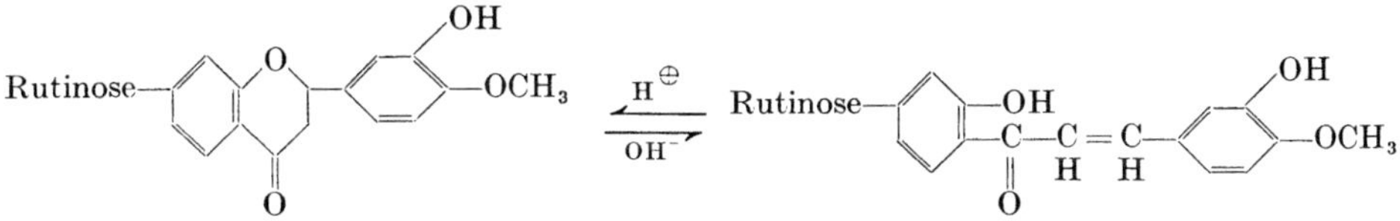

Hesperidin   Hesperidin-Chalkon

Hesperidin wirkt ferner hemmend auf die Hyaluronidase ein und vermag deshalb, wie Testversuche gezeigt haben, bei entsprechender Dosierung reversibel Befruchtungsvorgänge zu verhindern. Hesperidin steht im alkalischen Gebiet mit der Chalkonstruktur im Gleichgewicht. Durch Zugabe von Säure wird das Flavanongerüst wieder geschlossen.

Naringin. Zu den Flavanon-Glykosiden gehört ferner das Naringin (Isohesperidin), welches die Struktur eines Naringenin-7-glucorhamnosids (Y. ASAHINA u. M. INBUSE 1929) besitzt. Es kommt vielfach vergesellschaftet mit Hesperidin vor, findet sich aber auch in der Schale von Weintrauben.

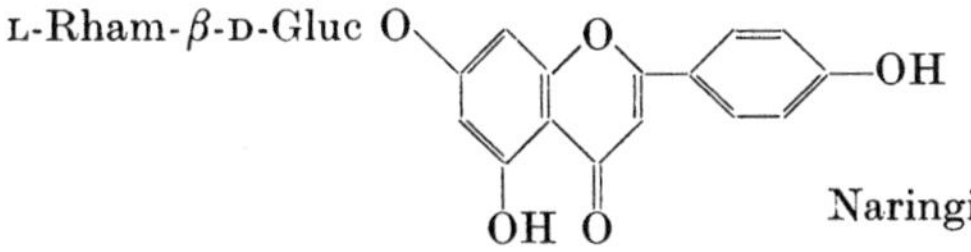

Naringin

5. Anthocyane

(Sammelref.: T. A. GEISSMAN 1955, J. A. HARBORNE 1962)

Die Anthocyane sind Glykoside, die ausnahmslos im Pflanzenreich vorkommen. Sie sind von großer Bedeutung, da weitgehend alle roten und blauen Blüten- und Beerenfarbstoffe dieser Stoffklasse angehören. Gleichzeitig vorhandene Flavonfarbstoffe und Metallspuren ergeben die prachtvollen Farbnuancen der Blüten.

Die Anthocyane kommen in relativ hohen Konzentrationen in den genannten Pflanzenteilen vor. Die blauschwarzen Blüten des Stiefmütterchens enthalten z. B. über 33% Anthocyan.

Sämtliche Anthocyane zeigen das Verhalten von Indicatorfarbstoffen. Im sauren Gebiet sind sie rot, im alkalischen blau gefärbt. Daher hängt die Farbe der Blüten weitgehend vom pH-Wert des Zellsaftes ab. Die rote Rose und die blaue Kornblume haben ein und denselben Farbstoff.

Die *Aglykone*, die Anthocyanidine, die übrigens nie frei in der Natur vorkommen, stehen im genetischen Zusammenhang mit den vorher besprochenen Flavonoiden, aus denen sie durch Hydrierung in vitro dargestellt werden können.

An Stelle des Pyronringes besitzen sie den Pyran- bzw. Pyryliumring. Im Aufbau des Kohlenstoffgrundgerüstes und sogar in der Stellung der Hydroxylgruppen entsprechen sie den Flavon-Aglykonen.

Die Anthocyanidine lassen sich auf vier Grundverbindungen zurückführen. Bei weiteren Vertretern können eine oder mehrere Hydroxylgruppen methyliert oder mit Phenolcarbonsäuren, Malonsäure u. a. verestert sein.

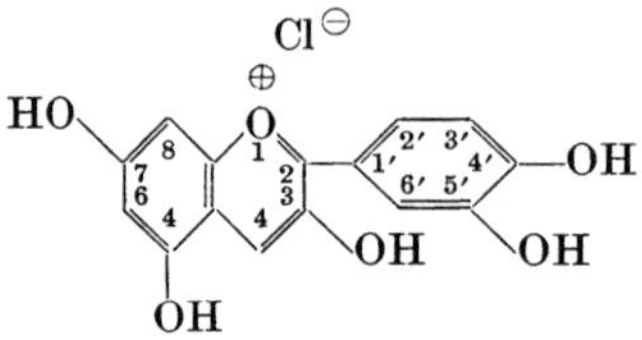

Cyanidin-chlorid

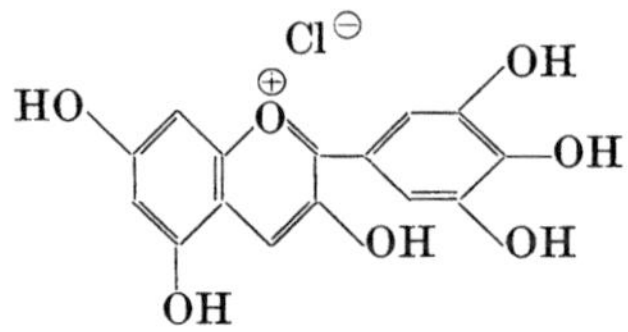

Delphinidin-chlorid

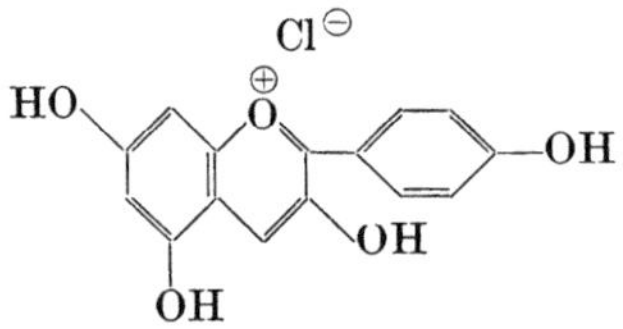

Pelargonidin-chlorid

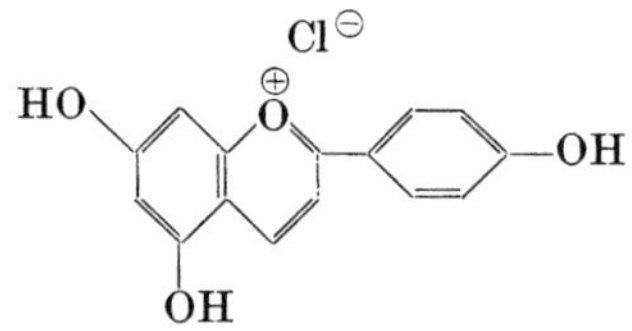

Gesneridin- oder Apigenidin-chlorid

Die *Kohlenhydratkomponente:* Obwohl die Anthocyanidine in verschiedenen Stellungen Hydroxylgruppen besitzen können, greifen die Zuckerreste lediglich am C_3- oder C_5-Hydroxyl an.

Am Aufbau sind maximal zwei Monosaccharide oder ein Disaccharid beteiligt. Die Hydrolyse der Anthocyane liefert demgemäß das Anthocyanidin, 1–2 Mol Zucker und in einigen Fällen zusätzlich 1 Mol der oben erwähnten Phenolcarbonsäuren.

Man unterscheidet drei Typen:

1. Monosaccharid-Glykoside: Ein Monosaccharid greift am C_3-Hydroxyl des Aglykons an. (Die einzige Ausnahme bilden die Glykoside des Apigenins: diese liegen als 5-Glykoside vor.)

2. Bi-monosaccharid-Glykoside: Die Hydroxylgruppen am C_3 und C_5 sind mit je einem Monosaccharid besetzt.

3. Disaccharid-Glykoside: Entsprechend dem Typ 1 ist stets das C_3 glykosidifiziert.

Überwiegend ist die D-Glucose am Aufbau der Anthocyane beteiligt, und zwar am häufigsten als 3.5-Diglucosid. Nur einige wenige enthalten D-Galaktose. Als Disaccharid ist, soweit bekannt, recht häufig die Gentiobiose (β-D-Gluc p 1 $\rightarrow$ 6 D-Gluc) vertreten.

Beispiele aus der Anthocyan-Reihe sind in der nebenstehenden Tabelle zusammengestellt.

Literaturzitate

[1] Robinson, G. M., u. R. Robinson: Biochem. J. **25**, 1687 (1931); **26**, 1647 (1932); **28**, 1712 (1934). — [2] Robinson, G. M., u. R. Robinson: Nature (Lond.) **130**, 21 (1932); ref. Chem. Zbl. **1932 II**, 3561. — [3] Willstätter, R.: Ref. Chem. Zbl. **1914 II**, 1356. — Willstätter, R., u. E. K. Bolton: Liebigs Ann. Chem. **408**, 42 (1914). — [4] Nair, P. V., u. R. Robinson: Ber. dtsch. chem. Ges. **67**, 98 (1934). — [5] Willstätter, R., u. Ch. L. Burdick: Liebigs Ann. Chem. **412**, 149 (1917). — [6] Willstätter, R., u. A. E. Everest: Liebigs Ann. Chem. **401**, 189 (1913). — [7] Willstätter, R., u. Th. J. Nolan: Liebigs Ann. Chem. **408**, 1 (1915). — [8] Will-

Tabelle 1. *Anthocyane*

Anthocyan	Anthocyanidin (Aglykon)	Zucker + Molzahl		Stellung	natürl. Farbe	Vorkommen
Gesnerin	Gesneridin	D-Glucose	1 Mol	5	orange	Gesnera fulgens[1]
Pelargonidin-3-biosid	Pelargonidin	Gentiobiose	1 Mol	3	—	Gloxinia[2]
Pelargonin	Pelargonidin	D-Glucose	2 Mol	3.5	rot	Scharlach-pelargonie[3]
Fragarin	Pelargonidin	D-Galaktose	1 Mol	3	rot	Walderdbeere[4]
Callistephin	Pelargonidin	D-Glucose	1 Mol	3	rot	Sommeraster[5]
Cyanin	Cyanidin	D-Glucose	2 Mol	3.5	blau	Kornblume[6]
Chrysanthemin (Asterin)	Cyanidin	D-Glucose	1 Mol	3	rot	Rose[7], Pelargonien[8]
Idain	Cyanidin	D-Galaktose	1 Mol	3	rot	Astern[5], Holunderbeeren[9], Erdbeeren[10], Schale der Sauerkirschen[11]
Mekocyanin	Cyanidin	Gentiobiose	1 Mol	3	rot	Preiselbeeren[12]
Delphin	Delphinidin	D-Glucose	2 Mol	3.5	dunkelrot	Klatschrose[13], Sauerkirschen[11]
Delphinin	Delphinidin	D-Glucose	2 Mol	3.5	rot	Salvien[14]
Päonin	Päonidin (5-Methoxy-pelargonidin)	D-Glucose	2 Mol	3.5	blau	Rittersporn[15]
					rot	Päonien[16]
Petunin	Petunidin (3′-Hydroxy-5-methoxy-pelargonidin)	D-Glucose	2 Mol	3.5	rot	Gartenpetunie[17]
Malvin	Malvidin (3′.5′-Di-methoxy-pelargonidin)	D-Glucose	2 Mol	3.5	violett	wilde Malve[18]
Negretein	Malvidin (3′.5′-Di-methoxy-pelargonidin)	D-Glucose Isorhodeose	1 Mol 1 Mol	3	rot	violett gefärbte Kartoffelblüten[19, 20, 21]
Primulin	Malvidin (3′.5′-Di-methoxy-pelargonidin)	D-Galaktose	1 Mol	3	violett	Vaccinium-Arten[22]
Hirsutin	Hirsutidin (3′.5′-Di-methoxy-pelargonidin-7-methyläther)	D-Glucose	2 Mol	3.5	rot	Heidelbeere, Trunkelbeere[23]

STÄTTER, R., u. H. MALLISON: Liebigs Ann. Chem. **408**, 147 (1915). — [9] NOLAN, TH. J., u. H. T. M. CASEY: Ref. Chem. Zbl. **1934 II**, 2092 u. 2093. — [10] LUKTON, A., C. O. CICHESTER u. G. MCKINNEY: Nature (Lond.) **176**, 790 (1955); ref. Chem. Abstr. **50**, 4305 (1956). — [11] LI, K. C., u. A. C. WAGENKNECHT: J. amer. chem. Soc. **78**, 979 (1956). — [12] WILLSTÄTTER, R.: Ref. Chem. Zbl. **1914 II**, 1356. — WILLSTÄTTER, R., u. H. MALLISON: Liebigs Ann. Chem. **408**, 15 (1915). — [13] WILLSTÄTTER, R., u. F. WEIL: Liebigs Ann. Chem. **412**, 231 (1917). — [14] REYNOLDS, T. M., R. ROBINSON u. R. SCOTT-MONCRIEFF: J. chem. Soc. **1934**, 1235. — [15] WILL-

STÄTTER, R., u. W. MIEG: Liebigs Ann. Chem. **408**, 61 (1915); ref. Chem. Zbl. **1914 II**, 1356. — [16] WILLSTÄTTER, R., u. TH. J. NOLAN: Liebigs Ann. Chem. **408**, 136 (1915). — [17] WILLSTÄTTER, R., u. CH. L. BURDICK: Liebigs Ann. Chem. **412**, 217 (1917). — [18] WILLSTÄTTER, R., u. W. MIEG: Liebigs Ann. Chem. **408**, 122 (1915). — [19] CHIMIELEWSKA, I.: Ref. Chem. Zbl. **1936 I**, 2361. — [20] CHIMIELEWSKA, I.: Roczniki Chem. **13**, 725 (1933); ref. Chem. Zbl. **1936 I**, 2361. — [21] ROBINSON, G. M., u. R. ROBINSON: Biochem. J. **28**, 1712 (1934). — [22] HAYASHI, K.: Ref. Chem. Abstr. **43**, 8450 (1949). — [23] KARRER, P., u. R. WIDMER: Helv. chim. Acta **10**, 758 (1927).

6. Lignan-Glykoside

(Sammelref.: H. ERDTMAN 1955)

Lignan-Glykoside kommen hauptsächlich in Podophyllum-Arten (Berberitze, Forsythie u. a.) vor. Sie finden sich in allen Pflanzenteilen. Besonders reichlich aber in den Rhizomen der Pflanzen. Einige dieser Glykoside haben ein gewisses pharmakologisches Interesse, da sie als Abführmittel ,,Podophyllen“ geeignet sind.

Die Aglykone, die Lignane, besitzen einen komplizierten Aufbau. Sie leiten sich von einem 2.3-substituierten 1.4-Diphenyl-butan ab, welches offenkettig oder als Ringsystem vorliegen kann. Dieses ist mit 1–2 Tetrahydrofuranringen oder einem Sechsring verknüpft. Die Aglykone kommen häufig in freier Form oder als einfache β-D-Glucoside vor.

Durch β-Glucosidasen (Emulsin) werden sie in D-Glucose und das betreffende Lignan überführt.

Die folgende Formel erläutert als Beispiel den Aufbau einiger dieser Glucoside.

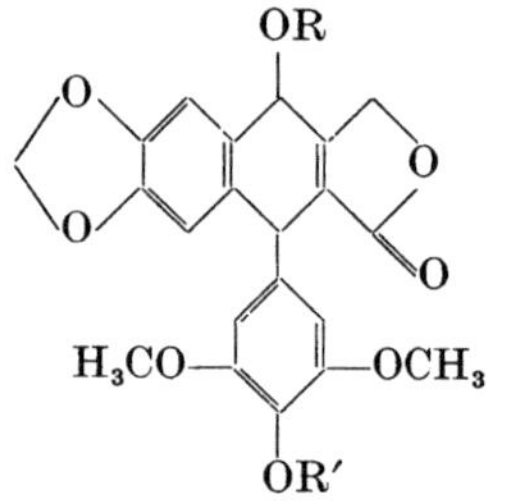

I R = β-D-Gluc R′ = CH_3	Podophyllotoxin-β-D-glucosid	Podophyllum emodi Wall. P. peltatum L.	A. STOLL u. Mitarb. 1954 A. STOLL u. Mitarb. 1954
II R = β-D-Gluc R′ = CH_3 (isomer mit I)	Picropodophyllin-β-D-glucosid (physiol. inaktiv)	Podophyllum emodi Wall.	M. V. NADKARNIU u. Mitarb. 1952, 1953
III R = β-D-Gluc	4-Dimethyl-podo-phyllo-toxin-β-D-glucosid	Podophyllum emodi Wall.	A. STOLL u. Mitarb. 1954

7. Anthra- und Dianthronglykoside

(Sammelref.: W. SCHMID 1955)

Viele Vertreter dieser Stoffklasse sind seit Jahrhunderten bekannt. Einige waren von großer Bedeutung, denn sie dienten in früheren Zeiten zur Herstellung des Alizarins (Crapprot) und andere waren als Abführmittel sehr geschätzt (Emodin-Drogen). Besonders häufig findet man sie in der Familie der Polygonaceen (Rheum-, Rumex- und Polygonium-Arten), Rhaunaceen und Liliaceen. Das Vorkommen ist nicht nur auf das Pflanzenreich beschränkt. Auch aus Flechten und Pilzen und sogar aus Insekten der Coccionella-Arten können sie isoliert werden.

Die *Aglykone* dieser Glykoside leiten sich vom Anthrachinon, von seinem Reduktionsprodukt, dem Anthron bzw. Anthranol und ferner in selteneren Fällen vom Dianthron ab.

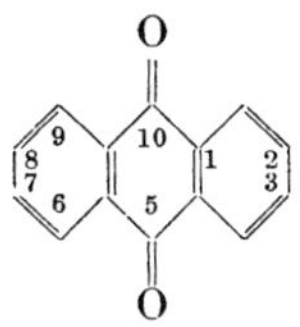

Anthrachinon

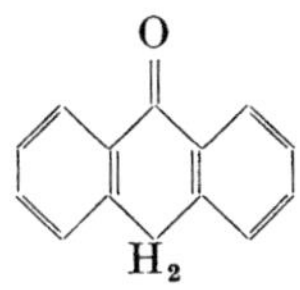

Anthron

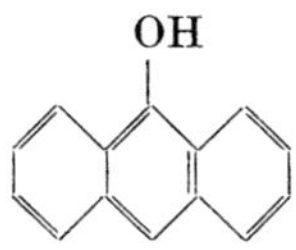

Anthranol

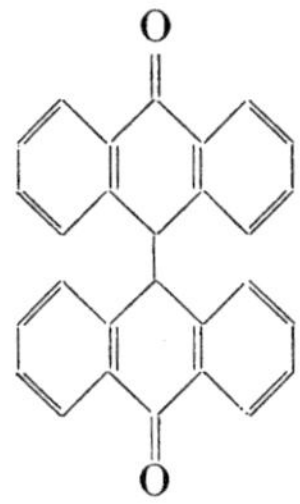

Dianthron

An diesen Grundgerüsten befinden sich in verschiedener Zahl und Stellung Hydroxylgruppen. An einer greift, sehr häufig am C_8 oder C_3, die Zuckerkomponente an. Auch eine Methyl-, Hydroxyalkyl- oder Carboxylgruppe kann als Seitenkette vorhanden sein.

In den jungen, frischen Pflanzen kommen bevorzugt die Glykoside der Anthrone bzw. Anthranole vor (vgl. M. Bridel u. C. Charaux 1930a u. b), W. Schmid 1951, 1955). Sie sind aber mehr oder weniger recht oxydabel. Einige werden schon durch Luftsauerstoff oxydiert.

Als *Kohlenhydratkomponente* kommen Mono- und Disaccharide vor. Bisher wurden D-Glucose, L-Arabinose und L-Rhamnose und das Disaccharid Primverose (β-D-Xyl 1 → 6 D-Gluc) isoliert. Durch Säuren oder Enzyme, die z. T. ebenfalls aus den Stammpflanzen isoliert werden können, ist eine Spaltung der Glykoside in der üblichen Weise möglich.

Beispiele

Ruberythrinsäure. Dieses wichtige, gelbgefärbte Glykosid (R. Hill u. D. Richter 1936) ist ein Alizarin-3-β-D-primverosid und wurde früher zur Herstellung des wertvollen Farbstoffs aus der Krappwurzel (Rubia tinctorium) (F. Rochleder 1851) gewonnen.

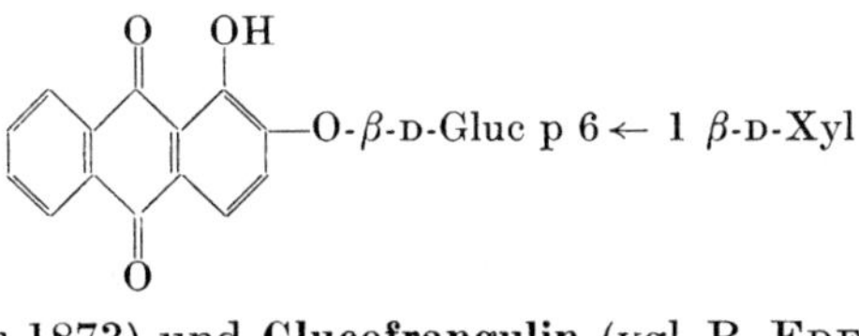

Frangulin (A. Faust 1873) und **Glucofrangulin** (vgl. R. Eder u. B. Siegfried 1939) sind Beispiele für Glykoside, die aus Emodin (2-Methyl-4.6.8-trihydroxy-anthrachinon) und D-Glucose bzw. einer noch nicht näher untersuchten Glucosido-rhamnose aufgebaut sind. Sie dienen therapeutischen Zwecken und kommen in den Wurzeln und Rinden verschiedener Rhamnus-, Rheum- und Rimex-Arten (z. B. Rhabarber und Faulbaum) vor.

Aloine. Aus den eingedickten Säften der Alöe lassen sich Glykoside isolieren, deren Aglykone in der reduzierten Form – als Anthrone – vorliegen. Der Zucker ist D-Arabinose. Sie finden seit altersher als Abführmittel Verwendung.

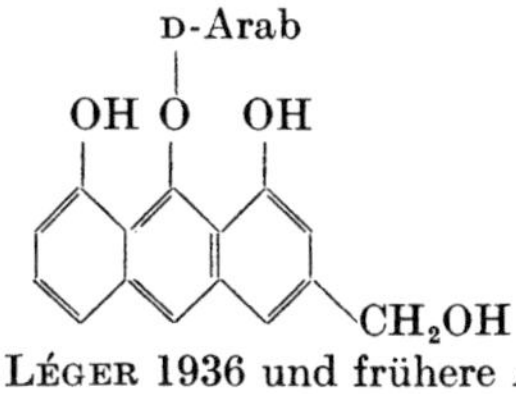

Barbaloin (E. Léger 1936 und frühere Arbeiten)

Sennosid A, B (W. Straub u. E. Gebhardt 1936). Wie die Formel zeigt, sind die Sennoside Dianthron-Derivate (A. Stoll u. Mitarb. 1950). Sie werden durch Extraktion (z. B. von Cassia angustifolia) der Blätter und Hülsen der Sennespflanzen gewonnen.

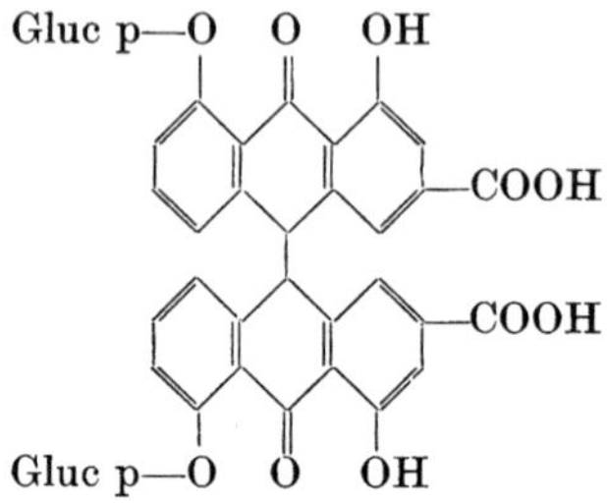

8. Saponine

Saponine sind pflanzliche Glykoside, die durch ihre Oberflächenaktivität, hämolytische Wirkung und ihre Giftigkeit für Fische gekennzeichnet sind. Seit Jahrhunderten schon werden sie für Waschzwecke u. dgl. benutzt. Sie kommen hauptsächlich in der Familie der Liliaceen, Amaryllidaceen, Ivosorcaceen u. a. vor.

Die Reindarstellung gestaltet sich sehr schwierig. Vielfach kennt man nur die Komponenten dieser kompliziert aufgebauten Glykoside.

Der *Kohlenhydrat-Teil* kann aus bis zu sechs Monosaccharidresten bestehen. Durch die saure Hydrolyse der Glykoside wurden D-Glucose, häufig D-Galaktose und auch Xylose, Glucuronsäure und einfachere Desoxyzucker gefunden. Die Reihenfolge der Bausteine und ihre Verknüpfung ist bisher in den meisten Fällen so gut wie unbekannt.

Einteilung. Sehr intensiv sind die Aglykone der Saponine erforscht worden. Sie gehören ihrer Struktur nach entweder zu den Sterinen oder den pentacyclischen Triterpenen. Demgemäß teilt man die Saponine in diese beiden Gruppen ein.

Die andere – weniger korrekte – gebräuchliche Einteilung in saure und neutrale Saponine umfaßt im wesentlichen die gleichen Vertreter, da nur die Triterpen-Saponine bis auf wenige Ausnahmen am Aglykon oder am Kohlenhydrat-Teil (Glucuronsäure) eine Carboxylgruppe tragen und somit saure Eigenschaften besitzen.

Die *Aglykone der Steroid-Saponine* (neutrale Saponine) haben einen charakteristischen komplizierten Aufbau. Die Strukturaufklärung, insbesondere die der Seitenkette, war außerordentlich schwierig. Die Seitenkette besitzt nämlich eine ungewöhnliche Spiranstruktur. Deshalb bezeichnet man diese Aglykone auch als Spirostanole.

Das folgende Bild zeigt als Beispiel für eines der am einfachsten gebauten Aglykone die Struktur des **Tigogenins.**

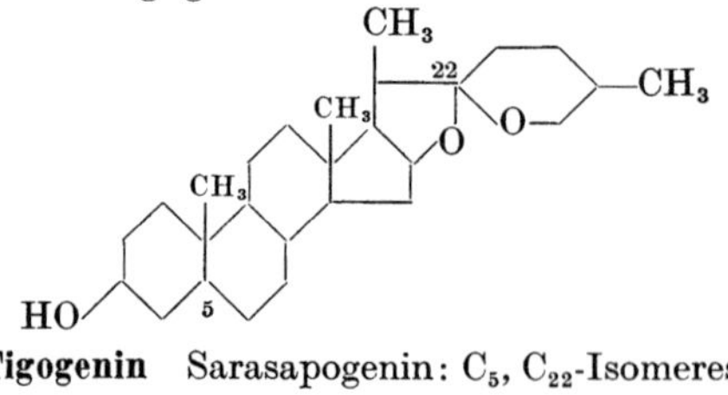

Tigogenin Sarasapogenin: C_5, C_{22}-Isomeres

Die Sapogenine der zweiten Gruppe sind *pentacyclische Triterpene*. Wie die Angabe der punktierten Linien verdeutlicht, ist das Molekül aus sechs Isoprenresten aufgebaut. Die Aglykone leiten sich von zwei Grundtypen, dem Oleanan oder α-Amyrin und dem Ursan oder β-Amyrin ab.

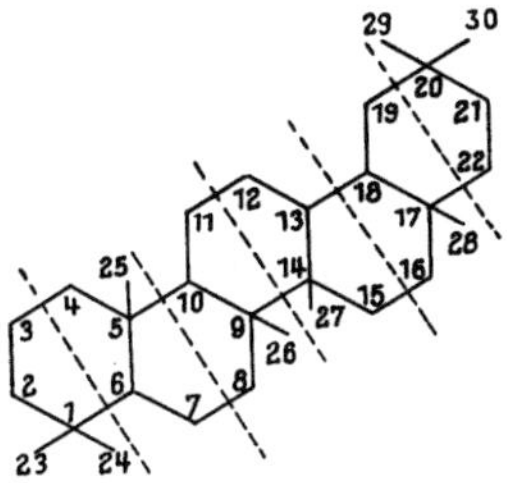

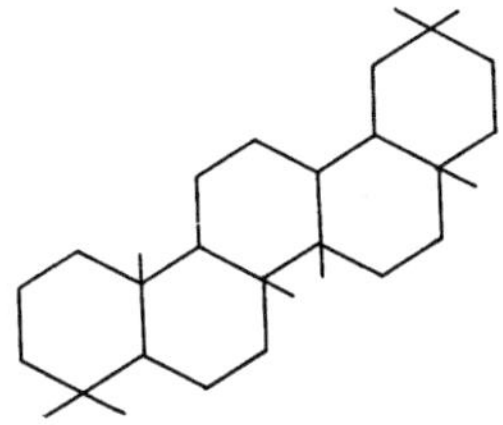

Glykoside

Die weitere Mannigfaltigkeit der Sapogenine ergibt sich aus der Zahl und Stellung verschiedener O-Funktionen, sowie möglicher Kern-Doppelbindungen.

a) Beispiele aus der Reihe der Steroid-Saponine

(H. Lettré, H. H. Inhoffen, R. Tscheche 1954, A. Stoll u. E. Jucker 1955)

Digitonin. Das Digitonin führt seinen Namen nach seinem Vorkommen in Digitalis purpurea, in dem es neben den Herzgiftglykosiden zusammen mit einigen unwesentlicheren Nebensaponinen zu finden ist. Es wurde schon 1875 von Schundeberg in Digitalis-Präparaten nachgewiesen. Es besitzt die besondere Fähigkeit, mit anderen Sterinen, Alkoholen, Phenolen und Thiophenolen mehr oder weniger lösliche Molekülverbindungen zu bilden. Die Digitoninfällung wird zur Abtrennung dieser Verbindungen recht häufig benutzt. Da sie in gewissem Umfang stereospezifisch verläuft, kann sie – allerdings mit größter Vorsicht – auch zu Konstitutionsermittlungen herangezogen werden.

In der folgenden Tabelle sind einige der in ihrem Aufbau bekannten Saponine zusammengefaßt.

Tabelle 2. *Spirostanol-Glykoside*

Entnommen aus: Lettré-Inhoffen-Tscheche, Über die Sterine, Gallensäuren und verwandte Naturstoffe, 1. Bd., S. 212. Stuttgart: Ferdinand Enke-Verlag 1954.

Name	Smp °C	α_D^0	Sapogenin	Zucker	Herkunft
Digitonin[1, 2, 3] $C_{56}H_{92}O_{29}$	235	—54 (Al.)	Digitogenin $C_{27}H_{44}O_5$	2 Gluc 2 Galac 1 Xyl	Digitalis purpurea und digitalis lanata
Gitonin[2] $C_{50}H_{82}O_{23}$	272	—51 (Py.)	Gitogenin $C_{27}H_{44}O_4$	3 Galac 1 Pentose	Digitalis purpurea, lanata und germanica
Tigonin[4] $C_{56}H_{92}O_{27}$	260		Tigogenin $C_{27}H_{44}O_3$	2 Gluc 2 Galac	Digitalis purpurea und Digitalis lanata
Yucconin[5] $C_{50}H_{80}O_{23}$	275—278		Yuccogenin $C_{27}H_{42}O_4$	3 Galac 1 Pentose	Wurzeln von Yucca schottii Engelm.
Amolonin[6] $C_{63}H_{104}O_{31}$		—75,5 (Py.)	Tigogenin	3 Gluc 1 Galac 2 Rham	Chlorogalum pomeridianum Kunth
Dioscin[7]	288	—95 (Al.)	Diosgenin $C_{27}H_{42}O_3$	Rham (?)	Dioscorea Tokoro Makino
Dioscorea-sapotoxin[7]	220		Diosgenin	Gluc Rham	Dioscorea Tokoro Makino
Trillin[8] $C_{33}H_{52}O_8$	271	—103,4 (Dn.)	Diosgenin	1 Gluc	Trillium erectum

Tabelle 2. (Fortsetzung)

Name	Smp °C	α_0^D	Sapogenin	Zucker	Herkunft
Trillarin[8] $C_{39}H_{64}O_{13}$	200		Diosgenin	2 Gluc	Trillium erectum
Sarsasaponin[9] $C_{45}H_{74}O_{17}$	245		Sarsasapogenin $C_{27}H_{44}O_3$	2 Gluc 1 Rham	Radix sarsaparillae und Yucca schottii (Früchte)
Sminolin[5]	235—237		Smilagenin $C_{27}H_{44}O_3$	5 Zucker	Yucca schottii (Blüten), alte Pflanzen v. Agave funkiana u. A. lophantha
Kammonin[5]	310—315		Kammogenin $C_{27}H_{40}O_5$	6 Zucker	Yucca schottii (Blätter)
Nolonin[10]	280—285 (Zers.)		Nologenin $C_{27}H_{44}O_5$	—	Dioscorea mexicana

Literaturzitate

[1] SCHMIEDEBERG, O.: Arch. exp. Path. Pharm. **3**, 16 (1875). — [2] KILIANI, H.: Ber. dtsch. chem. Ges. **23**, 1555 (1890); **24**, 339, 3951 (1891); **43**, 3562 (1910); **49**, 701 (1916); **51**, 1613 (1918). — KILIANI, H., u. E. MERCK: Ber. dtsch. chem. Ges. **34**, 3561 (1901). — KILIANI, H., u. J. SCHWEISSINGER: Ber. dtsch. chem. Ges. **37**, 1215 (1904). — [3] SZÁHLENDER, K.: Arch. Pharm. **274**, 446 (1936). — [4] TSCHECHE, R.: Ber. dtsch. chem. Ges. **69**, 1665 (1936). — [5] MARKER, R. E., u. J. LOPEZ: J. amer. chem. Soc. **69**, 3389 (1947). — [6] JURS, P. C., u. C. R. NOLLER: J. amer. chem. Soc. **58**, 1251 (1936). — [7] TSUKAMATO, T., u. Y. UENO: J. Pharm. Soc. Japan **56**, 802 (1936). — [8] GROVE, D. C., G. L. JENKINS u. M. R. THOMPSON: J. amer. pharm. Assoc. **27**, 457 (1938). — R. E. MARKER u. J. KRUEGER: J. amer. chem. Soc. **62**, 2548, 3349, (1940). — LIEBERMANN, S., F. C. CHANG, M. R. BARUSCH u. C. R. NOLLER: J. amer. chem. Soc. **64**, 2581 (1942). — [9] VAN DER HAAR, A. W.: Recueil Trav. chim. Pays-Bas **48**, 726 (1929). — [10] MARKER, R. E., u. J. LOPEZ: J. amer. chem. Soc. **69**, 2389 (1947).

b) Beispiele aus der Reihe der Triterpen-Saponine

(Sammelref.: M. STEINER u. HOLTZEM 1955)

Oleanon-Derivate. Am häufigsten werden im Pflanzenreich Oleanolsäureglykoside angetroffen. Man findet sie besonders in Araliaceen, aber auch in der Zuckerrübe und anderen Pflanzen. Bisher kennt man zehn verschiedene Oleanolsäuresaponine, die sich durch ihren Zuckerrest unterscheiden.

Das Formelbild zeigt als Beispiel den Aufbau des Zuckerrüben-Saponins (A. W. VAN HAAR 1927b, K. REHORST 1929).

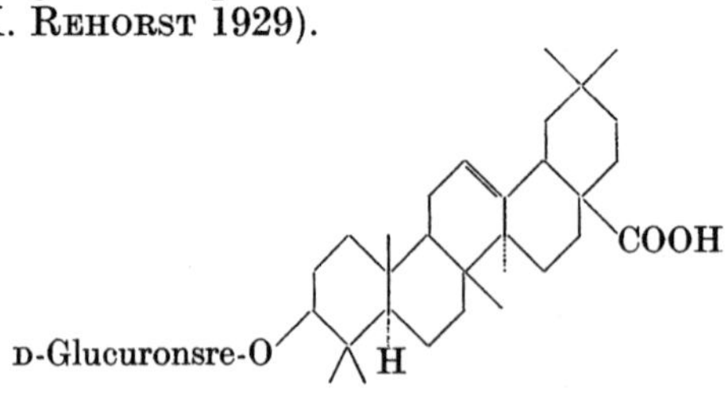

Efeu-Saponin und **Sapindus-Saponin.** Das schon lange bekannte und verwendete Efeu-Saponin stellt ein Gemisch mehrerer Saponine dar. Einige leiten sich vom Hederagenin ab, die als β-, α- und γ-Hederin bezeichnet werden und sich lediglich durch ihre Kohlenhydratkomponente unterscheiden. Am Aufbau sind L-Arabinose, D-Glucose und L-Rhamnose beteiligt (A. W. VAN HAAR 1912).

Vom gleichen Aglykon leitet sich auch das Sapindus-Saponin (A. W. JACOBS 1925), das bekannte Seifennuß-Saponin ab. Es enthält D-Arabinose.

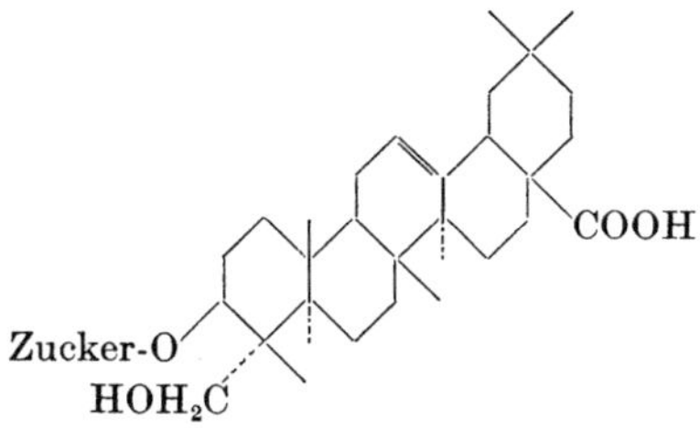

Gypsophilia-Saponin (A. W. VAN HAAR 1927a). Dieses Saponin wird aus der levantinischen Seifenwurzel gewonnen, die ein wichtiges Ausgangsprodukt für die Herstellung technischer Saponine, z. B. des Saponium purum albis von Merck ist.

Die Hydrolyse liefert das Gypsogenin, welches im Gegensatz zum α-Hederin lediglich anstelle der am C_{23} oder C_{24} sitzenden CH_2OH-Gruppe eine Aldehydgruppe trägt. Die Kohlenhydratkomponente ist aus L-Arabinose, L-Rhamnose, D-Glucose und D-Galaktose zusammengesetzt.

Glycyrrhizin (P. KARRER u. Mitarb. 1921). Ein weiteres, wichtiges Saponin ist das Glycyrrhizin. Es ist der Süßstoff der Süßholzwurzel, die zur Herstellung von Lakritz und zum Süßen von Arzneimitteln, alkoholischen Getränken u. a. verwendet wird.

Das Saponin ist aus der Glycyrrhetinsäure und zwei Molen D-Glucuronsäure aufgebaut. In der Pflanze liegt es als Kalium- oder Calciumsalz vor.

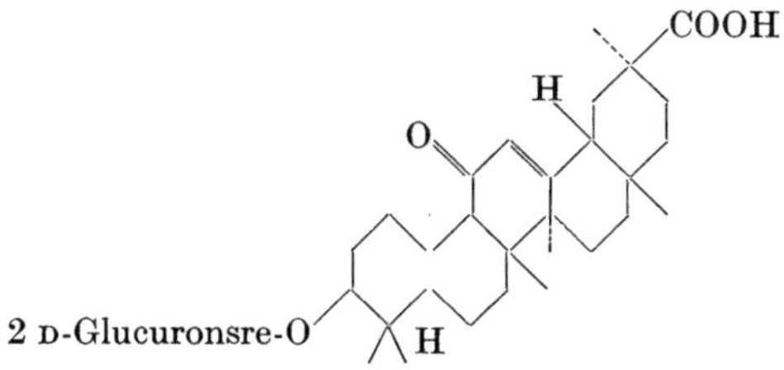

Glycyrrhizin

Sojabohnen-Saponine (E. OCHIAI u. Mitarb. 1937). Die Samen der Sojabohne enthalten ein Saponingemisch, welches nach der Hydrolyse vier verschiedene Aglykone liefert, die als Soja-Sapogenol A, B, C und D bezeichnet werden. Die Struktur der Aglykone ist noch nicht in allen Einzelheiten bekannt, und auch über die Kohlenhydrate liegen noch keine Kenntnisse vor.

Ursan-Derivate, z. B. **Äscin** (L. KOFLER 1927; Sammelreferat). Dieses Saponin kommt in den Samen der Roßkastanie Äsculus hippocastanum L. vor und dient ebenso wie das Efeu-Saponin seit Jahrhunderten als Waschmittel.

Über die Struktur des kompliziert aufgebauten Aglykons bestehen noch Unklarheiten. An Zuckern wurden zwei Mole D-Glucose und 1 Mol D-Glucuronsäure ermittelt (RUZICKA u. Mitarb. 1949).

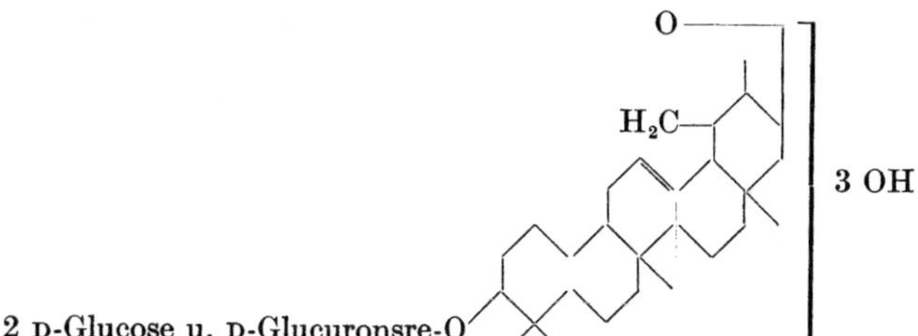

α-Chinovin, β-Chinovin. Diese Saponine sind die sauren Bitterstoffe der Chinarinden (C. Liebermann u. F. Giesel 1883). Die Hydrolyse liefert die Chinovasäure und als Zucker die sehr selten vorkommende Chinovose (6-Desoxy-D-glucose).

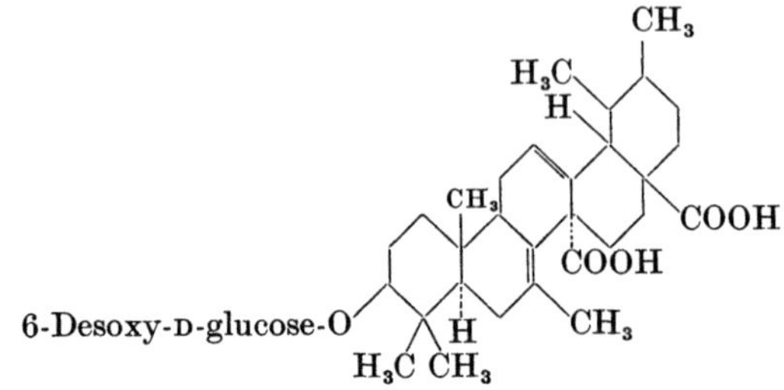

Anm.: Die Urolsäure kommt weit verbreitet vor, jedoch nicht als Glykosid. Hauptsächliches Vorkommen sind die Wachsüberzüge der Früchte der Rosenholzgewächse.

9. Herzaktive Glykoside

(Sammelref.: A. Stoll u. E. Jucker 1955, Chr. Tamm a) 1956, b) 1957, T. Reichstein u. E. Weiss 1962)

Hauptsächlich in den Digitalis- und Strophantus-Arten kommen Glykoside vor, die außerordentlich starke Herzgifte sind. Die allbekannte Giftigkeit des Maiglöckchens oder des Fingerhuts ist auf solche Glykoside zurückzuführen. Therapeutisch werden sie bei angemessener Dosierung zur Herzanregung verwendet. Die herzaktiven Glykoside sind Steroidglykoside von Tri- oder Tetrasacchariden. Sie sind nach folgendem Schema aufgebaut, wobei Z ein spezifischer Zucker bedeutet.

1. Aglykon-Z_{1-3}-D-$Gluc_{1-2}$
2. Aglykon-Z_{1-3}
3. Aglykon-D-$Gluc_{1-2}$.

Dieser spezielle Zucker ist in der Regel einer der eingangs erwähnten seltenen oder sonst gar nicht in der Natur anzutreffenden Desoxyzucker (vgl. Tab. 3). Als Sonderfall wird in den Herzgiften aus Calotropis procera an Stelle eines Zuckers Methylreduktinsäure (I) oder Hydroxymethylreduktinsäure (II) angetroffen.

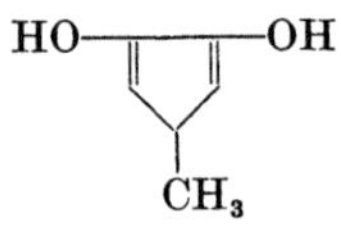

(I)

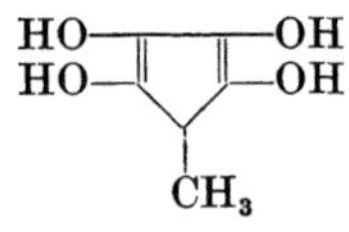

(II)

Die Reihenfolge der Zuckerbausteine ist für die Herzgiftglykoside charakteristisch. Sofern Desoxyzucker am Aufbau beteiligt sind, stehen sie gesammelt unmittelbar am Aglykon.

Die Gewinnung der genuinen Glykoside ist außerordentlich schwierig, da die Pflanzen gleichzeitig die sie spaltenden Enzyme enthalten. Diese bauen die Oligosaccharid-Komponente Schritt für Schritt vom Kettenende her ab. Lediglich die Aglykon-Zucker-Bindung ist stabil. Die Aufarbeitung der Pflanzenextrakte muß daher unter besonders schonenden Bedingungen durchgeführt werden, da sonst nur die niederen Glieder der genuinen Glykoside gefaßt werden. Mit Hilfe dieser spezifisch verlaufenden Hydrolyse kann andererseits vielfach die Reihenfolge der Zuckerbausteine ermittelt werden.

Die *Aglykone* der herzaktiven Glykoside gehören zu den Steroiden. Strukturell und sterisch stehen sie bis auf die cis-Verknüpfung der Ringe C und D den Gallensäuren nahe. Stets tragen sie an C_3 und C_{14} eine Hydroxylgruppe. Über die erstere erfolgt die Verknüpfung mit der Kohlenhydrat-Komponente.

Die Aglykone besitzen ein spezifisches Merkmal: An Stelle der Seitenkette tragen sie am C_{17} einen ungesättigten Lactonring. Je nach dem Bau dieses Ringes unterscheidet man zwei Grundtypen:

Der Digitalis- oder Strophantus-Typ (Sammelbezeichnung Cardenolide) trägt einen α-β-ungesättigten Lactonring. Außer den erwähnten Hydroxygruppen am C_3 und C_{14} können weitere Sauerstoffunktionen in verschiedener Zahl und Stellung, evtl. auch eine zusätzliche Kern-Doppelbindung, vorhanden sein.

Die folgende Formel zeigt als Beispiel das Digitoxigenin, eins der am häufigsten anzutreffenden Aglykone

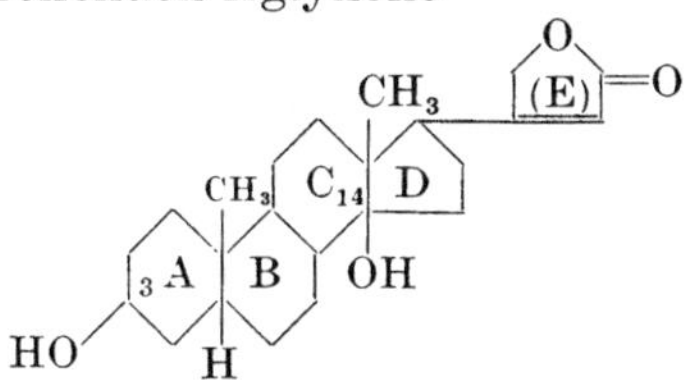

Digitoxigenin
(Digitalis-Strophantus-Typ)

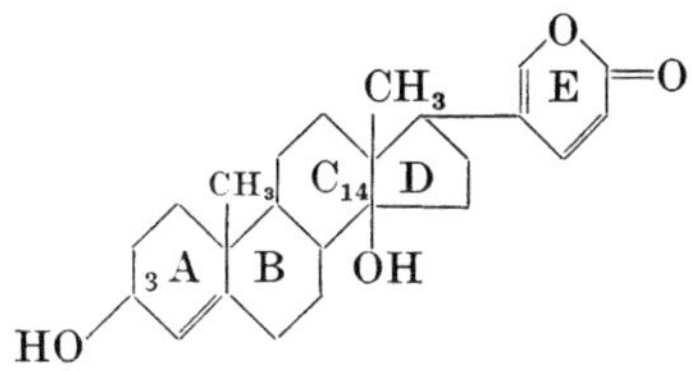

Scillarenin
(Scilla- oder Bufo-Typ)

Der Scilla- oder Bufo-Typ (Bufadienolide) besitzt einen zweifach ungesättigten δ-Lactonring (α-Pyronring). Unter den Bedingungen der sauren Hydrolyse der Glykoside spaltet des Scillarein sehr leicht Wasser ab unter Ausbildung einer 2.3-Doppelbindung.

Der Scilla-Typ wird übrigens nicht nur in Herzgiftglykosiden pflanzlichen Ursprungs, sondern auch in den außerordentlich stark giftigen Krötensekreten angetroffen.

a) Beispiele aus der Digitalis-Strophantus-Reihe

α) Die Glykoside aus Digitalis lanata und Digitalis purpurea

Unter besonders schonenden Bedingungen wurden aus diesen Pflanzen, hauptsächlich von Stoll u. Mitarb. die genuinen Glykoside gewonnen, die ihrer Struktur nach sämtlich dem Typ 1) angehören. Alle leiten sich von einem Trisaccharid ab, das aus 3 Molen Digitoxose und 1 Mol D-Glucose in der Reihenfolge:

Digitoxose – Digitoxose – Digitoxose – D-Glucose

aufgebaut ist.

Die Aglykone sind das schon erwähnte, besonders häufig anzutreffende Digitoxigenin (Formel siehe oben) und das Gitoxin und Digoxigenin, die lediglich beide eine Hydroxylgruppe mehr als das Digitoxigenin besitzen.

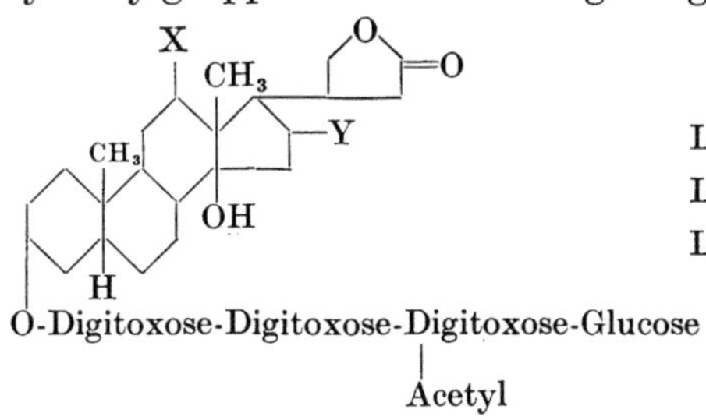

Lanatosid A: X = H, Y = H
Lanatosid B: X = H, Y = OH
Lanatosid C: X = OH, Y = H

Interessant ist, daß sämtliche genuinen Glykoside aus Digitalis lanata, nicht aber die aus Digitalis purpurea, am dritten Digitoxose-Rest eine Acetylgruppe besitzen.

Durch vorsichtige Verseifung können diese entfernt und somit die Glykoside aus Digitalis lanata in die aus Digitalis purpurea übergeführt werden.

Die Blätter dieser Pflanzen enthalten außerdem Enzyme, die nach dem erwähnten bestimmten Prinzip von den Tetrasaccharid-Glykosiden den endständigen Glucose-Rest abspalten. Auf diese Weise und durch partielle Hydrolyse auf chemischem Wege sind die Tetrasaccharid-Glykoside in die niederen Glieder dieser Glykosid-Reihen übergeführt worden. Wie die Übersicht über die verschiedenen Spaltungsmöglichkeiten des Lanatosids A zeigt, wird dabei auch das Digitoxin, das am längsten bekannte Herzgiftglykosid, erhalten.

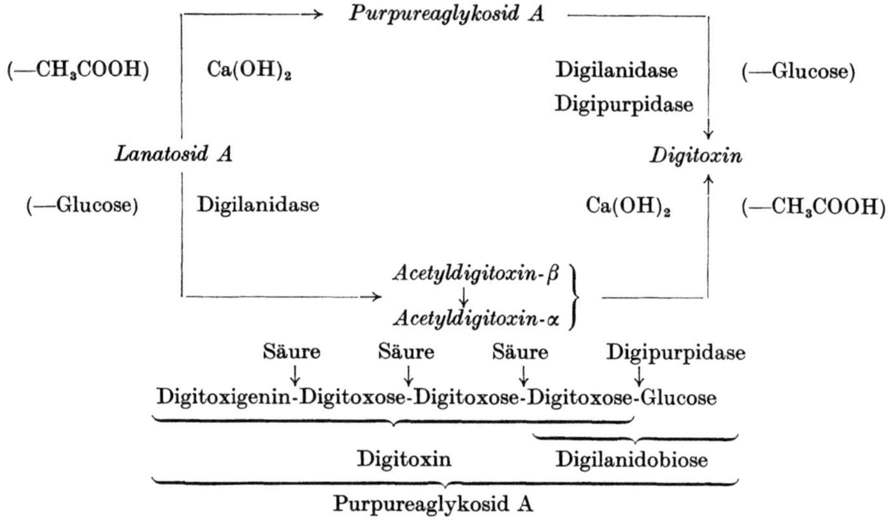

β) Die Glykoside der Strophantus-Arten

Hauptsächlich in den Samen von Strophantus-Arten kommen Glykoside vor, die als Aglykon das Strophanthidin besitzen. Das genuine Glykosid dieser Reihe ist das k-Strophantosid, welches seiner Struktur nach ebenfalls dem Typ 1 angehört. Am Aufbau der Trisaccharid-Komponente ist die Cymarose beteiligt. Durch die Einwirkung spezieller Enzyme kann das Glykosid stufenweise abgebaut werden. Da diese Prozesse sich z. T. auch in den Pflanzen oder bei der Aufarbeitung abspielen, können die niederen Glieder auch vielfach direkt isoliert werden. Die folgende Übersicht zeigt die Zusammenhänge.

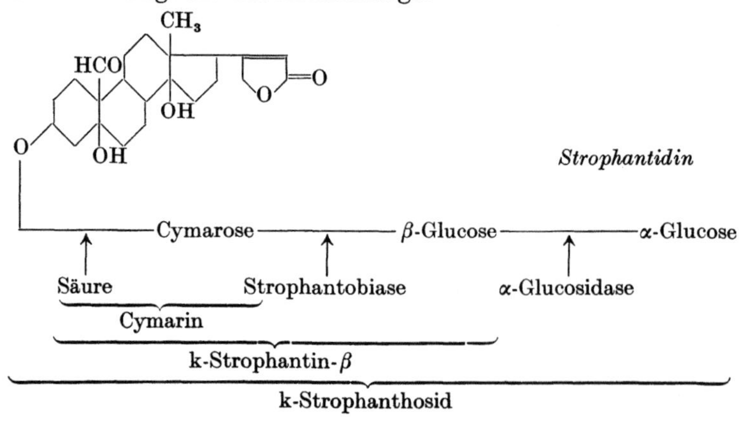

γ) Einige Herzgifte aus Oleander-Arten

Besonders mannigfaltig sind die Herzgifte der Oleander-Arten aufgebaut. Vielfach sind diese Glykoside die einzige natürliche Quelle ungewöhnlicher Desoxyzucker. Ihre Aglykone gehören dem Digitalis-Strophantus-Typ an.

Thevetin wurde zuerst von K. K. CHEN und A. L. CHEN 1934 aus den Samen des gelben Oleander Thevetia neriifolia isoliert. Das Aglykon ist Digitoxigenin; die Zuckerkomponente ist aus Gentiobiose und 6-Desoxy-3-methyl-L-glucose zusammengesetzt.

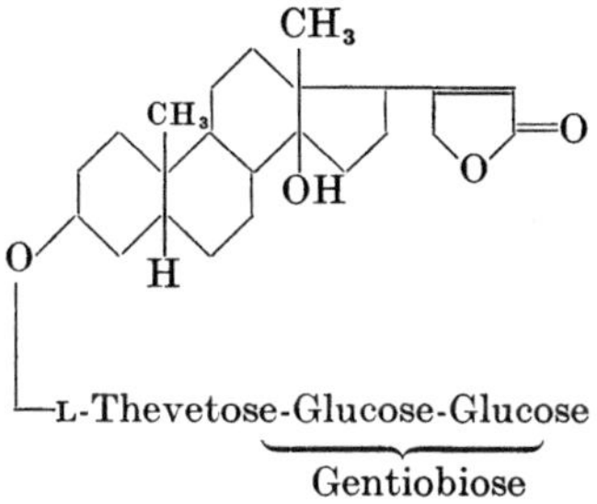

Thevetin

Nach seinem Vorkommen in diesem Glykosid erhielt dieser Desoxyzucker die Bezeichnung L-Thevetose. Mit Hilfe der Strophantobiase ist unter Abspaltung von 1 Mol D-Glucose eine Überführung des Thevetins in das Thevebiosid möglich. Das Neriifolin, welches auch aus der Pflanze isoliert werden kann, ist das völlig glucosefreie Glykosid dieser Reihe.

Im **Odorosid A und B** aus Nerium odorum Sol., dem wohlriechenden Oleander, findet man Digitoxigenin gebunden an D-Diginose, daneben den gleichen Zucker mit Ucarigenin verknüpft (Ucarigenin ist das 5-allo-Digitoxigenin).

Oleandrin ist das Hauptglykosid aus Nerium oleander (R. TSCHECHE 1937). Sein Aglykon wurde als C_{16}-Acetyl-gitoxigenin erkannt. Bei der sauren Hydrolyse des Oleandrins wird 1 Mol eines ungewöhnlichen Desoxyzuckers frei, dessen Synthese und Konfigurationsermittlung von F. BLINDENBACHER und TH. REICHSTEIN (1948) durchgeführt wurde. Die L-Oleandrose ist eine 2.6-Bis-desoxy-3-methyl-L-glucose.

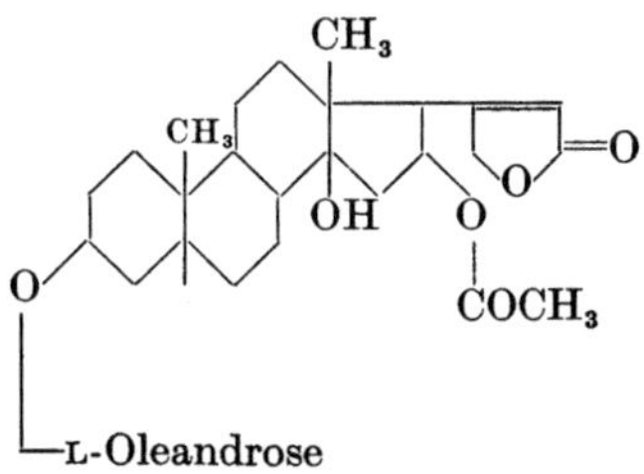

Convallatoxin. Dieses bekannte Herzgiftglykosid kommt in den Blüten und Blättern des Maiglöckchens vor. Es ist das Strophantidin-β-L-rhamnosid. In den Samen des Maiglöckchens findet sich auch die um einen Glucose-Rest reichere Verbindung, die die Bezeichnung *Convallosid* führt.

b) Beispiele aus der Bufadienolid-Reihe

Glykoside aus der weißen und roten Meerzwiebel

Die *weißen Meerzwiebeln* enthalten ein kompliziert zusammengesetztes Gemisch herzaktiver Glykoside, von denen einige durch mühevolle Verfahren in reiner Form gewonnen werden konnten (A. STOLL u. Mitarb. 1963). Die meisten leiten sich vom Scillarenin ab (Formel vgl. S. 531). Das Stammglykosid dieser Reihe ist – soweit bekannt – das Glucoscillaren. Seine Kohlenhydratkomponente ist ein Trisaccharid, welches aus L-Rhamnose und zwei Molen D-Glucose aufgebaut ist.

Glucoscillaren: Scillarenin — L-Rhamnose — D-Glucose — D-Glucose

Scillaren A

Proscillaridin

Dieses Glykosid konnte durch Verteilungschromatographie in reiner Form erhalten werden (A. Stoll u. W. Kreis 1951). Leichter zugänglich ist das Scillaren A, die um einen Glucoserest ärmere Verbindung.

Die enzymatische Spaltung mit *Scillarenase* führt zu dem um einen weiteren Glucoserest ärmeren Produkt, dem *Proscillaredin A*.

Über die Struktur der Glykoside der *roten Meerzwiebel* ist weniger bekannt. Bemerkenswert aber sind die physiologischen Eigenschaften. Nur die Glykoside der roten Meerzwiebeln sind starke Rattengifte.

Seit altersher werden Meerzwiebelpräparate der roten Varietät als Rattengifte verwendet. Diese spezielle Toxicität ist – soweit bekannt – im wesentlichen auf das *Scillirosid* (A. Stoll u. J. Renz 1942), das Hauptglykosid der roten Meerzwiebel zurückzuführen.

Ein weiteres Herzgift des Bufo-Typs ist das *Hellebrin* der Christrose (Helleborus niger). Es wurde von W. Karrer (1943) aus dem Rhizom der Pflanze isoliert und besitzt die folgende Konstitutionsformel.

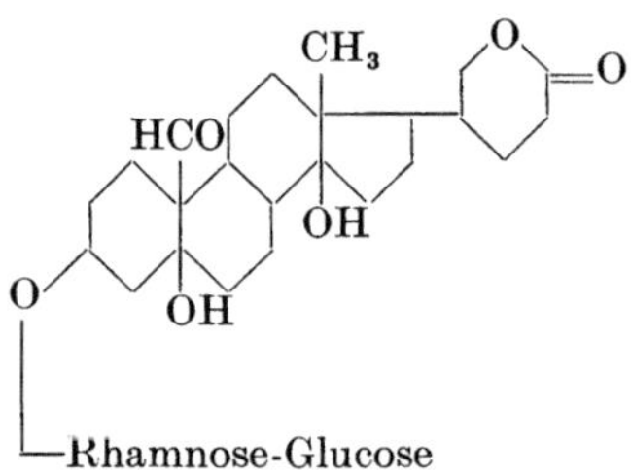

Hellebrin

10. Solanum- und Veratrum-Glykoside

Wie der Name besagt, kommen die Glykoside dieser Stoffklasse in Solanum- und Veratrum-Arten vor. Die Beeren der Nachtschatten-Arten, die grünen Teile der Kartoffeln und Tomaten und die Rhizome des weißen und schwarzen Germer (Veratrum-Art) sind geeignete Ausgangsprodukte.

Wie die Herzgift-Glykoside zeigen die Solanum-Aglykone im Aufbau der Kohlenhydratkomponente eine Besonderheit. Während die ersteren durch ihren Gehalt an sonst in der Natur gar nicht oder sehr selten anzutreffendem Desoxyzucker ausgezeichnet sind, unterscheiden sich die Oligosaccharide der Solanum-Arten in der Verknüpfungsweise ihrer Bausteine. Sie gehören dem sehr seltenen verzweigten Typ an (vgl. S. 435).

Beispiele

Solanin. Das Solanin ist am längsten bekannt (Desfosses 1822). Es findet sich weit verbreitet in den oben angeführten Solanum-Arten. Früher besaß es ein gewisses pharmakologisches Interesse zur Bekämpfung von Asthma und Epilepsie. Wie die Formel zeigt, ist es ein Trisaccharid des *Solanidins*.

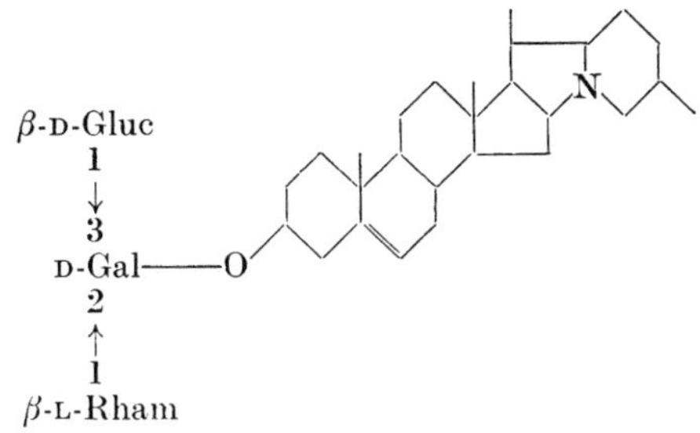

Bei der sauren Hydrolyse werden die Bausteine: das Aglykon, L-Rhamnose, D-Glucose und D-Galaktose erhalten. Unter bestimmten Bedingungen ist auch eine Zerlegung in das Disaccharid-Glykosid und L-Rhamnose oder auch in das Aglykon und das intakte Trisaccharid, die Solatriose, möglich (W. KUHN u. Mitarb. 1955).

Die Solatriose findet sich auch in anderen Solanum-Glykosiden, z. B. im *Solasonin* und *Solauricin*. Die um einen L-Rhamnose-Rest verlängerte *Solatriose* kommt ebenfalls gebunden an *Solasodin* vor (H. BLOOM u. L. H. BRIGGS 1952).

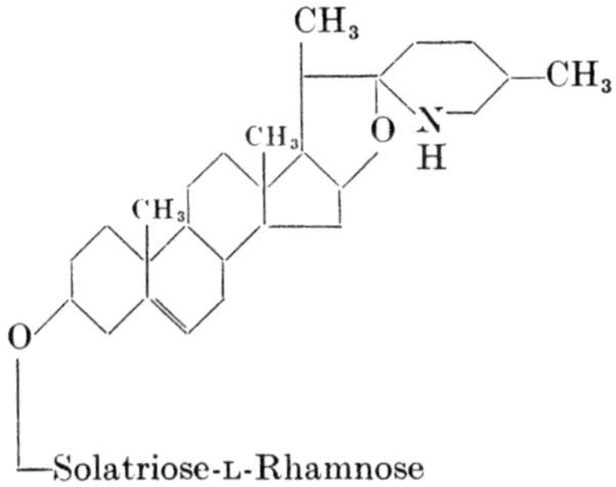

Das Tomatin (R. KUHN u. Mitarb. 1950, R. KUHN u. I. LÖW 1953) und das **Demissin** (R. KUHN u. I. LÖW 1947) sind zwei bedeutungsvolle Solanumglykoside, weil sie Gifte für die Kartoffelkäferlarve sind. Das Tomatin ist zusätzlich wirksam gegenüber pflanzlichen und tierphathologischen Pilzen.

Die Blätter einer in Mexiko beheimateten Kartoffelpflanze Solanum demissum und einige andere Wildkartoffelarten werden von der Kartoffelkäferlarve nicht gefressen. Alle diese Pflanzen enthalten Demissiin als Schutzstoff. Werden unsere Kulturkartoffelpflanzen mit einem Demissin-haltigen Extrakt übersprüht, werden sie ebenfalls nicht befallen.

Die besondere biologische Wirksamkeit dieser beiden Glykoside ist sehr wahrscheinlich nicht auf das Aglykon, sondern auf die ähnlich – oder gleich gebaute Tetrasaccharidkomponente zurückzuführen.

Das Tomatin-Aglykon ist das *5-α-Dihydro-solasodin*, das des Demissins das *5-α-Dihydro-solanidin*.

Das Tetrasaccharid ist aus je 1 Mol Xylose und D-Galaktose und 2 Molen D-Glucose aufgebaut. Für das Tomatin konnte die Reihenfolge der Bausteine ermittelt werden.

Aglykon – D-Gal – D-Gluc – D-Gluc – Xyl

Veratrum-Glykoside

Den Solanum-Glykosiden verwandt sind die Glykoside der Veratrum-Alkaloide. Sie besitzen ebenfalls ein Steroidgerüst, jedoch ist die Seitenkette viel weitgehender abgewandelt. Diese Aglykone kommen in einfachster Form gebunden an 1 Mol D-Glucose oder auch in freier Form vor. Die Formel zeigt als Beispiel den Aufbau des Veratrosins aus Veratrum eschscholtzii (K. Saito 1940).

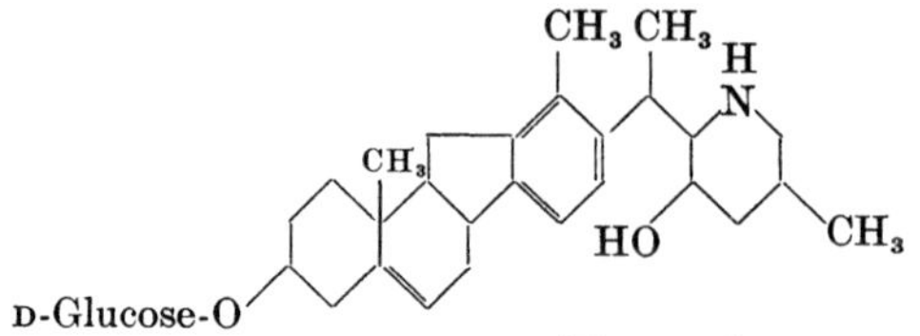

Veratrosin

11. Cyanogene Glykoside

Cyanogene Glykoside finden sich hauptsächlich in Rosaceen und Leguminosen. Sie besitzen die allgemeine Formel

R′ (H)
|
R—C—CN
|
O-Zuckerrest

Durch saure Hydrolyse werden sie in ihre Komponenten zerlegt. Man erhält einen Aldehyd oder ein Keton, Blausäure und ein oder zwei Mol Zucker. Auf enzymatischem Wege kann eine partielle oder vollständige Spaltung durchgeführt werden.

Die *Kohlenhydratkomponente* der cyanogenen Glykoside ist D-Glucose oder ein Disaccharid, nämlich Gentiobiose (β-D-Gluc $1 \rightarrow 6$ D-Gluc) oder Vicianose (α-L-Arab $1 \rightarrow 6$ D-Gluc).

Die *Aglykone.* Weitaus die meisten Blausäureglykoside leiten sich vom Benzaldehyd, in selteneren Fällen auch von Hydroxy-benzaldehyden ab. Auch ein Keton, z. B. Aceton oder Methyl-äthyl-keton, kann am Aufbau des Glykosids beteiligt sein.

Beispiele

Amygdalin. Der bekannteste Vertreter dieser Stoffklasse ist das Amygdalin, welches in Rosaceen, z. B. in den bitteren Mandeln (Robiquet u. Bourton 1838) und in den Kernen unserer Steinobstgewächse reichlich vorkommt. Der Gehalt der Kernobstbranntwein-Destillate an Blausäure ist auf dieses Glykosid zurückzuführen. Durch Einwirkung von Säuren oder Emulsin wird es in Benzaldehyd, Blausäure und zwei Mole D-Glucose gespalten (F. Wöhler u. J. Liebig 1837). Die Untersuchungen über die enzymatische Hydrolyse des Amygdalins nehmen eine fundamentale Stellung in der Entwicklung der Enzym- bzw. der Fermentchemie ein.

Die weitere Strukturermittlung zeigte, daß das Amygdalin die Formel eines β-D-Gentiobiosyl-D-mandelsäurenitrils besitzt.

CN
|
HC—O β-D-Gluc p $6 \leftarrow 1$ β-D-Gluc p
|
C_6H_5

Prunasin ist das β-D-Glucosyl-D($-$)-mandelsäurenitril. Es findet sich besonders, wie der Name sagt, in Prunusarten. Dieses Glykosid kann auch aus

Amygdalin durch enzymatische Spaltung mit Almond-Emulsin gewonnen werden (E. FISCHER 1895).

Sambunigrin (aus Holunder) ist diastereomer mit Prunasin. Sein Aglykon ist lediglich L(+)-Mandelsäurenitril. In alkalischer Lösung werden Prunasin und Sambunigrin racemisiert.

Prulaurasin (H. HERISSEY 1906) ist die Bezeichnung für das natürlich vorkommende Racemat (β-D-Glucosyl-D.L-mandelsäurenitril). Es kommt in den Blättern des Kirschlorbeer und in Cotoneaster-Arten vor.

Vicianin (G. BERTRAND u. G. WEISWEILER 1910). Auch mit dem Disaccharid Vicianose (α-L-Arab 6→ 1 D-Gluc) verbunden, kommt das Mandelsäurenitril vor. Es findet sich in der Familie der Leguminosen, besonders in Wicken. Es wird in den Pflanzen von einem hydrolysierenden Enzym der Vicianose begleitet, welches das Glykosid in Aglykon und Disaccharid hydrolysiert.

Linamarin. Cyanogene Glykoside, die sich von den genannten Ketonen ableiten, ist z. B. das *Linamarin* (A. JORISSON u. E. HAIRS 1891). Es kommt u. a. im Flachs und in Mahinot-Arten vor.

Das Lotaustralin (H. FINNEMORE u. J. M. COOPER 1938), welches aus Methyläthyl-keton, Blausäure und Glucose aufgebaut ist, konnte aus Lotus-Arten (Name) und weißem Klee isoliert werden.

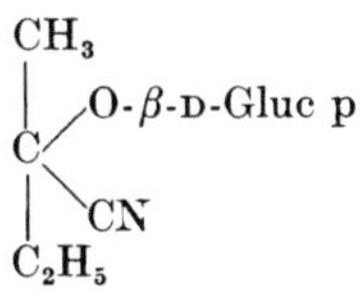

12. Sonstige O-Glykoside verschiedener Aglykone

a) Cerebroside

(Sammelref.: E. KLENK 1955)

Die Cerebroside gehören zu den tierischen Glykosiden, die insbesondere in der Gehirn- und Nervensubstanz vorkommen. Sie sind aus Sphingosin, einer höheren Fettsäure und einem Mol Hexose aufgebaut und entsprechen der allgemeinen Formel

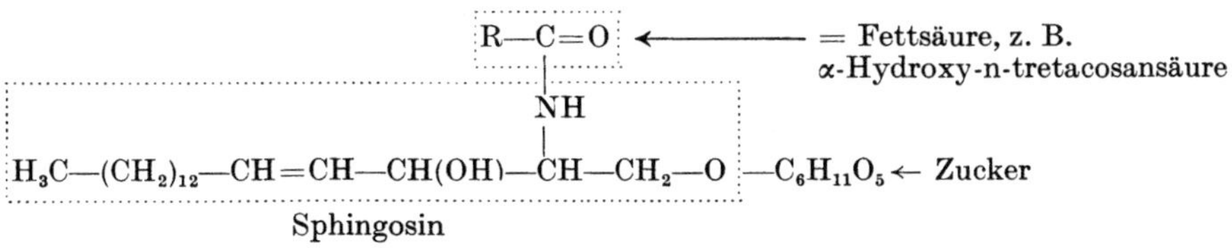

Am besten sind die Cerebroside der Gehirnsubstanz untersucht, die als Zucker ausschließlich D-Galaktose enthalten. Die einzelnen Vertreter, z. B. Cerebron, Nervon und Kerasin unterscheiden sich lediglich durch die Struktur ihrer Fettsäurekomponente. – Unter pathologischen Bedingungen (Gaucher-Krankheit) können in der Leber, Milz und anderen Organen auch D-Gluco-cerebroside auftreten.

Der Aufbau der Cerebroside ergibt sich im wesentlichen aus folgenden Befunden:

1. Durch die saure Hydrolyse werden die drei oben genannten Komponenten erhalten.

2. Durch Hydrolyse im alkalischen Gebiet werden die Cerebroside in die Sphingosin-glykoside übergeführt, da unter diesen Bedingungen lediglich die Säureamidbindung geöffnet wird.

3. Durch die Einwirkung von Emulsin werden die Cerebroside in Zucker und Aglykon gespalten. Dieser Abbau beweist gleichzeitig die β-glykosidische Verknüpfung der Komponenten.

b) Cerebrosulfatide

Nach Untersuchungen von G. BLIX (1933) liegen die Cerebroside im Organismus vielfach in Form ihrer (Galaktose-)Schwefelsäureester vor.

c) Ganglioside

(E. KLENK 1942)

Von den Cerebrosiden als Grundeinheit leiten sich die komplizierter aufgebauten Ganglioside ab. Wie die Formel zeigt, enthalten sie zwei Cerebrosid-Reste, die über eine Oligosaccharidkette von charakteristischem Aufbau miteinander verbunden sind.

Die Oligosaccharid-Komponente enthält u. a. Neuraminsäure (E. KLENK 1941), die den Gangliosiden die besonderen, von den Cerebrosiden abweichenden Eigenschaften verleiht (vgl. S. 537).

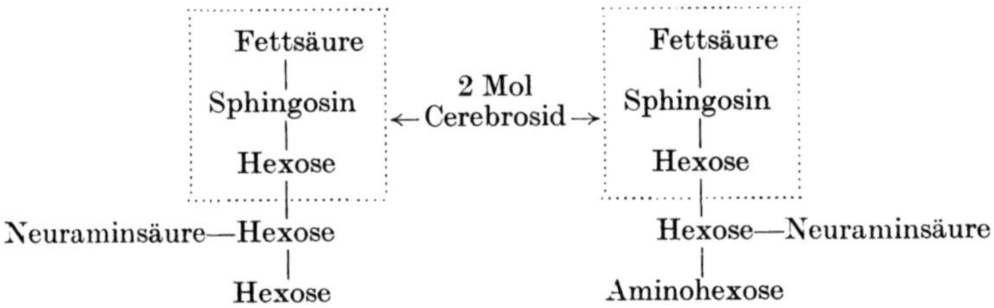

Picrocrocin

Picrocrocin ist der bekannte Bitterstoff des Safrans (KAYSER 1884), in dem es neben dem Crocetin vorkommt.

Crocetin gehört nicht zu den Glykosiden. Es enthält zwei Mole Gentiobiose esterartig gebunden. Es ist ein wohlriechendes, stark gelb gefärbtes Pulver, welches zum Würzen und Färben von Lebensmitteln verwendet wird.

Wie Untersuchungen an Algenarten zeigen, stehen diese beiden Verbindungen in engem Zusammenhang. Ihr Vorläufer ist sehr wahrscheinlich das Procrocin, welches durch Lichteinwirkung in Picrocrocin und Crocin zerfällt.

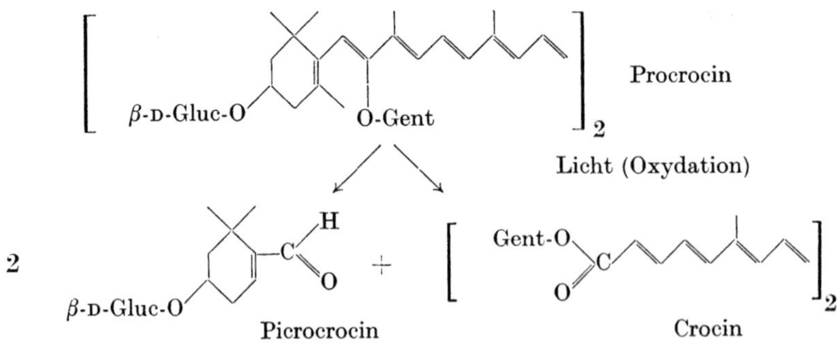

Picrocrocin besitzt eine besondere chemische Eigenschaft. Durch Einwirkung von Säuren – aber auch durch Alkalien – wird es in D-Glucose und Safranal, einen doppelt ungesättigten Aldehyd übergeführt. Enzyme spalten das Glucosid in der üblichen Weise in das Aglykon und D-Glucose.

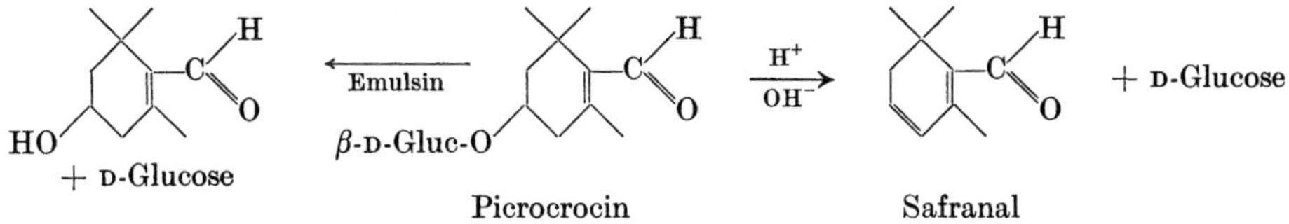

Picrocrocin Safranal

Indican war jahrhundertelang von großer Bedeutung für die Gewinnung des Indigo. Es kommt hauptsächlich im Indigostrauch (Indigofera L.) vor, findet sich aber auch in einer Reihe anderer Pflanzen.

Durch Extraktion der zerquetschten Blätter läßt sich das Glucosid leicht gewinnen. Zur Überführung in den Indigo wird es durch Mikroorganismen in D-Glucose und Indoxyl gespalten. Letzteres wird schon durch den Sauerstoff der Luft zum Indigo-Farbstoff oxydiert.

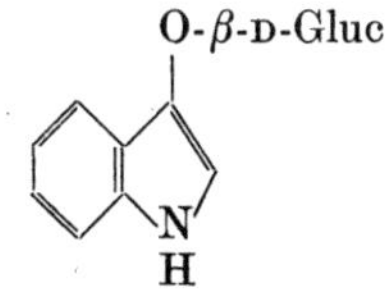

Indican (Indoxyl-β-D-glucosid)

III. N-Glykoside (Glykosyl-amine)

Im allgemeinen Teil ist über den Aufbau, die Synthese, das chemische Verhalten und die Bedeutung dieser wichtigen Stoffklasse ausführlich berichtet worden. Als Ergänzung dazu sind in der folgenden Tabelle wichtige Nucleoside und Nucleotide zusammengestellt.

Tabelle 3. *Einige wichtige Nucleoside und Nucleotide*

Aglykon	Trivialname	systematische Nomenklatur	Vorkommen
Adenin 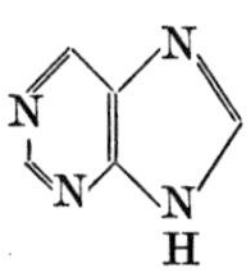	Adenosin	9-[β-D-Ribofuranosyl-] adenin[1, 2, 3]	im Tier- und Pflanzenreich allgemein verbreitet, u. a. in Hefe, Weizenkeimlingen, Coenzymen
	Hefeadenylsäure	Adenosin-3′-phosphorsäure[4, 5]	Hefe, Teeblätter, Tabak-Mosaikvirus
	Muskeladenylsäure	Adenosin-5′-phosphorsäure[6, 7]	Muskelfleisch, Bäcker- und Bierhefe, Penicillinum chrysogenum
	ATP	Adenosin-5′-triphosphorsäure[8, 9]	Muskeln, Bierhefe, Grünalgen, Penicillinum chrysogenum
	Adenindesoxyribosid	9-[β-D-2-Desoxy-ribofuranosyl-]adenin[10, 11]	Thymonucleinsäuren, im Hydrolysat von DNS aus Blättern
	Adenin-thiomethylpentosid	9-[β-D-5′-Desoxy-5′-thiomethyl-ribofuranosyl-] adenin[12, 13]	Hefe

Tabelle 3 (Fortsetzung)

Aglykon	Trivialname	systematische Nomenklatur	Vorkommen
Guanin 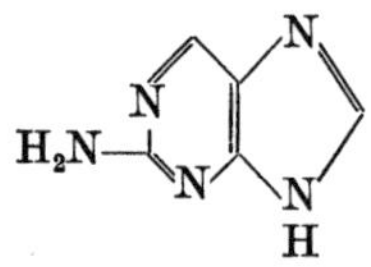	Guanosin (Vernin)	9-[β-D-Ribofuranosyl-] guanin[14, 15]	in Pflanzenkeimlingen (Wicke, Rotklee, Kürbis, Luzerne u. a.), sowie in Melasse u. Mutterkorn
	Guanylsäure	Guanosin-3′-phosphorsäure[16, 17] Guanosin-5′-phosphorsäure Guanosin-5′-diphosphorsäure	Pankreas, Hefenucleinsäure, Pflanzenkeime
	Guanin-desoxyribosid	9-[β-D-2-Desoxy-ribofuranosyl-guanin[18, 19]	Thymonucleinsäure
Cytosin 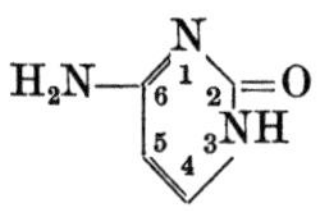	Cytidin	3-[β-D-Ribofuranosyl-] cytosin[20, 21]	Hefenucleinsäure, Weizenkeimlinge
	Cytidylsäure	Cytidin-3′-phosphorsäure[22, 23]	Hefenucleinsäure, Weizenkeimlinge
	Cytidylsäure a	Cytidin-2′-phosphorsäure[24] Cytidin-5′-phosphorsäure Cytidin-5′-diphorphorsäure	Hefenucleinsäure
	Cytidin-desoxyribosid	3-[β-D-2-Desoxy-ribofuranosyl-]cytosin[25, 26]	Thymonucleinsäure, Pflanzenkeimlinge (Erbsen, Roggen, Weizen)
5-Methyl-cytosin 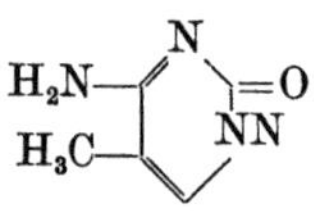	5-Methyl-cytosin-desoxyribosid	3-[β-D-2-Desoxy-ribofuranosyl-]5-methylcytosin[27]	in DNS aus tierischem Material und in Weizenkeimlingen
Thymin 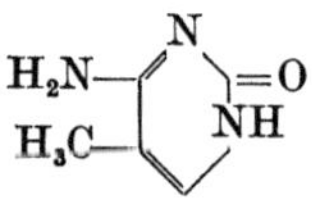	Thymidin (Thymosin)	3-[β-D-2-Desoxy-ribofuranosyl-]thymin[28, 29]	Thymonucleinsäure, Pflanzenkeimlinge (Erbsen, Weizen, Roggen)
Uracil 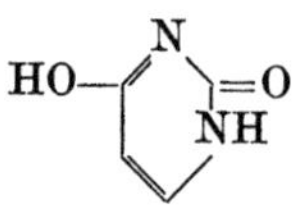	Uridin	3-[β-D-Ribofuranosyl-] uracil[30, 31]	Hefenucleinsäure, Cofermente
	Uridylsäure	Uridin-3′-phosphorsäure[32, 33] Uridin-5′-phosphorsäure Uridin-5′-diphosphorsäure	Hefenucleinsäure
Beispiele für weitere N-Glykoside			
Pyrimidin 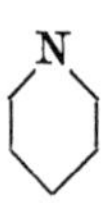	Convicin	3-[β-D-Glucosyl-]4-amino-2.5.6-trioxypyrimidin[34]	Vicia-Arten, verschiedene Wicken-Arten (Puffbohne, Futterwicke)
6-Oxy-purin 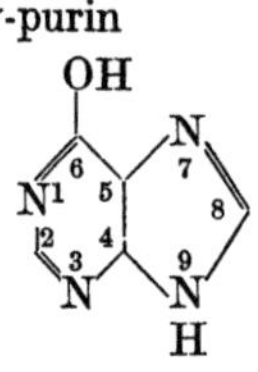	Inosin	9-[β-D-Ribofuranosyl-] 6-oxypurin[35]	Hefe und Zuckerrüben

Tabelle 3 (Fortsetzung)

Aglykon	Trivialname	systematische Nomenklatur	Vorkommen
5.6-Dimethyl-benzimidazol 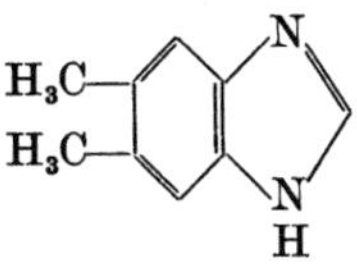	α-Ribazol	9-[D-Ribofuranosyl-] 5.6-dimethyl-benz-imidazol[36]	aus Vitamin B_{12} durch saure Hydrolyse, in Streptomyces aureofaciens u. S. griseus

Literaturzitate

[1] Fischer, E.: Ber. dtsch. chem. Ges. **30**, 555, 549 (1897). — [2] Kossel, A.: Ber. dtsch. chem. Ges. **18**, 79, 1928 (1885); Z. physiol. Chem. **10**, 248 (1886). — [3] Levene, P. A., and A. Tipson: J. biol. Chem. **94**, 809 (1932). — [4] Jones, W., and R. P. Kennedy: Ref. Chem. Zbl. **1919 III**, 20, 575. — [5] Barker, G. R., and J. M. Gulland: J. chem. Soc. (Lond.) **1942**, 231. — [6] Embden, G., u. M. Zimmermann: Z. physiol. Chem. **167**, 137 (1927). — [7] Baddiley, J., and A. R. Todd: J. chem. Soc. (Lond.) **1947**, 648. — [8] Kita, D. A., and W. H. Perterson: J. biol. Chem. **203**, 861 (1953). — [9] Baddiley, J., A. M. Michelson and A. R. Todd: Nature (Lond.) **161**, 761 (1948); ref. Chem. Abstr. **42**, 5855 (1948); J. chem. Soc. (Lond.) **1949**, 582. — [10] Gulland, J. M., and L. F. Story: J. chem. Soc. (Lond.) **1938**, 259. — [11] Thomas, A. J., and H. S. A. Sherratt: Biochem. J. **62**, 1 (1956). — [12] Satoh, K., and M. Makino: Nature (Lond.) **165**, 769 (1950); ref. Chem. Abstr. **44**, 8871 (1950). — [13] Baddiley, J., O. Franth and F. Weygand: Nature (Lond.) **167**, 359 (1951); ref. Chem. Abstr. **45**, 7529 (1951). — Baddiley, J.: J. chem. Soc. (Lond.) **1951**, 1348. — Weygand, F., u. O. Trauth: Ber. dtsch. chem. Ges. **84**, 633 (1951). — [14] Davoll, J., B. Lythgoe, and A. R. Todd: J. chem. Soc. (Lond.) **1948**, 1685. — [15] Gulland, J. M., E. R. Holiday, and T. F. Macrae: J. chem. Soc. (Lond.) **1934**, 1639. — [16] Gulland, J. M., and L. F. Story: J. chem. Soc. (Lond.) **1938**, 692. — [16] Gulland, J. M., and G. I. Hobday: J. chem. Soc. (Lond.) **1940**, 746. — [17] Levene, P. A., and St. A. Harris: J. biol. Chem. **98**, 9 (1932). — [18] Gulland, J. M., and L. F. Story: J. chem. Soc. (Lond.) **1938**, 692. — [19] Levene, P. A., and E. London: J. biol. Chem. **81**, 711 (1929). — [20] Howard, G. A., B. Lythgoe and A. R. Todd: J. chem. Soc. (Lond.) **1947**, 1052. — [21] Bredereck, H., A. Martini u. F. Richter: Ber. dtsch. chem. Ges. **74**, 694 (1941). — [22] Bredereck, H., E. Berger u. J. Ehrenberg: Ber. dtsch. chem. Ges. **73**, 269 (1940). — [23] Loring, H. S., and N. G. Luthy: J. amer. chem. Soc. **73**, 4215 (1951). — [24] Cavalieri, L. F.: J. amer. chem. Soc. **74**, 5804 (1952). — [25] Levene, P. A., and A. S. London: J. biol. Chem. **83**, 793 (1929). — [26] Bredereck, H., G. Müller u. E. Berger: Ber. dtsch. chem. Ges. **73**, 1058 (1940). — [27] Dekker, C. A., and D. T. Elmare: J. chem. Soc. (Lond.) **1951**, 2864. — [28] Levene, P. A., and R. St. Tipson: J. biol. Chem. **109**, 623 (1935). — [29] Bredereck, H., G. Muller u. E. Berger: Ber. dtsch. chem. Ges. **73**, 1058 (1940). — [30] Howard, G. A., B. Lythgoe and A. R. Todd: J. chem. Soc. (Lond.) **1947**, 1052. — [31] Levene, P. A., u. W. A. Jacobs: Ber. dtsch. chem. Ges. **43**, 3150 (1910). — [32] Bredereck, H.: Z. physiol. Chem. **224**, 79 (1934). — [33] Gulland, J. M., and G. I. Hobday: J. chem. Soc. (Lond.) **1940**, 746 — [34] Fisher, H. J., and T. B. Johnson: J. amer. chem. Soc. **54**, 2038 (1932). — [35] Ritthausen, H.: Ber. dtsch. chem. Ges. **29**, 894 (1896). — Levene, P. A., u. W. A. Jacobs: Ber. dtsch. chem. Ges. **42**, 2469 (1909). — [36] Brink, N. G., and K. Folkers: J. amer. chem. Soc. **72**, 4442 (1950).

IV. Thio-Glykoside (Glykosyl-mercapto-verbindungen)

In Analogie zu den O-Glykosiden spricht man bei Zuckerderivaten der allgemeinen Formel

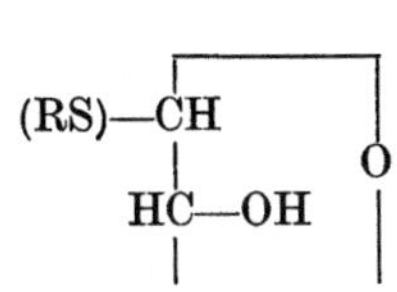

von Tioglykosiden, obwohl diese Bezeichnung nicht ganz korrekt ist. Exakter ist es, sie als Glykosyl-Derivate der zugrunde liegenden Mercaptoverbindungen aufzufassen. Dies veranschaulichen die angeführten Beispiele.

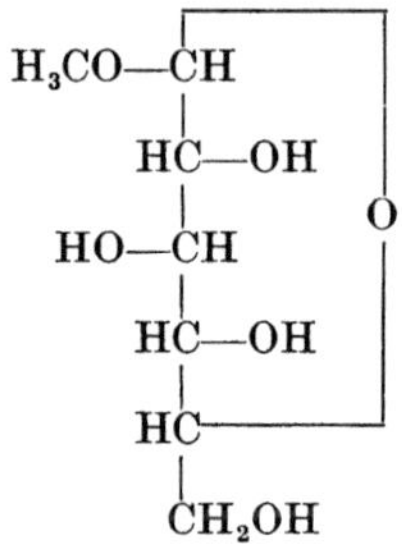
Methyl-β-D-glucopyranosid

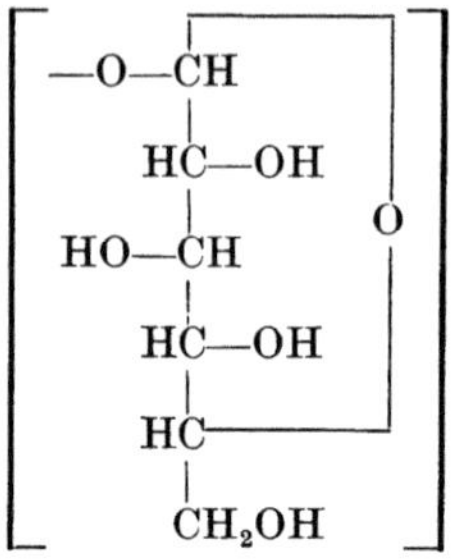
β-D-Gluco-pyranosid-Rest

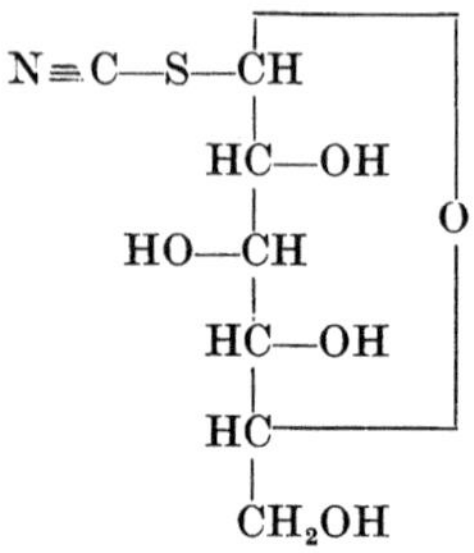
β-D-Gluco-pyranosyl-thiocyanat

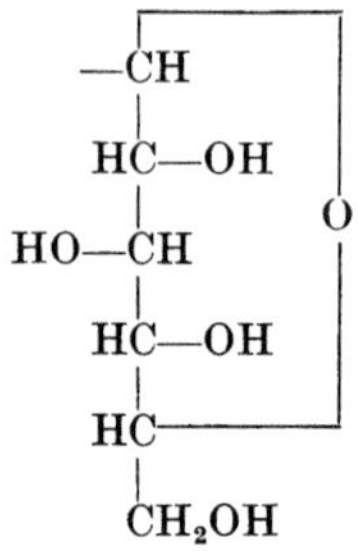
β-D-Gluco-pyranosyl-Rest

Senfölglucoside

(Sammelref.: A. Kjaer 1960, G. Zinner 1958, A. Stoll u. E. Jucker 1955)

Natürlich vorkommende Thioglykoside leiten sich ausschließlich von Thiohydroxamsäureestern ab, die die besondere Eigenschaft besitzen, unter der Einwirkung eines spezifischen Enzyms in je ein Mol eines Isothiocyansäureesters (Senföl), D-Glucose und Kaliumbisulfat bzw. Sulfonsäure zu zerfallen.

Die Bezeichnung Senföle bzw. Senfölglykoside ist auf die klassischen Untersuchungen am Sinigrin, welches im Senf vorkommt, zurückzuführen. Zunächst wurde nur sein enzymatisches Spaltprodukt, der Allyl-isothiocyansäureester, als Senföl bezeichnet. Später wurde der Begriff auf alle Isothiocyansäureester ausgedehnt und ferner auf alle Glykoside dieser Stoffklasse übertragen. Die einzelnen Vertreter unterscheiden sich überwiegend durch die Struktur des zugrunde liegenden Thiohydroxamsäureesters. Die Kohlenhydratkomponente ist stets die D-Glucose.

Der Aufbau der Senfölglykoside wird nach M. G. Ettlinger und A. J. Lundeen (1956) durch die allgemeine Formel wiedergegeben.

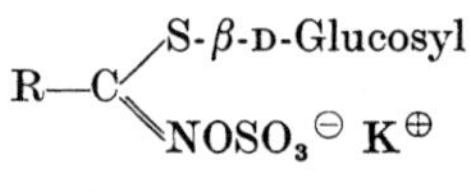

Der enzymatische Abbau zum Isothiocyansäureester läßt sich nach Art des Lossenschen Abbaus der Hydroxamsäure deuten.

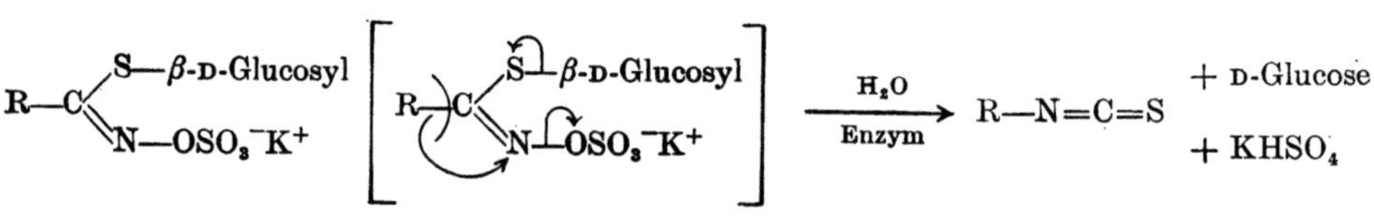

Bis vor wenigen Jahren wurden die Glykoside als Isothiocyansäureester-Abkömmlinge formuliert (J. Gadamer 1897).

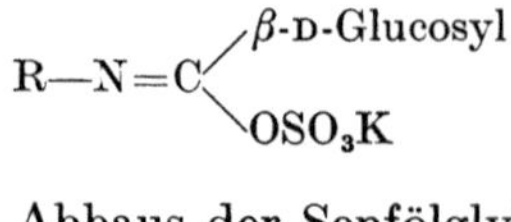

Die Befunde des chemischen Abbaus der Senfölglykoside sind jedoch mit dieser

Formulierung nicht in Einklang zu bringen. Die saure Hydrolyse des Sinigrins liefert z. B. Vinylessigsäure und Hydroxylamin.

Nach der alten Formulierung hätte jedoch $H_2=CH-CH_2-NH_2$ auftreten müssen. (Weitere Strukturbeweise vgl. A. KJAER 1960.)

Nach Richtigstellung der Struktur ist dann die erste Synthese eines Senfölglykosids gelungen (M. G. ETTLINGER u. A. J. LUNDEEN 1956). Das Prinzip zeigt die folgende Formelübersicht:

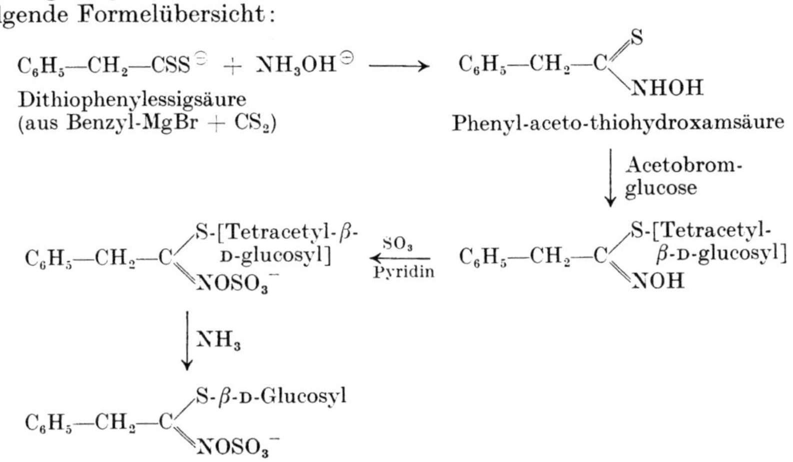

Glucotropaeolin

Die Senfölglykoside finden sich überwiegend in den Samen, Wurzeln und Zwiebeln der Pflanzen der Brassica-Arten, zu denen der Senf, Meerrettich, verschiedene Kohlarten, der Knoblauch, die Kresse und viele andere gehören.

Verschiedentlich kommen sie auch in Caparidaceen vor, während sie in anderen Pflanzenfamilien nur vereinzelt angetroffen werden.

Viele dieser angeführten Pflanzen enthalten nicht nur mehrere verschiedene Senfölglykoside, sondern auch noch die dazugehörigen freien Isothiocyansäureester.

Das interessante enzymatische Verhalten der Senfölglykoside ist eingehend untersucht worden.

Alle Senfölglykosid-führenden Pflanzen enthalten das speziell für die Spaltung dieser Glykoside geeignete Enzym, die Myrosinase. Wie Modellversuche zeigen, gehört es zur Gruppe der β-Thio-D-glucosidasen.

Beispiele

Sinigrin. Am längsten ist das Sinigrin bekannt. Es wurde zuerst aus dem Samen des schwarzen Senfes (Brassica nigra) von A. BUSSY (1840) isoliert und später auch aus den Samen und Wurzeln einer großen Zahl von Cruciferen (Meerrettich u. a.) und anderer Brassica-Arten (Kohl, Raps, Kohlrabi u. a.).

Bei der enzymatischen Spaltung wird neben D-Glucose und Bisulfat das Allylisocyanat, Senföl genannt, erhalten. Das Glykosid besitzt nebenstehende Formel.

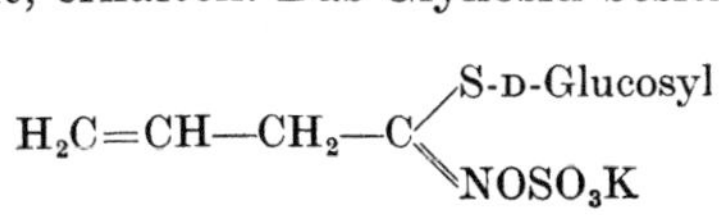

Andere analog aufgebaute Glykoside liefern Crotonyl-Senföl (Raps), Methyl-Senföl (Cleoma-Arten), Butyl-Senföl u. a.

Sinalbin ist das klassische Glykosid der Samen des weißen Senfs (Sinapis alba), in denen es bis zu 2,5% enthalten ist (H. WILL u. A. LAUBENHEIMER 1879). Dieses ist dadurch ausgezeichnet, daß es als Kation eine quartäre Base, Sinapin genannt, enthält.

Sinapin ist der Cholinester der 3.5-Dimethoxy-4-hydroxy-zimtsäure. Diese Verbindung wird bei der enzymatischen Spaltung neben D-Glucose und p-Hydroxybenzyl-senföl in Freiheit gesetzt.

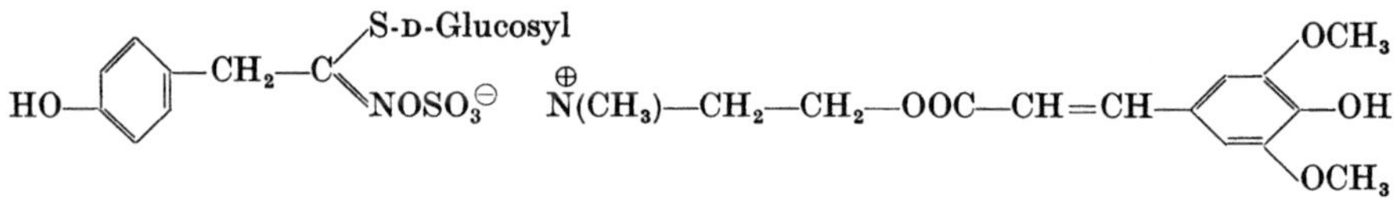

Glucoconringiin und Progoitrin leiten sich von Hydroxy-thiohydroxamsäuren ab. Diese gehen schon unter den Bedingungen der enzymatischen Hydrolyse spontan in die zugehörenden Thiooxazolidone über.

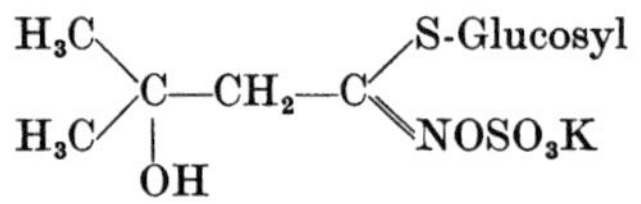

Glucoconringiin

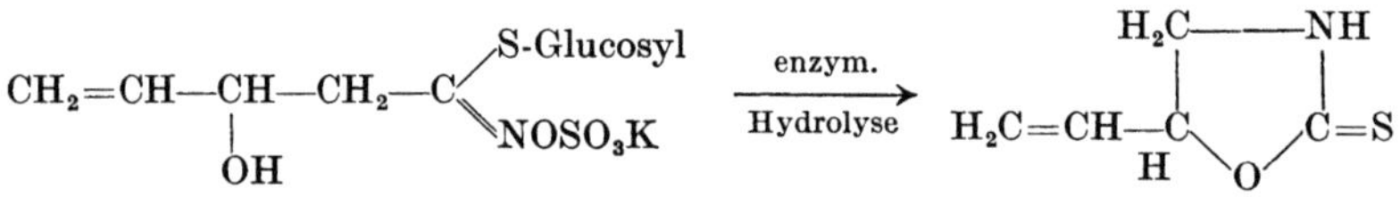

Goitrin wirkt kropferzeugend und konnte aus den Wurzeln der gelben und weißen Rübe und aus den Samen verschiedener Brassia-Arten in kleinen Mengen isoliert werden.

Glucoiberin, Glucoalyssin sind Senfölglykoside, die durch ihre Sulfoxid-Gruppierung ausgezeichnet sind. Ihre Namen erhielten sie nach ihren Vorkommen in Iberus amara (O. E. SCHULTZ u. R. GMELIN 1954) und Alyssum-Arten (A. KJAER u. G. GMELIN 1956).

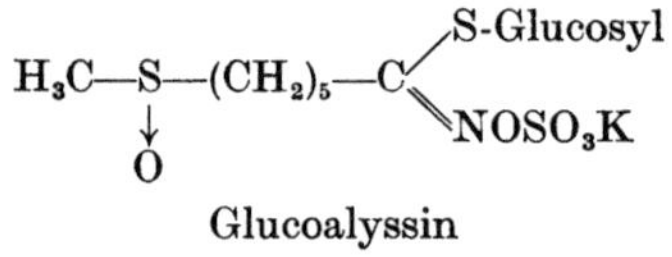

Glucoalyssin

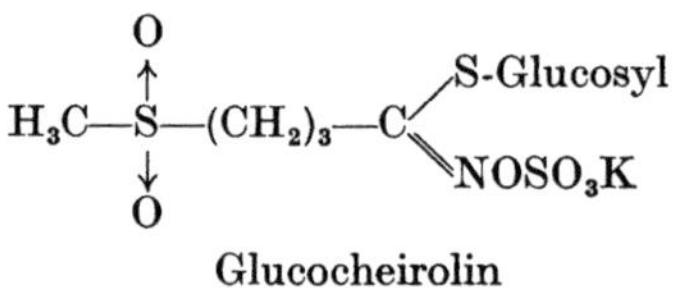

Glucocheirolin

Glucocheirolin liefert als Spaltprodukt 3-Methyl-sulfonyl-propyl-isothiocyanat. Dieses Senföl findet sich neben dem Glykosid in Cheirantus-Arten (Goldlack) (W. SCHNEIDER u. A. SCHÜTZ 1913).

Bibliographie

FOX, J. J., and I. WEMPEN: Pyrimidin-Nucleosides. In: Adv. Carbohydrate Chem. Hrsg. von M. L. WOLFROM, Vol. 14, S. 283—360. New York and London: Academic Press.

GEISSMANN, T. A.: Anthocyanins, Chalcones, Aurones, Flavones and Related water-soluble Plant Pigments. In: Moderne Methoden der Pflanzenanalyse. Hrsg. von K. PAECH u. M. V. TRACEY, Bd. III, S. 450—496. Berlin-Göttingen-Heidelberg: Springer 1955.

HARBORNE, J. B.: Anthocyanins and their Sugar Components. In: Fortschritte d. Chemie Organischer Naturstoffe. Hrsg. von L. ZECHMEISTER, Bd. 20, S. 165—195. Wien: Springer 1962.

HARTWELL, J. L., and A. W. SCHRECKER: The Chemistry of Podophyllum. In: Fortschritte der Chemie Organischer Naturstoffe. Hrsg. von L. ZECHMEISTER. Bd. XV, S. 83—157. Wien: Springer 1958.

KJAER, A.: Naturally Derived iso-Thiocyanates (Mustard Oils) and Their Parent Glucosides. In: Fortschritte der Chemie Organischer Naturstoffe. Hrsg. von L. ZECHMEISTER. Bd. XVIII, S. 122—169. Wien: Springer 1960.

KLENK, E.: Fette, Wachse, Phosphatide und Glykolipoide. In: Handbuch der physiologisch- und pathologisch-chemischen Analyse. HOPPE-SEYLER/THIERFELDER. Hrsg. von K. LANG und E. LEHNARTZ. Bd. III_2, S. 895—953. Berlin-Göttingen-Heidelberg: Springer 1955.

KOFLER, L.: Die Saponine. Wien: Springer 1927.

LETTRE, H., H. H. INHOFFEN u. R. TSCHECHE: Über die Sterine, Gallensäuren und verwandte Naturstoffe. Bd. I, S. 212—214. Stuttgart: Ferdinand Enke 1954.

McILROY, R. J.: The Plant Glykosides. London: Edward Arnold u. Co. 1950.

MONTGOMERY, J. A., and H. J. THOMAS: Purin Nucleosides. Adv. Carbohydrate Chem. Hrsg. von M. L. WOLFROM, Vol. 17, S. 301—341. New York and London: Academic Press 1962.

REICHSTEIN, T., and E. WEISS: The Sugars of Cardiac Glykosides. In: Adv. Carbohydrate Chem. Hrsg. von M. L. WOLFROM, Vol. 17, S. 65—119. New York and London: Academic Press 1962.

SCHMID, W.: Anthraglykoside and Dianthrone. In: Moderne Methoden der Pflanzenanalyse. Hrsg. von K. PAECH und M. V. TRACEY, Bd. III, S. 549—563. Berlin-Göttingen-Heidelberg: Springer 1955.

SKINNER, F. A.: Antibiotics. In: Moderne Methoden der Pflanzenanalyse. Hrsg. von K. PAECH und M. V. TRACEY. Bd. III, Vol. III, S. 626—744. Berlin-Göttingen-Heidelberg: Springer 1955.

STEINER, M., u. K. HOLZEN: Triterpene und Triterpen-Saponine. In: Moderne Methoden der Pflanzenanalyse. Hrsg. von K. PAECH und M. V. TRACEY, Bd. III, S. 58—135. Berlin-Göttingen-Heidelberg: Springer 1955.

STOLL, A., u. E. JUCKER: Phytosterine, Steroidsaponine und Herzglykoside. In: Moderne Methoden der Pflanzenanalyse. Hrsg. von K. PAECH und M. V. TRACEY, Bd. III, S. 141 bis 268. Berlin-Göttingen-Heidelberg: Springer 1955.

— — Heteroside. Aufbau und Vorkommen. In: Handbuch der Pflanzenphysiologie. Hrsg. von W. RUHLAND, Bd. VI, S. 534—779. Berlin-Göttingen-Heidelberg: Springer 1958.

TAMM, CH.: Neuere Ergebnisse auf dem Gebiet der glykosidischen Herzgifte: Grundlagen und die Aglykone. In: Fortschritte der Chemie Organischer Naturstoffe. Hrsg. von L. ZECHMEISTER, Bd. XIII, S. 137—216. Wien: Springer 1956.

— Neuere Ergebnisse auf dem Gebiet der glykosidischen Herzgifte: Zucker und Glykoside. In: Moderne Methoden der Chemie Organischer Naturstoffe. Hrsg. von L. ZECHMEISTER, Bd. XIV, S. 71—127. Wien: Springer 1957.

Zeitschriftenliteratur

ASAHIMA, Y., u. M. INUBUSE: Über die Flavononglykoside. IV. Über Naringin und Hesperidin. J. pharmac. Soc. Japan **49**, 11—14 (1929); ref. Chem. Zbl. **1929 I**, 2429.

BERTRAND, G., u. G. WEISSWEILER: Über die Konstitution der Vicianose und des Vicianins. C. R. Acad. Sci. (Paris) **151**, 884—886 (1910), und ältere Arbeiten; ref. Chem. Zbl. **1911 I**, 25.

BLINDENBACHER, F., u. T. REICHSTEIN: Synthese der L-Oleandrose. Helv. chim. Acta **31**, 2061—2064 (1948).

BLIX, G.: Zur Kenntnis der schwefelhaltigen Lipoidstoffe des Gehirns. Über die Cerebronschwefelsäure. Hoppe-Seylers Z. physiol. Chem. **219**, 82—98 (1933).

BLOOM, H., u. L. H. BRIGGS: Solanum Alkalois. Part IX. The Relation between Constitution and Basicity in Solasodine, its Derivatives, and Solanidin. J. chem. Soc. (Lond.) **1952**, 3591—3592.

BOLLEY, P. A.: Über den gelben Farbstoff der Quercitronrinde. Liebigs Ann. Chem. **37**, 101 bis 111 (1841).

BOURQUELOT, EM., u. EM. DANJON: Über das Sambunigrin, ein neues, Cyanwasserstoff lieferndes Glykosid aus den Blättern des schwarzen Holunders. J. Pharm. Chim. (6) **22**, 219—222 (1905a); J. Pharm. Chim. (6) **22**, 385—391 (1905b); ref. Chem. Zbl. **1905 II**, 1503 und 1682.

BOUVENG, H., and B. LINDBERG: Low-molecular Carbohydrates in Algae. VII. Investigation of Fucus spiralis and Desmarestia aculeata. Acta chem. scand. **9**, 168—169 (1955).

BRIDEL, M., et C. CHARAUX: Sur la préparation et de les propriétés du franguloside (franguline) de l'écore de Bourraine du commerce. C. R. Acad. Sci. (Paris) **191**, 1151—1153 (1930a).

— — Sur le frangularoside, nouveau rhamnoside de l'écore de Bourdaine récemment séchée. C. R. Acad Sci. (Paris) **191**, 1374—1375 (1930b).

Bussy, A.: Untersuchungen über die Bildung des ätherischen Senföls. Liebigs Ann. Chem. **34**, 223—230 (1840).
Desfosses: Das Solanin. Jb. Chem. u. Phys. (Schweiger) **4**, 265—267 (1822).
Dieterle, H., and O. Dorner: Constituents of Crataegus oxyacanzha L. Arch. Pharm. **275**, 428—437 (1937); ref. Chem. Abstr. **31**, 8111 (1937).
Eder, R., u. B. Siegfried: Über natürliche Oxy- und Oxymethylanthrachinone und einige neue Synthesen in der Anthrachinonreihe. Pharmac. Acta Helv. **14**, 34—76 (1939).
Edwards, G. R., u. H. Rogerson: Die Bestandteile von Fabiana imbricata. Biochem. J. **21**, 1010—1014 (1927).
Eijkman, J. F.: Über die giftigen Bestandteile der Skopolia japonica. Recueil Trav. chim. Pays-Bas **3**, 169—181 (Tokio 1883); ref. Chem. Zbl. **55**, 747 (1884).
— Sur les principes actifs de la Skimmia japonica (Thunbg.). Recueil Trav. chim. Pays-Bas **3**, 204—213 (1884).
Ettlinger, M. G., and A. J. Lundeen: The Mustard Oil of Limnanthes douglassi Seed, m-Methoxybenzyl Isothiocyanate. J. amer. chem. Soc. **78**, 1952—1954 (1956).
Faust, A.: Über Frangulin und Frangulinsäure. Liebigs Ann. Chem. **165**, 229—236 (1873).
Finnemore, H., and J. M. Cooper: Die cyanogenen Bestandteile von australischen und anderen Pflanzen. J. Soc. chem. Industr. (Lond.) **57**, 162—169 (1938); ref. Chem. Zbl. **1938 II**, 2754.
Fischer, E.: Über ein neues, dem Amygdalin ähnliches Glucosid. Ber. dtsch. chem. Ges. **28**, 1508—1511 (1895).
— Identität des Galaktits und α-Äthyl-galaktosids. Ber. dtsch. chem. Ges. **47**, 456—459 (1914).
Haar, A. W. van der: Beiträge zur Chemie der Saponine. Biochem. Z. **76**, 335—349 (1916).
— Über das Gypsophila-Saponin und seine Hydrolyse-Spaltlinge (Gypsogenin) und Saccharide. Recueil Trav. chim. Pays-Bas **46**, 85—96 (1927a).
— Über das Zuckerrüben-saponin. Recueil Trav. chim. Pays-Bas **46**, 775—792 (1927b).
Hattori, S., and H. Matsuda: A New Flavone Glykoside in Rhus succedanae Leaves. Science (Japan) **21**, 643 (1951); ref. Chem. Abstr. **46**, 9673 g (1952).
— M. Shimokoriyama and M. Kanao: Flavonone Glykosides. IV. The Glykosides of Ripe Fruit Peel and Flower Petals of Citrus aurantium L. J. amer. chem. Soc. **74**, 3614—3615 (1952); ref. Chem. Abstr. **47**, 7495 (1953).
Hérissey, H.: Über das Prulaurasin, ein kristallinisches, Cyanwasserstoff lieferndes Glucosid der Blätter des Kirschlorbeers. J. Pharm. Chim. (6) **23**, 5—14 (1906); ref. Chem. Zbl. **1906 I**, 367.
Hill, D. W., and R. R. Melhuish: Die Struktur der Flavyliumsalze. J. chem. Soc. (Lond.) **1935**, 1161—1166.
Hill, R., and D. Richter: Anthrquinone Colouring Matters: Galiosin, Rubiadin primverosid. J. chem. Soc. (Lond.) **1936**, 1714—1719.
Jacobs, W. A.: Saponins. I. The Saponin obtained from Soapnuts. J. biol. Chem. **63**, 621—629 (1925).
Jorissen, A., u. E. Hairs: Das Linamarin, ein neues, Blausäure lieferndes Glykosid aus Linum uritalissimum. J. Anv.; PP. **24**, 659—660 (1891); ref. Chem. Zbl. **1891 II**, 702, 62.
Karrer, P., W. Karrer u. J. C. Chao: Glucoside. VIII. Beitrag zur Kenntnis des Glycyrrhizins. Helv. chim. Acta **4**, 100—112 (1921).
Karrer, W.: Über Hellebrin, ein kristallisiertes Glykosid aus Radix Hellebori nigri. Helv. chim. Acta **26**, 1353—1367 (1943).
Kavalier, A.: Über die Blätter von Arctostaphylos uva ursi. Liebigs Ann. Chem. **82**, 241—243 (1852).
Kjaer, A., and R. Gmelin: Isothiocyanates. XIX. L(—)-5-Methylsulphinylpentyl isothiocyanate, the Aglukone of a New Naturally Occuring Glucoside (Glucoalyssin). Acta chem. scand. **10**, 1100—1110 (1956).
Klenk, E.: Neuraminsäure, das Spaltprodukt eines neuen Gehirnlipoids. Hoppe Seylers Z. physiol. Chem. **268**, 50—58 (1941).
— Über die Ganglioside, eine neue Gruppe von zuckerhaltigen Gehirnlipoiden. Hoppe Seylers Z. physiol. Chem. **273**, 76—86 (1942).
—, u. K. Lauenstein: Über die Glykolipoide und Sphingomyeline des Stromas der Pferdeerythrocyten. Hoppe Seylers Z. physiol. Chem. **295**, 164—173 (1953).
Kuhn, R., u. J. Löw: Über das Flavonolglykosid aus Crocus-Pollen. Ber. dtsch. chem. Ges. **77**, 196—202 (1944).
— — Über Demissin, ein Alkaloidglykosid aus den Blüten von Solanum demissum. Ber. dtsch. chem. Ges. **80**, 406—410 (1947).
— — Über die Isolierung von kristallisiertem Rutin, Quercetin, Isorhamnetin und trans-Crocetindimethylester aus Gameten von Chlamydomonas-Mutanten. Ber. dtsch. chem. Ges. **81**, 363—367 (1948).

Kuhn, R., u. J. Löw: Über Lycobiose und Lycotriose, ein Disaccharid und Trisaccharid aus Tomatin. Ber. dtsch. chem. Ges. **86**, 1027—1034 (1953).

— — u. H. Tritschmann: Überführung von Tomatin in Demissidin. Angew. Chem. **64**, 397 (1952).

— — — Die Konstitution des Solanins. Ber. dtsch. chem. Ges. **88**, 1492—1507 (1955).

Léger, E.: Über die Konstitution der Aloine. Bull. Soc. Chim. France (5) **3**, 435—439 (1936); ref. Chem. Zbl. **1936 I**, 4165 und frühere Arbeiten.

Liebermann, C., u. F. Giesel: Über Chinovin und Chinovasäure. Ber. dtsch. chem. Ges. **16** (I), 926—941 (1883).

—, u. O. Hörmann: Über die Farbstoffe und den Glykosidzucker der Gelbbeeren. Liebigs Ann. Chem. **196**, 299—338 (1879).

Lindberg, B., and J. Paju: Low-molecular Carbohydrates in Algae. IV. Investigation of Pelvetia caniculata. Acta chem. scand. 8, 817—820 (1954).

Merz, K. W.: Cichoriin and the Constitution of Esculin and Scopolin. Arch. Pharm. **270**, 476—495 (1932); ref. Chem. Abstr. **27**, 2685 (1933).

Nadkarni, M. V., J. L. Hartwell, P. B. Maury, and J. Leiter: Components of Podophyllin. XI. Isolation of two New Compounds from Podophyllum emodi Wall. J. amer. chem. Soc. **75**, 1308—1312 (1953).

— P. B. Maury, and J. L. Hartwell: Components of Podophyllin. VI. Isolation of Two New Compounds from Podophyllum emodi Wall. J. amer. chem. Soc. **74**, 280—281 (1952).

Nakabayashi, T.: A Flavonid Pigment Astragalin (Kämpferol-3-glucoside) in Astragalus rinicus Flowers. J. agric. chem. Soc. (Japan) **26**, 140—141 (1952); ref. Chem. Abstr. **48**, 5942b (1954).

Nakahara, H.: The Constituents os the Inner Bark of Hydrangea paniculata. I. A. New Glykoside Newhydrangin. J. Fac. Sci., Nigata Univ. Ser. I **2**, 63—66 (1955); ref. Chem. Abstr. **50**, 4926 (1956).

Nakamura, H., T. Okta u. G. Hukuti: Untersuchungen über die Bestandteile von diuretischen Drogen. III. Über das Flavonylglykosid von Digitalis purpurea L. J. Pharm. Soc. (Japan) **56**, 107—108 (1936); ref. Chem. Zbl. **1936 II**, 3801.

Nordström, C. G., T. Swain, and A. J. Hamblin: The Isolation of 7-[Apiosyl-glucosyl]-luteolin. Chem. and Industr. **1953**, 85.

Ochiai, E., K. Tsuda u. S. Kitagawa: Über Sojabohnen-Saponin. 1. Mitt. Ber. dtsch. chem. Ges. **70**, 2083—2092 (1937).

Oshima, Y., and T. Nakabayashi: Catechins and Pigments in Tea Leaves. Isolation of Tea Flavons by Chromatopile. J. agric. chem. Soc. Japan **26**, 759—761; ref. Chem. Abstr. **48**, 5943a (1954).

Pigman, W. W., and N. K. Richtmeyer: The Action of Almond Emulsion on Populin and on Phenyl-2.4.6-Trimethyl-β-D-glucoside. J. amer. chem. Soc. **64**, 374—375 (1942).

Piria, R.: Untersuchung über das Salicin. Liebigs Ann. Chem. **56**, 35—77 (1845).

Rabate, J., u. S. Rabate: Über das Gaultheriosid, ein neues Heterosid aus frischer Gaultheria (ganze Pflanze). Bull. Soc. chim. biol. Paris **13**, 604—615 (1931); ref. Chem. Zbl. **1931 II**, 1711.

Rehorst, K.: Über das Saponin der Zuckerrübe. Ber. dtsch. chem. Ges. **62**, 519—534 (1929).

Richtmeyer, N. K., and E. H. Yeakel: The Structure of Populin. J. amer. chem. Soc. **56**, 2495—2497 (1934).

Robiquet und Bontron: Geschichtliche Darstellung der Arbeiten über die bitteren Mandeln, nebst einigen Betrachtungen über die in den Annalen der Pharmacie. Bd. XXII, S. 1 enthaltenen Abhandlungen von Wöhler und Liebig. Liebigs Ann. Chem. **25**, 175—190 (1838).

Rochleder: Untersuchung der Krappwurzel. Liebigs Ann. Chem. **80**, 321—330 (1851).

Rochleder, F.: Über die kristallisierten Bestandteile der Roßkastanie (Aesculuc hippocastanum L.). Ber. Akad. Wiss. Wien **48**, 236—249 (1863).

Ruzicka, L., W. Baumgartner u. V. Prelog: Zur Konstitution des Aescigenins. Helv. chim. Acta **32**, 2057—2069 (1949a).

— — — Über die Spaltung des Oxyd-Ringes im Aescigenin. Helv. chim. Acta **32**, 2069—2082 (1949b).

Schmid, W.: Assay of Anthraglykoside Drugs. Use of the Leaves of medicinal and edible Rhubarts. Dtsch. Apoth.-Ztg. **91**, 452—454 (1951); ref. Chem. Abstr. **45**, 10490c (1951).

Schneider, W., u. L. A. Schütz: Untersuchungen über Senföl-glykoside. II. Glucocheirolin. Ber. dtsch. chem. Ges. **46**, 2634—2640 (1913).

Schultz, O.-E., u. R. Gmelin: Das Senfölglucosid „Glucoiberin" und der Bitterstoff „Ibamarin" von Iberis amara L. (Schleifenblume). Arch. Pharmaz. **287**, 404—411 (1954).

Seikel, M. K.: The Chemistry of Flower Pigmentation in Antirrhinum majus. V. Pigments of Yellow Antirrhinum majus, genotype ppmmyy. J. amer. chem. Soc. **77**, 5685—5688 (1955).

Saito, K.: Veratramin. a New Alkaloid of White Hellebore (Veratrum grandiflorum Loes. fil.). Bull. Chem. Soc. Japan **15**, 22—27 (1940).
Stein, W.: Blütenknospen von Sophora japonica L. J. prakt. Chem. **58**, 399 (1853).
Stoll, A., B. Becker u. A. Helfenstein: Die Konstitution der Sennoside. Helv. chim. Acta **33**, 313—336 (1950).
—, u. W. Kreis: Neue herzwirksame Glykoside aus der weißen Meerzwiebel. Helv. chim. Acta **34**, 1431—1459 (1951).
—, u. J. Renz: Über Scillarosid, ein gegen Nager spezifisch wirksames Gift der roten Meerzwiebel. Helv. chim. Acta **25**, 43—64 (1942).
— — u. A. V. Warburg: Die Isolierung von Podophyllotoxinglucosid aus dem indischen Podophyllum emodi Wall. Helv. chim. Acta **37**, 1747—1762 (1954a).
— A. v. Warburg, E. Angliker, and J. Renz: Glucosides from the Rhizomes of Podophyllum peltatum Linn. J. amer. chem. Soc. **76**, 6413—6414 (1954b).
— — — — The Isolation of 4'-Dimethyl-podophyllotoxin-glucoside from Rhizomes of Podophyllum emodi Wall. J. amer. chem. Soc. **76**, 5004—5005 (1954c).
Straub, W., and H. Gebhardt: The Effective Constituent os Senna Leaves. Arch. exp. Path. Pharmakol. **181**, 399—407 (1936); ref. Chem. Abstr. **30**, 61318 (1936).
Tappi, G., and E. Menziani: The Flavanolic Pigments of the Pollen of Lilium candidum. Gazz. chim. ital. **85**, 694—702 (1955); ref. Chem. Abstr. **49**, 14922 (1955).
Tscheche, R.: Zur Kenntnis des Oleandrins. Ber. dtsch. chem. Ges. **70**, 1554—1556 (1937).
Vongerichten, E.: Über Luteolinmethyläther als Spaltungsprodukt eines neuen Glykosids der Petersilie. Ber. dtsch. chem. Ges. **33**, 2334—2342 (1900a).
— Über Apiin. Ber. dtsch. chem. Ges. **33**, 2904—2909 (1900b).
Wada, E.: Chemical Constituents of Tobacco. III. Isolation of Kaempferol-3-rhamnoglucoside from Ahl Flowers of Nicotiana sylvestris. J. agric. chem. Soc. Japan **26**, 159—162 (1952); ref. Chem. Abstr. **48**, 9482 (1954).
Will, H., u. A. Laubenheimer: Über das Glucosid des weißen Senfsamens. Liebigs Ann. Chem. **199**, 150—164 (1879).
Wöhler, F., u. J. Liebig: Einwirkungen von Emulsin auf Amygdalin. Liebigs Ann. Chem. **22**, 1—13 (1837).
Zemplén, G., u. A. Károly-Tettamanti: Über die Biose des Hesperidins und des Neohesperidins. Ber. dtsch. chem. Ges. **71**, 2511—2520 (1938).
Zinner, G.: Die Senföle und ihre Glykoside. Dtsch. Apoth.-Ztg. **98**, 335 (1958).

Gerbstoffe

Von

Priv.-Doz. Dr. **H. Endres**, München

A. Einleitung

Die Verwendung von Pflanzengerbstoffen zur Lederherstellung dürfte bis in prähistorische Zeiten zurückgehen. Neben ihrer nach wie vor großen Bedeutung für die Lederindustrie, haben sie aber auch in verschiedenen anderen Industriezweigen Verwendung gefunden.

Die Pflanzengerbstoffe sind weit verbreitet und in fast allen Pflanzenfamilien anzutreffen. Die niederen Organismen, wie Algen, Flechten und Pilze enthalten, von wenigen Ausnahmen abgesehen, nur geringe Gerbstoffmengen, in den Moosarten sind Gerbstoffe kaum anzutreffen. Bei Dicotyledonen, zu denen Familien mit typischen Gerbstoffpflanzen wie *Anacardiaceae*, *Combretaceae*, *Leguminosae*, *Myrtaceae*, *Rhizophoraceae* und viele andere gehören, sind Gerbstoffe häufiger als bei den Monocotyledonen zu finden. Unter den *Gymnospermen* sind die Tanne *(Pinus)* und die Fichte *(Picea)* als typische Gerbstofflieferanten bekannt.

Alle bisher bekannten Pflanzengerbstoffe sind Polyhydroxyphenole verschiedener Molekulargröße. Wichtigste funktionelle Gruppen derartiger Verbindungen sind aromatische Hydroxylgruppen, die durch Ausbildung von Wasserstoffbrücken zu den Peptidbindungen der Haut für die Gerbung verantwortlich sind. In den letzten Jahren wurde von mehreren Arbeitskreisen eine Vielzahl verschiedener monomolekularer Verbindungen isoliert, die kein Gerbvermögen besitzen, aus denen sich aber die gerbend wirkenden Substanzen der Pflanzen bilden können. Dieses Verhalten der monomolekularen Verbindungen, die in den folgenden Kapiteln eingehend behandelt werden sollen, kann mit der Molekülgröße erklärt werden. Durch Ausbildung der Wasserstoffbrückenbindung allein wird zwar eine Affinität zur Haut, aber keine Gerbung bewirkt. Diese tritt erst dann ein, wenn mehrere Peptidketten durch ein und dasselbe Phenol vernetzt werden. Ein Gerbstoff muß also über eine bestimmte Molekülgröße verfügen und mehrere aromatische Hydroxylgruppen enthalten. Technische Gerbstoffextrakte bestehen im wesentlichen aus höhermolekularen Verbindungen, die als die eigentlichen Gerbstoffe zu bezeichnen wären.

Neben diesen höhermolekularen Gerbstoffen, deren monomolekularen Vorstufen und den hydrolysierbaren Gerbstoffen, werden weitere einfachere Phenole angetroffen, die sicher keine Gerbstoffe sind, noch solche bilden können, und phenolische Verbindungen, über deren gerberisches Verhalten noch nichts bekannt ist. Zu diesen Verbindungen zählen die Flavone, Flavonole, verschiedene Kaffeesäureester u. a., die zwar alle eine Affinität zur Hautsubstanz zeigen, aber nicht als Gerbstoffe im eigentlichen Sinne, also als Verbindungen, die Haut in Leder verwandeln, anzusprechen sind. Verbindungen dieser Art werden in den folgenden Abschnitten nur erwähnt, eine nähere Beschreibung ist in den Kapiteln „Pflanzenphenole in Lebensmitteln“ sowie „Organische Säuren, Ester, Carbonylverbindungen und seltener vorkommende Alkohole“ dieses Handbuches zu finden.

Die Affinität nichtgerbender Verbindungen zur Hautsubstanz ist das größte Problem in der quantitativen Gerbstoffanalyse. Alle offiziellen Analysen nämlich, es gibt deren z. Z. drei, die von verschiedenen nationalen Verbänden aufgestellt wurden, beruhen auf der indirekten Bestimmung der Stoffe, die an Hautpulver adsorbiert werden.

Nachfolgend sei die von W. GRASSMANN, O. ENDISCH und W. KUNTARA (1951) in Anlehnung an die offizielle Methode des Vereins für Gerberei-Chemie und Technik (VGCT) entwickelte Halbmikromethode angegeben:

1. Von dem zerkleinerten Material wird ca. 1 g in einem Wägegläschen mit Schliffdeckel im Trockenschrank bei 100—105° zur Gewichtskonstanz getrocknet.

2. Zur Auslaugung wird von dem zerkleinerten Material $^1/_{10}$ der für die Makroanalyse vorgeschriebenen Menge verwendet, also z. B. 3 g Fichtenrinde oder 4 g Eichenrinde. Die Auslaugung wird mit einem entsprechend verkleinerten Kochschen Auslaugeapparat vorgenommen. Als Auslaugegefäß dient ein Jenaer Glasrohr von 6 cm Höhe und 2,5 cm innerem Durchmesser mit flachem Boden, das am oberen Rande mit einem Wulst zum Zubinden versehen ist. Auf das Auslaugegefäß wird ein doppelt durchbohrter, gut schließender Gummistopfen aufgesetzt, der in genau der gleichen Weise mit zwei Glasröhren versehen ist, wie das von der Kochschen Flasche her bekannt ist (vgl. hierzu die diesbezüglichen Abbildungen bei A. KÜNTZEL 1955). Durch eine Bohrung reicht ein doppelt, und zwar entgegengesetzt rechtwinklig gebogenes Glasrohr, das bis fast auf den Boden des Gefäßes führt. Die innerhalb des Gefäßes befindlichen Enden dieser beiden Glasröhrchen sind etwas trichterförmig erweitert und mit Seidengaze zugebunden, damit feine Teilchen des Gerbmittels weder in das obere Zuflußrohr aufsteigen noch durch das Abflußrohr mit fortgerissen werden können. Zur Auslaugung bedeckt man den Boden des Auslaugegefäßes mit einer 1—2 cm hohen Schicht feinen, mit Salzsäure gereinigten Seesandes, bringt darauf das zu extrahierende Gerbmittel, setzt den Stopfen mit den Röhrchen ein und befestigt diesen mit Bindfaden. Sodann taucht man den freien Schenkel des Abflußrohres in ein Gefäß mit destilliertem Wasser und saugt vorsichtig an dem oberen Ende des doppelt gebogenen Glasrohres, damit sich das Auslaugegefäß mit Wasser füllt. Danach läßt man das Gefäß einige Minuten stehen, bis das Auslaugegut sich mit Wasser vollgesaugt und die verdrängte Luft sich oben angesammelt hat. Durch Verbinden des doppelt gebogenen Zuflußrohres mit einer etwa 1,5 m höher stehenden Wasservorratsflasche und Öffnen der Regulierhähne läßt man nun das destillierte Wasser langsam einfließen in dem Maße, daß in 6 Std, und zwar während 3 Std bei einer Wasserbadtemperatur von 50° und weitere 3 Std von 100° (wie bei der Makrobestimmung), 100 ml Gerbstofflösung in einen vorgelegten 100 ml-Meßkolben abtropfen. Nach beendeter Extraktion wird die erhaltene Gerbstofflösung auf 18° abgekühlt.

3. Die Herstellung von analysenstarken Gerbstofflösungen aus festen oder flüssigen Gerbextrakten geschieht durch Lösen der 0,35—0,45 g Gerbstoff enthaltende Substanzmenge in einem 100 ml-Meßkolben in 90 ml heißem dest. Wasser, kuhlt langsam auf 18° ab und füllt mit dest. Wasser zu 100 ml auf.

4. Zur Bestimmung des „Gesamttrockenrückstandes" werden von der jeweiligen Lösung 5 ml in einer kleinen Silberschale mit flachem Boden (Durchmesser 3 cm, Höhe 2 cm, Gewicht etwa 2 g) auf einem entsprechend kleinen Wasserbad zur Trockene eingedampft und bis zur Gewichtskonstanz im Trockenschrank bei 100° getrocknet (Dauer 4—6 Std). Die Wägung erfolgt auf den üblichen Halbmikrowaagen.

5. Die Bestimmung des Gesamtlöslichen erfolgt durch Filtration durch eine Filterkerze bei etwa 18°. Die Autoren empfehlen Berkefeld-Filterkerzen aus Kieselgur von 60 mm Länge, 15 mm Durchmesser und einer Porosität, die mit derjenigen der für die Gerbstoffanalyse vorgeschriebenen Filterkerzen übereinstimmt. Die Kerzen müssen vor dem erstmaligen Gebrauch durch mehrtägiges Behandeln mit 10%iger Salzsäure gereinigt, dann mit heißem dest. Wasser sorgfältig ausgewaschen und bei 100° getrocknet werden. Der Kropfzylinder, der als Aufnahmegefäß für die zu filtrierende Lösung dient, hat eine Gesamthöhe von 120 mm und zwar einen schmaleren unteren Teil von nur 25 mm Innendurchmesser und 75 mm Höhe. Diese Form ermöglicht es, mit einem sehr geringen Verbrauch von Analysenlösung auszukommen.

Die Kerze wird mit einem Gummistopfen verschlossen, durch dessen Bohrung ein zweimal umgebogenes Glasrohr (Heberohr) mit 360 mm wirksamer Länge ragt. Nach Einfüllen der Gerbstofflösung in den Kropfzylinder läßt man 10 min stehen und setzt dann durch Ansaugen am Heberohr die Filtration in Gang. Die ersten 25 ml des Filtrates werden verworfen und von dem darauffolgenden klaren Filtrat 5 ml zur Trockene verdampft und zur Gewichtskonstanz gebracht. (Nach Beendigung der Filtration werden die Filterkerzen in der üblichen Weise mit Kaliumbichromat-Schwefelsäure gereinigt.)

6. Für die Entgerbung der Analysenlösung dient eine verkleinerte „Proctersche Filterglocke" folgender Abmessungen: Länge der Glocke 50 mm, Innendurchmesser des zylindrischen Teiles 11 mm; an den Konus der Glocke ist ein zweimal gebogenes Capillarrohr angeschmolzen; Innendurchmesser des Capillarrohres 1,5 mm; Länge des Capillarrohres 320 mm.

In das obere Ende der Glocke wird ein Stück Watte gebracht und dann 0,7 g fein verteiltes, schwach chromiertes Hautpulver sehr vorsichtig eingestopft, und zwar so fest, daß dieses nicht von selbst aus der Glocke fällt. Sodann setzt man die Glocke in ein Glasrohr mit flachem Boden (Höhe 75 mm), Durchmesser 20 mm und füllt in dieses die zu entgerbende Lösung ein. Sobald das Hautpulver vollständig mit der Gerblösung durchtränkt ist, saugt man an dem längeren Schenkel des Heberohres sehr vorsichtig an, bis die Lösung langsam austropft. Als Auffanggefäß für den Vorlauf (3 ml) und den Hauptlauf (6 ml) eignen sich am besten entsprechend kleine Meßzylinder. Genau 5 ml des Hauptlaufes werden in derselben Weise wie bei der Ermittlung des Gesamtlöslichen zur Trockene verdampft, wieder im Trockenschrank getrocknet und gewogen.

Der *Gerbstoffgehalt* ergibt sich aus der Differenz der Prozentzahlen für Gesamtlösliches und Nichtgerbstoffe.

Weitere qualitative und quantitative Nachweisreaktionen für Gerbstoffe sind die Gelatinefällung, Fällung durch Amine und Amide, Metallsalzfällungen, Farbreaktionen mit Metallverbindungen und andere Methoden, die in zusammenfassenden Arbeiten von A. KÜNTZEL (1955), O. TH. SCHMIDT (1955) und von H. ENDRES (1962a) beschrieben wurden. Eine schnell durchführbare quantitative Methode, die sich speziell für pflanzen-physiologische Untersuchungen und für kleinste Drogenmengen eignet, wurde von W. DIEMAIR, H. JANECKE und G. KRIEGER (1951), sowie von W. LANG (1952) beschrieben.

Ausführung der Bestimmung nach W. LANG: 10 ml der Gerbstofflösung mit einem Gehalt, von etwa 10 mg-%, entsprechend 0,1 g Reingerbstoff pro Liter, welche durch Extraktion einer geeigneten Drogenmenge, durch Einwiegen von Extrakten oder durch entsprechende Verdünnung einer Gerbstoffstammlösung hergestellt werden kann, wird mit 5 ml basischer Zinkacetatlösung nach Malvezin gefällt, abzentrifugiert, gewaschen und der Rückstand in 5%iger H_2SO_4 gelöst. Nach Auffüllen auf 10 ml wird 1 ml davon mit 5 ml Phosphorwolframsäurereagens nach FOLIN versetzt und mit gesättigter Sodalösung auf 10 ml aufgefüllt.

Die basische Zinkacetatlösung nach Malvezin wird in folgender Weise hergestellt: 10 g Zinkoxyd werden in der erforderlichen Menge verdünnter Essigsäure gelöst und mit 10%iger Ammoniaklösung vollständig in Ammoniakat übergeführt und auf 1 l aufgefüllt.

Herstellung des Phosphorwolframsäurereagenses nach FOLIN: 100 g Natriumwolframat werden mit 80 ml 85%iger Phosphorsäure und 750 ml Wasser 3 Std unter Rückfluß gekocht und nach Abkühlen mit Wasser auf ein Volumen von 1000 ml gebracht.

Wie zu Beginn dieses Abschnittes bereits erwähnt, handelt es sich bei allen vegetabilischen Gerbstoffen um Polyhydroxyphenole, die nach PERKIN und EVEREST (1918), sowie nach einem Vorschlag von K. FREUDENBERG (1920) in

1. *hydrolysierbare* und
2. *kondensierte Gerbstoffe* unterteilt werden können.

Unter hydrolysierbaren Gerbstoffen, zu denen u. a. die Gerbstoffe der Divi-Divi *(Caesalpinea coriaria)*, Eiche *(Quercus sp.)*, Kastanie *(Castanea sp.)*, Myrobalanen *(Terminalia chebula)* und Sumach *(Rhus sp.)* gehören, versteht man solche, die bei der Hydrolyse mit verdünnter Mineralsäure in ihre Bestandteile Kohlenhydrate, Gallussäure, Ellagsäure u. a. aufgespalten werden. Eine weitere Unterteilung dieser Gruppen in Gallotannine und Ellagengerbstoffe ist oft in der Literatur anzutreffen.

Die kondensierten Gerbstoffe, zu denen die Extrakte von Catechu *(Acacia catechu)*, Quebracho *(Schinopsis lorentzii)*, Mimosa *(Acacia mollissima)*, Fichte *(Picea excelsa)*, Hemlock *(Tsuga canadensis)* und viele andere gehören, geben beim Erwärmen mit verdünnter Mineralsäure hochmolekulare, braunrote, unlösliche Kondensationsprodukte, sog. Phlobaphene. Die einzelnen Unterscheidungsreaktionen dieser beiden Klassen sind in verschiedenen Beiträgen zusammengestellt (z. B. bei H. GNAMM 1949, A. KÜNTZEL 1955, O. TH. SCHMIDT 1955 und H. ENDRES 1962a) und können im Rahmen dieser Arbeit nicht beschrieben werden.

B. Chemie der hydrolysierbaren Gerbstoffe

Die hydrolysierbaren Gerbstoffe, können wie bereits erwähnt nochmals unterteilt werden. Man spricht von ellagsäurefreien Gerbstoffen oder *Gallotanninen*, wenn bei der Hydrolyse vorwiegend Gallussäure und keine Ellagsäure gefunden wird oder von *Ellagengerbstoffen*, wenn die Hydrolyse Ellagsäure liefert. So kann man z. B. die Gerbstoffe von Sumach und von Tara zu den Gallotanninen, von Valonea und von Algarobilla zu den Ellagengerbstoffen rechnen. Aber nicht immer kann diese Unterteilung streng durchgeführt werden, denn der Myrobalanengerbstoff enthält z. B. Chebulinsäure, die u. a. Gallussäure abspaltet sowie Corilagin und Chebulagsäure, die ausgesprochene Ellagengerbstoffe sind (vgl. hierzu R. D. HAWORTH 1961). Mit Ausnahme einiger Verbindungen war bis Mitte dieses Jahrhunderts die Klasse der hydrolysierbaren Gerbstoffe noch wenig erforscht. Erst durch die Arbeiten von O. TH. SCHMIDT und seiner Schule wurde in den fünfziger Jahren ein gewaltiger Fortschritt erzielt. Die Untersuchungen von SCHMIDT, auf die in den folgenden Abschnitten näher eingegangen werden soll, gewähren uns einen Einblick in die Konstitution vieler hydrolysierbarer Gerbstoffe. Wenn man bedenkt, aus welchen Gemischen die einzelnen Gerbextrakte bestehen, so stellt bereits die Isolierung einheitlicher Substanzen eine enorme Leistung dar. Diese war nur möglich durch die Anwendung moderner Trennverfahren wie Chromatographie und Gegenstromverteilung, die an anderen Stellen dieses Handbuches beschrieben werden. Die verschiedenen Trennmethoden auf dem Gerbstoffgebiet sind zusammenfassend von O. TH. SCHMIDT (1955) und H. ENDRES (1962a) beschrieben worden.

I. Gallotannine

1. Hamameli-tannin

Bereits 1898 konnte F. GRÜTTNER aus der Rinde der *Hamamelis virginica* das Hamameli-tannin als kristalline Verbindung isolieren. Nach K. FREUDENBERG (1919), K. FREUDENBERG und F. BLÜMMEL (1924), sowie K. FREUDENBERG und D. PETERS (1920) handelt es sich bei dieser Verbindung um einen Zucker, von dem zwei Hydroxylgruppen mit je einer Gallussäure verestert sind. Der Zucker ist eine Aldohexose, Hamamelose genannt, mit einer verzweigten Kohlenstoffkette und wurde von O. TH. SCHMIDT in den Jahren 1929 bis 1934 (vgl. O. TH. SCHMIDT 1956) als α-Hydroxymethyl-D-ribose (I) aufgeklärt. Für das *Hamameli-tannin* wird von O. TH. SCHMIDT die Formel (II) als wahrscheinliche Konstitution angegeben.

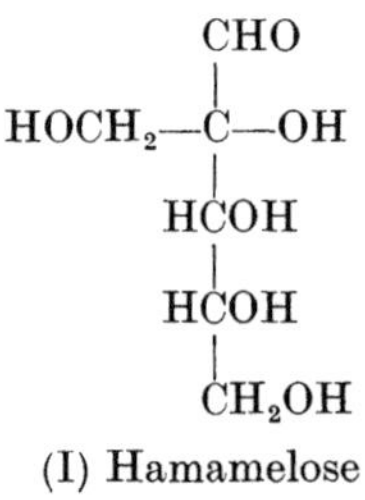

(I) Hamamelose

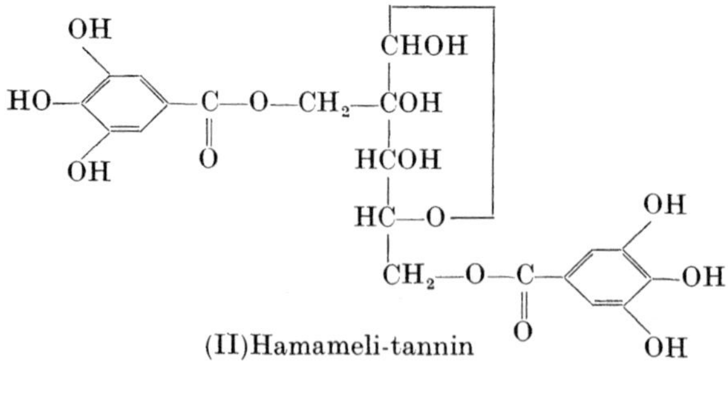

(II) Hamameli-tannin

1959 konnten W. Mayer und W. Kunz das Hamameli-tannin auch aus frischer Rinde von Edelkastanien *(Castanea vesca* und *C. sativa)* in kristalliner Form isolieren.

2. Polygalloylglucosen

Zu den frühesten konstitutionschemischen Untersuchungen über Gallotannine zählen die Untersuchungen von Emil Fischer in den Jahren 1908—1918. Das *chinesische Gallotannin* (Blattgallen von *Rhus semialata*) und das *türkische Gallotannin* (Zweiggallen von *Quercus infectoria*) hat E. Fischer als Gemische von verschiedenen, einander sehr ähnlichen Polygalloylglucosen angesprochen. Die durchschnittliche Zusammensetzung des chinesischen Gallotannins war mit einer β-Penta-0-m-digalloylglucose in Einklang zu bringen. Es gelang aber weder E. Fischer noch später P. Karrer (vgl. O. Th. Schmidt 1956), einheitliche Substanzen zu isolieren. Karrer u. Mitarb. erhielten allerdings durch fraktionierte Fällung mit Aluminiumhydroxyd verschiedene Fraktionen, die sich eindeutig in ihrer optischen Drehung unterscheiden. Sie vermuteten deshalb die Anwesenheit verschiedener polygalloylierter Ketten und K. Freudenberg (1920) hielt Kettenlängen bis fünf Mol Gallussäure für möglich.

Die Isolierung einheitlicher und definierter Oligogalloylglucosen aus Gerbmaterialien gelang erstmals O. Th. Schmidt (1962) aus Myrobalanen *(Terminalia chebula)*. Bei den isolierten Verbindungen, die besonders für die Entstehung der Gallotannine und Ellagengerbstoffe in der Pflanze von Bedeutung sind, handelt es sich um die 1.3.6-Trigalloyl-β-glucose und die Pentagalloyl-β-glucose.

In den letzten Jahren wurden das chinesische und türkische Gallotannin sowie die Gerbextrakte des sizilianischen- und des Hirschkolbensumachs von R. D. Haworth und seiner Schule eingehend untersucht und der konstitutionelle Aufbau dieser Gerbstoffe weitgehend geklärt (vgl. R. D. Haworth 1961). R. Armitage u. Mitarb. (1961) zeigten durch zweidimensionale Papierchromatographie, daß es sich bei den genannten Gerbextrakten um Gemische mehrerer Verbindungen handelt. So ließen sich im Chromatogramm des *chinesischen Gallotannins* vier Substanzen nachweisen, nämlich Gallussäure, m-Digallussäure, eine Substanz, die evtl. Trigallussäure sein könnte, und als Hauptkomponente das eigentliche Gallotannin. Letzteres konnte durch Extraktion mit Essigester aus einer Natriumphosphatpuffer-Lösung (pH 6,8), sowie durch Chromatographie an Cellulose- oder Perlonpulver als weiße, hygroskopische, amorphe Substanz isoliert werden.

Aus den Analysen ergibt sich nach R. D. Haworth u. Mitarb. für das chinesische Gallotannin eine Octa- oder Nona-galloylglucose (vgl. auch R. D. Haworth u. Mitarb. 1958, E. Haslam u. Mitarb. 1961).

Ein Vergleich der Analysendaten von chinesischem Gallotannin und säulenchromatographisch isolierten Gallotanninen des *sizilianischen Sumachs (Rhus coriaria)* und des *Hirschkolbensumachs (Rhus typhina)* ergab gut übereinstimmende Werte. Die einzelnen Gallotannine scheinen nach R. D. Haworth (1961) miteinander identisch zu sein. Neben dem eigentlichen Gallotannin zeigen zweidimensionale Papierchromatogramme der beiden Sumach-Arten noch Gallussäure, m-Digallussäure, Shikimisäure (III), Chinasäure (IV), Glucose und eine große Anzahl noch nicht identifizierter Verbindungen. Die enzymatische Spaltung mit glucosidasefreier Tannase (vgl. E. Haslam u. Mitarb. 1961) ergab nur Glucose als Kohlenhydratkomponente.

Das *türkische Gallotannin* weicht im Glucosegehalt und in der spez. Drehung stark von den anderen Gallotanninen ab. Dieses Verhalten wird von R. D. Haworth

(1961) Verunreinigungen oder strukturellen Unterschieden zugeschrieben. Sicher enthält dieses Tannin nur Glucose und Gallussäure.

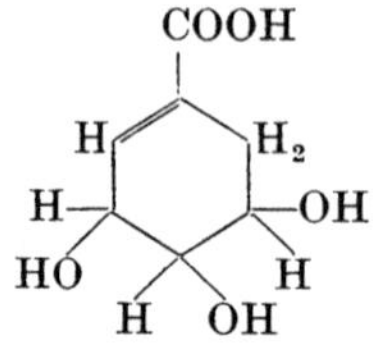

(III) Shikimisäure

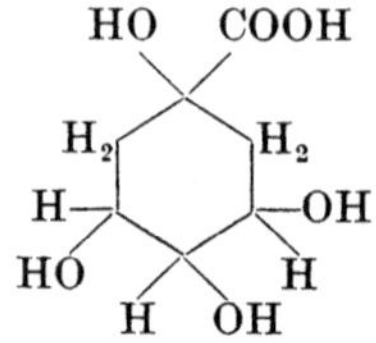

(IV) Chinasäure

3. Acertannin

Der Gerbstoff wurde 1922 von A. G. PERKIN und Y. UYEDA aus koreanischem *Acer ginnale* isoliert. Die kristalline Verbindung schmilzt bei 164—166°, das Acetylderivat bei 154—155°. Acertannin kristallisiert mit 2 mol und mit 4 mol Kristallwasser und ist optisch aktiv ([α_{D}^{15} = +20,55° in Aceton). Bei der Hydrolyse werden 2 mol Gallussäure und 1 mol Anhydrohexit erhalten, so daß Acertannin als Digalloyl-anhydrohexit angesprochen werden kann.

4. Taratannin

Taratannin von *Caesalpinia spinosa* zeigt papierchromatographisch 16 Flecken (R. ARMITAGE u. Mitarb. 1961). Hiervon werden zwei Flecken galloylierten Chinasäuren und einer der Trigallussäure zugesprochen. Sicher wurden identifiziert Theogallin (V), Glucogallin, eine bereits 1902 von E. GILSON aus chinesischem Rhabarber isolierte 1-Galloyl-β-glucose, ferner Gallussäure, m-Digallussäure, Glucose, Mannose, Chinasäure und Shikimisäure (vgl. auch R. D. HAWORTH 1961a und 1961). Für die Konstitution des als Hauptkomponente isolierten Gallotannins schlagen HAWORTH u. Mitarb. eine polygalloylierte Chinasäure der Formel VI vor.

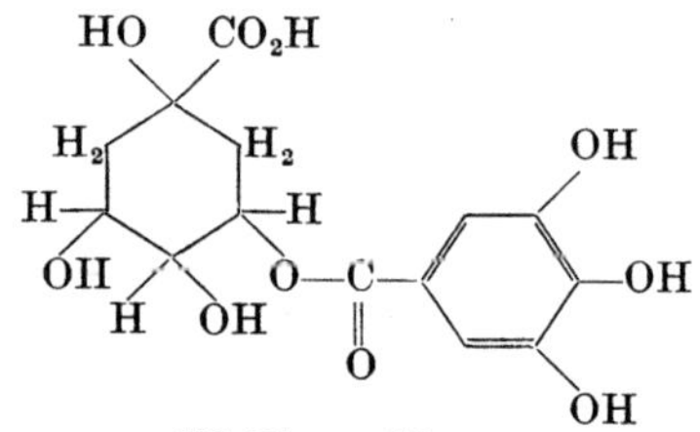

(V) Theogallin

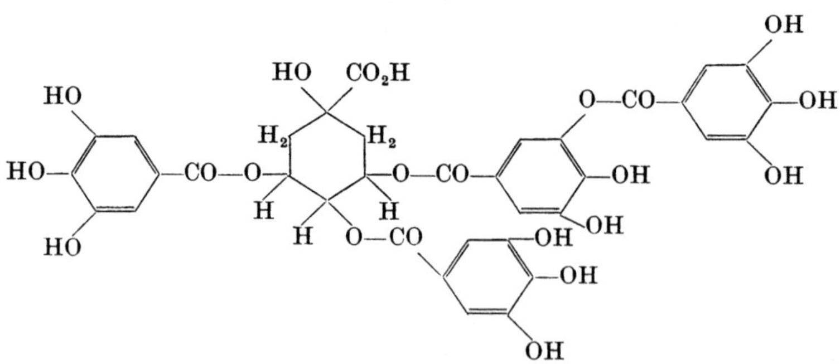

(VI) Taratannin

D. F. HORLER und H. E. NURSTEN (1961) isolierten aus dem Äthanolextrakt von Tarapulver eine amorphe Substanz, die eine kristalline Acetylverbindung vom

Smp 147—152° und einen Drehwert von −68° (in Essigester) lieferte. Die Verbindung wird von den Autoren als tetragalloylierte Chinasäure angesprochen. Aus einem Wasserextrakt von Tarapulver erhielten HORLER und NURSTEN zwei digalloylierte Chinasäuren. Die monogalloylierte Chinasäure, das Theogallin (V), wurde chromatographisch nachgewiesen, ebenso freie Chinasäure und Shikimisäure.

Esterderivate der Chinasäure, wie Theogallin, p-Cumarylchinasäure und Chlorogensäure, sind im Pflanzenreich weit verbreitet (vgl. hierzu Kapitel „Pflanzenphenole in Lebensmitteln" dieses Handbuches) und unter anderem von H. G. C. KING und TH. WHITE (1957a u. b) in einer der bekanntesten, kondensierte Gerbstoffe enthaltenden Pflanze, dem Quebracho *(Schinopsis lorentzii)*, nachgewiesen worden.

Beim Taratannin handelt es sich um Gallotannine, in denen die Glucose durch Chinasäure ersetzt ist. Diese Verbindungen dürften für die Biosynthese der Gallotannine von großem Interesse sein, da die 5-Dehydro-Chinasäure eine Vorstufe der 5-Dehydro-Shikimisäure darstellt, aus der sich nach E. HASLAM (1961; vgl. auch R. D. HAWORTH 1961 und E. HASLAM u. Mitarb. 1961) die Gallussäure bildet, wie nachfolgendes Schema veranschaulicht.

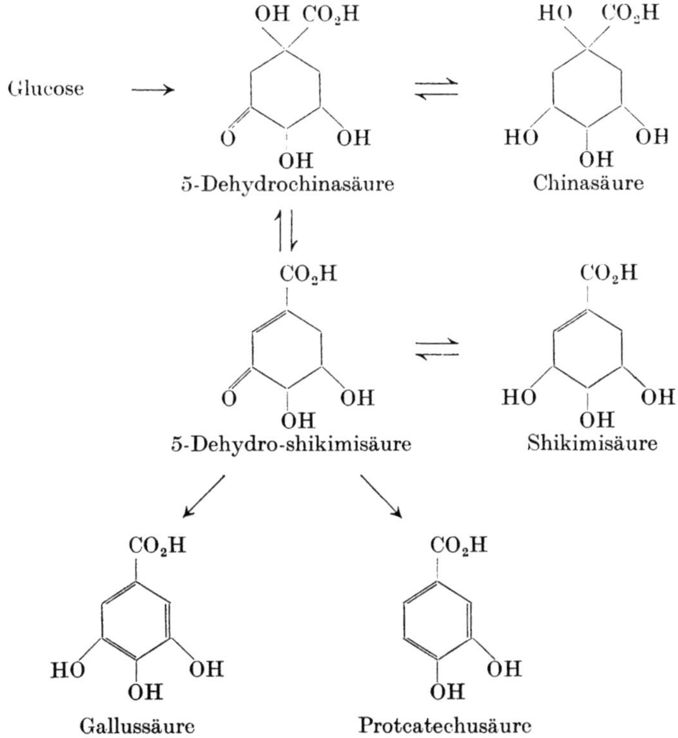

5. Chebulinsäure

Als erster kristallisierter Gerbstoff ist die von FRIDOLIN (1884) aus Myrobalanen isolierte *Chebulinsäure* anzusprechen. Nach K. FREUDENBERG (1919b), (vgl. auch K. FREUDENBERG und D. FICK 1920, K. FREUDENBERG und TH. FRANK 1927) lieferte die Partialhydrolyse 1 mol Digalloylglucose (VII), 1 mol Gallussäure und 1 mol einer Verbindung, die später von O. TH. SCHMIDT u. Mitarb. (1952) *Chebul-*

säure (VIII) genannt wurde. Die Chebulsäure $C_{14}H_{12}O_{11}$ ist optisch aktiv (+25,6° in Wasser), kristallisiert nicht, gibt aber kristalline zweibasische Salze mit Thallium(I)-verbindungen und mit Brucin (vgl. K. Freudenberg 1919b, K. Freudenberg und B. Fick 1920). Die blaue Eisenchlorid-Reaktion spricht für drei vicinal-aromatische Hydroxylgruppen. Mit Diazomethan wird eine Hexamethyl-chebulsäure erhalten, von der sich drei Methylgruppen verseifen lassen. Diese Verseifung sowie die Titration mit Alkali ließ O. Th. Schmidt und W. Mayer (1951) drei freie Carboxylgruppen vermuten. Eine vierte Carboxylgruppe am aromatischen Ring schien einem Lactonring anzugehören, der sich durch Erwärmen mit starkem Alkali öffnet.

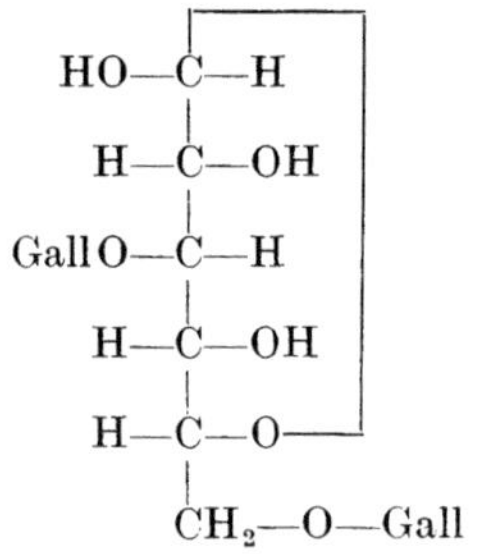

(VII) 3.6-Digalloylglucose

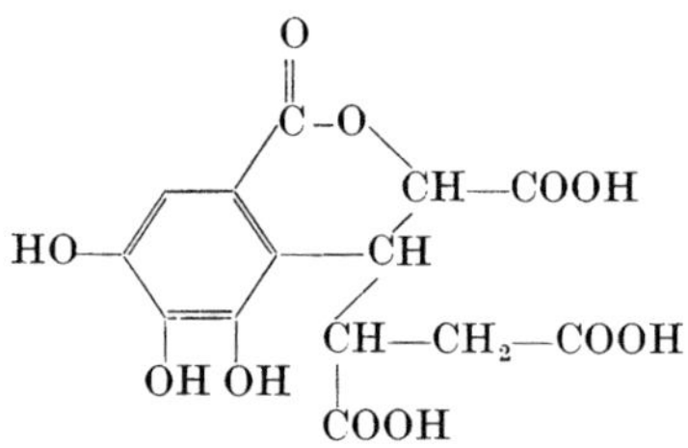

(VIII) Chebulsäure

Durch Abbauversuche erhielten O. Th. Schmidt und W. Mayer eine Verbindung $C_8H_8O_8$, der nach Vergleich mit synthetischen Materialien (vgl. W. Mayer u. Mitarb. 1953, R. Schweiger 1954) die Formel eines n-Butanol(1)-tetracarbonsäure(1.2.3.4)-lactons (IX) zugesprochen wird.

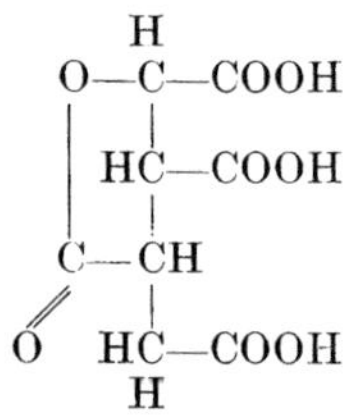

(IX) n-Butanol(1)-tetracarbonsäure(1.2.3.4)-lacton

Als Ergebnis ihrer Untersuchungen kommen Schmidt und Mayer zur Formel (VIII) für die Chebulsäure. Eine Bestätigung dieser Konstitution wurde von R. D. Haworth und de Silva (1951) erbracht, die nach oxydativem Abbau des Chebulsäure-trimethyläthers mit $K_3[Fe(CN)_6]_3$ und KOH Trimethoxyphthalsäure isolierten (vgl. auch R. D. Haworth und de Silva 1954, R. D. Haworth u. Mitarb. 1954). Die bereits von K. Freudenberg (1933) vermutete 3.6-Stellung der Gallussäure in der Digalloylglucose (VII) wurde von O. Th. Schmidt (1951) bewiesen. Im gleichen Jahr gelang O. TH. Schmidt und A. Schach (1951) auch die Synthese der 3.6-Digalloylglucose.

Bei der weiteren Untersuchung über die Konstitution der Chebulinsäure fanden O. Th. Schmidt u. Mitarb. (1957), daß als erster Schritt bei der Hydrolyse 1 mol Wasser aufgenommen wird, ohne daß eine Substanz abgespalten wird. Diese als „*Neochebulinsäure*" ($C_{41}H_{34}O_{28}$) bezeichnete Verbindung (X) spaltet sich dann unter Wasseraufnahme in Chebulsäure (VIII) und 1.3.6-Trigalloyl-β-glucose auf. Letztere, von O. Th. Schmidt und G. Klinger (1957) auch durch Synthese gewonnene und von O. Th. Schmidt (1962) aus Myrobalanen isolierte Verbindung hydrolysiert in Gallussäure und 1.3-Digalloylglucose. Beim Übergang der Chebulinsäure in die Neochebulinsäure wird nach O. TH. SCHMIDT u. Mitarb. (1957) eine aliphatische Carboxylgruppe der Chebulsäure frei, die mit der Hydroxylgruppe am C-Atom 2 der Glucose verestert war. O. TH. SCHMIDT (1955, 1956) hat deshalb für die Chebulinsäure die Formel (XI) vorgeschlagen.

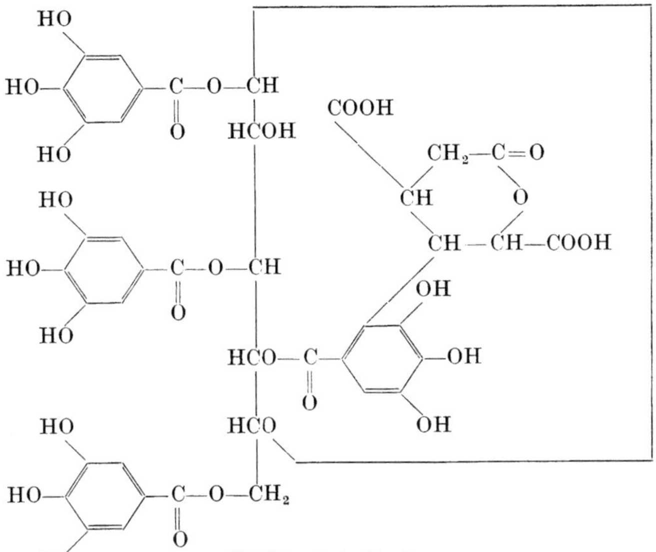

(X) Neochebulinsäure

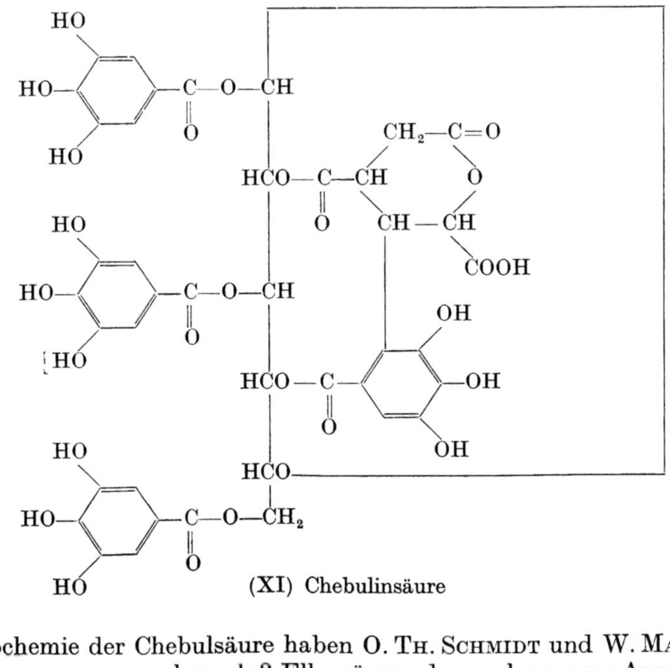

(XI) Chebulinsäure

Zur Biochemie der Chebulsäure haben O. TH. SCHMIDT und W. MAYER (1951) die Vermutung ausgesprochen, daß Ellagsäure oder nach neuerer Anschauung die

Hexahydroxydiphensäure (XII) (O. TH. SCHMIDT 1956) in der Pflanze durch fermentative Oxydoreduktion unter Aufspaltung und Aufnahme von 1 mol Wasser in Chebulsäure umgewandelt wird. Eine Modellreaktion, die diese Theorie unterstützt, wurde von W. MAYER u. Mitarb. (1955) durchgeführt. Wird Gallussäure in alkalischer Lösung hydriert, entsteht die Dihydrogallussäure, die sich als cyclisches Redukton leicht zur Cyclohexantrion-carbonsäure dehydriert. Mit verdünntem wäßrigem Alkali wird die Triketocarbonsäure leicht aufgespalten und geht über ein Zwischenprodukt in 2-Hydroxy-4-carboxyadipinsäure über. Auf Hexahydroxydiphensäure übertragen (O. TH. SCHMIDT 1956) würde die Reaktion wie folgt aussehen:

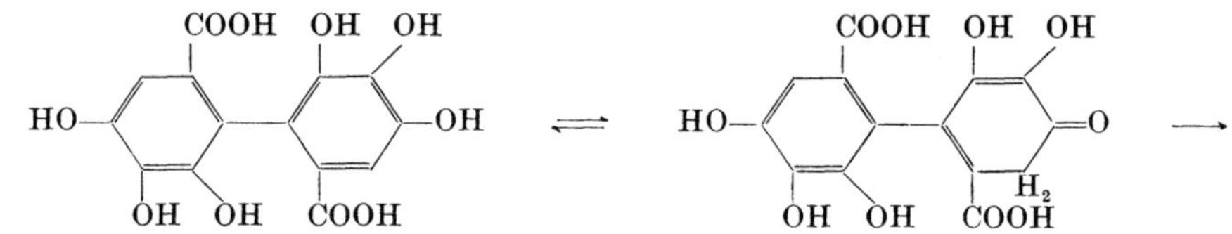

(XII)Hexahydroxy-diphensäure

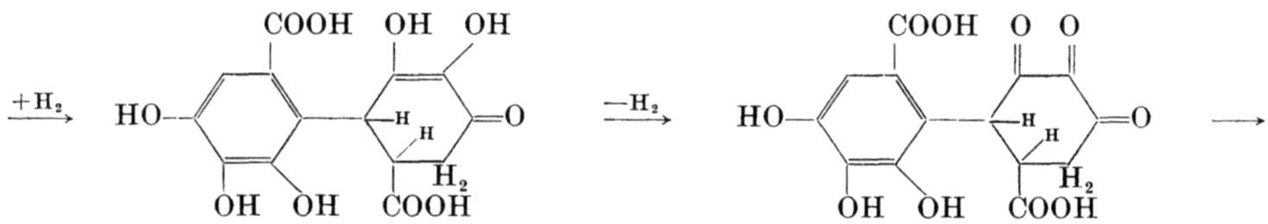

(XIII)

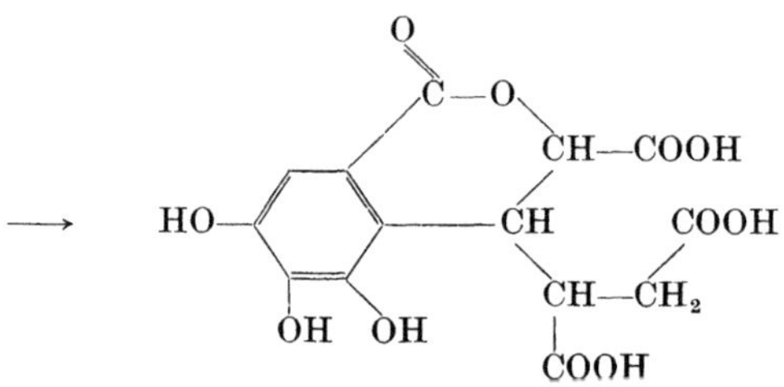

Chebulsäure

Eine Bestätigung der von SCHMIDT und MAYER aufgestellten Hypothese kann darin erblickt werden, daß es O. TH. SCHMIDT (1962) inzwischen gelang, die Triketocarbonsäure (XIII); vgl. Terchebin (XL, S. 569) als Bestandteil von Ellagengerbstoffen zu isolieren.

II. Dehydro-digallussäure

Aus jungen Trieben und Blättern der Edelkastanie *(Castanea vesca)* isolierte W. MAYER (1952a) eine kristalline Phenolcarbonsäure, die sog. „Dehydro-digallussäure" mit der Bruttoformel $C_{14}H_{10}O_{10}$. Die Dehydro-digallussäure, die etwa 8%, bezogen auf die Gesamtgerbstoffmenge, ausmacht, gibt mit Eisenchlorid eine rasch verblassende, tiefblaue Farbe, ist farblos und verhält sich bei der Cyankaliprobe wie freie Gallussäure. Sie ist in den gebräuchlichen Lösungsmitteln schwer löslich und gegen Säuren sehr stabil. Von heißer verdünnter Natronlauge wird sie gespalten, wobei 50% Gallussäure isoliert werden können.

Die Methylierung mit Diazomethan ergibt eine Heptamethylverbindung ($C_{21}H_{24}O_{10}$), von der zwei Methylgruppen durch Verseifung entfernt werden können.

Die entstehende Pentamethylverbindung enthält zwei Carboxylgruppen und ist gegen Alkali beständig.

Die Methylierungsversuche ergaben, daß von den zehn Sauerstoffatomen fünf aromatischen Hydroxylgruppen und vier den beiden Carboxylgruppen angehören. Dem zehnten Sauerstoffatom sprach W. MAYER nach weiteren Versuchen eine Äther-Funktion zu und kam zu folgender Konstitution (XIV).

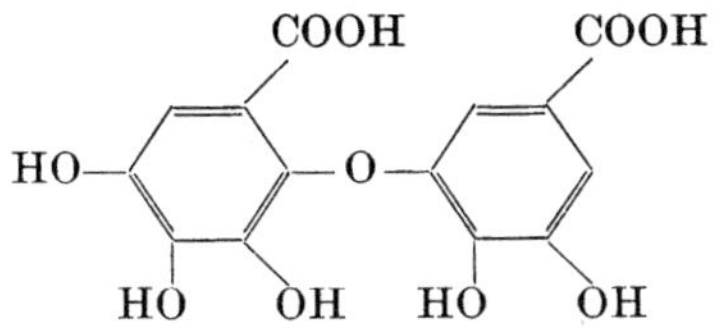

(XIV) Dehydro-digallussäure

Wird Dehydro-digallussäure wenige Minuten mit konz. Schwefelsäure auf 100° erhitzt, bildet sich ein Xanthon der Formel (XV), womit die Diphenyläthergruppierung und die o-Stellung einer Carboxylgruppe zur Äthergruppe bestätigt wird.

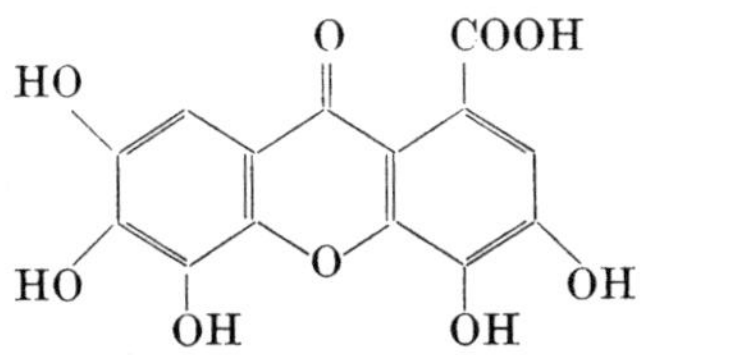

(XV) Xanthon aus Dehydro-digallussäure

Die Synthese des Dehydro-digallussäure-dimethylester-pentamethyläthers durch W. MAYER und dessen Vergleich mit der natürlichen Heptamethylverbindung brachte den endgültigen Beweis für die Konstitution (XIV). In späteren Versuchen konnten W. MAYER und R. FIKENTSCHER (1958), die freie Dehydrodigallussäure auf folgendem Wege synthetisieren. Bromtrimethyläther-gallus-

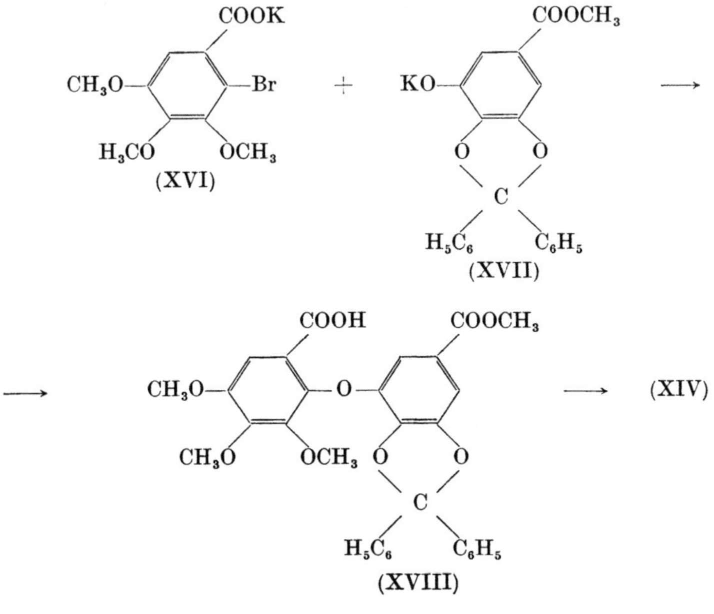

(XVI) (XVII) (XVIII)

saures Kalium (XVI) wurde mit dem Kaliumphenolat des 3.4(Diphenyl-methylen-dioxy)-5-hydroxy-benzoesäure-methylesters (XVII) umgesetzt. Die entstandene Verbindung (XVIII) wurde zur Dicarbonsäure verseift und mit Aluminiumbromid unter Abspaltung der Methylgruppen und der Benzhydrylidengruppe in die Dehydrodigallussäure (XIV) umgewandelt.

III. Ellagengerbstoffe

Gerbstoffextrakte dieser Gruppen scheiden bei der Hydrolyse mit Säure, oft auch schon beim Stehen der Extrakte, Ellagsäure (XIX) ab. Diese Abscheidung erfolgt auch beim Gerben häufig auf den Häuten und wird von den Gerbern als „Blume" bezeichnet.

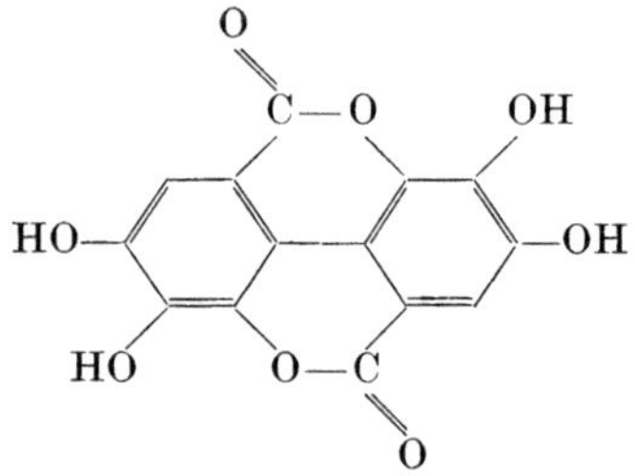

(XIX) Ellagsäure

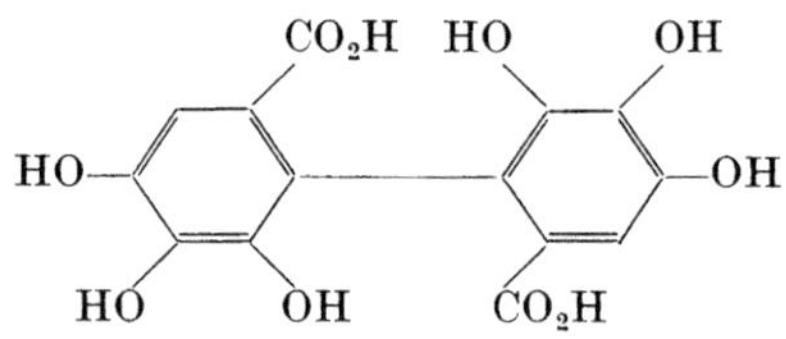

(XX) Hexahydroxy-diphensäure

Nach Arbeiten von O. Th. Schmidt u. Mitarb. (1952) liegt die Ellagsäure in den Gerbextrakten nicht in der Lactonform vor, sondern ist über beide Carboxylgruppen mit Glucose verestert (vgl. Formeln XXI und XXII). Schmidt u. Mitarb. erhielten nach Methylierung und Hydrolyse von ellagsäurehaltigen Gerbstoffen D-Hexamethoxy-diphensäure. Die Synthese der beiden optisch aktiven Hexahydroxydiphensäuren (XX) wurde von O. Th. Schmidt und K. Demmler (1954) beschrieben. Die Autoren fanden, daß die freie Säure sich bereits in der Kälte racemisiert und beim Stehen in methanolischer Lösung langsam lactonisiert. Die Lactonisierung kann durch Erwärmen stark beschleunigt werden. Beim Erwärmen auf 50° ist nach 1 Std, beim Kochen bereits nach 5 min Ellagsäureabscheidung zu beobachten. Zusatz von Wasser oder Mineralsäure beschleunigt die Bildung stark. Diese Befunde machen es verständlich, daß bei der Hydrolyse von Ellagengerbstoffen keine freie Hexahydroxy-diphensäure, sondern nur Ellagsäure gefunden wird.

Zum Nachweis freier Ellagsäure dient die von L. Reichel und A. Schwab (1942) abgeänderte Grießmayer-Reichel-Reaktion; zum Nachweis gebundener Ellagsäure die von H. R. Procter und J. Paessler (1901) beschriebene Reaktion (vgl. auch W. Mayer, zit. in O. Th. Schmidt 1955).

Aus Myrobalanen *(Terminalia chebula)* haben O. Th. Schmidt und W. Nieswandt (1948) neben der zu den Gallotanninen gehörenden Chebulinsäure als ersten einheitlichen Ellagengerbstoff die *Chebulagsäure* durch fraktionierte Fällung mit Zinkacetat isoliert. Zwei Jahre später haben O. Th. Schmidt und D. M. Schmidt (1952) in Myrobalanen einen weiteren Ellagengerbstoff nachgewiesen, der kurz vorher von O. Th. Schmidt und R. Lademann (1951) auch aus Divi-Divi isoliert wurde und *Corilagin* genannt wurde.

1. Corilagin

Corilagin, erstmals von O. Th. Schmidt u. Mitarb. aus Divi-Divi-Extrakten durch fraktionierte Bleifällung und Gegenstromverteilung isoliert, bildet lange farblose Prismen, die sich bei 204—205° C zersetzen. Der Ellagengerbstoff mit der Bruttoformel $C_{27}H_{22}O_{18}$ ist in Wasser schwer löslich, hat keine freie Carboxylgruppe und besitzt eine spezifische Drehung von $-246°$ (in Äthanol). Nach der Hydrolyse wird je 1 mol Ellagsäure, Gallussäure und Glucose gefunden. Bei der Partialhydrolyse des Corilagins wird zuerst Gallussäure abgespalten. Neben noch unverändertem Corilagin entsteht mit steigender Gallusäureabspaltung eine neue Verbindung mit reduzierenden Eigenschaften, ein Beweis dafür, daß die Gallussäure am C_1 der Glucose gebunden ist. Die reduzierende, Gallussäure freie Verbindung, von SCHMIDT u. Mitarb. als Hexahydroxydiphenoylglucose angesprochen, hydrolysiert in Ellagsäure und Glucose. Da das durch Methylierung mit Diazomethan erhaltene kristalline Enneamethylcorilagin bei der Hydrolyse Gallussäuretrimethyläther und (+)Hexamethoxydiphensäure liefert (O. TH. SCHMIDT u. Mitarb. 1952) kann die Ellagsäure nur esterartig mit zwei Zuckerhydroxylen verbunden sein. Die Hydrolyse des vollständig, also auch an den aliphatischen Hydroxylgruppen methylierten Hendekamethyl-corilagins (O. TH. SCHMIDT, D. M. SCHMIDT und J. HEROK 1954) ergab, daß nur die Hydroxylgruppen 2- und 4 in Corilagin frei vorliegen. Dem Corilagin muß deshalb die Formel (XXI) zugesprochen werden.

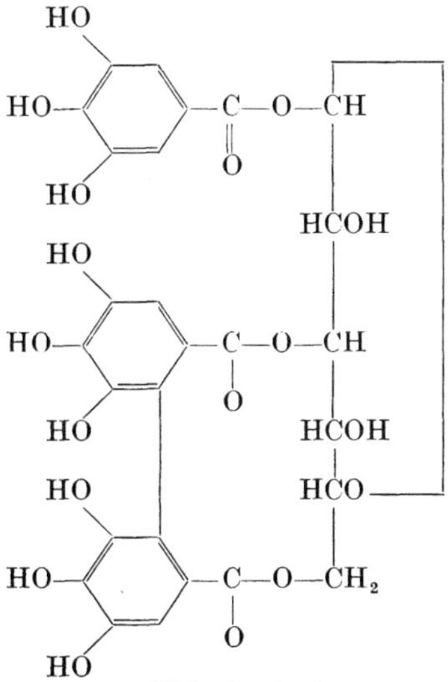

(XXI) Corilagin

Die Konfiguration am glucosidischen C-Atom wird von O. TH. SCMIDT u. Mitarb. (1954) als β-ständig gefunden.

Corilagin konnte ferner in den Blättern, Zweigen und der Rinde des Quebracho *(Schinopsis lorentzii)* von H. G. C. KING und TH. WHITE (1957a und b) und in der Cambiumzone verschiedener Eucalyptusarten von W. E. HILLIS und A. CARLE (1958) nachgewiesen werden.

Vor einigen Jahren gelang es L. JURD (1958) aus Walnuß einen Ellagengerbstoff zu isolieren, der mit einer Bruttoformel von $C_{27}H_{22}O_{18}$ und den Hydrolysenprodukten Glucose, Gallussäure und Ellagsäure nahe verwandt mit dem Corilagin ist. Der von JURD als *Juglanin* bezeichnete Gerbstoff unterscheidet sich vom Corilagin durch den Schmelzpunkt, der bei 235—237° liegt, durch den Drehwert von $+52°$ (in Wasser) und durch R_F-Werte. Ein weiterer Unterschied liegt in der Methylierung mit Diazomethan, die bei Corilagin eine Enneamethyl-, bei Juglanin eine Decamethylverbindung liefert. JURD vermutet, daß in Juglanin die Gallussäure und/oder die Hexahydroxydiphensäure anders an die Glucose gebunden sind als im Corilagin.

2. Chebulagsäure

Die bereits erwähnte Chebulagsäure, zuerst aus Myrobalanen *(Terminalia chebula)* (O. TH. SCHMIDT und W. NIESWANDT 1950, vgl. auch F. BLINN 1951), dann aus Divi-Divi (O. TH. SCHMIDT und R. LADEMANN 1950) isoliert, steht in naher Verwandtschaft mit dem Corilagin. Sie kristallisiert in schön ausgebildeten Rhomben, die oberhalb 240°, ohne zu schmelzen, dunkel werden. Die Drehung beträgt in Äthanol −57,2°. Chebulagsäure besitzt eine freie Carboxylgruppe und liefert bei der Säurehydrolyse je 1 mol Glucose, Gallussäure, Ellagsäure und die bei der Chebulinsäure (XI) bereits gefundene Chebulsäure (VIII, vgl. S. 556).

Ähnlich wie bei der Chebulinsäure wird bei der Partialhydrolyse zuerst 1 mol Wasser aufgenommen und es entsteht eine papierchromatographisch nachweisbare neue Verbindung, die von O. TH. SCHMIDT und D. M. SCHMIDT (1952), als Neochebulagsäure (XXII) bezeichnet wurde. Die optische Drehung steigt von −57 auf etwa −100 bis 110°. Die Neochebulagsäure, von O. TH. SCHMIDT u. Mitarb. (1957) isoliert, bildet lange farblose Prismen, die bei 196° C unter Zersetzung schmelzen und eine optische Drehung von −119° (in Äthanol) zeigen. Die Neochebulagsäure enthält zwei freie Carboxylgruppen und gibt bei der Methylierung mit Diazomethan eine bei 246° unter Zersetzung schmelzenden Tetradekamethyl-neochebulagsäure ($[\alpha]_D = -83{,}2°$ in Aceton). Bei der Partialhydrolyse von (XXII) wird zuerst Chebulinsäure und dann Gallussäure abgespalten. Wird die Hydrolyse vor der Gallussäureabspaltung gestoppt, so wird eine Verbindung erhalten, die mit Corilagin identisch ist, womit die Stellung der Gallussäure und der Hexahydroxydiphensäure festgestellt war (O. TH. SCHMIDT und D. M. SCHMIDT 1952a).

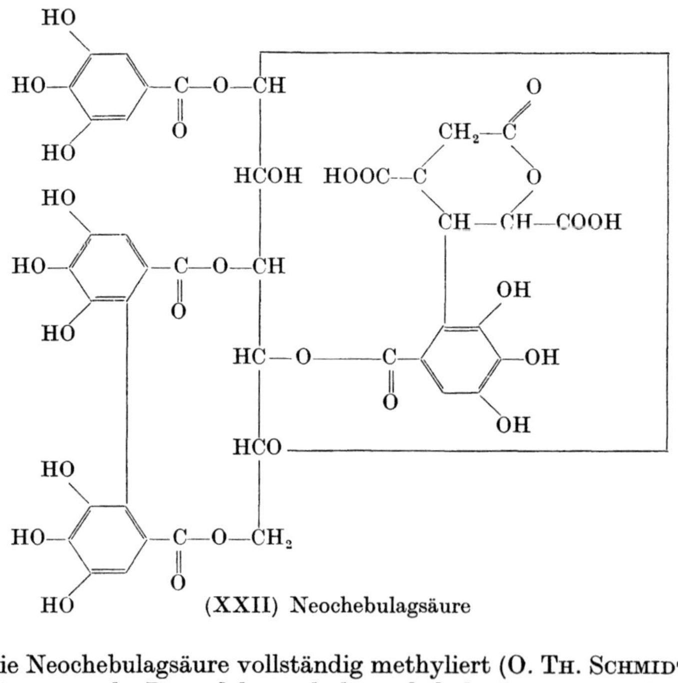

(XXII) Neochebulagsäure

Wird die Neochebulagsäure vollständig methyliert (O. TH. SCHMIDT u. Mitarb. erhielten eine amorphe Pentadekamethyl-neochebulagsäure) und alkalisch hydrolysiert, kann 2-Methyl-D-glucose gefunden werden. Da die vollständig methylierte Chebulagsäure nach der Hydrolyse eine unsubstituierte Glucose gibt, liegen hier die Verhältnisse wie bei der Chebulinsäure, d. h. die Chebulsäure ist in der Chebulagsäure mit zwei Zuckerhydroxylgruppen verestert, von denen die in 2-Stellung stehende bei der Partialhydrolyse aufgespalten wird, wobei eine aliphatische Carboxylgruppe der Chebulsäure frei wird. Da nach Abspaltung der Chebulsäure Corilagin erhalten wird, ergibt sich nach O. TH. SCHMIDT u. Mitarb. (1957) für die Chebulagsäure die Formel (XXIII). Der linke Teil ist mit Corilagin (XXI) identisch. Denkt man sich die Galloylreste in 3- und 6-Stellung nicht miteinander verknüpft, so erhält man die Chebulinsäure (vgl. XI).

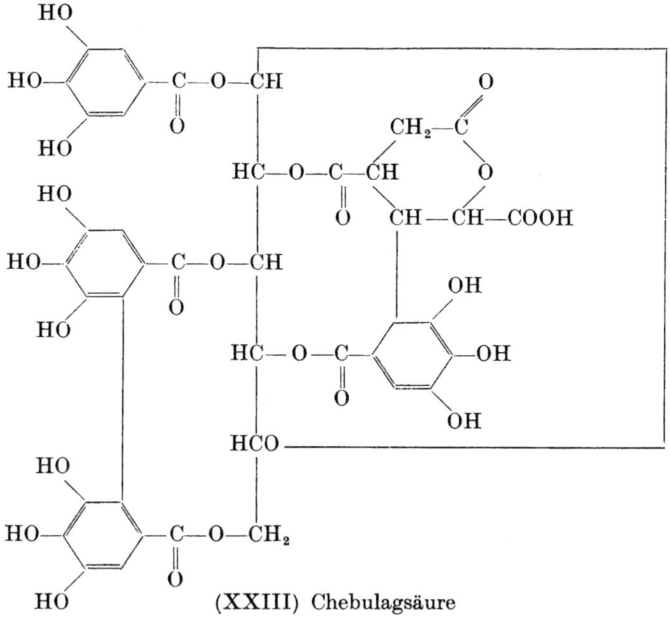

(XXIII) Chebulagsäure

Für die Bildung der Hexahydroxy-diphensäureverbindungen Corilagin und Chebulagsäure halten es O. TH. SCHMIDT und K. DEMMLER (1954a) für unmöglich, daß die Glucose mit bereits vorgebildeter Ellagsäure reagiert. Auch vorgebildete Hexahydroxydiphensäure halten die Autoren auf Grund der geringen Stabilität der Säure als reagierende Komponente für unwahrscheinlich. Vielmehr nehmen sie an, daß die Hexahydroxydiphensäure aus Poly- oder Oligogalloylglucosen durch die Wirkung dehydrierender Enzyme *in situ* gebildet werden.

Eine Stütze für diese Hypothese ist das Auffinden der Pentagalloyl-β-glucose in Myrobalanen (O. TH. SCHMIDT 1962, vgl. S. 553) und die Untersuchungen von H. ERDTMANN (1935) und D. E. HATHWAY (1957), die zeigen konnten, daß nur Gallussäureester, nicht aber Gallussäure selbst zu Ellagsäure dehydriert werden kann. Eine weitere Stütze ist nach O. TH. SCHMIDT (1956), daß im Corilagin und in der Chebulagsäure die Hexahydroxydiphensäure in 3.6-Stellung der Glucose gebunden ist und es sich hier um die gleichen Zuckerhydroxyle handelt, an welche in der Chebulinsäure (vgl. XI) 2 mol Gallussäure gebunden sind.

Auch in Quebracho *(Schinopsis lorentzii)* wurde Chebulagsäure gefunden (H. G. C. KING und TH. WHITE 1957a und b).

Naheliegend war es, die Chebulagsäure und Corilagin auch in Algarobilla, den Fruchtschoten der *Caesalpinia brevifolia*, einem dem Divi-Divi botanisch sehr nahestehenden Gerbmaterial zu vermuten. O. TH. SCHMIDT und K. BERNAUER (1954) konnten in Algarobilla jedoch keine der genannten Verbindungen nachweisen. Der

Gerbextrakt von Algarobilla ließ sich in eine phenolsaure und eine carboxylsaure Fraktion zerlegen, die beide durch Gegenstromverteilung weiter aufgetrennt wurden.

3. Brevifolincarbonsäure und Brevifolin

Die phenolsaure Fraktion des Gerbextraktes von Algarobilla enthielt einen neuen Gerbstoff, der von O. Th. Schmidt und K. Bernauer (1954) in kristalliner Form isoliert werden konnte und für den der Name Brevilagin vorgeschlagen wurde (vgl. S. 566). Der Gerbstoff ist gelb gefärbt, dreht in Äthanol + 146,6° und hydrolysiert in Glucose, Ellagsäure und ein weiteres Spaltstück, die „Brevifolincarbonsäure". Die Säure erwies sich als identisch mit der aus der carboxylsauren Fraktion von Algarobilla isolierten Verbindung.

Die *Brevifolincarbonsäure*, mit einer Bruttoformel $C_{13}H_8O_8$, ist ebenfalls gelb gefärbt und verhält sich bei der Grießmayer-Reichel-Probe wie Ellagsäure. Die Methylierung mit Diazomethan führt zur Tetramethylverbindung. Mit 2.4-Dinitrophenylhydrazin wird ein Hydrazon erhalten. Beim Erhitzen mit Wasser spaltet die Säure 1 mol CO_2 ab. Das decarboxylierte, ebenfalls gelb gefärbte Produkt von der Summenformel $C_{12}H_8O_6$ wurde Brevifolin genannt.

Brevifolin, gibt eine grünstichig blaue Eisenchloridreaktion und die gleiche Farbreaktion nach Griessmayer-Reichel wie Ellagsäure und Brevifolincarbonsäure. Mit Diazomethan ergibt Brevifolin einen Trimethyläther, der in Wasser unlöslich ist, von warmer Natronlauge gelöst wird und beim Ansäuern wieder ausfällt. Die Eisenchloridreaktion und Methylierung sprechen für drei benachbarte Hydroxylgruppen, das Verhalten in Alkali und Säure für eine Lactongruppierung. Letzteres wurde von Schmidt u. Mitarb. durch Methylierung mit Dimethylsulfat in alkalischem Medium bestätigt. Die Autoren erhielten eine Tetramethylverbindung mit einer freien Carboxylgruppe, die sich mit Diazomethan verestern läßt.

Durch weitere Versuche zeigten O. Th. Schmidt u. Mitarb., daß es sich beim Brevifolin um eine Enollactongruppe handelt. Oxydative Abbauversuche (Oxydation mit alkalischem Ferricyanid ergab Trimethoxyphthalsäure) ließen vermuten, daß im Brevifolin ein Fünfring mit einem Gallussäurerest verknüpft ist. Dem Fünfring mußten zwei Keto-Sauerstoffe zugeordnet werden, wovon einer als Enol lactonisiert ist. Daß es sich dabei um eine α-Diketogruppierung handelt, ergab die Oxydation mit alkalischem Wasserstoffperoxyd, bei der aus Brevifolin-trimethyläther (XXIV) $C_{15}H_{14}O_6$ die Tricarbonsäure (XXV) $C_{15}H_{18}O_9$ entstand.

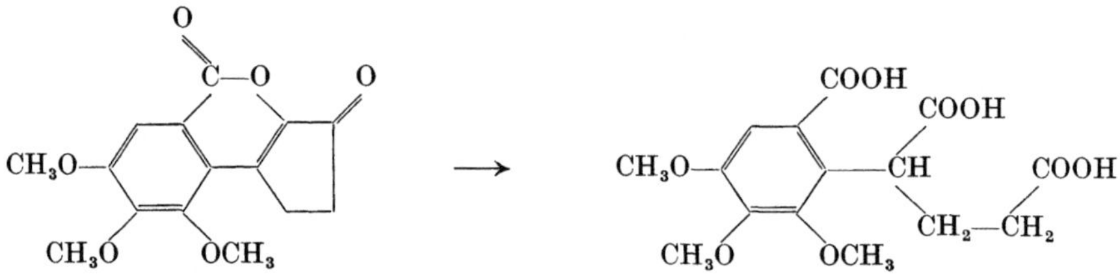

(XXIV) Brevifolin-trimethyläther (XXV)

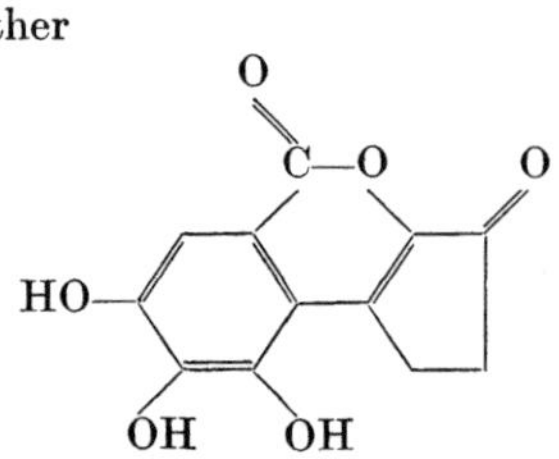

(XXVI) Brevifolin

Die von SCHMIDT und BERNAUER vorgeschlagene Konstitution (XXVI) für das Brevifolin wurde ein Jahr später durch K. BERNAUER und O. TH. SCHMIDT (1955), sowie unabhängig davon von R. D. HAWORTH und J. GRIMSHAW (1955) durch Synthese des Trimethyläthers bestätigt.

O. TH. SCHMIDT u. Mitarb. setzten diazotierten Amino-trimethyl-gallussäure-methylester (XXVII) in Gegenwart von Kupfer(II)-acetat mit Cyclopenten-(1)-ol-(2)-on-(3)-methyläther (XXVIII) um. Nach Hydrolyse der Ester und Enoläthergruppierung erhielten sie Brevifolin-trimethyläther (XXIX).

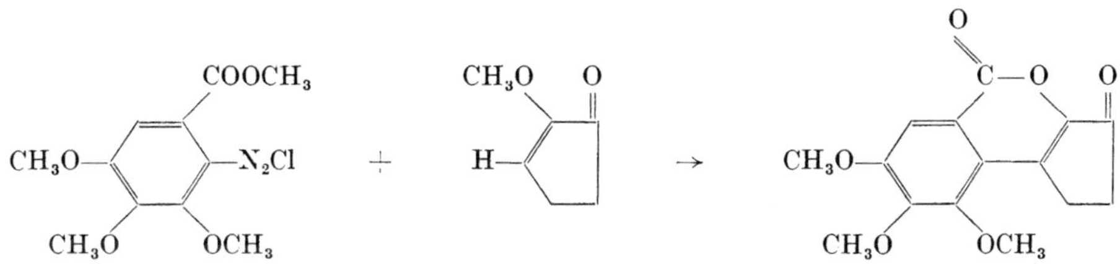

(XXVII) Diazotierter Amino-trimethyl-gallussäure-methylester (XXVIII) (XXIX) Brevifolin-trimethyläther

HAWORTH u. Mitarb. oxydierten zuerst Ellagsäure zu Flavellagsäure (XXX) und diese dann mit alkalischem Peroxyd, methylierten das Oxydationsprodukt (XXXI) und führten es durch Kettenverlängerung nach der Arndt-Eistert-Reaktion in die homologe Säure (XXXII) über. Die Säure gab mit Phosphorpentoxyd unter Ringschluß Brevifolin-trimethyläther.

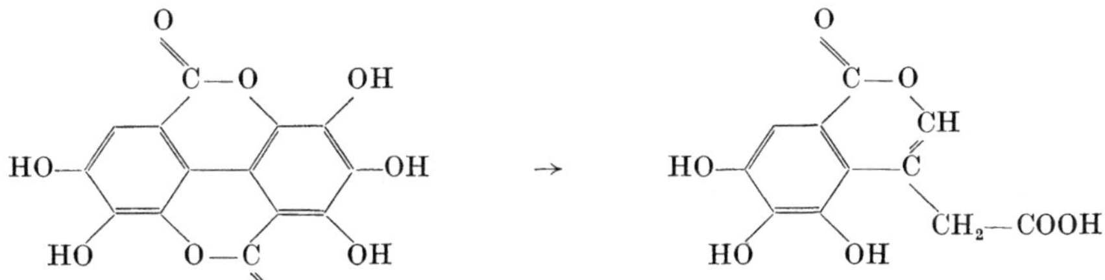

(XXX) Flavellagsäure (XXXI)

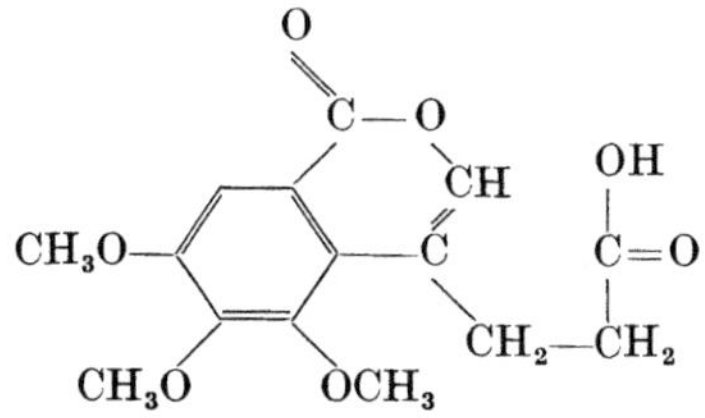

(XXXII)

Für die *Brevifolincarbonsäure* haben O. TH. SCHMIDT und K. BERNAUER (1954) wegen der leichten Decarboxylierbarkeit angenommen, daß die Carboxylgruppe der Carbonylgruppe nachbarständig ist (XXXIII). Später haben O. TH. SCHMIDT und W. MAYER (1956) auch die Formel (XXXIV) diskutiert, die eine vinyloge β-Carbonylsäure darstellt.

O. TH. SCHMIDT und R. ECKERT (1956 und 1958) haben von den beiden diskutierten Formeln die Trimethyl-äthermethylester synthetisiert und mit dem aus dem Naturprodukt erhaltenen Methylderivat verglichen. Es zeigte sich, daß Formel (XXXIV) für die Brevifolincarbonsäure richtig ist, (vgl. auch O. TH. SCHMIDT 1961).

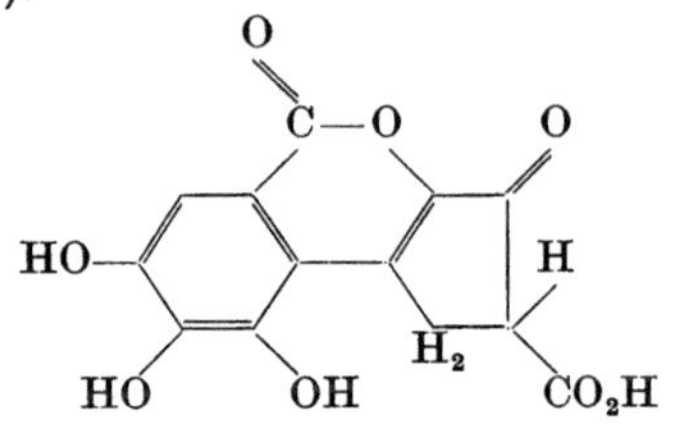

(XXXIII)

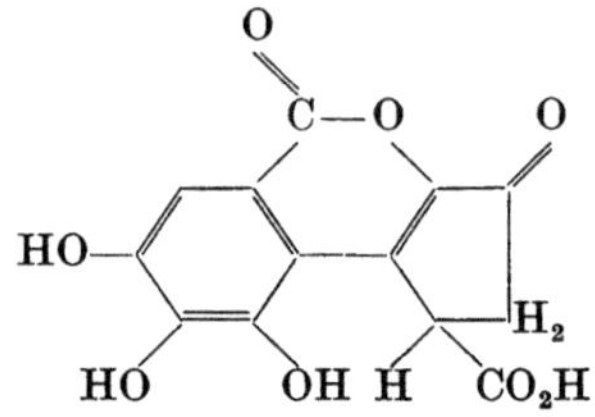

(XXXIV) Brevifolin-carbonsäure

Ebenso wie für die Chebulsäure (vgl. S. 558) hat O. TH. SCHMIDT (1956) eine Hypothese für die Entstehung der Brevifolin-carbonsäure aus Hexahydroxy-diphensäure aufgestellt. Auch hier soll aus der Hexahydroxy-diphensäure zuerst die inzwischen von O. TH. SCHMIDT (1962) im Terchebin (XL, S. 569) gefundene Isohexahydroxy-diphensäure entstehen, aus der durch „Redoxdisproportionierung" Brevifolin-carbonsäure entsteht.

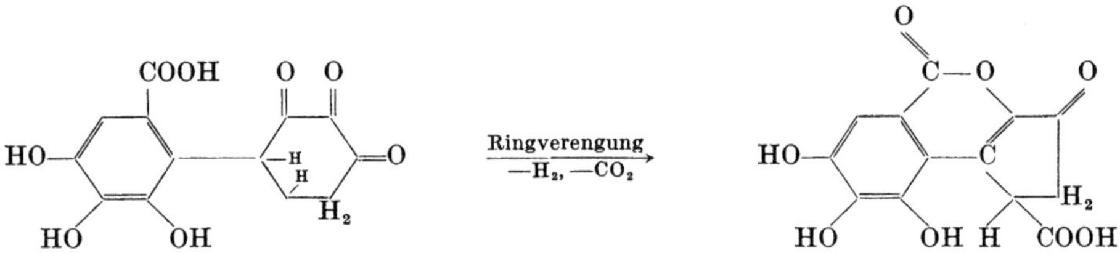

Isohexahydroxy-diphensäure Brevifolin-carbonsäure

4. Brevilagin I und II

Aus Algarobilla wurde von O. TH. SCHMIDT (1961) ein weiterer kristallisierter Ellagengerbstoff isoliert. Die 1954 gefundene Verbindung (vgl. S. 564) wurde als *Brevilagin I*, die neue Verbindung als *Brevilagin II* bezeichnet. Brevilagin I ist gelb gefärbt und gibt mit Eisen(III)-chlorid in methanolischer Lösung eine blaugrüne Farbe. Der Grießmayer-Reichel-Test auf Ellagsäure ist negativ und gibt eine mehr braune als rot-violette Farbe. Die Verbindung dreht +159,5° (in Äthanol) und hat eine Bruttozusammensetzung $C_{34}H_{24-28}O_{24}$. Das Molekulargewicht wurde zu 820 gefunden. Der Nachweis freier reduzierender Zuckergruppen ist negativ.

Der Gerbstoff gibt bei der Hydrolyse mit verdünnter Schwefelsäure Glucose und Ellagsäure. Überraschend war jedoch das Ergebnis der Hydrolyse mit konz. Salzsäure, die bereits nach 10 min beendet war und in 65%ig. Ausbeute eine farblose, kristalline Verbindung lieferte, die als Chlorellagsäure (XXXV) identifiziert wurde.

Da weder Chebulagsäure noch Corilagin unter gleichen Hydrolysebedingungen Chlorellagsäure abspalten, vermutete SCHMIDT, daß Hexahydroxydiphensäure als solche nicht im Brevilagin I gebunden ist, was durch das negative Ergebnis bei dem Nachweis auf gebundene Ellagsäure bestätigt wird.

Die leichte Addition von Salzsäure führte zu der Annahme, daß die Hexahydroxydiphensäure in dehydrierter, also chinoider Struktur an Glucose gebunden ist. Die Carbonylgruppen würden auch die gelbe Farbe des Brevilagins erklären. Der Versuch, die Carbonylgruppe mit Phenylhydrazin umzusetzen, verlief positiv.

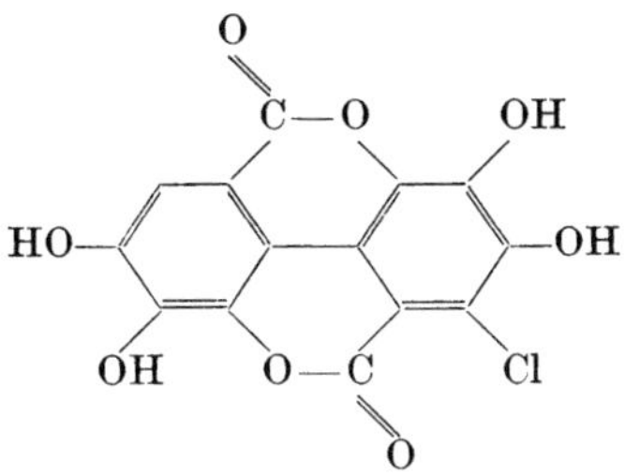

(XXXV) Chlorellagsäure

SCHMIDT erhielt aus Brevilagin I mit Phenylhydrazin ein kristallines, rotgefärbtes Tetrakisphenylhydrazon. Der Umsatz von Brevilagin I mit o-Phenylendiamin gab ein orangegelb gefärbtes, optisch aktives ($[\alpha]_D^{25} + 228°$ in Tetrahydrofuran) Produkt, das noch eine blaugrüne Eisenchloridreaktion zeigte. Da mit 1 mol Brevilagin I 2 mol o-Phenylendiamin reagierten, sind im Gerbstoff zwei α-Diketogruppierungen anzunehmen. Das Diphenazin gibt nach dreistündigem Kochen mit 50%iger Essigsäure zwei Phenazine. Phenazin I, eine kristalline lachsrote Verbindung, gibt mit Diazomethan einen Dimethyläther der Zusammensetzung $C_{22}H_{12}N_2O_6$. Sowohl das Phenazin, als auch sein Dimethyläther sind Dilactone.

Durch die Darstellung weiterer Derivate des Phenazin I und IR-spektroskopische Messungen, sowie durch die Bildung von Chlorellagsäure vermutet O. TH. SCHMIDT im Brevilagin I einen Rest, der sich von der Dehydro-hexahydroxy-diphensäure (XXXVI) ableitet.

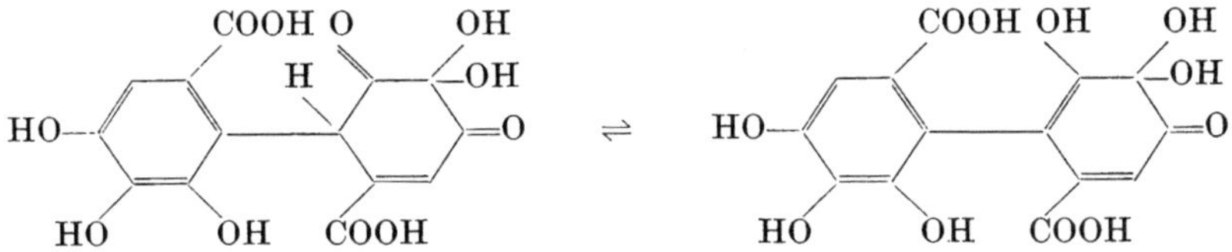

(XXXVI) Dehydro-hexahydroxy-diphensäure

Der phenolische Ring ist für die Eisenchloridreaktion verantwortlich. Der andere Ring ist dehydriert und liegt als o-Chinon vor und gibt die Reaktion mit o-Phenylendiamin. Da das 2-Hydroxyl des dehydrierten Ringes zur Lactonbildung benötigt wird, muß die 3.4-Stellung dehydriert sein. O. TH. SCHMIDT vermutet, daß eine der beiden Carbonylgruppen hydratisiert ist.

Das Phenazin II enthält die Glucose und eine weitere C_{14}-Einheit. Letztere wird bei energischer Hydrolyse abgespalten und ist mit Phenazin I identisch.

SCHMIDT kommt nach diesen Ergebnissen zu der Teilformel (XXXVII) für das Brevilagin I.

Die bei der Hydrolyse von Brevilagin früher gefundenen Spaltstücke (vgl. S. 564) sind nach Meinung von O. TH. SCHMIDT (Privatmitteilung) dadurch zu erklären, daß bei der Hydrolyse aus Dehydrohexahydroxy-diphensäure sowohl Brevifolincarbonsäure, als auch Ellagsäure entstehen kann.

Brevilagin II, mit einer Ausbeute von etwa 0,5% aus Algarobilla isoliert, ist ebenfalls gelb gefärbt und hat eine Bruttozusammensetzung von $C_{34}H_{24}O_{23}$. Es ist optisch aktiv ($[\alpha]_D + 81°$ in Äthanol), gibt eine blaue Eisenchlorid-Reaktion und ein positives Ergebnis für den Nachweis von gebundener Ellagsäure. Die Hydrolyse mit konz. Salzsäure gibt eine Mischung von Ellagsäure und Chlorellagsäure. Die Methylierung des Brevilagin II mit Diazomethan ergab ein Nonamethyl-derivat, von dem sich (−)-Hexamethoxy-diphensäure abhydrolysieren ließ. Bei Behandlung mit o-Phenylendiamin konnte aus Brevilagin II, das bereits bei Brevilagin I erhaltene Phenazin isoliert werden. Nach O. TH. SCHMIDT sind demnach in Brevilagin II je 1 mol Hexahydroxydiphensäure und Dehydro-hexahydroxydiphensäure an Glucose gebunden (XXXVIII).

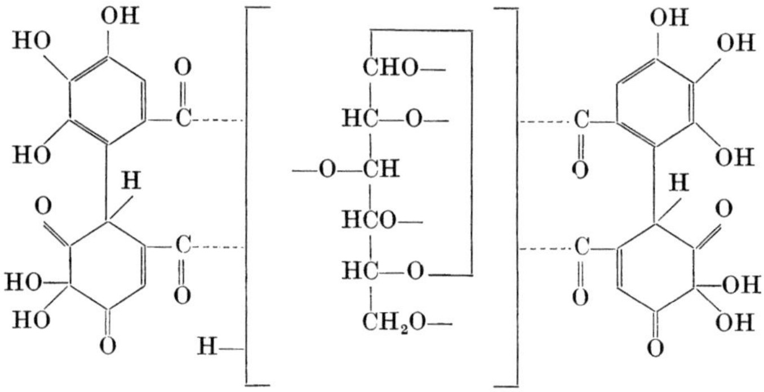

(XXXVII) Brevilagin I

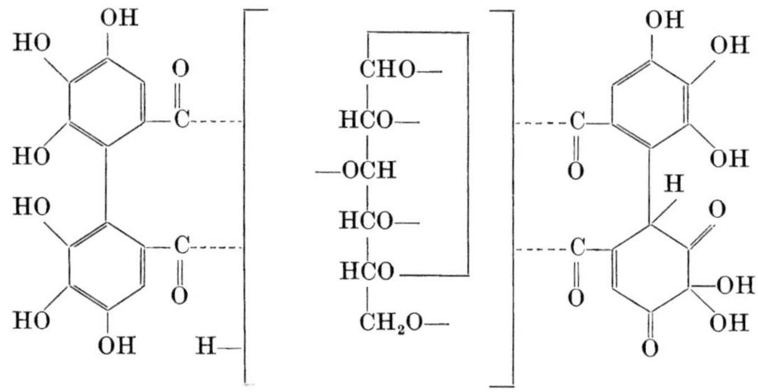

(XXXVIII) Brevilagin II

5. Terchebin

In jüngster Zeit gelang es O. TH. SCHMIDT (1962) aus Myrobalanen *(Terminalia chebula)* einen weiteren neuen Gerbstoff zu isolieren, der von dem Autor als *Terchebin* bezeichnet wird. In dem Gerbstoff ist an eine 1.3.6-Trigalloylglucose eine Dicarbonsäure $C_{14}H_{10}O_{10}$ gebunden. Diese Verbindung ist mit Hexahydroxydiphensäure isomer, enthält aber an Stelle eines Gallussäurerestes einen Cyclohexantrion-carbonsäure-Rest und wird von SCHMIDT als Isohexahydroxy-diphensäure (XXXIX) bezeichnet.

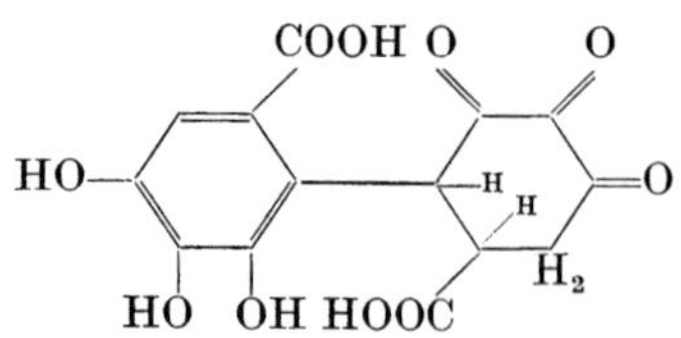

(XXXIX) Isohexahydroxy-diphensäure

Dem Gerbstoff Terchebin kommt nach SCHMIDT die Formel (XL) zu.

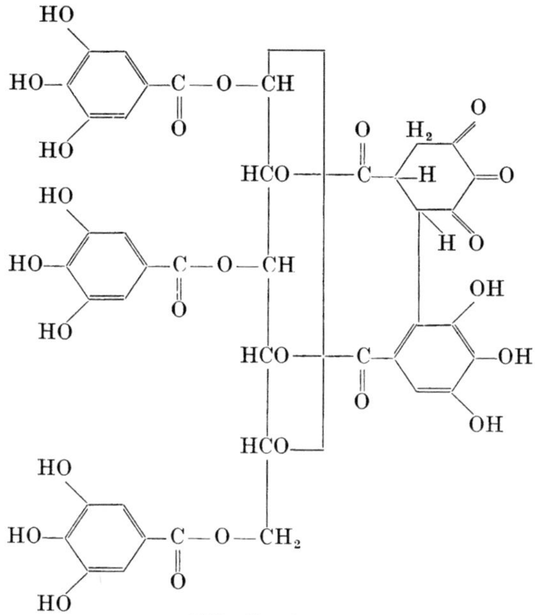

(XL) Terchebin

Die besondere Bedeutung des Terchebin für die Entstehung der Gallotannine und Ellagengerbstoffe dürfte in der von O. TH. SCHMIDT nachgewiesenen in vitro-Umwandlung der Isohexahydroxy-diphensäure in Brevifolin-carbonsäure und Chebulsäure (vgl. hierzu auch S. 558 und S. 566) zu sehen sein. Nach SCHMIDT entsteht aus der Isohexahydroxy-diphensäure beim Erhitzen mit Wasser durch „Redoxdisproportionierung“ u. a. Brevifolin-carbonsäure (XXXIV, S. 566) und durch aufeinanderfolgende Behandlung mit Natronlauge und Säure u. a. Brevifolincarbonsäure und Chebulsäure (VIII).

6. Valoneasäure

Ausgezeichnete pflanzliche Gerbstoffe liefern die unter dem Namen Valonea zusammengefaßten Fruchtbecher einiger Eichenarten z. B. *Quercus valonea* und *Quercus macrolepis*. Die Schuppen dieser Eicheln sind besonders gerbstoffhaltig und werden als *Trillo* in den Handel gebracht.

Ein einheitlicher Gerbstoff konnte aus Valonea bisher noch nicht isoliert werden. Jedoch haben O. TH. SCHMIDT und E. KOMAREK (1955) aus einem Acetonextrakt nach Reinigung über Bleisalzfällung, fraktionierter Essigesterextraktion und Hydrolyse mit Schwefelsäure einen neuartigen Gerbstoffbaustein in kristalliner Form isolieren können. Diese Verbindung, Summenformel $C_{21}H_{10}O_{13}$, ist optisch inaktiv, hat keinen Schmelzpunkt und gibt in methanolischer Lösung mit methanolischem Ferrichlorid eine dunkelgrüne, auf Zusatz von Wasser dunkelblau werdende Färbung. Die Reaktion auf freie und gebundene Ellagsäure ist negativ, die Cyankalireaktion auf Gallussäure dagegen positiv.

Mit Diazomethan erhielten O. TH. SCHMIDT u. Mitarb. eine Heptamethylverbindung ($C_{28}H_{24}O_{13}$), die beim Verseifen eine Methylgruppe abspaltet, wodurch eine freie Carboxylgruppe entsteht. Nach Lösen in Natronlauge konnten drei Carboxylgruppen nachgewiesen werden, in der angesäuerten Lösung wiederum nur eine, was für das Vorhandensein von zwei Lactongruppierungen sprach. Von dem Valoneasäuredilacton, wie die isolierte Verbindung genannt wurde, ließ sich in Chinolin oder auch in Glycerin beim Erhitzen 1 mol CO_2 abspalten. Das erhaltene „Decarboxylvaloneadilacton“ ($C_{20}H_{10}O_{11}$) ist grünstichig hellgelb, hat keinen Schmelzpunkt und zeigt keine Cyankalireaktion mehr.

Bei der Einwirkung von Benzylchlorid und Kaliumcarbonat auf Valoneasäuredilacton erhielten O. TH. SCHMIDT u. Mitarb. nicht die entsprechende Hexabenzylverbindung, sondern Tetrabenzylellagsäure und Mono-C-benzyl-tetra-O-benzylellagsäure. Die gleichen Produkte erhielten O. TH. SCHMIDT, H. VOIGT, W. PUFF und R. KÖSTER (1954) bei der Benzylierung der Ellagsäure. Das Auftreten von Ellagsäurederivaten bei der Benzylierung des Valoneasäuredilactons zeigte, daß von diesem unter dem Einfluß von Kaliumcarbonat Ellagsäure abgespalten wird.

Die UV-spektroskopische Untersuchung unterstützte die Vermutung von SCHMIDT und KOMAREK, daß in Valoneasäuredilacton 3 mol Gallussäure enthalten sein müssen, von denen 2 als Ellagsäure bzw. Hexahydroxydiphensäure vorliegen, die ätherartig mit dem dritten Mol Gallussäure verknüpft sind.

Die Stellung der Ätherbrücke wurde durch die Darstellung eines Valoneaxanthons entschieden. Beim Erhitzen des Valoneasäuredilactons mit konzentrierter Schwefelsäure bildete sich unter Wasserabspaltung eine Verbindung der Bruttoformel $C_{21}H_8O_{12}$, welcher O. TH. SCHMIDT und KOMAREK die Formel (XLI) zusprachen.

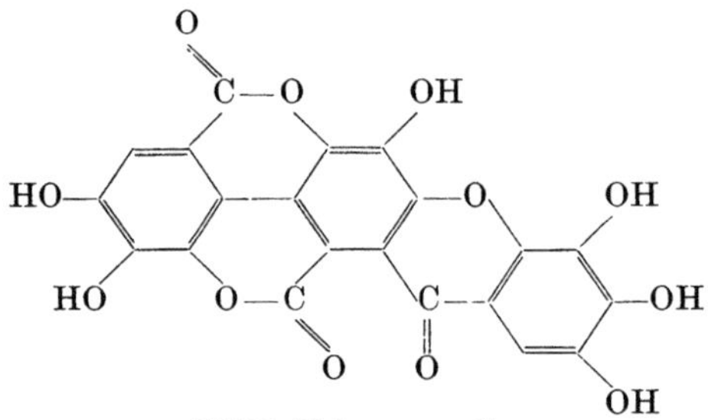

(XLI) Valoneaxanthon

Die Bildung dieses Xanthons aus Valoneasäuredilacton führt für die freie Valoneasäure zu der Formel (XLII).

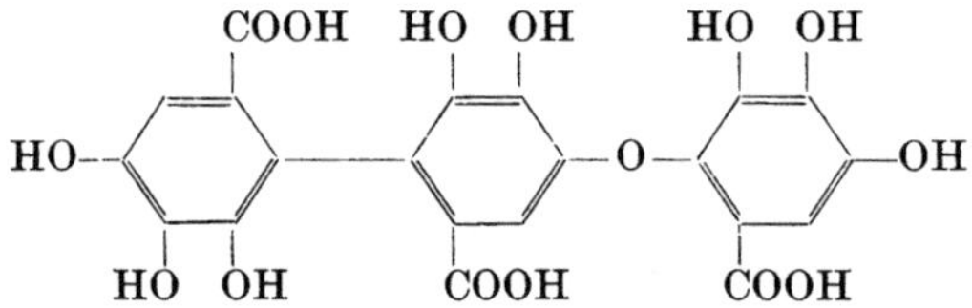

(XLII) Valoneasäure

In einer späteren Arbeit haben O. TH. SCHMIDT u. Mitarb. (1957) diese Struktur durch Synthese des Valoneasäure-oktamethyläthers endgültig bewiesen. O. TH. SCHMIDT u. Mitarb. setzten das Kaliumphenolat des 4-Hydroxy-2.3.2′.3′.4′-pentamethoxydiphensäure-dimethylesters (XLIII) in Gegenwart von Naturkupfer und Kupfer(II)-acetat mit dem Kaliumsalz des Brom-gallussäure-trimethyläthers (XLIV) zum Octamethyläther-valoneasäure-dimethylester um. Das verseifte Produkt (XLV) war mit dem aus Valoneasäure dargestellten Octamethyläther identisch.

Ebenso wie die Ellagsäure in den Ellagengerbstoffen Chebulagsäure und Corilagin nicht als solche, sondern als rechtsdrehende *Hexahydroxydiphensäure* gebunden vorliegt, ist nach O. TH. SCHMIDT und H. H. GRÜNEWALD (1957) auch das Valoneasäuredilacton in der lactonoffenen Form, und zwar als linksdrehende Valoneasäure, gebunden. Interessant ist, daß in Valonea neben der linksdrehenden Valoneasäure auch die linksdrehende Hexahydroxydiphensäure von O.TH. SCHMIDT u. Mitarb. gefunden wurde. In der Chebulagsäure und im Corilagin liegt nur die rechtsdrehende Form vor.

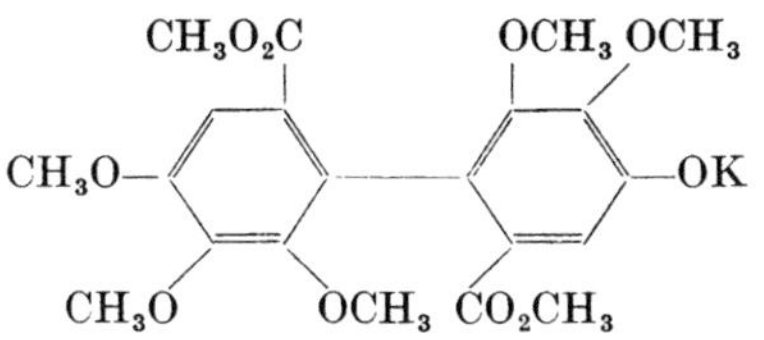

(XLIII)

+

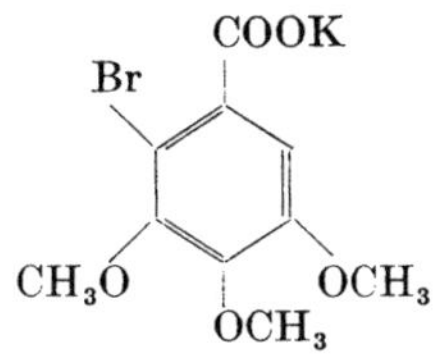

(XLIV)

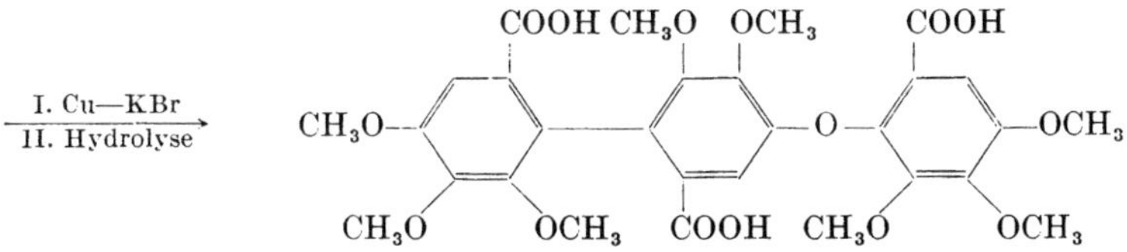

(XLV) Valoneasäure-octamethyläther

Nach O. TH. SCHMIDT (1956) wird die Valoneasäure in der Pflanze aus Gallussäure gebildet. In ihr ist die Dehydrierung zur Ellagsäure oder Hexahydroxydiphensäure und Dehydrierung zur Dehydro-digallussäure vereinigt.

7. Castalagin und Vescalagin

Castalagin, ein neuer, in farblosen dicken Blättchen kristallisierender Gerbstoff, wurde 1959 von W. MAYER u. Mitarb. aus Kastanienholz *(Castanea vesca* und *C. sativa)* und aus Eichenholz *(Quercus sesseliflora)* isoliert. Die Verbindung färbt sich bei 300° braun, ohne jedoch zu schmelzen. Sie gibt eine blaue Eisenreaktion, und der Test auf gebundene Ellagsäure ist positiv. Positiv ist aber auch der Test auf freie Ellagsäure, obwohl papierchromatographisch keine Ellagsäure nachgewiesen werden kann. Castalagin ist optisch aktiv ($[\alpha]_D^{20}$ – 126,1° in Wasser). Nach Spaltung mit Tannase oder durch Säure erhielten MAYER u. Mitarb. 25% Ellagsäure. Das methylierte Castalagin gibt nach Hydrolyse (–)-Hexamethoxydiphensäure, ein Beweis dafür, daß die Ellagsäure optisch aktiv als Hexahydroxydiphensäure gebunden ist. Neben Ellagsäure wird bei der Hydrolyse ein weiteres Spaltstück gefunden, welches noch Gerbstoffeigenschaften besitzt.

Aus dem gleichen Pflanzenmaterial konnten MAYER u. Mitarb. einen weiteren Gerbstoff isolieren, den sie als *Vescalagin* bezeichnen. Vescalagin zeigt die gleiche Reaktion wie Castalagin, hat aber eine optische Drehung von – 102,4° in Wasser. Der Gerbstoff kristallisiert aus Wasser in prismatischen Kristallen und ist wasserfrei schwach gelb gefärbt. Bei 300° färbt sich die Verbindung dunkel, ohne zu schmelzen.

Nach MAYER u. Mitarb. stellen die beiden Verbindungen den überwiegenden Teil des Kastanienholzgerbstoffes dar.

8. Flavogallol

Bereits 1916 haben H. BLEULER und A. G. PERKIN nach Oxydation von Gallussäure mit Arsensäure in starker Schwefelsäure neben viel Ellagsäure eine

Verbindung $C_{21}H_8O_{12}$ *(Flavogallol)* erhalten, für die sie die Formeln (XLVI) und (XLVII) vorschlugen, wobei die Autoren (XLVII) für wahrscheinlicher hielten.

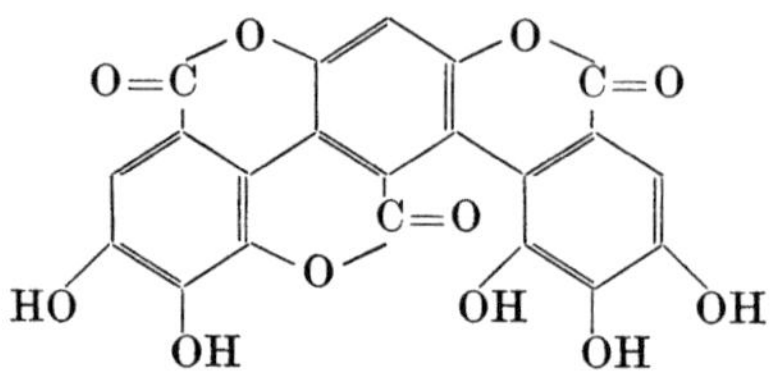

(XLVI)

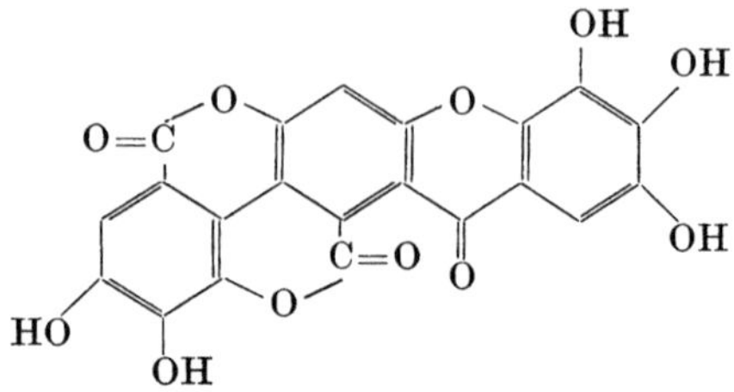

(XLVII)

Formel XLVII repräsentiert das *Valoneaxanthon* (vgl. Formel XLI, S. 570) und kann für Flavogallol nicht zutreffen, da die beiden Verbindungen verschieden sind (O. TH. SCHMIDT u. W. FICKERT 1958).

Der von BLEULER und PERKIN isolierten Verbindung $C_{21}H_8O_{12}$ kommt nach J. GRIMSHAW und R. D. HAWORTH (1956) die Formel (XLVI) zu.

Flavogallol ist eine „Sesqui-ellagsäure" und konnte inzwischen von O. TH. SCHMIDT und W. FICKERT (1958) auch als Naturprodukt gefunden werden. Den Autoren gelang es aus den Produkten der sauren Hydrolyse von Gerbstoffen der Granatapfelschale Flavogallol zu isolieren und mit der nach BLEULER und PERKIN erhaltenen Verbindung zu vergleichen.

9. Entstehung der verschiedenen hydrolysierbaren Gerbstoffe

Zur Entstehung der verschiedenen Typen von hydrolysierbaren Gerbstoffen hat O. TH. SCHMIDT (1956) eine Formelübersicht aufgestellt, die zeigt, daß alle bisher aufgefundenen Phenolcarbonsäuren in formelmäßig einfacher Beziehung zueinander stehen und daß alle auf Gallusäure zurückgehen.

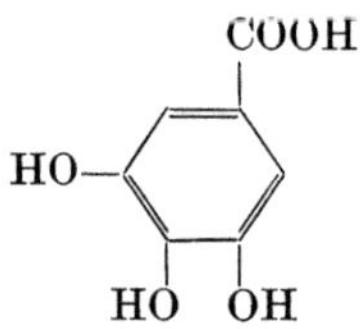

Gallussäure

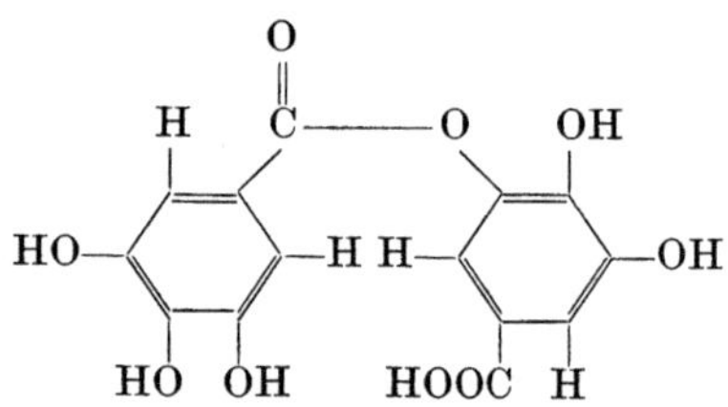

m-Digallussäure

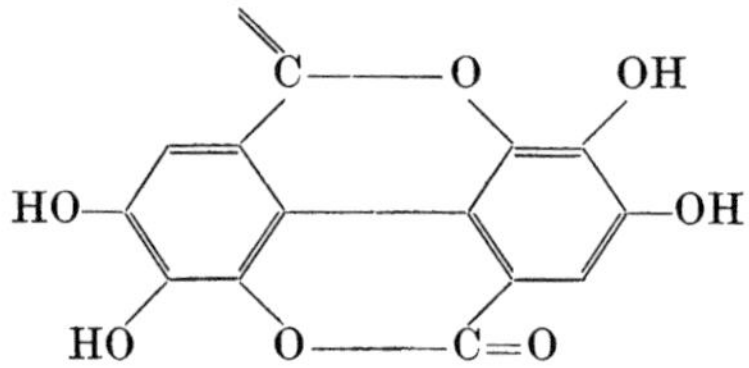

Ellagsäure

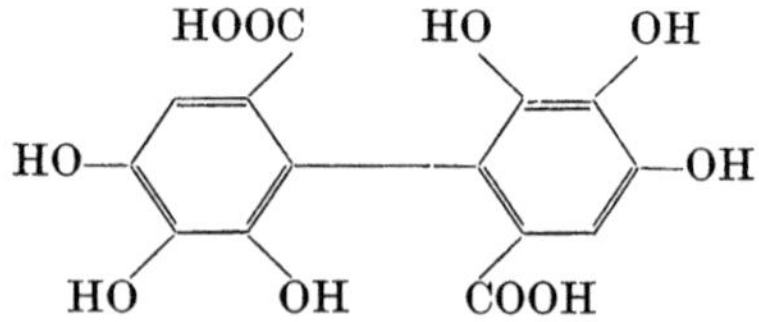

Hexahydroxy-diphensäure

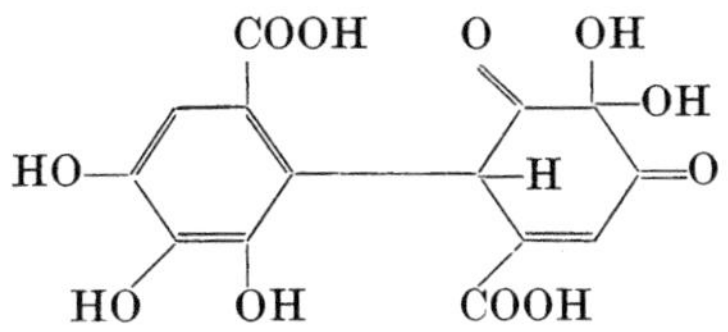

Dehydro-hexahydroxy-diphensäure

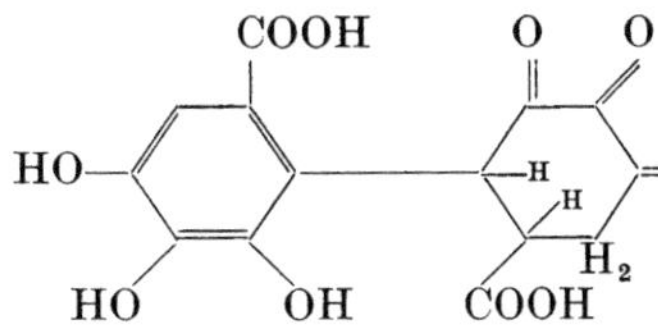

Iso-hexahydroxy-diphensäure

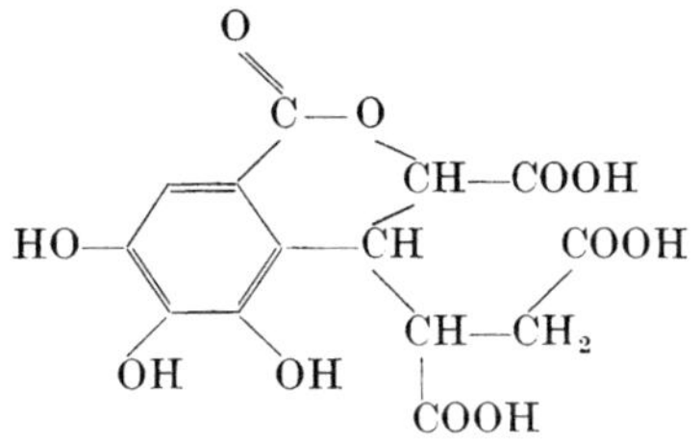

Chebulsäure

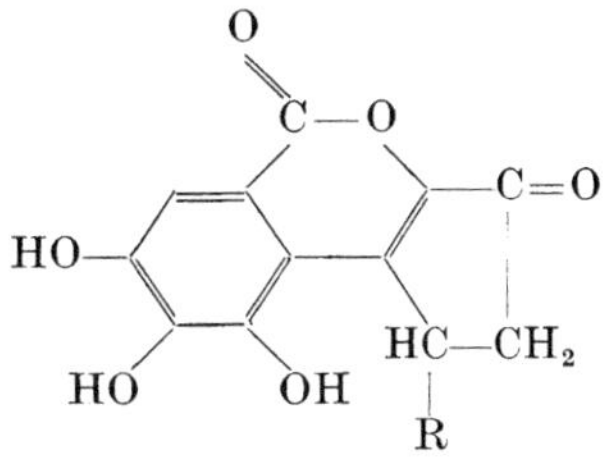

R = H Brevifolin
R = COOH Brevifolincarbonsäure

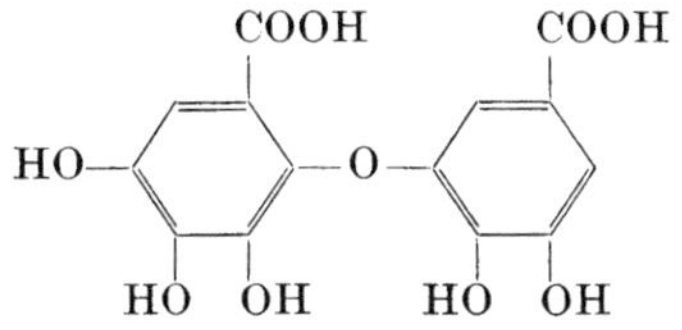

Dehydrodigallussäure

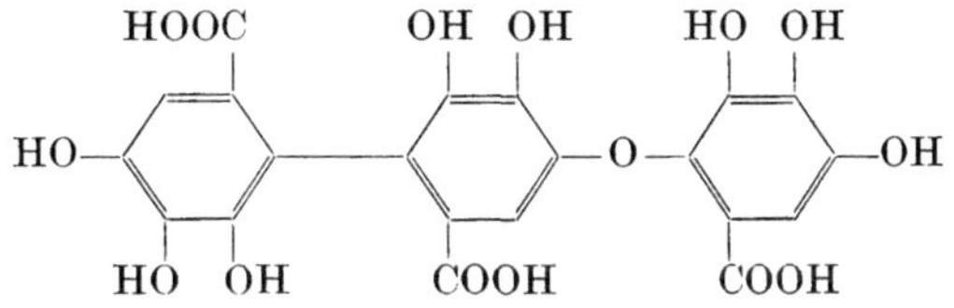

Valoneasäure

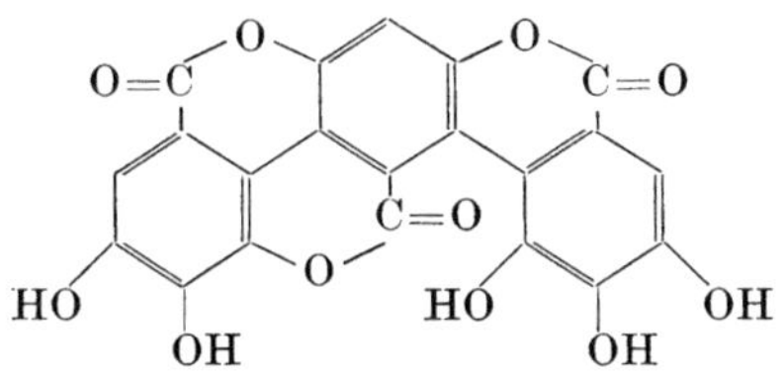

Flavogallol

Die von SCHMIDT (1956) aufgestellte Formelübersicht wurde durch die inzwischen gefundenen Verbindungen Dehydrohexahydroxy-diphensäure (vgl. S. 567), Isohexahydroxy-diphensäure (vgl. S. 568) und Flavogallol (vgl. S. 572) erweitert.

Bereits 1955 haben O. TH. SCHMIDT und W. MAYER die Vorstellung entwickelt, daß sich die verschiedenen hydrolysierbaren Gerbstofftypen aus Oligo- und Polygalloylglucose in der Pflanze aufbauen. Gestützt wird diese Vorstellung durch die inzwischen von O. TH. SCHMIDT (1962) (vgl. auch S. 553) isolierte Pentagalloylglucose, 1.3.6-Trigalloyl-β-glucose sowie durch das Terchebin aus Myrobalanen. Nach Ansicht der Autoren spielen sich die einzelnen Übergänge in situ unter dem Einfluß von Enzymen ab. Nach Erweiterung der von O. TH. SCHMIDT (1956) angegebenen Formelübersicht durch neu isolierte Verbindungen ergibt sich Formelbild A, in welches sich vielleicht auch die Gerbstoffe aus Algarobilla, Valonea und Granatäpfeln einfügen lassen.

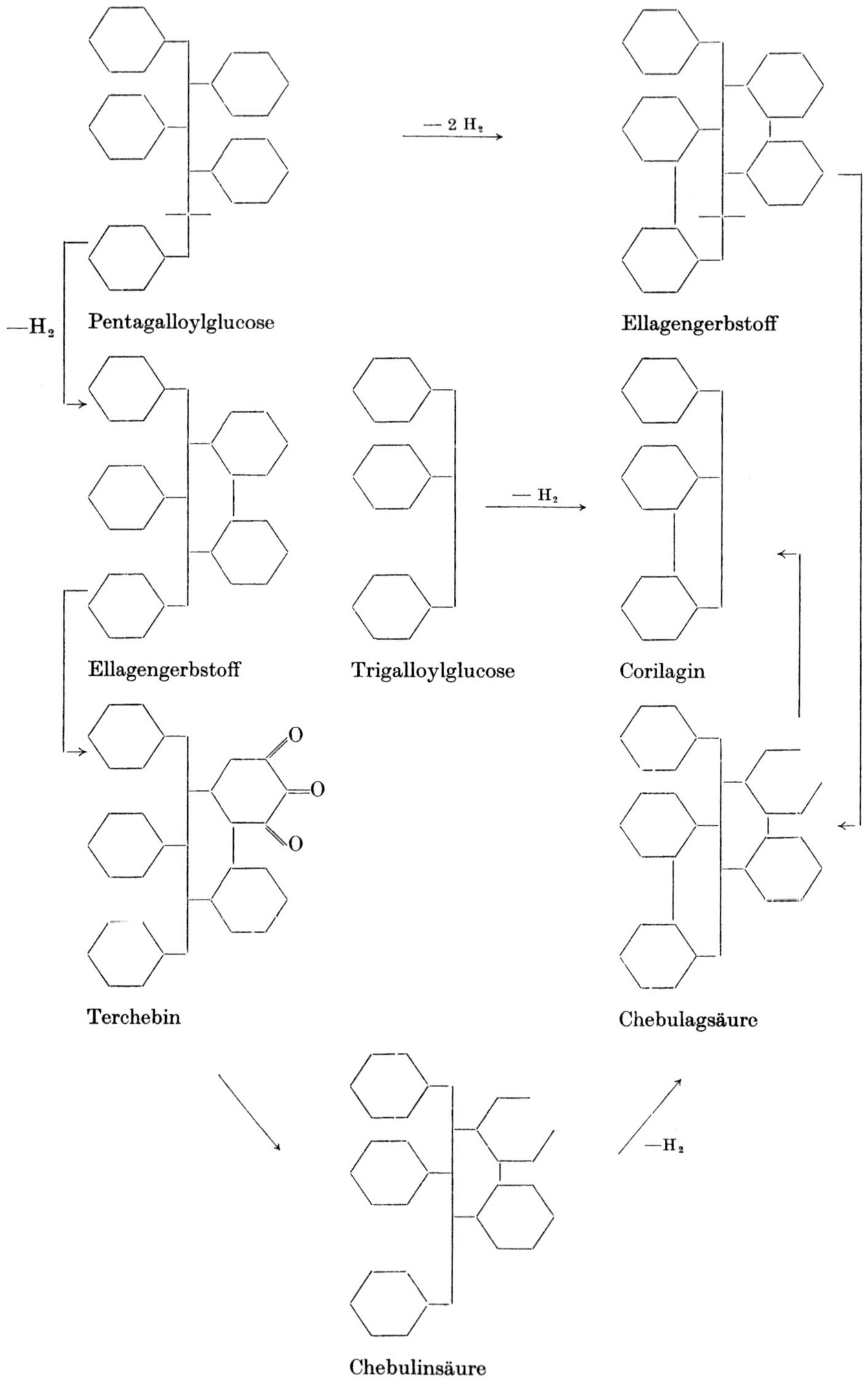

Formelbild A

C. Kondensierte Gerbstoffe und kondensierbare Gerbstoffvorstufen

Noch komplizierter und unübersichtlicher als das Gebiet der hydrolysierbaren Gerbstoffe ist das der kondensierten Gerbstoffe. Die Verbindungen, die dieser Klasse angehören, lassen sich bei der Behandlung mit verdünnter Mineralsäure nicht weiter aufspalten, sondern bilden höhermolekulare, wasserunlösliche, braunrote Kondensationsprodukte, die als Phlobaphene bezeichnet werden. Diese Kondensation kann bereits beim Erwärmen mit Wasser eintreten, weshalb technisch gewonnene Gerbextrakte kaum noch monomere Polyhydroxyphenole enthalten. Die Monomeren, obwohl ohne jegliche Gerbwirkung (H. ENDRES 1961b), sind die Vorstufen der eigentlichen Gerbstoffe und nur an ihnen können konstitutionschemische Untersuchungen ohne größere Schwierigkeiten durchgeführt werden. Sie werden im folgenden als Gerbstoffvorstufen oder kondensierbare Polyhydroxyphenole bezeichnet. Die eigentlichen Gerbstoffe, d. h. die Verbindungen mit denen man Leder machen kann, im folgenden kondensierte Gerbstoffe genannt, sind Kondensationsprodukte verschiedener Molekulargrößen und chemisch nur schwer definierbar. Bei konstitutionschemischen Untersuchungen ist man deshalb bestrebt, von möglichst frischem Pflanzenmaterial auszugehen und, da die verschiedenen Gerbstoffvorstufen autoxydabel sind, weitgehend unter Sauerstoffausschluß zu arbeiten.

Zur Anreicherung der Gerbstoffe und Gerbstoffvorstufen aus den Extrakten wird oft die Fällung mit Bleisalzen herangezogen. Aus den Niederschlägen werden dann die Gerbstoffe mit Schwefelsäure oder mit Schwefelwasserstoff in Freiheit gesetzt. Diese bei den hydrolysierbaren Gerbstoffen gut anwendbare Methode (vgl. O. TH. SCHMIDT 1955), führt bei den kondensierbaren Phenolen oft zu sehr geringen Ausbeuten, da bei der Zerlegung mit Schwefelsäure teilweise Kondensation eintreten kann und bei der Verwendung von Schwefelwasserstoff Verluste durch unvollständige Fällung und starke Adsorption an PbS eintreten können. Bei der Isolierung der Fichtenrindengerbstoffe hat sich als schonende Methode, die die nahezu quantitative Reindarstellung von Gerbstoffgemischen gestattet, die Verwendung einer Polyamidsäule erwiesen (H. ENDRES und F. LEPPMEIER 1961). Diese Methode beruht darauf, daß die Gerbstoffe und Gerbstoffvorstufen mit ihren aromatischen Hydroxylgruppen durch Wasserstoffbrückenbindungen zu den Amidgruppen an Polyamidpulver zurückgehalten werden, während Kohlenhydrate und andere nicht phenolische Pflanzeninhaltsstoffe eluiert werden (vgl. W. GRASSMANN u. Mitarb. 1959). Die Gerbstoffe und ihre Vorstufen können mit Alkoholen, Aceton oder Dimethylformamid eluiert werden. Anschließend sei die Arbeitsvorschrift dieser Reinigungsoperation kurz skizziert:

Durchführung: 200 g Perlonpulver werden 2—3 Std in Wasser stehengelassen und dann portionsweise in eine am unteren Ende mit einer Glasfritte abgeschlossene Glassäule eingeschlämmt. Dabei wird das Pulver jedesmal mit einem dicken Glasstab leicht angepreßt. Nach der Füllung wird das obere Ende der Packung mit einer Glasfritte abgeschlossen. Füllhöhe etwa 35 cm, Durchmesser 6 cm. Der zu untersuchende Extrakt wird in wenig Wasser gelöst und vorsichtig auf die Säule aufgetragen. Zur Entfernung der Nichtgerbstoffe wird die Säule so lange mit Wasser gewaschen, bis nichts mehr eluiert werden kann (einige Tropfen des Eluats auf einem Uhrglas zur Trockene bringen). Anschließend werden die Gerbstoffe mit Methanol und darauf mit Dimethylformamid eluiert.

Polyamidpulver eignet sich aber nicht nur für die Anreicherung von Gerbstoffgemischen, sondern, wie dies W. GRASSMANN u. Mitarb. (1957) erstmals zeigten, auch ausgezeichnet für chromatographische Auftrennungen von phenolischen Naturprodukten (vgl. zusammenfassende Arbeit H. ENDRES und H. HÖRMANN 1963).

Die Anwendung der Säulenchromatographie mit den verschiedensten Füllmaterialien und die Papierchromatographie waren die wesentlichen Voraussetzungen für die Isolierung der in den folgenden Kapiteln beschriebenen Gerbstoffbausteine. Auf die verschiedenen chromatographischen Methoden sei auf Band II/1. Teil dieses Handbuches verwiesen.

I. Catechine als Gerbstoffvorstufe

Über einen langen Zeitraum war das Catechin (I) ein 3.5.7.3′.4′-Pentahydroxy-flavan oder 5.7.3′.4′-Tetrahydroxy-flavan-3-ol die einzige bekannte Verbindung aus der Klasse der kondensierbaren Gerbstoffvorstufen, was zu der Annahme führte, daß alle Gerbextrakte dieser Klasse aus Catechinen aufgebaut seien (vgl. K. Freudenberg 1933).

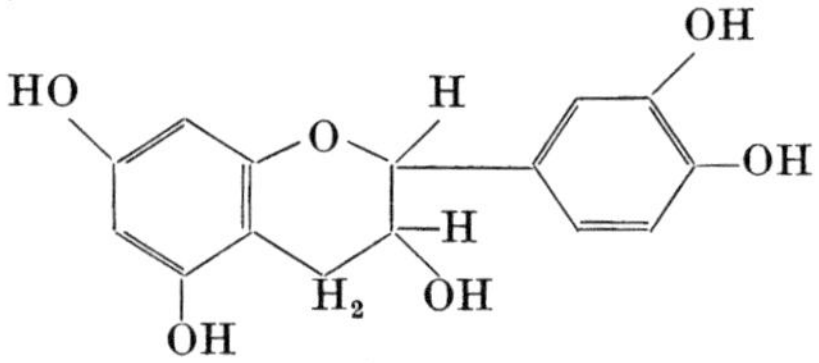

(I) Catechin

Die vier optisch aktiven und zwei racemischen Formen des Catechins wurden teils in der Natur gefunden, teils durch Umlagerung hergestellt. Als Naturprodukt wurde sowohl das hydroxylreichere 3.5.7.3′.4′.5′-Hexahydroxyflavan (Gallocatechin), als auch das hydroxylärmere 3.5.7.4′-Tetrahydroxy-flavan (Afzelechin) gefunden. Eine eingehende Beschreibung der Catechine erfolgt im Kapitel „Pflanzenphenole in Lebensmitteln“ dieses Handbuches. Einem Nomenklaturvorschlag von K. Freudenberg und K. Weinges (1960) für flavonoide Verbindungen folgend, würde das Catechin als Cyanidanol bezeichnet. Im folgenden wird bei allen Catechinen die von Freudenberg und Weinges vorgeschlagene Nomenklatur in Klammern angegeben.

In folgenden technisch wichtigen Gerbstoffpflanzen wurden bisher Catechine gefunden:

Eucalyptus:	Holz und Rinde verschiedener *Eucalyptus* sp.
Eichenrinde:	Versch. *Quercus* sp.
Catechu:	(Burma cutch), Holz d. *Acacia catechu* (Leguminosae)
Gambir:	Blätter und Zweige d. *Uncaria gambir* (Rubiaceae)
Quebracho:	Holz der *Schinopsis lorentzii* (Anacardiaceae)
Mimosa:	(Wattle), Rinde der *Acacia mollissima* (Leguminosae)
Fichte:	Rinde der *Picea excelsa* (Pinaceae)
Kastanie:	Rinde der *Castanea vesca* und *C. sativa.*

Catechin selbst ist kein Gerbstoff, zeigt aber die typischen Eigenschaften eines kondensierbaren Phenols, d. h. es gibt beim Erwärmen mit Wasser oder verdünnter Mineralsäure und bei der Einwirkung von Phenoloxydasen Kondensationsprodukte mit guten Gerbeigenschaften. Catechin ist also als eine echte Gerbstoffvorstufe anzusprechen.

Die säurekatalysierte Selbstkondensation und die enzymatische Dehydrierungspolymerisation der Catechine sind zwei verschiedene Vorgänge, die in ihrem Reaktionsverlauf nichts gemeinsam haben und aus diesem Grund im folgenden getrennt behandelt werden. Der erste Vorgang spielt sich nach K. Freudenberg

(1960) in den Kernhölzern ab, während die Dehydrierungspolymerisation in Rinden, Blättern und Früchten stattfinden soll. Für diese Auffassung gibt es einige experimentelle Hinweise.

1. Die säurekatalysierte Selbstkondensation

Erhitzt man Catechin mit verdünnter Mineralsäure, so entsteht ein unlösliches, cremefarbenes Kondensationsprodukt, das nach einiger Zeit eine braunrote Farbe annimmt (K. Freudenberg 1920, vgl. auch E. C. Bate-Smith 1952). Diese Kondensation ist nach K. Freudenberg (1960) und K. Freudenberg und P. Maitland (1934) nicht an die Gegenwart des 3-Hydroxyls gebunden, denn synthetisches 7.3'.4'-Trihydroxyflavan (II) zeigt die gleichen Kondensationseigenschaften wie synthetisches 3.7.3'.4'-Tetrahydroxyflavan (III). Da auch das 7.4'-Dihydroxyflavan (IV) zur Kondensation befähigt ist (K. Freudenberg und K. Weinges 1954, K. Freudenberg u. Mitarb. 1957), trägt auch das 3'-Hydroxyl nicht zur Kondensation bei. Nach K. Freudenberg (1960) haben alle bisher bekannten kondensationsbereiten Hydroxyflavane und Hydroxyflavan-3-ole (Catechine) neben anderen Hydroxygruppen die 7- und 4'-Stellung hydroxyliert. Freudenberg schließt jedoch auch die Kondensationsbereitschaft des 5.4'-Dihydroxyflavans und seiner hydroxylreicheren Verbindungen nicht aus. Keine Kondensation tritt ein, wenn die 6- und 8-Stellung durch C-Methyl- oder -Chlor blockiert ist (K. Freudenberg und I. M. Alonso de Lama 1958).

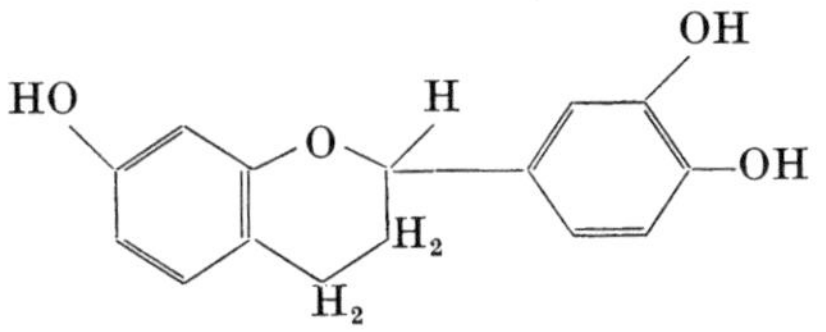

(II) 7.3'.4'-Trihydroxyflavan

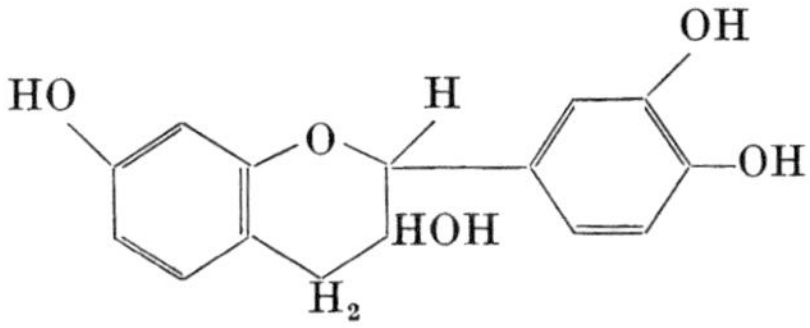

(III) 3.7.3'.4'-Tetrahydroxyflavan
7.3'.4'-Trihydroxyflavan-3-ol

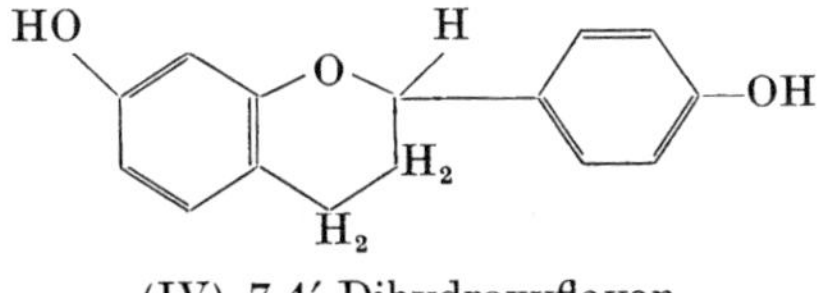

(IV) 7.4'-Dihydroxyflavan

Als für die Säurekondensation notwendige Gruppierungen verlangen K. Freudenberg und K. Weinges (1958a):

1. eine p-Hydroxy-benzyläthergruppierung (OH in 4'-Stellung) und
2. ein Resorcylsystem. Eine der beiden Hydroxylgruppen darf nach den Untersuchungen dieser Autoren veräthert sein, beide jedoch nicht. Als einfachstes, selbstkondensierendes Flavan ist demnach das *7.4'-Dihydroxyflavan* (IV) anzusprechen.

Der Mechanismus der Säurekondensation des Catechins nach Freudenberg u. Weinges (1958a) ist im nachfolgenden Formelbild wiedergegeben. Nach Anlagerung eines Protons an den Ringsauerstoff spaltet sich unter dem aktivierenden Einfluß der 4'-Hydroxygruppe die Bindung zwischen dem Oxoniumsauerstoff und dem C-Atom-2. Das entstandene Carboniumion reagiert elektrophil mit den C-Atomen 6 oder 8 eines anderen Catechinmoleküls. Nach Abspaltung eines Protons aus der dimolekularen Verbindung bildet sich das benzoide System zurück. Das dimere 7.4'-Dihydroxyflavan wurde von Brown und Sommerfeld (1963) kristallin erhalten.

Bei der Kondensation der Hydroxyflavane zu höhermolekularen Verbindungen ändert sich die Elementarzusammensetzung zunächst nicht, jedoch ist eine Zunahme an aromatischen Hydroxylgruppen festzustellen (K. FREUDENBERG und P. MAITLAND 1934, K. FREUDENBERG u. Mitarb. 1957), worin FREUDENBERG u. Mitarb. eine Bestätigung für die Ringöffnung bei der Kondensation sehen. Erst im weiteren Verlauf findet dann bei den Hydroxy-flavanolen-(3) eine Wasserabspaltung statt.

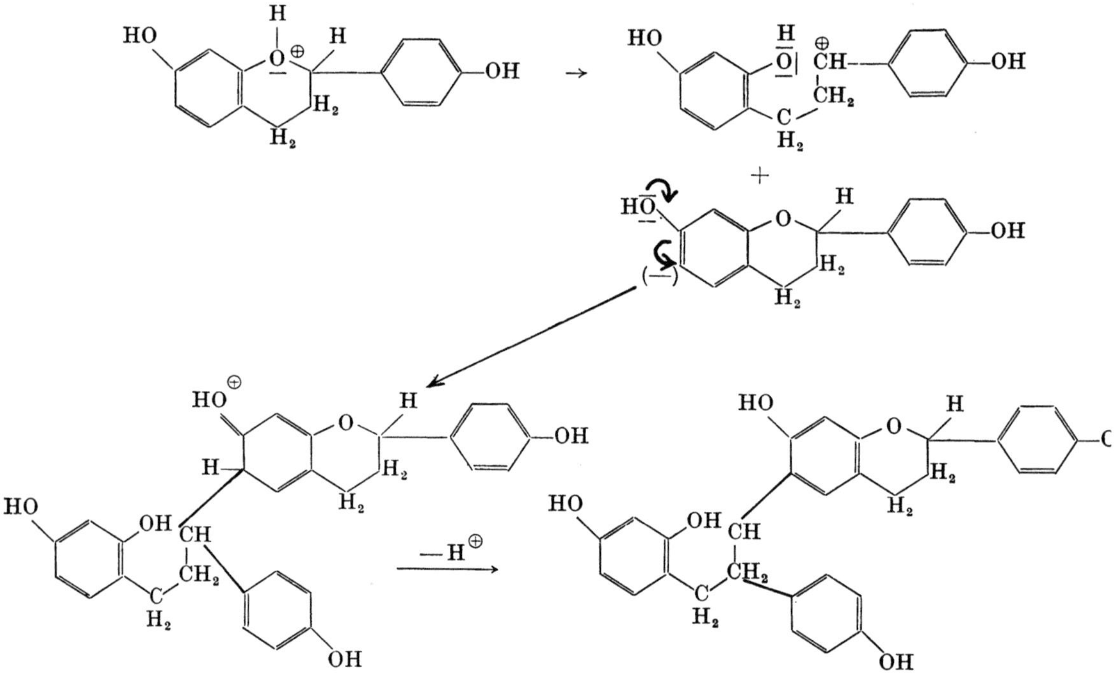

Selbstkondensation von Hydroxyflavanen
nach K. FREUDENBERG und K. WEINGES (1958)

K. FREUDENBERG und I. M. ALONSO DE LAMA (1958) sowie K. FREUDENBERG u. K. WEINGES (1962a, 1963) haben Catechin in einer Lösung von 2 n-Salzsäure

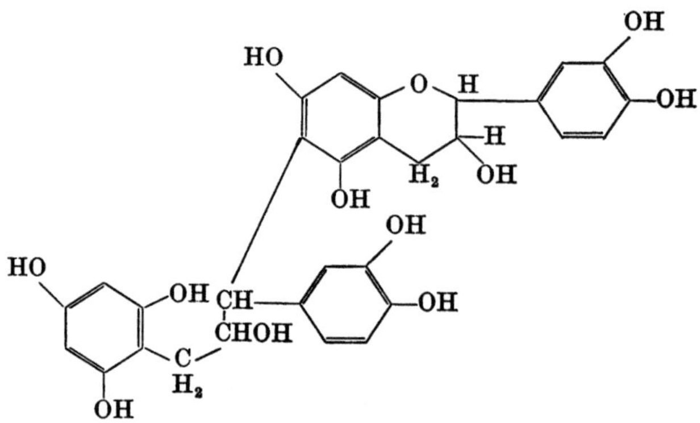

(V) Dicatechin nach K. FREUDENBERG

und Dioxan (1:1) 4 Tage bei 25° gehalten und daraus durch Gegenstromverteilung eine Verbindung erhalten, die ein kristallines Acetylderivat gibt. Nach FREUDENBERG u. Mitarb. handelt es sich um ein Dimerisierungsprodukt mit der Konstitution (V). In dieser Formel ist noch nicht entschieden, ob die Kondensation von C-2 nach C-6 oder C-8 gerichtet ist.

Das Dicatechin (V) geht bei weiterer Behandlung mit verdünnter Säure in das von MAYER und MERGER (1961 b) zuerst isolierte Anhydrodicatechin über (K. FREUDENBERG und K. WEINGES 1962 a, W. MAYER u. Mitarb. 1963). Die Molekülvergrößerung kann sich nun sowohl vom Dicatechin (V) als auch vom Anhydro-dicatechin (IX a) nach beiden Seiten fortsetzen. Auch Verzweigungen sind möglich, wenn die C-Atome 6 und 8 ein und desselben Catechinmoleküls reagieren.

W. MAYER und F. MERGER kondensierten 1959 in einer Modellreaktion für die Säurekondensation von Catechinen (+)-Catechin mit Phloroglucin und isolierten als Hauptprodukt eine Verbindung der Zusammensetzung $C_{21}H_{18}O_8$, für die sie die Strukturen (VI) oder (VII) vorschlugen.

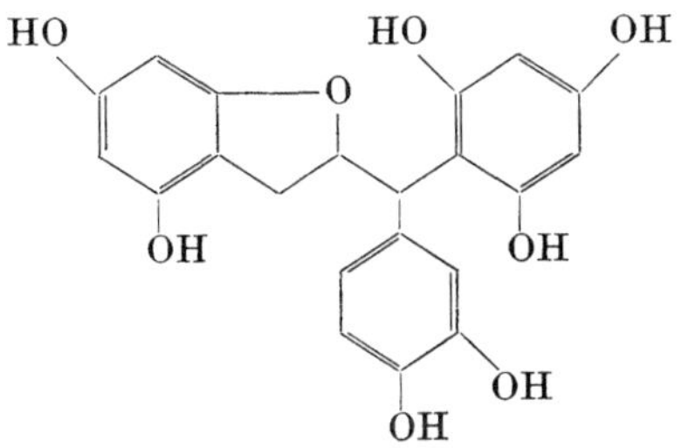

(VI)

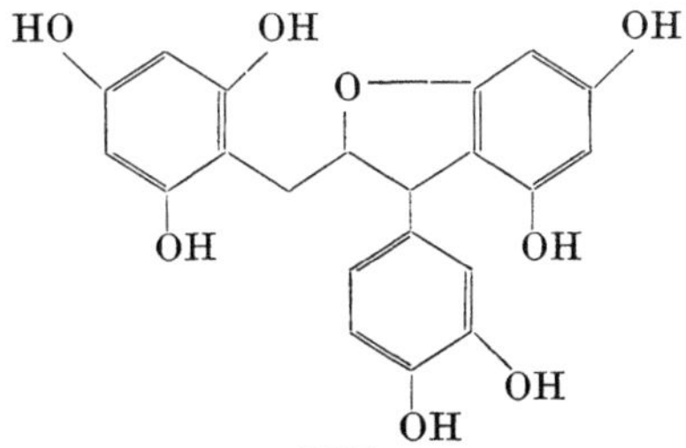

(VII)

In den weiteren Untersuchungen konnten jedoch beide Kondensationsprodukte nicht nachgewiesen werden (MAYER u. MERGER 1961 a). Diese Arbeit ergab, daß (+)-Catechin und (+)-Epicatechin neben höhermolekularen Produkten ein identisches, optisch aktives Kondensationsprodukt, $C_{21}H_{18}O_8$, lieferte, (−)-Catechin und (−)-Epicatechin dessen Antipoden. MAYER vermutete deshalb eine einstufige Kondensation mit gleichzeitiger Wagner-Meerwein-Umlagerung zu einer Verbindung (VIII) und für die Selbstkondensation der Catechine eine Verbindung der Struktur (IX) (W. MAYER u. F. MERGER 1961 b).

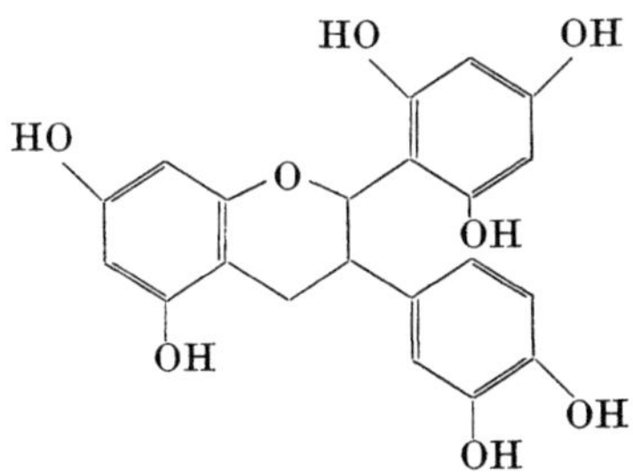

(VIII)

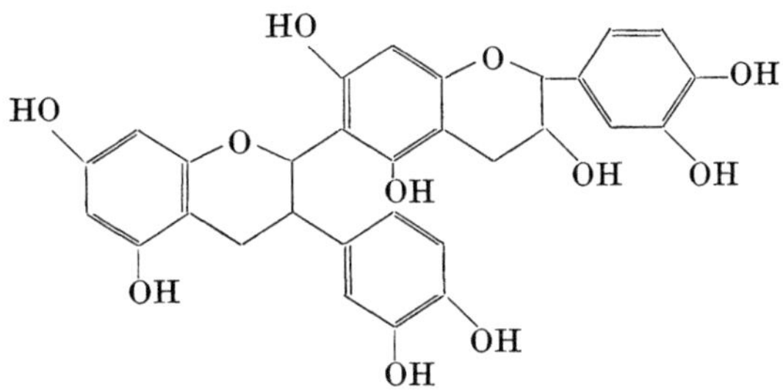

(IX)

Das nachgewiesene Epimerisierungsgleichgewicht (+)-Catechin ⇌ (+)-Epicatechin erklärte die Entstehung von nur zwei Kondensationsprodukten bei der Selbstkondensation der Catechine.

Diese Umlagerungshypothese wurde von FREUDENBERG und WEINGES (1962 a) angezweifelt und neuerdings auch von MAYER, HEYNS u. Mitarb. (1963 u. 1963 a) sowie von FREUDENBERG und WEINGES (1963 a) und WEINGES u. Mitarb. (1963)

ausgeschlossen. Nach diesen Arbeiten besitzt das Catechin-Phloroglucin-Kondensat die Konstitution VII, d. h. bei der Kondensation tritt keine Umlagerung des Catechin-C-Gerüstes statt. Wird Catechin mit Resorcin kondensiert, so erhält man ein Kondensat mit der Konstitution analog VI. Hier tritt die Wasserabspaltung nicht mit dem eintretenden Resorcinkern ein, sondern mit dem Phloroclucinkern des Catechins (K. Weinges 1963). Aus diesem Grund ist es fraglich, ob das Dicatechin V nach der Catechin-Phloroglucin oder der Catechin-Resorcin-Kondensation Wasser abspaltet. Obwohl die Konstitution des Anhydro-dicatechins noch nicht eindeutig aufgeklärt ist, ist es sehr wahrscheinlich, daß dem Anhydrodicatechin die Konstitution IX zukommt.

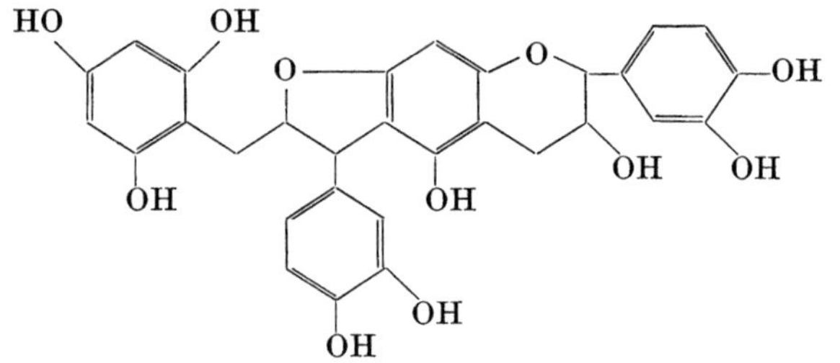

(IXa) Anhydro-dicatechin nach Mayer, Heyns u. Mitarb.

2. Enzymatische Dehydrierungspolymerisation

Die *dehydrierende Polymerisation des Catechins* verläuft, wie dies W. Grassmann (1947) bereits vermutete, auf einem anderen Weg. Grassmann konnte in der Fichtenrinde eine Phenoloxydase nachweisen, die eine geringe Oxydationswirkung auf Phenol, Resorcin, Hydrochinon, Phloroglucin und Pyrogallol, eine kräftige Oxydationswirkung auf Brenzcatechin, Catechin und Gerbextrakte besitzt und als eine o-Phenoloxydase angesprochen wurde, deren Substrat die Gerbstoffe der Rinde sind.

Für die *oxydative Kondensation des Brenzcatechins* formulierte Grassmann damals zwei Möglichkeiten. Einmal die Molekülvergrößerung durch C–C-Verknüpfung (a) und zum anderen über Ätherbrücken (b).

a)

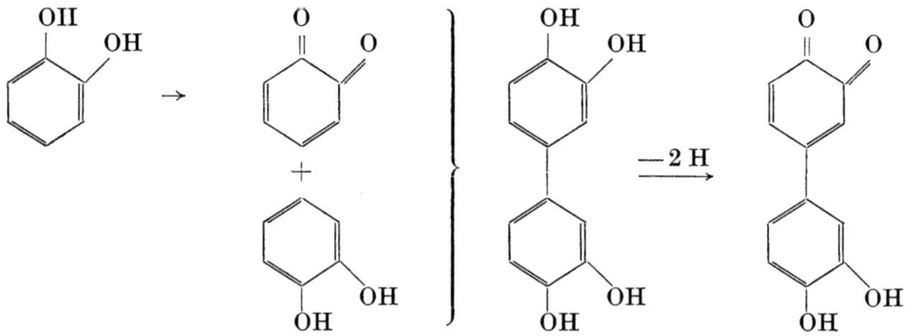

b)

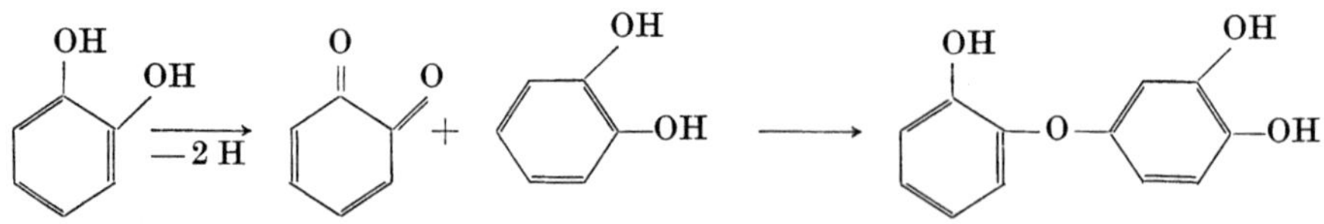

Weitere Versuche des Arbeitskreises von Grassmann über Fichtenrinde ergaben, daß die Gerbstoffe in der Bastschicht praktisch vollkommen in wasserlöslicher Form, in der Borke dagegen weitgehend als *Phlobaphene* vorliegen, und der Phlobaphengehalt auf Kosten der niedermolekularen Gerbstoffe ansteigt. W. GRASSMANN kam zu dem Ergebnis, daß die Umwandlung der niedermolekularen Gerbstoffe in Phlobaphene ein postmortaler, durch oxydative Enzyme bewirkter Vorgang sein muß, der in der lebenden Pflanze bei der Borkenbildung, in abgeschlagenen Bäumen bei der Lagerung abläuft.

A. L. KURSANOW (1954) führt in einer Zusammenstellung über die *Gerbstoffe der Teepflanze* zwei weitere durch dehydrierende Enzyme ausgelöste Polymerisationsmöglichkeiten an. Bei der einen wird das aus Catechin gebildete Chinon (X) hydroxyliert, wobei das Chinon zur Trihydroxyverbindung (XI) reduziert wird. Diese Trihydroxyverbindung reagiert mit einem weiteren Mol o-Chinon und bildet Polymere des Typs (XII). KURSANOW stützt die Hydroxylierung des Chinons mit dem Befund, daß Catechin ebenso wie Brenzcatechin bei der Oxydation $1^1/_2$ mol Sauerstoff verbraucht (vgl. auch H. WAGREICH und J. M. NELSON 1936, sowie CH. J. WRIGHT und H. S. MASON 1946). Über die Bindungsweise in den Polymeren werden keine Angaben gemacht.

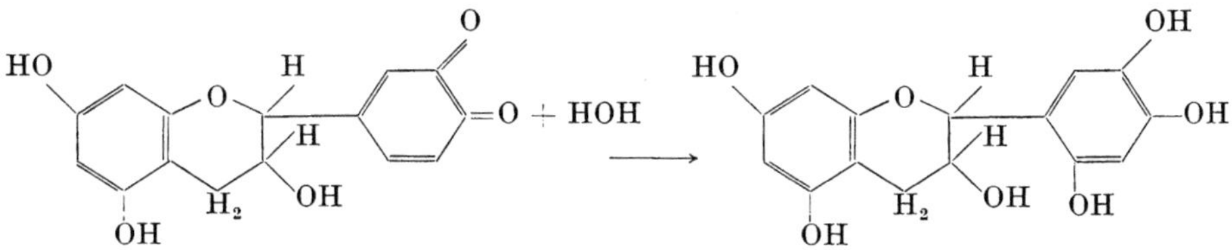

(X) (XI)

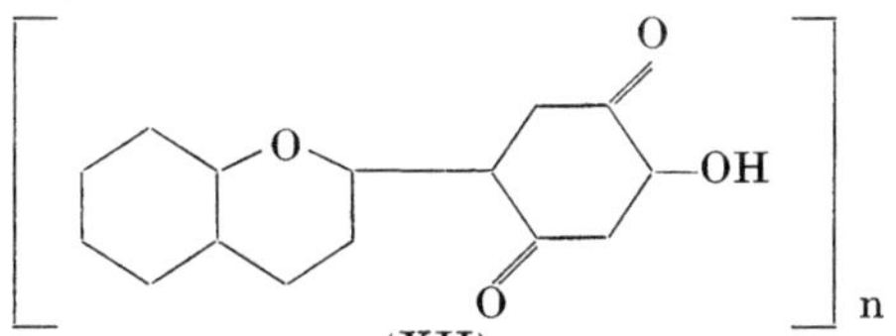

(XII)

A. L. KURSANOW u. Mitarb. (1947) fanden, daß das Molekulargewicht des Teegerbstoffes bei Oxydation durch dehydrierende Enzyme nicht auf ein Vielfaches, sondern nur auf das zweifache des Catechins ansteigt. A. L. KURSANOW (1954) nimmt daher als zweite Möglichkeit die Reaktion zweier Catechin-Chinon-Moleküle über Ätherbrücken an, wie nachfolgendes Formelschema veranschaulicht.

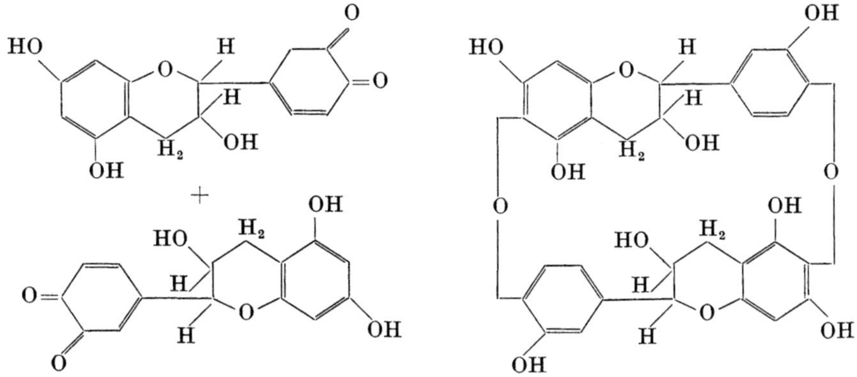

Enzymatische Kondensation des Catechins im Tee (nach A. L. KURSANOW)

Wahrscheinlich muß aber in anderen Gerbextrakten mit wesentlich höheren Molekulargewichten gerechnet werden (vgl. D. G. ROUX und S. R. EVELYN 1958b und c, sowie S. R. EVELYN und D. G. ROUX 1961). Größere Wahrscheinlichkeit ist daher einem von D. E. HATHWAY und I. W. T. SEAKINS (1957a und b) und HATHWAY (1958) aufgestellten Mechanismus über die enzymatische Polymerisation des Catechins beizumessen.

HATHWAY diskutiert als erste Stufe dieser Catechinpolymerisation die Bildung eines Chinons am Brenzcatechinrest. Dieses Chinon lagert sich dann mit dem C-Atom 6′ an das nucleophil aktivierte C-Atom 8 eines anderen Catechinmoleküls unter Bildung einer C–C-Bindung, wobei das benzoide System des Brenzcatechinringes zurückgebildet wird (XIII). Der Vergleich der UV-Spektren hochgereinigter Kondensationsprodukte aus Acaciacatechu-Hartholz und aus Uncaria-gambir-Blättern, die beide in großen Mengen (+)-Catechin und (−)-Epicatechin enthalten, mit Polymerisationsprodukten aus (+)-Catechin, die durch Autoxydation oder enzymatische Oxydation erhalten wurden, zeigten eine gute Übereinstimmung (D. E. HATHWAY und I. W. T. SEAKINS 1955 und 1957a und b).

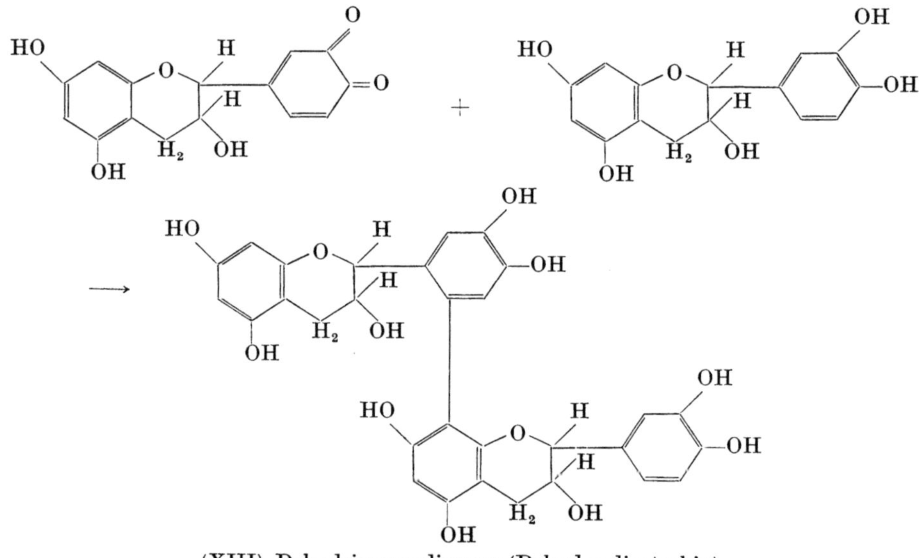

(XIII) Dehydrierungsdimeres (Dehydro-dicatechin)
(nach D. G. HATHWAY 1957 und 1958)

Seine Versuche über die *Gerbstoffe der Eichenrinde* diskutiert D. E. HATHWAY (1958b und 1959a) so, wie dies W. GRASSMANN (1947) für den Fichtenrindengerbstoff tat (vgl. S. 581).

HATHWAY konnte in einem acetongetrockneten Eichen-Cambiumpulver, welches frei von phenolischen Substanzen war, Phenoloxydase-Aktivität nachweisen. Mit diesem Enzymmaterial wurde die aerobe Oxydation von Catechin, Gallocatechin (XV, S. 584) und Delphidan-3.4-diol (XXXV, S. 594) gemessen. Die rascheste Sauerstoffaufnahme wurde beim Gallocatechin, die langsamste beim Catechin und Delphidan-3.4-diol, die bei beiden ziemlich gleich war, beobachtet. HATHWAY vermutet deshalb, daß die Polyphenoloxydase des Eichencambiums weitgehend spezifisch für die Oxydation von Verbindungen des Gallocatechintyps ist und deshalb Polymerisationsprodukte des (+)-Gallocatechins in den Polymerisationsprodukten der Eichenrinde vorherrschen. Bestätigt findet HATHWAY seine Vermutung dadurch, daß die Absorptionsspektren des enzymatisch erhaltenen

Polymerisationsproduktes des Gallocatechins und Delphidandiols mit einem aus Eichencambium isolierten „*Phlobatannin*“ (XIV) sehr gut übereinstimmen (λ_{max} 285 mμ und geringe Absorption zwischen 300—600 mμ).

Auf Grund des Verhaltens verschiedener Verbindungen, wie 5-Methylpyrogallol, 5-Methoxy-4-methylresorcin, Phloroglucin und 3-Hydroxy-5-methyl-o-benzochinon, gegenüber der Polyphenoloxydase kommt HATHWAY zu dem Ergebnis, daß das im Cambium enthaltene Enzymmaterial eine Chinonpolymerisation bewirkt und „Schwanz-zu-Schwanz“-Polymerisationseinheiten entsprechend der Formel (XIV) bildet.

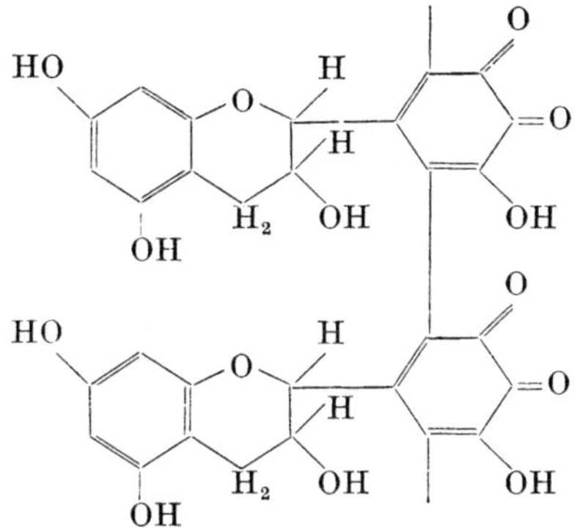

(XIV) Eichenrinden „Phlobatannin“

Neben diesen Gallocatechinpolymerisaten muß nach Meinung von HATHWAY auch mit entsprechenden Polymerisationsprodukten des Delphidandiols gerechnet werden.

In einer Arbeit über die oxydative Polymerisation des (+)-Catechins zeigen S. R. EVELYN u. Mitarb. (1960), daß die Autoxydation von (+)-Catechin relativ langsam ist und selbst nach 128stündigem Erhitzen auf 80° C noch 21% des eingesetzten Catechins unverändert war. Die Autoxydation ist mit einem Ansteigen des durchschnittlichen Molekulargewichtes verbunden; neben der Kondensation tritt teilweiser Abbau des Catechins ein. Allerdings können nur geringe Mengen von Phloroglucin nachgewiesen werden. Das mittlere Molekulargewicht der entstandenen kondensierten Gerbstoffe liegt nach 72stündigem Erhitzen bei 682, nach 128stündigem Erhitzen bei 929. Das bei der Oxydation entstehende braune Produkt ist nach Ansicht der Autoren mit dem Gerbmaterial zu vergleichen, das in handelsüblichen Gambirextrakten enthalten ist. Der Vergleich von oxydativen Kondensationsprodukten mit solchen, die durch Säurekondensation entstanden sind, zeigt deutliche Unterschiede, besonders in ihren Löslichkeiten.

Für die Bildung der Phlobaphene im Kernholz bezweifelt K. FREUDENBERG (1960) die Mitwirkung von Enzymen (vgl. hierzu S. 611).

3. Vorkommen von Catechinen in Gerbstoffpflanzen

Catechin und Epicatechin sind in der Natur weit verbreitet (vgl. hierzu Kap. „Pflanzenphenole in Lebensmitteln“ dieses Handbuches); ihr Vorkommen soll hier auf die Pflanzen beschränkt sein, die als gerbstoffreiche, sowie gerbtechnologisch wichtige Pflanzen bekannt sind.

Große Mengen von Catechinen der verschiedenen sterioisomeren Formen sind im *Catechu*, dem Holz der *Acacia catechu* und im *Gambir*, Blätter und Zweige des *Uncaria gambir* enthalten (vgl. Tab. 2, S. 589, vgl. auch K. FREUDENBERG 1933). Nach S. R. EVELYN u. Mitarb. (1960) zeigen die kondensierten Gerbstoffe der

Gambirextrakte sehr viel Ähnlichkeit mit den durch Autoxydation von (+)-Catechin erhaltenen Kondensationsprodukten.

Im Jahre 1953 konnte D. G. Roux im Ätherextrakt frisch gewonnener *Mimosarinde (Acacia mollissima)*, der etwa 3% der in der Rinde vorkommende Polyhydroxyphenole enthielt, (+)-Catechin und Gallocatechin (XV, Delphidanol vgl. hierzu auch S. 586) papierchromatographisch nachweisen. Nach Roux scheint Catechin die Hauptkomponente des Ätherextraktes zu sein. Neben den beiden genannten Verbindungen konnte noch eine Anzahl weiterer niedermolekularer Polyhydroxyphenole im Ätherextrakt nachgewiesen werden. Ein Vergleich der Ätherextrakte frischer Rinde mit dem eines festen handelsüblichen Extraktes zeigt, daß die in frischem Material enthaltenen Phenole auch im letzteren enthalten sind. Das Vorkommen von Catechin und Gallocatechin in Mimosa wurde von H. G. C. King (1956), H. G. C. King und Th. White (1956, vgl. auch Th. White 1956) bestätigt. Diese Autoren beschreiben zusätzlich das Vorkommen von *Epicatechin*. H. G. C. King (1957) gelang es schließlich, (+)-Catechin in kristalliner Form zu isolieren und sicher zu identifizieren. Nach H. G. C. King ist Catechin nur zu 0,02% im Gesamtextrakt von Mimosa enthalten und kann deshalb, im Gegensatz zu den Befunden von Roux, nicht als Hauptkomponente angesprochen werden (vgl. auch Th. White 1958).

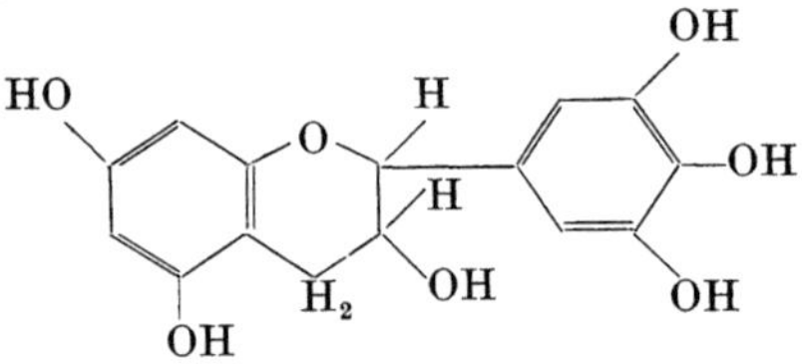

(XV) Gallocatechin
(Delphidanol)

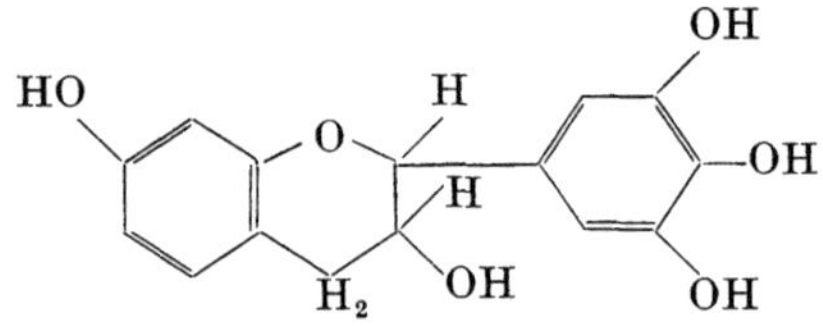

(XVI) 7.3′.4′.5′-Tetrahydroflavan-3-ol
(Robidanol oder Robinetinidol)

Neben Catechin und Gallocatechin gelang es H. G. C. King ein weiteres Flavan-3-ol nachzuweisen, das er als 7.3′.4′.5′-Tetrahydroxy-flavan-3-ol (XVI, *Robidanol*) ansprach. Ein Jahr später isolierten D. G. Roux und E. A. Maihs (1958 und 1960) das gleiche Flavan-3-ol, jedoch gelang es ihnen, dieses in wesentlich reinerer Form darzustellen und genau zu charakterisieren.

Roux und Maihs extrahierten frische Mimosarinde mit Essigester und erhielten ein von Nichtgerbstoffen weitgehend freies Gerbstoffgemisch (Gerbstoffgehalt 92%, entsprechend 62% der Gesamtgerbstoffe der Rinde). Der zur Trockene gebrachte Extrakt wurde nach weiterer Reinigung über eine Cellulosesäule papierchromatographisch in präparativem Maßstab aufgetrennt. Auf dem Papier ließen sich fünf im UV-Licht fluorescierende Komponenten nachweisen. Die fluorescierenden Banden wurden ausgeschnitten und eluiert.

Das neue Flavanol erwies sich als ein (−)-7.3′.4′.5′-Tetrahydroxyflavan-3-ol (XVI), [(−)-Robinetinidol oder Robidanol; Smp 207° C; λ_{max} 282 mμ; $[\alpha]_D^{20}$ − 10,7 ± 0,3° in Aceton : Wasser (1:1)]. Von dieser Verbindung haben Roux und Maihs das 7.3′.4′.5′-Tetramethoxyflavan-3-ol (Smp 143—144° C, der Misch-Smp mit dem von K. Weinges, 1958 hergestellten 7.3′.4′.5′-Tetramethoxy-(−)-flavan-3-ol zeigte keine Depression; $[\alpha]_D^{20}$ − 21,6 ± 0,4° in Tetrachloräthan) sowie das Pentaacetoxyflavan (Smp 132—133° C, keine Depression mit synthetischem Material; $[\alpha]_D^{25}$ + 4,9° in Tetrachloräthan) hergestellt.

(+)-*Gallocatechin* (Delphidanol; Smp 182—184° C; $[\alpha]_D^{20}$ + 10,7° in Aceton : Wasser (1:1); der Mischschmelzpunkt mit (+)-Gallocatechin aus *Casuarina equisetifolia* zeigte keine Depression.

In einer weiteren Arbeit haben D. G. ROUX und E. A. MAIHS (zit. in D. G. ROUX 1959) das Vorkommen dieser drei Verbindungen in höherer Konzentration im Siebröhrensaft nachgewiesen.

Die Anwesenheit von Epicatechin, wie dies WHITE u. Mitarb. (vgl. oben) gefunden haben, konnte von ROUX und MAIHS nicht bestätigt werden. Ebenso wird der Gehalt an (+)-Catechin mit 1,1—1,4% wesentlich höher gefunden, als von H. G. C. KING und TH. WHITE (1956) mit 0,02%. Allerdings fanden ROUX u. Mitarb. (−)-Epicatechin in *A. dealbata* und *A. pycnantha*. Die Untersuchungen anderer Mimosenarten auf die genannten Verbindungen sind in Tab. 1 zusammengestellt (vgl. auch D. G. ROUX u. Mitarb. 1961).

Tabelle 1. *Vorkommen von (+)-Catechin, (—)-Epicatechin, (+)-Gallocatechin und (—)-Robinetinidol in verschiedenen Acacia sp.* (nach D. G. ROUX 1959)

Acacia	(—)-Robinetinidol	(+)-Catechin	(—)-Epicatechin	(+)-Gallocatechin
mollissima	+++++	++++	—	+++++
decurrens	+	++++	—	+++++
dealbata	(+)	++++	+++++	++
pycnantha	—	+++	+++++	(+)

In jüngster Zeit gelang es D. G. ROUX (1962) aus dem Hartholz der *Acacia mearnsii* das (−)-7.3′.4′-Trihydroxyflavan-3-ol (XVII; Fisetinidol oder Fisidanol) zu isolieren. Aus der Rinde der gleichen Pflanze, deren Zusammensetzung an phenolischen Substanzen wesentlich komplexer als die des Hartholzes ist, isolierte ROUX (−)-Robinetinidol, (+)-Catechin und (+)-Gallocatechin.

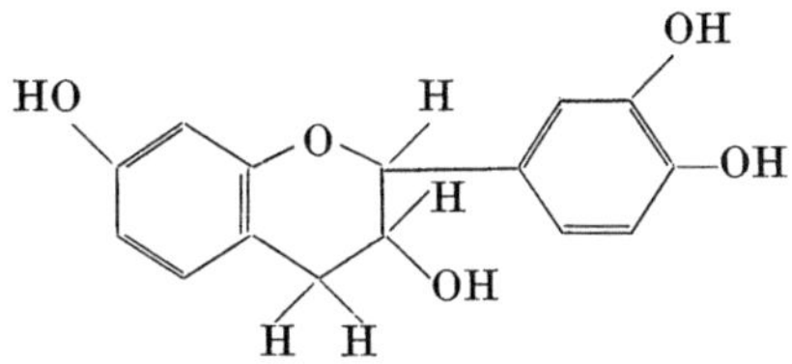

(XVII) 7.3′.4′-Trihydroxy-flavan-3-ol (Fisidanol oder Fisetinidol)

Catechin und Gallocatechin gehören nicht wie die anderen aus Mimosaarten isolierten Polyhydroxyphenole dem Resorcin-, sondern dem Phloroglucintyp an. Diese Phloroglucin-catechine sind in nahe verwandten Mimosaarten enthalten und ihre Verbreitung ist typisch für ihre Taxonomie. Robinetinidol (7.3′.4′.5′-Tetrahydroxy-flavan-3-ol) wurde von D. G. ROUX und E. PAULUS (1962b) auch aus *Robinia pseudacacia* isoliert.

Für den *Gerbstoff des Quebrachos (Schinopsis lorentzii)* vermuteten K. FREUDENBERG u. Mitarb. (1925) auf Grund der Abbauprodukte Resorcin und Protocatechusäure in der Alkalischmelze eine dem Catechin ähnliche Struktur. Einige Jahre später haben K. FREUDENBERG und P. MAITLAND (1934) den Quebrachogerbstoff als eine Mischung hochkondensierter Produkte, die sich alle vom gleichen Grundbaustein, dem (+)-Epi-7.3′.4′-Trihydroxyflavan-3-ol ableiten, betrachtet.

Obwohl dieser Grundbaustein von K. FREUDENBERG u. Mitarb. als solcher nicht in Quebrachoextrakt nachgewiesen werden konnte, wurde er von den Autoren als Quebrachocatechin angesprochen, da die analytischen Daten eines künstlichen Kondensationsproduktes mit einem Teil des Naturproduktes in Einklang zu bringen waren.

1949 konnte dann erstmals TH. WHITE papierchromatographisch nachweisen, daß der Quebrachogerbstoff ein komplexes Gemisch mehrerer Verbindungstypen darstellt, was von W. E. HILLIS (1951) bestätigt wurde. Die komplexe Natur des Quebrachogerbstoffes wurde aber erst recht deutlich, als K. S. KIRBY u. Mitarb. (1953) einen Quebrachoextrakt mit der zweidimensionalen Papierchromatographie untersuchten und etwa 40 Verbindungen nachweisen konnten.

Neben *Fisetin,* das bereits 1896 von A. G. PERKIN und O. GUNNEL in Quebrachoextrakt gefunden wurde, isolierten K. S. KIRBY und TH. WHITE (1955) noch Gallussäure, 4'-Methoxy-fisetin und Anthrachinon. Auf diese Verbindungen soll jedoch, da ihr gerberisches Verhalten völlig unbekannt ist, hier nicht eingegangen werden (vgl. Abschn. A).

Sowohl in den Blättern, wie in den Zweigen, der Rinde und im Weichholz konnten H. G. C. KING und TH. WHITE (1957a) (+)-Catechin papierchromatographisch nachweisen. Die hauptsächlichen Gerbstoffbausteine des Hartholzes stellen die *Flavandiole* dar, die im Abschn. C/II näher besprochen werden sollen.

W. MAYER berichtete 1956 (vgl. auch W. MAYER und G. BAUNI 1956) über die Isolierung von (+)-Catechin und (+)-Gallocatechin aus Eichenrinde verschiedener *Quercus*-Arten und D. E. HATHWAY (1958b und 1959) konnte das Vorkommen dieser beiden Verbindungen bestätigen und sie zusätzlich aus den Blättern der *Quercus pedunculate* und *Qu. sessiliflora* isolieren. MAYER extrahierte frische, zerkleinerte Rinde mit Aceton oder Methanol, entfernte das Lösungsmittel und reicherte die Gerbstoffe und Polyhydroxyphenole durch Fällung mit Bleisalzen an. Die so gereinigten Verbindungen wurden mit Äther extrahiert und an einer feuchten Silicagel-Säule durch Verteilungschromatographie aufgetrennt. (+)-Gallocatechin war bis dahin nur von OSHIMA (zit. W. MAYER 1956) in der Rinde von *Casuarina equisetifolia* gefunden und beschrieben worden. OSHIMA nannte diese Verbindung Casuarin. MAYER gelang es durch Abbauversuche und verschiedene Nachweisreaktionen, sowie Vergleich der optischen Drehung mit (+)-Catechin erstmals die Struktur des Hexahydroxyflavans sicherzustellen (vgl. auch W. MAYER und G. BAUNI 1958). (+)-Gallocatechin schmilzt bei 185—188° ($[\alpha]_D$ +14,7° in Aceton-Wasser 1:1), bildet ein Hexaacetat mit dem Smp 141—143° ($[\alpha]_D$+31,0° in Aceton) und einen Pentamethyläther vom Smp 160—162° ($[\alpha]_D$ − 3,0° in Aceton).

HATHWAY (1958b) extrahierte Eichenrinde mit 80%igem Methanol, entfernte das Lösungsmittel weitgehend und schüttelte die wäßrige Lösung mit Äther und anschließend mit Essigester aus.

Die ätherlöslichen Phenole wurden an einer Silicagelsäule aufgetrennt und (+)-Catechin und (+)-Gallocatechin isoliert.

Der Essigesterauszug, der ähnlich aufgearbeitet wurde, enthielt mehrere Fraktionen, die bei Salzsäurebehandlung Anthocyanidine bildeten, die chromatographisch als Cyanidin und Delphinidin identifiziert wurden. Delphidan-3.4-diol wurde durch Chromatographie an Silicagel kristallin isoliert (vgl. Abschn. C/II). Nach HATHWAY enthält die Rinde junger Eichen 1% (+)-Catechin, 1% (+)-Gallocatechin und etwa 0,5% Delphidandiol (Leucodelphinidin).

Den weder mit Äther noch mit Essigester ausschüttelbaren Phenolanteil chromatographierte HATHWAY an einer Cellulosesäule und erhielt nach Elution mit 10%iger Ameisensäure vier Fraktionen, die mit Vanillin-Salzsäure anfärbbar waren und aus welchen bei Salzsäurebehandlung Delphinidin und Cyanidin entstanden. Eine weitere auf der Säule verbliebene Fraktion eluierte HATHWAY mit 70%igem Formamid. Diese Fraktion, die etwa 2% bezogen auf die trockene Rinde, ausmachte, zeigt eine intensive Absorption bei 285 mμ und eine geringe Absorption zwischen 300—600 mμ und wird von HATHWAY als Phlobatannin (vgl. XIV,

S. 583) angesprochen. Ihre Analyse kann mit der Formel $C_{15}H_{10}O_7 \times 2\,H_2O$ in Einklang gebracht werden.

Untersuchungen eines Methanolextraktes von Eichenblättern zeigen, daß in ihnen ebenfalls Catechin und Gallocatechin enthalten sind.

Die Gerbstoffanalysen frisch geernteter Eichenrinde ergaben, daß der Gerbstoffgehalt der einzelnen Bäume von oben nach unten ansteigt, und HATHWAY (1959) vermutet, daß die Polyphenole in den Blättern gebildet, dann in das Cambium transportiert werden, wo sie oxydiert, und die entstandenen Kondensationsprodukte dann in der Rinde abgelagert werden (vgl. S. 610).

(+)-Catechin und (+)-Gallocatechin konnte von W. MAYER (1956; W. MAYER und G. BAUNI 1956) auch aus frischer Rinde der *Edelkastanie* isoliert werden.

Als Abbauprodukt der Alkalischmelze von Hemlock *(Tsuga canadensis)* erhielt A. RUSSEL (1934) Protocatechusäure und Pyrogallol. Phloroglucin war nicht nachweisbar. RUSSEL stellt für den Hemlockgerbstoff die beiden Formeln (XVIII) und (XIX) auf.

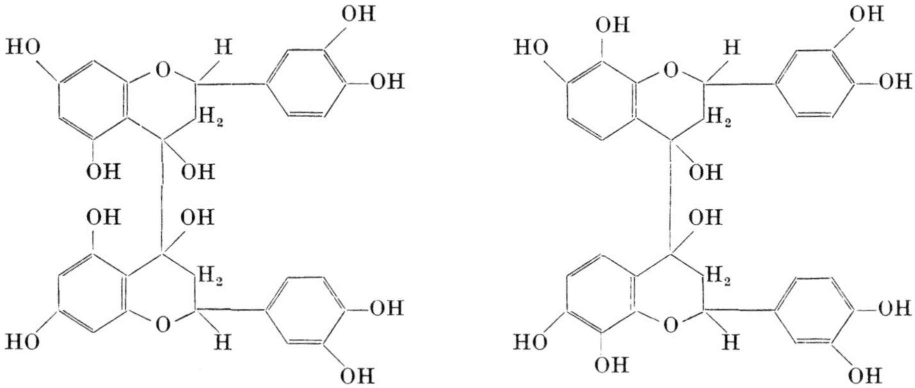

(XVIII) Hemlockgerbstoffe (XIX)

Diese beiden Flavpinakolstrukturen verglich RUSSEL mit einem synthetischen, allerdings amorphen Produkt. Das Auffinden von Pyrogallol und die Abwesenheit von Phloroglucin bei der Alkalischmelze würden nach RUSSEL eher für die Formel (XIX) sprechen.

E. H. W. ROTTSIEPER (1946) hält die Flavpinakolstruktur von RUSSEL als nicht voll bewiesen und vermutet ein 7.8.3'.4'-Tetrahydroxyflavan-3-ol als die wahrscheinlichere Gerbstoffvorstufe.

W. E. HILLIS und A. CARLE (1958) haben neben anderen Polyhydroxyphenolen (vgl. S. 598) (+)-Catechin, (−)-Epicatechin in den Cambiumzonen und im Holzgewebe von *Eucalyptus regnans* und *E. sieberiana* gefunden.

Auch das Gerbstoffgemisch der Fichte *(Picea excelsa)* enthält nach K. FREUDENBERG (1956) (+)-Catechin, was von H. ENDRES und F. LEPPMEIER (1961) bestätigt wurde. Neben dem monomeren (+)-Catechin konnten ENDRES u. Mitarb. noch Kondensationsprodukte des (+)-Catechins papierchromatographisch nachweisen.

Sehr reich an Catechinen sind *Teeblätter*. In verschiedenen Arbeiten beschrieb M. TSUJIMURA (zit. in M. TSUJIMURA 1935) die Isolierung kristalliner Polyhydroxyphenole. Neben (−)-Catechin ($[\alpha]_D^{25} = -69°$ in Äthanol) und (−)-Epigallocatechin ($[\alpha]_D^{18} = -67{,}5°$) erhielt TSUJIMURA eine Verbindung mit der Bruttozusammensetzung $C_{22}H_{18}O_{10}$, die im Gegensatz zu Catechin eine Gelatinefällung gab und als Teegerbstoff angesprochen wurde. Die Verbindung schmolz bei 253° C und zeigte einen Drehwert von $[\alpha]_D^{23} = -177{,}5°$. Durch Acetylierung wurde ein Hexaacetylderivat vom Schmelzpunkt 123° C, und durch Methylierung mit Dimethylsulfat ein Heptamethylderivat erhalten. Durch verschiedene Abbaumethoden der freien Verbindung sowie des Methylderivats und durch Vergleich der UV-Absorptionsspektren des Naturproduktes mit synthetischem Material kam TSUJIMURA zu der Konstitution eines 3-Galloyl-epicatechins (XX) für die als Teegerbstoff angesprochene Verbindung.

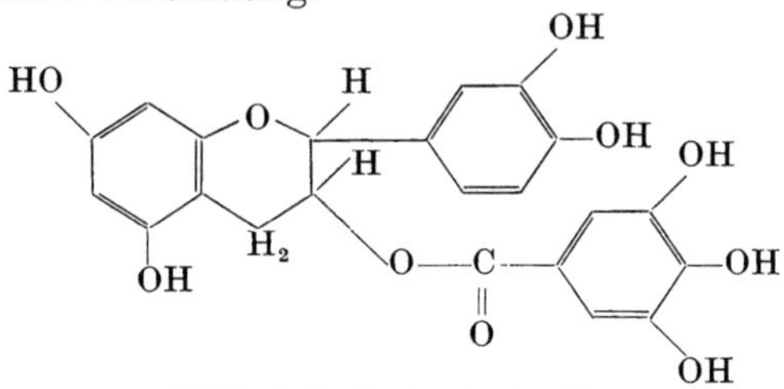

(XX) 3-Galloyl-epicatechin

Durch das Auffinden des Galloyl-epicatechins konnte die schon früher nachgewiesene Gallussäure erklärt werden.

Durch Anwendung der Säulenchromatographie, besonders von Kieselgel-Säulen wurden von verschiedenen Arbeitskreisen bisher folgende Flavanole und Flavanol-gallussäureester isoliert: (vgl. hierzu L. VUATAZ u. Mitarb. 1959).

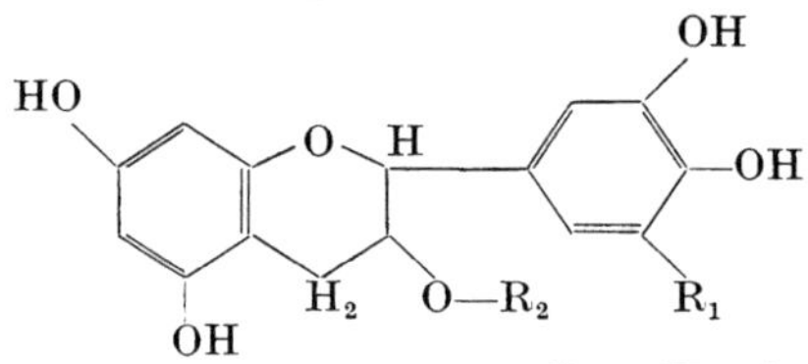

$R_1 = R_2 = H$
(+)-Catechin
(—)-Epicatechin

$R_1 = OH$; $R_2 = H$
(+)-Gallocatechin
(—)-Epigallocatechin

$R_1 = H$; $R_2 =$ Galloyl
(—)-Galloyl-epicatechin

$R_1 = OH$; $R_2 =$ Galloyl
(—)-Galloyl-epigallocatechin

Auch in *Kakaobohnen* verschiedener Herkunft spielen Gerbstoffe und Gerbstoffbausteine für die Geschmacksbildung eine bedeutende Rolle. In den unfermentierten Bohnen konnten bisher folgende Catechine aufgefunden werden: (+)-Catechin (K. FREUDENBERG u. Mitarb. 1932); (−)-Epicatechin (W. W. ADAM 1931 und K. FREUDENBERG u. Mitarb. 1932); (−)-Gallocatechin und (−)-Epigallocatechin (W. G. C. FORSYTH 1955). Eine weitere Verbindung wurde von W. G. C. FORSYTH und J. B. ROBERTS (1958) als das Halbketal zwischen dem 3-Hydroxyl von (−)-Epicatechin und einem Flavanol-2-on-3 angesprochen (XXI). Allerdings wird

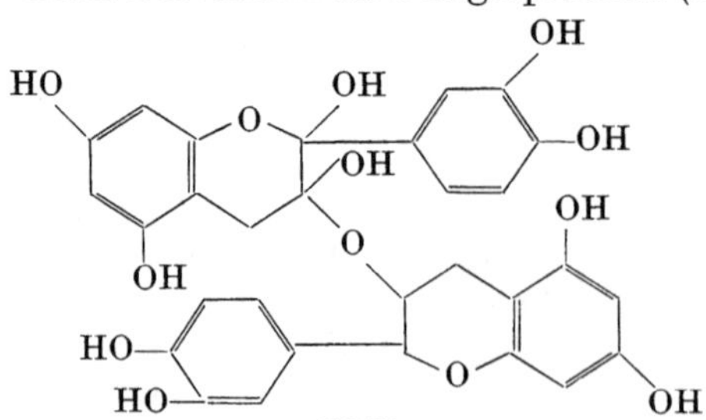

(XXI)

diese Formel von K. FREUDENBERG und K. WEINGES (1961, 1961a und 1962) bezweifelt, da Halbketale in ihrer offenen Form in der Natur nicht bekannt sind (vgl. hierzu S. 601). Über die Veränderungen der Gerbstoffe und Gerbstoffbausteine während der Fermentation der Kakaobohnen oder während des Conchiervorganges sei auf Band VI dieses Handbuches verwiesen (vgl. auch W. MOHR 1962).

In Tab. 2 sind die bisher in der Natur gefundenen Catechine aufgeführt.

Tabelle 2. *Bisher in der Natur aufgefundene Flavan-3-ole (Catechine) und ihre Vorkommen in Gerbstoffpflanzen* (incl. Tee und Kakao)

Verbindung	Smp und andere Eigenschaften	Derivate	Vorkommen
(—)-Fisetinidol (7.3′.4′-Trihydroxy-flavan-3-ol, Fisidanol)			*Acacia mearnsii*
(+)-Catechin (5.7.3′.4′-Tetrahydroxy-flavan-3-ol, Cyanidanol)	Smp 93—96° C H_2O-frei 175 bis 177° C $[\alpha]_D^{20} = +16$—18° in H_2O, λ_{max} 280 mμ	Pentaacetyl-catechin, Smp 131—132° C $[\alpha]_D^{20}$ +40,1 in $C_2H_2Cl_4$	versch. Mimosa-Arten *Picea excelsa* *Acacia mearnsii* *Schinopsis lorentzii* versch. *Quercus sp.* versch. Eucalyptus-Arten; Edelkastanie
(—)-Catechin	Smp wie bei (+)-Catechin $[\alpha]_D$ —16,8 in H_2O		*Acacia catechu* Teeblätter
(±)-Catechin	Smp 212—216° C		*Acacia catechu*
(+)-Epicatechin	Smp 245° C $[\alpha]_D$ = —60° in Aceton		*Uncaria gambir* Teeblätter, Kakao
(—)-Epicatechin	Smp 237—245° C $[\alpha]_D^{25}$ = —69° in Äthanol		*Acacia catechu, A. dealbata, A. pycnantha,* Kakao, Teeblätter *Eucalyptus regnans, E. sieberiana*
(±)-Epicatechin	Smp 224—232° C		*Acacia catechu*
(+)-Gallocatechin (5.7.3′.4′.5′-Pentahydroxy-flavan-3-ol, Delphidanol)	Smp 185—188° C $[\alpha]_D$ = (+) 14,7° in Aceton: Wasser (1:1)	Hexaacetyl-Verbindung, Smp 141—143° $[\alpha]_D$ = +31,0° in Aceton Pentamethyläther, Smp 160—162° C $[\alpha]_D$ = —3,0° in Aceton	versch. Mimosa-Arten *Acacia mearnsii* versch. *Quercus sp.* Edelkastanie, Teeblätter
(—)-3-Galloyl-epicatechin	Smp 253° C $[\alpha]_D^{23}$ = —190° in Alkohol	Hexaacetylderivat, Smp 123° C	Teeblätter
(—)-Epigallocatechin	Smp 218° C $[\alpha]_D$ = —59,5° in Alkohol		Teeblätter, Kakao
(—)-3-Galloyl-epigallocatechin	Smp 215—216° C $[\alpha]_D^{24}$ = 185° in Alkohol		Teeblätter
(—)-Robinetinidol (7.3′.4′.5′-Tetrahydroxy-flavan-3-ol, Robidanol)	Smp 207° C $[\alpha]_D^{20}$ = —10,7° in Aceton: Wasser (1:7) λ_{max} 282 mμ	Tetramethyläther, Smp 143—144° C $[\alpha]_D^{20}$ = —21,6° in $C_2H_2Cl_4$ Pentaacetylderivat, Smp 132—133° C $[\alpha]_D^{25}$ = +4,9° in $C_2H_2Cl_4$	*Acacia mollissima* *A. decurrens* *A. mearnsii*

II. Flavandiole-3.4 („Leucoanthocyanidine“) als Gerbstoffbausteine

1. Allgemeines

Die in jüngster Zeit in vielen wichtigen Gerbstoffpflanzen gefundenen *Polyhydroxy-flavandiole-3.4* (XXII) lassen sich durch Erwärmen mit Mineralsäure in die zugehörigen, intensiv gefärbten Anthocyanidinsalze überführen. Diese Überführung von der farblosen in die farbige Verbindung hat den Flavandiolen, nach den Regeln der Farbstoffchemie den Namen Leuco-anthocyanidine eingetragen, was nach K. FREUDENBERG und K. WEINGES (1958, vgl. auch 1960) insofern nicht richtig ist, als die echten Leuco-anthocyanidine die wahrscheinlich tautomeren Flaven-2-ole-3 (XXIII) bzw. Flaven-3-ole-3 (XXIV) sind.

Die Flavandiole sind demnach die Leuco-anthocyanidinhydrate, die durch Wasserabspaltung in die Leucoverbindungen übergehen und dann unter der Einwirkung von O_2 mit Mineralsäuren Anthocyanidinsalze (XXV) bilden. (Über den Mechanismus der Bildung von Anthocyanidinen aus Flavandiolen-3.4 vgl. A. V. ROBERTSON 1959 und D. G. ROUX u. M. C. BILL 1959.)

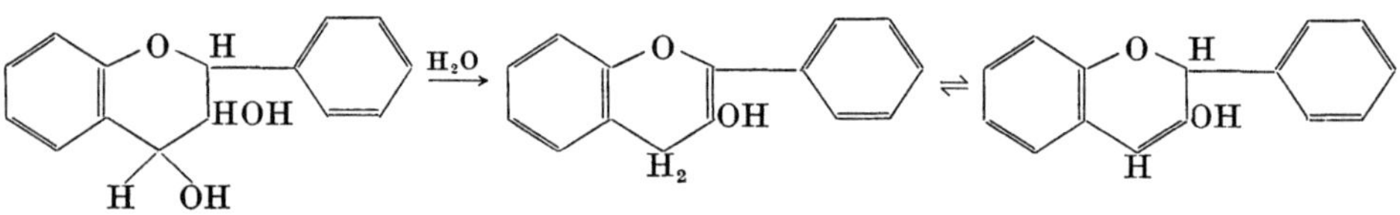

(XXII) Flavandiol-3.4 Leuco-anthocyanidinhydrat (XXIII) Flaven-2-ol-3 (XXIV) Flaven-3-ol-3

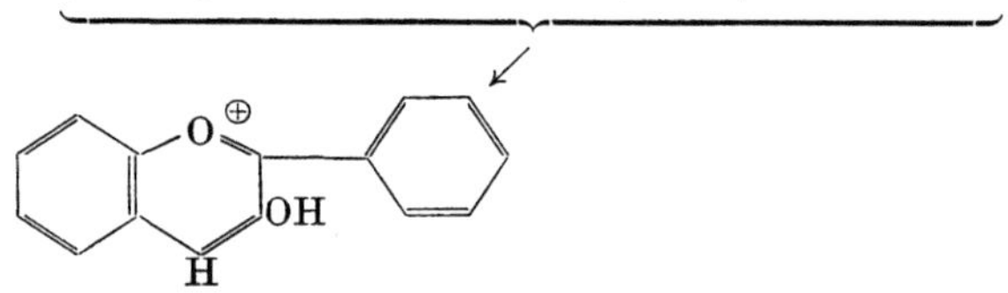

(XXV) Anthocyanidin

FREUDENBERG und WEINGES (1958) haben als Sammelnamen für alle mit Mineralsäuren Anthocyanidine bildende Substanzen den Namen Pro-anthocyanidine vorgeschlagen. In einem Nomenklaturvorschlag haben K. FREUDENBERG und K. WEINGES (1960) die Flavonoide in verschiedene Reihen aufgeteilt, die sich durch das Verhältnis der Anzahl von Hydroxylgruppen im Ring A zu der im Ring B unterscheiden (z. B. Cyanidin gehört zur Reihe 2:2; Delphinidin zur Reihe 2:3). FREUDENBERG und WEINGES bildeten 6 Grundtypen, die in der Natur bisher die meisten Vertreter gestellt haben. Die Bezeichnung dieser Typen ist an bekannte Vertreter der entsprechenden Gruppe angelehnt und enden alle mit der Silbe -idan, z. B. *Fisidan* (1:2), *Robidan* (1:3), *Chrysidan* (2:0), *Pelargidan* (2:1), *Cyanidan* (2:2) und *Delphinidan* (2:3). Zur Bezeichnung der Flavan-3-ole (Catechin) wird dem Stammnamen die Silbe -ol angehängt (z. B. Cyanidan-3-ol für Catechin oder Delphidan-3-ol für Gallocatechin, vgl. hierzu S. 576) und zur Bezeichnung der Flavandiole die Silbe -diol.

Im folgenden soll die von FREUDENBERG und WEINGES vorgeschlagene Nomenklatur angewendet werden, wobei in Klammern jeweils noch der bisher übliche Name angeführt wird.

Die *Hydroxyflavandiole* besitzen nach K. FREUDENBERG (1960), ebenso wie die Catechine, keine Gerbwirkung (vgl. auch H. ENDRES 1961b). Neben der Umwandlung in Anthocyanidine werden sie wie die Catechine, jedoch mit viel größerer

Geschwindigkeit, durch verdünnte Säuren erst in amorphe, lösliche und dann in unlösliche Kondensationsprodukte übergeführt. Die Kondensation zu löslichen Gerbstoffen vollzieht sich bereits mit warmem Wasser. Die wesentlich raschere Kondensation der Flavan-3.4-diole gegenüber den Catechinen (Flavan-3-ole) muß nach FREUDENBERG am Hydroxyl 4 liegen, welches sich höchstwahrscheinlich mit den Wasserstoffatomen 6 oder 8 zu einem bifunktionellen Zweierstück (XXVI) kondensiert. Diese Reaktion kann beidseitig weitergehen und unter Beteiligung der C-Atome 6 oder 8 zu Verzweigungen führen. Die von D. G. ROUX (1957b und 1958) gezeigte weitgehende Aufspaltung der Flavandiolkondensationsprodukte in Anthocyanidine durch intensive Behandlung mit heißer Salzsäure wird von K. FREUDENBERG (1960) mit der leichten Abspaltbarkeit des C-substituierten Phloroglucinrestes erklärt. Dabei entsteht das echte Leucocyanidin (Flavenol XXVII) und das Flavandiol (XXVIII), die beide in das Anthocyanidin (XXIX) übergehen. Im Falle des Diols bildet sich jedoch nur ein kleiner Prozentgehalt an Anthocyanidinen, der größte Teil bildet Phlobaphene. Das folgende, für das Cyanidandiol (XXVIII) aufgestellte Formelschema wurde von K. FREUDENBERG (1960) angegeben.

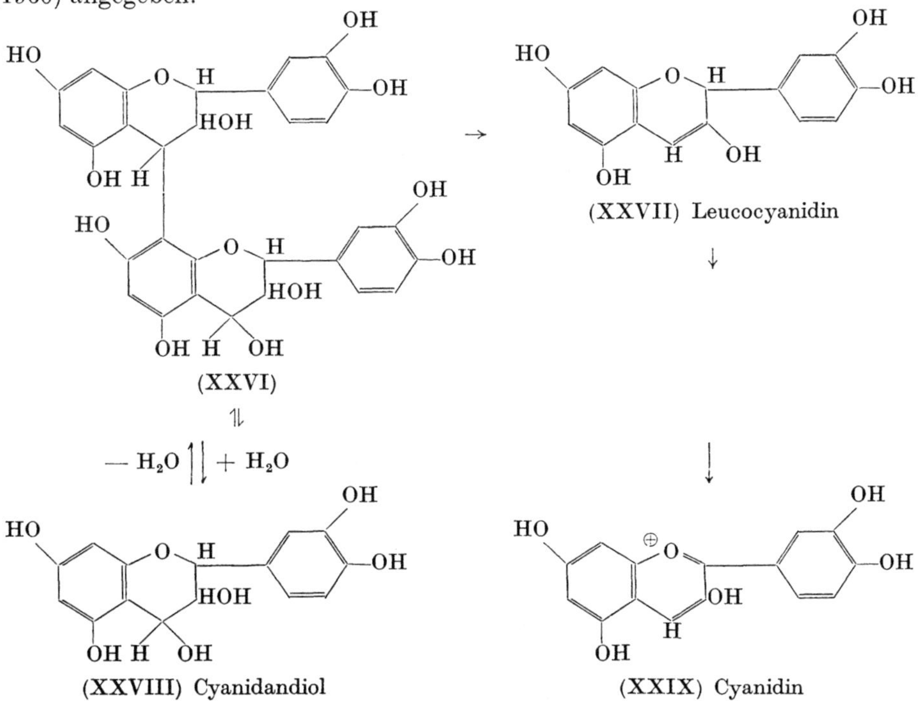

Für die enzymatische Kondensation durch Phenoloxydase vermutet D. E. HATHWAY (1958b und 1959a) einen gleichen Mechanismus wie für das Catechin und Gallocatechin (vgl. S. 582).

Die Überführung der Flavandiole in die rotgefärbten Anthocyanidine durch Erhitzen mit Isopropanol und 3n-Salzsäure (5:1) dient als Test für ihre Anwesenheit (W. PIGMAN u. Mitarb. 1953). PIGMAN u. Mitarb. haben nach dieser Methode das *Vorkommen von Flavandiolen* in *Acacia mollissima*, *Schinopsis lorentzii*, *Schinopsis balansea*, *Tsuga heterophylla*, *Picea mariana* und verschiedenen Arten von *Rhizophora* nachgewiesen. Mit der systematischen Verbreitung der Flavandiole („Leucoanthocyanidine") hat sich E. C. BATE-SMITH (1953, 1954a und 1954b) beschäftigt. Für diese Untersuchungen wurden die verschiedenen Pflanzenextrakte in 2 n-Salzsäure gekocht und die entstandenen Anthocyanidine papierchromatographisch identifiziert. Nach den eingangs geschilderten Überlegungen von K. FREUDENBERG und K. WEINGES ist damit nicht sichergestellt, daß es sich bei den Anthocyanidine bildenden Verbindungen durchwegs um Flavandiole handeln muß. Besser wäre es nach K. FREUDENBERG und K. WEINGES (1958) hier von Pro-anthocyanidinen zu sprechen. Andererseits sei bereits hier darauf hingewiesen, daß das Auftreten eines roten Farbstoffes in der Isopropylalkoholphase nach Erhitzen mit Salzsäure nicht unbedingt von Pro-anthocyanidinen stammen muß. Auch das im Fichtenbast als Hauptkomponente vorliegende Polyhydroxystilben, das konstitutionschemisch keinerlei Verwandtschaft mit den Pro-anthocyanidinen hat, gibt beim Erwärmen mit Salzsäure eine mit Isopropylalkohol ausschüttelbare, intensiv rot gefärbte Verbindung (W. GRASSMANN und H. ENDRES 1959; vgl. auch S. 605).

Das Auffinden einer großen Anzahl von „Flavandiolen" durch E. C. BATE-SMITH in Pflanzen, die als Gerbstofflieferanten bekannt sind (vgl. hierzu die Untersuchungen von D. G. ROUX und R. S. EVELYN, die in Tab. 3 zusammengestellt sind), führte in der Folgezeit oft dazu, alle kondensierten Gerbstoffe als Kondensationsprodukte der Flavandiole aufzufassen. Diese Auffassung erwies sich als ebenso unrichtig wie die, die kondensierten Gerbstoffe ausschließlich als Catechin-Kondensationsprodukte anzusprechen (vgl. hierzu TH. WHITE 1958). Einen Vorschlag von K. FREUDENBERG (1960) folgend, könnte man die kondensierten Flavanole und Flavandiole als Flavanoidgerbstoffe bezeichnen, ohne jedoch damit alle kondensierbaren Gerbstoffbausteine erfaßt zu haben.

Tabelle 3. *Vorkommen von Flavandiolen in verschiedenen Kernhölzern* (nach D. G. ROUX und R. S. EVELYN 1958b)

Anacardiaceae	Harpephyllum caffrum, Rhus legati, Schinopsis quebracho-colorado (syn. S. lorentzii), S. balansae
Celastraceae	Gymnosporia acuminata, Pleurostylia capensis, Pterocelastrus tricuspidatus
Cornaceae	Curtisia faginea
Cunoniaceae	Cunonia capensis
Ebenaceae	Diospyros mespiliformis, Euclea lanceolata
Euphorbiaceae	Phyllanthus discoideus
Flacourtiaceae	Kiggelaria africana, Scolopia munduti
Leguminosae	
Caesalpinioideae:	Baikiaea minor, B. pluijuga, Brachystegia apendulata, B. spiciformis, Burkea africana, Copaifera coleosperma, C. tessmanii, Erythrophleum africana, E. guineense, Isoberlinia tomentosa, Schotia latifolia
Mimosoideae:	Acacia dealbata, A. decurrens, A. melanoxylon, A. mollissima, A. nigrescens, A. pycnantha
Papilionatae:	Berlinia niambiensis
Myristicaceae	Staudtia gabonensis
Myrtaceae	Eucalyptus marginata, Syzigium cordatum
Ochnaceae	Ochna arborea, Ochna sp.
Rhamnaceae	Rhamnus zeyheri
Rosaceae	Pygeum africanum
Rhizophoraceae	Weihes africana
Sapotaceae	Mimusops obovata, Manilkara uniefolia
Ulmaceae	Trema guineensis

2. Vorkommen von Flavandiolen in Gerbstoffpflanzen

Zu den ersten rein isolierten Vertretern dieser Klasse gehört das Melacacidin oder 8-Hydroxy-fisidandiol-3.4 (7.8.3'.4'-Tetrahydroxyflavan-diol-3.4; XXX), welches von F. E. King und W. Bottomley (1954) in *Acacia melanoxylon* gefunden wurde.

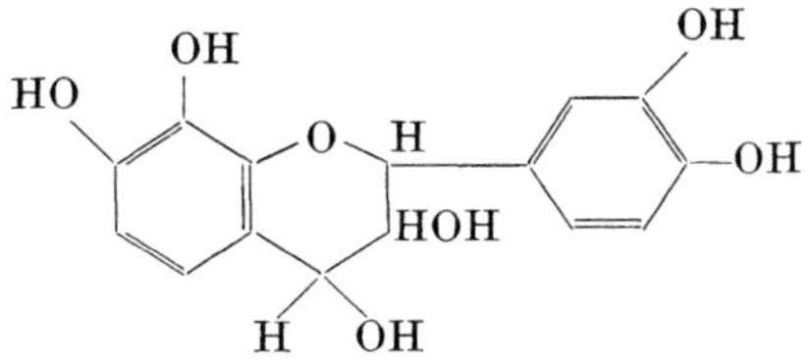

(XXX) Melacacidin

Zwei weitere Flavandiole wurden 1957 von H. G. C. King und Th. White (1957a und 1957b) in Weichholzextrakten von Quebracho *(Schinopsis lorentzii)* papierchromatographisch nachgewiesen. Bei der einen Verbindung handelt es sich um Cyanidandiol (XXXI, 5.7.3'.4'-Tetrahydroxy-flavandiol-3.4; Leucocyanidin), die andere, die die Autoren isolieren konnten, wurde als Fisidandiol (XXXII, 7.3'.4'-Trihydroxy-flavandiol-3,4; „Leucofisetinidin") angesprochen. Beide Flavandiole liegen eventuell glucosidisch vor. D. G. Roux (1958a und b) und K. Freudenberg und K. Weinges (1958) gelang es nahezu gleichzeitig das Fisidandiol in analysenreiner Form zu kristallisieren (Smp 130° C mit Rotfärbung ab 110° C) und genau zu charakterisieren. Nach Roux hat die Verbindung eine optische Drehung von −11,1° (in Methanol bei 25°) und zeigt ein Maximum bei 282 $m\mu$. Zur weiteren Charakterisierung hat Roux das 7.3'.4'-Trimethoxy-flavandiol-3.4 (Smp 81—86° C, wasserfrei bei 129—134° C), das 3.4-Diacetoxy-7.3'.4'-trimethoxy-flavan (Smp 102—104° C) und das 3.4.7.3'.4'-Pentaacetoxy-flavan (nicht kristallin) hergestellt. Glucosidisch gebundenes Flavandiol konnte nicht gefunden werden.

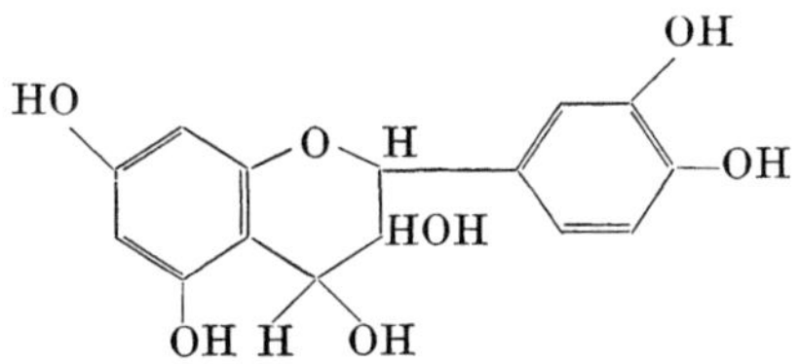

(XXXI) Cyanidandiol („Leuco-cyanidin")

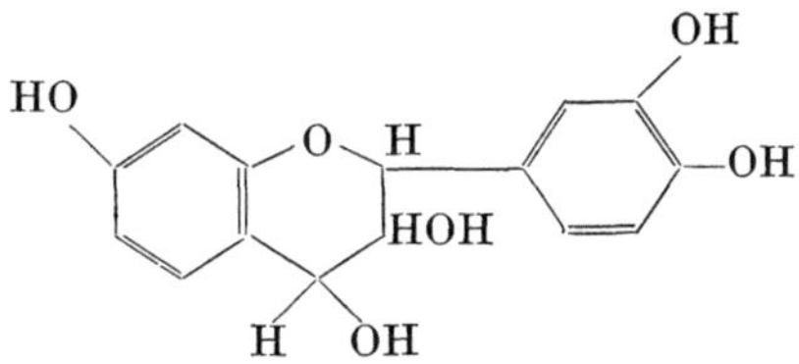

(XXXII) Fisidandiol („Leuco-fisetinidin")

Fisidandiol (3.4) ist enantiomorph mit dem von H. H. Keppler (1957) aus *Acacia mollissima* isolierten Mollisacacidin [(+)-7.3'.4'-Trihydroxyflavan-3.4-diol]. Mollisacacidin hat einen Drehwert von +13° (in Methanol bei 18°) und schmilzt bei 125—130° C unter Zersetzung. Die verschiedenen Derivate zeigen die gleichen Schmelzpunkte wie die der links drehenden Form. Beide Verbindungen besitzen nach I. W. Clark-Lewis und D. G. Roux (1958) die 2.3-trans-, 3.4-cis-Konfiguration der Substituenten im heterocyclischen Ring. K. Weinges (1958) sowie K. Freudenberg und K. Weinges (1959b) konnten die (+)- und (−)-Modifikation beider Flavandiole durch katalytische Hydrierung des (+)- und (−)-Dihydrofisetins (Fustin; XXXIII) synthetisieren.

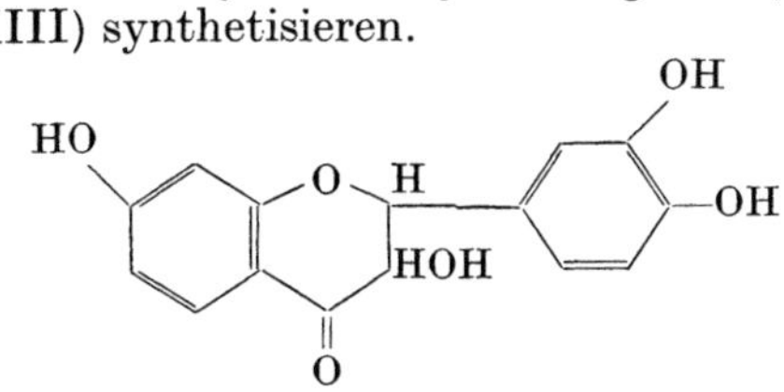

(XXXIII) Dihydrofisetin (Fustin)

In handelsüblichen Gerbextrakten ist freies Fisidandiol-3.4 nach D. G. ROUX und S. R. EVELYN (1958b) nicht nachweisbar, da das Weichholz, in dem das Fisidandiol hauptsächlich enthalten ist, kurz nach dem Fällen des Baumes beseitigt wird, um den Befall durch Insekten vor der Extraktion des Kernholzes zu vermeiden. Durch Überführung der polymeren Gerbstoffe in Anthocyanidine konnte jedoch D. G. ROUX (1957b) zeigen, daß der technische Extrakt zum Großteil aus Fisidandiol-3.4 aufgebaut ist, was durch das Auffinden des monomeren Diols in frischen Extrakten bestätigt wird.

Untersuchungen von Quebrachorindenextrakt durch D. G. ROUX und S. R. EVELYN (1958a) zeigen nach Behandlung mit alkoholischer Salzsäure ein weiteres Anthocyanidin, das von ROUX und EVELYN papierchromatographisch als Delphidin (Delphinidin, XXXIV) identifiziert wurde; demnach muß also noch mit dem Vorkommen des Delphidandiols (XXXV, 5.7.3'.4'.5'-Pentahydroxyflavandiols-3.4, „Leuco-delphinidin") gerechnet werden.

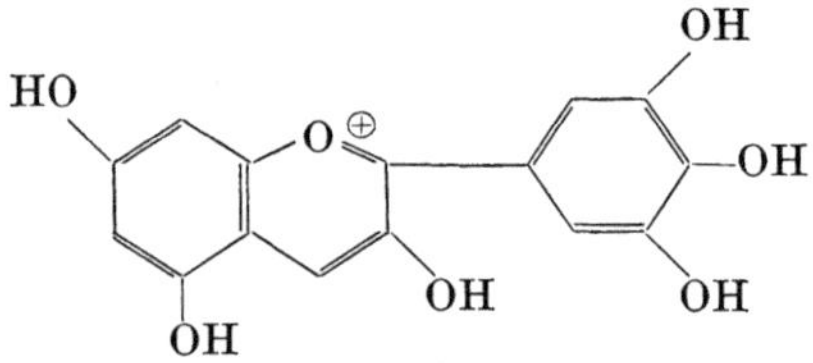

(XXXIV) Delphidin (Delphinidin)

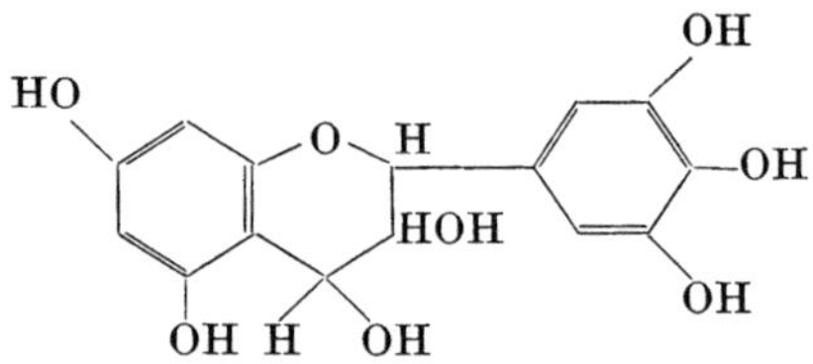

(XXXV) Delphidandiol („Leuco-delphinidin")

Auch für die *Mimosarinde (Acacia mollissima)* haben W. PIGMAN u. Mitarb. (1953) das Vorkommen von Flavandiolen vermutet, nachdem sich durch Salzsäurebehandlung eines Extraktes Anthocyanidine nachweisen ließen. H. H. KEPPLER (1957) ist es dann gelungen, aus dem Kernholz das bereits erwähnte Mollisacacidin [(+)-Fisidandiol, XXXII] zu isolieren.

Nach D. G. ROUX (1957a und 1957b), sowie D. G. ROUX und S. R. EVELYN (1958a), ist das Gemisch von Anthocyanidinpigmenten der Mimosa, das durch Salzsäurebehandlung entsteht, komplexer als das von Quebracho. Durch Chromatographie und spektralphotometrische Methoden ließen sich Robidin (Robinetinidin, XXXVI) und Fisidin (Fisetinidin, XXXVII) identifizieren. Bei einer weiteren nichtidentifizierten Substanz könnte es sich nach Meinung von ROUX um ein Nebenprodukt des Fisidandiol-3.4 handeln, das durch die Salzsäureeinwirkung entstanden ist. Das Molekulargewicht der kondensierten Gerbstoffe liegt hauptsächlich zwischen 550 bis 1630, jedoch ist auch ein kleiner Teil mit einem mittleren Molekulargewicht von etwa 3240 zu beobachten (D. G. ROUX und S. R. EVELYN 1958b und 1958c).

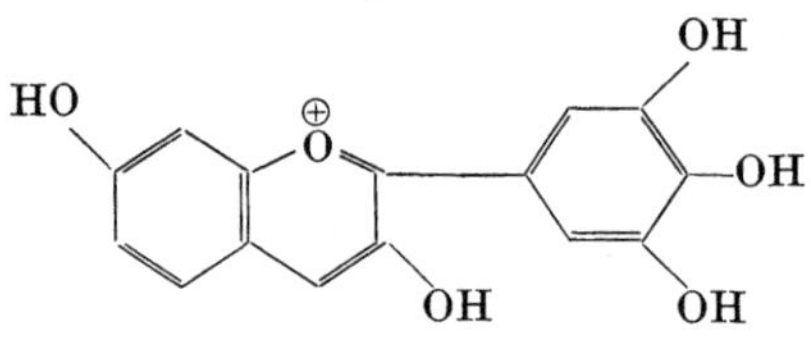

(XXXVI) Robidin (Robinetinidin)

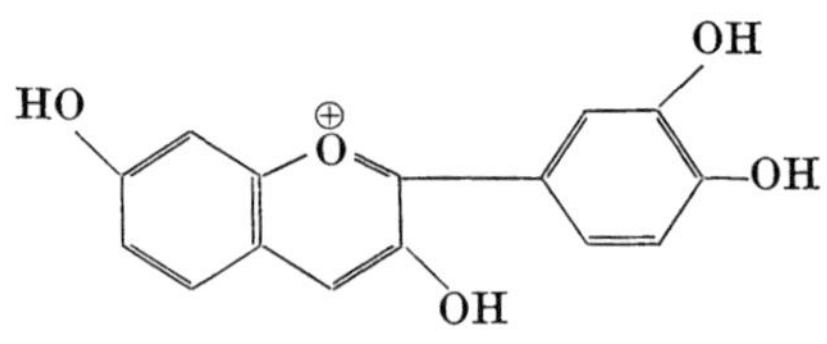

(XXXVII) Fisidin (Fisetinidin)

D. G. ROUX und S. R. EVELYN (1958b) haben das Kernholz von 144 Bäumen auf das Vorkommen von Flavandiolen papierchromatographisch und UV-spektroskopisch nach Überführung in die entsprechenden Anthocyanidine untersucht. 44, entsprechend 33% der untersuchten Bäume, gaben eine starke positive Flavandiolreaktion, 17 (22%) zeigten chromatographisch das Vorhandensein monomerer Flavandiole. Die Ergebnisse von Roux u. Mitarb. sind in Tab. 3 S. 592 zusammengefaßt.

Das von Keppler aus dem Kernholz der *Acacia mollissima* isolierte (+)-7.3'.4'-Trihydroxyflavan-diol-3.4 [(+)-Fisidandiol-3.4] wurde von D. G. Roux (1959) auch in *A. decurrens*, *A. dealbata* und *A. pycnantha* gefunden. Nachdem D. G. Roux und E. Paulus (1960) aus *A. mollissima* Fustin (XXXVIII) und Fisetin (XXXIX) isolieren konnten, nehmen sie an, daß das Fisidandiol eine Vorstufe dieser beiden Verbindungen ist. Ein Jahr später isolierten die gleichen Autoren (D. G. Roux und E. Paulus 1961a) mit dem Fisetinidol (XL, Fisidanol, vgl. S. 585) ein neues Catechin, das ebenfalls aus dem entsprechenden Flavandiol entstanden sein könnte. Neben der Bildung von Fustin, Fisetin und Fisidanol diskutieren die Autoren die Entstehung von kondensierten Gerbstoffen (XLI) aus dem Flavandiol, wie es nachfolgendes Formelschema zeigt.

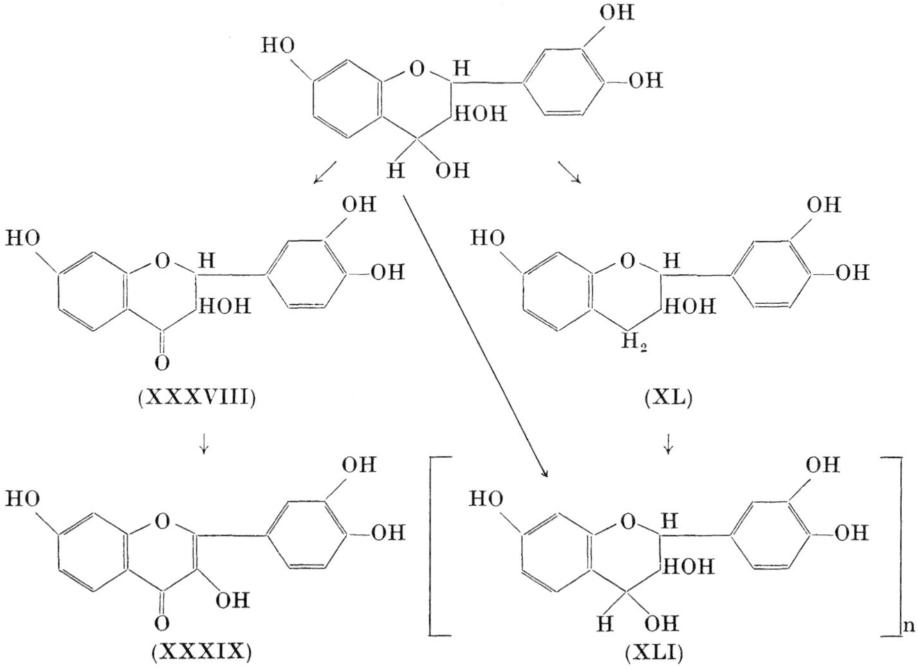

(XXXVIII) (XL) (XXXIX) (XLI)

Auch aus einem Kernholzextrakt von *Acacia mearnsii* konnte D. G. Roux (1962) durch Craig-Verteilung und anschließende Adsorptionschromatographie an Cellulose neben anderen Phenolen (+)-7.3'.4'-Trihydroxyflavandiol-3.4 (Fisidandiol, XXXII) isolieren, daneben vier weitere Verbindungen, die von Roux als Polymere des Flavandiols angesprochen werden.

Für die *polymeren Gerbstoffe* wird die Bindung über die aktive 4-Stellung der Flavan-3.4-diole angenommen. In Versuchen mit synthetischen Vergleichsmaterialien erwiesen sich Flavan-4-ole und, allerdings etwas weniger, Flavan-3.4-diole wesentlich kondensationsfähiger als Flavan-3-ole.

Die Isolierung von Polymeren gelang schließlich D. G. Roux und E. Paulus (1962a, vgl. auch 1961b). Durch Extraktion eines Methanolauszuges von *A. mearnsii*-Kernholz mit Petroläther und anschließende Gegenstromverteilung über 160 Stufen wurden neben dem beschriebenen flavonoiden Substanzen zwei neue Verbindungen isoliert, die dem Molekulargewicht nach als pentameres und decameres Fisidandiol angesprochen werden.

Das monomere, trimere, pentamere und decamere Fisidandiol (Leukofisetinidin) zeigt mit zunehmendem Molekulargewicht eine Abnahme der R_F-Werte (in wassergesättigtem Butan-1-ol und 2%iger Essigsäure). Die Absorptionsmaxima sind bei allen Verbindungen ziemlich gleich (281—282 mμ), jedoch nimmt ε mit steigendem Mol.-Gew. ab. Das Absorptionsminimum des Monomeren bei 252 mμ verschiebt sich beim Decameren nach 260 mμ.

Die IR-Spektren aller genannten Verbindungen sowie ihrer Acetyl- und Methoxylderivate sind nahezu identisch. Das gleiche gilt für die C, H-Analysen.

Bei den polymeren Verbindungen sind wie beim Monomeren drei aromatische Hydroxylgruppen, je C_{15}-Einheit methylierbar. Anstelle von 5 acetylierten Hydroxylgruppen des Monomeren, lassen sich bei den Polymeren jedoch nur vier Acetylgruppen nachweisen.

Dieser Befund und die Abwesenheit von Hemipinsäure bei der Oxydation der methylierten pentameren und decameren Verbindung schließt nach Ansicht der Autoren eine oxydative Polymerisation aus, wie sie von D. E. Hathway (1958a; vgl. auch S. 582) für das Catechin diskutiert wird. Gestützt wird diese Ansicht durch das Fehlen eines Maximums bei 410—430 mμ, die bei den Oxydationspolymeren des Catechins beobachtet werden.

Das Auffinden des monomeren Flavan-3.4-diols nach Partialhydrolyse des trimeren Produktes läßt eine ätherartige Verknüpfung über die 4-Hydroxygruppe möglich erscheinen, wobei noch andere Verknüpfungsmöglichkeiten in den polymeren Fisidandiol-Gerbstoffen durchaus möglich sind.

Die Zusammensetzung der Rindengerbstoffe von *A. mearnsii* ist nach D. G. Roux (1962) wesentlich komplexer als die des Hartholzes. Die durch Säurebehandlung entstehenden Anthocyanidine, die aus den entsprechenden polymeren Flavandiolen abgespalten wurden, wurden als Robidin (XXXVI) und Fisidin-Salz (XXXVII) identifiziert. Die monomeren Flavandiole 7.3'.4'.5'-Tetrahydroxy-flavandiol-3.4 (XLII, Robidandiol) und 7.3'.4'-Trihydroxy-flavandiol-3.4 (XXXII, Fisidandiol) sind in frischer Rinde in Spuren vorhanden.

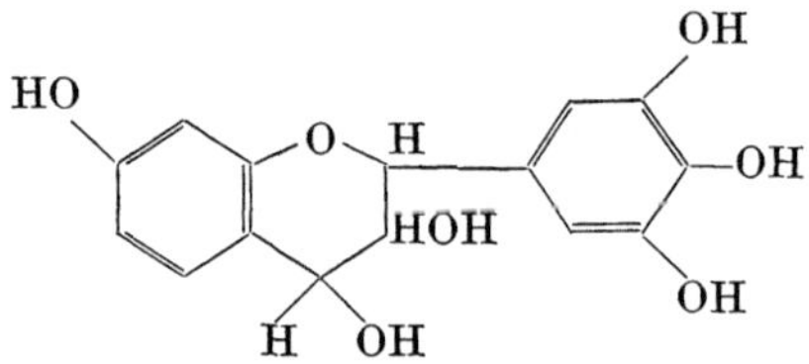

(XLII) Robidandiol

Auch aus dem Methanolextrakt von *Robinia pseudacacia* konnten D. G. Roux und E. Paulus (1962b) durch Gegenstromverteilung neben den bereits auf S. 585 beschriebenen Phenolen mehrere Flavandiole isolieren, und zwar das (+)-7.3'.4'.5'-Tetrahydroxy-flavandiol-3.4 (XLII, Robidandiol), (+)-7.3'.4'-Trihydroxy-flavandiol-3.4 (XXXII, Fisidandiol oder Mollisacacidin), ein weiteres instabiles Proanthocyanidin mit Robinetin-Struktur und polymere Gerbstoffe dieses Proanthocyanidins.

Roux und Paulus extrahierten das Kernholz der *R. pseudacacia* drei Tage mit Methanol bei Zimmertemperatur. Dem zur Trockene gebrachten Extrakt wurden mit Petroläther die Wachse entzogen, der Rückstand in einem Gemisch Wasser : Butan-2-ol : Petroläther (40—150°) (5:3:2) der Gegenstromverteilung unterworfen. Die einzelnen Fraktionen wurden durch präparative Papierchromatographie weiter aufgetrennt. Das von den Autoren isolierte Robidandiol zeigte folgende Eigenschaften:

(+)-Robidandiol [(+)-7.3'.4'.5'-Tetrahydroxy-flavandiol-3.4] färbte sich bei 150° C rot und bildete bei 172—175° C eine viskose rote Masse. Der Drehwert betrug +33,9° in Aceton-Wasser (1:1) bei 23° C. Das UV-Spektrum zeigte ein Maximum bei 280,5 mμ (ε 3617) in Äthanol. Das (+)-Tetramethoxy-flavandiol-3.4 schmolz bei 164—166° C ($[\alpha]_D^{22}$ +19,8° in $C_2H_2Cl_4$). Das (+)-3.4-Diacetoxy-7.3'.4'.5'-Tetramethoxy-flavan schmolz bei 121—122° C, das Isopropyliden-Derivat des Tetramethoxy-flavandiols-3.4 bei 138—140° C ($[\alpha]_D^{20}$ +8,6° in $C_2H_2Cl_4$). Das Racemat des Robidandiols (vgl. K. FREUDENBERG und D. G. ROUX 1958) zeigte den gleichen Smp wie die (+)-Form.

Die vorherrschenden Flavonoide des Hartholzes von *R. pseudacacia* gehören zum Typ Resorcin-Pyrogallol. Daneben sind allerdings auch Resorcin-Brenzcatechin-Abkömmlinge, wie Fisidandiol, Fustin u. a. in geringer Menge vorhanden. ROUX und PAULUS geben für die Umwandlung des vorherrschenden Typs nachfolgende Mechanismen an:

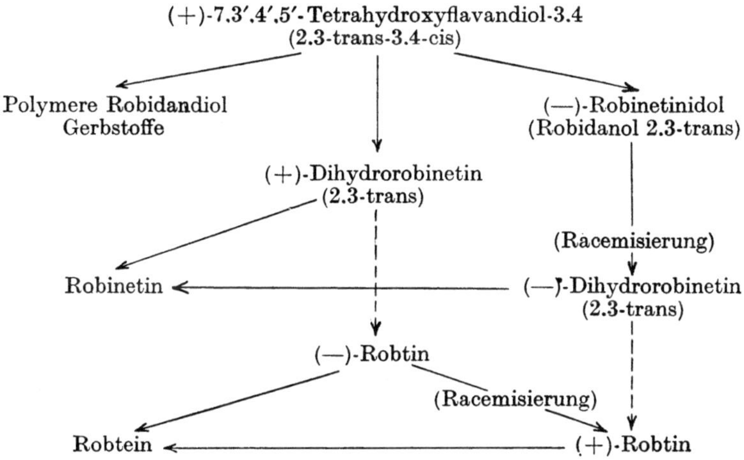

Ein neues Flavandiol konnten J. W. CLARK-LEWIS und P. I. MORTINER (1960) aus verschiedenen Akazienarten (*A. excelsa, A. harpophylla* und *A. melanoxylon)* isolieren.

Die papierchromatographische Untersuchung der Hartholzextrakte der genannten Arten zeigte neben Melacacidin (vgl. XXX, S. 593) ein weiteres monomeres Flavandiol, nämlich Isomelacacidin, das 4-Epimere des Melacacidins. Die beiden Flavandiole konnten durch Gegenstromverteilung rein isoliert werden.

In der Frucht der afrikanischen *Acacia arabica*, die sich offensichtlich von der indischen *A. arabica* unterscheidet, haben H. ENDRES und M. HILAL (1963) 7.3'.4'.5'-Tetrahydroxy-flavandiol-(3.4) (Robidandiol, XLII) papierchromatographisch nachweisen können.

In Mangrove *(Rhizophora mucranata)* fanden W. PIGMAN u. Mitarb. (1953), sowie W. E. HILLIS (1956) ein außerordentlich hohes Vorkommen von Flavandiolen. Nach Behandlung mit Salzsäure konnten 16,5% Cyanidin erhalten werden, welches die von R. C. PUTNAM und A. V. BOWLES (1955) durch Alkalischmelze erhaltene Protocatechusäure und Phloroglucin als Bauelemente enthält. Das dem Cyanidin entsprechende monomere 5.7.3'.4'-Tetrahydroxyflavan-diol-3.4 (Cyanidandiol, XXXI) konnte jedoch in handelsüblichen Extrakten nicht nachgewiesen werden, so daß das Cyanidin aus bereits kondensierten Produkten entstanden sein muß (vgl. D. G. ROUX 1957b).

Das weitverbreitete Vorkommen von Flavandiolen in gerbstoffhaltigen Pflanzen veranlaßte W. E. HILLIS (1956; vgl. auch W. E. HILLIS 1954) *Eucalyptus sieberiana, E. obliqua, E. regnans* und *E. maculata* auf Flavandiole zu untersuchen. Der größte Gehalt an Flavandiolen scheint in den Blättern zu sein, daneben wurden Flavandiole durch Erhitzen mit Salzsäure und colorimetrische Bestimmung der entstandenen Anthocyanidine auch in der Rinde, dem Cambium, dem Weich- und Kernholz nachgewiesen. Das Weichholz enthält etwa nur halb so viele Flavandiole wie das Kernholz. In der Rinde steigt der Flavandiolgehalt während des Wachstums.

Die phenolischen Hauptbestandteile des Holzgewebes von *E. regnans* und *E. sieberiana* waren (+)-Catechin, Gallussäure und Ellagsäure sowie Flavandiole, die nach Salzsäurebehandlung Cyanidin (XXIX) und Delphidin (XXXIV) gaben (W. E. HILLIS und A. CARLE 1958).

Die gleichen Autoren fanden 1962, ebenfalls papierchromatographisch, nach Erhitzen eines Hartholzextraktes von *E. marginata* Delphidin und Cyanidin. Bei gleicher Behandlung eines Rindenextraktes von *E. astringens* wurde Cyanidin, Delphidin und Pelargidin (Pelargonidin, XLIII) gefunden.

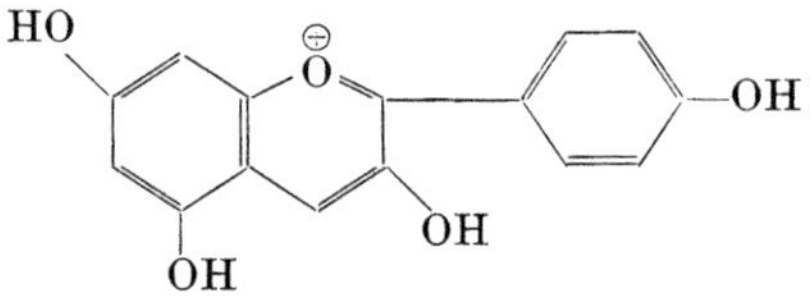

(XLIII) Pelargidin (Pelargonidin)

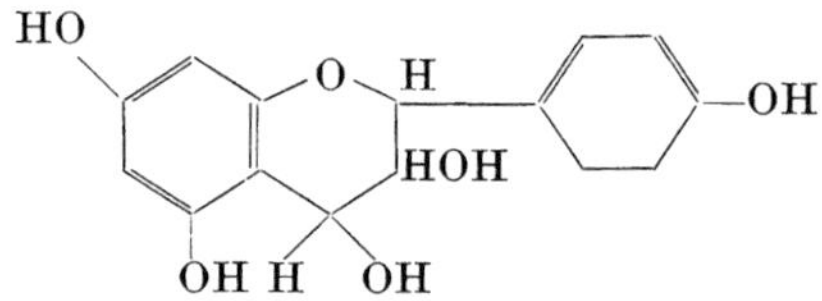

(XLIV) Pelargidandiol („Leuco-pelargonidin")

(+)-Delphidandiol-3.4 (XXXV, „*Leuco-delphinidin*") wurde aus einer anderen Eucalyptus-Art *(E. pilularus)* bereits 1958 von A. K. GANGULY u. Mitarb. in kristalliner Form erhalten und von den Autoren erstmals beschrieben.

Die Verbindung schrumpft über 230° C unter Dunkelfärbung zusammen, ohne jedoch bis 350° C zu schmelzen. Zur weiteren Charakterisierung wurde das Acetat (Smp bei 228° C, Zersetzung bei 240° C), der Pentamethyläther (Smp 180—184° C, $[\alpha]_D^{32}$ + 72,9°) und das Diacetat des Pentamethyläthers (Smp 225—230° C) hergestellt. In der gleichen Arbeit beschreiben GANGULY, SESHADRI und SUBRAMANIAN die Isolierung des linksdrehenden Delphinidandiols aus der Karada-Rinde *(Cleistanthus collinus)*, einer in Indien sehr bekannten Gerbstoffpflanze mit hohem Gerbstoffgehalt. Bei Verwendung von frischer Rinde und Vermeidung hydroxylhaltiger Lösungsmittel konnte (—)-Delphidandiol-3.4 in einer ungewöhnlich hohen Ausbeute (8—10% bezogen auf luftgetrocknete Rinde) gewonnen werden. Die Autoren extrahierten zuerst zur Entfernung der Wachse mit Petroläther (40 bis 60° C) und anschließend mit Aceton. Der zur Trockene gebrachte Acetonextrakt wurde mit kaltem Essigester ausgezogen und das Flavandiol mit Petroläther ausgefällt. Die Verbindung schrumpft bei 220° C unter Dunkelfärbung zusammen ohne bis 350° C zu schmelzen. Die zur weiteren Charakterisierung dargestellten Derivate zeigen andere Schmelzpunkte wie die der rechtsdrehenden Verbindungen. Das Acetat schmilzt bei 160—164° C ($[\alpha]_D^{36}$ — 53,8°), das Pentamethylätherdiacetat bei 218—220° C. Die Mischschmelzpunkte der Derivate beider Delphidandiole zeigten Depressionen.

Aus einem Extrakt von *E. calophylla* konnten A. K. GANGULY und T. R. SESHADRI (1961) neben dem bereits von W. E. HILLIS (1952) nachgewiesenen *Aromadendrin* (XLV) erstmals (—)-*Pelargidandiol* (XLIV, „*Leuco-pelargonidin*", 5.7.4′-Trihydroxy-flavandiol-3.4) in kristalliner Form isolieren. Das Pentaacetat zeigt einen Smp von 170° C (ab 163° C Zers.), der Trimethyläther schmilzt bei 148—150° C ($[\alpha]_D$ — 122,8°). Die endgültige Identifizierung gelang GANGULY und

SESHADRY durch Vergleich des Pelargidandiol-trimethyläthers mit einem aus Aromadendrin-trimethyläther durch Reduktion erhaltenen Produkt. Über die Synthese des Pelargidandiols vgl. K. WEINGES (1959).

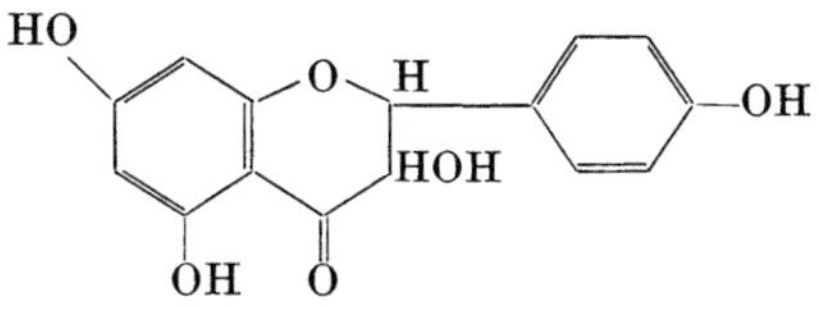

(XLV) Aromadendrin

Das Vorkommen von Flavandiolen in der Rinde von *Picea mariana* wurde bereits von W. PIGMAN u. Mitarb. (1953, vgl. S. 591) beschrieben. W. MANSON (1960) gelang es dann, aus dem Bast ein kristallines Flavandiol zu isolieren, das sich durch Vergleich mit synthetischem Material als (−)-Cyanidandiol-3.4 (XXXI, „Leuco-cyanidin") erwies. Das Acetat schmilzt bei 153—154° C und dreht −18,37 in Aceton. In einer zusammenfassenden Arbeit berichtet H. L. HERGERT (1960) über die Gerbstoffe und Polyhydroxyphenole verschiedener *Coniferen*. Untersucht wurden folgende Arten:

Cedrus atlantica var. glauca
Taxodium distichum
Pseudotsuga menziesii
Picea engelmanni
Sequoia sempervirens
Picea sitchensis
Pinus elliottii var. elliottii
Tsuga heterophylla
Larix occidentalis
Thuja plicata
Pinus monticola
Taxus brevifolia

Alle untersuchten Arten enthielten entweder Catechine und monomeres Cyanidandiol-3.4, Gallocatechin und monomeres Delphidandiol-3.4 oder beide Gruppen zusammen. Die genannten Verbindungen waren am stärksten in der inneren Rinde, die dem Cambium benachbart ist, und im Korkcambium enthalten. Die monomeren Verbindungen können auch im Weichholz nachgewiesen werden, im Kernholz fehlen sie dagegen. Hier sind im wesentlichen nur noch Polymere der Flavandiole anzutreffen. Die polymeren Gerbstoffe wurden von HERGERT durch fraktionierte Ausfällungen angereichert. Diese monomeren freien Substanzen gaben nach Salzsäurehydrolyse in allen Fällen Cyanidin und bei *Taxodium distichum*, *Pinus elliottii*, *Larix occidentalis* und *Sequoia sempervirens* noch zusätzlich Delphinidin. Die UV-Spektren der Gerbstoffe aller untersuchten Pflanzen zeigten eine Absorptionsbande bei 280—282 mμ. Die einzige Ausnahme bildeten die Gerbstoffe der Fichtenrinde *(Picea sitchensis* und *P. engelmannii)*, die eine Schulter bei 320 mμ zeigen, was von HERGERT auf die Anwesenheit von Stilbenen zurückgeführt wird (vgl. auch S. 602).

Wie auf S. 586 bereits erwähnt, hat D. E. HATHWAY (1958b) neben (+)-Catechin und (+)-Gallocatechin auch Delphidandiol-3.4 aus der Rinde und den Blättern der *Quercus pedunculata* und *Qu. sessiliflora* isoliert. Der Schmelzpunkt des Flavandiols liegt bei 155—166° C, das Heptaacetat schmilzt bei 140—144° C.

In Tab. 4 sind die bisher gefundenen Flavendiole aufgeführt.

Tabelle 4. *Bisher in Gerbstoffpflanzen gefundene Flavandiole*

Flavandiol	Eigenschaften	Derivate	Vorkommen
(—)-Fisidandiol („Leuco-fisetinidin")	Smp 130° C $[\alpha]_D^{25}$ —11,1° in Methanol λ_{max} 282 mμ	Trimethoxy-flavandiol Smp 81—86° C H_2O-frei 129—134° C Diacetoxy-trimethyläther, Smp 102—104° C	Quebracho, *Schinopsis lorentzii*
(+)-Fisidandiol (Mollisacacidin)	Smp 125—130° C $[\alpha]_D^{18}$ + 13° in Methanol	Smp der Derivate wie (—)-Form	*Acacia mollissima, A. decurrans, A. dealbata, A. pycnantha, A. mearnsii*
(+)-Robidandiol („Leuco-robinetinidin")	Smp 172—175° C $[\alpha]_D$ + 33,9° in in Aceton H_2O (1:1) λ_{max} 280,5 mμ ($\log \varepsilon_{max}$ 3,617) in Äthanol	(+)-Tetramethoxy-flavandiol, Smp 164—165° C $[\alpha]_D^{22}$ + 19,8 in $C_2H_2Cl_4$ Diacetoxy-tetramethyläther	*Acacia mollissima, Acacia arabica*[1]
(—)-Pelargandiol („Leuco-pelargonidin")		Pentaacetat, Smp 170° C Trimethoxy-flavandiol, Smp 148—150° C $[\alpha]_D$ — 122,8° Trimethoxy-diacetat, Smp 182—184° C	*Eucalyptus calophylla*
Cyanidandiol („Leuco-cyanidin")	schmilzt nicht bis 300°, ab 165° weinrote Farbe, ab 260° schwarz	Hexaacetat, Smp 142—144° C Tetramethoxy-flavandiol, Smp 204—206° C	*Rhyzophora mucronata*[1], *Eucalyptus sp.*[1], *Picea mariana*
(—)-8-Hydroxy-fisidandiol (Melacacidin)	Smp 229° C $[\alpha]_D^{16}$ —75,1° in Äthanol λ_{max} 280 mμ ($\log \varepsilon_{max}$ 3,5) in Äthanol	Tetramethoxy-flavandiol, Smp 144—145° C $[\alpha]_D^{25}$ —83,5° in Äthanol Tetramethyläther-diacetat, Smp 191—192° C $[\alpha]_D$—39,5° in Äthanol	*Acacia melanoxylon A. excelsa, A. harpophylla*
Isomelacacidin (4-Epimeres von Melacacidin)		4-Äthyläther, $[\alpha]_D^{22}$ —31° in Äthanol 4-Methyläther $[\alpha]_D^{12}$ —56° in Methanol	versch. Eucalyptus-Arten[1]
(—)-Delphidandiol („Leuco-delphinidin")	Smp ab 220° C, Dunkelfärbung, bis 350° nicht schmelzend	Acetat Smp 260° C Pentamethoxy-flavandiol, Smp 160—164° C $[\alpha]_D^{36}$ —53,8°	Quebracho *(Schinopsis lorentzii)*[1] Karada-Rinde *(Cleistanthus collimus)*, *Quercus sp.*[2]
(+)-Delphidandiol	Smp ab 230° C, Dunkelfärbung, bis 350° nicht schmelzend	Acetat, Smp 240° C Pentamethoxy-flavandiol, Smp 180 bis 184° C, $[\alpha]_D^{32}$ + 72,9°	*Eucalyptus pilularis*

[1] Optische Drehung nicht bekannt.
[2] Ohne Angabe der optischen Drehung aus Eichenrinde *(Quercus pedunculata* und *Qu. sessiliflora)* isoliert. Smp 155—160° C; Heptaacetat, Smp 140—144° C.

In jüngster Zeit haben K. Freudenberg und K. Weinges (1961; vgl. auch K. Weinges 1961) eine neue Gruppe von Naturstoffen gefunden, die sie als zusammengesetzte Proanthocyanidine bezeichnen. Aus den Beeren des Weißdorns *(Crataegus oxyacantha)* konnten durch Chromatographie an Polyamidsäulen zwei solche Verbindungen isoliert werden. Die eine Verbindung ist farblos und bildet mit verdünnter Säure ein Anthocyanidin. Bei vorsichtiger Hydrolyse mit verdünnter Säure wird (−)-Epicatechin und Cyanidin gebildet. Für diese als Procyanidin bezeichnete Verbindung halten die Autoren die Formeln (XLVI) und

(XLVII) für wahrscheinlich, wobei der Formel (XLVI) der Vorzug gegeben wird (K. WEINGES 1961).

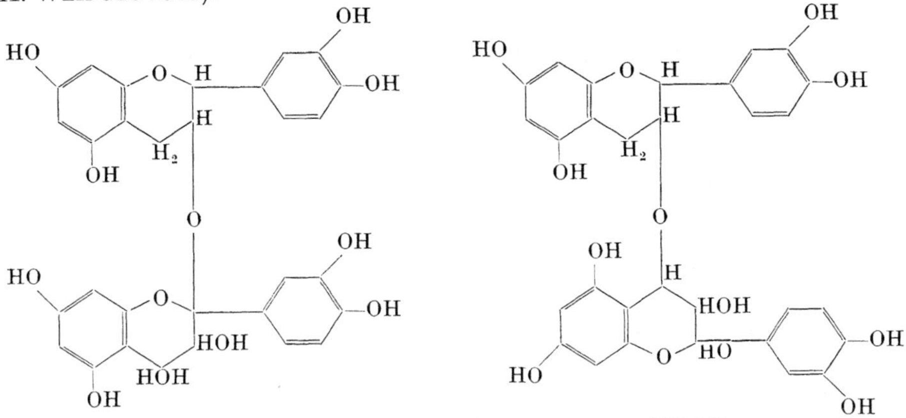

(XLVI) Pro-cyanidin (XLVII)

FREUDENBERG und WEINGES haben aus dem Pro-cyanidin einen Octamethyläther, einen Diacetyloctamethyläther und ein Dekaacetat hergestellt. Alle Verbindungen sind amorph.

Während Pro-cyanidin aus einem Flavanol und einem monomolekularen Pro-anthocyanidin (in diesem Falle Cyanidin-triol-2.3.4) aufgebaut ist, scheint das andere von FREUDENBERG und WEINGES aus Weißdorn isolierte, zusammengesetzte Pro-anthocyanidin aus zwei monomolekularen Pro-anthocyanidinen aufgebaut zu sein. Diese bisher noch nicht chromatographisch reine Verbindung gibt bei vorsichtiger Säurehydrolyse Cyanidin und ein noch nicht identifiziertes Anthocyanidin.

Aus den Früchten der *Gleditschia tricanthos* haben K. FREUDENBERG und K. WEINGES (1962) ein weiteres Pro-anthocyanidin isoliert, das mit Säuren in (+)-Catechin und Cyanidin hydrolysiert wird. Für das zusammengesetzte Pro-anthocyanidin schlagen FREUDENBERG und WEINGES die Formel (XLVIII) vor.

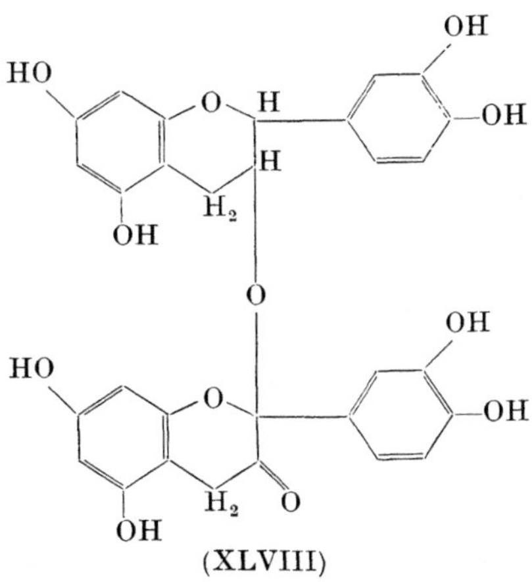

(XLVIII)

Nach FREUDENBERG und WEINGES könnte das von W. G. C. FORSYTH und I. B. ROBERTS (1958) aus Kakaobohnen isolierte dimere Produkt (vgl. Formel XXI, S. 588) in die Gruppe der zusammengesetzten Pro-anthocyanidine eingeordnet werden.

Die von FREUDENBERG und WEINGES gefundene neue Gruppe von Naturstoffen zeigt Gerbstoffeigenschaften.

III. Polyhydroxystilbene als Gerbstoffvorstufen

In den letzten Jahren gelang es dem Arbeitskreis von W. GRASSMANN und H. ENDRES aus der Fichtenrinde *(Picea excelsa)* einen völlig neuen Typ eines kondensierbaren Gerbstoffbausteines zu isolieren (zusammenfassende Arbeiten W. GRASSMANN und H. ENDRES 1959, H. ENDRES 1962a und 1962b). Es handelt sich dabei um ein Polyhydroxyderivat des Stilbens. Die Verbindung, die von den Autoren als Piceatannol (LIII, S. 603) bezeichnet wurde, ist ein echter kondensierbarer Gerbstoffbaustein, d. h. sie gibt sowohl mit Phenoloxydasen, als auch beim Erwärmen mit verdünnten Mineralsäuren braune Kondensationsprodukte.

Bereits 1935 machten W. GRASSMANN und O. LANG bei ihren Versuchen über die Fluoreszenzfarben verschiedener vegetabilischer Gerbextrakte im Falle des Fichtenrindenextraktes auf eine intensiv blau fluoreszierende Komponente aufmerksam. Die Isolierung dieser Verbindung gelang schließlich W. GRASSMANN u. Mitarb. (1956), nachdem die Versuche mehrerer Arbeitskreise nicht zum Ziele führten.

Ausgangspunkt dieser Arbeit waren Untersuchungen von W. GRASSMANN (1939 und 1942), die gezeigt haben, daß die Gerbstoffe im Fichtenbast niedermolekular und farblos, in der Borke dagegen größtenteils als Phlobaphene vorliegen. Von großer Bedeutung war dann die Feststellung, daß bei der Borkenbildung, aber auch beim Trocknen und Auslaugen der Rinde die niedermolekularen Anteile durch die Einwirkung dehydrierender Enzyme und Luftsauerstoff in die dunkelgefärbten, mehr oder weniger hochkondensierten Phlobaphene übergehen. Daß dieser Vorgang durch rindeneigene Enzyme herbeigeführt wird, ergab sich nach den Versuchen von GRASSMANN daraus, daß die Kondensation unterbleibt, wenn der Bast erhitzt oder die Enzyme durch Enzymgifte (H_2S; HCN; SO_2) inaktiviert werden.

In späteren Jahren ging GRASSMANN deshalb von dem Gedanken aus, daß eine Identifizierung einzelner Gerbstoffkomponenten nur an den niedermolekularen, unveränderten Anteilen des Bastes durchgeführt werden kann. W. GRASSMANN u. Mitarb. (1956) haben frisch gewonnenen Bast zur Inaktivierung der Enzyme sofort nach dem Schälen in eine schwache SO_2-Atmosphäre gegeben und alle folgenden Arbeiten unter Ausschluß von Luftsauerstoff ausgeführt. Die Autoren erhielten durch Extraktion dieses Bastes mit Essigester ein Glucosidgemisch, welches sich an einer Kieselgel-Cellulose-Säule in fünf Fraktionen auftrennen ließ. Die Hauptfraktion, die etwa 35%, bezogen auf den Gerbstoffgehalt des Essigesterextraktes, ausmachte, konnte kristallin erhalten werden. Die isolierte Verbindung [Smp 227—228° C (Zers.), λ_{max} 242; 325 mμ] erwies sich als das Diglucosid eines Stammkörpers der Formel $C_{18}H_{18}O_5$, für das später der Name *Piceatannol* vorgeschlagen wurde (W. GRASSMANN u. Mitarb. 1958). Dieses Aglucon konnte von GRASSMANN, DEFFNER u. Mitarb. nach enzymatischer Zuckerabspaltung ebenfalls kristallin erhalten werden [Smp 214—216° C (Zers.); λ_{max} 242; 325 mμ]. Das gleiche Aglucon kann aber auch erhalten werden, wenn das aus dem Glucosidgemisch durch enzymatische Zuckerabspaltung gewonnene Aglucongemisch an der Kieselgel-Cellulose-Säule chromatographiert wird.

Die Bruttoformel $C_{18}H_{18}O_5$ wurde in der Folgezeit durch die Darstellung einer Vielzahl verschiedener Derivate des Piceatannols und seines Diglucosides gestützt (vgl. H. ENDRES 1962a).

Die dargestellten Derivate zeigen, daß alle fünf Sauerstoffatome als freie aromatische Hydroxylgruppen vorliegen, womit eine Flavonoidstruktur für dieses Aglucon auszuschließen war. Diese Annahme wurde weiter durch einen Vergleich UV-spektroskopischer Daten von Piceatannol, Piceatannol-diglucosid und Catechin bestätigt (H. ENDRES 1957). Die Ähnlichkeit des Piceatannolspektrums mit dem des 4.4'-Dihydroxy-3.3'-dimethoxystilbens (IL) ließen GRASSMANN u. Mitarb. eine Stilbenstruktur für das Aglucon vermuten. Tatsächlich zeigen die quantitative Jodzahlbestimmung und die Hydrierung verschiedener Derivate, daß eine hydrierbare Doppelbindung vorlag (W. GRASSMANN u. Mitarb. 1956).

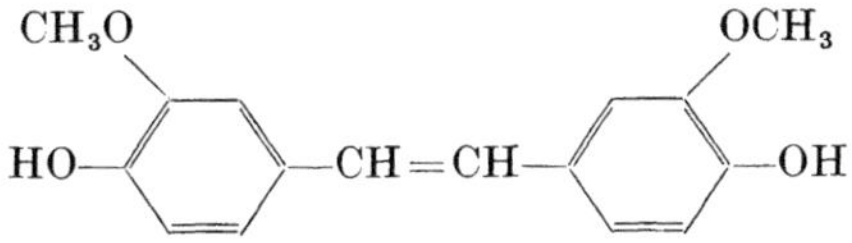

(IL) 4.4'-Dihydroxy-3.3'-dimethoxystilben

Für die Konstitutionsaufklärung des Piceatannols haben W. GRASSMANN u. Mitarb. (1958) die Pentaacetylverbindung (Smp 124° C) hergestellt und diese mit kaltem $KMnO_4$ in Tetrahydrofuran an der Stilbendoppelbindung gespalten. Die farblosen Oxydationsprodukte wurden entacetyliert und an einer Polyamidsäule aufgetrennt. Die Autoren erhielten drei Verbindungen, wovon eine als Protocatechusäure (L) identifiziert werden konnte. Die beiden anderen Substanzen erwiesen sich als 1.3.4-Trihydroxy-5.6.7.8-tetrahydronaphthalin (LI) und 1.3.4-Trihydroxy-5.6.7.8-tetrahydro-naphthalin-2-carbonsäure (LII). Beide Verbindungen gaben bei durchgreifender Oxydation Adipinsäure. Den Beweis für die Tetralinstruktur der phenolischen Verbindung (LI) brachte der Vergleich (Mischschmelzpunkt) der acetylierten Substanz mit synthetischem 1.3.4-Triacetoxy-5.6.7.8-tetrahydronaphthalin durch H. ENDRES u. Mitarb. (1961).

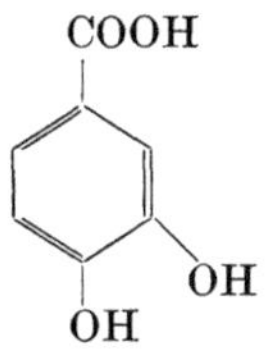

(L) Protocatechusäure

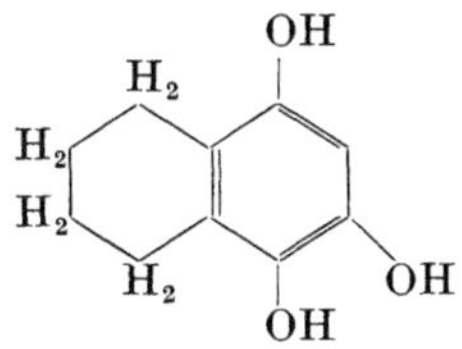

(LI) 1.3.4-Trihydroxy-5.6.7.8-tetrahydronaphthalin

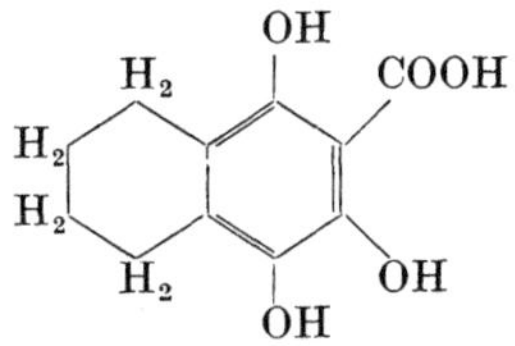

(LII) 1.3.4-Trihydroxy-5.6.7.8-tetrahydronaphthalin-2-carbonsäure

W. GRASSMANN u. Mitarb. (1958) haben, gestützt auf diese Befunde, für die Konstitution des Piceatannols die Formel (LIII) aufgestellt.

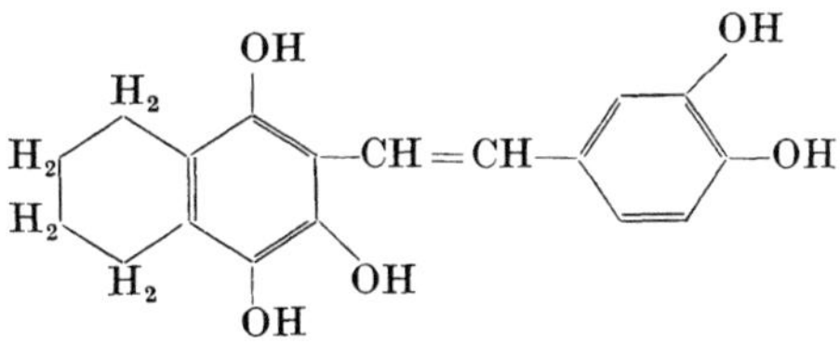

(LIII) Piceatannol

Inzwischen konnte die Konstitution des Piceatannols mit einem durch Synthese gewonnenen Material bewiesen werden. Die Synthese wurde von H. ENDRES (1961a und 1962b) durchgeführt. Durch Kondensation des 3-Hydroxy-5.6.7.8-tetrahydronaphthochinon-1.4 (LIV) mit 3.4-Dihydroxyphenylacetaldehyd (LV) entstand das tiefrot kristallisierende Piceatannolchinon (LVI), welches reduziert wurde und UV- und IR-spektroskopisch, sowie papierchromatographisch mit dem Naturprodukt identisch war. Zur weiteren Charakterisierung wurde die Pentaacetylverbindung hergestellt, deren Mischschmelzpunkt mit dem entsprechenden Derivat des natürlichen Piceatannols keine Depression ergab.

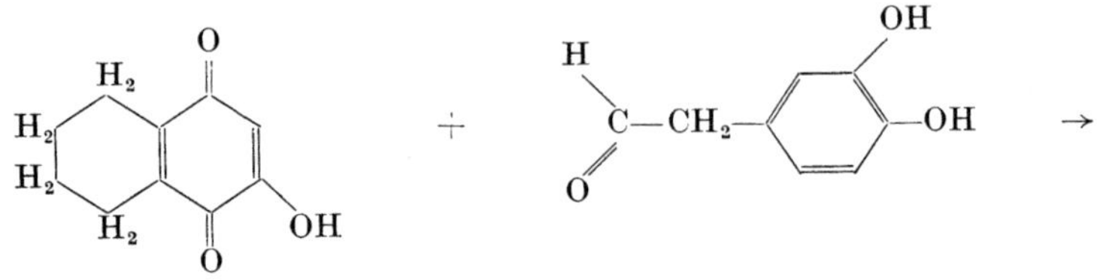

(LIV) (LV)

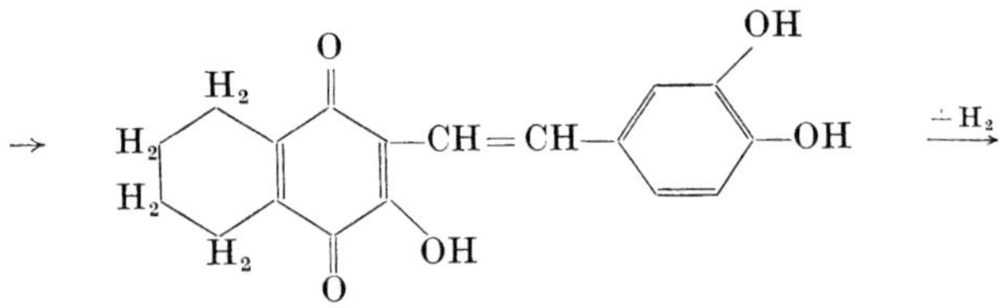

(LVI)

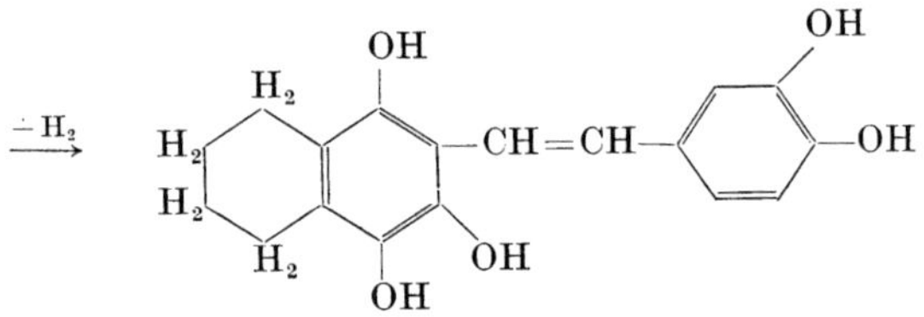

Piceatannol

Zur Konstitutionsermittlung des Piceatannoldiglucosides haben W. GRASSMANN u. Mitarb. (1957) die freien aromatischen Hydroxylgruppen des Piceatannoldiglucosides methyliert und dann die durch Zuckerabspaltung freiwerdenden Hydroxylgruppen dinitrophenyliert. In einem zweiten Versuch wurde dieselbe Reaktion in vertauschter Reihenfolge vorgenommen. Nach der oxydativen Spaltung wurde im ersten Versuch DNP-Isovanillinsäure, im zweiten DNP-Vanillinsäure isoliert und mit synthetischem Material (Mischschmelzpunkt) identifiziert.

Die Stellung des zweiten Glucosemoleküls wurde von H. ENDRES (1958) auf UV-spektroskopischem Wege ermittelt und die Struktur des Piceatannoldiglucosides als 2.6.4'-Trihydroxy-3.4-tetramethylenstilben-5.3'-diglucosid (LVII) angegeben.

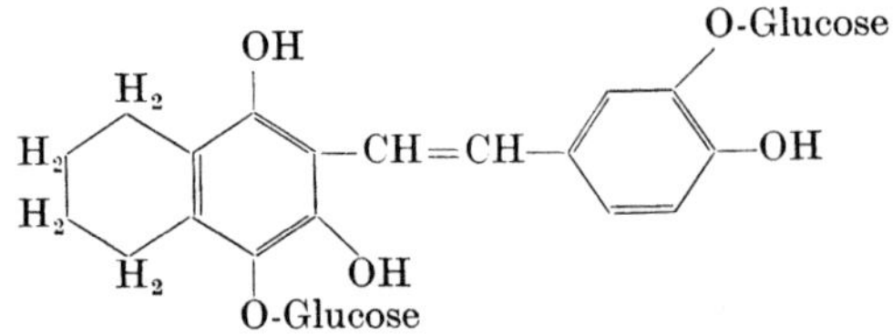

(LVII) Piceatannoldiglucosid

Picetannol und seine Derivate zeigen in Papierchromatogrammen eine intensiv hellblaue UV-Fluorescenz und geben mit Eisensalzen eine grüne Farbreaktion.

Diese unterscheidet sich jedoch recht charakteristisch von derjenigen des Brenzcatechins, Catechins und anderer o-Dihydroxyphenole. Während die letzteren sofort eine grüne Färbung geben, zeigt das Piceatannol zunächst eine kräftige rotbraune Färbung, die nach wenigen Sekunden nach olivgrün umschlägt.

Vom Catechin unterscheidet sich Piceatannol noch durch das Ausbleiben einer Vanillin-Salzsäurereaktion.

Ein recht selektiver chromatographischer Nachweis ist die Bildung des tiefrotgefärbten Piceatannolchinons durch $K_3[(FeCN)_6]$. Brenzcatechin und Catechin geben diese Färbung nicht (W. GRASSMANN und H. ENDRES 1959).

Das Piceatannol zeigt im Gegensatz zu anderen Gerbstoffbausteinen, wie Catechin und Flavandiolen, eine recht beträchtliche Gerbwirkung (M. OPPELT 1958). Diese unerwartete Eigenschaft eines monomolekularen Gerbstoffbausteines kann damit erklärt werden, daß das Piceatannol wesentlich autoxydabler ist als die anderen monomeren Verbindungen und daß durch die Oxydation während des Gerbvorganges teilweise eine Chinongerbung und teilweise Kondensation zu höhermolekularen Verbindungen eintritt, die dann gerbend wirken. Wird der Gerbversuch mit Piceatannol unter Luftsauerstoffausschluß durchgeführt, tritt keine Gerbung ein. Andererseits kann mit Catechinen und Flavandiolen gegerbt werden, wenn die Phenole während des Gerbversuches oxydiert werden (H. ENDRES 1961b und 1962b).

Beim Kochen mit verdünnter Mineralsäure wird das Piceatannol zu unlöslichen Produkten kondensiert. Im Gegensatz zum Catechin färbt sich das Piceatannol beim Erwärmen mit Salzsäure innerhalb weniger Minuten blutrot und scheidet nach kurzer Zeit einen dunkelbraunen Niederschlag ab. Der noch wasserlösliche, tiefrote Farbstoff kann mit Amylalkohol ausgeschüttelt werden (W. GRASSMANN und H. ENDRES 1959). Diese Reaktion, die leicht das Vorhandensein von Flavandiolen vortäuschen könnte, dürfte ebenfalls auf der Bildung eines Piceatannolchinons beruhen. Stilbenchinone, wie z. B. das 2-β-Phenylvinyl-3-hydroxynaphthochinon(1.4) (LVIII) (S. C. HOOKER 1936) oder das 2-β-Phenylvinyl-3-hydroxy-5.6.7.8-tetrahydronaphthochinon-(1.4) (LIX; H. ENDRES und H. BAURIEDEL, unveröffentlicht) sind tiefrot gefärbt. Die Kondensation mit Salzsäure geht wesentlich langsamer, wenn unter Sauerstoffausschluß gearbeitet wird.

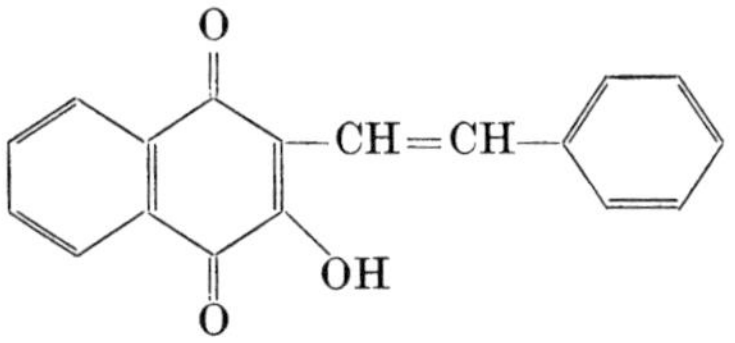

(LVIII) 2-β-Phenylvinyl-3-hydroxy-1.4-naphthochinon

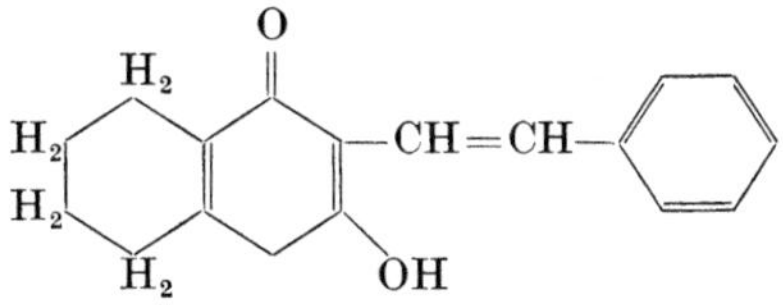

(LIX) 2-β-Phenylvinyl-3-hydroxy-1.4-tetrahydronaphthochinon

Auch unter Einwirkung von Luftsauerstoff oder, was biologisch wichtiger sein wird, unter dem Einfluß rindeneigener Enzyme gibt Piceatannol anfänglich ein blutrotgefärbtes, lösliches Chinon, welches dann in dunkelbraune unlösliche Kondensationsprodukte übergeht. Bei dieser Oxydation wird ziemlich genau 1 mol Sauerstoff, entsprechend vier Oxydationsäquivalenten, pro mol Piceatannol verbraucht (R. BROCKHAUS 1959; vgl. H. ENDRES 1959; W. GRASSMANN und H. ENDRES 1959); H_2O_2 wird nicht gebildet. Das zuerst entstandene rote Oxydationsprodukt zeigt nahezu das gleiche UV-Spektrum wie verschiedene synthetische Chinonstilbene (H. ENDRES 1962b). Auch mit verschiedenen anderen Oxydationsmitteln, wie Bromat, Cersulfat und Kaliumhexacyanoferrat(III) wurde von R. BROCKHAUS (1959; vgl. W. GRASSMANN und H. ENDRES 1959) der gleiche

Kondensationsverlauf beobachtet. Das primär entstandene Chinon kann durch SO_2 teilweise wieder zum Piceatannol reduziert werden. Sulfite wurden dagegen unter Bildung einer Sulfonsäure angelagert. Die höhermolekularen, wasserunlöslichen Kondensationsprodukte des Piceatannols können durch kurzes Erwärmen mit Sulfiten in Lösung gebracht werden und wandern dann, im Gegensatz zum Piceatannol selbst, in der Elektrophorese anodisch (R. BROCKHAUS 1959, H. ENDRES u. Mitarb. 1960).

W. GRASSMANN und H. ENDRES (1959) vermuten demzufolge, daß die Kondensation des Piceatannols über ein Chinon als Zwischenstufe verläuft, beispielsweise nach einem ähnlichen Mechanismus, wie ihn D. E. HATHWAY (1958a, 1959b) für das Catechin und Gallocatechin diskutiert (vgl. S. 582).

Die durch Säureeinwirkung entstandenen Phlobaphene, die ebenso wie die Säurekondensationsprodukte des Catechins nicht mehr sulfitierbar sind, sind nach Meinung von GRASSMANN und ENDRES über einen anderen Kondensationsmechanismus entstanden, wobei als Primärstufe auch die Bildung eines Chinons in Betracht gezogen werden muß.

Für die Isolierung weiterer Polyhydroxyphenole hat sich die auf S. 575 bereits erwähnte Chromatographie an Polyamidpulver als unentbehrliches Hilfsmittel erwiesen.

So haben W. GRASSMANN u. Mitarb. (1957; vgl. auch H. ENDRES 1957) das Aglucongemisch des Essigesterextraktes in sechs Fraktionen auftrennen können. Die Gesamtausbeute der eluierten Fraktionen betrug 82%, davon entfielen 41% auf Piceatannol und 11—17% auf eine Verbindung, die später von H. ENDRES u. Mitarb. (1958) als Dihydropiceatannol [LX; Smp 227—229° C (Zers.); λ_{max} 290 mμ; Mischschmelzpunkt mit hydriertem Piceatannol zeigte keine Depression] identifiziert wurde. Die Synthese des Dihydropiceatannols gelang H. ENDRES (1961a und 1962b) durch Kondensation des 3.4-Dibenzyloxy-phenylacetaldehyds mit dem Hydroxy-tetralinchinon (LIV, S. 604). Der tiefrotgefärbte Piceatannolchinon-3'.4'-dibenzyläther wurde unter Aufnahme von 4 mol Wasserstoff zum Dihydropiceatannol hydriert. Der Vergleich des synthetischen Materials mit dem Naturprodukt wurde mit den beim Piceatannol (vgl. S. 604) angegebenen Methoden durchgeführt.

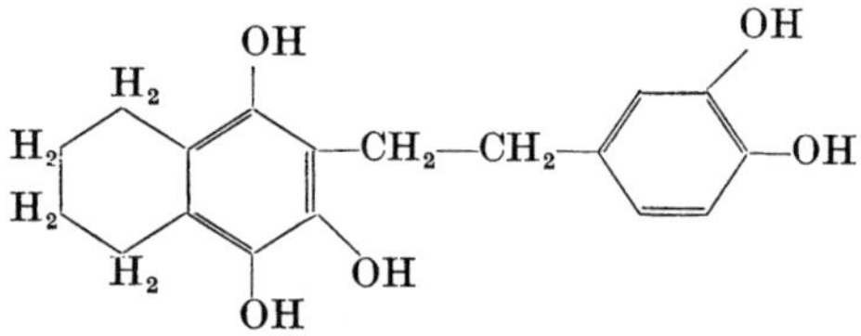

(LX) Dihydropiceatannol

Der Essigesterextrakt selbst, also das Glucosidgemisch, wurde von H. ENDRES und K. MERKLE (1961) an einer Polyamidsäule in sieben Fraktionen aufgetrennt, die eine Gesamtausbeute von 79,5% ergaben. Mit einer Ausbeute von etwa 50%, bezogen auf den phenolischen Anteil, isolierten die Autoren ein Piceatannolmonoglucosid [Smp 227° C (Zers.)], das sich als ein Isomerengemisch zweier Glucoside erwies (über die Konstitution vgl. unten). Daneben wurden zwei Dihydropiceatannolmonoglucoside, von denen das eine kristallin erhalten wurde [Smp 223° C (Zers.); Ausbeute etwa 8%], und freies Piceatannol isoliert. Interessant für die Biosynthese des Piceatannols dürfte das Vorkommen eines Trihydroxytetrahydronaphthalinglucosides (LXI) sein, dessen Aglucon der linken Bauhälfte des Piceatannols entspricht. Das freie Aglucon dieses Glucosides wurde mit synthetischem Vergleichsmaterial identifiziert (H. ENDRES u. Mitarb. 1961).

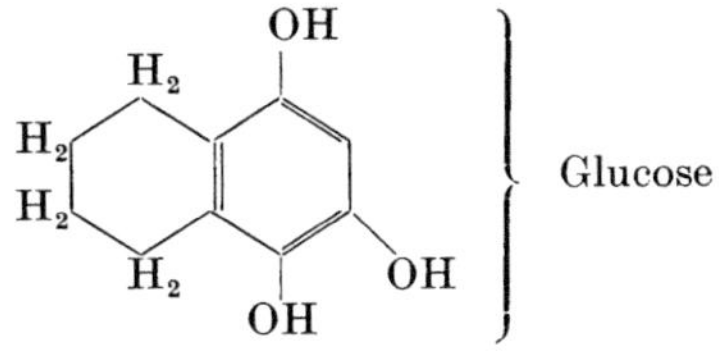

(LXI) Trihydroxy-tetralinglucosid

Der nach erschöpfender Essigesterextraktion zurückbleibende Bast wurde von H. ENDRES und F. LEPPMEIER (1961) mit Alkohol extrahiert. Dieser Extrakt enthielt noch viele Nichtgerbstoffe (Anteilzahl 40). Nach Gerbstoffanreicherung durch Polyamid erhielten ENDRES und LEPPMEIER ein nahezu nur noch aus Gerbstoffen und Gerbstoffbausteinen bestehendes Polyphenolgemisch (vgl. hierzu S. 575). In der Zusammensetzung des Essigester- und Alkoholextraktes haben sich dabei mehr quantitative als qualitative Unterschiede ergeben (vgl. W. GRASSMANN und H. ENDRES 1959). Dieser Befund überraschte im ersten Moment, da mit Essigester erschöpfend extrahiert wurde. Die gleichen Ergebnisse wurden jedoch auch bei der aufeinanderfolgenden Extraktion anderer Gerbmaterialien mit verschiedenen Lösungsmitteln beobachtet (N. MÜNCH 1958; vgl. auch H. ERDTMANN 1939) und können weniger mit den wirklichen Löslichkeitsunterschieden der einzelnen Komponenten, als mit der für die Extrahierbarkeit verantwortlichen unterschiedlichen Art der Verankerung im Pflanzenmaterial erklärt werden. Neuere Untersuchungen haben gezeigt, daß nativer Fichtenbast ausschließlich monomolekulare Polyhydroxyphenole enthält, die mit Äthanol:Wasser (1:1) bei 50—60° C nahezu quantitativ extrahiert werden können (H. ENDRES 1961c). Die qualitative und quantitative Zusammensetzung dieses Extraktes entspricht weitgehend dem des Essigesterextraktes.

Die weitaus überwiegende Menge des Alkoholextraktes, etwa 50%, entfällt nämlich auf das bereits im Essigesterextrakt gefundene isomere Piceatannolglucosidgemisch, das sich weder papierchromatographisch noch säulenchromatographisch trennen ließ. Eine Trennung der beiden Isomeren ist jedoch papierchromatographisch möglich, wenn die Stilbendoppelbindung hydriert wird. Durch

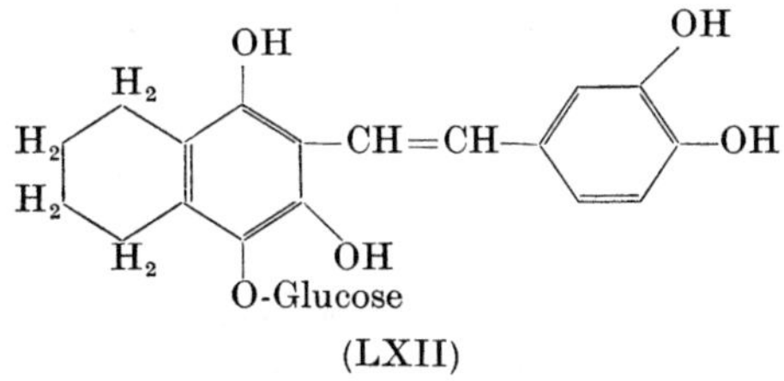

(LXII)

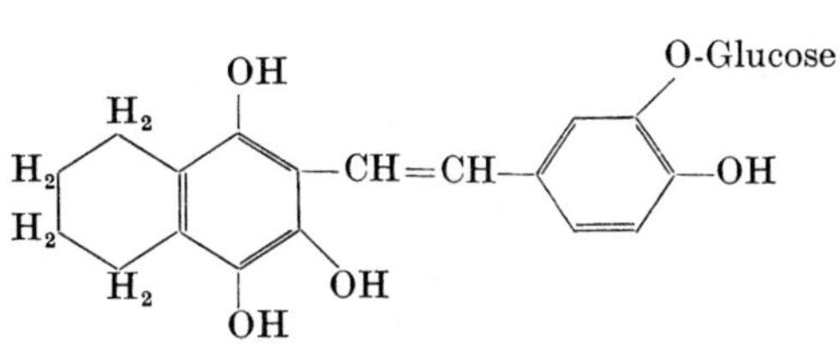

(LXIII)

Piceatannolmonoglucoside

Abbauversuche mit gemischt substituierten Piceatannolderivaten haben ENDRES und LEPPMEIER zeigen können, daß es sich um ein Gemisch eines Piceatannol-5-glucosides (LXII) und eines Piceatannol-3′-glucosides (LXIII) handelt.

Das mengenmäßige Verhältnis der beiden Glucoside zueinander ist, wie an mehreren Beispielen gezeigt wurde, jahreszeitlich verschieden. Ebenso jahreszeitlich bedingt scheint das Verhältnis Mono- zu Diglucosid zu sein. Nach vorläufigen Ergebnissen ist das Diglucosid nur in den Sommermonaten Juli und August anzutreffen. Kurz vor und nach dieser Zeit wurde bereits ein Gemisch beider Glucoside erhalten und in der übrigen Zeit herrschte das Monoglucosid vor (H. ENDRES und K. MERKLE 1961).

Die von H. ENDRES (1961c) aus Fichtenbast durch Äthanol : Wasser-Extraktion insgesamt isolierten Verbindungen sind in Tab. 5 zusammengefaßt.

Tabelle 5. *Aus nativem Fichtenrindenbast durch Äthanol:Wasser-Extraktion isolierte Verbindungen* (nach H. ENDRES 1961a)

Substanz	Schmelzpunkt °C	Ausbeute in %[1]	Bemerkungen
Piceatannoldiglucosid	228 (Zers.)	50	
Piceatannolmonoglucosid	227 (Zers.)		Gemisch aus 2 Isomeren
Dihydropiceatannolmonoglucosid	233 (Zers.)	15—20	Gemisch aus 2 Isomeren
Piceatannol	215	8—10	
Trihydroxytetralinmonoglucosid	207	3	
Quercetinglucosid	—	5	
D-Catechin	—	3—6	papierchr. und UV-Spektrum
Dihydropiceatannol	—	2—3	

[1] Bezogen auf die Polyhydroxyphenole des Bastes.

Außer in *Picea excelsa* wurde Piceatannol von W. GRASSMANN und W. MAASS (unveröffentlicht) papierchromatographisch noch in *Picea glauca*, *Picea omorica*, *Picea orientalis* und *Picea mariana*, nicht dagegen in *Abies alba*, *Picea pungens*, *Pinus silvestris*, *Pseudotsuga taxifolia*, *Tsuga canadensis* und *Taxus baccata* angetroffen. Das bereits von A. NEISH (1957) aus *Picea pungens* isolierte Pungenin wurde von GRASSMANN und MAASS außer in *Picea pungens* nur noch in *Picea glauca*, und zwar mengenmäßig am stärksten im Winter gefunden.

In jüngster Zeit haben J. CUNNINGHAM, E. HASLAM u. R. D. HAWORTH (1963) aus Fichtenrinde ein 3.5.3′.4′-Tetrahydroxystilben isoliert und durch Vergleich mit synthetischem Material identifiziert. Die Autoren bezeichnen diese Verbindung als Piceatannol, in der Annahme, die von W. GRASSMANN und H. ENDRES aufgestellte Konstitution korrigiert zu haben. Die von HAWORTH u. Mitarb. isolierte Verbindung unterscheidet sich vom Piceatannol (LIII) jedoch durch den Smp (229°; 216°) und durch ihre wesentlich geringere Oxydationsempfindlichkeit. Die beiden Verbindungen sind chromatographisch (Polyamid-Dünnschicht) nicht identisch [W. GRASSMANN und H. ENDRES (J. chem. Soc. im Druck)].

Nach GRASSMANN und ENDRES ist das 3.5.3′.4′-Tetrahydroxystilben im frischen Bast in geringer Menge enthalten, wahrscheinlich reichert es sich in der Borke an, während das oxydationsempfindliche Piceatannol (LIII), die Hauptkomponente des Bastes, in der Borke nicht mehr anzutreffen ist.

Die von W. GRASSMANN, G. DEFFNER u. Mitarb. (1956) angegebene Methode zur Darstellung von Piceatannol und dessen Glucosid wurde von H. G. DÄSSLER und H. URZYNICOK (1958) und H. G. DÄSSLER (1960) auf die Isolierung von

Gerbstoffbausteinen aus dem Bast von Schwarzerle *(Alnus glutinosa)* und aus der Omorica Fichte *(Picea omorica)* angewendet.

Bei den Versuchen über die Gerbstoffe der Omorica-Fichte *(Picea omorica)* isolierte H. G. DÄSSLER (1960) zwei Glucoside, die beide nach enzymatischer Spaltung mit Luitase, Glucose und ein Aglucon mit der Summenformel $C_{18}H_{16}O_5$ gaben. Das Aglucon konnte auch erhalten werden, wenn das Glucosidgemisch des Essigesterextraktes mit Luitase gespalten, und das erhaltene Aglucongemisch an einer Kieselgel-Cellulose-Säule getrennt wurde. Die Verbindung mit einem Schmelzpunkt von 208° C wird mit dem von GRASSMANN u. Mitarb. aus *Picea excelsa* isolierten Piceatannol (LIII) identisch sein. Eine Bestätigung dieser Annahme sieht DÄSSLER darin, daß eines der beiden Glucoside das gleiche IR-Spektrum zeigt wie das Piceatannol-diglucosid (LVII). Der Schmelzpunkt dieser Verbindung liegt bei 226° C. Das andere Glucosid, mit einem Smp von 202,5 bis 203° C, hat nach DÄSSLER eine Bruttozusammensetzung $C_{26}H_{33}O_{12}$. Da einerseits die C, H-Analysen dieses Glucosides auch sehr gut mit dem Piceatannol-monoglucosid $C_{24}H_{28}O_{10} \cdot H_2O$ von H. ENDRES und F. LEPPMEIER (1961) übereinstimmen, andererseits nach Zuckerabspaltung das Aglucon $C_{18}H_{16}O_5$ erhalten wird, könnte es sich bei dem von DÄSSLER isolierten zweiten Glucosid um ein Piceatannol-monoglucosid handeln (LXII und LXIII).

Aus dem Bast der Schwarzerle *(Alnus glutinosa)* isolierten H. G. DÄSSLER und H. URZYNICOK (1958) ein an der Kieselgel-Cellulose-Säule hellblau fluorescierendes Glykosid mit dem Schmelzpunkt 67° C und der Bruttozusammensetzung $C_{24}H_{32}O_{11}$. Das Aglucon dieser Verbindung schmolz bei 60° C und hatte die Zusammensetzung $C_{18}H_{22}O_6$.

Von anderen aus gerbstoffhaltigen Pflanzen isolierten Polyhydroxystilbenen ist bisher nicht bekannt, wie sie sich gegenüber dehydrierenden Enzymen oder Mineralsäuren verhalten. Für die Mehrzahl der bekannten Hydroxystilbene ist zumindest eine enzymatische Kondensation, die, wie auf S. 580 beschrieben, über chinoide Zwischenstufen verläuft, unwahrscheinlich. Das Vorkommen solcher Stilbene, deren gerbende Wirkung nicht eindeutig bekannt ist, soll deshalb nur gestreift werden.

Durch Gegenstromverteilung eines Methanolextraktes des Bastes von *Picea mariana* konnte D. W. MANSON (1960) das Vorkommen des bereits 1953 von D. H. ANDREWS beschriebenen 3.4′-Dihydroxy-3′-methoxystilben-5-O-β-glucosides (LXIV) bestätigen. Smp des Acetats 161—163° C. Bei diesem Stilben scheint es sich nach Ansicht von MANSON um die von W. PIGMANN, E. ANDERSON u. Mitarb. (1953) isolierte Verbindung zu handeln, die von den Autoren als Flavandiol angesprochen wurde.

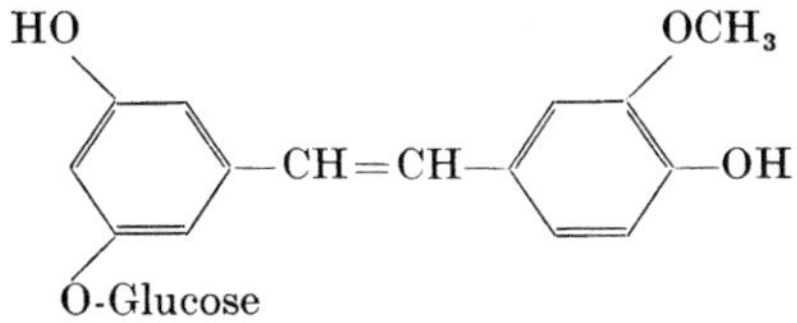

(LXIV)

Das Vorkommen eines weiteren Stilbenglucosides im Bast der *Picea mariana* vermutet MANSON auf Grund der Tatsache, daß nach Hydrolyse und Oxydation an der Stilbendoppelbindung Protocatechusäure gefunden wird.

Das Kernholz von *Eucalyptus wandoo* enthält nach D. E. HATHWAY und I. W. SEAKINS (1959a und 1959b) zwei Hydroxystilbene. Das eine Stilben erwies sich als ein 3.5.4′-Trihydroxystilben (LXV, Smp 264° C; λ_{max} 205; 305 mμ; Smp des Triacetats 118—119° C, des Trimethyläthers 55—57° C; Ausbeute 1% des Kernholzes). Das zweite Stilben war das 5.4'-Dihydroxy-3-O-β-glucosid (LXVI, Smp. 142° C, nach Verlust von 1 mol Wasser 210° C; $[\alpha]_D^{22}$ −68,5° in Methanol; λ_{max} 220; 305 mμ).

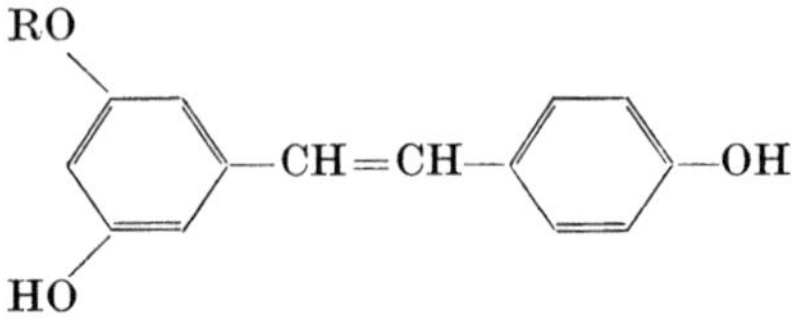

(LXV) R = H 3.5.4'-Trihydroxystilben
(LXVI) R = Glucose; 5.4'-Dihydroxystilben-3-glucosid

W. E. HILLIS und A. CARLE (1962) bestätigen die Arbeiten von HATHWAY und SEAKINS und finden zusätzlich, daß das zweidimensionale Papierchromatogramm eines Hartholzextraktes von *E. astringens* sehr viel Ähnlichkeit mit dem von *E. wandoo* hat. Bei einem dritten, schon von HATHWAY und SEAKINS (1959b) beobachteten Stilben handelt es sich nach Ansicht von HILLIS u. Mitarb. wahrscheinlich um ein 3.5.3'.4'.5'-Pentahydroxystilben (LXVII).

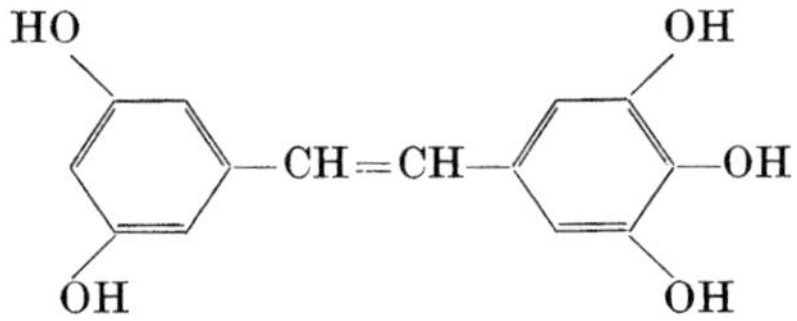

(LXVII) 3.5.3'.4'.5'-Pentahydroxystilben

IV. Entstehung der kondensierten Gerbstoffe

Bereits 1947 hat W. GRASSMANN seine Ergebnisse über den Gerbstoff der Fichtenrinde so gedeutet, daß die monomeren Gerbstoffvorstufen in den Nadeln gebildet werden und durch den Siebröhrensaft in das Cambium transportiert werden. Nach enzymatischer Oxydation bilden sich die kondensierten Gerbstoffe, die in der Rinde abgelagert werden.

Zu den gleichen Schlußfolgerungen kommt D. E. HATHWAY (1959) durch seine Versuche über die Gerbstoffe der Eichenrinde (vgl. S. 587). Die in den Blättern entstehenden Pyrogallolphenole (Gallocatechin und Delphidandiol) wurden von HATHWAY auch im Siebröhrensaft nachgewiesen. Im Cambium werden sie dann nach dem auf S. 582 angegebenen Mechanismus oxydiert.

In einer ausführlichen Arbeit haben H. G. C. KING und TH. WHITE (1957a, vgl. auch TH. WHITE 1958) Blätter, junge Zweige, Rinde, Weichholz und Hartholz von drei Quebrachoarten, nämlich *Schinopsis lorentzii*, *Sch. balansae* und *Sch. heterophylla* auf ihren Polyhydroxyphenolgehalt untersucht.

Durch zweidimensionale Papierchromatographie konnten die Autoren zeigen, daß alle in den Zweigen und Blättern enthaltenen Phenole auch in der Rinde enthalten sind, und zwar in stärkerer Konzentration. Daneben sind in der Rinde weitere, in den Zweigen und Blättern nicht nachweisbare Phenole anzutreffen.

Interessanterweise bestehen die Polyhydroxyphenole der Blätter in der Hauptsache aus hydrolysierbaren Gerbstoffen (z. B. Corilagin, Chebulagsäure u. a.). Kondensierbare Gerbstoffvorstufen konnten keine nachgewiesen werden. Die Rinde enthält nur noch Spuren der hydrolysierbaren Gerbstoffe, daneben auch bereits in den Blättern nachgewiesene Chinasäurederivate und in geringer Menge das erste kondensierbare Phenol, nämlich (+)-Catechin. Das Weichholz zeigt neben dem Catechin zwei weitere C_{15}-Phenole, die als Fisidandiol und Cyanidandiol (vgl. S. 593) angesprochen werden, daneben aber auch noch wenige hydrolysierbare Gerbstoffe. Die kondensierbaren Phenole nehmen in Richtung Weichholz-Hartholz zu und an der Grenze zwischen Weichholz und Kernholz sind die hydrolysierbaren Gerbstoffe verschwunden. Auch im Kernholz sind die kondensierbaren Phenole nur noch in den äußeren Bezirken anzutreffen, in den inneren Teilen herrschen kondensierte Gerbstoffe vor.

King und White kommen auf Grund dieser Ergebnisse zu dem Schluß, daß in den Blättern die hydrolysierbaren Gerbstoffe, eventuell über Shikimisäure, gebildet und diese Substanzen in das Weichholz transportiert werden. Während des Transportes entstehen wahrscheinlich im Cambium die Flavandiole und (+)-Catechin. Am Anfang des Kernholzes werden die Verbindungen dann in die kondensierten Gerbstoffe des Quebrachoholzes umgewandelt.

Das Entstehen des Fisidandiols im Weichholz und der schnelle Übergang dieser Verbindung in kondensierte Gerbstoffe im Kernholz werden von D. G. Roux und S. R. Evelyn (1958a) bestätigt. Die Autoren konnten zusätzlich zeigen, daß das Molekulargewicht im äußeren Hartholz mit 650 bis zu 1050 im inneren Hartholz ansteigt und ebenso das Verhältnis Gerbstoff zu Nichtgerbstoff zunimmt. Roux und Evelyn vermuten, daß die Vorstufen der Gerbstoffe, also die monomeren kondensierbaren Phenole im Cambium entstehen und zentripetal in das Kernholz bzw. zentrifugal in die Rinde transportiert werden und in beiden durch Enzymsysteme die kondensierten Produkte entstehen.

Für die Bildung der Gerbstoffe im Kernholz bezweifelt K. Freudenberg dagegen die Mitwirkung von Enzymen. Nach Meinung von Freudenberg könnten höherkondensierte Gerbstoffe, die bereits im lebenden Gewebe entstanden wären, nicht durch die Membranen bis zum Kernholz transportiert werden (vgl. K. Freudenberg 1920). Durch die Markstrahlen werden dagegen die monomolekularen Gerbstoffvorstufen transportiert und bleiben im Kernholz liegen, wo sie in einem langsam verlaufenden postmortalen Vorgang ohne Mitwirkung von Enzymen kondensiert werden. Eine Begründung für die nichtenzymatische Kondensation sieht K. Freudenberg in der Abwesenheit von Enzymen im Holz.

Eine Bestätigung dieser Anschauung von Freudenberg scheinen die von D. G. Roux und E. Paulus (1962a) aus dem Kernholz der *Acacia mearnsii* isolierten polymeren Flavandiole (vgl. S. 596) zu sein, die nach Roux und Paulus nicht durch enzymatische Oxydation entstanden sein können.

In einer neueren Arbeit über die Entstehung der Holz- und Rinden-Polyhydroxyphenole berichten W. E. Hillis und A. Carle (1962) über ihre Untersuchungen an verschiedenen Eucalyptus-Arten. Nach den Autoren besteht im Cambium von *E. astringens* und *E. marginata* der Hauptanteil an monomeren Polyhydroxyphenolen aus Ellagengerbstoffen. Während jedoch in *E. marginata* die Phenole der Rinde ähnlich denen des Cambiums sind, unterscheiden sich *E. astringens* die Rindenphenole stark von denen des Cambiums. Anstelle von Ellagengerbstoffen werden in der Rinde verschiedene Flavane, Stilbene und Chlorogensäure gefunden. Aus diesen Befunden schließen Hillis und Carle, daß die Rindenphenole nicht im Cambium entstehen.

Die Polyhydroxyphenole der Xylem-Gewebe beider Eucalyptus-Arten unterscheiden sich von den Cambiumphenolen. In der *E. marginata* gehören sie sowohl im Hart- wie im Weichholz hauptsächlich zur Klasse der Flavane. Bei *E. astringens* ist dagegen ein Unterschied in der Phenolzusammensetzung von Kern- und Weichholz zu beobachten.

Gestützt auf die Versuche von A. C. Neish (1960), der Gallussäure und Ellagsäure für die Endprodukte des Shikimisäure-Stoffwechsels hält und es für unwahrscheinlich ansieht, daß die Ellagengerbstoffe sich mit weiteren Acetat-Einheiten zu Flavanen oder Stilbenen kombinieren können, kommen HILLIS und CARLE zu dem Schluß, daß die Polyphenole oder phenolischen Gerbstoffvorstufen nicht durch die Pflanze transportiert werden. Sie nehmen vielmehr an, daß Sucrose und Oligosaccharide an die verschiedenen Stellen transportiert werden und diese dort zusammen mit abgelagerten Kohlenhydraten *in situ* in die entsprechenden Phenole umgewandelt werden (vgl. auch W. E. HILLIS und A. CARLE 1958).

Bibliographie

ENDRES, H.: In die „Rohstoffe des Pflanzenreiches". 1. Lfg. Gerbstoffe. Weinheim: J. Cramer 1962a.
FREUDENBERG, K.: Die Chemie der natürlichen Gerbstoffe. Berlin: Springer 1920.
— Tannin, Cellulose, Lignin. Berlin: Springer 1933.
— u. K. WEINGES: Catechine, andere Hydroxyflavane und Hydroxy-flavene. Fortschr. Chemie organ. Naturstoffe XVI. 1 (1958a).
— — In Chemistry of Flavonoids. London: Pergamon Press 1961a.
HASLAM, E.: The biosynthesis of gallic acid. Recent developments in the chemistry of natural phenolic compounds. London: Pergamon Press 1961.
HAWORTH, R. D.: Recent work on the gallotannins; erschienen in Recent Developments in the Chemistry of Natural Phenolic Compounds. London: Pergamon Press 1961a.
HILLIS, W. E.: Leuco-anthocyanins as the possible precursors of tannins in "The Chemistry of Vegetable Tannins". A Symposium, Croyden, 1956a.
KING, H. G. C., and TH. WHITE: Quantitative determination of spezific nuclei and components of vegetable tannin extracts. Chem. of Vegetable Tannins; A Symposium, Croyden: Soc. SLTC (1956).
KÜNTZEL, A.: Gerbereichem. Taschenbuch. 6. Aufl. Dresden und Leipzig: Steinkopf 1955.
KURSANOW, A. L.: Synthese und Umwandlung der Gerbstoffe in der Teepflanze. Vortrag 17. 3. 1951 in Moskau, anläßlich des 7. Bach-Tages d. sowj. Akad. d. Wiss. Berlin: Verlag Volk und Gesundheit 1954.
MAYER, W.: Catechins from the bark of oak and sweet chest nut. The Chemistry of Vegetable Tannins. S. 127. Symposium, Croyden, SLTC (1956).
PERKIN, A. G., and D. A. EVEREST: The Natural Organic Colouring Matters. London: Longmans, Green and Co. 1917.
PROCTER, H. R., u. J. PAESSLER: Leitfaden für gerbereichemische Untersuchungen. Berlin: J. Springer 1901.
ROTTSIEPER, E. H. W.: Vegetable Tannins. St. Albans: W. Cartmel u. Sons 1946.
SCHMIDT, O. TH.: Fortschr. d. Chem. org. Naturstoffe. S. 70. Berlin-Göttingen-Heidelberg: Springer 1956.
— „Natürliche Gerbstoffe", in K. PAECH und M. V. TRACEY, „Moderne Methoden der Pflanzenanalyse", Bd. III, S. 517—548. Berlin-Göttingen-Heidelberg: Springer 1955.
— Tannins from Algarobilla, Recent Developments in the chemistry of natural phenolic compounds. London: Pergamon Press 1961.
WHITE, TH.: The scope of vegetable tannin-chemistry. The Chemistry of Vegetable Tannins. A Symposium, Croyden 1956.
— Chemistry of the Vegetable Tannins. The Chemistry and Technology of Leather, Vol. II. New York. N. Y.: Reinhold Publishing Corp. 1958.

Zeitschriftenliteratur

ADAM, W. W., B. F. HARDY, and M. NIERENSTEIN: The catechin of the cacao bean. J. amer. chem. Soc. **53**, 727—728 (1931).
ANDREWS, D. H.: Dissertation. McGill University. Montreal: Quebec 1953.
ARMITAGE, R., G. S. BAYLISS, J. W. GRAMSHAW, E. HASLAM, R. D. HAWORTH, K. JONES, H. J. ROGERS and T. SEARLE: The constitution of Chinese-Turkish sumach and tara tannins. Gallotannins. III. J. chem. Soc. **1961**, 1842—1853.
BATE SMITH, E. C.: Colour reactions of flowers attributed to (a) flavanols and (b) carotenoid oxides. J. Exptl. Botany **4**, 1—12 (1952).
— Leuco anthocyanins. I. Detection and identification of anthocyanidins formed from leucoanthocyanins in plant tissues. Biochem. J. **58**, 122—125 (1954a).
—, and N. H. LERNER: Leuco-anthocyanins. 2. Systematic distribution of leuco-anthocyanins in leaves. Biochem. J. **58**, 126—132 (1954).

BERNAUER, K., u. O. TH. SCHMIDT: Die Synthese des Brevifolin-trimethyläthers. XXII. Mitt. Über natürliche Gerbstoffe. Liebigs Ann. Chem. **591**, 153—153 (1955).
BLEULER, H., and A. G. PERKIN: XLI. An oxidation product of gallic acid. J. chem. Soc. **109**, 529—543 (1916).
BLUM, F.: Dissertation. Univ. Heidelberg 1951.
BROCKHAUS, R.: Dissertation. Universität München 1959.
BROWN, B. R., and G. H. SOMMERFELD: The acid-catalysed self-condensation of 7,4′-dihydroxyflavan. Tetrahedron Letters **1963**, Nr. 14, 905—906.
CLARK-LEWIS, I. W., and P. I. MORTIMER: Flavan derivatives. Part III. Melacacidin and isomelacacidin from acacia species. J. chem. Soc. **803**, 4106—4111 (1960).
— and D. G. ROUX: Leuco-anthocyanidins: occurrence of enantiomorphous leucofisetinidins in hardwoods. Chem. and Industr. 1475—1476 (1958).
CUNNINGHAM, J., E. HASLAM, and R. D. HAWORTH: The constitution of Piceatannol. J. chem. Soc. (Lond.) **1963**, 2875.
DÄSSLER, H. G.: Pflanzeninhaltsstoffe. IV. Untersuchungen der Extraktstoffe von *Picea omorica*. Holz als Roh- und Werkstoff **18**, 162—163 (1960).
— u. H. URZYNICOK: Über den Gerbstoff der Schwarzerle (Alnus glutinosa GÄRTNER). Holz als Roh- und Werkstoff **16**, 327—330 (1928).
DIEMAIR, E., H. JANECKE u. G. KRIEGER: Über eine Methode der Gerbstoffbestimmung in der Rebe und im Wein. I. Z. analyt. Chem. **133**, 346—352 (1951).
ENDRES, H.: Über die Chemie des Gerbstoffes der Fichtenrinde. IV. Mitt. Leder 8, 222—229 (1957).
— Die Konstitution des Piceatannol-glucosides. Chem. Ber. **91**, 636—638 (1958).
— Die Konstitution des Fichtenrindengerbstoffes, einer neuen Klasse kondensierbarer, vegetabilischer Gerbstoffe. Materiae Vegetabiles **5**, 367—374 (1959).
— Synthese des Piceatannols (2,5,6,3′,4′-Pentahydroxy-tetramethylenstilben) und des Dihydropiceatannols. Angew. Chem. **73**, 536 (1961a).
— Die Gerbwirkung niedermolekularer Polyhydroxyphenole. Leder **12**, 294—297 (1961b).
— Über die Gerbstoffe der Fichtenrinde. XV. Mitt. Gesamtanalyse der Polyhydroxyphenole des Fichtenbastes. Leder **12**, 152—157 (1961c).
— Über eine neue Klasse kondensierbarer Polyhydroxyphenole; Gerbstoffe der Fichte. Habilitationsschrift. Universität München 1962b.
— W. GRASSMANN u. H. MATHES: Über die Gerbstoffe der Fichtenrinde. VII. Die Konstitution des „Aglucons L". Chem. Ber. **91**, 141—143 (1958).
— u. M. HILAL: Über die Gerbstoffe der *Acacia arabica*. II. Isolierung verschiedener Polyhydroxyphenole aus den Fruchtschoten. Phytochemistry **2**, 151—156 (1963).
— u. H. HÖRMANN: Präparative und analytische Auftrennung organischer Verbindungen durch Chromatographie an Polyamid. Angew. Chem. **75**, 288—294 (1963).
— u. F. LEPPMEIER: Über die Gerbstoffe der Fichtenrinde. XII. Isolierung und Konstitutionsermittlung eines Piceatannol-monoglucosides. Chem. Ber. **94**, 419—431 (1961).
— u. K. MERKLE: Über die Gerbstoffe der Fichtenrinde. XIII. Isolierung weiterer Verbindungen aus dem Fichtenbast. Chem. Ber. **94**, 431—437 (1961).
— K. MERKLE u. H. BAURIEDEL: Über die Gerbstoffe der Fichtenrinde. XIV. Isolierung eines Trihydroxytetralin-glucosides aus Fichtenbast. Chem. Ber. **94**, 438—441 (1961).
— P. STADLER u. F. v. D. CRONE: Über die Gerbstoffe der Fichtenrinde. X. Untersuchung über die Sulfitierung der Phlobaphene des Fichtenrindengerbstoffes. Leder **11**, 1—5 (1960).
ERDTMANN, H.: Phenoldehydrierungen. VI. Dehydrierende Kupplung einiger Guajakolderivate. Svensk Kem. Tidskr. **47**, 223—230 (1935).
— Die phenolischen Inhaltsstoffe des Kiefernkernholzes, ihre physiologische Bedeutung und hemmende Einwirkung auf die normale Aufschließbarkeit des Kiefernholzes nach dem Sulfitverfahren. Liebigs Ann. Chem. **539**, 116—122 (1939).
EVELYN, S. R., E. A. MAIHS and D. G. ROUX: Condensed tannins. 5. The oxidative condensasation of (+)-catechin. Biochem. J. **76**, 23—27 (1960).
FIKENTSCHER, R.: Dissertation. Universität Heidelberg 1956.
FORSYTH, W. G. C.: Cacao polyphenolic substances. 3. Separation and estimation on paper chromatograms. Biochem. J. **60**, 108—111 (1955).
— and I. B. ROBERTS: Cacao "Leuco-cyanidin". Chem. and Industr. **1958**, 755.
FREUDENBERG, K.: Über Gerbstoffe. I. Hamameli-Tannin. Ber. dtsch. chem. Ges. **52**, 177—185 (1919a).
— Über Gerbstoffe. II. Chebulinsäure. Ber. dtsch. chem. Ges. **52**, 1238—1246 (1919b). Lignin im Rahmen der polymeren Naturstoffe. Angew. Chem. **68**, 84 (1956).
— Catechine und Hydroxy-flavandiole als Gerbstoffbildner. Experientia **16**, 101—105 (1960).
— u. I. M. ALONSO DE LAMA: Zur Kenntnis der Catechin-Gerbstoffe. Liebigs Ann. Chem.
— **612**, 78—93 (1958).

Freudenberg, K., u. F. Blümmel: Hamamelitannin. III. 17. Mitt. Über Gerbstoffe und ähnliche Verbindungen. Liebigs Ann. Chem. **440**, 45—59 (1924).
— R. F. B. Cox and E. Braun: The catechin of the cacao bean. J. amer. chem. Soc. **54**, 1913—1917 (1932).
— u. B. Fick: Über Gerbstoffe. 6. Chebulinsäure (II). Ber. dtsch. chem. Ges. **53**, 1728—1736 (1920).
— H. Fikentscher, M. Harder u. O. Th. Schmidt: Die Umwandlung des Cyanidins in Catechin. Liebigs Ann. Chem. **444**, 135—145 (1925).
— u. Th. Frank: Chebulinsäure. III. 24. Mitt. über Gerbstoffe und ähnliche Verbindungen. Liebigs Ann. Chem. **452**, 303—305 (1927).
— u. P. Maitland: Der Quebracho-Gerbstoff. Liebigs Ann. Chem. **510**, 193—205 (1934).
— u. D. Peters: Über Gerbstoffe. 4. Hamameli-Tannin (II) Ber. dtsch. chem. Ges. **53**, 953 bis 961 (1920).
— I. H. Stocker u. I. Porter: Das Kondensationsprinzip der Catechin-Gerbstoffe. Chem. Ber. **90**, 957—962 (1957).
— u. K. Weinges: Zur Kenntnis der Catechine und Catechingerbstoffe. Liebigs Ann. Chem. **590**, 140—154 (1954).
— — Leuko- und Pseudoverbindungen der Anthocyanidine. Liebigs Ann. Chem. **613**, 61—75 (1958).
— — Condensation of catechin. Stereochemistry of the flavandiol-group. Chem. and Industr. **1959**, 486—487.
— — Systematik und Nomenklatur der Flavanoide. Tetrahedron 8, 336—349 (1960).
— — Pro-anthocyanidine aus den Früchten des Weißdorns *(Crataegus oxyacantha)*. Tetrahedron 8, 267—269 (1961).
— — Zusammengesetzte Pro-anthocyanidine. Angew. Chem. **5**, 182—183 (1962).
— — Die säurekatalysierte Selbstkondensation der Hydroxyflavane. Zusammengesetzte Pro-anthocyanidine. Tetrahedron Letters **23**, 1073—1076 (1962a).
— — Zur Kenntnis der Flavonoidgerbstoffe. Liebigs Ann. Chem. **668**, 92—96 (1963).
Fridolin, A.: Dissertation Dorpat, 1884.
Ganguly, A. K., and T. R. Seshadri: Leucoanthocyanidins of plants. Part III. Leucopelargonidin from Eucalyptus calophylla Kino. J. chem. Soc. **543**, 2787—2790 (1961).
— — and P. Subramanian: A study of leucoanthocyanidins of plants. I. Isomers of leucodelphinidin from Karada bark and Eucalyptus gum. Tetrahedron **3**, 225—229 (1958).
Gilson, E.: Contribution à l'étude des tannoides. Les tannoids de la rhubarbe de Chine Bull. Acad. méd. Belgique **16**, 827 (1902).
Grassmann, W.: Ber. des Reichsamtes f. Wirtschaftsaufbau, Arbeitstagung Leder **1942**, 779—810.
— Forschungsarbeiten auf dem Gebiet der Pflanzengerbstoffe. Colloquium Ber. TH Darmstadt, Heft **3**, 59—75 (1948).
— G. Deffner, E. Schuster u. W. Pauckner: Über den Gerbstoff der Fichtenrinde. Chem. Ber. **89**, 2523—2535 (1956).
— O. Endisch u. W. Kuntara: Eine Halbmikro-Bestimmung der Gerbstoffe nach dem Filter-Verfahren. Leder **2**, 202—205 (1951).
— u. H. Endres: Über die Gerbstoffe der Fichtenrinde. XI. Mitt. Über Polyhydroxystilbene, eine neue Klasse kondensierbarer Gerbstoffe. Leder **10**, 237—244 (1959).
— — R. Brockhaus u. K. Merkle: Über die Gerbstoffe der Fichtenrinde. V. Oxydative Spaltung des Glucosides „E". Chem. Ber. **90**, 2416—2422 (1957).
— — M. Oppelt u. H. el Sissi: Affinität von Gerbstoffen und gerbstoffähnlichen Substanzen zur CO—NH-Gruppierung in Polyamiden. Leder **10**, 149—156 (1959).
— — u. W. Pauckner: Über den Gerbstoff der Fichtenrinde. VI. Die Konstitution des Piceatannols. Chem. Ber. **91**, 134—140 (1958).
— — — u. H. Mathes: Über die Gerbstoffe der Fichtenrinde. III. Chromatographische Trennung von Gerbstoffen an einer Polyamidsäule. Isolierung eines zweiten Aglucons aus dem Fichtenrindengerbstoff. Chem. Ber. **90**, 1125—1128 (1957).
— u. W. Kuntara: Beiträge zur Kenntnis einheimischer Pflanzengerbstoffe. II. Phlobaphengehalt einheimischer Gerbrinden. Collegium (Darmstadt) **98**, 187—201 (1941).
— — Phlobaphene, Dämpfungsverfahren und sulfitierende Extraktion. Lederindustrie, Berlin **86**, 21—28 (1943).
—, u. O. Lang: Über die chromatographische Adsorptionsanalyse von Gerbstoffen. Coll. 1935, 114—118; 401—405.
Grimshaw, I., and R. D. Haworth: Flavogallol. J. chem. Soc. **1956**, 4225—4232.
Grüttner, F.: Beiträge zur Chemie der Rinde von Hamamelis virginica L. Arch. Pharm. **236**, 278—320 (1898).
Haslam, E.: The biosynthesis of gallic acid. Recent developments in the chemistry of natural phenolic compounds. Pergamon Press 1961.

HASLAM, E., R. D. HAWORTH, K. JONES and H. J. ROGERS: Gallotannins. Part I. Introduction and the fractionation of tannase. J. chem. Soc. **1961**, 1829—1835.
— — and P. F. KNOWLES: Gallotannines. Part IV. The biosynthesis of gallic acid. J. chem. Soc. **1961**, 1854—1859.
HATHWAY, D. E.: The transformation of gallates into ellagate. Biochem. J. **67**, 445—450 (1957).
— Autoxidation of polyphenols. Part IV. Oxidative degradation of the catechin-autoxidation polymer. J. chem. Soc. **1958** a, 520—521.
— Oak-bark tannins. Biochem. J. **70**, 34—42 (1958b).
— Vortrag auf dem 6. Kongreß d. Internationalen Union d. Gerbereichemikerverbände in München. Sept. 1959.
— Experiments on the origin of oak-bark tannin. Biochem. J. **71**, 533—537 (1959).
— I. W. T. SEAKINS: Autoxidation of catechin. Nature (Lond.) **176**, 218 (1955).
— — Polyphenoloxidase oxidation of catechin and an initial comparison of the polymer obtained with two tannins. Biochem. J. **65**, 32 p (1957a).
— — Enzymatic oxidation of catechin to a polymer structurally related to some phlobatannins. Biochem. J. **67**, 239—245 (1957b).
— — Hydroxystilbens of Eucalyptus wandoo. Biochem. J. **72**, 369—374 (1959a).
— — The occurrence of hydroxystilbens in Eucalyptus. Biochem. J. **72**, 37p (1959b).
HAWORTH, R. D.: Some problems in the chemistry of the gallotannins. Proc. chem. Soc. **1961**, 401—410.
— and J. GRIMSHAW: Synthesis of trimethylbrevifolin. Chem. and Industr. **1955**, 199.
— K. JONES and H. J. ROGERS: Ionexchange chromatography of aspergillus niger extract. Proc. Chem. Soc. **1958** 8—9.
— H. K. PINDRED and P. R. JEFFERIES: Chebulinic acid. Part III. Oxidation of ellagic and flavellagic acids and the synthesis of some iso-coumarin derivatives J. chem. Soc. **1954**, 3617—3625.
—, L. B. DE SILVA: Chebulinic acid. J. chem. Soc. **1951**, 3511.
— — Chebulinic acid. Part II. J. chem. Soc. **1954**, 3611.
HERGERT, H. L.: Chemical composition of tannins and polyphenols from conifer wood and bark. Forest Products J. X. **1960**, 610—617.
HILLIS, W. E.: The chromatographic examination of tannin extracts. ISLTC **35**, 211—218 (1951).
— The precursors of the red colour in leather preliminary survey. ISLTC **38**, 91—102 (1954).
— Leucoanthocyanins as the possible precursors of extractives in woody tissues. Austral. J. Biol. Sci. **9**, 263—280 (1956b).
— and A. CARLE: The polyphenols and shikimic acid of Eucalypt cambium and wood. Holzforschg. **12**, 136—141 (1958).
— — The origin of the wood and bark polyphenols of *Eucalyptus* species. Biochem. J. **82**, 435—439 (1962).
HORLER, D. F., and H. E. NURSTEN: The tannins of tara. *Caesalpinia spinosa* (Mol.) Kuntze. J. chem. Soc. 3786—3792 (1961).
JURD, L.: Plant polyphenols. III. The isolation of a new ellagitannin from the pellicle of the walnut. J. amer. chem. Soc. **80**, 2249—2252 (1958).
KEPPLER, H. H.: The isolation and constitution of mollissacacidin, a new *leuco*-anthocyanidin from the heartwood of *Acacia mollissima* Willd. J. chem. Soc. **1957**, 2721—2724.
KING, F. E., and W. BOTTOMLEY: The chemistry of extractives from hardwoods. Part XVII. The occurrence of a flavan-3:4-diol (Melacacidin) in Acacia melanoxylon. J. chem. Soc. **1954**, 1399—1403.
KING, H. G. C.: Ph. D. Thesis, University London.
— Die Isolierung von Syringasäure aus Mimosagerbextrakten. Chem. and Industr. **1956**, 658—659.
— and TH. WHITE: Tannins and polyphenols of Schinopsis (Quebracho) spp. their genesis and inter-relationship. ISLTC **41**, 368—383 (1957a).
— — Polyphenols and tannins of Schinopsis (Quebracho) spp. Proc. Chem. Soc. **1957 b**, 341 bis 342.
KIRBY, K. S., E. KNOWLES and TH. WHITE: Tannins. V. The fractionation of Quebracho extract. ISLTC **37**, 283—294 (1953).
—, and TH. WHITE: Minor constituents of Quebracho-tannin extract. Biochem. J. **60**, 582—590 (1955).
KURSANOW, A. L., K. M. DSHEMUCHADSE u. M. N. SAPROMETOW: Die Kondensation der Catechine des Teeblattes bei der Oxydation. Biochimija **12**, 421 (1947).
LANG, W.: Über die quantitative Bestimmung von Gerbstoffen. Pharmazie **6**, 137—140 (1951).
MANSON, D. W.: The leucoanthocyanin from black spruce inner bark. Tappi **43**, 59—64 (1960).

MAYER, W.: Dehydrodigallussäure. Liebigs Ann. Chem. **578**, 34—39 (1952a).
— Die Chemie der Phenolcarbonsäure der hydrolysierbaren Gerbstoffe. Habilitationsschrift, Universität Heidelberg 1952b.
— Zit. O. TH. SCHMIDT 1955.
— R. BACHMANN u. F. KRAUS: Über carbocyclische Reduktone. Dihydropyrogallol und Dihydrogallussäure. Chem. Ber. **88**, 316—329 (1955).
— u. G. BAUNI: Über das Vorkommen von D-Catechin in den Rinden der Eiche und Edelkastanie. Leder **7**, 33—39 (1956).
— — Zur Kenntnis des D-Gallocatechins. Liebigs Ann. Chem. **611**, 264—268 (1958).
— u. R. FIKENTSCHER: Die Synthese der Dehydro-digallussäure. Chem. Ber. **91**, 1542—1545 (1958).
— u. W. KUNZ: Über ein zweites Vorkommen von Hamamelitannin. Naturwiss. **46**, 206 (1959).
— K. LAUER, W. GABLER, U. PANTHER u. A. RIESTER: Castalagin und Vescalagin, zwei neue, kristallisierte Ellagengerbstoffe aus dem Holz der Edelkastanie und Eiche. Naturwiss. **46**, 669—670 (1959).
— u. F. MERGER: Condensation of (+)-Catechin with phloroglucinol: a model for the condensation of catechins and catechin tannins. Chem. and Industr. **1959**, 485—486.
— — Über die Kondensationreaktionen der Catechine. II. Die Reaktion der Catechine mit Phloroglucin. Liebigs Ann. Chem. **644**, 70—78 (1961a).
— — Über die Kondensationreaktionen der Catechine. III. Die Selbstkondensation von (+)-Catechin. Liebigs Ann. Chem. **644**, 79—84 (1961b).
— — K. HEYNS u. H. GRÜTZMACHER: Die Konstitution der Kondensationsprodukte von Catechin mit Phloroglucin. Naturwiss. **50**, 152 (1963).
— K. WICK u. O. TH. SCHMIDT: Die Synthese der n-Butanol-(2)-tetracarbonsäure-(1,2,3,4) (3-Oxy-3,4-dicarboxy-adipinsäure). Chem. Ber. **86**, 488—494 (1953).
MOHR, W.: Über das Vorkommen von Polyhydroxyphenolen in Schokolademassen und ihr Verhalten beim Conchieren. Fette, Seifen und Anstrichmittel **64**, 739—840 (1962).
MÜNCH, N.: Dissertation, Universität München.
NEISH, A. C.: Pungenin: A Glucoside found in leaves of picea pungens (colorado spruce). Can. J. Biochem. Physiol. **1957**, 35.
— Wege der Biosynthese aromatischer Verbindungen. Ann. Rev. Pl. Physiol. **11**, 55—79 (1960).
OPPELT, M.: Dissertation, Universität München, 1958.
PERKIN, A. G., and O. GUNNEL: The colouring matter of quebracho colorado. Trans. Chem. Soc. **69**, 1303—1307 (1896).
— and Y. UYEDA: Occurrence of a crystalline tannin in the leaves of *Acer ginnala*. J. chem. Soc. **121**, 66—76 (1922).
PIGMAN, W., E. ANDERSON, R. FISCHER, M. A. BUCHANAN and B. L. BROWNING: Colours precursors in spice and western hemlockwoods and inner bark. Tappi **36**, 4—12 (1953).
PUTNAM, R. C., and A. V. BOWLES: The chemistry of vegetable tannins. XI. Mangrove. JALCA L, 42 (1955).
REICHEL, L., u. A. SCHWAB: Über Galloyl-Ellagsäuren, Chemie und Biochemie der Pflanzenstoffe. VIII. Mitt. Liebigs Ann. Chem. **550**, 152—159 (1942).
ROBERTSON, A. V.: Mechanism of formation of anthocyanidins from flavan-3,4-diols. Canad. J. Chem. **37**, 1946—1954 (1959).
ROUX, D. G.: The fractionation and paper chromatography of black wattle tannins or polyphenols. ISLTC **37**, 229—234 (1953).
— Identification of anthocyanidins, leuco-anthocyanins and 2:3-Dihydroflavanols in plant tissues. Nature (Lond.) **179**, 305—306 (1957).
— Some recent advances in the identification of leuco-anthocyanins and the chemistry of condensed tannins. Nature (Lond.) **180**, 973—975 (1957a).
— Biogenesis of condensed tannins from leuco-anthocyanins. Nature (Lond.) **181**, 1454—1456 (1958a).
— Prototypes of Quebracho tannins. Chem. and Industr. **1958 b**, 161—162.
— Some recent advances in the chemistry and biochemistry of commercially important condensed tannins. Vortrag auf dem VI. Kongreß d. Intern. Union der Lederchemiker-Verbände am 7. 9. 1959 in München.
— The chemistry of wattle heartwood and bark tannins. Chem. and Industr. **1962**, 278—281.
— and M. C. BILL: Mechanism of formation of anthocyanidins from leuco-anthocyani(di)ns. Nature (Lond.) **183**, 42 (1959).
— and S. R. EVELYN: Condensed tannins. A study of complex leuco-anthocyanins present in condensed tannins. Biochem. J. **69**, 530—538 (1958a).
— — Condensed tannins. Biogenesis of condensed tannins based on leuco-anthocyanins. Biochem. J. **70**, 344—349 (1958b).

Roux, D. G., and S. R. Evelyn: The correlation between structure and paper chromatographic behaviour of some flavanoid compounds and tannins. J. of Chrom. **1**, 537—544 (1958).
— u. K. Freudenberg: Über Leuko-Robinetinidin-Hydrat und Leuko-Fisetinidin-Hydrat. Liebigs Ann. Chem. **613**, 56—60 (1958).
— and E. A. Maihs: Black wattle catechin. Nature (Lond.) **182**, 1798 (1958).
— — Condensed tannins. 3. Isolation and estimation of (—)-7,3′,4′,5′-Tetrahydroxyflavan-3-ol, (+)-Catechin and (+)-Gallocatechin from black-wattle-bark extract. Biochem. J. **74**, 44—49 (1960).
— — and E. Paulus: Condensed tannins. 9. Distribution of flavonoid compounds in the heartwoods and barks of some interrelated wattles. Biochem. J. **78**, 834—839 (1961).
— and E. Paulus: Condensed tannins. 6. Biochemical and stereochemical interrelationships of (+)-Fustin from black wattle heartwood (Acacia mollissima). Biochem. J. **77**, 315—320 (1960).
— — Condensed tannins. 7. Isolation of (—)-7,3′,4′-Trihydroxyflavan-3-ol [(—)-Fisetinidol], a naturally occurring catechin from black-wattle heartwood. Biochem. J. **78**, 120—123 (1961a).
— — Condensed tannins. 10. Isolation of (—)-Butin and Butein from wattle heartwoods. Biochem. J. **80**, 62—63 (1961b).
— — Condensed tannins. XII. Polymeric leucofisetinidin tannins from the heartwood of *Acacia mearnsii*. Biochem. J. **82**, 320—324 (1962a).
— — Condensed tannins. XIII. Interrelationships of flavonoid components from the heartwood of *Robinia pseudacacia*. Biochem. J. **82**, 324—330 (1962b).
Russel, A., and. J. Todd: The constitution of tannins. Part II. Structure and the Synthesis of bis-(5,7,3′,4′-tetrahydroxy)flavpinacol. The constitution of tannins. Part III. Hemlock tannin. Synthesis of bis-(7,8,3′,4′-tetrahydroxy)flavpinacol. J. chem. Soc. **1934**, 1066—1070. 1506—1508.
Schmidt, O. Th.: Zur Chemie der natürlichen Gerbstoffe. Z. Pflanzenernähr. Düng., Bodenkunde **63**, 15—25 (1955a).
— Konstitution und Entstehung von Gallotanninen und Ellagengerbstoffen. Angew. Chem. **1962**, 48—49.
— S. Berg u. H. H. Baer: Die Konstitution der Digalloylglucose aus Chebulinsäure. VII. Mitt. über natürliche Gerbstoffe. Liebigs Ann. Chem. **571**, 19—29 (1951).
— u. K. Bernauer: Brevifolin und Brevifolincarbonsäure. XXI. Mitt. über natürliche Gerbstoffe. Liebigs Ann. Chem. **588**, 211—230 (1954).
— F. Blinn u. R. Lademann: Über die Bindung der Ellagsäure in Corilagin und Chebulagsäure. XII. Mitt. Über natürliche Gerbstoffe. Liebigs Ann. Chem. **576**, 75—93 (1952).
— u. K. Demmler: Racemische und optisch aktive 2,3,4,2′,3′,4′-Hexaoxy-diphenyl-6,6′-dicarbonsäure. XVII. Mitt. Über natürliche Gerbstoffe. Liebigs Ann. Chem. **586**, 179—193 (1954).
— — Über das Verhalten und die Rolle der Hexaoxy-diphensäure in Gerbextrakten. XX. Mitt. Über natürliche Gerbstoffe. Liebigs Ann. Chem. **587**, 75—80 (1954b).
— — H. Bittermann u. P. Stephan: Über natürliche Gerbstoffe. XXVII. Neochebulinsäure und 1,3,6-Trigalloyl-Glucose. Liebigs Ann. Chem. **609**, 192—199 (1957).
— u. R. Eckert: Die Konstitution der Brevifolin-carbonsäure. Z. Naturforschg. **11 b**, 757—758 (1956).
—— — Die Konstitution der Brevifolin-carbonsäure. Liebigs Ann. Chem. **618**, 71—82 (1958).
— u. W. Fickert: Flavogallol, ein Baustein der Gerbstoffe der Granatapfelschalen. Naturforschg. **13 b**, 136 (1958).
— u. H. H. Grünewald: Über natürliche Gerbstoffe. XXV. Über die Bindung der Valoneasäure in Valonea-Gerbstoff. Isolierung der (—)-Octamethyl-Valoneasäure und der (—)-Hexamethoxy-diphensäure. Liebigs Ann. Chem. **603**, 183—188 (1957).
— R. H. Hensler u. P. Stephan: Über natürliche Gerbstoffe. XXVI. Neochebulagsäure. Liebigs Ann. Chem. **609**, 186—191 (1957).
— u. G. Klinger: Über natürliche Gerbstoffe. XXVIII. Synthese der 1,3,6-Trigalloyl-Glucose. Liebigs Ann. Chem. **609**, 199—208 (1957).
— u. E. Komarek: Valoneasäure. XXIII. Mitt. Über natürliche Gerbstoffe. Liebigs Ann. Chem. **591**, 156—176 (1955).
— — u. H. Rentél: Über natürliche Gerbstoffe. XXIV. Synthese der Octamethyl-Valoneasäure. Liebigs Ann. Chem. **602**, 50—60 (1957).
— u. R. Lademann: Chebulagsäure aus Divi-Divi. IV. Mitt. Über natürliche Gerbstoffe. Liebigs Ann. Chem. **569**, 149—153 (1950).
— — Corilagin, ein weiterer kristallisierter Gerbstoff aus Divi-Divi. X. Mitt. Über natürliche Gerbstoffe. Liebigs Ann. Chem. **571**, 232—237 (1951).
— — u. W. Himmele: Notiz über die Spaltsäure $C_{14}H_{12}O_{11}$ aus Chebulin und Chebulagsäure. XI. Mitt. Über natürliche Gerbstoffe. Chem. Ber. **85**, 408 (1952).

SCHMIDT, O. TH., u. W. MAYER: Die Konstitution der Spaltsäure $C_{14}H_{12}O_{11}$ aus Chebulin- und Chebulagsäure. V. Mitt. Über natürliche Gerbstoffe. Liebigs Ann. Chem. **571**, 1—15 (1951).
— — Natürliche Gerbstoffe. Angew. Chem. **68**, 103—115 (1956).
— u. W. NIESWANDT: Über einen kristallisierten, Ellagsäure enthaltenden Gerbstoff aus Myrobalanen. Naturwiss. **35**, 191 (1948).
— — Chebulagsäure, ein kristallisierter Ellagen-Gerbstoff aus Myrobalanen. III. Mitt. Über natürliche Gerbstoffe. Liebigs Ann. Chem. **568**, 165—173 (1950).
— u. A. SCHACH: Synthese der 3-Galloyl-glucose, 6-Galloyl-glucose und 3,6-Digalloyl-glucose. VIII. Mitt. Über natürliche Gerbstoffe. Liebigs Ann. Chem. **571**, 29—41 (1951).
— u. D. M. SCHMIDT: Die Umwandlung von Chebulagsäure in Corilagin. XIV. Mitt. Über natürliche Gerbstoffe. Liebigs Ann. Chem. **578**, 25—30 (1952).
— — Über das Vorkommen von Corilagin in Myrobalanen. XV. Mitt. Über natürliche Gerbstoffe. Liebigs Ann. Chem. **578**, 31—33 (1952b).
— — u. J. HEROCK: Die Konstitution und Konfiguration des Corilagins. XIX. Mitt. Über natürliche Gerbstoffe. Liebigs Ann. Chem. **587**, 67—74 (1954).
— H. VOIGT, W. PUFF u. R. KÖSTER: Benzyläther der Ellagsäure und Hexaoxy-diphensäure. XVI. Mitt. Über natürliche Gerbstoffe. Liebigs Ann. Chem. **586**, 165—178 (1954).
SCHWEIGER, R.: Dipl.-Arbeit. Universität Heidelberg, 1954.
TSUJIMURA, M.: Isolation of tea tannin in crystalline state from green tea. Sc. Pap. I.P.C.R. **26**, 186—191 (1935).
VUATAZ, L., H. BRANDENBERGER and R. H. EGLI: Plant phenols. I. Separation of the tea leaf polyphenols by cellulose column chromatography. J. Chrom. **2**, 173—187 (1959).
WAGREICH, H., and J. M. NELSON: On the oxidation product of catechol when oxidized by means of tyrosinase. J. biol. Chem. **115**, 459—465 (1936).
WEINGES, K.: Über Catechine und ihre Herstellung aus Leuko-anthocyanidinhydraten. Liebigs Ann. Chem. **615**, 203—209 (1958).
— Stereochemische Zusammenhänge in der Gruppe der Flavonoide. Liebigs Ann. Chem. **627**, 229—236 (1959).
— Zur Kenntnis der Proanthocyanidine. Chem. Ber. **94**, 3032—3043 (1961).
— Y. NAYA u. F. TORIBIO: Über den Mechanismus der säurekatalysierten Kondensationsreaktionen der Hydroxyflavane und Hydroxy-flavanole-(3). Chem. Ber. **96**, 2870—2878 (1963).
— Über die Umätherung bei der Kondensation von Phenyl-cumaronyl-carbinolen mit Phenolen. Naturwiss. **50**, 711—712 (1963).
WHITE, TH.: Solubility and other studies of Quebracho-tannin extract. ISLTC **33**, 39—52 (1949).
WRIGHT, CH. J., and H. S. MASON: The oxidation of catechol by tyrosinase. J. biol. Chem. **165**, 45—54 (1946).

Pflanzenphenole in Lebensmitteln

Von

Dr. K. HERRMANN, Hannover

Die phenolischen Inhaltsstoffe der Pflanzen sind von außerordentlicher Vielfalt und in Nutzpflanzen weit verbreitet. Eine Reihe ihrer Vertreter besitzt eine beträchtliche Bedeutung in Praxis und Wissenschaft. Zahlreiche Pflanzenphenole gehören anderen wichtigen Stoffklassen an, z.B. Aminosäuren (Tyrosin, Dihydroxyphenylalanin), Aminen (u. a. Hordenin in Gerstenkeimlingen und 5-Hydroxytryptamin in Obst und Gemüse), besonders aber den ätherischen Ölen und Gerbstoffen. Diese Phenole werden daher, soweit sie für Lebensmittel wichtig sind, an den betreffenden Stellen bereits besprochen. Häufig liegen Pflanzenphenole als Glykoside, z. B. Arbutin (Hydrochinonglucosid) der Birnen und Ericaceen, vor und sind daher im allgemeinen in dem Beitrag ,,Kohlenhydrate, Glykoside" zu behandeln. Die einfacher gebauten Phenolcarbonsäuren, die zum Teil in Pflanzen weit verbreitet vorkommen, z. B. p-Hydroxy-benzoesäure, Vanillinsäure, Gentisinsäure, Protocatechusäure, Gallussäure, sind dem Kapitel ,,Organische Säuren, Ester, Carbonylverbindungen und seltener vorkommende Alkohole" vorbehalten. Pflanzenphenole, die für Lebensmittel noch weitgehend ohne Interesse sind, z. B. Lignane, Chromane, Xanthone, Anthrachinone, Anthrone, Anthranole, Phenolalkaloide usw., können hier ebenfalls nicht berücksichtigt werden. Über Chemie und Vorkommen der wichtigeren Pflanzenphenole kann gegebenenfalls bei W. KARRER (1958) nachgelesen werden.

A. Chemie und Vorkommen wichtiger Pflanzenphenole

I. Allgemeines

Unter den Pflanzenphenolen stellen die sog. Flavonoide wohl die größte und bedeutendste geschlossene Gruppe dar, über deren Chemie in letzter Zeit T. R. SESHADRI (1959), K. FREUDENBERG und K. WEINGES (1958) und T. A. GEISSMAN (1955 und 1962) berichteten. Diese Stoffe weisen eine beträchtliche Übereinstimmung im chemischen Bau auf, können auf chemischem Wege zum Teil ineinander übergeführt werden und verdanken ihre Bildung wohl auch ähnlichen Biogenese-Wegen (A. J. BIRCH 1962). Die Flavonoide besitzen das Grundgerüst des Diphenylpropans ($C_6C_3C_6$). Auf Grund ihrer biochemischen Zugehörigkeit und ihrer ähnlichen Verbreitung in den höheren Pflanzen kann man auch die Phenylpropan-Abkömmlinge Hydroxy-zimtsäuren und -cumarine zu den Flavonoiden rechnen, obwohl dies im eigentlichen Sinne des Wortes nicht zutreffend ist.

Somit können wir zu diesen Stoffen zählen:

1. Hydroxy-zimtsäuren
2. Hydroxy-cumarine
3. Catechine

4. Leukoanthocyane (Pro-anthocyanine) und Leukoanthocyanidine (Flavandiole)
5. Anthocyane und Anthocyanidine
6. Flavone und Flavonole
7. Flavanone und Flavanonole
8. Isoflavone
9. Chalkone
10. Aurone.

Die unter Nr. 6—10 aufgeführten Stoffe werden bisweilen als Anthoxanthine zusammengefaßt. Über die Systematik und Nomenklatur der Flavonoide berichteten K. FREUDENBERG u. K. WEINGES (1960).

Eine Reihe dieser Pflanzenphenole ist nach unserer heutigen Kenntnis im Pflanzenreich außerordentlich weit verbreitet, wo sie praktisch in allen Teilen der Pflanze auftreten können, so die gelben Flavonole (vor allem die Glykoside des Quercetins, Kämpferols und Myricetins), die farblosen Hydroxy-zimtsäuren p-Cumar-, Kaffee-, Ferula- und Sinapinsäure als Ester, in etwas geringerer Menge die roten und blauen Anthocyane. Letztere kommen vor allem in Früchten, Blüten und Blättern vor. Im wesentlichen auf Holzpflanzen sind die verhältnismäßig verbreiteten Leukoanthocyane beschränkt, wo sie in allen Teilen der Pflanze auftreten können wie die Catechine, die nur in Holzpflanzen, seltener in Stauden angetroffen werden.

Fast in jeder höheren Pflanze werden mehrere Flavonoide aufgefunden, wenn die Pflanze systematisch auf diese Verbindungen untersucht wird. Doch stehen in vielen Fällen solche Untersuchungen noch aus. In gut bearbeiteten Objekten sind durchaus 15 und mehr verschiedene Flavonoide nachgewiesen worden, z. B. im Tee und Tabak.

Aus Mikroorganismen sind diese Stoffe noch nicht erhalten worden. In Pilzen ist nur die Bildung von Phenylpropanen, z. B. 4-Methoxy-zimtsäure durch *Lentinus lepideus* bekannt. Farne können schon echte Flavonoide führen.

In den einzelnen Teilen einer Nutzpflanze können sich die Flavonoide sehr unterschiedlich anreichern, wie das folgende Beispiel der Pomoideae (Apfel und Birne) zeigt (A. H. WILLIAMS 1957):

Holz	Catechine $\approx$ Leukoanthocyane $>$ Flavonole $>$ Hydroxy-zimtsäuren
Rinde	Wie in Holz, aber in größerer Menge
Blatt	Flavonole $\approx$ Hydroxy-zimtsäuren $>$ Catechine $\approx$ Leukoanthocyane
Frucht	Hydroxy-zimtsäuren $>$ Catechine $\approx$ Leukoanthocyane $>$ Flavonole.

Der Gehalt an mehrwertigen Phenolen schwankt in den einzelnen Sorten erheblich. So sind in Tafeläpfeln die zu den Hydroxy-zimtsäuren zählenden Chlorogensäuren der wichtigste Bestandteil, während in Mostäpfeln der Gehalt an Catechinen und Leukoanthocyanen stärker als der an Chlorogensäuren ansteigt. Die Flavonole, deren Gehalt gering ist, sind praktisch in der Schale lokalisiert. Auch Birnen zeigen große Unterschiede im Phenolgehalt und besitzen nur geringe Mengen an Catechinen. Chalkone kommen in Form des Phloridzin in allen Teilen des Apfelbaums, besonders in den Blättern vor, fehlen aber im Fruchtfleisch (A. H. WILLIAMS 1957). Eine ähnliche Untersuchung ist von Pflaumen bekannt (W. E. HILLIS u. T. SWAIN 1959).

Übersichtsarbeiten über die flavonoiden Verbindungen in Lebensmitteln wurden von E. C. BATE-SMITH (1954) und T. SWAIN (1962) veröffentlicht.

Eine umfassende orientierende Übersicht über das Vorkommen typischer phenolischer Pflanzeninhaltsstoffe in Lebensmittel liefernden Pflanzen verdanken wir

E. C. BATE-SMITH (1959); vgl. auch T. SWAIN (1962). Weiterhin sind Übersichtsarbeiten über die Flavonoide in einzelnen Lebensmitteln bekannt, so für

Tee (E. A. H. ROBERTS 1962; W. STAHL 1962; vgl. auch A .L. KURSANOW 1954 und K. HERRMANN 1958c),
Kakao (L. A. GRIFFITHS 1958; P. A. ROELOFSEN 1958),
Tabak (K. HERRMANN 1961),
Hopfen und Malz (Bier) (G. HARRIS 1956),
Obst, besonders mitteleuropäisches (K. HERRMANN 1959b),
Citrusfrüchte (J. F. KEFFORD 1959; L. HÖRHAMMER und H. WAGNER 1962; K. HERRMANN 1962b),
Trauben und Wein (K. HERRMANN 1963).

Die Flavonoide liegen meist als 3.4-Dihydroxy-Verbindungen vor (bezogen auf das Seitenphenyl). In geringerem Maße werden 4-Mono- und 3.4.5-Trihydroxy-Verbindungen angetroffen. Die 3.4.5-Trihydroxy-zimtsäure kommt allerdings nicht in der Natur vor (E. C. BATE-SMITH 1956; K. HERRMANN 1957). Es wird von E. C. BATE-SMITH vermutet, daß ihre Stelle die Ellagsäure einnimmt. Auch das 3.4.5-Trihydroxy-cumarin wurde bisher nicht in der Natur aufgefunden (L. REPPEL 1954). Ebenso scheint die 3.4.5-Trimethoxy-zimtsäure in der Natur selten zu sein und wurde bisher nur in den Rauwolfia-Alkaloiden Rescinnamin und Rescidin sowie in gebundener Form in der Wurzel der Arzneipflanze *Polygala senega* nachgewiesen (J. J. CORNER u. Mitarb. 1962).

Bei der Reaktionsfreudigkeit phenolischer Hydroxylgruppen, besonders wenn sie in 3.4- bzw. 3.4.5-Stellung am freien Phenylrest vorliegen, ist es verständlich, daß die Anwesenheit dieser Stoffe für die Verarbeitung des Rohstoffes Pflanze und die Gewinnung pflanzlicher Produkte von beträchtlicher Bedeutung ist, wobei wir nur die Erzeugung von Fruchtsäften, Wein, Bier, Kakao, Tee, Tabak, die Trocknung und das Tiefgefrieren von Obst und Gemüse als Beispiele erwähnen möchten.

Diese Pflanzenphenole hat man früher, als ihre chemische Zugehörigkeit meist noch unbekannt war, häufig als *Gerbstoffe* bezeichnet. Es trifft in der Tat zu, daß aus Catechinen und Leukoanthocyanen – besonders unter dem Einfluß von Oxydationsfermenten – durch Kondensation Gerbstoffe gebildet werden und daß ebenso aus Kaffeesäure durch Esterbildung mit weiteren Säuren Verbindungen entstehen (z. B. Chlorogensäuren und Labiatensäure), die teilweise oder ganz an Hautpulver gebunden werden, also Gerbeigenschaften aufweisen. Trotzdem handelt es sich bei den monomeren Flavonoiden *nicht* um echte Gerbstoffe; nur aus einigen der Vertreter können durch Kondensation Gerbstoffe entstehen. Vieles, was bisher als „Gerbstoff" bezeichnet wurde, z. B. der sog. „Obstgerbstoff", sind keine Gerbstoffe (K. HERRMANN 1960b). Auch die Reaktion mit Eisen, die in der Botanik lange als Gerbstoff-Reaktion bezeichnet wurde, ist nur eine Reaktion der mehrwertigen Phenole. Wenn auch alle natürlichen Gerbstoffe mehrwertige Phenole sind, so sind doch nur wenige mehrwertige Phenole wirklich Gerbstoffe.

Die den hier zu besprechenden Pflanzenphenolen zugrunde liegenden Phenole, das Phenol (Monohydroxy-benzol), Brenzkatechin (1.2-Dihydroxybenzol) und Pyrogallol (1.2.3-Trihydroxy-benzol) treten in der Natur höchst selten auf, wenn auch in der älteren Literatur – meist auf Grund allgemeiner Farbreaktionen – wiederholt über ihr Vorkommen berichtet wurde. In freier Form sind diese Substanzen für die Pflanzenzelle zu giftig. Erst durch geeignete Abwandlung des Moleküls werden sie verträglicher und können in der Zelle abgelagert werden. Hier genügt schon das Anfügen einer Carboxylgruppe. So sind die entsprechenden Phenolcarbonsäuren bereits häufig in den Pflanzen anzutreffen.

II. Hydroxyzimtsäuren

1. Unveresterte Säuren

Fast in jeder höheren Pflanze kommen Hydroxyzimtsäuren vor. Es handelt sich hierbei fast ausschließlich um p-Cumarsäure (4-Hydroxy-zimtsäure), Ferulasäure (3-Methoxy-4-hydroxy-zimtsäure), Kaffeesäure (3.4-Dihydroxy-zimtsäure) und vor allem in Cruciferen um Sinapinsäure (3.5-Dimethoxy-4-hydroxy-zimtsäure). So stellte E. C. BATE-SMITH (1956) fest, daß von 467 untersuchten Dicotylen-Species 66% Kaffee-, 48% p-Cumar-, 33% Ferula- und 26% Sinapinsäure enthielten. Für 94 geprüfte Monocotylen-Species ergab sich der Anteil der genannten Säuren zu 50, 55, 67 und 57%.

In freier Form treten die Säuren nicht oder nur in geringer Menge auf, sondern sie liegen im wesentlichen als Ester, nach neuerer Kenntnis auch in wenigen bisher festgestellten Fällen als O-Glykoside vor. Reich an den Derivaten dieser Säuren – wie auch an den echten Flavonoiden – sind vor allem die Blätter.

p-Cumarsäure ist weiterhin in einigen Anthocyanen neben Zucker enthalten, z. B. im Negretein, dem Farbstoff violetter Knollen der Kartoffel. Auch mit Flavonolen kommt sie verestert vor, z. B. als Tilirosid in Lindenblüten (*Tilia*-Species) und Hagebutten *(Rosa canina)* mit der 7-Hydroxyl-Gruppe des Kämpferol-3-glucosids (L. HÖRHAMMER u. Mitarb. 1961). Sinapinsäure ist im Farbstoff des Rotkohls, dem Rubrobrassicin, enthalten (H. H. STROH 1959).

In einigen Pflanzen-Species sind bisher 1-Hydroxy-zimtsäure (Melilotsäure), 1-Hydroxy-hydrozimtsäure, 4-Methoxy-zimtsäure sowie 4-Methoxy-zimtsäure-äthylester, Isoferulasäure (Hesperetinsäure; 3-Hydroxy-4-methoxy-zimtsäure) sowie 4-Methoxy-zimtsäure-äthylester, 3.4-Dimethoxy-zimtsäure und 3.4.5-Trimethoxy-zimtsäure (in gebundener Form) aufgefunden und 3.4-Methylendihydroxy-zimtsäure vermutet worden. Wie die 3.4.5-Trihydroxy-zimtsäure sind meta-Hydroxy-zimtsäuren im Pflanzenreich noch nicht bekannt.

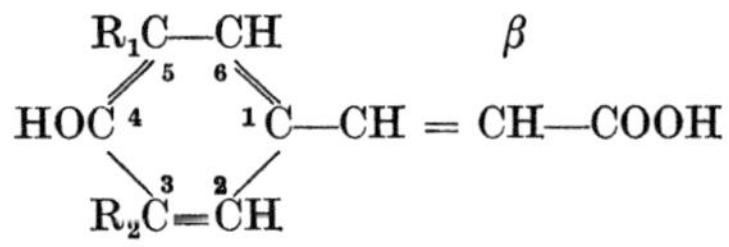

$R_1 = R_2 = H$	p-Cumarsäure	$R_1 = R_2 = OCH_3$	Sinapinsäure
$R_1 = H$; $R_2 = OH$	Kaffeesäure	$R_1 = H$; $R_2 = OCH_3$	Ferulasäure

In Tab. 1 sind die Konstanten der p-Cumar-, Ferula-, Kaffee- und Sinapinsäure angegeben. Über die Konstanten der Hydroxy- und Methoxy-zimtsäuren sowie die bis 1958 bekannten Vorkommen in Nutz- und Arzneipflanzen wurde von K. HERRMANN (1958b) referiert.

Tabelle 1. *Chemische Konstanten von Hydroxy-zimtsäuren*

Verbindung	Smp °C	Maximum UV mμ	log ε	Lösungsmittel
p-Cumarsäure	210—213	293	4,38	Methanol
		307	4,38	Methanol
Ferulasäure	169	322	4,24	Methanol
Kaffeesäure	195—198	324	4,24	Methanol
Sinapinsäure	192			

Die Mono-hydroxy-zimtsäuren sind meist farblose Substanzen, die Poly-hydroxy-zimtsäuren zeigen eine gelbliche bis bräunliche Färbung. Im allgemeinen sind sie wenig löslich in kaltem, besser in heißem Wasser, leicht löslich in Methanol und Äthanol, mehr oder weniger löslich in Äther und unterschiedlich löslich in Chloroform.

Es sei noch bemerkt, daß bei den Hydroxy-zimtsäuren cis-trans-Isomerie auftritt. Die Isomeren zeichnen sich bei der Papierchromatographie in wäßrigen Fließmitteln durch sehr unterschiedliche R_f-Werte aus. Auch ist bekannt, daß sich z. B. Kaffeesäure leicht in das Cumarin Äsculetin umlagern kann und daß dieser Vorgang reversibel ist (W. L. BUTLER u. H. W. SIEGELMAN 1959; C. F. VAN SUMERE u. Mitarb. 1959). Die Umwandlungsbereitschaft der Ferulasäure in Scopoletin ist wesentlich geringer. Weiterhin können Hydroxy-zimtsäuren leicht verestern. Lösungen dieser Säuren geben in schwach angesäuerten Alkoholen schon nach wenigen Tagen Ester. Diese Verhältnisse erschweren in Verbindung mit den verschiedenen in der Natur bis jetzt nachgewiesenen Veresterungs- und Glykosidierungs-Möglichkeiten den einwandfreien Nachweis von Hydroxy-zimtsäure-Verbindungen und von Hydroxy-cumarinen.

2. Chlorogensäuren

Nach bisheriger Kenntnis sind am weitesten Chlorogensäure, Neochlorogensäure und Isochlorogensäure verbreitet. Hinzu kommen Ester mit anderen Säuren. Bis 1950 war nur die Chlorogensäure bekannt (Übersichtsarbeit: K. HERRMANN 1956).

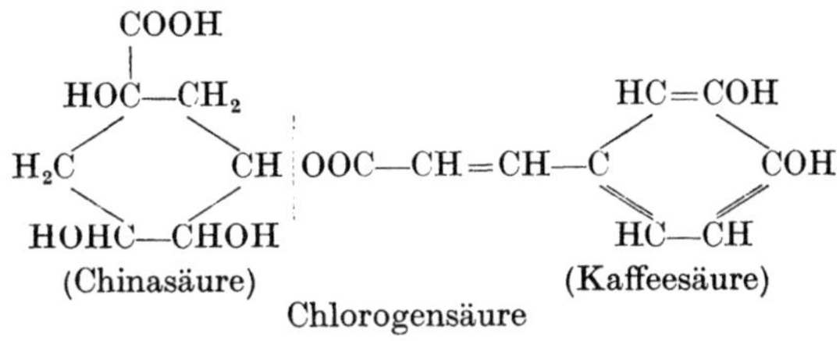

Nach Untersuchungen von M. L. SCARPATI u. P. ESPOSITO (Neochlorogenic acid and "band 510" structure. Tetrahedron Letters **1963**, 1147) ist die Neochlorogensäure = 5-(3.4-Dihydroxycinnamoyl)-chinasäure und die „Isomere 510" = 4-(3.4-Dihydroxycinnamoyl)-chinasäure, nicht krist., $[\alpha]_D^{15°} = -69°$, während die Isochlorogensäure als ein Gemisch aus drei Bis-(3.4-Dihydroxycinnamoyl)-chinasäuren erkannt wurde.

Chlorogensäure. 3-(3.4-Dihydroxy-cinnamoyl)-chinasäure. Sie kristallisiert mit 0,5 mol H_2O in Nadeln; Smp 205—208° C; $[\alpha]_D^{20°} = -33°$ (in Wasser, $c = 3$); Maximum UV 324 mμ; logε 4,27. Sie wurde 1846 von PAYEN in den Kaffeebohnen nachgewiesen, in denen sie zu 6—8% (Röstkaffee 4—5%) vorkommt. Untersuchungen der letzten Zeit haben ergeben, daß sie im Pflanzenreich sehr weit verbreitet ist. So ist sie neben Tabak in unseren heimischen Obstarten und in einer Reihe von Gemüsearten, z. B. Möhre, Sellerie, Tomate, Gurke, Kopfsalat, Schwarzwurzel enthalten. Sie kommt weiterhin in Kartoffeln, Süßkartoffeln, Sonnenblumensamen, Baumwolle, Kakao, Tee, Maté, aber auch in Champignons vor. Tabak enthält bis 3,5% Chlorogensäure in der Trockensubstanz (K. HERRMANN 1961).

Neochlorogensäure. (3.4-Dihydroxy-cinnamoyl)-chinasäure (endgültige Struktur bedarf noch der Aufklärung). Smp 177—179° C; $[\alpha]_D^{17°} = -5{,}4°$ (in 50%ig. Alkohol). Maximum UV 323 mμ; logε 4,27. Sie wurde erstmals von J. CORSE (1953) aus Pfirsichen isoliert. Als hauptsächliches Pflanzenphenol kommt sie u.a in Pflaumen, Süß- und Sauerkirschen, Aprikosen, Brombeeren, Himbeeren, Stachelbeeren und Johannisbeeren vor. Auch in den anderen Obstarten sowie in Kaffee, Tabak, Tee, Maté und Süßkartoffeln ist sie enthalten.

Isochlorogensäure. 5-(3.4-Dihydroxy-cinnamoyl)-chinasäure. Nicht kristallisierbar infolge teilweiser Lactonbildung mit der cis-OH-Gruppe in 3-Stellung; $[\alpha]_D^{20°} = -230°$ (in 50%ig. Alkohol, c = 2). Maximum UV 323 mμ; log ε 4,28. Sie wurde erstmals aus Kaffee in geringer Menge gewonnen (H. M. BARNES u. Mitarb. 1950), kommt aber auch in Obst, Süßkartoffeln und Maté vor.

Eine vierte Chlorogensäure $[\alpha]_D^{13°} = -155°$ wurde von I. URITANI u. M. MIYANO (1955) in Süßkartoffeln nachgewiesen. Eine fünfte Chlorogensäure („Isomere 510") stellte E. SONDHEIMER (1958) in verschiedenen Früchten fest. Die Möglichkeit von Kunstprodukten durch Isomerisation ist gegeben.

Die Chlorogensäuren sind leicht löslich in Alkoholen und Aceton, heißem Wasser, schwer löslich in Essigester und kaltem Wasser, sehr schwer löslich in Äther und unlöslich in Chloroform.

Über Vorkommen der Chlorogensäuren berichteten u. a. im Obst K. HERRMANN (1958a) und E. SONDHEIMER (1958), in Gemüsearten K. HERRMANN (1957); vgl. auch T. SWAIN (1962).

3. Weitere Kaffeesäure-Ester

Cynarin. 1,4-Bis-(3.4-dihydroxy-cinnamoyl)-chinasäure; Smp. 226–228 °C; $[\alpha]_D^{18°} = -59°$ (in Methanol, $c = 4$) (L. PANIZZI u. M. L. SCARPATI 1954). Die Verbindung wurde erstmals aus Artischocken *(Cynara scolymus)* gewonnen, kommt aber auch in anderen Compositen vor.

Labiatensäure (Rosmarinsäure). Depsid aus Kaffeesäure und α-Hydroxy-hydrokaffeesäure; Smp 204° C; $[\alpha]_D^{20°} = +145°$ (in 95%ig Äthanol; $c = 1,4$) (M. L. SCARPATI u. G. ORIENTE 1958a; K. HERRMANN 1960d). Die Verbindung kommt in Labiatenblättern (Salbei, Melisse, Rosmarin, Bohnenkraut, Thymian u. a.) vor.

Phaseolussäure. 3.4-Dihydroxy-cinnamoyl-L-(–)-äpfelsäure; $[\alpha]_D^{25°} = +28,3°$ (in Wasser, $c = 4,3$); Vorkommen: Bohnenblätter *(Phaseolus vulgaris)* (M. L. SCARPATI u. G. ORIENTE 1960).

Cichoriumsäure. (Bis-(3.4-dihydroxy-cinnamoyl)-weinsäure; Smp. 206° C; $[\alpha] = +383,5°$ (in Methanol; $c = 1,555$); Vorkommen: Cichorienblätter *(Cichorium intybus)* (M. L. SCARPATI und G. ORIENTE 1958b).

4. p-Cumaroyl- und Feruloyl-chinasäuren

4-Hydroxy-cinnamoyl-chinasäure. Smp. 212–214° C. $[\alpha]_D^{20°} = -28°$ (in Methanol). Vorkommen in der Mutante „nivea" des Löwenmauls *(Antirrhinum majus)* (H. R. SCHÜTTE u. Mitarb. 1957).

3(?)-(4-Hydroxy-cinnamoyl)-chinasäure. Smp. 252–255° C. $[\alpha]_D^{17°} = -53,6°$ (in Methanol; $c = 1,4$). Vorkommen in (unreifen) Äpfeln, besonders der Sorte Yarlington Mill (A. H. WILLIAMS 1958).

Im Teeblatt, in den Blättern und Früchten des Apfels und der Birne sowie in Pfirsichblättern waren entsprechende Ester papierchromatographisch bereits nachgewiesen worden. Sie kommen wahrscheinlich auch im Tabak vor und wurden in Ananasblättern aufgefunden (G. K. SUTHERLAND u. W. A. GORTNER 1959). Über das Auftreten von Feruloyl-chinasäuren (3-Methoxy-4-hydroxy-cinnamoyl-chinasäuren), die allerdings nur papierchromatographisch im Kaffee nachgewiesen wurden, berichteten G. PICTET u. H. BRANDENBERGER (1960). Auch sei erwähnt, daß ein Chinasäureester der Gallussäure als Theagallin im Tee bekannt ist (E. A. H. ROBERTS u. M. MYERS 1958).

5. Hydroxy-zimtsäure-Zuckerderivate

Linocaffein. 4-(β-D-glucopyranosyl)-3.4-dihydroxy-zimtsäure-methylester; Smp 208° C; $[\alpha]_D^{25°} = -87,3°$ (in Methanol, $c = 1$); Vorkommen: Leinsamen *(Linum usitatissimum)* (H. J. KLOSTERMAN u. R. Z. MUGGLI 1959).

Linocinnamarin. 4-(β-D-glucopyranosyl)-hydroxy-zimtsäure-methylester; Smp 167° C; $[\alpha]_D^{27°} = -70°$ (in Methanol; c = 1); Vorkommen: Leinsamen (H. J. Klosterman u. Mitarb. 1955).

Sinapin. Sinapinsäureester des Cholins. Vorkommen im wesentlichen in den fetthaltigen Samen der Cruciferen (O. E. Schultz u. R. Gmelin 1952). Es ist enthalten in dem Sinalbin, einem Senfölglucosid der Cruciferensamen, Smp 138 bis 140° C; $[\alpha]_D = -8{,}23°$ (in Wasser).

Über das Vorkommen von Hydroxy-zimtsäure-Zuckerderivaten, vor allem der 1-p-Cumaroyl- (Smp 212° C), 1-Feruloyl- (Smp 123—126° C) und 1-Kaffeoyl-glucose, in Blättern und Blüten berichteten J. B. Harborne u. J. J. Corner (1961) sowie L. Birkofer u. Mitarb. (1961). Auch kommen Verbindungen mit Rutinose und Gentiobiose vor sowie 1-Sinapinoyl-glucose in Kohlblättern *(Brassica oleracea)*. Andererseits sind Kaffeesäure-3- und -4-β-glucosid nur in den Beeren der wilden Kartoffel angetroffen worden. 1-p-Cumaroyl-glucose wurde in den Früchten der Gartenerdbeere nachgewiesen (L. Birkofer u. Mitarb. 1961).

J. J. Corner u. Mitarb. (1962) konnten in den Wurzeln von *Polygala senega* Ester auffinden, die Derivate der p-Cumar-, p-Methoxy-zimt-, Ferula-, Sinapin- oder 3.4.5-Trimethoxy-zimtsäure sind. In diesen Estern sind eine oder zwei Typen dieser Säuren mit mehreren Glucose-Molekülen verestert.

Es sei noch erwähnt, daß in den Wurzeln der *Echinacea angustifolia* „Echinacosid" [1 β-(3.4-Dihydroxyphenyl)-äthanol + (1 D-Glucose + 1 Kaffeesäure) + 1 D-Glucose + 1 L-Rhamnose], Smp um 220° C; $[\alpha]_D^{20°} = -74{,}2°$ (in Methanol, c = 0,77) nachgewiesen wurde (A. Stoll u. Mitarb. 1950).

III. Hydroxy-cumarine

Durch Lactonbildung entstehen aus den Hydroxy-zimtsäuren die Hydroxy-cumarine. Die den im Pflanzenreich weit verbreiteten Hydroxy-zimtsäuren entsprechenden Verbindungen sind das

Umbelliferon (7-Hydroxy-cumarin), Smp 227—229° C,
Scopoletin (6-Methoxy-7-hydroxy-cumarin), Smp 204—205° C und
Äsculetin (6.7-Dihydroxy-cumarin), Smp 268—270° C.
In der Natur können sie als Glykoside vorkommen, z. B.
Scopolin (Scopoletin-7-glucosid), Smp 217—219° C,
Äsculin (Äsculetin-6-glucosid), Smp 204—205° C; $[\alpha]_D^{11°} = -146°$ (in Methanol) und
Cichoriin (Äsculetin-7-glucosid), Smp 213—215° C; $[\alpha]_D^{18°} = -104{,}5°$ (in 50%ig Dioxan, c = 3).

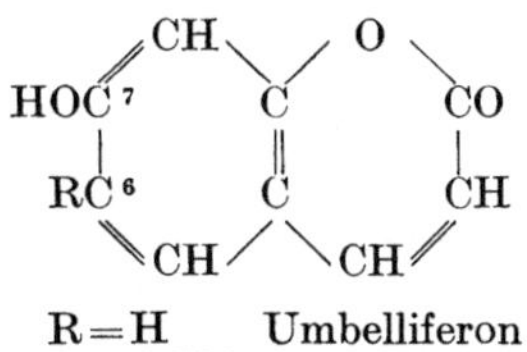

R=H Umbelliferon
R=OCH_3 Scopoletin
R=OH Äsculetin

Über ihre Verbreitung im Pflanzenreich ist bisher noch relativ wenig bekannt (L. Reppel 1954), doch ist es durchaus möglich, daß die hier genannten Verbindungen beträchtlich verbreitet sind, wenn auch sicherlich in geringerem Maße als die entsprechenden Hydroxy-zimtsäuren.

Äsculin kommt besonders reichlich in der Rinde der Roßkastanie *(Aesculus hippocastanum)* vor, während Scopolin zuerst in der Wurzel von *Scopolia japonica* nachgewiesen wurde. Über Vorkommen in Lebensmitteln unterrichtet Tab. 2.

Tabelle 2. *Vorkommen der Hydroxy-cumarine in Lebensmitteln*

Möhre (Blatt, Wurzel)	Scopoletin, Äsculetin	K. Herrmann 1957
Sellerie (Blatt, Wurzel)	Scopoletin	K. Herrmann 1957
Feldsalat	Äsculetin, Scopoletin	K. Herrmann 1957
Schwarzwurzel (Blatt, Wurzel)	Äsculetin, Äsculin, Scopoletin	K. Herrmann 1957
Pflaume (Frucht)	Scopoletin	K. Herrmann 1958a
Aprikose (Frucht)	Scopoletin	K. Herrmann 1958a
Persimmone (Dattelpflaume, Diospyros) (Frucht)	Scopoletin	H. W. Siegelman u. C. C. Craft 1956
Tee	5.7-Dihydroxy-cumarin	M. Myers u. Mitarb. 1961
Tabak	Scopoletin, Scopolin, Cichoriin, Äsculetin	K. Herrmann 1961
Kartoffel	Äsculin, Scopoletin, Scopoletinglykosid, Umbelliferon	P. Baruah u. T. Swain 1959, L. Reppel 1959
Gerste (Samenschale)	Umbelliferon, Scopoletin, Äsculetin, Herniarin	C. F. van Sumere u. Mitarb. 1958

Außerdem sind einige weitere Hydroxy-cumarine und vor allem Methoxy-cumarine in der Natur aufgefunden worden (L. Reppel 1954; W. Karrer 1958). Letztere sind häufig in ätherischen Ölen (vgl. dort), z. B. Citrus-Ölen (J. F. Kefford 1959) enthalten.

In kühl gelagerten, bitter schmeckenden Möhren ist als Ursache des bitteren Geschmacks 3-Methyl-6-methoxy-8-hydroxy-3.4-dihydro-isocumarin, Smp 75 bis 76° C; $[\alpha]_D^{24^\circ} = -56^\circ$ (in Methanol, c = 1) nachgewiesen worden (E. Sondheimer 1957). Normalerweise tritt diese Verbindung in Möhren nicht auf. Andererseits ist hinlänglich bekannt, daß der Gehalt an Hydroxy-cumarinen, in geringerem Maße auch der an anderen Flavonoiden, in der Pflanze beim Befall mit Mikroben oder anderen Schäden mechanischer oder physiologischer Art auf ein Mehrfaches ansteigen kann bzw. sich neue flavonoide Stoffe bilden können (K. Herrmann 1962a).

IV. Catechine

Catechine – ebenso auch die Leukoanthocyanidine – sind farblose, phenolische Derivate des Flavans oder 2-Phenyl-benzo-dihydropyrans. Beide unterscheiden sich darin, daß der Grundkörper der Catechine ein Flavan-3-ol und der Leukoanthocyanidine ein Flavan-3.4-diol ist.

Das Gebiet der Catechine ist vor allem von K. Freudenberg bearbeitet worden, aus dessen Feder ebenfalls Übersichtsarbeiten vorliegen (K. Freudenberg u. K. Weinges 1958, 1960, 1962). Eine Übersicht über Catechine und Catechin-Gerbstoffe und ihre Bedeutung in Lebensmitteln veröffentlichte K. Herrmann (1959a).

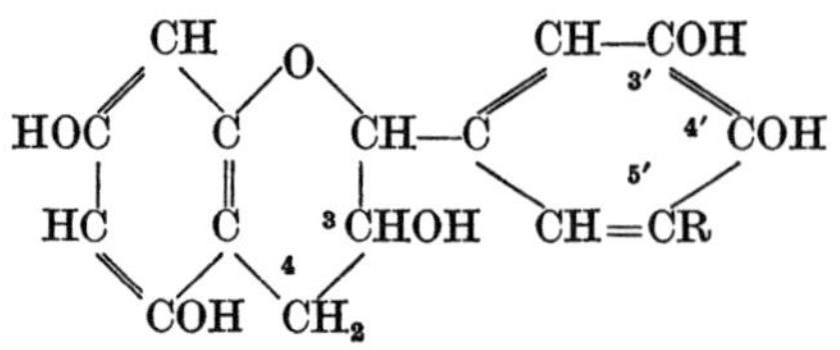

R=H Catechin, Epicatechin   R=OH Gallocatechin, Epigallocatechin

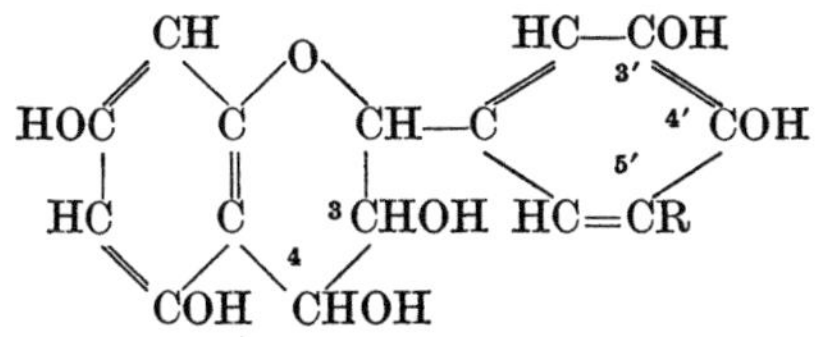

R=H „Leukocyanidin“ R=OH „Leukodelphinidin“

Im Gegensatz zu den weiter unten besprochenen Anthocyanidinen, Flavonen, Flavonolen, Isoflavonen, Flavanonen und Flavanonolen, die in der Natur meist als Glykoside vorliegen, ist die Variationsbreite der Catechine offensichtlich gering. Im wesentlichen handelt es sich bei den natürlichen Vorkommen um die stereomeren 5.7.3'.4'-Tetrahydroxy-flavan-3-ole (+)-Catechin und (−)-Epicatechin und die 5.7.3'.4'.5'-Pentahydroxy-flavan-3-ole (+)-Gallocatechin und (−)-Epigallocatechin, von denen die Epiverbindungen in der Natur mit Gallussäure verestert auftreten können. Außer in Tee, Kakao und den Obstarten (vgl. Tab. 5) wurde (+)-Catechin in der Fruchtschale der Edelkastanie, der Frucht von *Areca catechu* und den Samen von *Cola vera* (neben (−)-Epicatechin) aufgefunden, besonders aber in Gerbstoff liefernden Pflanzen.

Tabelle 3. *Die im Pflanzenreich häufiger vorkommenden Catechine*

Meßwerte	(+)-Catechin	(—)-Epicatechin	(+)-Gallocatechin	(—)-Epigallocatechin	(—)-Epicatechin-3-gallat	(—)-Epigallocatechin-3-gallat
Kristallform	dünne Nadeln	dicke Prismen	dünne Nadeln	dünne Nadeln	dünne Nadeln	dünne Nadeln
Smp in °C	173—175	235—239	183—186	217—218	251—254	215—218
$[\alpha]_D$ in Äthanol	0°	—65° bis —69°	0°	—60°	—190°	—179° bis —185°
$[\alpha]_D$ in Aceton-Wasser 1:1	+13,2° bis 17,1°	—60°	+13,1° bis 14,7°	—	—	—
Acetat, Smp in °C	131—132	151—152	141—143	190,5 bis 192	119,5 bis 120,5	—
λ_{max} mμ	280	280	271	271	280	275
$\log \varepsilon_{max}$ in Äthanol	3,55 bis 3,61	3,52 bis 3,55	3,16 bis 3,24	3,13 bis 3,16	4,14 bis 4,15	3,98 bis 4,06

(—)-Catechin entspricht in den Konstanten praktisch dem (+)-Catechin, (+)-Epicatechin dem (—)-Epicatechin.

Unterdessen wurden noch ein paar weitere Catechine in Pflanzen festgestellt:

(−) Epi-afzelechin. (5.7.4'-Trihydroxy-flavan-3-ol); Smp. 240−243° C; $[\alpha]_D^{19°} = -59°$ (in Äthanol; c = 3); Vorkommen: Kernholz von *Afzelia*-Species, Tee (M. Myers u. Mitarb. 1961); Hopfen (P. Lebreton 1957).

(+)-Afzelechin. (5.7.4'-Trihydroxy-flavan-3-ol); Smp. 221−222° C; $[\alpha]_D^{20°} = +20{,}6°$ (in Aceton : Wasser 1:1; c = 5); Vorkommen: *Eucalyptus calophylla* (W. E. Hillis u. A. Carle 1960).

(−)-Robinetinidol. (7.3'.4'.5'-Tetrahydroxy-flavan-3-ol); Smp. 207−209° C; $[\alpha]_D^{20°} = -10{,}7°$ (in Aceton : Wasser 1:1; c = 1,42); Vorkommen: Rinde von *Acacia molissima* (D. G. Roux u. E. A. Maihs 1960b).

(−) Fisetinidol. (7.3'.4'-Trihydroxy-flavan-3-ol); Smp. 211−214° C; $[\alpha]_D^{23°} = -8{,}8°$ (in Aceton : Wasser 1:1; c = 1,1); Vorkommen: Kernholz von *Acacia molissima* (D. G. Roux u. E. Paulus 1961).

Außerdem gibt es eine beträchtliche Zahl synthetischer Catechine (K. Freudenberg u. K. Weinges 1958, 1960, 1962).

Die Catechine besitzen zwei asymmetrische Kohlenstoffatome, die Diastereomerie verursachen. Somit sind z. B. neben dem (+)-Catechin das (±)- und (−)-Catechin und neben dem (−)-Epicatechin das (±)- und (+)-Epicatechin möglich, die sämtlich bekannt sind. In neuerer Zeit konnte von mehreren Forschern auf verschiedenen Wegen gezeigt werden, daß im Epicatechin das cis-Isomere und im Catechin das trans-Isomere vorliegen dürfte (vgl. K. Herrmann 1959a).

Die Catechine sind bei den Dikotylen in den Holzpflanzen, seltener in Stauden anzutreffen, während sie in ein- und zweijährigen Pflanzen allgemein fehlen.

Catechine und – nach neuerer Kenntnis – ebenso die Leukoanthocyanidine (Flavandiole) sind die hauptsächlichen Grundkörper der kondensierten Gerbstoffe, die in der Natur durch fermentative Oxydation entstehen. Ebenso können auf nichtfermentativem Wege diese Grundkörper zu gerbstoffartigen Produkten kondensiert werden. Hierauf wird in dem Beitrag: „Gerbstoffe" näher eingegangen, ebenso auf das Vorkommen der Catechine und Leukoanthocyanidine in Gerbstoff-Pflanzen.

Von besonderer Wichtigkeit ist die fermentative Oxydation der Catechine für die Gewinnung des Kakaos und des schwarzen Tees.

W. G. C. Forsyth (1955) erhielt aus frisch getrockneten Kakaobohnen etwa 3% Catechine und 2,5% Leukoanthocyanine. Der Catechingehalt bestand zu etwa 92% aus (−)-Epicatechin, der Rest aus (+)-Catechin, (+)-Gallocatechin und (−)-Epigallocatechin. Die für das Endprodukt wesentlichen chemischen Veränderungen treten ungefähr am zweiten Tage der Fermentation nach dem „Töten" der Samen ein. Durch eine Glykosidase werden die purpurnen Anthocyanine hydrolysiert und später in farblose Verbindungen übergeführt. Ein geringer Teil der Catechine tritt aus den Kotyledonen aus und kann unter den mehr aeroben Bedingungen, die unter der Samenschale herrschen, zu braunen Catechin-Gerbstoffen oxydiert werden. Im wesentlichen werden die Catechine und die Leukoanthocyane erst während des Trocknens kondensiert (T. Swain 1962).

Das frisch gepflückte Teeblatt enthält etwa 20% Catechine in der Trockensubstanz. Vom Gesamtcatechingehalt entfallen etwa 60% auf (−)-Epigallocatechin-3-gallat und je 15% auf (−)-Epigallocatechin und (−)-Epicatechin-3-gallat. In geringerer Menge kommen (+)-Gallocatechin, (−)-Epicatechin und (+)-Catechin vor. Bei der Fermentation fällt der Catechingehalt auf etwa 3% fast ausschließlich auf Kosten des Epigallocatechins und seines Gallussäureesters. Hierbei bilden sich zu über 10% der Trockensubstanz aus beiden Catechinen neue Verbindungen, vor allem die dimeren Theaflavine und als Endprodukt die dimeren Thearubigine (E. A. H. Roberts u. Mitarb. 1957; E. A. H. Roberts 1962). Theaflavine und Thearubigine sind weitgehend für Gehalt, Farbe, Qualität und anregende Wirkung, nicht aber für das Aroma des schwarzen Tees verantwortlich. Das Theaflavin konnte kristallisiert erhalten werden: Smp 237—240° C (E. A. H. Roberts u. M. Myers 1959). L. Vuataz u. H. Brandenberger (1961) konnten 3 kristallisierte Dimere erhalten. Über die quantitative Bestimmung der Dimeren berichteten E. A. H. Roberts u. R. F. Smith (1961).

Übersichtsarbeiten über Vorkommen und Bedeutung der Flavonoide in Tee und Tee-Fermentation liegen von E. A. H. Roberts (1962) sowie A. L. Kursanow (1954) und K. Herrmann (1958c) vor.

Die fermentative Oxydation von Catechinen ist weiterhin von Bedeutung in den Colanüssen (Samen von *Cola vera*), den Arecanüssen (Samen von *Areca catechu*), dem Betelkauen in den Tropen und der obsoleten Pasta Guarana.

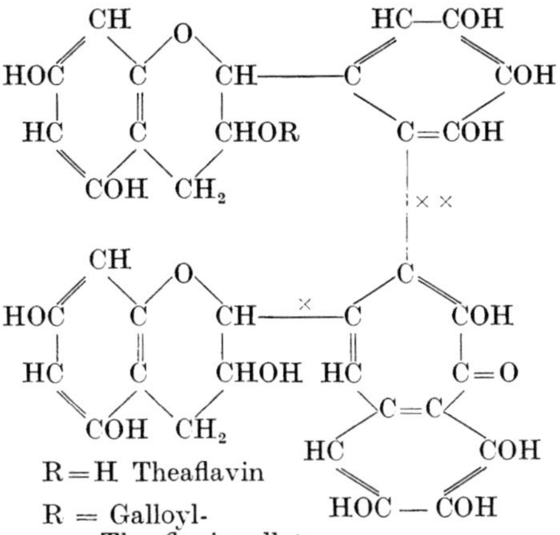

R = H Theaflavin

R = Galloyl-Theaflavingallat

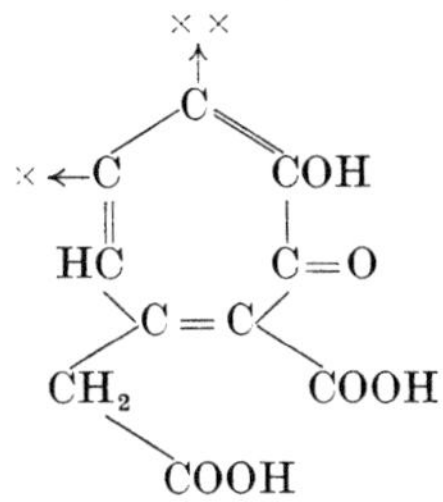

Thearubigin

V. Leukoanthocyane (Pro-anthocyane) und Leukoanthocyanidine (Flavandiole)

Die Leukoanthocyanidine, die 1920 als erster R. ROSENHEIM in blauen und weißen Weinbeeren auffand, stehen auf der Oxydationsstufe zwischen den Catechinen und Anthocyanidinen. In der Natur treten sie als Hydrate auf und können in 4 stereomeren Formen vorkommen. Durch Reduktion entsprechender Flavonole werden amorphe Leukoanthocyanidine, z. B. Leukocyanidin, aus Quercetin-acetat gewonnen. Andererseits kann z. B. das Kakao-Leukocyanidin zu (−)-Epicatechin reduziert werden (W. G. C. FORSYTH u. J. B. ROBERTS 1960).

Übersichtsarbeiten über Leukoanthocyanidine, die vielleicht besser als Flavandiole bezeichnet werden sollten, liegen u. a. von J. W. CLARK-LEWIS (1962) vor. Eine Übersicht über Leukoanthocyanidine und Leukoanthocyan-Gerbstoffe und ihre Bedeutung in Lebensmitteln veröffentlichte K. HERRMANN (1960a).

Nach unserer noch sehr lückenhaften Kenntnis weisen die Leukoanthocyanidine vermutlich eine etwas größere Variationsbreite als die bisher bekannten Catechine auf, da ihre Kohlenstoffatome 5, 6, 7 und 8 unterschiedlich hydroxyliert sein können. Glykoside der Leukoanthocyanidine sind ebenso wie solche der Catechine bisher noch nicht eindeutig festgestellt worden.

In organischen Lösungsmitteln werden die Leukoanthocyanidine mit Mineralsäuren zum geringeren Teil in Anthocyanidine und zum größeren Teil in rot gefärbte Kondensationsprodukte übergeführt, weil die kondensierten Leukoanthocyanidine stets eine Gruppe besitzen, die zur Bildung von Flavyliumsalzen befähigt. Catechine geben unter diesen Bedingungen ein cremefarbiges bis hellbraunes Präcipitat. Die Anthocyanidin-Ausbeute schwankt in weiten Grenzen, was zum Teil mit der unterschiedlichen Konformation der Leukoanthocyanidine zusammenhängen könnte.

Es ist noch offen, ob den aus pflanzlichem Material durch Anthocyanidin-Bildung erhaltenen und als Leukoanthocyane bezeichneten Stoffen stets die Konstitution der Leukoanthocyanidine zu Grunde liegt. Nach K. FREUDENBERG u. K. WEINGES (1958) ist es noch nicht gewiß, ob diese besser als „Proanthocyanidine" zu bezeichnenden Stoffe in ihrer Konstitution den Leukoanthocyanidinhydraten entsprechen, denn es sind noch andere Vorstufen der Anthocyanidine möglich.

Während die Catechine nur in Holzpflanzen und wenigen Stauden auftreten und andererseits die Anthocyane, Flavone und Flavonole im gesamten höheren Pflanzenreich weit verbreitet sind, kommen die Leukoanthocyanidine – ziemlich verbreitet – in dikotylen Holzpflanzen und darüber hinaus in einigen krautigen Pflanzen, besonders Leguminosen, vor. Bei den Monokotylen sind sie auch in krautigen Gewächsen häufig. Leukoanthocyane sind oft in der Samenschale enthalten (E. C. BATE-SMITH u. P. RIBÉREAU-GAYON 1959).

Systematische Untersuchungen über die Verbreitung der farblosen Anthocyanidin-Bildner verdanken wir u. a. G. M. ROBINSON u. R. ROBINSON (1933) und E. C. BATE-SMITH u. C. R. METCALFE (1957), die über 500 dikotyle Species aus 175 Familien untersuchten. Hierbei stellte sich heraus, daß beim Behandeln mit Salzsäure sich zu etwa 80—85% Cyanidin bildete. Der Rest gab hauptsächlich Delphinidin.

Tabelle 4. *Vorkommen der Leukoanthocyanine in Lebensmitteln*

	Beim Erhitzen mit Salzsäure entstand	
	Cyanidin	Delphinidin
Gerste, Samenschale	+	+
Banane, Frucht	+	+
Walnuß, Samenschale	+	—
Haselnuß, Nuß	+	—
Hopfen, Fruchtstände	+	+
Lorbeer, Blatt	(+)	—
Erdnuß, Samenschale	+	—
Bohne, Samenschale	+	+
Puffbohne, Samenschale	+	—
Tee, Blatt	+	+
Kakao, Samen	+	—
Bier	+	+

Anm. Vorkommen in Obstarten vgl. Tab. 5.

In grünen Teeblättern wurden papierchromatographisch 8 den Leukoanthocyanidinen zugehörige Flekke aufgefunden (E. A. H. ROBERTS u. Mitarb. 1956a). Trotzdem sind bisher nur aus wenigen Pflanzen die dem Cyanidin und Delphinidin entsprechenden Leukoanthocyanidine isoliert worden. Als erster wies W. G. C. FORSYTH (1955) zwei Leukoanthocyanidine in den Kakaobohnen nach. Sie konnten durch Extraktion und Gegenstromverteilung mit nachfolgender Chromatographie an Cellulose gewonnen werden. Ein Leukoanthocyanidin konnte als Dimeres des Leukocyanidins kristallisiert erhalten werden: Smp 197—203° C; $[\alpha]_D^{25°} = +40°$ (in Aceton; c = 10) (W. G. C. FORSYTH u. J. B. ROBERTS 1960).

In letzter Zeit isolierten T. R. SESHADRI u. Mitarb. ein Leukopelargonidin (5.7.3'-Trihydroxy-flavan-3.4-diol) aus *Eucalyptus calophylla* und ein Leukocyanidin (5.7.3'.4'-Tetrahydroxy-flavan-3.4-diol) aus der Erdnuß *(Arachis hypogaea)*. Zwei verschiedene Leukocyanidine wurden weiterhin aus der Samenschale von *Tamarindus indica* und aus dem Gummiharz von *Butea frondosa* sowie zwei verschiedene Leukodelphinidine (5.7.3'.4'.5'-Pentahydroxy-flavan-3.4-diol) einerseits aus Karada-Rinde *(Cleistanthus collinus)* und andererseits aus *Eucalyptus pilularis* und *Emblica officinalis* gewonnen. Leukodelphinidin wurde außerdem aus Eichenrinde (D. E. HATHWAY 1958) und aus der Samenschale der Baumwolle *(Gossypium herbaceum)* isoliert (vgl. T. R. SESHADRI 1959; J. W. CLARK-LEWIS 1962).

Eine Reihe weiterer Leukoanthocyanidine wurde aus Rinde und Holz von im wesentlichen Gerbstoff liefernden Bäumen gewonnen. Hierauf wird in dem Beitrag „Gerbstoffe" näher eingegangen, in dem übrigens die Leukoanthocyanidine (Flavandiole) ausführlich behandelt werden. Darüber hinaus sind weitere Leukoanthocyanidine synthetisch erhalten worden.

Im großen und ganzen ist das Gebiet der Leukoanthocyane und Leukoanthocyanidine seit relativ kurzer Zeit einer intensiveren Bearbeitung unterzogen worden, so daß damit zu rechnen ist, daß die zur Zeit oft noch sehr lückenhafte, bisweilen auch unklare Vorstellung von den Leukoanthocyanen, besonders im

Hinblick auf ihr Vorkommen und ihre Bedeutung in Lebensmitteln, bald durch eine fundierte Kenntnis abgelöst werden dürfte.

VI. Anthocyane, Flavonole und Flavone

In Blüten und Früchten sind die blauen oder roten bis violetten Anthocyane – fast stets als Glykoside – häufig anzutreffen. Eine ungleich größere Verbreitung, besonders in Blättern, dürfte den schwach gelb gefärbten Flavonol-glykosiden, in geringerem Maße den ebenso gefärbten Flavon-glykosiden zukommen. Flavone und Flavonole unterscheiden sich darin, daß die Flavonole am Kohlenstoffatom 3 eine Hydroxylgruppe besitzen, die den Flavonen fehlt. In nichtglykosidischer Form, als freie Anthocyanidine, Flavonole und Flavone kommen sie in der Pflanze nicht oder nur in sehr geringer Menge vor, können aber beim Verarbeiten des pflanzlichen Rohstoffes durch teilweise Aufspaltung der Glykoside bisweilen stärker auftreten. Auf Grund ihrer Färbung werden diese Verbindungen in dem Beitrag: „Natürliche Farbstoffe" gesondert abgehandelt, so daß sich hier eine Besprechung der einzelnen Verbindungen erübrigt. Neuere Übersichtsarbeiten über Anthocyane und Anthoxanthine vgl. z. B. T. A. Geissman (1955 u. 1962). Über Flavone referierte außerdem u. a. K. Venkataraman (1959).

In Übereinstimmung mit den flavonoiden Pflanzenphenolen kommen die Verbindungen am häufigsten vor, die am Seitenphenyl in 3'.4'-Stellung je eine Hydroxylgruppe tragen: bei den Anthocyanidinen das Cyanidin und bei den Flavonolen das Quercetin. An zweiter Stelle der Häufigkeit stehen bei den Anthocyanidinen Delphinidin und bei den Flavonolen Kämpferol. Bei den Flavonen sind Luteolin und Apigenin am häufigsten.

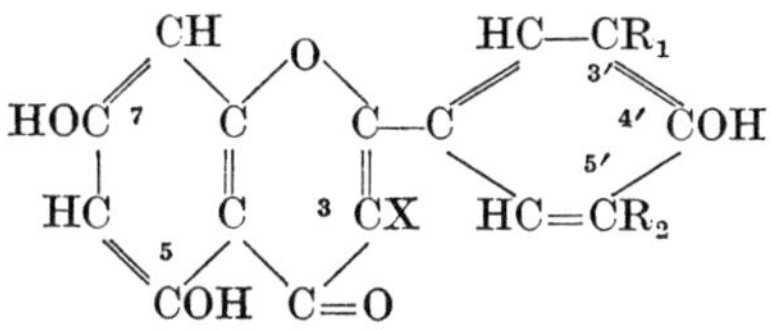

Flavonole	X = OH	
Kämpferol:	$R_1 = H$	$R_2 = H$
Quercetin:	$R_1 = OH$	$R_2 = H$
Myricetin:	$R_1 = OH$	$R_2 = OH$
Isorhamnetin:	$R_1 = OCH_3$	$R_2 = H$
Flavone	X = H	
Apigenin:	$R_1 = H$	$R_2 = H$
Luteolin:	$R_1 = OH$	$R_2 = H$
Tricin:	$R_1 = OCH_3$	$R_2 = OCH_3$

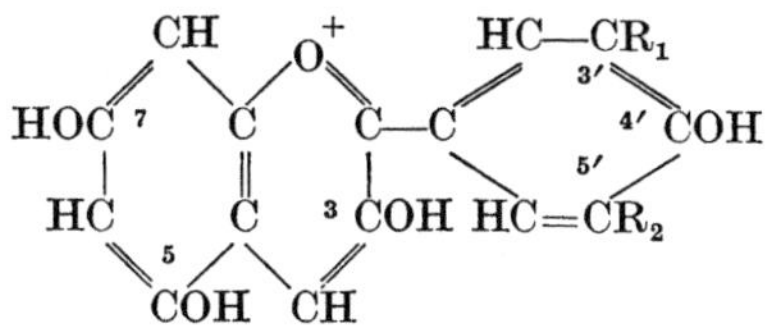

Anthocyanidine

Pelargonidin:	$R_1 = H$	$R_2 = H$
Cyanidin:	$R_1 = OH$	$R_2 = H$
Delphinidin:	$R_1 = OH$	$R_2 = OH$
Paeonidin:	$R_1 = OCH_3$	$R_2 = H$
Petunidin:	$R_1 = OCH_3$	$R_2 = OH$
Malvidin:	$R_1 = OCH_3$	$R_2 = OCH_3$

In einer großen Zahl untersuchter Pflanzen-Species fand E. C. Bate-Smith (1956) folgende Häufigkeit:

	Zahl der untersuchten Species	Kämpferol 4'-OH %	Quercetin 3'.4'-OH %	Myricetin 3'.4'.5'-OH %	Cyanidin 3'.4'-OH %	Delphinidin 3'.4'.5'-OH %
Dikotylen . .	651	52	62	11	37	19
Monokotylen .	141	26	28	3,5	27	8,5

Bevorzugte Haftstelle für den Zuckerrest sind das Kohlenstoffatom 3, in ungleich geringerem Maße 7, seltener 5. Als Zuckerrest tritt überwiegend Glucose auf bzw. ist einer der Zucker Glucose. Es herrschen Mono- und Di-glykoside vor, was nicht ausschließt, daß auch 3 und mehr Zuckerreste vorkommen.

Tabelle 5. *Vorkommen der Flavonoide in Obstarten*

	Catechine, Leukoanthocyane	Anthocyane	Flavonole
Apfel	(+)-Catechin (—)-Epicatechin (+)-Gallocatechin Leukoanthocyan	Idaein(Cyanidin-3-monogalactosid)	Hyperosid (Quercetin-3-monogalactosid) Isoquercitrin Quercitrin Rutin Avicularin (Quercetin-3-monoarabinosid) Reynoutin (Quercetin-3-monoxylosid)
Birne	(+)-Catechin (—)-Epicatechin Leukoanthocyan		Isoquercitrin
Quitte	(—)-Epicatechin		Quercetin-3-glykosid
Sauerkirsche	(+)-Catechin (—)-Epicatechin	Mecocyanin (Cyanidin-3-gentiobiosid) Antirrhinin (Cyanidin-3-rutinosid) Cyanidin-3-monoglucosid Cyanidin-3-sophorosid Cyanidin-3-O-2^G-glucosylrutinosid 1 Paeonidin-Derivat	
Süßkirsche	(+)-Catechin (—)-Epicatechin	Keracyanin (Cyanidin-3-rutinosid) Chrysanthemin Cyanidinmonosid	Isoquercitrin
Pflaume	(+)-Catechin (—)-Epicatechin (+)-Gallocatechin Leukoanthocyan	*Rot:* Chrysanthemin Cyanidinmonosid Paeonidin-Derivat *Schwarzblau:* Malvidin-3-glykosid 2 Cyanidin-glykoside	*Gelb:* Isoquercitrin Quercitrin Quercetin-3-arabinosid
Pfirsich	(+)-Catechin Leukoanthocyan	Chrysanthemin 2 Cyanidinmonoside	Isoquercitrin Kämpferol-glykosid
Aprikose	(+)-Catechin (—)-Epicatechin		Isoquercitrin 1 Quercetin-glykosid
Brombeere	(+)-Catechin (—)-Epicatechin	Chrysanthemin Cyanidin-3-rutinosid	Isoquercitrin

Anmerkung: Chrysanthemin = Cyanidin-3-monoglucosid; Isoquercitrin = Quercetin-3-monoglucosid; Quercitrin = Quercetin-3-monorhamnosid; Rutin = Quercetin-3-rutinosid. Die Leukoanthocyanine ergaben beim Erhitzen mit Salzsäure Cyanidin. In den Obstarten ist weiterhin zum Teil mit dem Vorkommen von Kämpferol-glykosiden zu rechnen.

Tabelle 5 (Fortsetzung)

	Catechine, Leukoanthocyane	Anthocyane	Flavonole
Himbeere	(+)-Catechin (—)-Epicatechin	Cyanidin-3-monoglucosid Cyanidin-3-rutinosid Cyanidin-3-sophorosid Cyanidin-3-O-2^G-glucosyl-rutinosid zum Teil auch Pelargonidinglykoside	
Erdbeere	(+)-Catechin (—)-Epigallocatechin (+)-Gallocatechin	Pelargonidin-3-monoglucosid Cyanidin-3-monoglucosid	Quercetin, Kämpferol
Walderdbeere		Pelarginidin-3-monogalactosid Cyanidinmonosid Paeonidinmonosid	
Stachelbeere, rot	(+)-Catechin (+)-Gallocatechin	Cyanidin-3-monoglucosid Cyanidin-3-rutinosid	Isoquercitrin
Johannisbeere, rot	(+)-Catechin (+)-Gallocatechin	Cyanidin-3-monoglucosid Cyanidin-3-rutinosid Cyanidin-3-sophorosid Cyanidin-3-O-2^G-glucosyl-rutinosid	
Johannisbeere, schwarz	(+)-Catechin (+)-Gallocatechin	Chrysanthemin Cyanidin-3-rutinosid Delphinidin-3-monoglucosid Delphinidin-3-rutinosid	Isoquercitrin Astragalin (Kämpferol-3-monoglucosid) Myricetin-3-monoglucosid Quercetinglucosid Kämpferolglucosid
Heidelbeere		Chrysanthemin Cyanidinbiosid Malvidin-3-monoglucosid Delphinidinmonoglucosid Delphinidinmonogalactosid Malvidinmonosid Pelargonidin-3-glykosid Petunidinmonosid	
Preiselbeere		Idaein (Cyanidin-3-monogalactosid) Cyanidin-Derivat	Quercetinglykoside
Wein	(+)-Catechin (—)-Epicatechin (+)-Gallocatechin (—)-Epigallocatechin Epicatechingallat Leukoanthocyan	Önin (Malvidin-3-monoglucosid) Malvin (Malvidin-3,5-diglucosid) Delphinidinmonoglucosid Delphinidindiglucosid Petunidinmonoglucosid Petunidin-3.5-diglucosid Paeonidinmonoglucosid Cyanidinmonoglykosid	Quercitrin Isoquercitrin Rutin
Feige		Cyanidin-3-monosid	
Blutorange		Cyanidin-3-monoglucosid Delphinidin-3-monoglucosid	
Persimmone (Dattelpflaume, *Diospyros*)	Leukoanthocyan		Isoquercitrin Hyperosid (Quercetin-3-monogalactosid) Astragalin (Kämpferol-3-monoglucosid) Kämpferol-3-monogalactosid

Durch die Glykosidbildung ergibt sich bei den Anthocyanen, Flavonen und Flavonolen eine sehr große Variationsbreite. Bei den Anthocyanen führt dies weiterhin zu zahlreichen Farbnuancen, die durch bestimmte Cofaktoren, z. B. Metallsalze, andere Flavonoide, Phenolcarbonsäuren, noch vermehrt werden können.

Die Anthocyane sind ebenso wie die Flavone und Flavonole im Zellsaft gelöst. Schon geringe Mengen an Anthocyanen geben dem Obst und den daraus bereiteten Säften – ebenso wie den Blüten höherer Pflanzen – eine intensive Färbung. Dabei ist das Auftreten der Anthocyane und ebenso der Flavone und Flavonole meist auf die oberen Zellschichten beschränkt. Nur selten ist das ganze Gewebe mit diesen Pigmenten angefärbt. An der Färbung der Früchte und Blütenblätter sind die Flavonol- und Flavonglykoside in geringerem Maße oder nicht beteiligt.

Über das Vorkommen in den Obstarten unterrichtet Tab. 5 (K. HERRMANN 1959b, 1960c; J. B. HARBORNE u. E. HALL 1964). Die Menge ist im allgemeinen sehr gering und bei den Flavonolen z. B. im Blatt wesentlich größer. Tab. 6 gibt die in wichtigeren Lebensmitteln nachgewiesenen Anthocyane, Flavonole und Flavone an.

Tabelle 6. *Vorkommen von Flavonolen, Flavonen und Anthocyanen in wichtigeren Lebensmitteln (außer Obstarten)*

Tee	Isoquercitrin, Rutin, Quercetin-3-rhamnoglucosid Astragalin, Kämpferol-3-rhamnoglucosid, Kämpferol-3-rhamnodiglucosid zum Teil auch Myricetin-3-glucosid, Myricetin-3-rhamnoglucosid	E. A. H. ROBERTS u. Mitarb. 1956b
Tabak	Rutin (bis 1,7%), Isoquercitrin, Kämpferolglykosid	vgl. K. HERRMANN 1961
Kartoffel	Quercetinglykosid	P. BARUAH u. T. SWAIN 1959
Tomate	Quercitrin	M. WU u. R. C. BURRELL 1958
Hopfen	Isoquercitrin, Quercitrin, Rutin	G. HARRIS 1956
Grünspargel	Rutin	R. B. DAVIS u. Mitarb. 1961
Zwiebel	Spiraeosid (Quercetin-4′-glucosid), 2 weitere Quercetin-glucoside	K. HERRMANN 1958d
Artischocke	Luteolin-glucosid (Cynarosid) Luteolin-rhamnoglucosid (Scolymosid)	J. MICHAUD u. J. MASQUELIER 1957
Umbelliferen	Glykoside des Quercetin, Isorhamnetin, Kämpferol, Luteolin, Apigenin	L. HÖRHAMMER u. Mitarb. 1958
Rotkohl	Rubrobrassin (Cyanidin-3-triglucosid), Rubrobrassicin (Rubrobrassin + Sinapinsäure)	H. H. STROH 1959
Radieschen	acyliertes Pelargonidin-3-diglucosido-5-monoglucosid	J. B. HARBORNE u. H. S. A. SHERRATT 1957

In Citrus-Früchten sind einige hoch methoxylierte Flavone aufgefunden worden, die in den Ölzellen gelöst vorkommen und bisher in keiner anderen Pflanze nachgewiesen worden sind. Es sind dies Tangeretin (3.5.6.7.4′- Pentamethoxyflavon), Smp 154° C, in Tangerinen, Nobiletin(5.6.7.8.3′.4′ -Hexamethoxy-flavon), Smp 134—137° C, in Apfelsinen und Tankan-Mandarinen, 5.6.7.3′.4′-Pentamethoxy-flavon, Smp 175° C, in Apfelsinen, Auranetin (3.6.7.8.4′-Pentamethoxyflavon), Smp 139—141° C, in Kamala-Pomeranzen und Ponkanetin (5.6.7.8.4′-Pentamethoxy-flavon), Smp 150—152° C, in *Citrus poonensis*. In der Zitrone (Limone) sind zwei neue Flavonole: Limocitrol (5.7.4′-Trihydroxy-6.8.3′-trimethoxy-flavon-3-ol), Smp 221—222° C, und Limocitrin (5.7.4′-Trihydroxy-8.3′-dimethoxy-flavon-3-ol), Smp 271—275° C, festgestellt worden (vgl. J. F. KEFFORD 1959; K. HERRMANN 1962b).

VII. Flavanone und Flavanonole

Flavanone und Flavanonole sind bisher im wesentlichen in Holz und Rinde der *Prunus*-Species, zu denen einige unserer Obstbäume zählen, und *Pinus*-Species (Fichte, Kiefer usw.) sowie in Citrusfrüchten aufgefunden worden. Es sind noch eine Reihe weiterer Vorkommen bekannt, besonders in den Pflanzenfamilien der *Gluminosae*, *Compositae*, *Hydrophyllaceae* und *Polypodiaceae*, die aber für den Lebensmittelchemiker weniger interessant sind (M. SHIMOKORIAYMA 1962).

Nach unserer bisherigen Kenntnis weisen auch die Flavanone und Flavanonole eine beträchtliche Variationsbreite auf und liegen häufig als Glykoside in der Natur vor.

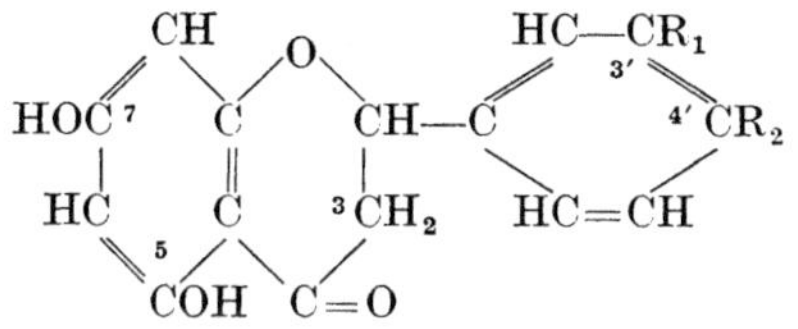

Isosakuranetin:	$R_1 = H$	$R_2 = OCH_3$
Naringenin	$R_1 = H$	$R_2 = OH$
Hesperetin :	$R_1 = OH$	$R_2 = OCH_3$
Eriodictyol:	$R_1 = OH$	$R_2 = OH$

In Citrusfrüchten sind bisher folgende Flavanone aufgefunden worden:

Isosakuranetin (= Citrifoliol = 5.7-Dihydroxy-4'-methoxy-flavanon), Smp 193 bis 195° C,

Naringenin (5.7.4'-Trihydroxy-flavanon), Smp 248—251° C,

Hesperetin (5.7.3'-Trihydroxy-4'-methoxy-flavanon), Smp 224—228° C,

Eriodictyol (5.7.3'.4'-Tetrahydroxy-flavanon), Smp 265—268° C,

Poncirin (= Isosakuranetin-7-neohesperidosid), Smp 210—211° C; $[\alpha]_D^{14°} = -81{,}7°$; Vorkommen: *Poncirus trifoliata*, Grapefruit (R. M. HOROWITZ u. B. GENTILI 1961),

Citrifoliosid (= Citrifoliol-rhamnoglucosid), Smp 198° C; $[\alpha]_D^{18°} = -90°$ (in 50%ig Äthanol); Vorkommen: *Poncirus trifoliata*,

Naringin (= Naringenin-7-neohesperidosid), Smp 171° C; $[\alpha]_D = -82°$ bis $-89°$ (in Äthanol),

Hesperidin (= Hesperetin-7-rutinosid), Smp 257—261° C; $[\alpha]_D^{20°} = -77°$ bis $-80°$ (in Äthanol).

Neohesperidin (= Hesperetin-7-neohesperidosid), Smp 239—244° C; $[\alpha]_D^{20°} = -103°$ bis $-105°$ (in Äthanol),

Eriocitrin (= Eriodictyol-7-rutinosid), Vorkommen in Zitronen (Limonen) (R. M. HOROWITZ u. B. GENTILI 1960).

(Rutinose = 6-0-α-L-rhamnosyl-D-glucose; Neohesperidose = 2-0-L-rhamnosyl-D-glucose.)

Apfelsinen (Süßorangen, *Citrus sinensis*), Mandarinen (Tangerinen, *Citrus reticulata* = *C. nobilis*), Zitronen (Limonen, *Citrus limon*) und die bei uns meist unbekannten Süßzitronen *(Citrus medica)* enthalten als Hauptflavonoid das Hesperidin. Sein Gehalt beträgt in Valencia-Orangen-, Limonen- und Tangerinensäften ca. 0,054—0,118 g/100 ml. Auf Grund seiner Schwerlöslichkeit in Wasser scheidet es sich mit der Zeit in Säften, Konzentraten und Konserven ab. Grapefruits (*Citrus paradisi*) und Pumelos (*Citrus grandis* = *C. decumana* = *C. maxima)* enthalten statt Hesperidin das chemisch sehr ähnliche Naringin, das im Gegensatz zum Hesperidin intensiv bitter schmeckt. Es ist auf den Zuckerrest (Flavanon-7-neohesperidosid) zurückzuführen, so daß neben Naringin auch Neohesperidin und Poncirin bitter schmecken, während Flavanon-7-rutinoside, wie Hesperidin, fast geschmacklos sind (R. M. HOROWITZ u. B. GENTILI 1961). Der zuckerfreie Grundkörper des Naringins, das Naringenin, schmeckt nicht bitter.

In Pomeranzen-Varietäten (Bitterorange, *Citrus aurantium*) sind in einigen Hesperidin und Neohesperidin, in anderen aber Naringin aufgefunden worden. Isosakuranetin-7-rhamnoglucosid und Naringin wurden aus den Schalen der Valencia-Orangen enthalten (W. J. DUNLAP u. S. H. WENDER 1960). Das Vorkommen der Flavonoide in Citrusfrüchten ist von J. F. KEFFORD (1959) und K. HERRMANN (1962b) referiert worden.

Der Gehalt an Flavanonglykosiden steigt in Orangen und Grapefruits an, bis die Früchte einen Durchmesser von ca. 5 cm erreicht haben, und bleibt dann mit 1—6 g pro Frucht ziemlich konstant. In Orangen sind 75—80%, in Grapefruits sogar ca. 90% der Flavononglykoside im Albedo und den festen Teilen des Fruchtfleischs lokalisiert.

In Rinde und Holz der *Pinus*-Species sind Pinocembrin (5.7-Dihydroxyflavanon), Pinostrobin (5-Hydroxy-7-methoxy-flavanon), Strobopinin (5.7-Dihydroxy-6-methyl-flavanon) und Pinobanksin (5.7-Dihydroxy-flavanonol) häufig, während in den *Prunus*-Species Naringenin, Sakuranetin, Eriodictyol und die Glykoside dieser Flavanone sowie Aromadendrin (5.7.4'-Trihydroxy-flavanonol) und Taxifolin (5.7.3'.4'-Tetrahydroxy-flavanonol) vorherrschen (M. SHIMOKORIYAMA 1962).

VIII. Isoflavone, Chalkone und Aurone

Die Isoflavone, über die u. a. W. D. OLLIS (1962) und K. VENKATARAMAN (1959) neben Flavonen referierten, sind bisher im wesentlichen in *Leguminosen* aufgefunden worden. So sind in der Sojabohne Daidzein, Smp 315—323° C, und sein 7-0-Glucosid Daidzin, Smp 234—236° C; $[\alpha]_D^{20°} = -36,4°$ (in 0,02 n methanol. NaOH), sowie Genistin (Genistein-7-0-glucosid), Smp 254—256° C; $[\alpha]_D^{21°} = -27,7°$ (in 0,02 n methanol. NaOH) zu ca. 0,15% enthalten (E. WALZ 1931). Bisher sind mehr als 25 natürlich vorkommende Isoflavone bekannt geworden. Ihre Hauptbedeutung haben sie zur Zeit für die Futterpflanzen, soweit diese *Leguminosen* sind.

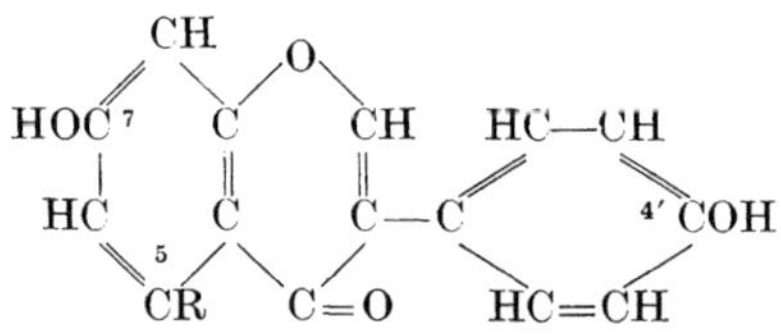

Isoflavone: R = H Daidzein, R = OH Genistein

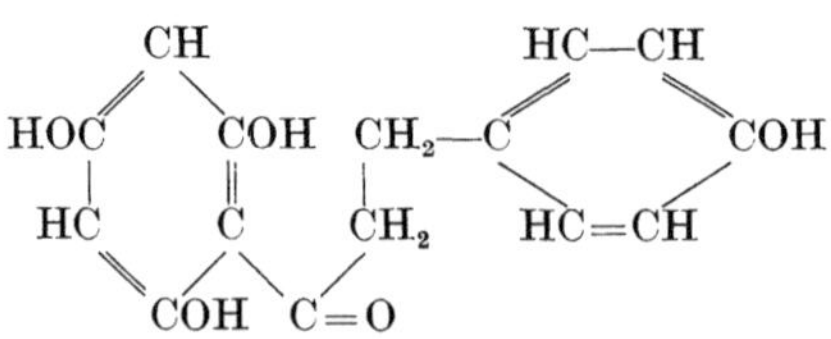

Dihydrochalkon: Phloretin

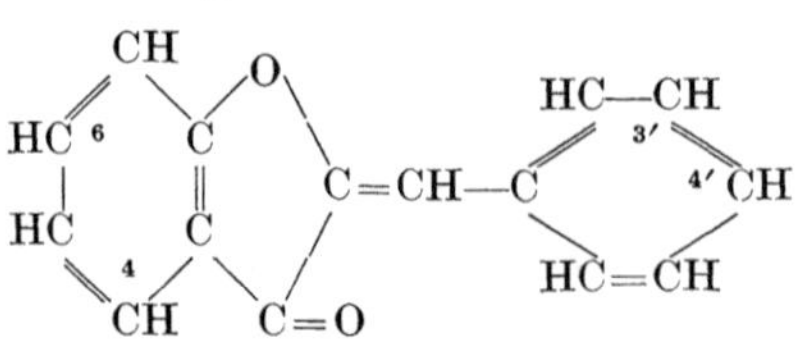

Grundgerüst der *Aurone*

Chalkone und Aurone sind im Pflanzenreich nicht weit verbreitet. Ihr Vorkommen beschränkt sich meist auf Blütenblätter. Ein bekanntes Chalkon ist das Butein (3.4.2′.4′-Tetrahydroxy-chalkon), Smp 210—215° C, das als 4′-Glucosid im Coreopsin, Smp 190—195° C, und als 3.4′-Diglucosid im Isobutrin, Smp 190 bis 191° C, auftritt. Im Hopfen *(Humulus lupulus)* kommt Xanthohumol, $C_{21}H_{22}O_5$, Smp 172° C vor (M. Verzele u. Mitarb. 1957). Wichtigere Vorkommen in weiteren Lebensmitteln sind nicht bekannt, ebenso nicht von den Auronen (vgl. M. Shimokoriyama 1962). Dagegen kommt das Dihydrochalkon Phloretin, Smp 253 bis 257° C, in Form des 2-Glucosids (Phloridzin), Smp 170—171° C; $[\alpha]_D^{20°} = -52{,}4°$ (in Äthanol) in allen Teilen des Apfelbaumes, in der Frucht aber nur im Kerngehäuse vor.

B. Nachweis und Bestimmung wichtiger Pflanzenphenole

I. Herstellung der benötigten Extrakte

Um sich über das Vorkommen flavonoider Pflanzenphenole einschließlich der Hydroxy-zimtsäuren und -cumarine sowie auch der einfacheren Phenolcarbonsäuren zu orientieren, kann man im Prinzip wie folgt verfahren (T. A. Geissman 1955; R. H. Hänsel 1959; K. Herrmann 1957, 1958a): Frische Pflanzenteile werden in eine möglichst kleine Menge siedenden Wassers – gegebenenfalls in mehreren Anteilen – eingetragen, zwecks Zerstörung der Fermente 15 min gekocht und nach dem Abkühlen maschinell fein zerkleinert. Der Brei wird kräftig abgepreßt und der Rückstand ein- bis zweimal mit Methanol am Rückflußkühler ausgekocht.

Der zuerst gewonnene wäßrige Auszug wird im Vakuum auf kleines Volumen eingeengt und dann der methanolische Auszug langsam zugegeben. Wenn notwendig, wird zusätzlich Methanol zugefügt. Hierdurch wird eine Reihe von Ballaststoffen ausgefällt. Nach dem Abpressen wird das Filtrat im Vakuum wiederum auf kleines Volumen eingeengt und bei einem pH von ca. 5 quantitativ mit Äther und anschließend mit Essigester ausgeschüttelt bzw. extrahiert. Durch die beiden Lösungsmittel wird eine Vortrennung der flavonoiden und der übrigen Pflanzenphenole erzielt.

Beide Extrakte werden vom Lösungsmittel befreit und können in Methanol aufgenommen zur Papierchromatographie eingesetzt werden. Im allgemeinen ist eine weitere Auftrennung angezeigt, wozu sich die Gegenstromverteilung (z. B. mit 0,5 m-Phosphatpuffer als unterer und Äther, Essigester oder Gemischen aus beiden Lösungsmitteln wechselnder Zusammensetzung als oberer Phase) oder die weitere Auftrennung auf Papier oder Cellulose- bzw. Polyamid-säulen eignen.

Bei trockenen oder getrockneten Produkten kann sofort mit einer Methanol-Extraktion begonnen werden. Zur Erzielung papierchromatographisch reiner bzw. kristallisierter Verbindungen muß auf entsprechende einschlägige Literatur verwiesen werden. Hierzu diente in letzter Zeit häufig die Säulenchromatographie an Cellulose oder Polyamid (z. B. L. Vuataz u. H. Brandenberger 1961; L. Vuataz u. Mitarb. 1959).

Zur Gewinnung freier Hydroxy-zimtsäuren und -cumarine sowie der Anthoxanthin-Aglykone genügt meist eine ca. 1—2stündige Hydrolyse mit 2%iger Salz- oder Schwefelsäure. Nach eintägigem Stehen im Kühlschrank können die ausgefallenen Aglykone oft abfiltriert und das Filtrat nach geeigneter Entfernung der Hauptmenge an Anionen bzw. Salzen papierchromatographisch auf Zucker geprüft werden.

Zum Nachweis der Anthocyane ist zu empfehlen, die frischen oder getrockneten Pflanzenteile mit Methanol oder Wasser, welche 1% Salzsäure enthalten, zu extrahieren, wobei man dem Methanol den Vorzug geben sollte. Die entstandenen Extrakte werden entweder gleich zur Papierchromatographie eingesetzt oder durch Chromatographie auf dicken Papieren oder durch Säulenchromatographie mit Cellulosepulver weiter gereinigt (vgl. auch K. HERRMANN 1960c).

II. Papierchromatographischer Nachweis

Zum qualitativen Nachweis der Pflanzenphenole ist die Papierchromatographie das Mittel der Wahl. Erst durch die Einführung der Papierchromatographie in die moderne Analytik wurde es möglich, mit verhältnismäßig einfachen Mitteln bei erträglichem Zeitaufwand den Nachweis dieser Stoffe in pflanzlichem Material zu führen. So wurde bald die weite Verbreitung der Flavonoide im Pflanzenreich bekannt. In letzter Zeit wurde auf die Möglichkeiten der Dünnschicht-Chromatographie flavonoider Pflanzenstoffe mittels Kieselgel hingewiesen (E. STAHL u. P. J. SCHORN 1961).

An Übersichtsarbeiten über die Papierchromatographie der Pflanzenphenole sind u. a. erschienen:

Flavonoide: R. HÄNSEL (1959); J. B. HARBORNE (1959),
Anthocyane: J. B. HARBORNE 1958,
Hydroxycumarine: T. SWAIN 1953.

In diesen Arbeiten wurden vor allem R_f-Werte und Farbreaktionen berücksichtigt. Die R_f-Werte einiger wichtiger Hydroxyzimtsäuren, -cumarine und Catechine sind in Tab. 7 mitgeteilt. Eine Bibliographie in letzter Zeit erschienener papierchromatographischer Arbeiten auf dem Pflanzenphenol-Gebiet ist bei I. M. HAIS u. K. MACEK (1960) enthalten.

Tabelle 7. *R_f-Werte verschiedener Hydroxy-zimtsäuren, Hydroxycumarine und Catechine*

Substanz	Butanol-Essigsäure-Wasser 4:1:2,2	15%ige Essigsäure
p-Cumarsäure	0,90	0,59
Kaffeesäure	0,82	0,45
Ferulasäure	0,88	0,53
Sinapinsäure	0,83	0,49
Chlorogensäure	0,66	0,71
Isochlorogensäure	0,80	0,39
Neochlorogensäure	0,62	0,71
Labiatensäure (Rosmarinsre.)	0,84	0,55
Cynarin	0,64	—
Cichoriumsäure	0,82	—
1-p-Cumaroyl-glucose	0,71	—
1-Feruloyl-glucose	0,62	—
1-Kaffeoyl-glucose	0,58	—
Umbelliferon	0,91	0,69
Scopoletin	0,87	0,60
Äsculetin	0,82	0,53
(+)-Catechin	0,65	0,58
(—)-Epicatechin	0,54	0,48
(+)-Gallocatechin	0,46	0,52
(—)-Epigallocatechin	0,35	0,41
3-Galloyl-(—)-epicatechin	0,75	—
3-Galloyl-(—)-epigallocatechin	0,61	—

1. Fließmittel

Als universell verwendbare Fließmittel sind zu nennen:

2%ige und 15%ige Essigsäure; n-Butanol-Essigsäure-Wasser 4:1:2,2; m-Kresol-Essigsäure-Wasser 50:2:48.

Als Fließmittel sind weiterhin zu empfehlen:

für Kaffeesäure-Ester: Methylisobutylketon-Ameisensäure-Wasser 3:1:2; 0,1 n-Salzsäure; Benzol-Essigsäure-Wasser 50:40:2,

zur Trennung der Hydroxy-zimtsäuren und -cumarine mit einer freien OH-Gruppe: obere Phase eines Gemisches von Toluol-Essigsäure-Wasser 4:1:5 unter den von E. C. Bate-Smith (1956) angegebenen Vorsichtsmaßregeln.

für Hydroxycumarine: konz. Ammoniak-n-Propanol 3:7,

für Anthocyane: obere Phase eines Gemisches von n-Butanol-2 n-Salzsäure 1:1; Essigsäure-Wasser-konz. Salzsäure 30:10:3 (sog. Patridge-Gemisch); 1%ige Salzsäure,

für Anthocyanidine: Patridge-Gemisch; Ameisensäure-konz. Salzsäure-Wasser 5:2:3,

für Catechine und Leukoanthocyane: wassergesättigtes Phenol,

für Flavon- und Flavonol-Aglykone: 60%ige Essigsäure,

für Flavon-, Flavonol- und andere Anthoxanthin-Glykoside: Essigester-Ameisensäure-Wasser 10:2:3; wassergesättigter Essigester.

2. Nachweisreagentien

Anthocyane, Aurone und Chalkone sind auf dem Papier bereits durch ihre natürliche Färbung zu erkennen. Flavone und Flavonole, besonders ihre Glykoside besitzen meist eine zu schwache Farbkraft. Alle anderen wichtigeren Pflanzenphenole sind farblos. Zu ihrem Nachweis ist mit verschiedenen Reagentien zu besprühen und auf Fluorescenz-Erscheinungen unter der Analysen-Quarzlampe zu achten.

Zum Nachweis auf dem Papierchromatogramm stehen u. a. an brauchbaren Reagentien zur Verfügung: (vgl. auch D. G. Roux u. E. A. Maihs 1960a):

1. 0,2%ige methanolische Flavognost-Lösung. Dieses Reagens ist besonders zu empfehlen, da es je nach Zahl und Stellung der Hydroxylgruppen differente Farben und Fluorescenzen ausbildet, die eine breite Farbskala umfassen und schon bei sehr geringen Gehalten deutlich sichtbar sind.
2. Bedampfen mit Ammoniak (Färbungen vgl. Tab. 8).
3. 1%ige methanolische Aluminiumchlorid-Lösung (Färbungen vgl. Tab. 8).
4. Lösung von 1 g Vanillin in 100 ml 25%iger Salzsäure: Catechine und Leukoanthocyanine rot. (Das Reagens spricht auf 1.3-Dihydroxybenzol-Verbindungen an.)
5. 3%ige Lösung von p-Toluolsulfonsäure in Äthanol und anschließend 5 bis 10 min langes Erhitzen auf 103° C: Unbekannte, anscheinend kondensierte Leukoanthocyanine: rot; monomere Leukoanthocyane: rosa bis scharlachrot; Catechine: braun.
6. Lösung von 0,125 g diazotierter Sulfanilsäure (Diazobenzolsulfonsäure) in 100 ml einer 10%igen Lösung von kristallisiertem Natriumcarbonat: einwertige Phenole meist deutlich gefärbt.
7. Mischung aus gleichen Teilen 0,3%iger Eisen(III)chlorid- und 0,3%iger Kaliumhexacyanoferrat(III)-Lösung: mehrwertige Phenole blau.
8. Phosphorwolframsäure (Folin-Reagens) und nach dem Trocknen mit 0,5 n methanolischer Natronlauge: mehrwertige Phenole blau.

9. Gemisch gleicher Teile 2%iger Silbernitratlösung und 10%iger Ammoniakflüssigkeit: mehrwertige Phenole braun bis schwarz.

10. Lösung von 1 g Natriumnitrit in 2,5%iger methanolischer Essigsäure und nach dem Trocknen an der Luft mit 0,5 n methanolischer Natronlauge: 1.2-Dihydroxybenzol-Verbindungen rot.

11. 0,1—1,0%ige methanolische Eisen(III)chloridlösung: alle 1.2-Di- und 1.2.3-Trihydroxybenzol-Verbindungen grün bis blau.

Tabelle 8. *Ausfall einiger Nachweisreaktionen der Pflanzenphenole* (vgl. auch J. HARBORNE 1959, und R. HÄNSEL 1959)

Reagens	ohne		Ammoniakdampf	Aluminiumchlorid	
	Tageslicht	UV-Licht	UV-Licht	Tageslicht	UV-Licht
Hydroxy-zimtsäuren	farblos	blau	blau	farblos	fluorescierend blau
Hydroxy-zimtsäureester	farblos	hellblau	grün	farblos	fluorescierend blau
Hydroxy-cumarine	farblos	leuchtend blau	leuchtend blau/grün	farblos	fluorescierend blau
Catechine und Leukoanthocyanidine (Flavandiole)	farblos	farblos	farblos	farblos	farblos
Flavone	schwach gelblich	dunkelbraun	hellgrün	schwach gelblich	fluorescierend z.T. grün
Flavonole	schwach gelblich	hellgelb	hellgelb	schwach gelb	fluorescierend gelbgrün
Flavonol-3-glykoside	schwach gelblich	dunkelbraun	gelbbraun	schwach gelb	gelb
Flavanone	farblos	farblos	farblos/schwach gelblich	farblos	fluorescierend grün
Isoflavone	farblos	blaß purpurn	blaß purpurn	farblos	fluorescierend gelb
Chalkone	gelb	dunkelbraun	dunkelrot	gelb	fluorescierend orange
Aurone	hellgelb	hellgelb	hellrot	schwach gelblich	fluorescierend grün

III. Bestimmungsmethoden

Im Rahmen dieser Abhandlung ist es nicht möglich, ausführlich auf die quantitative Bestimmung der wesentlichen in Lebensmitteln vorkommenden Pflanzenphenole einzugehen, zumal die quantitative Bestimmung der gefärbten Verbindungen (Anthocyane, Flavone und Flavonole) in den Beitrag „Natürliche Farbstoffe“ gehört.

Da die Flavonoide entweder ausgeprägte Spektren im ultravioletten bzw. sichtbaren Bereich aufweisen oder geeignete Farbreaktionen geben, werden bei ihnen heute spektrophotometrische Methoden bevorzugt. Hierbei ist es notwendig, daß die Menge des zu bestimmenden Pflanzenphenols nicht zu gering ist, da die Hauptschwierigkeit in einer geeigneten Abtrennung solcher Inhaltsstoffe liegt, welche die photometrische Bestimmung der Pflanzenphenole stören und oft sogar unmöglich machen. Hierauf ist besonders zu achten, da sonst völlig falsche Werte zustande kommen können. Ein allgemein gültiges Rezept kann nicht gegeben werden. Jede Bestimmung muß auf den einzelnen Fall gut abgestimmt werden. Die schematische

Übernahme einer für ein bestimmtes Lebensmittel durchaus bewährten Methode führt ebenfalls häufig zu Mißerfolgen.

Zur Zeit ist allgemein zu empfehlen, neben der photometrischen eine semiquantitative papierchromatographische Bestimmung mit anzusetzen, und dem auf photometrischem Wege erhaltenen Wert nur dann Bedeutung zuzumessen, wenn der Wert unter Berücksichtigung der Ungenauigkeit der papierchromatographischen Methode einigermaßen mit ihm übereinstimmt. Wenn es nur auf orientierende Werte ankommt, genügt durchaus eine semi-quantitative papierchromatographische Bestimmung, wozu die oben angeführten Fließmittel und Reagentien ausreichen.

Brauchbare Bestimmungmethoden für die ungefärbten Pflanzenphenole wurden u. a. mitgeteilt (vgl. auch T. A. GEISSMAN 1955):

Für Chlorogensäuren (z. B. im Kaffee): W. HORWITZ (1960); die Methode ist gut durchgearbeitet und kann in entsprechender Modifikation zur Bestimmung anderer Hydroxy-zimtsäuren und deren Ester verwendet werden.

Für Leukoanthocyane und Catechine: T. SWAIN u. W. E. HILLIS (1959); hierbei ist eine weitere Vorreinigung oft nicht zu umgehen.

C. Bedeutung der Pflanzenphenole für die Qualität der Lebensmittel

Im Zusammenhang wurde über die Bedeutung der flavonoiden Stoffe in Lebensmitteln u. a. von E. C. BATE-SMITH (1954) und T. SWAIN (1962) referiert.

I. Geschmacksveränderungen

Durch einen höheren Gehalt an bestimmten mehrwertigen Phenolen, wie Catechinen und Leukoanthocyanidinen (Flavandiolen), wird der Geschmack beeinflußt (vgl. K. HERRMANN 1959a, 1960b). Diese Verbindungen können sich zu Gerbstoffen kondensieren, von denen bekannt ist, daß sie einen zusammenziehenden herben (adstringierenden) Geschmack aufweisen. Hier hat die Pflanzenzüchtung eingesetzt und zur Schaffung von Sorten geführt, deren Früchte einen niedrigen Gehalt an Pflanzenphenolen besitzen, wie es von Apfel und Pfirsich bekannt ist. Wirtschaftsäpfel und -birnen, vor allem der höheren Lagen, schmecken oft zusammenziehend herb, und wir lehnen sie als Tafelobst ab. Sie haben einen höheren Gehalt an Catechinen und Leukoanthocyanen, während in Tafeläpfeln und -birnen diese Stoffe nur in Spuren vorkommen (A. H. WILLIAMS 1957). Auch enthalten diese etwas weniger Chlorogensäuren.

In niederschlagsarmen Sommern kann der „Gerbstoff"-Gehalt des Obstes ansteigen und es wurden Gärstockungen bei der Obstweinbereitung beobachtet. Auch steigt der Pflanzenphenolgehalt bei einer Beschädigung des Gewebes oft erheblich an, wodurch sich zusätzlich gerbstoffartige Produkte durch verstärkte Oxydation bilden können (vgl. K. HERRMANN 1962a). Durch dieses Verhalten, das eine gewisse Abwehrreaktion der Pflanze darstellen dürfte, wird der Geschmack der Früchte ungünstig beeinflußt.

Über den bitteren Geschmack des 3-Methyl-6-methoxy-8-hydroxy-3.4-dihydro-isocumarins in Möhren und des Naringins, Neohesperidins und Poncirins in Citrus-Früchten ist bereits bei Besprechung der Hydroxy-cumarine und der Flavanone berichtet worden.

II. Fermentative Bräunung

Kaffeesäure und ihre Ester sowie Catechine und Leukoanthocyanidine (Flavandiole) sind in Pflanzen als Substrate des Oxydationsfermentes Phenoloxydase wohl bekannt und für die sogenannte fermentative Bräunung und die damit verbundene Qualitätsbeeinträchtigung und Geschmacksveränderung verantwortlich, die beim Verarbeiten und Beschädigen frischer Pflanzenteile, besonders von Früchten, bei Anwesenheit von Sauerstoff eintritt. Die braune Verfärbung heller Obstsäfte und Weine beruht ebenfalls meist auf diesen Vorgängen. In wesentlich geringerem Maß ist die Peroxydase, die im Gegensatz zur Phenoloxydase den zur Oxydation benötigten Sauerstoff nicht der Luft, sondern nur Peroxyden entnehmen kann, an der fermentativen Bräunung beteiligt. Sie kann aber im Laufe der Lagerung den Geschmack nicht ausreichend blanchierten tiefgefrorenen oder getrockneten Gemüses, z. B. von Spargel, sehr nachteilig beeinflussen (strohiger, leerer Geschmack).

In der intakten Zelle stellen wir uns beide Fermente und ihre phenolischen Substrate räumlich getrennt vor. Durch Zerstören der lebenden Zelle (Schnitt, Druck, Gefrieren, Trocknen und Abpressen) werden sie aus der straffen Organisation des Zellverbandes gerissen und können somit eine ungesteuerte Tätigkeit entfalten. Die Phenoloxydase (vgl. unter „Enzyme"), die in fast allen Früchten (außer Erdbeeren und Citrusfrüchten) sowie u. a. in Kakao, Tee, Tabak, Kartoffeln, Süßkartoffeln, Rüben, Schwarzwurzeln, Möhren, Spinat, Artischocken und Getreide vorkommt, oxydiert die Pflanzenphenole in komplizierter, bisher weitgehend ungeklärter Weise über mehrere Zwischenstufen zu braunen Kondensationsprodukten, wie sie z. B. von den Druck- und Schnittstellen der Äpfel, Pfirsiche und Kartoffeln bekannt sind. Dies erfolgt in kurzer Zeit (oft wenige Minuten). Einwertige Phenole werden zuvor in verhältnismäßig langsamer Reaktion zu 1.2-Dihydroxy-Verbindungen oxydiert. Die erste, allerdings sehr unbeständige Zwischenstufe bilden die chemisch sehr aktiven o-Chinone. Aus Catechinen und Leukoanthocyanidinen (Flavandiolen) entstehen hierbei echte Gerbstoffe (vgl. dort). Bei der praktisch in allen höheren Pflanzen enthaltenen Peroxydase verläuft die fermentative Oxydation ähnlich, wenn auch ungleich langsamer als mit Phenoloxydase.

Am raschesten werden Catechine oxydiert, wobei die Verbindungen mit 3 Hydroxylgruppen am Seitenring, die Gallocatechine, am schnellsten angegriffen werden (D. Hathway 1958; E. A. H. Roberts 1957). Die Leukoanthocyanidine (Flavandiole) verhalten sich ähnlich den Catechinen. Die Kaffee- und die Chlorogensäuren sowie die Labiatensäure und wohl auch die anderen kaffeesäurehaltigen Verbindungen werden ebenfalls rasch angegriffen, während andere mehrwertige Phenole wesentlich schwächer oder nicht oxydiert werden, wie z. B. Flavonol-3-glykoside (P. Baruah u. T. Swain 1959). Wird z. B. durch einen mit Wasser verdünnten Apfelbrei Luft geleitet, so werden Catechine oft völlig oxydiert und Chlorogensäuren bleiben wenigstens teilweise erhalten. Übrigens ist eine geringfügige Oxydationsbereitschaft in natürlichem Milieu sehr schwer feststellbar. Über das Verhalten von Flavonoiden in Oxydationssystemen, besonders in Hinblick auf die Ascorbinsäure, berichteten W. Heimann u. B. Heinrich (1960).

Solange Ascorbinsäure vorhanden ist, reduziert diese die aus mehrwertigen Phenolen entstandenen o-Chinone und erst, wenn sie aufgebraucht ist, treten die qualitätsmindernden unerwünschten Bräunungsreaktionen auf. Besonders durch die Chinone der Kaffee- und Chlorogensäuren, in manchen Fällen wohl auch des Catechins und Epicatechins, können viele andere organische Stoffe zum Teil rasch oxydiert werden. Dies gilt vor allem für solche Pflanzenphenole, die sonst nicht oder kaum von den oben erwähnten Fermenten angegriffen werden. Hier sind u. a.

Flavonolglykoside, Anthocyane und Gallussäure zu nennen, wobei geringe Mengen der „Überträger"-Substanz genügen. Auch die Amino- und vermutlich die Sulfhydrylgruppen der Aminosäuren können durch sekundäre Reaktionen der Chinone angegriffen werden, wobei tiefgefärbte Phenole entstehen. Diese Reaktionen können auch mit Proteinen eintreten, was zur Hemmung von Fermenten führen kann (H. S. Mason 1955). Wir sind heute noch weit davon entfernt, die Vielzahl der Reaktionen und Folgereaktionen zu übersehen, die auftreten können, wenn das natürliche Zellgefüge beeinträchtigt oder zerstört wird. Damit sind die Verfärbungen in Konserven, Fruchtsäften, Weinen und Bier nicht bloß ein Schönheitsfehler, sondern ein Zeichen tiefgreifender chemischer Veränderungen. Hierdurch wird gewöhnlich Aroma, Geschmack und Geruch, häufig vielleicht auch der ernährungsphysiologische Wert, beeinflußt.

Vielfältig sind die Möglichkeiten, die bisher zur Vermeidung der fermentativen Bräunung angegeben und zum Teil in zahlreichen Patenten niedergelegt worden sind. Als wichtigste Maßnahmen sind Zerstörung der Fermente, Zusatz von Schwefeldioxyd oder ähnlicher Verbindungen (M. A. Joslyn u. J. B. S. Braverman 1954) sowie von Ascorbinsäure (J. C. Bauernfeind 1953) und Sauerstoffentzug, z. B. durch Evakuieren oder Verwendung von Schutzgasen (Kohlendioxyd, Stickstoff) zu nennen. Auch Äpfelsäure, weniger Citronensäure und Kochsalz, können die Phenoloxydase hemmen (J. D. Ponting 1960).

Andererseits gibt es Lebensmittel, zu deren Gewinnung die Phenoloxydase notwendig ist, z. B. Tee, Kakao (vgl. unter Catechine, S. 628), Tabak, Obstwein. Im fermentierten Tabak liegt eine Oxydation der Chlorogensäure und als Folgereaktion zum Teil auch des Rutins vor. So isolierten H. E. Wright u. Mitarb. (1960) aus fermentiertem Tabak ein dunkelbraunes Pigment, das als Eisen-Protein-Chlorogensäure-Rutin-Komplex erkannt wurde. Im Süßmost, z. B. Apfelsaft, soll eine geringe fermentative Oxydation, wie sie beim üblichen raschen Arbeiten auftritt, für ein abgerundetes Aroma und einen guten Geschmack notwendig sein (W. Biedermann 1956). Über die fermentative Bräunung und ihre Verhinderung sowie die Bedeutung der Catechin-Oxydation für Süßmost, Wein, Tee und Kakao wurde von K. Herrmann (1959a) referiert.

III. Nichtfermentative Verfärbungen, Trübungen, Sedimentbildung

Als mehrwertige Phenole sind die besprochenen Pflanzenstoffe, besonders die Hydroxy-zimtsäuren, Catechine und Leukoanthocyanidine (Flavandiole) an den Verfärbungen mit Eisen beteiligt, wobei oberhalb von pH 4 mehr oder weniger blaugraue bis blauschwarze Verfärbungen und ein „Metall"-Geschmack entstehen können. Da die Reaktion sehr empfindlich ist, tritt sie auch mit Spuren von Eisen auf; bisweilen kann sogar das in pflanzlichen Produkten enthaltene Eisen Störungen verursachen. So kennen wir u. a. das Dunkeln der Kartoffeln beim Kochen, die dunkle Verfärbung eingedoster Süßkartoffeln, das sog. Schwarzkochen von Sellerie (vgl. K. Herrmann 1956) und den Weinfehler des „Schwarzen Bruchs". Ebenfalls zeigt Tomatenmark oft die unangenehme Eigenschaft, sich an der mit Luft in Berührung stehenden Oberfläche schwarz zu färben. Die durch Eisen erzeugte Färbung kann mit Calciumphytinat (Aferrin), das auch zur Weinschönung eingesetzt werden kann, verhütet und sogar rückgängig gemacht werden.

Weiterhin ist daran zu denken, daß Flavonole mit Aluminiumionen intensiv gefärbte Farblacke ergeben und so Verfärbungen auch mit Aluminiumgeräten entstehen können. Anthocyane bilden ebenfalls gefärbte Metallsalze, z. B. mit Zinn, Aluminium und Eisen. Der Farbstoff roter Victoria-Pflaumen, das Chrysanthemin (Cyanidin-3-glucosid), gibt mit dem Zinn von Dosen einen violettblauen Komplex, der sich nach dem Öffnen der Dosen zu Purpurschwarz vertieft. Überhaupt bilden Zinn(II)-Ionen in sauren Fruchtkonserven (pH 2,5—4,0) mit mehrwertigen Phenolen (Anthocyanen, Flavonolen, Catechinen) gefärbte und bisweilen auch farblose, schwer lösliche Metallchelate, während Eisen(II)-Ionen in diesem pH-Bereich kaum zur Chelatbildung führen (K. Heintze 1960).

Im Gegensatz zu anderen farblosen Pflanzenphenolen können die Leukoanthocyanidine (Flavandiole) das Aussehen der Lebensmittel noch dadurch beeinflussen, daß sie in saurem Medium in Anthocyanidine und deren rotgefärbte Kondensationsprodukte übergeführt werden. So können sich hellfleischige Früchte rötlich verfärben; in Birnen soll z. B. die Rotfärbung sterilisierter Konserven und gedämpfter Früchte hierdurch verursacht werden. Ebenfalls ist bekannt, daß Apfelmus bei Temperaturen über 100° C eine rötliche Farbe annimmt. Die Verfärbung von Puree aus grünen Bohnen und diejenige eingedoster Puffbohnen beim Erhitzen wird ebenfalls durch eine Anthocyanidin-Bildung erklärt.

Die Leukoanthocyanidine (Flavandiole) führen häufig zur Bildung von Trübungen, Sedimenten oder „Bodensätzen", besonders in Obstsäften, -weinen und -konserven. So beruhen die Trübungen oder Niederschläge, die spontan in Birnenweinen auftreten, auf komplexen Leukoanthocyanen. Die Bodensätze in gelagerten pasteurisierten Apfelsäften bestehen aus phenolischen und Eiweiß-Bestandteilen neben anorganischen Stoffen, von denen Kupfer und Zinn die Niederschlagsbildung erhöhen (M. E. Kieser u. Mitarb. 1957). Ein gut untersuchtes Beispiel stellen die unerwünschten nichtbiologischen Kälte- und Metalltrübungen sowie Bodensätze der Biere dar, die ebenfalls Leukoanthocyane und andere Pflanzenphenole enthalten (Übersicht: A. G. Clark 1960). Über die hier besprochene Bedeutung der Leukoanthocyane für Lebensmittel referierte K. Herrmann (1960a).

IV. Sonstige Bedeutung der Pflanzenphenole

Einigen Vertretern der flavonoiden Pflanzenstoffe, besonders den Flavonolen Rutin und Quercetin sowie den Catechinen wird seit einiger Zeit eine wichtige pharmakologische und auch therapeutische Rolle zugeschrieben (K. Böhm 1959/1960). In letzter Zeit wurden von der Chlorogensäure einige Wirkungen auf den menschlichen Organismus berichtet. Hinweise auf pharmakologische Eigenschaften der einzelnen flavonoiden Stoffe sind in den entsprechenden Übersichtsarbeiten von K. Herrmann enthalten (vor allem 1959b; vgl. auch 1956, 1959a).

Zahlreiche Pflanzenphenole weisen antioxydative Eigenschaften auf. So wurden Kaffeesäure und Hydrokaffeesäure und ihre Ester als Antioxydantien für Fette, Milcherzeugnisse und Citrusfrüchte vorgeschlagen (vgl. K. Herrmann 1956). Vom Quercetin und anderen Flavonolen wurden gleiche Eigenschaften berichtet (W. Heimann u. Mitarb. 1953).

Nicht zuletzt sind Beziehungen zwischen Pflanzenphenolen und Fermenten (über die fermentative Phenoloxydation hinaus) bekannt. Verschiedene Pflanzenphenole, wie Scopoletin, besonders p-Cumar- und Ferulasäure, tragen erheblich zur Aktivierung der Indolylessigsäureoxydase der Ananas bei. Sie zeigen eine Cofermentwirkung. Andererseits können zahlreiche Pflanzenphenole, besonders Hydroxy-zimtsäuren als Inhibitoren der Fermente wirken, z. B. Phosphorylase, Lipoxydase, Auxinoxydase, Pektin spaltende Fermente, was nur am Rande erwähnt werden kann. Dieses Gebiet dürfte für die Lebensmittel-Technologie in Zukunft Bedeutung erlangen, und es ist zu erwarten, daß unsere heutigen noch geringen Erkenntnisse bald erweitert und fundiert werden.

Bibliographie

BATE-SMITH, E. C.: Plant phenolics in foods. In: Pharmacology of plant phenolics. Hrsg. von J. W. FAIRBAIRN. London: Academic Press 1959.

BIRCH, A. J.: Biosynthesis of flavonoids and anthocyanins. In: GEISSMAN, T. A. 1962. S. 618—625.

CLARK-LEWIS, J. W.: Leucoanthocyanins and Leukoanthocyanidins. In: GEISSMAN, T. A. 1962. S. 217—247.

FREUDENBERG, K., u. K. WEINGES: Catechins and flavonoid tannins. In: GEISSMAN, T. A. 1962. S. 197—216.

GEISSMAN, T. A.: Anthocyanins, chalcones, aurones, flavones and related water-soluble plant pigments. In: Moderne Methoden der Pflanzenanalyse. Hrsg. von K. PAECH u. M. V. TRACEY. Bd. III, S. 450—498. Berlin-Göttingen-Heidelberg: Springer 1955.

— The chemistry of flavonoid compounds. Oxford-London-New York-Paris: Pergamon Press 1962.

HÄNSEL, R.: Zellsaftlösliche Pigmente (Anthocyane und Flavonoide). In: Papierchromatographie in der Botanik. Hrsg. von H. F. LINSKENS. 2. Aufl., S. 228—248. Berlin-Göttingen-Heidelberg: Springer 1959.

HAIS, I. M., u. K. MACEK: Handbuch der Papierchromatographie. Bd. II: Bibliographie und Anwendungen. S. 63—78, 163—170. Jena: G. Fischer 1960.

HORWITZ, W.: Official methods of analysis of the Association of official agricultural chemists. 9. Aufl., S. 181—183. Washington: Assoc. off. agric. Chem. 1960.

KARRER, W.: Konstitution und Vorkommen der organischen Pflanzenstoffe (exklusive Alkaloide). Basel-Stuttgart: Birkhäuser 1958.

KURSANOW, A. L.: Synthese und Umwandlung der Gerbstoffe in der Teepflanze (Beiheft 1 der Pharmazie). Berlin: Verlag Volk u. Gesundheit 1954.

OLLIS, W. D.: The isoflavonoids. In: GEISSMAN, T. A. 1962. S. 353—405.

PONTING, J. D.: Control of enzymatic browning of fruits. In: Food Enzymes. Hrsg. von H. W. SCHULTZ. S. 105—124. Westport, USA: The Avi Publ. Co. 1960.

ROBERTS, E. A. H.: Economic importance of flavonoid substances: tea fermentation. In: GEISSMAN, T. A. 1962. S. 468—512.

SHIMOKORIYAMA, M.: Flavanones, chalcones and aurones. In: GEISSMAN, T. A. 1962. S. 286 to 316.

SWAIN, T.: Economic importance of flavonoid compounds: foodstuffs. In: GEISSMAN, T. A. 1962. S. 513—552.

Zeitschriftenliteratur

BARNES, H. M., J. R. FELDMAN and W. V. WHITE: Isochlorogenic acid. Isolation from coffee and structure studies. J. amer. chem. Soc. **72**, 4178—4182 (1950).

BARUAH, P., and T. SWAIN: The action of potato phenolase on flavonoid compounds. J. Sci. Food Agric. **10**, 125—129 (1959).

BATE-SMITH, E. C.: Flavonoid compounds in foods. Advanc. Food Res. **5**, 261—300 (1954).

— The commoner phenolic constituents of plants and their systematic distribution. Sci. Proc. Roy. Dublin Soc. **27**, 165—176 (1956).

— and C. R. METCALFE: Leuco-anthocyanins. III. The nature and systematic distribution of tannins in dicotyledonous plants. J. Linnean Soc. London **55**, 669—705 (1957).

— and P. RIBÉREAU-GAYON: Leucoanthocyanins in seeds. Qualit. plant materiae veg. (Den Haag) **5**, 189—198 (1959).

BAUERNFEIND, J. C.: The use of ascorbic acid in processing foods. Advanc. Food Res. **4**, 359—431 (1953).

BIEDERMANN, W.: Oxydationen in Obst und Obstsäften. Mitt. Lebensmitteluntersuch. Hyg. **47**, 86—112 (1956).

BIRKOFER, L., C. KAISER, W. NOUVERTNÉ u. U. THOMAS: Natürlich vorkommende Zuckerester von Phenolcarbonsäuren. Z. Naturforsch. **16 B**, 249—251 (1961).

BÖHM, K.: Die Flavonoide. Arzneimittel-Forsch. **9**, 539—544, 647—653, 778—785 (1959); **10**, 54—58, 139—142, 188—192, 468—474, 547—554 (1960).

BUTLER, W. L., and H. W. SIEGELMAN: Conversion of caffeic acid to esculetin during paper chromatography. Nature (Lond.) **183**, 1813—1814 (1959).

CLARK, A. G.: Nonbiological haze in bottled beers: a survey of the literature. J. Inst. Brewing **66**, 318—330 (1960).

CORNER, J. J., J. B. HARBORNE, S. G. HUMPHRIES and W. D. OLLIS: Plant polyphenols. VII. The Hydroxycinnamoyl esters of Polygala senega root. Phytochemistry **1**, 73—77 (1962).

CORSE, J.: A new isomer of chlorogenic acid from peaches. Nature (Lond.) **172**, 771—772 (1953).

DAVIS, R. B., R. B. GUYER, J. J. DALY and H. T. JOHNSON: Control of rutin discoloration in canned asparagus. Food Technol. **15**, 212—217 (1961).

Dunlap, W. J., and S. H. Wender: Purification and identification of flavanone glycosides in the peel of the sweet orange. Arch. Biochem. Biophys. **87**, 228—231 (1960).
Forsyth, W. G. C.: Cacao polyphenolic substances. III. Separation and estimation on paper chromatograms. Biochem. J. **60**, 108—111 (1955).
— and J. B. Roberts: Cacao polyphenolic substances. V. The structure of cacao leucocyanidin I. Biochem. J. **74**, 374—378 (1960).
Freudenberg, K., u. K. Weinges: Catechine, andere Hydroxy-flavane und Hydroxy-flavene. Fortschr. Chem. org. Naturstoffe **16**, 1—25 (1958).
— — Systematik und Nomenklatur der Flavonoide. Tetrahedron 8, 336—349 (1960).
Griffiths, L. A.: Phenolic acids and flavanoids of Theobroma cacao. Separation and identification by paper chromatography. Biochem. J. **70**, 120—125 (1958).
Harborne, J. B.: The chromatographic identification of anthocyanin pigments. J. Chromatograph. **1**, 473—488 (1958).
— The chromatography of the flavonoid pigments. J. Chromatograph. **2**, 581—604 (1959).
— and J. J. Corner: Plant polyphenols. IV. Hydroxycinnamic acid-sugar derivatives. Biochem. J. **81**, 242—250 (1961).
— and E. Hall: Plant polyphenols. XIII. The systematic distribution and origin of anthocyanins containing branched trisaccharides. Phytochemistry **3**, 453—463 (1944).
— and H. S. A. Sherratt: Variations in the glycosidic pattern of anthocyanins. Experientia (Basel) **13**, 486—487 (1957).
Harris, G.: General composition of non-biological hazes of beers and some factors in their formation. II. J. Inst. Brewing **62**, 390—406 (1956).
Hathway, D. E.: Oak-bark tannins. Biochem. J. **70**, 34—42 (1958).
Heimann, W., A. Heimann, M. Gremminger u. H. Holland: Quercetin als Antioxydans. Fette u. Seifen **55**, 394—398 (1953).
— u. B. Heinrich: Über das Verhalten von Flavonoiden in Oxydationssystemen. Arch. Pharmaz. (Weinheim) **293/65**, 598—609 (1960).
Heintze, K.: Über die Bildung von Metallchelaten bei Obstkonserven in Weißblechdosen. Dtsch. Lebensmittel-Rdsch. **56**, 194—198 (1960).
Herrmann, K.: Über Kaffeesäure und Chlorogensäure. Pharmazie **11**, 433—449 (1956).
— Über Oxydationsfermente und phenolische Substrate in Gemüse und Obst. I. Oxyzimtsäuren in Gemüse. Z. Lebensmittel-Untersuch. u. -Forsch. **106**, 341—348 (1957).
— Über Oxydationsfermente und phenolische Substrate in Gemüse und Obst. III. Catechine, Oxyzimtsäuren und o-Polyphenoloxydase im Obst. Z. Lebensmittel-Untersuch. u. -Forsch. **108**, 152—157 (1958a).
— Über Oxyzimtsäuren mit Ausnahme der Kaffeesäure und der Chlorogensäuren. Pharmazie **13**, 266—276 (1958b).
— Über die Chemie des Tees und der Tee-Fermentation. Fette u. Seifen **60**, 963—966 (1958c).
— Über die Flavonole und Phenole der Zwiebel (Allium cepa L.). Arch. Pharmaz. (Weinheim) **291/63**, 238—247 (1958d).
— Über Katechine und Katechin-Gerbstoffe und ihre Bedeutung in Lebensmitteln. Z. Lebensmittel-Untersuch. u. -Forsch. **109**, 487—507 (1959a).
— Vorkommen und Bedeutung der phenolischen Inhaltsstoffe des Obstes. Mitt. Lebensmitteluntersuch. Hyg. **50**, 121—136 (1959b).
— Über Leukoanthocyanine und Leukoanthocyanin-Gerbstoffe und ihre Bedeutung in Lebensmitteln. Z. Lebensmittel-Untersuch. u. -Forsch. **112**, 105—118 (1960a).
— „Obstgerbstoffe" — eine Übersicht. Fruchtsaft-Industr. **5**, 87—98, 139—143 (1960b).
— Die Anthocyane der Früchte — eine Übersicht. Fruchtsaft-Industr. **5**, 296—309 (1960c).
— Über den „Gerbstoff" der Labiatenblätter. Arch. Pharmaz. (Weinheim) **293/65**, 1043—1048 (1960d).
— Die phenolischen Inhaltsstoffe des Tabaks. Dtsch. Apoth.-Ztg. **101**, 1481—1482 (1961).
— Die Bedeutung der Phenolcarbonsäuren und der o-Polyphenoloxydase für die Widerstandsfähigkeit der Kulturpflanzen gegenüber Mikroorganismen. Planta med. (Stuttgart) **10**, 29—47 (1962a).
— Über die Bioflavonoide und Carotinoide der kultivierten Citrus-Früchte. Fruchtsaft-Industr. **7**, 320—331 (1962b).
— Über die phenolischen Inhaltsstoffe der Trauben und des Weines (Flavonoide, Phenolkarbonsäuren, Farbstoffe, Gerbstoffe). I. II. Weinberg u. Keller **10**, 154—164, 208—220 (1963).
Hillis, W. E., and A. Carle: The chemistry of Eucalypt kinos. III. (+)-Afzelechin, pyrogallol, and (+)-catechin from Eucalyptus calophylla kino. Austral. J. Chem. **13**, 390—395 (1960).
— and T. Swain: The phenolic constituents of Prunus domestica. II. III. J. Sci. Food. Agric. **10**, 135—144, 533—537 (1959).

Hörhammer, L., L. Stich u. H. Wagner: Über die Flavonolglykoside der Lindenblüten. I. Arch. Pharmaz. (Weinheim) **294/66**, 685—692 (1961).
— u. H. Wagner: Citrusbioflavonoide. Dtsch. Apoth.-Ztg. **102**, 759—765 (1962).
— H. Wagner u. H. Götz: Über das Vorkommen von Flavonen in einheimischen Umbelliferen. Arch. Pharmaz. (Weinheim) **291/63**, 44—52 (1958).
Horowitz, R. M., and B. Gentili: Flavonoid compounds of citrus. III. Isolation and structure of eriodictyol glycoside. J. amer. chem. Soc. **82**, 2803—2806 (1960).
— — Phenolic glycosides of grapefruit: a relation between bitterness and structure. Arch. Biochem. Biophys. **92**, 191—192 (1961).
Joslyn, M. A., and J. B. S. Braverman: The chemistry and technology of the pretreatment and preservation of fruit and vegetable products with sulfur dioxide and sulfites. Advanc. Food Res. **5**, 97—160 (1954).
Kefford, J. F.: The chemical constituents of citrus fruits. Advanc. Food. Res. **9**, 285—372 (1959).
Kieser, M. E., A. Pollard and C. F. Timberlake: Metallic components of fruit juices. I. Copper as a factor affecting sedimentation in bottled apple juices. J. Sci. Food Agric. 8, 151—158 (1957).
Klosterman, H. J., and R. Z. Muggli: The glucosides of flaxseed. II. Linocaffein. J. amer. chem. Soc. **81**, 2188—2191 (1959).
— F. Smith and C. O. Clagett: The constitution of linocinnamarin. J. amer. chem. Soc. **77**, 420—421 (1955).
Lebreton, P.: Les tanins leucoanthocyaniques du houblon. Petit J. Brasseur **65**, 253—260 (1957).
Mason, H. S.: Comparative biochemistry of the phenolase complex. Advanc. Enzymol. **16**, 105—175 (1955).
Michaud, J., u. J. Masquelier: Les constituants polyphénoliques du Cynara scolymus L. Étude du scolymoside. Bull. Soc. Pharmac. (Bordeaux) **96**, 103—105 (1957); (Chem. Zbl. **1960**, 10673).
Myers, M., E. A. H. Roberts and D. W. Rustidge: Some trace constituents of black tea. Chem. and Industr. **1959**, 950—951.
Panizzi, L., u. M. L. Scarpati: Isolierung und Konstitution des aktiven Prinzips der Artischocke. Gazz. chim. ital. **84**, 792—805 (1954) [italienisch].
Pictet, G., et H. Brandenberger: Substances polyphénoliques des plantes. II. Séparation des acides phénoliques du café vert et du café rôti. J. Chromatograph. **4**, 396—409 (1960).
Reppel, L.: Über natürliche Cumarine. Pharmazie **9**, 278—299 (1954).
— Die Beziehungen zwischen Scopoletingehalt und Virusinfektionen in Blättern und Knollen von Solanum tuberosum L. Planta med. (Stuttgart) **7**, 206—218 (1959).
Roberts, E. A. H.: Oxidation-reduction potentials in tea fermentation. Chem. and Industr. **1957**, 1354—1355.
— R. A. Cartwright and M. Oldschool: The phenolic substances of manufactured tea. I. Fractionation and paper chromatography of water-soluble substances. J. Sci. Food Agric. 8, 72—80 (1957).
— — and D. J. Wood: The leuco-anthocyanins of unprocessed tea-leaf. J. Sci. Food Agric. **7**, 253—257 (1956a).
— — — The flavonoles of tea. J. Sci. Food Agric. **7**, 637—646 (1956b).
— and M. Myers: Theogallin, a polyphenol occuring in tea. II. Identification as a galloylquinic acid. J. Sci. Food Agric. **9**, 701—705 (1958).
— — The phenolic substances of manufactured tea. VI. The preparation of theaflavin and of theaflavin gallate. J. Sci. Food Agric. **10**, 176—179 (1959).
— and R. F. Smith: Spectrophotometric measurements of theaflavins and thearubigins in black tea liquors in assessments of quality in teas. Analyst **86**, 94—98 (1961).
Robinson, G. M., and R. Robinson: A survey of anthocyanins. III. Notes on the distribution of leuco-anthocyanins. Biochem. J. **27**, 206—212 (1933).
Roelofsen, P. A.: Fermentation, drying and storage of cacao beans. Advanc. Food Res. **8**, 225—296 (1958).
Roux, D. G., and E. A. Maihs: Selective spray reagents for the identification and estimation of flavonoid compounds associated with condensed tannins. J. Chromatograph **4**, 65—74 (1960a).
— — Condensed tannins. III. Isolation and estimation of (—)-7,3′,4′,5′-tetrahydroxyflavan-3-ol, (+)-catechin and (+)-gallocatechin from black-wattle-bark extract. Biochem. J. **74**, 44—49 (1960b).
— and E. Paulus: Condensed tannins. VII. Isolation of (—)-7,3′,4′-Trihydroxyflavan-3-ol [(—)-Fisctinidol], a naturally occuring catechin from black-wattle heartwood. Biochem. J. **78**, 120—123 (1961).

SCARPATI, M. L., u. G. ORIENTE: Isolierung und Konstitution der Rosmarinsäure (aus Rosmarinus off.). Ric. sci. **28**, 2329—2333 (1958a) [italienisch].
— — Chicoric acid (dicaffeyltartic acid): its isolation from chicory (Chicorium intybus) and synthesis. Tetrahedron **4**, 43—48 (1958b).
SCARPATI, M. L., u. G. ORIENTE: Isolierung der Phaseolussäure aus Bohnen (Phaseolus vulgaris), ihre Konstitution und Synthese. Gazz. chim. ital. **90**, 212—219 (1960) [italienisch].
SCHÜTTE, H. R., W. LANGENBECK u. H. BÖHME: Genetisch-biochemische Untersuchungen über Blütenfarbstoffe an Mutanten von Antirrhinum majus (L.). Chinasäure als p-Cumarsäureester in Antirrhinum majus. Naturwiss. **44**, 63 (1957).
SCHULTZ, O. E., u. R. GMELIN: Papierchromatographie der Senfölglucosid-Drogen. Z. Naturforsch. **7 b**, 500—506 (1952).
SESHADRI, T. R.: Recent developments in the chemistry of flavonoids. Tetrahedron **6**, 169—200 (1959).
SIEGELMAN, H. W., and C. C. CRAFT: The polyphenolic compounds of the persimmon fruit. Plant Physiology **31**, Suppl. S. 38 (1956).
SONDHEIMER, E.: The isolation and identification of 3-Methyl-6-methoxy-8-hydroxy-3,4-dihydroisocoumarin from carrots. J. amer. chem. Soc. **79**, 5036—5039 (1957).
— On the distribution of caffeic acid and the chlorogenic acid isomers in plants. Arch. Biochem. Biophys. **74**, 131—138 (1958).
STAHL, E., u. P. J. SCHORN: Dünnschicht-Chromatographie hydrophiler Arzneipflanzenauszüge. VIII. Cumarine, Flavonderivate, Hydroxysäuren, Gerbstoffe, Anthracenderivate und Flechteninhaltsstoffe. Hoppe-Seylers Z. physiol. Chem. **325**, 263—274 (1961).
STAHL, W. H.: The chemistry of tea and tea manufacturing. Advanc. Food Res. **11**, 201—262 (1962).
STROH, H. H.: Über die Anthocyane des Rotkohls. I. Zur Konstitution des Rubrobrassinchlorids. Z. Naturforsch. **14 b**, 699—703 (1959).
STOLL, A., J. RENZ u. A. BRACK: Isolierung und Konstitution des Echinacosids, eines Glykosids aus den Wurzeln von Echinacea angustifolia D. C. Helv. chim. Acta **33**, 1877—1893 (1950).
SUMERE, C. F. VAN, H. HILDERSON and L. MASSART: Coumarins and phenolic acids of barley and malt husk. Naturwiss. **45**, 292 (1958).
— F. PARMENTIER and M. VAN POUCKE: Interconversion of caffeic acid and esculetin. Naturwiss. **46**, 668 (1959).
SUTHERLAND, G. K., and W. A. GORTNER: Studies of a quinyl-p-coumarate in the pineapple plant (Ananas comosus var. cayenne). Austral. J. Chem. **12**, 240—246 (1959).
SWAIN, T.: The identification of coumarins and related compounds by filter-paper chromatography. Biochem. J. **53**, 200—208 (1953).
— and W. E. HILLIS: The phenolic constituents of Prunus domestica. I. The quantitative analysis of phenolic constituents. J. Sci. Food Agric. **10**, 63—68 (1959).
URITANI, I., and M. MIYANO: Derivatives of caffeic acid in sweet potato attacked by black rot. Nature (Lond.) **175**, 812 (1955).
VENKATARAMAN, K.: Flavones and Isoflavones. Fortschr. Chem. org. Naturstoffe **17**, 1—69 (1959).
VERZELE, M., J. STOCKX, F. FONTIJN and M. ANTEUNIS: Xanthohumol, a new natural chalkone. Bull. Soc. chim. Belg. **66**, 452—475 (1957).
VUATAZ, L., and H. BRANDENBERGER: Plant phenols. III. Separation of fermented and black tea polyphenols by cellulose column chromatography. J. Chromatograph. **5**, 17—31 (1961).
— — and R. H. EGLI: Plant phenols. I. Separation of the tea leaf polyphenols by cellulose column chromatography. J. Chromatograph. **2**, 173—187 (1959).
WALZ, E.: Isoflavon- und Saponin-Glucoside in Soja hispida. Liebigs Ann. Chem. **489**, 118—155 (1931).
WILLIAMS, A. H.: The simpler phenolic substances of plants. J. Sci. Food Agric. 8, 385—389 (1957).
— A p-coumaryl-quinic acid from apple fruit. Chem. and Industr. **1958**, 1200.
WRIGHT, H. E. JR., W. W. BURTON and R. C. BERRY JR.: Soluble browning reaction pigments of aged burley tobacco. I. The nondialyzable fraction. Arch. Biochem. Biophys. **86**, 94—101 (1960).
WU, M., and R. C. BURRELL: Flavonoid pigments of the tomato (Lycopersicum esculentum Mill.). Arch. Biochem. Biophys. **74**, 114—118 (1958).

Natürliche Farbstoffe mit Ausnahme von Myo- und Hämoglobin

Von

Prof. Dr. E. BAYER und Dipl.-Chem. W. VOELTER, Tübingen

Mit 1 Abbildung

In diesem Kapitel werden die wichtigsten Naturfarbstoffe behandelt. Farbstoffe, die gleichzeitig enzymatische Eigenschaften oder Vitaminwirkung aufweisen, werden auf S. 983 beschrieben. Auch die höher molekularen Chromoproteide finden sich an anderer Stelle dieses Werkes (vgl. S. 240).

Die in der Natur Farbigkeit bewirkenden Substanzen können prinzipiell in drei große Klassen eingeteilt werden. So kann in einem linearen Kohlenstoffgerüst durch eine Vielzahl von konjugierten Doppelbindungen Farbe auftreten, wie bei den Carotinoiden. Unter den farbigen Ringverbindungen sind die Chinone und Heterocyclen zu nennen. Zur letzten Gruppe gehören die meisten natürlich vorkommenden Farbstoffe.

A. Carotinoide

I. Allgemeines

Carotinoide kommen in Pflanzen als Stoffwechselprodukte vor. Im Tierkörper werden sie durch pflanzliche Nahrung aufgenommen. Manche Carotinoide sind als Provitamin A wirksam. Sie stellen färbende Substanzen vieler Lebensmittel dar.

H. WACKENRODER stellte erstmals kristallisiertes Carotin her. R. KUHN und P. KARRER klärten die Konstitution der Carotinoide auf. Totalsynthesen von Vitamin A und Carotinoiden sind von O. ISLER u. Mitarb., H. H. INHOFFEN und H. POMMER ausgeführt worden.

II. Konstitution

Die meisten Carotinoide enthalten ein aliphathisches bzw. aliphathisch-alicyclisches Kohlenstoffgerüst mit 40 C-Atomen und maximal 13 konjugierten Doppelbindungen.

Daneben finden sich auch Carotinoide mit geringerer Anzahl von C-Atomen. Neben den reinen Polyenkohlenwasserstoffen (Carotin, Lycopin) finden sich auch Carotinoide mit alkoholischen Hydroxylgruppen (z. B. Zeaxanthin), Ketogruppierungen (z. B. Astaxanthin), Epoxygruppierungen (z. B. Antheraxanthin), Carboxylgruppen (z. B. Bixin) und mehreren funktionellen Gruppierungen wie z. B. Polyenhydroxyketone (z. B. Capsanthin). Die Konstitutionsformeln der einzelnen Carotinoide sind in Abschnitt X angeführt.

III. Eigenschaften

Die Carotinoide sind, je nach der Anzahl der konjugierten Doppelbindungen, gelbe bis violette Substanzen, die gut kristallisieren und hohe Schmelzpunkte aufweisen. Sie sind ausnahmslos in Wasser schwer löslich. Vorzügliche Lösungsmittel für Polyenkohlenwasserstoffe sind Schwefelkohlenstoff, Tetrahydrofuran, Chloroform und Benzol; weniger geeignet sind Petroläther und Äther. Carotinoide mit Hydroxyl- oder Carbonylgruppen lösen sich auch in polaren Lösungsmitteln wie Aceton und Äthanol. An Zucker oder Eiweiß gebunden, können die Polyene wasserlöslich werden.

Die Polyene sind, bedingt durch ihre Doppelbindungen, instabil gegenüber dem Angriff von Säuren, Luftsauerstoff und der Einwirkung von Licht. Schwermetallspuren katalysieren die Autoxydation (H. v. Euler u. Mitarb. 1929; W. Franke 1932; A. Chevallier u. Mitarb. 1948). Durch Zusatz von Antioxydantien, wie Polyphenolen, Diphenylamin u. a., kann die Autoxydation inhibiert werden (K. T. Williams u. Mitarb. 1943; J. A. Lovern 1944; C. R. Thompson 1950). Carotinoide sollten immer im Dunkeln aufbewahrt werden.

Die natürlich vorkommenden Carotinoide sind fast immer trans-Verbindungen. Die all-trans-Formen lassen sich jedoch photochemisch, katalytisch oder chemisch reversibel in cis-Isomere, sog. Neoformen, überführen (L. Zechmeister 1944). Die A-Vitamine haben ähnliche Lösungseigenschaften und sind noch instabiler als die Carotinoide (J. G. Baxter u. C. D. Robeson 1942; L. Fuchs u. E. Soos 1943; W. Heimann 1947). Wegen der geringeren Zahl von Kohlenstoffatomen und Doppelbindungen sind sie nur gelb bis gelbrot, haben tiefere Schmelzpunkte und können der Molekulardestillation unterworfen werden.

Die Spektren der Carotinoide und A-Vitamine werden später besprochen. Die Maxima sind in Abschnitt X angeführt.

IV. Gewinnung von Carotinoiden aus Naturprodukten

In den meisten Fällen geht man zur technischen oder auch zur Darstellung im Laboratoriumsmaßstab von getrocknetem, natürlichem Material aus. Dieses kann durch Gefriertrocknung, durch Verreiben des Rohmaterials mit wasserfreiem Natriumsulfat (E. Lederer 1938a; G. A. Garton u. Mitarb. 1951) oder durch schonendes Entwässern unterhalb 50° C gewonnen werden.

Die Carotinoide können dann mit Lösungsmitteln wie Benzol, Petroläther, Schwefelkohlenstoff, Chloroform extrahiert werden. Zur Darstellung von Polyenkohlenwasserstoffen kann man die so gewonnenen Extrakte einengen und auskristallisieren lassen.

Bei der Isolierung von Carotinoiden mit Hydroxylgruppen müssen die evtl. vorkommenden Ester mit methanolischer Kalilauge unter Stickstoffatmosphäre verseift werden.

Wenn Carotinoidkohlenwasserstoffe und Carotinoidalkohole nebeneinander vorkommen, muß man eine Verteilung zwischen zwei Phasen vornehmen. Nach der Verseifung mit methanolischer Kalilauge fügt man zur Carotinoidlösung Petroläther und soviel Wasser zu, bis sich 2 Phasen bilden: eine obere, die *Epiphase*, und eine untere, die *Hypophase*. Letztere besteht ungefähr aus 90% Methanol und 10% Wasser.

In der Hypophase befinden sich Polyenhydroxyketone, Polyencarbonsäuren und Carotinoide mit 2 oder mehr Hydroxylgruppen, in der Epiphase die Kohlenwasserstoffe. Lipochromfarbstoffe mit einer Keto- oder Hydroxylgruppe verteilen sich mehr oder weniger auf beide Phasen.

In der Tab. 1 sind einige hypophasische und epiphasische Carotinoide zusammengestellt (P. KARRER u. E. JUCKER 1948).

Tabelle 1. *Verteilung verschiedener Carotinoide in Epi- und Hypophase*

epiphasische Carotinoide	sowohl epiphasische als auch hypophasische Carotinoide	hypophasische Carotinoide
α-Carotin	Kryptoxanthin	Antheraxanthin
β-Carotin	Lycoxanthin	Astacin
γ-Carotin	Rhodoxanthin	Astaxanthin
Citroxanthin	Rubixanthin	Bixin
Echinenon		Capsanthin
Lycopin		Capsorubin
Pro-γ-Carotin		β-Citaurin
Prolycopin		Crocetin
		Flavoxanthin
		Fucoxanthin
		Lycophyll
		Torularhodin
		Violaxanthin
		Xanthophyll
		Xanthophyllepoxid
		Zeaxanthin

Darstellungsvorschriften einiger Carotinoide

Da Carotinoide sowohl als Provitamin A wie auch als Lebensmittelfarbstoffe von Bedeutung sind, werden hier Vorschriften für die Darstellung einiger wichtiger Polyene wiedergegeben:

Bixin. Bixin wird, in Pflanzenöl gelöst, zum Färben von Butter, Margarine und Wachsen benutzt. Das Salz des Bixins ist z. B. Hauptbestandteil der roten Deckschicht des Edamer Käses. Auch für Teig- und Backwaren findet Bixin Verwendung. Ausgangsmaterial für Bixin sind die Samenkörner des in Amerika, Asien und Afrika heimischen Rocoubaumes Bixa orellana (R. KUHN u. L. EHMANN 1929).

In ein 5 l-Becherglas fügt man zu 1 kg getrocknetem Bixasamen 1 l Wasser, läßt 3 Std stehen, rührt 1 Std, gießt den Inhalt durch ein Sieb von 1 mm Maschenweite, wäscht mit dest. Wasser nach und wartet, bis sich die festen Teilchen abgesetzt haben. Die darüberstehende, blaßrote Flüssigkeit wird abgegossen, der dunkelrote Schlamm zentrifugiert und erst an der Luft, dann im Vakuum getrocknet. Schließlich wird mit der Kugelmühle gemahlen (Ausbeute 48—60 g).

50 g dieses Rohproduktes werden mit 500 ml Äthanol unter Rühren auf 60—65° C erhitzt, die Lösung wird mit Ammoniak gesättigt, bei 40° C abfiltriert und der Rückstand nochmals mit 250 ml Äthanol und Ammoniak behandelt. Man rührt die vereinigten Filtrate 2 Std, gibt 0,8 ml Eisessig zu, läßt über Nacht stehen, dekantiert vom abgeschiedenen Harz, fällt Bixin mit Eisessig, filtriert, trocknet und kristallisiert aus reiner Essigsäure um. Ausbeute: 6,5—8 g vom Smp 198° C. Der Carotingehalt kann qualitativ chromatographisch (W. DIEMAIR u. H. JANECKE 1950) oder in Äthanol spektralphotometrisch bei 483 nμ quantitativ ermittelt werden.

Xanthophyll. Xanthophyll kann aus Brennesselblättern dargestellt werden und findet als Fettfarbstoff Verwendung.

12 kg trockene, feingemahlene Brennesselblätter werden 4 Wochen lang mit 16 l 80%igem Methanol stehengelassen, dann wird vom Rohmaterial abfiltriert und letzteres mit 20 l Äther extrahiert. Die ätherische Lösung läßt man 3 Std lang mit 6 l Wasser stehen, dekantiert von der wäßrigen Phase, schüttelt 2 Std mit 1 l 10%iger methanolischer Kalilauge und weitere 12 Std mit 1 l 3%igem methanolischem Kaliumhydroxid. Der Äther wird mit Wasser neutral gewaschen, getrocknet und im Vakuum bis auf 300 ml abgezogen, wobei Xanthophyll ausfällt (Ausbeute 7 g).

Aus dem Filtrat können durch Fällen mit Petroläther weitere 2,5 g erhalten werden. Xanthophyll kann spektralphotometrisch bei $\lambda_{max} = 445$ nμ in Äthanol ($\log E_m = 290$) bestimmt werden.

β-Carotin aus Karotten. Carotin findet als Fettfarbstoff und in pharmazeutischen Zubereitungen Verwendung. Es wird als Reinsubstanz oder als Konzentrat technisch hergestellt. Ausgangsmaterialien sind vornehmlich Karotten (O. Ungnade 1939; R. Kuhn u. H.-J. Bielig 1940b; H. M. Barnett 1943; H.-J. Bielig 1944a), rotes Palmöl (O. Ungnade 1939; R. F. Hunter u. Mitarb. 1946), Luzerne (O. Ungnade 1939; H. G. Petering u. Mitarb. 1940; M. E. Wall 1949; W. H. Shearon u. Mitarb. 1949), Süßkartoffeln (Ipomoea batatas) (W. C. Sherman u. C. J. Kehn 1948), Kürbisse (L. Zechmeister u. P. Tuzson 1934) und Brennesseln (F. M. Schertz 1938; M. E. Wall u. Mitarb. 1944).

Ein sehr einfaches Verfahren der Naßextraktion mit Tetrahydrofuran führt nach H.-J. Bielig 1944a innerhalb eines Tages zu Carotin. 100 kg Karotten werden im offenen Autoklaven mit 20 l Wasser kurz aufgekocht und dann bei geschlossenem Autoklaven noch 20 min auf 110° C gehalten. Die Möhren werden dann im Wolf zerkleinert und hydraulisch abgepreßt. Aus dem feuchten Preßgut wird das Carotin mit 100 l peroxidfreiem Tetrahydrofuran extrahiert, die roten Auszüge im Vakuum bei 60° C bis zur Schichtentrennung eingedampft und dann mit 2 l 50%iger warmer Natronlauge geschüttelt. Nach dem Erkalten in einer Stickstoffatmosphäre scheidet sich innerhalb weniger Stunden das rohe Carotin kristallin ab. Dieses wird über eine Kieselgurschicht abfiltriert, mit siedendem Methanol von schleimigen Begleitstoffen freigewaschen und das reine Carotin aus der Kieselgurschicht mit Benzol herausgelöst. Die benzolische Lösung wird eingeengt und nach Zusatz von wenig warmem Methanol das Carotin auskristallisiert (Smp = 176,5° C). Aus den alkalischen Mutterlaugen kann noch mit Petroläther weiteres Carotin extrahiert werden. Die Ausbeuten liegen bei 70—80% des ursprünglich vorhandenen Carotins, bei einem Gehalt von 8—10 g je 100 kg Karotten. Die Bestimmung erfolgt spektralphotometrisch (vgl. Abschnitt X).

β-Carotin aus Butter (A. E. Gillam u. Mitarb. 1937). 1/2 kg Kuhbutter löst man in 3 l heißem Aceton, kühlt auf —6° C ab, dekantiert von abgeschiedenen Fetten und behandelt die Fettrückstände in derselben Weise mit jeweils 1 l Aceton, bis diese farblos sind. Die vereinigten Acetonlösungen werden eingeengt, der Rückstand wird mit 10%iger Kalilauge verseift, das Reaktionsgemisch mit Äther ausgeschüttelt, in Methanol gebracht, auf 7° C abgekühlt, von ausgeschiedenen Sterinen abgetrennt, die alkoholische Phase eingeengt und mit Wasser verdünnt. Nun schüttelt man mit Petroläther aus, extrahiert Xanthophylle und A-Vitamine mit 90%igem Methanol und bringt die getrocknete Petroläther-Phase auf eine Magnesiumoxidsäule. Die orangerot gefärbte Hauptzone enthält 4 mg β-Carotin, das nach Herauslösen mit einem Petroläther-Methanol-Gemisch kristallin erhalten wird. Umkristallisiert wird aus Petroläther (Smp = 180—181° C).

Crocin aus Safran electus (R. Kuhn u. A. Winterstein 1934). Das Crocin des Safrans ist als Digentiobioseester des Crocetins wasserlöslich und dient zum Gelbfärben von Pharmazeutica.

Durch 15stündige Extraktion mit Petroläther werden von 1 kg getrocknetem und gemahlenem Safran electus Lipoide, Safranal, Carotin und Lycopin eluiert und Pikrocrocin und Sterine im Extraktionsapparat mit Äther ausgezogen. Das so vorbehandelte Rohmaterial kocht man mit 2,5 l 80%igem Methanol aus, filtriert den Rückstand ab und gibt zum Filtrat soviel Methylalkohol, bis dies nur noch 10% Wasser enthält. Im Eisschrank scheiden sich nach einigen Wochen bis zu 10 g Rohcrocin ab. Die Mutterlauge wird von den Kristallen abgetrennt, Crocin in möglichst wenig Pyridin aufgenommen, vom Unlöslichen abdekantiert, die Pyridinlösung in absoluten Äther gegossen, der rote, unlösliche Niederschlag rasch filtriert, mit absolutem Äther nachgewaschen und schließlich aus heißem Methanol umkristallisiert (Smp = 186° C).

Crocetin aus Safran electus (P. Karrer u. H. Salomon 1927, 1928). Zur Crocetindarstellung wird das mit Petroläther, Äther und schließlich 80%igem Methanol ausgezogene Safranpulver zweimal mit je 1,5 l 70%igem Methanol extrahiert. Diese Auszüge vereinigt man mit der bei der Crocindarstellung erhaltenen methanolischen Mutterlauge, fügt 200 ml 1n-Natronlauge zu, filtriert 3 Std später den Niederschlag ab, gibt zum Filtrat soviel Wasser, bis eine 50%ige methanolische Lösung entsteht, und vereinigt die zweite Fällung mit der ersten. Der Crocetinester wird dann mit 200 ml 10%iger alkoholischer Kalilauge durch einstündiges Kochen verseift, das in der Kälte ausgefallene Kaliumsalz abfiltriert, mit 200 ml siedendem Eisessig behandelt und das Rohcrocetin nach Abkühlen filtriert und aus Pyridin umkristallisiert (Ausbeute bis zu 60 g, Smp = 285° C). Crocetin kann spektralphotometrisch bei 445 nμ in Hexan ($\log E_m = 250$) bestimmt werden. Zur Qualitätsprüfung des Safrans und des Reinheitsgrades von Crocetin kann man wäßrige Lösungen gegen Kaliumdichromat colorimetrieren: γ-Crocin $= (\gamma K_2Cr_2O_7/50) + 0{,}7$.

V. Synthesen

In den vergangenen Jahren sind brauchbare Synthesen von Carotinoiden entwickelt worden, die auch technisch ausgeführt werden. Man ist daher bei manchen Substanzen nicht mehr auf natürliche Quellen angewiesen.

1. Vitamin A

Seit 1930 ist die Synthese dieses Vitamins von zahlreichen Arbeitskreisen versucht worden. Schließlich gelang sie O. ISLER u. Mitarb. (1947) in den Laboratorien der F. Hoffmann-La Roche AG. Als Ausgangsprodukt diente β-Jonon. Die wichtigsten Zwischenstufen sind in folgendem Schema angegeben:

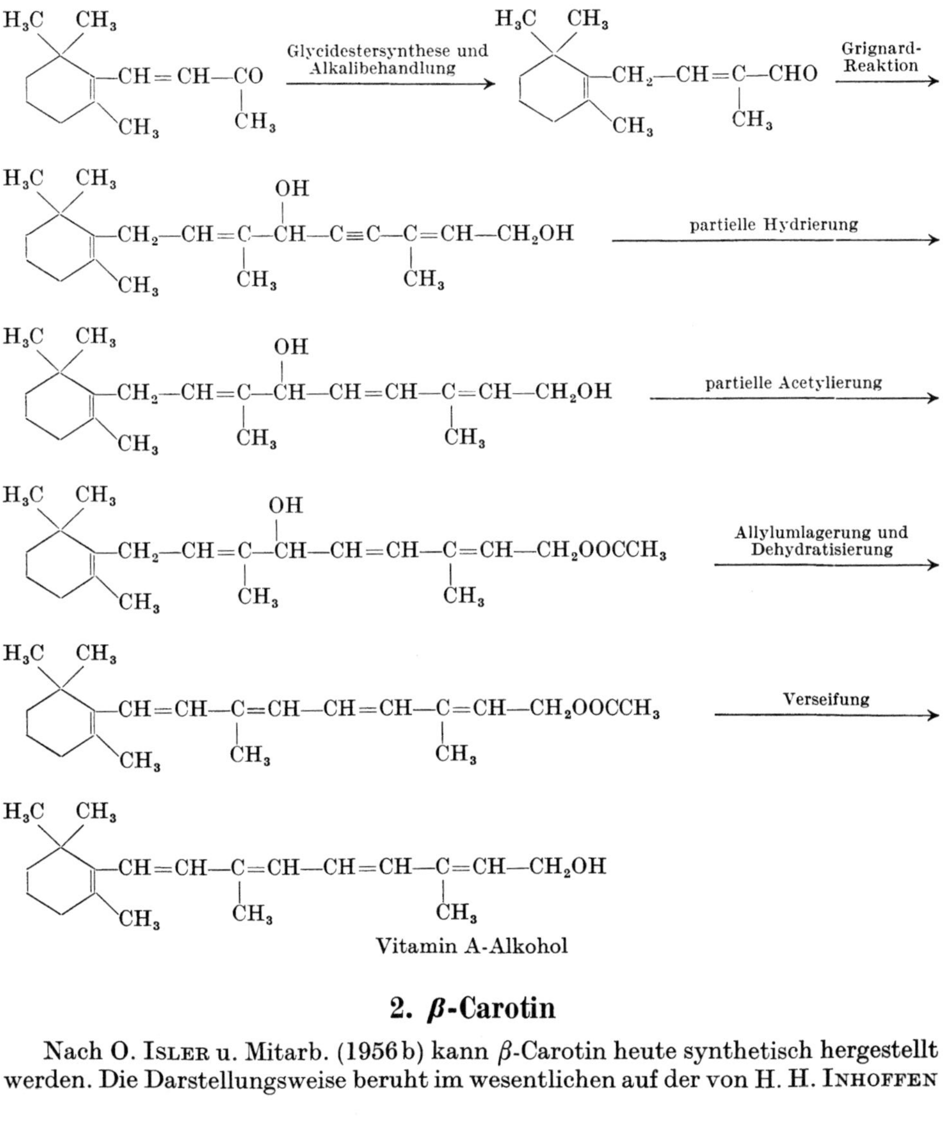

Vitamin A-Alkohol

2. β-Carotin

Nach O. ISLER u. Mitarb. (1956b) kann β-Carotin heute synthetisch hergestellt werden. Die Darstellungsweise beruht im wesentlichen auf der von H. H. INHOFFEN

u. Mitarb. (1950b) entwickelten β-Carotin-Synthese. Der β-C_{19}-Aldehyd wird jedoch nach einem einfacheren Verfahren dargestellt. Ausgangsprodukt ist wieder das β-Jonon:

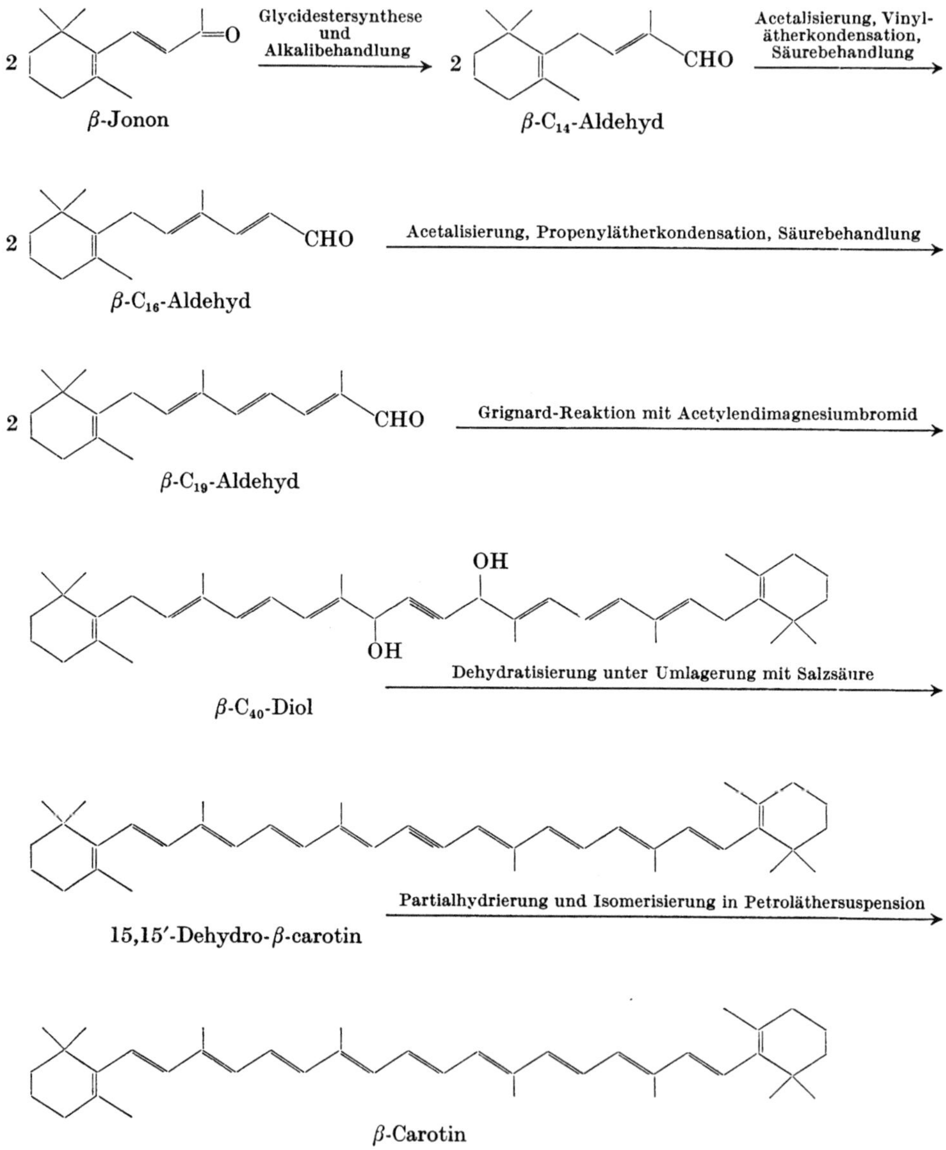

Von den von H. Pommer (1960) ausgeführten β-Carotinsynthesen sei hier die elegante Methode angegeben, welche mit einer Modifizierung der Wittig-Olefinierung arbeitet. Dabei werden trans-β-Jonylidenäthanol (I), Triphenylphosphin und Salzsäure mit dem C_{10}-Dialdehyd (II) und Natriummethylat umgesetzt. Die eingeklammerten Zwischenstufen wurden nicht isoliert. All-trans-β-Carotin (III) kristallisiert nach beendeter Reaktion direkt aus. (Ausbeute 34%):

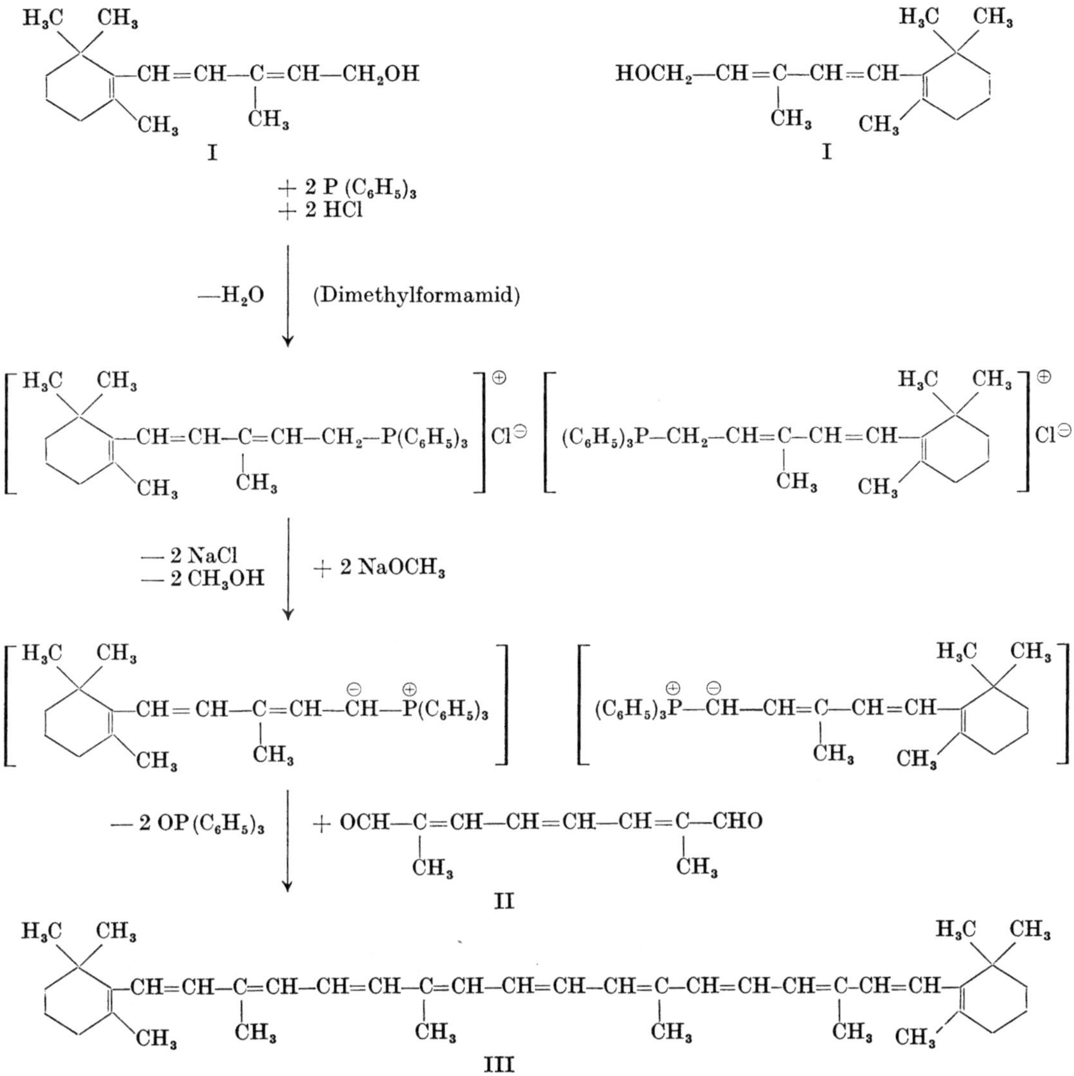

VI. Chromatographische Trennung der Carotinoide

Die *analytische Trennung* der Carotinoide kann papierchromatographisch (W. Diemair u. H. H. Janecke 1950; L. Bauer 1952), vorteilhafter aber mittels der Dünnschicht-Chromatographie geschehen. A. Montag (1962) hat die Anwendung der Dünnschicht-Chromatographie zur Trennung von als Lebensmittelfarbstoffe benutzten Carotinoiden beschrieben. E. Stahl u. Mitarb. (1961) haben sehr eingehende Untersuchungen über die Trennung von Carotinoiden ausgeführt. In Tab. 2 sind die R_f-Werte von Carotinoiden unter verschiedenen Bedingungen angegeben.

Zur *präparativen Trennung* der Carotinoide findet die Säulenchromatographie Verwendung. Am Beispiel der Trennung von α-, β- und γ-Carotin ist von R. KUHN u. Mitarb. 1931 die Chromatographie wiederentdeckt worden. Auch cis-trans-Isomere lassen sich trennen, wie A. WINTERSTEIN u. G. STEIN (1933a) beim Crocetinmethylester erstmals gezeigt haben.

Tabelle 2. *Rf-Werte von Carotinoiden*

Carotinoid	1	2	3	4	5	6
Carotinoidkohlenwasserstoffe						
α-Carotin	—	0,88	—	0,84	—	—
β-Carotin	0,96	—	—	0,69	—	—
sauerstoffhaltige Carotinoide						
Torularhodinmethylester	—	—	—	0	0,94	1,00
Canthaxanthin	0,38	0,43	—	0	0,63	0,90
Kryptoxanthin	—	0,34	0,74	0	0,54	0,75
Xanthophyll	—	—	0,55	0	—	0,35
Antheraxanthin	—	—	—	0	—	0,32
Zeaxanthin	0,17	—	0,57	0	—	0,24
Violaxanthin	—	—	—	0	—	0,21
Capsanthin	—	—	—	0	—	0,16
Capsorubin	—	—	—	0	—	0,13
Bixin	0,51	—	—	0	—	0,06
Azafrin	—	—	—	0	—	0,02
Echinenon	—	0,82	—	—	—	—
Rhodoxanthin	—	0,16	0,94	—	—	—

Dünnschicht (0,25 mm)	mobile Phase
1 = Kieselgel (mit Reisstärke)	n-Hexan-Äther (30 + 70 V/V)
2 = Calciumhydroxid — Kieselgel G (6 + 1)	Benzol
3 = Calciumhydroxid — Kieselgel G (6 + 1)	Benzol-Methanol (98 + 2 V/V)
4 = Calciumhydroxid	Kohlenwasserstoffgemisch-Methylenchlorid (95 + 5 V/V)
5 = sek. Magnesiumphosphat	Benzol
6 = Kieselgel G	Methylenchlorid-Äthylacetat (80 + 20 V/V)

Zur Säulenfüllung eignen sich Aluminiumoxid, Magnesiumoxid, Calciumoxid, Calciumhydroxid, Calciumcarbonat, Zinkcarbonat, Calciumphosphat, Talkum, Maisstärke, Cellulose. Die Aktivität nimmt in obiger Reihenfolge von Aluminiumoxid zur Cellulose ab. Ein Carotinoid wandert um so langsamer auf der Säule, je mehr OH-, CO- oder Estergruppen es besitzt.

Für die Carotinoide der Epiphase werden als Lösungsmittel oft Petroläther oder ein Gemisch von Petroläther und Benzol verwendet; die Carotinoide der Hypophase werden meistens mit Benzol oder einem Benzol-Äther-Gemisch getrennt. Die Lösungsmittel dürfen nicht verunreinigt sein. Die Chromatographiesäule sollte auch nie austrocknen, da die Polyenfarbstoffe sonst durch Luftsauerstoff zerstört werden.

Trennbeispiele unter Anwendung chromatographischer Verfahren werden im nächsten Abschnitt gegeben. Weitere Arbeiten über Chromatographie vgl. D. C. CASTLE u. Mitarb. (1934); H. BROCKMANN (1943); L. ZECHMEISTER u. L. v. CHOLNOKY (1943); G. HESSE (1943); H. H. STRAIN (1942) und K. PAECH u. M. V. TRACEY (1954).

VII. Isolierung von Carotinoiden zur spektralphotometrischen Untersuchung und Bestimmung

1. Aufarbeitung des Rohmaterials

Das Rohmaterial (z. B. 5 g bei 40—50° C getrocknete Pflanzen, 10 g Blutserum, 5 g Eidotter, 8 g Butter oder 25 ml Milch) wird mit 25 ml alkoholischer Kalilauge (12 g KOH und 100 ml C_2H_5OH abs.) 30 min lang (Milch 60 min lang) unter Rückfluß gekocht, abgekühlt und die alkoholische Lösung einmal mit 100 ml, dann zweimal mit je 25 ml und schließlich dreimal mit 20 ml frisch destilliertem Petroläther (Sdp = 50—70° C) extrahiert. Die vereinigten Petrolätherextrakte werden dann 10—15mal mit 25 ml 90%igem Methanol ausgeschüttelt und zuletzt zweimal mit je 50 ml Wasser gewaschen. In der Petrolätherphase befinden sich die epiphasischen, in der methanolischen die hypophasischen Carotinoide.

Die Petrolätherphase kann direkt auf die Chromatographiesäule gebracht werden. Die methanolische Phase wird mit gleichen Teilen Wasser versetzt und die Polyene mit Petroläther einige Male extrahiert. Die vereinigten Petrolätherextrakte werden dann mit Wasser gewaschen und über wasserfreiem Natriumsulfat p. a. getrocknet und auf 40—50 ml Lösung eingedampft.

100 g frisches Pflanzengewebe wird vor der Extraktion und Behandlung mit heißer methanolischer Kalilauge am besten tiefgefroren und anschließend mit 100 g Quarzsand verrieben.

Da jedoch in der Hitze trans- in cis-Isomere umgewandelt werden können, sind Extraktionsmethoden, bei denen Erwärmen nicht notwendig ist, geeigneter:

Steht ein Homogenisator zur Verfügung, dann wird in diesem 100 g frisches Rohmaterial 5 min lang mit 150 ml äthanol. Kalilauge (12 g Kaliumhydroxid in 100 ml Äthanol) versetzt und danach wie oben beschrieben weiter behandelt.

Trockenes Pflanzenmaterial (10 g) kann auch mit Quarzsand verrieben und dann mit äthanolischer Kalilauge (150 ml) versetzt werden. Vor der oben ausgeführten Weiterbehandlung mit Petroläther wird die alkalische Lösung 12—15 Std in den Eisschrank gestellt.

2. Aufarbeitung der Epiphase

4 ml der Petrolätherphase werden auf eine Aluminiumoxidsäule (Aluminiumoxid nach BROCKMANN; Säule 0,8 × 15 cm) gebracht und mit Petroläther entwickelt. Die Carotinoide liegen in der entwickelten Al_2O_3-Säule folgendermaßen übereinander:

Rubixanthin, Kryptoxanthin, Rhodoxanthin, Echinenon, Lycopin, Prolycopin, γ-Carotin, Pro-γ-Carotin, β-Carotin, α-Carotin. Die Säule wird nach der Entwicklung ausgestoßen, die Carotinoidringe voneinander getrennt und die Polyenfarbstoffe einzeln mit Petroläther, der 2% Äthanol enthält, vom Adsorptionsmittel weggelöst, letzteres abzentrifugiert und dann der Petroläther abgedampft. Der Rückstand wird im entsprechenden Lösungsmittel gelöst und spektralphotometrisch bestimmt unter Zuhilfenahme der in Abschnitt X angegebenen Maxima.

Interessiert nur der „Carotingehalt", dann werden 50 ml Petrolätherlösung mit 2,5 g aktiviertem Magnesiumcarbonat 1,5 min lang kräftig geschüttelt, abzentrifugiert, bis zur 50 ml-Marke mit Petroläther nachgefüllt und der Carotingehalt spektralphotometrisch bestimmt.

3. Aufarbeitung der Hypophase

Einige Milliliter des Petrolätherextraktes der Hypophase werden in ein Mikrochromatographierohr (5—10 mm Durchmesser), das mit Calciumcarbonat gefüllt ist, gebracht. Zum Entwickeln dient Petroläther. Die Carotinoidringe liegen nach der Trennung folgendermaßen übereinander:

Antheraxanthin, Luteinmonoepoxid, Zeaxanthin, Lutein. Die Bestimmung der einzelnen Komponenten erfolgt ebenfalls wieder spektralphotometrisch (vgl. Abschnitt X).

Astaxanthin geht bei der Extraktionsmethode in Astacin über, welches in der methanolischen Kalilauge gelöst bleibt. Daraus kann Astacin mit Petroläther extrahiert werden, wenn man zuvor mit Schwefelsäure neutralisiert. Die vereinigten Petrolätherextrakte werden noch zweimal mit 50 ml Wasser gewaschen, mit Na_2SO_4 p. a. getrocknet, auf 30—50 ml eingeengt und auf eine Calciumcarbonat-Säule gebracht. Entwickelt wird wieder mit Petroläther und der Gehalt spektralphotometrisch bestimmt (vgl. Abschnitt X).

4. Chromatographische Trennung von Vit. A, Vit. A-Estern und β-Carotin

350 g Aluminiumoxid werden bei 300—500° C 80 min getrocknet. Von diesem Präparat werden nach dem Abkühlenlassen auf Zimmertemperatur 100 g mit 3,3 g Wasser, weitere 100 g mit 16 g Wasser und nochmals 100 g mit 21 g Wasser versetzt. Durch Mischen der einzelnen Proben untereinander kann jede beliebige Adsorptionsaktivität zwischen den 3 Standardaktivitäten hergestellt werden. Das Chromatographierohr (1,6 × 30 cm) wird nun mit 6 gleichlangen Schichten verschiedener Aktivität gefüllt, dann nacheinander mit Lösungen von β-Carotin, Vitamin A-Ester und Vitamin A-Alkohol in Petroläther versetzt. An der Farbe kann man erkennen, in welcher Phase die einzelnen Substanzen besonders festgehalten werden. Nun variiert man solange die Aluminiumoxidaktivität, bis man eine Mischung gefunden hat, welche Vitamin A in der oberen Hälfte der Säule festhält, während Vitamin A-Ester und β-Carotin die Säule beim Entwickeln mit 100 ml Petroläther (Kp 90—100° C) passieren. Nach der Elution von Vitamin A mit Petroläther-Benzolgemisch (1:1) kann es dann nach dem Carr-Price- oder dem Glycerindichlorhydrin-Verfahren bestimmt werden.

VIII. Eigenschaften und Reaktionen von Polyenen

1. Qualitative Identifizierung

a) Schmelzpunkte

Da Carotinoide Kristalle mit charakteristischen Schmelzpunkten (vgl. Abschnitt X) bilden, können diese zur Identifizierung herangezogen werden. Es ist aber oft nicht ganz einfach, die Carotinoide zur Kristallisation zu bringen, da meist nur geringe Mengen an Substanz zur Verfügung stehen.

Die Unterschiede der Schmelzpunkte von all-trans- und cis-Isomeren sind oft klein.

b) Farbreaktionen

Antimonchloridreaktion Eine gesättigte Lösung von reinem Antimontrichlorid in alkohol- und wasserfreiem Chloroform reagiert mit sämtlichen A-Vitaminen und Carotinoiden unter Blaufärbung. Durch Zugabe von zwei Tropfen Acetanhydrid wird die Farbe beständiger. Torularhodin gibt mit Antimonchlorid einen rotvioletten Farbstoff.

Schwefelsäurereaktion Sämtliche Carotinoide reagieren mit konzentrierter Schwefelsäure unter Blaufärbung. Einige Tropfen Acetanhydrid erhöhen die Beständigkeit des Farbstoffes. Torularhodin wird durch die konzentrierte Säure zunächst entfärbt und erst dann tritt schwache Blaufärbung auf.

Reaktionen mit Salzsäure Konzentrierte Salzsäure in Methanol reagiert mit Lutein unter Grünfärbung. Carotine geben keine Reaktion. Konzentrierte Salzsäure in Äther gibt mit β-Citaurin und Flavoxanthin Blaufärbung. Mit Capsorubin tritt violette Farbe auf. Bei Carotinen, Echinenon, Lutein und Zeaxanthin verläuft die Probe negativ.

Reaktionen mit konzentrierter Ameisensäure Charakteristischer sind die Farbreaktionen mit konzentrierter Ameisensäure. Sie bildet mit Lutein und Bixin einen tiefgrünen, beständigen, mit Carotin einen schwach blauen, mit Violaxanthin einen tiefblauen, mit Capsanthin einen rosa und mit Azafrin einen violetten Farbstoff.

Reaktionen mit Dichloressigsäure Bixin gibt mit diesem Reagens beim Erwärmen Grünfärbung; Crocetin färbt sich in Dichloressigsäure zunächst orange, dann oliv und schließlich grün.

c) Lichtabsorptionsspektren

Zur Identifizierung von Carotinoiden können ihre charakteristischen Lichtabsorptionsspektren verwendet werden. Meist treten im sichtbaren Bereich des Spektrums drei Maxima und je eine Bande im nahen und fernen UV auf. Die Lage der Banden ist eine Funktion folgender Faktoren (K. W. Hausser u. W. Smakula 1934/35; L. F. Fieser 1950; P. Karrer u. E. Jucker 1948):

1. Zahl und Lage der Doppelbindungen,
2. Anzahl und Art der funktionellen Gruppen,
3. Lösungsmittel.

Vermindert sich die Zahl der konjugierten Doppelbindungen bei sonst gleichbleibendem Molekül um eine, dann verschiebt sich die Absorptionsbande um etwa 20 nμ nach kürzeren Wellenlängen. Hydroxylgruppen haben wenig Einfluß auf die Lage der Absorptionsmaxima. Eine Carbonylgruppe dagegen verschiebt das Maximum um 30—40 nμ nach längeren Wellen.

Für cis-Isomere ist besonders die zwischen 320 und 340 nμ gelegene Bande (cis-peak) charakteristisch.

Der Einfluß des Lösungsmittels ist groß. In Schwefelkohlenstoff sind die Absorptionsbanden gegenüber Chloroform um 20—25 nμ nach längeren Wellen verschoben.

Carotinoide können spektralphotometrisch quantitativ bestimmt werden. Man vergleicht die Extinktion des reinen Carotinoids mit der des zu bestimmenden bei sonst gleichen Bedingungen. Es gilt:

$$\frac{E_{1\,cm}^{1\%}\ (\text{Probe})}{E_{1\,cm}^{1\%}} = \text{g Carotinoid/g Probe}\,.$$

Angaben über die charakteristischen Banden und deren Extinktionen finden sich in Abschnitt X. Es empfiehlt sich jedoch immer die vorherige Aufstellung einer Eichkurve mit reiner Substanz.

2. Quantitative Bestimmungsmethoden

a) Quantitative Bestimmungsmethode nach Carr-Price

Diese Methode benutzt die Antimonchloridreaktion der Carotinoide und A-Vitamine (vgl. o.) (vgl. B. L. Oser u. Mitarb. 1943 und P. B. Müller u. H. Moor 1949). Ein großer Nachteil ist die Unspezifität der Farbreaktion.

Eine geeignete Reagenslösung stellt man sich folgendermaßen her: 11 g Antimontrichlorid p. a. werden rasch zerkleinert und in eine braune, verschließbare Flasche gebracht, die 50 ml Chloroform enthält. Sobald sich das Antimonchlorid gelöst hat, gibt man 1 ml Acetanhydrid p. a. zu.

Die Lösung kann einige Tage verwendet werden. Sobald Rosafärbung auftritt, muß sie erneuert werden.

Um den Antimontrichlorid-Gehalt in 1 ml der Lösung zu bestimmen, werden unter Schütteln 20 ml einer 10%igen Seignettesalzlösung zugegeben, zuletzt fügt man noch 2 g Natriumhydrogencarbonat zu und titriert mit Jodlösung bis zur Blaufärbung von Stärke (1 ml 0,1 n Jodlösung ≙ 11,41 mg $SbCl_3$).

Zur Bestimmung werden die Polyene in Chloroform gelöst. Die Lösung soll 0,5—30 γ Carotin je ml enthalten. Zu der in der Küvette eines Photometers oder Spektralphotometers vorliegenden Polyenlösung gibt man etwa die 10fache Menge an Reagenslösung zu, nachdem man das geeignete Lichtfilter in den Strahlengang des Photometers gebracht oder die unten angegebenen Wellenlängen am Spektralphotometer eingestellt hat.

Nach wenigen Sekunden tritt maximale Blaufärbung ein. Dann kann die Extinktion abgelesen werden. Wird längere Zeit gemessen, dann muß die Vergleichsküvette, welche reines Lösungsmittel und Reagens im gleichen Verhältnis wie die zu bestimmende Lösung enthält, luftdicht verschlossen werden.

Zur Berechnung sind in der Tabelle 3 $E_{1\,cm}^{1\%}$-Werte angegeben, die mit analysenreinen Verbindungen erhalten wurden.

Tabelle 3. *Maxima und Extinktionen der Färbung mit Antimontrichlorid*

	λ_{max}	$E_{1\,cm}^{1\%}$
Vitamin A_1	620	5100
Vitamin A_2	693	4100
$Retinin_1$	664	3400

b) Quantitative Bestimmungen von Polyenfarbstoffen nach der Glycerindichlorhydrin-Methode

(A. E. Sobel u. H. Werbin 1946, P. B. Müller 1947)

Polyene geben mit Glycerindichlorhydrin erst Blau-, dann Violettfärbung. Die Farbe ist gegenüber der Antimonchloridreaktion weniger intensiv, doch bleibt die Intensität 2—10 min lang konstant.

Das Reagens wird folgendermaßen hergestellt:

Zu 250 ml Glycerindichlorhydrin gibt man 12 g Antimonchlorid, das in Chloroform gelöst ist. Dann wird i. Vak. (20 Torr) zunächst Chloroform abdestilliert. Das reine, destillierte Glycerindichlorhydrin-Reagens kann in braunen, verschlossenen Flaschen etwa 3 Wochen lang verwendet werden.

In einen 10 ml-Meßkolben bringt man nun 4 ml der Reagenslösung und 1 ml 1,5 bis 12 γ Vitamin A enthaltende Chloroformlösung, schüttelt kräftig und hält 3 bis 4 min auf 25° C. Dann wird die Extinktion rasch (Meßlicht wirkt bleichend!) spektralphotometrisch bei $\lambda = 555$ nμ gemessen. Als Standardsubstanz wird Vitamin A_1-Acetat verwendet. Bei einer Wellenlänge von 555 nμ wird für $E_{1\,cm}^{1\%}$ der Wert 1350 gefunden.

IX. Vorkommen

1. In Pflanzen

a) Höhere Pflanzen

Bei höheren Pflanzen kommen Carotinoide in allen *grünen Geweben* vor. Die Chloroplasten enthalten von den Carotinoid-Kohlenwasserstoffen hauptsächtlich nur β-Carotin, daneben wenig α-Carotin. Außerdem findet man in den Chromatophoren stets mehrere sauerstoffhaltige Carotinoide, wie z. B. Xanthophyll und Xanthophyllepoxid.

Die Zusammensetzung der Lipochromfarbstoffe ist in den *Früchten* einer Pflanze meist anders als in den Blättern. Oft wird Lycopin und γ-Carotin gefunden; es gibt aber auch Früchte, die überhaupt keine Carotinoide enthalten. In *Wurzeln* ist der Carotinoidgehalt von geringerer Bedeutung. Ausnahmen sind z. B. die Wurzeln der Mohrrübe oder die Sproßknollen von Süßkartoffeln. Aus *Blüten* hat man bis jetzt 35 verschiedene Carotinoide isoliert.

b) Kryptogame

Die Lipochromfarbstoffe der *Kryptogame* sind noch wenig erforscht. Man hat Farbstoffe gefunden, wie z. B. Astaxanthin oder Fucoxanthin, die in höheren Pflanzen bis jetzt nicht nachgewiesen werden konnten.

In der Zellflüssigkeit lösen sich Carotinoide nicht. Einige Polyenfarbstoffe mit Carboxylfunktion werden allerdings durch Veresterung mit einem Zucker wasserlöslich, wie z. B. das Crocin, ein Gentiobioseester des Crocetins. Meist sind die Carotinoide in den Zellipoiden der Chromatophoren kolloidal gelöst. Nach W. Menke (1940) sollen gewisse Carotinoide in den Plastiden an Eiweiß gebunden sein. Gelegentlich kommen Lipochromfarbstoffe auch gelöst in Lipoidtröpfchen im Plasma vor.

Die Biosynthese der Carotinoide in höheren Pflanzen ist noch nicht völlig geklärt. P. Karrer u. Mitarb. (1930b) u. a. hielten die Bildung von Lycopin aus Phytolaldehyd durch eine Benzoinkondensation und anschließende Dehydrierung für möglich. Nach neueren Forschungen von E. C. Grob (1956); E. C. Grob u. R. Bütler (1955, 1956) scheint Acetyl-Coenzym A bei der Entstehung von Carotinoiden wesentlich beteiligt zu sein. R. Kuhn u. A. Deutsch (1933) vermuteten, daß durch oxydativen Abbau von Carotinoiden mit 40 C-Atomen solche mit geringerem Kohlenstoffgehalt entstehen. Die Bedeutung der Carotinoide für die Pflanze ist ebenfalls noch ungeklärt. R. Willstätter u. A. Stoll (1918) sowie O. Warburg u. E. Negelein (1922) glaubten, Carotinoide spielten eine Rolle beim Atmungs- und Assimilationsprozeß. Ein schlüssiger Beweis hierfür fehlt jedoch noch.

2. In Tieren

Zellen tierischen Ursprungs enthalten oft Carotinoide, welche durch pflanzliche Nahrung aufgenommen worden sind. Die wichtigsten bei Tieren gefundenen all-trans-Carotinoide (cis-trans-Verbindungen sind noch weniger untersucht) sind:

a) Polyenkohlenwasserstoffe: α-Carotin, β-Carotin, γ-Carotin, Lycopin,

b) Polyenalkohole: Kryptoxanthin, Lutein, Taraxanthin, Zeaxanthin,

c) Polyenketone und Polyenoxyketone: Astaxanthin, Astacin, Capsanthin, Capsorubin, Fucoxanthin, Rhodoxanthin,

d) Polyenepoxide: Violaxanthin.

Außer diesen Verbindungen hat man im Tierreich auch Zoocarotinoide gefunden, welche aus pflanzlichem Material bisher nicht isoliert werden konnten. Dazu gehört z. B. das im Gefieder von Kanarienvögeln gefundene Kanarienxanthophyll. Vermutlich werden aber die Zoocarotinoide ebenfalls aus Polyenfarbstoffen pflanzlichen Ursprungs aufgebaut.

a) Wirbellose

Spongien enthalten ebenso wie die *Vermes* hauptsächlich die Polyenkohlenwasserstoffe α-, β- und γ-Carotin. Freie Carotinoide färben Korallen orangerot bis gelb. Im Panzer von *Crustaceen* kommt Astaxanthin in freier Form, in deren Eier als Chromoproteid vor. Flügeldecken, Gonaden und Fettgewebe von *Tracheaten* enthalten oft neben Pterinen Polyenkohlenwasserstoffe und Polyenalkohole. In *Echinodermen* und *Mollusken* sind Carotinoide sehr verbreitet. Besonders in Eiern, im Verdauungsapparat, in der Haut und in den Augen werden sie angereichert vorgefunden.

b) Wirbeltiere

Pisces können aufgenommene Carotinoide vorwiegend in der Haut, den Ovarien, der Leber und der Muskulatur anreichern. *Amphibien* und *Reptilien* speichern in der Haut, den Gonaden, der Leber und den Netzhäuten oft beträchtliche Mengen Polyenkohlenwasserstoffe und Hydroxycarotinoide. Gefieder und Augen der *Aves* enthalten ausschließlich Polyenalkohole. Man nennt sie daher auch Xanthophylltiere.

Bei den *Mammalien* können die Carotinoide durch die Darmwand direkt ins Blut gelangen. Die Polyenfarbstoffe sind dort vermutlich an Serumalbumine (L. S. Palmer u. C. H. Eckles 1914b; L. M. Dzialoszynsky u. Mitarb. 1945) gebunden. Der Carotinoidspiegel des Blutes von Rind und Pferd hängt weitgehend vom Polyenfarbstoffgehalt der aufgenommenen Nahrung ab (W. Braun 1945; J. W. Lord 1945; T. S. Sutton u. P. A. Soldner 1945). Der Polyengehalt der *Fettgewebe* von Säugern variiert stark. Rinderfett enthält 1,0 mg-% vom Frischgewicht an Carotinen, Schweinefett nur 0,01 mg-%. Das in *Leber-* und *Körperölen* der Wale reichlich enthaltene Astaxanthin stammt von verdauten Crustaceen (G. N. Burkhardt u. Mitarb. 1934; J. C. Drummond u. R. J. MacWalter 1935). In der Leber der Mammalien sind aber sonst Carotinoide wesentlich weniger angereichert als in Fischen oder Amphibien. Bei den Säugern hat man außerdem Carotinoide im *Auge*, in der *Hypophyse*, *Lunge*, *Milz*, *Nebenniere* und den *Sexualorganen* nachweisen können. Bei den Mammalien dürfte der *Corpus rubrum* der Kuh für Carotinoide die größte Speicherwirkung haben: 1 kg Frischgewicht enthält 1,2 g β-Carotin. Der Carotingehalt der *Kuhmilch* hängt vom Futter (J. W. Lord 1945; H. U. Winzenried u. H. Wanntorp 1948), von der Tierrasse, vom Stadium der Lactation und von der Melkzeit ab (F. A. Rogick u. L. A. Rogick 1946; D. N. Mercer u. Mitarb. 1949). Die Carotinoide des Milchfettes sind fast ausschließlich Carotine (D. B. Parrish u. Mitarb. 1947). *Magermilch* hat ungefähr 12%, *Buttermilch* 1% des ursprünglichen Carotinoidgehaltes. *Frauenmilch* enthält mehr Polyenfarbstoffe als Kuhmilch. Nur 25% davon haben jedoch Vitamin A-Wirksamkeit (H. Willstaedt u. Mitarb. 1936, 1938). In den *Faeces* findet man den größten Teil der Carotinoide wieder unverändert. Nur Xanthophyll wird weniger ausgeschieden, da es im Körper rascher abgebaut wird.

A-Vitamine. Spaltprodukte von Carotinoiden bestimmter Konfiguration sind die A-Vitamine. Lipochromfarbstoffe werden von Pflanzen synthetisiert; die Spaltung in A-Vitamine geschieht ausschließlich in Tierkörpern. Über A-Vitamine vgl. dieses Handbuch S. 964.

X. Struktur, Eigenschaften und Vorkommen der wichtigsten Carotinoide

1. Polyenkohlenwasserstoffe

α-Carotin

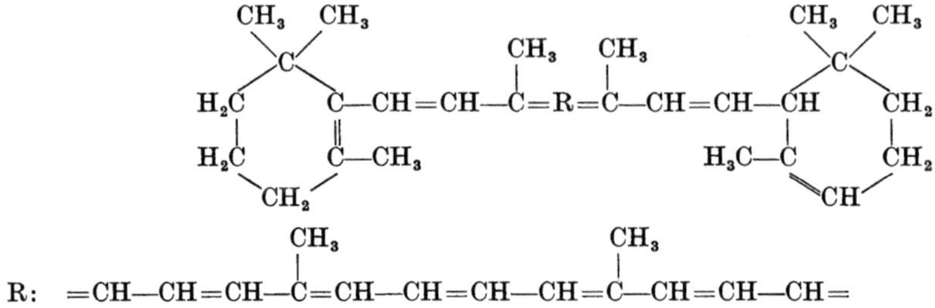

Violette Prismen aus Petroläther (Smp 188° C) $[\alpha]_{643,5}^{18°} = +385°$ (in Benzol).

Lichtabsorptionsmaxima. In CS_2: 477 und 509 nμ; in $CHCl_3$: 454 und 485 nμ.

Vorkommen. Bei *höheren Pflanzen* in chlorophyllhaltigen Geweben, in Früchten, Samen, Blüten und Wurzeln und bei *Kryptogamen.* – Karotten (R. KUHN u. E. LEDERER 1931; P. KARRER u. Mitarb. 1931 b), Palmöl (R. KUHN u. H. BROCKMANN 1931), Roggenkeimöl (H. A. SCHUETTE u. R. C. PALMER 1937), Sojabohnen (W. C. SHERMAN 1940), Mais (G. S. FRAPS u. A. R. KEMMERER 1941), gelber Paprika (L. ZECHMEISTER u. L. CHOLNOKY 1927—1935), Safran (R. KUHN u. A. WINTERSTEIN 1934), Formosa-Teeblätter (R. YAMAMOTO u. T. MURAOKO 1933).

Wirbellose. Coelenteraten, Vermes, Crustaceen, Insekten, Mollusken, Echinodermen; *Wirbeltiere:* Fische, Amphibien, Reptilien, Vögel, Säugetiere. – Rind (Fettgewebe) (L. ZECHMEISTER u. P. TUZSON 1934 b), Pferd (Fettgewebe) (L. ZECHMEISTER u. P. TUZSON 1935 b).

Literatur zur Struktur und Isolierung: P. KARRER u. Mitarb. 1933 b); H. H. INHOFFEN u. Mitarb. (1954); R. KUHN u. E. LEDERER (1931).

β-Carotin

$C_{40}H_{56}$

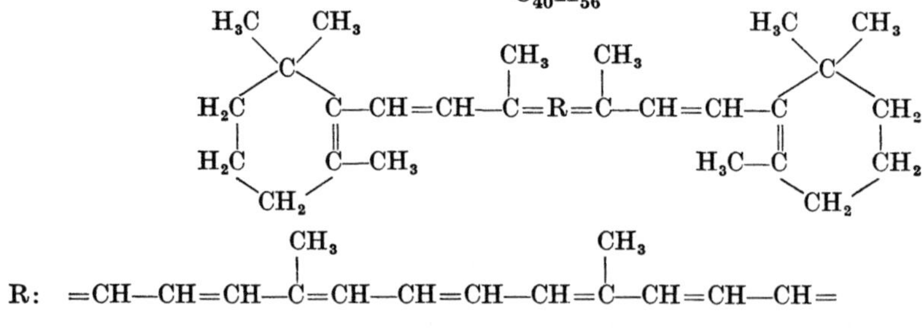

Violette Prismen aus Benzol und Methanol (Smp 183° C).

Lichtabsorptionsmaxima. In CS_2: 450, 484 und 520 nμ; in $CHCl_3$: 466 und 497 nμ.

Vorkommen. Bei *höheren Pflanzen*, in chlorophyllhaltigen Geweben, Früchten, Samen, Blüten, Wurzeln und bei *Kryptogamen.* – Blätter vieler Pflanzen (R. WILLSTÄTTER u. W. MIEG 1907; P. KARRER u. O. WALKER 1934), Paprika, Gras, Spinat, Karotten, Brennesseln, Efeu, Pinusnadeln, Vogelbeeren, Blattknospen verschiedener Pflanzenarten (R. KUHN u. E. LEDERER 1931 b), Bacterium Sarcina aurantiaca (V. READER 1925).

Wirbellose. Coelenteralen, Vermes, Crustaceen, Insekten, Mollusken, Echinodermen, Tunicaten; *Wirbeltiere:* allgemein in Fischen, Amphibien, Reptilien, Vögeln, Säugetieren. – Mensch (T. K. WITH 1941; H. WILLSTAEDT u. T. LINDQUIST 1936; D. A. CAMPBELL u. E. L. TONKS 1949), Pferd (L. ZECHMEISTER u. P. TUZSON 1935b), Kuh (T. S. SUTTON u. P. A. SOLDNER 1945; I. W. LORD 1945; A. E. GILLAM u. M. S. EL RIDI 1935), Ochse (H. WILLSTAEDT u. T. K. WITH 1938), Bachforelle (Gesamtei) (D. M. STEVEN 1948), Esel (D. GONZALEZ-DIAZ u. R. O. Y CRAVIOTO 1947), Kuh (H. WILLSTAEDT u. T. K. WITH 1938; J. HOUSTON u. S. K. KON 1939), Kuh (Corpus rubrum) (R. KUHN u. H. BROCKMANN 1932a), Huhn (Eidotter) (A. E. GILLAM u. I. M. HEILBRON 1935; H. WILLSTAEDT u. T. K. WITH 1938; H. W. TITUS u. Mitarb. 1938; W. L. BROWN 1938), Huhn (Fett) (L. ZECHMEISTER u. P. TUZSON 1934a).

Literatur zur Konstitution und Synthese: P. KARRER u. Mitarb. (1930a); R. KUHN u. E. LEDERER (1931a); P. KARRER u. Mitarb. (1931b); R. KUHN u. H. BROCKMANN (1935); H. H. INHOFFEN u. Mitarb. (1950a); P. KARRER u. C. H. EUGSTER (1950); O. ISLER u. Mitarb. (1956b).

γ-Carotin

$C_{40}H_{56}$

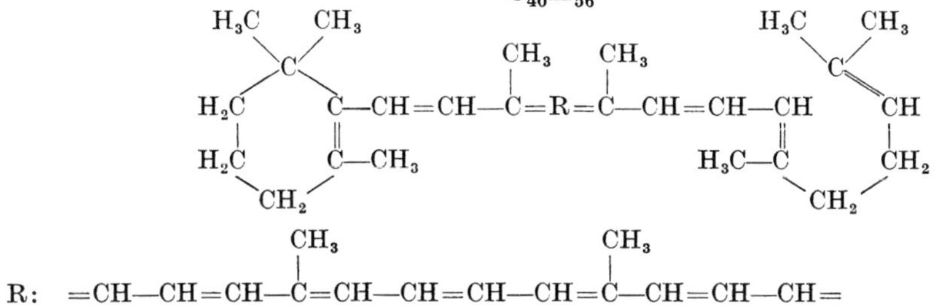

Violette Prismen aus Benzol und Methanol (Smp 177° C).

Lichtabsorptionsmaxima. In CS_2: 463, 496 und 533 nμ; in $CHCl_3$: 447, 475 und 508 nμ.

Vorkommen. Bei *höheren Pflanzen* in Früchten, Samen, Blüten, Wurzeln und bei *Kryptogamen.* – Karotten, Aprikosen (R. KUHN u. H. BROCKMANN 1933a, b), Schalen der Gonocaryumfrüchte (A. WINTERSTEIN 1933), Wassermelonen (L. ZECHMEISTER u. A. POLGÁR 1941), Sporen verschiedener Rostpilze (G. N. IRVINE u. Mitarb. 1954), Chlorobium-Arten (T. W. GOODWIN u. D. G. LAND 1956).

Wirbellose. Coelenteraten. *Wirbeltiere:* Amphibien, Reptilien. – Rote Hautflecke von Chrysemis scripta (E. LEDERER 1938b).

Literatur zur Struktur und Darstellung: R. KUHN u. H. BROCKMANN (1933a); A. WINTERSTEIN (1933); C. F. GARBERS u. Mitarb. (1953).

ζ-Carotin

$C_{40}H_{64}$

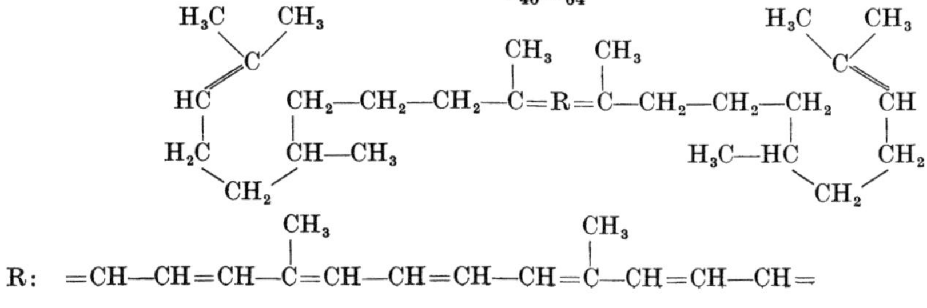

Orange Kristalle.

Lichtabsorptionsmaxima. In Hexan: 378, 400 und 425 nμ.

Vorkommen. Bei *höheren Pflanzen* in Früchten, Samen, Wurzeln und bei *Kryptogamen.* – Karotten (H. H. Strain 1939), einige Tomatensorten (H. A. Nash u. F. P. Zscheile 1945), Kartoffeln (B. C. Brunstetter u. H. G. Wiseman 1947), Valencia-Orangen (A. L. Curl 1953), Pilz Dacromyces stillatus (T. W. Goodwin 1953), Wurzeln von Brassica rutabaga (A. E. Joyce 1954), sowie im Palmöl (S. Argoud 1955).

Literatur zur Struktur und Darstellung: H. A. Nash u. Mitarb. (1948).

Lycopin

(Solanorubin) $C_{40}H_{56}$

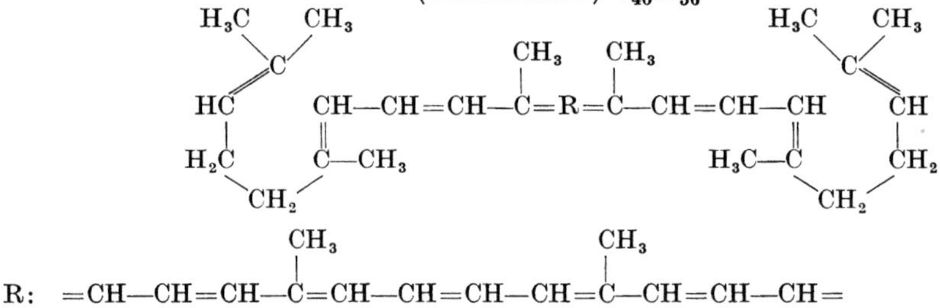

Rote Nadeln aus Petroläther (173° C).

Lichtabsorptionsmaxima. In CS_2: 477, 507 und 547 nμ; in $CHCl_3$: 456, 485 und 520 nμ.

Vorkommen. Bei *höheren Pflanzen* in Blüten, Wurzeln, Samen, Früchten und bei *Kryptogamen.* – Tomaten (R. Willstätter u. H. H. Escher 1910); R. Kuhn u. Ch. Grundmann 1932; R. Kuhn u. H.-J. Bielig 1940a), zahlreiche Beeren (A. Winterstein u. U. Ehrenberg 1932), Bacterium Sarcina aurantica (R. F. Hunter u. A. D. Scott 1941), Diphtheriebacillen (F. M. Stone u. C. B. Coulter 1934), Thiocystis-Bakterien (P. Karrer u. U. U. Solmssen 1935, 1936).

Wirbellose. Coelenteralen, Insekten, Tunicaten; *Wirbeltiere.* – Mensch: Fettgewebe (L. Zechmeister u. P. Tuzson 1935a), Leber (L. Zechmeister u. P. Tuzson 1935a), Blutserum (T. K. With 1941; H. Willstaedt u. T. Lindquist 1939; D. A. Campbell u. E. L. Tonks 1949).

Literatur zur Konstitution und Synthese: P. Karrer u. Mitarb. (1930b, 1931a, 1950b).

2. Polyenalkohole

β-Citaurin

$C_{30}H_{40}O_2$

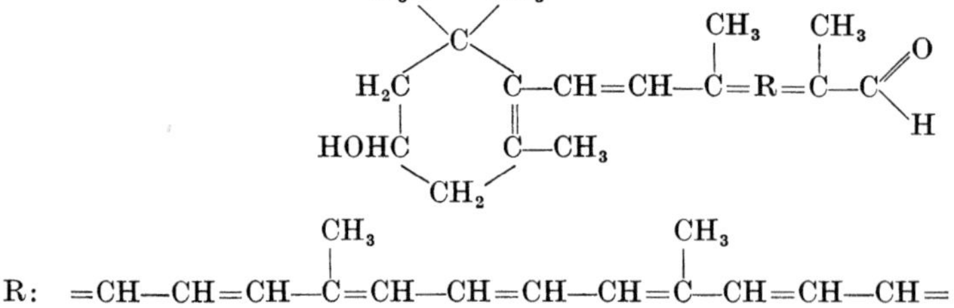

Orange Tafeln aus $CH_3OH + H_2O$ (Smp 147° C).

Vorkommen. Nur bei *höheren Pflanzen* in Früchten, z. B. in Orangen, Citrus aurantium (L. Zechmeister u. P. Tuzson 1936c, 1937).

Literatur zur Konstitution und Darstellung: P. KARRER u. U. U. SOLMSSEN (1937a).

Lycophyll

$C_{40}H_{56}O_2$

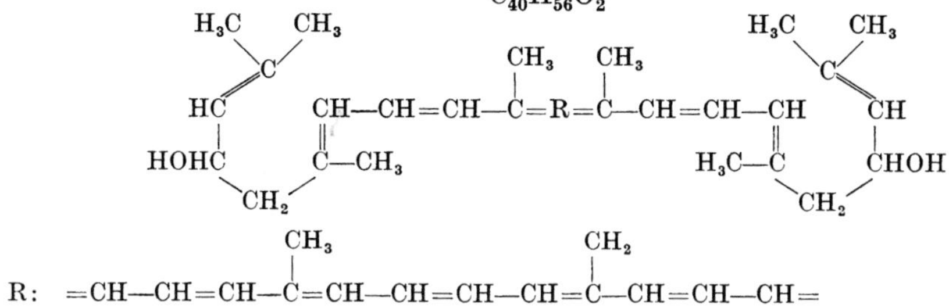

Violette Nadeln aus Benzol + Petroläther (Smp 179° C).

Lichtabsorptionsmaxima. In CS_2: 472, 506 und 546 nμ.

Vorkommen. Nur bei *höheren Pflanzen:* in Früchten und Samen. – Frische Tomaten (L. ZECHMEISTER u. L. CHOLNOKY 1936).

Literatur zur Konstitution und Isolierung: L. ZECHMEISTER u. L. CHOLNOKY (1936).

Lycoxanthin

$C_{40}H_{56}O$

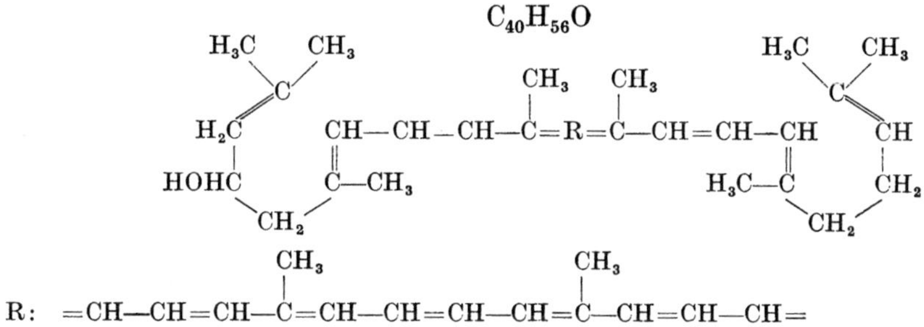

Violett-rote Nadeln aus $CS_2 + C_2H_5OH$ (Smp 168° C).

Lichtabsorptionsmaxima. In CS_2: 473, 507 und 547 nμ.

Vorkommen. Bei *höheren Pflanzen* in Früchten, Samen sowie bei *Kryptogamen.* – Tomaten, Früchte von Solanum dulcamara und Beeren von Tamus communis (L. ZECHMEISTER u. L. CHOLNOKY 1936), Pilz Polystigma rubrum (E. LEDERER 1938b), Frucht von Elaeagnus longipes Gray (A. GEIGER u. B. MÜLLER 1947).

Literatur zur Struktur und Isolierung: A. GEIGER u. B. MÜLLER (1947).

Kryptoxanthin

(Caricaxathin) $C_{40}H_{56}O$

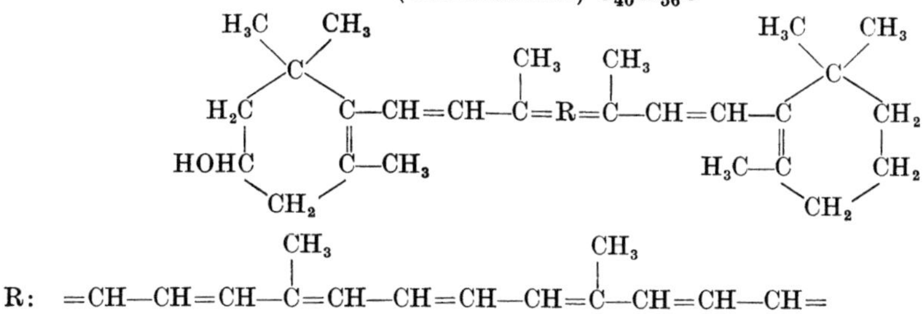

Metallisch glänzende Prismen aus Benzol und Methanol (Smp 169° C).

Lichtabsorptionsmaxima. In CS_2: 453, 483 und 518 nμ; in $CHCl_3$: 433, 463 und 497 nμ.

Vorkommen. Bei *höheren Pflanzen* in chlorophyllhaltigen Geweben, Früchten, Samen, Blüten sowie bei *Kryptogamen.* – Früchte von Citrus poonensis Hort. (R. Yamamoto u. S. Tin 1934), Früchte von Carica papaya L. (L. Zechmeister u. L. Cholnoky 1934; L. v. Cholnoky 1934), Paprika (R. Yamamoto u. S. Tin 1933), gelber Mais (R. Kuhn u. Ch. Grundmann 1934b; L. O. Buxton 1939), Weizenkeimöl (J. C. Drummond u. Mitarb. 1935), vergilbte Blütenblätter von Cucurbita pepo (Kürbis) (L. Zechmeister u. Mitarb. 1935), Myobacterium phlei (M. A. Ingraham u. H. Steenbock 1935), Fleisch und Schalen der Mandarine und Orange (L. Zechmeister u. P. Tuzson 1936b; J. C. Sadana u. B. Ahmad 1948), unreife Beere von Rubus chamaemorus L. (Torfbeere) (H. Willstaedt 1936b), Pfirsiche (G. Mackinney 1937), Beeren von Hippophae rhamnoides (Sanddornbeere) (H.-J. Bielig 1944b), Sonnenblume (B. G. Savinov u. F. L. Grinberg 1950), Alfalfa (L. A. Gugliemelli u. Mitarb. 1954).

Wirbellose. Mollusken; *Wirbeltiere:* Vögel. – Huhn (Iris) (L. Busch u. H. J. Neumann 1941).

Literatur zur Konstitution und Darstellung: R. Kuhn u. Ch. Grundmann (1933); P. Karrer u. W. Schlientz (1934); T. W. Goodwin u. M. M. Taha (1951).

Rubixanthin

$C_{40}H_{56}O$

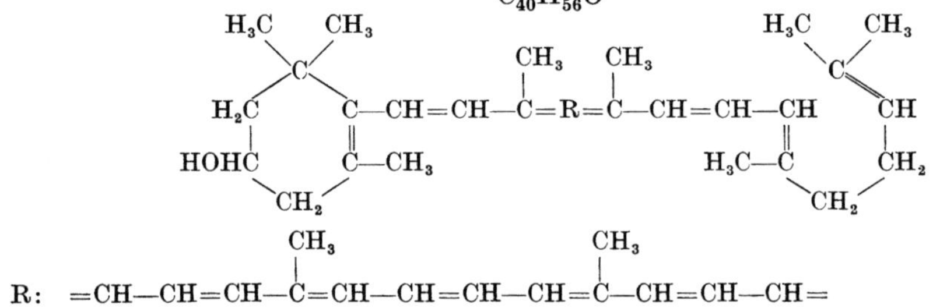

Rote Nadeln aus Benzol und Methanol (Smp 160° C).

Lichtabsorptionsmaxima. In CS_2: 461, 494 und 533 nμ; in $CHCl_3$: 439, 474 und 509 nμ.

Vorkommen. Bei *höheren Pflanzen* in Früchten, Samen, Blüten und bei *Kryptogamen.* – Hagebutten von Rosa rubiginosa (R. Kuhn u. Ch. Grundmann 1934a), Beeren von Rubus chamaemorus (H. Willstaedt 1936b), Früchte der Palme Butia capitata Becc., Chlorobium limocola (T. W. Goodwin u. D. G. Land 1956).

Literatur zur Konstitution und Darstellung: R. Kuhn u. Ch. Grundmann (1934b).

Xanthophyll

(Lutein) $C_{40}H_{56}O_2$

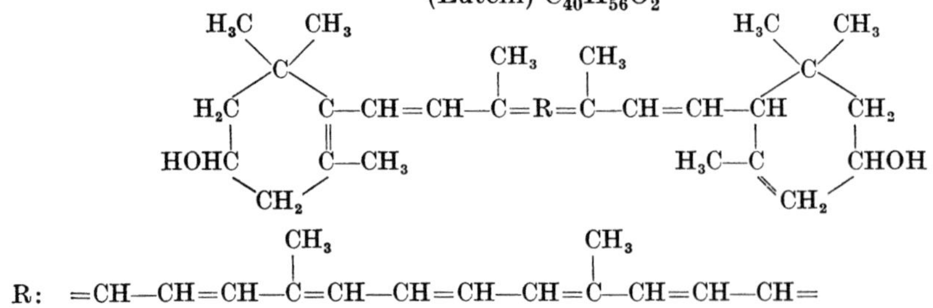

Rote Prismen aus Methanol (Smp 192,5° C), spez. Drehwert: $[\alpha]_{Cd}^{20} = +160°$ (in $CHCl_3$).

Lichtabsorptionsmaxima. In CS_2: 445, 475 und 508 nμ; in $CHCl_3$: 428, 456 und 487 nμ.

Vorkommen. Bei *höheren Pflanzen* in chlorophyllhaltigen Geweben, Blüten, Samen, Früchten, Wurzeln und bei *Kryptogamen.* – Brennesselblätter (R. WILLSTÄTTER u. W. MIEG 1907), Capsicum annuum (L. ZECHMEISTER u. L. v. CHOLNOKY 1934), Preiselbeere (H. WILLSTAEDT 1936a), Citrus aurantium (L. ZECHMEISTER u. P. TUZSON 1936), Weizenembryo (B. SULLIVAN u. C. H. BAILEY 1936).

Wirbellose. Coelenteraten, Crustaceen, Insekten, Mollusken, Echinodermen, Tunicaten. *Wirbeltiere:* Amphibien, Reptilien, Vögel, Fische und Säugetiere. – Huhn (Eidotter) (R. KUHN u. H. BROCKMANN 1932a), Taube (Eidotter) (R. KUHN u. H. BROCKMANN 1932a), Regenbogenforelle (Gesamtei) (M. HARTMANN u. Mitarb. 1947), Kalb (Fettgewebe) (L. S. PALMER u. C. H. ECKLES 1914a), Rana esculenta (Fettgewebe) (L. ZECHMEISTER u. P. TUZSON 1936a), Mensch (Leber) (L. ZECHMEISTER u. P. TUZSON 1935a), Mensch (Fettgewebe) (L. ZECHMEISTER u. P. TUZSON 1935b).

Literatur zur Konstitution und Darstellung: L. ZECHMEISTER u. P. TUZSON (1928); P. KARRER u. Mitarb. (1930a, 1933c); P. KARRER (1951).

Zeaxanthin

$C_{40}H_{56}O_2$

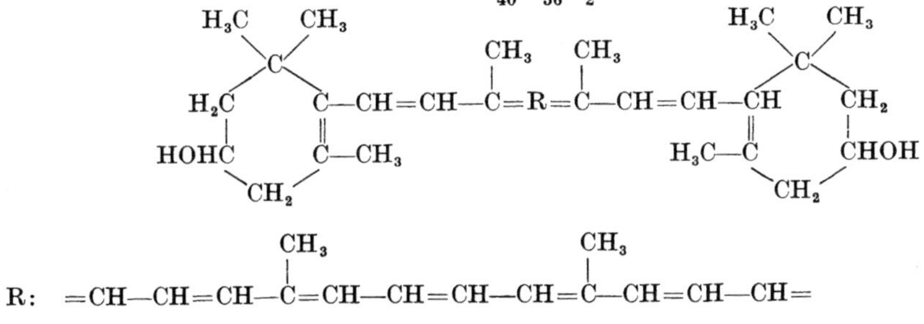

Gelbrote Plättchen aus Methanol (Smp 205° C), spez. Drehwert: $[\alpha]_{Cd} = -40$ bis $-44°$ (in $CHCl_3$).

Lichtabsorptionsmaxima. In CS_2: 450, 483 und 518 nμ; in $CHCl_3$: 429, 462 und 494 nμ.

Vorkommen. Bei *höheren Pflanzen* in chlorophyllhaltigen Geweben, Früchten, Samen, Blüten und bei *Kryptogamen.* – Mais (P. KARRER u. Mitarb. 1929), Samenhüllen der Früchte von Evonymus europaeus (Pfaffenhütchen) (L. ZECHMEISTER u. K. SZILÁRD 1930; L. ZECHMEISTER u. P. TUZSON 1931), Beeren des Sanddorns (P. KARRER u. H. WEHRLI 1930), Schoten des japan. Paprikas (L. ZECHMEISTER u. L. v. CHOLNOKY 1931b), Kakifrüchte (P. KARRER u. Mitarb. 1932), ferner in Safran, Hagebutten, Preiselbeeren, Orangen, Pfirsichen, Roggenkeimöl, Pilzen.

Wirbellose. Mollusken, Tunicaten; *Wirbeltiere:* Fische. – Eleginus navaga (Ovarien) (E. LEDERER 1938a).

Literatur zur Konstitution und Gewinnung: R. KUHN u. CH. GRUNDMANN (1934c); P. KARRER (1951); O. ISLER u. Mitarb. (1956a).

3. Polyenketone

Astaxanthin

(Ovoester) $C_{40}H_{52}O_4$

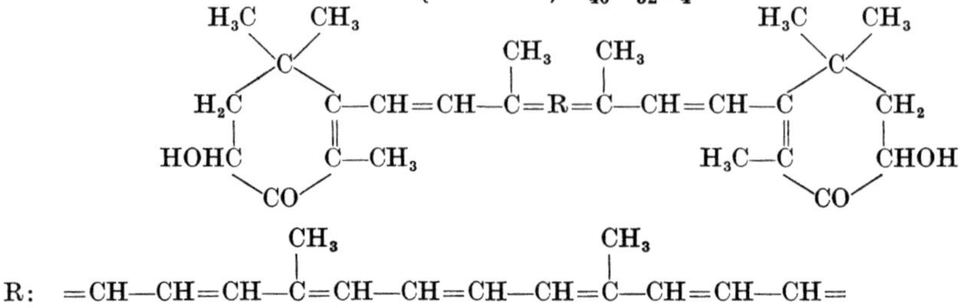

Rote Tafeln aus Pyridin-Wasser (Smp 215,5° C).

Vorkommen. Bei *Kryptogamen.*

Wirbellose. Coelenteraten, Crustaceen, Insekten, Echinodermen, Tunicaten; *Wirbeltiere:* Fische, Amphibien, Reptilien, Vögel, Säugetiere. – Bachforelle (Gesamtei) (D. M. STEVEN 1948), Hering (Fettgewebe) (A. SANTOS-RUIZ 1943).

Literatur zur Konstitution und Synthese: R. KUHN u. E. LEDERER (1933); R. KUHN u. N. A. SÖRENSEN (1938).

Capsanthin

$C_{40}H_{58}O_3$

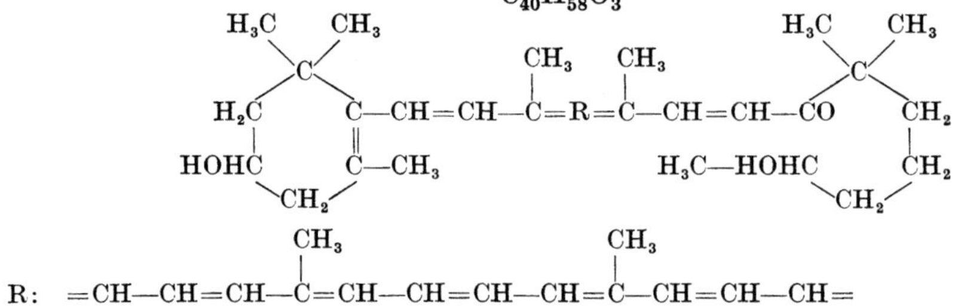

Rote Nadeln aus Schwefelkohlenstoff-Benzin (Smp 175,5° C).

Lichtabsorptionsmaxima. In CS_2: 503, 543 nμ.

Vorkommen. Bei *höheren Pflanzen* in Samen und Früchten sowie bei *Kryptogamen.* – Frucht von Capsicum annuum (Paprika) (L. ZECHMEISTER u. L. v. CHOLNOKY 1927, 1931), Frucht von Capsicum frutescens japonicum (L. ZECHMEISTER u. L. v. CHOLNOKY 1931 a), Handelspaprika (L. v. CHOLNOKY 1939). – In Tunicaten.

Literatur zur Konstitution und Gewinnung: L. ZECHMEISTER u. L. v. CHOLNOKY (1928, 1930, 1934, 1935, 1936); R. ENTSCHEL u. Mitarb. (1956).

Capsorubin

$C_{40}H_{60}O_4$

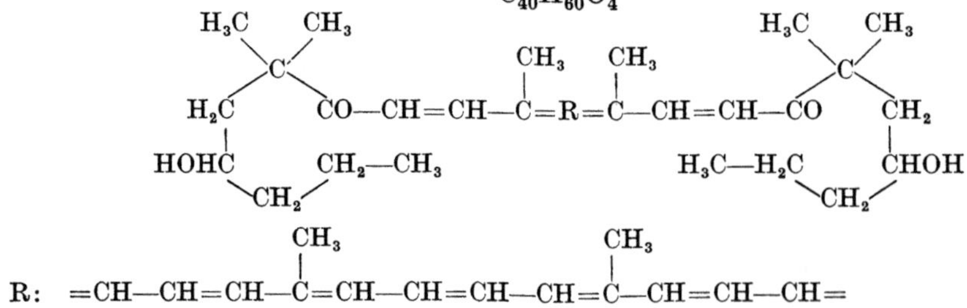

Rotviolette Nadeln aus Benzol-Benzin (Smp 201° C).

Lichtabsorptionsmaxima. In CS_2: 468, 503,5 und 541,5 nμ.

Vorkommen. Bei *höheren Pflanzen* in Früchten und Samen sowie bei *Kryptogamen.* – Frucht von Capsicum annuum L. (Paprika) (L. ZECHMEISTER u. L. v. CHOLNOKY 1934, 1935), Handelspaprika (L. v. CHOLNOKY 1939), Fruchtschalen von Encephalartos villosus Lehm. (Farnpalme) (P. KARRER u. S. RAMASVAMY 1951).

Wirbellose. Tunicaten.

Literatur zur Struktur und Synthese: R. ENTSCHEL u. Mitarb. (1956).

Fucoxanthin

(Phycoxanthin) $C_{40}H_{60}O_6$

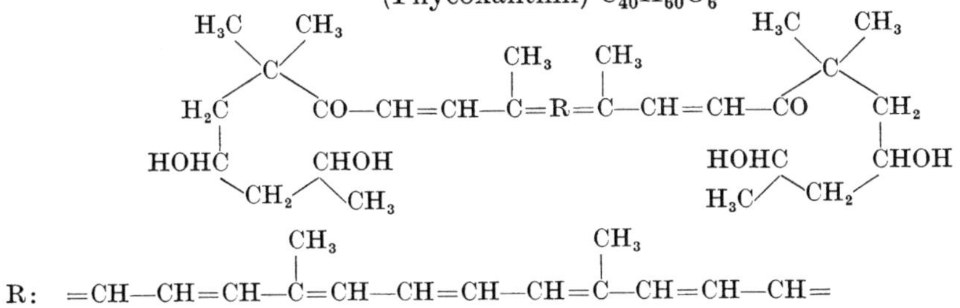

Braunrote Prismen aus Äther und Petroläther (Smp 166–168° C).

Lichtabsorptionsmaxima. In CS_2: 510, 477 und 447 nμ.

Vorkommen. Bei *Kryptogamen.* – Braunalgen Fucus vesiculosus und Laminaria saccharina (M. TSWETT 1906), in Braunalgen (R. WILLSTÄTTER u. H.-J. HARALD 1914). – *Wirbellose:* Tunicaten.

Literatur zur Struktur und Synthese: I. M. HEILBRON u. R. F. PHIPERS (1935).

4. Polyenepoxide

Antheraxanthin

(Zeaxanthin-monoepoxid) $C_{40}H_{56}O_3$

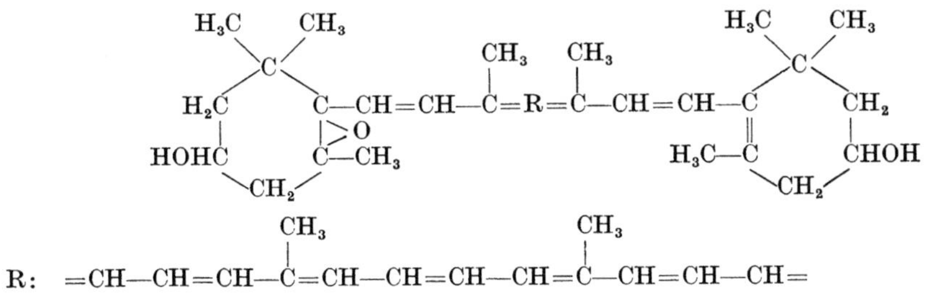

Rotgelbe Plättchen aus Äthanol (Smp 206° C).

Lichtabsorptionsmaxima. In CS_2: 478, 510 nμ.

Vorkommen. Bei *höheren Pflanzen* in chlorophyllhaltigen Geweben, Früchten, Samen, Blüten sowie bei *Kryptogamen.* – Früchte der Torfbeere (H. WILLSTAEDT 1936b), Früchte und Blätter von Capsicum annuum (Paprikapflanze) (L. v. CHOLNOKY u. Mitarb. 1955).

Literatur zur Konstitution und Synthese: P. KARRER u. A. OSWALD (1935); P. KARRER u. E. JUCKER (1945a).

β-Carotin-5.6-epoxid

$C_{40}H_{56}O$

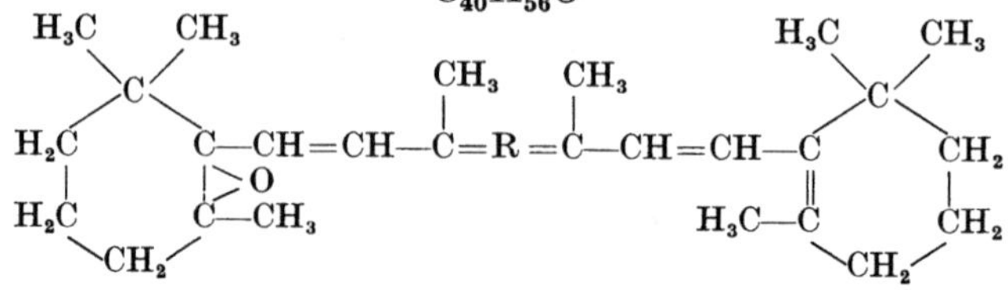

R: $=CH-CH=CH-\overset{CH_3}{\overset{|}{C}}=CH-CH=CH-CH=\overset{CH_3}{\overset{|}{C}}-CH=CH-CH=$

Orange Plättchen aus Benzol und Methanol (Smp 160° C).

Lichtabsorptionsmaxima. In CS_2: 511 und 479 nμ.

Vorkommen. Bei *höheren Pflanzen* in chlorophyllhaltigen Geweben, Früchten und Samen sowie bei *Kryptogamen.* – Grüne Frucht und Blätter von Capsicum annuum (Paprikapflanze) (L. v. CHOLNOKY u. Mitarb. 1955).

Literatur zur Konstitution und Synthese: P. KARRER u. E. JUCKER (1945b).

Citroxanthin

(Mutatochrom) $C_{40}H_{56}O$

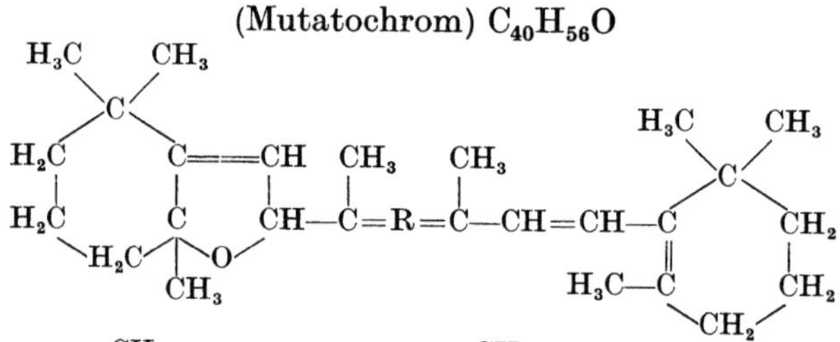

R: $=CH-CH=CH-\overset{CH_3}{\overset{|}{C}}=CH-CH=CH-CH=\overset{CH_3}{\overset{|}{C}}-CH=CH-CH=$

Orange Plättchen aus Benzol und Methanol (Smp 167° C).

Lichtabsorptionsmaxima. In CS_2: 459 und 489,5 nμ.

Vorkommen. Bei *höheren Pflanzen* in chlorophyllhaltigen Geweben, Früchten und Samen sowie bei *Kryptogamen.* – Orangenschalen (P. KARRER u. E. JUCKER 1944), Früchte und Blätter von Capsicum annuum (Paprikapflanze) (L. v. CHOLNOKY u. Mitarb. 1955).

Literatur zur Konstitution und Synthese: P. KARRER u. E. JUCKER (1945, 1947).

Flavoxanthin

$C_{40}H_{56}O_3$

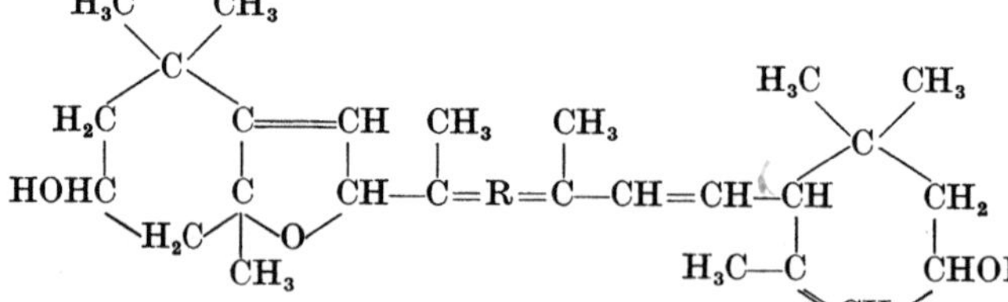

R: $=CH-CH=CH-\overset{CH_3}{\overset{|}{C}}=CH-CH=CH-CH=\overset{CH_3}{\overset{|}{C}}-CH=CH-CH=$

Lachsrote Prismen aus Methanol (Smp 194° C), spez. Drehwert: $[\alpha]_{Cd}^{D} = +190°$ in Benzol.

Lichtabsorptionsmaxima. In CS_2: 449, 479; in $CHCl_3$: 430 und 459 nμ.

Vorkommen. Bei *höheren Pflanzen* in chlorophyllhaltigen Geweben, Früchten, Samen, Blüten, Wurzeln sowie bei *Kryptogamen.* – Alfalfa (L. GUGLIEMELLI u. Mitarb. 1954), gelbes Stiefmütterchen (Viola tricolor) (P. KARRER u. J. RUTSCHMANN 1942), Blüten von Taraxacum officinale (Löwenzahn) (P. KARRER u. J. RUTSCHMANN 1942a).

Literatur zur Konstitution und Darstellung: R. KUHN u. H. BROCKMANN (1932b); P. KARRER u. E. JUCKER (1945).

Violaxanthin

(Zeaxanthindiepoxid) $C_{40}H_{56}O_4$

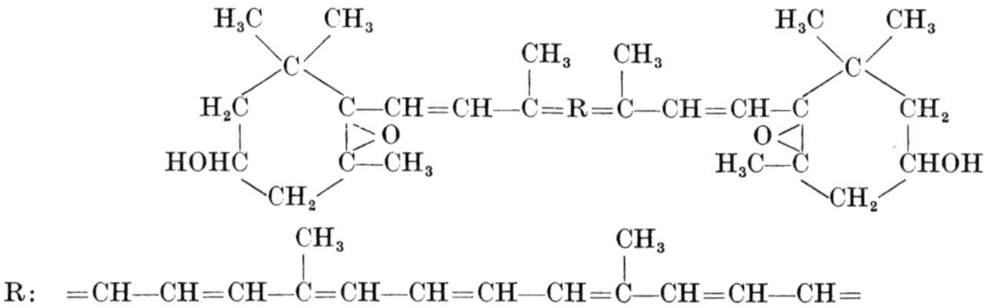

Braungelbe Prismen aus Methanol (Smp 200° C), spez. Drehwert: $[\alpha]_{Cd}^{25} = +35°$ in Chloroform.

Lichtabsorptionsmaxima. In CS_2: 501, 470 und 440 nμ.

Vorkommen. Bei *höheren Pflanzen* in chlorophyllhaltigen Geweben, Früchten, Samen, Blüten sowie bei *Kryptogamen.* – Orangen (L. ZECHMEISTER u. P. TUZSON 1936c), Getreidekeimlinge (J. B. MOSTER u. Mitarb. 1952), Alfalfa (L. A. GUGLIEMELLI u. Mitarb. 1954), Capsicum annuum (Paprikapflanze) (L. v. CHOLNOKY u. Mitarb. 1955), Beeren von Cotoneaster occidentalis (P. KARRER u. J. RUTSCHMANN 1945b), Blüten von gelben Stiefmütterchen (Viola tricolor) (P. KARRER u. R. MORF 1931; R. KUHN u. A. WINTERSTEIN 1931), Blätter der Brennessel und Roßkastanie (R. KUHN u. Mitarb. 1931), Frucht von Carica papaya L. (R. YAMAMOTO u. S. TIN 1933), Frucht von Cucurbita maxima Duch. (L. ZECHMEISTER u. P. TUZSON 1934c), verschiedene Braunalgen (H. H. STRAIN u. Mitarb. 1944).

Literatur zur Konstitution und Darstellung: P. KARRER u. R. MORF (1931); P. KARRER u. E. JUCKER (1945a).

Xanthophyllepoxid

(Eloxanthin) $C_{40}H_{56}O_3$

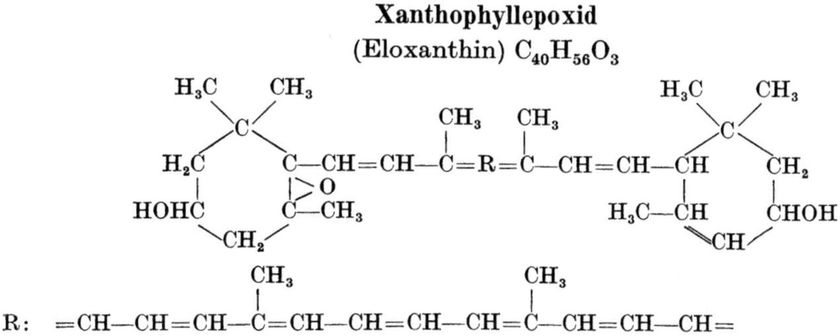

Rotgelbe Kristalle (Smp 192° C), spez. Drehwert: $[\alpha]_{Cd}^{18} = +225°$ in Benzol.

Vorkommen. Bei *höheren Pflanzen* in chlorophyllhaltigen Geweben, Blüten, Früchten sowie bei *Kryptogamen.* – Spinat, etiolierte Keimlinge von Hafer und Kresse, vergilbte Ahornblätter (P. KARRER u. Mitarb. 1948), rote Paprikafrüchte (L. v. CHOLNOKY u. Mitarb. 1955), Beeren von Pyracantha coccinea (P. KARRER u. J. RUTSCHMANN 1945b), Blüten von Caltha palustris (Sumpfdotterblume) (P. KARRER u. E. JUCKER 1947a), Blüten von Colchicum autumnale L. (Herbstzeitlose) (P. KARRER u. Mitarb. 1950a).

Literatur zur Konstitution und Darstellung: D. HEY (1937); P. KARRER u. E. JUCKER (1945a).

5. Polyencarbonsäuren und Polyencarbonsäureester

Stabiles Bixin

(β-Bixin, Isobixin) $C_{25}H_{30}O_4$

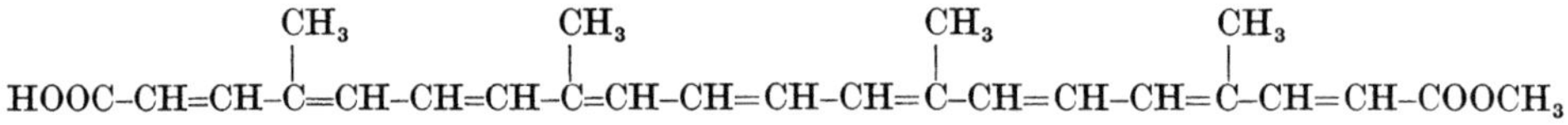

Rote Kristalle aus Essigester (Smp 216—217° C).

Lichtabsorptionsmaxima. In CS_2: 526,5, 491 und 457 nμ.

Vorkommen. Bei *höheren Pflanzen* in Samen und Früchten. – $^1/_2$ Jahre alter Orlean (J. HERZIG u. F. FALTIS 1923).

Literatur zur Struktur und Synthese: P. KARRER u. U. U. SOLMSSEN (1937b); R. AHMAD u. B. C. L. WEEDON (1953).

Crocetin

(α-Crocetin, stabiles Crocetin, Gardenidin, Nyctanthin) $C_{20}H_{24}O_4$

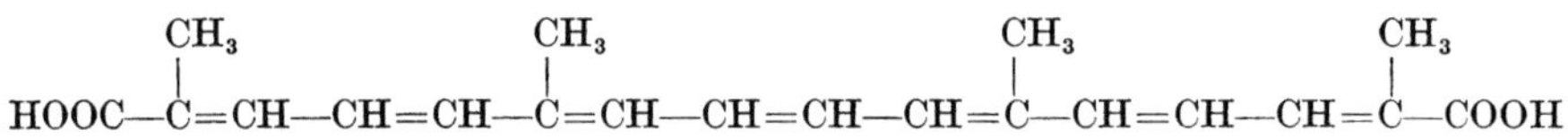

Ziegelrote Rhomben aus Pyridin (Smp 284° C).

Lichtabsorptionsmaxima. In CS_2: 426, 453 und 482 nμ.

Vorkommen. Bei höheren Pflanzen in Früchten, Samen, Blüten. – Chinesische Gelbschoten (Früchte von Gardenia grandiflora) (R. KUHN u. Mitarb. 1928), Safran (P. KARRER u. H. SALOMON 1927; R. KUHN u. A. WINTERSTEIN 1933b).

Literatur zur Struktur und Synthese: P. KARRER u. A. HELFENSTEIN (1930); R. KUHN u. F. L'ORSA (1931); R. KUHN u. A. WINTERSTEIN (1933a); P. KARRER u. Mitarb. (1933a).

Crocin

(α-Crocin, Gardenin) $C_{44}H_{64}O_{24}$

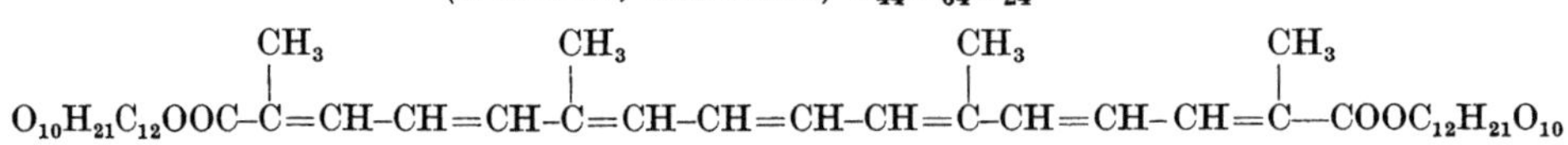

Braunrote Kristalle aus 80%igem Alkohol (Smp 186° C).

Vorkommen. Bei *höheren Pflanzen* in Samen, Früchten, Blüten sowie bei *Kryptogamen.* – Chinesische Gelbschoten (Früchte von Gardenia grandiflora) (F. ROCHLEDER u. A. MAYER 1857, 1858).

Literatur zur Struktur und Synthese: R. KUHN u. F. L'ORSA (1931).

Torularhodin

$C_{37}H_{48}O_2$

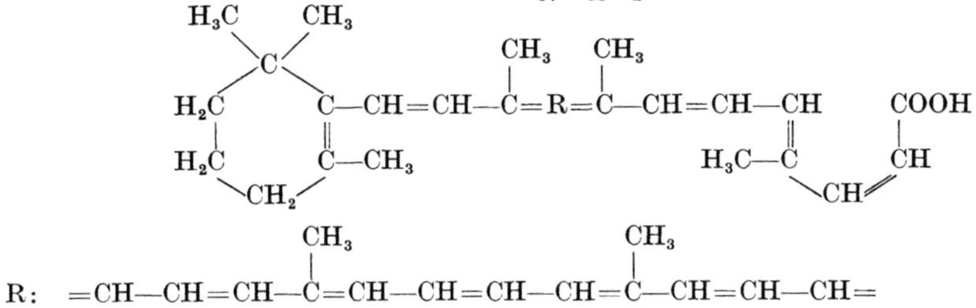

Rote Nadeln aus Äther und Methanol (Smp 201–203° C).

Lichtabsorptionsmaxima. In CS_2: 582, 541 und 502 nμ.

Vorkommen. Bei *Kryptogamen.* – Hefebrei (P. KARRER u. J. RUTSCHMANN 1945a), rote Hefe, Torula rubra (E. LEDERER 1933).

Literatur zur Struktur und Synthese: P. KARRER u. J. RUTSCHMANN (1946).

B. Chinone

Unter den in der Natur vorkommenden Chinonen finden sich besonders häufig Derivate des Benzo-, Naphtho- und Anthrachinons:

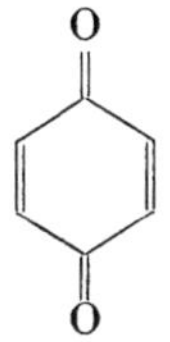

p-Benzochinon

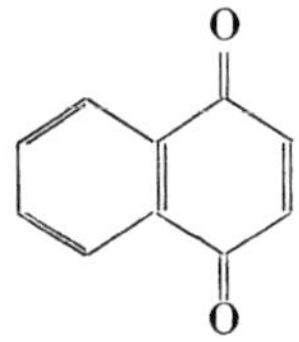

α-Naphthochinon

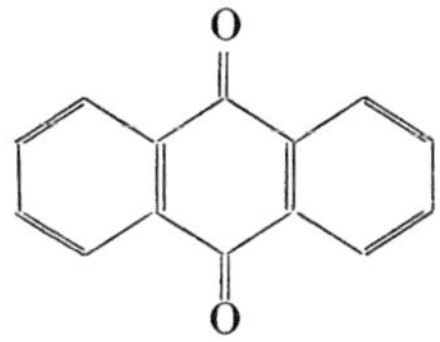

Anthrachinon

I. Vorkommen und Bedeutung

Benzochinone konnten bisher hauptsächlich aus Pilzen isoliert werden. Ein Vorkommen in tierischen Zellen wurde noch nicht festgestellt. Naphthochinone sind im Pflanzenreich weit verbreitet. Vitamin K_1 soll Bestandteil sämtlicher chlorophyllhaltiger Zellen sein. In Einzelfällen wurden auch bei Tieren Naphthochinone gefunden.

Am häufigsten treten Anthrachinonderivate auf. Sie werden besonders in Polygonaceen, Rubiaceen, Flechten, Pilzen und Insekten gefunden.

Chinone kommen in natürlichem pflanzlichem oder tierischem Material frei, als Ester, als Glykoside oder an Eiweiß gebunden vor. Auch hydrierte Chinonderivate werden angetroffen. Da letztere bei der Isolierung durch Luftsauerstoff in Chinon überführt werden können, ist oft nicht zu entscheiden, ob im Ausgangsmaterial die oxydierte oder reduzierte Form vorliegt.

Praktische Bedeutung haben Aloine und Emodine als Abführmittel, Embelin als Wurmmittel und Alkannin als Fettfarbstoff. Juglon, Lawson, Carmin- und Purpurinlacke verwenden die pharmazeutische und die Farbenindustrie.

II. Isolierung von Chinonen aus pflanzlichen Materialien

Die Eigenschaften der Chinone sind sehr verschieden, so daß eine allgemeingültige, genauere Beschreibung zur Isolierung nicht angegeben werden kann. Man spaltet den Zucker- oder Eiweißrest ab, löst das Chinonderivat in Äthanol, Äther, Pyridin oder Natronlauge und reinigt durch Umkristallisieren, Fällen mit Säuren oder Metallsalzen und mit Hilfe der Säulenchromatographie.

Die Isolierung von Chinonen ist im folgenden an einigen charakteristischen Beispielen beschrieben:

1. Benzochinone

a) Darstellung von Muscarufin aus Amanita muscaria L.
(F. Kögl u. H. Erxleben 1930)

Von den roten Häuten von 500 kg Fliegenpilzen wird der Farbstoff mit 30 l Alkohol bei 0° C im Kühlschrank extrahiert, als Silbersalz gefällt, abfiltriert, die Verbindung mit methanolischer Salzsäure zerlegt, vom Silberchlorid abzentrifugiert und das Methanol im Vakuum abgezogen. Den Rückstand versetzt man mit wenig Wasser. Verunreinigungen werden durch vielmaliges Extrahieren mit Äther und schließlich Chloroform entfernt. Durch mehrmaliges Fällen mit 3 Volumteilen Aceton erzielt man eine weitere Reinigung. Beim Anreiben mit Äthanol werden schließlich rote Nadeln erhalten (Ausbeute 1,3 g). Zum Umkristallisieren eignet sich 80%iges Äthanol.

b) Spinulosin aus Penicillium spinulosum
(J. H. Birkinshaw u. H. Raistrick 1931)

20 Gefäße mit je 5 l Glucosenährlösung (nach Czapek-Dox mit 20facher $FeSO_4$-Menge) werden mit Penicillium spinulosum geimpft und 22 Tage in steriler Atmosphäre auf 22° C gehalten. Dann wird filtriert, das Wasser vom purpurnen Filtrat im Vakuum abgezogen, der Rückstand mit 1 n Schwefelsäure einige Stunden unter Rückfluß gekocht und die Reaktionslösung nach dem Abkühlenlassen mit Äther extrahiert. Aus den vereinigten, eingeengten Ätherextrakten scheidet sich das Rohprodukt ab. Durch Sublimation bei 1 Torr und 120° C kann es gereinigt werden.

c) Polyporsäure aus Polyporus nidulans
(F. Kögl 1926)

Man löst den Farbstoff aus Polyporus nidulans mit verdünnter Ammoniaklösung heraus, filtriert vom Rückstand, fällt den Farbstoff mit Salzsäure, filtriert das gelbbraune Rohprodukt ab, löst es zunächst in verdünnter Kalilauge und erhält durch einen Zusatz von 50%igem Kaliumhydroxid violette Kristalle des Kaliumsalzes. Daraus kann die Polyporsäure durch Versetzen mit verdünnter Salzsäure wieder gewonnen werden. Zum Umkristallisieren eignet sich Aceton (Ausbeute 18% des Pilztrockengewichtes).

2. Naphthochinonderivate

a) Darstellung von Juglon aus grünen Walnußschalen
(W. Foerst 1956)

Zur Extraktion des Hydrojuglons aus frischen Walnußschalen wird 2 n Salzsäure verwendet. Danach wird vom Rohmaterial abfiltriert und das Hydrojuglon mit Äther extrahiert. Man oxydiert durch Schütteln der vereinigten, ätherischen Extrakte mit wäßriger Eisen(III)-chloridlösung, trennt die organische Phase ab, verdampft im Vakuum das Lösungsmittel und reinigt den Rückstand durch viermaliges Auskochen mit wenig Äther. Zuletzt wird aus Chloroform umkristallisiert (Ausbeute etwa 2% der frischen Schalen).

b) Darstellung von Alkannin aus Alkanna
(H. Brockmann u. H. Roth 1935)

Trockene Alkannadroge wird mit Petroläther ausgezogen und aus dem Extrakt der Farbstoff mit 1 n Natronlauge erschöpfend ausgeschüttelt. Die vereinigten alkalischen Lösungen filtriert man ab, extrahiert das Filtrat mit Petroläther, fällt Alkannin in der basischen Phase mit 50%iger Essigsäure, nutscht die roten Kristalle ab und kristallisiert aus Benzol um.

3. Anthrachinonderivate

a) Darstellung von Ruberythrinsäure aus Rubia tinctorum L.
(F. Rochleder 1851)

Frische Krappwurzeln werden fein zerschnitten und zum Ausziehen des Farbstoffes in siedendes Wasser gebracht. Nach dem Abkühlenlassen filtriert man vom Rückstand ab, fällt die Ruberythrinsäure mit äquivalenten Mengen Bleiacetat, trennt den Niederschlag ab und zersetzt diesen mit Schwefelwasserstoff. Das Bleisulfid adsorbiert den größten Teil der Ruberythrinsäure; es wird deshalb mit Äthanol ausgekocht, abfiltriert, der Alkohol des Filtrats abgezogen, der Rückstand in Wasser aufgenommen und mit wenig Bariumhydroxidlösung versetzt. Hierbei entsteht ein weißes, unlösliches Nebenprodukt, das man abtrennt. Zum klaren Filtrat gibt man Bariumhydroxidlösung im Überschuß, wobei rotes Bariumsalz der Ruberythrinsäure ausfällt. Das Bariumsalz wird in verdünnter Essigsäure gelöst, die Lösung mit Ammoniak auf pH 6 gebracht, mit Bleiacetat erneut das Bleisalz der Ruberythrinsäure gefällt, der Niederschlag auf einem Filter gesammelt, in Alkohol suspendiert und ein kräftiger Schwefelwasserstoffstrom durchgeleitet. Sobald sich kein Bleisulfid mehr bildet, filtriert man die heiße äthanolische Lösung. Im Eisschrank scheiden sich aus dem Filtrat Ruberythrinsäurekristalle ab. Aus Wasser kann nochmals umkristallisiert werden.

b) Darstellung von Alizarin aus Krapp nach E. Kopp

Auf 50 g fein zerkleinerte Krappwurzeln läßt man 1 Tag lang 500 ml 0,05%ige schweflige Säure, die 0,05 g HCl enthält, einwirken und extrahiert nach dem Abfiltrieren nochmals auf dieselbe Weise. Die vereinigten Filtrate werden 30 min lang mit drei Volumprozenten konz. Schwefelsäure auf 55° C erwärmt, danach vom ausgefallenen Purpurin abfiltriert, das Filtrat 2 Std lang gekocht und das schwer lösliche Alizarin abgetrennt. Das Rohprodukt kocht man mit hochsiedendem Petroläther 30 min lang unter Rückfluß, extrahiert die noch heiße Kohlenwasserstoffphase erschöpfend mit verdünnter Natronlauge und fällt Alizarin mit Schwefelsäure. Aus Äthanol wird nochmals umkristallisiert.

III. Eigenschaften und Reaktionen

Die Chinone sind farbige Verbindungen von relativ hohen Schmelz- bzw. Zersetzungspunkten. In organischen Lösungsmitteln sind sie meist gut löslich. Wasser kann fast nur zum Umkristallisieren der Glykoside verwendet werden. Da sie sich oft durch große Flüchtigkeit auszeichnen, ist eine Reinigung durch Sublimation möglich. Das konjugierte Bindungssystem der Chinone ist reaktionsfähig. Substitutions- und Additionsreaktionen können zur Charakterisierung verwendet werden.

Charakteristisch sind bei den Chinonen die in Abschnitt IV (vgl. S. 676ff.) angegebenen *Schmelzpunkte* und *Farben*. Bei Molekülen mit asymmetrischem C-Atom kann zur Identifizierung ferner der *Drehwert* bestimmt werden.

In konzentrierter Schwefelsäure und verdünnten Laugen lösen sich die Chinone oft mit charakteristischer Farbe.

Hydroxyanthrachinone können mit der Bornträgerschen Reaktion nachgewiesen werden. Hierzu wird eine chinonhaltige Droge mit verdünnter Salzsäure einige Minuten unter Rückfluß gekocht. Nach dem Erkalten wird mit Äther ausgeschüttelt, die ätherische Phase abgetrennt, mit Wasser gewaschen und dann mit Natronlauge versetzt. Beim Schütteln wird der Äther entfärbt, die Lauge bei Anwesenheit von Hydroxybenzochinon blau, Hydroxynaphthochinon violett und Hydroxyanthrachinon rot. Steht eine Standardlösung des entsprechenden Hydroxychinons zur Verfügung, dann können diese Verbindungen nach der Bornträgerschen Farbreaktion colorimetrisch auch quantitativ bestimmt werden.

Die Aglykone der Anthranolglykoside, wie z. B. die der Aloine, können mit der Bornträgerschen Reaktion erst nach Oxydation mit H_2O_2 nachgewiesen werden. Anthranole reagieren mit Meckes Reagens (Schwefelsäure + selenige Säure) unter Bildung eines blaugrünen Farbstoffes, der sich allmählich nach blauschwarz verfärbt (Tunmannsche Reaktion).

Alle Chinone, die ein zur Carbonylgruppe benachbartes aktives Wasserstoffatom haben, geben nach R. Craven (1931) und W. Kesting (1929) mit einigen Tropfen Cyanessigester und einigen Millilitern äthanolischem Ammoniak einen blauvioletten Farbstoff.

Bei der Reduktion von Benzochinonen und Naphthochinonen entstehen charakteristische farbige Chinhydrone als Zwischenprodukte. Bei der Reduktion von Anthrachinonen mit Natriumdithionit entstehen Anthrahydrochinone:

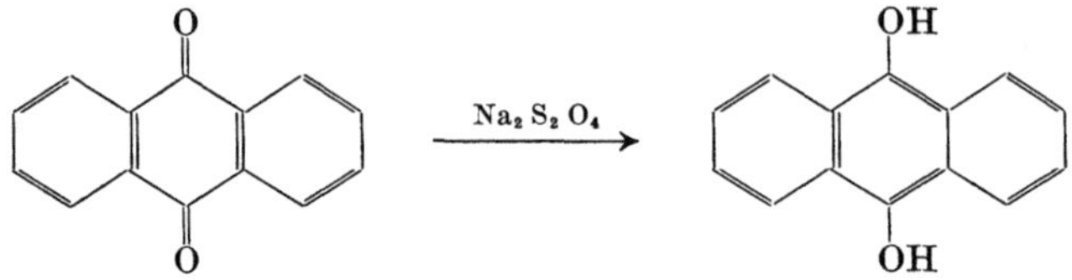

Mit Phenol bilden Chinone Additionsprodukte, die Phenochinone:

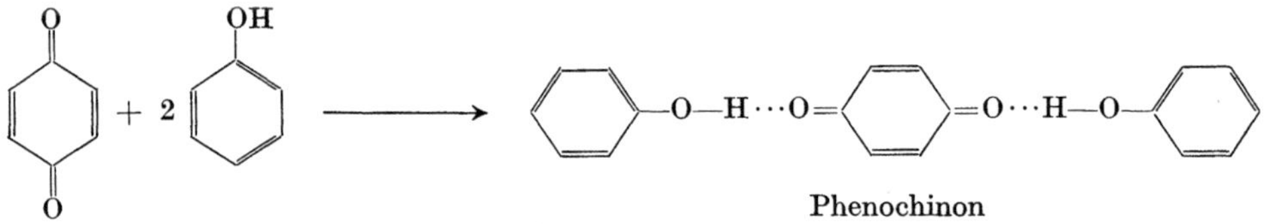

Phenochinon

Chinone mit einem Wasserstoffatom in o-Stellung zur Carbonylgruppe reagieren mit Benzolsulfinsäure leicht zu einem Sulfon:

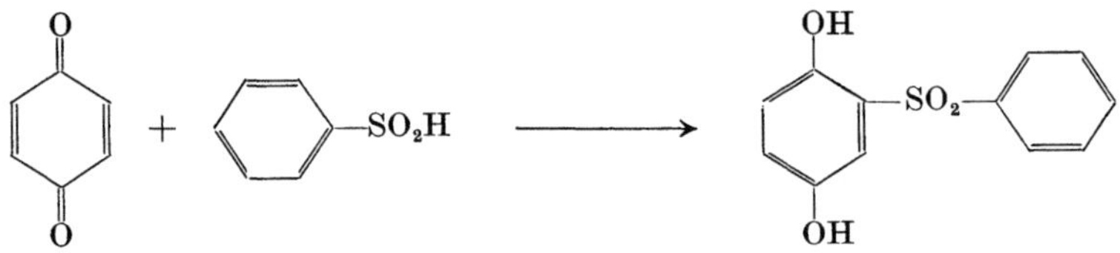

Auf dem Oxydationsvermögen der Chinone in saurer Lösung beruht die Bestimmung von R. WILLSTÄTTER und R. MAJIMA (1910). Jodwasserstoff reduziert Chinone quantitativ zu Hydrochinonen. Das freiwerdende Jod wird mit 0,1 n Natriumthiosulfatlösung titrimetrisch bestimmt.

Die Färbung mit ammoniakalischer Natronlauge ist von H. AUTERHOFF (1951) zur colorimetrischen Bestimmung der Anthracenaglykone in der Franguladroge herangezogen worden. Die bei der katalytischen Hydrierung der Chinone entstehenden Hydrochinone geben mit 2.6-Dichlorindophenol charakteristische Farben (vgl. W. BOSECKE u. W. LAVES 1943; N. R. TRENNER u. F. A. BACHER 1941).

IV. Vorkommen und Eigenschaften einiger wichtigerer Chinone

1. Benzochinone

Atromentin

$C_{18}H_{12}O_6$

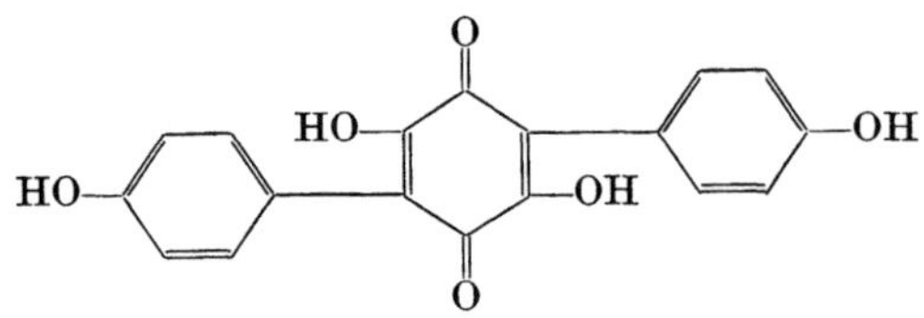

Braune, metallisch glänzende Plättchen aus Eisessig (ohne charakteristischen Schmelzpunkt).

Farbreaktionen. H_2SO_4 konz.: braun; H_2SO_4 konz. + Borsäure: grün; Wäßrige Sodalösung in der Wärme: violett.

Vorkommen. (Pilz Agaricus atrotomentosus) (F. KÖGL u. J. J. POSTOWSKY 1924, 1925).

Literatur zur Synthese und Konstitution: F. KÖGL u. Mitarb. (1928a, b).

Embelin

(Embeliasäure) $C_{17}H_{26}O_4$

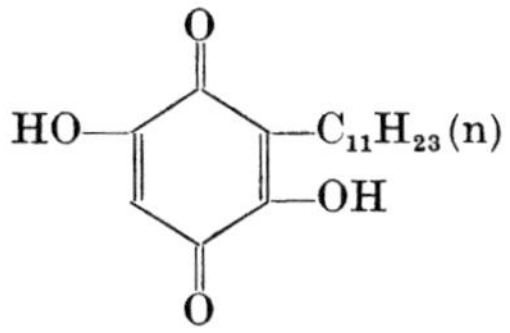

Orangegelbe Plättchen aus Äthanol (Smp 142–144° C).

Farbreaktionen. Wäßrige Natronlauge: Violett; Ammoniak: hellrot.

Vorkommen. Beeren von Embelia ribes Burm. (A. HEFFTER u. W. FEUERSTEIN 1899), Beeren von Myrsine africana L. (S. KRISHNA u. B. S. VARMA 1936).

Literatur zur Darstellung und Konstitution: K. H. HASAN u. E. STEDMAN (1931); M. ASANO u. K. YAMAGUTI (1940); L. F. FIESER u. E. M. CHAMBERLIN (1948).

Maesachinon

(Mesachinon) $C_{26}H_{42}O_4$

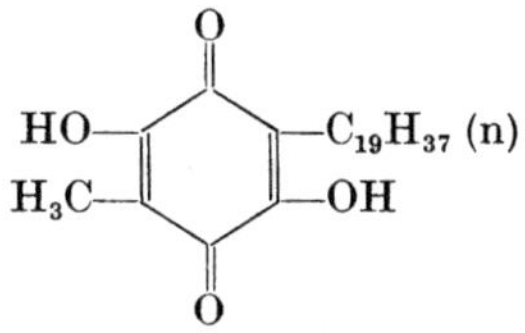

Orangerote Plättchen aus Äthanol (Smp 122° C).

Farbreaktionen. Wäßrige Natronlauge: violett.

Vorkommen. Früchte von Maesa japonica Moritzi (M. HIRAMOTO 1939).

Literatur zur Darstellung und Konstitution: L. F. FIESER u. E. M. CHAMBERLIN (1948); M. HIRAMOTO (1942).

Muscarufin

$C_{25}H_{16}O_9$

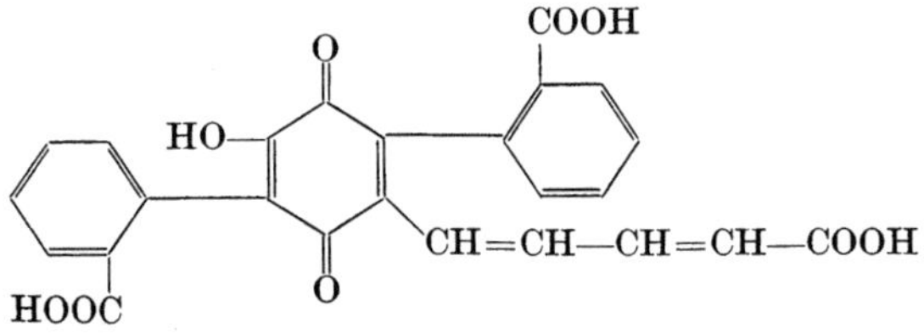

Orangerote Kristalle aus Wasser (Smp 276° C).

Farbreaktionen. Verdünnte Natronlauge: tiefrot; H_2SO_4 konz.: purpurrot.

Vorkommen. Amanita muscaria L. (F. KÖGL u. H. ERXLEBEN 1930).

Literatur zur Darstellung und Konstitution: F. KÖGL u. H. ERXLEBEN (1930).

Polyporsäure

(Orygmaeasäure) $C_{18}H_{12}O_4$

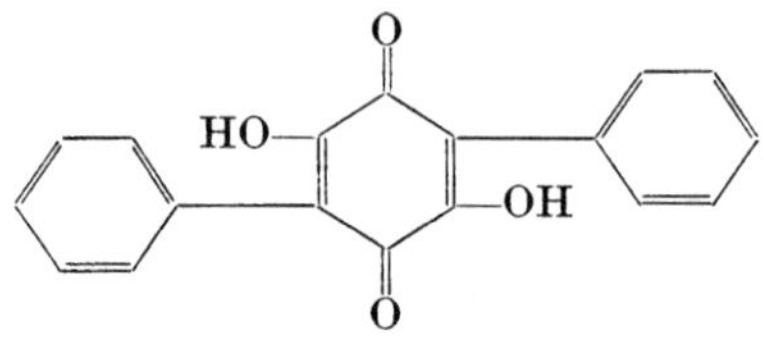

Braunviolette Plättchen aus Methyläthylketon [Smp 305° C (Sublimation)].

Vorkommen. Polyporus-Arten (C. Stahlschmidt 1877, 1879), z. B. Pilz Polyporus nidulans (F. Fichter 1908; E. Weiss 1908; F. Kögl 1926) und Pilz Polyporus rutilans (R. L. Frank u. Mitarb. 1950).

Literatur zur Darstellung und Konstitution: F. Kögl (1926).

2. Naphthochinone

Alkannin

(Anchusasäure, Anchusin, Alkannarot) $C_{16}H_{16}O_5$

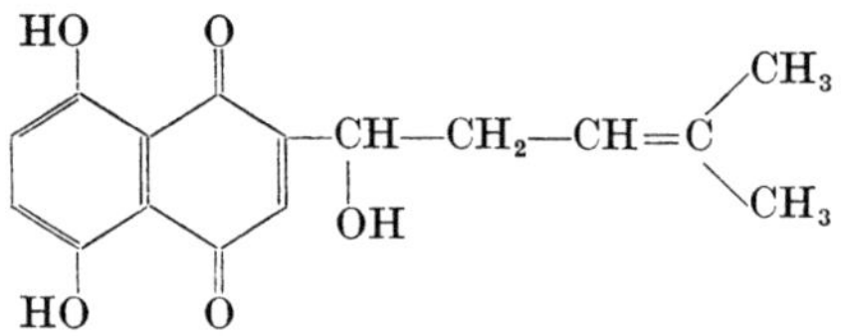

Braunrote Prismen aus Benzol (Smp 148° C) $[\alpha]_{Cd}^{20} = -157$ bis $-170°$ in Benzol.

Farbreaktionen. H_2SO_4 konz.: rot; Sodalösung: bläulich; verdünnte Natronlauge: tiefblau.

Vorkommen. Wurzeln Anchusa tinctoria (Alkannawurzeln) (J. Pelletier 1833; K. Brand u. A. Lohmann 1935), Wurzeln von Echium humile Desf. (E. Wilczek 1924).

Literatur zur Konstitution und Darstellung: H. Raudnitz u. Mitarb. (1931); H. Brockmann u. H. Roth (1935).

Juglon

(Nucin, Regianin) $C_{10}H_6O_3$

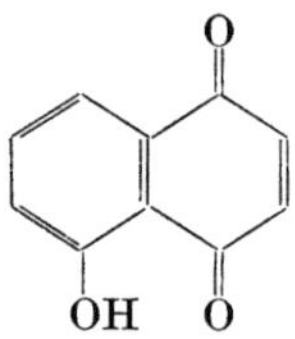

Braunrote Nadeln aus Chloroform (Smp 153–154° C).

Farbreaktionen. Verdünnte Natronlauge: zunächst purpurfarben, dann braun; H_2SO_4 konz.: blutrot.

Vorkommen. Juglans regia (Walnuß) (A. Bernthsen u. A. Semper 1885, 1886), Juglans nigra, Juglans cinerea, Carya olivaeformis und Pterocarya caucasica (A. Brissemoret u. R. Combes 1905).

Literatur zur Konstitution und Herstellung: A. Bernthsen (1884), A. Bernthsen u. A. Semper (1887).

Lapachol

(Lapachosäure, Taigusäure, Tecomin, Groenhartin) $C_{15}H_{14}O_3$

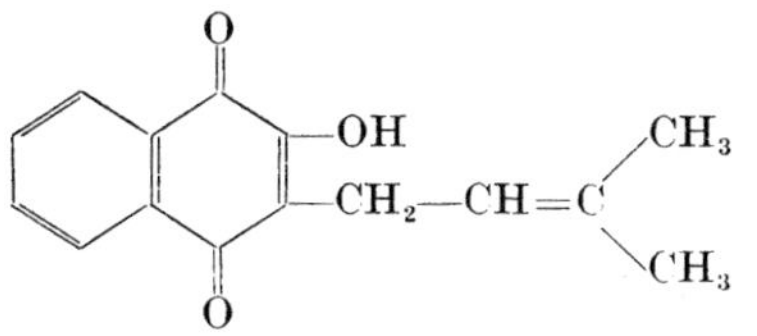

Gelbe Plättchen aus Äther (Smp 141–142° C).

Farbreaktionen. Verdünnte Natronlauge und Ammoniak: intensiv rot.

Vorkommen. Taiguholz (G. ARNAUDON 1858), Farbholz „Lapacho“ (S. C. HOOKER u. W. H. GREENE 1889; L. F. FIESER 1927), Bethabanaholz (S. C. HOOKER 1896), Holz von Bignonia tecoma (T. H. LEE 1901), Holz von Illipe longifolia, Holz von Tecoma araliacea (H. MATTHES u. E. SCHREIBER 1914).

Literatur zur Konstitution und Darstellung: L. F. FIESER (1927).

Lawson

$C_{10}H_6O_3$

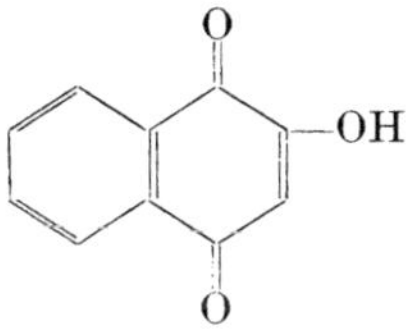

Orangefarbene Kristalle aus Äther (Smp 193–195° C).

Farbreaktionen. Durch Lauge und konz. Schwefelsäure: orangerot.

Vorkommen. Blätter von Lawsonia inermis L. (Hennablätter) (G. TOMMASI 1919), Blätter von Lawsonia alba Lam. (J. B. LAL u. S. DUTT 1933).

Literatur zur Konstitution und Herstellung: J. THIELE u. E. WINTER (1900).

3. Anthrachinone

Alizarin

(Lizarinsäure) $C_{14}H_8O_4$

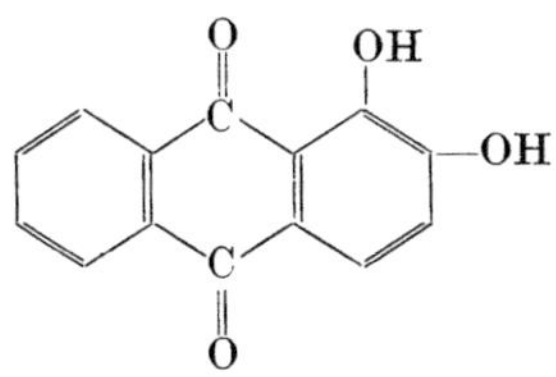

Orangerote Nadeln aus Äthanol (Smp 289–290° C).

Farbreaktionen. Verdünnte Natronlauge: purpurrot, H_2SO_4 konz.: dunkelrot, Alkalisalz und Al^{3+}-Salz-Lösung: roter Niederschlag, Alkalisalz und Cr^{3+}-Salz: violetter Niederschlag.

Vorkommen. Rhabarber (H. MÜLLER 1911), Rubia tinctorium (Krappwurzel) (COLIN u. ROBIQUET 1826), Wurzel von Oldenlandia umbellata (Chaywurzel) (A. G. PERKIN u. J. J. HUMMEL 1893b).

Literatur zur Konstitution und Synthese: C. GRAEBE u. C. LIEBERMANN (1868a, 1869).

Ruberythrinsäure

(Rubian, Rubiansäure) $C_{25}H_{26}O_{13}$

Alizaringlykosid mit Primoverose.

Gelbe Prismen aus Wasser (Smp 259–261° C).

Farbreaktionen. H_2SO_4 konz.: blutrot; Alaun und verdünntes NH_3: zinnoberroter Lack.

Vorkommen. Wurzel von Oldenlandia umbellata (Chaywurzel) (A. G. PERKIN u. J. J. HUMMEL 1893b).

Literatur zur Konstitution und Synthese: F. ROCHLEDER (1851); C. LIEBERMANN u. O. BERGAMI (1887); E. GLASER u. O. KAHLER (1927); E. T. JONES u. A. ROBERTSON (1933); R. HILL u. D. RICHTER (1936); D. RICHTER (1936); G. ZEMPLÉN u. R. BOGNÁR (1939).

Alizarin-α-Methyl-Äther

$C_{15}H_{10}O_4$

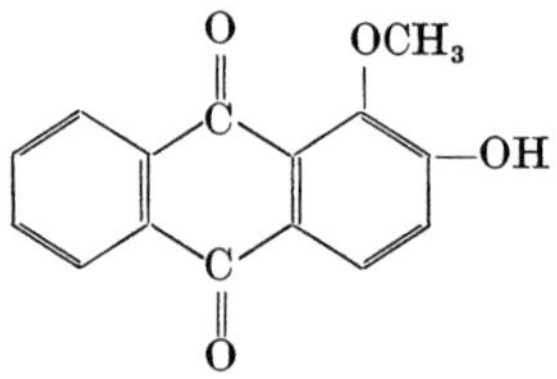

Orange Nadeln aus verdünntem Methanol (Smp 178–179° C).

Vorkommen. Wurzel von Oldenlandia umbellata (Chaywurzel) (A. G. PERKIN u. J. J. HUMMEL 1893b, 1895).

Literatur zur Konstitution und Synthese: A. G. PERKIN u. J. J. HUMMEL (1895); H. DECKER u. E. LAUBE (1906); A. G. PERKIN (1907); A. G. PERKIN u. R. C. STOREY (1928).

Aloe-Emodin

(Rottlerin) $C_{15}H_{10}O_5$

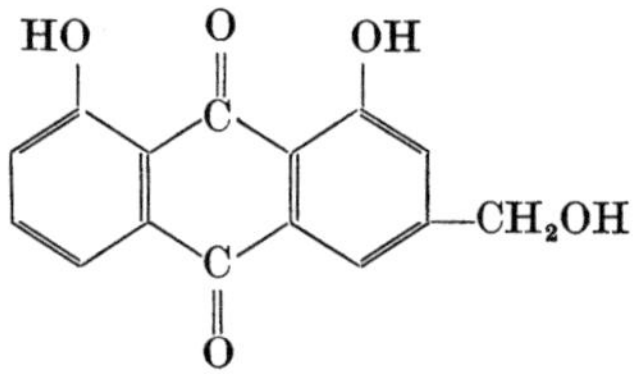

Orangegelbe Nadeln aus Methanol (Smp 223–225° C).

Farbreaktionen. Schwefelsäure: himbeerrot; Kristalle und Barytwasser: Kristalle dunkel, Flüssigkeit ganz schwach rosa.

Vorkommen. Kap- und Barbados-Aloe (A. TSCHIRCH u. G. PEDERSEN 1898), Curacao-Aloe (A. TSCHIRCH u. U. CHRISTOFOLETTI 1904), Sennesblätter von Cassia angustifolia Tinnevelly (F. TUTIN 1913).

Literatur zur Synthese und Konstitution: A. TSCHIRCH (1898); O. A. OESTERLE (1911); E. LÉGER (1902); R. ROBINSON u. J. L. SIMONSEN (1909); P. C. MITTER u. D. BANERJEE (1932).

Barbaloin

(Aloin) $C_{21}H_{22}O_9$

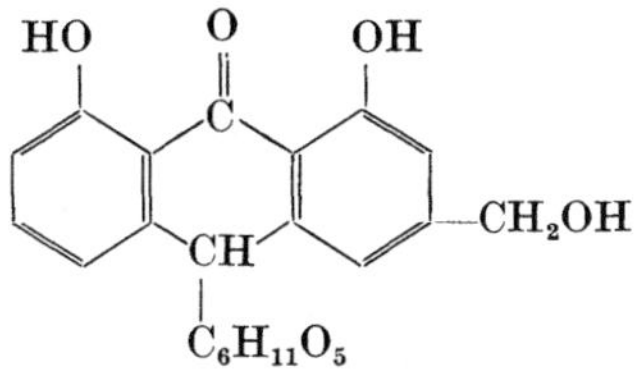

Hellgelbe Nadeln aus Methanol (Smp 146–147° C).

Farbreaktionen. Verdünntes Ammoniak: erst gelb, dann grüngelb, braun, braunrot und orange; H_2SO_4 konz. und Dämpfe rauchender HNO_3: grün oder blau.

Vorkommen. In Aloe-Arten.

Literatur zur Konstitution und Gewinnung: E. LÉGER (1902); F. HAUSER (1931); R. S. CAHN u. J. L. SIMONSEN (1932); J. H. GARDNER u. Mitarb. (1935); H. FOSTER u. J. H. GARDNER (1936); L. H. OWEN u. J. L. SIMONSEN (1942); H. MÜHLEMANN (1952).

Carminsäure

$C_{22}H_{20}O_{13}$

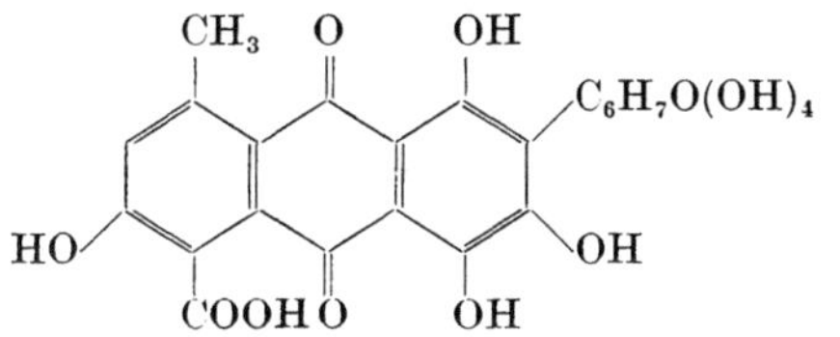

Rote Nadeln aus Methanol–Wasser (Zp 130° C); $[\alpha]_{645} = +50{,}6°$ (in Wasser).

Farbreaktion. Verdünnte Natronlauge: violett.

Vorkommen. Cochenille (C. LIEBERMANN u. Mitarb. 1900; O. DIMROTH 1913).

Chrysophansäure

(Rumicin, Chrysophanol, Archinin) $C_{15}H_{10}O_4$

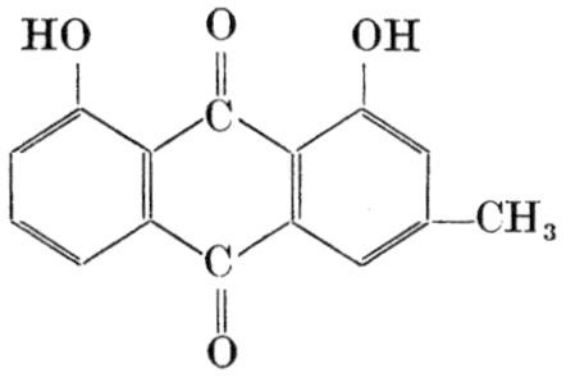

Goldgelbe Plättchen aus Äthanol (Smp 193–196° C).

Vorkommen. Wurzeln von Rumex patientia und Rumex obtusifolius L. (P. L. GEIGER 1834), Rhabarberwurzeln (J. SCHLOSSBERGER u. O. DOEPPING 1844), chines. Rhabarber (A. TSCHIRCH u. K. HEUBERGER 1902), Blätter von Rumex sanguineus (P. Q. KEEGAN 1916), Rumex crispus (G. D. BEAL u. R. E. OKEY 1919), Blätter von Aloe vera (R. N. CHOPRA u. N. N. GHOSH 1938), Mycel von Penicillium islandicum Sopp (B. H. HOWARD u. H. RAISTRICK 1950), Wurzelknollen von Rumex hymenosepalus (W. E. HILLIS 1955), Wurzeln von Rumex tianscha (T. K. CHUMBALOV u. K. V. TARASKINA 1956).

Literatur zur Synthese und Konstitution: C. LIEBERMANN u. O. FISCHER (1875, 1876); C. GRAEBE u. C. LIEBERMANN (1868b); E. LÉGER (1912); R. EDER u. C. WIDMER (1922, 1923).

Chrysophanein

$C_{21}H_{20}O_9$

Glucosid der Chrysophansäure.

Gelbe Nadeln aus Äthanol (Smp 248–249° C).

Farbreaktion. Verdünnte Natronlauge: rotbraun.

Vorkommen. Rumex alpinus (F. SCHLEMMER u. O. GENTNER 1940).

Digitolutein

$C_{16}H_{12}O_4$

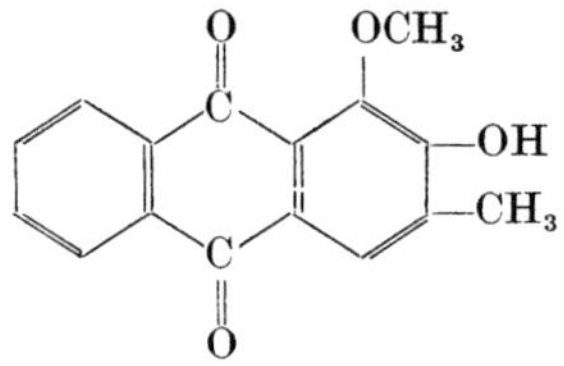

Gelbe Nadeln aus verdünntem Äthanol (Smp 222° C).

Vorkommen. Blätter von Digitalis lutea (ADRIAN u. A. TRILLAT 1899), Blätter von Digitalis purpurea (R. PARIS 1954).

Literatur zur Konstitution und Gewinnung: M. M. JANET u. Mitarb. (1955).

Emodin

(Frangulaemodin, Frangulinsäure, Archin) $C_{15}H_{10}O_5$

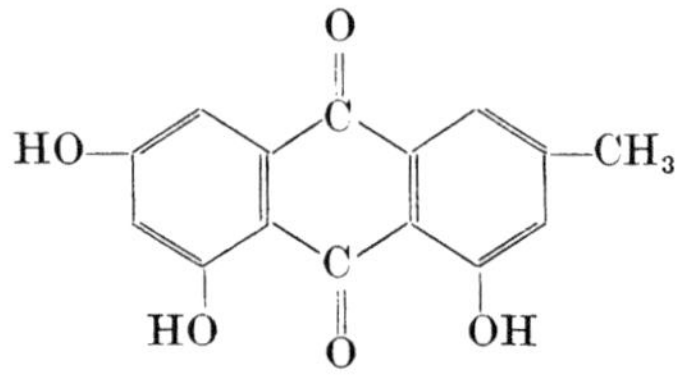

Orangerote Nadeln aus Äthanol (Smp 255–256° C).

Vorkommen. Chinesische Rhabarberwurzel, Rinde von Rhamnus purshiana (P. SCHWABE 1888), Früchte von Rhamnus cathartica (A. TSCHIRCH u. R. POLACCO 1900), Rumex crispus (G. D. BEAL u. R. E. OKEY 1919), Pilz Dermocybe sanguinea Wulf. (blutroter Hautkopf) (F. KÖGL u. J. J. POSTOWSKY 1925), Rumex alpinus (F. SCHLEMMER u. O. GENTNER 1940), Pilz Polystictus versicolor (T. SHIMANO u. Mitarb. 1953).

Literatur zur Konstitution und Synthese: C. LIEBERMANN u. M. WALDSTEIN (1876); R. EDER u. C. WIDMER (1923, 1925); O. A. OESTERLE u. E. TISZA (1908); O. A. OESTERLE u. W. SYPKENS-TOXOPEUS (1911).

Frangulin

(Rhamnoxanthin, Cascarin) $C_{21}H_{20}O_9$

Rhamnosid des Emodins.

Orangefarbiges Pulver aus Pyridin–Wasser (Smp 246° C).

Farbreaktionen. Verdünnte Natronlauge: dunkelkirschrot.

Vorkommen. Rhamnus frangula (Faulbaum) (L. A. BUCHNER 1853), Cascara sagrada (LEPRINCE 1892).

Literatur zur Konstitution und Synthese: A. FAUST (1873); P. SCHWABE (1888).

Kermessäure

$C_{18}H_{12}O_9$

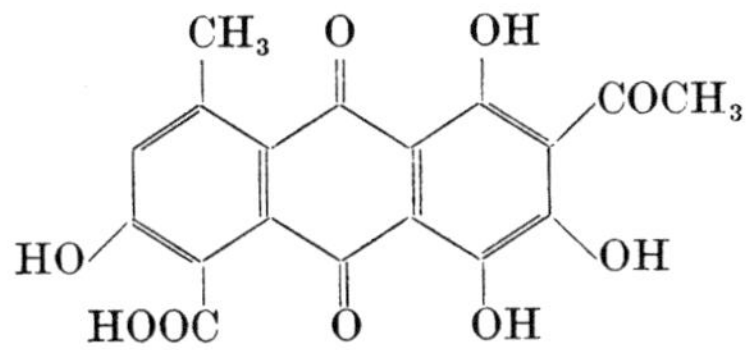

Rote Nadeln aus Wasser (Zp 250° C).

Farbreaktionen. Schwefelsäure sowie verdünnte Natronlauge: violettrot.

Vorkommen. Kermes (O. DIMROTH 1910).

Literatur zur Synthese und Konstitution: O. DIMROTH u. W. SCHEURER (1913); O. DIMROTH u. R. FICK (1916).

Purpurin

(Krappurpur, Verantin, Oxylizarinsäure) $C_{14}H_8O_5$

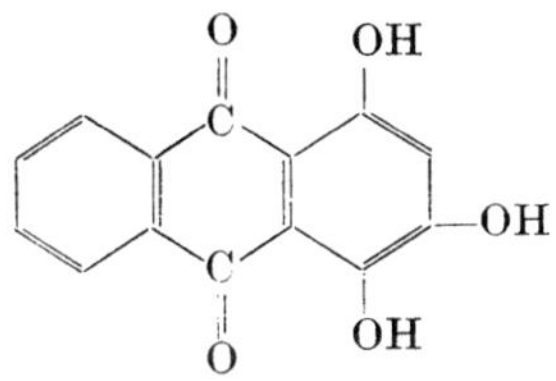

Orangerote Nadeln aus verdünntem Alkohol (Smp 253–259° C).

Farbreaktionen. Verdünnte Natronlauge: rotviolett; Barytwasser beim Kochen: purpurrot.

Vorkommen. Rubia tinctorum L. (Krappwurzel) (COLIN u. ROBIQUET 1826), Wurzel von Rubia sikkimensis (A. G. PERKIN u. J. J. HUMMEL 1893a).

Literatur zur Konstitution und Synthese: C. GRAEBE u. C. LIEBERMANN (1868b); F. DELALANDE (1874); A. BAEYER u. H. CARO (1875).

Fagopyrin

$C_{42}H_{36}O_{10}N_2$

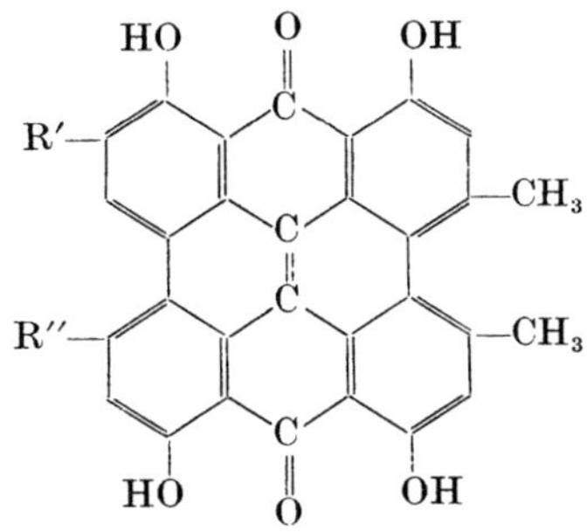

$R' + R'' = C_{12}H_{22}O_4N_2$

Dunkelrotes Pulver.

Vorkommen. Buchweizenblüten (H. BROCKMANN u. Mitarb. 1950a, 1952).

Hypericin

(Hypericumrot, Mycoporphyrin) $C_{30}H_{16}O_8$

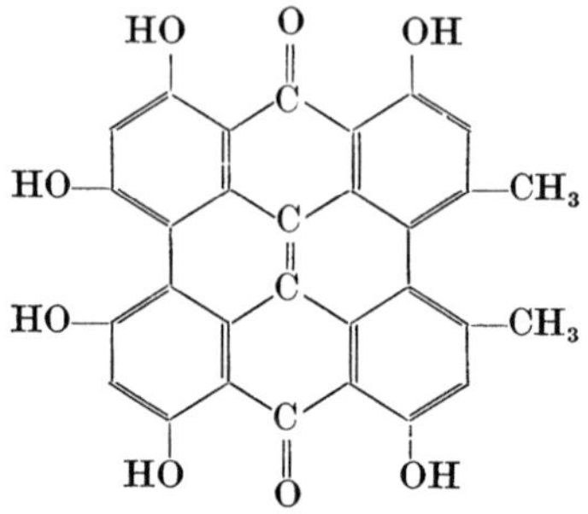

Violette Nadeln aus Pyridin und methanolischer Salzsäure (Zp über 300° C).

Vorkommen. Hypericum perforatum (L. ROTH 1953), Hypericum erectum (T. KARIYONE u. N. KAWANO 1953).

Literatur zur Konstitution, Synthese und Isolierung: H. BROCKMANN u. Mitarb. (1939, 1942, 1950b, 1951b); N. PACE u. G. MACKKINNEY (1941); H. BROCKMANN u. F. KLUGE (1951); H. BROCKMANN u. H. MUXFELDT (1953).

C. γ-Pyronfarbstoffe

I. Allgemeines

Derivate des γ-Pyrons sind als Naturstoffe weit verbreitet. Die von folgenden Grundgerüsten abgeleiteten Farbstoffe werden besprochen:

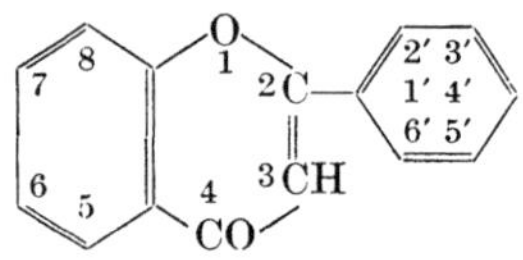

Flavon

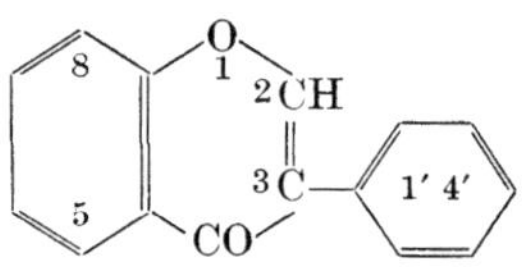

Isoflavon

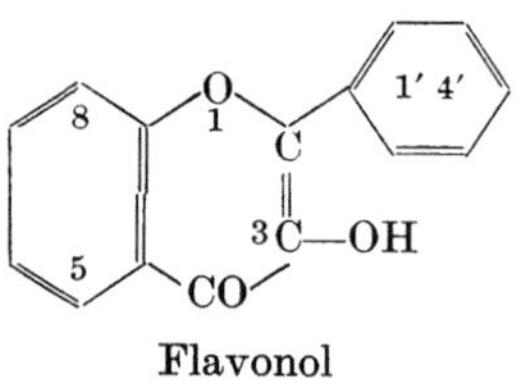

Flavonol

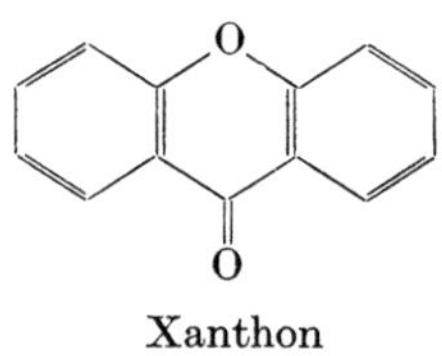

Xanthon

Schon um 1850 hat man aus pflanzlichen Materialien flavonoide Verbindungen isoliert. Erst um 1900 jedoch wurde die Verbindungsklasse von ST. v. KOSTANECKI grundlegend erforscht.

II. Vorkommen, physiologische Bedeutung

Die γ-Pyronderivate kommen in pflanzlichen Geweben als Glykoside und in freier Form vor. Besonders aus Blättern und Blüten konnten sie isoliert werden. Weniger häufig finden sie sich in Wurzeln, Früchten und Hölzern. Auffallend ist, daß Glucoside der Flavone gewöhnlich in Pollen enthalten sind (F. W. HEYL 1919; P. KARRER u. Mitarb. 1950a; C. T. REDEMANN u. Mitarb. 1950). Ein allgemein gültiger Zusammenhang mit dem Befruchtungsprozeß kann jedoch nicht erkannt werden.

F. Blank u. R. Suter stellten im Jahre 1948 die Vermutung auf, flavonoide Verbindungen seien an Redoxreaktionen beteiligt. Auch J. Uri, S. Korossy und S. Széplaki (1947) halten es für möglich, daß Flavone bei enzymatischen Redoxsystemen eine Rolle spielen. Im allgemeinen weiß man aber über die biologische Bedeutung von Flavonen noch nichts. Auch die Wirkung von Flavonen als coronarerweiternde Substanzen und deren Bedeutung für Permeabilitätserscheinungen ist ungewiß.

III. Eigenschaften

γ-Pyronderivate sind farblose bis gelbe Verbindungen, die relativ hohe Schmelzpunkte haben. Die Aglykone lösen sich meist in Alkohol, Äther, Eisessig und oft in Mineralsäuren und Alkalien unter Salzbildung. Manche finden als Beizenfarbstoffe Verwendung. Zur Bildung eines Farblackes sind Hydroxylgruppen in 3- und 5-Stellung notwendig. Präparate von γ-Pyronderivaten haben im Strahlenschutz, zur Förderung der Diurese, als coronarerweiternde Substanzen, als Antioxydantien oder zur Fermenthemmung Verwendung gefunden.

IV. Darstellung aus Pflanzenextrakten

1. Allgemeines

Zur Darstellung von flavonoiden Verbindungen kann sowohl frisches als auch getrocknetes Pflanzenmaterial verwendet werden. Das Trocknen von frischem Material sollte möglichst rasch durchgeführt werden, da Enzyme in der Pflanze eine Hydrolyse verursachen oder empfindliche Verbindungen oxydative Zerstörung erleiden können.

Wird die Extraktion mit siedendem Alkohol durchgeführt, verlieren die Fermente ihre Wirksamkeit. Organische Säuren können eine Abspaltung von Zuckerkomponenten bewirken. Die Flavone werden daher oft als Calciumsalze bei der Isolierung ausgefällt. Besonders wenn man trockenes Material verwendet, ist eine Behandlung mit Lösungsmitteln verschiedener Polarität vorteilhaft. Mit leicht siedendem Petroläther wird der Rohstoff zunächst entfettet und dann mit einer Reihe von Lösungsmitteln steigender Polarität behandelt, da stark methylierte Verbindungen ohne Zuckerrest in Äther, Moleküle mit Hydroxylgruppen in Alkohol und Glykoside in Wasser löslich sind.

Durch Eindampfen der Pflanzenextrakte erhält man die Rohfarbstoffe. Diese können durch Umkristallisieren, selektives Ausfällen mit Bleiacetat, Extraktion mit organischen Lösungsmitteln (bes. Essigester), Adsorptionsverfahren oder über Komplexverbindungen (z. B. mit Borsäure) gereinigt werden.

2. Spezielle Vorschriften

Im folgenden sind einige charakteristische Beispiele für die Isolierung von flavonoiden Verbindungen aus Pflanzenextrakten angegeben.

a) Flavone

α) Baicalin aus Wurzeln von Scutellaria baicalensis (vgl. G. Klein 1932). 100 g frische bzw. 30,5 g wasserfreie Wurzeln von Scutellaria baicalensis Georgi werden fein zerschnitten und zweimal mit je 500 ml Wasser je eine Stunde unter Rückfluß gekocht. Man versetzt die vereinigten, abfiltrierten Auszüge unter Umrühren mit konzentrierter Salzsäure, bis die Konzentration an Chlorwasserstoff 1% beträgt. Es entsteht ein gelber, flockiger Niederschlag, der sich nach einiger Zeit absetzt, dann abfiltriert und mit verdünnter Schwefelsäure gelinde erwärmt wird. Klebrige Beimengungen werden dadurch entfernt. Man sammelt das Rohprodukt auf dem Filter, wäscht mit viel Wasser und trocknet über Calciumchlorid bei 16 Torr (Ausbeute 6,2 g). Die Extraktion erfolgt im Soxhletapparat mit Methanol. Baicalin fällt in hellgelben feinen Nadeln an (Ausbeute 3,8 g) (12,5% der Trockensubstanz).

β) Baicalein durch Hydrolyse von Baicalin (vgl. G. Klein 1932). 2,5 g Baicalin werden in 50 ml Wasser unter heftigem Umrühren suspendiert. Dann gießt man 62,5 g konzentrierte

Schwefelsäure zu und wartet, bis sich die Suspension gelöst hat. Die Reaktionslösung wird dann sofort in $^1/_2$ l Wasser gegossen. Nach einiger Zeit scheiden sich gelbe Flocken ab, die abfiltriert und aus Äthanol umkristallisiert werden. Die Reaktion verläuft mit nahezu quantitativer Ausbeute.

γ) Darstellung von Wogonin aus getrockneten Wurzeln von Scutellaria baicalensis Georgi (vgl. S. HATTORI 1930). 500 g lufttrockene Wurzeln von Scutellaria baicalensis Georgi (Chin. „Wogon") werden fein zerschnitten. Die Extraktion erfolgt im Soxhletapparat mit Benzol, bis das Filtrat farblos ist. Das Benzol wird im Rotationsverdampfer abgezogen und der Rückstand in warmem Äthanol unter Hinzufügen von etwas Tierkohle gelöst. Beim Abkühlen bildet sich ein gallertartiger Niederschlag, der abfiltriert wird. Nach Einengen des Filtrats auf 50 ml scheiden sich im Eisschrank (0° C) nach einigen Tagen gelbe Nadeln von Wogonin ab. Aus 80%igem Äthanol kann umkristallisiert werden (Ausbeute 2,6 g).

b) Isoflavone

α) Genistin aus Sojabohnen (E. WALZ 1931). 1 kg trockenes, entöltes Sojabohnenschrot wird fein gemahlen, mit 1,5 l 90%igem Methanol 7 Std am Rückfluß gekocht, abfiltriert, anschließend noch viermal auf dieselbe Weise extrahiert und das Methanol der vereinigten Filtrate im Rotationsverdampfer abgezogen. Der zurückbleibende Sirup wird mit Aceton verrieben und das sich absetzende, unlösliche Pulver abzentrifugiert. Nach Abdampfen des Acetons auf dem Wasserbad entsteht ein wäßriger, brauner Sirup. Beim Erkalten scheiden sich helle Körner ab. Den wäßrigen Sirup bringt man in Äther und zentrifugiert das Rohgenistin in der Wasserphase ab. Dieses wird dann in einem Gemisch von Wasser:Methanol (25:75) in der Wärme gelöst und mit Tierkohle einige Zeit gekocht und die heiße Lösung filtriert. Im Filtrat scheiden sich bei 0° C blaßgelbe Plättchen ab. Zur weiteren Reinigung kann noch einige Male aus 75%igem Methylalkohol umkristallisiert werden (Ausbeute 0,6 g reine Substanz).

β) Genistein aus Genistin (E. WALZ 1931). 2 g reines Genistin werden mit 45 ml Methanol und 10 ml konz. Salzsäure $3^1/_2$ Std unter Rückfluß gekocht. Danach verdünnt man die klare Lösung mit soviel Wasser, bis sich Genistein ausscheidet. Dann wird die Reaktionslösung mehrere Male mit Äther ausgeschüttelt. Aus den vereinigten Ätherextrakten können nach Abziehen des Lösungsmittels 1,19 g Genistein erhalten werden.

c) Flavonole

α) Quercitrin aus Quercusrinde (vgl. G. KLEIN 1932). 500 g zerkleinerte Quercusrinde werden mit 2,5 l 85%igem Äthanol 6 Std am Rückfluß gekocht. Dann filtriert man vom Rückstand, zieht im Rotationsverdampfer 1,5 l Äthanol ab, gibt Eisessig und soviel alkoholische Bleiacetatlösung zu, bis sämtliche Verunreinigungen ausgefällt sind. Der Niederschlag wird abfiltriert und durch das Filtrat ein kräftiger Schwefelwasserstoffstrom geleitet, um überschüssiges Bleiacetat zu entfernen. Dann filtriert man, dampft das Filtrat zur Trockene ein und nimmt das Rohquercitrin in Alkohol auf. Aus der alkoholischen Lösung kann das Flavonol mit Wasser gefällt werden. Zum Umkristallisieren eignet sich siedendes Wasser.

β) Quercetin aus Quercitronrinde (vgl. G. KLEIN 1932). Zerkleinerte, mit Kochsalzlösung gewaschene Quercitronrinde läßt man mit verdünntem Ammoniak einige Stunden bei Raumtemperatur stehen, filtriert vom unlöslichen Rückstand, säuert mit verdünnter Schwefelsäure an und kocht solange, bis sich kein Quercetin mehr abscheidet. Dies wird von der noch warmen Lösung abfiltriert und aus Äthanol umkristallisiert.

V. Reaktionen der Flavone

1. Farbreaktionen

a) Eisen(III)-chlorid

(L. H. BRIGGS u. R. H. LOCKER 1951, T. R. SESHADRI u. S. VARADARAJAN 1952)

Da alle Polyphenole mit Eisen(III)-chlorid Farbreaktionen geben, ist dieses Reagens für flavonoide Derivate wenig spezifisch. Verbindungen mit zwei Hydroxylgruppen in o-Stellung reagieren mit Eisen(III)-chlorid oft unter Grünfärbung. Eine 3-, 4-, 5-Trihydroxygruppierung am Phenylkern kann am Auftreten einer tiefblauen bis schwarzen Farbe erkannt werden. Mit Flavonolen bildet sich oft eine braune Farbe. (Farbreaktionen der einzelnen Verbindungen vgl. Abschnitt VI.)

b) Blei(II)-acetat

Viele flavonoide Verbindungen geben mit Bleiacetat farbige Salze oder Komplexe. Die Farbe der Bleiverbindungen hängt weitgehend von der Lage und Zahl der Hydroxylgruppen ab. T. B. GAGE, C. D. DOUGLASS u. S. H. WENDER 1951 haben dieses Reagens bei der Papierchromatographie der Flavone benutzt.

c) Alkalische Lösungen

Flavone und Flavonole lösen sich in Laugen im allgemeinen mit gelber Farbe. Die Lösungen sind verhältnismäßig stabil, wenn die flavonoide Verbindung nicht mehr als 5 Hydroxylgruppen besitzt und diese nicht vicinal angeordnet sind. Trifft dies jedoch zu, dann ändert sich die Farbe der alkalischen Lösung rasch (vgl. auch Abschnitt VI).

d) Konzentrierte Schwefelsäure

In konzentrierter Schwefelsäure lösen sich viele Flavone und Flavonole mit intensiv gelber Farbe (V. V. S. MURTI u. Mitarb. 1951). Dabei bildet sich nach E. C. E. HUNTER und J. R. PARTINGTON 1933 wahrscheinlich ein Kation folgender Strukturen:

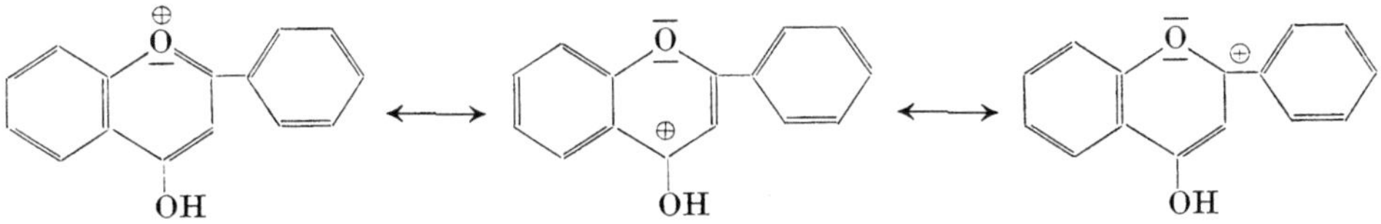

e) Antimonpentachlorid

Die flavonoiden Farbstoffe geben mit Lösungen von Antimonpentachlorid in Tetrachlorkohlenstoff charakteristische Farbreaktionen (G. B. MARINI-BETTÒLO u. A. BALLIO 1946).

f) Reduktion mit Magnesium in salzsaurer Lösung

Dieser von J. SHINODA 1928 untersuchte qualitative Nachweis ist weitgehend spezifisch. Man löst die flavonoide Verbindung in Alkohol, gibt einige Magnesiumspäne und dann tropfenweise konz. Salzsäure hinzu. Innerhalb von einigen Minuten entstehen charakteristische Farben (vgl. Abschnitt VI). Mit Flavonen treten im allgemeinen orange bis rote, mit Flavonolen rote bis karmesinrote Färbungen auf. Die Farben sind auf die Bildung von Pyryliumsalzen zurückzuführen.

2. Papierchromatographie

Flavonoide Verbindungen können mit der Papierchromatographie ausgezeichnet getrennt und identifiziert werden, da sie im sichtbaren oder ultravioletten Licht absorbieren, zum Teil fluorescieren, mit geeigneten Reagentien Farbreaktionen geben und charakteristische Lösungseigenschaften haben. Vor allem von E. C. BATE-SMITH u. R. G. WESTALL 1950 sowie J. B. HARBORNE 1958/59 liegen sehr eingehende Untersuchungen vor (vgl. auch R. A. PARIS 1952; S. FUJISE u. H. TATSUTA 1952; T. A. GEISSMAN 1962; K. PAECH u. M. V. TRACEY 1955).

Die Tab. 4 gibt einen Überblick über die von J. B. HARBORNE 1958/59 angegebenen R_f-Werte in Butanol-Eisessig-Wasser (4:1:5).

Zur Trennung der γ-Pyronderivate haben sich außerdem noch folgende Lösungsmittelgemische bewährt:

1. *Wasser* hat den Vorteil, daß nur Glykoside getrennt werden, während Aglykone nahezu gar nicht wandern (E. A. H. ROBERTS u. D. J. WOOD 1953). Leider ist die Trennfähigkeit für Glykoside nicht sehr ausgeprägt.

2. Ausgezeichnete Trenneffekte für nichtglykosidische γ-Pyronderivate erzielt man mit Gemischen von Kohlenwasserstoffen, Wasser und Methanol (G. LINDSTEDT 1950).

Da die gelben Pyronfarbstoffe auf dem Papierchromatogramm oft nur schlecht erkannt werden können, ist es zur Bestimmung der R_f-Werte und für die qualitative Analyse notwendig, die Flecken durch Farbreaktionen oder ultraviolettes Licht deutlich kenntlich zu machen. Flavonole fluorescieren bei Bestrahlung mit UV-Licht im allgemeinen grüngelb, Flavone braun.

Die meisten Flavonoide ändern beim Besprühen des trockenen Chromatogramms mit Natriumcarbonatlösung oder bei der Einwirkung von Ammoniakdämpfen im sichtbaren und

Tabelle 4. *R_f-Werte von flavonoiden Verbindungen in Butanol/Eisessig/Wasser 4:5:1*

Name des Aglykons	Stellung von Substituenten			
	OH- u. OR-Gruppe	Methoxylgruppe	Zuckerrest	R_f-Wert
Flavone				
Aglykone				
Acacetin	5, 7, 4′	4′-OCH_3	—	0,91
Apigenin	5, 7, 4′	—	—	0,89
Diosmetin	5, 7, 3′, 4′	4′-OCH_3	—	0,85
Luteolin	5, 7, 3′, 4′	—	—	0,78
Tricin	5, 7, 3′, 4′, 5′	3′5′-OCH_3	—	0,73
Glykosid des				
Luteolins.	5, 7, 3′, 4′	—	5-Glucosid	0,82
Luteolins.	5, 7, 3′, 4′	—	7-Glucosid	0,44
Luteolins.	5, 7, 3′, 4′	—	7-Apiosylglykosid	0,42
Apigenins	5, 7, 4′	—	7-Rhamnoglucosid	0,58
Apigenins	5, 7, 4′	—	7-Apiosylglucosid	0,57
Apigenins	5, 7, 4′	—	7-Glucoronid	0,57
Apigenins	5, 7, 4′	—	7-Glucosid	0,65
Acacetins	5, 7, 4′	4′-OCH_3	7-Rhamnoglucosid	0,61
Flavonole				
Aglykone				
Kämpferol	3, 5, 7, 4′	—	—	0,83
Morin	3, 5, 7, 2′, 4′	—	—	0,79
Isorhamnetin . . .	3, 5, 7, 3′, 4′	3′-OCH_3	—	0,74
Fisetin	3, 7, 3′, 4′	—	—	0,73
Rhamnetin . . .	3, 5, 7, 3′, 4′	7-OCH_3	—	0,72
Quercetin	3, 5, 7, 3′, 4′	—	—	0,64
Azaleatin	3, 5, 7, 3′, 4′	5-OCH_3	—	0,48
Myricetin	3, 5, 7, 3′, 4′, 5′	—	—	0,43
Robinetin	3, 7, 3′, 4′, 5′	—	—	0,40
Glykosid des				
Kämpferols. . . .	3, 5, 7, 4′	—	7-Rhamnosid	0,75
Kämpferols. . . .	3, 5, 7, 4′	—	3-Glucosid	0,70
Kämpferols. . . .	3, 5, 7, 4′	—	3-Rhamnoglucosid	0,54
Kämpferols. . . .	3, 5, 7, 4′	—	7-Glucosid	0,54
Kämpferols. . . .	3, 5, 7, 4′	—	3-Diglucosid	0,43
Kämpferols . . .	3, 5, 7, 4′	—	3-Rhamnodiglucosid	0,41
Kämpferols. . . .	3, 5, 7, 4′	—	3-Rhamnogalaktosido-7-rhamnosid	0,40
Kämpferols. . . .	3, 5, 7, 4′	—	3-Triglucosid	0,31
Quercetins	3, 5, 7, 3′, 4′	—	3-Rhamnosid	0,72
Quercetins	3, 5, 7, 3′, 4′	—	3-Arabinosid	0,70
Quercetins	3, 5, 7, 3′, 4′	—	3-Xylosid	0,65
Quercetins	3, 5, 7, 3′, 4′	—	3-Glucosid	0,58
Quercetins	3, 5, 7, 3′, 4′	—	3-Galaktosid	0,55
Quercetins	3, 5, 7, 3′, 4′	—	4′-Glucosid	0,48
Quercetins	3, 5, 7, 3′, 4′	—	3-Rhamnoglucosid	0,45
Quercetins	3, 5, 7, 3′, 4′	—	3-Diglucosid	0,37
Quercetins	3, 5, 7, 3′, 4′	—	7-Glucosid	0,37
Quercetins	3, 5, 7, 3′, 4′	—	3-Rhamnodiglucosid	0,36
Quercetins	3, 5, 7, 3′, 4′	—	3-Rhamnoglucosido-7-glucosid	0,36
Quercetins	3, 5, 7, 3′, 4′	—	3-Triglucosid	0,23
Myricetins	3, 5, 7, 3′, 4′, 5′	—	3-Rhamnosid	0,60
Myricetins	3, 5, 7, 3′, 4′, 5	—	3-Glucosid	0,47
Isorhamnetins . .	3, 5, 7, 3′, 4′	3′-OCH_3	3,4′-Diglucosid	0,38
Isoflavone				
Aglykone				
Irigenin	5, 6, 7, 3′, 4′, 5′	6,3′,5′-OCH_3	—	0,79
Tectorigenin . . .	5, 6, 7, 4′	6-OCH_3	—	0,70

Tabelle 4. (Fortsetzung)

Name des Aglykons	Stellung von Substituenten			
	OH- u. OR-Gruppe	Methoxylgruppe	Zuckerrest	R_f-Wert
Prunetin	5, 7, 4′	7-OCH_3	—	0,67
Formononetin . .	7, 4′	4′-OCH_3	—	0,67
Daidzin	7, 4′	—	—	0,62
Genistein.	5, 7, 4′	—	—	0,59
Glycosid des				
Irigenins	5, 6, 7, 3′, 4′, 5′	6,3′,5′-OCH_3	7-Glucosid	0,87
Tectorigenins . . .	5, 6, 7, 4′	6-OCH_3	7-Glucosid	0,83
Genisteins	5, 7, 4′	—	7-Glucosid	0,75

UV-Licht ihre Farbe. Der einer Ammoniakbehandlung ausgesetzte Farbstoff kann mit heißem Wasserdampf reversibel wiedererhalten werden. Das ist ein Vorzug gegenüber dem Besprühen mit Natriumcarbonatlösung.

Zur Charakterisierung der Pyronfarbstoffe können ferner die Farben der Eisen(III)- und Aluminiumkomplexe verwendet werden, die sich beim Besprühen der Chromatogramme mit Lösungen dieser Salze bilden.

Die große Bedeutung der Papierchromatographie liegt darin, daß in Pflanzenextrakten selbst Spuren einer flavonoiden Verbindung noch nachgewiesen werden können, die mit herkömmlichen Methoden völlig übersehen worden sind. Nur mit diesen Verfahren gelang es C. H. Ice und S. H. Wender 1953, aus den Blättern von Vaccinium myrtillus vier verschiedene Quercetinglykoside zu isolieren. Die präparative Trennung größerer Mengen flavonoider Verbindungen in Chromatographiesäulen ist problematisch, da ein geeignetes Füllmaterial fehlt. Adsorbentien wie Aluminiumoxid oder Kieselgel sind nicht geeignet. Cellulosepulver eignet sich noch am besten.

3. Lichtabsorptionsspektren

Zur Identifizierung können auch die Lichtabsorptionsspektren herangezogen werden. Die flavonoiden Substanzen werden zunächst mit Hilfe der Papierchromatographie getrennt und dann die Absorptionsmaxima der reinen Komponenten bestimmt. Flavone und Flavonole zeigen meist zwei Maxima im UV-Bereich, eines zwischen 240 und 260 nμ, das andere zwischen 330 und 375 nμ. Einige Werte sind bei der Besprechung der Einzelsubstanzen aufgeführt.

VI. Vorkommen und Eigenschaften wichtiger Flavonoide

1. Flavone

Apigenin

$C_{15}H_{10}O_5$

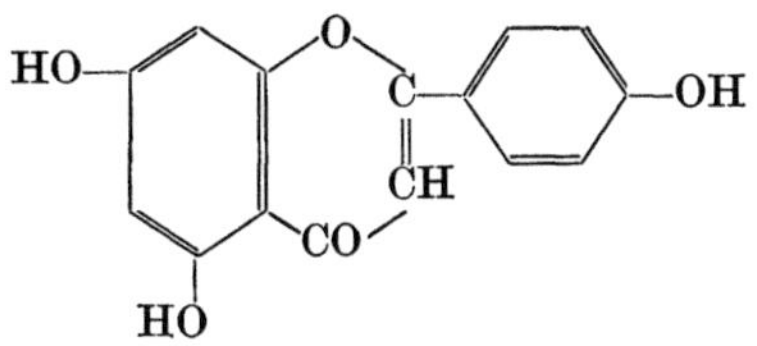

Gelbe Plättchen aus Äthanol (Smp 347° C).

Farbreaktionen. Verdünnte Natronlauge: zitronengelb; H_2SO_4 konz.: gelblich, dann bläulich fluorescierend; $FeCl_3$ in Äthanol: schwarzbraun; bei der Reduktion mit Mg in alkoholischer HCl: orange. – Kalischmelze: Phloroglucin, p-Hydroxyacetophenon, p-Hydroxybenzoesäure.

Vorkommen. Reseda luteola (A. G. Perkin u. L. H. Horsefall 1900), Blüten von Matricaria chamomilla L. (echte Kamille) (F. B. Power u. H. Browning jr. 1914b; F. Šorm u. Mitarb. 1952), Blüten von Anthemis nobilis L. (römische

Kamille) (F. B. POWER u. H. BROWNING jr. 1914a), Hülsen von Sorghum vulgare (Mohrenhirse) (K. OKANO u. Mitarb. 1934), Blüten von Colchicum autumnale (Herbstzeitlose) (F. ŠANTAVÝ u. V. MAČÁK 1953).

Literatur zur Konstitution und Darstellung: A. G. PERKIN (1898); J. CZAJKOWSKI u. Mitarb. (1900); Y. SHIBATA u. K. KIMOTSUKI (1923); T. TASAKI (1927); S. HATTORI (1928); Y. ASAHINA u. M. INUBUSE (1928).

Baicalein

(5.6.7-Trihydroxyflavon) $C_{15}H_{10}O_5$

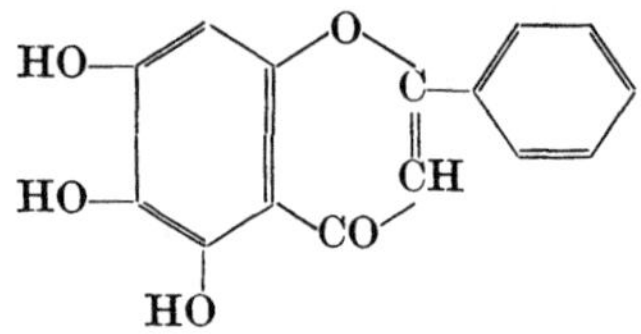

Goldgelbe Prismen aus Methanol (Zp 264–265° C).

Lichtabsorptionsmaxima. In Äthanol 324 und 276 nμ.

Farbreaktionen. Verdünnte Natronlauge: orangegelb; verdünntes Ammoniak: orangegelb; Sodalösung: grünlichgelb; H_2SO_4 konz.: gelb; $FeCl_3$ in Äthanol: grünbraun; Red. mit Mg in alkoholischem HCl: gelb. Kalischmelze: Benzoesäure.

Vorkommen (vgl. auch Baicalin): Rinde von Oroxylum indicum Vent. (P. K. BOSE u. S. N. BHATTACHARYA 1936, 1938).

Literatur zur Konstitution und Darstellung: G. BARGELLINI (1919); S. HATTORI (1931).

Baicalin

(Baicalosid) $C_{21}H_{18}O_{11}$

Hellgelbe Nadeln aus Methanol (Smp 223° C). $[\alpha]_D^{18} = -144{,}9°$ (Wasser/Pyridin). Baicalein-7-Glucuronosid.

Lichtabsorptionsmaxima. In Äthanol: 314, 279 und 246 nμ.

Farbreaktionen. Verdünnte Natronlauge: gelb; verdünntes Ammoniak: gelb; Sodalösung: gelb; $FeCl_3$ in Äthanol: dunkelgrün; Reduktion mit Mg in alkoholischer Salzsäure: Gelbfärbung. Bei saurer hydrolytischer Spaltung entstehen Baicalein und Glucuronsäure; bei Kalischmelze: Benzoesäure.

Vorkommen. Wurzeldroge von Scutellaria baicalensis Georgi (K. SHIBATA u. Mitarb. 1923).

Literatur zur Konstitution und Darstellung: K. SHIBATA u. Mitarb. (1923, 1930).

Luteolin

(Digitoflavon) $C_{15}H_{10}O_6$

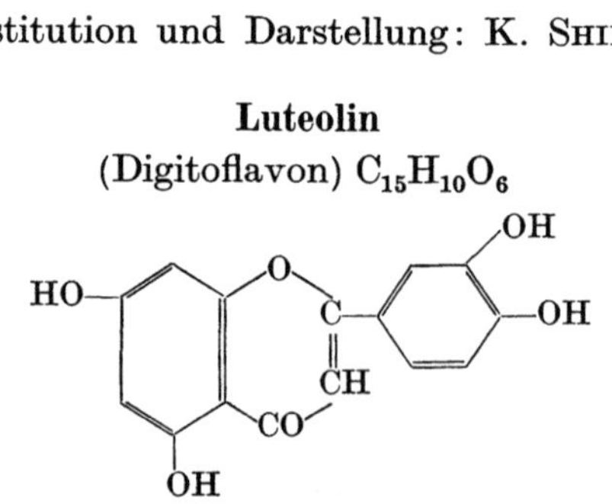

Gelbe Nadeln aus Äthanol (Smp 328–330° C).

Farbreaktionen. Verdünnte Natronlauge, verdünntes Ammoniak und Sodalösung: tiefgelb; H_2SO_4 konz.: rotgelb. Alkalischmelze: Phloroglucin, Protocatechusäure.

Vorkommen. Digitalisblätter (F. FLEISCHER 1899), Reseda luteola L. („Wau"-Farbstoff), Samen von Galega officinalis (G. BARGER u. F. D. WHITE 1923).

Literatur zur Konstitution und Darstellung: A. G. PERKIN (1896); ST. v. KOSTANECKI u. Mitarb. (1900); Y. SHIBATA u. K. KIMOTSUKI (1923).

Scutellarein

$C_{15}H_{10}O_6$

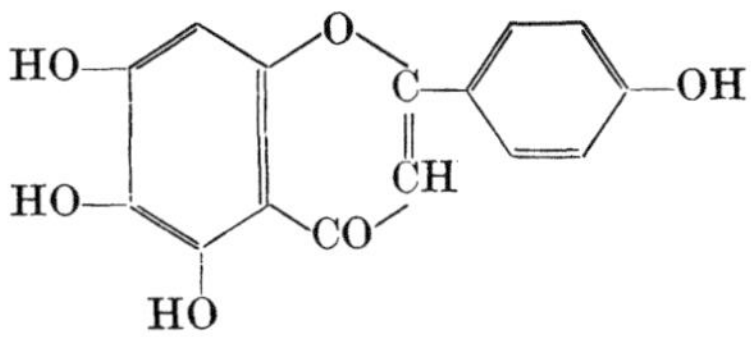

Gelbe Plättchen aus Methanol (Smp über 300° C).

Farbreaktionen. Verdünnte Natronlauge: gelb, dunkelt rasch nach; Sodalösung: gelb, dann grün; $FeCl_3$ in Äthanol: rotbraun. Bei Reduktion mit Mg in alkoholischer Salzsäure: orange.

Vorkommen. Als Spaltprodukt von Scutellarin.

Literatur zur Konstitution und Darstellung: G. BARGELLINI (1915, 1919).

Scutellarin

(Scutellarein-glucuronosid) $C_{21}H_{18}O_{12}$

Gelbe Nadeln (Smp 230° C). $[\alpha]_D^{20} = -139°$ bis $-140°$ (Pyridin).

Farbreaktionen. Verdünnte Natronlauge: tiefgelb, wird rasch dunkel; verdünntes Ammoniak: tiefgelb; Sodalösung: tiefgelb; H_2SO_4 konz.: gelb, in Wärme rot; $FeCl_3$ in Äthanol: grün, beim Erwärmen: rot. Bei Reduktion mit Mg in alkoholischer Salzsäure: orange.

Vorkommen. Frische Blätter von Scutellaria altissima L. (H. MOLISCH u. G. GOLDSCHMIEDT 1901), Scutellaria baicalensis Georgi (K. SHIBATA u. Mitarb. 1923), Blätter von Centaurea scabiosa L.

Literatur zur Konstitution und Darstellung: G. GOLDSCHMIEDT u. E. ZERNER (1910); K. SHIBATA u. Mitarb. (1923); S. HATTORI (1928).

Wogonin

(5.7-Dihydroxy-8-methoxy-flavon) $C_{16}H_{12}O_5$

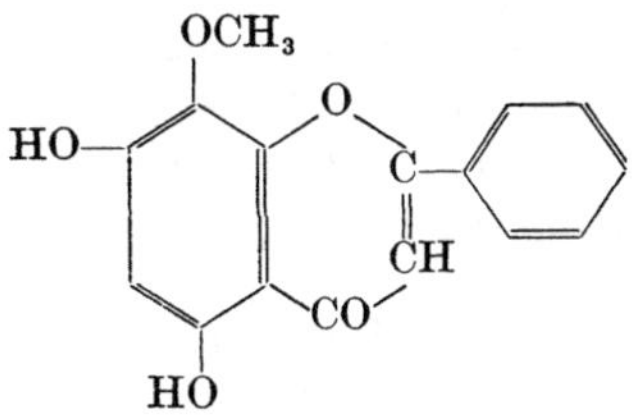

Gelbe Nadeln aus Äthanol (Smp 199–201° C).

Farbreaktionen. Verdünnte Natronlauge: gelbgrün; verdünntes Ammoniak und Sodalösung: gelb; $FeCl_3$ in Äthanol: erst grün, dann violett. Bei Reduktion mit alkoholischer Salzsäure: gelb.

Vorkommen. Wurzeldroge von Scutellaria baicalensis Georgi.

Literatur zur Konstitution und Darstellung: S. HATTORI (1930, 1931); K. SHIBATA u. Mitarb. (1923); R. C. SHAH u. Mitarb. (1938).

2. Flavonole

Isorhamnetin

$C_{16}H_{12}O_7$

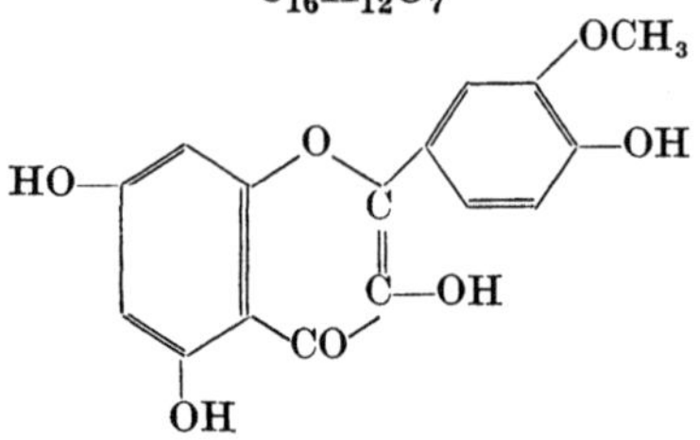

Gelbe Nadeln aus Eisessig (Zp ca. 305° C).

Lichtabsorptionsmaxima. In Äthanol 369 und 306 nμ.

Farbreaktionen. $FeCl_3$ in Äthanol: schwarzgrün; Alkalischmelze bildet Phloroglucin und Protocatechusäure.

Vorkommen. Beeren von Hippophaë rhamnoides (Sanddorn) (H.-J. BIELIG 1944b), rote Meerzwiebel, Blumenblätter von Cheiranthus cheiri (Goldlack) (A. G. PERKIN u. J. J. HUMMEL 1896c; T. HEAP u. R. ROBINSON 1926).

Literatur zur Synthese und Konstitution: T. HEAP u. R. ROBINSON (1926).

Kämpferol

(Robigenin, Trifolitin, Populnetin, Nimbicetin) $C_{15}H_{10}O_6$

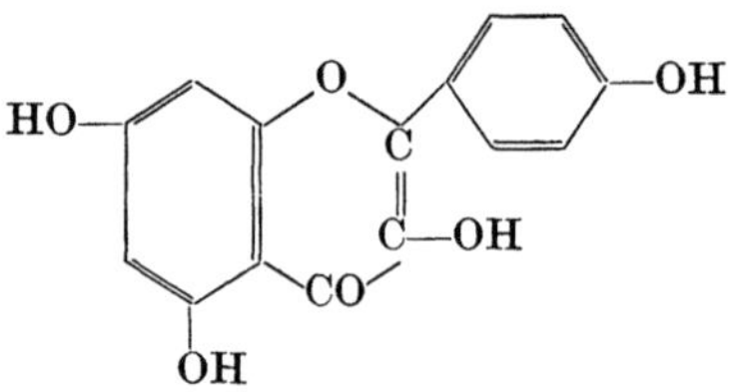

Hellgelbe Nadeln aus Äthanol (Smp 275–277° C).

Farbreaktionen. Verdünnte Natronlauge und Sodalösung: gelb; konz. Schwefelsäure: gelb, nach einiger Zeit blaue Fluorescenz; $FeCl_3$ in Äthanol: schwarzgrün; bei Reduktion mit Mg in alkoholischem Eisessig: purpurn; Alkalischmelze bildet Phloroglucin, p-Hydroxybenzoesäure und Essigsäure.

Vorkommen. Getrocknete Teeblätter (Y. OSHIMA u. H. KA 1936), Erdbeeren (Art Fragaria chiloensis) (B. L. WILLIAMS u. S. H. WENDER 1952a), Kino (eingetrockneter Wundsaft) von Eucalyptus callophylla (W. E. HILLIS 1951, 1952), Blüten von Gossypium herbaceum (Baumwollstrauch) (P. S. RAO u. T. R. SESHADRI 1943), Blüten von Crocusarten (J. R. PRICE u. Mitarb. 1938), Blätter von Cassia angustifolia (Sennesblätter) (F. TUTIN 1913).

Literatur zur Konstitution und Darstellung: ST. v. KOSTANECKI u. Mitarb. (1904b).

Myricetin

(Cannabiscetin) $C_{15}H_{10}O_8$

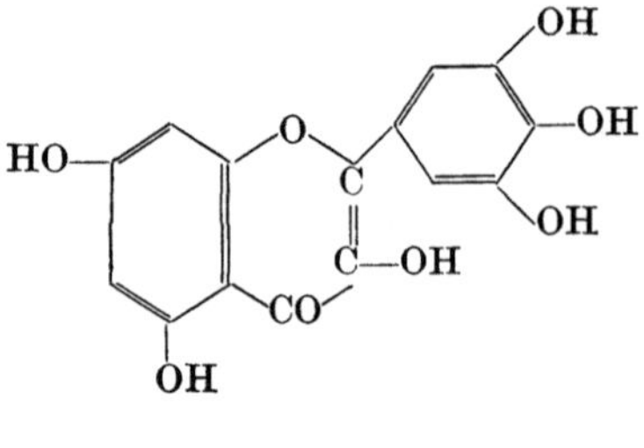

Hellgelbe Nadeln aus verdünntem Äthanol (Smp 350–357° C).

Lichtabsorptionsmaxima. 378, 255 nμ in Äthanol.

Farbreaktionen. Verdünnte Natronlauge: grün, an Luft allmählich violett; $FeCl_3$ in Äthanol: braunschwarz; Reduktion mit Mg in alkoholischem Eisessig: Grünfärbung. Bei Alkalischmelze: Phloroglucin und Gallussäure.

Vorkommen. Rinde von Myrica nagi (A. G. PERKIN u. J. J. HUMMEL 1896a), Rinde von Myrica rubra (CH.-J. LU u. K.-Y. TAI 1947), Sizilianischer Sumach (A. G. PERKIN u. G. Y. ALLEN 1896).

Literatur zur Konstitution und Synthese: A. G. PERKIN (1902); J. KALFF u. R. ROBINSON (1925).

Quercetin

(Sophoretin, Meletin, Ericin) $C_{15}H_{10}O_7$

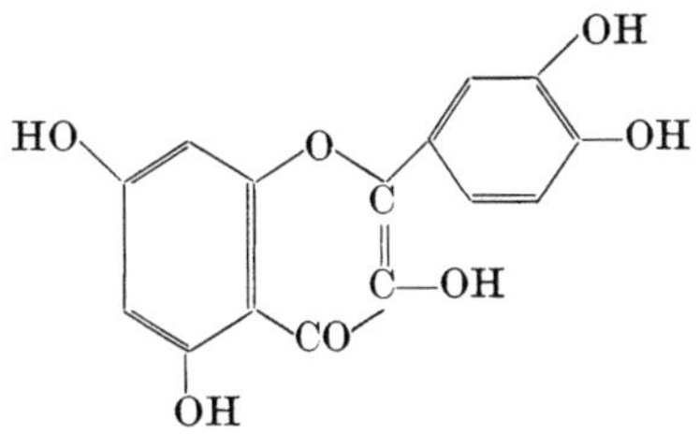

Zitronengelbe Nadeln aus Wasser (Zp 312–316° C).

Lichtabsorptionsmaxima. 370, 257 nμ in Äthanol.

Farbreaktionen. Verdünnte Natronlauge und Ammoniak: goldgelb; $FeCl_3$ in Äthanol: dunkelgrün, beim Erwärmen dunkelrot; bei Reduktion mit Mg in alkoholischem Eisessig: Grünfärbung. Bei Alkalischmelze bilden sich Phloroglucin und Protocatechusäure.

Vorkommen. Zwiebelschalen (A. G. PERKIN u. J. J. HUMMEL 1896b), Pollen von Zea mays (C. T. REDEMANN u. Mitarb. 1950), Blumenblätter roter Rosen (S. R. GUPTA u. Mitarb. 1957), Harz von Podophyllum emodi (T. R. SESHADRI u. Mitarb. 1950; K. S. PANKAJAMANI u. T. R. SESHADRI 1952). Außerdem findet es sich auch in schwarzen Johannisbeeren, Aprikosen, gelben Pflaumen, Weinbeeren, Apfelschalen, Schlehdorn, Teeblättern, Weißdorn (vgl. auch Vorkommen bei Quercetin-glykosiden).

Literatur zur Konstitution und Synthese: J. HERZIG (1891); ST. v. KOSTANECKI u. J. TAMBOR (1895b); ST. v. KOSTANECKI u. Mitarb. (1904a); T. TASAKI (1925); Y. ASAHINA u. M. INUBUSE (1931).

Isoquercitrin

(Trifoliin, Isotrifoliin) $C_{21}H_{20}O_{12}$

3-Glucosid des Quercetins.

Hellgelbe Nadeln aus Wasser (Smp 220–248° C).

Lichtabsorptionsmaxima. 258, 360 nμ in Äthanol.

Farbreaktionen. Verdünnte Natronlauge: tiefgelb; $FeCl_3$ in Äthanol: dunkelgrün.

Vorkommen. Braune Maishülsen (C. E. SANDO u. H. H. BARTLETT 1922), Tabakblätter (W. L. HOWARD u. Mitarb. 1950), Weinbeere von Vitis vinifera (B. L. WILLIAMS u. S. H. WENDER 1952b), Beeren von Ribes nigrum (schwarze Johannisbeere) (B. L. WILLIAMS u. Mitarb. 1952), Aprikosen (B. L. WILLIAMS u. S. H. WENDER 1953a), gelbe Pflaumen (B. L. WILLIAMS u. S. H. WENDER 1953b), Teeblätter (Y. OSHIMA u. T. NAKABAYASHI 1953), Apfelschalen (H. W. SIEGELMAN 1955).

Literatur zur Konstitution und Darstellung: G. F. ATTREE u. A. G. PERKIN (1927).

Quercitrin

(Quercitronsäure, Thujin) $C_{21}H_{20}O_{11}$

3-Rhamnosid des Quercetins.

Hellgelbe Nadeln (182–184° C).

Lichtabsorptionsmaxima. 258, 350 nμ in Äthanol.

Farbreaktionen. $FeCl_3$ in Äthanol: dunkelgelb; Reduktion mit Mg in alkoholischem Eisessig: purpurrot.

Vorkommen. Teeblätter, Blätter der Roßkastanie, Blüten von Forsythia intermedia Zabel. (R. KUHN u. I. LÖW 1949).

Literatur zur Konstitution und Darstellung: P. A. BOLLEY (1841); H. HLASEWITZ u. L. PFAUNDLER (1863); J. HERZIG (1912).

Rutin

(Quercetinrhamnoglucosid, Rutinsäure, Sophorin, Melin, Osyritrin, Violaquercitrin, Myrticolorin, Globulariacitrin, Eldrin) $C_{27}H_{30}O_{16}$

3-Rutinosid des Quercetins.

Hellgelbe Nadeln aus Wasser (Smp 188–190° C), $[\alpha]_D^{20} = -30°$.

Lichtabsorptionsmaxima. 258, 361 nμ in Äthanol.

Farbreaktionen. $FeCl_3$ in Äthanol: grün; Reduktion mit Mg in alkoholischem Eisessig: purpurrot.

Vorkommen. Blüten von Capparis spinosa (Kapern) (F. ROCHLEDER u. H. HLASEWITZ 1852), Buchweizen (W. G. MCGREGOR u. M. E. MCKILLICAN 1952), Blätter von Eucalyptus macrorhyncha (H. G. SMITH 1898; C. F. KREWSON u. Mitarb. 1953), Blätter von Globularia alypum, Pollen der Dattelpalme (M. S. EL RIDI u. Mitarb. 1952), Knospen von Sophora japonica (T. KARYONE u. Mitarb. 1953), Holz von Maclura affinis.

Literatur zur Konstitution und Gewinnung: C. CHARAUX (1924); G. F. ATTREE u. A. G. PERKIN (1927).

3. Xanthone

Gentisin

$C_{14}H_{10}O_5$

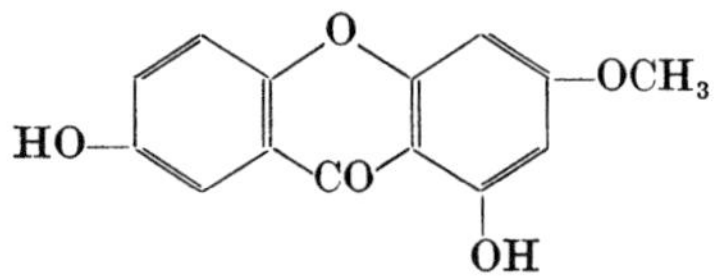

Blaßgelbe Nadeln aus Äthanol (Smp 267–274° C).

Farbreaktionen. Wasser + NaOH: goldgelb; Reduktion mit Mg in alkoholischer HCl: rotviolett.

Vorkommen. Wurzeln von Gentiana lutea L. (gelber Enzian) (L. CANONICA u. F. PELIZZONI 1955).

Literatur zur Konstitution und Synthese: ST. v. KOSTANECKI (1891); ST. v. KOSTANECKI u. J. TAMBOR (1894, 1895a); J. SHINODA (1926); N. ANAND u. K. VENKATARAMAN (1947).

D. Anthocyane

I. Allgemeines

Anthocyane sind Glykoside von hydroxylierten Benzopyryliumsalzen, welche durch Hydrolyse mit Säuren in Zuckerkomponenten und Aglykone, die *Antho-*

cyanidine, gespalten werden. Die natürlichen Anthocyanidine sind Derivate folgender Grundtypen:

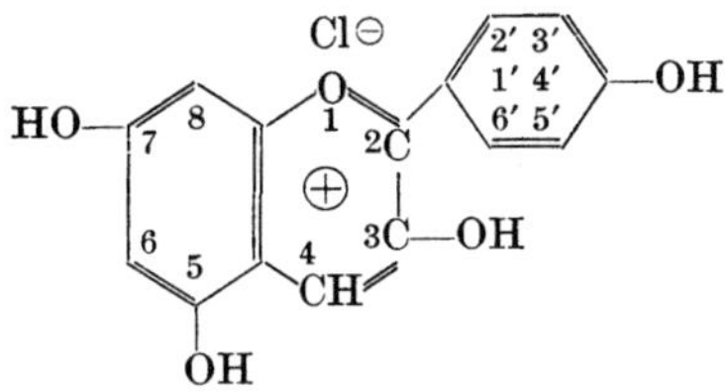

Pelargonidinchlorid I

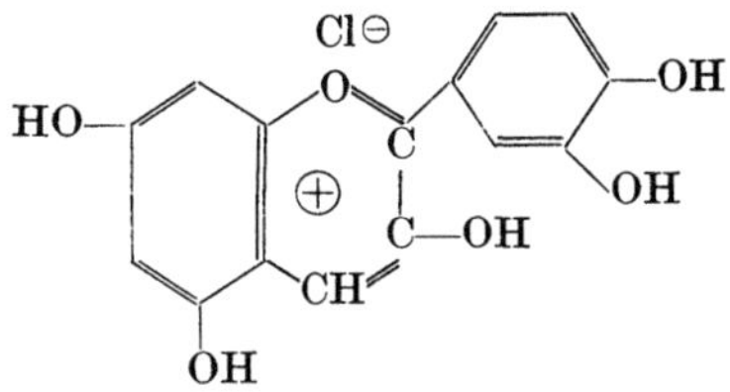

Cyanidinchlorid II

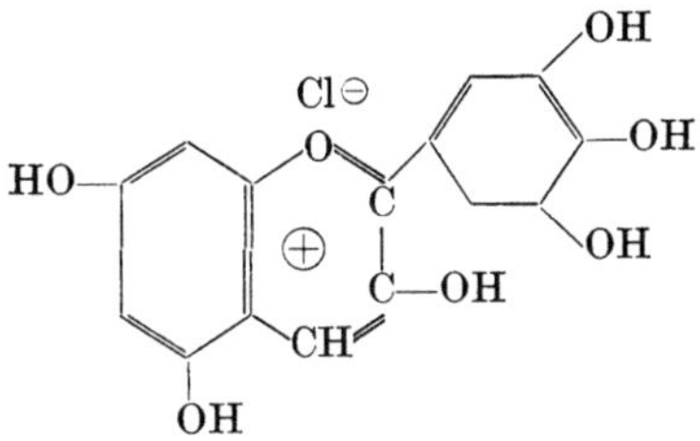

Delphinidinchlorid III

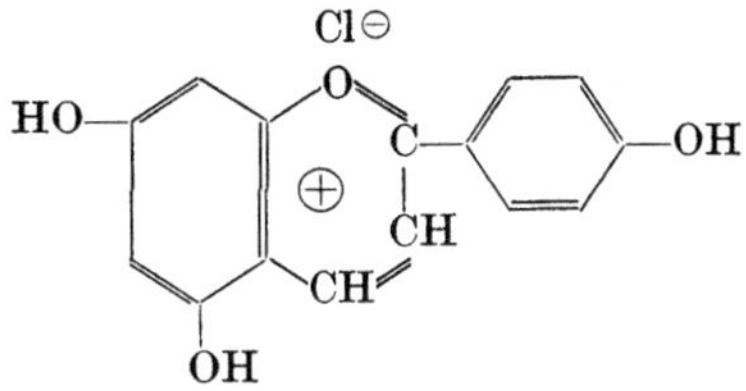

Apigenidinchlorid IV

Im Seitenphenyl können die Hydroxylgruppen teilweise methyliert sein. Solche methylierten Anthocyane sind:

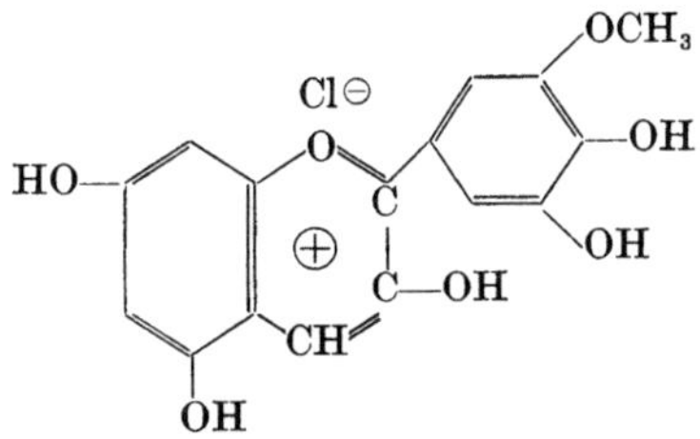

Petunidinchlorid V

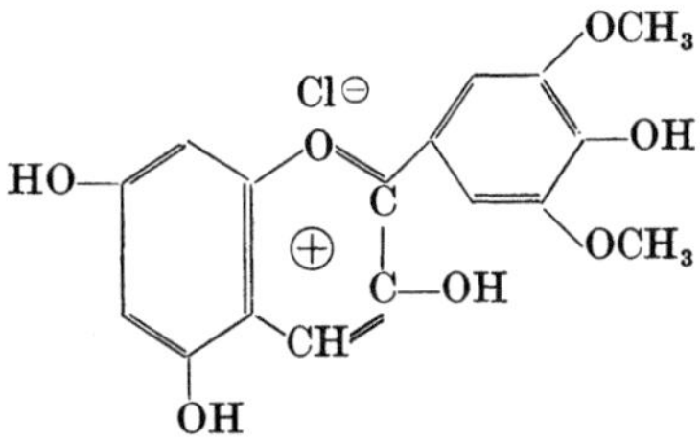

Malvidinchlorid VI

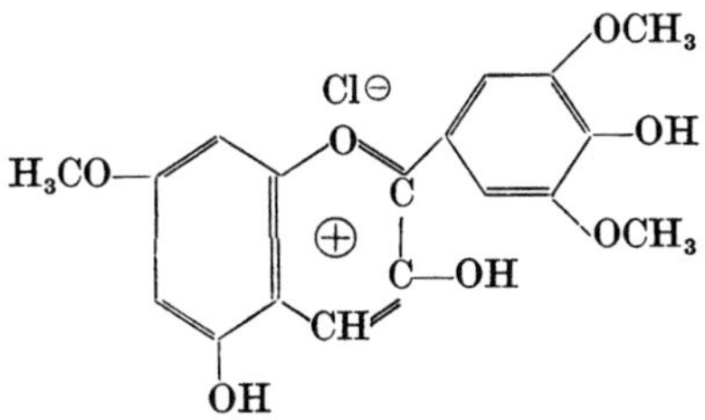

Hirsutidinchlorid VII

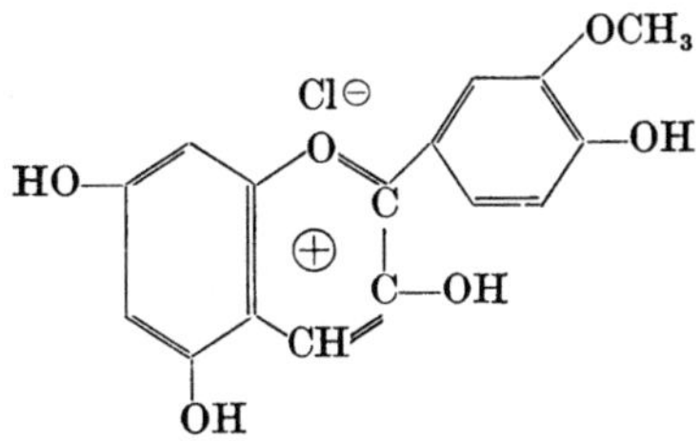

Päonidinchlorid VIII

Die Zuckerkomponenten, z. B. Glucose, Rhamnose, Galaktose, Gentiobiose und Xylose sind meist in 3-Stellung, weniger oft in 5-Stellung gebunden. Man unterscheidet zwischen 3-Monosiden, 3-Biosiden und 3.5.-Dimonosiden. Eine weitere Variation kann durch partielle Veresterung der Zuckerhydroxyle mit organischen Säuren wie p-Hydroxy-benzoesäure, Malonsäure, p-Cumarsäure auftreten.

Der Name „Anthocyan" stammt von C. Marquart (1835) (griech. anthos = Blüte und kyanosis = Bläuung). Die Konstitution haben vor allem R. Willstätter sowie R. Robinson aufgeklärt.

II. Vorkommen

Die Anthocyane sind Farbstoffe vieler Blüten und Früchte. In Blättern, Wurzeln und Knollen sind sie seltener anzutreffen. Auffallend ist, daß Anthocyane nur in jungen oder herbstlichen Blättern (rote Abarten wie Rotkohl, Blutbuche usf. sind Ausnahmen) bemerkt werden (K. Noack 1922). Dies wird darauf zurückgeführt, daß in grünen Blättern ein anthocyanabbauendes Enzym, die Cyaninoxydase, vorhanden ist (E. Bayer u. K. Wegmann 1957). Dieses Enzym verhindert eine Anreicherung der Anthocyane. Bei der Blutbuche fehlt dieses Enzym.

Die Anthocyane sind im allgemeinen rote bis rotviolette, gut kristallisierende Farbstoffe, die in Wasser und Alkohol löslich, in Äther unlöslich sind. Bei 30minütigem Kochen mit verdünnten Säuren (z. B. 2 n-Salzsäure) werden sie in Aglykon und Zuckerkomponente gespalten. Bei der Alkalischmelze bilden die Aglykone meist Polyphenole und Phenolcarbonsäuren. Als Beispiel sei die Alkalischmelze des Pelargonidinchlorids beschrieben: 15 g Ätzkali werden in 4,5 g Wasser gelöst. Dann gibt man 0,8 g Pelargonidinchlorid zu und erhitzt 3 min lang auf 220° C. Nach der Reaktion können Phloroglucin, p-Hydroxybenzoesäure und Spuren von Phenol und Protocatechusäure isoliert werden:

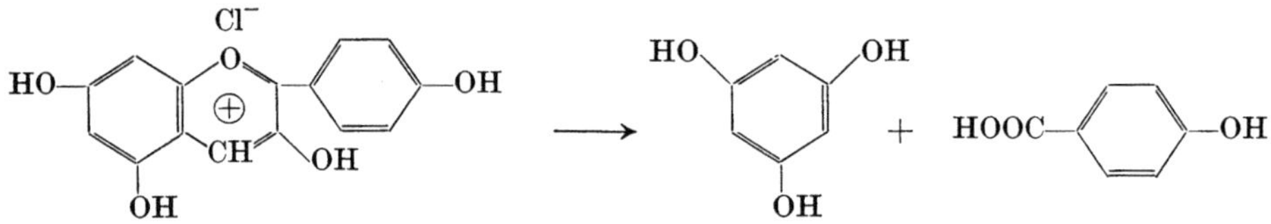

Untersucht man methylierte Anthocyanidine, dann kocht man die Substanz besser 2 Std lang mit 10 %iger Natronlauge. Die Phenoläther-Bindung wird unter diesen Bedingungen nicht gespalten. Bessere Ausbeuten an Spaltprodukten werden erhalten, wenn die Hydrolyse unter Sauerstoffausschluß ausgeführt wird.

III. Native Bindung der Anthocyane

Die gleichen Anthocyane vermögen Blüten und Früchten unterschiedliche Farben zu verleihen. Bekannt ist das Beispiel der roten Rose und der blauen Kornblume, die trotz ihrer unterschiedlichen Farbe das gleiche Anthocyan Cyanin enthalten. Willstätter hat die Hypothese aufgestellt, diese unterschiedliche Farbe sei durch eine verschiedene Acidität des Zellsaftes bedingt. Danach sollten blaue Blüten ein alkalisches und rote ein saures pH aufweisen. Da aber die Preßsäfte von Pflanzen und Früchten immer sauer reagieren, und die blauen Farben auch in saurem pH-Bereich beständig sind, kann die Willstättersche Hypothese nicht zutreffen. Es hat sich vielmehr erwiesen, daß in blauen Blüten die Anthocyane als Aluminium- und Eisenchelate vorliegen, die an Pektine gebunden sind (E. Bayer 1958, 1959, 1962). Diese blauen Anthocyankomplexe können elektrophoretisch abgetrennt werden und sind nicht dialysierbar. In Analogie zu Chromoproteiden werden die Komplexe als Chromosaccharide bezeichnet. Solche Komplexe sind aus Kornblumen und Lupinen rein gewonnen und andererseits auch synthetisch dargestellt worden (E. BAYER 1960). Die Konstitution des Kornblumenfarbstoffes ist nach diesen Untersuchungen zu formulieren:

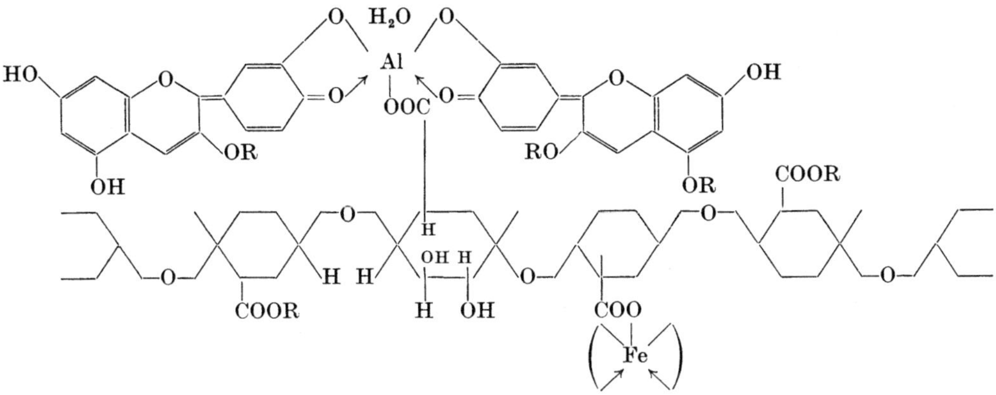

Die Bindung an Pektine vermag auch die Erscheinung zu erklären, daß bei manchen Früchten das Anthocyan in der Beerenhaut eingelagert ist und durch pektinabbauende Enzyme herausgelöst werden kann, wodurch z. B. die Farbintensität von Fruchtsäften gesteigert werden kann. Neben der Metallkomplexbildung (K. SHIBATA u. K. HAYASHI 1949; E. BAYER 1958, 1959, 1960, 1962) spielt die Ausbildung von Mischfarben bei Gegenwart von Farbstoffen aus anderen Klassen (Flavone, Carotinoide) eine Rolle. Diese Beeinflussung der Farben durch Fremdstoffe ist von R. ROBINSON u. G. M. ROBINSON (1931a, 1939) allgemein als *Kopigmentierung* bezeichnet worden. Da nur die Anthocyane mit zwei benachbarten freien Hydroxylgruppen (II, III, V im Formelschema S. 695) nach E. BAYER (1960) blaue Metallkomplexe ausbilden können, ist das Auftreten tiefblauer Farben auf Blüten und Früchte beschränkt, die diese Anthocyane enthalten. Wenn Flavone neben den Anthocyanen vorkommen, kann die Metallkomplexbildung und damit die Blaufärbung verhindert werden, da die Flavone stabilere Chelate ausbilden und die Metalle maskieren (E. BAYER 1962).

IV. Darstellung von Anthocyanen und Anthocyanidinen

1. Isolierung aus pflanzlichen Materialien

Meist läßt man auf das zerkleinerte Pflanzenmaterial methanolische Salzsäure einwirken und fällt im alkoholischen Filtrat die Chloride der Anthocyane mit Äther. Die Reinigung der Farbstoffe kann durch Umkristallisieren, über schwerlösliche Bleisalze, nach P. KARRER u. R. WIDMER 1927a über gut kristallisierende Pikrate, oder durch Verteilungschromatographie an Kieselgel (E. C. SPAETH u. D. H. ROSENBLATT 1949) erfolgen. Die Isolierung soll an einigen Beispielen beschrieben werden:

a) Darstellung von Malvin aus Blüten von Malvae arboraeae

500 g trockene Malvenblüten werden nach R. WILLSTÄTTER u. W. MIEG 1915c fein gemahlen, mit 2%iger methanolischer Salzsäure übergossen und 30 min stehen gelassen. Dann wird vom Rohmaterial filtriert, mit methanolischer Salzsäure nachgewaschen und zu den vereinigten Lösungen das dreifache Volumen Äther zugesetzt, wobei sich ein Niederschlag bildet. 2 Std später gibt man zu diesem 150 cm³ Methanol, schüttelt 2 Std, filtriert vom Unlöslichen und fällt im Filtrat den Farbstoff mit der dreifachen Menge Äther. Das trockene Pulver wird in 25 cm³ heißem Wasser gelöst, die Lösung heiß filtriert und mit 25 cm³ 3%iger äthanolischer Salzsäure versetzt. Nach einigen Tagen kann bis zu 5 g Malvinchlorid isoliert und dieses aus verdünnter Salzsäure nochmals umkristallisiert werden.

b) Darstellung von Cyanin aus Rosenblättern

1 kg gemahlene Rosenblätter werden nach R. WILLSTÄTTER u. T. J. NOLAN 1915a mit 3 l 2%iger methanolischer Salzsäure 24 Std stehen gelassen. Danach wird die anthocyanhaltige Lösung abfiltriert, der Filterrückstand vier- bis fünfmal mit je 500 cm^3 1%iger methanolischer Salzsäure nachextrahiert und die vereinigten Filtrate mit der $2^1/_2$fachen Menge Äther gefällt. Der braune, harzige Niederschlag wird abzentrifugiert und ungetrocknet in einem Becherglas unter Rühren mit 200 cm^3 Methylalkohol und dann mit 140 cm^3 Eisessig versetzt. Nach 24stündigem Stehenlassen ist der Niederschlag pulvrig geworden und kann abfiltriert werden. Zur Umkristallisation wird in 700 cm^3 siedendem Wasser gelöst und mit dem gleichen Volumen 3%iger äthanolischer Salzsäure versetzt. Beim Erkalten scheiden sich 6,5 g kristallisiertes Cyaninchlorid aus.

c) Darstellung von Cyanidin durch Hydrolyse von Cyanin

5 g Cyaninchlorid werden nach R. WILLSTÄTTER u. A. E. EVEREST 1913b in 1500 cm^3 20%iger siedender Salzsäure gelöst und 3 min lang gekocht. Schon in der Hitze scheidet sich Cyanidinchlorid aus. Nach dem Abkühlenlassen wird filtriert. Die Reaktion erfolgte in nahezu quantitativer Ausbeute.

d) Darstellung von Päonin aus Päonienblüten

Auf 750 g trockene und fein gemahlene Päonienblüten läßt man nach R. WILLSTÄTTER u. T. J. NOLAN 1915c 2 Std lang 1,5 l 2%ige methanolische Salzsäure einwirken, filtriert, wäscht den Rückstand mit 1 l 1%iger methanolischer Salzsäure nach und fällt im Filtrat mit 5 l Äther das Farbstoffchlorid. Nach 4 Std wird das Rohprodukt zunächst mit 225 cm^3 siedender methanol. Salzsäure (1,65 g HCl/225 cm^3) vermischt und dann mit 160 cm^3 Eisessig versetzt. Nach $2^1/_2$ Tagen kann ein Pulver abfiltriert werden, das viermal mit je 150 cm^3 2%iger methanolischer Salzsäure ausgekocht wird. Das Umkristallisieren der nun nicht mehr hygroskopischen Substanz erfolgt aus 600 cm^3 0,5 n Salzsäure. Ausbeute: 4 g braunrote Kristalle.

2. Synthese von Anthocyanidinen

Für die Synthese von Anthocyanidinen sind zwei Wege entwickelt worden. Die erste Totalsynthese stammt von R. WILLSTÄTTER u. L. ZECHMEISTER 1914 und soll am Beispiel des Pelargonidinchlorides aufgezeigt werden: p-Anisylmagnesiumbromid II reagiert mit 3,5,7-Trimethoxycumarin I zur Carbinolbase des Tetramethoxypelargonidins III. Beim Ansäuren des letzteren entsteht Tetramethoxypelargonidinchlorid IV, das mit konz. Salzsäure zu Pelargonidinchlorid V entmethyliert werden kann:

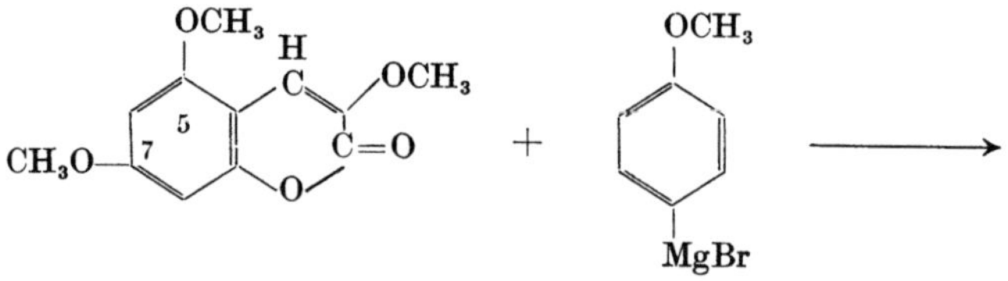

I II

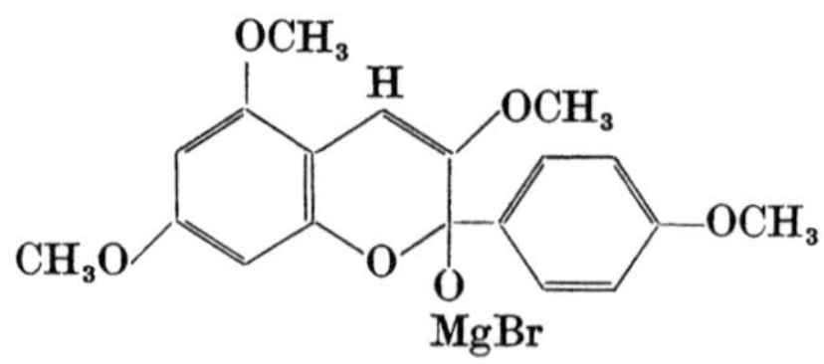

III

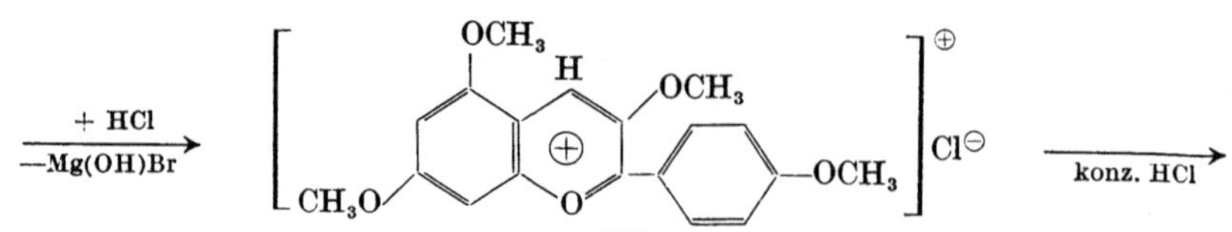

IV

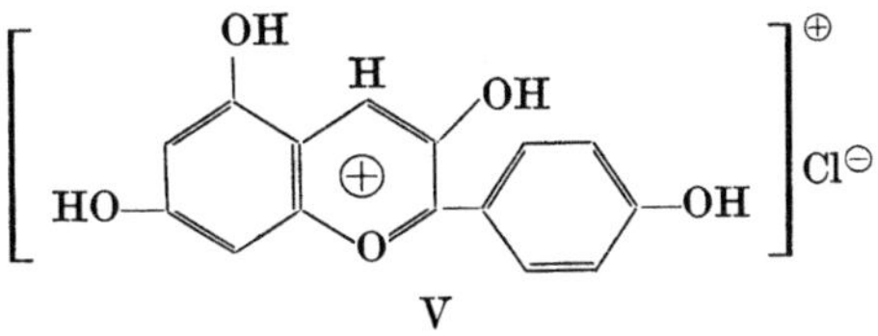

V

Allgemeinere Bedeutung hat die Synthese von D. D. PRATT u. R. ROBINSON 1922, die ebenfalls am Beispiel des Pelargonidinchlorids wiedergegeben sei:

Leitet man in Eisessiglösung von 3,5-Dimethoxy-phloroglucinaldehyd-(2) und p-Methoxy-ω-methoxyacetophenon Chlorwasserstoffgas ein, dann erfolgt Kondensation zum Tetramethoxypelargonidinchlorid. Dies kann, wie oben beschrieben, in Pelargonidinchlorid umgewandelt werden:

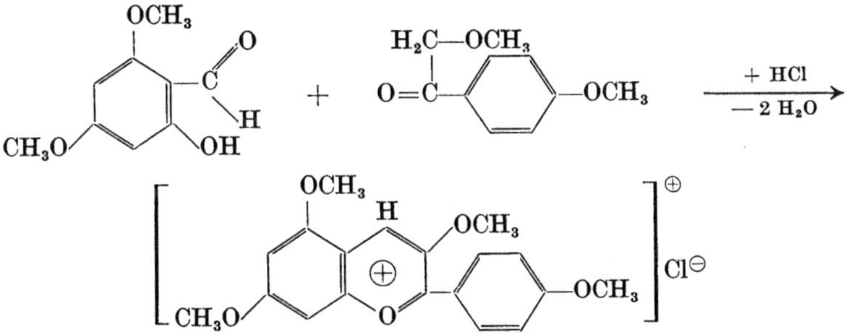

Vorschrift zur Synthese von Cyanidinchlorid
(nach A. ROBERTSON u. R. ROBINSON 1928)

Eine Lösung von 2,5 g Benzoylphloroglucinaldehyd und 3,5 g ω-3,4-Triacetoxyacetophenon in Äthylacetat/Äthanol (5:2) wird unter Kühlen mit Salzsäure gesättigt. Das nach 3 Tagen gebildete Oxoniumsalz wird in dem kleinstmöglichen Volumen Äthanol unter Einleiten von Chlorwasserstoffgas gelöst, 5 min gekocht und abkühlen gelassen. Es scheiden sich 5 g grünes Benzoylcyanidinchlorid ab, das zur Reinigung in einer Mischung von siedendem Äthylalkohol und 0,5%iger Salzsäure (1:1) gelöst und mit 10%iger heißer Salzsäure bis zur beginnenden Ausfällung versetzt wird. Nach dem Abkühlen werden die Kristalle filtriert. Zur Abspaltung des Benzoylcyanidinchlorides wird in 65 cm^3 kalter 8%iger wäßrig-alkoholischer (3 Vol. Äthanol + 2 Vol. Wasser) Natronlauge gelöst und unter Stickstoff-Atmosphäre 3 Std gerührt. Danach werden 100 cm^3 konz. Salzsäure zugegeben, und es wird auf 60° C erwärmt, bis keine Farbzunahme mehr feststellbar ist. Nach 12stündigem Stehenlassen im Kühlschrank wird filtriert, erst mit 5%iger Salzsäure, dann mit Äther gewaschen und an der Luft getrocknet. Ausbeute 3 g. Das Cyanidinchlorid kann nochmals über das Pikrat weiter gereinigt werden. Aus dem Pikrat wird das Chlorid durch Lösen in wenig salzsaurem Methanol und Fällen mit Äther regeneriert.

V. Chromatographie

Zur Trennung und Identifizierung der Anthocyane bzw. Anthocyanidine im Mikromaßstab ist die Papierchromatographie besonders geeignet. Die Chromatogramme brauchen nicht entwickelt zu werden, da selbst Spuren von natürlichen Pyryliumsalzen als Farbflecke deutlich zu erkennen sind. Ansonsten sind dieselben Voraussetzungen zu beachten, die bei den γ-Pyronfarbstoffen schon beschrieben wurden. In Tab. 5 sind einige von J. B. HARBORNE (1958/59) angegebene R_f-Werte zusammengestellt:

Tabelle 5. *R_f-Werte von Anthocyanidinen und Anthocyanen (Fließmittel: Butanol/Eisessig/Wasser 4:1:5)*

Anthocyane	R_f-Wert
Anthocyanidine (Aglykone)	
Pelargonidin	0,80
Apigenidin	0,74
Päonidin	0,71

Tabelle 5 (Fortsetzung)

Anthocyane	R_f-Wert
Anthocyanidine (Aglykone)	0,68
Cyanidin	0,66
Hirsutidin	0,58
Malvidin	0,56
Luteolinidin	0,52
Petunidin	
Delphinidin	0,42
Glykoside	
Pelargonidin-3-glucosid	0,44
-3-galaktosid	0,39
-3-rhamnoglucosid	0,37
-3-diglucosid	0,36
	oder 0,30
-3,5-diglucosid	0,31
-3-rhamnoglucosido-5-glucosid	0,29
-3-diglucosido(1)-5-glucosid	0,25
-3-triglucosid	0,25
-3-diglucosido(1)-7-(oder -4-)glucosid	0,18
Päonidin-3-glucosid	0,41
-3,5-diglucosid	0,31
-3-rhamnoglucosido-5-glucosid	0,29
Cyanidin-3-glucosid	0,38
-3-galaktosid	0,37
-3-rhamnoglucosid	0,37
-3-xyloglucosid	0,36
-3-diglucosid	0,33
-3,5-diglucosid	0,28
-3-rhamnoglucosido-5-glucosid	0,25
Malvidin-3-glucosid	0,38
-3,5-diglucosid	0,31
-3-rhamnoglucosido-5-glucosid	0,30
Petunidin-3-glucosid	0,35
-3-rhamnoglucosid	0,35
-3,5-diglucosid	0,24
-3-rhamnoglucosido-5-glucosid	0,23
Delphinidin-3-rhamnoglucosid	0,30
-3-glucosid	0,26
-3,5-diglucosid	0,15

VI. Farbe und Lichtabsorption der Anthocyane

Da für die Lichtabsorption hauptsächlich die Hydroxylgruppen in 3.5.7- und 4'-Stellung verantwortlich sind, ähneln sich die Spektren der Anthocyanidine sehr, so daß sie zur Identifizierung weniger geeignet sind. Hinzu kommt, daß besonders bei Gegenwart von Metallsalzen, starke Verschiebungen der Lichtabsorption nach längeren Wellen auftreten. Aus diesem Grund ist die spektralphotometrische Bestimmung nur bei relativ reinen Produkten, z. B. nach chromatographischer Trennung, sinnvoll. Bei der Messung der Extinktion muß auch besonders darauf geachtet werden, daß sich die Anthocyane bei pH-Werten oberhalb 3 leicht entfärben. In schwach saurem bis neutralem Medium werden aus den Oxoniumsalzen I die instabilen Farbbasen II gebildet, die unter Aufhebung des chromophoren Systems in die gelben Pseudobasen III übergehen:

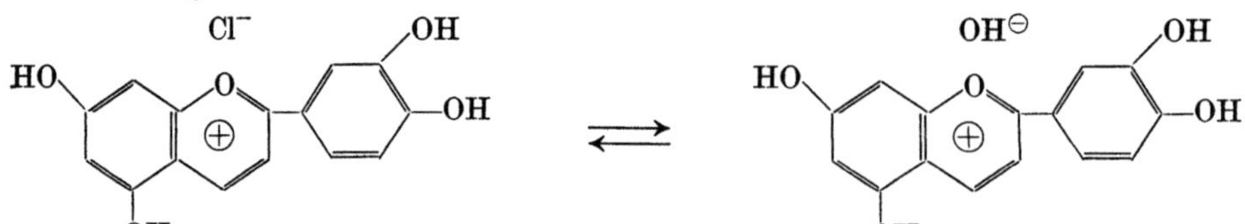

I rot II rot

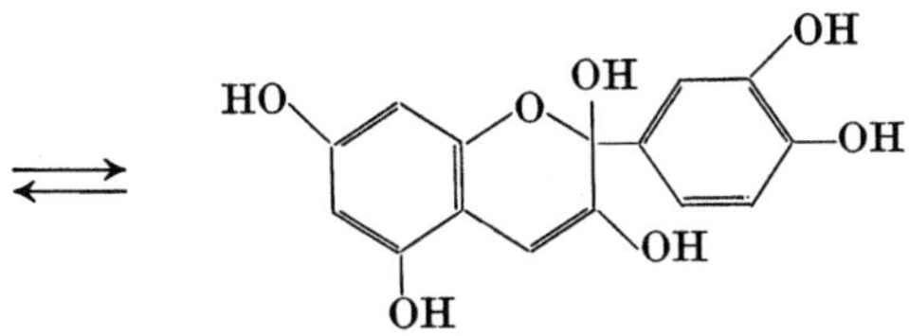

III schwach gelb

Die Farbe der Oxoniumsalze läßt sich durch Pektinzugabe stabilisieren. Die von J. B. Harborne (1958a) angegebenen Lichtabsorptionsmaxima und Extinktionen sind in Tab. 6 und 7 zusammengestellt.

Tabelle 6. *Spektren der Anthocyanidine im sichtbaren Bereich nach* J. B. Harbone (1958a)

Pigment	Methanol-HCl λ_{max} (nμ)	Äthanol-HCl λ_{max} (nμ)	Verschiebung bei Zusatz von $AlCl_3$ (nμ)
Hirsutidin	536	545	0
Malvidin	542	554	0
Petunidin	543	558	14
Delphinidin	546	557	23
Rosinidin	524	534	0
Päonidin	532	542	0
Cyanidin	535	545	18
Pelargonidin	520	530	0
Luteolinidin	493	503	52
Apigenidin	476	483	0

Tabelle 7. *Spektren von Anthocyanen nach* J. B. Harborne (1958a) *in Methanol mit 0,01%iger Salzsäure*

	λ_{max} (nμ)	E_{440}/E_{max} (in %)
Pelargonidin-Derivate		
Pelargonidin	520	39
Pelargonidin-3-monoglucosid	506	38
Pelargonidin-3-gentiobiosid	506	36
Pelargonidin-5-glucosid	513	15
Pelargonidin-3.5-diglucosid	504	21
Cyanidin-Derivate		
Cyanidin	535[1]	19
Cyanidin-3-monoglucosid	525[1]	22
Cyanidin-3.5-diglucosid	522[1]	13
Päonidin-Derivate		
Päonidin	532	25
Päonidin-3-monoglucosid	523	26
Päonidin-3.5-diglucosid	523	13
Päonidin-5-glucosid	528	12
Delphinidin-Derivate		
Delphinidin	544[1]	16
Delphinidin-3-monoglucosid	535[1]	18
Delphinidin-3.5-diglucosid	534[1]	11
Petunidin-Derivate		
Petunidin	543[1]	17
Petunidin-3-monoglucosid	535[1]	18
Petunidin-3.5-diglucosid	533[1]	10
Malvidin-Derivate		
Malvidin	542	19
Malvidin-3-monoglucosid	535	18
Malvidin-3-rhamnoglucosido-5-glucosid	533	12

[1] Nur diese Farbstoffe geben bathochrome Verschiebungen unter Zufügung von Aluminiumchlorid.

Neben der Ausbleichung der Farbe wegen des Überganges in die farblose Pseudobase spielt bei Lebensmitteln auch der durch Enzyme bewirkte Abbau der Anthocyane eine Rolle. Erwähnt sei die Cyaninoxydase (E. Bayer u. K. Wegmann 1957), die durch schweflige Säure bzw. deren Salze gehemmt werden kann und die von H. T. Huang (1955, 1956b) untersuchte Anthocyanase, deren Wirkungsweise noch nicht völlig geklärt ist.

VII. Vorkommen und Eigenschaften einiger wichtiger Anthocyane

Apigenidinchlorid

$C_{15}H_{11}O_4Cl$

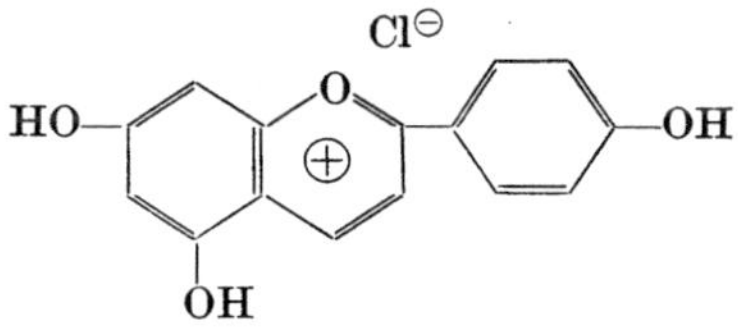

Rote Prismen aus Äthanol.

Vorkommen. Durch Hydrolyse von Gesnerin (5-Glucosid des Apigenidins), das in Blumenblättern von Gesneria fulgens vorkommt (G. M. Robinson u. R. Robinson 1932).

Literatur zur Konstitution und Darstellung: D. D. Pratt u. R. Robinson (1925b); D. D. Pratt u. Mitarb. (1927).

Cyanidinchlorid

$C_{15}H_{11}O_6Cl$

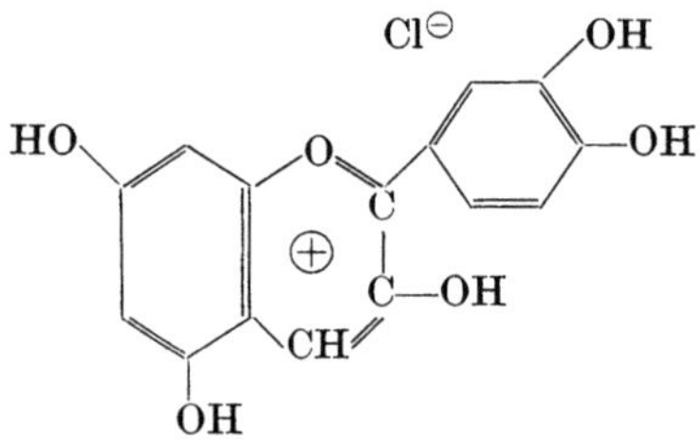

Rotbraune Nadeln aus Wasser, Alkohol und Salzsäure (Zp über 200° C).

Vorkommen. Als Aglykon von Chrysanthemin, Idaein, Cyanin, Mekocyanin, Ceracyanin, Sambucin usw.

Literatur zur Konstitution und Synthese: R. Willstätter (1914); R. Willstätter u. H. Mallison (1914, 1915); R. Willstätter u. A. E. Everest (1913a); R. Willstätter u. Mitarb. (1924).

Chrysanthemin

(Asterin, Kuromamin) Chlorid: $C_{21}H_{21}O_{11}Cl$

3-Glucosid des Cyanidins.

Rotbraune Plättchen aus Wasser, Alkohol und Salzsäure (Zp 205° C).

Vorkommen. Rote Sorten von Chrysanthemum indicum L. (Winteraster) (R. Willstätter u. E. K. Bolton 1917), rote Blüten von Callistephus chinensis Nees (Sommeraster) (R. Willstätter u. C. L. Burdick 1917a), Beeren von Sambucus nigra L. (T. J. Nolan u. H. M. T. Casey 1931), Samenschalen der Sojabohnenart „Kuro-mame" (C. Kuroda u. M. Wada 1933), purpurhülsiger Mais (C. E. Sando u. Mitarb. 1935), Erdbeeren (A. Lukton u. Mitarb. 1955), Sauerkirschen (K. C. Li u. A. C. Wagenknecht 1956), Brombeeren (H. T. Huang 1956a).

Cyanin

(Shisonin A) Chlorid: $C_{27}H_{31}O_{16}Cl$

3.5-Diglucosid des Cyanidins.

Plättchen von metallischem Glanz aus verdünntem Äthanol und Salzsäure (Smp 203–204° C); $[\alpha]_D = -258°$ (in 0,05 %iger Salzsäure).

Vorkommen. Johannisbeeren, Himbeeren, Vogelbeeren, getrocknete Blumenblätter von dunkelroten Tulpen, getrocknete Blüten von Helenium autumnale L. (R. WILLSTÄTTER u. E. K. BOLTON 1917), rote Blumenblätter von Rosa gallica rubra (R. WILLSTÄTTER u. T. J. NOLAN 1915), als blaues Chelat in der Kornblume (E. BAYER 1958, 1960, 1962).

Literatur zur Konstitution und Darstellung: G. M. ROBINSON u. R. ROBINSON (1931); A. LÉON u. Mitarb. (1931); A. LÉON u. R. ROBINSON (1932); R. ROBINSON u. A. R. TODD (1932).

Idaein

Chlorid: $C_{21}H_{21}O_{11}Cl$

3-Galaktosid des Cyanidins.

Braunrote Prismen aus Wasser, Äthanol und Salzsäure (Zp 210° C); $[\alpha]_C = -219°$ (in 0,5 %iger Salzsäure).

Vorkommen. Beeren von Vaccinium vitis idea L. (Preiselbeere) (R. WILLSTÄTTER 1914; R. WILLSTÄTTER u. H. MALLISON 1915a), Winesap-Äpfel (J. DUNCAN u. R. B. DUSTMAN 1936), rotschalige Apfelsorten (C. E. SANDO 1937), Beeren von Fatsia japonica (K. HAYASHI 1939).

Literatur zur Konstitution und Darstellung: A. ROBERTSON u. R. ROBINSON (1927); K. E. GROVE u. R. ROBINSON (1931).

Mekocyanin

Chlorid: $C_{27}H_{31}O_{16}Cl$

3-Gentiobiosid des Cyanidins.

Dunkelrote Kristalle aus verdünnter Salzsäure und Eisessig.

Vorkommen. Sauerkirschen (K. C. LI u. A. C. WAGENKNECHT 1956), dunkelrote Blütenblätter von Papaver rhoeas L. (Klatschrose) (R. WILLSTÄTTER u. F. WEIL 1917).

Literatur zur Konstitution und Darstellung: A. ROBERTSON u. R. ROBINSON (1927); G. M. ROBINSON u. R. ROBINSON (1931); K. E. GROVE u. Mitarb. (1934).

Keracyanin

Chlorid: $C_{27}H_{31}O_{15}Cl$

Cyanidinglykosid mit Rhamnose und Glucose in 3-Stellung.

Rote Nadeln aus verdünnter Salzsäure.

Vorkommen. Kirschen (R. WILLSTÄTTER u. E. H. ZOLLINGER 1917a), frische Blüten von Canna generalis (K. HAYASHI u. Mitarb. 1954).

Literatur zur Konstitution: A. ROBERTSON u. R. ROBINSON (1927).

Delphinidin-Chlorid

$C_{15}H_{11}O_7Cl$

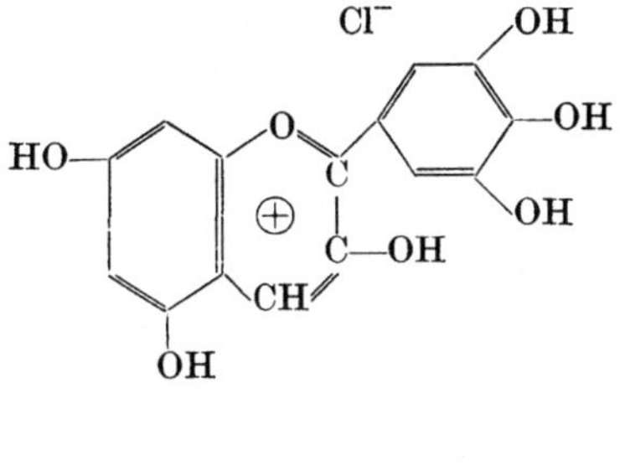

Schokoladenbraune Prismen aus 5 %iger Salzsäure.

Vorkommen. Bei Hydrolyse von Delphinin, Myrtillin-a, Empetrin, Delphin, Delphinidin-3-biosid, Violanin u. a.

Literatur zur Konstitution und Synthese: R. WILLSTÄTTER (1914), R. WILLSTÄTTER u. W. MIEG (1915a); D. D. PRATT u. R. ROBINSON (1925a).

Myrtillin-b

Chlorid: $C_{21}H_{21}O_{12}Cl$

Galaktosid des Delphinidins.

Vorkommen. Heidelbeerfarbstoff Myrtillin (T. M. REYNOLDS u. R. ROBINSON 1934).

Myrtillin-a

Chlorid: $C_{21}H_{21}O_{12}Cl$

3-Glucosid des Delphinidins.

Purpurrote Kristalle aus verdünnter Salzsäure.

Vorkommen. Heidelbeerfarbstoff Myrtillin (T. M. REYNOLDS u. R. ROBINSON 1934), blauviolette Blüten von Viola tricolor (Gartenstiefmütterchen) (P. KARRER u. G. DE MEURON 1933).

Malvidinchlorid

(Önidinchlorid, Syringidinchlorid, Primulidinchlorid) $C_{17}H_{15}O_7Cl$

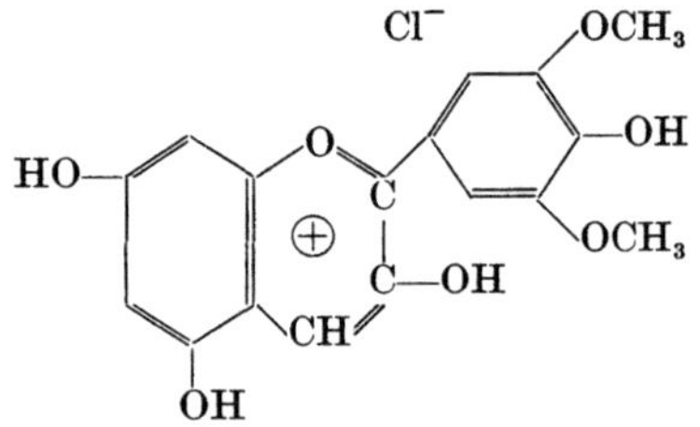

Dunkelbraune Nadeln aus verdünnter Salzsäure.

Vorkommen. Bei Hydrolyse von Malvin, Primulin, Ensatin.

Literatur zur Konstitution und Synthese: R. WILLSTÄTTER (1914); R. WILLSTÄTTER u. W. MIEG (1915b); R. WILLSTÄTTER u. E. H. ZOLLINGER (1917b); E. S. GATEWOOD u. R. ROBINSON (1926); R. J. ANDERSON u. F. P. NABENHAUER (1926); W. BRADLEY u. R. ROBINSON (1928).

Malvin

Chlorid: $C_{29}H_{35}O_{17}Cl$

3,5-Diglucosid des Malvidins.

Braunrote Prismen aus verdünnter Salzsäure (Zp 165° C).

Vorkommen. Violette Blüten von Malva silvestris L. (wilde Malve) (R. WILLSTÄTTER u. W. MIEG 1915b), Blüten von Primula viscosa (P. KARRER u. R. WIDMER 1927b).

Literatur zur Konstitution und Darstellung: G. M. ROBINSON u. R. ROBINSON (1931); R. ROBINSON u. A. R. TODD (1932a).

Negretein

Chlorid: $C_{38}H_{41}O_{18}Cl$

Malvidin mit Isorhodeosoglucose und p-Cumarsäure in 3-Stellung.

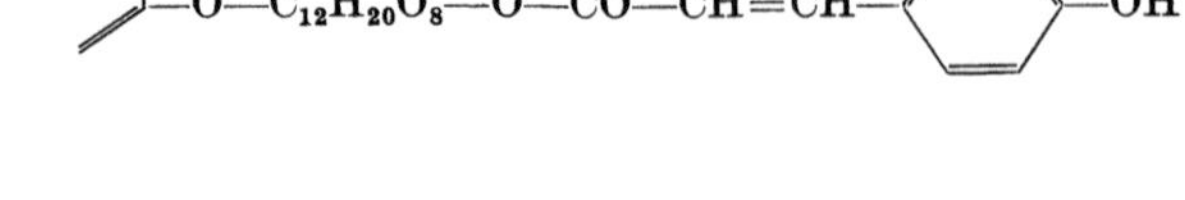

Rote Nadeln aus 2 %iger Salzsäure.

Vorkommen. Violett gefärbte Kartoffeln (I. CHIMIELEWSKA 1935).

Päonidinchlorid

$C_{16}H_{13}O_6Cl$

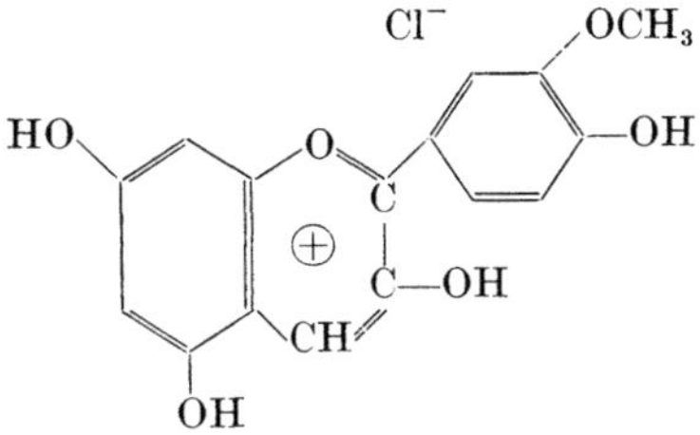

Braune Nadeln aus verdünnter Salzsäure.

Vorkommen. Bei Hydrolyse von Päonien, Oxycoccicyanin u. a.

Literatur zur Konstitution und Synthese: R. WILLSTÄTTER u. T. J. NOLAN (1915b); T. J. NOLAN u. Mitarb. (1926).

Pelargonidinchlorid

$C_{15}H_{11}O_5Cl$

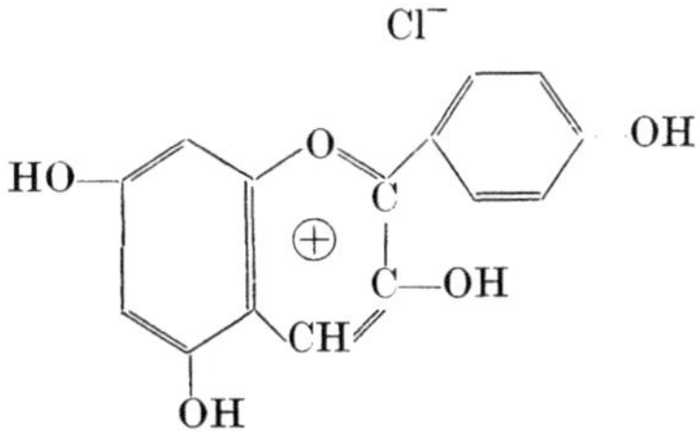

Rotbraune Prismen aus 2 %iger Salzsäure.

Vorkommen. Bei Hydrolyse von Pelargonin, Fragarin u. a.

Literatur zur Konstitution: R. WILLSTÄTTER (1914); R. WILLSTÄTTER u. L. ZECHMEISTER (1914); R. WILLSTÄTTER u. E. K. BOLTON (1915).

Fragarin

Chlorid: $C_{21}H_{21}O_{10}Cl$

3-Galaktosid des Pelargonidins. Dunkelrote Nadeln aus Alkohol und Wasser und Salzsäure.

Vorkommen. Fragaria virginiana (Gartenerdbeere) (R. ROBINSON u. H. SMITH 1955).

Literatur zur Konstitution: P. V. NAIR u. R. ROBINSON (1934).

Pelargonin

(Monardin, Salvinin) Chlorid: $C_{27}H_{31}O_{15}Cl$

3,5-Diglucosid des Pelargonidins.

Scharlachrote Nadeln aus Wasser und Methanol und Salzsäure (Zp 180 bis 184° C); $[\alpha]_D = -291°$ und $-244°$ (in 0,1 %iger Salzsäure).

Vorkommen. Getrocknete Blumenblätter von Pelargonium zonale (Scharlachpelargonie) (R. Willstätter 1914; R. Willstätter u. E. K. Bolton 1914), getrocknete Blüten der roten Kornblume (R. Willstätter u. H. Mallison 1915b).

Literatur zur Konstitution und Darstellung: A. Léon u. Mitarb. (1931); G. M. Robinson u. R. Robinson (1931b); R. Robinson u. A. R. Todd (1932b).

Petunidinchlorid

$C_{16}H_{13}O_7Cl$

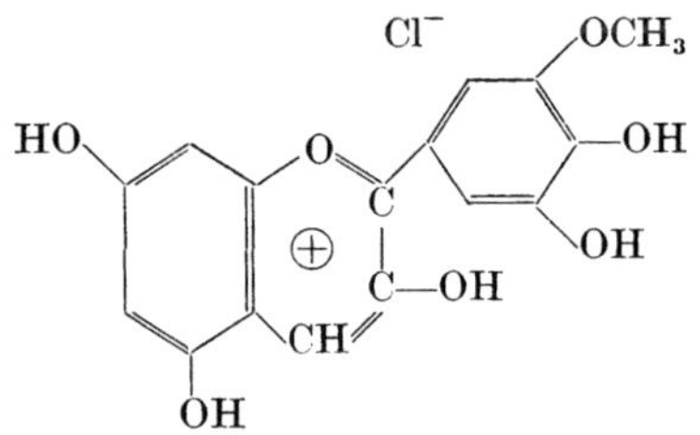

Graubraune Plättchen aus Wasser und Methanol und Salzsäure.

Vorkommen. Bei Hydrolyse von Petunin, Muscadinin u. a.

Literatur zur Konstitution und Darstellung: R. Willstätter u. C. Burdick (1917b); W. Bradley u. Mitarb. (1930); G. M. Robinson u. R. Robinson (1931a).

Muscadinin

Chlorid: $C_{28}H_{33}O_{17}Cl$

3.5-Diglucosid des Petunidins.

Kupferbraune Kristalle aus 0,5 %iger Salzsäure (Zp 184° C).

Vorkommen. Häute der Hunt-Muskatellertrauben (W. L. Brown 1940).

E. Pyrrolfarbstoffe

I. Allgemeines

Von den in der Natur vorkommenden Pyrrolderivaten sind die Porphyrine, Phorbine und die vier- und zweikernigen Gallenfarbstoffe von überragender Bedeutung.

Porphin ist der Stammkörper der Porphyrine. Die beiden Wasserstoffatome der NH-Gruppen können durch Metalle ersetzt werden. Gleichzeitig geht das Zentralatom mit den beiden tertiären Stickstoffatomen koordinative Bindungen ein. In der Natur treten besonders Eisen- (z. B. Hämoglobin) und Magnesium- (z. B. Chlorophylle), aber auch Kupferkomplexe (vgl. H. Fischer u. J. Hilger 1924a; C. J. Watson u. Mitarb. 1931), wie Turacin auf. Zinkkomplexe des Koproporphyrins sind bei Diphtheriebakterien (C. J. Watson u. Mitarb. 1945; W. J. Turner 1938; S. Nesbit u. C. H. Watkins 1942) und Vanadiumkomplexe in Erdölen und Bitumen aufgefunden worden. In den Hämoproteiden sind die Metallkomplexe der Porphyrine an Eiweiß gebunden. Zu den Hämoproteiden zählen neben dem Hämoglobin auch Fermente wie z. B. Katalase.

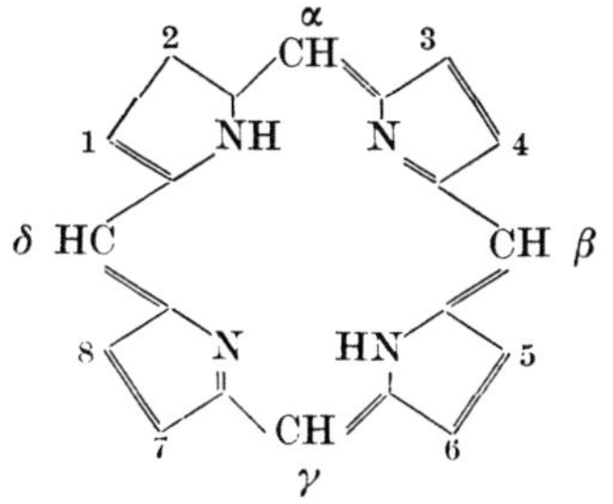

Porphinskelet

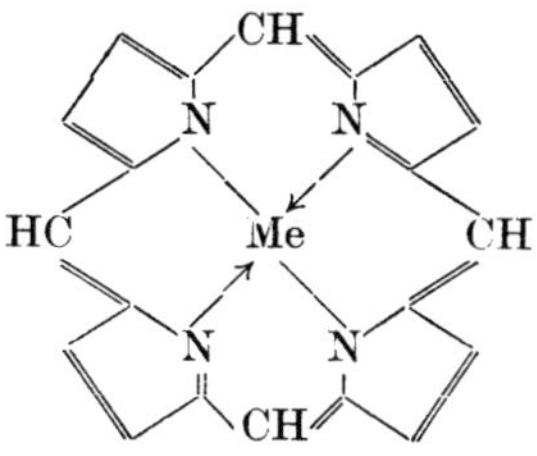

Metallkomplex

Aus dem Blutfarbstoff entstehen die linear angeordneten Gallenfarbstoffe. Der Abbau zum Propentdiopent verläuft z. B. über Biliverdin.

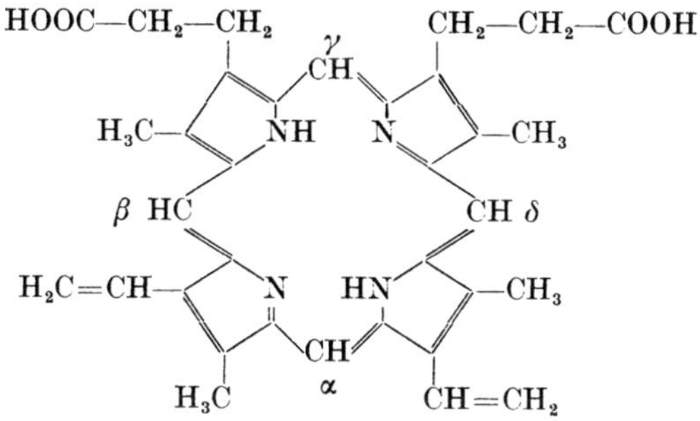

Protoporphyrin

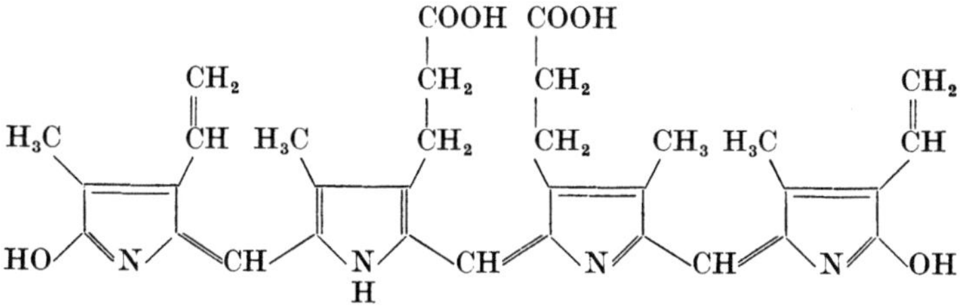

Biliverdin

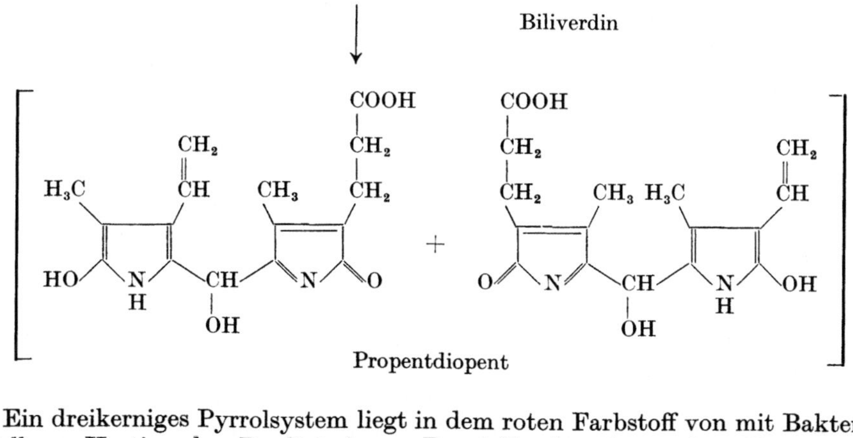

Propentdiopent

Ein dreikerniges Pyrrolsystem liegt in dem roten Farbstoff von mit Bakterien befallenen Hostien, dem Prodigiosin vor. Durch Totalsynthese gelang H. RAPOPORT

u. K. G. HOLDEN (1962) der Strukturbeweis:

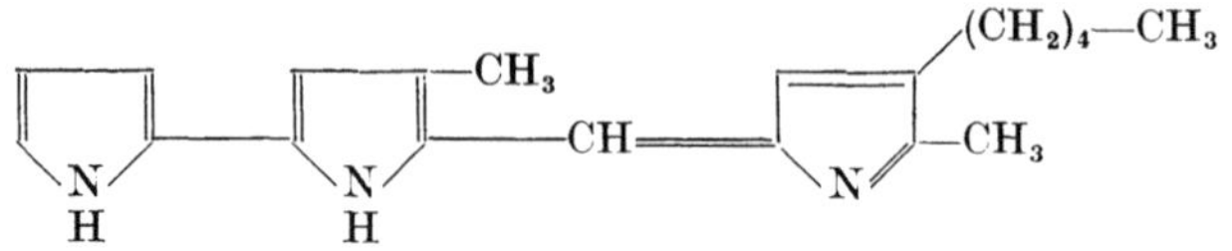

M. NENCKI (1884, 1888, 1900) isolierte als erster ein kristallines Porphyrin, das Dihydrochlorid des Hämatoporphyrins. R. WILLSTÄTTER u. A. STOLL (1913) erkannten die komplexe Bindung von Eisen und Magnesium im Hämin bzw. Chlorophyll. Die erste Porphyrinsynthese gelang H. FISCHER und J. KLARER mit der Darstellung von Äthioporphyrin I (1926). Die Struktur des Hämins konnte durch Synthese von H. FISCHER und K. ZEILE (1929) eindeutig bewiesen werden. Die Strukturformeln für Chlorophyll a und b wurden von H. FISCHER und H. WENDEROTH (1939) aufgestellt. R. B. WOODWARD u. Mitarb. (1960) sowie M. STRELL u. Mitarb. (1960) haben Totalsynthesen für Chlorophyll angegeben. W. KÜSTER (1897, 1898) bewies, daß Bilirubin ein Abbauprodukt des Blutfarbstoffes ist. H. FISCHER und H. PLIENINGER gelang 1942 die Totalsynthese von Biliverdin und Bilirubin.

Die metallfreien Porphyrine treten in der Natur zwar häufig, doch meist nur in geringen Konzentrationen auf. Die protein- und metallhaltigen Hämoglobine und Chloroplastine dagegen sind in natürlichen Zellen in hohen Konzentrationen anzutreffen. Als Abbauprodukte des Blutfarbstoffes treten Gallenfarbstoffe bei Menschen und Tieren besonders in der Leber, Galle, den Faeces, im Blutserum und Harn auf (vgl. Einzelbesprechung Abschnitt VI). Porphyrinmetallkomplexe sind oft Bestandteil wichtiger Fermente (vgl. dieses Handbuch S. 896)

II. Eigenschaften

1. Porphyrine

Die im Porphyringerüst in Konjugation zueinander stehenden Doppelbindungen verursachen die Farbe dieser Verbindungen. Porphyrine mit Carboxylgruppen in den Seitenketten sind amphoter. Ihre isoelektrischen Punkte liegen bei pH 3 bis 3,5.

In Wasser, Alkohol, Äther, Aceton sind die Porphyrine im allgemeinen unlöslich, dagegen in Chloroform, Pyridin, essigsäurehaltigem Äther oder Amylalkohol löslich. Für Porphyrine mit Carboxylgruppen ist oft wäßriges Ammoniak oder Natronlauge als Lösungsmittel geeignet. Schwer löslich in Wasser sind die Natriumsalze von Protoporphyrin, Mesoporphyrin und Deuteroporphyrin; die Salze von Koproporphyrin, Uroporphyrin und Hämatoporphyrin lösen sich gut in Wasser.

Die einzelnen Porphyrine können aus Äther mit Salzsäure bestimmter Konzentration extrahiert werden. Darauf beruht eine Trennungsmethode für die Pyrrolfarbstoffe, indem ein Porphyringemisch in Äther gelöst wird und die einzelnen Komponenten mit wäßrigen Salzsäurelösungen verschiedenen pH-Wertes ausgeschüttelt werden.

R. WILLSTÄTTER und M. MIEG (1913) führten daher die für jedes Porphyrin charakteristische Salzsäurezahl ein; sie ist definiert als die prozentuale Konzentration einer wäßrigen Salzsäurelösung, welche aus einem gleichen Volumen einer ätherischen Porphyrinlösung $^2/_3$ des Pyrrolfarbstoffes zu eluieren vermag. Die Bestimmung der Salzsäurezahlen erfolgt colorimetrisch. Die Salzsäurezahlen von verschiedenen Porphyrinen betragen: Protoporphyrin 2,0; Mesoporphyrin 0,5; Deuteroporphyrin 0,36; Koproporphyrin 0,09.

2. Gallenfarbstoffe

Bei den Gallenfarbstoffen hängt die Farbe von der Größe des chromophoren Teils des Moleküls ab. Stehen die Doppelbindungen zweier Pyrrolkerne miteinander in Konjugation, dann ist der Gallenfarbstoff im allgemeinen gelb, erstreckt sich die Konjugation über drei Pyrrolkerne, dann tritt rot-violette und bei Konjugation über vier Pyrrolkerne grünblaue bis blaue Farbe auf (Biliverdin). Zu den Gallenfarbstoffen zählt man auch Verbindungen, welche farblos sind (Propentdiopent). Gallenfarbstoffe lösen sich oft nur in organischen Solventien. Ihre Hydrochloride sind wasserlöslich.

III. Verwendung

Von den Pyrrolfarbstoffen haben Chlorophyllpräparate die größte wirtschaftliche Bedeutung. *Wasserlösliches Chlorophyll* dient als Farbstoff für Torten, Limonaden, Gelatinen und Kaugummi. Im Tabak soll es den Nicotingehalt mindern und im ungerösteten Kaffee den Trigonellin- und Chlorogensäuregehalt reduzieren (WM. J. HALE 1949, 1952). Die kosmetische Industrie färbt Gesichtsseifen, Hautcremes und Zahnpasten mit Chlorophyll (S. G. CARUSO 1951). In der Medizin wird es bei der Behandlung von Wunden, Anämien und Infektionen angewandt (B. GRUSKIN 1938). Seine desodorierende Wirkung ist noch umstritten (vgl. F. H. WESTCOTT 1953). Seifen und Öle werden mit *fettlöslichem Chlorophyll* gefärbt und gebleicht. Bei einem Chlorophyllgehalt von 0,01 % verschwindet der Gelbstich eines Öls. Gehalte von 0,05–0,1 % färben deutlich grün (H. SCHWARZ 1953; H. v. CZETSCH-LINDENWALD u. G. MÜLLER 1953). Die übrigen, hier besprochenen Pyrrolfarbstoffe sind zwar oft Bestandteile von Fleischerwaren, isoliert haben sie jedoch geringere Bedeutung. Um eine verlängerte Ferment-Wirkung zu erzielen, wird *Hämin* dem Insulin zugesetzt (R. G. ROBERTS 1951). *Bilirubin* dient als Antioxydans für Vitamin A (K. BERNHARD u. Mitarb. 1954).

IV. Isolierung aus Naturprodukten

1. Protoporphyrin aus Rinderblut

(nach A. HAMSIK 1929, 1931)

Defibriniertes, dann mit Aceton koaguliertes Rinderblut wird filtriert, der Rückstand mit oxalsäurehaltigem Aceton extrahiert und pro 1 Extrakt mit 150 ml konz. Salzsäure, der 50 g Zinn(II)-chlorid zugefügt werden, langsam unter Kühlung versetzt. Nach 1 Std filtriert man ab, gibt zum Filtrat die fünffache Vol.-Menge 6%ige Natronlauge, sammelt das ausfallende Natriumsalz des Protoporphyrins auf einem Filter, wäscht mit dreiprozentiger Natronlauge nach und trocknet den Rückstand. Dieser wird zuerst mit Petroläther, dann mit Chloroform extrahiert, in Wasser gelöst, mit Essigsäure behandelt und das entstehende Protoporphyrin abfiltriert, in Chloroform gelöst und durch Zusatz von Methanol wieder kristallin erhalten.

2. Hämin aus Rinderblut

In 2 l Eisessig mit 3,5 ml gesättigter Kochsalzlösung läßt man innerhalb von einer halben Stunde bei 100° C unter heftigem Rühren 670 ml defibriniertes, durch ein Koliertuch filtriertes Rinderblut fließen, kocht anschließend $^1/_4$ Std unter Rückfluß, kühlt auf 50° C ab, sammelt die Häminkristalle auf einem Filter, wäscht erst mit 50%iger Essigsäure, dann nacheinander mit Wasser, Alkohol und schließlich Äther nach (Ausbeute bis zu 2,7 g) und kristallisiert aus einer Eisessig-Kochsalzlösung obiger Zusammensetzung bei 100° C um (vgl. M. SCHALFEJEW 1885).

3. Chloroplastin aus Brennesselblättern

Fein zerkleinerte Brennesselblätter werden nach V. LUBIMENKO (1921) mit destilliertem Wasser in Glasgefäßen bei Zimmertemperatur extrahiert und die Lösungen vom Blätterrückstand dekantiert. Durch fraktioniertes Umfällen mit Ammoniumsulfatlösung und Dialyse gegen $\frac{m}{150}$ Phosphatpuffer bei pH 6 kann es gereinigt werden. Die Lösungen sind bei pH 7,2 bis 7,4 und 2—4° C monatelang haltbar.

4. Chlorophyll aus Brennesselblättern

1 kg trockenes, feingemahlenes Brennesselmehl wird zur Extraktion der Carotinoide mit 2,5 l Petroläther behandelt, die Kohlenwasserstoffphase abgetrennt und das Blattpulver mit 80%igem Aceton zu einem Brei angerührt. Man läßt $^1/_4$ Std stehen, extrahiert mit 3 l desselben Lösungsmittels kontinuierlich, gießt den Extrakt in 1,5 l Petroläther, wäscht das Aceton mit dest. Wasser kontinuierlich aus und extrahiert Xanthophyll von der Petrolätherphase mit 1,5 l 85%igem Methanol. Nun wird zur Kohlenwasserstoffphase langsam soviel Wasser gegeben, bis sich Chlorophyll in der Zwischenschicht abscheidet. Es wird abgesaugt, getrocknet, in Petroläther erneut suspendiert und abzentrifugiert. Zur weiteren Reinigung kann es nochmals in Aceton gelöst und erneut, wie oben beschrieben, ausgefällt werden (Ausbeute 6 g). Der Chlorophyllgehalt dieses Produktes beträgt ungefähr 88—91%. Das im Handel erhältliche fett- und öllösliche Reinchlorophyll soll über 90% Chlorophyll enthalten. Zur Darstellung von Chlorophyll vgl. auch F. M. SCHERTZ (1938), T. TAKAMI (1949) sowie K. MIYANAGA u. S. MIYAMOTO (1952).

Reinchlorophyll kann mit Hilfe der Gegenstromverteilung nach C. R. LANCASTER u. Mitarb. (1950) chromatographisch durch Adsorption an Cellulosepulver und Maisstärke nach H.-J. BIELIG (1950) oder Staubzucker nach A. WINTERSTEIN u. G. STEIN (1933b) in die Komponenten aufgetrennt werden.

5. Auftrennung von Reinchlorophyll in die Chlorophylle a und b

3 g Reinchlorophyll (90%ig) löst man in 100 ml Benzol, gibt noch 1400 ml Petroläther zu und bringt die Lösung auf eine 85 cm hohe (Durchmesser oben: 12 cm, unten: 7 cm) mit Benzin-Benzol-Gemisch (14:1) angefeuchtete Staubzuckersäule und entwickelt mit derselben Kohlenwasserstoffmischung. Nach dem Trocknen wird die Säule herausgestoßen und in 3 Teile zersägt. Im unteren Teil der Säule hat sich reines Chlorophyll angesammelt. Es wird mit Aceton-Äther (1:1) eluiert, das Aceton mit Wasser herausgewaschen und der Äther abgezogen. Der Rückstand wird erneut in Äther gelöst, das Chlorophyll a mit Petroläther gefällt, abzentrifugiert und im Vakuum getrocknet. Der obere Teil der Säule enthält 90%iges Chlorophyll b, das mit Äther herausgelöst, mit Petroläther gefällt, abzentrifugiert und noch dreimal in gleicher Weise umgefällt wird.

6. Wasserlösliches Chlorophyllpräparat aus Alfalfamehl

Besonders die Lebensmittelindustrie ist zum Grünfärben von Nahrungsmitteln an wasserlöslichen, verseiften Chlorophyllpräparaten interessiert.

1,3 kg getrocknete und fein gemahlene Alfalfablätter werden mit 4 l siedendem Aceton extrahiert, vom Lösungsmittel abfiltriert und vom Filtrat 2 l Aceton im Vakuum abgezogen. Zur eingeengten Lösung gibt man wieder 1 l frisches Aceton mit 100 ml Wasser zu, kocht mit 33 g Barythydrat 1 Std zur Verseifung unter Rückfluß, filtriert den Niederschlag ab und wäscht mit Aceton nach. Der Niederschlag wird in wäßriger Sodalösung aufgenommen, bis zur vollständigen Abscheidung von Bariumcarbonat gekocht, danach filtriert und das Filtrat auf pH 8,5 bis 9 eingestellt. Man salzt mit wenig Kochsalz (an kleiner Probe im Reagensglas notwendige Menge feststellen!) zuerst die Nebenprodukte aus und fällt nach dem Abfiltrieren das Rohprodukt durch Sättigen mit Kochsalz aus. Der Niederschlag wird filtriert, getrocknet und mit Methanol erschöpfend extrahiert. Man engt den Extrakt bis zur ersten Abscheidung ein, fällt weiter mit Äthanol, filtriert den Niederschlag ab, wäscht mit Äthanol nach und trocknet zwischen 75 und 80° C (Ausbeute 4—5 g). Vgl. auch H. G. PETERING u. Mitarb. (1941) sowie K. AIZAWA (1952).

7. Bilirubin aus Galle

(nach H. LIBOWITZKY 1940)

Zu 3,5 l Galle gießt man 3,5 l dest. Wasser, gibt unter Rühren bis zur alkalischen Reaktion einen frisch bereiteten Brei von gelöschtem Kalk zu, filtriert 12 Std später den Niederschlag ab, trocknet diesen (Ausbeute 240 g), pulverisiert, suspendiert das Pulver in 1 l Chlorbenzol und läßt während einer halben Stunde unter Rühren 800 ml einer Chlorbenzol-Eisessig-Mischung (1:1) zutropfen. Wenn die Reaktionslösung Zimmertemperatur erreicht hat, wird abfiltriert, mit Chlorbenzol nachgewaschen, das Filtrat im Vakuum eingeengt, der Rückstand mit 200 ml Alkohol unter Rückfluß gekocht, die Reaktionslösung in der Kälte filtriert und mit Alkohol und Äther nachgewaschen (Ausbeute 700 mg Roh-Bilirubin). Das Rohprodukt löst man in 2 l siedendem Chlorbenzol, kühlt auf Zimmertemperatur ab, dekantiert vom Unlöslichen, wäscht 4mal mit je 200 ml 2 n-Salzsäure, setzt Tierkohle zu, schüttelt 2mal mit je $^1/_2$ l Wasser aus, filtriert die Kohle ab und wäscht noch 3mal mit Wasser. Die Chlorbenzollösung wird dann im Vakuum auf 30 ml eingeengt. Im Eisschrank bilden sich orangefarbene Prismen (Ausbeute 550 mg).

V. Identifizierungsmethoden

Qualitative Nachweise

1. Schmelzpunkte

Porphyrine oder noch besser ihre Methylester kristallisieren meist gut und oft in charakteristischen Nadeln. Die Ester können leicht durch halbstündiges Kochen der Porphyrine mit methanolischer Salzsäure erhalten werden; man nimmt sie anschließend in Chloroform auf, wäscht erst mit Sodalösung, dann mit Wasser und fällt den Porphyrinester durch partielles Abziehen des Chloroforms. Bei den Gallenfarbstoffen werden oft neben den Methylestern die Hydrochloride zur Identifizierung herangezogen (vgl. Abschnitt VI).

2. Debye-Scherrer-Diagramme

Zur Charakterisierung besonders der Porphyrine, aber auch der Gallenfarbstoffe haben sich Debye-Scherrer-Aufnahmen gut bewährt (W. SIEDEL u. F. WINKLER 1943).

3. Chromatographie

Zur Identifizierung leistet besonders die Papierchromatographie wertvolle Dienste. Die Trennung der Porphyrine wurde grundlegend von R. E. H. NICHOLAS und C. RIMINGTON (1951) untersucht; nach einer ähnlichen Methode bestimmten R. KEHL u. W. STICH (1951, 1952) die in Tab. 8 angegebenen R_f-Werte.

Als gutes Elutionsmittel hat sich ein 2,6-Dimethylpyridin-Wasser-Gemisch (1 : 1) in einer Ammoniakatmosphäre bewährt. Eine Hanauer Analysenquarzlampe mit Woodschem Filter eignet sich zur Identifizierung. 2–3 γ Substanz genügen, um den R_f-Wert zu bestimmen. Papierchromatographische Trennungen von Methylestern sind von T. C. CHU u. Mitarb. (1951) ausgeführt worden. Die papierchromatographische Isolierung der Gallenfarbstoffe wurde besonders von W. STICH u. Mitarb. (1953) erforscht. Als Entwickler der Chromatogramme dient ein Wasser-Aceton-Ammoniak-Gemisch (50 : 40 : 10 V/V). Folgende R_f-Werte wurden ermittelt: Bilirubin 0,53; Mesobilirubin 0,54; Urobilin 0,87.

Tabelle 8. *R_f-Werte von Porphyrinen bei 25° C*

[Fließmittel 2,6-Dimethylpyridin-Wasser (1:1 V/V); Atmosphäre mit NH_3 gesättigt; Papier: Schleicher und Schüll 2043 B]

Uroporphyrin	0,26
Koproporphyrin	0,54
Protoporphyrin	0,84
Mesoporphyrin	0,86
Hämatoporphyrin	0,87
Deuteroporphyrin	0,88

Zur papierchromatographischen Trennung der Chlorophylle wird das pflanzliche Material in der Reibschale mit Sand fein gemahlen, die Farbstoffe werden mit einem Gemisch von Benzin-Methanol (6:4) extrahiert, die Rohmaterialien abfiltriert und das Filtrat benutzt man zur zweidimensionalen papierchromatographischen Isolierung nach L. BAUER (1952). Zuerst wird mit Benzin-Petroläther-Aceton (10:2,5:2; Richtung I), dann senkrecht dazu mit Benzin-Petroläther-Aceton-Methanol (10 : 2,5 : 1 : 0,25 V/V; Richtung II) entwickelt. Aus dem in Abb. 1 wiedergegebenen Chromatogramm sieht man, daß die Chlorophylle a und b gut voneinander getrennt wurden.

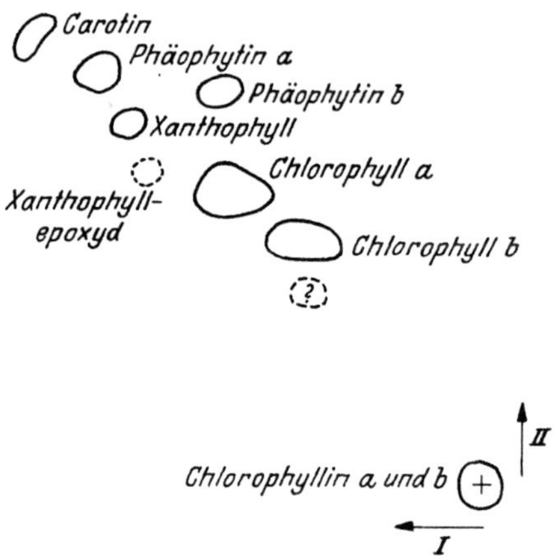

Abb. 1. Zweidimensionale Trennung der Blattfarbstoffe nach L. BAUER (1952). Lösungsmittel: I. Richtung Benzin-Petroläther-Aceton (20:5:4 V/V); II. Richtung Benzin-Petroläther-Aceton-Methanol (40:10:4:1 V/V)

Durch Kombination mit einer spektralphotometrischen Bestimmung arbeitete C. SIRONVAL (1953) ein quantitatives Analysenverfahren aus.

4. Farbreaktionen

Sie spielen besonders bei den Gallenfarbstoffen Bilirubin und Mesobilirubin eine große Rolle. Im Prinzip benutzt man zum Nachweis zwei Reaktionstypen:

1. Die Oxydation von Bilirubin liefert Bilirubinoide von charakteristischer Farbe.
2. Bei der Reaktion mit Diazobenzolsulfosäuren bilden sich rote Azofarbstoffe.

a) Gmelinsche Reaktion

10 ml mit Wasser verdünnte Galle oder Harn werden mit 5 ml Reagenslösung (konz. Salpetersäure, die 0,1 % Natriumnitrit enthält) vorsichtig unterschichtet, wobei sich an der Trennschicht der beiden Flüssigkeiten verschieden farbige Ringe ausbilden. Es treten nacheinander grüne, blaue, violette, rote, orange und gelbe Farben auf. Bei einer Verdünnung von 1:80000 ist Bilirubin noch deutlich nachweisbar.

b) Harrison-Test

Einen trockenen, zuvor mit konz. Bariumchloridlösung getränkten Filtrierpapierstreifen taucht man nach V. HAWKINSON u. Mitarb. (1945) zur Hälfte 20 sec lang in den zu untersuchenden Harn, legt ihn auf ein normales Filtrierpapier und gibt 3 Tropfen Fouchetreagens (25 g Trichloressigsäure und 100 ml dest. Wasser und 10 ml 10 %ige Eisen(III)-chloridlösung) auf die klar ersichtliche Harn-Grenzzone. Bei Anwesenheit von Bilirubin tritt grüne Farbe auf.

c) Diazoreaktion von P. EHRLICH (1883)

In Chloroform gelöstes Bilirubin reagiert mit 0,1 %iger Lösung von Diazobenzolsulfonsäure und Salzsäure zunächst unter Bildung eines roten Farbstoffes. Durch weiteres Zufügen von konz. Salzsäure tritt erst Violett- und dann Blaufärbung auf. Viele quantitative Bilirubinbestimmungen besonders im Blut beruhen auf der Grundlage der Diazoreaktion (vgl. L. JENDRASSIK u. R. A. CLEGHORN 1936; L. JENDRASSIK u. P. GRÓF 1938; T. K. WITH 1942). H. FISCHER u. H. W. HABERLAND (1935) klärten die Diazoreaktion auf.

VI. Vorkommen und Eigenschaften einiger wichtiger Pyrrolfarbstoffe

1. Porphyrine

Koproporphyrin I

(1.3.5.7-Tetra methyl-porphin-2.4.6.8-tetrapropionsäure) $C_{36}H_{38}O_8N_4$

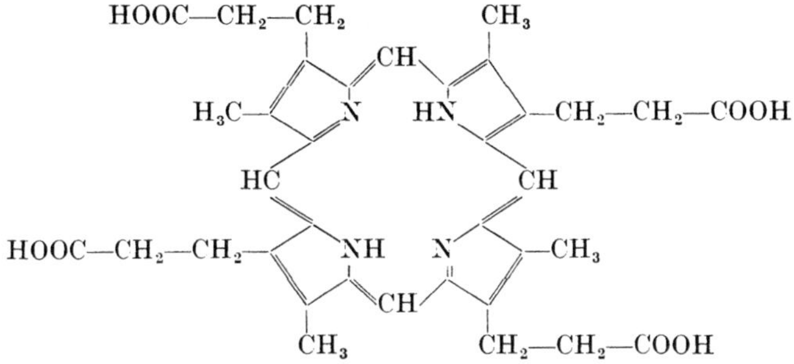

Rote Prismen aus Pyridin-Eisessig.

Lichtabsorptionsmaxima. In Äther: 623,9; 597,3; 577,7; 568,2; 529,3 und 480 nμ; in 25%iger Salzsäure: 593,9; 574,6; 550,9 und 405,8 nμ. *Tetramethylester:* rote Nadeln aus Chloroform-Methanol (Smp 251° C).

Vorkommen. Menschliche Faeces (H. FISCHER u. K. SCHNELLER 1923, 1924; H. FISCHER 1915), Harn (H. FISCHER 1915; H. FISCHER u. W. ZERWECK 1924), Ausscheidung erhöht bei akuter Porphyrie, Nierenerkrankungen und Lebercirrhose (J. WALDENSTRÖM 1934, 1935; C. J. WATSON 1945), menschliches Blutserum (H. FISCHER u. W. ZERWECK 1924), Blutserum von Pferd und Rind (A. PAPENDIECK 1924; H. FISCHER 1924; H. FINK u. W. HOERBURGER 1934), menschliche Galle (O. SCHUMM 1924a, b, 1926; J. WALDENSTRÖM 1935), Hefe (H. FISCHER u. H. FINK 1925a; H. FISCHER u. K. SCHNELLER 1924; H. FISCHER u. J. HILGER 1924b), Malzkeimlinge, Salat, Spinat, Brennesseln, Runkelrüben (H. FISCHER u. F. SCHWERDTEL 1926).

Literatur zur Konstitution und Gewinnung: H. FISCHER u. J. HILGER (1924b); H. FISCHER u. H. FINK (1925a, b); H. FISCHER u. H. ANDERSAG (1926, 1927).

Koproporphyrin III

(1.3.5.8-Tetramethylporphin-2.4.6.7-tetrapropionsäure) $C_{36}H_{38}O_8N_4$

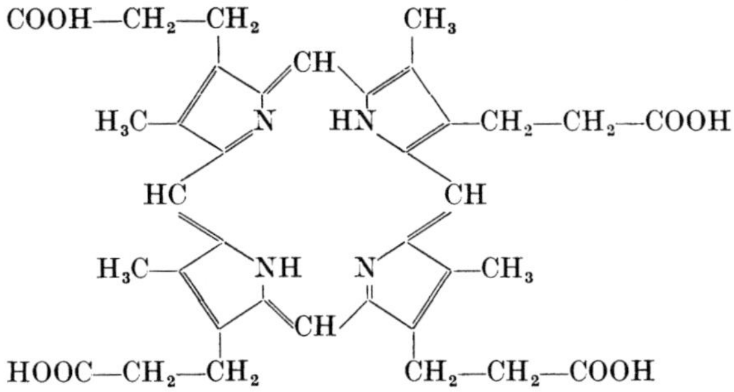

Tetramethylester. Nadeln aus Chloroform-Methanol; hat infolge Dimorphie zwei Schmelzpunkte: erster Smp 150–160° C, nach Kristallisation zweiter Smp 174–181° C.

Vorkommen. Menschlicher Harn (W. GROTEPASS 1938; H. FISCHER 1915, 1916a, b, c; H. FISCHER u. R. DUESBERG 1932; W. GROTEPASS 1932), Trappenfedern (O. VÖLKER 1939), Nervensystem von Warmblütlern (H. KLÜVER 1944; E. J.-H. CHU u. C. J. WATSON 1947; T. P. BLANSHARD 1953), menschliche Tuberkelbacillen (M. O. L. CROWE u. A. WALKER 1952).

Literatur zur Konstitution und Synthese: H. FISCHER u. H. ANDERSAG (1927); H. FISCHER u. Mitarb. (1929).

Protoporphyrin

(Kämmerers Porphyrin, 1.3.5.8-Tetramethyl-2.4-divinyl-porphyrin-6.7-dipropionsäure) $C_{34}H_{34}O_4N_4$

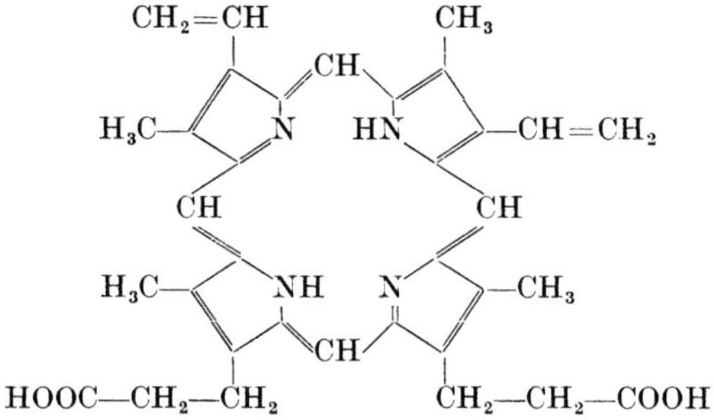

Fluoresciert im UV intensiv rot, braunrote Nadeln aus Eisessig.

Lichtabsorptionsmaxima. In Äther: 632,5; 604,5; 586,1; 575,8; 536,8; 501,9 nμ; in 25 %iger Salzsäure: 602,4; 582,2; 557,2 nμ.

Dimethylester. Lange Nadeln aus Chloroform-Methanol (Smp 225–230° C). *Pikrat des Dimethylesters:* $C_{36}H_{38}O_4N_4 \cdot 2\, C_6H_3O_7N_3$ dunkelviolette Prismen aus Methylalkohol (Smp 150° C).

Vorkommen. Nach Blutnahrung in Faeces (H. FISCHER u. K. SCHNELLER 1923, 1924; H. FISCHER u. F. LINDNER 1925b), Hardersche Drüse von Nagetieren (E. DERRIEN u. J. TURCHINI 1924), gefleckte Vogeleierschalen (H. FISCHER u. F. KÖGL 1923, 1924; H. FISCHER u. F. LINDNER 1925a; H. FISCHER u. R. MÜLLER 1925), Erythrocyten (A. A. HIJMANS V. D. BERGH u. Mitarb. 1932), Hefe (H. FISCHER u. H. FINK 1924), keimende Gerste, Salat, Spinat, Maishalme, Kartoffeln, Rüben, Ahorn- und Eichenblätter, Brennesseln (H. FISCHER u. F. SCHWERDTEL 1926).

Literatur zur Konstitution und Synthese: H. FISCHER u. K. ZEILE (1929); D. SHEMIN u. Mitarb. (1954).

Uroporphyrin I

(Porphin-1.3.5.7-tetraessigsäure-2.4.6.8-tetrapropionsäure) $C_{40}H_{38}O_{16}N_4$

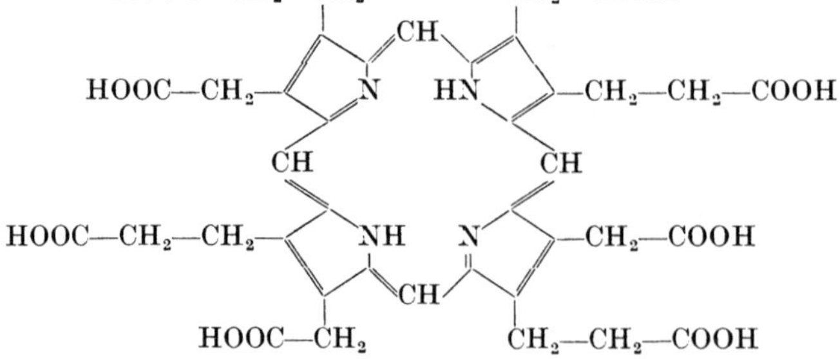

Rotbraune Nadeln aus Pyridin-Eisessig.

Lichtabsorptionsmaxima. In 0,1 n NaOH: 612; 564,5; 539; 503,7 nμ; in 25 %iger Salzsäure: 597,6; 577,6; 553,6; 511,3 nμ.

Octamethylester. Rotbraune Nadeln aus Chloroform-Methanol (Smp 311° C).

Vorkommen. Blutserum (H. FISCHER 1915a, 1916d, 1927; H. FISCHER u. Mitarb. 1925), bei Ochronose in Knochen von Schlachttieren (H. FINK 1931; H. FINK u. W. HOERBURGER 1931), Muschelschalen (H. FISCHER u. E. HAARER 1932; A. COMFORT 1949, 1951), Menschenharn (H. FISCHER u. H. LIBOWITZKY 1936b), verschiedene Wickenarten (R. H. GOODWIN u. Mitarb. 1951).

Literatur zur Konstitution und Synthese: H. FISCHER (1915a); H. FISCHER u. H.-J. HOFMANN (1937); H. FISCHER u. A. MÜLLER (1937); S. F. MACDONALD u. R. J. STEDMAN (1954).

Uroporphyrin III

(Porphin-1.3.5.8-tetraessigsäure-2.4.6.7-tetrapropionsäure) $C_{40}H_{38}O_{16}N_4$

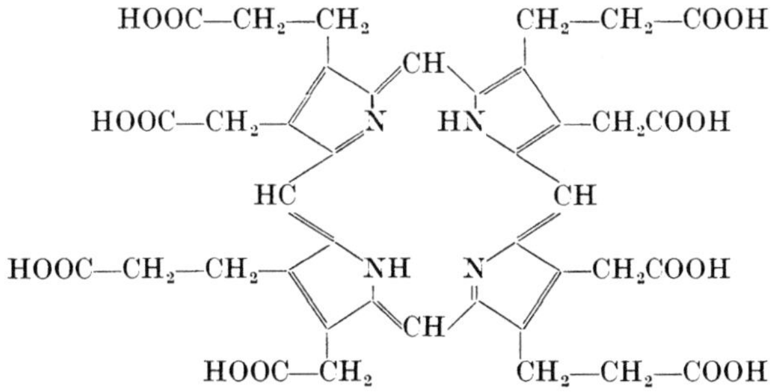

Das Lichtabsorptionsspektrum gleicht demjenigen von Uroporphyrin I.

Octamethylester. Hellrote Kristalle aus Essigester (Smp 261° C).

Vorkommen. Menschenharn bei akuter Porphyrie (J. WALDENSTRÖM 1934, 1935; H. FISCHER u. H.-J. HOFMANN 1937; H. FISCHER u. H. LIBOWITZKY 1936a), Schwungfedern des zentralafrikanischen Helmvogels Turacus als Kupferkomplex (H. FISCHER u. J. HILGER 1924b; C. RIMINGTON 1939; R. E. H. NICHOLAS u. C. RIMINGTON 1949, 1951a, b).

Literatur zur Konstitution und Darstellung: H. FISCHER u. H. ORTH (1937b); A. TREIBS u. W. OTT (1953, 1958); G. H. COOKSON u. C. RIMINGTON (1953); O. KENNARD (1953).

2. Metallkomplexe

Bacteriochlorophyll a

(Bacteriochlorin) $C_{55}H_{74}O_6N_4Mg$

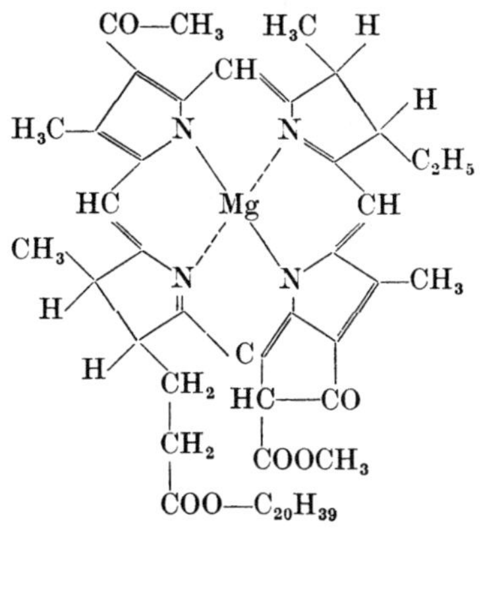

Amorphe Substanz sintert ab 94° C.

Lichtabsorptionsmaxima. In Äther: 772; 697; 575; 526; 391; 358 nμ.

Vorkommen. Farbstoff vieler Purpurbakterien, Rhodospirillum rubrum (J. W. WEIGL 1953).

Literatur zur Konstitution: K. NOAK u. E. SCHNEIDER (1933); H. FISCHER u. J. HASENKAMP (1935); H. FISCHER u. Mitarb. (1938); H. FISCHER u. R. LAMBRECHT (1937).

Chlorophyll a $C_{55}H_{72}O_5N_4Mg$ **Chlorophyll b** $C_{55}H_{70}O_6N_4Mg$

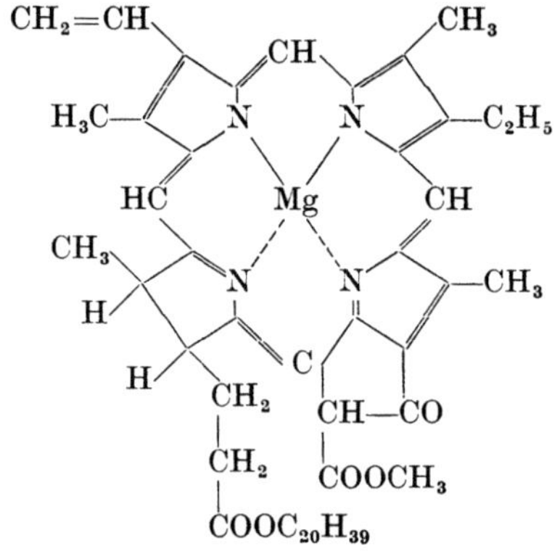

Chlorophyll a

Chlorophyll b: am Pyrrolkern II ist die —CH_3- durch eine —$C{\leqslant}^{H}_{O}$-Gruppe ersetzt.

Chlorophyll a; Lichtabsorptionsmaxima. In Äther: 660, 613, 577, 531, 498, 429, 409 nμ. Drehwert $[\alpha]_D^{20} = -262°$ (in Aceton), grüne Plättchen aus Aceton (Smp 117–120° C).

Chlorophyll b; Lichtabsorptionsmaxima. In Äther: 643, 593, 565, 545, 453, 427 nμ. $[\alpha]_D^{20} = -267°$ (in Aceton), grüne Nadeln aus Chloroform-Methanol (Smp 120–130° C).

Vorkommen. Chlorophyll a und b ist das im Pflanzenreich in den Chloroplasten an Proteine oder Lipoproteine gebundene Blattgrün (R. WILLSTÄTTER u. E. HUG 1911; R. WILLSTÄTTER u. M. ISLER 1911).

Literatur zur Konstitution und Isolierung: R. WILLSTÄTTER (1906); R. WILLSTÄTTER u. F. HOCHEDER (1907); R. WILLSTÄTTER u. M. ISLER (1912); H. FISCHER u. H. WENDEROTH (1939).

Protochlorophyll a

(Trichosanthin) $C_{55}H_{70}O_5N_4Mg$

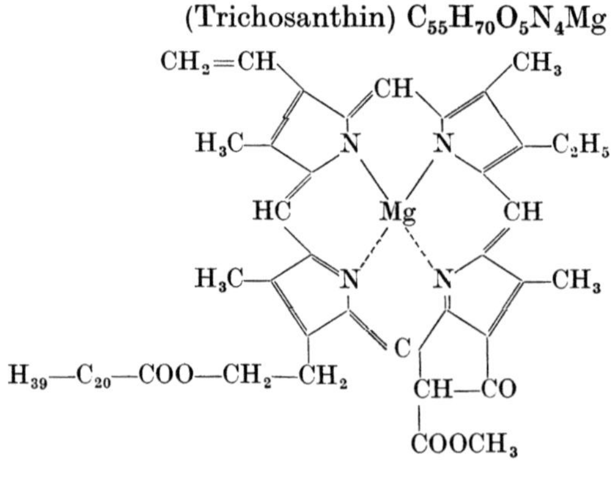

Lichtabsorptionsmaxima. In Äther: 623, 571, 535, 432 nμ.

Vorkommen. Samenhäutchen von Cucurbitaceen (N. A. MONTEVERDE u. W. N. LUBIMENKO 1911), Häute von Kürbissamen (A. SEYBOLD u. K. EGLE 1938), Fruchtfleisch von Trichosanthes palmata (A. SEYBOLD 1939), etiolierte Gerstenkeimlinge (V. M. KOSKI u. J. H. C. SMITH 1948).

Literatur zur Konstitution: K. NOAK (1929); K. NOAK u. W. KIESSLING (1929, 1930); A. STOLL u. E. WIEDEMANN (1938); H. FISCHER u. A. OESTERREICHER (1940).

Häm

(1.3.5.8-Tetramethyl-2.4-divinyl-porphin-6.7-dipropionsäure-eisen(II)-salz, Protohäm) $C_{34}H_{32}O_4N_4Fe$

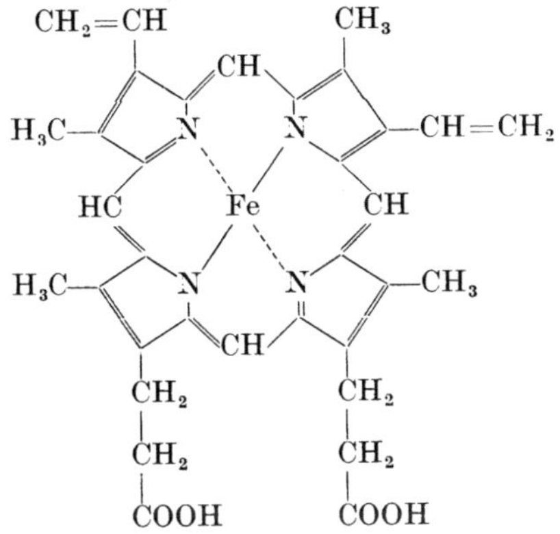

Dunkel-violettstichig braune Nadeln.

Lichtabsorptionsmaxima. In wäßrig alkalischer Lösung: 544, 580 nμ; in alkoholisch-alkalischer Lösung: 559, 590 nμ.

Vorkommen. Prosth. Gruppe von Hämoglobin.

Literatur: H. FISCHER u. Mitarb. (1931).

Hämin

(1.3.5.8-Tetramethyl-2.4-divinyl-porphin-6.7-dipropionsäure-ferrichlorid, α-Chlorhämin) $C_{34}H_{32}O_4N_4Fe$

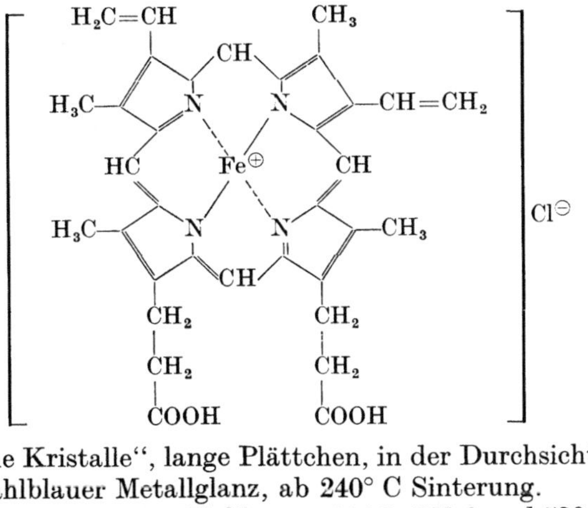

„Teichmannsche Kristalle", lange Plättchen, in der Durchsicht braun, im auffallenden Licht stahlblauer Metallglanz, ab 240° C Sinterung.

Lichtabsorptionsmaxima. 0,1 n Kalilauge: 645,2; 591,0 und 539,7 nμ. *Dimethylester:* gekreuzte Nadeln aus Eisessig.

Vorkommen. Blutfarbstoff Hämoglobin spaltet in kochsalzhaltigem Eisessig in Häm und Globin.

Literatur zur Konstitution und Synthese: H. Fischer u. H. Orth (1937); H. Fischer u. K. Zeile (1929).

Bilirubin

(1'.8'-Dihydroxy-1.3.6.7-tetramethyl-2.8-divinyl-bilidien-(2'α.7'γ)-4,5-dipropionsäure) $C_{33}H_{36}O_6N_4$

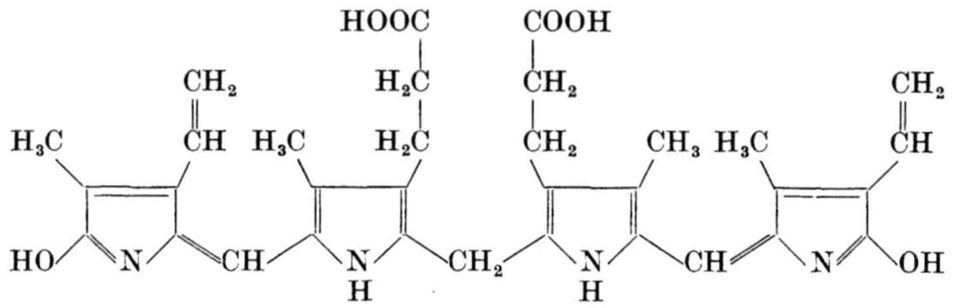

Monokline Prismen oder orangefarbene rhomboide Plättchen aus Chloroform, färbt sich ab 360° C dunkel, ist aber bei 400° C noch nicht geschmolzen.

Dimethylester. Orangerote Rhomboeder aus Petroläther (Smp 198–200° C).

Vorkommen. Rindergallensteine (G. Städeler 1864), menschliche Gallensteine (H. Fischer 1911), Galle (J. D. Porsche u. Mitarb. 1939).

Literatur zur Konstitution und Synthese: L. Jendrassik u. R. A. Cleghorn (1936); L. Jendrassik u. P. Gróf (1938); W. Siedel u. H. Fischer (1933); L. Heilmeyer u. W. Krebs (1930); H. Fischer u. H. Orth (1937); M. Engel (1939); H. Fischer u. H. Plieninger (1942); T. K. With (1942).

Biliverdin

(Uteroverdin, Dehydrobilirubin, Oocyan) $C_{33}H_{34}O_6N_4$

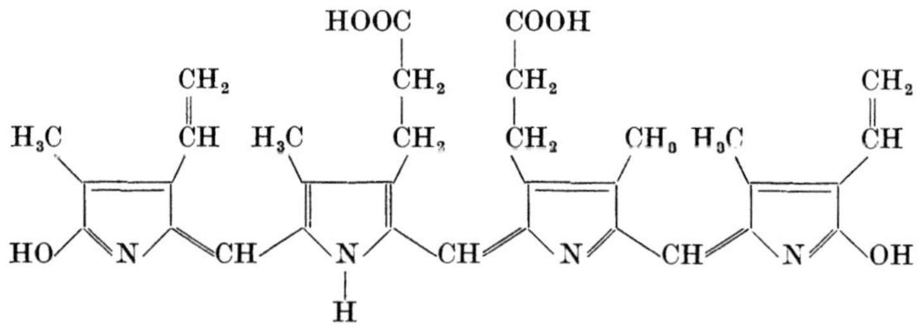

Grüne Nadeln aus Eisessig.

Dimethylester. Blaugrüne Prismen aus Chloroform-Methanol (Smp 206–209° C).

Vorkommen. Galle (H. Fischer u. H. Orth 1937), Eierschalen des Kasuars (D. Dinelli 1935), Meconium des Fetus (V. Zamorani 1925).

Literatur zur Konstitution und Synthese: H. Fischer u. H. Plieninger (1942).

Prodigiosin

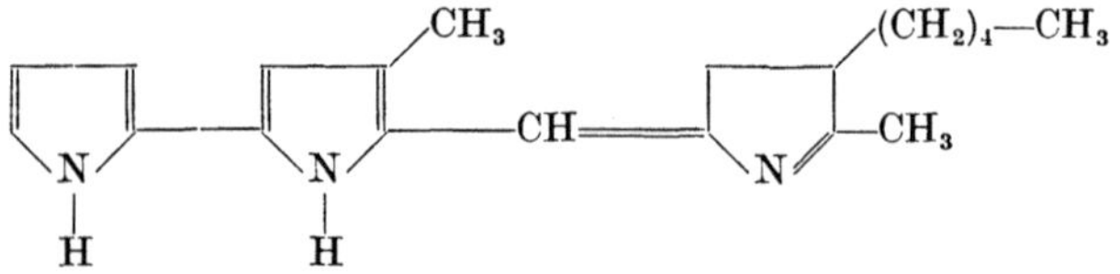

Rote Pyramiden aus Petroläther (Smp 151–152° C).

Vorkommen. Bacillus prodigiosus (Hostienpilz) (F. WREDE u. O. HETTCHE 1929), Serratia marinorubra (D. P. COURINGTON u. T. W. GOODWIN 1956).

Literatur zur Konstitution und Synthese: F. WREDE (1932); F. WREDE u. A. ROTHAAS (1933); H. RAPOPORT u. K. G. HOLDEN (1962).

F. Verschiedene Farbstoffe

In diesem Abschnitt werden verschiedene Farbstoffklassen behandelt, die für die Lebensmittelchemie von untergeordneter Bedeutung sind oder deren Struktur erst in jüngerer Zeit aufgeklärt worden ist. Im Gegensatz zu den bisher beschriebenen Typen kommen die hier genannten Farbstoffe oft nur in wenigen Tier- oder Pflanzenarten vor.

I. Betacyane

Lange Zeit hat man den Farbstoff der roten Rübe als Anthocyanderivat angesehen. T. J. MABRY, H. WYLER, G. SASSU, M. MERCIER, I. PARIKH u. A. S. DREIDING (1962) ist es in jüngster Zeit gelungen, zwei alternative Formeln für das Aglycon des Betacyans Betanin anzugeben. Betanin ist der Farbstoff der Ronde (Beta vulgaris, var. rubra). Es hat sich gezeigt, daß Betanin strukturell nahe verwandt ist mit den Alkaloiden. Der Ausdruck „Chromoalkaloid“ wäre daher angebracht. Die angegebenen Strukturformeln stützen sich auf Produkte von Abbaureaktionen (Zinkstaubdestillation, sorgfältigen Alkaliabbau) (H. WYLER u. A. S. DREIDING 1959), Umwandlungen in Neobetanidinderivate und Protonenresonanzspektren der Neobetanidinderivate und des Betanidin-hydrochlorids.

Zur Diskussion stehen folgende Strukturen:

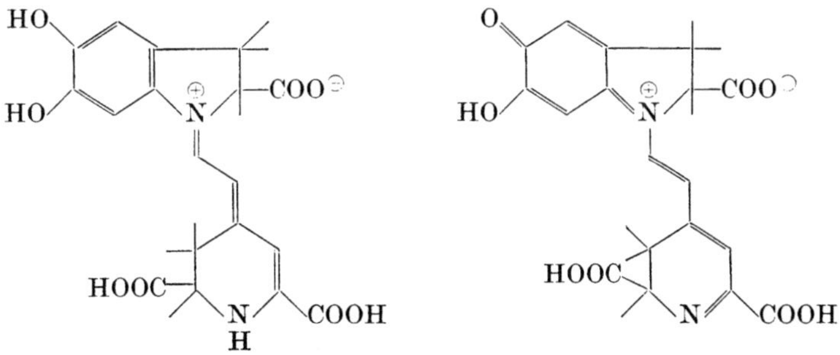

II. Indigoide Farbstoffe

Die Verbindungen dieser Gruppe sind Derivate des Indols. In der Natur treten diese Farbstoffe frei (Haliotisindigo in Schalen von Meeresschnecken), als Glykoside in farblosen Vorstufen (Indican) oder gebunden als Leukoform (Antiker Purpur in Purpurschnecken) auf.

1. Natürlicher Indigo

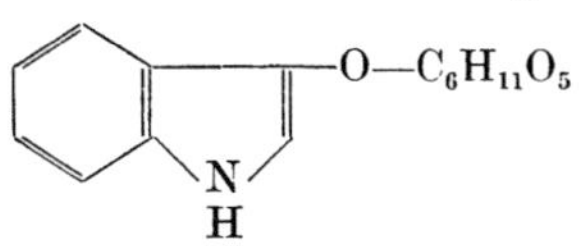

Indican

Der Indicangehalt in den in Ostasien heimischen Indigofera-Arten (I. Tinctora, I. leptostachya, I. anil) und in dem in Frankreich und Deutschland angebauten Färberwaid (Isatis tinctoria) wurde früher wirtschaftlich genutzt.

Durch Hydrolyse und Oxydation mit Luftsauerstoff bildet sich aus dem Indican über 3-Hydroxy-indol und Dihydro-indigo leicht Indigotin und Glucose. Aus Indican wurde so früher der natürliche Indigo gewonnen. Das Rohprodukt enthielt 20–95 % Indigotin und wechselnde Mengen Indigorot, Indigobraun, Asche- und Leimreste.

Um die Konstitutionsaufklärung machte sich besonders A. v. BAEYER verdient. Zur Strukturaufklärung haben auch wesentlich die erste Totalsynthese des Indigos von A. EMMERLING u. C. ENGLER (1870) und einige technisch zwar nicht durchgeführte Darstellungen von A. v. BAEYER beigetragen.

Die technischen Darstellungen (Übersicht bei K. HOLZACH 1948) des Indigotins basieren auf der ersten Heumannschen Indigosynthese (K. HEUMANN 1890).

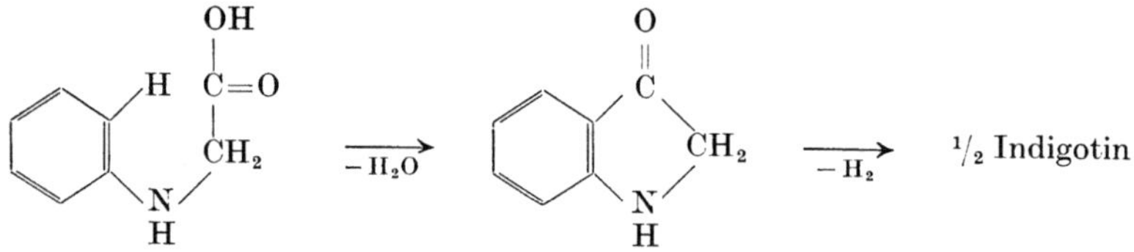

Phenylglycin

Bei Natriumhydroxid als Kondensationsmittel betrug die Ausbeute an Indigo nur 10 % d. Th. Als Darstellungsweise wurde die erste Heumannsche Synthese in die Technik mit Erfolg erst eingeführt, nachdem J. PFLEGER (1901) die Ausbeuten durch Zusatz von Natriumamid wesentlich steigern konnte.

Eigenschaften. Indigo ist ein dunkelblaues Pulver vom Smp 390–392° C (unter Zersetzung); sein Dampf ist purpurrot. In Wasser, verdünnten Laugen und Säuren, Alkohol und Äther ist der Farbstoff unlöslich. In polaren Lösungsmitteln (Anilin, Phenol) löst er sich mit blauer, in unpolaren Lösungsmitteln (Chloroform) mit roter Farbe.

Der Indigo tritt nur in der stabileren trans-Form auf, weil durch einen starken Mesomerieeffekt die zentrale Doppelbindung nicht mehr konfigurationsstabil ist.

Im Oxalylindigo liegt ein Derivat des cis-Indigos vor (R. PUMMERER u. F. REUSS 1947).

2. Antiker Purpur

(A. SCHAEFFER 1941)

Im Altertum war der antike Purpur der wertvollste rotviolette Farbstoff. Zur Herstellung von 1 g Farbstoff wurden 8000 Purpurschnecken benötigt.

Die Verbindung kommt gebunden als Leukoform in der Hypobronchialdrüse von Purpurschnecken vor (Murex brandaris, Purpura heamostoma, P. lapillus).

Die Struktur wurde von P. FRIEDLÄNDER (1909) aufgeklärt und als 6,6'-Dibromindigo erkannt.

Eigenschaften. Antiker Purpur bildet dunkelviolette metallisch glänzende Kristalle, die keinen Schmelzpunkt haben. Die sublimierbare Verbindung ist löslich in Benzoesäuremethylester und Pyridin.

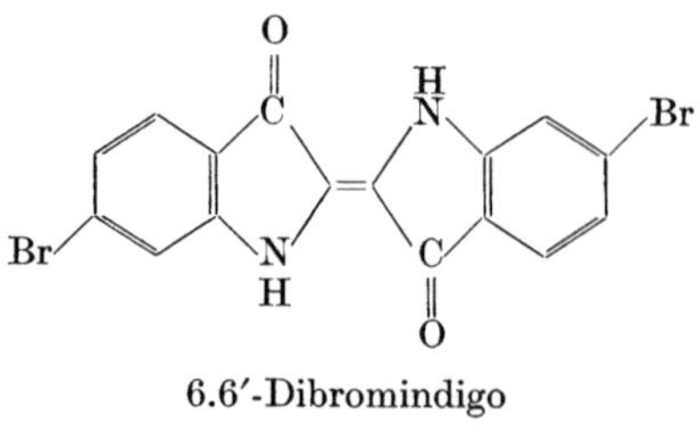

6.6'-Dibromindigo

III. Pteridine

Flavone und Pterine enthalten das Pteridingerüst. Das wichtigste Flavinderivat ist das Lactoflavin (Vitamin B_2), das bei den Vitaminen besprochen wird (S. 983).

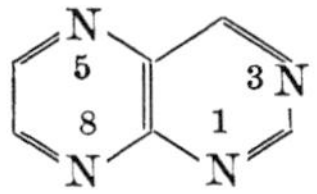

Die Pterine (R. PURRMANN 1943; M. GATES 1947; A. ALBERT 1954) wurden von F. G. HOPKINS im Jahre 1891 entdeckt und von H. WIELAND und seiner Schule, besonders C. SCHÖPF (1939) und R. PURRMANN (1940, 1941) aufgeklärt. Pterine sind Farbstoffe von Schmetterlingsflügeln.

Xanthopterin z. B. ist der gelbe Farbstoff des Zitronenfalters, doch wird dieser Farbstoff auch in anderen Insekten, z. B. Wespen, und im Harn von Mensch und Säugetieren gefunden. Im folgenden sind die Synthesen von Xanthopterin und Leukopterin, dem weißen Farbstoff des Kohlweißlings angeführt.

Xanthopterin hat R. PURRMANN (1941) aus folgenden Ausgangsprodukten erhalten:

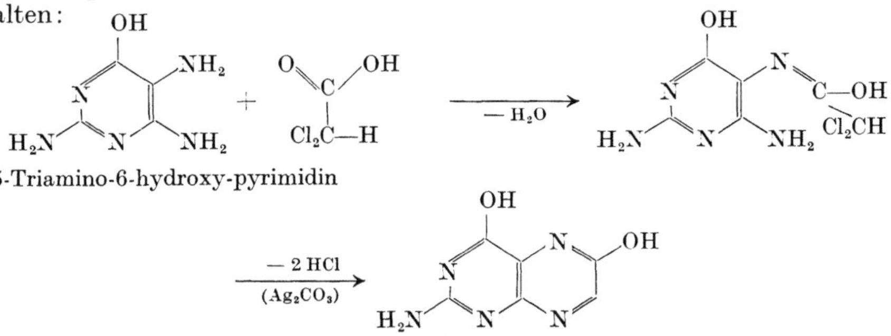

2.4.5-Triamino-6-hydroxy-pyrimidin

Xanthopterin

Ebenfalls von R. PURRMANN (1940) stammt die Synthese des Leukopterins:

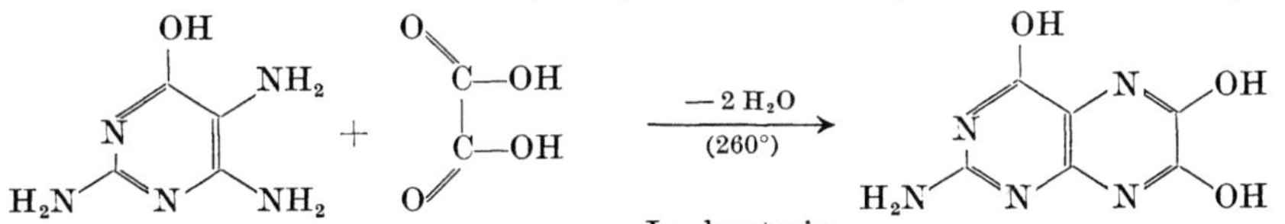

Leukopterin

Über neuere Entwicklungen in der Pteridin-Chemie vgl. W. PFLEIDERER (1963).

IV. Natürliche Phenoxazonfarbstoffe

1. Actinomycine

Die in Mikroorganismen vorkommenden Actinomycine sind gelbe Chromopeptide mit Molekulargewichten um 1280. Actinomycine wurden wegen ihrer großen Toxicität als Antibiotica zunächst wenig beachtet, bis CH. HACKMANN (1952, 1953, 1954) sie als tumorhemmende Substanzen erkannte und G. SCHULTE (1952) heilende Wirkung bei Lymphogranulomatose feststellte.

Die von verschiedenen Streptomyces-Arten synthetisierten gelbroten Actinomycine haben alle den gleichen Chromophor und unterscheiden sich nur im Peptidteil, der aus Aminosäuren und N-Methyl-aminosäuren aufgebaut ist.

Um die Konstitutionsaufklärung haben sich A. R. TODD u. Mitarb. (1950) und besonders H. BROCKMANN u. Mitarb. (1951a); H. BROCKMANN (1960) verdient gemacht. Die Isolierung reiner Substanzen war nur dank der Gegenstromverteilung (H. BROCKMANN u. H. GRÖNE 1953, 1954a, b) oder der Verteilungschromatographie möglich.

Im Jahre 1956 konnten H. BROCKMANN u. Mitarb. eine Konstitutionsformel von Actinomycin C_3 vorschlagen, die dann durch eine Synthese (H. BROCKMANN u. H. LACKNER 1960, 1961) bestätigt werden konnte. Sie führt über folgende wichtige Zwischenstufen:

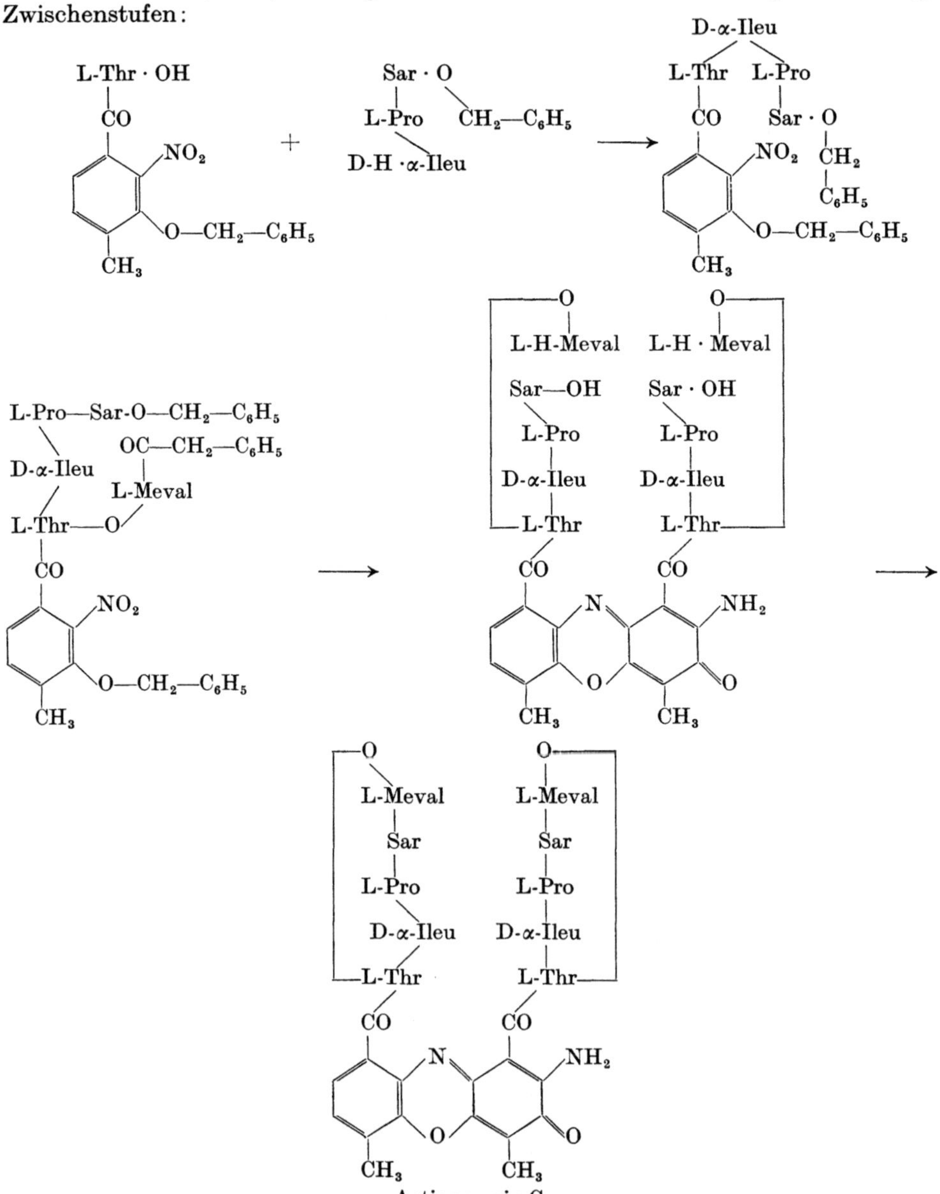

Actinomycin C_3

Diese Totalsynthese bietet durch Variation des Peptidteils die Möglichkeit, neue Actinomycine zu synthetisieren. Derivate der Actinomycine sind in zweifacher Hinsicht von Interesse: Erstens, weil sie erkennen lassen, welche Teile des Actinomycinmoleküls für die antibiotische und toxische Wirkung verantwortlich sind und zweitens, weil sich vielleicht Derivate finden lassen, die zwar antibiotisch wirksam sind wie die Actinomycine selbst, aber weniger toxisch, was unter Umständen eine pharmazeutische Verwendung ermöglichen würde. Beide Probleme sind noch nicht gelöst.

2. Ommochrome

Diese Phenoxazonfarbstoffe sind als Augenfarbstoffe von Insekten weit verbreitet, treten aber auch als Haut-, Flügel- und Organpigmente und außerhalb der Insektenwelt auf. Ommochrome unterteilt man weiter in höher molekulare, nicht dialysable Ommine und niedermolekulare, dialysable Ommatine. Die Ommochrome sind Reaktionsprodukte des Tryptophanstoffwechsels. Die Bildung von Ommochromen in den Augen der Mehlmotte Ephestia und der Taufliege Drosophila führte zur Aufstellung folgender Genwirkkette der Pigmentbildung (A. KÜHN 1941, 1956; A. BUTENANDT 1953).

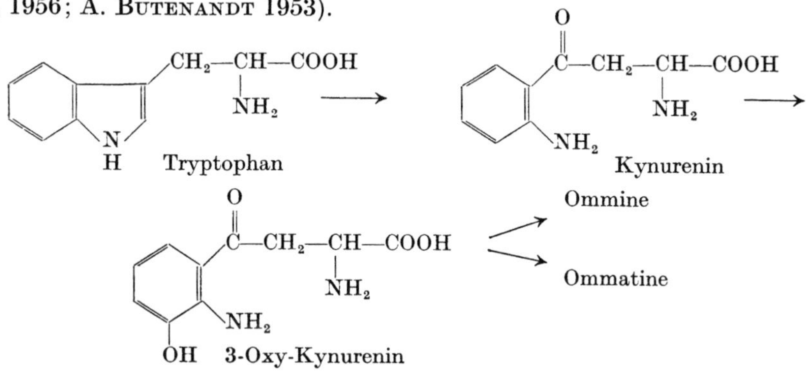

Für jeden Reaktionsschritt ist ein ganz bestimmtes Gen verantwortlich. Durch Mutation eines dieser Gene wird die Pigmentsynthese blockiert. Erbfaktoren sind also Ursache fermentativ gesteuerter Prozesse.

Zur Bildung von Ommochromen wird eine oxydative Kondensation von zwei oder mehreren Molekeln Oxykynurenin angenommen. Für die Bildung von Xanthommatin gibt A. BUTENANDT (1959) folgendes Schema an:

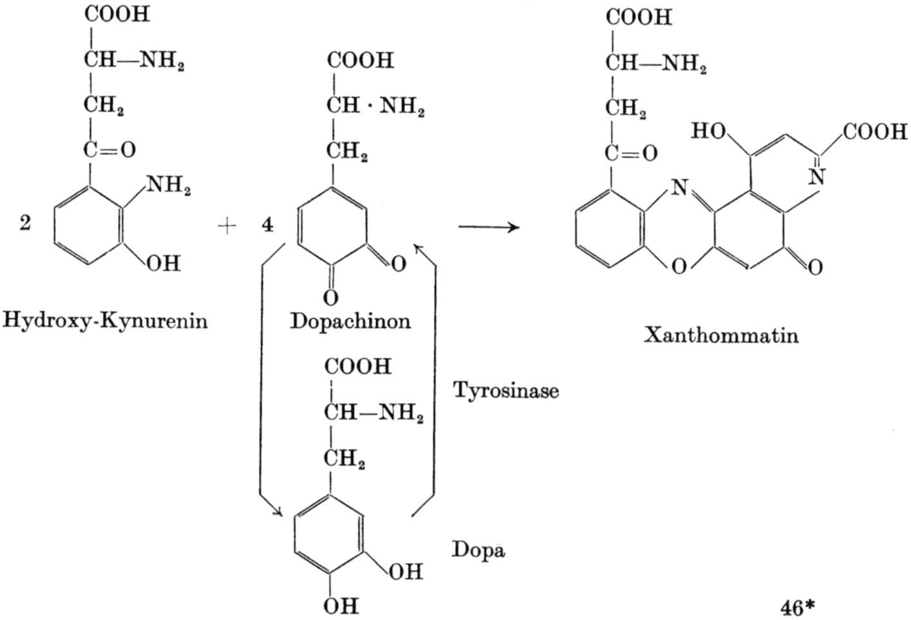

Es wird angenommen, daß die oxydative Kondensation durch Sauerstoff sowie Dopachinon und Tyrosinase als Katalysatoren bewirkt wird.

In vitro läßt sich die Oxydation von Oxykynurenin zu Xanthommatin mit rotem Blutlaugensalz durchführen.

Die Struktur des Xanthommatins konnte A. BUTENANDT (1959) eindeutig durch Totalsynthese sichern:

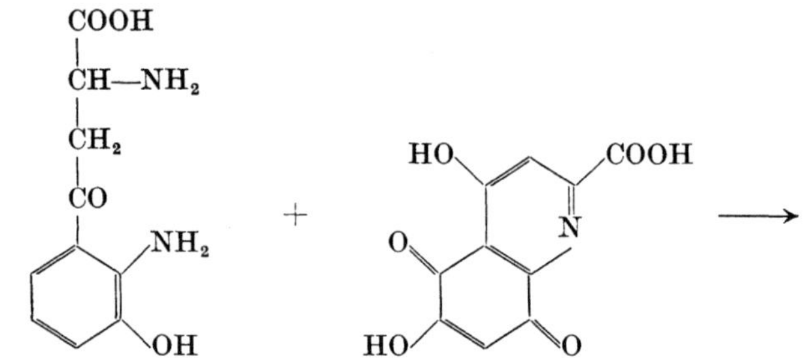

3-Oxy-Kynurenin 4.6-Dihydroxy-Chinolin-chinon-(5.8)-Carbonsäure-(2)

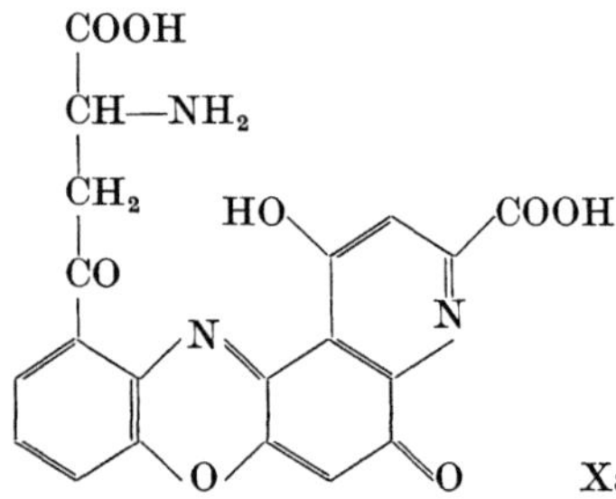

Xanthommatin

Auch für die Ommine nimmt A. BUTENANDT (1959) eine Bildung aus Tryptophan an. Für das Ommin A, das A. BUTENANDT u. Mitarb. (1958) aus den Augen des Seidenspinners Bombyx mori und den Augen des Tintenfisches Sepia officinalis gewonnen haben, wird folgende Struktur angegeben:

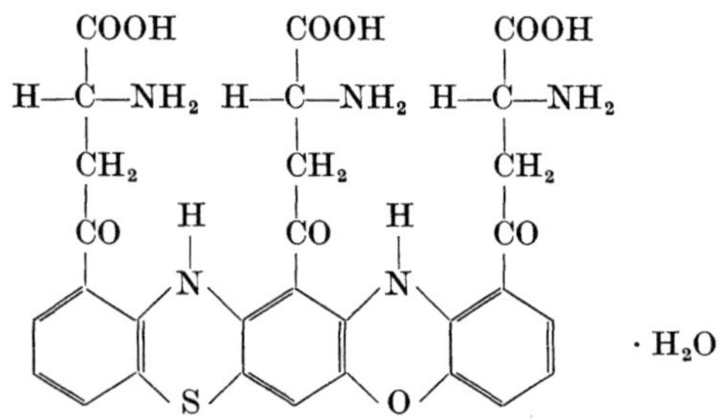

3. Orceinfarbstoffe und Lackmus

Seit vielen Jahrhunderten gewinnt man Orcein und Lackmus aus Roccella-Lecanora- und Variolaria-Flechten. Orcein wurde besonders im Mittelalter zum Färben von Seide und Wolle verwendet. Es wurde unter dem Namen Orseille, Archil, Persio oder Pourpre Française gehandelt. Der Farbstoff hat den Nachteil, daß er wenig echt ist. Heute dient er gelegentlich noch zum Färben von Nahrungsmitteln.

Seit dem Beginn des letzten Jahrhunderts bemühten sich viele Chemiker um die Aufklärung dieser Flechtenfarbstoffe; doch erst in neuester Zeit gelang es nach chromatographischer Trennung, Einblick in die Struktur und Bildung dieser Farbstoffe zu erhalten. Mit Hilfe von IR- und UV-Spektren sowie des charakteristischen Farbwechsels mit Säuren und Basen konnte als chromophores Grundgerüst das Phenoxazon erkannt werden. Die Flechten enthalten Orsellinsäuredepside, die beim Behandeln mit Harn oder Ammoniak an der Luft hydrolysieren und zum Orcin decarboxylieren. Mit Ammoniak und Sauerstoff bilden sich dann die Farbstoffe.

Zum Bildungsmechanismus von Orcein geben H. Musso u. Mitarb. (1961) folgendes Reaktionsschema an:

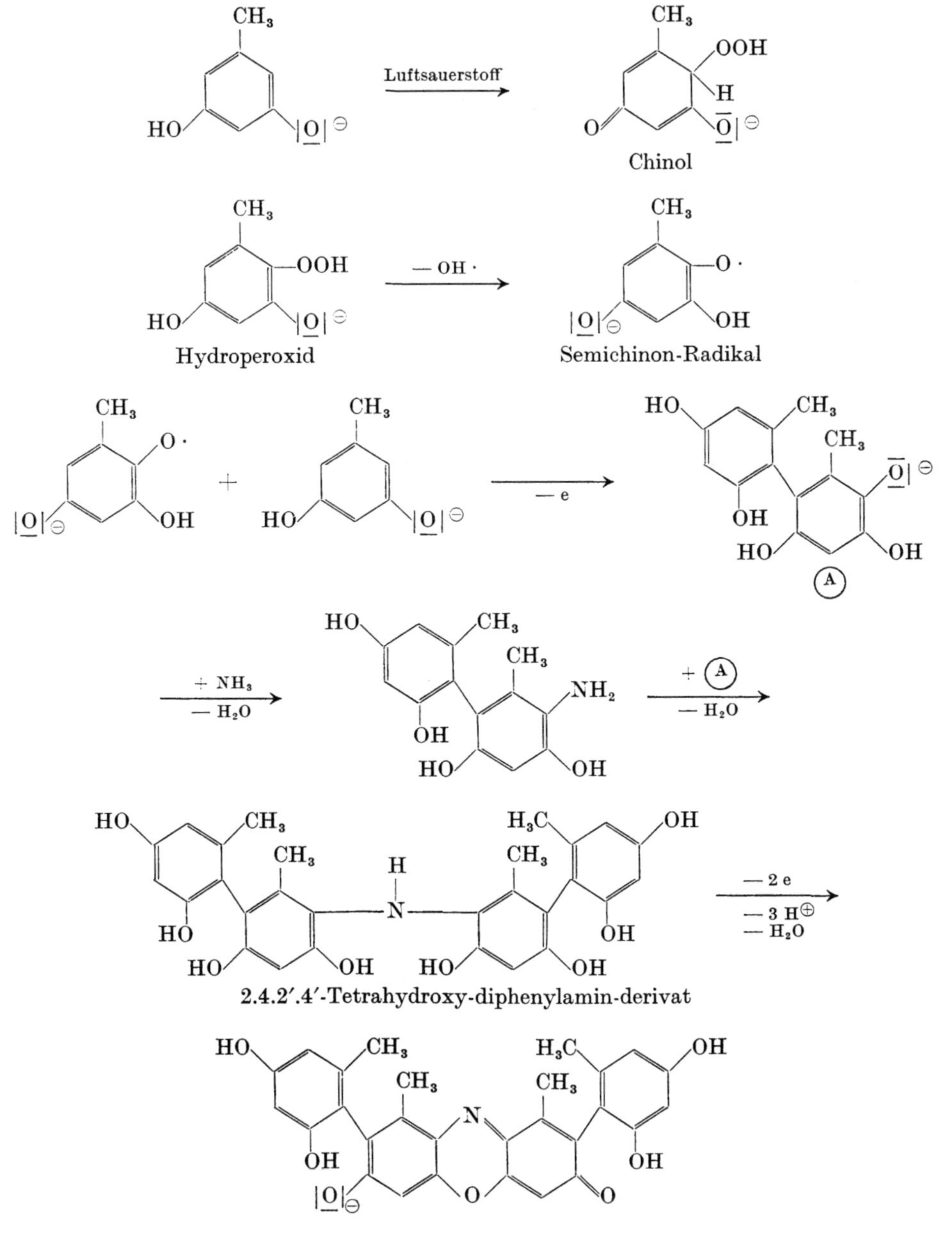

Bei dieser Reaktion entstehen nebeneinander auch folgende Hauptkomponenten des Orceins:

1. Oxyorceine

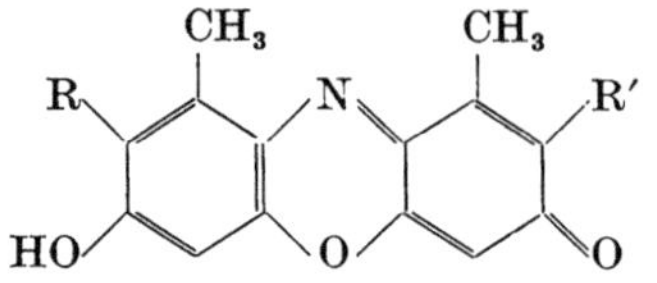

R = 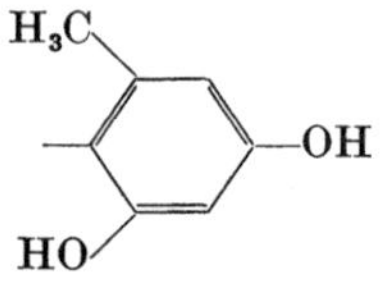

α-Oxyorceine: R′ = H
β-Oxyorceine: R′ = R
(trans-Racemat: die Hydroxylgruppen an den Orcinresten (R, R′) sind auf verschiedenen Seiten der Phenoxazonebene angeordnet)
γ-Oxorceine: R′ = R
(cis-Racemat: beide Hydroxylgruppen an den Orcinresten (R, R′) sind vor oder hinter der Phenoxazonebene angeordnet)

2. Aminoorceine

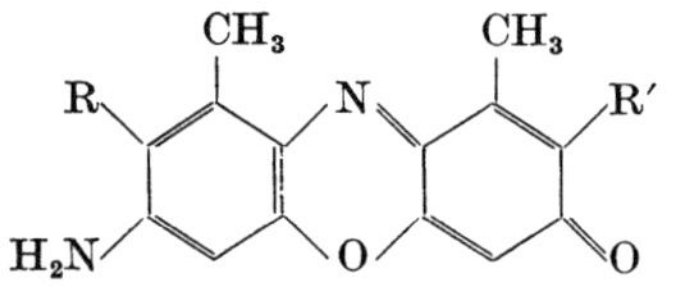

α-Aminoorceine: R′ = H
β-Aminoorceine: R′ = R (trans-Racemat)
γ-Aminoorceine: R′ = R (cis-Racemat)

3. Orceimine

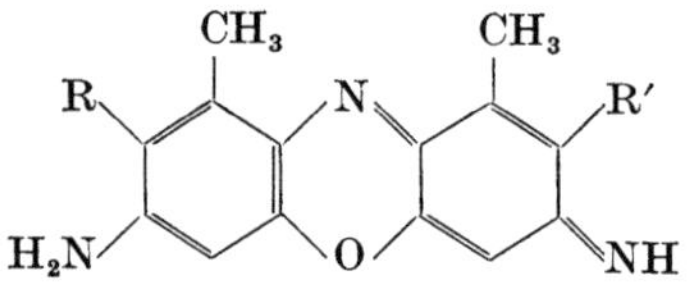

β-Orceimine: R′ = R (trans-Racemat)
γ-Orceimine: R′ = R (cis-Racemat)

Lackmus bildet sich aus Orcin nach dem oben erwähnten Mechanismus beim Erhitzen in Gegenwart von Ammoniak, Sauerstoff und Kalk. Viele Orceinmoleküle sind durch C–C-Verknüpfung der Seitenketten verbunden (Molekulargewicht gegen 3500).

Orcein wird aus den Flechten durch Behandeln mit Ammoniak, Lackmus durch Zusatz von Kalk, Pottasche oder Gips gewonnen. In der Natur selbst konnten die Farbstoffe nicht angetroffen werden, weder in der lebenden noch in der toten Zelle. Streng genommen dürfte man daher Orcein und Lackmus nicht zu den Naturfarbstoffen rechnen.

Bibliographie

BAEYER, A. v.: Gesammelte Werke, Bd. I. Braunschweig: Vieweg u. Sohn 1905.

BLOCK, R. J., R. LE STRANGE, and G. ZWEIG: Paper Chromatography. New York: Academic Press 1952.

FISCHER, H., u. H. ORTH: Die Chemie des Pyrrols. Leipzig: Akademische Verlagsgesellschaft m. b. H. 1937.

FOERST, W.: Ullmanns Encyklopädie der technischen Chemie, Bd. 7, S. 111. München-Berlin: Urban u. Schwarzenberg 1956.

GEISSMANN, T. A.: The chemistry of flavonoid compounds. Pergamon Press 1962.

HESSE, G.: Adsorptionsmethoden im chemischen Laboratorium mit besonderer Berücksichtigung der chromatographischen Adsorptionsanalyse (Tswett-Analyse), S. 31. Berlin: W. de Gruyter 1943.

HIJMANS VAN DEN BERGH, A. A.: Der Gallenfarbstoff im Blute. Leiden-Leipzig: van Doesburgh, Borth 1928.

KARRER, P., u. E. JUCKER: Carotinoide. Basel: Birkhäuser-Verlag 1948.

KLEIN, G.: Handbuch der Pflanzenanalyse, Bd. III, 2. S. 855/856, 872 u. 875. Wien: Springer 1932.
MARQUART, L. CL.: Die Farben der Blüthen. Eine chemisch-physiologische Abhandlung. Bonn: Habicht 1835.
MARTINET, I.: Matières colorantes. Les Indigoides. Paris: J.-B. Baillière et fils. 1934.
PAECH, K., u. M. V. TRACEY: Moderne Methoden der Pflanzenanalyse III. Berlin-Göttingen-Heidelberg: Springer 1955.
WILLSTÄTTER, R., u. A. STOLL: Untersuchungen über Chlorophyll. Berlin: Springer 1913.
ZECHMEISTER, L., and L. v. CHOLNOKY: Principles and practice of chromatography. London: Chapmann and Hall 1943.

Zeitschriftenliteratur

ADRIAN et A. TRILLAT: Sur la matière colorante de la digitale. C. R. Acad. Sci. (Paris) **129**, 889—890 (1899).
AHMAD, R., and B. C. L. WEEDON: Carotenoids and related compounds. J. chem. Soc. **1953**, 3286—3294.
AIZAWA, K.: Lösliche Chlorophyllverbindungen [japanisch] Jap. Pat. 2686 (1952).
ALBERT, A.: Die Pteridine. Fortschr. Chem. org. Naturstoffe **11**, 350—403 (1954).
ANAND, N., and K. VENKATARAMAN: Synthesis of gentisin, the coloring matter of gentian root. Proc. Indian Acad. Sci. **25 A**, 438—443 (1947).
ANDERSON, R. J., and F. P. NABENHAUER: A contribution to the chemistry of grape pigments. IV. The anthocyans in isabella grapes. J. amer. chem. Soc. **48**, 2997—3003 (1926).
ARGOUD, S.: The unsaponifiable content of palm oil. Chem. Abstr. **49**, 5863 (1955).
ARNAUDON, S.: Recherches sur un nouvel acide extrait du bois du Paraguay. C. R. Acad. Sci. (Paris) **46**, 1152—1156 (1858).
ASAHINA, Y., u. M. INUBUSE: Über die Reduktion der Flavon- und Flavanon-Derivate. Ber. dtsch. chem. Ges. **61**, 1646—1650 (1928).
— — Darstellung des Cyanidins aus Quercetin. Ber. dtsch. chem. Ges. **64**, 1256—1257 (1931).
ASANO, M., u. K. YAMAGUTI: Konstitution und Synthese von Embelin. J. pharm. Soc. Japan **60**, 105—115 (1940) Tokio.
ATTREE, C. F., and A. G. PERKIN: The position of the sugar nucleus in the quercetin glucosides. J. chem. Soc. **1927**, 234—240.
AUTERHOFF, H.: Die chemische Wertbestimmung des Rhabarbers. Dtsch. Apoth.-Ztg. **91**, 415—417 (1951).
BARGELLINI, G.: Konstitution und Synthese von Scutellareinen. Gazz. chim. ital. **45 I**, 69—79 (1915). Rom. [italienisch].
— Beitrag zur Kenntnis der Konstitution von Scutellareinen. Gazz. chim. ital. **49 II**, 47—63 (119). Rom. [italienisch].
BARGER, G., and F. D. WHITE: Galuteolin, a new glucoside from galega officinalis. Biochem. J. **17**, 836—838 (1923).
BATE-SMITH, E. C., and R. G. WESTALL: Chromatographic behaviour and chemical structure. I. Some naturally occuring phenolic substances. Biochim. et Biophys. Acta **4**, 427—441 (1950).
BARNETT, H. M.: Process for concentrating carotene. Amer. Pat. 2348443, Mai 1944.
BAUER, L.: Trennung der Carotinoide und Chlorophylle mit Hilfe der Papierchromatographie. Naturwiss. **39**, 88 (1952).
BAXTER, J. G., and C. D. ROBESON: Crystalline aliphatic esters of vitamin A. J. amer. chem. Soc. **64**, 2407—2410 (1942).
BAYER, A., u. H. CARO: Synthese von Anthrachinonabkömmlingen aus Benzolderivaten und Phthalsäure. Ber. dtsch. chem. Ges. 8, 152—153 (1875).
BAYER, E.: Natürliche und synthetische Anthocyan-Metallkomplexe. Chem. Ber. **91**, 1115 bis 1122 (1958).
— Farbstoffe der roten, violetten und blauen Lupinenblüten. Chem. Ber. **92**, 1062—1071 (1959).
— Synthese der blauen, im Kornblumenfarbstoff enthaltenen Chelate. Chem. Ber. **93**, 2871—2879 (1960).
— In der Natur vorkommende Metallkomplexe. Chimia (Zürich) **16**, 333—339 (1962).
—, u. K. WEGMANN: Enzymatischer Abbau von Anthocyanen. Z. Naturforsch. **12 B**, 37—40 (1957).
BEAL, G. D., and R. E. OKEY: A proximate analysis of rumex crispus, and a comparison of its hydroxy-methyl-anthraquinones with those from certain other drugs. J. amer. chem. Soc. **41**, 693—706 (1919).
BERNHARD, K., G. RITZEL u. K. U. STEINER: Über eine biologische Bedeutung der Gallenfarbstoffe. Bilirubin und Biliverdin als Antioxydantien für das Vitamin A und die essentiellen Fettsäuren. Helv. chim. Acta **37**, 306—313 (1954).

GPSR Compliance

The European Union's (EU) General Product Safety Regulation (GPSR) is a set of rules that requires consumer products to be safe and our obligations to ensure this.

If you have any concerns about our products, you can contact us on ProductSafety@springernature.com

In case Publisher is established outside the EU, the EU authorized representative is:

Springer Nature Customer Service Center GmbH
Europaplatz 3
69115 Heidelberg, Germany

Batch number: 10683525

Printed by Printforce, the Netherlands